GW00763378

# TABLA DE INTEGRALES

## potencias

1. $\int x^n \, dx = \dfrac{x^{n+1}}{n+1} + C, \quad n \neq -1$

2. $\int \dfrac{dx}{x} = \ln |x| + C$

## exponenciales y logarítmicas

3. $\int e^x \, dx = e^x + C$

4. $\int p^x \, dx = \dfrac{a^x}{\ln p} + C$

5. $\int x e^x \, dx = x e^x - e^x + C$

6. $\int x^2 e^x \, dx = x^2 e^x - 2x e^x + 2e^x + C$

7. $\int x^n e^x \, dx = x^n e^x - n \int x^{n-1} e^x \, dx$

8. $\int \ln x \, dx = x \ln x - x + C$

9. $\int (\ln x)^2 \, dx = x (\ln x)^2 - 2x \ln x + 2x + C$

10. $\int x \ln x \, dx = \frac{1}{2} x^2 \ln x - \frac{1}{4} x^2 + C$

11. $\int x^n \ln x \, dx = x^{n+1} \left[ \dfrac{\ln x}{n+1} - \dfrac{1}{(n+1)^2} \right] + C$

12. $\int \dfrac{(\ln x)^n}{x} \, dx = \dfrac{(\ln x)^{n+1}}{n+1} + C$

13. $\int \dfrac{dx}{x \ln x} = \ln |\ln x| + C$

## senos y cosenos

14. $\int \operatorname{sen} x \, dx = -\cos x + C$

15. $\int \cos x \, dx = \operatorname{sen} x + C$

16. $\int \operatorname{sen}^2 x \, dx = \frac{1}{2} x - \frac{1}{4} \operatorname{sen} 2x + C$

17. $\int \cos^2 x \, dx = \frac{1}{2} x + \frac{1}{4} \operatorname{sen} 2x + C$

18. $\int \operatorname{sen}^3 x \, dx = \frac{1}{3} \cos^3 x - \cos x + C$

19. $\int \cos^3 x \, dx = \operatorname{sen} x - \frac{1}{3} \operatorname{sen}^3 x + C$

20. $\int x \operatorname{sen} x \, dx = -x \cos x + \operatorname{sen} x + C$

21. $\int x \cos x \, dx = x \operatorname{sen} x + \cos x + C$

22. $\int x^n \operatorname{sen} x \, dx = x^n \cos x + n \int x^{n-1} \cos x \, dx$

23. $\int x^n \cos x \, dx = x^n \operatorname{sen} x - n \int x^{n-1} \operatorname{sen} x \, dx$

24. $\int \operatorname{sen} mx \operatorname{sen} nx \, dx = -\dfrac{\operatorname{sen} [(m+n)x]}{2(m+n)} + \dfrac{\operatorname{sen} [(m-n)x]}{2(m-n)} + C$

25. $\int \cos mx \cos nx \, dx = \dfrac{\operatorname{sen} [(m+n)x]}{2(m+n)} + \dfrac{\operatorname{sen} [(m-n)x]}{2(m-n)} + C$

26. $\int \operatorname{sen} mx \cos nx \, dx = -\dfrac{\cos [(m+n)x]}{2(m+n)} - \dfrac{\cos [(m-n)x]}{2(m-n)} + C$

27. $\int e^x \operatorname{sen} x \, dx = \frac{1}{2} e^x (\operatorname{sen} x - \cos x) + C$

28. $\int e^x \cos x \, dx = \frac{1}{2} e^x (\operatorname{sen} x + \cos x) + C$

## tangentes y secantes

**29.** $\int \tan x \, dx = \ln |\sec x| + C$

**30.** $\int \sec x \, dx = \ln |\sec x + \tan x| + C$

**31.** $\int \tan^2 x \, dx = \tan x - x + C$

**32.** $\int \sec^2 x \, dx = \tan x + C$

**33.** $\int \tan^3 x \, dx = \frac{1}{2} \tan^2 x + \ln |\cos x| + C$

**34.** $\int \sec^3 x \, dx = \frac{1}{2} \sec x \tan x + \frac{1}{2} \ln |\sec x + \tan x| + C$

**35.** $\int \tan^n x \, dx = \dfrac{\tan^{n-1} x}{n-1} - \int \tan^{n-2} x \, dx$

**36.** $\int \sec^n x \, dx = \dfrac{\sec^{n-1} x \operatorname{sen} x}{n-1} + \dfrac{n-2}{n-1} \int \sec^{n-2} x \, dx$

**37.** $\int \sec x \tan x \, dx = \sec x + C$

## cotangentes y secantes

**38.** $\int \cot x \, dx = \ln |\operatorname{sen} x| + C$

**39.** $\int \operatorname{cosec} x \, dx = \ln |\operatorname{cosec} x - \cot x| + C$

**40.** $\int \cot^2 x \, dx = -\cot x - x + C$

**41.** $\int \operatorname{cosec}^2 x \, dx = -\cot x + C$

**42.** $\int \cot^3 x \, dx = -\frac{1}{2} \cot^2 x - \ln |\operatorname{sen} x| + C$

**43.** $\int \operatorname{cosec}^3 x \, dx = -\frac{1}{2} \operatorname{cosec} x \cot x + \frac{1}{2} \ln |\operatorname{cosec} x - \cot x| + C$

**44.** $\int \cot^n x \, dx = -\dfrac{\cot^{n-1} x}{n-1} - \int \cot^{n-2} x \, dx$

**45.** $\int \operatorname{cosec}^n x \, dx = -\dfrac{\operatorname{cosec}^{n-1} x \cos x}{n-1} + \dfrac{n-2}{n-1} \int \operatorname{cosec}^{n-2} x \, dx$

**46.** $\int \operatorname{cosec} x \cot x \, dx = -\operatorname{cosec} x + C$

(*Continúa en la guarda posterior*)

# CALCULUS

## TERCERA EDICIÓN

TOMO 1

# CALCULUS

## TERCERA EDICIÓN

TOMO 1

S. L. SALAS
EINAR HILLE

EDITORIAL REVERTÉ, S. A.
Barcelona - Bogotá - Buenos Aires - Caracas - México

*Título de la obra original:*
**Calculus. One and Several Variables, 6th Edition.**

*Edición original en lengua inglesa publicada por:*
**John Wiley & Sons, Inc., New York.**



*Versión española por:*
**Dr. Santiago Carrillo Menéndez**
Profesor Titular de Estadística e Investigación Operativa
Dpto de Matemáticas de la Facultad de Ciencias de Matemáticas
de la Universidad Autónoma de Madrid

**Propiedad de:**
**EDITORIAL REVERTÉ, S.A.**
**Loreto, 13-15, Local B**
**08029 Barcelona**



Impreso en España - Printed in Spain

ISBN - 84 - 291 - 5154 - 0 Tomo 1
ISBN - 84 - 291 - 5153 - 2 Obra Completa
Depósito Legal: B - 31757 - 1994

LIBERGRAF, S.A.
Constitución 19, interior (Can Batlló)
08014 BARCELONA

A la memoria de Einar Hille

# PRÓLOGO

A lo largo de los años hemos escuchado un continuo murmullo crítico: SALAS/HILLE no tiene suficiente relación con la ciencia y la ingeniería, no tiene suficientes aplicaciones físicas. Hemos acabado por abordar este problema.

En esta edición usted encontrará algunas aplicaciones físicas sencillas, repartidas a lo largo del texto y, aquí y allá, como temas opcionales, algunas aplicaciones que no son tan sencillas. Puede que algunas de estas llame la atención de los estudiantes más serios.

A pesar de la mayor presencia de aplicaciones, este libro sigue siendo un texto de matemáticas, no de ciencia o ingeniería. Trata del cálculo y el énfasis se pone en tres ideas básicas: el límite, la derivada, la integral. Todo lo demás es secundario; todo lo demás puede ser omitido.

S. L. SALAS

# Agradecimientos

Muchos son los que han contribuido a esta edición. Ante todo quiero dar las gracias a mi colaborador (y ahora buen amigo) John D. Dollard de la Universidad de Texas. Él fue el origen de muchas de las mejoras de los seis últimos capítulos (13-18). Mi gurú para las aplicaciones físicas fue Richard W. Lindquist de la Universidad de Wesleyan. Nuestras reuniones de trabajo siempre resultaron productivas y divertidas. Los programas de ordenador que aparecen en el texto son la contribución generosa de Colin C. Graham de la Universidad de Northwestern.

Buenas ideas vinieron de viejos amigos. Edwin Hewitt sugirió un argumento elegante y conciso relacionado con las funciones armónicas simples [demostración de (7.8.2)]. W. W. Comfort llamó mi atención sobre una propiedad notable de la esfera que había pasado totalmente desapercibida para mí [Ejercicio 25 de (10.10)], James D. Reid simplificó una demostración que se repitió en sucesivas ediciones (Teorema 7.2.2).

Hemos aprendido de nuestros críticos. Las observaciones de los siguientes (sus críticas no siempre fueron amables) me han guiado a lo largo de esta edición.

| | |
|---|---|
| Davis Ellis | *San Francisco State University* |
| William P. Francis | *Michigan Technological University* |
| Lew Friedland | *SUNY en Genesco* |
| Colin C. Graham | *Northwestern University* |
| Ed Huffman | *Southwest Missouri State University* |
| John Klippert | *James Madison University* |
| Michael McAsey | *Bradley University* |
| Hiram Paley | *University of Illinois, Urbana* |
| Dennis Roseman | *University of Iowa* |
| Stephen J. Wilson | *Iowa State University* |

Cada edición de este libro se ha desarrollado a partir de la edición anterior. La actual debe mucho a aquellos que han revisado las ediciones anteriores y me han animado a hacer nuevos esfuerzos. Siento un cierto placer nostálgico al recordar sus nombres y afiliación.

| | |
|---|---|
| John T. Anderson | *Hamilton College* |
| Elisabeth Appelbaum | *University of Missouri Kansas City* |
| Victor A. Belfi | *Texas Christian University* |
| W. W. Comfort | *Wesleyan University* |
| Louis J. Deluca | *University of Connecticut* |
| Garret J. Etgen | *University of Houston* |
| Eugene B. Fabes | *University of Minnesota* |
| Fred Gass | *Miami University (Ohio)* |
| Adam J. Hulin | *Louisiana State University, New Orleans* |
| Max A. Jodeit, Jr | *University of Minnesota* |
| Donald R. Kerr | *University of Indiana* |
| Harvey B. Keynes | *University of Minnesota* |
| Jerry P. King | *Lehigh University* |
| Clifford Kottman | *Simpson College* |
| Hudson Kronk | *SUNY, Binghamton* |
| John W. Lee | *Oregon State University* |
| David Lovelock | *University of Arizona* |
| Stanley M. Lukawecki | *Clemson University* |
| Giles Maloof | *Boise State University* |
| Robert J. Mergener | *Moraine Valley Community College* |
| Carl David Minda | *University of Cincinnati* |
| C. Stanley Ogilvy | *Hamilton College* |
| Bruce P. Palka | *University of Texas, Austin* |
| Mark A. Pinsky | *Northwestern University* |
| Gordon D. Prichett | *Babson College* |
| Jean E. Rubin | *Purdue University* |
| John Saber | *Babson College* |
| B. L. Sanders | *Texas Christian University* |
| Ted Scheik | *Ohio State University* |
| T. Schwartzbauer | Ohio State University |
| Donald R. Sherbert | *University of Illinois, Urbana* |

| | |
|---|---|
| Georges Springer | *University of Indiana* |
| Robert D. Stalley | *Oregon State University* |
| Norton Starr | *Amherst College* |
| James White | *University of California Los Angeles* |
| Donald R. Wilken | *SUNY, Albany* |

En particular, quiero reconocer mi deuda con John T. Anderson (quien colaboró conmigo en la quinta edición), con Harvey B. Keynes (quien hizo importantes contribuciones a la cuarta edición), con Donald R. Sherbert (quien me ha apoyado a lo largo de los años con su juicio crítico), y con George Springer (quien me animó al principio de todo hace unos veinte años).

Mi agradecimiento a Edward A. Burke. Él diseñó el libro, la cubierta y supervisó su producción. Valerie Hunter, editor matemático en la Wiley, supervisó el proceso. Fue un placer trabajar con ella y espero volver a hacerlo de nuevo.

# AGRADECIMIENTO ESPECIAL

Desde hace ya años, mi hijo Charles G. Salas ha colaborado conmigo en todos mis proyectos. Cada cosa que escribo pasa por sus manos. Critica, objeta y sugiere mejoras. Habitualmente las acepto inmediatamente. Otras veces no y las discutimos. Las más de las veces me parece que tiene razón y el libro se ve mejorado. Una vez más, gracias Charlie.

# Los cambios

## CAPÍTULOS 1 A 12: UNA VARIABLE

• Mayor variedad de ejercicios sobre límites. Se incluyen ejercicios para resolver con calculadora. • Mayor atención a los métodos numéricos. Se dan ejercicios para resolver con calculadora y, gracias al profesor Colin Graham de la Northwestern University, algunos programas de ordenador escritos en BASIC. (Estos programas ilustran algunos procedimientos explicados en el texto y pueden ser útiles para algunos estudiantes. Todos los programas de ordenador son *opcionales*. El ordenador no es necesario para comprender el texto.) Se introducen consideraciones elementales sobre límites infinitos y límites cuando $x \to \pm \infty$. • Se han mejorado las secciones sobre máximos y mínimos y se dan reglas más sencillas para hacer gráficas. • Mayor hincapié en el movimiento con aceleración constante. Conservación de la energía durante la caída libre. • Se introducen los conceptos de velocidad angular y de movimiento circular uniforme. • Explicación del papel que desempeña la simetría en la integración (funciones pares, funciones impares). • Medias ponderadas; masa de una varilla, centro de masa. • Nueva sección sobre el centroide de una región que conduce al teorema de Pappus para volúmenes. • Más material sobre atracción gravitatoria (*opcional*). • Se le da mayor importancia a los conceptos de crecimiento y caída exponenciales. • La sección sobre el movimiento armónico simple se ha modificado para que el estudiante pueda comprender mejor los aspectos esenciales del fenómeno oscilatorio. • El capítulo sobre ecuaciones diferenciales se ha distribuido en el texto. Las partes más importantes para el cálculo elemental se han vuelto a escribir y se han puesto en los capítulos apropiados. • Estudio detallado de las secciones cónicas en coordenadas polares (*opcional*; sólo se necesitan para una sección posterior que trata el movimiento planetario, también *opcional*). • Centroide de una curva y teorema de Pappus para áreas de superficie. (El centroide de un sólido de revolución se introduce en los ejercicios.) • Breve explicación de la fuerza gravitatoria que ejerce una capa esférica (*opcional*). • La cicloide invertida como la tautocrona (isocrona) y la braquistocrona (*opcional*).

## CAPÍTULOS 13 A 18: VARIAS VARIABLES

• Aunque los vectores se siguen introduciendo como ternas ordenadas de números reales, al trabajar con ellos y con funciones vectoriales hemos insistido en hacerlo de una manera independiente de las componentes. • Introducción más elemental del producto vectorial, que ahora se define geométricamente; sus componentes se deducen de esta definición. • El capítulo sobre vectores contiene una breve introducción a las matrices y los determinantes (2 por 2 y 3 por 3 solamente). • Una discusión elemental del movimiento curvilíneo desde el punto de vista vectorial (seguida por una mecánica vectorial, también elemental) conduce a una sección *opcional* sobre las tres leyes de Keppler del movimiento planetario. • Dos teoremas del valor intermedio que resultan útiles en los últimos capítulos. • Se pide a los estudiantes que deduzcan la ley de Snell de la refracción a partir del principio de Fermat del tiempo mínimo. • Mayor utilización de la simetría en la integración múltiple. • Introducción de los momentos de inercia mediante el análisis de la rotación de cuerpos rígidos. Uso frecuente del teorema de los ejes paralelos. • Todo el material sobre el cambio de variables en la integración múltiple se ha vuelto a escribir. Un tratamiento más unificado finaliza con los jacobianos y el teorema general. • Una introducción, revisada, a las integrales de línea precede a una sección *opcional* sobre la fórmula trabajo-energía y la conservación de la energía mecánica. • Mayor atención a las integrales de línea con respecto a la longitud de arco (masa de un alambre, centro de masa, momentos de inercia). • Al teorema de Green para las regiones de Jordan le sigue el teorema de Green para regiones limitadas por dos o más curvas de Jordan. • Se introducen superficies en forma parametrizada. Se tiene cuidado de ayudar al estudiante para que comprenda las distintas formas de parametrizar las superficies más comunes. • En las discusiones sobre superficies es de capital importancia el producto vectorial fundamental. • El área de una superficie y las integrales de superficie se definen inicialmente para superficies parametrizadas. [Las superficies de la forma $z = f(x, y)$ aparecen luego como un caso especial.] • Las integrales de superficie se utilizan primero para calcular la masa, el centro de masa y los momentos de inercia de una superficie material, luego nos centramos en superficies de dos caras y el movimiento de flujo. • Los operadores diferenciales básicos se presentan en términos del operador $\nabla$. La divergencia y el rotacional de un campo vectorial $v$ se introducen como $\nabla \cdot v$ y $\nabla \times v$. La laplaciana se escribe $\nabla^2$. • El teorema de la divergencia se enuncia primero para un sólido limitado por una superficie simple y luego se extiende a sólidos limitados por dos o más superficies. (La idea se aplica luego para hallar el flujo de un campo eléctrico que rodea una carga puntual.) • El teorema de Stokes se hace más inteligible al trabajar antes con superficies poliédricas.

# El alfabeto griego

| | | |
|---|---|---|
| Α | α | alpha |
| Β | β | beta |
| Γ | γ | gamma |
| Δ | δ | delta |
| Ε | ϵ | epsilon |
| Ζ | ζ | zeta |
| Η | η | eta |
| Θ | θ | theta |
| Ι | ι | iota |
| Κ | κ | kappa |
| Λ | λ | lambda |
| Μ | μ | mu |
| Ν | ν | nu |
| Ξ | ξ | xi |
| Ο | ο | omicron |
| Π | π | pi |
| Ρ | ρ | rho |
| Σ | σ | sigma |
| Τ | τ | tau |
| Υ | υ | upsilon |
| Φ | φ | phi |
| Χ | χ | chi |
| Ψ | ψ | psi |
| Ω | ω | omega |

# ÍNDICE ANALÍTICO

# 1 INTRODUCCIÓN

## 1.1 ¿QUÉ ES EL CÁLCULO?

Para un romano en los días del Imperio, un "calculus" era un pequeño guijarro utilizado para contar, así como para apostar. Unos siglos más tarde, "calculare" vino a significar lo mismo que "calcular", "contar" o "resolver". Para los matemáticos, físicos e investigadores en ciencias sociales de nuestros días, el cálculo son las matemáticas elementales (álgebra, geometría, trigonometría) implementadas con *el proceso de paso al límite.*

El cálculo toma ideas de las matemáticas elementales y las extiende a una situación más general. He aquí algunos ejemplos. En la columna de la izquierda se recogen algunos conceptos de las matemáticas elementales; en la de la derecha se reflejan esos mismos conceptos generalizados por el cálculo.

| *Matemática elemental* | *Cálculo* |
|---|---|
| pendiente de una recta<br>$y = mx + b$ | pendiente de una curva<br>$y = f(x)$ |

| 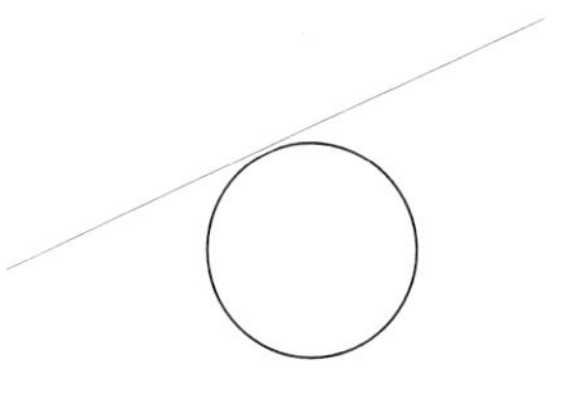 recta tangente a una circunferencia | 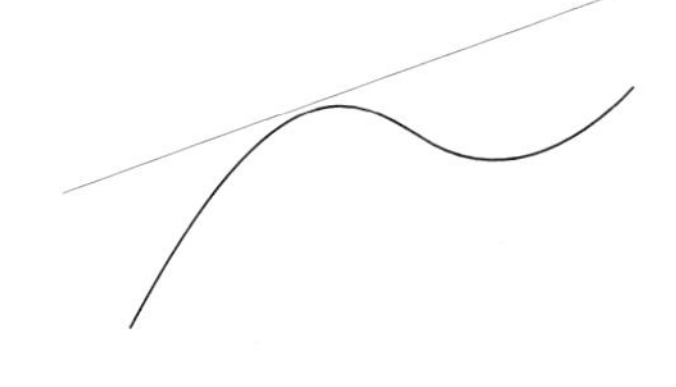 recta tangente a una curva más general |
|---|---|
| velocidad media, aceleración media | velocidad instantánea, aceleración instantánea |
| distancia recorrida con velocidad constante | distancia recorrida con velocidad variable |
| 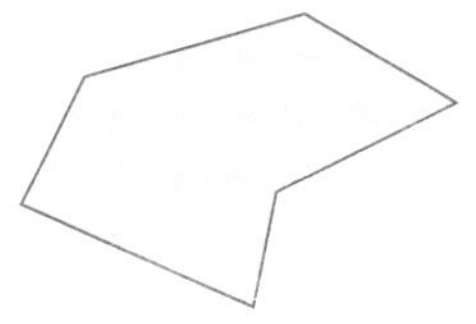 área de una región limitada por segmentos rectilíneos | 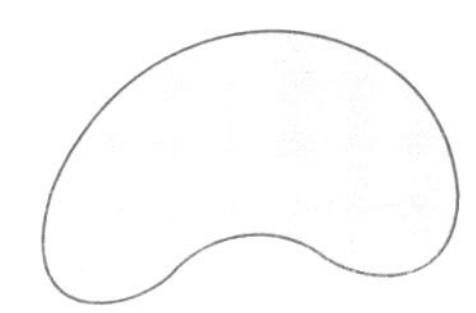 área de una región limitada por curvas |
| suma de una colección finita de números $a_1 + a_2 + \ldots + a_n$ | suma de una serie infinita $a_1 + a_2 + \ldots + a_n + \ldots$ |
| media de una colección finita de números | valor medio de una función sobre un intervalo |
| 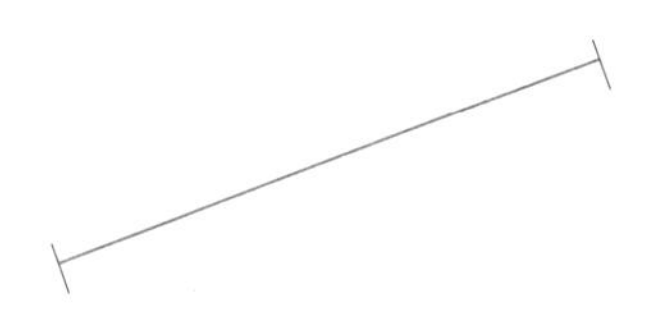 longitud de un segmento de recta |  longitud de una curva |

centro de un círculo

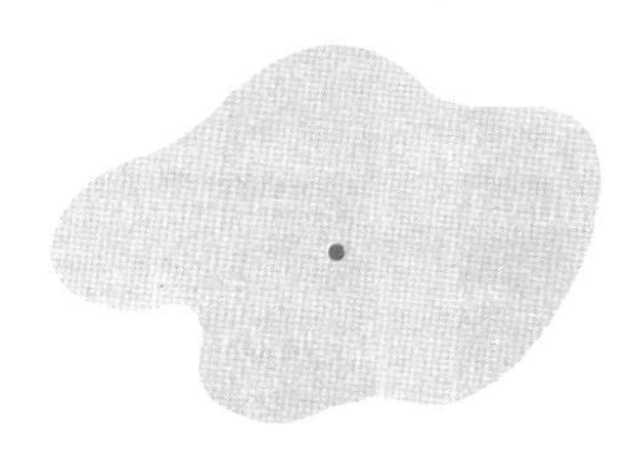

centro de gravedad de una región

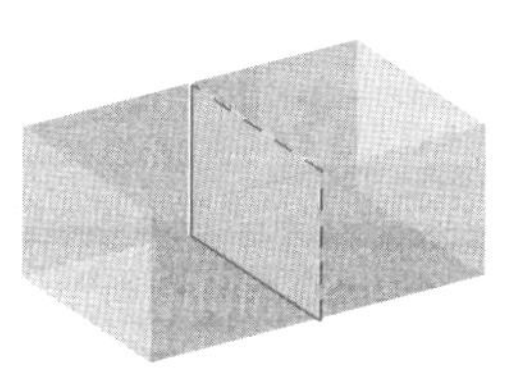

volumen de un sólido rectangular

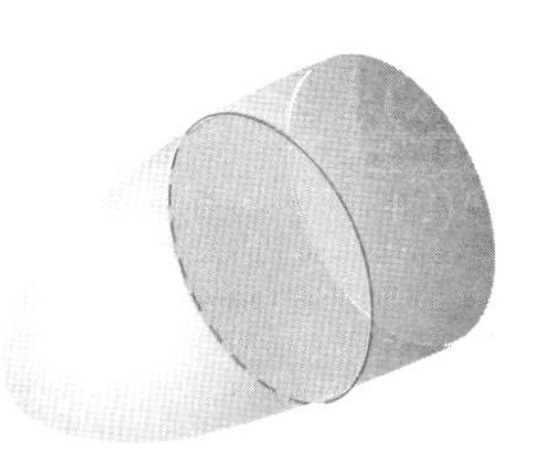

volumen de un sólido limitado por una superficie curva

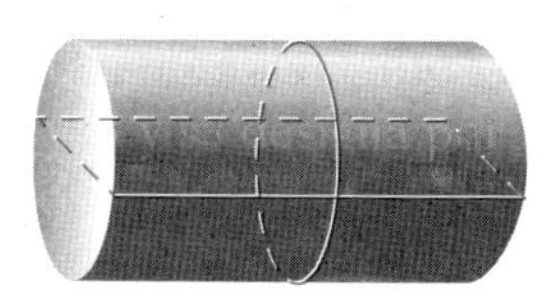

área de la superficie de un cilindro

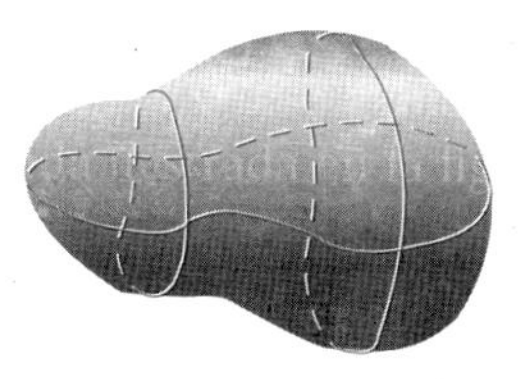

área de la superficie de un sólido más general

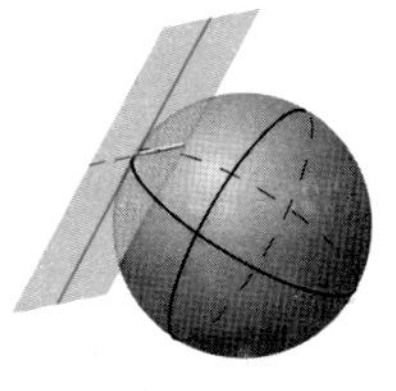

plano tangente a una esfera

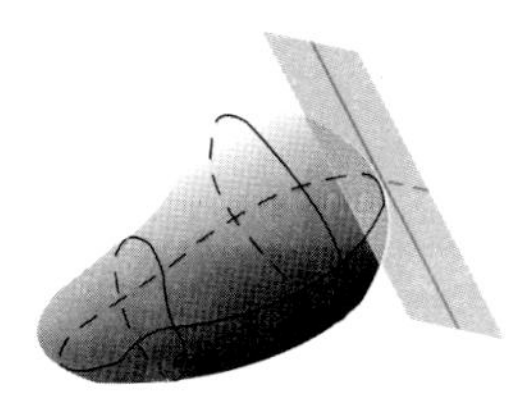

plano tangente a una superficie más general

| | |
|---|---|
| 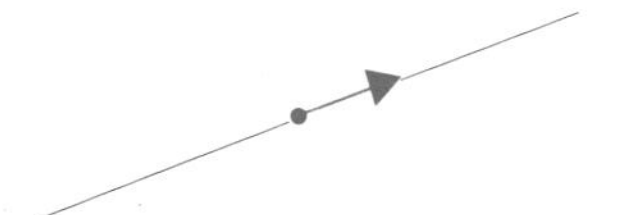 movimiento a lo largo de una recta con velocidad constante | 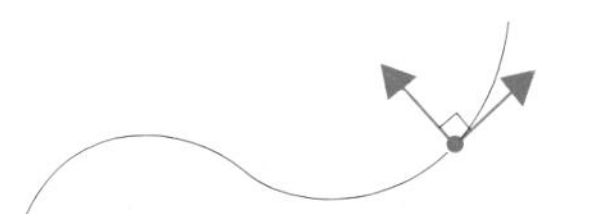 movimiento a lo largo de una curva con velocidad variable |
| 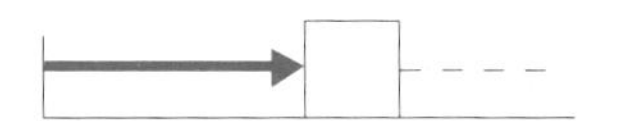 trabajo realizado por una fuerza constante | 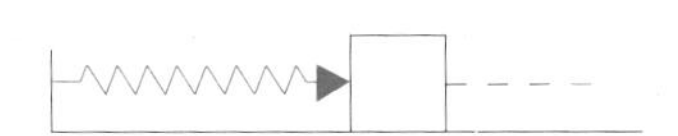 trabajo realizado por una fuerza variable |
| masa de un objeto de densidad constante | masa de un objeto de densidad variable |
| 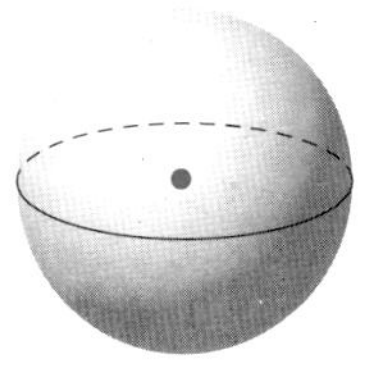 centro de gravedad de una esfera | 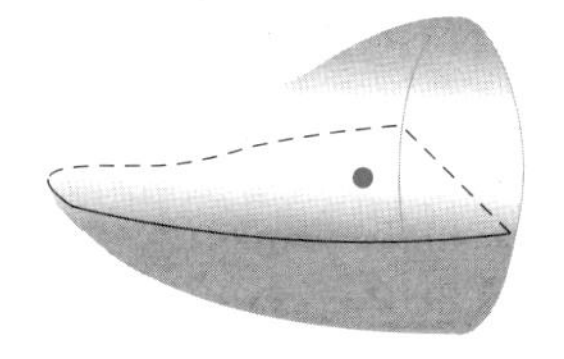 centro de gravedad de un sólido más general |

Es oportuno decir algo acerca de la historia del cálculo. Sus orígenes se remontan a la Grecia antigua. Los antiguos griegos elaboraron muchas cuestiones (a menudo paradójicas) sobre las tangentes, el movimiento, el área, lo infinitamente pequeño, lo infinitamente grande —cuestiones que se han visto aclaradas y han hallado su respuesta con el cálculo. En algunos casos, los griegos aportaron respuestas (algunas muy elegantes) pero, en general, sólo formularon las preguntas.

Después de los griegos, el progreso fue lento. La comunicación era limitada y cada erudito estaba prácticamente obligado a partir de cero. A lo largo de los siglos se concibieron algunas soluciones ingeniosas para los problemas del tipo de los que se plantea el cálculo, pero no se elaboraron técnicas generales. El progreso se vio obstaculizado por la carencia de una notación conveniente. El álgebra, fundada en el siglo noveno por los sabios árabes, no fue plenamente sistematizada hasta el siglo dieciséis. Posteriormente, en el siglo diecisiete, Descartes estableció la geometría analítica, sentando la base del desarrollo ulterior.

El invento del cálculo es atribuido a Sir Isaac Newton (1642-1727) y a Gottfried Wilhelm Leibniz (1646-1716), uno inglés y el otro alemán. El invento de Newton resultó ser una de las pocas cosas buenas que la gran epidemia de peste bubónica aportó a la humanidad. La plaga forzó el cierre de la Universidad de Cambridge en 1665 y el joven Isaac Newton, del Trinity College, volvió a su casa de Lincolnshire para pasar dieciocho meses de meditación de los cuales nacieron *su método de las fluxiones*, su *teoría de la gravitación y su teoría de la luz*. El método de las fluxiones es lo que nos concierne aquí. Un tratado con este título fue escrito por Newton en 1672, pero no fue publicado hasta 1736, nueve años después de su muerte. El nuevo método fue anunciado por primera vez en 1687, pero en términos generales muy vagos, sin simbolismo, fórmulas o aplicaciones. El propio Newton parecía muy reacio a publicar nada tangible acerca de su descubrimiento, y no es sorprendente que el desarrollo en el Continente, pese a su iniciación tardía, pronto le adelantase y superase.

Leibniz inició su trabajo en 1673, ocho años más tarde que Newton. En 1675 estableció la notación moderna básica: $dx$ y $\int$. Sus primeras publicaciones aparecieron en 1684 y 1686. Causaron poco impacto en Alemania, pero los hermanos Bernoulli de Basilea (Suiza) recogieron sus ideas y las enriquecieron con otras muchas. A partir de 1690, el cálculo creció rápidamente alcanzando, prácticamente, su estado actual en unos cien años. Algunas sutilezas teóricas no fueron plenamente resueltas hasta el siglo veinte.

## 1.2 NOCIONES Y FÓRMULAS DE LA MATEMÁTICA ELEMENTAL

Para facilitar su revisión y tener una referencia inmediata, presentamos el siguiente esquema.

### I. CONJUNTOS

| | |
|---|---|
| *el objeto x está en el conjunto A* ($x$ es un elemento de $A$) | $x \in A$ |
| *el objeto x no está en el conjunto A* | $x \notin A$ |
| *inclusión* | $A \subseteq \boldsymbol{B}$ |
| *unión* | $A \cup B$ |
| *intersección* | $A \cap B$ |
| *productos cartesianos* | $A \times B, \quad A \times B \times C$ |

| | |
|---|---|
| *conjunto vacío* | $\varnothing$ |
| *el conjunto de todos los x que verifican la propiedad P* | $\{x: P\}$ |

(Estas son las únicas nociones de la teoría de conjuntos que se necesitan en este libro. Si al lector no le son familiares, véase el apéndice A.1 al final del libro.)

II. NÚMEROS REALES

### Clasificación

| | |
|---|---|
| *enteros* | 0, 1, − 1, 2, 3, − 3, etc. |
| *números racionales* | $p/q$ con $p$ y $q$ enteros, $q \neq$ o; por ejemplo, $\frac{2}{5}$, $-\frac{9}{2}$, $\frac{4}{1} = 4$. |
| *números irracionales* | números reales que no son racionales; por ejemplo, $\sqrt{2}$, $\pi$. |

### Propiedades de orden

(i) O bien $a < b$, o $b < a$, o $a = b$. (tricotomía)
(ii) Si $a < b$ y $b < c$, entonces $a < c$.
(iii) Si $a < b$, entonces $a + c < b + c$ para todos los números reales $c$.
(iv) Si $a < b$ y $c > 0$, entonces $ac < bc$.
Si $a < b$ y $c < 0$, entonces $ac > bc$.

(Las técnicas para resolver desigualdades se repasan en la sección 1.4)

### Densidad

Entre dos números reales cualesquiera existe una infinidad de números racionales y una infinidad de números irracionales. En particular, *no existe un número real positivo minimal.*

### Valor absoluto

*definición* $|a| = \left\{ \begin{array}{ll} a, & \text{si } a \geq 0 \\ -a, & \text{si } a \leq 0 \end{array} \right].$

*otras caracterizaciones* $|a| = \max\{a, -a\}$; $|a| = \sqrt{a^2}$.

*interpretación geométrica* $|a| =$ distancia de $a$ a 0.

$|a - c| =$ distancia de $a$ a $c$.

*propiedades* (i) $|a| = 0$ si $a = 0$.[†]

(ii) $|-a| = |a|$.

[†] Con "sii" queremos decir "si y solo si". Esta expresión es tan común en matemáticas que conviene tener una abreviación.

(iii) $|ab| = |a||b|$.

(desigualdad triangular)[†] (iv) $|a + b| \leq |a| + |b|$.

(variante de la desigualdad triangular) (v) $||a| - |b|| \leq |a - b|$.

(La solución de desigualdades que implican valores absolutos se repasa en la sección 1.5)

### Intervalos

Supongamos que $a < b$. El *intervalo abierto* $(a, b)$ es el conjunto de todos los números comprendidos entre $a$ y $b$:

$$(a, b) = \{x: a < x < b\}$$

El *intervalo cerrado* $[a, b]$ es el intervalo abierto $(a, b)$ junto con los puntos extremos $a$ y $b$:

$$[a, b] = \{x: a \leq x \leq b\}.$$

Existen otros siete tipos de intervalos:

$$(a, b] = \{x: a < x \leq b\}.$$
$$[a, b) = \{x: a \leq x < b\}.$$
$$(a, \infty) = \{x: a < x\}.$$
$$[a, \infty) = \{x: a \leq x\}.$$
$$(-\infty, b) = \{x: x < b\}.$$
$$(-\infty, b] = \{x: x \leq b\}.$$
$$(-\infty, \infty) = \text{conjunto de los números reales.}$$

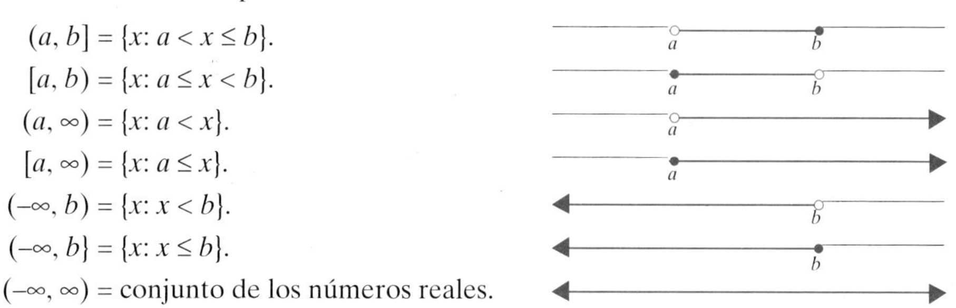

Esta notación para los intervalos es fácil de recordar: utilizamos un corchete para indicar la inclusión de un extremo; en caso contrario un paréntesis. El símbolo $\infty$, léase "infinito", no tiene ningún significado por sí solo. De la misma manera que en el lenguaje ordinario utilizamos sílabas para construir palabras sin necesidad de asignar ningún significado a las propias sílabas, en matemáticas podemos usar símbolos para construir expresiones matemáticas, sin asignar ningún significado por separado a los símbolos individuales. Mientras que $\infty$ carece de significado

---

[†] El valor absoluto de la suma de dos números no puede exceder la suma de sus valores absolutos, del mismo modo que la longitud del lado de un triángulo no puede exceder la suma de las longitudes de los otros dos lados.

propio, $(a, \infty)$, $[a, \infty)$, $(-\infty, b)$, $(-\infty, b]$, $(-\infty, \infty)$ sí tienen sentido, y es el significado que les hemos dado anteriormente.

### Acotación

Se dice que un conjunto $S$ de números reales está

(i) *acotado superiormente* sii existe un número real $M$ tal que

$$x \leq M \qquad \text{para todo } x \in S$$

Se dice que $M$ es una *cota superior* para $S$.

(ii) *acotado inferiormente* sii existe un número real $m$ tal que

$$m \leq x \qquad \text{para todo } x \in S$$

Se dice que $m$ es una *cota inferior* para $S$.

(iii) *acotado* sii está acotado superior e inferiormente.

Por ejemplo, los intervalos $(-\infty, 2]$ y $(-\infty, 2)$ están acotados superiormente, pero no inferiormente. El conjunto de los enteros positivos está acotado inferiormente pero no superiormente. Los intervalos $[0, 1]$, $(0, 1)$ y $(0, 1]$ están acotados (superior e inferiormente).

## III. ÁLGEBRA Y GEOMETRÍA

### Fórmula cuadrática general

Las raíces de una ecuación cuadrática

$$ax^2 + bx + c = 0, \quad a > 0$$

vienen dadas por

$$x = \frac{-b \pm \sqrt{b^2 - 4ac}}{2a}.$$

### Fórmulas de factorización

$$a^2 - b^2 = (a + b)(a - b),$$

$$a^3 - b^3 = (a - b)(a^2 + ab + b^2),$$

$$a^3 + b^3 = (a + b)(a^2 - ab + b^2).$$

### Polinomios

Un *polinomio* es una función de la forma

$$P(x) = a_n x^n + a_{n-1}x^{n-1} + \ldots + a_1 x + a_0$$

donde $n$ es un entero positivo. Si $a_n \neq 0$, se dice que el polinomio es de *grado n*. Recordemos el *teorema de factorización*: si $P$ es un polinomio y $c$ un número real, entonces

$$x - c \text{ es un divisor de } P(x) \quad \text{sii} \quad P(c) = 0.$$

### Factoriales

$$0! = 1, \quad 1! = 1, \quad 2! = 2 \cdot 1, \quad 3! = 3 \cdot 2 \cdot 1, \ldots .$$

En general, para cada entero positivo $n$,

$$n! = n(n-1) \ldots (2)(1).$$

### Figuras elementales

*triángulo*

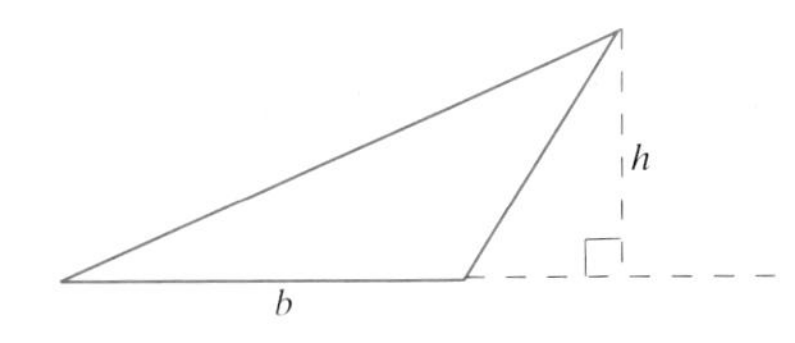


área = $\frac{1}{2}bh$

*triángulo equilátero*

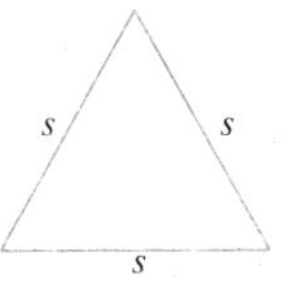


área = $\frac{1}{4}\sqrt{3}s^2$

*rectángulo*

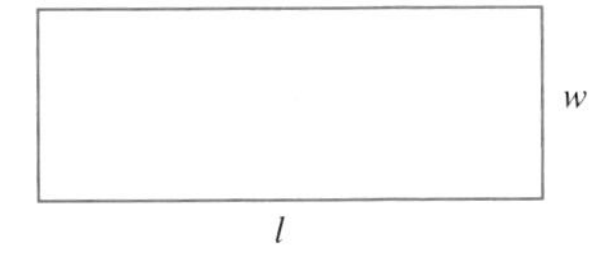


área = $lw$
perímetro = $2l + 2w$
diagonal = $\sqrt{l^2 + w^2}$

*paralelepípedo recto*

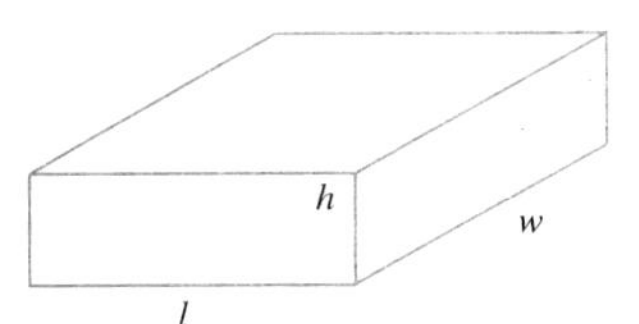


volumen = $lwh$
área de la superficie = $2lw + 2lh + 2wh$

*cuadrado*

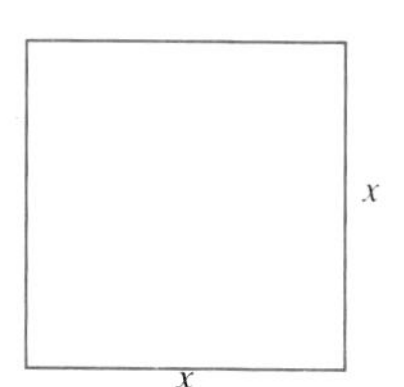


área = $x^2$
perímetro = $4x$
diagonal = $x\sqrt{2}$

*cubo*

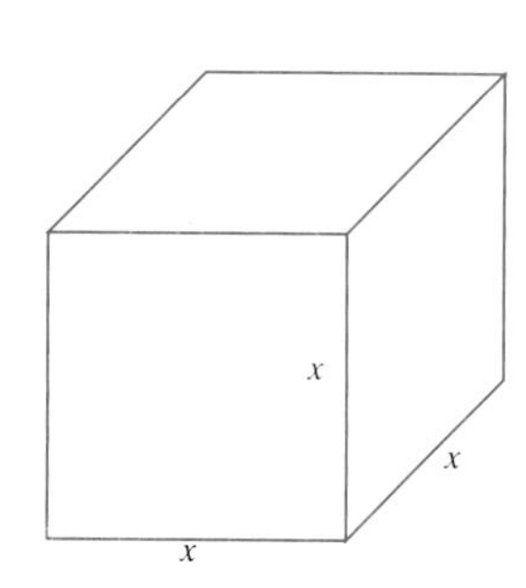


volumen = $x^3$
área de la superficie = $6x^2$

*círculo*

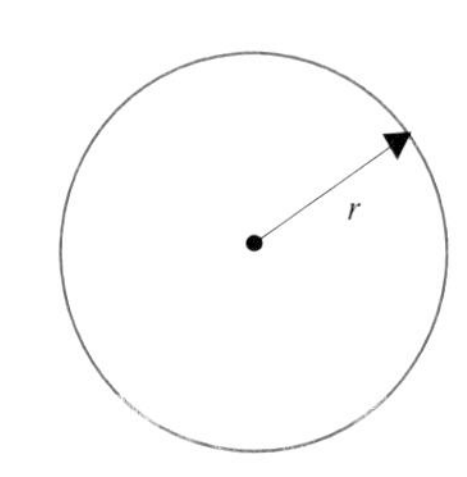


área = $\pi x^2$
circunferencia = $2\pi r$

*esfera*

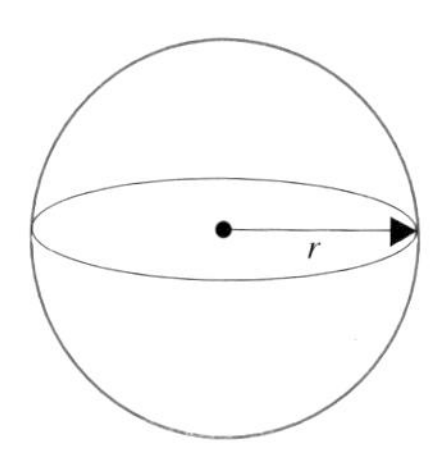


volumen = $\frac{4}{3}\pi r^3$
área de la superficie = $4\pi r^2$

*cilindro circular recto*

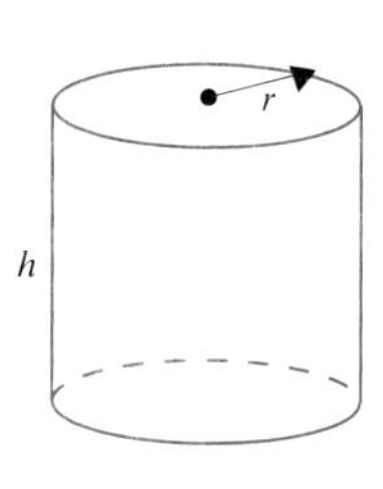


volumen = $\pi r^2 h$
área lateral = $2\pi rh$
área total = $2\pi r^2 + 2\pi rh$

*cono*

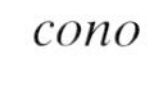

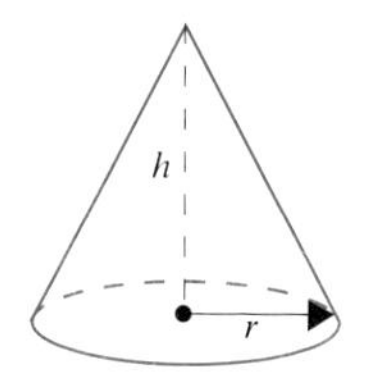


volumen = $\frac{1}{3}\pi r^2 h$
generatriz = $\sqrt{r^2 + h^2}$
área lateral = $\pi r\sqrt{r^2 + h^2}$
área total = $\pi r^2 + \pi r\sqrt{r^2 + h^2}$

IV. GEOMETRÍA ANALÍTICA

### Coordenadas rectangulares: Fórmulas de la distancia y del punto intermedio

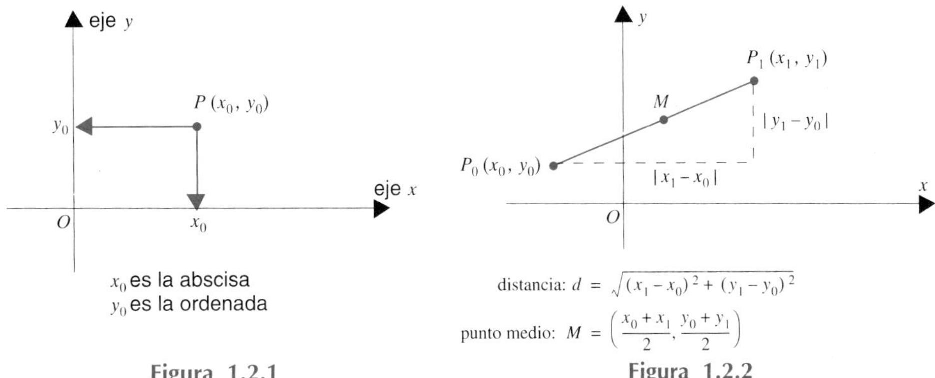


**Figura 1.2.1** **Figura 1.2.2**

### Rectas

(i) Pendiente de una recta no vertical:

$$m = \frac{y_1 - y_0}{x_1 - x_0}$$

donde $P_0(x_0, y_0)$ y $P_1(x_1, y_1)$ son dos puntos cualesquiera de la recta;

$$m = \tan \theta$$

donde $\theta$, la *inclinación* de la recta, es el ángulo formado por la recta y el eje $x$ (Figura 1.2.3).

(ii) Ecuaciones para las rectas:

| | |
|---|---|
| *forma general* | $Ax + By + C = 0$, $A$, $B$ no ambos 0. |
| *recta vertical* | $x = a$. |
| *forma de pendiente y ordenada en el origen* | $y = mx + b$. |
| *forma de punto y pendiente* | $y - y_0 = m(x - x_0)$. |
| *forma bipuntual* | $y - y_0 = \frac{y_1 - y_0}{x_1 - x_0}(x - x_0)$. |
| *forma de intersección con los ejes* | $\frac{x}{a} + \frac{y}{b} = 1$. |

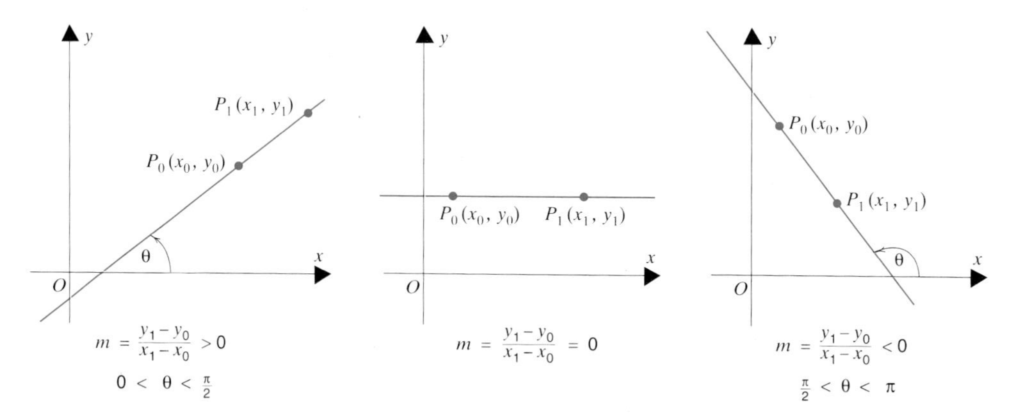


**Figura 1.2.3**

(iii) Dos rectas no verticales $l_1$: $y = m_1x + b_1$ y $l_2$: $y = m_2x + b_2$ son

*paralelas sii* $m_1 = m_2$;
*perpendiculares sii* $m_1m_2 = -1$.

El ángulo $\alpha$ (tomado entre 0 y 90°) formado por dos rectas secantes no verticales puede obtenerse de la relación

$$\tan \alpha = \left| \frac{m_2 - m_1}{1 + m_1m_2} \right|.$$

(En la sección 1.3 se proponen algunos problemas de repaso sobre rectas.)

## Ecuaciones de secciones cónicas

*círculo de radio r centrado en el origen* $x^2 + y^2 = r^2$.
*círculo de radio r y centro en* $P_0(x_0, y_0)$ $(x - x_0)^2 + (y - y_0)^2 = r^2$.
*parábolas* $x^2 = 4cy, \quad y^2 = 4cx$.
*elipse* $\frac{x^2}{a^2} + \frac{y^2}{b^2} = 1$.
*hipérbolas* $\frac{x^2}{a^2} - \frac{y^2}{b^2} = 1, \quad xy = c$.

(Las secciones cónicas se discuten con detalle en el capítulo 9.)

V. TRIGONOMETRÍA

### Medida del ángulo

$$\pi \cong 3{,}14159.^{\dagger}$$

$$2\pi \text{ radianes} = 360 \text{ grados} = \text{una rotación completa.}$$

$$\text{Un radián} = \frac{180}{\pi} \text{ grados} \cong 57{,}296 \text{ grados.}$$

$$\text{Un grado} = \frac{\pi}{180} \text{ radianes} \cong 0{,}0175 \text{ radianes.}$$

(Para una discusión de la medida en radianes, ver el apéndice A.2.)

### Sectores

En la figura 1.2.4 se muestra un sector en un círculo de radio $r$. Si $\theta$ es la medida del ángulo central en radianes, entonces

la longitud del arco subtendido $= r\theta$, el área del sector $= \frac{1}{2}r^2\theta$.

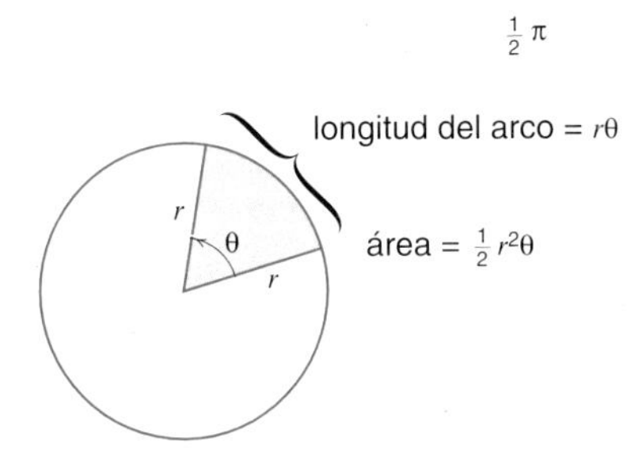


Figura 1.2.4

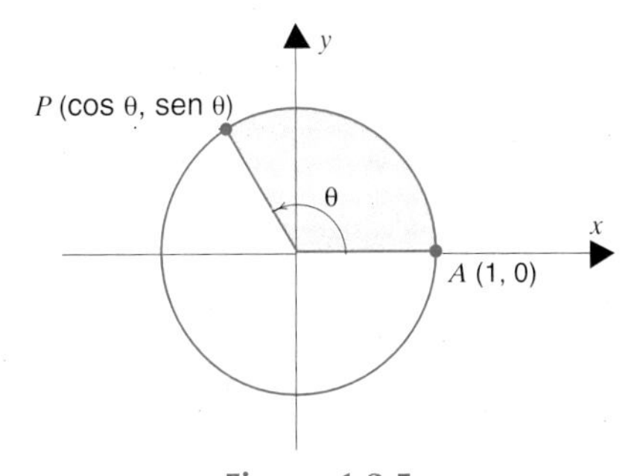


Figura 1.2.5

### Seno y coseno

Tomemos $\theta$ en el intervalo $[0, 2\pi)$. En el círculo unidad (Figura 1.2.5) tracemos el sector $OAP$ con un ángulo central de $\theta$ radianes:

$$\cos\theta = \text{coordenada } x \text{ de } P, \qquad \text{sen}\,\theta = \text{coordenada } y \text{ de } P.$$

Estas definiciones se extienden entonces por periodicidad:

$$\cos\theta = \cos(\theta + 2n\pi), \qquad \text{sen}\,\theta = \text{sen}\,(\theta + 2n\pi).$$

---

† usamos $\cong$ para indicar una igualdad aproximada.

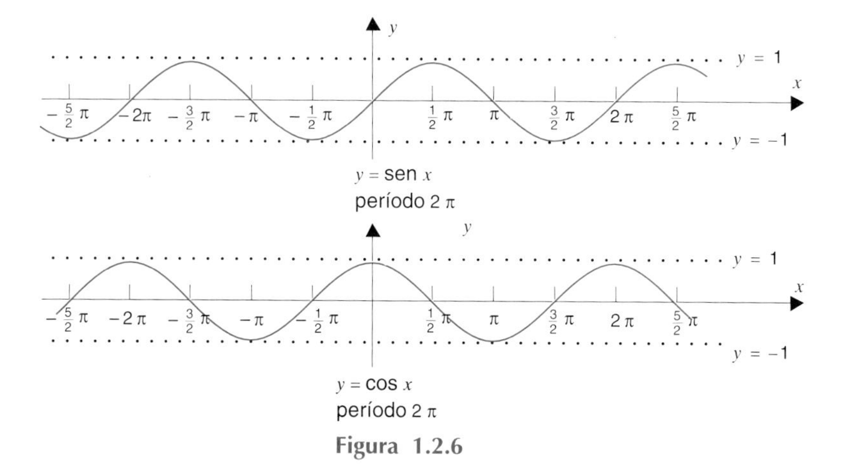


Figura 1.2.6

## Otras funciones trigonométricas

$$\tan\,\theta = \frac{\text{sen}\,\theta}{\cos\,\theta}, \quad \cot\,\theta = \frac{\cos\,\theta}{\text{sen}\,\theta},$$

$$\sec\,\theta = \frac{1}{\cos\theta}, \quad \text{cosec}\,\theta = \frac{1}{\text{sen}\,\theta}.$$

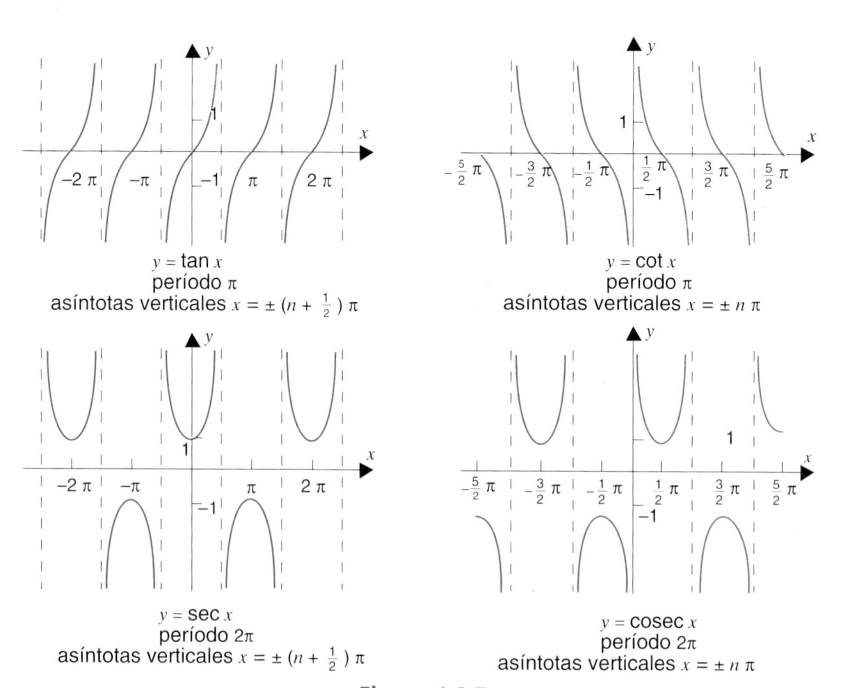


Figura 1.2.7

**En términos de un triángulo rectángulo**

Para $\theta$ entre 0 y $\frac{1}{2}\pi$,

$$\operatorname{sen}\theta = \frac{\text{lado opuesto}}{\text{hipotenusa}} \qquad \cos\theta = \frac{\text{lado adyacente}}{\text{hipotenusa}}$$

$$\tan\theta = \frac{\text{lado opuesto}}{\text{lado adyacente}} \qquad \cot\theta = \frac{\text{lado adyacente}}{\text{lado opuesto}}$$

$$\sec\theta = \frac{\text{hipotenusa}}{\text{lado adyacente}} \qquad \operatorname{cosec}\theta = \frac{\text{hipotenusa}}{\text{lado opuesto}}$$

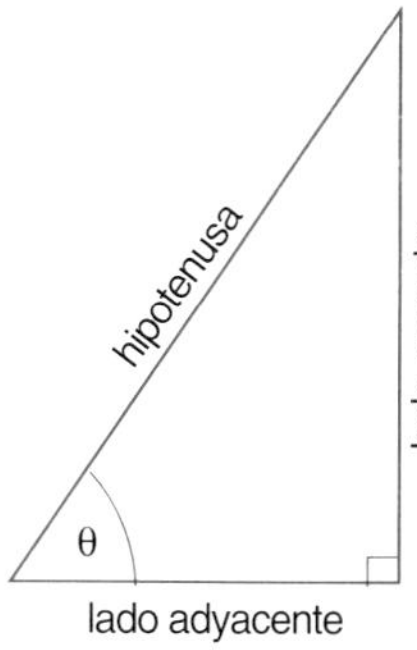

**Figura 1.2.8**

**Algunas identidades importantes**

(i) *círculo unidad*

$$\cos^2\theta + \operatorname{sen}^2\theta = 1, \quad \tan^2\theta + 1 = \sec^2\theta, \cot^2\theta + 1 = \operatorname{cosec}^2\theta.$$

(ii) *fórmulas de adición*

$$\operatorname{sen}(\theta_1 + \theta_2) = \operatorname{sen}\theta_1 \cos\theta_2 + \cos\theta_1 \operatorname{sen}\theta_2,$$
$$\operatorname{sen}(\theta_1 - \theta_2) = \operatorname{sen}\theta_1 \cos\theta_2 - \cos\theta_1 \operatorname{sen}\theta_2,$$
$$\cos(\theta_1 + \theta_2) = \cos\theta_1 \cos\theta_2 - \operatorname{sen}\theta_1 \operatorname{sen}\theta_2,$$
$$\cos(\theta_1 - \theta_2) = \cos\theta_1 \cos\theta_2 + \operatorname{sen}\theta_1 \operatorname{sen}\theta_2$$

$$\tan(\theta_1 + \theta_2) = \frac{\tan\theta_1 + \tan\theta_2}{1 - \tan\theta_1 \tan\theta_2}, \qquad \tan(\theta_1 - \theta_2) = \frac{\tan\theta_1 - \tan\theta_2}{1 + \tan\theta_1 \tan\theta_2}.$$

(iii) *fórmulas del ángulo doble*

$$\operatorname{sen} 2\theta = 2\operatorname{sen}\theta\cos\theta, \quad \cos 2\theta = \cos^2\theta - \operatorname{sen}^2\theta.$$

(iv) *fórmulas del ángulo mitad*

$$\operatorname{sen}^2\theta = \tfrac{1}{2}(1 - \cos 2\theta), \quad \cos^2\theta = \tfrac{1}{2}(1 + \cos 2\theta).$$

**Para un triángulo arbitrario**

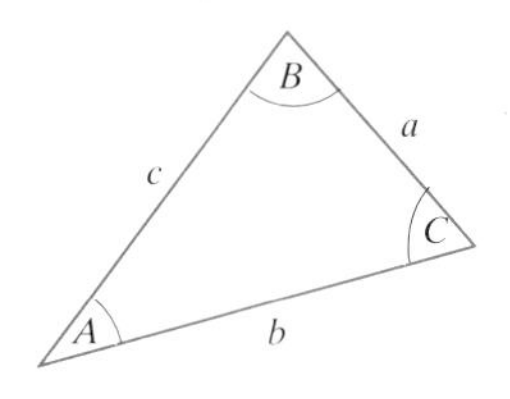

Figura 1.2.9

*área* $\frac{1}{2}ab \text{ sen } C.$

*ley de los senos* $\dfrac{\text{sen } A}{a} = \dfrac{\text{sen } B}{b} = \dfrac{\text{sen } C}{c}.$

*ley de los cosenos* $a^2 = b^2 + c^2 - 2bc \cos A.$

VI. INDUCCIÓN

**AXIOMA**
Sea $S$ un conjunto de enteros. Si 1 pertenece a $S$ y si cuando $k$ pertenece a $S$ también $k+1$ pertenece a $S$, entonces todos los enteros positivos pertenecen a $S$.

En general, usamos la inducción cuando necesitamos probar que una proposición es verdadera para todos los enteros positivos $n$. Para hacerlo, primero demostramos que la proposición se verifica para $n = 1$. Luego probamos que si es cierta para $n = k$ también lo es para $n = k + 1$. El axioma asegura entonces que la proposición es cierta para todo entero positivo $n$.

(Rara vez utilizaremos la inducción. En el apéndice A.3 hay una discusión sobre este tema).

## 1.3 ALGUNOS PROBLEMAS SOBRE RECTAS

**Problema 1.** Hallar la pendiente y la ordenada en el origen de las siguientes rectas:

$$l_1\colon 20x - 24y - 30 = 0, \qquad l_2\colon 2x - 3 = 0, \qquad l_3\colon 4y + 5 = 0.$$

*Solución.* La ecuación de $l_1$ se puede escribir

$$y = \tfrac{5}{6}x - \tfrac{5}{4}.$$

Es de la forma $y = mx + b$. La pendiente es $\frac{5}{6}$, y la ordenada en el origen es $-\frac{5}{4}$.

La ecuación de $l_2$ puede escribirse

$$x = \tfrac{3}{2}.$$

La recta es vertical y su pendiente no está definida. Puesto que la recta no tiene intersección con el eje *y*, no hay ordenada en el origen.

La tercera ecuación puede escribirse

$$y = -\tfrac{5}{4}.$$

Es una recta horizontal. Su pendiente es 0 y su ordenada en el origen es $-\tfrac{5}{4}$. Las tres rectas están representadas en la figura 1.3.1. □

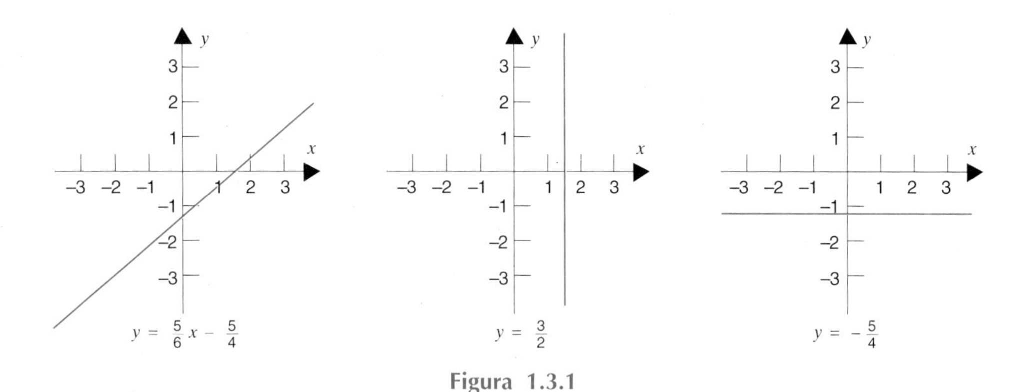


**Figura 1.3.1**

**Problema 2.** Escribir una ecuación para la recta $l_2$ paralela a

$$l_1: 3x - 5y + 8 = 0$$

y que pasa por el punto $P(-3, 2)$.

*Solución.* Podemos también escribir la ecuación de $l_1$ de la siguiente manera

$$y = \tfrac{3}{5}x + \tfrac{8}{5}.$$

La pendiente de $l_1$ es $\tfrac{3}{5}$. La pendiente de $l_2$ también tiene que ser $\tfrac{3}{5}$. (Recordatorio: para rectas paralelas no verticales $m_1 = m_2$.)

Puesto que $l_2$ pasa por $(-3, 2)$ y tiene pendiente $\tfrac{3}{5}$, podemos utilizar la fórmula en forma del punto y pendiente y obtener:

$$y - 2 = \tfrac{3}{5}(x + 3). \quad \square$$

**Problema 3.** Escribir una ecuación para la recta que es perpendicular a

$$l_1: x - 4y + 8 = 0$$

y pasa por el punto $P(2, -4)$.

*Solución.* La ecuación de $l_1$ puede escribirse

$$y = \tfrac{1}{4}x + 2.$$

La pendiente de $l_1$ es $\frac{1}{4}$. Luego la pendiente de $l_2$ es $-4$. (Recordatorio: para rectas perpendiculares no verticales $m_1 m_2 = -1$.)

Puesto que $l_2$ pasa por el punto $(2, -4)$ y tiene pendiente $-4$, podemos utilizar la fórmula del punto y pendiente para escribir la ecuación en la forma

$$y + 4 = -4(x - 2). \quad \square$$

**Problema 4.** Hallar la inclinación $\theta$ de la recta

$$3x - 4y + 2 = 0.$$

*Solución.* Primero hemos de hallar la pendiente. Escribiendo la ecuación en la forma

$$y = \tfrac{3}{4}x + \tfrac{1}{2},$$

vemos que $m = \frac{3}{4}$. Luego tenemos que $\tan\theta = \frac{3}{4} = 0{,}7500$. De la tabla 5 del final del libro deducimos que $\theta \cong 37°$. $\square$

## Ángulo formado por dos rectas

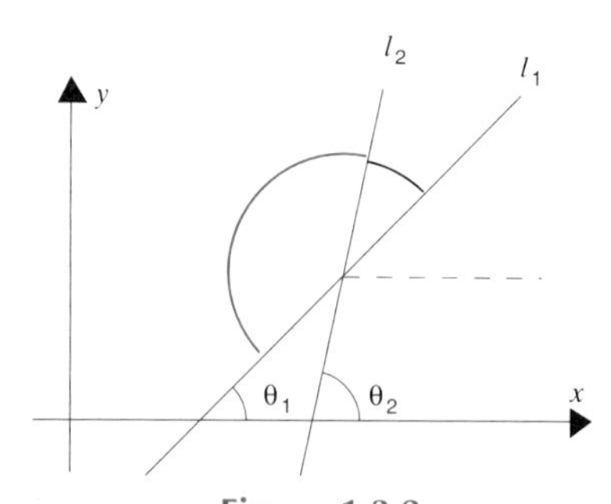


**Figura 1.3.2**

La figura 1.3.2 muestra la intersección de dos rectas $l_1$ y $l_2$, de inclinaciones $\theta_1$ y $\theta_2$. En la figura $\theta_1 < \theta_2$. Las dos rectas forman dos ángulos, $\theta_2 - \theta_1$ y $180° - (\theta_2 - \theta_1)$. Si estos dos ángulos son iguales, las rectas se cortan a 90°. Si no son iguales, se llama *ángulo formado por* $l_1$ *y* $l_2$ al más pequeño de los dos (el que tiene menos de 90°).

**Problema 5.** Hallar el punto de intersección de las dos rectas

$$x - 4y + 7 = 0 \quad \text{y} \quad 2x - 5y + 31 = 0$$

y determinar el ángulo que forman.

*Solución.* Para hallar el punto de intersección hemos de resolver el sistema formado por las dos ecuaciones. Como puede comprobar, se obtiene $x = \frac{13}{3}$, $y = \frac{17}{3}$. El punto de intersección es $P(\frac{13}{3}, \frac{17}{3})$.

Para hallar el ángulo formado por ambas rectas, hemos de calcular la inclinación de cada una de ellas:

$$\begin{aligned} x - 4y + 7 &= 0 \\ 4y &= x + 7 \\ y &= \tfrac{1}{4}x + \tfrac{7}{4} \\ \tan\theta &= \tfrac{1}{4} = 0{,}25 \\ \theta &\cong 14°. \end{aligned} \qquad \begin{aligned} 2x - 5y + 31 &= 0 \\ 5y &= 2x + 31 \\ y &= \tfrac{2}{5}x + \tfrac{31}{5} \\ \tan\theta &= \tfrac{2}{5} = 0{,}40 \\ \theta &\cong 22°. \end{aligned}$$

El ángulo formado por las rectas es aproximadamente $22° - 14° = 8°$. □

## EJERCICIOS 1.3

(Los ejercicios con numeración impar tienen las respuestas al final del Tomo II.)

Hallar la pendiente de la recta que pasa por los siguientes puntos.

**1.** $P_0(-2, 5)$, $P_1(4, 1)$.
**2.** $P_0(4, -3)$, $P_1(-2, -7)$.
**3.** $P_0(4, 2)$, $P_1(-3, 2)$.
**4.** $P_0(5, 0)$, $P_1(0, 5)$.
**5.** $P(a, b)$, $Q(b, a)$.
**6.** $P(4, -1)$, $Q(-3, -1)$.
**7.** $P(x_0, 0)$, $Q(0, y_0)$.
**8.** $O(0, 0)$, $P(x_0, y_0)$.

Hallar la pendiente y la ordenada en el origen.

**9.** $y = 2x - 4$. **10.** $6 - 5x = 0$. **11.** $3y = x + 6$.
**12.** $y = 4x - 2$. **13.** $4x = 1$. **14.** $6y - 3x + 8 = 0$.
**15.** $7x - 3y + 4 = 0$. **16.** $4y = 3$. **17.** $7y - 5 = 0$.
**18.** $4y = x - 5$.

Escribir una ecuación para las rectas con

**19.** pendiente 5 y ordenada en el origen 2. **20.** pendiente 5 y ordenada en el origen – 2.
**21.** pendiente – 5 y ordenada en el origen 2. **22.** pendiente – 5 y ordenada en el origen – 2.

Escribir una ecuación para la recta horizontal a 3 unidades

**23.** por encima del eje $x$. **24.** por debajo del eje $x$.

Escribir una ecuación de la recta vertical a 3 unidades

**25.** a la izquierda del eje $y$. **26.** a la derecha del eje $y$.

Hallar una ecuación para la recta que pasa por el punto $P(2, 7)$ y es

**27.** paralela al eje $x$. **28.** paralela al eje $y$.
**29.** paralela a la recta $3y - 2x + 6 = 0$. **30.** perpendicular a la recta $y - 2x + 5 = 0$.
**31.** perpendicular a la recta $3y - 2x + 6 = 0$. **32.** paralela a la recta $y - 2x + 5 = 0$.

Hallar la inclinación de la recta.

**33.** $x - y + 2 = 0$. **34.** $6y + 5 = 0$. **35.** $2x - 3 = 0$.
**36.** $x + y - 3 = 0$. **37.** $3x + 4y - 12 = 0$. **38.** $9x + 10y + 4 = 0$.

Escribir una ecuación para la recta con

**39.** inclinación 30° y ordenada en el origen 2.
**40.** inclinación 60° y ordenada en el origen 2.
**41.** inclinación 120° y ordenada en el origen 3.
**42.** inclinación 135° y ordenada en el origen 3.

Determinar el punto (los puntos) donde la recta corta la circunferencia

**43.** $y = x, \quad x^2 + y^2 = 1$. **44.** $y = mx, \quad x^2 + y^2 = 4$.
**45.** $4x + 3y = 24, \quad x^2 + y^2 = 25$. **46.** $y = mx + b, \quad x^2 + y^2 = b^2$.

Hallar el punto donde se cortan las rectas y determinar el ángulo que forman.

**47.** $l_1$: $4x - y - 3 = 0$, $l_2$: $3x - 4y + 1 = 0$.
**48.** $l_1$: $3x + y - 5 = 0$, $l_2$: $7x - 10y + 27 = 0$.
**49.** $l_1$: $4x - y + 2 = 0$, $l_2$: $19x + y = 0$.
**50.** $l_1$: $5x - 6y + 1 = 0$, $l_2$: $8x + 5y + 2 = 0$.

**51.** Determinar la pendiente de la recta que corta la circunferencia $x^2 + y^2 = 169$ exclusivamente en el punto $(5, 12)$.

**52.** Suponga que $l_1$ y $l_2$ son dos rectas no verticales. Si $m_1 m_2 = -1$, las dos rectas se cortan formando un ángulo recto. Demostrar que, si $l_1$ y $l_2$ no se cortan a ángulo recto, entonces el ángulo $\alpha$ que forman viene dado por la fórmula

**(1.3.1)**
$$\tan \alpha = \left|\frac{m_2 - m_1}{1 + m_1 m_2}\right|.$$

INDICACIÓN: Usar la identidad

$$\tan (A - B) = \frac{\tan A - \tan B}{1 + \tan A \tan B}.$$

---

## 1.4 DESIGUALDADES

(Todo nuestro trabajo con las desigualdades está basado en las propiedades de orden de los números reales enunciadas en la página 6.)

En esta sección y en la siguiente, nos ocuparemos de una clase de desigualdades que abundan en el cálculo: aquellas que incluyen una variable.

Resolver una ecuación en $x$ es hallar el conjunto de los números $x$ para los cuales se verifica la ecuación. Resolver una desigualdad en $x$ es hallar el conjunto de los números $x$ para los cuales la desigualdad se verifica.

La manera de resolver una desigualdad es muy parecida a la que usamos para resolver una ecuación, pero existe una diferencia importante. Podemos conservar una desigualdad sumándole el mismo número a ambos miembros, o restándole el mismo número a ambos miembros, o multiplicando o dividiendo ambos miembros por un mismo número *positivo*. Pero si multiplicamos o dividimos por un número *negativo*, entonces la desigualdad se *invierte*:

$$x - 2 < 4 \quad \text{da} \quad x < 6, \qquad x + 4 < 2 \quad \text{da} \quad x < 2, \qquad \tfrac{1}{2}x < 4 \quad \text{da} \quad x < 8,$$

pero

$$-\tfrac{1}{2}x < 4 \quad \text{da} \quad x > -8.$$

↑ observe

**Problema 1.** Resolver la desigualdad

$$\tfrac{1}{2}(1 + x) \leq 6.$$

*Solución.* La idea consiste en "despejar" la $x$. Podemos eliminar el factor $\frac{1}{2}$ multiplicando ambos miembros por 2. Obtenemos

$$1 + x \leq 12.$$

Restando 1 de ambos miembros resulta

$$x \leq 11.$$

Luego la solución es el intervalo $(-\infty, 11]$. □

**Problema 2.** Resolver la desigualdad

$$-3(4 - x) < 12.$$

*Solución.* Multiplicando ambos miembros de la desigualdad por $-\frac{1}{3}$, obtenemos

$$4 - x > -4. \qquad \text{(la desigualdad ha sido invertida)}$$

Restando 4, obtenemos

$$-x > -8.$$

Para despejar $x$, multiplicamos por $-1$. Esto da

$$x < 8. \qquad \text{(la desigualdad ha sido invertida de nuevo)}$$

La solución es el intervalo $(-\infty, 8)$. □

En general existen distintas maneras de resolver una determinada desigualdad. Por ejemplo, se podría haber resuelto la última desigualdad de este modo:

$$-3(4 - x) < 12,$$

$$-12 + 3x < 12,$$

$$3x < 24, \qquad \text{(hemos sumado 12)}$$

$$x < 8. \qquad \text{(dividido por 3)}$$

La manera habitual de resolver una desigualdad cuadrática es la de factorizar el polinomio de segundo grado.

**Problema 3.** Resolver la desigualdad

$$\tfrac{1}{5}(x^2 - 4x + 3) < 0.$$

*Solución.* En primer lugar eliminaremos el factor externo $\tfrac{1}{5}$ multiplicándola por 5: esto nos da

$$x^2 - 4x + 3 < 0.$$

Factorizando el polinomio cuadrático, tenemos que

$$(x - 1)(x - 3) < 0.$$

El producto $(x - 1)(x - 3)$ vale cero en 1 y 3. Marcamos estos puntos sobre la recta real (Figura 1.4.1). Los puntos 1 y 3 definen tres intervalos:

$$(-\infty, 1), \qquad (1, 3), \qquad (3, \infty).$$

En cada uno de esos intervalos el producto $(x - 1)(x - 3)$ tiene un signo constante:

| | | |
|---|---|---|
| en $(-\infty, 1)$ | [a la izquierda de 1] | signo de $(x - 1)(x - 3) = (-)(-) = +$; |
| en $(1, 3)$ | [entre 1 y 3] | signo de $(x - 1)(x - 3) = (+)(-) = -$; |
| en $(3, \infty)$ | [a la derecha de 3] | signo de $(x - 1)(x - 3) = (+)(+) = +$. |

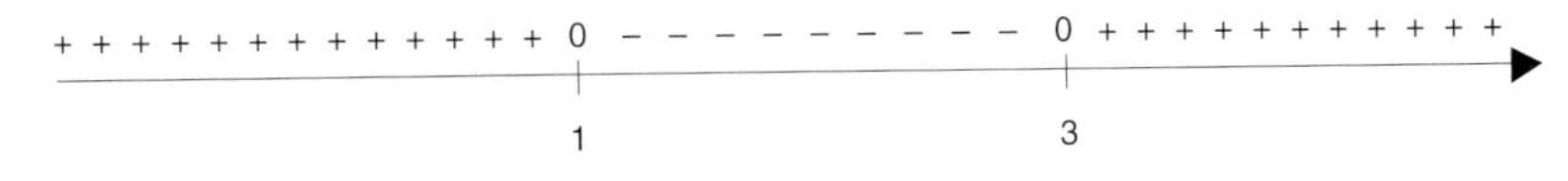


**Figura 1.4.1**

El producto $(x - 1)(x - 3)$ es negativo sólo en $(1, 3)$. La solución es el intervalo abierto $(1, 3)$. □

1 3

Más generalmente, consideremos una expresión de la forma

$$(x - a_1)(x - a_2) \ldots (x - a_n) \quad \text{con} \quad a_1 < a_2 < \ldots < a_n.$$

Una expresión de este tipo se anula en $a_1, a_2, \ldots, a_n$. Es positiva en aquellos intervalos donde un número par de términos son negativos, y es negativa en aquellos intervalos donde un número impar de términos son negativos.

Por ejemplo, consideremos la expresión

$$(x + 2)(x - 1)(x - 3).$$

Este producto se anula en $-2, 1, 3$. Es

negativo en $(-\infty, -2)$, (3 términos negativos)
positivo en $(-2, 1)$, (2 términos negativos)
negativo en $(1, 3)$, (1 término negativo)
positivo en $(3, \infty)$. (0 términos negativos)

Ver la figura 1.4.2.

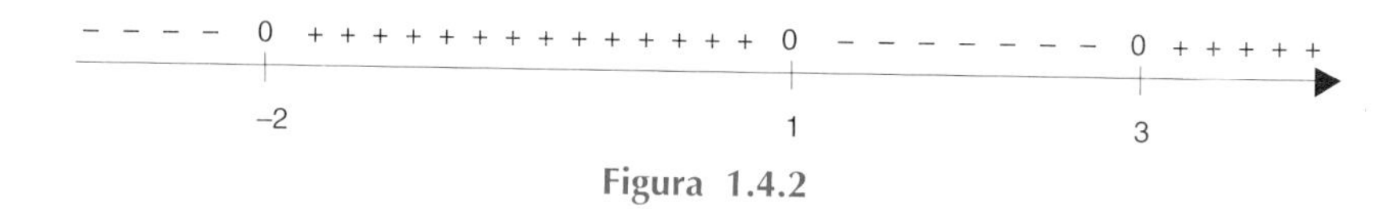


Figura 1.4.2

**Problema 4.** Resolver la desigualdad

$$(x + 3)^5(x - 1)(x - 4)^2 < 0.$$

*Solución.* Consideremos $(x + 3)^5(x - 1)(x - 4)^2$ como el producto de tres factores: $(x + 3)^5$, $(x - 1)$, $(x - 4)^2$. El producto se anula en $-3$, 1 y 4. Estos puntos definen los intervalos

$$(-\infty, -3), \quad (-3, 1), \quad (1, 4), \quad (4, \infty).$$

En cada uno de estos intervalos, el producto tiene un signo constante. Es

positivo en $(-\infty, -3)$, (2 factores negativos)
negativo en $(-3, 1)$, (1 factor negativo)
positivo en $(1, 4)$, (0 factores negativos)
positivo en $(4, \infty)$. (0 factores negativos)

Ver la figura 1.4.3.

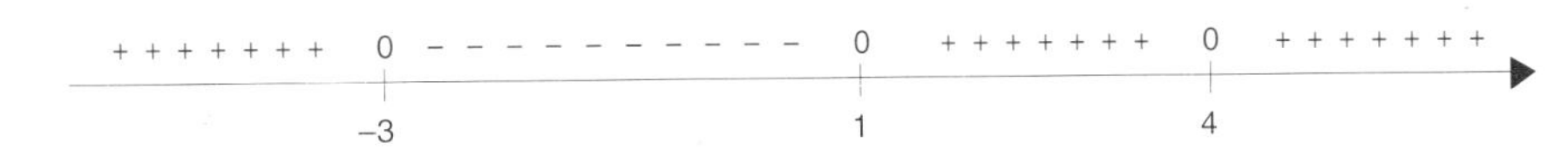


Figura 1.4.3

La solución es el intervalo abierto $(-3, 1)$. □

**Problema 5.** Resolver la desigualdad

$$x^2 + 4x - 2 \leq 0.$$

*Solución.* Para factorizar el polinomio cuadrático, empezamos por completar el cuadrado añadiendo y substrayendo 4:

$$\begin{aligned} x^2 + 4x + 4 - 4 - 2 &\leq 0 \\ (x^2 + 4x + 4) - 6 &\leq 0 \\ (x + 2)^2 - 6 &\leq 0. \end{aligned}$$

Podemos factorizar esta expresión como diferencia de dos cuadrados:

$$(x + 2 + \sqrt{6})(x + 2 - \sqrt{6}) \leq 0.$$

El producto se anula en $-2 - \sqrt{6}$ y en $-2 + \sqrt{6}$. Es negativo entre estos valores. La solución es el intervalo cerrado $[-2 - \sqrt{6}, -2 + \sqrt{6}]$. □

**Observación.** Las raíces de la ecuación cuadrática $x^2 + 4x - 2 = 0$ se podían haber obtenido por la fórmula general cuadrática. □

Para resolver desigualdades que incluyen a cocientes se utiliza el siguiente hecho

**(1.4.1)**
$$\frac{a}{b} > 0 \quad \text{sii} \quad ab > 0 \quad \text{y} \quad \frac{a}{b} < 0 \quad \text{sii} \quad ab < 0$$

**Problema 6.** Resolver la desigualdad

$$\frac{x + 2}{1 - x} > 1.$$

*Solución.*

$$\frac{x+2}{1-x} - 1 > 0,$$

$$\frac{x+2-(1-x)}{1-x} > 0,$$

$$\frac{2x+1}{1-x} > 0,$$

$$(2x+1)(1-x) > 0, \qquad \text{[por (1.4.1)]}$$

$$(2x+1)(x-1) < 0, \qquad \text{(hemos multiplicado por } -1)$$

$$(x+\tfrac{1}{2})(x-1) < 0. \qquad \text{(al dividir por 2)}$$

El producto $(x+\frac{1}{2})(x-1)$ se anula en $-\frac{1}{2}$ y 1. Como podrá comprobar, es negativo sólo en el intervalo abierto $(-\frac{1}{2}, 1)$. Este intervalo abierto es el conjunto de soluciones de nuestra desigualdad. □

**Problema 7.** Resolver la desigualdad

$$\frac{(x+3)^5(x-1)}{(x-4)^2} < 0.$$

*Solución.* Por (1.4.1) esta desigualdad tiene la misma solución que la desigualdad

$$(x+3)^5(x-1)(x-4)^2 < 0,$$

que hemos resuelto en el problema 4. □

## EJERCICIOS 1.4

Resolver las siguientes desigualdades.

**1.** $2+3x<5.$ **2.** $\frac{1}{2}(2x+3)<6.$ **3.** $16x+64\leq 16.$

**4.** $3x+5>\frac{1}{4}(x-2).$ **5.** $\frac{1}{2}(1+x)<\frac{1}{3}(1-x).$ **6.** $3x-2\leq 1+6x.$

**7.** $x^2-1<0.$ **8.** $x^2+x-2\leq 0.$ **9.** $4(x^2-3x+2)>0.$

**10.** $x^2+9x+20<0.$ **11.** $x(x-1)(x-2)>0.$ **12.** $x(2x-1)(3x-5)\leq 0.$

**13.** $x^3-2x^2+x\geq 0.$ **14.** $x^2-4x+4\leq 0.$ **15.** $x^2+1>4x.$

**16.** $2 - x^2 \geq -4x$.

**17.** $\frac{1}{2}(1 + x)^2 < \frac{1}{3}(1 - x)^2$.

**18.** $2x^2 + 9x + 6 \geq x + 2$.

**19.** $1 - 3x^2 < \frac{1}{2}(2 - x^2)$.

**20.** $6x^2 + 2x \leq (x - 1)^2$.

**21.** $\frac{1}{x} < x$.

**22.** $x + \frac{1}{x} \geq 1$.

**23.** $\dfrac{x}{x - 5} \geq 0$.

**24.** $\dfrac{x}{x + 5} < 0$.

**25.** $\dfrac{x}{x - 5} > \dfrac{1}{4}$.

**26.** $\dfrac{1}{3x - 5} < 2$.

**27.** $\dfrac{x^2 - 9}{x + 1} > 0$.

**28.** $\dfrac{x^2}{x^2 - 4} < 0$.

**29.** $x^3(x - 2)(x + 3)^2 < 0$.

**30.** $x^2(x - 3)(x + 4)^2 > 0$.

**31.** $x^2(x - 2)(x + 6) > 0$.

**32.** $x^3(x + 3)(x - 5) > 0$.

**33.** $5x(x - 3)^2 < 0$.

**34.** $7x(x - 4)^2 < 0$.

**35.** $\dfrac{2x}{x^2 - 4} > 0$.

**36.** $\dfrac{x^2 - 9}{3x} > 0$.

**37.** $\dfrac{x - 1}{9 - x^2} < 0$.

**38.** $\dfrac{x^2 - 4}{(x + 4)^2} < 0$.

**39.** $\dfrac{1}{x - 1} + \dfrac{4}{x - 6} > 0$.

**40.** $\dfrac{3}{x - 2} - \dfrac{5}{x - 6} < 0$.

**41.** $\dfrac{2x - 6}{x^2 - 6x + 5} < 0$.

**42.** $\dfrac{2x + 8}{x^2 + 8x + 7} > 0$.

**43.** $\dfrac{x + 3}{x^2(x - 5)} < 0$.

**44.** $\dfrac{x^2 - 4x}{x + 2} > 0$.

**45.** $\dfrac{x^2 - 4x + 3}{x^2} > 0$.

**46.** Ordenar los siguientes términos: $1,\ x,\ \sqrt{x},\ \dfrac{1}{x},\ \dfrac{1}{\sqrt{x}}$ cuando $1 < x$.

**47.** Mismo ejercicio que el anterior con $0 < x < 1$.

**48.** Comparar $\sqrt{\dfrac{x}{x + 1}}$ y $\sqrt{\dfrac{x + 1}{x + 2}}$ cuando $x > 0$.

**49.** Demostrar que $2ab \leq a^2 + b^2$.

**50.** Sean $a$ y $b$ dos números no negativos. Demostrar que

$$\text{si} \quad a^2 \leq b^2 \quad \text{entonces} \quad a \leq b.$$

**51.** Sean $a$ y $b$ dos números no negativos. Demostrar que

$$\text{si} \quad a \leq b \quad \text{entonces} \quad \sqrt{a} \leq \sqrt{b}.$$

**52.** Sean $a$ y $b$ dos números no negativos. Demostrar que su *media geométrica* $\sqrt{ab}$ no puede superar su *media aritmética* $\frac{1}{2}(a + b)$.

**53.** Demostrar que

$$\text{si} \quad 0 \leq a \leq b \quad \text{entonces} \quad \frac{a}{1 + a} \leq \frac{b}{1 + b}.$$

**54.** Sean $a, b, c$ tres números no negativos. Demostrar que

$$\text{si} \quad a \leq b + c \quad \text{entonces} \quad \frac{a}{1 + a} \leq \frac{b}{1 + b} + \frac{c}{1 + c}.$$

## 1.5 DESIGUALDADES Y VALOR ABSOLUTO

Estudiaremos en este apartado algunas desigualdades que incluyen valores absolutos. Con miras al capítulo 2 introducimos dos letras griegas: $\delta$ (delta) y $\epsilon$ (epsilon). El alfabeto griego completo se encuentra al principio de este libro.

Recuérdese que para todo número real $a$

**(1.5.1)** $$|a| = \left\{\begin{array}{lll} a, & \text{si} & a \geq 0 \\ -a, & \text{si} & a \leq 0 \end{array}\right], \quad |a| = \max\{a, -a\}, \quad |a| = \sqrt{a^2}.$$

Empezaremos con la desigualdad

$$|x| < \delta$$

donde $\delta$ es un número positivo. Decir que $|x| < \delta$ equivale a decir que $x$ se aparta menos de $\delta$ unidades de 0, o, lo que es lo mismo, que $x$ está entre $-\delta$ y $\delta$. Luego

**(1.5.2)** $$|x| < \delta \quad \text{sii} \quad -\delta < x < \delta.$$

Decir que $|x - c| < \delta$ equivale a decir que $x$ se aparta menos de $\delta$ unidades de $c$, o, lo que es lo mismo, que $x$ está entre $c - \delta$ y $c + \delta$. Luego

**(1.5.3)** $$|x - c| < \delta \quad \text{sii} \quad c - \delta < x < c + \delta.$$

Algo más delicada es la desigualdad

$$0 < |x - c| < \delta.$$

Aquí tenemos que $|x - c| < \delta$ con la condición suplementaria de que $x \neq c$. Por consiguiente

**(1.5.4)** $$0 < |x - c| < \delta \quad \text{sii} \quad c - \delta < x < c \quad \text{o} \quad c < x < c + \delta.$$

Por ejemplo, tenemos

$|x| < \frac{1}{2}$ sii $-\frac{1}{2} < x < \frac{1}{2}$; *Solución*: $(-\frac{1}{2}, \frac{1}{2})$

$|x-5| < 1$ sii $4 < x < 6$; *Solución*: $(4, 6)$

$0 < |x-5| < 1$ sii $4 < x < 5$ o $5 < x < 6$. *Solución*: $(4, 5) \cup (5, 6)$. □

**Problema 1.** Resolver la desigualdad

$$|x+2| < 3.$$

*Solución.* La desigualdad $|x+2| < 3$ se verifica sii

$$|x-(-2)| < 3 \quad \text{sii} \quad -2-3 < x < -2+3 \quad \text{sii} \quad -5 < x < 1.$$

La solución es el intervalo abierto $(-5, 1)$. □

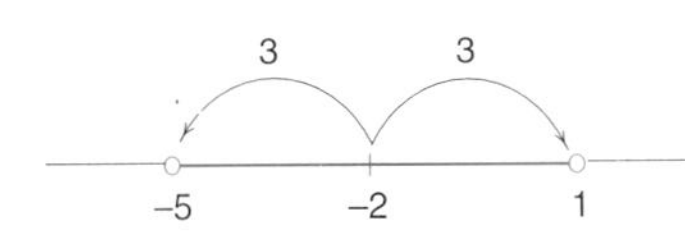


**Problema 2.** Resolver la desigualdad

$$|3x-4| < 2.$$

*Solución.* Puesto que

$$|3x-4| = \left|3\left(x-\tfrac{4}{3}\right)\right| = |3|\left|x-\tfrac{4}{3}\right| = 3\left|x-\tfrac{4}{3}\right|,$$

la desigualdad puede escribirse

$$3\left|x-\tfrac{4}{3}\right| < 2.$$

Esto da que $\left|x-\frac{4}{3}\right| < \frac{2}{3}$. Luego

$$\tfrac{4}{3}-\tfrac{2}{3} < x < \tfrac{4}{3}+\tfrac{2}{3},$$
$$\tfrac{2}{3} < x < 2.$$

La solución es el intervalo abierto $(\frac{2}{3}, 2)$ . □

Sea $\epsilon > 0$. Si se piensa en $|a|$ como la distancia entre $a$ y 0, entonces es evidente que

(1.5.5)

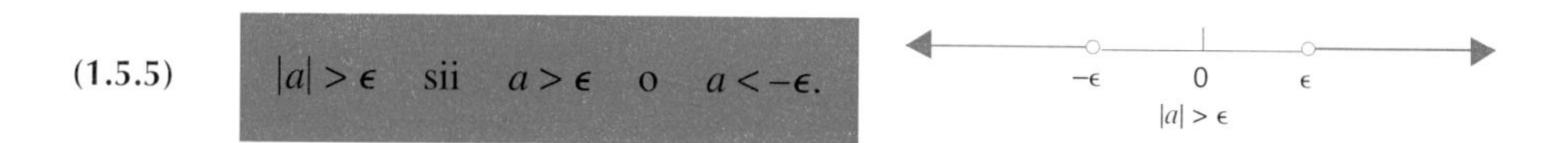


**Problema 3.** Resolver la desigualdad

$$|2x + 3| > 5.$$

*Solución.* Como acabamos de ver, en general

$$|a| > \epsilon \quad \text{sii} \quad a > \epsilon \quad \text{o} \quad a < -\epsilon.$$

Luego, aquí

$$2x + 3 > 5 \quad \text{o} \quad 2x + 3 < -5.$$

La primera posibilidad nos da que $2x > 2$, luego

$$x > 1.$$

1

La segunda posibilidad nos da que $2x < -8$, luego

$$x < -4.$$

–4

La solución total es por lo tanto la unión

$$(-\infty, -4) \cup (1, \infty). \quad \square$$

–4 1

Llegamos ahora a una de las desigualdades fundamentales del cálculo: para dos números reales $a$ y $b$.

**(1.5.6)**

$$|a + b| \leq |a| + |b|.$$

Se la denomina *desigualdad triangular* por analogía con el principio geométrico "en un triángulo, la longitud de cada lado es inferior o igual a la suma de las longitudes de los otros dos lados".

Demostración de la desigualdad triangular. La demostración es fácil si se piensa en $|x|$ como $\sqrt{x^2}$. Obsérvese, en primer lugar, que

$$(a+b)^2 = a^2 + 2ab + b^2 \leq |a|^2 + 2|a||b| + |b|^2 = (|a| + |b|)^2.$$

Comparando los extremos de la desigualdad y tomando raíces cuadradas, obtenemos

$$\sqrt{(a+b)^2} \leq |a| + |b|. \qquad \text{(Ejercicio 50, Sección 1.4)}$$

El resultado se obtiene observando que

$$\sqrt{(a+b)^2} = |a+b|. \quad \square$$

La variante de la desigualdad triangular que aparece a continuación también se presenta en el cálculo: para $a$ y $b$ números reales cualesquiera

**(1.5.7)**
$$||a| - |b|| \leq |a - b|.$$

La demostración se deja como ejercicio.

## EJERCICIOS 1.5

Resolver las siguientes desigualdades.

**1.** $|x| < 2$.
**2.** $|x| \geq 1$.
**3.** $|x| > 3$.
**4.** $|x - 1| < 1$.
**5.** $|x - 2| < \frac{1}{2}$.
**6.** $\left|x - \frac{1}{2}\right| < 2$.
**7.** $|x + 2| < \frac{1}{4}$.
**8.** $|x - 3| < \frac{1}{4}$.
**9.** $0 < |x| < 1$.
**10.** $0 < |x| < \frac{1}{2}$.
**11.** $0 < |x - 2| < \frac{1}{2}$.
**12.** $0 < \left|x - \frac{1}{2}\right| < 2$.
**13.** $0 < |x - 3| < 8$.
**14.** $0 < |x - 2| < 8$.
**15.** $|2x - 3| < 1$.
**16.** $3x - 5 < 3$.
**17.** $|2x + 1| < \frac{1}{4}$.
**18.** $|5x - 3| < \frac{1}{2}$.
**19.** $|2x + 5| > 3$.
**20.** $|3x + 1| > 5$.
**21.** $|5x - 1| > 9$.

Hallar una desigualdad de la forma $|x - c| < \delta$ cuya solución sea el intervalo abierto dado.

**22.** $(-2, 2)$.
**23.** $(-3, 3)$.
**24.** $(0, 4)$.
**25.** $(-3, 7)$.
**26.** $(-4, 0)$.
**27.** $(-7, 3)$.

Determinar todos los valores de $A > 0$ para los cuales el enunciado siguiente es cierto.

**28.** Si $|x - 2| < 1$, entonces $|2x - 4| < A$.

**29.** Si $|x - 2| < A$, entonces $|2x - 4| < 3$.

**30.** Si $|x + 1| < A$, entonces $|3x + 3| < 4$.

**31.** Si $|x + 1| < 2$, entonces $|3x + 3| < A$.

**32.** Demostrar que para cualesquiera números reales $a$ y $b$ se verifica

$$|a - b| \leq |a| + |b|.$$

**33.** Demostrar (1.5.7). SUGERENCIA: Calcular $||a| - |b||^2$ y utilizar el hecho de que $ab \leq |a||b|$.

**34.** Demostrar que la igualdad se cumple en (1.5.6) sii $ab \geq 0$.

---

## 1.6 FUNCIONES

Los procesos fundamentales del cálculo llamados *diferenciación* e *integración* son procesos que se aplican a funciones. Para entender estos procesos y poder llevarlos a cabo hay que estar totalmente familiarizado con las funciones. Repasamos a continuación algunas de las nociones básicas.

### Dominio, imagen, gráfica

En primer lugar, necesitamos una definición operativa de la palabra *función*. Sea $D$ un conjunto de números reales. Por *función* definida en $D$ entenderemos una regla por la cual, a cada número de $D$ se le asigna un único número. El conjunto $D$ se llama *dominio* de la función. El conjunto de todos los números asociados a cada uno de los de $D$ por la función (el conjunto de los valores que toma la función) recibe el nombre de *imagen* de la función.

A continuación daremos algunos ejemplos. Empezaremos con la función cuadrado.

$$f(x) = x^2, \quad x \text{ real}.$$

El dominio de $f$ viene explícitamente dado como el conjunto de todos los números reales. Cuando $x$ recorre todos los números reales, $x^2$ recorre todos los números reales no negativos. Por consiguiente, la imagen es $[0, \infty)$. En forma abreviada podemos escribir

$$\text{dom}(f) = (-\infty, \infty) \quad \text{e} \quad \text{Im}(f) = [0, \infty)$$

y decir que $f$ *aplica* $(-\infty, \infty)$ *sobre* $[0, \infty)$.

Consideremos ahora la función

$$g(x) = \sqrt{x + 4}, \quad x \in [0, 5].$$

El dominio de $g$ es el intervalo cerrado [0, 5]. En 0, $g$ toma el valor 2:

$$g(0) = \sqrt{0+4} = \sqrt{4} = 2.$$

En 5, $g$ toma el valor 3:

$$g(5) = \sqrt{5+4} = \sqrt{9} = 3.$$

Cuando $x$ toma todos los valores entre 0 y 5, $g(x)$toma todos los valores entre 2 y 3. La imagen de $g$ es, en consecuencia, el intervalo cerrado [2, 3]. En forma abreviada

$$\text{dom}(g) = [0, 5], \quad \text{Im}(g) = [2, 3]$$

La función $g$ aplica [0, 5] sobre [2, 3].

Si $f$ es una función de dominio $D$, la *gráfica* de $f$ es, por definición, el conjunto de todos los puntos

$$P(x, f(x)) \quad \text{con} \quad x \in D.$$

La gráfica de la función cuadrado

$$f(x) = x^2, \quad x \text{ real}$$

es la parábola representada en la figura 1.6.1. La gráfica de la función

$$g(x) = \sqrt{x+4}, \quad x \in [0, 5]$$

es el arco dibujado en la figura 1.6.2.

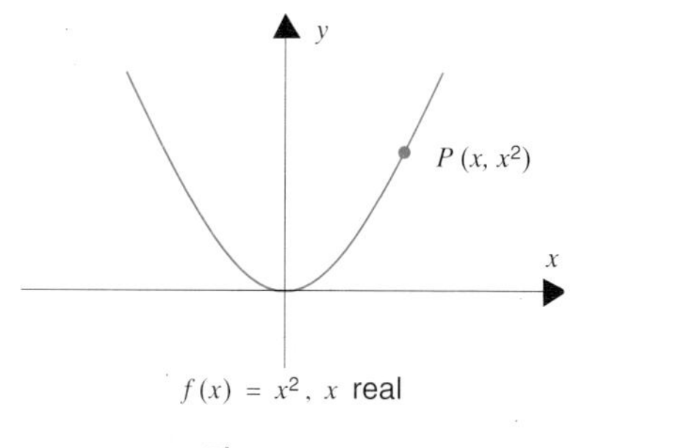


Figura 1.6.1

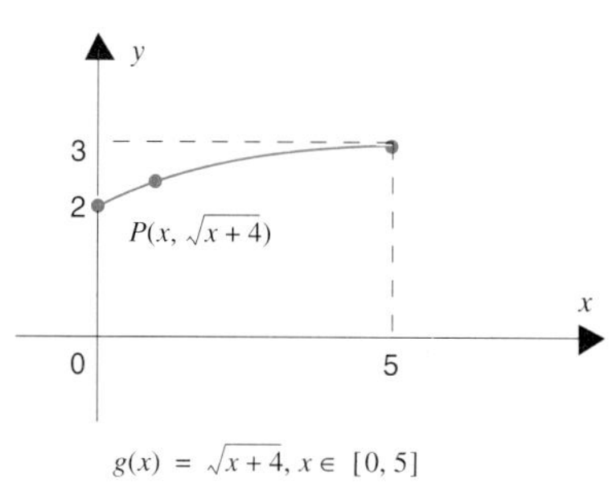


Figura 1.6.2

Frecuentemente el dominio de una función no viene dado explícitamente. Por ejemplo, podríamos escribir

$$f(x) = x^3 \quad \text{o} \quad f(x) = \sqrt{x} \qquad \text{(Figura 1.6.3)}$$

sin dar más explicaciones. En tales casos, se toma como dominio el conjunto máximo de números reales $x$ para los cuales $f(x)$ es también un número real. Para la función cúbica se toma $\text{dom}(f) = (-\infty, \infty)$, mientras que para la función raíz cuadrada se toma $\text{dom}(f) = [0, \infty)$.

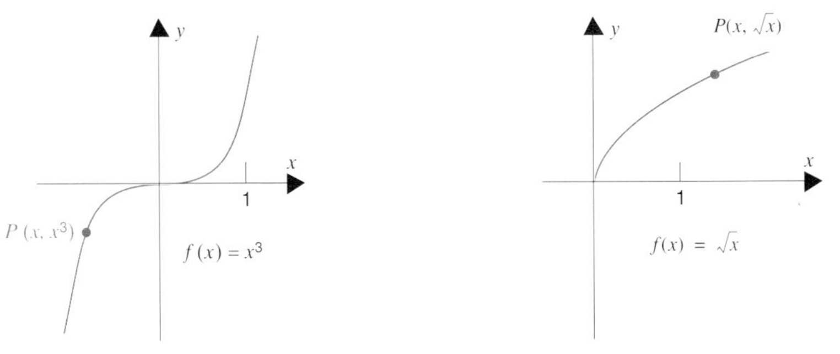


Figura 1.6.3

**Problema 1.** Hallar el dominio y la imagen de

$$f(x) = \frac{1}{\sqrt{2-x}} + 5.$$

*Solución.* En primer lugar, busquemos el dominio. Para que $\sqrt{2-x}$ tenga sentido, necesitamos que $2 - x \geq 0$, luego que $x \leq 2$. Pero en $x = 2$, $\sqrt{2-x} = 0$ y su recíproco no está definido. Hemos de restringirnos, en consecuencia, a $x < 2$. El dominio es $(-\infty, 2)$.

Determinemos ahora la imagen. Cuando $x$ recorre $(-\infty, 2)$, $\sqrt{2-x}$ toma todos los valores positivos y lo mismo le ocurre a su recíproca. La imagen de $f$ es $(5, \infty)$. □

## Combinaciones algebraicas de funciones

Las funciones que tienen un dominio común se pueden sumar y restar:

$$(f+g)(x) = f(x) + g(x), \qquad (f-g)(x) = f(x) - g(x).$$

Se pueden multiplicar:

$$(fg)(x) = f(x)g(x).$$

Si $g(x) \neq 0$, podemos formar la recíproca de $g$:

$$\left(\frac{1}{g}\right)(x) = \frac{1}{g(x)},$$

y también el cociente

$$\left(\frac{f}{g}\right)(x) = \frac{f(x)}{g(x)}.$$

Con $\alpha$ y $\beta$ reales, podemos *multiplicar por escalares*:

$$(\alpha f)(x) = \alpha f(x)$$

y formar *combinaciones lineales*

$$(\alpha f + \beta g)(x) = \alpha f(x) + \beta g(x).$$

**Ejemplo 2.** Si

$$f(x) = x^3 + x - 1 \quad \text{y} \quad g(x) = 3x^2 + 4,$$

entonces

$$(f+g)(x) = (x^3 + x - 1) + (3x^2 + 4) = x^3 + 3x^2 + x + 3,$$
$$(f-g)(x) = (x^3 + x - 1) - (3x^2 + 4) = x^3 - 3x^2 + x - 5,$$
$$\left(\frac{1}{g}\right)(x) = \frac{1}{3x^2+4}, \quad \left(\frac{f}{g}\right)(x) = \frac{x^3 + x - 1}{3x^2+4}, \quad (6f)(x) = 6(x^3 + x - 1),$$
$$(6f - 5g)(x) = 6(x^3 + x - 1) - 5(3x^2 + 4) = 6x^3 - 15x^2 + 6x - 26. \quad \square$$

**Ejemplo 3.** Consideremos ahora dos funciones definidas a trozos:

$$f(x) = \begin{cases} 1 - x^2, & x \leq 0 \\ x, & x > 0 \end{cases}, \quad g(x) = \begin{cases} -2x, & x < 1 \\ 1 - x, & x \geq 1 \end{cases}.$$

Para hallar $f + g$, $f - g$, $fg$, hemos de ajustar los trozos entre sí; es decir que se ha de fraccionar el dominio de ambas funciones de la misma manera:

$$f(x) = \begin{cases} 1 - x^2, & x \leq 0 \\ x, & 0 < x < 1 \\ x, & 1 \leq x \end{cases}, \quad g(x) = \begin{cases} -2x, & x \leq 0 \\ -2x, & 0 < x < 1 \\ 1 - x, & 1 \leq x \end{cases}.$$

El resto no presenta dificultad.

$$(f+g)(x) = f(x)+g(x) = \left\{\begin{array}{rr} 1-2x-x^2, & x\le 0 \\ -x, & 0<x<1 \\ 1, & 1\le x \end{array}\right],$$

$$(f-g)(x) = f(x)-g(x) = \left\{\begin{array}{rr} 1+2x-x^2, & x\le 0 \\ 3x, & 0<x<1 \\ -1+2x, & 1\le x \end{array}\right],$$

$$(fg)(x) = f(x)g(x) = \left\{\begin{array}{rr} -2x+2x^3, & x\le 0 \\ -2x^2, & 0<x<1 \\ x-x^2, & 1\le x \end{array}\right]. \quad \square$$

## EJERCICIOS 1.6

Hallar el número, o los números, si los hay, en los que $f$ toma el valor 1.

**1.** $f(x) = |2-x|$. **2.** $f(x) = \sqrt{1+x}$. **3.** $f(x) = x^2+4x+5$.
**4.** $f(x) = 4+10x-x^2$. **5.** $f(x) = 1+\operatorname{sen} x$. **6.** $f(x) = \tan x$.
**7.** $f(x) = \cos 2x$. **8.** $f(x) = -1+\cos x$.

Hallar el dominio y la imagen

**9.** $f(x) = |x|$. **10.** $g(x) = x^2-1$. **11.** $f(x) = 2x-1$.
**12.** $g(x) = \sqrt{x}-1$. **13.** $f(x) = \dfrac{1}{x^2}$. **14.** $g(x) = \dfrac{1}{x}$.
**15.** $f(x) = \sqrt{1-x}$. **16.** $g(x) = \sqrt{x-1}$. **17.** $f(x) = \sqrt{1-x}-1$.
**18.** $g(x) = \sqrt{x-1}-1$. **19.** $f(x) = \dfrac{1}{\sqrt{1-x}}$. **20.** $g(x) = \dfrac{1}{\sqrt{4-x^2}}$.
**21.** $f(x) = |\operatorname{sen} x|$. **22.** $f(x) = \operatorname{sen}^2 x+\cos^2 x$. **23.** $f(x) = 2\cos 3x$.
**24.** $f(x) = \sqrt{\cos^2 x}$. **25.** $f(x) = 1+\tan^2 x$. **26.** $f(x) = 1+\operatorname{sen} x$.

Bosquejar la gráfica de las siguientes funciones

**27.** $f(x) = 1$. **28.** $f(x) = -1$. **29.** $f(x) = 2x$.
**30.** $f(x) = 2x+1$. **31.** $f(x) = \frac{1}{2}x$. **32.** $f(x) = -\frac{1}{2}x$.
**33.** $f(x) = \frac{1}{2}x+2$. **34.** $f(x) = -\frac{1}{2}x-3$. **35.** $f(x) = \sqrt{4-x^2}$.
**36.** $f(x) = \sqrt{9-x^2}$. **37.** $f(x) = 3\operatorname{sen} 2x$. **38.** $f(x) = 1+\operatorname{sen} x$.

**39.** $f(x) = 1 - \cos x$. **40.** $f(x) = \tan \frac{1}{2}x$. **41.** $f(x) = \sqrt{\text{sen}^2 x}$.

**42.** $f(x) = -2 \cos x$.

Bosquejar la gráfica, especificando el dominio y la imagen.

**43.** $f(x) = \begin{cases} -1, & x < 0 \\ 1, & x > 0 \end{cases}$. **44.** $f(x) = \begin{cases} x^2, & x \le 0 \\ 1 - x, & x > 0 \end{cases}$.

**45.** $f(x) = \begin{cases} 1 + x, & 0 \le x \le 1 \\ x, & 1 < x < 2 \\ \frac{1}{2}x + 1, & 2 \le x \end{cases}$. **46.** $f(x) = \begin{cases} x^2, & x < 0 \\ -1, & 0 < x < 2 \\ x, & 2 < x \end{cases}$.

**47.** Dado que

$$f(x) = \sqrt{x} + \frac{1}{\sqrt{x}} \quad \text{y} \quad g(x) = \sqrt{x} - \frac{1}{\sqrt{x}},$$

hallar (a) $6f + 3g$, (b) $fg$, (c) $f/g$.

**48.** Dado que

$$f(x) = \begin{cases} x, & x \le 0 \\ -1, & x > 0 \end{cases} \quad \text{y} \quad g(x) = \begin{cases} -x, & x < 1 \\ x^2, & x \ge 1 \end{cases},$$

hallar (a) $f + g$, (b) $f - g$, (c) $fg$.

**49.** Dado que

$$f(x) = \begin{cases} 1 - x, & x \le 1 \\ 2x - 1, & x > 1 \end{cases} \quad \text{y} \quad g(x) = \begin{cases} 0, & x < 2 \\ -1, & x \ge 2 \end{cases},$$

hallar (a) $f + g$, (b) $f - g$, (c) $fg$.

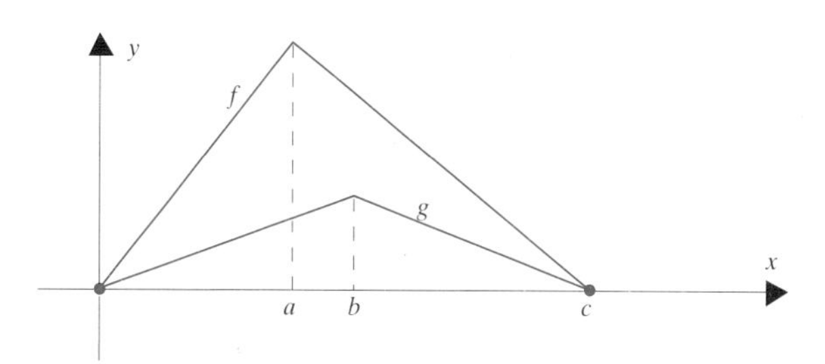


**Figura 1.6.4**

Bosquejar las gráficas de las siguientes funciones, siendo $f$ y $g$ las de la figura 1.6.4.

**50.** $2f$. **51.** $\frac{1}{2}f$. **52.** $-f$. **53.** $2g$. **54.** $\frac{1}{2}g$. **55.** $-2g$.

**56.** $f+g$. **57.** $f-g$. **58.** $f+2g$.

### Funciones pares, funciones impares

**(1.6.1)** Se dice que una función $f$ es par sii $f(-x)=f(x)$ para todo $x \in \text{dom}(f)$.
Se dice que una función $f$ es impar sii $f(-x)=-f(x)$ para todo $x \in \text{dom}(f)$.

La gráfica de una función par es simétrica respecto del eje $y$ (Figura 1.6.5). La gráfica de una función impar es simétrica respecto del origen (Figura 1.6.6).

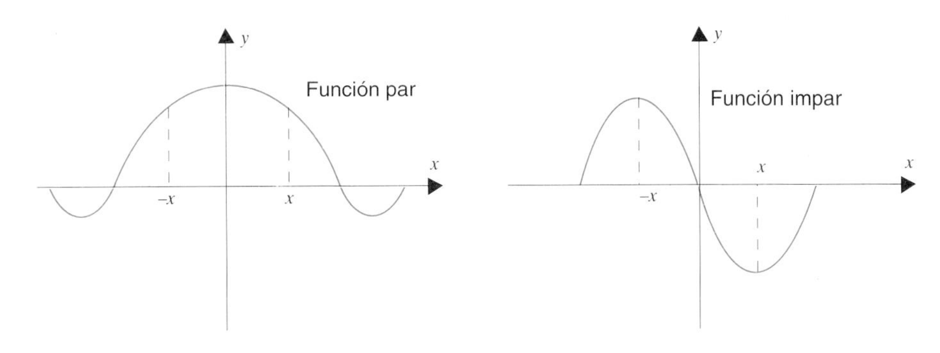


Figura 1.6.5 Figura 1.6.6

Determinar cuándo la función es impar, par o ninguna de las dos cosas.

**59.** $f(x)=x^3$. **60.** $f(x)=x^2$. **61.** $g(x)=x(x-1)$.

**62.** $g(x)=x(x^2+1)$. **63.** $f(x) = \dfrac{x^2}{1-|x|}$. **64.** $f(x) = x+\dfrac{1}{x}$.

**65.** $f(x)=\text{sen}\, x$. **66.** $f(x)=\tan x$. **67.** $f(x)=\cos x$.

**68.** ¿Qué puede decirse del producto de dos funciones impares?

**69.** ¿Qué puede decirse del producto de dos funciones pares?

**70.** ¿Qué puede decirse del producto de una función impar y de otra par?

**71.** Una función $f$ es definida para todos los números reales de la siguiente manera para $x \geq 0$:

$$f(x) = \left\{ \begin{array}{ll} x, & 0 \leq x \leq 1 \\ 1, & 1 < x \end{array} \right].$$

¿Cómo está definida $f$ para $x < 0$ (a) si es par? (b) si es impar?

**72.** Mismo ejercicio que el anterior con $f(x) = x^2 - x,\ x \geq 0$.

**73.** Dada una función $f$ definida para todos los números reales, demostrar que la función $g(x) = f(x) + f(-x)$ es una función par.

**74.** Demostrar que toda función definida para todos los números reales puede escribirse como suma de una función par y otra impar.

---

## 1.7 COMPOSICIÓN DE FUNCIONES

En la sección anterior hemos visto cómo combinar algebraicamente las funciones. Hay otro modo de combinarlas, llamado *composición*. Para describirlo, empezamos con dos funciones $f$ y $g$ y un número $x$ del dominio de $g$. Aplicando $g$ a $x$ obtenemos el número $g(x)$. Si $g(x)$ pertenece al dominio de $f$, podemos aplicar $f$ a $g(x)$ y obtener el número $f(g(x))$.

¿Qué es $f(g(x))$? Es el resultado de aplicar primeramente $g$ a $x$ y, a continuación, aplicar $f$ a $g(x)$. La idea queda ilustrada en la figura 1.7.1.

Si la imagen de $g$ está completamente contenida en el dominio de $f$ (es decir, si cada uno de los valores que toma $g$ pertenece al dominio de $f$), podemos formar $f(g(x))$ para cada $x$ del dominio de $g$ y de este modo construir una nueva función. Esa nueva función —que a cada $x$ del dominio de $g$ le asocia el valor $f(g(x))$— recibe el nombre de *composición* de $f$ y $g$ y se denota por medio del símbolo $f \circ g$. ¿Qué es la función $f \circ g$? Es la función que resulta de aplicar primero $g$ y, a continuación, $f$ (Figura 1.7.2).

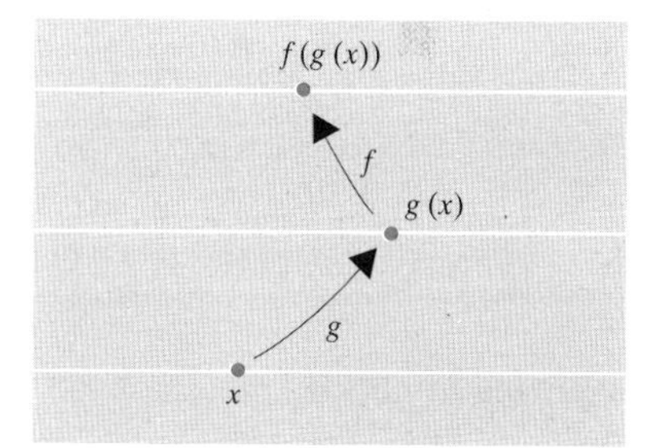

Figura 1.7.1

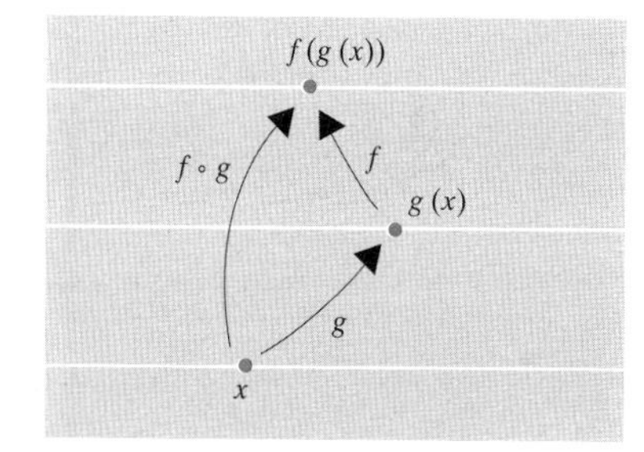

Figura 1.7.2

**DEFINICIÓN 1.7.1 COMPOSICIÓN**

Si la imagen de la función $g$ está contenida en el dominio de la función $f$, la *composición* $f \circ g$ (se lee "$g$ compuesta con $f$") es la función definida en el dominio de $g$ por

$$(f \circ g)(x) = f(g(x)).$$

**Ejemplo 1.** Supongamos que

$$g(x) = x^2 \qquad \text{(la función cuadrado)}$$

y

$$f(x) = x + 1. \qquad \text{(función que añade 1)}$$

entonces

$$(f \circ g)(x) = f(g(x)) = g(x) + 1 = x^2 + 1.$$

En otras palabras, $f \circ g$ es la función que *primero* eleva al cuadrado y *luego* añade 1.

Por otra parte,

$$(g \circ f)(x) = g(f(x)) = [f(x)]^2 = (x + 1)^2.$$

Luego $g \circ f$ es la función que *primero* añade 1 y *luego* eleva al cuadrado. Observe que $g \circ f$ *no* es lo mismo que $f \circ g$. □

**Ejemplo 2.** Si

$$g(x) = \frac{1}{x} + 1 \qquad \text{(} g \text{ añade 1 al recíproco)}$$

y

$$f(x) = x^2 - 5, \qquad \text{(} f \text{ resta 5 al cuadrado)}$$

entonces

$$(f \circ g)(x) = f(g(x)) = [g(x)]^2 - 5 = \left(\frac{1}{x} + 1\right)^2 - 5.$$

Aquí $f \circ g$ *primero* añade 1 al recíproco y *luego* le resta 5 al cuadrado. □

**Ejemplo 3.** Si

$$f(x) = \frac{1}{x} + x^2 \quad \text{y} \quad g(x) = \frac{x^2 + 1}{x^4 + 1},$$

entonces

$$(f \circ g)(x) = f(g(x)) = \frac{1}{g(x)} + [g(x)]^2 = \frac{x^4 + 1}{x^2 + 1} + \left(\frac{x^2 + 1}{x^4 + 1}\right)^2. \quad \square$$

Es posible formar la composición de más de dos funciones. Por ejemplo, la composición triple $f \circ g \circ h$ consiste en aplicar primero $h$, luego $g$ y luego $f$:

$$(f \circ g \circ h)(x) = f(g(h(x))).$$

Se puede seguir de esta manera con tantas funciones como se quiera.

**Ejemplo 4.** Si

$$f(x) = \frac{1}{x}, \quad g(x) = x + 2, \quad h(x) = (x^2 + 1)^2,$$

entonces

$$(f \circ g \circ h)(x) = f(g(h(x))) = \frac{1}{g(h(x))} = \frac{1}{h(x) + 2} = \frac{1}{(x^2 + 1)^2 + 2}. \quad \square$$

Para aplicar algunas de las técnicas del cálculo será necesario ser capaz de reconocer composiciones. Es necesario, a partir de una función dada, por ejemplo $(x + 1)^5$, saber reconocer que es una composición de funciones.

**Problema 5.** Hallar funciones $f$ y $g$ tales que $f \circ g = F$ si

$$F(x) = (x + 1)^5.$$

*Una solución.* La función consiste en añadir primeramente 1 y luego elevar a la quinta potencia. Por lo tanto, podemos hacer

$$g(x) = x + 1 \qquad \text{(sumando 1)}$$

y

$$f(x) = x^5. \qquad \text{(elevando a la quinta potencia)}$$

Como puede constatarse,

$$(f \circ g)(x) = f(g(x)) = [g(x)]^5 = (x + 1)^5. \quad \square$$

**Problema 6.** Hallar funciones $f$ y $g$ tales que $f \circ g = F$ si

$$F(x) = \frac{1}{x} - 6.$$

*Una solución.* $F$ toma el recíproco y le resta 6. Luego podemos definir

$$g(x) = \frac{1}{x} \qquad \text{(tomando el recíproco)}$$

y

$$f(x) = x - 6. \qquad \text{(restando 6)}$$

Como puede comprobarse

$$(f \circ g)(x) = f(g(x)) = g(x) - 6 = \frac{1}{x} - 6. \quad \square$$

**Problema 7.** Hallar tres funciones $f$, $g$ y $h$ tales que $f \circ g \circ h = F$ si

$$F(x) = \frac{1}{|x| + 3}.$$

*Solución.* Con $F$ se toma el valor absoluto, se le suma 3 y luego se invierte. Sea $h$ la función que toma el valor absoluto:

$$h(x) = |x|.$$

Sea $g$ la que añade 3:

$$g(x) = x + 3.$$

Sea $f$ la que opera la inversión:

$$f(x) = \frac{1}{x}.$$

Con esta elección de $f$, $g$, $h$, tenemos

$$(f \circ g \circ h)(x) = f(g(h(x))) = \frac{1}{g(h(x))} = \frac{1}{h(x) + 3} = \frac{1}{|x| + 3}. \quad \square$$

En el próximo problema partiremos de la misma función

$$F(x) = \frac{1}{|x| + 3},$$

pero esta vez queremos descomponerla sólo en dos funciones.

**Problema 8.** Hallar dos funciones $f$ y $g$ tales que $f \circ g = F$ si

$$F(x) = \frac{1}{|x| + 3}.$$

*Algunas soluciones.* Con $F$ se toma el valor absoluto, se le suma 3 y luego se invierte la expresión obtenida. Podemos hacer que $g$ haga los dos primeros pasos definiendo

$$g(x) = |x| + 3$$

y luego que $f$ asegure la inversión definiendo

$$f(x) = \frac{1}{x}.$$

O bien, podemos hacer que $g$ sólo tome el valor absoluto,

$$g(x) = |x|,$$

y que $f$ añada 3 e invierta:

$$f(x) = \frac{1}{x + 3}. \quad \square$$

## EJERCICIOS 1.7

Formar la composición $f \circ g$.

**1.** $f(x) = 2x + 5, \quad g(x) = x^2.$

**2.** $f(x) = x^2, \quad g(x) = 2x + 5.$

**3.** $f(x) = \sqrt{x}, \quad g(x) = x^2 + 5.$

**4.** $f(x) = x^2 + x, \quad g(x) = \sqrt{x}.$

**5.** $f(x) = \frac{1}{x}, \quad g(x) = \frac{1}{x}.$

**6.** $f(x) = x^2, \quad g(x) = \frac{1}{x - 1}.$

**7.** $f(x) = x - 1, \quad g(x) = \frac{1}{x}.$

**8.** $f(x) = x^2 - 1, \quad g(x) = x(x - 1).$

**9.** $f(x) = \frac{1}{\sqrt{x} - 1}, \quad g(x) = (x^2 + 2)^2.$

**10.** $f(x) = \frac{1}{x} - \frac{1}{x + 1}, \quad g(x) = \frac{1}{x^2}.$

Formar la composición $f \circ g \circ h$.

**11.** $f(x) = 4x, \quad g(x) = x - 1, \quad h(x) = x^2.$

**12.** $f(x) = x - 1, \quad g(x) = 4x, \quad h(x) = x^2.$

**13.** $f(x) = x^2, \quad g(x) = x - 1, \quad h(x) = x^4.$

**14.** $f(x) = x - 1, \quad g(x) = x^2, \quad h(x) = 4x.$

**15.** $f(x) = \dfrac{1}{x}, \quad g(x) = \dfrac{1}{2x+1}, \quad h(x) = x^2.$

**16.** $f(x) = \dfrac{x+1}{x}, \quad g(x) = \dfrac{1}{2x+1}, \quad h(x) = x^2.$

Hallar $f$ tal que $f \circ g = F$ dado que

**17.** $g(x) = \dfrac{1+x^2}{1+x^4}, \quad F(x) = \dfrac{1+x^4}{1+x^2}.$

**18.** $g(x) = x^2, \quad F(x) = ax^2 + b.$

**19.** $g(x) = 3x, \quad F(x) = 2 \text{ sen } 3x.$

**20.** $g(x) = -x^2, \quad F(x) = \sqrt{a^2 + x^2}.$

Hallar $g$ tal que $f \circ g = F$ dado que

**21.** $f(x) = x^3, \quad F(x) = \left(1 - \dfrac{1}{x^4}\right)^2.$

**22.** $f(x) = x + \dfrac{1}{x}, \quad F(x) = a^2x^2 + \dfrac{1}{a^2x^2}.$

**23.** $f(x) = x^2 + 1, \quad F(x) = (2x^3 - 1)^2 + 1.$

**24.** $f(x) = \text{sen } x, \quad f(x) = \text{sen } \dfrac{1}{x}.$

Formar $f \circ g$ y $g \circ f$.

**25.** $f(x) = \sqrt{x}, \quad g(x) = x^2.$

**26.** $f(x) = 3x + 1, \quad g(x) = x^2.$

**27.** $f(x) = 2x, \quad g(x) = \text{sen } x.$

**28.** $f(x) = 2x, \quad g(x) = \frac{1}{2}.$

**29.** $f(x) = \left\{\begin{array}{ll} 1 - x, & x \leq 0 \\ x^2, & x > 0 \end{array}\right], \quad g(x) = \left\{\begin{array}{ll} -x, & x < 1 \\ 1 + x, & x \geq 1 \end{array}\right].$

**30.** $f(x) = \left\{\begin{array}{ll} 1 - 2x, & x < 1 \\ 1 + x, & x \geq 1 \end{array}\right], \quad g(x) = \left\{\begin{array}{ll} x^2, & x < 0 \\ 1 - x, & x \geq 0 \end{array}\right].$

**31.** Para $x \neq 0$ sean

$$f_1(x) = x, \qquad f_2(x) = \frac{1}{x}, \qquad f_3(x) = 1 - x,$$

$$f_4(x) = \frac{1}{1-x}, \qquad f_5(x) = \frac{x-1}{x}, \qquad f_6(x) = \frac{x}{x-1}.$$

Esta familia de funciones es *estable* para la composición; es decir que la composición de dos cualesquiera de estas funciones vuelve a dar una de estas funciones. Tabule el resultado de la composición de estas funciones rellenando la tabla de la figura 1.7.3. Para indicar que $f_i \circ f_j = f_k$ escriba "$f_k$" en la $i$-ésima línea de la $j$-ésima columna. Hemos apuntado dos resultados en la tabla. Compruébelos y rellene el resto de la tabla.

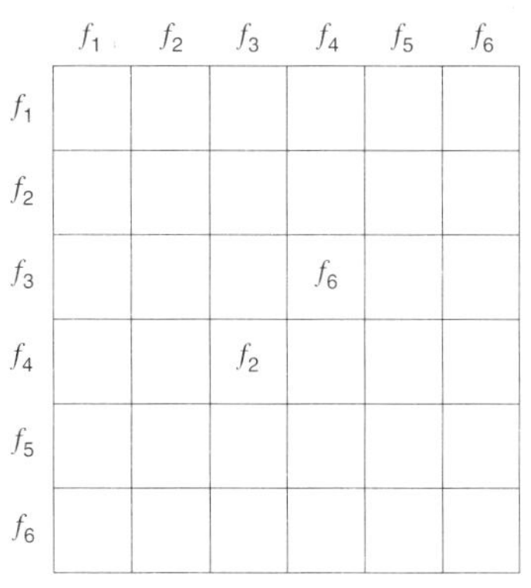

Figura 1.7.3

**32.** Hallar la familia de funciones minimal que contiene las funciones siguientes y es estable para la composición.

(a) $f(x) = 1 - x$. (b) $f(x) = 1 + x$. (c) $f(x) = -x^3$.

---

## 1.8 FUNCIONES INYECTIVAS; INVERSAS

### Funciones inyectivas

Una función puede tomar el mismo valor en distintos puntos de su dominio. Las funciones constantes, por ejemplo, toman el mismo valor en todos los puntos de su dominio. La función cuadrado toma el mismo valor en $-c$ que en $c$; lo mismo pasa con la función valor absoluto. La función

$$f(x) = 1 + (x-3)(x-5)$$

toma el mismo valor en $x = 5$ que en $x = 3$:

$$f(3) = 1, \quad f(5) = 1.$$

Las funciones para las cuales *no* ocurre esta clase de repeticiones se denominan *inyectivas*.

**DEFINICIÓN 1.8.1**

Se dice que una función es *inyectiva* si y sólo si no existen dos puntos de su dominio en los que la función tome el mismo valor:

$$f(x_1) = f(x_2) \quad \text{implica que} \quad x_1 = x_2.$$

Luego, si $f$ es inyectiva y si $x_1$, $x_2$ son dos puntos distintos del dominio, entonces

$$f(x_1) \neq f(x_2).$$

Las funciones

$$f(x) = x^3 \quad \text{y} \quad g(x) = \sqrt{x}$$

son ambas inyectivas. La función que eleva al cubo es inyectiva puesto que no existen dos números distintos con el mismo cubo. La función raíz cuadrada es inyectiva puesto que no hay dos números que tengan la misma raíz cuadrada.

Existe un criterio geométrico sencillo para la inyectividad. Se mira la gráfica de la función y si alguna recta horizontal corta dicha gráfica más de una vez entonces la función no es inyectiva (Figura 1.8.1). Por el contrario, si ninguna recta horizontal corta la gráfica en más de un punto, la función es inyectiva (Figura 1.8.2).

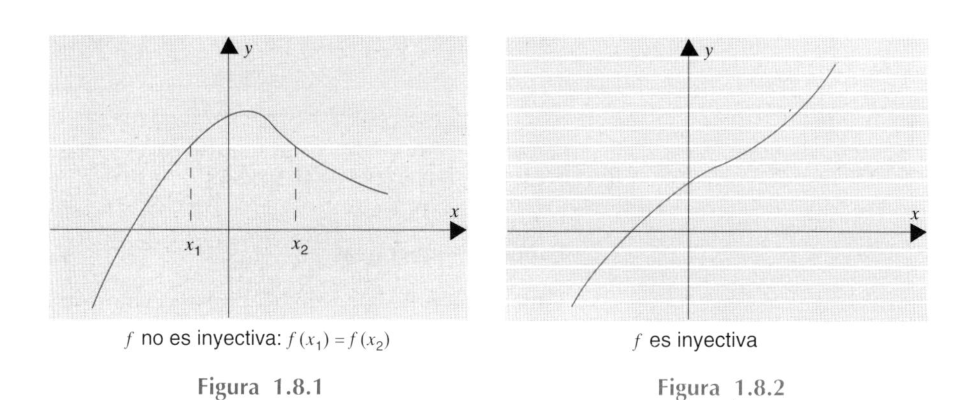


$f$ no es inyectiva: $f(x_1) = f(x_2)$

Figura 1.8.1

$f$ es inyectiva

Figura 1.8.2

### Inversas

Estoy pensando en un número real cuyo cubo es 8. ¿Puede el lector figurárselo? Obviamente, sí. Tiene que ser 2.

Ahora estoy pensando en otro cuyo cuadrado es 9. ¿Puede usted figurase de qué número se trata? No, a menos de que sea adivino. Podría ser 3, pero también podría ser – 3.

La diferencia entre estas dos situaciones se puede expresar diciendo que en el primer caso estamos tratando con una función inyectiva —dos números distintos no tienen el mismo cubo. Luego, conociendo el cubo podemos hallar el número original. Sin embargo, en el segundo caso la función no es inyectiva— números distintos pueden tener el mismo cuadrado. Aún conociendo el cuadrado no podemos calcular cuál era el número original.

A lo largo de esta sección consideraremos los valores que toma una función y trataremos de retroceder hasta los números que los originan. A fin de ser capaces de hallar estos números, nos limitaremos a las funciones inyectivas.

Empezaremos con un teorema relativo a las funciones inyectivas.

**TEOREMA 1.8.2**
Si $f$ es una función inyectiva existe una y sólo una función $g$, definida sobre la imagen de $f$ y que satisface a la ecuación

$$f(g(x)) = x \quad \text{para todo } x \text{ en la imagen de } f.$$

Demostración. La demostración es fácil. Puesto que $x$ pertenece a la imagen de $f$, $f$ debe tomar el valor $x$ en algún número. Dado que $f$ es inyectiva, sólo puede existir uno de tales números. Llamémosle $g(x)$. □

La función que hemos llamado $g$ en el teorema se denomina *inversa* de $f$ y se denota habitualmente $f^{-1}$.

**DEFINICIÓN 1.8.3 FUNCIÓN INVERSA**

Sea $f$ una función inyectiva. La *inversa* de $f$, simbolizada por $f^{-1}$ es la única función que está definida en la imagen de $f$ y verifica la ecuación

$$f(f^{-1}(x)) = x \quad \text{para todo } x \text{ en la imagen de } f.$$

**Problema 1.** Hemos visto que la función cubo

$$f(x) = x^3$$

es inyectiva. Hallar su inversa.

*Solución.* Sea $t = f^{-1}(x)$ y resolvamos la ecuación $f(t) = x$ en $t$:

$$f(t) = x \tag{1.8.3}$$
$$t^3 = x \qquad (f \text{ es la función cubo})$$
$$t = x^{1/3}.$$

Sustituyendo $t$ por $f^{-1}(x)$, obtenemos

$$f^{-1}(x) = x^{1/3}.$$

La inversa de la función cúbica es la raíz cúbica. □

**Observación**. Hemos sustituido $f^{-1}$ por $t$ para simplificar los cálculos. Es más fácil trabajar con el símbolo $t$ que con el símbolo $f^{-1}(x)$. □

**Problema 2.** Demostrar que la función lineal

$$f(x) = 3x - 5$$

es inyectiva. Hallar su inversa.

*Solución.* Para ver que es inyectiva, supongamos que

$$f(x_1) = f(x_2).$$

Entonces

$$\begin{aligned} 3x_1 - 5 &= 3x_2 - 5 \\ 3x_1 &= 3x_2 \\ x_1 &= x_2. \end{aligned}$$

La función es inyectiva puesto que

$$f(x_1) = f(x_2) \quad \text{implica} \quad x_1 = x_2.$$

(Otra manera de ver que esta función es inyectiva es observar que su gráfica es una recta de pendiente 3 por lo que no puede ser cortada más de una vez por cualquier recta horizontal.)

Ahora hallemos su inversa. Para ello definimos $t = f^{-1}(x)$ y resolvemos la ecuación, en $t$, $f(t) = x$:

$$\begin{aligned} f(t) &= x \\ 3t - 5 &= x \\ 3t &= x + 5 \\ t &= \tfrac{1}{3}x + \tfrac{5}{3}. \end{aligned}$$

Sustituyendo $t$ por $f^{-1}(x)$, obtenemos

$$f^{-1}x = \tfrac{1}{3}x + \tfrac{5}{3}. \qquad \square$$

**Problema 3.** Demostrar que la función

$$f(x) = (1 - x^3)^{1/5} + 2$$

es inyectiva. ¿Cuál es su inversa?

*Solución.* Primero demostremos que $f$ es inyectiva. Supongamos que

$$f(x_1) = f(x_2).$$

Entonces

$$\begin{aligned}(1 - x_1^3)^{1/5} + 2 &= (1 - x_2^3)^{1/5} + 2\\ (1 - x_1^3)^{1/5} &= (1 - x_2^3)^{1/5}\\ 1 - x_1^3 &= 1 - x_2^3\\ x_1^3 &= x_2^3\\ x_1 &= x_2.\end{aligned}$$

Luego la función es inyectiva puesto que

$$f(x_1) = f(x_2) \quad \text{implica} \quad x_1 = x_2.$$

Para hallar su inversa definimos $t = f^{-1}(x)$ y resolvemos la ecuación, en $t$, $f(t) = x$:

$$\begin{aligned}f(t) &= x\\ (1 - t^3)^{1/5} + 2 &= x\\ (1 - t^3)^{1/5} &= x - 2\\ 1 - t^3 &= (x - 2)^5\\ t^3 &= 1 - (x - 2)^5\\ t &= [1 - (x - 2)^5]^{1/3}.\end{aligned}$$

Sustituyendo $t$ por $f^{-1}(x)$, obtenemos

$$f^{-1}(x) = [1 - (x - 2)^5]^{1/3}. \quad \square$$

Por definición $f^{-1}$ satisface la ecuación

**(1.8.4)** $\quad f(f^{-1}(x)) = x \quad$ para todo $x$ en la imagen de $f$.

También es verdad que

**(1.8.5)** $\quad f^{-1}(f(x)) = x \quad$ para todo $x$ en el dominio de $f$.

Demostración. Tomemos $x$ en el dominio de $f$ y definamos $y = f(x)$. Puesto que $y$ está en la imagen de $f$,

$$f(f^{-1}(y)) = y. \tag{1.8.4}$$

Esto significa que

$$f(f^{-1}(f(x))) = f(x)$$

es decir que $f$ toma el mismo valor en $f^{-1}(f(x))$ que en $x$. Con $f$ inyectiva esto solo puede ocurrir si

$$f^{-1}(f(x)) = x. \quad \square$$

La ecuación (1.8.5) nos dice que $f^{-1}$ "deshace" el trabajo de $f$:

si $f$ envía $x$ a $f(x)$, entonces $f^{-1}$ devuelve $f(x)$ a $x$. (Figura 1.8.3)

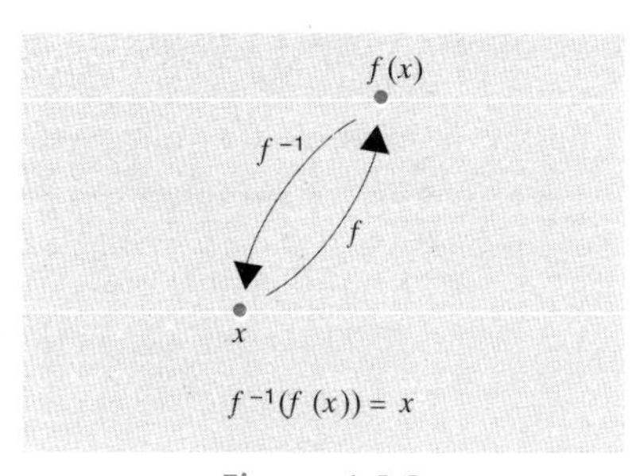


Figura 1.8.3

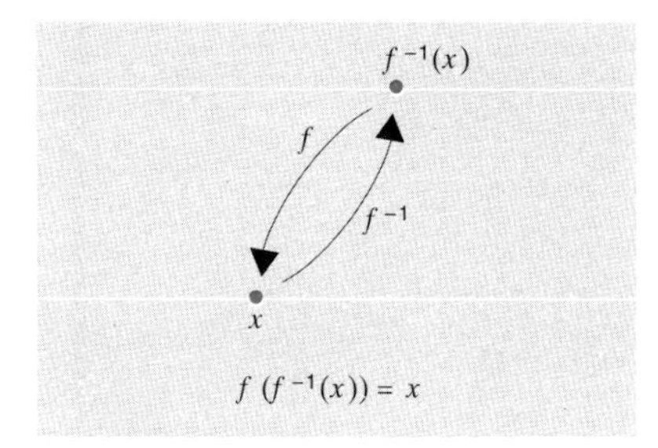


Figura 1.8.4

La ecuación (1.8.4) nos dice que $f$ "deshace" el trabajo de $f^{-1}$:

si $f^{-1}$ envía $x$ a $f^{-1}(x)$, entonces $f$ devuelve $f^{-1}(x)$ a $x$. (Figura 1.8.4)

## Las gráficas de $f$ y $f^{-1}$

Existe una relación importante entre la gráfica de una función inyectiva $f$ y la gráfica de $f^{-1}$. (Ver figura 1.8.5.) La gráfica de $f$ consiste en los puntos de la forma $P(x, f(x))$. Puesto que $f^{-1}$ toma el valor $x$ en $f(x)$, la gráfica de $f^{-1}$ consiste en los puntos $Q(f(x), x)$. Puesto que, para todo $x$, los puntos $P$ y $Q$ son simétricos respecto de la recta $y = x$, la gráfica de $f^{-1}$ es la gráfica de $f$ reflejada respecto de esta recta.

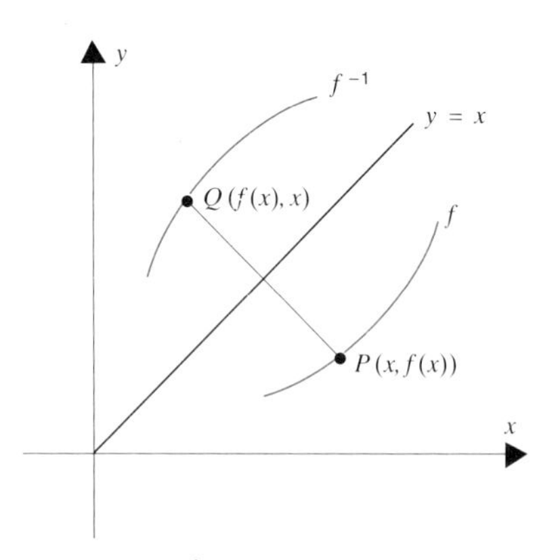


Figura 1.8.5

**Problema 4.** Dada la gráfica de $f$ en la figura 1.8.6, dibujar la gráfica de $f^{-1}$.

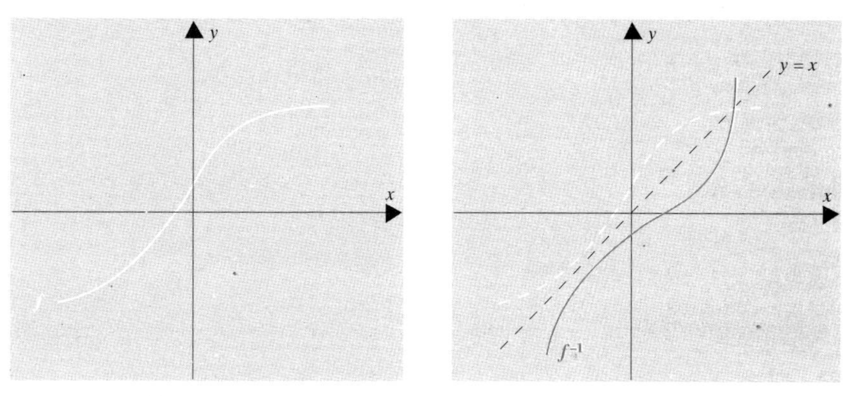


Figura 1.8.6 Figura 1.8.7

*Solución.* Dibujemos primero la recta $y = x$. Consideremos entonces la gráfica de $f$ reflejada respecto de esta recta. Ver figura 1.8.7. □

## EJERCICIOS 1.8

Determinar si la función considerada es inyectiva o no, hallando su inversa en caso de que lo sea

**1.** $f(x) = 5x + 3$.
**2.** $f(x) = 3x + 5$.
**3.** $f(x) = 4x - 7$.
**4.** $f(x) = 7x - 4$.
**5.** $f(x) = 1 - x^2$.
**6.** $f(x) = x^5$.
**7.** $f(x) = x^5 + 1$.
**8.** $f(x) = x^2 - 3x + 2$.
**9.** $f(x) = 1 + 3x^3$.
**10.** $f(x) = x^3 - 1$.
**11.** $f(x) = (1 - x)^3$.
**12.** $f(x) = (1 - x)^4$.
**13.** $f(x) = (x + 1)^3 + 2$.
**14.** $f(x) = (4x - 1)^3$.
**15.** $f(x) = x^{3/5}$.
**16.** $f(x) = 1 - (x - 2)^{1/3}$.
**17.** $f(x) = (2 - 3x)^3$.
**18.** $f(x) = (2 - 3x^2)^3$.
**19.** $f(x) = \dfrac{1}{x}$.
**20.** $f(x) = \dfrac{1}{1 - x}$.
**21.** $f(x) = x + \dfrac{1}{x}$.
**22.** $f(x) = \dfrac{x}{|x|}$.
**23.** $f(x) = \dfrac{1}{x^3 + 1}$.
**24.** $f(x) = \dfrac{1}{1 - x} - 1$.
**25.** $f(x) = \dfrac{x + 2}{x + 1}$.
**26.** $f(x) = \dfrac{1}{(x + 1)^{2/3}}$.
**27.** ¿Cuál es la relación entre $f$ y $(f^{-1})^{-1}$?

Dibujar la gráfica de $f^{-1}$ dada la gráfica de $f$.

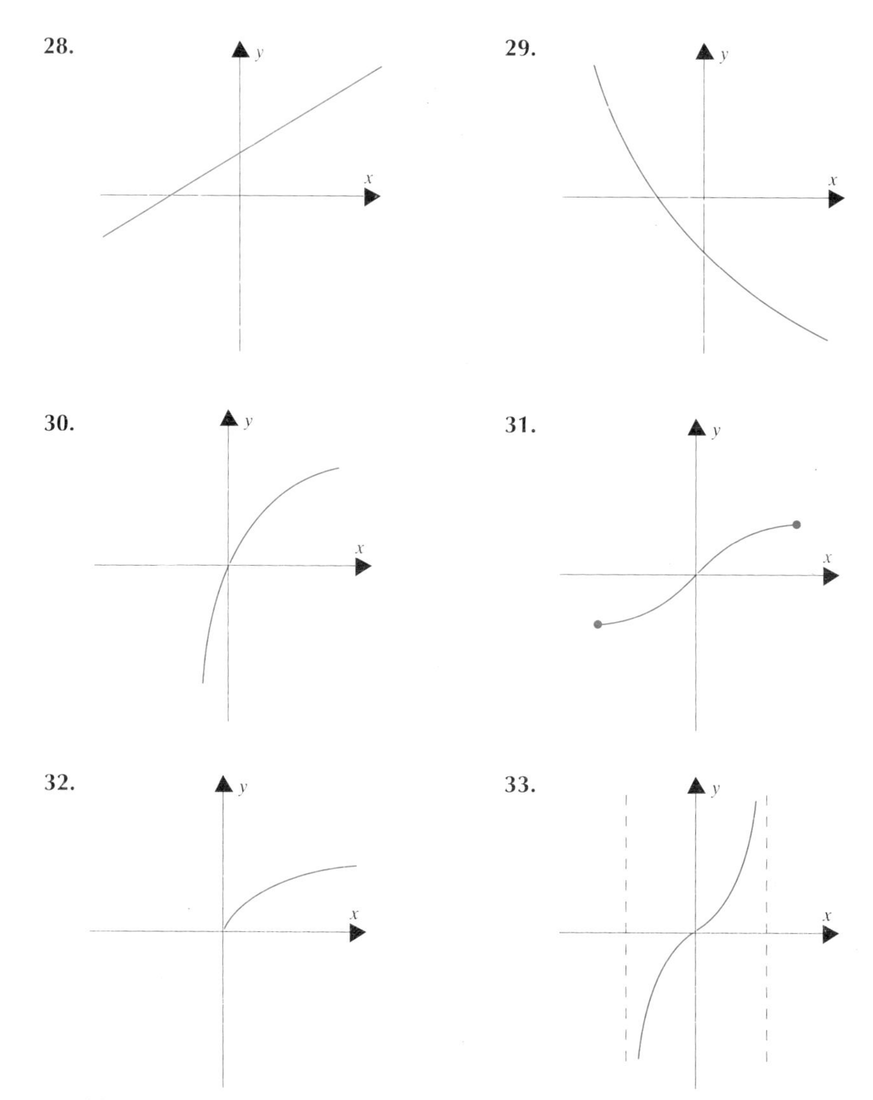


**34.** (a) Demostrar que la composición de dos aplicaciones inyectivas sigue siendo inyectiva.
(b) Expresar $(f \circ g)^{-1}$ en función de $f^{-1}$ y $g^{-1}$.

## 1.9 UNA OBSERVACIÓN ACERCA DE LA DEMOSTRACIÓN MATEMÁTICA

La noción de demostración se remonta a los *Elementos* de Euclides, y las reglas que rigen las demostraciones han cambiado poco desde que fueron formuladas por Aristóteles. Operamos en un sistema deductivo en el cual la verdad se arguye a base de hipótesis, definiciones y resultados previamente demostrados. No podemos afirmar que esto o lo otro es cierto sin enunciar claramente las bases sobre las cuales asentamos esta afirmación.

Un teorema es una implicación; consiste en una hipótesis y una conclusión:

si (hipótesis)..., entonces (conclusión)...

He aquí un ejemplo:

si $a$ y $b$ son números positivos, entonces $ab$ es positivo.

Un error habitual consiste en ignorar la hipótesis y persistir en la conclusión: por ejemplo, insistir en que $ab > 0$ sólo porque $a$ y $b$ sean números.

Otro error habitual consiste en confundir un teorema

si $A$, entonces $B$

con su recíproco

si $B$, entonces $A$.

El hecho de que un teorema sea verdadero no significa que su recíproco lo sea. Mientras que es cierto que

si $a$ y $b$ son números positivos, entonces $ab$ es positivo

*no* es cierto que

si $ab$ es positivo, entonces $a$ y $b$ sean números positivos.

[$(-2)(-3)$ es positivo, pero $-2$ y $-3$ no lo son.]

Un tercer tipo de error, más sutil, consiste en suponer que la hipótesis de un teorema supone la única condición para la cual es cierta la conclusión. Así, por ejemplo, no solamente es cierto que

si $a$ y $b$ son números positivos, entonces $ab$ es positivo

sino que también se verifica que

si $a$ y $b$ son números negativos, entonces $ab$ es positivo.

En el caso de que un teorema

si $A$, entonces $B$

y su recíproco

si $B$, entonces $A$

sean ambos ciertos, podemos escribir

$$A \text{ si y sólo si } B \qquad \text{o de manera más concisa} \qquad A \text{ sii } B.$$

Sabemos, por ejemplo, que

$$\text{si} \quad x \geq 0, \qquad \text{entonces} \quad |x| = x;$$

también sabemos que

$$\text{si} \quad |x| = x, \qquad \text{entonces} \quad x \geq 0.$$

Podemos resumir lo anterior escribiendo que

$$x \geq 0 \qquad \text{sii} \qquad |x| = x.$$

Una última cuestión. Una manera de demostrar que

si $A$, entonces $B$

consiste en suponer que

(1) $A$ se cumple y $B$ no se cumple

y llegar a una contradicción. La contradicción indica que (1) es falso, luego que

si $A$ se cumple, entonces $B$ también debe cumplirse.

Varios teoremas del cálculo se demuestran por este método.

El Cálculo proporciona procedimientos para resolver una amplia gama de problemas de la física y de las ciencias sociales. El hecho de que estos procedimientos nos den respuestas que parecen tener sentido es reconfortante. Pero, si podemos fiarnos de nuestras conclusiones es sólo porque somos capaces de demostrar nuestros teoremas. Consecuentemente, el estudio del Cálculo ha de incluir el estudio de algunas demostraciones.

## RESUMEN DEL CAPÍTULO

### 1.1 ¿Qué es el Cálculo?

Cálculo como matemática elemental (álgebra, geometría, trigonometría) ampliada con el proceso de paso al límite.

Sir Isaac Newton (p. 5) Gottfried Wilhelm Leibniz (p. 5)

## 1.2 Nociones y fórmulas de la matemática elemental

conjuntos (p. 5) números reales (p. 6) álgebra y geometría (p. 8)
geometría analítica (p. 11) trigonometría (p. 13) inducción (p. 16)

## 1.3 Algunos problemas sobre rectas

Escribir una ecuación en $x$ e $y$ para una recta descrita geométricamente; hallar las intersecciones con los ejes, pendiente e inclinación de una recta dada por una ecuación en $x$ e $y$; cálculo del ángulo formado por dos rectas.

## 1.4 Desigualdades

Resolver una desigualdad es hallar el conjunto de números para los cuales es cierta.

No se altera el sentido de una desigualdad si se suma el mismo número a ambos términos de la misma, o si se substrae el mismo número a ambos términos, o si se multiplica o se divide ambos términos por el mismo número *positivo*. Pero si multiplicamos o dividimos por un número negativo, la desigualdad es *invertida*.

## 1.5 Desigualdades y valor absoluto

$$|a| = \left\{\begin{array}{lll} a, & \text{si} & a \geq 0 \\ -a, & \text{si} & a \leq 0 \end{array}\right] = \max\{a, -a\} = \sqrt{a^2}$$

$$|x - c| < \delta \quad \text{sii} \quad c - \delta < x < c + \delta$$

$$0 < |x - c| < \delta \quad \text{sii} \quad c - \delta < x < c \quad \text{o} \quad c < x < c + \delta$$

$$|a + b| \leq |a| + |b|, \quad ||a| - |b|| \leq |a - b|$$

## 1.6 Funciones

dominio, imagen, gráfica (p. 32)
combinación algebraica de funciones (p. 34)
funciones pares, funciones impares (p. 38)

## 1.7 Composición de funciones

Si la imagen de una función $g$ está contenida en el dominio de una función $f$ entonces la composición $f \circ g$ es la función definida en el dominio de $g$ por

$$f \circ g = f(g(x)).$$

## 1.8 Funciones inyectivas; inversas

funciones inyectivas (p. 45) funciones inversas (p. 46)
relación entre la gráfica de $f$ y la gráfica de $f^{-1}$ (p. 50)

## 1.9 Una observación acerca de la demostración matemática

el teorema como implicación, recíproco de un teorema (p. 53)
demostración por contradicción (p. 54)

# 2 LÍMITES Y CONTINUIDAD

## 2.1 LA NOCIÓN DE LÍMITE

### Introducción

Podríamos empezar diciendo que los límites son importantes en el cálculo, pero esto no sería más que una declaración patéticamente incompleta. *Sin límites el cálculo sencillamente no existe. Cada noción simple del cálculo es un límite en uno u otro sentido.*

¿Qué es la velocidad instantánea? Es el límite de las velocidades medias.

¿Qué es la pendiente de una curva? Es el límite de las pendientes de las rectas secantes.

¿Qué es la longitud de una curva? Es el límite de los caminos poligonales.

¿Qué es la suma de una serie infinita? Es el límite de las sumas finitas.

¿Qué es el área de una región limitada por curvas? Es el límite de las de las áreas de las regiones delimitadas por segmentos de rectas. Ver figura 2.1.1.

### La idea de límite

Empezaremos con un número $l$ y una función $f$ definida *cerca del número c aunque no necesariamente en el propio c*. Una traducción grosera de

$$\lim_{x \to c} f(x) = l \qquad \text{(el límite de } f(x) \text{ cuando } x \text{ tiende a } c \text{ es } l\text{)}$$

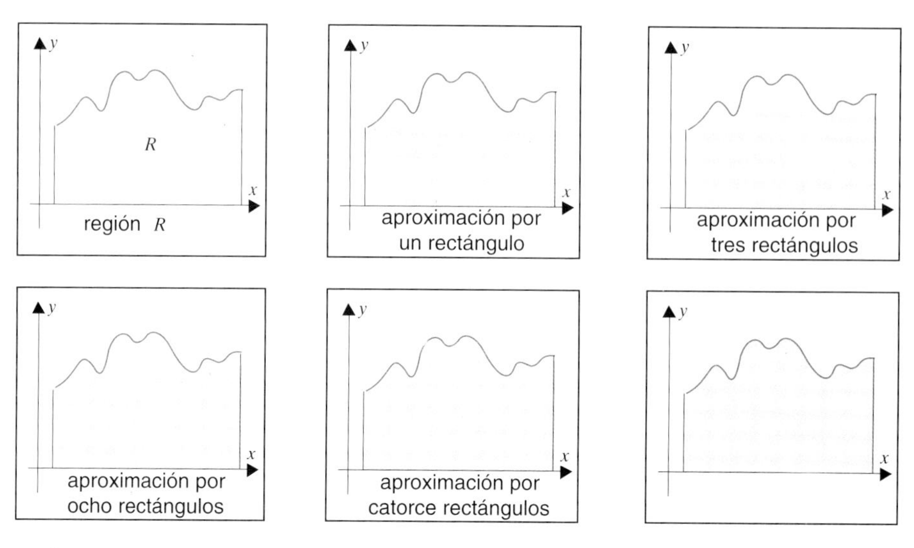


Área como límite de la suma de áreas de rectángulos tomando cada vez más rectángulos

Figura 2.1.1

podría ser

*cuando $x$ se aproxima (tiende) a $c$, $f(x)$ se aproxima (tiende) a $l$*

o, análogamente

*para $x$ próximo a $c$, pero distinto de $c$, $f(x)$ está próximo a $l$*

Hemos ilustrado esta idea en la figura 2.1.2. La curva representa la gráfica de la función $f$. El número $c$ aparece en el eje $x$, el límite $l$ en el eje $y$. Cuando $x$ se aproxima a $c$ a lo largo del eje $x$, $f(x)$ se aproxima a $l$ a lo largo del eje $y$.

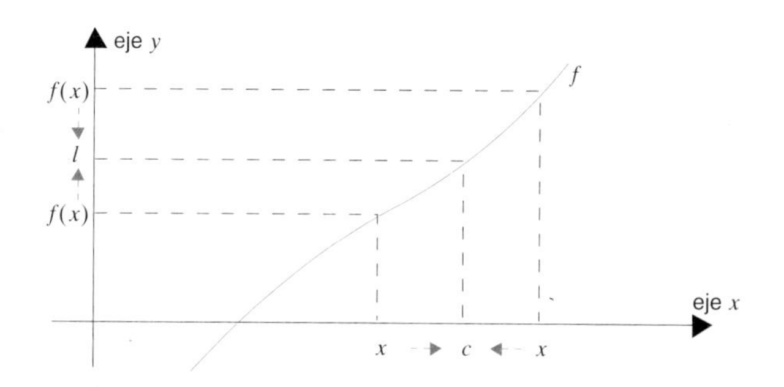


Figura 2.1.2

Al tomar el límite cuando $x$ se aproxima a $c$ no importa el hecho de que $f$ no esté definida en $c$ ni qué valor toma en ese punto si lo está. Lo único que importa es cómo $f$ esta definida *cerca de c*. Por ejemplo, en la figura 2.1.3 la gráfica de $f$ es una curva discontinua definida peculiramente en $c$, sin embargo, se verifica

$$\lim_{x \to c} f(x) = l$$

puesto que, como se sugiere en la figura 2.1.4,

cuando $x$ se aproxima a $c$, $f(x)$ se aproxima a $l$

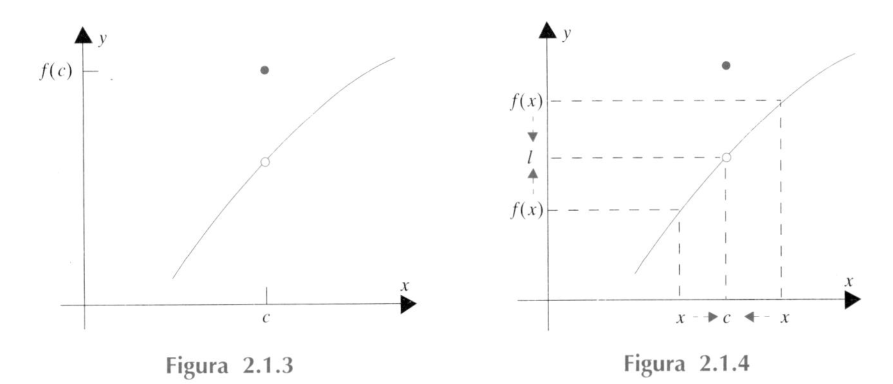


Figura 2.1.3 Figura 2.1.4

Los números $x$ que están cerca de $c$ se dividen en dos clases: los que están a la izquierda de $c$ y los que están a la derecha de $c$. Escribimos

$$\lim_{x \to c^-} f(x) = l \qquad \textit{(el límite por la izquierda de } f(x) \textit{ cuando } x \textit{ tiende a } c \textit{ es } l)$$

para indicar que

*cuando x se aproxima a c por la izquierda, f(x) se aproxima a l.*

Análogamente,

$$\lim_{x \to c^+} f(x) = l \qquad \textit{(el límite por la derecha de } f(x) \textit{ cuando } x \textit{ tiende a } c \textit{ es } l)$$

indica que

*cuando x se aproxima a c por la derecha, f(x) se aproxima a l.*[†]

Como ejemplo, véase la figura 2.1.5. Obsérvese que en este caso los límites por la derecha y por la izquierda no coinciden.

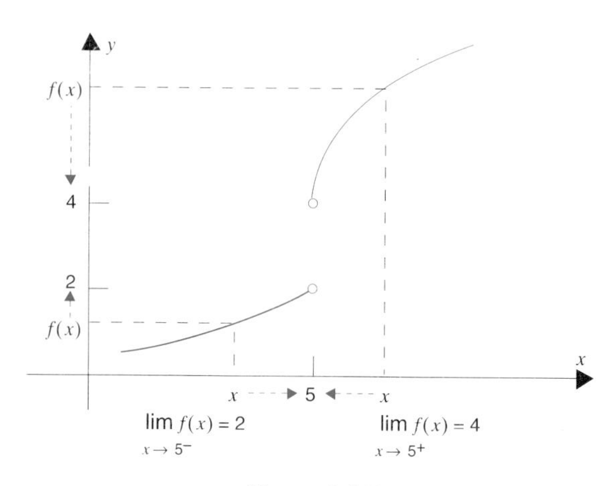


**Figura 2.1.5**

Los límites por la derecha o por la izquierda son llamados *límites laterales*. Es intuitivamente obvio (y cuanto se dice en esta sección sólo descansa en la intuición) que

$$\lim_{x \to c} f(x) = l$$

si y sólo si se verifican

$$\lim_{x \to c^-} f(x) = l \quad \text{y} \quad \lim_{x \to c^+} f(x) = l\,.$$

---

[†] Algunas veces se escribe $\lim_{x \uparrow c} f(x)$ para designar el límite por la izquierda y $\lim_{x \downarrow c} f(x)$ para el límite por la derecha.

**Ejemplo 1.** Para la función $f$ representada en la figura 2.1.6

$$\lim_{x \to (-2)^-} f(x) = 5 \quad \text{y} \quad \lim_{x \to (-2)^+} f(x) = 5$$

luego

$$\lim_{x \to -2} f(x) = 5.$$

No importa que $f(-2) = 3$.

Examinando la gráfica de $f$ cerca de $x = 4$, hallamos que

$$\lim_{x \to 4^-} f(x) = 7 \quad \text{mientras que} \quad \lim_{x \to 4^+} f(x) = 2.$$

Dado que estos límites laterales difieren,

$$\lim_{x \to 4} f(x) \quad \text{no existe.} \quad \square$$

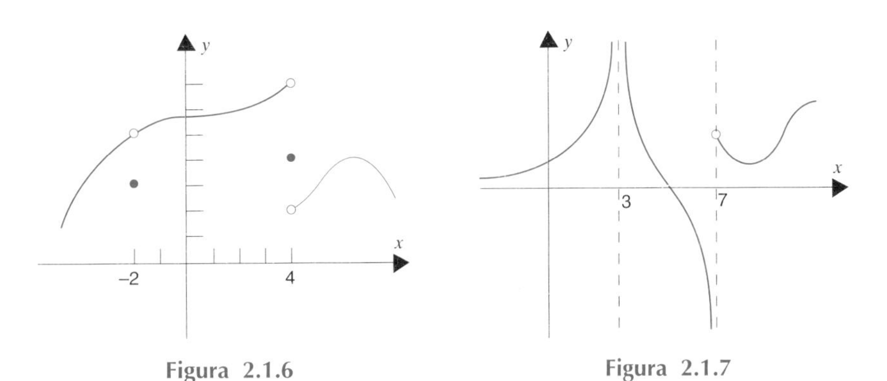


Figura 2.1.6

Figura 2.1.7

**Ejemplo 2.** Consideremos la función $f$ representada en la figura 2.1.7. Cuando $x$ se aproxima a 3, por cualquier lado, $f(x)$ se hace arbitrariamente grande. Al hacerse arbitrariamente grande, $f(x)$ no puede quedarse cerca de ningún número fijado $l$. Luego

$$\lim_{x \to 3} f(x) \quad \text{no existe.}$$

Observemos ahora lo que ocurre cerca de 7. Cuando $x$ se aproxima a 7 por la izquierda, $f(x)$ toma valores negativos arbitrariamente grandes (es decir, menores que cualquier número negativo fijado con anterioridad). En esas circunstancias, $f(x)$ no puede aproximarse a un número fijo. Luego

$$\lim_{x \to 7^-} f(x) \qquad \text{no existe.}$$

Puesto que el límite por la izquierda en $x = 7$ no existe,

$$\lim_{x \to 7} f(x) \qquad \text{no existe.} \qquad \square$$

Nuestro próximo ejemplo es algo más exótico

**Ejemplo 3.** Sea $f$ la función definida de la siguiente manera

$$f(x) = \left\{\begin{array}{ll} 1, & x \text{ racional} \\ 0, & x \text{ irracional} \end{array}\right]. \qquad \text{(Figura 2.1.8)}$$

Ahora sea $c$ un número real cualquiera. Cuando $x$ se aproxima a $c$, $x$ toma valores tanto racionales como irracionales. Al suceder esto, $f(x)$ salta abruptamente hacia arriba y hacia abajo entre 0 y 1, no pudiendo permanecer próxima a ningún número fijo $l$. Por consiguiente, $\lim_{x \to c} f(x)$ no existe. $\square$

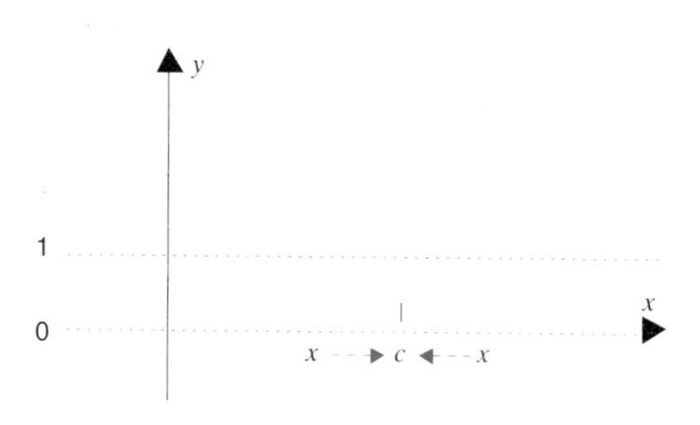


**Figura 2.1.8**

Seguimos con los ejemplos. Cuando no se ha dado la gráfica de la función estudiada, puede resultar útil dibujarla.

**Ejemplo 4.**

$$\lim_{x \to 3} (2x + 5) = 11.$$

Cuando $x$ se tiende a 3, $2x$ tiende a 6, y $2x + 5$ tiende a 11. □

**Ejemplo 5.**

$$\lim_{x \to 2} (x^2 - 1) = 3.$$

Cuando $x$ tiende a 2, $x^2$ tiende a 4, y $x^2 - 1$ tiende a 3. □

**Ejemplo 6.**

$$\lim_{x \to 3} \frac{1}{x - 1} = \frac{1}{2}.$$

Cuando $x$ tiende a 3, $x - 1$ tiende a 2, y $1/(x - 1)$ tiende a $\frac{1}{2}$. □

**Ejemplo 7.**

$$\lim_{x \to 2} \frac{1}{x - 2} \quad \text{no existe.}$$ □ (Figura 2.1.9)

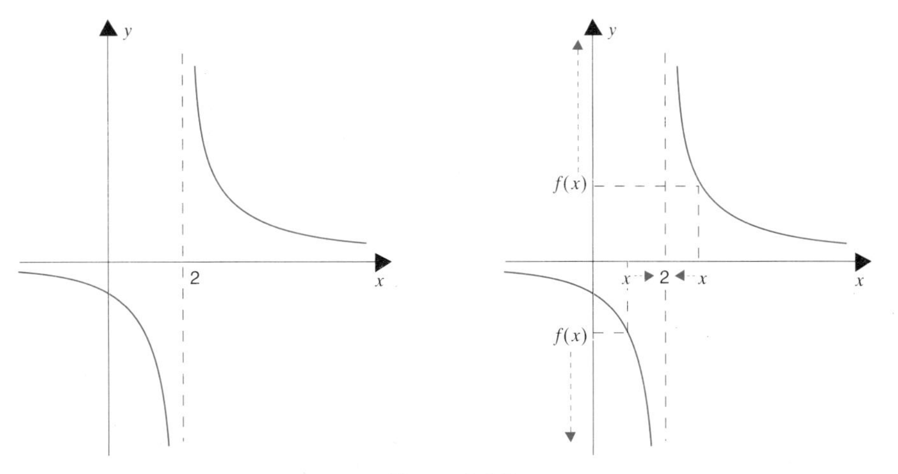


**Figura 2.1.9**

Antes de continuar con los demás ejemplos, recuerde que, a la hora de tomar el límite cuando $x$ tiende a un número dado $c$, no importa que la función esté o no definida en el número $c$ ni tampoco qué valor pueda tomar en dicho punto en caso de estar definida. La única cosa que importa es el comportamiento de la función *cerca de* $c$.

**Ejemplo 8.**

$$\lim_{x \to 2} \frac{x^2 - 4x + 4}{x - 2} = 0.$$

En $x = 2$, la función no está definida: tanto el numerador como el denominador valen 0. Pero esto no importa. Para todo $x \neq 0$, luego *para todo x cerca de* 0,

$$\frac{x^2 - 4x + 4}{x - 2} = x - 2.$$

de ahí que

$$\lim_{x \to 2} \frac{x^2 - 4x + 4}{x - 2} = \lim_{x \to 2} (x - 2) = 0. \quad \square$$

**Ejemplo 9.**

$$\lim_{x \to 2} \frac{x - 2}{x - 2} = 1.$$

En $x = 2$, la función no está definida: tanto el numerador como el denominador valen 0. Pero, como hemos dicho anteriormente, esto no importa. Para todo $x \neq 2$, luego para todo $x$ cerca de 2,

$$\frac{x - 2}{x - 2} = 1 \qquad \text{de tal manera que} \qquad \lim_{x \to 2} \frac{x - 2}{x - 2} = \lim_{x \to 2} 1 = 1. \quad \square$$

**Ejemplo 10.**

$$\lim_{x \to 2} \frac{x - 2}{x^2 - 4x + 4} \qquad \text{no existe.}$$

Este resultado no proviene del hecho de que la función no esté definida en $x = 2$, sino del hecho de que, para todo $x \neq 2$, luego para todo $x$ próximo a 2, se verifique

$$\frac{x-2}{x^2-4x+4} = \frac{1}{x-2}$$

y de que, como ya hemos visto,

$$\lim_{x \to 2} \frac{1}{x-2} \quad \text{no existe.} \quad \square$$

**Ejemplo 11.**

$$\text{Si} \quad f(x) = \begin{cases} 3x-1, & x \neq 2 \\ 45, & x = 2 \end{cases}, \qquad \text{entonces} \quad \lim_{x \to 2} f(x) = 5.$$

No nos importa que $f(2) = 45$. Para $x \neq 2$, luego para todo $x$ cerca de 2,

$$f(x) = 3x - 1 \qquad \text{de ahí que} \quad \lim_{x \to 2} f(x) = \lim_{x \to 2} (3x-1) = 5. \quad \square$$

**Ejemplo 12.**

$$\text{Si} \quad f(x) = \begin{cases} -2x, & x < 1 \\ 2x, & x > 1 \end{cases}, \qquad \text{entonces} \quad \lim_{x \to 1} f(x) \quad \text{no existe.}$$

El límite no existe puesto que los límites laterales son diferentes:

$$\lim_{x \to 1^-} f(x) = \lim_{x \to 1^-} (-2x) = -2, \qquad \lim_{x \to 1^+} f(x) = \lim_{x \to 1^+} 2x = 2. \quad \square$$

**Ejemplo 13.**

$$\text{Si} \quad f(x) = \begin{cases} -2x, & x < 1 \\ 2x, & x > 1 \end{cases}, \qquad \text{entonces} \quad \lim_{x \to 1{,}03} f(x) = 2{,}06.$$

Obsérvese que para los valores de $x$ suficientemente próximos a 1,03, los valores de la función se calculan por la fórmula $2x$, esté $x$ a la izquierda o a la derecha de 1,03. $\square$

Si todo esto le ha parecido muy impreciso, está en lo cierto. Es impreciso pero no tiene por qué seguir así. Uno de los grandes éxitos del cálculo ha sido su capacidad para formular de manera precisa los enunciados relativos a los límites. Pero para esa precisión deberá esperar hasta la sección 2.2.

## EJERCICIOS 2.1

En los ejercicios 1 a 12 se consideran un número $c$ y la gráfica de una función $f$. Utilizar la gráfica de $f$ para hallar

(a) $\lim_{x \to c^-} f(x)$ (b) $\lim_{x \to c^+} f(x)$ (c) $\lim_{x \to c} f(x)$ (d) $f(c)$.

**1.** $c = 2$.

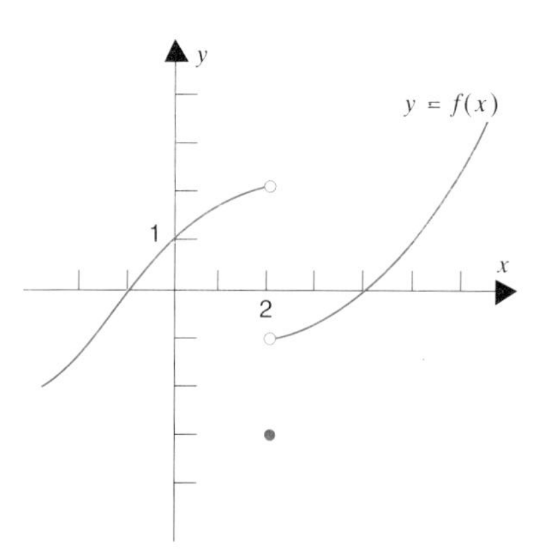


**2.** $c = 3$.

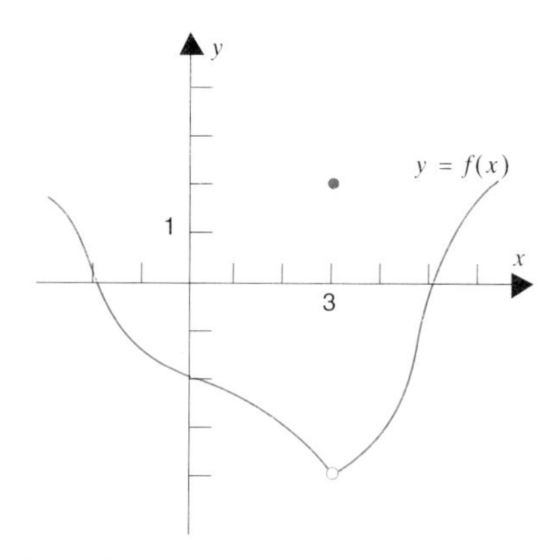


**3.** $c = 3$.

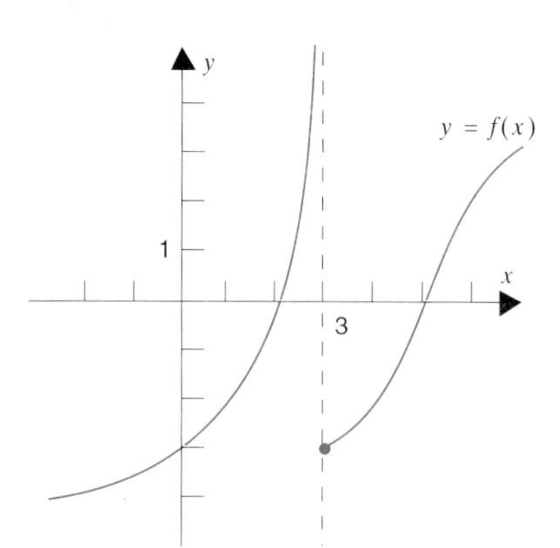


**4.** $c = 4$.

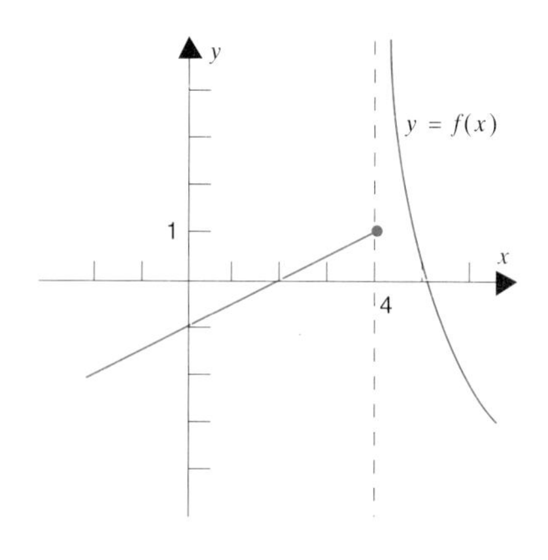

**5.** $c = -2$.

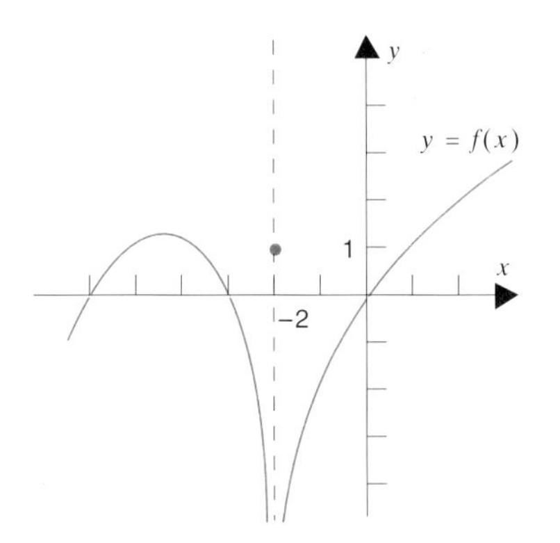


**6.** $c = 1$.

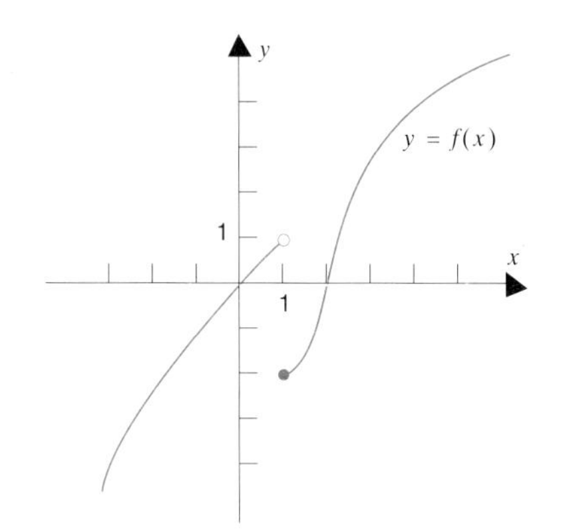


**7.** $c = 1$.

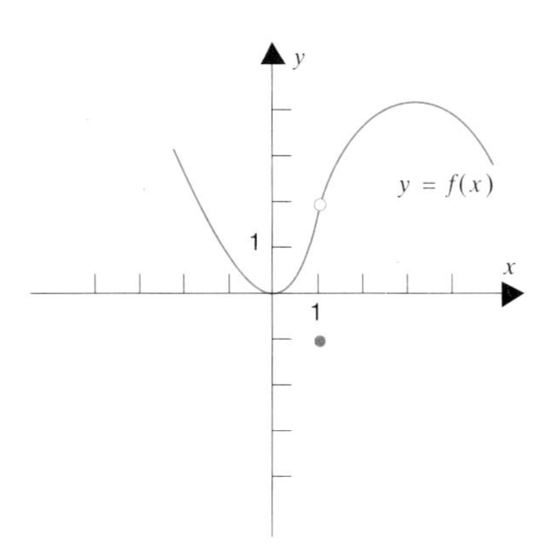


**8.** $c = -1$.

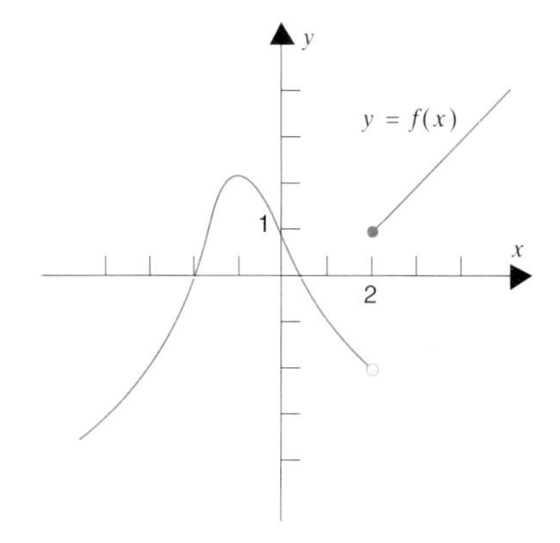


**9.** $c = 3$.

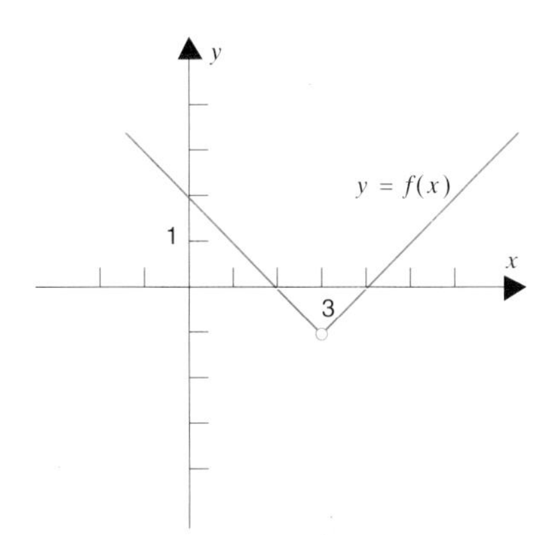


**10.** $c = 3$.

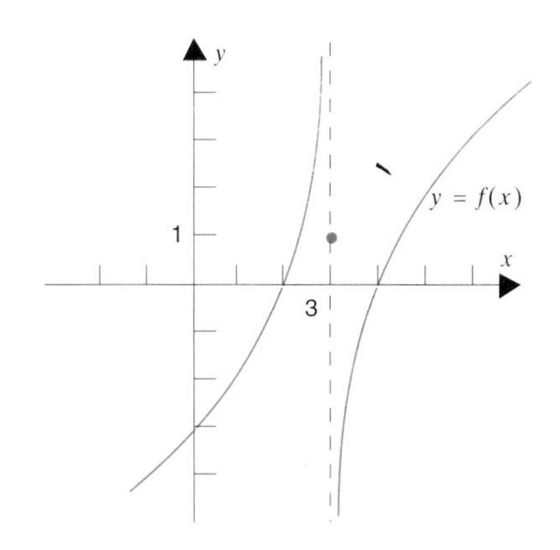

**11.** $c = 2$.

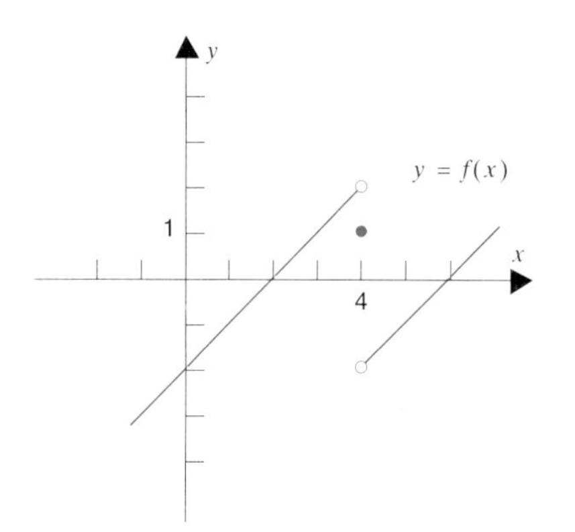


**12.** $c = -2$.

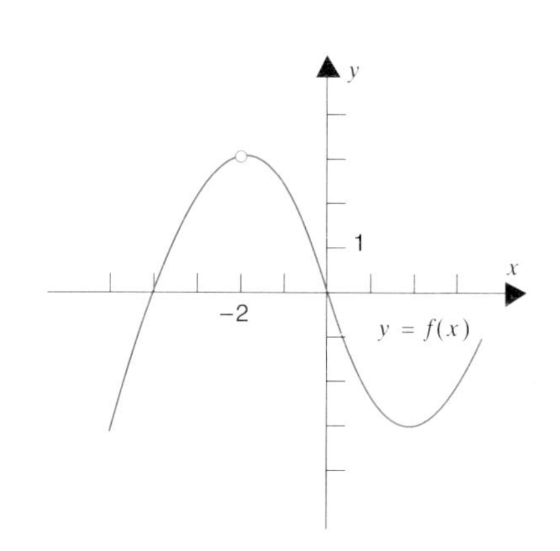


Ejercicios 13 y 14: Indicar los valores de $c$ para los cuales $\lim_{x \to c} f(x)$ no existe.

**13.**

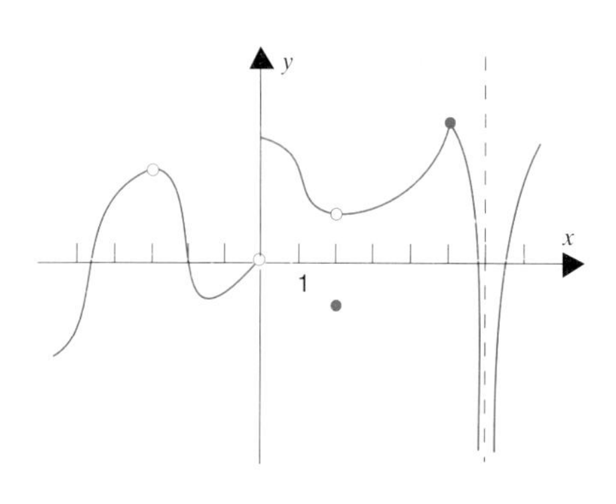


**14.**

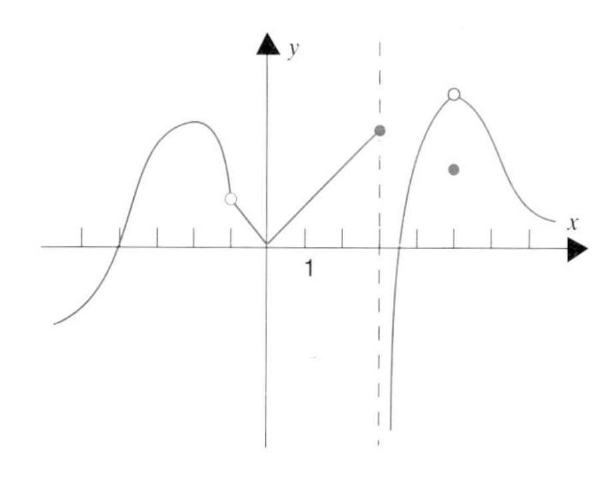


Ejercicios 15 – 50: Decidir con razonamientos intuitivos si existe o no el límite indicado y calcularlo en caso de existir.

**15.** $\lim_{x \to 0} (2x - 1)$.

**16.** $\lim_{x \to 1} (2 - 5x)$.

**17.** $\lim_{x \to -2} x^2$.

**18.** $\lim_{x \to 4} \sqrt{x}$.

**19.** $\lim_{x \to -3} (|x| - 2)$.

**20.** $\lim_{x \to 0} \dfrac{1}{|x|}$.

**21.** $\lim_{x \to 1} \dfrac{3}{x+1}$.

**22.** $\lim_{x \to 0} \dfrac{4}{x+1}$.

**23.** $\lim_{x \to -1} \dfrac{2}{x+1}$.

**24.** $\lim_{x \to 2} \dfrac{1}{3x-6}$.

**25.** $\lim_{x \to 3} \dfrac{2x-6}{x-3}$.

**26.** $\lim_{x \to 3} \dfrac{x^2-6x+9}{x-3}$.

**27.** $\lim_{x \to 3} \dfrac{x-3}{x^2-6x+9}$.

**28.** $\lim_{x \to 2} \dfrac{x^2-3x+2}{x-2}$.

**29.** $\lim_{x \to 2} \dfrac{x-2}{x^2-3x+2}$.

**30.** $\lim_{x \to 1} \dfrac{x-2}{x^2-3x+2}$.

**31.** $\lim_{x \to 0} \left( x + \dfrac{1}{x} \right)$.

**32.** $\lim_{x \to 1} \left( x + \dfrac{1}{x} \right)$.

**33.** $\lim_{x \to 0} \dfrac{2x-5x^2}{x}$.

**34.** $\lim_{x \to 3} \dfrac{x-3}{6-2x}$.

**35.** $\lim_{x \to 1} \dfrac{x^2-1}{x-1}$.

**36.** $\lim_{x \to 1} \dfrac{x^3-1}{x-1}$.

**37.** $\lim_{x \to 1} \dfrac{x^3-1}{x+1}$.

**38.** $\lim_{x \to 1} \dfrac{x^2+1}{x^2-1}$.

**39.** $\lim_{x \to 0} f(x);\quad f(x) = \begin{cases} 1, & x \neq 0 \\ 3, & x = 0 \end{cases}$.

**40.** $\lim_{x \to 1} f(x);\quad f(x) = \begin{cases} 3x, & x < 1 \\ 3, & x > 1 \end{cases}$.

**41.** $\lim_{x \to 4} f(x);\quad f(x) = \begin{cases} x^2, & x \neq 4 \\ 0, & x = 4 \end{cases}$.

**42.** $\lim_{x \to 0} f(x);\quad f(x) = \begin{cases} -x^2, & x < 0 \\ x^2, & x > 0 \end{cases}$.

**43.** $\lim_{x \to 0} f(x);\quad f(x) = \begin{cases} x^2, & x < 0 \\ 1+x, & x > 0 \end{cases}$.

**44.** $\lim_{x \to 1} f(x);\quad f(x) = \begin{cases} 2x, & x < 1 \\ x^2+1, & x > 1 \end{cases}$.

**45.** $\lim_{x \to 0} f(x);\quad f(x) = \begin{cases} 2, & x \text{ racional} \\ -2, & x \text{ irracional} \end{cases}$.

**46.** $\lim_{x \to 1} f(x);\quad f(x) = \begin{cases} 2x, & x \text{ racional} \\ 2, & x \text{ irracional} \end{cases}$.

**47.** $\lim_{x \to 2} f(x);\quad f(x) = \begin{cases} 3x, & x < 1 \\ x+2, & x \geq 1 \end{cases}$.

**48.** $\lim_{x \to 0} f(x);\quad f(x) = \begin{cases} 2x, & x \leq 1 \\ x+1, & x > 1 \end{cases}$.

**49.** $\lim_{x \to 1} \dfrac{\sqrt{x^2+1}-\sqrt{2}}{x-1}$.

**50.** $\lim_{x \to 5} \dfrac{\sqrt{x^2+5}-\sqrt{30}}{x-5}$.

**51. (Usar la calculadora)** Dar una estimación de

$$\lim_{x \to 0} \frac{\operatorname{sen} x}{x} \qquad \text{(medido en radianes)}$$

después de calcular el cociente para los valores $x = \pm 1, \pm 0{,}1, \pm 0{,}01, \pm 0{,}001$.

**52. (Usar la calculadora)** Dar una estimación de

$$\lim_{x \to 0} \frac{\cos x - 1}{x} \qquad \text{(medido en radianes)}$$

después de calcular el cociente para los valores $x = \pm 1, \pm 0{,}1, \pm 0{,}01, \pm 0{,}001$.

**53. (Usar la calculadora)** Dar una estimación de

$$\lim_{x \to 1} \frac{x^{3/2} - 1}{x - 1}$$

después de calcular el cociente para los valores $x = 0{,}9,\ 0{,}99,\ 0{,}999,\ 0{,}9999$ y $x = \pm 1{,}1, \pm 1{,}01, \pm 1{,}001, \pm 1{,}0001$.

## 2.2 DEFINICIÓN DEL LÍMITE

En la sección 2.1 hemos trabajado con los límites de una manera muy informal. Es hora ya de ser más precisos.

Sea $f$ una función y sea $c$ un número real. No exigiremos que $f$ esté definida en $c$, pero exigiremos que $f$ esté definida al menos en un conjunto de la forma $(c-p, c) \cup (c, c+p)$ con $p > 0$. (Esto garantiza que podamos hablar de $f(x)$ para todo los $x \neq c$ que estén "suficientemente próximos" a $c$.) Decir que

$$\lim_{x \to c} f(x) = l$$

es decir que

| | |
|---|---|
| $\lvert f(x) - l \rvert$ se puede hacer arbitrariamente pequeño | para cada $\epsilon > 0$ que uno pueda elegir, $\lvert f(x) - l \rvert$ puede hacerse menor que $\epsilon$ |
| con tal de que | con tal de que |
| $\lvert x - c \rvert$ sea suficientemente pequeño pero distinto de cero. | $\lvert x - c \rvert$ verifique una desigualdad de la forma $0 < \lvert x - c \rvert < \delta$ para $\delta$ suficientemente pequeño. |

Juntando los diferentes elementos en una forma más compacta, obtenemos la siguiente *definición fundamental*.

**DEFINICIÓN 2.2.1 EL LÍMITE DE UNA FUNCIÓN**

Sea $f$ una función definida al menos en algún conjunto de la forma $(c-p, c) \cup (c, c+p)$.

$$\lim_{x \to c} f(x) = l \quad \text{sii} \quad \begin{cases} \text{para cada } \epsilon > 0 \text{ existe un } \delta > 0 \text{ tal que} \\ \text{si } 0 < \lvert x - c \rvert < \delta \text{ entonces } \lvert f(x) - l \rvert < \epsilon. \end{cases}$$

Las figuras 2.2.1 y 2.2.2 ilustran esta definición.

En general, el $\delta$ que verifica la condición de la definición depende del $\epsilon$ elegido previamente. No exigimos que exista un número $\delta$ que "sirva" para *todos los* $\epsilon$ sino, más bien, que para *cada* $\epsilon$ exista un $\delta$ que "sirva" para él.

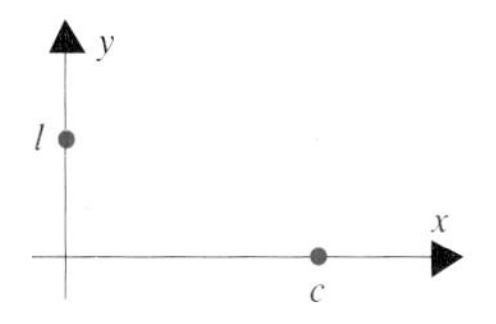


Figura 2.2.1

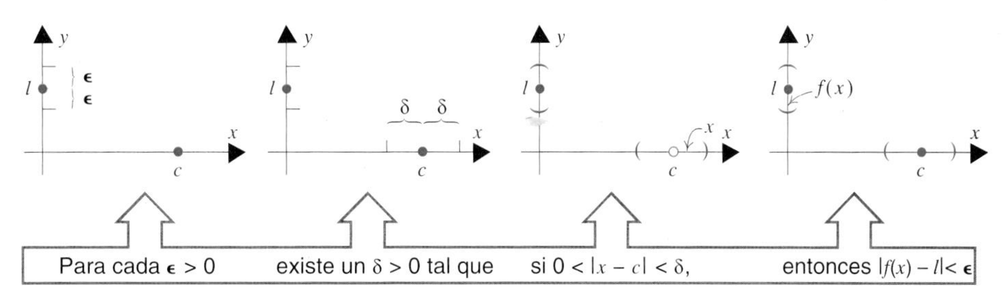


Figura 2.2.2

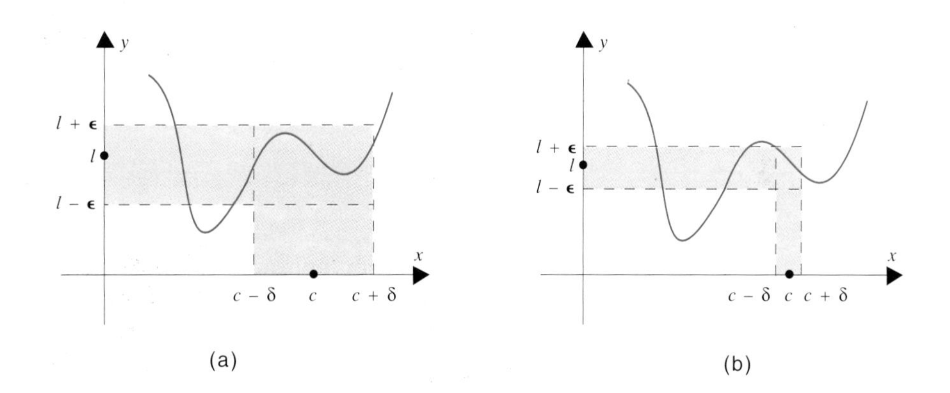


Figura 2.2.3

En la figura 2.2.3 visualizamos dos elecciones de $\epsilon$, y para cada una de ellas mostramos un $\delta$ apropiado. Para que un $\delta$ sea apropiado, en todos los puntos que se encuentran a una distancia de $c$ menor que $\delta$ (con la posible excepción del propio $c$) la función debe tomar valores que estén a una distancia de $l$ menor que $\epsilon$. En la parte

(b) de la figura, partimos de un $\epsilon$ más pequeño y tuvimos que usar un $\delta$ también más pequeño.

El $\delta$ de la figura 2.2.4 es demasiado grande para el $\epsilon$ dado. En particular, los puntos designados en la figura por $x_1$ y $x_2$ no son aplicados por la función a distancias de $l$ menores que $\epsilon$.

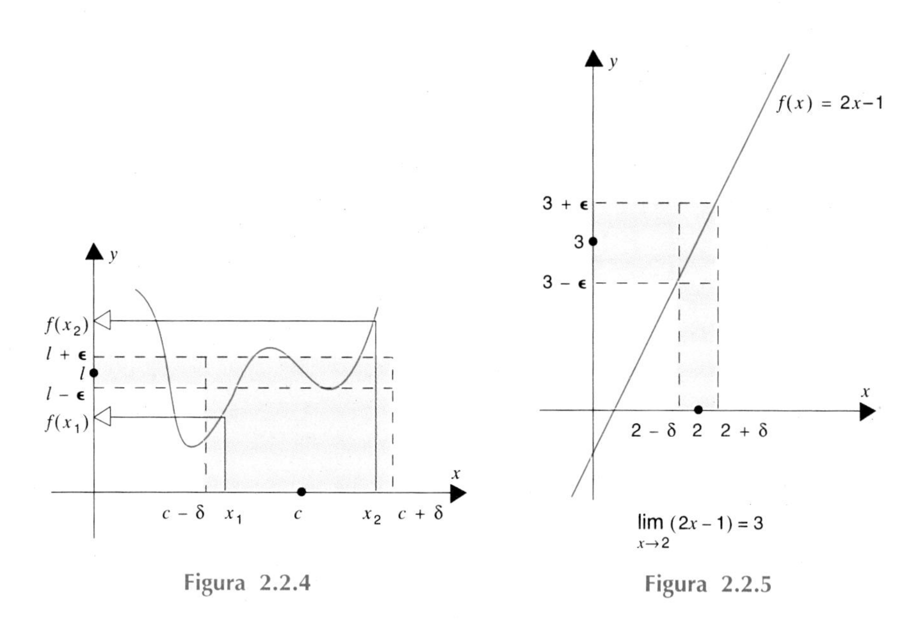


Figura 2.2.4

Figura 2.2.5

A continuación aplicaremos la definición $\epsilon$-$\delta$ de límite a una amplia variedad de funciones. A quien no haya usado nunca argumentos del tipo $\epsilon$-$\delta$ , estos le podrán parecer algo confusos en un principio. Normalmente se requiere algún tiempo para familiarizarse con la idea $\epsilon$-$\delta$ para definir el límite.

**Ejemplo 1.** Demostrar que

$$\lim_{x \to 2} (2x - 1) = 3. \qquad \text{(Figura 2.2.5)}$$

*Hallemos un* $\delta$. Sea $\epsilon > 0$. Buscamos un número $\delta > 0$ tal que,

$$\text{si} \quad 0 < |x - 2| < \delta, \qquad \text{entonces} \quad |(2x - 1) - 3| < \epsilon.$$

Lo primero que tenemos que hacer es establecer una relación entre

$$|(2x-1)-3| \qquad \text{y} \qquad |x-2|.$$

La relación es sencilla:

$$|(2x-1)-3| = |2x-4|$$

de ahí que

$$(*) \qquad |(2x-1)-3| = 2|x-2|.$$

Para hacer $|(2x-1)-3|$ menor que $\epsilon$, sólo necesitamos hacer $|x-2|$ dos veces menor. Esto sugiere tomar $\delta = \frac{1}{2}\epsilon$.

*Veamos que ese* $\delta$ *"funciona"*. Si $0 < |x-2| < \frac{1}{2}\epsilon$, entonces $2\,|x-2| < \epsilon$ luego, por (*), $|(2x-1)-3| < \epsilon$. □

**Observación**. En el ejemplo 1 hemos escogido $\delta = \frac{1}{2}\epsilon$, pero podríamos haber escogido cualquier $\delta$ positivo, $\delta \leq \frac{1}{2}\epsilon$. En general, si un determinado $\delta$ "funciona", cualquier $\delta > 0$ más pequeño también funcionará. □

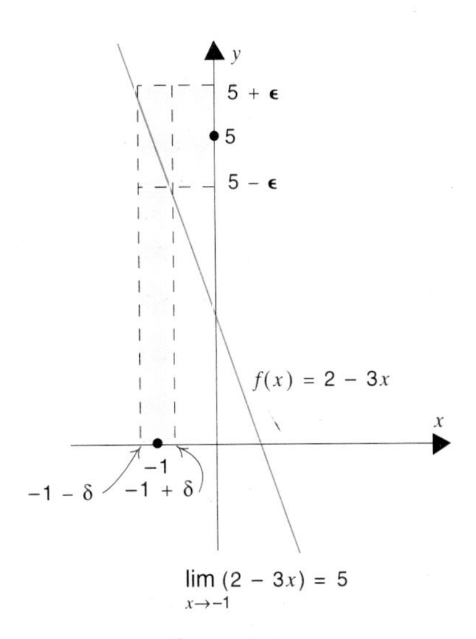


Figura 2.2.6

**Ejemplo 2.** Demostrar que

$$\lim_{x \to -1} (2 - 3x) = 5. \qquad \text{(Figura 2.2.6)}$$

*Hallemos un* $\delta$. Sea $\epsilon > 0$. Buscamos un número $\delta > 0$ tal que

$$\text{si} \quad 0 < |x - (-1)| < \delta, \qquad \text{entonces} \quad |(2 - 3x) - 5| < \epsilon.$$

Para hallar una relación entre

$$|x - (-1)| \quad \text{y} \quad |(2 - 3x) - 5|,$$

simplificamos ambas expresiones:

$$|x - (-1)| = |x + 1|$$

y

$$|(2 - 3x) - 5| = |-3x - 3| = 3|-x - 1| = 3|x + 1|.$$

Podemos concluir que

$$(**) \qquad |(2 - 3x) - 5| = 3|x - (-1)|.$$

Podemos hacer que la expresión de la izquierda sea menor que $\epsilon$ haciendo que $|x - (-1)|$ sea tres veces menor. Esto sugiere tomar $\delta = \frac{1}{3}\epsilon$.

*Veamos que ese* $\delta$ *"funciona"*. Si $0 < |x - (-1)| < \frac{1}{3}\epsilon$, entonces $3|x - (-1)| < \epsilon$ y, debido a (**), $|(2 - 3x) - 5| < \epsilon$. □

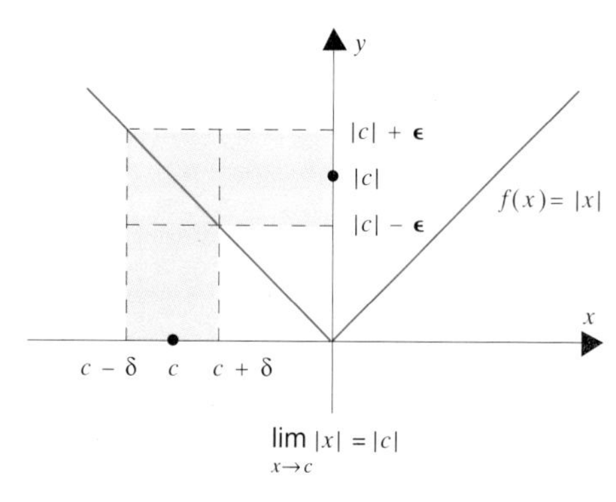


**Figura 2.2.7**

**Ejemplo 3.**

**(2.2.2)** $$\lim_{x \to c} |x| = |c|.$$ (Figura 2.2.7)

Demostración. Sea $\epsilon > 0$. Buscamos un número $\delta > 0$ tal que

$$\text{si} \quad 0 < |x - c| < \delta, \qquad \text{entonces} \quad ||x| - |c|| < \epsilon.$$

Puesto que

$$||x| - |c|| \leq |x - c|, \qquad (1.5.7)$$

podemos escoger $\delta = \epsilon$; puesto que

$$\text{si} \quad 0 < |x - c| < \epsilon, \qquad \text{entonces} \quad ||x| - |c|| < \epsilon.$$ 

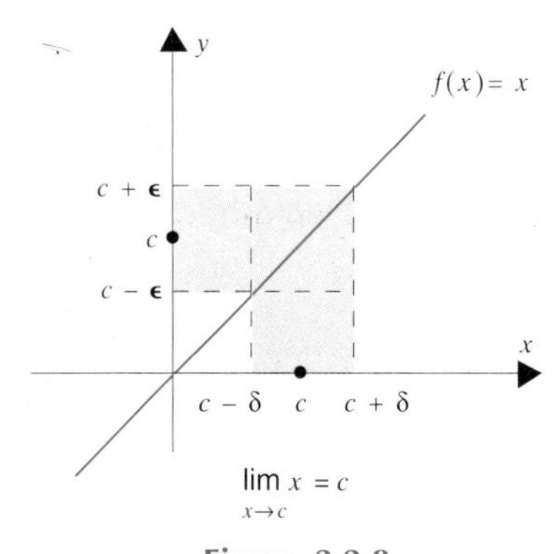


**Figura 2.2.8**

**Ejemplo 4.**

**(2.2.3)** 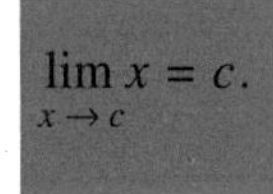 $$\lim_{x \to c} x = c.$$ (Figura 2.2.8)

Demostración. Sea $\epsilon > 0$. Buscamos un número $\delta > 0$ tal que

$$\text{si} \quad 0 < |x - c| < \delta, \qquad \text{entonces} \quad |x - c| < \epsilon.$$

Evidentemente, podemos escoger $\delta = \epsilon$. □

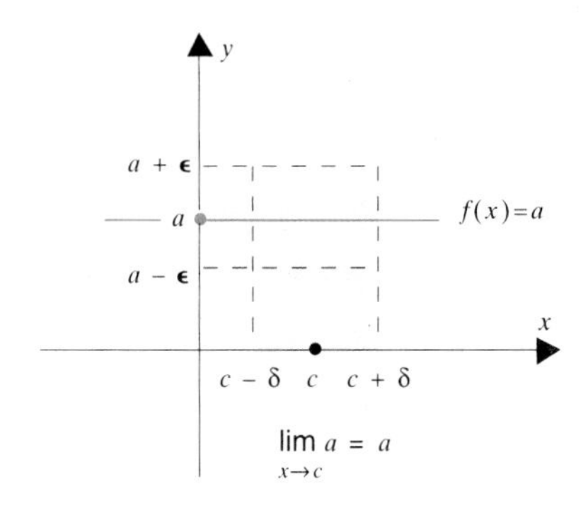


Figura 2.2.9

Ejemplo 5.

(2.2.4) $$\lim_{x \to c} a = a.$$ (Figura 2.2.9)

Demostración. Aquí nos las tenemos que ver con la función constante

$$f(x) = a.$$

Sea $\epsilon > 0$. Tenemos que encontrar un número $\delta > 0$ tal que

$$\text{si} \quad 0 < |x - c| < \delta, \qquad \text{entonces} \quad |a - a| < \epsilon.$$

Dado que $|a - a| = 0$, siempre se verifica que

$$|a - a| < \epsilon$$

no importa cómo sea escogido $\delta$; cualquier número positivo vale como elección de $\delta$. □

Habitualmente los razonamientos $\epsilon$-$\delta$ se desarrollan en dos fases. En una primera etapa, realizamos una pequeña tarea algebraica, denominada "hallemos un $\delta$" en algunos de los ejemplos anteriores. Esta pequeña tarea supone partir de $|f(x) - l| < \epsilon$ para hallar un $\delta$ suficientemente pequeño para que después podamos, a partir de la desigualdad $0 < |x - c| < \delta$, llegar a $|f(x) - l| < \epsilon$. Esta primera etapa, que es preliminar, nos muestra cómo proceder en la segunda etapa. Esta consiste en demostrar que el $\delta$ "funciona" comprobando que para nuestra elección de $\delta$, es cierta la implicación

$$\text{si} \quad 0 < |x - c| < \delta, \qquad \text{entonces} \quad |f(x) - l| < \epsilon.$$

Los dos ejemplos siguientes son más complicados y, por consiguiente, pueden dar una idea mejor de cómo hallar un $\delta$.

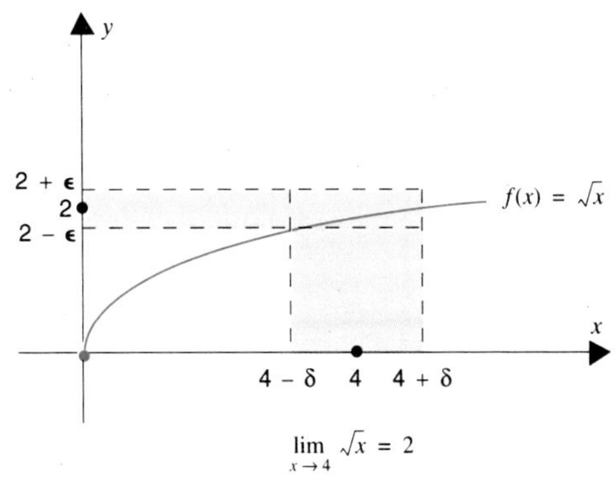


Figura 2.2.10

**Ejemplo 6.**

$$\lim_{x \to 4} \sqrt{x} = 2. \qquad \text{(Figura 2.2.10)}$$

*Hallemos un* $\delta$. Sea $\epsilon > 0$. Buscamos un número $\delta > 0$ tal que

$$\text{si} \quad 0 < |x - 4| < \delta \qquad \text{entonces} \quad |\sqrt{x} - 2| < \epsilon.$$

En primer lugar queremos una relación entre $|x - 4|$ y $|\sqrt{x} - 2|$. Para poder hablar $\sqrt{x}$ de lo único que necesitamos es $x \geq 0$. Para asegurar esto, tenemos que tener $\delta \leq 4$. (¿Por qué?)

Teniendo presente que $\delta \leq 4$, sigamos adelante. Si $x \geq 0$, podemos considerar $\sqrt{x}$ y escribir

$$x - 4 = (\sqrt{x})^2 - 2^2 = (\sqrt{x} + 2)\,(\sqrt{x} - 2).$$

Tomando valores absolutos, obtenemos

$$|x-4| = |\sqrt{x}+2||\sqrt{x}-2|.$$

Puesto que $|\sqrt{x}+2| > 1$, podemos concluir que

$$|\sqrt{x}-2| < |x-4|.$$

La última desigualdad sugiere tomar simplemente $\delta = \epsilon$. Pero recordemos ahora el requisito previo de que ha de ser $\delta \leq 4$. Podemos satisfacer todos los requisitos tomando $\delta$ = mínimo de 4 y de $\epsilon$.

*Veamos que ese* $\delta$ *"funciona"*. Sea $\epsilon > 0$. Escojamos $\delta = \min\{4, \epsilon\}$ y supongamos que

$$0 < |x-4| < \delta.$$

Puesto que $\delta \leq 4$, tenemos que $x \geq 0$ y podemos escribir

$$|x-4| = |\sqrt{x}+2||\sqrt{x}-2|.$$

Como $|\sqrt{x}+2| > 1$, podemos concluir que

$$|\sqrt{x}-2| < |x-4|.$$

Al ser $|x-4| < \delta$ y $\delta \leq \epsilon$, resulta que

$$|\sqrt{x}-2| < \epsilon. \quad \square$$

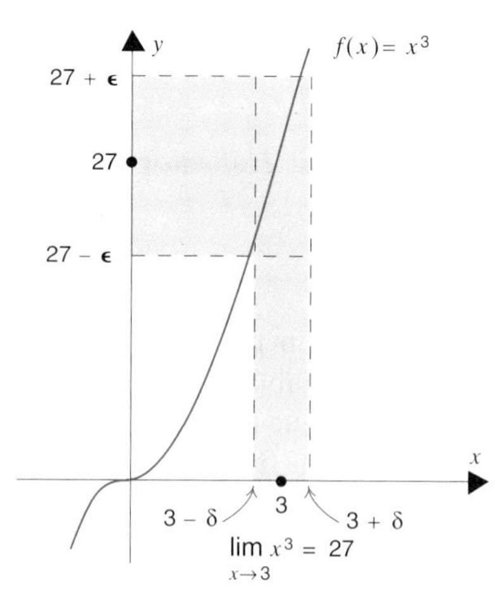


**Figura 2.2.11**

**Ejemplo 7.**

$$\lim_{x \to 3} x^3 = 27. \qquad \text{(Figura 2.2.11)}$$

*Hallemos un* $\delta$. Sea $\epsilon > 0$. Buscamos un número $\delta > 0$ tal que

$$\text{si} \quad 0 < |x - 3| < \delta \qquad \text{entonces} \quad |x^3 - 27| < \epsilon.$$

La relación que necesitamos entre $|x - 3|$ y $|x^3 - 27|$ se halla factorizando:

$$x^3 - 27 = (x - 3)(x^2 + 3x + 9)$$

luego

$$(*) \qquad |x^3 - 27| = |x - 3||x^2 + 3x + 9|.$$

En este punto necesitamos hallar un control de $|x^3 + 3x + 9|$ para los valores de $x$ cercanos a 3. Para mayor facilidad, supongamos que los valores de $x$ no difieren en más de una unidad de 3.

Si $|x - 3| < 1$, entonces $2 < x < 4$ y

$$\begin{aligned} |x^2 + 3x + 9| &\leq |x^2| + |3x| + |9| \\ &= |x|^2 + 3|x| + 9 \\ &< 16 + 12 + 9 = 37. \end{aligned}$$

De (*) se deduce que

$$(**) \qquad \text{si} \quad |x - 3| < 1, \qquad \text{entonces} \quad |x^3 - 27| < 37|x - 3|.$$

Si, además, suponemos que $|x - 3| < \epsilon/37$, obtenemos que

$$|x^3 - 27| < 37(\epsilon/37) = \epsilon.$$

Esto significa que se puede tomar $\delta$ = mínimo de 1 y $\epsilon/37$.

*Veamos que ese* $\delta$ *"funciona"*. Sea $\epsilon > 0$. Elijamos $\delta = \min\{1, \epsilon/37\}$ y supongamos que

$$0 < |x - 3| < \delta.$$

Entonces

$$|x - 3| < 1 \quad \text{y} \quad |x - 3| < \epsilon/37.$$

Por (**)

$$|x^3 - 27| < 37|x - 3|,$$

de donde deducimos, dado que $|x - 3| < \epsilon/37$, que

$$|x^3 - 27| < 37(\epsilon/37) = \epsilon. \quad \square$$

Existen muchas maneras diferentes de formular un mismo resultado relativo a los límites. Algunas veces una formulación es más conveniente que las demás. Otras veces es otra. En cualquier caso es útil saber que las siguientes formulaciones son equivalentes:

**(2.2.5)**

(i) $\lim_{x \to c} f(x) = l.$ (ii) $\lim_{x \to c} (f(x) - l) = 0.$

(iii) $\lim_{x \to c} |f(x) - l| = 0.$ (iv) $\lim_{h \to 0} f(c + h) = l.$

La equivalencia de esos cuatro asertos es obvia. Es, sin embargo, un buen ejercicio para el manejo de las técnicas $\epsilon$-$\delta$ demostrar que (i) es equivalente a (iv).

**Ejemplo 8.** Para $f(x) = x^3$ tenemos que

$$\lim_{x \to 2} x^3 = 8, \qquad \lim_{x \to 2} (x^3 - 8) = 0,$$

$$\lim_{x \to 2} |x^3 - 8| = 0, \qquad \lim_{h \to 0} (2 + h)^3 = 8. \quad \square$$

Los dos asertos siguientes *no* son equivalentes

$$\lim_{x \to c} f(x) = l \quad \text{y} \quad \lim_{x \to c} |f(x)| = |l|.$$

Mientras que el primero implica el segundo (Ejercicio 34a), el segundo aserto no implica el primero (Ejercicio 34b).

Nos ocuparemos ahora de las definiciones $\epsilon$-$\delta$ de los límites laterales. Se trata de los enunciados $\epsilon$-$\delta$ habituales, excepto que para un límite por la izquierda, el $\delta$ debe "usarse" sólo del lado izquierdo de $c$ mientras que para un límite por la derecha, el $\delta$ ha de "usarse" sólo del lado derecho de $c$.

**DEFINICIÓN 2.2.6 LÍMITE POR LA IZQUIERDA**

Sea $f$ una función definida al menos en un intervalo de la forma $(c-p, c)$.

$$\lim_{x \to c^-} f(x) = l \quad \text{sii} \quad \begin{cases} \text{para cada } \epsilon > 0 \text{ existe un } \delta > 0 \text{ tal que} \\ \text{si } c - \delta < x < c, \text{ entonces } |f(x) - l| < \epsilon. \end{cases}$$

**DEFINICIÓN 2.2.7 LÍMITE POR LA DERECHA**

Sea $f$ una función definida al menos en un intervalo de la forma $(c, c+p)$

$$\lim_{x \to c^+} f(x) = l \quad \text{sii} \quad \begin{cases} \text{para cada } \epsilon > 0 \text{ existe un } \delta > 0 \text{ tal que} \\ \text{si } c < x < c + \delta, \text{ entonces } |f(x) - l| < \epsilon. \end{cases}$$

Como ya hemos indicado en la sección 2.1, los límites (uni) laterales nos dan una manera sencilla de determinar cuándo un límite (bilateral) existe:

**(2.2.8)** $$\lim_{x \to c} f(x) = l \quad \text{sii} \quad \lim_{x \to c^-} f(x) = l \quad \text{y} \quad \lim_{x \to c^+} f(x) = l.$$

La demostración de este resultado se deja como ejercicio. Es sencilla puesto que cualquier $\delta$ que "funcione" para el límite, también "funcionará" con los límites laterales y que cualquier $\delta$ que "funcione" para los dos límites laterales "funcionará" para el límite.

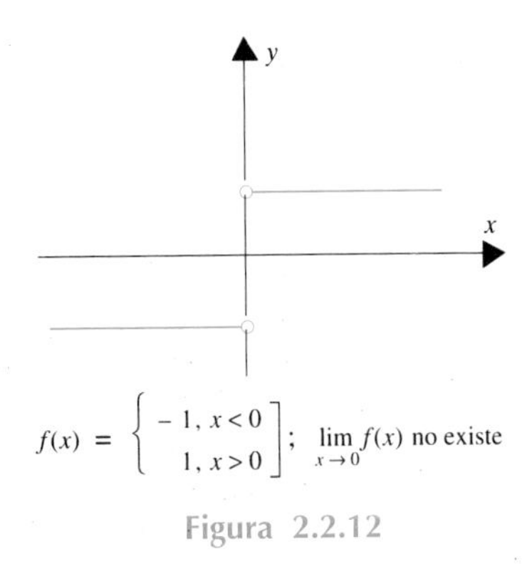


$$f(x) = \begin{cases} -1, & x < 0 \\ 1, & x > 0 \end{cases}; \quad \lim_{x \to 0} f(x) \text{ no existe}$$

Figura 2.2.12

**Ejemplo 9.**

$$\text{Si } f(x) = \begin{cases} -1, & x < 0 \\ 1, & x > 0 \end{cases}, \text{ entonces } \lim_{x \to 0} f(x) \text{ no existe.}$$

(Figura 2.2.12)

Demostración. Está claro que

$$\lim_{x \to 0^-} f(x) = -1 \qquad \text{y} \qquad \lim_{x \to 0^+} f(x) = 1.$$

Puesto que estos dos límites laterales son distintos, $\lim_{x \to 0} f(x)$ no existe. □

## EJERCICIOS 2.2

Determinar, al modo de la sección 2.1, si existen o no los límites indicados. Calcular los límites que existan.

**1.** $\lim_{x \to 1} \dfrac{x}{x+1}$.

**2.** $\lim_{x \to 0} \dfrac{x^2(1+x)}{2x}$.

**3.** $\lim_{x \to 0} \dfrac{x(1+x)}{2x^2}$.

**4.** $\lim_{x \to 4} \dfrac{x}{\sqrt{x}+1}$.

**5.** $\lim_{x \to 4} \dfrac{x}{\sqrt{x+1}}$.

**6.** $\lim_{x \to -1} \dfrac{1-x}{x+1}$.

**7.** $\lim_{x \to 1} \dfrac{x^4-1}{x-1}$.

**8.** $\lim_{x \to 2} \dfrac{x}{|x|}$.

**9.** $\lim_{x \to 0} \dfrac{x}{|x|}$.

**10.** $\lim_{x \to 1} \dfrac{x^2-1}{x^2-2x+1}$.

**11.** $\lim_{x \to -2} \dfrac{|x|}{x}$.

**12.** $\lim_{x \to 9} \dfrac{x-3}{\sqrt{x}-3}$.

**13.** $\lim_{x \to 2} f(x)$ si $f(x) = \begin{cases} 3, & \text{si } x \text{ entero} \\ 1, & \text{en caso contrario} \end{cases}$.

**14.** $\lim_{x \to 3} f(x)$ si $f(x) = \begin{cases} x^2, & x < 3 \\ 7, & x = 3 \\ 2x+3, & x > 3 \end{cases}$.

**15.** $\lim_{x \to \sqrt{2}} f(x)$ si $f(x) = \begin{cases} 3, & x \text{ entero} \\ 1, & \text{en caso contrario} \end{cases}$.

**16.** $\lim_{x \to 2} f(x)$ si $f(x) = \begin{cases} x^2, & x \leq 1 \\ 5x, & x > 1 \end{cases}$.

**17.** ¿Cuál de los $\delta$ representados en la figura 2.2.13 "funciona" con el $\epsilon$ dado?

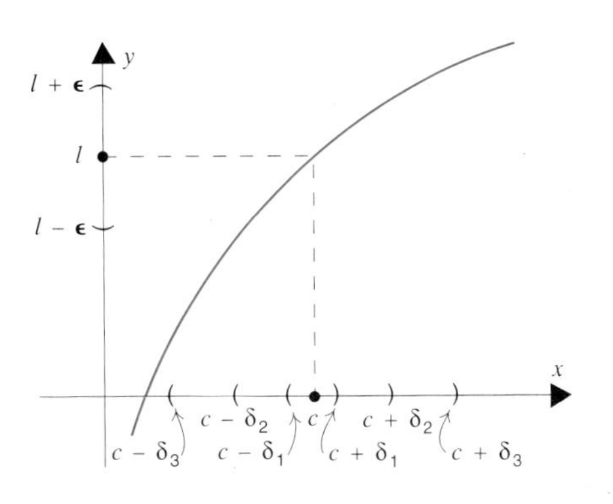


**Figura 2.2.13**

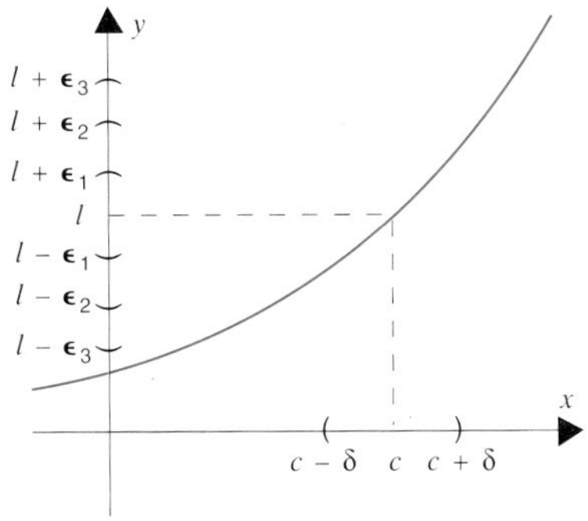

**Figura 2.2.14**

**18.** ¿Para cuál de los $\epsilon$ representados en la figura 2.2.14 "funciona" el $\delta$ especificado?

Hallar, para los siguientes límites, el mayor $\delta$ que "funcione" para un $\epsilon$ arbitrario dado.

**19.** $\lim_{x\to 1} 2x = 2.$ **20.** $\lim_{x\to 4} 5x = 20.$ **21.** $\lim_{x\to 2} \frac{1}{2}x = 1.$ **22.** $\lim_{x\to 2} \frac{1}{5}x = \frac{2}{5}.$

Dar una demostración $\epsilon$-$\delta$ para los límites siguientes.

**23.** $\lim_{x\to 4} (2x-5) = 3.$ **24.** $\lim_{x\to 2} (3x-1) = 5.$ **25.** $\lim_{x\to 3} (6x-7) = 11.$

**26.** $\lim_{x\to 0} (2-5x) = 2.$ **27.** $\lim_{x\to 2} |1-3x| = 5.$ **28.** $\lim_{x\to 2} |x-2| = 0.$

**29.** Sea $f$ una función de la cual sólo se sabe que

$$\text{si} \quad 0 < |x-3| < 1, \qquad \text{entonces} \qquad |f(x)-5| < 0{,}1.$$

¿Cuál de los siguientes asertos es necesariamente cierto?

(a) Si $|x-3| < 1$, entonces $|f(x)-5| < 0{,}1$.
(b) Si $|x-2{,}5| < 0{,}3$, entonces $|f(x)-5| < 0{,}1$.
(c) $\lim_{x\to 3} f(x) = 5$.
(d) Si $0 < |x-3| < 2$, entonces $|f(x)-5| < 0{,}1$.
(e) Si $0 < |x-3| < 0{,}5$, entonces $|f(x)-5| < 0{,}1$.
(f) si $0 < |x-3| < \frac{1}{4}$, entonces $|f(x)-5| < \frac{1}{4}(0{,}1)$.

(g) Si $0 < |x - 3| < 1$, entonces $|f(x) - 5| < 0{,}2$.

(h) Si $0 < |x - 3| < 1$, entonces $|f(x) - 4{,}95| < 0{,}05$.

(i) Si $\lim_{x \to 3} f(x) = l$, entonces $4{,}9 \leq l \leq 5{,}1$.

**30.** Supongamos que $|A - B| < \epsilon$ para cada $\epsilon > 0$. Demostrar que $A = B$.

SUGERENCIA: Suponer que $A \neq B$ y considerar $\epsilon = \frac{1}{2}|A - B|$.

Dar los cuatro enunciados de límite presentados en 2.2.5, tomando

**31.** $f(x) = \dfrac{1}{x-1}, \quad c = 3.$

**32.** $f(x) = \dfrac{x}{x^2+2}, \quad c = 1.$

**33.** Demostrar que

**(2.2.9)**
$$\lim_{x \to c} f(x) = 0 \quad \text{sii} \quad \left(\lim_{x \to c} |f(x)| = 0.\right)$$

**34.** (a) Demostrar que

$$\text{si} \quad \lim_{x \to c} f(x) = l \qquad \text{entonces} \quad \lim_{x \to c} |f(x)| = |l|.$$

(b) Demostrar que el recíproco es falso. Dar un ejemplo en el cual

$$\lim_{x \to c} |f(x)| = |l| \qquad \text{y} \qquad \lim_{x \to c} f(x) = m \neq l$$

y dar un ejemplo en el cual

$$\lim_{x \to c} |f(x)| \quad \text{existe} \qquad \text{pero} \quad \lim_{x \to c} f(x) \quad \text{no existe.}$$

**35.** Dar una demostración $\epsilon$-$\delta$ de la equivalencia de los enunciados (i) y (iv) de 2.2.5.

**36.** Dar una demostración $\epsilon$-$\delta$ de (2.2.8).

**37.** (a) Demostrar que $\lim_{x \to c} \sqrt{x} = \sqrt{c}$ para $c > 0$. SUGERENCIA: Si $x$ y $c$ son positivos, se verifica

$$0 \leq |\sqrt{x} - \sqrt{c}| = \frac{|x - c|}{\sqrt{x} + \sqrt{c}} < \frac{1}{\sqrt{c}}|x - c|.$$

(b) Demostrar que $\lim_{x \to 0^+} \sqrt{x} = 0$.

Dar una demostración $\epsilon$-$\delta$ de los siguientes enunciados.

**38.** $\lim_{x \to 2} x^2 = 4.$

**39.** $\lim_{x \to 1} x^3 = 1.$

**40.** $\lim_{x \to 3} \sqrt{x+1} = 2.$

**41.** $\lim_{x \to 3^-} \sqrt{3-x} = 0.$

Demostrar los siguientes asertos.

**42.** Si $g(x) = \begin{cases} x, & x \text{ racional} \\ 0, & x \text{ irracional} \end{cases}$, entonces $\lim_{x \to 0} g(x) = 0.$

**43.** Si $f(x) = \begin{cases} 1, & x \text{ racional} \\ 0, & x \text{ irracional} \end{cases}$, entonces no existe $\lim_{x \to c} f(x)$ para ningún número $c$.

**44.** $\lim_{x \to c^-} f(x) = l$ sii $\lim_{h \to 0} f(c - |h|) = l.$

**45.** $\lim_{x \to c^+} f(x) = l$ sii $\lim_{h \to 0} f(c + |h|) = l.$

---

## 2.3 ALGUNOS TEOREMAS SOBRE LÍMITES

Como hemos visto en la última sección, puede resultar tedioso aplicar cada vez el criterio $\epsilon$-$\delta$ para calcular el límite de una función. Demostrando algunos teoremas generales acerca de los límites podemos ahorrarnos buena parte de ese trabajo repetitivo. Naturalmente, los teoremas mismos (al menos los primeros) han de ser demostrados por medio del método $\epsilon$-$\delta$.

Empezaremos por demostrar que el límite, si existe, es único.

**TEOREMA 2.3.1 UNICIDAD DEL LÍMITE**

Si $\lim_{x \to c} f(x) = l$ y $\lim_{x \to c} f(x) = m$, entonces $l = m$

Demostración. Vamos a demostrar que $l = m$ probando que la hipótesis $l \neq m$ lleva a la contradicción

$$|l - m| < |l - m|.$$

Supongamos que $l \neq m$. Entonces $|l - m|/2 > 0$. Como

$$\lim_{x \to c} f(x) = l,$$

sabemos que existe $\delta_1 > 0$ tal que

$$(1) \qquad \text{si} \quad 0 < |x - c| < \delta_1, \qquad \text{entonces} \quad |f(x) - l| < \frac{|l - m|}{2}.$$

(Estamos utilizando $\frac{|l-m|}{2}$ como $\epsilon$). Dado que

$$\lim_{x \to c} f(x) = m,$$

sabemos que existe $\delta_2 > 0$ tal que

$$(2) \qquad \text{si} \quad 0 < |x - c| < \delta_2, \qquad \text{entonces} \quad |f(x) - m| < \frac{|l - m|}{2}.$$

Tomemos ahora un número $x_1$ que satisfaga la desigualdad

$$0 < |x_1 - c| < \text{mínimo de } \delta_1 \text{ y } \delta_2.$$

Entonces, por (1) y (2)

$$|f(x_1) - l| < \frac{|l - m|}{2} \qquad \text{y} \qquad |f(x_1) - m| < \frac{|l - m|}{2}.$$

De esto se deduce que

$$\begin{aligned} |l - m| &= |[l - f(x_1)] + [f(x_1) - m]| \\ &\leq |l - f(x_1)| + |f(x_1) - m| \\ &= |f(x_1) - l| + |f(x_1) - m| < \frac{|l - m|}{2} + \frac{|l - m|}{2} = |l - m|. \end{aligned}$$

por la desigualdad triangular (en el paso $\leq$)

$|a| = |-a|$ (en el paso $=$)

□

**TEOREMA 2.3.2**

Si $\lim_{x \to c} f(x) = l$ y $\lim_{x \to c} g(x) = m$, entonces

(i) $\lim_{x \to c} [f(x) + g(x)] = l + m$,

(ii) $\lim_{x \to c} [\alpha f(x)] = \alpha l$, para cada $\alpha$ real,

(iii) $\lim_{x \to c} [f(x) g(x)] = lm$.

Demostración. Sea $\epsilon > 0$. Para demostrar (i) hemos de probar que existe un $\delta > 0$ tal que

$$\text{si} \quad 0 < |x - c| < \delta, \qquad \text{entonces} \quad |[f(x) + g(x)] - [l + m]| < \epsilon.$$

Obsérvese que

$$\begin{aligned} |[f(x) + g(x)] - [l + m]| &= |[f(x) - l] + [g(x) - m]| \\ (*) \qquad &\leq |f(x) - l| + |g(x) - m|. \end{aligned}$$

Conseguiremos que $|[f(x) + g(x)] - [l + m]|$ sea menor que $\epsilon$ haciendo que $|f(x) - l|$ y $|g(x) - m|$ sean ambos menores que $\frac{1}{2}\epsilon$. Puesto que $\epsilon > 0$, sabemos que $\frac{1}{2}\epsilon > 0$. Dado que

$$\lim_{x \to c} f(x) = l \qquad \text{y} \qquad \lim_{x \to c} g(x) = m,$$

sabemos que existen dos números positivos, $\delta_1$ y $\delta_2$, tales que

$$\text{si} \quad 0 < |x - c| < \delta_1, \qquad \text{entonces} \quad |f(x) - l| < \tfrac{1}{2}\epsilon$$

y

$$\text{si} \quad 0 < |x - c| < \delta_2, \qquad \text{entonces} \quad |g(x) - m| < \tfrac{1}{2}\epsilon.$$

Ahora definamos $\delta$ = mínimo de $\delta_1$ y $\delta_2$ y observemos que, si $0 < |x - c| < \delta$, entonces

$$|f(x) - l| < \tfrac{1}{2}\epsilon \qquad \text{y} \qquad |g(x) - m| < \tfrac{1}{2}\epsilon$$

luego, por (*)

$$|[f(x) + g(x)] - [l + m]| < \epsilon.$$

Resumiendo, haciendo $\delta = \min\,\{\delta_1, \delta_2\}$, hemos hallado que

$$\text{si} \quad 0 < |x - c| < \delta, \qquad \text{entonces} \quad |[f(x) + g(x)] - [l + m]| < \epsilon.$$

Por consiguiente, (i) queda demostrado. Para las demostraciones de (ii) y (iii) ver el suplemento al final de esta sección. □

Los resultados del teorema 2.3.2 se extienden fácilmente (por inducción matemática) a cualquier colección finita de funciones; es decir, si

$$\lim_{x \to c} f_1(x) = l_1, \quad \lim_{x \to c} f_2(x) = l_2, \quad \ldots, \quad \lim_{x \to c} f_n(x) = l_n$$

entonces

**(2.3.3)** $$\lim_{x \to c} [\alpha_1 f_1(x) + \alpha_2 f_2(x) + \ \ldots \ + \alpha_n f_n(x)] = \alpha_1 l_1 + \alpha_2 l_2 \ \ldots \ + \alpha_n l_n$$

y

**(2.3.4)** $$\lim_{x \to c} [f_1(x) f_2(x) \ \ldots \ f_n(x)] = l_1 l_2 \ \ldots \ l_n.$$

A partir de estos resultados es fácil ver que todo polinomio $P(x) = a_n x^n + \ldots + a_1 x + a_0$ verifica

**(2.3.5)** $$\lim_{x \to c} P(x) = P(c).$$

Demostración. Ya sabemos que

$$\lim_{x \to c} x = c.$$

Aplicando (2.3.4) a $f(x) = x$ multiplicada $k$ veces por sí misma, obtenemos que

$$\lim_{x \to c} x^k = c^k \quad \text{para cada entero positivo } k.$$

También sabemos que $\lim_{x \to c} a_0 = a_0$. Se deduce entonces de (2.3.3) que

$$\lim_{x \to c} (a_n x^n + \ldots + a_1 x + a_0) = a_n c^n + \ldots + a_1 c + a_0;$$

es decir,

$$\lim_{x \to c} P(x) = P(c). \quad \square$$

**Ejemplos**

$$\lim_{x\to 1}(5x^2-12x+2) = 5(1)^2-12(1)+2 = -5,$$

$$\lim_{x\to 0}(14x^5-7x^2+2x+8) = 14(0)^5-7(0)^2+2(0)+8 = 8,$$

$$\lim_{x\to -1}(2x^3+x^2-2x-3) = 2(-1)^3+(-1)^2-2(-1)-3 = -2. \quad \square$$

A continuación estudiaremos recíprocos y cocientes.

**TEOREMA 2.3.6**

Si $\lim_{x\to c} g(x) = m$ con $m \neq 0$, entonces $\lim_{x\to c} \dfrac{1}{g(x)} = \dfrac{1}{m}$.

Demostración. Ver el suplemento al final de la sección. $\square$

**Ejemplos**

$$\lim_{x\to 4}\frac{1}{x^2} = \frac{1}{16}, \qquad \lim_{x\to 2}\frac{1}{x^3-1} = \frac{1}{7}, \qquad \lim_{x\to -3}\frac{1}{|x|} = \frac{1}{|-3|} = \frac{1}{3}. \quad \square$$

Una vez sabido que los recíprocos no presentan dificultad, los cocientes resultan fáciles de manejar.

**TEOREMA 2.3.7**

Si $\lim_{x\to c} f(x) = l$ y $\lim_{x\to c} g(x) = m$ con $m \neq 0$, entonces $\lim_{x\to c} \dfrac{f(x)}{g(x)} = \dfrac{l}{m}$.

Demostración. La clave está en observar que el cociente puede escribirse como un producto:

$$\frac{f(x)}{g(x)} = f(x)\frac{1}{g(x)}.$$

Con

$$\lim_{x \to c} f(x) = l \quad \text{y} \quad \lim_{x \to c} \frac{1}{g(x)} = \frac{1}{m},$$

la regla del producto (parte (iii) del teorema 2.3.2) da

$$\lim_{x \to c} \frac{f(x)}{g(x)} = l\frac{1}{m} = \frac{l}{m}. \quad \square$$

Como consecuencia inmediata de este teorema sobre cocientes se puede ver que si $P$ y $Q$ son polinomios y $Q(c) \neq 0$, se verifica que

**(2.3.8)** $$\lim_{x \to c} \frac{P(x)}{Q(x)} = \frac{P(c)}{Q(c)}.$$

**Ejemplos**

$$\lim_{x \to 2} \frac{3x-5}{x^2+1} = \frac{6-5}{4+1} = \frac{1}{5}, \qquad \lim_{x \to 3} \frac{x^3-3x^2}{1-x^2} = \frac{27-27}{1-9} = 0. \quad \square$$

No tiene sentido buscar un límite que no existe. En el próximo teorema se da una condición que hace que un cociente carezca de límite.

**TEOREMA 2.3.9**

Si $\lim_{x \to c} f(x) = l$ con $l \neq 0$ y $\lim_{x \to c} g(x) = 0$, entonces $\lim_{x \to c} \frac{f(x)}{g(x)}$ no existe.

Demostración. Supongamos, por el contrario, que existe un número real $L$ tal que

$$\lim_{x \to c} \frac{f(x)}{g(x)} = L.$$

Entonces

$$l = \lim_{x \to c} f(x) = \lim_{x \to c}\left[g(x) \cdot \frac{f(x)}{g(x)}\right] = \lim_{x \to c} g(x) \cdot \lim_{x \to c} \frac{f(x)}{g(x)} = 0 \cdot L = 0,$$

lo cual contradice nuestra hipótesis de que $l \neq 0$. $\square$

**Ejemplos.** El teorema 2.3.9 permite ver que

$$\lim_{x \to 1} \frac{x^2}{x-1}, \qquad \lim_{x \to 2} \frac{3x-7}{x^2-4} \quad \text{y} \quad \lim_{x \to 0} \frac{5}{x}$$

los siguientes límites no existen. □

**Problema 1.** Calcular los límites que existan:

$$\text{(a)} \lim_{x \to 3} \frac{x^2-x-6}{x-3}, \qquad \text{(b)} \lim_{x \to 4} \frac{(x^2-3x-4)^2}{x-4}, \qquad \text{(c)} \lim_{x \to -1} \frac{x+1}{(2x^2+7x+5)^2}.$$

*Solución.* En cada uno de los tres casos, tanto el numerador como el denominador tienden a 0, por lo que hemos de tener cuidado.

(a) En primer lugar factorizamos el numerador:

$$\frac{x^2-x-6}{x-3} = \frac{(x+2)(x-3)}{x-3}.$$

Para $x \neq 3$,

$$\frac{x^2-x-6}{x-3} = x+2.$$

Luego

$$\lim_{x \to 3} \frac{x^2-x-6}{x-3} = \lim_{x \to 3} (x+2) = 5.$$

(b) Obsérvese que

$$\frac{(x^2-3x-4)^2}{x-4} = \frac{[(x+1)(x-4)]^2}{x-4} = \frac{(x+1)^2(x-4)^2}{x-4}$$

luego, para $x \neq 4$,

$$\frac{(x^2-3x-4)^2}{x-4} = (x+1)^2(x-4).$$

de lo cual se deduce que

$$\lim_{x \to 4} \frac{(x^2 - 3x - 4)^2}{x - 4} = \lim_{x \to 4} (x + 1)^2 (x - 4) = 0.$$

(c) Puesto que

$$\frac{x + 1}{(2x^2 + 7x + 5)^2} = \frac{x + 1}{[(2x + 5)(x + 1)]^2} = \frac{x + 1}{(2x + 5)^2 (x + 1)^2},$$

se puede ver que, para $x \neq -1$,

$$\frac{x + 1}{(2x^2 + 7x + 5)^2} = \frac{1}{(2x + 5)^2 (x + 1)}.$$

Por el teorema 2.3.9

$$\lim_{x \to -1} \frac{1}{(2x + 5)^2 (x + 1)} \quad \text{no existe,}$$

y por consiguiente

$$\lim_{x \to -1} \frac{x + 1}{(2x^2 + 7x + 5)^2} \quad \text{tampoco existe.} \quad \square$$

**Observación**. En esta sección todos los enunciados se refieren a límites bilaterales. Aunque no nos detendremos en demostrarlo, *todos estos resultados siguen siendo válidos en el caso de los límites (uni – ) laterales.* □

## EJERCICIOS 2.3

**1.** Suponiendo que

$$\lim_{x \to c} f(x) = 2, \qquad \lim_{x \to c} g(x) = -1, \qquad \lim_{x \to c} h(x) = 0,$$

calcular los límites que existan.

(a) $\lim_{x \to c} [f(x) - g(x)]$. (b) $\lim_{x \to c} [f(x)]^2$. (c) $\lim_{x \to c} \frac{f(x)}{g(x)}$.

(d) $\lim_{x \to c} \frac{h(x)}{f(x)}$. (e) $\lim_{x \to c} \frac{f(x)}{h(x)}$. (f) $\lim_{x \to c} \frac{1}{f(x) - g(x)}$.

**2.** Suponiendo que

$$\lim_{x\to c} f(x) = 3, \qquad \lim_{x\to c} g(x) = 0, \qquad \lim_{x\to c} h(x) = -2,$$

calcular los límites que existan.

(a) $\lim_{x\to c} [3f(x) + 2h(x)]$. (b) $\lim_{x\to c} [h(x)]^3$. (c) $\lim_{x\to c} \frac{h(x)}{x-c}$.

(d) $\lim_{x\to c} \frac{g(x)}{h(x)}$. (e) $\lim_{x\to c} \frac{4}{f(x)-h(x)}$. (f) $\lim_{x\to c} [3+g(x)]^2$.

**3.** Si me piden que calcule

$$\lim_{x\to 4}\left(\frac{1}{x}-\frac{1}{4}\right)\left(\frac{1}{x-4}\right),$$

respondo que este límite es cero puesto que $\lim_{x\to 4}\left[1/x-\frac{1}{4}\right] = 0$ y menciono el teorema 2.3.2 (sobre el límite de un producto) como justificación. Compruebe que el límite es, en realidad, $-\frac{1}{16}$ y diga dónde me he equivocado.

**4.** Si me piden que calcule

$$\lim_{x\to 3} \frac{x^2+x-12}{x-3},$$

respondo que ese límite no existe puesto que $\lim_{x\to 3}(x-3) = 0$ y menciono el teorema 2.3.9 (sobre el límite de un cociente) como justificación. Compruebe que el límite es, en realidad, 7 y diga dónde me he equivocado.

Calcular los límites que existan.

**5.** $\lim_{x\to 2} 3$. **6.** $\lim_{x\to 3} (5-4x)^2$. **7.** $\lim_{x\to -4} (x^2+3x-7)$.

**8.** $\lim_{x\to -2} 3|x-1|$. **9.** $\lim_{x\to \sqrt{3}} |x^2-8|$. **10.** $\lim_{x\to 3} 2$.

**11.** $\lim_{x\to -1} \frac{x^2+1}{3x^5+4}$. **12.** $\lim_{x\to 2} \frac{3x}{x+4}$. **13.** $\lim_{x\to 0}\left(x-\frac{4}{x}\right)$.

**14.** $\lim_{x\to 2} \frac{x^2+x+1}{x^2+2x}$. **15.** $\lim_{x\to 5} \frac{2-x^2}{4x}$. **16.** $\lim_{x\to 0} \frac{x^2+1}{x}$.

**17.** $\lim_{x\to 0} \frac{x^2}{x^2+1}$. **18.** $\lim_{x\to 2} \frac{x}{x^2-4}$. **19.** $\lim_{h\to 0} h\left(1-\frac{1}{h}\right)$.

**20.** $\lim_{h\to 0} h\left(1+\frac{1}{h}\right)$. **21.** $\lim_{x\to 2} \frac{x-2}{x^2-4}$. **22.** $\lim_{x\to 2} \frac{x^2-4}{x-2}$.

**23.** $\lim_{x \to -2} \frac{(x^2 - x - 6)^2}{x + 2}$.

**24.** $\lim_{x \to 1} \frac{x - x^2}{1 - x}$.

**25.** $\lim_{x \to 1} \frac{x - x^2}{(3x - 1)(x^4 - 2)}$.

**26.** $\lim_{x \to 1} \frac{x^2 - x - 6}{(x + 2)^2}$.

**27.** $\lim_{x \to -2} \frac{x^2 - x - 6}{(x + 2)^2}$.

**28.** $\lim_{x \to 0} \frac{x^4}{3x^3 + 2x^2 + x}$.

**29.** $\lim_{h \to 0} \frac{1 - 1/h^2}{1 - 1/h}$.

**30.** $\lim_{h \to 0} \frac{1 - 1/h^2}{1 + 1/h^2}$.

**31.** $\lim_{h \to 0} \frac{1 - 1/h}{1 + 1/h}$.

**32.** $\lim_{h \to 0} \frac{1 + 1/h}{1 + 1/h^2}$.

**33.** $\lim_{t \to -1} \frac{t^2 + 6t + 5}{t^2 + 3t + 2}$.

**34.** $\lim_{x \to -3} \frac{5x + 15}{x^3 + 3x^2 - x - 3}$.

**35.** $\lim_{t \to 0} \frac{t + a/t}{t + b/t}$.

**36.** $\lim_{x \to 1} \frac{x^2 - 1}{x^3 - 1}$.

**37.** $\lim_{x \to 1} \frac{x^3 - 1}{x^4 - 1}$.

**38.** $\lim_{t \to 0} \frac{t + 1/t}{t - 1/t}$.

**39.** $\lim_{h \to 0} h\left(1 + \frac{1}{h^2}\right)$.

**40.** $\lim_{h \to 0} h^2\left(1 + \frac{1}{h}\right)$.

**41.** $\lim_{x \to -2} \frac{(x^2 - x - 6)^2}{(x + 2)^2}$.

**42.** $\lim_{x \to -2} \frac{x^2 - x - 6}{(x + 2)^2}$.

**43.** $\lim_{t \to 1} \frac{t^2 - 2t + 1}{t^3 - 3t^2 + 3t - 1}$.

**44.** $\lim_{x \to -4} \left(\frac{3x}{x + 4} + \frac{8}{x + 4}\right)$.

**45.** $\lim_{x \to -4} \left(\frac{2x}{x + 4} + \frac{8}{x + 4}\right)$.

**46.** $\lim_{x \to -4} \left(\frac{2x}{x + 4} - \frac{8}{x + 4}\right)$.

**47.** Calcular los límites que existan.

(a) $\lim_{x \to 4} \left(\frac{1}{x} - \frac{1}{4}\right)$.

(b) $\lim_{x \to 4} \left[\left(\frac{1}{x} - \frac{1}{4}\right)\left(\frac{1}{x - 4}\right)\right]$.

(c) $\lim_{x \to 4} \left[\left(\frac{1}{x} - \frac{1}{4}\right)(x - 2)\right]$.

(d) $\lim_{x \to 4} \left[\left(\frac{1}{x} - \frac{1}{4}\right)\left(\frac{1}{x - 4}\right)^2\right]$.

**48.** Calcular los límites que existan.

(a) $\lim_{x \to 3} \frac{x^2 + x + 12}{x - 3}$.

(b) $\lim_{x \to 3} \frac{x^2 + x - 12}{x - 3}$.

(c) $\lim_{x \to 3} \frac{(x^2 + x - 12)^2}{x - 3}$.

(d) $\lim_{x \to 3} \frac{x^2 + x - 12}{(x - 3)^2}$.

**49.** Suponiendo que $f(x) = x^2 - 4x$, calcular los límites que existan.

(a) $\lim_{x \to 4} \frac{f(x) - f(4)}{x - 4}$.

(b) $\lim_{x \to 1} \frac{f(x) - f(1)}{x - 1}$.

(c) $\lim_{x \to 3} \frac{f(x) - f(1)}{x - 3}$.

(d) $\lim_{x \to 3} \frac{f(x) - f(2)}{x - 3}$.

**50.** Suponiendo que $f(x) = x^3$, calcular los límites que existan.

(a) $\lim\limits_{x\to 3} \dfrac{f(x)-f(3)}{x-3}$.  (b) $\lim\limits_{x\to 3} \dfrac{f(x)-f(2)}{x-3}$.

(c) $\lim\limits_{x\to 3} \dfrac{f(x)-f(3)}{x-2}$.  (d) $\lim\limits_{x\to 1} \dfrac{f(x)-f(1)}{x-1}$.

**51.** Demostrar, dando un ejemplo, que $\lim\limits_{x\to c} [f(x)+g(x)]$ puede existir sin que existan ni $\lim\limits_{x\to c} f(x)$ ni $\lim\limits_{x\to c} g(x)$.

**52.** Demostrar, dando un ejemplo, que $\lim\limits_{x\to c} [f(x)g(x)]$ puede existir sin que existan ni $\lim\limits_{x\to c} f(x)$ ni $\lim\limits_{x\to c} g(x)$.

Ejercicios 53 – 59: Decidir si los siguientes asertos son verdaderos o falsos.

**53.** Si $\lim\limits_{x\to c} [f(x)+g(x)]$ existe, pero $\lim\limits_{x\to c} f(x)$ no existe, entonces $\lim\limits_{x\to c} g(x)$ no existe.

**54.** Si $\lim\limits_{x\to c} [f(x)+g(x)]$ y $\lim\limits_{x\to c} f(x)$ existen, puede suceder que $\lim\limits_{x\to c} g(x)$ no exista.

**55.** Si $\lim\limits_{x\to c} \sqrt{f(x)}$ existe, entonces $\lim\limits_{x\to c} f(x)$ existe.

**56.** Si $\lim\limits_{x\to c} f(x)$ existe, entonces $\lim\limits_{x\to c} \sqrt{f(x)}$ existe.

**57.** Si $\lim\limits_{x\to c} f(x)$ existe, entonces $\lim\limits_{x\to c} \dfrac{1}{f(x)}$ existe.

**58.** Si $f(x) \le g(x)$ para todo $x \ne c$, entonces $\lim\limits_{x\to c} f(x) \le \lim\limits_{x\to c} g(x)$.

**59.** Si $f(x) < g(x)$ para todo $x \ne c$, entonces $\lim\limits_{x\to c} f(x) < \lim\limits_{x\to c} g(x)$.

**60.** (a) Comprobar que $\max\{f(x), g(x)\} = \frac{1}{2}\{[f(x)+g(x)] + |f(x)-g(x)|\}$.

(b) Hallar una expresión similar para $\min\{f(x), g(x)\}$.

**61.** Sean $h(x) = \min\{f(x), g(x)\}$ y $H(x) = \max\{f(x), g(x)\}$. Demostrar que

Si $\lim\limits_{x\to c} f(x) = l$ y $\lim\limits_{x\to c} g(x) = l$, entonces $\lim\limits_{x\to c} h(x) = l$ y $\lim\limits_{x\to c} H(x) = l$.

SUGERENCIA: Utilizar el ejercicio 60.

**62.** Supongamos que $\lim_{x \to c} f(x) = l$.

(a) Demostrar que, si $l$ es positivo, entonces $f(x)$ es positivo para todo $x \neq c$ en un intervalo de la forma $(c - \delta, c + \delta)$.

(b) Demostrar que, si $l$ es negativo, entonces $f(x)$ es negativo para todo $x \neq c$ en un intervalo de la forma $(c - \delta, c + \delta)$.

SUGERENCIA: Utilizar un razonamiento $\epsilon$-$\delta$ tomando $\epsilon = l$.

**63.** Suponiendo que $\lim_{x \to c} g(x) = 0$ y que $f(x)g(x) = 1$, para todo $x$ real, demostrar que $\lim_{x \to c} f(x)$ no existe.

SUGERENCIA: Suponer que $\lim_{x \to c} f(x)$ existe (por ejemplo vale $l$) y deducir una contradicción.

**64.** *Estabilidad del límite.* Consideremos una función $f$. Cambiemos el valor de $f$ en un billón de puntos o, si prefiere, en diez billones de puntos. Sea $g$ la función así obtenida.

(a) Demostrar que, si $\lim_{x \to c} f(x) = l$, entonces $\lim_{x \to c} g(x) = l$.

(b) Demostrar que si $\lim_{x \to c} f(x)$ no existe, entonces $\lim_{x \to c} g(x)$ tampoco existe.

---

## * SUPLEMENTO DE LA SECCIÓN 2.3

---

Demostración del teorema 2.3.2(ii). Consideraremos dos casos: $\alpha \neq 0$ y $\alpha = 0$. Si $\alpha \neq 0$, tendremos que $\epsilon/|\alpha| > 0$ y, puesto que

$$\lim_{x \to c} f(x) = l,$$

sabemos que existe un $\delta > 0$ tal que

$$\text{si} \quad 0 < |x - c| < \delta, \qquad \text{entonces} \quad |f(x) - l| < \frac{\epsilon}{|\alpha|}.$$

De la última desigualdad deducimos

$$|\alpha||f(x) - l| < \epsilon \quad \text{luego} \quad |\alpha f(x) - \alpha l| < \epsilon.$$

El caso $\alpha = 0$ fue tratado anteriormente en (2.2.4). □

Demostración del teorema 2.3.2 (iii). Empezaremos con un poco de álgebra:

$$\begin{aligned}|f(x)g(x) - lm| &= |[f(x)g(x) - f(x)m] + [f(x)m - lm]| \\ &\leq |f(x)g(x) - f(x)m| + |f(x)m - lm| \\ &= |f(x)||g(x) - m| + |m||f(x) - l| \\ &\leq |f(x)||g(x) - m| + (1 + |m|)|f(x) - l|.\end{aligned}$$

Sea ahora $\epsilon > 0$. Puesto que $\lim_{x \to c} f(x) = l$ y $\lim_{x \to c} g(x) = m$, sabemos

(1) que existe un $\delta_1 > 0$ tal que, si $0 < |x - c| < \delta_1$ entonces

$$|f(x) - l| < 1 \quad \text{y, por consiguiente,} \quad |f(x)| < 1 + |l|;$$

(2) que existe un $\delta_2 > 0$ tal que

$$\text{si} \quad 0 < |x - c| < \delta_2, \qquad \text{entonces} \quad |g(x) - m| < \left(\frac{\frac{1}{2}\epsilon}{1 + |l|}\right);$$

(3) que existe un $\delta_3 > 0$ tal que

$$\text{si} \quad 0 < |x - c| < \delta_3, \qquad \text{entonces} \quad |f(x) - l| < \left(\frac{\frac{1}{2}\epsilon}{1 + |m|}\right).$$

Sea ahora $\delta = \min\{\delta_1, \delta_2, \delta_3\}$ y observemos que, si $0 < |x - c| < \delta$, se verifica que

$$\begin{aligned}|f(x)g(x) - lm| &< |f(x)||g(x) - m| + (1 + |m|)|f(x) - l| \\ &< (1 + |l|)\left(\frac{\frac{1}{2}\epsilon}{1 + |l|}\right) + (1 + |m|)\left(\frac{\frac{1}{2}\epsilon}{1 + |m|}\right) = \epsilon.\end{aligned}$$

por (1) — por (2) — por (3)

□

Demostración del teorema 2.3.6. Para $g(x) \neq 0$,

$$\left|\frac{1}{g(x)} - \frac{1}{m}\right| = \frac{|g(x) - m|}{|g(x)||m|}.$$

Escojamos $\delta_1 > 0$ tal que

$$\text{si} \quad 0 < |x - c| < \delta_1, \qquad \text{entonces} \quad |g(x) - m| < \frac{|m|}{2}.$$

Para un tal $x$,

$$|g(x)| > \frac{|m|}{2} \qquad \text{de ahí que} \qquad \frac{1}{|g(x)|} < \frac{2}{|m|}$$

luego

$$\left|\frac{1}{g(x)} - \frac{1}{m}\right| = \frac{|g(x) - m|}{|g(x)|\,|m|} \leq \frac{2}{|m|^2}|g(x) - m|.$$

Sea $\epsilon > 0$ y tomemos $\delta_2 > 0$ tal que

$$\text{si} \quad 0 < |x - c| < \delta_2, \qquad \text{entonces} \quad |g(x) - m| < \frac{|m|^2}{2}\epsilon.$$

Tomando $\delta = \min\{\delta_1, \delta_2\}$, obtenemos que

$$\text{si} \quad 0 < |x - c| < \delta, \qquad \text{entonces} \quad \left|\frac{1}{g(x)} - \frac{1}{m}\right| < \epsilon. \quad \square$$

## 2.4 CONTINUIDAD

En el lenguaje coloquial, decir que un proceso es "continuo" equivale a decir que transcurre sin interrupción y sin cambios abruptos. En el lenguaje matemático, la palabra "continuo" tiene, en gran parte, el mismo significado.

La idea de continuidad es tan importante para el cálculo que la discutiremos con sumo cuidado. Primero introduciremos la idea de continuidad en un punto (o número) $c$ y a continuación hablaremos de continuidad en un intervalo.

### Continuidad en un punto

**DEFINICIÓN 2.4.1**

Sea $f$ una función definida al menos en un intervalo abierto de la forma $(c - p, c + p)$. Diremos que $f$ es *continua en* $c$ sii

$$\lim_{x \to c} f(x) = f(c).$$

Si el dominio de $f$ contiene un intervalo $(c - p, c + p)$, $f$ sólo puede dejar de ser continua en $c$ por una de las dos razones siguientes: o $f(x)$ no tiene límite cuando $x$ tiende a $c$ (en cuyo caso se dice que $c$ es una *discontinuidad esencial*), o tiene un límite que difiere de $f(c)$. En este caso se dice que $c$ es una *discontinuidad evitable* para la función; la discontinuidad puede eliminarse cambiando la definición de $f$ en $c$. Si el límite es $l$, el valor que debemos asignar a $f$ en $c$ es precisamente $l$.

La función representada en la figura 2.4.1 es discontinua en $c$ al no tener límite en ese punto. La discontinuidad es esencial.

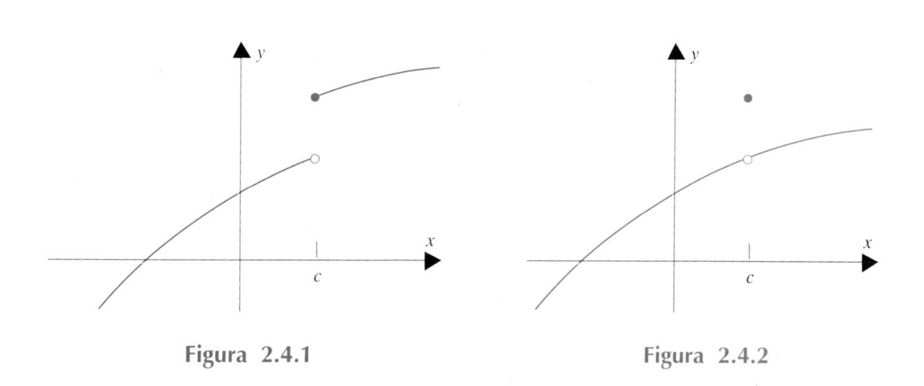


Figura 2.4.1 Figura 2.4.2

La función representada en la figura 2.4.2 tiene un límite en $c$. Es discontinua en $c$ solamente porque su límite en $c$ no coincide con el valor que toma en ese punto. La discontinuidad es evitable; puede eliminarse descendiendo el punto hasta la curva (redefiniendo $f$ en $x = c$).

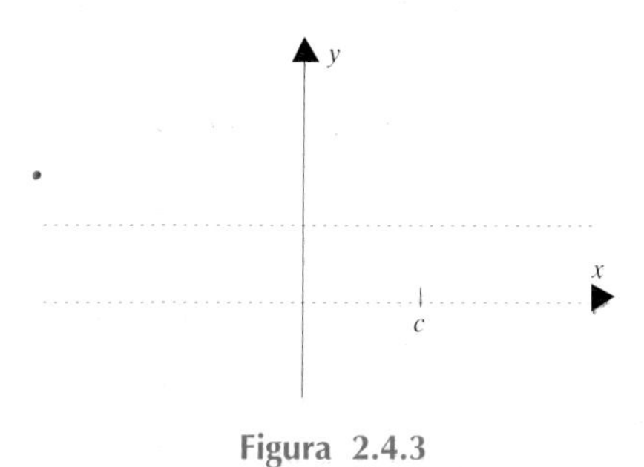


Figura 2.4.3

En la figura 2.4.3, hemos tratado de dar una idea del aspecto de la función de Dirichlet

$$f(x) = \left\{\begin{array}{ll} 1, & x \text{ racional} \\ 0, & x \text{ irracional} \end{array}\right].$$

La función $f$ no tiene límite en ningún punto. Luego es discontinua en todas partes y cada punto es una discontinuidad esencial para ella.

La mayor parte de las funciones que nos hemos encontrado hasta ahora eran continuas en cada uno de los puntos de sus dominios. En particular, esto es cierto para los polinomios,

$$\lim_{x \to c} P(x) = P(c), \tag{2.3.5}$$

para las funciones racionales (cocientes de polinomios),

$$\lim_{x \to c} \frac{p(x)}{Q(x)} = \frac{P(c)}{Q(c)} \qquad \text{si} \quad Q(c) \neq 0, \tag{2.3.8}$$

y también para la función valor absoluto,

$$\lim_{x \to c} |x| = |c|. \tag{2.2.2}$$

En uno de los ejercicios el lector demostró (o al menos se le pidió que demostrara) que

$$\lim_{x \to c} \sqrt{x} = \sqrt{c} \qquad \text{para cada } c > 0.$$

Esto hace que la función raíz cuadrada sea continua en cada número positivo. Discutiremos más adelante lo que ocurre en 0.

Si $f$ y $g$ son continuas en $c$, tenemos que

$$\lim_{x \to c} f(x) = f(c), \qquad \lim_{x \to c} g(x) = g(c)$$

luego, por los teoremas sobre límites,

$$\lim_{x \to c} [f(x) + g(x)] = f(c) + g(c), \qquad \lim_{x \to c} [\alpha f(x)] = \alpha f(c) \text{ para cada } \alpha \text{ real}$$

$$\lim_{x \to c} [f(x)g(x)] = f(c)g(c) \qquad \text{y, si } g(c) \neq 0, \quad \lim_{x \to c} \frac{f(x)}{g(x)} = \frac{f(c)}{g(c)}.$$

En resumen, tenemos el siguiente teorema:

**TEOREMA 2.4.2**

Si $f$ y $g$ son continuas en $c$, se verifica

(i) $f + g$ es continua en $c$, (ii) $\alpha f$ es continua en $c$ para todo $\alpha$ real,
(iii) $fg$ es continua en $c$, (iv) $f/g$ es continua en $c$ siempre que $g(c) \neq 0$.

Los apartados (i) y (iii) se extienden a cualquier número finito de funciones.

Ejemplo 1. La función

$$F(x) = 3|x| + \frac{x^3 - x}{x^2 - 5x + 6} + 4$$

es continua en todos los números reales distintos de 2 y 3. Esto se puede ver observando que $F = 3f + g/h + k$ donde

$$f(x) = |x|, \quad g(x) = x^3 - x, \quad h(x) = x^2 - 5x + 6 \quad \text{y} \quad k(x) = 4.$$

Dado que $f$, $g$, $h$, y $k$ son continuas en todas partes, $F$ es continua en todas partes, excepto en 2 y 3, los dos números en los cuales $h$ se anula. □

Nuestro próximo tema será el de la continuidad de las funciones compuestas. Sin embargo, antes de empezar, daremos una ojeada a la definición de la continuidad por el método de $\epsilon$ y $\delta$. Una traducción directa de

$$\lim_{x \to c} f(x) = f(c)$$

en términos de $\epsilon$-$\delta$, se enunciaría de la siguiente manera: para cada $\epsilon > 0$ existe un $\delta > 0$ tal que

$$\text{si} \quad 0 < |x - c| < \delta \qquad \text{entonces} \quad |f(x) - f(c)| < \epsilon.$$

Aquí la restricción $0 < |x - c|$ es innecesaria. Podemos admitir que $|x - c| = 0$ pues en ese caso $x = c$, $f(x) = f(c)$ luego $|f(x) - f(c)| = 0$. Al valer 0, es cierto que $|f(x) - f(c)|$ sea menor que $\epsilon$.

En resumen, una caracterización $\epsilon$-$\delta$ de la continuidad en $c$ se enuncia de la siguiente manera:

**(2.4.3)** $f$ **es continua en** $c$ **sii** $\begin{cases} \text{para cada } \epsilon > 0 \text{ existe un } \delta > 0 \text{ tal que} \\ \text{si } |x - c| < \delta \text{ entonces } |f(x) - f(c)| < \epsilon. \end{cases}$

Dicho de manera intuitiva

$f$ es continua en $c$ sii para $x$ próximo a $c$, $f(x)$ es próximo a $f(c)$.

Estamos ahora en condiciones de abordar la continuidad de las funciones compuestas. Recordemos su definición: $(f \circ g)(x) = f(g(x))$.

**TEOREMA 2.4.4**

Si $g$ es continua en $c$ y $f$ es continua en $g(c)$, la función compuesta $f \circ g$ es continua en $c$.

La idea aquí es sencilla: con $g$ continua en $c$ sabemos que

para $x$ próximo a $c$, $g(x)$ está próximo a $g(c)$;

debido a la continuidad de $f$ en $g(c)$, sabemos que

para $g(x)$ próximo a $g(c)$, $f(g(x))$ está próximo a $f(g(c))$.

En resumen,

para $x$ próximo a $c$, $f(g(x))$ está próximo a $f(g(c))$. □

El razonamiento que acabamos exponer es demasiado vago para que pueda considerarse como una demostración. He aquí una demostración del teorema. Para empezar, fijemos un $\epsilon > 0$. Tenemos que ver que existe un $\delta > 0$ tal que

$$\text{si} \quad |x - c| < \delta, \qquad \text{entonces} \quad |f(g(x)) - f(g(c))| < \epsilon.$$

En primer lugar, observemos que, al ser $f$ continua en $g(c)$, existe un número $\delta_1 > 0$ tal que

$$(1) \qquad \text{si} \quad |t - g(x)| < \delta_1, \qquad \text{entonces} \quad |f(t) - f(g(c))| < \epsilon.$$

Dado ese $\delta_1 > 0$, la continuidad de $g$ en $c$ implica que existe un número $\delta > 0$ tal que

$$(2) \qquad \text{si} \quad |x - c| < \delta, \qquad \text{entonces} \quad |g(x) - g(c)| < \delta_1.$$

Combinando (2) y (1) obtenemos lo que queríamos: de (2) deducimos que

$$\text{si} \quad |x - c| < \delta, \qquad \text{entonces} \quad |g(x) - g(c)| < \delta_1$$

y de (1) concluimos que

$$|f(g(x)) - f(g(c))| < \epsilon. \quad \square$$

Esta demostración se ilustra en la figura 2.2.4. Los números a una distancia menor que $\delta$ de $c$ son llevados por $g$ a una distancia menor que $\delta_1$ de $g(c)$ y, a continuación, son llevados por $f$ a una distancia menor que $\epsilon$ de $f(g(c))$.

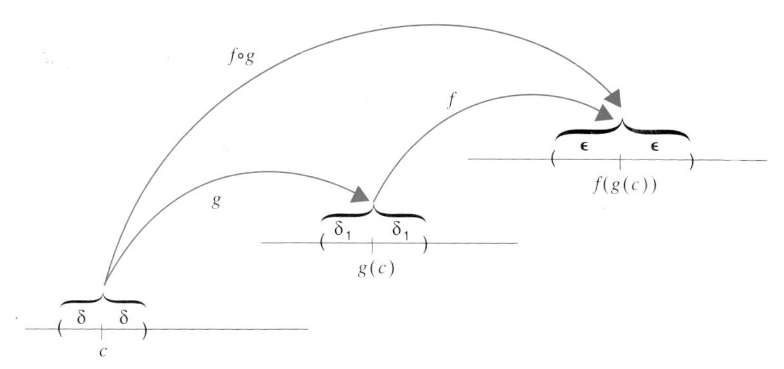


Figura 2.4.4

Examinemos ahora algunos ejemplos

**Ejemplo 2.** La función

$$F(x) = \sqrt{\frac{x^2+1}{(x-8)^3}}$$

es continua en todos los números mayores que 8. Para verlo, observemos que $F = f \circ g$ donde

$$g(x) = \frac{x^2+1}{(x-8)^3} \quad \text{y} \quad f(x) = \sqrt{x}.$$

Tomemos ahora $c > 8$. La función $g$ es continua en $c$ y, al ser $g(c)$ positiva, $f$ es continua en $g(c)$. Luego, aplicando el teorema, $F$ es continua en $c$. □

La continuidad de las funciones compuestas se cumple para cualquier número finito de funciones. El único requisito es que cada función sea continua allí *donde se aplique*.

**Ejemplo 3.** La función

$$F(x) = \frac{1}{5-\sqrt{x^2+16}}$$

es continua en todas partes menos en $x = \pm 3$ donde no está definida. Para verlo, observemos que $F = f \circ g \circ k \circ h$, donde

$$f(x) = \frac{1}{x}, \quad g(x) = 5 - x, \quad k(x) = \sqrt{x}, \quad h(x) = x^2 + 16$$

y que cada una de estas funciones sólo se aplica allí donde es continua. En particular, $f$ se aplica sólo a números distintos de cero y $k$ se aplica sólo a números positivos. □

Del mismo modo que hemos considerado límites (uni) laterales, podemos hablar de continuidad (uni) lateral.

**DEFINICIÓN 2.4.5 CONTINUIDAD LATERAL**

Diremos que una función es

*continua por la izquierda en c* sii $\lim_{x \to c^-} f(x) = f(c)$.

*continua por la derecha en c* sii $\lim_{x \to c^+} f(x) = f(c)$.

En la figura 2.4.5 tenemos un ejemplo de continuidad por la derecha en 0; en la figura 2.4.6 tenemos un ejemplo de continuidad por la izquierda en 0.

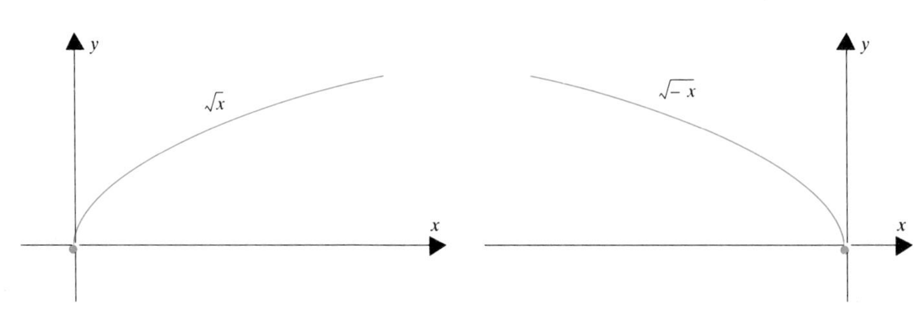


Figura 2.4.5 Figura 2.4.6

Por (2.2.8), es evidente que una función $f$ es continua en $c$ sii es continua en $c$ por ambos lados. Luego

**(2.4.6)** **$f$ es continua en $c$ sii $f(c)$, $\lim_{x \to c^-} f(x)$, $\lim_{x \to c^+} f(x)$ existen todos y son iguales.**

A continuación aplicaremos este criterio a una función definida a trozos.

**Problema 4.** Determinar las discontinuidades de la siguiente función:

$$f(x) = \begin{cases} x^3, & x \leq -1 \\ x^2 - 2, & -1 < x < 0 \\ 3 - x, & 0 \leq x < 2 \\ \dfrac{4x-1}{x-1}, & 2 \leq x < 4 \\ \dfrac{15}{7-x}, & 4 < x < 7 \\ 5x + 2, & 7 \leq x \end{cases}$$

*Solución.* Está claro que $f$ es continua en los intervalos abiertos $(-\infty, -1)$, $(-1, 0)$, $(0, 2)$, $(2, 4)$, $(4, 7)$ y $(7, \infty)$. Sólo tenemos que estudiar el comportamiento de $f$ en los puntos $x = -1, 0, 2, 4$ y $7$. Para hacerlo, aplicaremos (2.4.6).

En $x = -1$, $f$ es discontinua puesto que $f(-1) = (-1)^3 = -1$ y

$$\lim_{x \to -1^-} f(x) = \lim_{x \to -1^-} x^3 = -1 \quad \text{y} \quad \lim_{x \to -1^+} f(x) = \lim_{x \to -1^+} (x^2 - 2) = -1.$$

Los resultados en los demás puntos quedan reflejados en la siguiente tabla. Intente comprobar cada dato

| $c$ | $f(c)$ | $\lim_{x \to c^-} f(x)$ | $\lim_{x \to c^+} f(x)$ | *conclusión* |
|---|---|---|---|---|
| 0 | 3 | −2 | 3 | discontinua |
| 2 | 7 | 1 | 7 | discontinua |
| 4 | no definido | 5 | 5 | discontinua |
| 7 | 37 | no existe | 37 | discontinua |

Obsérvese que la discontinuidad en $x = 4$ es evitable; si definimos $f(4) = 5$, $f$ resulta continua en $x = 4$. Las discontinuidades en los puntos $x = 0$, 2, y 7 son esenciales puesto que el límite en cada uno de esos puntos no existe. □

**Continuidad en [a, b]**

Para una función definida sobre un intervalo cerrado $[a, b]$, la máxima continuidad que podemos esperar es

1. continuidad en cada punto $c$ del intervalo abierto $(a, b)$,
2. continuidad por la derecha en $a$, y
3. continuidad por la izquierda en $b$.

Diremos que una función es *continua en* $[a, b]$ si satisface esas tres condiciones.

Tomemos, por ejemplo, la función

$$f(x) = \sqrt{1 - x^2}.$$

Su gráfica es la semicircunferencia representada en la figura 2.4.7. La función es continua en $[-1, 1]$ puesto que es continua en cada número $c$ de $(-1, 1)$, continua por la derecha en $-1$, y continua por la izquierda en 1.

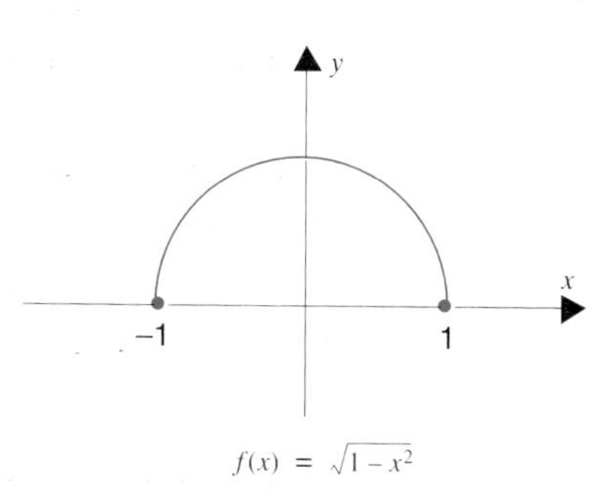


$f(x) = \sqrt{1 - x^2}$

**Figura 2.4.7**

Las funciones que son continuas en un intervalo cerrado $[a, b]$ tienen algunas propiedades importantes que no comparten las demás funciones. Nos centraremos en dos de estas propiedades en la sección 2.6.

## EJERCICIOS 2.4

Determinar si cada una de las funciones siguientes es continua o no en el punto indicado. Si no lo es, determinar si la discontinuidad es esencial o evitable.

**1.** $f(x) = x^3 - 5x + 1; \quad x = 2.$

**2.** $g(x) = \sqrt{(x-1)^2 + 5}; \quad x = 1.$

**3.** $f(x) = \sqrt{x^2 + 9}; \quad x = 3.$

**4.** $f(x) = |4 - x^2|; \quad x = 2.$

**5.** $f(x) = \begin{cases} x^2 + 4, & x < 2 \\ x^3, & x \geq 2 \end{cases}; \quad x = 2.$

**6.** $h(x) = \begin{cases} x^2 + 5, & x < 2 \\ x^3, & x \geq 2 \end{cases}; \quad x = 2.$

**7.** $g(x) = \begin{cases} x^2 + 4, & x < 2 \\ 5, & x = 2 \\ x^3, & x > 2 \end{cases}; \quad x = 2.$

**8.** $g(x) = \begin{cases} x^2 + 5, & x < 2 \\ 10, & x = 2 \\ 1 + x^3, & x > 2 \end{cases}; \quad x = 2.$

**9.** $f(x) = \begin{cases} -1, & x < 0 \\ 0, & x = 0 \\ 1, & x > 0 \end{cases}; \quad x = 0.$

**10.** $f(x) = \begin{cases} 1 - x, & x < 1 \\ 1, & x = 1 \\ x^2 - 1, & x > 1 \end{cases}; \quad x = 1.$

**11.** $h(x) = \begin{cases} \dfrac{x^2 - 1}{x + 1}, & x \neq -1 \\ -2, & x = -1 \end{cases}; \quad x = -1.$

**12.** $g(x) = \begin{cases} \dfrac{1}{x + 1}, & x \neq -1 \\ 0, & x = -1 \end{cases}; \quad x = -1.$

**13.** $f(x) = \begin{cases} -x^2, & x < 0 \\ 1 - \sqrt{x}, & x \geq 0 \end{cases}; \quad x = 0.$

**14.** $g(x) = \dfrac{x\,(x+1)\,(x+2)}{\sqrt{(x-1)\,(x-2)}}; \quad x = -2.$

Bosquejar la gráfica y clasificar las discontinuidades (si las hay).

**15.** $f(x) = \dfrac{x^2 - 4}{x - 2}.$

**16.** $f(x) = \dfrac{x - 3}{x^2 - 9}.$

**17.** $f(x) = |x - 1|.$

**18.** $h(x) = |x^2 - 1|.$

**19.** $g(x) = \begin{cases} x - 1, & x < 1 \\ 0, & x = 1 \\ x^2, & x > 1 \end{cases}.$

**20.** $g(x) = \begin{cases} 2x - 1, & x < 1 \\ 0, & x = 1 \\ x^2, & x > 1 \end{cases}.$

**21.** $f(x) = \max\{x, x^2\}.$

**22.** $f(x) = \min\{x, x^2\}.$

**23.** $f(x) = \begin{cases} -1, & x < -1 \\ x^3, & -1 \leq x \leq 1 \\ 1, & 1 < x \end{cases}.$

**24.** $g(x) = \begin{cases} 1, & x \leq -2 \\ \frac{1}{2}x, & -2 < x < 4 \\ \sqrt{x}, & 4 \leq x \end{cases}.$

**25.** $h(x) = \begin{cases} 1, & x \le 0 \\ x^2, & 0 < x < 1 \\ 1, & 1 \le x < 2 \\ x, & 2 \le x \end{cases}$.

**26.** $g(x) = \begin{cases} -x^2, & x < -1 \\ 3, & x = -1 \\ 2 - x, & -1 < x \le 1 \\ x^2, & 1 < x \end{cases}$.

**27.** $f(x) = \begin{cases} 2x + 9, & x < -2 \\ x^2 + 1, & -2 < x \le 1 \\ 3x - 1, & 1 < x < 3 \\ x + 6, & 3 < x \end{cases}$.

**28.** $g(x) = \begin{cases} x + 7, & x < -3 \\ |x - 2|, & -3 < x < -1 \\ x^2 - 2x, & -1 < x < 3 \\ 2x - 3, & 3 \le x \end{cases}$.

En cada uno de los casos siguientes, la función $f$ está definida en todos los puntos con excepción de $x = 1$. Defina, cuando sea posible, $f(1)$ de manera que $f$ sea continua en 1.

**29.** $f(x) = \dfrac{x^2 - 1}{x - 1}$. **30.** $f(x) = \dfrac{1}{x - 1}$. **31.** $f(x) = \dfrac{x - 1}{|x - 1|}$. **32.** $f(x) = \dfrac{(x - 1)^2}{|x - 1|}$.

**33.** Sea $f(x) = \begin{cases} x^2, & x < 1 \\ Ax - 3, & x \ge 1 \end{cases}$. Determinar $A$ sabiendo que $f$ es continua en 1.

**34.** Sea $f(x) = \begin{cases} A^2x^2, & x \le 2 \\ (1 - A)\,x, & x > 2 \end{cases}$. ¿Para qué valores de $A$ es $f$ continua en 2?

**35.** Dar una condición necesaria y suficiente en $A$ y $B$ para que la función

$$f(x) = \begin{cases} Ax - B, & x \le 1 \\ 3x, & 1 < x < 2 \\ Bx^2 - A, & 2 \le x \end{cases}$$

sea continua en $x = 1$ pero discontinua en $x = 2$.

**36.** Dar una condición necesaria y suficiente en $A$ y $B$ para que la función del ejercicio 35 sea continua en $x = 2$ pero discontinua en $x = 1$.

Defina una función que sea siempre continua por

**37.** la izquierda pero discontinua por la derecha en $x = \frac{1}{2}$.

**38.** la derecha pero discontinua por la izquierda en $x = \frac{1}{2}$.

Definir la función en 5 de tal modo que sea continua en ese punto.

**39.** $f(x) = \dfrac{\sqrt{x + 4} - 3}{x - 5}$.

**40.** $f(x) = \dfrac{\sqrt{x + 4} - 3}{\sqrt{x - 5}}$.

**41.** $f(x) = \dfrac{\sqrt{2x-1}-3}{x-5}$.

**42.** $f(x) = \dfrac{\sqrt{x^2-7x+16}-\sqrt{6}}{(x-5)\sqrt{x+1}}$.

¿En qué puntos (si es que hay alguno) son continuas las siguientes funciones?

**43.** $f(x) = \begin{cases} 1, & x \text{ racional} \\ 0, & x \text{ irracional} \end{cases}$.

**44.** $g(x) = \begin{cases} x, & x \text{ racional} \\ 0, & x \text{ irracional} \end{cases}$.

**45.** $g(x) = \begin{cases} 2x, & x \text{ entero} \\ x^2, & \text{si no} \end{cases}$.

**46.** $f(x) = \begin{cases} 4, & x \text{ entero} \\ x^2, & \text{si no} \end{cases}$.

**47.** (*Importante*) Demostrar que

$$f \text{ es continua en } c \quad \text{sii} \quad \lim_{h \to 0} f(c+h) = f(c).$$

**48.** (*Importante*) Sean $f$ y $g$ continuas en $c$. Demostrar que si

(a) $f(c) > 0$, entonces existe un $\delta > 0$ tal que $f(x) > 0$ para todo $x \in (c-\delta, c+\delta)$.

(b) $f(c) < 0$, entonces existe un $\delta > 0$ tal que $f(x) < 0$ para todo $x \in (c-\delta, c+\delta)$.

(c) $f(c) < g(c)$, entonces existe un $\delta > 0$ tal que $f(x) < g(x)$ para todo $x \in (c-\delta, c+\delta)$.

**49.** (*Las discontinuidades esenciales no se eliminan fácilmente.*) Tome una función $f$ cualquiera que tenga una discontinuidad esencial en $c$. Cambie ahora los valores que toma $f$ en un billón de puntos, de la manera que le parezca. Sea $g$ la función así obtenida. Demostrar que $g$ tiene la misma discontinuidad que $f$.

## 2.5 EL TEOREMA DE LA FUNCIÓN INTERMEDIA; LÍMITES TRIGONOMÉTRICOS

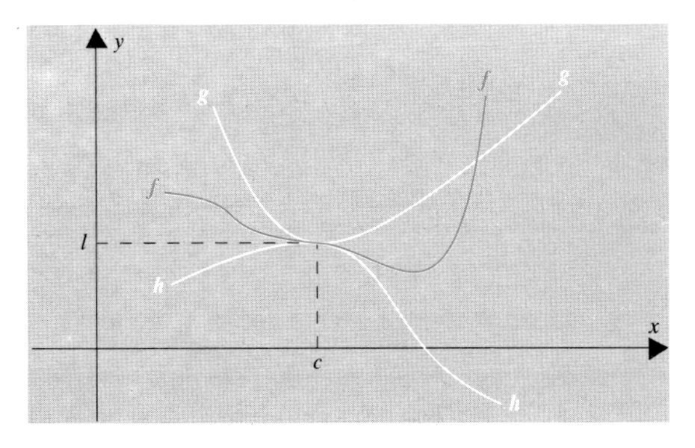


Figura 2.5.1

En la figura 2.5.1 están representadas las gráficas de tres funciones $f$, $g$, $h$. Supongamos, tal como sugiere la figura, que para $x$ próximo a $c$, $f$ está atrapada entre $g$ y $h$. (Los valores de estas funciones en el mismo punto $c$ son irrelevantes.) Si cuando $x$ tiende a $c$, $g(x)$ y $h(x)$ tienden ambas al mismo límite $l$ entonces, también $f(x)$ tiende a $l$. Esta idea queda más precisada en lo que llamamos el *teorema de la función intermedia.*

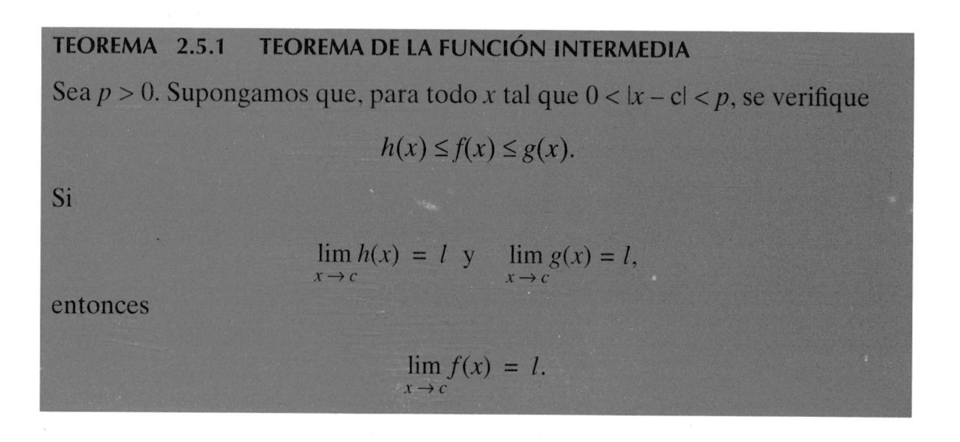

**TEOREMA 2.5.1 TEOREMA DE LA FUNCIÓN INTERMEDIA**

Sea $p > 0$. Supongamos que, para todo $x$ tal que $0 < |x - c| < p$, se verifique

$$h(x) \le f(x) \le g(x).$$

Si

$$\lim_{x \to c} h(x) = l \quad \text{y} \quad \lim_{x \to c} g(x) = l,$$

entonces

$$\lim_{x \to c} f(x) = l.$$

Demostración. Sea $\epsilon > 0$. Sea $p > 0$ tal que

$$\text{si} \quad 0 < |x - c| < p, \qquad \text{entonces} \quad h(x) \le f(x) \le g(x).$$

Escojamos $\delta_1 > 0$ tal que

$$\text{si} \quad 0 < |x - c| < \delta_1, \qquad \text{entonces} \quad l - \epsilon < h(x) < l + \epsilon.$$

Escojamos $\delta_2 > 0$ tal que

$$\text{si} \quad 0 < |x - c| < \delta_2, \qquad \text{entonces} \; l - \epsilon < g(x) < l + \epsilon.$$

Sea $\delta = \min\{p, \delta_1, \delta_2\}$. Si $x$ verifica $0 < |x - c| < \delta$, tendremos

$$l - \epsilon < h(x) \le f(x) \le g(x) < l + \epsilon$$

luego

$$|f(x) - l| < \epsilon. \quad \square$$

**Observación.** Este enunciado se adapta de manera evidente para el caso de límites laterales. No existen razones de peso para entrar en esos detalles. En cualquier caso siempre trabajaremos con límites bilaterales. $\square$

Vamos a considerar ahora algunos límites trigonométricos. Todos los cálculos están hechos en radianes.

Nuestra primera aplicación del teorema de la función intermedia sería el demostrar que

**(2.5.2)**

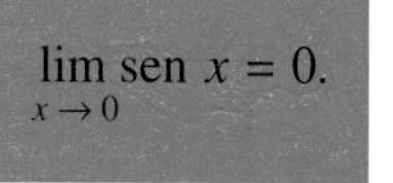

$$\lim_{x \to 0} \operatorname{sen} x = 0.$$

Demostración. Para seguir el razonamiento, véase la figura 2.5.2.[†]

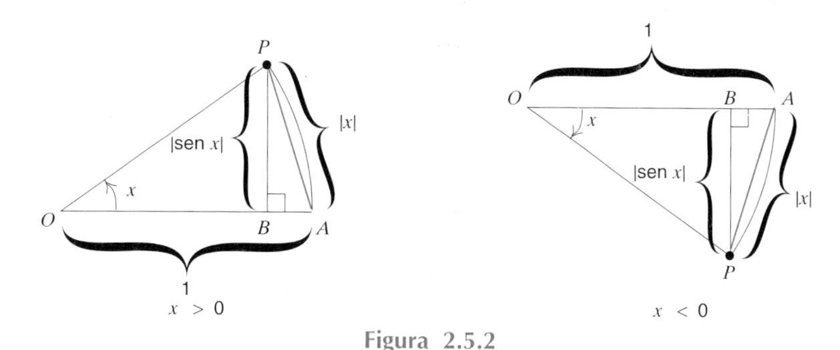


Figura 2.5.2

Para los $x$ pequeños, $x \neq 0$ tenemos que

$$|\operatorname{sen} x| = \text{longitud de } \overline{BP} < \text{longitud de } \overline{AP} < \text{longitud de } \widehat{AP} = |x|.$$

Para un tal $x$

$$0 < |\operatorname{sen} x| < |x|.$$

Pero dado que

$$\lim_{x \to 0} 0 = 0 \quad \text{y} \quad \lim_{x \to 0} |x| = 0,$$

[†] Recuérdese que en un círculo de radio $r$, un ángulo central de $\theta$ radianes subtiende un arco de longitud $r\theta$. En la figura 2.5.2 hemos tomado $r = 1$.

sabemos, por el teorema de la función intermedia, que

$$\lim_{x \to 0} |\text{sen } x| = 0 \quad \text{y por consiguiente que} \quad \lim_{x \to 0} \text{sen } x = 0. \quad \square$$

De lo anterior se deduce fácilmente que

**(2.5.3)**

$$\lim_{x \to 0} \cos x = 1.$$

Demostración. Sabemos que $\cos^2 x + \text{sen}^2 x = 1$. Para $x$ próximo a 0, el coseno es positivo y tenemos

$$\cos x = \sqrt{1 - \text{sen}^2 x}.$$

Cuando $x$ tiende a 0, sen $x$ tiende a 0, $\text{sen}^2 x$ tiende a 0 y, por consiguiente, cos $x$ tiende a 1. $\square$

A continuación demostraremos que el seno y el coseno son continuos en todo punto; esto significa que para todo número real $c$,

**(2.5.4)**

$$\lim_{x \to c} \text{sen } x = \text{sen } c \quad \text{y} \quad \lim_{x \to c} \cos x = \cos c.$$

Demostración. Dado (2.2.5), podemos escribir

$$\lim_{x \to c} \text{sen } x \quad \text{como} \quad \lim_{h \to 0} \text{sen}(c + h).$$

Esta expresión del límite sugiere que empleemos la fórmula de adición

$$\text{sen } (c + h) = \text{sen } c \cos h + \cos c \text{ sen } h.$$

Puesto que tanto sen $c$ como cos $c$ son constantes, obtenemos

$$\begin{aligned} \lim_{h \to 0} \text{sen}(c + h) &= (\text{sen } c)\left(\lim_{h \to 0} \cos h\right) + (\cos c)\left(\lim_{h \to 0} \text{sen } h\right) \\ &= (\text{sen } c)\ (1) + (\cos c)\ (0) = \text{sen } c. \end{aligned}$$

Dejamos al lector la demostración de $\lim_{x \to c} \cos x = \cos c$. $\square$

Las demás funciones trigonométricas

$$\tan x = \frac{\operatorname{sen} x}{\cos x}, \qquad \cot x = \frac{\cos x}{\operatorname{sen} x}, \qquad \sec x = \frac{1}{\cos x}, \qquad \operatorname{cosec} x = \frac{1}{\operatorname{sen} x}$$

son todas continuas allí donde estén definidas. ¿Por qué? Son todas cocientes de funciones continuas.

Nos vamos a interesar ahora por dos límites cuya importancia se hará patente en el capítulo 3.

**(2.5.5)**
$$\lim_{x \to 0} \frac{\operatorname{sen} x}{x} = 1 \quad \text{y} \quad \lim_{x \to 0} \frac{1 - \cos x}{x} = 0.$$

Demostración. Vamos a demostrar que

$$\lim_{x \to 0} \frac{\operatorname{sen} x}{x} = 1$$

mediante un poco de geometría sencilla y el teorema de la función intermedia.

Para $x > 0$, próximo a 0 (ver figura 2.5.3) tenemos que

$$\text{área del triángulo } OAP = \tfrac{1}{2} \operatorname{sen} x,$$

$$\text{área del sector} = \tfrac{1}{2} x,$$

$$\text{área del triángulo } OAQ = \tfrac{1}{2} \tan x = \frac{1}{2}\frac{\operatorname{sen} x}{\cos x}.$$

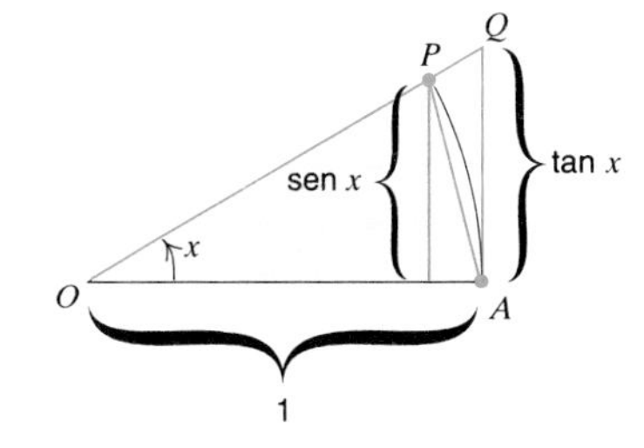

Figura 2.5.3

Dado que el triángulo $OAP$ está contenido en el sector que a su vez está contenido en el triángulo $OAQ$ (y todas las inclusiones son estrictas), tenemos que

$$\frac{1}{2}\operatorname{sen} x < \frac{1}{2}x < \frac{1}{2}\frac{\operatorname{sen} x}{\cos x},$$

$$1 < \frac{x}{\operatorname{sen} x} < \frac{1}{\cos x},$$

$$\cos x < \frac{\operatorname{sen} x}{x} < 1. \qquad \text{(tomando los recíprocos)}$$

Esta desigualdad se ha obtenido para los $x > 0$ próximos a 0. Pero, dado que

$$\cos(-x) = \cos x \quad \text{y} \quad \frac{\operatorname{sen}(-x)}{-x} = \frac{-\operatorname{sen} x}{-x} = \frac{\operatorname{sen} x}{x},$$

esta desigualdad también se verifica para $x < 0$ próximo a 0.

Podemos entonces aplicar el teorema de la función intermedia. Dado que

$$\lim_{x \to 0} \cos x = 1 \quad \text{y} \quad \lim_{x \to 0} 1 = 1,$$

podemos concluir que

$$\lim_{x \to 0} \frac{\operatorname{sen} x}{x} = 1.$$

Estamos ahora en condiciones de demostrar que

$$\lim_{x \to 0} \frac{1 - \cos x}{x} = 0.$$

Para $x$ pequeño, $x \neq 0$, sabemos que $\cos x \neq 1$. Luego podemos escribir

$$\begin{aligned} \frac{1 - \cos x}{x} &= \left(\frac{1 - \cos x}{x}\right)\left(\frac{1 + \cos x}{1 + \cos x}\right)^{\dagger} \\ &= \frac{1 - \cos^2 x}{x(1 + \cos x)} \\ &= \frac{\operatorname{sen}^2 x}{x(1 + \cos x)} \\ &= \left(\frac{\operatorname{sen} x}{x}\right)\left(\frac{\operatorname{sen} x}{1 + \cos x}\right). \end{aligned}$$

El resultado

$$\lim_{x \to 0} \frac{1 - \cos x}{x} = 0$$

† Este "truco" es un procedimiento habitual en el manejo de expresiones trigonométricas. Se parece mucho a la utilización de los "conjugados" para simplificar expresiones algebraicas:

$$\frac{3}{4 + \sqrt{2}} = \frac{3}{4 + \sqrt{2}} \cdot \frac{4 - \sqrt{2}}{4 - \sqrt{2}} = \frac{3(4 - \sqrt{2})}{14}.$$

se obtiene observando que

$$\lim_{x \to 0} \frac{\text{sen } x}{x} = 1 \quad \text{y} \quad \lim_{x \to 0} \frac{\text{sen } x}{1 + \cos x} = 0. \quad \square$$

Estamos ahora en condiciones de calcular varios tipos de límites trigonométricos.

**Problema 1.** Hallar

$$\lim_{x \to 0} \frac{\text{sen } 4x}{x}.$$

*Solución.* Sabemos que

$$\lim_{x \to 0} \frac{\text{sen } x}{x} = 1.$$

De ahí que

$$\lim_{x \to 0} \frac{\text{sen } 4x}{4x} = 1 \qquad \text{(ver ejercicio 32)}$$

y

$$\lim_{x \to 0} \frac{\text{sen } 4x}{x} = \lim_{x \to 0} 4\left(\frac{\text{sen } 4x}{4x}\right) = 4. \quad \square$$

**Problema 2.** Hallar

$$\lim_{x \to 0} x \cot 3x.$$

*Solución.* Para empezar, escribamos que

$$x \cot 3x = x\frac{\cos 3x}{\text{sen } 3x}.$$

Puesto que

$$\lim_{x \to 0} \frac{\text{sen } x}{x} = 1 \quad \text{o, lo que es equivalente,} \quad \lim_{x \to 0} \frac{x}{\text{sen } x} = 1,$$

quisiéramos hacer aparecer un $3x$ junto con el sen $3x$. Escribamos pues:

$$x\frac{\cos 3x}{\operatorname{sen} 3x} = \frac{1}{3}\left(\frac{3x}{\operatorname{sen} 3x}\right)(\cos 3x).$$

Y tomemos el límite:

$$\lim_{x\to 0} x \cot 3x = \frac{1}{3}\left(\lim_{x\to 0}\frac{3x}{\operatorname{sen} 3x}\right)\left(\lim_{x\to 0}\cos 3x\right) = \frac{1}{3}(1)(1) = \frac{1}{3}. \quad \square$$

**Problema 3.** Hallar

$$\lim_{x\to\frac{1}{4}\pi}\frac{\operatorname{sen}\left(x-\frac{1}{4}\pi\right)}{\left(x-\frac{1}{4}\pi\right)^2}.$$

*Solución.*

$$\frac{\operatorname{sen}\left(x-\frac{1}{4}\pi\right)}{\left(x-\frac{1}{4}\pi\right)^2} = \left[\frac{\operatorname{sen}\left(x-\frac{1}{4}\pi\right)}{\left(x-\frac{1}{4}\pi\right)}\right]\cdot\frac{1}{x-\frac{1}{4}\pi}.$$

Sabemos que

$$\lim_{x\to\frac{1}{4}\pi}\frac{\operatorname{sen}\left(x-\frac{1}{4}\pi\right)}{x-\frac{1}{4}\pi} = 1.$$

Puesto que $\lim_{x\to\frac{1}{4}\pi}\left(x-\frac{1}{4}\pi\right) = 0$, el teorema 2.3.9 implica que

$$\lim_{x\to\frac{1}{4}\pi}\frac{\operatorname{sen}\left(x-\frac{1}{4}\pi\right)}{\left(x-\frac{1}{4}\pi\right)^2} \text{ no existe.} \quad \square$$

**Problema 4.** Hallar

$$\lim_{x\to 0}\frac{x^2}{\sec x - 1}.$$

*Solución.* Para calcular este límite se precisa un poco de imaginación. No se puede operar con la fracción tal como está, porque tanto el numerador como el denominador tienden a cero con $x$ y no está claro cuál es el comportamiento de la fracción en ese caso. Sin embargo, podemos escribir la fracción de un modo más ameno:

$$\frac{x^2}{\sec x - 1} = \frac{x^2}{\sec x - 1}\left(\frac{\sec x + 1}{\sec x + 1}\right)$$
$$= \frac{x^2(\sec x + 1)}{\sec^2 x - 1} = \frac{x^2(\sec x + 1)}{\tan^2 x}$$
$$= \frac{x^2\cos^2 x(\sec x + 1)}{\operatorname{sen}^2 x}$$
$$= \left(\frac{x}{\operatorname{sen} x}\right)^2 (\cos^2 x)\ (\sec x + 1).$$

Puesto que cada una de estas expresiones tiene un límite cuando $x$ tiende a 0, la fracción de partida también tiene límite:

$$\lim_{x\to 0}\frac{x^2}{\sec x - 1} = \lim_{x\to 0}\left(\frac{x}{\operatorname{sen} x}\right)^2 \cdot \lim_{x\to 0}\cos^2 x \cdot \lim_{x\to 0}(\sec x + 1) = (1)(1)(2) = 2. \quad \square$$

## EJERCICIOS 2.5

Calcular los límites que existan.

**1.** $\lim_{x\to 0}\frac{\operatorname{sen} 3x}{x}$.

**2.** $\lim_{x\to 0}\frac{2x}{\operatorname{sen} x}$.

**3.** $\lim_{x\to 0}\frac{3x}{\operatorname{sen} 5x}$.

**4.** $\lim_{x\to 0}\frac{\operatorname{sen} 3x}{2x}$.

**5.** $\lim_{x\to 0}\frac{\operatorname{sen} x^2}{x}$.

**6.** $\lim_{x\to 0}\frac{\operatorname{sen} x^2}{x^2}$.

**7.** $\lim_{x\to 0}\frac{\operatorname{sen} x}{x^2}$.

**8.** $\lim_{x\to 0}\frac{\operatorname{sen}^2 x^2}{x^2}$.

**9.** $\lim_{x\to 0}\frac{\operatorname{sen}^2 3x}{5x^2}$.

**10.** $\lim_{x\to 0}\frac{\tan^2 3x}{4x^2}$.

**11.** $\lim_{x\to 0}\frac{2x}{\tan 3x}$.

**12.** $\lim_{x\to 0}\frac{4x}{\cot 3x}$.

**13.** $\lim_{x\to 0} x \operatorname{cosec} x$.

**14.** $\lim_{x\to 0}\frac{\cos x - 1}{2x}$.

**15.** $\lim_{x\to 0}\frac{x^2}{1 - \cos 2x}$.

**16.** $\lim_{x\to 0}\frac{x^2 - 2x}{\operatorname{sen} 3x}$.

**17.** $\lim_{x\to 0}\frac{1 - \sec^2 2x}{x^2}$.

**18.** $\lim_{x\to 0}\frac{1}{2x \operatorname{cosec} 2x}$.

**19.** $\lim_{x\to 0}\frac{2x^2 + x}{\operatorname{sen} x}$.

**20.** $\lim_{x\to 0}\frac{1 - \cos 4x}{9x^2}$..

**21.** $\lim_{x\to 0}\frac{\tan 3x}{2x^2 + 5x}$.

**22.** $\lim_{x \to 0} x^2(1 + \cot^2 3x)$.

**23.** $\lim_{x \to 0} \frac{\sec x - 1}{x \sec x}$.

**24.** $\lim_{x \to \pi/4} \frac{1 - \cos x}{x}$.

**25.** $\lim_{x \to \pi/4} \frac{\operatorname{sen} x}{x}$.

**26.** $\lim_{x \to 0} \frac{\operatorname{sen}^2 x}{x(1 - \cos x)}$.

**27.** $\lim_{x \to \pi/2} \frac{\cos x}{x - \frac{1}{2}\pi}$.

**28.** $\lim_{x \to \pi} \frac{\operatorname{sen} x}{x - \pi}$.

**29.** $\lim_{x \to \pi/4} \frac{\operatorname{sen}(x + \frac{1}{4}\pi) - 1}{x - \frac{1}{4}\pi}$.

**30.** $\lim_{x \to \pi/6} \frac{\operatorname{sen}(x + \frac{1}{3}\pi) - 1}{x - \frac{1}{6}\pi}$.

**31.** Demostrar que $\lim_{x \to c} \cos x = \cos c$ para todo número real $c$.

**32.** Demostrar que

$$\text{si} \quad \lim_{x \to 0} f(x) = l, \qquad \text{entonces} \quad \lim_{x \to 0} f(ax) = l \qquad \text{para todo } a \neq 0.$$

SUGERENCIA: Sea $\epsilon > 0$. Si $\delta_1 > 0$ "funciona" para el primer límite, $\delta = \delta_1/|a|$ "funciona" para el segundo.

Dar una desigualdad a la cual aplicar el teorema de la función intermedia para hallar el límite señalado.

**33.** $\lim_{x \to 0} x f(x) = 0$ sabiendo que $|f(x)| \leq \mathrm{M}$ para todo $x \neq 0$.

**34.** $\lim_{x \to 0} f(x) = 0$ sabiendo que $\left|\frac{f(x)}{x}\right| \leq M$ para todo $x \neq 0$.

**35.** $\lim_{x \to c} f(x) = l$ sabiendo que $\left|\frac{f(x) - l}{x - c}\right| \leq M$ para todo $x \neq c$.

**36.** $\lim_{x \to 0} f(x) = 1$ para $f(x) = \begin{cases} 1 + x^2, & x \text{ racional} \\ 1 + x^4, & x \text{ irracional} \end{cases}$.

**37.** $\lim_{x \to 0} x \operatorname{sen}\frac{1}{x} = 0$.

**38.** $\lim_{x \to \pi} (x - \pi)\cos^2\frac{1}{x - \pi} = 0$.

**39.** $\lim_{x \to c} \sqrt{x} = \sqrt{c}$ para todo número positivo $c$.

---

**Un programa para calcular límites trigonométricos (BASIC)**

Este programa calcula los límites

$$\lim_{x \to 0} \frac{\operatorname{sen} x}{x} \qquad \text{y} \qquad \lim_{x \to 0} \frac{1 - \cos x}{x}.$$

El programa empieza pidiendo que se le de un valor inicial de $x$. Calcula entonces las expresiones anteriores para dicho valor, luego sustituye $x$ por $\frac{x}{2}$ y vuelve a calcular el valor de las expresiones anteriores en este nuevo valor. El procedimiento se repite tantas veces se le indique al responder a la pregunta "How many times?".

**Observación**: Este programa puede ser modificado para hallar el límite de cualquier función $f$ en cualquier punto $a$ siempre y cuando dicho límite exista. Basta con sustituir las expresiones anteriores por $f(a + x)$.

```
10 REM Program estimates limits of sin(x)/x and (1 – cos(x))/x as x → 0
20 REM copyright © Colin C. Graham 1988-1989

100 INPUT "Enter starting value:"; x
120 INPUT "How many times?"; n
130 REM 13 gives a nice display on many computers

200 PRINT "x", "sin(x)/x", "(1 – cos(x))/x"

300 FOR j = 1 TO n
310     PRINT x, SIN(x)/x, (1 – COS(x))/x
320     x = x/2
330 NEXT j

500 INPUT "Do another? (Y/N):"; a$
510 IF a$ = "Y" OR a$ = "y" THEN 100
520 END
```

## 2.6 DOS TEOREMAS BÁSICOS

Una función continua sobre un intervalo no "se salta" ningún valor y, por consiguiente, su gráfica es una "curva de un solo trozo". En ella no hay ni "agujeros" ni "saltos". Este es el contenido del *teorema del valor intermedio.*

**TEOREMA 2.6.1 TEOREMA DEL VALOR INTERMEDIO**

Si $f$ es continua en $[a, b]$ y $C$ es un número entre $f(a)$ y $f(b)$, existe al menos un número $c$ entre $a$ y $b$ tal que $f(c) = C$

Hemos ilustrado este teorema en la figura 2.6.1. El caso de una función discontinua está representado en la figura 2.6.2. Aquí en el número $c$ se produce un salto. El lector encontrará una demostración del teorema del valor intermedio en el apéndice B. En lo sucesivo lo supondremos demostrado y lo utilizaremos.

Supongamos que $f$ es continua en $[a, b]$ y que

$$f(a) < 0 < f(b) \qquad \text{o} \qquad f(b) < 0 < f(a).$$

Entonces, por el teorema del valor intermedio, sabemos que la ecuación $f(x) = 0$ tiene al menos una raíz en $[a, b]$. Para que el razonamiento resulte más sencillo, supongamos que sólo existe una tal raíz y llamémosla $c$. ¿Cómo estimar la

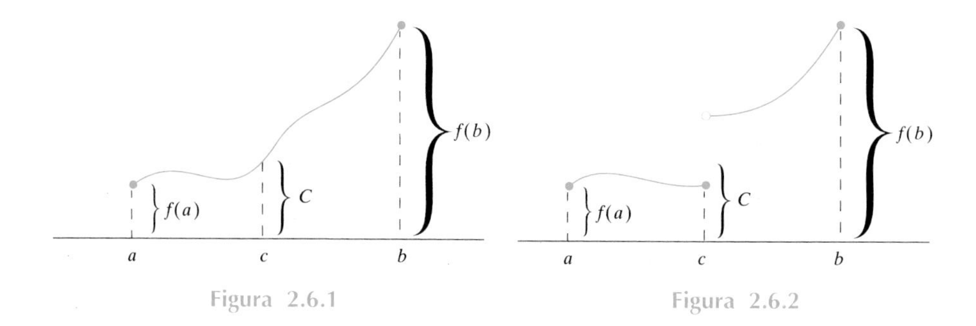


Figura 2.6.1 Figura 2.6.2

posición de $c$? El teorema del valor intermedio no nos da ninguna pista. El método más sencillo para hallar la posición aproximada de $c$ se llama el *método de bisección*.

## El método de bisección

Se trata de un proceso iterativo. Un paso básico es iterado (repetido) hasta alcanzar el objetivo, en nuestro caso hasta obtener una aproximación de $c$ tan buena como nos habíamos fijado.

Es habitual designar los elementos de las iteraciones sucesivas mediante los subíndices $n = 1, 2, 3$, etc. Empezaremos definiendo $x_1 = a$ e $y_1 = b$. Ahora podemos proceder a la bisección de $[x_1, y_1]$. Si $c$ es el punto intermedio de $[x_1, y_1]$, hemos acabado. Si no, está en una de las dos mitades de dicho segmento que llamaremos $[x_2, y_2]$. Si $c$ es el punto intermedio de $[x_2, y_2]$, nuestro trabajo se ha acabado. Si no, está en una de las mitades de dicho intervalo que llamaremos $[x_3, y_3]$ y seguiremos con nuestro procedimeinto. Las tres primeras iteraciones para una función dada están representadas en la figura 2.6.3.

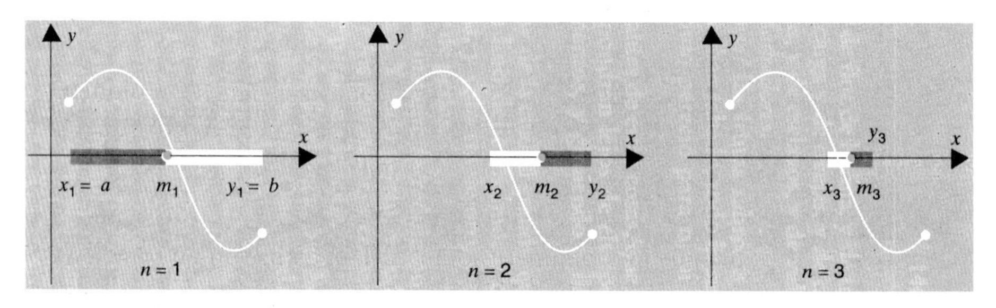


Figura 2.6.3

Después de $n$ iteraciones nos encontramos examinando el punto intermedio $m_n$ del intervalo $[x_n, y_n]$. Luego podemos asegurar que

$$|c - m_n| \leq \frac{1}{2}(y_n - x_n) = \frac{1}{2}\left(\frac{y_{n-1} - x_{n-1}}{2}\right) = \ldots = \frac{b-a}{2^n}.$$

Es decir que la cantidad $(b - a)/2^n$ es una cota superior del error que cometeríamos al tomar $m_n$ como aproximación de $c$. Si queremos aproximar $c$ a menos de $\epsilon$, bastará reiterar el proceso un número $n$ de veces suficiente para asegurar que

$$\frac{b-a}{2^n} < \epsilon.$$

Ejemplo 1. La función $f(x) = x^2 - 2$ se anula en $x = \sqrt{2}$. Puesto que $f(1) < 0$ y $f(2) > 0$, podemos aproximar $\sqrt{2}$ por el método de bisección aplicado a $f$ en el intervalo $[1, 2]$. Digamos que pretendemos una aproximación a menos de 0,001. Para alcanzar ese grado de aproximación hemos de iterar el proceso un número $n$ de veces suficiente para asegurar que

$$\frac{2-1}{2^n} < 0{,}001,$$

o, lo que es equivalente, hasta el punto en el cual $2^n > 1000$. Como se puede comprobar, esto se verifica con $n \geq 10$. Bastará pues con iterar el proceso 10 veces.

$x_1 = 1, y_1 = 2, m_1 = 1{,}5$:

$f(x_1) < 0, \quad f(y_1) > 0, \quad f(m_1) = (1{,}5)^2 - 2 = 0{,}25 > 0$

$x_2 = 1, y_2 = 1{,}5, m_2 = 1{,}25$:

$f(x_2) < 0, \quad f(y_2) > 0, \quad f(m_2) = (1{,}25)^2 - 2 = -0{,}4375 < 0$

$x_3 = 1{,}25, y_3 = 1{,}5, m_3 = 1{,}375$:

$f(x_3) > 0, \quad f(y_3) < 0, \quad f(m_3) = (1{,}375)^2 - 2 = -0{,}109375 < 0$

$x_4 = 1{,}375, y_4 = 1{,}5, m_4 = 1{,}4375$:

etc.

Los resultados de estos cálculos se recogen en la tabla 2.6.1. Para que la lectura sea más fácil, hemos redondeado a cinco decimales todos los elementos de la tabla.

TABLA 2.6.1

| $n$ | $x_n$ | $y_n$ | $m_n$ | $f(m_n)$ |
|---|---|---|---|---|
| 1 | 1,00000 | 2,00000 | 1,50000 | 0,25000 |
| 2 | 1,00000 | 1,50000 | 1,25000 | – 0,43750 |
| 3 | 1,25000 | 1,50000 | 1,37500 | – 0,10938 |
| 4 | 1,37500 | 1,50000 | 1,43750 | 0,06641 |
| 5 | 1,37500 | 1,43750 | 1,40625 | – 0,02246 |
| 6 | 1,40625 | 1,43750 | 1,42187 | 0,02171 |
| 7 | 1,40625 | 1,42187 | 1,41406 | – 0,00043 |
| 8 | 1,41406 | 1,42187 | 1,41797 | 0,01064 |
| 9 | 1,41406 | 1,41797 | 1,41601 | 0,00508 |
| 10 | 1,41406 | 1,41601 | 1,41503 | 0,00231 |

Podemos concluir que $m_{10} = 1{,}41503$ aproxima $\sqrt{2}$ a menos de 0,001. □

LLegamos ahora a la propiedad del máximo–mínimo de las funciones continuas.

**TEOREMA 2.6.2 TEOREMA DEL MÁXIMO-MÍNIMO**

Si $f$ es una función continua en $[a, b]$, $f$ alcanza tanto su máximo $M$ como su mínimo $m$ en $[a, b]$.

Esta situación queda representada en la figura 2.6.4. El valor máximo se alcanza en el punto $x_2$ mientras que el valor mínimo se alcanza en el punto $x_1$.

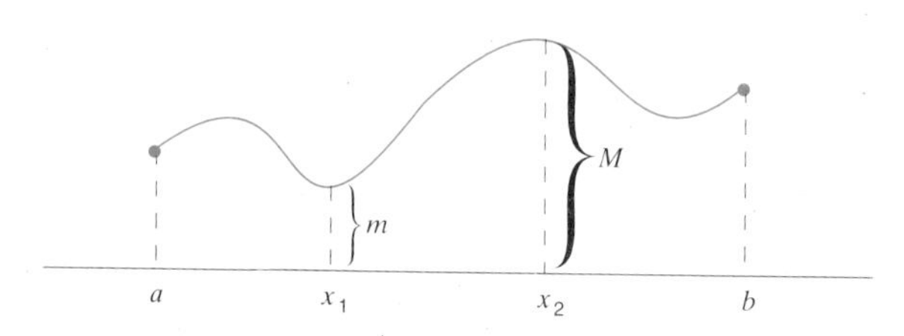


Figura 2.6.4

Es interesante observar que en el teorema anterior no se puede prescindir de ninguna de las hipótesis. Si prescindimos de la continuidad, la conclusión ya no se cumple. Por ejemplo, consideremos la función

$$f(x) = \begin{cases} 3, & x = 1 \\ x, & 1 < x < 5 \\ 3, & x = 5 \end{cases}.$$

La gráfica de esta función está representada en la figura 2.6.5. La función está definida en $[1, 5]$, pero no alcanza ni su máximo ni su mínimo. Si en lugar de prescindir de la continuidad no imponemos que el intervalo sea de la forma $[a, b]$, vuelve a fallar la conclusión. Por ejemplo, si

$$g(x) = x \qquad \text{para } x \in (1, 5),$$

$g$ es continua en todo punto de $(1, 5)$ pero de nuevo, no alcanza ni su máximo ni su mínimo. Véase la figura 2.6.6.

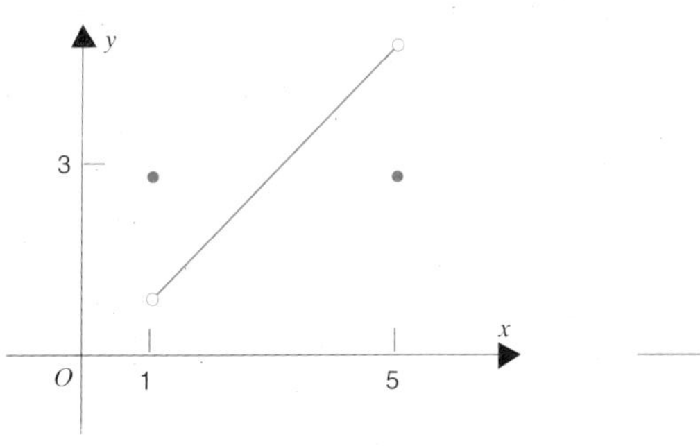

Figura 2.6.5

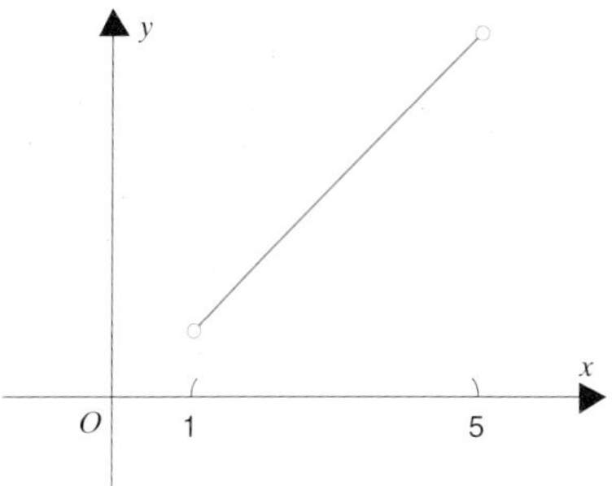

Figura 2.6.6

En el apéndice B, el lector encontrará una demostración del teorema del máximo–mínimo. Las técnicas para determinar el máximo y el mínimo de una función se estudiarán en el capítulo 4. Esas técnicas requieren el conocimiento de la "diferenciación", tema que se estudia en el capítulo 3.

## EJERCICIOS 2.6

Bosquejar (cuando sea posible) la gráfica de una función $f$, definida en $[0, 1]$ y tal que

**1.** $f$ es continua en $[0, 1]$, tiene como valor mínimo 0 y como máximo $\frac{1}{2}$.
**2.** $f$ es continua en $[0, 1)$, tiene como valor mínimo 0 y no tiene valor máximo.
**3.** $f$ es continua en $[0, 1)$, no tiene valor mínimo y tiene como máximo 1.
**4.** $f$ es continua en $[0, 1]$, alcanza su máximo en x = $0, \frac{1}{2}, 1$, y su mínimo en $x = \frac{1}{4}, \frac{3}{4}$.
**5.** $f$ es continua en $(0, 1)$, toma los valores 0 y 1 pero no toma el valor $\frac{1}{2}$.
**6.** $f$ es continua en $[0, 1]$, toma los valores $-1$ y 1 pero no toma el valor 0.
**7.** $f$ es continua en $[0, 1]$, tiene como valor mínimo 1 y como máximo 1.
**8.** $f$ es continua en $[0, 1]$ y no constante y no toma valores enteros.
**9.** $f$ es continua en $[0, 1]$ y no toma valores racionales.
**10.** $f$ toma sólo dos valores distintos.
**11.** $f$ es continua en $(0, 1)$ y sólo toma dos valores distintos.
**12.** $f$ no es continua en $[0, 1]$, alcanza su máximo y su mínimo y cualquier otro valor comprendido entre estos dos.
**13.** $f$ es continua en $[0, 1]$ y sólo toma dos valores distintos.
**14.** $f$ es continua en $(0, 1)$ y sólo toma tres valores distintos.
**15.** $f$ es discontinua en $x = \frac{1}{2}$ pero alcanza tanto su máximo como su mínimo.
**16.** $f$ es continua, excepto en $x = \frac{1}{2}$ pero no alcanza ni su mínimo ni su máximo.
**17.** (*Propiedad de punto fijo.*) Demostrar que si $f$ es continua y si $0 \leq f(x) \leq 1$ para todo $x \in [0, 1]$, existe al menos un punto $c$ en $[0, 1]$ tal que $f(c) = c$. SUGERENCIA: Aplique el teorema del valor intermedio a la función $g(x) = x - f(x)$.
**18.** Sea $n$ un entero positivo
   (a) Demostrar que, si $0 \leq a < b$ entonces $a^n < b^n$.
   (b) Demostrar que todo número real no negativo $x$ posee una única raíz enésima $x^{1/n}$. SUGERENCIA: La existencia de $x^{1/n}$ puede deducirse de la aplicación del teorema del valor intermedio a la función $f(t) = t^n$, para $t \geq 0$. La unicidad se deduce de la parte (a).

**19.** Suponiendo que $f$ y $g$ son continuas y que $f(0) < g(0) < g(1) < f(1)$, demostrar que, para algún punto $c$ entre 0 y 1, $f(c) = g(c)$.

**20.** El teorema del valor intermedio puede utilizarse para demostrar que todo polinomio de grado impar

$$x^n + a_{n-1}x^{n-1} + \ldots + a_1x + a_0 = 0 \qquad \text{con } n \text{ impar}$$

tiene al menos una raíz real. Demostrar que la ecuación cúbica

$$x^3 + ax^2 + bx + c = 0$$

tiene al menos una raíz real.

**(Calculadora)** Usar el método de la bisección para aproximar la solución de $f(x) = 0$ en el intervalo dado a menos de 0,001.

**21.** $f(x) = x^2 - 3$; $[1, 2]$.
**22.** $f(x) = 5 - x^2$; $[-3, -2]$.
**23.** $f(x) = x^2 + x - 1$; $[0, 1]$.
**24.** $f(x) = x^2 - x - 1$; $[1, 2]$.
**25.** $f(x) = x^3 + x - 10$; $[1, 4]$.
**26.** $f(x) = 2x^3 + 5x - 7$; $[-1, 2]$.
**27.** $f(x) = \cos x - x$; $[0, 1]$.
**28.** $f(x) = \cos x - 2x$; $[0, 1]$.

---

### Un programa para hallar las raíces por bisección (BASIC)

Este programa está concebido para "automatizar" el procedimiento descrito en el texto para hallar la raíz de una ecuación del tipo FNf(x) = 0 donde FNf es el nombre que usa el ordenador para una función. El procedimiento repite el proceso de bisección en intervalos cada vez más pequeños en los cuales está definida la función. El programa se comprende razonablemente leyendo las instrucciones que contiene y éste es probablemente el mejor medio para entenderlo. Obsérvese que se debe sustituir la función FNf del ejemplo por la función de su elección y que debe especificar el intervalo en cuestión dando sus puntos extremos. Debe convencerse que las líneas 320 a 360 tienen como objeto la selección de un intervalo que contiene una raíz de la ecuación.

```
10 REM Finding roots by bisection
20 REM copyright © Colin C. Graham 1988-1989

30 REM change the line "def FNf = ..."
40 REM to fit your function
50 DEF FNf(x) = x ^2 – 1

100 INPUT "Enter left-hand endpoint:"; left
110 INPUT "Enter right-hand endpoint:"; right
120 INPUT "Enter the number of times to iterate:"; ntimes
130 REM 13 gives nice display on many computers

200 middle = (left + right)/2
210 PRINT "left"; "   "; "right"; "   "; "FNf (middle)"

300 FOR j = 0 TO ntimes
310     middle = (left + right)/2
320     PRINT left; "  "; right; "  "; FNf(middle)
330     IF (FNf(left) > 0 AND FNf(middle) > 0) THEN left = middle
340     IF (FNf(left) > 0 AND FNf(middle) <= 0) THEN right = middle
350     IF (FNf(left) <= 0 AND FNf(middle) > 0) THEN right = middle
360     IF (FNf(left) <= 0 AND FNf(middle) <= 0) THEN left = middle
370 NEXT j
380 middle = (left + right)/2

400 PRINT left; "  "; right; "  "; FNf(middle)

500 INPUT "Do it again? (Y/N)"; a$
510 IF a$ = "Y" OR a$ = "y" THEN 100
520 END
```

## 2.7 EJERCICIOS ADICIONALES

Calcular los límites que existan.

**1.** $\lim\limits_{x \to 3} \dfrac{x^2 - 3}{x - 3}$.

**2.** $\lim\limits_{x \to 2} \dfrac{x^2 + 4}{x^2 + 2x + 1}$.

**3.** $\lim\limits_{x \to 3} \dfrac{(x - 3)^2}{x + 3}$.

**4.** $\lim\limits_{x \to 0} \left( \dfrac{1}{x} - \dfrac{x}{1 - x} \right)$.

**5.** $\lim\limits_{x \to 3} \dfrac{x^2 - 9}{x^2 - 5x + 6}$.

**6.** $\lim\limits_{x \to 2^+} \dfrac{x - 2}{|x - 2|}$.

**7.** $\lim\limits_{x \to 3^-} \dfrac{x - 3}{|x - 3|}$.

**8.** $\lim\limits_{x \to -2} \dfrac{|x|}{x - 2}$.

**9.** $\lim\limits_{x \to 0} \left( \dfrac{1}{x} - \dfrac{1 - x}{x} \right)$.

**10.** $\lim\limits_{x \to -1} \dfrac{x^2 - x - 2}{x + 1}$.

**11.** $\lim\limits_{x \to 1^-} \sqrt{|x| - x}$.

**12.** $\lim\limits_{x \to 3^+} \dfrac{\sqrt{x - 3}}{|x - 3|}$.

**13.** $\lim\limits_{x \to 2^+} \dfrac{x^2}{x + 2}$.

**14.** $\lim\limits_{x \to 1} \dfrac{|x - 1|}{x}$.

**15.** $\lim\limits_{x \to 1} \dfrac{x^3 - 1}{|x^3 - 1|}$.

**16.** $\lim\limits_{x \to 1^+} \sqrt{|x| - x}$.

**17.** $\lim\limits_{x \to -1} \dfrac{1 + |x|}{1 - |x|}$.

**18.** $\lim\limits_{x \to 1} \dfrac{1 - 1/x}{1 - 1/x^2}$.

**19.** $\lim\limits_{x \to -1} \dfrac{1 + 1/x}{1 + 1/x^2}$.

**20.** $\lim\limits_{x \to 1} \dfrac{1 + 1/x}{1 - x^2}$.

**21.** $\lim\limits_{x \to 1} \dfrac{1 - 1/x}{1 - x^2}$.

**22.** $\lim\limits_{x \to 1} \dfrac{1 - 1/x^2}{1 - x}$.

**23.** $\lim\limits_{x \to 0^+} \dfrac{1 + \sqrt{x}}{1 - \sqrt{x}}$.

**24.** $\lim\limits_{x \to -1} \dfrac{1 + 1/x^2}{1 - x}$.

**25.** $\lim\limits_{x \to 4} \left[ \left( \dfrac{1}{x} - \dfrac{1}{4} \right) \left( \dfrac{1}{x - 4} \right) \right]$.

**26.** $\lim\limits_{x \to 1^-} \dfrac{\sqrt{x} - 1}{x - 1}$.

**27.** $\lim\limits_{x \to 0^-} \dfrac{\sqrt{x} - 1}{x - 1}$.

**28.** $\lim\limits_{x \to 0^+} \dfrac{\sqrt{x} - 1}{x - 1}$.

**29.** $\lim\limits_{x \to 3^+} \dfrac{x^2 - 2x - 3}{\sqrt{x - 3}}$.

**30.** $\lim\limits_{x \to 3^+} \dfrac{\sqrt{x^2 - 2x - 3}}{x - 3}$.

**31.** $\lim\limits_{x \to 2^+} \left( \dfrac{1}{x - 2} - \dfrac{1}{|x - 2|} \right)$.

**32.** $\lim\limits_{x \to 2^-} \left( \dfrac{1}{x - 2} - \dfrac{1}{|x - 2|} \right)$.

**33.** $\lim\limits_{x \to 4} \dfrac{\sqrt{x + 5} - 3}{x - 4}$.

**34.** $\lim\limits_{x \to 2} \dfrac{x^3 - 8}{x^4 - 3x^2 - 4}$.

**35.** $\lim\limits_{x \to 0} \dfrac{5x}{\text{sen } 2x}$.

**36.** $\lim\limits_{x \to 0} \dfrac{\tan^2 2x}{3x^2}$.

**37.** $\lim\limits_{x \to 0} 4x^2 \cot^2 3x$.

**38.** $\lim\limits_{x \to 0} x \text{ cosec } 4x$.

**39.** $\lim\limits_{x \to 0} \dfrac{x^2 - 3x}{\tan x}$.

**40.** $\lim\limits_{x \to 0} \dfrac{x}{1 - \cos x}$.

**41.** $\lim\limits_{x \to \pi/2} \dfrac{\cos x}{2x - \pi}$.

**42.** $\lim\limits_{x \to 0} \dfrac{\text{sen } 3x}{5x^2 - 4x}$.

**43.** $\lim\limits_{x \to 0} \dfrac{5x^2}{1 - \cos 2x}$.

**44.** $\lim\limits_{x \to -\pi} \dfrac{x + \pi}{\text{sen } x}$.

**45.** $\lim\limits_{x \to 2^-} \dfrac{x^2 - 4}{x^3 - 8}$.

**46.** $\lim\limits_{x \to 3} \left( 3 - \dfrac{1}{x} \right) \left( \dfrac{2x}{1 - 9x^2} \right)$.

**47.** $\lim\limits_{x \to 2^+} \dfrac{\sqrt{x - 2}}{|x - 2|}$.

**48.** $\lim\limits_{x \to 2^-} \dfrac{x - 2}{|x^2 - 4|}$.

**49.** $\lim_{x \to 2}\left(\frac{6}{x-2} - \frac{3x}{x-2}\right)$.

**50.** $\lim_{x \to 2}\left(\frac{2x}{x^2-4} - \frac{x^2}{x^2-4}\right)$.

**51.** $\lim_{x \to -1^+} \frac{|x^2-1|}{x+1}$.

**52.** $\lim_{x \to 3} \frac{\sqrt{x+1}-2}{x-3}$.

**53.** $\lim_{x \to 2} \frac{1-2/x}{1-4/x^2}$.

**54.** $\lim_{x \to -4^+} \frac{|x+4|}{\sqrt{x+4}}$.

**55.** $\lim_{x \to 2^+} \frac{\sqrt{x^2-3x+2}}{x-2}$.

**56.** $\lim_{x \to 1} \frac{x^2-1}{x^5-1}$.

**57.** $\lim_{x \to 2}\left(1-\frac{2}{x}\right)\left(\frac{3}{4-x^2}\right)$.

**58.** $\lim_{x \to 1^+} \frac{x^2-3x+2}{\sqrt{x-1}}$.

**59.** $\lim_{x \to 7} \frac{x-7}{\sqrt{x+2}-3}$.

**60.** $\lim_{x \to 3} \frac{1-9/x^2}{1+3/x}$.

**61.** $\lim_{x \to 2} f(x)$ si $f(x) = \begin{cases} x^2, & \text{si } x \text{ entero} \\ 3x, & \text{si no} \end{cases}$.

**62.** $\lim_{x \to 3} f(x)$ si $f(x) = \begin{cases} x^2, & \text{si } x \text{ racional} \\ 3x, & \text{si } x \text{ irracional} \end{cases}$.

**63.** $\lim_{x \to -2} f(x)$ si $f(x) = \begin{cases} 3+x, & x<-2 \\ 5, & x=-2 \\ x^2-3, & x>-2 \end{cases}$.

**64.** $\lim_{x \to 2} f(x)$ si $f(x) = \begin{cases} x+1, & x<1 \\ 3x-x^2, & x>1 \end{cases}$.

**65.** (a) Bosquejar la gráfica de

$$f(x) = \begin{cases} 3x+4, & x<-1 \\ 2x+3, & -1<x<1 \\ 4x+1, & 1<x<2 \\ 3x-2, & 2<x \\ x^2, & x=-1,\ 1,\ 2 \end{cases}$$

(b) Calcular los límites que existan.

(i) $\lim_{x \to -1^-} f(x)$. (ii) $\lim_{x \to -1^+} f(x)$. (iii) $\lim_{x \to -1} f(x)$.

(iv) $\lim_{x \to 1^-} f(x)$. (v) $\lim_{x \to 1^+} f(x)$. (vi) $\lim_{x \to 1} f(x)$.

(vii) $\lim_{x \to 2^-} f(x)$. (viii) $\lim_{x \to 2^+} f(x)$. (ix) $\lim_{x \to 2} f(x)$.

(c) (i) ¿En qué puntos es la función *f* discontinua por la izquierda?
(ii) ¿En qué puntos es la función *f* discontinua por la derecha?
(iii) ¿En qué puntos presenta la función *f* discontinuidades evitables?
(iv) ¿En qué puntos presenta la función *f* discontinuidades esenciales?

**66.** Mismo ejercicio que el 65 con

$$f(x) = \begin{cases} -2x, & x < -1 \\ x^2 + 1, & -1 < x < 1 \\ \sqrt{2x}, & 1 < x < 2 \\ x, & 2 < x \\ |x^2 - 3|, & x = -1, 1, 2 \end{cases}.$$

**67.** Hallar $\lim_{x \to c} f(x)$ sabiendo que $|f(x)| \leq M|x - c|$ para todo $x \neq c$.

**68.** Suponiendo que $\lim_{x \to 0} (f(x)/x)$ existe, demostrar que $\lim_{x \to 0} f(x) = 0$.

Dar una demostración $\epsilon$-$\delta$ para los siguientes límites.

**69.** $\lim_{x \to 2} (5x - 4) = 6$.

**70.** $\lim_{x \to 3} (1 - 2x) = -5$.

**71.** $\lim_{x \to -4} |2x + 5| = 3$.

**72.** $\lim_{x \to 3} |1 - 2x| = 5$.

**73.** $\lim_{x \to 9} \sqrt{x - 5} = 2$.

**74.** $\lim_{x \to 2^+} \sqrt{x^2 - 4} = 0$.

**75.** Demostrar que existe un número real $x_0$ tal que $x_0^5 - 4x_0 + 1 = 7{,}21$.

**76.** Sean $f$ una función continua y $n$ un entero positivo. Demostrar que, si $0 \leq f(x) \leq 1$ para todo $x \in [0, 1]$, entonces existe al menos un punto $c$ en $[0, 1]$ para el cual $f(c) = c^n$.

---

## RESUMEN DEL CAPÍTULO

### 2.1 La noción de límite

Interpretación intuitiva de $\lim_{x \to c} f(x) = l$:

*cuando x se aproxima a c, f(x) se aproxima a l*

o, lo que es equivalente,

*para x próximo a c pero distinto de c, f(x) es próximo a l.*

Limitándonos a considerar sólo valores de $x$ a un lado de $c$, obtenemos la noción de límite lateral:

$$\lim_{x \to c^-} f(x) \quad \text{y} \quad \lim_{x \to c^+} f(x).$$

### 2.2 Definición del límite

límite de una función (p. 70)
límite por la izquierda (p. 81)
límite por la derecha (p. 81)
cuatro formulaciones de la noción de límite (p. 80)

## 2.3 Algunos teoremas sobre límites

unicidad del límite (p. 85) estabilidad de la noción de límite (p. 96)

La "aritmética de los límites'': si $\lim_{x \to c} f(x) = l$ y $\lim_{x \to c} g(x) = m$, se verifica que

$$\lim_{x \to c} [f(x) + g(x)] = l + m, \qquad \lim_{x \to c} [\alpha f(x)] = \alpha l \quad \text{para todo } \alpha \text{ real}$$

$$\lim_{x \to c} [f(x)g(x)] = lm, \qquad \lim_{x \to c} \frac{f(x)}{g(x)} = \frac{l}{m} \quad \text{siempre que } m \neq 0.$$

Si $m = 0$ y $l \neq 0$, $\lim_{x \to c} \dfrac{f(x)}{g(x)}$ no existe. En el caso de los límites laterales, tenemos un enunciado similar.

## 2.4 Continuidad

continuidad en $c$ (p. 98) discontinuidad esencial, discontinuidad evitable (p. 98)
continuidad lateral (p. 104)
continuidad en $[a, b]$ (p. 106) un criterio de continuidad (p. 105)

La suma, la diferencia, el producto, el cociente y la composición de funciones continuas son continuas allí donde estén definidas. Los polinomios y la función valor absoluto son continuos en todas partes. Las funciones racionales son continuas en sus dominios de definición. La función raíz cuadrada es continua en todo número positivo y continua por la derecha en 0.

## 2.5 El teorema de la función intermedia; límites trigonométricos

el teorema de la función intermedia (p. 110) $\lim_{x \to 0} \dfrac{\text{sen } x}{x} = 1$ $\lim_{x \to 0} \dfrac{1 - \cos x}{x} = 0$

Toda función trigonométrica es continua en su dominio.

## 2.6 Dos teoremas básicos

el teorema del valor intermedio (p. 119)
el método de bisección (p. 120)
el teorema del máximo–mínimo (p. 122)

## 2.7 Ejercicios adicionales

# 3 DIFERENCIACIÓN

## 3.1 LA DERIVADA

### Introducción: La tangente a una curva

Consideramos una función $f$ y elegimos un punto $(x, f(x))$ en su gráfica. Véase la figura 3.1.1. ¿Qué recta debería llamarse tangente a la gráfica en ese punto?

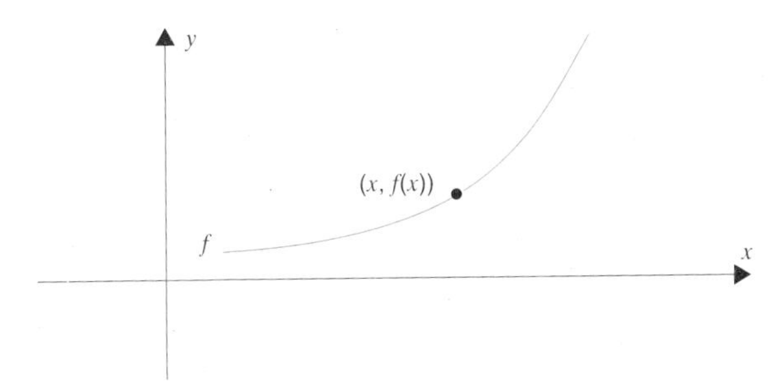


Figura 3.1.1

Para contestar a esta pregunta, elijamos un número pequeño $h \neq 0$ y marquemos el punto $(x + h, f(x + h))$. Podemos ahora dibujar la secante que pasa por esos dos puntos. Esta situación se representa en la figura 3.1.2, primero con un $h > 0$ y luego con un $h < 0$.

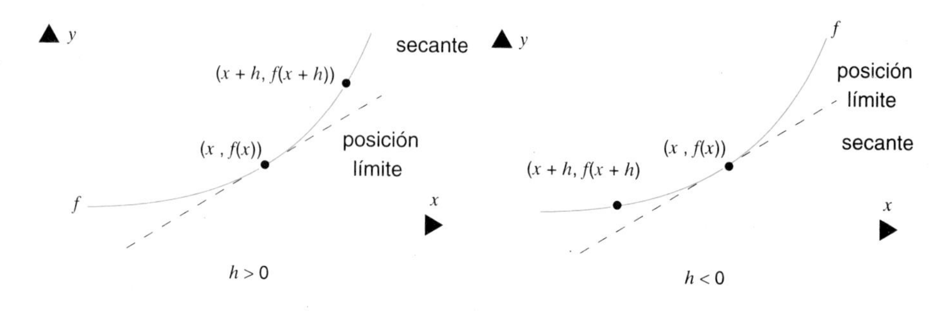


Figura 3.1.2

Cuando $h$ tiende a 0 por la derecha (ver la figura), la recta secante tiende a una posición límite que es la misma a la que tiende cuando $h$ tiende a 0 por la izquierda. A la recta que corresponde a esa posición límite, la llamaremos "tangente a la gráfica en el punto $(x, f(x))$".

Dado que las secantes que se aproximan a la tangente tienen una pendiente de la forma

$$(*) \qquad \frac{f(x+h) - f(x)}{h}, \qquad \text{(comprobar esto)}$$

se puede esperar que la tangente, la posición límite de esas secantes, tenga como pendiente

$$(**) \qquad \lim_{h \to 0} \frac{f(x+h) - f(x)}{h}.$$

Mientras que (*) mide la inclinación de la recta que pasa por los puntos $(x, f(x))$ y $(x + h, f(x + h))$, (**) mide la inclinación de la gráfica en $(x, f(x))$, y se llama "pendiente de la gráfica" en ese punto.

## Derivadas y diferenciación

En la introducción hemos hablado de manera informal de las rectas tangentes y hemos dado una interpretación geométrica de los límites de la forma

$$\lim_{h \to 0} \frac{f(x+h) - f(x)}{h}.$$

Comenzamos aquí el estudio sistemático de estos límites, lo que los matemáticos llaman la teoría de la *diferenciación*.

**DEFINICIÓN 3.1.1**

Diremos que una función $f$ es *diferenciable en x* sii

$$\lim_{h \to 0} \frac{f(x+h) - f(x)}{h} \text{ existe.}$$

Si este límite existe, se denomina *derivada de f en x* y se designa por $f'(x)$.†

El número

$$f'(x) = \lim_{h \to 0} \frac{f(x+h) - f(x)}{h}$$

puede interpretarse como la *pendiente de la gráfica en el punto* $(x, f(x))$. La recta que pasa por el punto $(x, f(x))$ con pendiente $f'(x)$ se denomina *recta tangente en* $(x, f(x))$. Es la recta que mejor se aproxima a la gráfica de $f$ en la proximidad del punto $(x, f(x))$.

A continuación consideraremos algunos ejemplos.

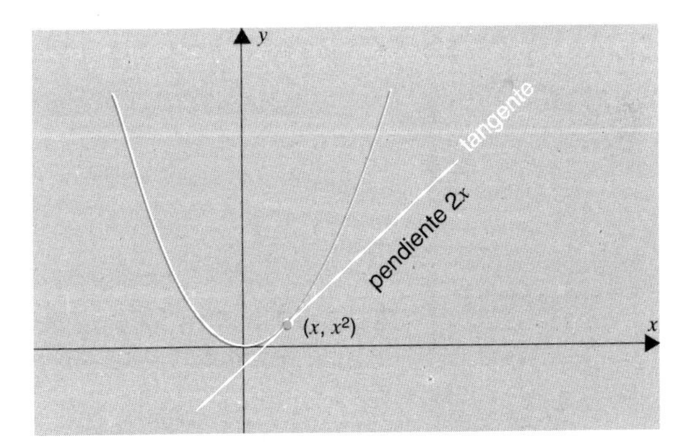


Figura 3.1.3

† Esta notación "prima" se debe al matemático francés Joseph Louis Lagrange (1736-1813). Más adelante introduciremos otra notación.

**Ejemplo 1.** Empezaremos con la función cuadrática

$$f(x) = x^2. \qquad \text{(Figura 3.1.3)}$$

Para hallar $f'(x)$, formamos el *cociente incremental*

$$\frac{f(x+h)-f(x)}{h} = \frac{(x+h)^2 - x^2}{h}.$$

Puesto que

$$\frac{(x+h)^2 - x^2}{h} = \frac{x^2 + 2xh + h^2 - x^2}{h} = \frac{2xh + h^2}{h} = 2x + h,$$

tenemos que

$$\frac{f(x+h)-f(x)}{h} = 2x + h,$$

luego

$$f'(x) = \lim_{h \to 0} \frac{f(x+h)-f(x)}{h} = \lim_{h \to 0} (2x + h) = 2x. \quad \square$$

**Ejemplo 2.** En el caso de una función lineal

$$f'(x) = mx + b$$

tenemos

$$f'(x) = m.$$

En otras palabras, la pendiente es la constante $m$. Para comprobar este hecho, observemos que

$$\frac{f(x+h)-f(x)}{h} = \frac{[m(x+h)+b] - [mx+b]}{h} = \frac{mh}{h} = m.$$

De lo que se deduce que

$$f'(x) = \lim_{h \to 0} \frac{f(x+h)-f(x)}{h} = m. \quad \square$$

La derivada

$$f'(x) = \lim_{h \to 0} \frac{f(x+h) - f(x)}{h}$$

es un límite por los dos lados. No puede, en consecuencia, tomarse en un extremo del dominio. En nuestro próximo ejemplo consideramos la función raíz cuadrada. Aunque esta función está definida para todo $x \geq 0$, sólo podemos hablar de derivada para los $x > 0$.

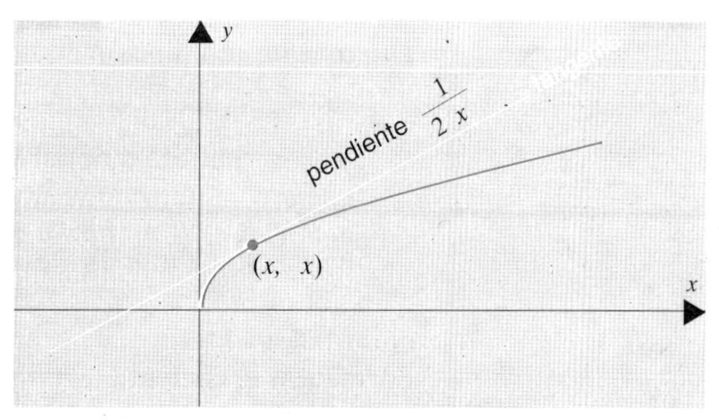


función de raíz cuadrada

Figura 3.1.4

**Ejemplo 3.** La función raíz cuadrada

$$f(x) = \sqrt{x}, \qquad x \geq 0 \qquad \text{(Figura 3.1.4)}$$

tiene como derivada

$$f'(x) = \frac{1}{2\sqrt{x}}, \qquad \text{para } x > 0.$$

Para verificar este resultado, suponemos $x > 0$ y formamos el cociente incremental

$$\frac{f(x+h) - f(x)}{h} = \frac{\sqrt{x+h} - \sqrt{x}}{h}.$$

Para eliminar los radicales del numerador, multiplicamos tanto el numerador como el denominador por $\sqrt{x+h}+\sqrt{x}$. Tenemos entonces

$$\frac{f(x+h)-f(x)}{h} = \left(\frac{\sqrt{x+h}-\sqrt{x}}{h}\right)\left(\frac{\sqrt{x+h}+\sqrt{x}}{\sqrt{x+h}+\sqrt{x}}\right)$$

$$= \frac{(x+h)-x}{h(\sqrt{x+h}+\sqrt{x})} = \frac{1}{\sqrt{x+h}+\sqrt{x}}$$

luego

$$f'(x) = \lim_{h\to 0}\frac{f(x+h)-f(x)}{h} = \frac{1}{2\sqrt{x}}. \quad \square$$

*Diferenciar* una función equivale a hallar su derivada.

Ejemplo 4. Se trata de diferenciar la función

$$f(x) = \frac{1}{x}, \qquad x \neq 0.$$

(Véase la figura 3.1.5.)

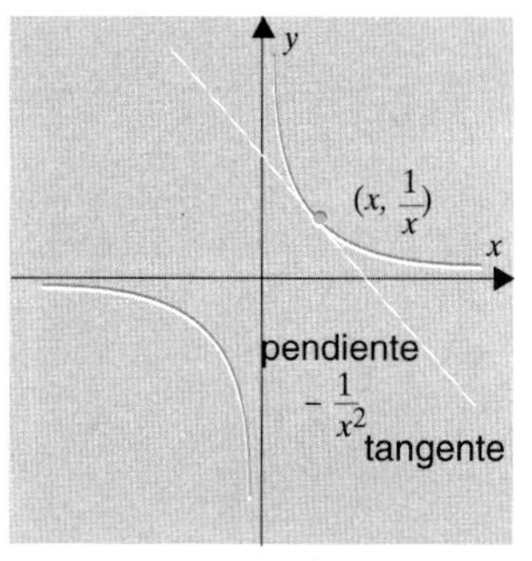

una hipérbola

Figura 3.1.5

Formamos el cociente incremental

$$\frac{f(x+h)-f(x)}{h} = \frac{\frac{1}{x+h}-\frac{1}{x}}{h}$$

y simplificamos:

$$\frac{\frac{1}{x+h}-\frac{1}{x}}{h} = \frac{\frac{x}{x(x+h)}-\frac{x+h}{x(x+h)}}{h} = \frac{\frac{-h}{x(x+h)}}{h} = \frac{-1}{x(x+h)}.$$

Luego

$$f'(x) = \lim_{h\to 0}\frac{f(x+h)-f(x)}{h} = \lim_{h\to 0}\frac{-1}{x(x+h)} = -\frac{1}{x^2}. \quad \square$$

## Cálculo de derivadas

Problema 5. Hallar $f'(-2)$ para

$$f(x) = 1 - x^2.$$

*Solución.* Primero podemos hallar $f'(x)$:

$$f'(x) = \lim_{h \to 0} \frac{f(x+h) - f(x)}{h}$$

$$= \lim_{h \to 0} \frac{[1-(x+h)^2] - [1-x^2]}{h} = \lim_{h \to 0} \frac{-2xh - h^2}{h}$$

$$= \lim_{h \to 0} (-2x - h) = -2x$$

y luego sustituir $x$ por $-2$:

$$f'(-2) = -2(-2) = 4.$$

También podemos calcular directamente $f'(-2)$

$$f'(-2) = \lim_{h \to 0} \frac{f(-2+h) - f(-2)}{h}$$

$$= \lim_{h \to 0} \frac{[1-(-2+h)^2] - [1-(-2)^2]}{h} = \lim_{h \to 0} \frac{4h - h^2}{h}$$

$$= \lim_{h \to 0} (4 - h) = 4. \quad \square$$

**Problema 6.** Hallar $f'(-3)$ y $f'(1)$ para

$$f'(x) = \left\{ \begin{array}{lr} x^2, & x \leq 1 \\ 2x-1, & x > 1 \end{array} \right].$$

*Solución.* Por definición

$$f'(-3) = \lim_{h \to 0} \frac{f(-3+h) - f(-3)}{h}.$$

Para todos los valores de $x$ suficientemente próximos a $-3$, $f(x) = x^2$. Luego

$$f'(-3) = \lim_{h \to 0} \frac{(-3+h)^2 - (-3)^2}{h} = \lim_{h \to 0} \frac{(9 - 6h + h^2) - 9}{h}$$

$$= \lim_{h \to 0} (-6 + h) = -6$$

Calculemos ahora

$$f'(1) = \lim_{h \to 0} \frac{f(1+h) - f(1)}{h}.$$

Puesto que $f$ no está definida por la misma fórmula a ambos lados de 1, calcularemos este límite hallando los límites laterales correspondientes. Obsérvese que $f(1) = 1^2 = 1$

Por la izquierda de 1, $f(x) = x^2$. Luego

$$\lim_{h \to 0^-} \frac{f(1+h) - f(1)}{h} = \lim_{h \to 0^-} \frac{(1+h)^2 - 1}{h}$$

$$= \lim_{h \to 0^-} \frac{(1 + 2h + h^2) - 1}{h} = \lim_{h \to 0^-} (2+h) = 2.$$

Por la derecha de 1, $f(x) = 2x - 1$. Luego

$$\lim_{h \to 0^+} \frac{f(1+h) - f(1)}{h} = \lim_{h \to 0^+} \frac{[2(1+h) - 1] - 1}{h} = \lim_{h \to 0^+} 2 = 2.$$

El límite del cociente incremental existe y vale 2:

$$f'(1) = \lim_{h \to 0} \frac{f(1+h) - f(1)}{h} = 2. \quad \square$$

### Rectas tangentes y rectas normales

Sean $f$ una función diferenciable y $(x_0, y_0)$ un punto de su gráfica. Es sabido que la tangente en ese punto tiene como pendiente $f'(x_0)$. Para hallar la ecuación de esa tangente, podemos utilizar la fórmula punto-pendiente

$$y - y_0 = m(x - x_0).$$

En este caso $m = f'(x_0)$ y la ecuación se escribe

**(3.1.2)**
$$y - y_0 = f'(x_0)(x - x_0).$$

La recta que pasa por $(x_0, y_0)$ y es perpendicular a la tangente se llama *recta normal.* Puesto que la pendiente de la tangente es $f'(x_0)$, la pendiente de la normal es $-1/f'(x_0)$, claro está siempre y cuando $f'(x_0) \neq 0$. (Recuérdese que si dos rectas son perpendiculares y ninguna de ellas es vertical, $m_1 m_2 = -1$). Una ecuación para dicha normal es pues

**(3.1.3)**
$$y - y_0 = -\frac{1}{f'(x_0)}(x - x_0).$$

Algunas tangentes y normales han sido representadas en la figura 3.1.6.

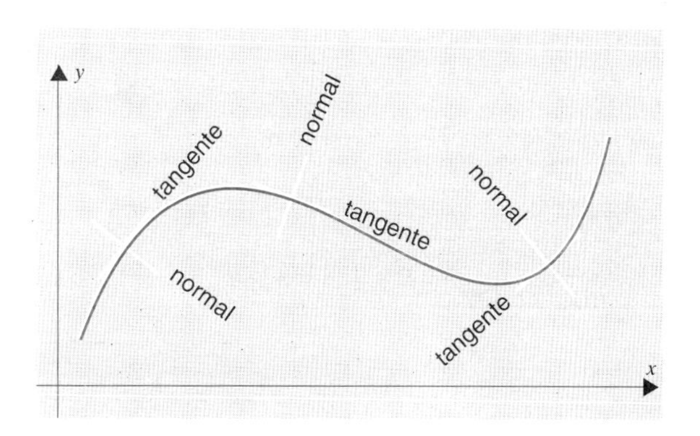


Figura 3.1.6

**Problema 7.** Hallar las ecuaciones de la tangente y la normal a la gráfica de la función

$$f(x) = x^2$$

en el punto $(-3, f(-3)) = (-3, 9)$.

*Solución.* Ya hemos visto que

$$f'(x) = 2x.$$

En el punto $(-3, 9)$, la pendiente es $f'(-3) = -6$. Una ecuación para la tangente es entonces

$$y - 9 = -6(x - (-3)) \text{ que se simplifica y da } y - 9 = -6(x + 3).$$

La ecuación para la normal puede escribirse

$$y - 9 = \tfrac{1}{6}(x + 3). \quad \square$$

Si $f'(x_0) = 0$, la ecuación 3.1.3 no tiene validez. Si $f'(x_0) = 0$, la tangente en el punto $(x_0, y_0)$ es horizontal (su ecuación es $y = y_0$) y la normal es vertical (su ecuación es $x = x_0$). En la figura 3.1.7 están representados varios casos en los cuales la tangente es horizontal. En cada caso el punto considerado es el origen, la tangente es el eje $x$ $(y = 0)$ y la normal el eje $y$ $(x = 0)$.

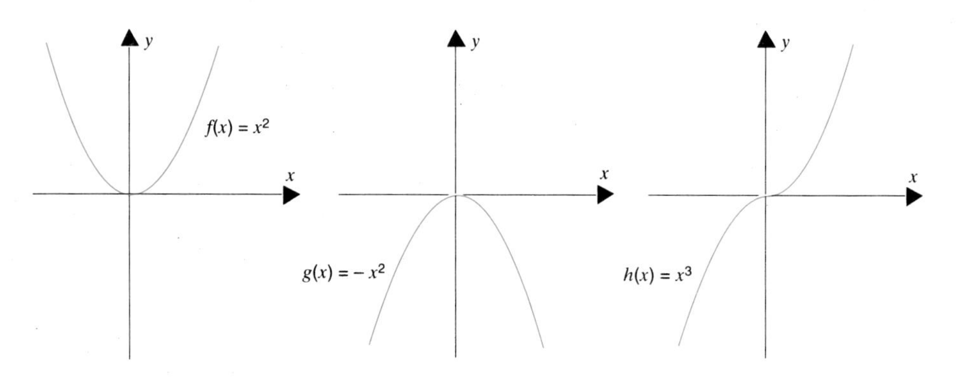


Figura 3.1.7

### Una nota sobre las tangentes verticales

También es posible que la gráfica de una función tenga una tangente vertical en algún punto. En la figura 3.1.8 se ha representado la gráfica de la función raíz cúbica $f(x) = x^{1/3}$. Su cociente incremental en $x = 0$,

$$\frac{f(0+h) - f(0)}{h} = \frac{h^{1/3} - 0}{h} = \frac{1}{h^{2/3}},$$

se hace más grande que cualquier número dado previamente cuando $h$ tiende a cero. La gráfica tiene una tangente vertical en el origen (la recta $x = 0$) y una normal horizontal (la recta $y = 0$).

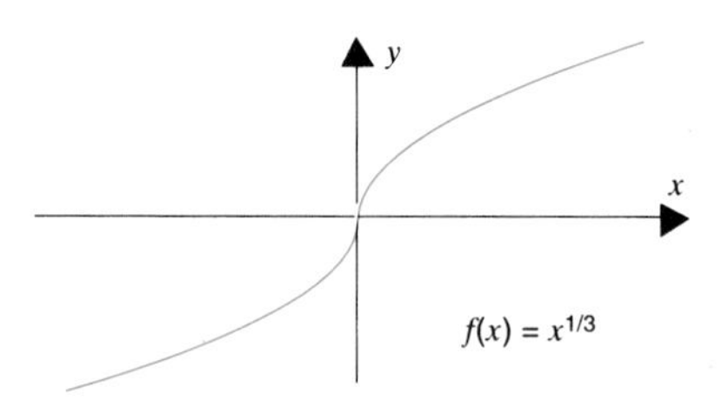


Figura 3.1.8

Sólo mencionamos aquí las tangentes verticales de pasada. Se discutirán en detalle en la sección 4.8.

## Diferenciabilidad y continuidad

Una función puede ser continua en algún número $x$ sin ser diferenciable en dicho número. Por ejemplo, la función valor absoluto $f(x) = |x|$ es continua en 0 (siempre es continua), pero no es diferenciable en 0:

$$\frac{f(0+h)-f(0)}{h} = \frac{|0+h|-|0|}{h} = \frac{|h|}{h} = \left\{\begin{array}{rl} -1, & h<0 \\ 1, & h>0 \end{array}\right],$$

de tal manera que

$$\lim_{h\to 0^-} \frac{f(0+h)-f(0)}{h} = -1, \quad \lim_{h\to 0^+} \frac{f(0+h)-f(0)}{h} = 1$$

luego

$$\lim_{h\to 0} \frac{f(0+h)-f(0)}{h} \text{ no existe.} \quad \square$$

En la figura 3.1.9 hemos representado la función valor absoluto. Su no diferenciabilidad en 0 es evidente desde un punto de vista geométrico: en el punto $(0, 0) = (0, f(0))$, la gráfica cambia repentinamente de dirección y no puede tener tangente.

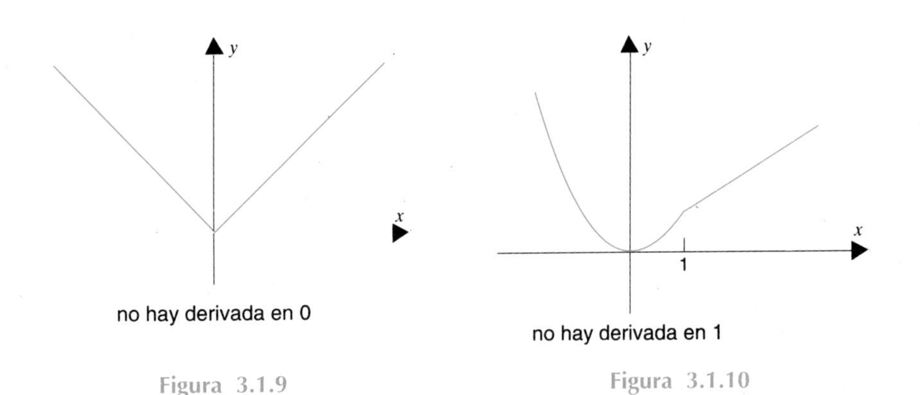


Figura 3.1.9 Figura 3.1.10

Una situación similar también puede apreciarse en la gráfica de la función

$$f(x) = \left\{\begin{array}{ll} x^2, & x \le 1 \\ x, & x > 1 \end{array}\right] \qquad \text{(Figura 3.1.10)}$$

en el punto (1, 1). Una vez más, $f$ es continua en todos los puntos (cosa que el lector podrá verificar por sí mismo), pero no es diferenciable en el punto 1:

$$\lim_{h \to 0^-} \frac{f(1+h)-f(1)}{h} = \lim_{h \to 0^-} \frac{(1+h)^2-1}{h} = \lim_{h \to 0^-} \frac{h^2+2h}{h} = \lim_{h \to 0^-} (h+2) = 2,$$

$$\lim_{h \to 0^+} \frac{f(1+h)-f(1)}{h} = \lim_{h \to 0^+} \frac{(1+h)-1}{h} = \lim_{h \to 0^+} 1 = 1.$$

Puesto que estos límites laterales no coinciden, el siguiente límite (por los dos lados) no puede existir

$$f'(1) = \lim_{h \to 0} \frac{f(1+h)-f(1)}{h} \quad \text{no existe.} \quad \square$$

Aunque no toda función continua sea diferenciable, toda función diferenciable es continua.

**TEOREMA 3.1.4**

Si $f$ es diferenciable en $x$, $f$ es continua en $x$.

Demostración. Para $h \neq 0$ y $x + h$ en el dominio de $f$, tenemos que

$$f(x+h) - f(x) = \frac{f(x+h)-f(x)}{h} \cdot h.$$

Al ser $f$ diferenciable en $x$, se verifica que

$$\lim_{h \to 0} \frac{f(x+h)-f(x)}{h} = f'(x).$$

Puesto que $\lim_{h \to 0} h = 0$, tendremos

$$\lim_{h \to 0} [f(x+h)-f(x)] = \left[\lim_{h \to 0} \frac{f(x+h)-f(x)}{h}\right] \cdot \left[\lim_{h \to 0} h\right] = f'(x) \cdot 0 = 0.$$

De ahí que

$$\lim_{h \to 0} f(x+h) - f(x) \qquad \text{(explicar por qué)}$$

y por consiguiente (aplicando el ejercicio 47 de la sección 2.4) la función $f$ es continua en $x$. $\square$

## EJERCICIOS 3.1

Diferenciar cada una de estas funciones formando el cociente incremental correspondiente

$$\frac{f(x+h)-f(x)}{h}$$

y tomando el límite cuando $h$ tiende a 0.

**1.** $f(x) = 4$.
**2.** $f(x) = c$.
**3.** $f(x) = 2 - 3x$.
**4.** $f(x) = 4x + 1$.
**5.** $f(x) = 5x - x^2$.
**6.** $f(x) = 2x^3 + 1$.
**7.** $f(x) = x^4$.
**8.** $f(x) = 1/(x + 3)$.
**9.** $f(x) = \sqrt{x-1}$.
**10.** $f(x) = x^3 - 4x$.
**11.** $f(x) = 1/x^2$.
**12.** $f(x) = 1/\sqrt{x}$.

Para cada una de las funciones siguientes hallar $f'(2)$ formando el cociente incremental

$$\frac{f(2+h)-f(2)}{h}$$

y tomando el límite cuando $h \to 0$.

**13.** $f(x) = (3x - 7)^2$.
**14.** $f(x) = 7x - x^2$.
**15.** $f(x) = 9/(x + 4)$.
**16.** $f(x) = 5 - x^4$.
**17.** $f(x) = x + \sqrt{2x}$.
**18.** $f(x) = \sqrt{6-x}$.

Hallar la ecuación de la tangente y de la normal a la gráfica de $f$ en el punto $(a, f(a))$ para los siguientes valores de $f$ y de $a$.

**19.** $f(x) = x^2$;   $a = 2$
**20.** $f(x) = \sqrt{x}$;   $a = 4$.
**21.** $f(x) = 5x - x^2$;   $a = 4$.
**22.** $f(x) = 5 - x^3$;   $a = 2$.
**23.** $f(x) = |x|$;   $a = -4$.
**24.** $f(x) = 7x + x^2$;   $a = -1$.
**25.** $f(x) = 1/(x + 2)$;   $a = -3$.
**26.** $f(x) = 1/x^2$;   $a = -2$.

Dibujar la gráfica de cada una de las funciones siguientes e indicar dónde no son diferenciables.

**27.** $f(x) = |x + 1|$.
**28.** $f(x) = |2x - 5|$.
**29.** $f(x) = \sqrt{|x|}$.
**30.** $f(x) = |x^2 - 4|$.
**31.** $f(x) = \left\{\begin{array}{ll} x^2, & x \le 1 \\ 2 - x, & x > 1 \end{array}\right].$
**32.** $f(x) = \left\{\begin{array}{ll} x^2 - 1, & x \le 2 \\ 3, & x > 2 \end{array}\right].$

Hallar $f'(c)$ si existe.

**33.** $f(x) = \left\{\begin{array}{ll} 4x, & x < 1 \\ 2x^2 + 2, & x \ge 1 \end{array}\right];\quad c = 1.$
**34.** $f(x) = \left\{\begin{array}{ll} 3x^2, & x \le 1 \\ 2x^3 + 1, & x > 1 \end{array}\right];\quad c = 1.$
**35.** $f(x) = \left\{\begin{array}{ll} x + 1, & x \le -1 \\ (x + 1)^2, & x > -1 \end{array}\right];\quad c = -1.$
**36.** $f(x) = \left\{\begin{array}{ll} -\frac{1}{2}x^2, & x < 3 \\ -3x, & x \ge 3 \end{array}\right];\quad c = 3.$

Dibujar la gráfica de la derivada de la función cuya gráfica está representada a continuación.

**37.**

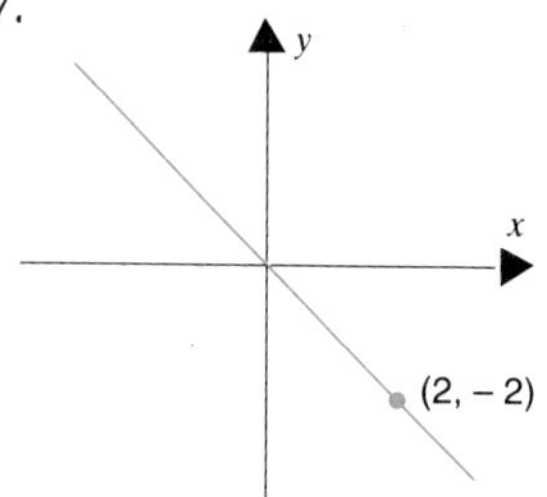


**38.**

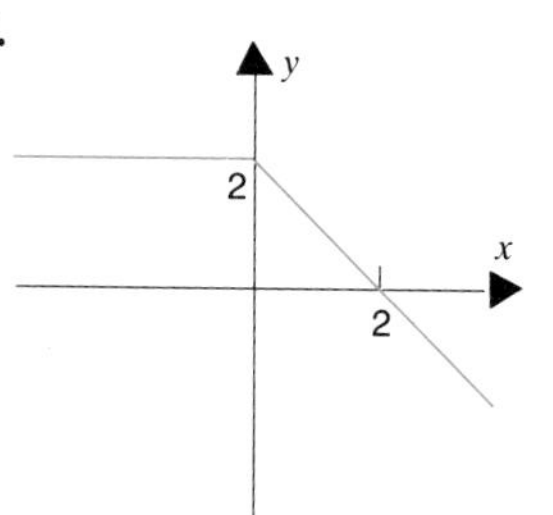


**39.**

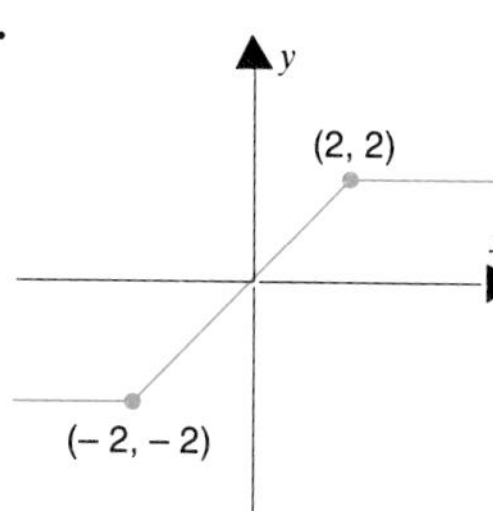


**40.**

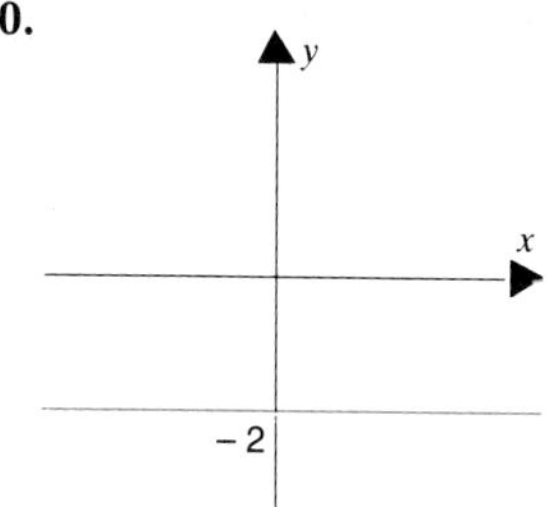


**41.**

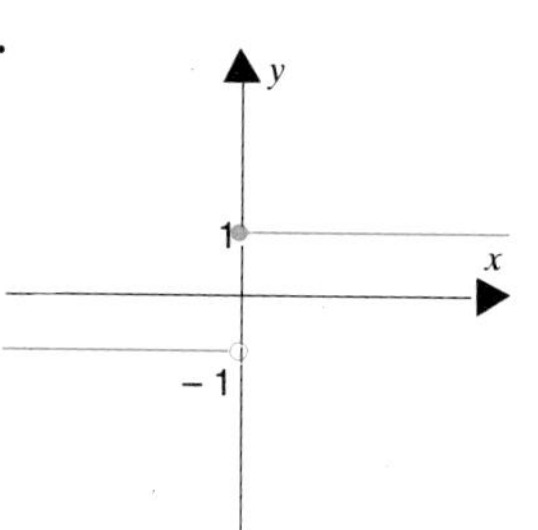


**42.**

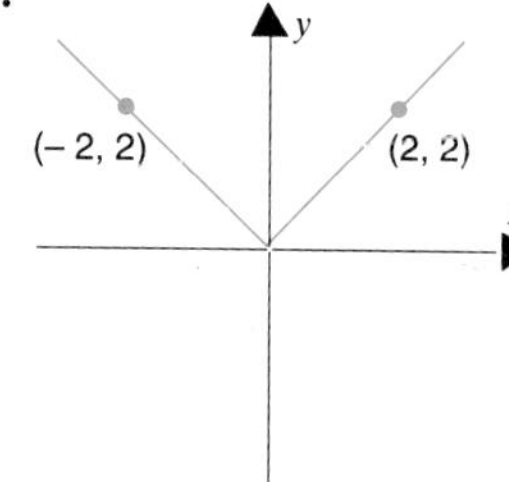


**43.** Demostrar que

$$f(x) = \begin{cases} x^2, & x \leq 1 \\ 2x, & x > 1 \end{cases}$$

no es diferenciable en $x = 1$. SUGERENCIA: Considerar el teorema 3.1.4.

**44.** Calcular A y B suponiendo que la función

$$f(x) = \begin{cases} x^3, & x \leq 1 \\ Ax + B, & x > 1 \end{cases}$$

es diferenciable en $x = 1$.

**45.** Sea

$$f(x) = \begin{cases} (x+1)^2, & x \leq 0 \\ (x-1)^2, & x > 0 \end{cases}$$

(a) Calcular $f'(x)$ para $x \neq 0$. (b) Demostrar que $f$ no es diferenciable en $x = 0$.

**46.** Suponiendo que $f$ es diferenciable en $x_0$, demostrar que la función

$$g(x) = \begin{cases} f(x), & x \leq x_0 \\ f'(x_0)(x - x_0) + f(x_0), & x > x_0 \end{cases}$$

es diferenciable en $x_0$. Calcular $g(x_0)$.

Dar un ejemplo de una función $f$, definida para todos los números reales, que verifique las siguientes condiciones

**47.** $f'(x) = 0$ para todo $x$ real.

**48.** $f'(x) = 0$ para todo $x \neq 0$; $f'(0)$ no existe.

**49.** $f'(x)$ existe para todo $x \neq -1$; $f'(-1)$ no existe.

**50.** $f'(x)$ existe para todo $x \neq \pm 1$; ni $f'(1)$ ni $f'(-1)$ existen.

**51.** $f'(1) = 2$ y $f(1) = 7$.

**52.** $f'(2) = 5$ y $f(2) = 1$

**53.** $f$ no es diferenciable en ningún punto.

**54.** $f'(x) = 1$ para $x < 0$ y $f'(x) = -1$ para $x > 0$.

---

### Un programa para calcular los cocientes incrementales (BASIC)

Este programa está concebido para ayudarle a entender cómo los cocientes incrementales de una función convergen a la derivada de dicha función en un punto dado. El programa empieza por pedirle que defina la función con la cual quiere trabajar. La designa FNf. [El ejemplo específico dado en el programa es

$$\text{FNf} = 3\text{*x\^{}2} \quad (3x^2)$$

pero usted puede sustituirlo por cualquier otra función y este es un elemento importante: usted puede escoger la función de acuerdo con su interés del momento.] El programa le pedirá todavía tres datos: el punto x en el cual deben realizarse los cálculos, un valor para el incremento inicial h y el "número de veces" n. El ordenador calculará primero el cociente

$$(\text{FNf}(x + h) - \text{FNf}(x))/(h).$$

Luego repetirá estos cálculos sustituyendo el incremento h por h/2 y reiterará el proceso n veces.

```
10 REM Compute value of difference quotient to approximate derivative
20 REM copyright © Colin C. Graham 1988-1989
30 REM change the line "def FNf = ..."
40 REM to fit your function
50 DEF FNf(x) = 3*x^2
100 INPUT "Enter x:"; x
110 INPUT "Enter h:"; h
130 INPUT "How many times?"; n
200 PRINT "h", "Difference Quotient"
300 FOR j = 1 TO n
310     PRINT h, (FNf(x + h) - FNf(x))/(h)
320     h = h/2
330 NEXT j
500 INPUT "Do another? (Y/N):"; a$
510 IF a$ = "Y" OR a$ = "y" THEN 100
520 END
```

## 3.2 ALGUNAS FÓRMULAS DE DIFERENCIACIÓN

Calcular la derivada de

$$f(x) = (x^3 - 2)(4x + 1) \qquad \text{o de} \qquad f(x) = \frac{6x^2 - 1}{x^4 + 5x + 1}$$

formando el cociente incremental correspondiente

$$\frac{f(x+h) - f(x)}{h}$$

y tomando luego el límite cuando $h$ tiende a 0 puede resultar laborioso. Estableceremos en esta sección algunas fórmulas generales que nos permitirán calcular derivadas como las anteriores de manera rápida y fácil.

Empezaremos por destacar el hecho de que las funciones constantes tienen derivada 0;

**(3.2.1)** si $f(x) = \alpha$, entonces $f'(x) = 0$ para todo $x$ real.

y que la función identidad tiene derivada 1:

**(3.2.2)** si $f(x) = x$, entonces $f'(x) = 1$ para todo $x$ real.

Demostración. Para $f(x) = \alpha$,

$$f'(x) = \lim_{h \to 0} \frac{f(x+h) - f(x)}{h} = \lim_{h \to 0} \frac{\alpha - \alpha}{h} = \lim_{h \to 0} 0 = 0.$$

Para $f(x) = x$,

$$f'(x) = \lim_{h \to 0} \frac{f(x+h) - f(x)}{h} = \lim_{h \to 0} \frac{(x+h) - x}{h} = \lim_{h \to 0} \frac{h}{h} = \lim_{h \to 0} 1 = 1. \quad \square$$

**DEFINICIÓN 3.2.3 DERIVADAS DE SUMAS Y MÚLTIPLOS ESCALARES**

Sea $\alpha$ un número real. Si $f$ y $g$ son diferenciables en $x$, entonces $f + g$ y $\alpha f$ son diferenciables en $x$. Además

$$(f + g)'(x) = f'(x) + g'(x) \qquad \text{y} \qquad (\alpha f)'(x) = \alpha f'(x).$$

Demostración. Para demostrar la primera fórmula observemos que

$$\frac{(f+g)(x+h)-(f+g)(x)}{h} = \frac{[f(x+h)+g(x+h)]-[f(x)+g(x)]}{h}$$
$$= \frac{f(x+h)-f(x)}{h} + \frac{g(x+h)-g(x)}{h}.$$

Por definición

$$\lim_{h\to 0}\frac{f(x+h)-f(x)}{h} = f'(x), \qquad \lim_{h\to 0}\frac{g(x+h)-g(x)}{h} = g'(x).$$

Por lo tanto

$$\lim_{h\to 0}\frac{(f+g)(x+h)-(f+g)(x)}{h} = f'(x)+g'(x),$$

lo cual significa que

$$(f+g)'(x) = f'(x)+g'(x).$$

Para demostrar la segunda fórmula tenemos que comprobar que

$$\lim_{h\to 0}\frac{(\alpha f)(x+h)-(\alpha f)(x)}{h} = \alpha f'(x).$$

Esto se deduce directamente del hecho de que

$$\frac{(\alpha f)(x+h)-(\alpha f)(x)}{h} = \alpha\left[\frac{f(x+h)-f(x)}{h}\right]. \qquad \square$$

**TEOREMA 3.2.4 REGLA DEL PRODUCTO**

Si $f$ y $g$ son diferenciables en $x$, también lo es su producto y se verifica

$$(fg)'(x) = f(x)g'(x)+g(x)f'(x).$$

Demostración. Consideremos el cociente incremental

$$\frac{(fg)(x+h)-(fg)(x)}{h} = \frac{f(x+h)g(x+h)-f(x)g(x)}{h}$$

que podemos escribir en la forma

$$f(x+h)\left[\frac{g(x+h)-g(x)}{h}\right]+g(x)\left[\frac{f(x+h)-f(x)}{h}\right].$$

(Hemos sumado y restado $f(x+h)g(x)$ en el numerador y después hemos reagrupado los términos para hacer aparecer los cocientes incrementales de $f$ y $g$.) Puesto que $f$ es diferenciable en $x$, sabemos que $f$ es continua en $x$ (teorema 3.1.4) luego

$$\lim_{h\to 0} f(x+h) = f(x).$$

Puesto que

$$\lim_{h\to 0}\frac{g(x+h)-g(x)}{h} = g'(x) \qquad \text{y} \qquad \lim_{h\to 0}\frac{f(x+h)-f(x)}{h} = f'(x),$$

obtenemos que

$$\lim_{h\to 0}\frac{(fg)(x+h)-(fg)(x)}{h} = f(x)g'(x)+g(x)f'(x). \qquad \square$$

Utilizando la regla del producto no es difícil demostrar que

**(3.2.5)** para todo entero positivo en $n$

$p(x) = x^n$ tiene como derivada $p'(x) = nx^{n-1}$.

En particular

$p(x) = x$ tiene como derivada $p'(x) = 1\cdot x^0 = 1$,

$p(x) = x^2$ tiene como derivada $p'(x) = 2x$,

$p(x) = x^3$ tiene como derivada $p'(x) = 3x^2$,

$p(x) = x^4$ tiene como derivada $p'(x) = 4x^3$,

y así sucesivamente.

Demostración de (3.2.5). Procedemos por inducción sobre $n$. Para $n = 1$, tenemos la función identidad

$$p(x) = x,$$

y sabemos que verifica

$$p'(x) = 1 = 1 \cdot x^0.$$

Esto significa que la fórmula es válida para $n$=1

Supongamos ahora que la fórmula se verifica para $n = k$ y demostremos que también se verifica entonces para $n = k + 1$. Sea

$$p(x) = x^{k+1}$$

y observemos que

$$p(x) = x \cdot x^k.$$

Aplicando la regla del producto (3.2.4) y nuestra hipótesis de inducción, obtenemos que

$$p'(x) = x \cdot kx^{k-1} + 1 \cdot x^k = (k+1)\,x^k.$$

Lo cual demuestra que la fórmula se verifica para $n = k + 1$.

Por el axioma de inducción, la fórmula se cumple para todos los enteros positivos $n$. □

La fórmula para derivar polinomios resulta de (3.2.3) y (3.2.5):

**(3.2.6)**

$$\text{Si} \quad P(x) = a_n x^n + \ldots + a_2 x^2 + a_1 x + a_0,$$
$$\text{entonces} \quad P'(x) = n a_n x^{n-1} + \ldots + 2a_2 x + a_1.$$

Por ejemplo,

$$P(x) = 12x^3 - 6x - 2 \qquad \text{tiene como derivada} \qquad P'(x) = 36x^2 - 6$$

y

$$P(x) = \tfrac{1}{4}x^4 - 2x^2 + x + 5 \qquad \text{tiene como derivada} \qquad P'(x) = x^3 - 4x + 1.$$

Problema 1. Diferenciar

$$F(x) = (x^3 - 2)(4x + 1)$$

y hallar $F'(-1)$.

*Solución.* Tenemos el producto $F(x) = f(x)g(x)$ con

$$f(x) = x^3 - 2 \qquad \text{y} \qquad g(x) = 4x + 1.$$

La regla del producto nos da

$$\begin{aligned} F'(x) &= f(x)g'(x) + g(x)f'(x) \\ &= (x^3 - 2) \cdot 4 + (4x + 1)(3x^2) \\ &= 4x^3 - 8 + 12x^3 + 3x^2 \\ &= 16x^3 + 3x^2 - 8. \end{aligned}$$

Haciendo $x = -1$, obtenemos

$$F'(-1) = 16(-1)^3 + 3(-1)^2 - 8 = -16 + 3 - 8 = -21. \qquad \square$$

**Problema 2.** Diferenciar

$$F(x) = (ax + b)(cx + d).$$

*Solución.* Tenemos un producto $F(x) = f(x)g(x)$ con

$$f(x) = ax + b \qquad \text{y} \qquad g(x) = cx + d.$$

De nuevo usamos la regla del producto

$$F'(x) = f(x)g'(x) + g(x)f'(x).$$

En nuestro caso

$$F'(x) = (ax + b)\,c + (cx + d)\,a = 2acx + bc + ad.$$

También podemos resolver este problema sin usar la regla del producto efectuando primero la multiplicación:

$$F(x) = acx^2 + bcx + adx + bd$$

y diferenciando después:

$$F'(x) = 2acx + bc + ad.$$

El resultado es el mismo. $\square$

Nos ocuparemos ahora de las funciones recíprocas.

**TEOREMA 3.2.7 REGLA DE LA RECÍPROCA**

Si $g$ es diferenciable en $x$ y si $g(x) \neq 0$, entonces $1/g$ es diferenciable en $x$ y

$$\left(\frac{1}{g}\right)'(x) = -\frac{g'(x)}{[g(x)]^2}.$$

Demostración. Dado que $g$ es diferenciable en $x$, $g$ es continua en $x$ (teorema 3.1.4). Puesto que $g(x) \neq 0$, sabemos que $1/g$ es continua en $x$, luego que

$$\lim_{h \to 0} \frac{1}{g(x+h)} = \frac{1}{g(x)}.$$

Para $h$ diferente de 0 y suficientemente pequeño, $g(x+h) \neq 0$ y

$$\frac{1}{h}\left[\frac{1}{g(x+h)} - \frac{1}{g(x)}\right] = -\left[\frac{g(x+h)-g(x)}{h}\right]\frac{1}{g(x+h)}\frac{1}{g(x)}.$$

Cuando $h$ tiende a cero, el segundo miembro (y por tanto el primero) tiende a

$$-\frac{g'(x)}{[g(x)]^2}. \quad \square$$

A partir de este último resultado es fácil ver que la fórmula de la derivada de una potencia $x^n$ también se aplica a las potencias negativas; es decir,

**(3.2.8)** para todo entero negativo $n$

$$p(x) = x^n \quad \text{tiene como derivada} \quad p'(x) = nx^{n-1}.$$

Esta fórmula se cumple excepto en $x = 0$ donde ninguna potencia negativa está definida. En particular

$$p(x) = x^{-1} \quad \text{tiene como derivada} \quad p'(x) = (-1)x^{-2} = -x^{-2},$$

$$p(x) = x^{-2} \quad \text{tiene como derivada} \quad p'(x) = -2x^{-3},$$

$$p(x) = x^{-3} \quad \text{tiene como derivada} \quad p'(x) = -3x^{-4},$$

y así sucesivamente.

Demostración de (3.2.8). Obsérvese que

$$p(x) = \frac{1}{g(x)} \quad \text{donde } g(x) = x^{-n} \text{ y } -n \text{ es un entero positivo.}$$

La regla de la recíproca nos da que

$$p'(x) = -\frac{g'(x)}{[g(x)]^2} = -\frac{(-nx^{-n-1})}{x^{-2n}} = (nx^{-n-1})\,x^{2n} = nx^{n-1}. \quad \square$$

**Problema 3.** Diferenciar

$$f(x) = \frac{5}{x^2} - \frac{6}{x}$$

y hallar $f'\left(\frac{1}{2}\right)$.

*Solución.* Para aplicar (3.2.8) escribimos

$$f(x) = 5x^{-2} - 6x^{-1}.$$

La diferenciación da

$$f'(x) = -10x^{-3} + 6x^{-2}.$$

Y volviendo a la notación fraccionaria

$$f'(x) = -\frac{10}{x^3} + \frac{6}{x^2}.$$

Haciendo $x = \frac{1}{2}$, obtenemos

$$f'\left(\tfrac{1}{2}\right) = -\frac{10}{\left(\frac{1}{2}\right)^3} + \frac{6}{\left(\frac{1}{2}\right)^2} = -80 + 24 = -56. \quad \square$$

**Problema 4.** Diferenciar

$$f(x) = \frac{1}{ax^2 + bx + c}.$$

*Solución.* En este caso tenemos una recíproca $f(x) = 1/g(x)$ con

$$g(x) = ax^2 + bx + c.$$

La regla de la recíproca (3.2.7) nos da

$$f'(x) = -\frac{g'(x)}{[g(x)]^2} = -\frac{2ax+b}{[ax^2+bx+c]^2}. \quad \square$$

Por último, consideraremos el caso de los cocientes en general.

**TEOREMA 3.2.9 REGLA DEL COCIENTE**

Si $f$ y $g$ son diferenciables en $x$ y si $g(x) \neq 0$, el cociente $f/g$ es diferenciable en $x$ y

$$\left(\frac{f}{g}\right)'(x) = \frac{g(x)f'(x) - f(x)g'(x)}{[g(x)]^2}.$$

La demostración se deja al lector. SUGERENCIA: $f/g = f \cdot 1/g$.

La regla del cociente permite demostrar que todas las funciones racionales (cocientes de polinomios) son diferenciables para todos los valores en los cuales están definidas.

**Problema 5.** Diferenciar

$$F(x) = \frac{ax+b}{cx+d}.$$

*Solución.* Estamos trabajando con un cociente $F(x) = f(x)/g(x)$. La regla del cociente,

$$F'(x) = \frac{g(x)f'(x) - f(x)g'(x)}{[g(x)]^2},$$

da como resultado

$$F'(x) = \frac{(cx+d)\cdot a - (ax+b)\cdot c}{(cx+d)^2} = \frac{ad-bc}{(cx+d)^2}. \quad \square$$

**Problema 6.** Diferenciar

$$F(x) = \frac{6x^2 - 1}{x^4 + 5x + 1}.$$

*Solución.* De nuevo se trata de un cociente $F(x) = f(x)/g(x)$. La regla del cociente nos da

$$F'(x) = \frac{(x^4 + 5x + 1)(12x) - (6x^2 - 1)(4x^3 + 5)}{(x^4 + 5x + 1)^2}. \quad \square$$

**Problema 7.** Hallar $f'(0)$, $f'(1)$ y $f'(2)$ para la función

$$f(x) = \frac{5x}{1 + x}.$$

*Solución.* Primero hallaremos una expresión general para $f'(x)$ y luego calcularemos su valor en 0, 1 y 2. Aplicando la regla del cociente, obtenemos

$$f'(x) = \frac{(1 + x)5 - 5x(1)}{(1 + x)^2} = \frac{5}{(1 + x)^2}.$$

Esto nos da

$$f'(0) = \frac{5}{(1 + 0)^2} = 5, \quad f'(1) = \frac{5}{(1 + 1)^2} = \frac{5}{4}, \quad f'(2) = \frac{5}{(1 + 2)^2} = \frac{5}{9}. \quad \square$$

**Problema 8.** Hallar $f'(-1)$ para

$$f(x) = \frac{x^2}{ax^2 + b}.$$

*Solución.* Hallaremos primero una expresión general para $f(x)$ aplicando la regla del cociente:

$$f'(x) = \frac{(ax^2 + b)2x - x^2(2ax)}{(ax^2 + b)^2} = \frac{2bx}{(ax^2 + b)^2}$$

Ahora podemos evaluar $f'$ en $-1$.

$$f'(-1) = -\frac{2b}{(a+b)^2}. \quad \square$$

**Observación.** Algunas expresiones resultan más fáciles de diferenciar si las escribimos en forma conveniente. Por ejemplo, podemos diferenciar

$$f(x) = \frac{x^5 - 2x}{x^2} = \frac{x^4 - 2}{x}$$

aplicando la regla del cociente, o podemos escribir

$$f(x) = (x^4 - 2)\,x^{-1}$$

y usar la regla del producto; mejor todavía, podemos observar que

$$f(x) = x^3 - 2x^{-1}$$

y proceder a partir de esta expresión:

$$f'(x) = 3x^2 + 2x^{-2}. \quad \square$$

## EJERCICIOS 3.2

Diferenciar las siguientes funciones.

**1.** $F(x) = 1 - x.$

**2.** $F(x) = 2(1 + x).$

**3.** $F(x) = 11x^5 - 6x^3 + 8.$

**4.** $F(x) = \dfrac{3}{x^2}.$

**5.** $F(x) = ax^2 + bx + c.$

**6.** $F(x) = \dfrac{x^4}{4} - \dfrac{x^3}{3} + \dfrac{x^2}{2} - \dfrac{x}{1}.$

**7.** $F(x) = -\dfrac{1}{x^2}.$

**8.** $F(x) = \dfrac{(x^2 + 2)}{x^3}.$

**9.** $G(x) = (x^2 - 1)(x - 3).$

**10.** $F(x) = x - \dfrac{1}{x}.$

**11.** $G(x) = \dfrac{x^3}{1 - x}.$

**12.** $F(x) = \dfrac{ax - b}{cx - d}.$

**13.** $G(x) = \dfrac{x^2 - 1}{2x + 3}.$

**14.** $G(x) = \dfrac{7x^4 + 11}{x + 1}.$

**15.** $G(x) = (x - 1)(x - 2).$

**16.** $G(x) = \dfrac{2x^2+1}{x+2}$. **17.** $G(x) = \dfrac{6-1/x}{x-2}$. **18.** $G(x) = \dfrac{1+x^4}{x^2}$.

**19.** $G(x) = (9x^8 - 8x^9)\left(x + \dfrac{1}{x}\right)$. **20.** $G(x) = \left(1 + \dfrac{1}{x}\right)\left(1 + \dfrac{1}{x^2}\right)$.

Hallar $f'(0)$ y $f'(1)$.

**21.** $f(x) = \dfrac{1}{x-2}$. **22.** $f(x) = x^2(x+1)$. **23.** $f(x) = \dfrac{1-x^2}{1+x^2}$.

**24.** $f(x) = \dfrac{2x^2+x+1}{x^2+2x+1}$. **25.** $f(x) = \dfrac{ax+b}{cx+d}$. **26.** $f(x) = \dfrac{ax^2+bx+c}{cx^2+bx+a}$.

Sabiendo que $h(0) = 3$ y $h'(0) = 2$, hallar $f'(0)$.

**27.** $f(x) = xh(x)$. **28.** $f(x) = 3x^2h(x) - 5x$.

**29.** $f(x) = h(x) - \dfrac{1}{h(x)}$. **30.** $f(x) = h(x) + \dfrac{x}{h(x)}$.

Hallar una ecuación para la tangente a la gráfica de $f$ en el punto $(a, f(a))$.

**31.** $f(x) = \dfrac{x}{x+2}$; $a = -4$. **32.** $f(x) = (x^3 - 2x + 1)(4x - 5)$; $a = 2$.

**33.** $f(x) = (x^2 - 3)(5x - x^3)$; $a = 1$. **34.** $f(x) = x^2 - \dfrac{10}{x}$; $a = -2$.

**35.** $f(x) = 6/x^2$; $a = 3$. **36.** $f(x) = \dfrac{3x+5}{7x-3}$; $a = 1$.

Hallar los puntos en los cuales la tangente a la curva es horizontal.

**37.** $f(x) = (x-2)(x^2-x-11)$. **38.** $f(x) = x^2 - \dfrac{16}{x}$. **39.** $f(x) = \dfrac{5x}{x^2+1}$.

**40.** $f(x) = (x+2)(x^2-2x-8)$. **41.** $f(x) = x + \dfrac{4}{x^2}$. **42.** $f(x) = \dfrac{x^2-2x+4}{x^2+4}$.

Hallar los puntos en los cuales la tangente a la curva

**43.** $f(x) = -x^2 - 6$ es paralela a la recta $y = 4x - 1$.

**44.** $f(x) = x^3 - 3x$ es perpendicular a la recta $5y - 3x - 8 = 0$.

**45.** $f(x) = x^3 - x^2$ es perpendicular a la recta $5y + x + 2 = 0$.

**46.** $f(x) = 4x - x^2$ es paralela a la recta $2y = 3x - 5$.

**47.** Hallar el área del triángulo formado por el eje $x$ y las rectas tangente y normal a la curva $f(x) = 6x - x^2$ en el punto $(5, 5)$.

**48.** Hallar el área del triángulo formado por el eje $x$ y las rectas tangente y normal a la curva $f(x) = 9 - x^2$ en el punto $(2, 5)$.

**49.** Determinar los coeficientes $A$, $B$, $C$ de tal modo que la curva $Ax^2 + Bx + C$ pase por el punto $(1, 3)$ y sea tangente a la recta $4x + y = 8$ en el punto $(2, 0)$.

**50.** Determinar los coeficientes $A$, $B$, $C$, $D$ de tal modo que la curva $Ax^3 + Bx^2 + Cx + D$ sea tangente a la recta $y = 3x - 3$ en el punto $(1, 0)$ y tangente a la recta $y = 18x - 27$ en el punto $(2, 9)$.

**51.** Demostrar la validez de la regla del cociente.

**52.** Comprobar que, si $f$, $g$ y $h$ son diferenciables se verifica

$$(fgh)'(x) = f'(x)g(x)h(x) + f(x)g'(x)h(x) + f(x)g(x)h'(x).$$

SUGERENCIA: Aplicar la regla del producto a $[f(x)g(x)]h(x)$.

**53.** Usar la regla del producto (3.2.4) para demostrar que, si $f$ es diferenciable, entonces

$$g(x) = [f(x)]^2 \text{ tiene como derivada } g'(x) = 2f(x)f'(x).$$

**54.** Demostrar que, si $f$ es diferenciable, entonces

$$g(x) = [f(x)]^n \text{ tiene como derivada } g'(x) = n[f(x)]^{n-1}f'(x).$$

para todo entero $n$ distinto de cero. SUGERENCIA: Imitar la demostración por inducción de (3.2.5).

**55.** Hallar $A$ y $B$ tales que la derivada de

$$f(x) = \begin{cases} Ax^3 + Bx + 2, & x \le 2 \\ Bx^2 - A, & x > 2 \end{cases}$$

sea continua para todo $x$ real. SUGERENCIA: $f$ también debe ser continua.

**56.** Hallar $A$ y $B$ tales que la derivada de

$$f(x) = \begin{cases} Ax^2 + B & x < -1 \\ Bx^5 + Ax + 4, & x \ge -1 \end{cases}$$

sea continua para todo $x$ real.

## 3.3 LA NOTACIÓN *d/dx*; DERIVADAS DE ORDEN SUPERIOR

### La notación *d/dx*

Hasta ahora hemos venido indicando la derivada con la notación "prima", sin embargo existen otras notaciones que se usan con frecuencia, en particular en la Ciencia y la Ingeniería. La más popular de todas ellas es la notación de la doble $d$ de Leibniz. En la notación de Leibniz, la derivada de una función $y$ se representa escribiendo

$$\frac{dy}{dx}, \quad \frac{dy}{dt}, \quad \text{o} \quad \frac{dy}{dz}, \quad \text{etc.},$$

dependiendo de cuál de las letras $x$, $t$ o $z$ es utilizada para representar los elementos del dominio de $y$. Por ejemplo, si $y$ es definida inicialmente por

$$y(x) = x^3,$$

la notación de Leibniz nos da

$$\frac{dy(x)}{dx} = 3x^2.$$

Habitualmente se prescinde de la $(x)$ y se escribe

$$y = x^3 \quad \text{y} \quad \frac{dy}{dx} = 3x^2.$$

Los símbolos

$$\frac{d}{dx}, \quad \frac{d}{dt}, \quad \frac{d}{dz}, \quad \text{etc.},$$

también se usan como prefijos que anteceden a las expresiones a diferenciar. Por ejemplo

$$\frac{d}{dx}(x^3 - 4x) = 3x^2 - 4, \quad \frac{d}{dt}(t^2 + 3t + 1) = 2t + 3, \quad \frac{d}{dz}(z^5 - 1) = 5z^4.$$

En la notación de Leibniz, las fórmulas de diferenciación se escriben de la siguiente manera:

$$\frac{d}{dx}[f(x)+g(x)] = \frac{d}{dx}[f(x)] + \frac{d}{dx}[g(x)], \qquad \frac{d}{dx}[\alpha f(x)] = \alpha\frac{d}{dx}[f(x)],$$

$$\frac{d}{dx}[f(x)g(x)] = f(x)\frac{d}{dx}[g(x)] + g(x)\frac{d}{dx}[f(x)],$$

$$\frac{d}{dx}\left[\frac{1}{g(x)}\right] = -\frac{1}{[g(x)]^2}\frac{d}{dx}[g(x)],$$

$$\frac{d}{dx}\left[\frac{f(x)}{g(x)}\right] = \frac{g(x)\frac{d}{dx}[f(x)] - f(x)\frac{d}{dx}[g(x)]}{[g(x)]^2}.$$

A menudo las funciones $f$ y $g$ son sustituidas por $u$ y $v$ omitiéndose por completo la $x$. Las fórmulas se escriben entonces así:

$$\frac{d}{dx}(u+v) = \frac{du}{dx}+\frac{dv}{dx} \qquad \frac{d}{dx}(\alpha u) = \alpha\frac{du}{dx},$$

$$\frac{d}{dx}(uv) = u\frac{dv}{dx}+\frac{du}{dx},$$

$$\frac{d}{dx}\left(\frac{1}{v}\right) = -\frac{1}{v^2}\frac{dv}{dx}, \qquad \frac{d}{dx}\left(\frac{u}{v}\right) = \frac{v\frac{du}{dx}-u\frac{du}{dx}}{v^2}.$$

El único método para familiarizarse con esta notación consiste en usarla. A continuación resolveremos algunos problemas prácticos.

**Problema 1.** Hallar

$$\frac{dy}{dx} \qquad \text{para} \qquad y = \frac{3x-1}{5x+2}.$$

*Solución.* Podemos utilizar la regla del cociente:

$$\frac{dy}{dx} = \frac{(5x+2)\frac{d}{dx}(3x-1) - (3x-1)\frac{d}{dx}(5x+2)}{(5x+2)^2}$$

$$= \frac{(5x+2)(3)-(3x-1)(5)}{(5x+2)^2} = \frac{11}{(5x+2)^2}. \quad \square$$

**Problema 2.** Hallar

$$\frac{dy}{dx} \quad \text{para} \quad y = (x^3+1)(3x^5+2x-1).$$

*Solución.* Podemos utilizar la regla del producto:

$$\begin{aligned}\frac{dy}{dx} &= (x^3+1)\frac{d}{dx}(3x^5+2x-1) + (3x^5+2x-1)\frac{d}{dx}(x^3+1)\\ &= (x^3+1)\,(15x^4+2) + (3x^5+2x-1)\,(3x^2)\\ &= (15x^7+15x^4+2x^3+2) + (9x^7+6x^3-3x^2)\\ &= 24x^7+15x^4+8x^3-3x^2+2. \quad \square\end{aligned}$$

**Problema 3.** Hallar

$$\frac{d}{dt}\left(t^3 - \frac{t}{t^2-1}\right).$$

*Solución.*

$$\begin{aligned}\frac{d}{dt}\left(t^3 - \frac{t}{t^2-1}\right) &= \frac{d}{dt}(t^3) - \frac{d}{dt}\left(\frac{t}{t^2-1}\right)\\ &= 3t^2 - \left[\frac{(t^2-1)(1)-t(2t)}{(t^2-1)^2}\right] = 3t^2 + \frac{t^2+1}{(t^2-1)^2}. \quad \square\end{aligned}$$

**Problema 4.** Hallar

$$\frac{du}{dx} \quad \text{para} \quad u = x(x+1)(x+2).$$

*Solución.* Se puede ver a $u$ como

$$[x(x+1)](x+2) \qquad \text{o como} \qquad x[(x+1)(x+2)].$$

Desde el primer punto de vista,

$$\begin{aligned}\frac{du}{dx} &= [x(x+1)](1) + (x+2)\frac{d}{dx}[x(x+1)]\\ &= x(x+1) + (x+2)[x(1) + (x+1)(1)]\\ (*) \qquad &= x(x+1) + (x+2)(2x+1).\end{aligned}$$

Desde el segundo punto de vista

$$\frac{du}{dx} = x\frac{d}{dx}[(x+1)(x+2)] + (x+1)(x+2)(1)$$
$$= x[(x+1)(1) + (x+2)(1)] + (x+1)(x+2)$$
(**) $$= x(2x+3) + (x+1)(x+2).$$

Desarrollando tanto (*) como (**), obtenemos

$$\frac{du}{dx} = 3x^2 + 6x + 2.$$

Este mismo resultado puede obtenerse también desarrollando las multiplicaciones en la expresión de $y$ y llevando a cabo la diferenciación después:

$$u = x(x+1)(x+2) = x(x^2+3x+2) = x^3 + 3x^2 + 2x$$

de ahí que

$$\frac{du}{dx} = 3x^2 + 6x + 2. \quad \square$$

Problema 5. Calcular $dy/dx$ en $x = 0$ y $x = 1$ para

$$y = \frac{x^2}{x^2 - 4}.$$

*Solución.*

$$\frac{dy}{dx} = \frac{(x^2-4)2x - x^2(2x)}{(x^2-4)^2} = -\frac{8x}{(x^2-4)^2}.$$

En $x = 0$, $dy/dx = 0$; en $x = 1$, $dy/dx = -\frac{8}{9}$. $\square$

## Derivadas de orden superior

Si una función $f$ es diferenciable, podemos formar una nueva función $f'$. Si $f'$ es a su vez diferenciable, podemos formar su derivada, llamada *derivada segunda de f* y designada por $f''$. En la medida en que sigamos teniendo la diferenciabilidad, podemos continuar de esta manera formando $f'''$, etc. No utilizaremos más allá del orden tres esta notación de la derivada mediante "primas". Para la derivada cuarta escribiremos $f^{(4)}$ y más generalmente, para la derivada $n$-ésima, $f^{(n)}$.

Si $f(x) = x^5$, tenemos que

$$f'(x) = 5x^4,\quad f''(x) = 20x^3,\quad f'''(x) = 60x^2,\quad f^{(4)}(x) = 120x,\quad f^{(5)}(x) = 120.$$

Todas las derivadas de orden superior son idénticamente nulas. Como una variante de esta notación se puede escribir $y = x^5$ y entonces

$$y' = 5x^4, \quad y'' = 20x^3, \quad y''' = 60x^2, \quad \text{etc.}$$

Puesto que todo polinomio $P$ tiene una derivada $P'$ que es a su vez un polinomio y toda función racional $Q$ tiene una derivada $Q'$ que es a su vez una función racional resulta que los polinomios y las funciones racionales poseen derivadas de todos los órdenes. En el caso de un polinomio de grado $n$, las derivadas de orden mayor que $n$ son idénticamente nulas. (Explicarlo)

En la notación de Leibniz, las derivadas de orden superior se escriben

$$\frac{d^2y}{dx^2} = \frac{d}{dx}\left(\frac{dy}{dx}\right), \quad \frac{d^3y}{dx^3} = \frac{d}{dx}\left(\frac{d^2y}{dx^2}\right), \ldots, \frac{d^ny}{dx^n} = \frac{d}{dx}\left(\frac{d^{n-1}y}{dx^{n-1}}\right), \ldots$$

o

$$\frac{d^2}{dx^2}[f(x)] = \frac{d}{dx}\left[\frac{d}{dx}[f(x)]\right], \quad \frac{d^3}{dx^3}[f(x)] = \frac{d}{dx}\left[\frac{d^2}{dx^2}[f(x)]\right], \ldots,$$

$$\frac{d^n}{dx^n}[f(x)] = \frac{d}{dx}\left[\frac{d^{n-1}}{dx^{n-1}}f(x)\right], \ldots$$

A continuación trataremos algunos ejemplos.

**Ejemplo 6.** Si

$$f(x) = x^4 - 3x^{-1} + 5,$$

entonces

$$f'(x) = 4x^3 + 3x^{-2} \qquad \text{y} \qquad f''(x) = 12x^2 - 6x^{-3}. \quad \square$$

**Ejemplo 7.**

$$\frac{d}{dx}(x^5 - 4x^3 + 7x) = 5x^4 - 12x^2 + 7$$

de ahí que

$$\frac{d^2}{dx^2}(x^5 - 4x^3 + 7x) = \frac{d}{dx}(5x^4 - 12x^2 + 7) = 20x^3 - 24x$$

y

$$\frac{d^3}{dx^3}(x^5 - 4x^3 + 7x) = \frac{d}{dx}(20x^3 - 24x) = 60x^2 - 24. \quad \square$$

**Ejemplo 8.** Finalmente consideraremos $y = x^{-1}$. En la notación de Leibniz

$$\frac{dy}{dx} = -x^{-2}, \quad \frac{d^2y}{dx^2} = 2x^{-3}, \quad \frac{d^3y}{dx^3} = -6x^{-4}, \quad \frac{d^4y}{dx^4} = 24x^{-5}$$

y, más generalmente,

$$\frac{d^ny}{dx^n} = (-1)^n n! x^{-n-1}.$$

En la otra notación

$$y' = -x^{-2}, \quad y'' = 2x^{-3}, \quad y''' = -6x^{-4}, \quad y^{(4)} = 24x^{-5}$$

y

$$y^{(n)} = (-1)^n n! x^{-n-1}. \quad \square$$

## EJERCICIOS 3.3

Hallar $dy/dx$.

**1.** $y = 3x^4 - x^2 + 1.$ **2.** $y = x^2 + 2x^{-4}.$ **3.** $y = x - \dfrac{1}{x}.$

**4.** $y = \dfrac{2x}{1-x}.$ **5.** $y = \dfrac{x}{1+x^2}.$ **6.** $y = x(x-2)(x+1).$

**7.** $y = \dfrac{x^2}{1-x}.$ **8.** $y = \left(\dfrac{x}{1+x}\right)\left(\dfrac{2-x}{3}\right).$ **9.** $y = \dfrac{x^3+1}{x^3-1}.$ **10.** $y = \dfrac{x^2}{(1+x)}.$

Hallar la derivada indicada.

**11.** $\dfrac{d}{dx}(2x-5).$ **12.** $\dfrac{d}{dx}(5x+2).$

**13.** $\dfrac{d}{dx}[(3x^2 - x^{-1})(2x+5)].$ **14.** $\dfrac{d}{dx}[(2x^2 + 3x^{-1})(2x - 3x^{-2})].$

**15.** $\dfrac{d}{dt}\left(\dfrac{t^2+1}{t^2-1}\right).$ **16.** $\dfrac{d}{dt}\left(\dfrac{2t^3+1}{t^4}\right).$ **17.** $\dfrac{d}{dt}\left(\dfrac{t^4}{2t^3-1}\right).$

**18.** $\dfrac{d}{dt}\left[\dfrac{t}{(1+t)^2}\right].$ **19.** $\dfrac{d}{du}\left(\dfrac{2u}{1-2u}\right).$ **20.** $\dfrac{d}{dt}\left(\dfrac{u^2}{u^3+1}\right).$

**21.** $\dfrac{d}{du}\left(\dfrac{u}{u-1} - \dfrac{u}{u+1}\right).$ **22.** $\dfrac{d}{du}\,[u^2(1-u^2)(1-u^3)]\,.$ **23.** $\dfrac{d}{dx}\left(\dfrac{x^2}{1-x^2} - \dfrac{1-x^2}{x^2}\right).$

**24.** $\dfrac{d}{dx}\left(\dfrac{3x^4+2x+1}{x^4+x-1}\right).$ **25.** $\dfrac{d}{dx}\left(\dfrac{x^3+x^2+x+1}{x^3-x^2+x-1}\right).$ **26.** $\dfrac{d}{dx}\left(\dfrac{x^3+x^2+x-1}{x^3-x^2+x+1}\right).$

Calcular $dy/dx$ en $x = 2$.

**27.** $y = (x+1)(x+2)(x+3).$ **28.** $y = (x+1)(x^2+2)(x^3+3).$

**29.** $y = \dfrac{(x-1)(x-2)}{(x+2)}.$ **30.** $y = \dfrac{(x^2+1)(x^2-2)}{(x^2+2)}.$

Hallar la derivada segunda.

**31.** $f(x) = 7x^3 - 6x^5.$ **32.** $f(x) = 2x^5 - 6x^4 + 2x - 1.$

**33.** $f(x) = \dfrac{x^2-3}{x}.$ **34.** $f(x) = x^2 - \dfrac{1}{x^2}.$

**35.** $f(x) = (x^2-2)(x^{-2}+2).$ **36.** $f(x) = (2x-3)\left(\dfrac{2x+3}{x}\right).$

Hallar $d^3y/dx^3$.

**37.** $y = \frac{1}{3}x^3 + \frac{1}{2}x^2 + x + 1.$ **38.** $y = (1+5x)^2.$ **39.** $y = (2x-5)^2.$

**40.** $y = \frac{1}{6}x^3 + \frac{1}{4}x^2 + x - 3.$ **41.** $y = x^3 - \dfrac{1}{x^3}.$ **42.** $y = \dfrac{x^4+2}{x}.$

Hallar las derivadas indicadas.

**43.** $\dfrac{d}{dx}\left[x\dfrac{d}{dx}(x-x^2)\right].$ **44.** $\dfrac{d^2}{dx^2}\left[(x^2-3x)\dfrac{d}{dx}(x+x^{-1})\right].$

**45.** $\dfrac{d^4}{dx^4}[3x-x^4]\,.$ **46.** $\dfrac{d^5}{dx^5}[ax^4+bx^3+cx^2+dx+e]\,.$

**47.** $\dfrac{d^2}{dx^2}\left[(1+2x)\dfrac{d^2}{dx^2}(5-x^3)\right].$ **48.** $\dfrac{d^3}{dx^3}\left[\dfrac{1}{x}\dfrac{d^2}{dx^2}(x^4-5x^2)\right].$

**49.** Demostrar que en general

$$(fg)''(x) \neq f(x)g''(x) + f''(x)g(x).$$

**50.** Comprobar la identidad

$$f(x)g''(x) - f''(x)g(x) = \frac{d}{dx}[f(x)g'(x) - f'(x)g(x)]\,.$$

Determinar los valores de $x$ para los cuales (a) $f''(x) = 0$, (b) $f''(x) > 0$, (c) $f''(x) < 0$.

**51.** $f(x) = x^3.$ **52.** $f(x) = x^4.$

**53.** $f(x) = x^4 + 2x^3 - 12x^2 + 1.$ **54.** $f(x) = x^4 + 3x^3 - 6x^2 - x.$

**55**. Demostrar por inducción que

$$\text{si} \quad y = x^{-1}, \quad \text{entonces} \quad \frac{d^n y}{dx^n} = (-1)^n n! x^{-n-1}.$$

**56.** Sean $u$, $v$, $w$ tres funciones diferenciables de $x$. Expresar la derivada del producto $uvw$ en función de $u$, $v$, $w$ y de sus derivadas.

---

## 3.4 LA DERIVADA COMO COEFICIENTE DE VARIACIÓN

En el caso de una función lineal $y = mx + b$ la gráfica es una línea recta y la pendiente $m$ mide la inclinación de la recta que viene dada por *la velocidad de variación de y respecto de x.*

Cuando $x$ varía de $x_0$ a $x_1$, $y$ varía $m$ veces más

$$y_1 - y_0 = m(x_1 - x_0). \qquad \text{(Figura 3.4.1)}$$

Luego la pendiente $m$ nos da la variación de $y$ por cada unidad de variación de $x$.

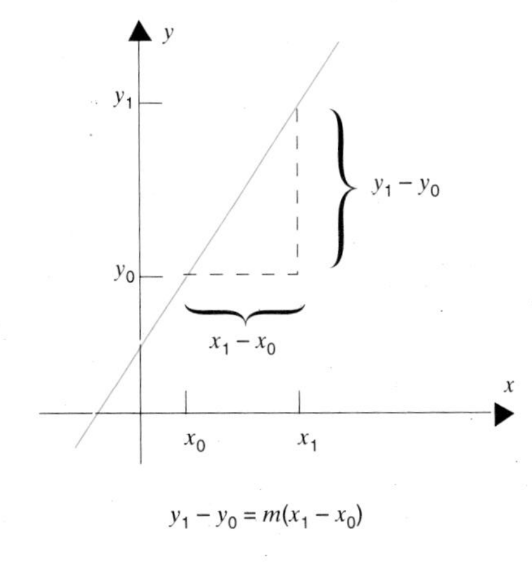


Figura 3.4.1

En el caso más general de una función diferenciable

$$y = f(x)$$

la gráfica es una curva. La pendiente

$$\frac{dy}{dx} = f'(x)$$

nos sigue dando *el coeficiente de variación de y con respecto a x* pero este coeficiente puede variar de un punto a otro. En $x = x_1$ (ver figura 3.4.2) el coeficiente de variación de $y$ respecto de $x$ es $f'(x_1)$; la inclinación de la gráfica es la de una recta de pendiente $f'(x_1)$. En $x = x_2$, el coeficiente de variación de $y$ respecto de $x$ es $f'(x_2)$; la inclinación de la gráfica es la de una recta de pendiente $f'(x_2)$. En $x = x_3$ el coeficiente de variación de $y$ respecto de $x$ es $f'(x_3)$; la inclinación de la gráfica es la de una recta de pendiente $f'(x_3)$.

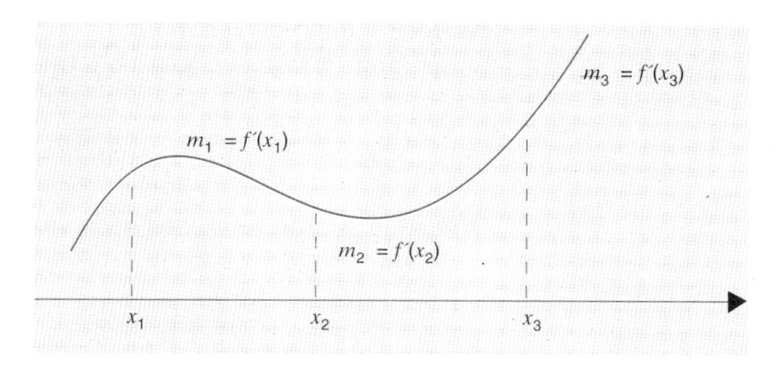


**Figura 3.4.2**

A partir de la noción de pendiente debería resultar evidente, examinando la figura 3.4.2, que $f'(x_1) > 0$, $f'(x_2) < 0$ y $f'(x_3) > 0$ y que, en general, una función crece en cualquier intervalo en el cual su derivada permanece positiva y decrece en cualquier intervalo en el cual ésta permanece negativa. Volveremos sobre esto en detalle en el capítulo 4. Echaremos ahora un vistazo a los coeficientes de variación en el marco de algunas figuras geométricas simples.

**Ejemplo 1.** El área de un cuadrado viene dada por la fórmula $A = s^2$ donde $s$ es la longitud del lado de dicho cuadrado. Supongamos que $s$ crece. Cuando $s$ crece de 1 a 2, $A$ crece 3 unidades:

$$2^2 - 1^2 = 4 - 1 = 3. \qquad \text{(ver figura 3.4.3)}$$

Cuando $s$ crece de 2 a 3, $A$ crece 5 unidades:

$$3^2 - 2^2 = 9 - 4 = 5.$$

Cuando $s$ crece de 3 a 4, $A$ crece 7 unidades:

$$4^2 - 3^2 = 16 - 9 = 7,$$

y así sucesivamente. Cambios continuados en $s$ provocan cambios, cada vez mayores, en $A$.

En la figura 3.4.4 hemos representado $A$ como función de $s$. El coeficiente de variación de $A$ respecto de $s$ es la derivada

$$\frac{dA}{ds} = 2s.$$

Este aparece en la figura 3.4.4 como la pendiente de la recta tangente. En $s = 1$, $dA/ds = 2$; luego en $s = 1$, $A$ crece como una función lineal de pendiente 2. En $s = 2$, $dA/ds = 4$; luego en $s = 2$, $A$ está creciendo como una función lineal de pendiente 4, y así sucesivamente. En $s = k$, $dA/ds = 2k$ y $A$ crece como una función lineal de pendiente $2k$. □

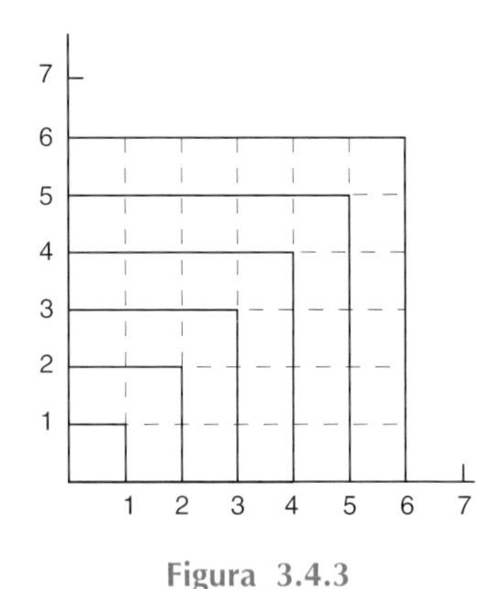


**Figura 3.4.3**

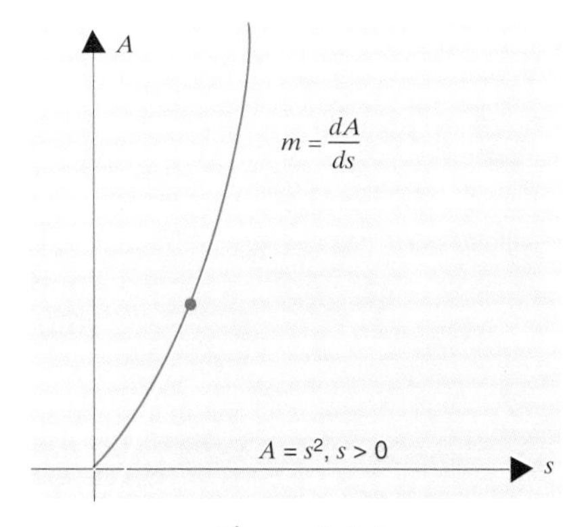


**Figura 3.4.4**

**Ejemplo 2.** Consideremos un cilindro circular de dimensiones variables. Cuando el radio de base es $r$ y la altura $h$, el cilindro tiene el volumen

$$V = \pi r^2 h.$$

Si $r$ se mantiene constante mientras $h$ varía, $V$ puede considerarse como una función de $h$. El coeficiente de variación de $V$ respecto de $h$ es la derivada

$$\frac{dV}{dh} = \pi r^2.$$

(Si $h$ crece a la velocidad de $\alpha$ centímetros por minuto, $V$ crece a la velocidad de $\pi r^2\ \alpha$ centímetros cúbicos por minuto.)

Si $h$ permanece constante mientras $r$ varía, entonces $V$ puede ser considerada como una función de $r$. El coeficiente de variación de $V$ respecto de $r$ es la derivada

$$\frac{dV}{dh} = 2\pi rh.$$

(Si $r$ crece a la velocidad de $\alpha$ centímetros por minuto, $V$ crece a la velocidad de $2\,\pi rh\alpha$ centímetros cúbicos por minuto.)

Supongamos ahora que $r$ varía pero que $V$ se mantiene constante. ¿Cómo varía $h$ en función de $r$? Para responder a esta pregunta, escribamos $h$ en función de $r$ y $V$:

$$h = \frac{V}{\pi r^2} = \frac{V}{\pi} r^{-2}.$$

Dado que $V$ es ahora constante, $h$ es una función de $r$. El coeficiente de variación de $h$ respecto de $r$ es la derivada

$$\frac{dh}{dr} = -\frac{2V}{\pi} r^{-3} = -\frac{2\,(\pi r^2 h)}{\pi} r^{-3} = -\frac{2h}{r}.$$

(Si $r$ crece a la velocidad de $\alpha$ centímetros por minuto, $h$ decrece a la velocidad de $2\,h\alpha/r$ centímetros cúbicos por minuto.) □

La derivada, concebida como coeficiente de variación es una de las ideas fundamentales del cálculo. Volveremos a ella una y otra vez. Esta breve sección sólo tiene carácter introductorio.

## EJERCICIOS 3.4 (Las fórmulas elementales para áreas y volúmenes se recogen en la sección 1.2)

**1.** Hallar el coeficiente de variación del área de un círculo respecto de su radio $r$. ¿Qué valor toma ese coeficiente para $r = 2$?

**2.** Hallar el coeficiente de variación del volumen de un cubo respecto de la longitud $s$ de uno de sus lados. ¿Qué valor toma ese coeficiente para $s = 4$?

**3.** Hallar el coeficiente de variación de un cuadrado respecto de la longitud $c$ de una diagonal. ¿Qué valor toma ese coeficiente para $z = 4$

**4.** Hallar el coeficiente de variación de $y = 1/x$ respecto de $x$ en $x = -1$.

**5.** Hallar el coeficiente de variación de $y = [x(x + 1)]^{-1}$ respecto de $x$ en $x = 2$.

**6.** Hallar los valores de $x$ para los cuales el coeficiente de variación de $y = x^3 - 12x^2 + 45x - 1$ respecto de $x$ es cero.

**7.** Hallar el coeficiente de variación del volumen de una bola respecto de su radio $r$.

**8.** Hallar el coeficiente de variación de la superficie de una bola respecto de su radio $r$. ¿Cuál es ese coeficiente en $r = r_0$? ¿Cómo se debe elegir $r_0$ para que valga 1?

**9.** Hallar $x_0$ sabiendo que el coeficiente de variación de $y = 2x^2 + x - 1$ respecto de $x$ en $x = x_0$ es 4.

**10.** Hallar la coeficiente de variación del área $A$ de un círculo respecto de
(a) el diámetro $d$. (b) la circunferencia $C$.

**11.** Hallar el coeficiente de variación del volumen $V$ de un cubo respecto de
(a) la longitud $w$ de una diagonal de una de sus caras.
(b) la longitud $z$ de una de sus diagonales.

**12.** Las dimensiones de un rectángulo varían de un modo tal que su área permanece constante. Hallar el coeficiente de variación de la altura $h$ respecto de la base $b$.

**13.** El área de un sector en un círculo viene dada por la fórmula $A = \frac{1}{2}r^2\theta$ donde $r$ es el radio y $\theta$ el ángulo central medido en radianes.
(a) Hallar el coeficiente de variación de $A$ respecto de $\theta$ si $r$ permanece constante.
(b) Hallar el coeficiente de variación de $A$ respecto de $r$ si $\theta$ permanece constante.
(c) Hallar el coeficiente de variación de $\theta$ respecto de $r$ si $A$ permanece constante.

**14.** La superficie total de un cilindro circular recto de radio $r$ y altura $h$ viene dada por la fórmula $A = 2\pi r(r + h)$.
(a) Hallar el coeficiente de variación de $A$ respecto de $h$ si $r$ permanece constante.
(b) Hallar el coeficiente de variación de $A$ respecto de $r$ si $h$ permanece constante.
(c) Hallar el coeficiente de variación de $h$ respecto de $r$ si $A$ permanece constante.

**15.** La arista de un cubo decrece a la velocidad de 3 centímetros por segundo. ¿Cómo está cambiando el volumen del cubo cuando la arista tiene 5 centímetros de largo?

**16.** El diámetro de una esfera está creciendo a la velocidad de 4 centímetros por minuto. ¿Cómo está cambiando el volumen de la esfera cuando el diámetro tiene 10 centímetros de largo?

**17.** ¿Para qué valores de $x$ el coeficiente de variación de

$$y = ax^2 + bx + c \text{ respecto de } x$$

toma el mismo valor que el coeficiente de variación de

$$z = bx^2 + ax + c \text{ respecto de } x?$$

Se supondrá que $a \neq b$.

**18.** Hallar el coeficiente de variación del producto $f(x)g(x)h(x)$ respecto de $x$ en $x = 1$ supuesto que

$$f(1) = 0, \quad g(1) = 2, \quad h(1) = -2, \quad f'(1) = 1, \quad g'(1) = -1, \quad h'(1) = 0.$$

---

## 3.5 VELOCIDAD Y ACELERACIÓN; CAÍDA LIBRE

Supongamos que un objeto se está moviendo a lo largo de una recta y que su posición (coordenada) en cada instante $t$ en un determinado intervalo de tiempo sea $x(t)$. Si $x'(t)$ existe, entonces $x'(t)$ nos da el *coeficiente de variación de la posición respecto del tiempo*. Este coeficiente se llama *velocidad* del objeto,

**(3.5.1)** $$v(t) = x'(t).$$

Si la velocidad también es una función diferenciable, su coeficiente de variación respecto del tiempo es llamado *aceleración*,

**(3.5.2)**
$$a(t) = v'(t) = x''(t).$$

En la notación de Leibniz, esto se escribe

**(3.5.3)**
$$v = \frac{dx}{dt} \quad \text{y} \quad a = \frac{dv}{dt} = \frac{d^2x}{dt^2}.$$

El valor absoluto de la velocidad se denomina *celeridad*

**(3.5.4)**
$$\text{celeridad en el instante } t = v_{\text{abs}}(t) = |v(t)|.$$

1. Una velocidad positiva indica un movimiento en sentido positivo ($x$ es creciente). Una velocidad negativa indica un movimiento en sentido negativo ($x$ es decreciente).
2. Una aceleración positiva indica una velocidad creciente (celeridad creciente en el sentido positivo o celeridad decreciente en el sentido negativo). Una aceleración negativa indica una velocidad decreciente (celeridad decreciente en el sentido positivo o celeridad creciente en el sentido negativo).
3. Se deduce de (2) que si la velocidad y la aceleración tienen el mismo signo, el objeto está yendo cada vez más de prisa, y que si tienen signos opuestos, está yendo cada vez más lentamente.

**Ejemplo 1.** Un objeto se mueve a lo largo del eje $x$ y su posición en cada instante $t$ viene dada por la función

$$x(t) = t^3 - 12t^2 + 36t - 27.$$

Estudiemos su movimiento desde el instante $t = 0$ hasta el instante $t = 9$.

El objeto inicia su movimiento 27 unidades a la izquierda del origen:

$$x(0) = 0^3 - 12(0)^2 + 36(0) - 27 = -27$$

y lo termina 54 unidades a la derecha del origen:

$$x(9) = 9^3 - 12(9)^2 + 36(9) - 27 = 54.$$

Podemos hallar la velocidad diferenciando la función posición:

$$v(t) = x'(t) = 3t^2 - 24t + 36 = 3(t-2)(t-6).$$

Está claro que

$$v(t) \text{ es } \begin{cases} \text{positiva,} & \text{para } 0 \le t < 2 \\ 0, & \text{en } t = 2 \\ \text{negativa,} & \text{para } 2 < t < 6 \\ 0, & \text{en } t = 6 \\ \text{positiva,} & \text{para } 6 < t \le 9 \end{cases}.$$

Podemos interpretar todo esto de la siguiente manera: el objeto empieza moviéndose hacia la derecha [$v(t)$ es positiva para $0 \le t < 2$]; se para en el instante $t = 2$ [$v(2) = 0$]; luego se mueve hacia la izquierda [$v(t)$ es negativa para $2 < t < 6$]; se para en el instante $t = 6$ [$v(6) = 0$]; luego se mueve hacia la derecha y sigue en esa dirección [$v(t) > 0$ para $6 < t \le 9$].

Podemos hallar la aceleración diferenciando la velocidad:

$$a(t) = v'(t) = 6t - 24 = 6(t - 4).$$

Evidentemente,

$$a(t) \text{ es } \begin{cases} \text{negativa,} & \text{para } 0 \le t < 4 \\ 0, & \text{en } t = 4 \\ \text{positiva,} & \text{para } 4 < t \le 9 \end{cases}.$$

Al principio la velocidad decrece hasta alcanzar un mínimo en el instante $t = 4$. Entonces, la velocidad vuelve a crecer y lo hace hasta el final.

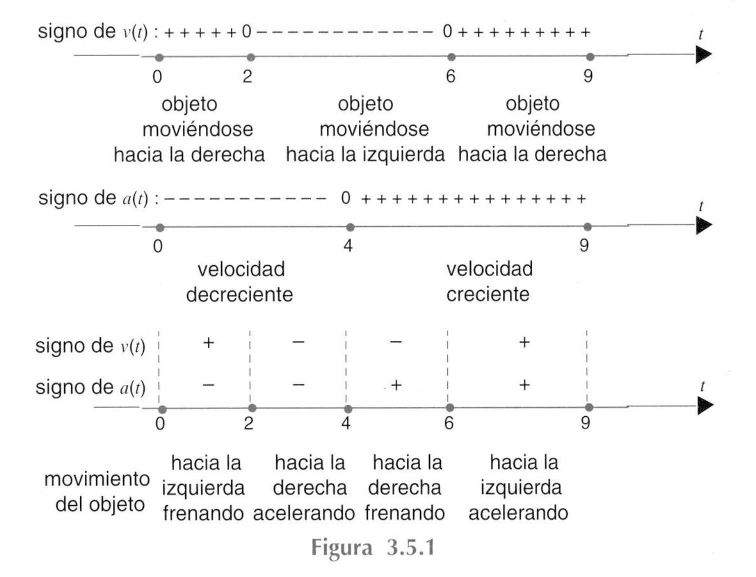


Figura 3.5.1

En la figura 3.5.1 hemos representado en un diagrama el signo de la velocidad y, en otro diagrama similar, el de la aceleración. Combinando ambos diagramas podemos tener una descripción concisa pero adecuada del movimiento estudiado.

El sentido del movimiento en cada instante $t \in [1, 9]$ está representado esquemáticamente en la figura 3.5.2.

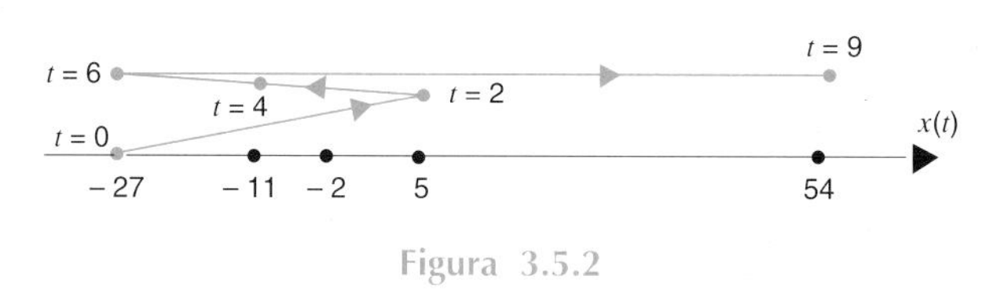


Figura 3.5.2

Un modo mejor de representar el movimiento consiste en representar $x$ como función de $t$, como se ha hecho en la figura 3.5.3. La velocidad $v(t) = x'(t)$ aparece entonces como la pendiente de la tangente a la curva. Obsérvese, por ejemplo, que en $t = 2$ y $t = 6$, la tangente es horizontal y la pendiente es 0. Esto refleja el hecho de que $v(2) = 0$ y $v(6) = 0$. □

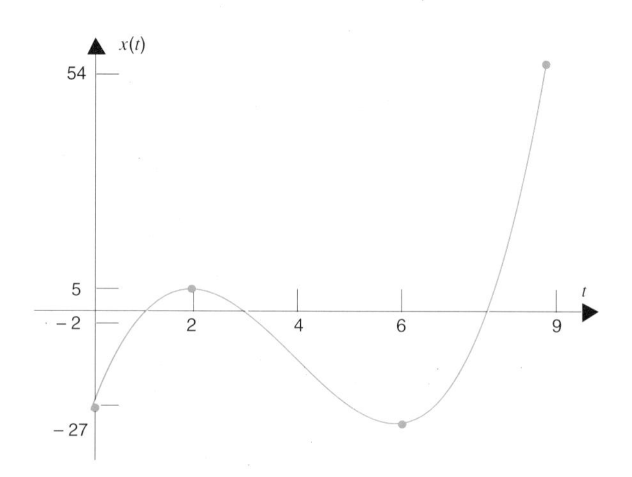


Figura 3.5.3

Antes de seguir adelante, conviene decir unas palabras acerca de las unidades. Las unidades para medir la velocidad y la aceleración dependen de las unidades empleadas para medir la distancia y el tiempo. Las unidades de velocidad son unidades de distancia por unidad de tiempo:

pies por segundo, metros por segundo, millas por hora, etc.

Las unidades de aceleración son unidades de distancia por unidad de tiempo por unidad de tiempo:

pies por segundo por segundo, metros por segundo por segundo,
millas por hora por hora, etc.

**Caída libre** (En la proximidad de la superficie de la Tierra)

Imagínese un objeto (por ejemplo una piedra o una manzana) cayendo hacia el suelo. Supondremos que el objeto está en *caída libre*: es decir que la atracción gravitatoria sobre el objeto es constante a lo largo de la caída y que no hay resistencia del aire. †

La fórmula de Galileo para la caída libre nos da la altura del objeto para cada instante $t$ de la caída:

**(3.5.5)** $$y(t) = -\tfrac{1}{2}gt^2 + v_0t + y_0. \text{ ††}$$

Examinemos esta fórmula. Dado que $y(0) = y_0$, la constante $y_0$ representa la altura del objeto en el instante $t = 0$. Esta se denomina *posición inicial*. La diferenciación nos da

$$y'(t) = -gt + v_0.$$

Puesto que $y'(0) = v_0$, la constante $v_0$ representa la velocidad del objeto en el instante $t = 0$. Se denomina *velocidad inicial*. Una segunda diferenciación nos da

$$y''(t) = -g.$$

† En la práctica, ninguna de estas dos condiciones se cumple totalmente. La atracción gravitatoria cerca de la superficie de la tierra suele variar algo con la altitud, y siempre hay algo de resistencia del aire. Sin embargo, trabajando en este marco, obtendremos unos resultados que se aproximan mucho a la realidad.

††Galileo Galilei (1564-1642), gran astrónomo y matemático italiano, es conocido popularmente en la actualidad por sus primeros experimentos sobre la caída de los objetos. Sus observaciones astronómicas le llevaron a apoyar la concepción coperniquiana del sistema solar. Esto le valió ser juzgado por la Inquisición.

Esto significa que el objeto cae con una aceleración negativa constante igual a $-g$. (¿Por qué negativa?)

La constante $g$ es una *constante gravitatoria*. Si medimos el tiempo en segundos y las distancias en metros, $g$ es aproximadamente 9,81metros por segundo por segundo.[†] Para simplificar, al efectuar los cálculos numéricos, tomaremos $g$ como igual a 10 metros por segundo por segundo. La ecuación 3.5.5 toma entonces la siguiente forma

$$y(t) = -5t^2 + v_0 t + y_0.$$

**Problema 2.** Se deja caer una piedra desde una altura de 500 metros. ¿Cuántos segundos tardará en alcanzar el suelo? ¿Cual es su velocidad en el momento del impacto?

*Solución.* Aquí $y_0 = 500$ y $v_0 = 0$. Por consiguiente, por (3.5.5),

$$y(t) = -5t^2 + 500.$$

Para hallar el instante $t$ del impacto, resolvemos $y(t) = 0$. Esto nos da

$$-5t^2 + 500 = 0, \qquad t^2 = 100, \qquad t = \pm 10.$$

Podemos desechar la solución negativa puesto que la piedra no fue lanzada antes del instante $y = 0$. La conclusión es que tardará 10 segundos en alcanzar el suelo.

Su velocidad en el momento del impacto es la velocidad en el instante $t = 10$. Dado que

$$v(t) = y'(t) = -10t,$$

tendremos que

$$v(10) = -100.$$

La velocidad en el momento del impacto es de 100 metros por segundo. □

**Problema 3.** Una explosión proyecta hacia arriba escombros diversos con una velocidad inicial de 25 metros por segundo.

(a) ¿En cuántos segundos alcanzarán su altura máxima?

[†] El valor de esta constante varía con la latitud y la altitud. Es aproximadamente de 10 metros por segundo por segundo en el ecuador a la altitud cero. En Groenlandia es aproximadamente de 9,82.

(b) ¿Cuál es esa altura máxima?
(c) ¿Cuál es su celeridad cuando alcanzan la altura de 10 metros? (i) ¿subiendo? (ii) ¿bajando?

*Solución.* La ecuación de partida es de nuevo

$$y(t) = -5t^2 + v_0 t + y_0.$$

Con $y_0 = 0$ (se parte del nivel del suelo) y $v_0 = 25$ (la velocidad inicial es de 25 metros por segundo). Luego la ecuación del movimiento es

$$y(t) = -5t^2 + 25t.$$

La diferenciación nos da

$$v(t) = y'(t) = -10t + 25.$$

La altura máxima es alcanzada cuando la velocidad es 0. Esto ocurre en el instante $t = \frac{25}{10} = 2{,}5$ Dado que $y(2{,}5) = 31{,}25$, la altura máxima alcanzada es de 31,25 metros.

Para responder al apartado (c) hemos de calcular aquellos instantes $t$ para los cuales $y(t) = 10$. Dado que

$$y(t) = -5t^2 + 25t,$$

la condición $y(t) = 10$ nos da

$$5t^2 - 25t + 10 = 0.$$

Esta ecuación de segundo grado tiene dos soluciones, $t = \frac{1}{2}$ y $t = 4{,}5$. Dado que $v(\frac{1}{2}) = 20$ y $v(4{,}5) = -20$, la velocidad subiendo es de 20 metros por segundo mientras que la velocidad bajando es de $-20$ metros por segundo. En ambos casos la celeridad es de 20 metros por segundo. □

**La energía de un cuerpo en caída libre** (En la proximidad de la superficie de la Tierra)

Si elevamos un objeto, actuamos en contra de la fuerza de la gravedad. Al hacerlo, incrementamos lo que los físicos llaman la *energía potencial gravitatoria* del objeto. Esta puede definirse de la siguiente manera:

$$\text{energía potencial gravitatoria} = \text{peso} \times \text{altura}.$$

Dado que el peso de un objeto de masa $m$ es $mg$ (tomamos esto de la física), podemos escribir

$$\text{EPG} = mgy.$$

Si elevamos un objeto y lo soltamos, el objeto empieza a caer. Al caer pierde altura, luego pierde energía potencial gravitatoria, pero su celeridad $v$ aumenta. La celeridad $v$ a la cual el objeto cae le confiere otra forma de energía llamada *energía cinética*, la energía del movimiento. Esta energía se define de la siguiente manera:

$$\mathrm{EC} = \tfrac{1}{2}mv_{\mathrm{abs}}^2. \qquad \text{(definición general)}$$

Esta definición de la energía cinética se aplica a cualquier clase de movimiento. Para el movimiento a lo largo de una recta (que es el tipo de movimiento que estamos considerando aquí), $v_{\mathrm{abs}}^2 = v^2$ y podemos escribir

$$\mathrm{EC} = \tfrac{1}{2}mv^2. \qquad \text{(para el movimiento rectilíneo)}$$

Volvamos a nuestro objeto en caída libre. Al caer pierde energía potencial EPG pero gana energía cinética EC. ¿Cuánta energía cinética gana? Justo la suficiente para compensar la pérdida de energía potencial; es decir que, a lo largo del movimiento, la cantidad EPG+EC permanece constante:

**(3.5.6)**

$$mgy + \tfrac{1}{2}mv^2 = C.$$

Demostración (Hemos visto ya que las constantes tienen derivada nula. El argumento que damos a continuación es incompleto dado que depende del hecho de que sólo las funciones constantes tienen derivada nula, cosa que no hemos demostrado todavía. Lo haremos en el capítulo 4.)

Vamos a diferenciar $mgy + \frac{1}{2}mv^2$ respecto del tiempo $t$ y vamos a demostrar que la derivada es idénticamente nula. Esto implica que la cantidad es entonces constante. Observemos primero que

$$\frac{d}{dt}(v^2) = \frac{d}{dt}(vv) = v\frac{dv}{dt} + v\frac{dv}{dt} = 2v\frac{dv}{dt}.$$

De ahí que

$$\begin{aligned}
\frac{d}{dt}[mgy + \tfrac{1}{2}mv^2] &= mg\frac{dy}{dt} + \tfrac{1}{2}m\frac{d}{dt}(v^2) \\
&= mgy + \tfrac{1}{2}m\left[2v\frac{dv}{dt}\right] \\
&= mgv + mv\frac{dv}{dt}
\end{aligned}$$

$dv/dt = a = -g$

$$= mgv + mv(-g) = mgv - mgv = 0.$$

Problema 4. Un objeto en reposo cae libremente desde una altura $y_0$. ¿Cuál es su velocidad a la altura $y$?

*Solución.* Partimos de la ecuación de la energía

$$mgy + \frac{1}{2}mv^2 = C.$$

Dado que $v = 0$ a la altura $y = y_0$, está claro que $C = mgy_0$. La ecuación de la energía puede escribirse pues

$$mgy + \tfrac{1}{2}mv^2 = mgy_0.$$

Dividiendo por $m$ obtenemos

$$\begin{aligned} gy + \tfrac{1}{2}v^2 &= gy_0 \\ \tfrac{1}{2}v^2 &= g(y_0 - y) \\ v^2 &= 2g(y_0 - y). \end{aligned}$$

De ahí que $v_{abs} = |v| = \sqrt{2g(y_0 - y)}$. □

## EJERCICIOS 3.5

Un objeto se mueve a lo largo de un eje de coordenadas y su posición en cada instante $t \geq 0$ viene dada por $x(t)$. Hallar la posición, la velocidad, la aceleración y la celeridad en el instante $t_0$.

**1.** $x(t) = 4 + 3t - t^2; \quad t_0 = 5.$

**2.** $x(t) = 5t - t^3; \quad t_0 = 3.$

**3.** $x(t) = t^3 - 6t; \quad t_0 = 2.$

**4.** $x(t) = 4t^2 - 3t + 6; \quad t_0 = 1.$

**5.** $x(t) = \dfrac{18}{t+2}; \quad t_0 = 1.$

**6.** $x(t) = \dfrac{2t}{t+3}; \quad t_0 = 3.$

**7.** $x(t) = (t^2 + 5t)(t^2 + t - 2); \quad t_0 = 1.$

**8.** $x(t) = (t^2 - 3t)(t^2 + 3t); \quad t_0 = 2.$

Un objeto se mueve a lo largo de un eje de coordenadas y su posición en cada instante $t \geq 0$ viene dada por $x(t)$. Determinar cuándo cambia el objeto de dirección si es que esto ocurre alguna vez.

**9.** $x(t) = t^3 - 3t^2 + 3t.$

**10.** $x(t) = t + \dfrac{3}{t+1}.$

**11.** $x(t) = t + \dfrac{5}{t+2}.$

**12.** $x(t) = t^4 - 4t^3 + 6t^2 - 6t.$

**13.** $x(t) = \dfrac{t}{t^2+8}.$

**14.** $x(t) = 3t^5 + 10t^3 + 15t.$

Los objetos $A$, $B$, $C$ se mueven a lo largo del eje $x$. Sus posiciones desde el instante $t = 0$ hasta $t = t_3$ están representadas en la figura 3.5.4.

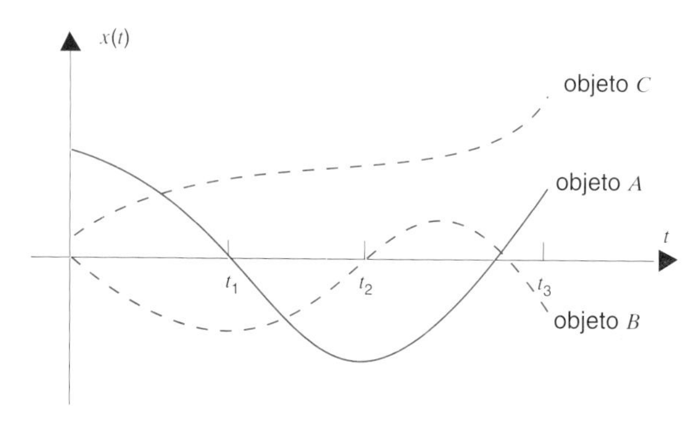


**Figura 3.5.4**

**15.** ¿Qué objeto empieza en la posición más alejada por la derecha?
**16.** ¿Qué objeto acaba en la posición más alejada por la derecha?
**17.** ¿Qué objeto tiene la mayor celeridad en el instante $t_1$?
**18.** ¿Qué objeto se mueve en el mismo sentido durante todo el intervalo de tiempo $[t_1, t_3]$?
**19.** ¿Qué objeto empieza a moverse hacia la izquierda?
**20.** ¿Qué objeto termina moviéndose hacia la izquierda?
**21.** ¿Qué objeto cambia de dirección en el instante $t_2$?
**22.** ¿Qué objeto acelera durante el intervalo de tiempo $[0, t_1]$?
**23.** ¿Qué objeto desacelera durante el intervalo de tiempo $[t_1, t_2]$?
**24.** ¿Qué objeto cambia de dirección durante el intervalo de tiempo $[t_2, t_3]$?

Un objeto se mueve a lo largo del eje $x$ y su posición en cada instante $t \geq 0$ viene dada por $x(t)$. Determinar el intervalo (o los intervalos) de tiempo, si es que hay alguno, durante los cuales el objeto satisface la condición dada.

**25.** $x(t) = t^4 - 12t^3 + 28t^2$; moviéndose hacia la derecha.
**26.** $x(t) = t^3 - 12t^2 + 21t$; moviéndose hacia la izquierda.
**27.** $x(t) = 5t^4 - t^5$; acelerando.
**28.** $x(t) = 6t^2 - t^4$; desacelerando.
**29.** $x(t) = t^3 - 6t^2 - 15t$; moviéndose hacia la izquierda y desacelerando.
**30.** $x(t) = t^3 - 6t^2 - 15t$; moviéndose hacia la derecha y desacelerando.

**31.** $x(t) = t^4 - 8t^3 + 16t^2$; moviéndose hacia la derecha y acelerando.

**32.** $x(t) = t^4 - 8t^3 + 16t^2$; moviéndose hacia la izquierda y acelerando.

(Para los ejercicios restantes se despreciará la resistencia del aire. Para los cálculos numéricos se tomará $g$ como 10 metros por segundo por segundo.)

**33.** Se deja caer un objeto y éste llega al suelo 6 segundos más tarde. ¿Desde qué altura se dejó caer?

**34.** Desde un helicóptero se lanzan suministros que llegan al suelo unos segundos más tarde a una velocidad de 120 metros por segundo. ¿A qué altura volaba el helicóptero?

**35.** Un objeto es lanzado hacia arriba desde el nivel del suelo con velocidad $v_0$. ¿A qué altura llegará el objeto?

**36.** Un objeto lanzado hacia arriba desde el nivel del suelo vuelve a caer a los 8 segundos. ¿Cuál era su velocidad inicial?

**37.** Un objeto lanzado hacia arriba desde el nivel del suelo pasa dos veces por cada altura, excepto la máxima, una vez subiendo y otra al bajar. Demostrar que la celeridad es la misma en cada sentido.

**38.** Un objeto es lanzado hacia arriba desde el suelo. Demostrar que dicho objeto tarda el mismo tiempo en subir hasta el punto más alto de su recorrido como en bajar desde ese punto hasta el suelo.

**39.** Una pelota de goma es lanzada hacia abajo desde una altura de 70 metros con una velocidad inicial de 25 metros por segundo. Si la pelota siempre rebota con una celeridad igual a la cuarta parte de la que tenía en el momento del impacto, ¿cuál será la velocidad de la pelota en el momento en que toca el suelo por tercera vez?

**40.** Una pelota es lanzada hacia arriba desde el nivel del suelo. ¿Qué altura alcanzará la pelota si se sabe que llegará a la altura de 20 metros en 2 segundos?

**41.** Una piedra es lanzada hacia arriba desde el nivel del suelo. Su velocidad inicial es de 10 metros por segundo. (a) ¿En cuántos segundos volverá la piedra al suelo? (b) ¿Qué altura alcanzará? (c) ¿Cuál debería ser la velocidad inicial minimal de la piedra para alcanzar una altura de 12 metros?

**42.** Para calcular la altura de un puente un hombre deja caer una piedra al agua desde lo alto del puente. ¿Cuál es la altura del puente (a) si la piedra tarda 3 segundos en llegar al agua? (b) si el hombre tarda 3 segundos en oír el choque de la piedra con el agua? (Usar 331 metros por segundo como velocidad del sonido.)

**43.** Una piedra que cae está en cierto momento a 100 metros del suelo. Dos segundos más tarde sólo está a 16 metros del suelo. (a) ¿Desde qué altura se dejó caer?(b) Si se lanzó hacia abajo con una celeridad inicial de 5 metros por segundo, ¿desde qué altura fue lanzada?(c) Si fue lanzada hacia arriba con una celeridad inicial de 32 metros por segundo, ¿desde qué altura fue lanzada?

**44.** Una pelota de goma es lanzada hacia abajo desde una altura de 4 pies. Si la pelota rebota con una celeridad igual a la mitad de la que tenía en el momento del impacto y vuelve exactamente a su punto de partida antes de volver a caer, ¿con que velocidad inicial fue lanzada?

## 3.6 LA REGLA DE LA CADENA

En esta sección nos ocuparemos de la diferenciación de las funciones compuestas. Hasta que lleguemos al teorema 3.6.7, nuestra exposición será completamente intuitiva —sin definiciones reales, ni demostraciones, sólo una discusión informal. Nuestro propósito es dar al lector un poco de experiencia con los procedimientos habituales de cálculo y algún conocimiento acerca del por qué estos procedimientos son eficaces. El teorema 3.6.7 expresará todo esto de manera rigurosa.

Supongamos que $y$ es una función diferenciable de $u$:

$$y = f(u)$$

y $u$ a su vez una función diferenciable de $x$:

$$u = g(x).$$

Entonces $y$ es una función compuesta de $x$:

$$y = f(u) = f(g(x)).$$

¿Tiene $y$ una derivada respecto de $x$? Sí la tiene y viene dada por una fórmula fácil de recordar

**(3.6.1)**
$$\frac{dy}{dx} = \frac{dy}{du}\frac{du}{dx}.$$

Esta fórmula, conocida como *regla de la cadena*, dice que "el coeficiente de variación de $y$ respecto de $x$ es el coeficiente de variación de $y$ respecto de $u$ multiplicado por el coeficiente de variación de $u$ respecto de $x$." (Por plausible que esto suene, recuérdese que no hemos demostrado nada. Lo único que hemos hecho ha sido afirmar que la composición de funciones diferenciables es diferenciable y dar una fórmula. Esta fórmula precisa una justificación, cosa que se hace al final de esta sección.)

Antes de utilizar la regla de la cadena en algunos cálculos más elaborados, confirmemos su validez en algunos ejemplos sencillos.

Si $y = 2u$ y $u = 3x$, entonces $y = 6x$. Está claro que

$$\frac{dy}{dx} = 6, \quad \frac{dy}{du} = 2, \quad \frac{du}{dx} = 3$$

luego, en este caso, la regla de la cadena se verifica:

$$\frac{dy}{dx} = \frac{dy}{du}\frac{du}{dx}.$$

Si $y = u^3$ y $u = x^2$, entonces $y = (x^2)^3 = x^6$. Esta vez

$$\frac{dy}{dx} = 6x^5, \quad \frac{dy}{du} = 3u^2 = 3x^4, \quad \frac{du}{dx} = 2x$$

y una vez más

$$\frac{dy}{dx} = \frac{dy}{du}\frac{du}{dx}.$$

**Problema 1.** Hallar $dy/dx$ por la regla de la cadena para

$$y = \frac{u-1}{u+1} \quad \text{y} \quad u = x^2.$$

*Solución.*

$$\frac{dy}{du} = \frac{(u+1)\,1 - (u-1)\,1}{(u+1)^2} = \frac{2}{(u+1)^2} \quad \text{y} \quad \frac{du}{dx} = 2x$$

de ahí que

$$\frac{dy}{dx} = \frac{dy}{du}\frac{du}{dx} = \left[\frac{2}{(u+1)^2}\right]2x = \frac{4x}{(x^2+1)^2}. \quad \square$$

**Observación.** Podríamos haber obtenido el mismo resultado sin la regla de la cadena, escribiendo primero $y$ como función de $x$ y luego diferenciando:

$$\text{con} \quad y = \frac{u-1}{u+1} \quad y \quad u = x^2 \quad \text{tenemos que} \quad y = \frac{x^2-1}{x^2+1}$$

luego

$$\frac{dy}{dx} = \frac{(x^2+1)\,2x - (x^2-1)\,2x}{(x^2+1)^2} = \frac{4x}{(x^2+1)^2}. \quad \square$$

Si $f$ es una función diferenciable de $u$ y $u$ una función diferenciable de $x$, según (3.6.1) tenemos que,

**(3.6.2)**

$$\frac{d}{dx}[f(u)] = \frac{d}{du}[f(u)]\frac{du}{dx}.$$

[Lo único que hemos hecho ha sido escribir $y$ como $f(u)$.] Esta es la formulación de la regla de la cadena que utilizaremos con más frecuencia en lo sucesivo.

Supongamos ahora que tenemos que calcular

$$\frac{d}{dx}[(x^2-1)^{100}].$$

Podríamos desarrollar $(x^2-1)^{100}$ en forma de polinomio usando la fórmula del binomio o, siendo masoquistas, por multiplicación repetida, pero nos encontraríamos con un terrible lío entre manos y hallaríamos probablemente una respuesta falsa. De (3.6.2) podemos deducir una fórmula que hará dicho cálculo casi trivial.

Suponiendo cierto (3.6.2), podemos demostrar que si $u$ es una función diferenciable de $x$ y $n$ es un entero, positivo o negativo, entonces

**(3.6.3)**

$$\frac{d}{dx}(u^n) = nu^{n-1}\frac{du}{dx}.$$

Demostración. Sea $f(u) = u^n$. Entonces

$$\frac{d}{dx}(u^n) \underset{(3.6.2)}{=} \frac{d}{du}(u^n)\frac{du}{dx} = nu^{n-1}\frac{du}{dx}. \quad \square$$

Para calcular

$$\frac{d}{dx}[(x^2-1)^{100}]$$

hacemos $u = x^2 - 1$. Nuestra fórmula nos da entonces

$$\frac{d}{dx}[(x^2-1)^{100}] = 100(x^2-1)^{99}\frac{d}{dx}(x^2-1) = 100(x^2-1)^{99}2x = 200x(x^2-1)^{99}.$$

He aquí algunos ejemplos más del mismo tipo.

**Ejemplo 2.**

$$\frac{d}{dx}\left[\left(x+\frac{1}{x}\right)^{-3}\right] = -3\left(x+\frac{1}{x}\right)^{-4}\frac{d}{dx}\left(x+\frac{1}{x}\right) = -3\left(x+\frac{1}{x}\right)^{-4}\left(1-\frac{1}{x^2}\right). \quad \square$$

**Ejemplo 3.**

$$\frac{d}{dx}[1-(2+3x)^2]^3 = 3[1-(2+3x)^2]^2\frac{d}{dx}[1-(2+3x)^2].$$

Dado que

$$\frac{d}{dx}[1-(2+3x)^2] = -2(2+3x)\frac{d}{dx}(3x) = -6(2+3x),$$

tenemos

$$\frac{d}{dx}[1-(2+3x)^2]^3 = -18(2+3x)[1-(2+3x)^2]^2. \quad \square$$

**Ejemplo 4.**

$$\begin{aligned}\frac{d}{dx}[4x(x^2+3)^2] &= 4x\frac{d}{dx}(x^2+3)^2 + (x^2+3)^2\frac{d}{dx}(4x)\\ &= 4x[2(x^2+3)2x] + 4(x^2+3)^2\\ &= 16x^2(x^2+3) + 4(x^2+3)^2 = 4(x^2+3)(5x^2+3). \quad \square\end{aligned}$$

La fórmula

$$\frac{dy}{dx} = \frac{dy}{du}\frac{du}{dx}$$

puede extenderse fácilmente a más variables. Por ejemplo si $x$ es también una función de $s$, tendremos que

**(3.6.4)**
$$\frac{dy}{ds} = \frac{dy}{du}\frac{du}{dx}\frac{dx}{ds}.$$

Y si, además, $s$ depende de $t$, entonces

**(3.6.5)**
$$\frac{dy}{dt} = \frac{dy}{du}\frac{du}{dx}\frac{dx}{ds}\frac{ds}{dt}$$

y así sucesivamente. Cada nueva dependencia añade un nuevo eslabón a la cadena.

Problema 5. Hallar $dy/dx$ para

$$y = 3u + 1, \qquad u = x^{-2}, \qquad x = 1 - s.$$

*Solución.*

$$\frac{dy}{du} = 3, \qquad \frac{du}{dx} = -2x^{-3}, \qquad \frac{dx}{ds} = -1.$$

Luego

$$\frac{dy}{ds} = \frac{dy}{du}\frac{du}{dx}\frac{dx}{ds} = (3)(-2x^{-3})(-1) = 6x^{-3} = 6(1-s)^{-3}. \qquad \square$$

Problema 6. Hallar $dy/dt$ en $t = 9$ supuesto que

$$y = \frac{u+2}{u-1}, \qquad u = (3s-7)^2, \qquad s = \sqrt{t}.$$

*Solución.* Como se puede comprobar, tenemos que

$$\frac{dy}{du} = -\frac{3}{(u-1)^2}, \qquad \frac{du}{ds} = 6(3s-7), \qquad \frac{ds}{dt} = \frac{1}{2\sqrt{t}}.^{\dagger}$$

En $t = 9$ tenemos $s = 3$ y $u = 4$ de ahí que

$$\frac{dy}{du} = -\frac{3}{(4-1)^2} = -\frac{1}{3}, \qquad \frac{du}{ds} = 6(9-7) = 12, \qquad \frac{ds}{dt} = \frac{1}{2\sqrt{9}} = \frac{1}{6}.$$

Luego, en $t = 9$,

$$\frac{dy}{dt} = \frac{dy}{du}\frac{du}{ds}\frac{ds}{dt} = \left(-\frac{1}{3}\right)(12)\left(\frac{1}{6}\right) = -\frac{2}{3}. \qquad \square$$

Hasta ahora hemos utilizado la notación de Leibniz. ¿Cómo se escribe la regla de la cadena con la otra notación, utilizando las "primas"?

† En la sección 3.1 hemos demostrado que

$$\frac{d}{dx}(\sqrt{x}) = \frac{1}{2\sqrt{x}}.$$

Volvamos al principio. De nuevo consideremos $y$ una función diferenciable de $u$:

$$y = f(u),$$

y supongamos que $u$ es una función diferenciable de $x$:

$$u = g(x).$$

Entonces

$$y = f(u) = f(g(x)) = (f \circ g)(x)$$

y, de acuerdo con la regla de la cadena (hasta ahora sin demostrar),

$$\frac{dy}{dx} = \frac{dy}{du}\frac{du}{dx}.$$

Dado que

$$\frac{dy}{dx} = \frac{d}{dx}[(f \circ g)(x)] = (f \circ g)'(x), \quad \frac{dy}{du} = f'(u) = f'(g(x)), \quad \frac{du}{dx} = g'(x),$$

la regla de la cadena puede escribirse

**(3.6.6)** $$(f \circ g)'(x) = f'(g(x))g'(x).$$

En esta notación, la regla de la cadena dice que "la derivada de la composición $f \circ g$ en $x$ es la derivada de $f$ en $g(x)$ multiplicada por la derivada de $g$ en $x$."

En la notación de Leibniz la regla de la cadena aparece *seductoramente* simple y para algunos incluso obvia. "Después de todo, lo único que hay que hacer para demostrarla es simplificar por $du$":

$$\frac{dy}{dx} = \frac{dy}{\not{d}\not{u}}\frac{\not{d}\not{u}}{dx}.$$

Desde luego, esto es un puro disparate. ¿Qué se podría simplificar de esta expresión

$$(f \circ g)'(x) = f'(g(x))g'(x)?$$

Aunque la notación de Leibniz es útil para los cálculos de rutina, en general, los matemáticos prefieren la otra notación cuando se requiere más precisión.

Ya es hora de que seamos precisos. ¿Cómo sabemos que la composición de funciones diferenciables es diferenciable? ¿Qué hipótesis son necesarias? ¿Bajo qué circunstancias exactamente es cierto que

$$(f \circ g)'(x) = f'(g(x))g'(x)?$$

El siguiente teorema responde a todas estas preguntas.

**TEOREMA 3.6.7 TEOREMA DE LA REGLA DE LA CADENA**

Si $g$ es diferenciable en $x$ y $f$ es diferenciable en $g(x)$, la composición $f \circ g$ es diferenciable en $x$ y se verifica

$$(f \circ g)'(x) = f'(g(x))g'(x).$$

Daremos una demostración de éste teorema en el suplemento a esta sección. El argumento no es tan sencillo como una "simplificación" de los $du$.

## EJERCICIOS 3.6

Diferenciar: (a) desarrollando los productos y luego diferenciando, (b) utilizando la regla de la cadena. Comparar los resultados.

**1.** $f(x) = (x^2 + 1)^2$.
**2.** $f(x) = (x^3 - 1)^2$.
**3.** $f(x) = (2x + 1)^3$.
**4.** $f(x) = (x^2 + 1)^3$.
**5.** $f(x) = (x + x^{-1})^2$.
**6.** $f(x) = (3x^2 - 2x)^2$.

Diferenciar.

**7.** $f(x) = (1 - 2x)^{-1}$.
**8.** $f(x) = (1 + 2x)^5$.
**9.** $f(x) = (x^5 - x^{10})^{20}$.
**10.** $f(x) = \left(x^2 + \frac{1}{x^2}\right)^3$.
**11.** $f(x) = \left(x - \frac{1}{x}\right)^4$.
**12.** $f(x) = \left(x + \frac{1}{x}\right)^3$.
**13.** $f(x) = (x - x^3 - x^5)^4$.
**14.** $f(t) = \left(\frac{1}{1 + t}\right)^4$.
**15.** $f(t) = (t^2 - 1)^{100}$.
**16.** $f(t) = (t - t^2)^3$.
**17.** $f(t) = (t^{-1} + t^{-2})^4$.
**18.** $f(x) = \left(\frac{4x + 3}{5x - 2}\right)^3$.
**19.** $f(x) = \left(\frac{3x}{x^2 + 1}\right)^4$.
**20.** $f(x) = [(2x + 1)^2 + (x + 1)^2]^3$.
**21.** $f(x) = (x^4 + x^2 + x)^2$.
**22.** $f(x) = (x^2 + 2x + 1)^3$.

**23.** $f(x) = \left(\frac{x^3}{3} + \frac{x^2}{2} + \frac{x}{1}\right)^{-1}$.

**24.** $f(x) = \left(\frac{x^2+2}{x^2+1}\right)^5$.

**25.** $f(x) = \left(\frac{1}{x+2} - \frac{1}{x-2}\right)^3$.

**26.** $f(x) = [(6x + x^5)^{-1} + x]^2$.

Hallar $dy/dx$ en $x = 0$.

**27.** $y = \frac{1}{1+u^2}$, $u = 2x + 1$.

**28.** $y = u + \frac{1}{u}$, $u = (3x+1)^4$.

**29.** $y = \frac{2u}{1-4u^2}$, $u = (5x^2+1)^4$.

**30.** $y = u^3 - u + 1$, $u = \frac{1-x}{1+x}$.

Hallar $dy/dt$.

**31.** $y = \frac{1-7u}{1+u^2}$, $u = 1 + x^2$, $x = 2t - 5$.

**32.** $y = 1 + u^2$, $u = \frac{1-7x}{1+x^2}$, $x = 5t + 2$.

Hallar $dy/dx$ en $x = 2$.

**33.** $y = (s+3)^2$, $s = \sqrt{t-3}$, $t = x^2$.

**34.** $y = \frac{1+s}{1-s}$, $s = t - \frac{1}{t}$, $t = \sqrt{x}$.

Supuesto que

$$\begin{array}{llllll} f(0) = 1, & f'(0) = 2, & f(1) = 0, & f'(1) = 1, & f(2) = 1, & f'(2) = 1, \\ g(0) = 2, & g'(0) = 1, & g(1) = 1, & g'(1) = 0, & g(2) = 2, & g'(2) = 1, \\ h(0) = 1, & h'(0) = 2, & h(1) = 2, & h'(1) = 1, & h(2) = 0, & h'(2) = 2, \end{array}$$

calcular las siguientes derivadas.

**35.** $(f \circ g)'(0)$.

**36.** $(f \circ g)'(1)$.

**37.** $(f \circ g)'(2)$.

**38.** $(g \circ f)'(0)$.

**39.** $(g \circ f)'(1)$.

**40.** $(g \circ f)'(2)$.

**41.** $(f \circ h)'(0)$.

**42.** $(h \circ f)'(1)$.

**43.** $(h \circ f)'(0)$.

**44.** $(f \circ h \circ g)'(1)$.

**45.** $(g \circ f \circ h)'(2)$.

**46.** $(g \circ h \circ f)'(0)$.

Calcular las siguientes derivadas

**47.** $\frac{d}{dx}[f(x^2+1)]$.

**48.** $\frac{d}{dx}\left[f\left(\frac{x-1}{x+1}\right)\right]$.

**49.** $\frac{d}{dx}[[f(x)]^2 + 1]$.

**50.** $\frac{d}{dx}\left[\frac{f(x) - 1}{f(x) + 1}\right]$.

Determinar los valores de $x$ para los cuales

(a) $f'(x) = 0$. (b) $f'(x) > 0$. (c) $f'(x) < 0$.

**51.** $f(x) = (1 + x^2)^{-2}$.

**52.** $f(x) = (1 - x^2)^2$.

**53.** $f(x) = x(1 + x^2)^{-1}$.

**54.** $f(x) = x(1 - x^2)^3$.

Un objeto se mueve a lo largo de un eje de coordenadas y su posición a cada instante $t \geq 0$ viene dada por $x(t)$. Determinar cuándo cambia de sentido el movimiento del objeto.

**55.** $x(t) = (t+1)^2(t-9)^3$.

**56.** $f(x) = t(t-8)^3$.

**57.** $x(t) = (t^3 - 12t)^4$.

**58.** $x(t) = (t^2 - 8t + 15)^3$.

**59.** Demostrar que si $(x-a)^2$ es un factor del polinomio $p(x)$, entonces $(x-a)$ es un factor de $p'(x)$.

**60.** Sea $f$ una función diferenciable. Demostrar que

(a) si $f$ es par, $f'$ es impar. (b) si $f$ es impar, $f'$ es par.

Diferenciar.

**61.** $f(x) = [(7x - x^{-1})^{-2} + 3x^2]^{-1}$.

**62.** $f(x) = [(x^2 - x^{-2})^3 - x]^5$.

**63.** $f(x) = [(x + x^{-1})^2 - (x^2 + x^{-2})^{-1}]^3$.

**64.** $f(x) = [(x^{-1} + 2x^{-2})^3 + 3x^{-3}]^4$.

**65.** **(Calculadora)** Sea $f(x)=(x^2-2)^{10}$. Determinar numéricamente

$$f'(1) = \lim_{h\to 0} \frac{f(1+h) - f(1)}{1}$$

calculando el cociente para $h = \pm\, 0{,}01,\ \pm\, 0{,}001,\ \pm\, 0{,}0001$. Compare su resultado con el obtenido aplicando la regla de la cadena.

**66.** **(Calculadora)** Sea $f(x) = \sqrt{x^5 - 16}$. Determinar numéricamente

$$f'(2) = \lim_{h\to 0} \frac{f(2+h) - f(2)}{2}$$

Compare su resultado con el obtenido aplicando la regla de la cadena. [Recuerde que $d/dx\,(\sqrt{x}) = 1/2\sqrt{x}$.]

## *SUPLEMENTO A LA SECCIÓN 3.6

Para demostrar el teorema 3.6.7 es conveniente utilizar una formulación ligeramente diferente de la noción de derivada.

**TEOREMA 3.6.8**

La función $f$ es diferenciable en $x$ sii

$$\lim_{t\to x} \frac{f(t) - f(x)}{t - x} \quad \text{existe.}$$

Si este límite existe es precisamente $f'(x)$.

Demostración. Para cada $t$ en el dominio de $f$, $t \neq x$, definamos

$$G(t) = \frac{f(t) - f(x)}{t - x}.$$

El teorema se demuestra observando que $f$ es diferenciable en $x$ sii

$$\lim_{h \to 0} G(x + h) \qquad \text{existe,}$$

y observando que

$$\lim_{h \to 0} G(x + h) = l \qquad \text{sii} \qquad \lim_{t \to x} G(t) = l. \qquad \square$$

Demostración del teorema 3.6.7. Por el teorema 3.6.8, basta demostrar que

$$\lim_{t \to x} \frac{f(g(t)) - f(g(x))}{t - x} = f'(g(x))g'(x).$$

Empezaremos definiendo una función auxiliar $F$ en el dominio de $f$ haciendo

$$F(y) = \begin{cases} \dfrac{f(y) - f(g(x))}{y - g(x)}, & y \neq g(x) \\ f'(g(x)), & y = g(x) \end{cases}$$

$F$ es continua en $g(x)$ puesto que

$$\lim_{y \to g(x)} F(y) = \lim_{y \to g(x)} \frac{f(y) - f(g(x))}{y - g(x)}$$

y el segundo miembro de la igualdad es (por el teorema 3.6.8) $f'(g(x))$, que es el valor de $F$ en $g(x)$. Para $t \neq x$

$$(1) \qquad \frac{f(g(t)) - f(g(x))}{t - x} = F(g(t)) \left[ \frac{g(t) - g(x)}{t - x} \right].$$

Para comprobar esto, observemos que si $g(t) = g(x)$, entonces ambos miembros valen 0. Si $g(t) \neq g(x)$,

$$F(g(t)) = \frac{f(g(t)) - f(g(x))}{g(t) - g(x)},$$

luego, de nuevo, tenemos la igualdad.

Dado que $g$, al ser diferenciable en $x$ es continua en $x$ y dado que $f$ es continua en $g(x)$, sabemos que la composición $F \circ g$ es continua en $x$. De ahí que

$$\lim_{t \to x} F(g(t)) = F(g(x)) = f'(g(x)).$$

(por la definición de $F$)

Esto, junto con la ecuación (1), nos da

$$\lim_{t \to x} \frac{f(g(t)) - f(g(x))}{t - x} = f'(g(x))g'(x). \qquad \square$$

## 3.7 DIFERENCIACIÓN DE LAS FUNCIONES TRIGONOMÉTRICAS

El cálculo con funciones trigonométricas queda simplificado si se miden los ángulos en radianes. A lo largo de nuestra exposición siempre utilizaremos los radianes y nos referiremos a los grados sólo de pasada. En la sección 1.2 hemos hecho un breve repaso de la trigonometría (identidades y gráficas).

La derivada de la función seno es la función coseno:

**(3.7.1)**

$$\frac{d}{dx}(\operatorname{sen} x) = \cos x.$$

Demostración. Para $h \neq 0$,

$$\frac{\operatorname{sen}(x+h) - \operatorname{sen} x}{h} = \frac{[\operatorname{sen} x \cos h + \cos x \operatorname{sen} h] - [\operatorname{sen} x]}{h}$$

$$= \operatorname{sen} x \frac{\cos h - 1}{h} + \cos x \frac{\operatorname{sen} h}{h}.$$

Como se demostró anteriormente

$$\lim_{h \to 0} \frac{\cos h - 1}{h} = 0 \qquad \text{y} \qquad \lim_{h \to 0} \frac{\operatorname{sen} h}{h} = 1. \qquad (2.5.5)$$

Dado que sen $x$ y cos $x$ se mantienen constantes cuando $h$ se aproxima a cero,

$$\lim_{h \to 0} \frac{\operatorname{sen}(x+h) - \operatorname{sen} x}{h} = \operatorname{sen} x \left( \lim_{h \to 0} \frac{\cos h - 1}{h} \right) + \cos x \left( \lim_{h \to 0} \frac{\operatorname{sen} h}{h} \right)$$

$$= (\operatorname{sen} x)(0) + (\cos x)(1) = \cos x. \qquad \square$$

La derivada de la función coseno es la opuesta de la función seno:

**(3.7.2)**

$$\frac{d}{dx}(\cos x) = -\operatorname{sen} x.$$

Demostración.

$$\cos(x+h) = \cos x \cos h - \operatorname{sen} x \operatorname{sen} h.$$

De ahí que

$$\lim_{h\to 0}\frac{\cos(x+h)-\cos x}{h} = \lim_{h\to 0}\frac{[\cos x\ \cos h - \text{sen } x\ \text{sen } h]-[\cos x]}{h}$$

$$= \cos x\left(\lim_{h\to 0}\frac{\cos h - 1}{h}\right) - \text{sen } x\left(\lim_{h\to 0}\frac{\text{sen } h}{h}\right) = -\text{sen } x. \quad \square$$

**Ejemplo 1.** Para diferenciar

$$f(x) = \cos x\ \text{sen } x$$

utilizaremos la regla del producto:

$$f'(x) = \cos x\,\frac{d}{dx}(\text{sen } x) + \text{sen } x\,\frac{d}{dx}(\cos x)$$

$$= \cos x\,(\cos x) + \text{sen } x\,(-\text{sen } x) = \cos^2 x - \text{sen}^2 x. \quad \square$$

Consideremos ahora la función tangente. Dado que $\tan x = \text{sen } x/\cos x$, tendremos que

$$\frac{d}{dx}(\tan x) = \frac{\cos x\,\frac{d}{dx}(\text{sen } x) - \text{sen } x\,\frac{d}{dx}(\cos x)}{\cos^2 x} = \frac{\cos^2 x + \text{sen}^2 x.}{\cos^2 x}$$

$$= \frac{1}{\cos^2 x} = \sec^2 x.$$

La derivada de la función tangente es la función secante elevada al cuadrado:

**(3.7.3)**

$$\frac{d}{dx}(\tan x) = \sec^2 x.$$

Las derivadas de las demás funciones trigonométricas son las siguientes:

**(3.7.4)**

$$\frac{d}{dx}(\cot x) = -\operatorname{cosec}^2 x,$$

$$\frac{d}{dx}(\sec x) = \sec x \tan x,$$

$$\frac{d}{dx}(\operatorname{cosec} x) = -\operatorname{cosec} x \cot x.$$

Se deja como ejercicio la comprobación de estas fórmulas.

Veamos ahora algunos problemas ilustrativos

Problema 2. Hallar $f'(\pi/4)$ para

$$f(x) = x \cot x.$$

*Solución.* Primero hallaremos $f'(x)$ aplicando la regla del producto:

$$f'(x) = x\frac{d}{dx}(\cot x) + \cot x\frac{d}{dx} = -x \operatorname{cosec}^2 x + \cot x.$$

Veamos ahora qué valor toma $f'$ en $\pi/4$:

$$f'(\pi/4) = -\frac{\pi}{4}(\sqrt{2})^2 + 1 = 1 - \frac{\pi}{2}. \quad \square$$

Problema 3. Hallar

$$\frac{d}{dx}\left[\frac{\sec x}{\tan x}\right].$$

*Solución.* Por la regla del cociente tenemos que

$$\frac{d}{dx}\left[\frac{\sec x}{\tan x}\right] = \frac{\tan x\frac{d}{dx}(\sec x) - \sec x\frac{d}{dx}(\tan x)}{\tan^2 x}$$

$$= \frac{\tan x(\sec x \tan x) - \sec x(\sec^2 x)}{\tan^2 x}$$

$$= \frac{\sec x[\tan^2 x - \sec^2 x]}{\tan^2 x} = -\frac{\sec x}{\tan^2 x}. \quad \square$$

Problema 4. Hallar una ecuación para la tangente a la curva

$$y = \cos x$$

en el punto $x = \pi/3$.

*Solución.* Dado que $\cos \pi/3 = \frac{1}{2}$, el punto de tangencia es $(\pi/3, \frac{1}{2})$. Para hallar la pendiente de la tangente, calculamos el valor de la derivada

$$\frac{dy}{dx} = -\operatorname{sen} x$$

en $x = \pi/3$. Esto nos da $m = -\sqrt{3}/2$. La ecuación de la tangente puede escribirse

$$y - \frac{1}{2} = -\frac{\sqrt{3}}{2}\left(x - \frac{\pi}{3}\right). \quad \square$$

Problema 5. Un objeto se mueve a lo largo del eje de las $x$ y su posición para cada $t \geq 0$ viene dada por la función

$$x(t) = t + 2 \text{ sen } t.$$

Determinar los instantes $t$ entre 0 y $2\pi$ en los cuales el objeto se está moviendo hacia la izquierda.

*Solución.* El objeto sólo se mueve hacia la izquierda cuando $v(t) < 0$. Dado que

$$v(t) = x'(t) = 1 + 2 \cos t,$$

el objeto se mueve hacia la izquierda sólo cuando $\cos t < -\frac{1}{2}$. Como se puede comprobar, los únicos $t$ de $[0, 2\pi]$ para los cuales $\cos t < -\frac{1}{2}$ son aquellos que están comprendidos entre $2\pi/3$ y $4\pi/3$. Luego entre los instantes $t = 0$ y $t = 2\pi$ el objeto se mueve hacia la izquierda sólo en el intervalo $(2\pi/3, 4\pi/3)$. $\square$

### Regla de la cadena y funciones trigonométricas

Si $f$ es una función diferenciable de $u$ y $u$ es una función diferenciable de $x$ hemos visto, en la sección 3.6, que

$$\frac{d}{dx}[f(u)] = \frac{d}{du}[f(u)]\frac{du}{dx}.$$

Escritas de esta forma, las derivadas de las seis funciones trigonométricas se expresan de la siguiente manera:

**(3.7.5)**

$$\frac{d}{dx}(\text{sen } u) = \cos u\frac{du}{dx}. \qquad \frac{d}{dx}(\cos u) = -\text{sen } u\frac{du}{dx}.$$

$$\frac{d}{dx}(\tan u) = \sec^2 u\frac{du}{dx}. \qquad \frac{d}{dx}(\cot u) = \text{cosec}^2 u\frac{du}{dx}.$$

$$\frac{d}{dx}(\sec u) = \sec u \tan u\frac{du}{dx}. \qquad \frac{d}{dx}(\text{cosec } u) = -\text{cosec } u \cot u\frac{du}{dx}.$$

**Ejemplo 6.**

$$\frac{d}{dx}(\cos 2x) = -\operatorname{sen} 2x \frac{d}{dx}(2x) = -2 \operatorname{sen} 2x. \quad \square$$

**Ejemplo 7.**

$$\begin{aligned}\frac{d}{dx}[\sec(x^2+1)] &= \sec(x^2+1)\tan(x^2+1)\frac{d}{dx}(x^2+1)\\ &= 2x\sec(x^2+1)\tan(x^2+1). \quad \square\end{aligned}$$

**Ejemplo 8.**

$$\begin{aligned}\frac{d}{dx}(\operatorname{sen}^3 \pi x) &= 3\operatorname{sen}^2 \pi x \frac{d}{dx}(\operatorname{sen} \pi x)\\ &= 3\operatorname{sen}^2 \pi x \cos \pi x \frac{d}{dx}(\pi x) = 3\pi \operatorname{sen}^2 \pi x \cos \pi x. \quad \square\end{aligned}$$

Hasta ahora nuestro estudio de las funciones trigonométricas se ha realizado asumiendo que la medida de los ángulos siempre viene dada en radianes. Si está hecha en grados, las derivadas de las funciones trigonométricas contienen el factor suplementario $\frac{1}{180}\pi \cong 0{,}0175$.

**Problema 9.** Hallar

$$\frac{d}{dx}(\operatorname{sen} x^\circ).$$

*Solución.* Dado que $x^\circ = \frac{1}{180}\pi x$ radianes,

$$\frac{d}{dx}(\operatorname{sen} x^\circ) = \frac{d}{dx}(\operatorname{sen} \tfrac{1}{180}\pi x) = \tfrac{1}{180}\pi \cos \tfrac{1}{180}\pi x = \tfrac{1}{180}\pi \cos x^\circ. \quad \square$$

El factor añadido $\frac{1}{180}\pi$ es una desventaja, particularmente en aquellos problemas en los que aparece repetidas veces. Esto tiende a disuadir del uso de medidas en grados en los trabajos teóricos.

## EJERCICIOS 3.7

Diferenciar.

**1.** $y = 3\cos x - 4\sec x$. **2.** $y = x^2 \sec x$. **3.** $y = x^3 \operatorname{cosec} x$.

**4.** $y = \operatorname{sen}^2 x$. **5.** $y = \cos^2 t$. **6.** $y = 3t^2 \tan t$.

**7.** $y = \operatorname{sen}^4 \sqrt{u}$. **8.** $y = u \operatorname{cosec} u^2$. **9.** $y = \tan x^2$.

**10.** $y = \cos \sqrt{x}$. **11.** $y = [x + \cot \pi x]^4$. **12.** $y = [x^2 - \sec 2x]^3$.

Hallar la derivada segunda de las siguientes funciones.

**13.** $y = \operatorname{sen} x$. **14.** $y = \cos x$. **15.** $y = \dfrac{\cos x}{1 + \operatorname{sen} x}$.

**16.** $y = \tan^3 2\pi x$. **17.** $y = \cos^3 2u$. **18.** $y = \operatorname{sen}^3 3t$.

**19.** $y = \tan 2t$. **20.** $y = \cot 4u$. **21.** $y = x^2 \operatorname{sen} 3x$.

**22.** $y = \dfrac{\operatorname{sen} x}{1 - \cos x}$. **23.** $y = \operatorname{sen}^2 x + \cos^2 x$. **24.** $y = \sec^2 x - \tan^2 x$.

Hallar la derivada indicada.

**25.** $\dfrac{d^4}{dx^4}(\operatorname{sen} x)$. **26.** $\dfrac{d^4}{dx^4}(\cos x)$. **27.** $\dfrac{d}{dt}\left[t^2 \dfrac{d^2}{dt^2}(t \cos 3t)\right]$.

**28.** $\dfrac{d}{dt}\left[t \dfrac{d}{dt}(\cos t^2)\right]$. **29.** $\dfrac{d}{dx}[f(\operatorname{sen} 3x)]$. **30.** $\dfrac{d}{dx}[\operatorname{sen}(f(3x))]$.

Hallar una ecuación para la tangente a la curva en $x = a$.

**31.** $y = \operatorname{sen} x$; $a = 0$. **32.** $y = \tan x$; $a = \pi/6$. **33.** $y = \cot x$; $a = \pi/6$.

**34.** $y = \cos x$; $a = 0$. **35.** $y = \sec x$; $a = \pi/4$. **36.** $y = \operatorname{cosec} x$; $a = \pi/3$.

Determinar los números $x$ entre 0 y $2\pi$ para los cuales la tangente a la curva es horizontal.

**37.** $y = \cos x$. **38.** $y = \operatorname{sen} x$. **39.** $y = \operatorname{sen} x + \sqrt{3}\cos x$.

**40.** $y = \cos x - \sqrt{3}\operatorname{sen} x$. **41.** $y = \operatorname{sen}^2 x$. **42.** $y = \cos^2 x$.

**43.** $y = \tan x - 2x$. **44.** $y = 3\cot x + 4x$. **45.** $y = 2\sec x + \tan x$.

**46.** $y = \cot x - 2\operatorname{cosec} x$. **47.** $y = \dfrac{\operatorname{cosec} x}{1 + \cot x}$. **48.** $y = \dfrac{\sec x}{\tan x - 1}$.

Un objeto se mueve a lo largo del eje $x$ y su posición para cada instante $t$ viene dada por $x(t)$. Determinar aquellos instantes entre $t = 0$ y $t = 2\pi$ en los cuales el objeto se está moviendo hacia la derecha con una celeridad creciente.

**49.** $x(t) = \operatorname{sen} 3t$. **50.** $x(t) = \cos 2t$. **51.** $x(t) = \operatorname{sen} t - \cos t$.

**52.** $x(t) = \operatorname{sen} t + \cos t$. **53.** $x(t) = t + 2\cos t$. **54.** $x(t) = t - \sqrt{2}\operatorname{sen} t$.

Hallar $dy/dt$ (a) utilizando (3.6.4) y (b) escribiendo $y$ como una función de $t$ y diferenciando.

**55.** $y = u^2 - 1, \quad u = \sec x, \quad x = \pi t.$ **56.** $y = [\frac{1}{2}(1+u)]^3, \quad u = \cos x, \quad x = 2t.$

**57.** $y = [\frac{1}{2}(1-u)]^4, \quad u = \cos x, \quad x = 2t.$ **58.** $y = 1 - u^2, \quad u = \operatorname{cosec} x, \quad x = 3t.$

**59.** Se puede demostrar por inducción que la enésima derivada de la función seno viene dada por la fórmula

$$\frac{d^n}{dx^n}(\operatorname{sen} x) = \begin{cases} (-1)^{(n-1)/2}\cos x, & \text{si } n \text{ impar} \\ (-1)^{n/2}\operatorname{sen} x, & \text{si } n \text{ par} \end{cases}.$$

Comprobar que la fórmula es correcta y obtener una fórmula similar para la derivada enésima de la función coseno.

**60.** Comprobar las siguientes fórmulas de diferenciación.

(a) $\frac{d}{dx}(\cot x) = -\operatorname{cosec}^2 x.$ (b) $\frac{d}{dx}(\sec x) = \sec x \tan x.$

(c) $\frac{d}{dx}(\operatorname{cosec} x) = -\operatorname{cosec} x \cot x.$

**61. (Calculadora)** Sea $f(x) = \cos x^2$. Calcular numéricamente

$$f'(0) = \lim_{h \to 0} \frac{f(h) - f(0)}{h}$$

y comprobar la respuesta con el resultado obtenido al aplicar la regla de la cadena.

**62. (Calculadora)** Sea $f(x) = \cos^2 x$. Calcular numéricamente

$$f'(\tfrac{1}{4}\pi) = \lim_{h \to 0} \frac{f(\frac{1}{4}\pi + h) - f(\frac{1}{4}\pi)}{h}$$

y comprobar la respuesta con el resultado obtenido al aplicar la regla de la cadena.

## 3.8 DIFERENCIACIÓN DE INVERSAS; EXPONENTES FRACCIONARIOS

### Diferenciación de funciones inversas

Como ya hemos visto, si $f$ es una función inyectiva tiene una inversa $f^{-1}$. Supongamos que $f$ es diferenciable. ¿Es necesariamente $f^{-1}$ diferenciable? Sí, siempre que $f'$ no tome el valor 0. El lector encontrará una demostración de este resultado en el apéndice B.3. De momento supondremos que el resultado es cierto y describiremos cómo calcular la derivada de $f^{-1}$.

Para simplificar la notación hacemos $f^{-1} = g$. Entonces

$$f(g(x)) = x \qquad \text{para todo } x \text{ en el dominio de } f.$$

Diferenciando esta expresión obtenemos

$$\frac{d}{dx}[f(g(x))] = 1,$$

$$f'(g(x))g'(x) = 1, \qquad \text{(estamos suponiendo que } f \text{ y } g \text{ son diferenciables)}$$

$$g'(x) = \frac{1}{f'(g(x))}. \qquad \text{(estamos asumiendo que } f' \text{ no se anula nunca)}$$

Sustituyendo de nuevo $g$ por $f^{-1}$, obtenemos

**(3.8.1)** $$(f^{-1})'(x) = \frac{1}{f'(f^{-1}(x))}.$$

Esta es la fórmula usual para la derivada de una inversa.

En la notación de Leibniz, la fórmula 3.8.1 se escribe sencillamente

**(3.8.2)** $$\frac{dx}{dy} = \frac{1}{dy/dx}.$$

El coeficiente de variación de $x$ respecto de $y$ es la recíproca del coeficiente de variación de $y$ respecto de $x$.

Para confirmar geométricamente la validez de la fórmula 3.8.1 remitimos el lector a la figura 3.8.1. Las gráficas de $f$ y $f^{-1}$ son simétricas respecto de la recta

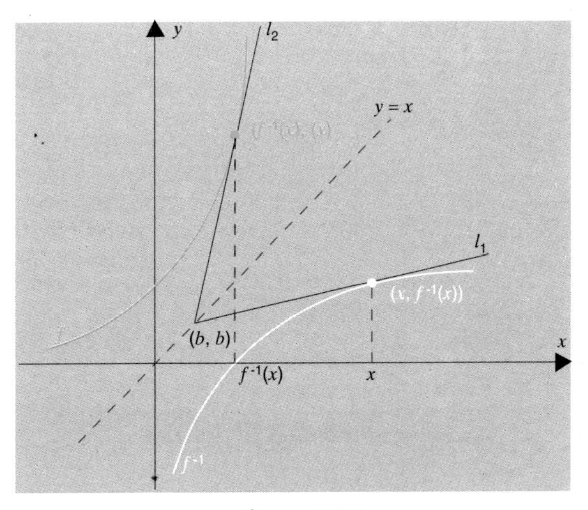


Figura 3.8.1

$y = x$. Las rectas tangentes $l_1$ y $l_2$ también son simétricas respecto de la misma recta. En la figura se ve que

$$(f^{-1})'(x) = \text{pendiente de } l_1 = \frac{f^{-1}(x) - b}{x - b},$$

$$f'(f^{-1}(x)) = \text{pendiente de } l_2 = \frac{x - b}{f^{-1}(x) - b};$$

es decir que $(f^{-1})'(x)$ y $f'(f^{-1}(x))$ son recíprocas.

### Raíces enésimas

Para $x > 0$, $x^n$ es inyectiva y su derivada, $nx^{n-1}$, no toma el valor 0. Su inversa $x^{1/n}$ es diferenciable y podemos utilizar el método recién descrito para hallar su derivada.

$$(x^{1/n})^n = x,$$

$$\frac{d}{dx}[(x^{1/n})^n] = 1,$$

$$n(x^{1/n})^{n-1}\frac{d}{dx}(x^{1/n}) = 1,$$

$$\frac{d}{dx}(x^{1/n}) = \frac{1}{n}(x^{1/n})^{1-n}.$$

Dado que $(x^{1/n})^{1-n} = x^{(1/n)-1}$, tenemos la siguiente fórmula de diferenciación

**(3.8.3)**
$$\frac{d}{dx}(x^{1/n}) = \frac{1}{n}x^{(1/n)-1}.$$

Hemos obtenido esta fórmula para $x > 0$. Si $n$ es impar, $x^n$ es inyectiva en todas partes y la fórmula sigue siendo válida para $x < 0$. El argumento es el mismo.

Con la precaución correspondiente acerca de los valores que toma $x$, tenemos que,

$$\frac{d}{dx}(x^{1/2}) = \tfrac{1}{2}x^{-1/2}, \quad \frac{d}{dx}(x^{1/3}) = \tfrac{1}{3}x^{-2/3}, \quad \frac{d}{dx}(x^{1/4}) = \tfrac{1}{4}x^{-3/4}, \quad \text{etc.}$$

### Potencias racionales

Nos ocuparemos ahora de los exponentes racionales de la forma $p/q$. Podemos suponer $q$ positivo y asignar a $p$ el signo de la fracción. Vemos entonces que

fórmula de la derivada de una potencia (3.6.3)

$$\frac{d}{dx}(x^{p/q}) = \frac{d}{dx}[(x^{1/q})^p] = p(x^{1/q})^{p-1}\frac{d}{dx}(x^{1/q})$$

$$= p(x^{1/q})^{p-1}\frac{1}{q}x^{(1/q)-1} = \frac{p}{q}x^{(p/q)-1}.$$

fórmula de la derivada de una raíz (3.8.3)

Abreviando

**(3.8.4)**
$$\frac{d}{dx}(x^{p/q}) = \frac{p}{q}x^{(p/q)-1}.$$

He aquí algunos ejemplos sencillos:

$$\frac{d}{dx}(x^{2/3}) = \tfrac{2}{3}x^{-1/3}, \qquad \frac{d}{dx}(x^{5/2}) = \tfrac{5}{2}x^{3/2}, \qquad \frac{d}{dx}(x^{-7/9}) = -\tfrac{7}{9}x^{-16/9}. \qquad \square$$

Si $u$ es una función diferenciable de $x$, la regla de la cadena nos da que,

**(3.8.5)**
$$\frac{d}{dx}(u^{p/q}) = \frac{p}{q}u^{(p/q)-1}\frac{du}{dx}.$$

La verificación se deja al lector. Este resultado se verifica en cualquier intervalo abierto en el cual $u^{(p/q)-1}$ esté definida.

**Ejemplo 1.**

(a) $\dfrac{d}{dx}[(1+x)^{21/5}] = \tfrac{1}{5}(1+x^2)^{-4/5}(2x) = \tfrac{2}{5}x(1+x^2)^{-4/5}.$

(b) $\dfrac{d}{dx}[(1-x^2)^{1/5}] = \tfrac{1}{5}(1-x^2)^{-4/5}(-2x) = -\tfrac{2}{5}x(1-x^2)^{-4/5}.$

(c) $\dfrac{d}{dx}[(1-x^2)^{1/4}] = \tfrac{1}{4}(1-x^2)^{-3/4}(-2x) = -\tfrac{1}{2}x(1-x^2)^{-3/4}.$

El primer apartado se verifica para todo $x$ real, el segundo para todo $x \neq \pm 1$, y el tercero sólo para $x \in (-1, 1)$. $\square$

**Ejemplo 2.**

$$\frac{d}{dx}\left[\left(\frac{x}{1+x^2}\right)^{1/2}\right] = \frac{1}{2}\left(\frac{x}{1+x^2}\right)^{-1/2}\frac{d}{dx}\left(\frac{x}{1+x^2}\right)$$

$$= \frac{1}{2}\left(\frac{x}{1+x^2}\right)^{-1/2}\frac{(1+x^2)(1)-x(2x)}{(1+x^2)^2}$$

$$= \frac{1}{2}\left(\frac{1+x^2}{x}\right)^{1/2}\frac{1-x^2}{(1+x^2)^2}$$

$$= \frac{1-x^2}{2x^{1/2}(1+x^2)^{3/2}}.$$

El resultado se verifica para todo $x > 0$. □

## EJERCICIOS 3.8

Hallar $dy/dx$

**1.** $y = (x^3+1)^{1/2}$. **2.** $y = (x+1)^{1/3}$. **3.** $y = x\sqrt{x^2+1}$.

**4.** $y = x^2\sqrt{x^2+1}$. **5.** $y = \sqrt[4]{2x^2+1}$. **6.** $y = (x+1)^{1/3}(x+2)^{2/3}$.

**7.** $y = \sqrt{2-x^2}\sqrt{3-x^2}$. **8.** $y = \sqrt{(x^4-x+1)^3}$.

Calcular

**9.** $\frac{d}{dx}\left(\sqrt{x}+\frac{1}{\sqrt{x}}\right)$. **10.** $\frac{d}{dx}\left(\sqrt{\frac{3x+1}{2x+5}}\right)$. **11.** $\frac{d}{dx}\left(\frac{x}{\sqrt{x^2+1}}\right)$.

**12.** $\frac{d}{dx}\left(\frac{\sqrt{x^2+1}}{x}\right)$. **13.** $\frac{d}{dx}\left(\sqrt[3]{x}+\frac{1}{\sqrt[3]{x}}\right)$. **14.** $\frac{d}{dx}\left(\sqrt{\frac{ax+b}{cx+d}}\right)$.

**15.** (*Importante*) Representar la forma general de la gráfica de las siguientes funciones.

(a) $f(x) = x^{1/n}$, para $n$ entero positivo par.

(b) $f(x) = x^{1/n}$, para $n$ entero positivo impar.

(c) $f(x) = x^{2/n}$, para $n$ entero impar mayor que 1.

Hallar la derivada segunda.

**16.** $y = \sqrt{a^2+x^2}$. **17.** $y = \sqrt[3]{a+bx}$. **18.** $y = x\sqrt{a^2-x^2}$.

**19.** $y = \sqrt{a^2-x^2}$. **20.** $y = \sqrt{x}\tan\sqrt{x}$. **21.** $y = \sqrt{x}\,\mathrm{sen}\,\sqrt{x}$.

**22.** Nuestro argumento geométrico para demostrar la validez de la fórmula 3.8.1 falla si la tangente $l_1$ de la figura 3.8.1 no corta la recta $y = x$. ¿Cómo se concluiría en ese caso?

Calcular.

**23.** $\frac{d}{dx}[f(\sqrt{x}+1)]$.

**24.** $\frac{d}{dx}[\sqrt{[f(x)]^2+1}]$.

**25.** $\frac{d}{dx}[\sqrt{f(x^2+1)}]$.

**26.** $\frac{d}{dx}[f(\sqrt{x^2+1})]$.

Hallar una fórmula para $(f^{-1})'(x)$ supuesto que $f$ sea inyectiva y su derivada satisfaga a la siguiente ecuación.

**27.** $f'(x) = f(x)$.

**28.** $f'(x) = 1 + [f(x)]^2$.

**29.** $f'(x) = \sqrt{1 - [f(x)]^2}$.

En economía, la *elasticidad* de la demanda viene dada por la fórmula

$$\in = \frac{P}{Q}\left|\frac{dQ}{dP}\right|$$

donde $P$ es el precio y $Q$ la cantidad. Se dice que la demanda es

$$\begin{cases} \text{inelástica} & \text{cuando } \in < 1 \\ \text{unitaria} & \text{cuando } \in = 1 \\ \text{elástica} & \text{cuando } \in > 1 \end{cases}.$$

Describir la elasticidad de cada una de las siguientes curvas de demanda. Recuerde que tanto $P$ como $Q$ han de ser positivos.

**30.** $Q = \frac{1}{\sqrt{P}}$.

**31.** $Q = \sqrt{300 - P}$.

**32.** $Q = (900 - P)^{4/5}$.

Supuesto que $f$ es inyectiva, $g = f \circ f$, y

$$f(1) = 2, \quad f'(1) = 6, \quad f(2) = 4, \quad f'(2) = 7,$$
$$f(3) = 5, \quad f'(3) = 8, \quad f(4) = 12, \quad f'(4) = 9,$$

deducir, cuando sea posible, los siguientes valores

**33.** $(f^{-1})'(4)$.

**34.** $(f^{-1})'(2)$.

**35.** $(f^{-1})'(5)$.

**36.** $(f^{-1})'(6)$.

**37.** $g'(2)$.

**38.** $g'(1)$.

**39.** $(g^{-1})'(12)$.

**40.** $(g^{-1})'(4)$.

**41. (Calculadora)** Sea $f(x) = x^{3/4}$. Determinar numéricamente

$$f'(16) = \lim_{h \to 0} \frac{f(16+h) - f(16)}{h}$$

y comparar el resultado con el que se obtiene al aplicar los métodos de esta sección.

**42. (Calculadora)** Determinar numéricamente

$$\lim_{h \to 0} \frac{(1+h)^{98,6} - 1}{h}$$

y confirmar el resultado por otros medios.

**43. (Calculadora)** Determinar numéricamente

$$\lim_{x \to 32} \frac{x^{2/5} - 4}{x^{4/5} - 16}$$

y confirmar el resultado por otros medios.

## 3.9 PRÁCTICA ADICIONAL EN DIFERENCIACIÓN

Diferenciar.

**1.** $y = x^{2/3} - a^{2/3}$.

**2.** $y = 2x^{3/4} + 4x^{-1/4}$.

**3.** $y = \dfrac{a + bx + cx^2}{x}$

**4.** $y = \dfrac{\sqrt{x}}{2} - \dfrac{2}{\sqrt{x}}$.

**5.** $y = \sqrt{ax} + \dfrac{a}{\sqrt{ax}}$.

**6.** $s = \dfrac{a + bt + ct^2}{\sqrt{t}}$.

**7.** $r = \sqrt{1 - 2\theta}$.

**8.** $f(t) = (2 - 3t^2)^3$.

**9.** $f(x) = \dfrac{1}{\sqrt{a^2 - x^2}}$.

**10.** $y = \left(a - \dfrac{b}{x}\right)^2$.

**11.** $y = \left(a + \dfrac{b}{x^2}\right)^3$.

**12.** $y = x\sqrt{a + bx}$.

**13.** $s = t\sqrt{a^2 + t^2}$.

**14.** $y = \dfrac{a - x}{a + x}$.

**15.** $y = \dfrac{a^2 + x^2}{a^2 - x^2}$.

**16.** $y = \dfrac{\sqrt{a^2 + x^2}}{x}$

**17.** $y = \dfrac{2 - x}{1 + 2x^2}$.

**18.** $y = \dfrac{x}{\sqrt{a^2 - x^2}}$.

**19.** $y = \dfrac{x}{\sqrt{a - bx}}$.

**20.** $r = \theta^2\sqrt{3 - 4\theta}$.

**21.** $y = \sqrt{\dfrac{1 - cx}{1 + cx}}$.

**22.** $f(x) = x\sqrt[3]{2 + 3x}$.

**23.** $y = \sqrt{\dfrac{a^2 + x^2}{a^2 - x^2}}$.

**24.** $s = \sqrt[3]{\dfrac{2 + 3t}{2 - 3t}}$.

**25.** $r = \dfrac{\sqrt[3]{a + b\theta}}{\theta}$.

**26.** $s = \sqrt{2t - \dfrac{1}{t^2}}$.

**27.** $y = \dfrac{b}{a}\sqrt{a^2 - x^2}$.

**28.** $y = (a^{3/5} - x^{3/5})^{5/3}$.

**29.** $y = (a^{2/3} - x^{2/3})^{3/2}$.

**30.** $y = (x + 2)^2\sqrt{x^2 + 2}$.

**31.** $y = \sec x^2$.

**32.** $y = \tan\sqrt{x}$.

**33.** $y = \cot^3 2x$.

**34.** $y = \operatorname{cosec}^4(3 - 2x)$.

**35.** $y = \operatorname{sen}(\cos x)$.

**36.** $y = \cos(\operatorname{sen} x)$.

Calcular $dy/dx$ en el valor dado de $x$.

**37.** $y = (x^2 - x)^3, \quad x = 3$.

**38.** $y = (4 - x^2)^3, \quad x = 3$.

**39.** $y = \sqrt[3]{x} + \sqrt{x}, \quad x = 64$.

**40.** $y = x\sqrt{3 + 2x}, \quad x = 3$.

**41.** $y = (2x)^{1/3} + (2x)^{2/3}, \quad x = 4$.

**42.** $y = \sqrt{9 + 4x^2}, \quad x = 2$.

**43.** $y = \dfrac{1}{\sqrt{25 - x^2}}, \quad x = 3.$

**44.** $y = \dfrac{x^2 + 2}{2 - x}, \quad x = 2.$

**45.** $y = \dfrac{\sqrt{16 + 3x}}{x}, \quad x = 3.$

**46.** $y = \dfrac{\sqrt{5 - 2x}}{2x + 1}, \quad x = \dfrac{1}{2}.$

**47.** $y = x\sqrt{8 - x^2}, \quad x = 2.$

**48.** $y = \sqrt{\dfrac{4x + 1}{5x - 1}}, \quad x = 2.$

**49.** $y = x^2\sqrt{1 + x^3}, \quad x = 2.$

**50.** $y = \sqrt{\dfrac{x^2 - 5}{10 - x^2}}, \quad x = 3.$

**51.** $y = \tan 2x; \quad x = \pi/6.$

**52.** $y = x^2 \operatorname{sen}^3 \pi x; \quad x = \dfrac{1}{6}.$

**53.** $y = \cos^3 4x; \quad x = \pi/6.$

**54.** $y = \cot 3x; \quad x = \pi/9.$

**55.** $y = x \operatorname{cosec} \pi x; \quad x = \dfrac{1}{4}.$

**56.** $y = \sec^4 (x/4)\,; \quad x = \pi.$

---

## 3.10 DIFERENCIACIÓN DE FUNCIONES IMPLÍCITAS

Supongamos que $y$ es una función de $x$ y que satisface a la ecuación

$$3x^3y - 4y - 2x + 1 = 0.$$

Una manera de hallar $dy/dx$ es despejar primeramente $y$:

$$\begin{aligned} (3x^3 - 4)\,y - 2x + 1 &= 0, \\ (3x^3 - 4)\,y &= 2x - 1, \\ y &= \frac{2x - 1}{3x^3 - 4}, \end{aligned}$$

y luego diferenciar

$$\begin{aligned} \frac{dy}{dx} = \frac{(3x^3 - 4)\,2 - (2x - 1)(9x^2)}{(3x^3 - 4)^2} &= \frac{6x^3 - 8 - 18x^3 + 9x^2}{(3x^3 - 4)^2} \\ &= -\frac{12x^3 - 9x^2 + 8}{(3x^3 - 4)^2}. \end{aligned} \tag{1}$$

También se puede hallar $dy/dx$ sin necesidad de despejar $y$ de la ecuación. La técnica se llama *diferenciación implícita.*

Volvamos a la ecuación

$$3x^3y - 4y - 2x + 1 = 0.$$

Al diferenciar ambos miembros de esta ecuación respecto de $x$ (recordando que $y$ es una función de $x$), obtenemos

$$\frac{dy}{dx}(3x^3y - 4y - 2x + 1) = 0,$$

$$\underbrace{3x^3\frac{dy}{dx} + 9x^2y}_{\text{por la regla del producto}} - 4\frac{dy}{dx} - 2 = 0,$$

$$(3x^3 - 4)\frac{dy}{dx} = 2 - 9x^2y,$$

$$\frac{dy}{dx} = \frac{2 - 9x^2y}{3x^3 - 4}. \tag{2}$$

La respuesta parece distinta a la obtenida anteriormente por aparecer $y$ también en el segundo miembro. En general esto no supone ninguna desventaja. Para convencerse de que las dos respuestas coinciden, basta sustituir

$$y = \frac{2x - 1}{3x^3 - 4}$$

en (2). Esto nos da

$$\frac{dy}{dx} = \frac{2 - 9x^2\left(\frac{2x-1}{3x^3-4}\right)}{3x^3 - 4} = \frac{6x^3 - 8 - 18x^3 + 9x^2}{(3x^3 - 4)^2} = -\frac{12x^3 - 9x^2 + 8}{(3x^3 - 4)^2}$$

que es la respuesta (1) obtenida anteriormente.

La diferenciación implícita es muy útil cuando resulta difícil (o imposible) despejar primero $y$ de la ecuación dada.

Problema 1. Hallar la pendiente de la curva

$$x^3 - 3xy^2 + y^3 = 1 \qquad \text{en } (2, -1).$$

*Solución.* La diferenciación nos da

$$3x^2 - 3\left[x\left(\underbrace{2y\frac{dy}{dx}}\right) + y^2\right] + \underbrace{3y^2\frac{dy}{dx}} = 0$$

(por la regla de la cadena)

$$3x^2 - 6xy\frac{dy}{dx} - 3y^2 + 3y^2\frac{dy}{dx} = 0.$$

En $x = 2$ e $y = -1$ se transforma en

$$12 + 12\frac{dy}{dx} - 3 + 3\frac{dy}{dx} = 0$$

$$15\frac{dy}{dx} = -9$$

$$\frac{dy}{dx} = -\frac{3}{5}.$$

La pendiente es $-\frac{3}{5}$. □

También podemos hallar derivadas de orden superior por diferenciación implícita.

Problema 2. Hallar $d^2y/dx^2$ supuesto que

$$y^3 - x^2 = 4.$$

*Solución.* La diferenciación respecto de $x$ nos da

(1) $$3y^2\frac{dy}{dx} - 2x = 0.$$

Diferenciando una segunda vez, obtenemos

(2) $$3y^2\left(\frac{d^2y}{dx^2}\right) + 6y\left(\frac{dy}{dx}\right)^2 - 2 = 0$$

Por (1), sabemos que

$$\frac{dy}{dx} = \frac{2x}{3y^2}.$$

Sustituyendo en (2), tenemos

$$3y^2\left(\frac{d^2y}{dx^2}\right)+6y\left(\frac{2x}{3y^2}\right)^2-2 = 0$$

lo cual da, como se podrá comprobar,

$$\frac{d^2y}{dx^2} = \frac{6y^3-8x^2}{9y^5}. \qquad \square$$

***Una consideración teórica.*** Si diferenciamos implícitamente $x^2+y^2=-1$, obtenemos que

$$2x+2y\frac{dy}{dx} = 0 \qquad \text{luego} \qquad \frac{dy}{dx} = -\frac{x}{y}.$$

Sin embargo, el resultado carece de sentido. Esto es así porque no existe ninguna función real de $x$ que satisfaga la ecuación $x^2+y^2=-1$. La diferenciación implícita sólo puede aplicarse con sentido a una ecuación en $x$ e $y$ cuando exista una función $y$ de $x$ que satisfaga la ecuación. Este será el caso para todas las ecuaciones que aparecen en los ejercicios de este manual.

## EJERCICIOS 3.10

Hallar $dy/dx$ en función de $x$ e $y$ por medio de la diferenciación de funciones implícitas.

**1.** $x^2+y^2 = 4.$ **2.** $x^3+y^3-3xy = 0.$ **3.** $4x^2+9y^2 = 36.$

**4.** $\sqrt{x}+\sqrt{y} = 4.$ **5.** $x^4+4x^3y+y^4 = 1.$ **6.** $x^2-x^2y+xy^2+y^2 = 1.$

**7.** $(x-y)^2-y = 0.$ **8.** $(y+3x)^2-4x = 0.$ **9.** $\operatorname{sen}(x+y) = xy.$

**10.** $\tan xy = xy.$

Expresar $d^2y/dx^2$ en función de $x$ e $y$.

**11.** $y^2+2xy = 16.$ **12.** $x^2-2xy+4y^2 = 3.$

**13.** $y^2+xy-x^2 = 9.$ **14.** $x^2-3xy = 18.$

Hallar $dy/dx$ y $d^2y/dx^2$ en el punto dado.

**15.** $x^2-4y^2 = 9; \quad (5, 2).$ **16.** $x^2+4xy+y^3+5 = 0; \quad (2, -1).$

**17.** $\cos(x+2y) = 0; \quad (\pi/6, \pi/6).$ **18.** $x = \operatorname{sen}^2 y; \quad \left(\frac{1}{2}, \pi/4\right).$

Hallar las ecuaciones de la tangente y la normal en los puntos indicados.

**19.** $2x + 3y = 5; \quad (-2, 3)$.

**20.** $9x^2 + 4y^2 = 72; \quad (2, 3)$.

**21.** $x^2 + xy + 2y^2 = 28; \quad (-2, -3)$.

**22.** $x^3 - axy + 3ay^2 = 3a^3; \quad (a, a)$.

**23.** Demostrar que todas las normales al círculo $x^2 + y^2 = r^2$ pasan por su centro.

**24.** Determinar el punto de intersección de la tangente a la parábola $y^2 = x$ en el punto $x = a$ con el eje $x$.

El ángulo formado por dos curvas es el ángulo entre sus tangentes en el punto de intersección. Si las pendientes son $m_1$ y $m_2$, el ángulo de intersección $\alpha$ puede obtenerse a partir de la fórmula

$$\tan \alpha = \left| \frac{m_2 - m_1}{1 + m_1 m_2} \right|. \qquad (1.3.1)$$

**25.** ¿Cuál es el ángulo según el cual se cortan las parábolas $y^2 = 2px + p^2$ e $y^2 = p^2 - 2px$?

**26.** ¿Cuál es el ángulo según el cual se cortan la recta $y = 2x$ y la curva $x^2 - xy + 2y^2 = 28$?

**27.** Demostrar que la hipérbola $x^2 - y^2 = 5$ y la elipse $4x^2 + 9y^2 = 72$ se cortan formando ángulos rectos.

**28.** Hallar el ángulo según el cual se cortan los círculos $(x - 1)^2 + y^2 = 10$ y $x^2 + (y - 2)^2 = 5$.

**29.** Hallar las ecuaciones de las tangentes a la elipse $4x^2 + y^2 = 72$ que son perpendiculares a la recta $2y + x + 3 = 0$.

**30.** Hallar las ecuaciones de las normales a la hipérbola $4x^2 - y^2 = 36$ que son paralelas a la recta $2x + 5y - 4 = 0$.

---

## 3.11 COEFICIENTE DE VARIACIÓN POR UNIDAD DE TIEMPO

Anteriormente hemos visto que la velocidad es el coeficiente de variación de la posición respecto del tiempo $t$ y que la aceleración es el coeficiente de variación de la velocidad respecto del tiempo $t$. En esta sección trabajaremos con otras magnitudes que varían con el tiempo. El concepto fundamental es el siguiente: *Si $Q$ es una magnitud que varía con el tiempo, su derivada $dQ/dt$ nos da el coeficiente de variación de dicha magnitud por unidad de tiempo.*

**Problema 1.** Un globo esférico se está expandiendo. Si su radio crece a razón de 2 centímetros por minuto, ¿con qué rapidez crece el volumen cuando el radio es de 5 centímetros?

*Solución.*

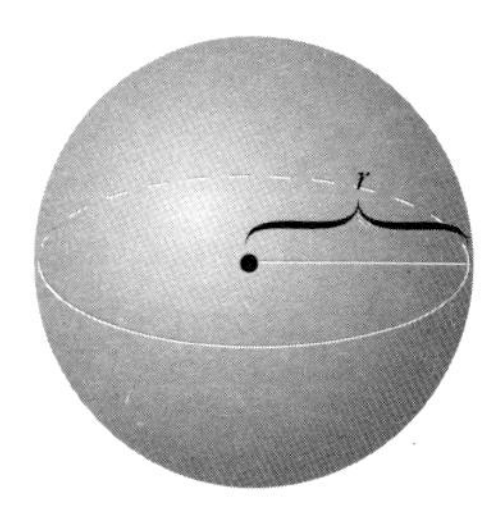


Hallar $\dfrac{dV}{dt}$ cuando $r = 5$ centímetros

dado que $dr/dt = 2$ centímetros/min.

$V = \frac{4}{3}\pi r^3$ (volumen de una esfera de radio $r$)

Diferenciando $V = \frac{4}{3}\pi r^3$ respecto de $t$, tenemos

$$\frac{dV}{dt} = 4\pi r^2 \frac{dr}{dt}.$$

Sustituyendo $r$ por 5 y $dr/dt$ por 2, obtenemos

$$\frac{dV}{dt} = 4\pi(5)^2(2) = 200\pi.$$

Cuando el radio es de 5 centímetros, el volumen crece a razón de 200 $\pi$ centímetros cúbicos por minuto. □

Problema 2. Una partícula se mueve en una órbita circular $x^2 + y^2 = 1$. Cuando pasa por el punto $(\frac{1}{2}, \frac{1}{2}\sqrt{3})$, su ordenada disminuye a razón de 3 unidades por segundo. ¿Con qué rapidez varía su abscisa?

*Solución.*

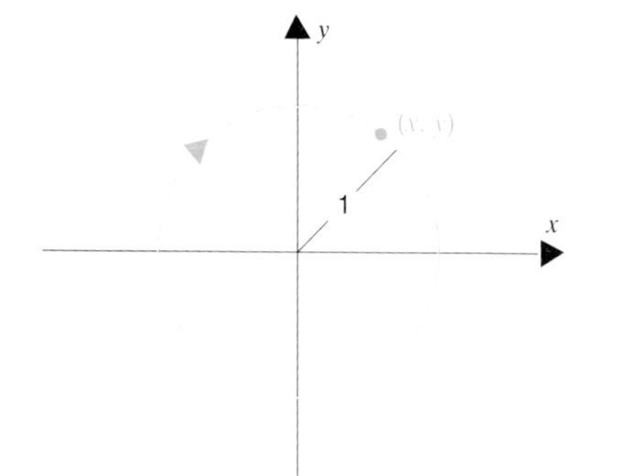


Hallar $\dfrac{dx}{dt}$ cuando $x = \frac{1}{2}$ e $y = \frac{1}{2}\sqrt{3}$

sabiendo que $\dfrac{dy}{dt} = -3$ unidades/segundo

$x^2 + y^2 = 1$ (ecuación del círculo)

Diferenciando $x^2 + y^2 = 1$ respecto de $t$ obtenemos

$$2x\frac{dx}{dt} + 2y\frac{dy}{dt} = 0 \qquad \text{y por consiguiente} \qquad x\frac{dx}{dt} + y\frac{dy}{dt} = 0.$$

Sustituyendo $x$ por $\frac{1}{2}$, $y$ por $\frac{1}{2}\sqrt{3}$ y $dy/dt$ por –3, obtenemos

$$\frac{1}{2}\frac{dx}{dt} + \frac{1}{2}\sqrt{3}\,(-3) = 0 \qquad \text{de ahí que} \qquad \frac{dx}{dt} = 3\sqrt{3}.$$

Cuando la partícula pasa por el punto $(\frac{1}{2}, \frac{1}{2}\sqrt{3})$ la abscisa crece a razón de $3\sqrt{3}$ unidades por segundo. □

Como se puede constatar, estos dos primeros ejemplos han sido resueltos siguiendo el mismo método general. Este método, que recomendamos para resolver los problemas de este tipo, consta de los siguientes pasos:

*Paso 1.* Dibujar un diagrama, cuando sea pertinente, e indicar las cantidades que varían.

*Paso 2.* Especificar en forma matemática el coeficiente de variación que está buscando y recopilar toda la información dada.

*Paso 3.* Hallar una ecuación que implique la variable cuyo coeficiente de variación se debe hallar.

*Paso 4.* Diferenciar respecto de $t$ la ecuación hallada en el paso 3.

*Paso 5.* Enunciar la respuesta final de forma coherente, especificando las unidades empleadas.

**Problema 3.** Una artesa para agua con sección vertical transversal en forma de triángulo equilátero, se llena a razón de 1 metro cúbico por minuto. Suponiendo que la longitud de la artesa es de 6 metros, ¿Con qué rapidez sube el nivel del agua en el momento en el cual ésta alcanza una profundidad de $\frac{1}{2}$ metro?

*Solución.* Sean $x$ la profundidad del agua, medida en metros, y $V$ su volumen, medido en metros cúbicos.

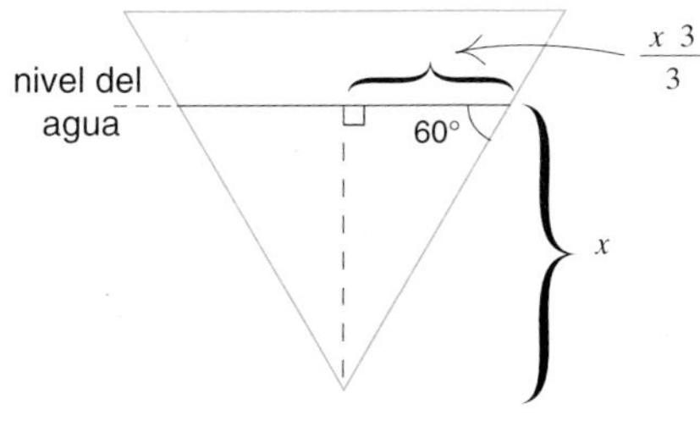


sección transversal de la artesa

$$\text{Hallar } \frac{dx}{dt} \text{ para } x = \tfrac{1}{2}$$

$$\text{dado que } \frac{dV}{dt} = 1 \text{ m}^3\text{/min.}$$

$$\text{Área de la sección} = \frac{\sqrt{3}}{3}x^2$$

$$\text{volumen del agua} = 6\left(\frac{\sqrt{3}}{3}x^2\right) = 2\sqrt{3}x^2$$

La diferenciación de $V = 2\sqrt{3}x^2$ respecto de $t$ nos da

$$\frac{dV}{dt} = 4\sqrt{3}x\frac{dx}{dt}.$$

Sustituyendo $x$ por $\frac{1}{2}$ y $dV/dt$ por 1, obtenemos

$$1 = 4\sqrt{3}\left(\frac{1}{2}\right)\frac{dx}{dt} \qquad \text{de ahí que} \qquad \frac{dx}{dt} = \frac{1}{2\sqrt{3}} = \frac{\sqrt{3}}{6}.$$

En el instante en el cual el agua alcanza la profundidad de $\frac{1}{2}$ metro, el nivel del agua está subiendo a razón de $\frac{\sqrt{3}}{6}$ metros por segundo (aproximadamente 0,29 metros por segundo). □

**Problema 4.** Dos barcos, uno con rumbo al oeste y el otro al este se aproximan uno a otro siguiendo dos paralelas que distan 8 millas. Dado que ambos buques navegan a una velocidad de 20 millas por hora, ¿con qué rapidez está disminuyendo la distancia entre ambos cuando distan entre sí 10 millas?

*Solución.* Sea $y$ la distancia, medida en millas, entre los dos barcos,

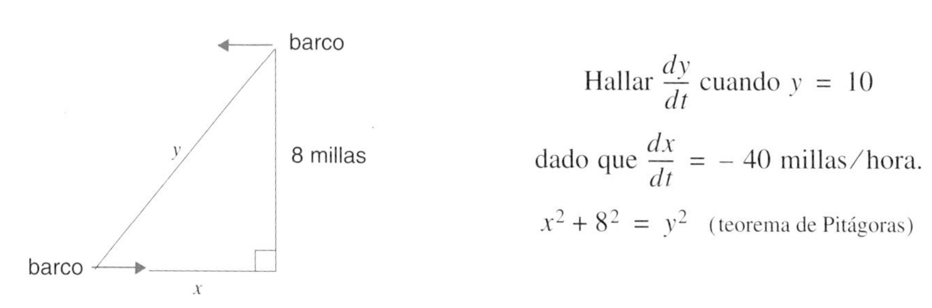


Hallar $\frac{dy}{dt}$ cuando $y = 10$

dado que $\frac{dx}{dt} = -40$ millas/hora.

$x^2 + 8^2 = y^2$ (teorema de Pitágoras)

(Obsérvese que $dx/dt$ se toma negativa puesto que $x$ decrece.) Diferenciando $x^2 + 8^2 = y^2$ respecto de $t$, hallamos que

$$2x\frac{dx}{dt} + 0 = 2y\frac{dy}{dt} \qquad \text{luego que} \qquad x\frac{dx}{dt} = y\frac{dy}{dt}.$$

Cuando $y = 10$, $x = 6$. (¿Por qué?) Sustituyendo $x$ por 6, $y$ por 10, y $dx/dt$ por $-40$, obtenemos que

$$6(-40) = 10\frac{dy}{dt} \qquad \text{de ahí que} \qquad \frac{dy}{dt} = -24.$$

(Obsérvese que $dy/dt$ es negativa dado que $y$ decrece.) Cuando los dos buques distan 10 millas, la distancia entre ambos disminuye a razón de 24 millas por hora. □

**Problema 5.** Una copa de papel, de forma cónica con un diámetro superior de 8 centímetros y una profundidad de 6 centímetros, está llena de agua. La copa pierde agua por abajo a razón de dos centímetros cúbicos por minuto.¿A qué velocidad está bajando el nivel del agua en el instante en el cual tiene exactamente 3 centímetros de profundidad?

*Solución.* Empecemos por representar la situación después de que la copa haya estado perdiendo agua durante un cierto tiempo (figura 3.11.1). Designamos respectivamente por $r$ y $h$ el radio y la altura del "cono de agua" remanente. Podemos establecer una relación entre $r$ y $h$ mediante triángulos semejantes (figura 3.11.2).

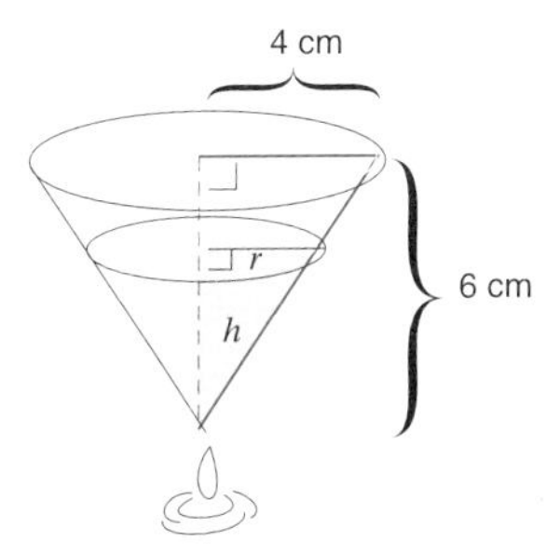


Figura 3.11.1

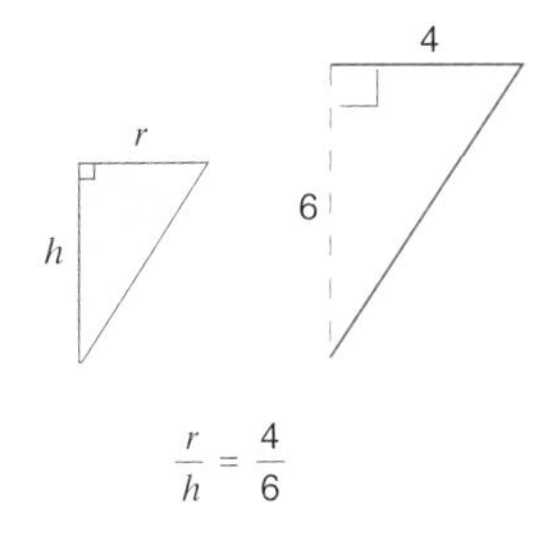


Figura 3.11.2

Sea $h$ la profundidad del agua medida en centímetros.

$$\text{Hallar } \frac{dh}{dt} \text{ cuando } h = 3 \qquad \text{dado que } \frac{dV}{dt} = -2 \text{ cm}^3/\text{min}.$$

$$V = \frac{1}{3}\pi r^2 h \text{ (volumen de un cono)} \qquad \text{y} \qquad \frac{r}{h} = \frac{4}{6} \text{ (triángulos semejantes)}$$

Utilizando la segunda ecuación para eliminar $r$ de la primera, obtenemos

$$V = \frac{1}{3}\pi\left(\frac{2h}{3}\right)^2 h = \frac{4}{27}\pi h^3.$$

La diferenciación respecto de $t$ nos da entonces

$$\frac{dV}{dt} = \frac{4}{9}\pi h^2 \frac{dh}{dt}.$$

Sustituyendo $h$ por 3 y $dV/dt$ por $-2$, tenemos que

$$-2 = \frac{4}{9}\pi(3)^2\frac{dh}{dt} \qquad \text{luego} \qquad \frac{dh}{dt} = -\frac{1}{2\pi}.$$

En el instante en el cual el agua tiene exactamente 3 centímetros de profundidad, su nivel está bajando a razón de $1/2\,\pi$ centímetros por minuto (aproximadamente 0,16 centímetros por minuto). □

Problema 6. Un globo despega a 500 pies de un observador y se eleva verticalmente a la velocidad de 140 pies por minuto. ¿Con qué velocidad está creciendo el ángulo de inclinación de la visual del observador en el instante en el cual el globo está exactamente a 500 pies del suelo?

*Solución.* Sean $x$ la altura del globo y $\theta$ el ángulo de inclinación de la visual del observador.

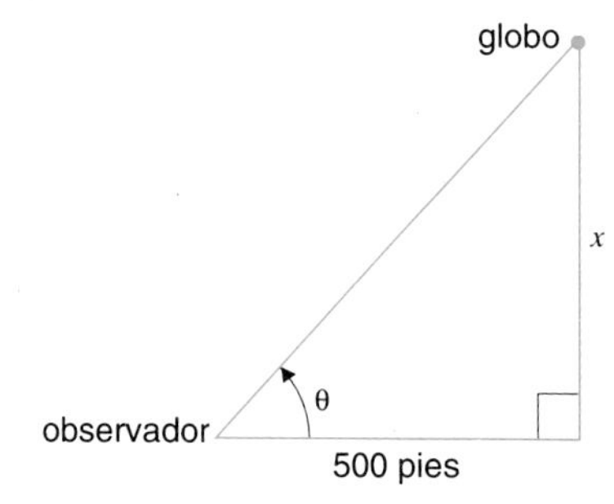


Hallar $\dfrac{d\theta}{dt}$ cuando $x = 500$ pies,

dado que $\dfrac{dx}{dt} = 140$ pies/min.

$$\tan\theta = \frac{x}{500}$$

La diferenciación respecto de $t$ da

$$\sec^2\theta\frac{d\theta}{dt} = \frac{1}{500}\frac{dx}{dt}.$$

Cuando $x = 500$, el triángulo es isósceles y, por consiguiente, $\sec\theta = \sqrt{2}$. Sustituyendo $\sec\theta$ por $\sqrt{2}$ y $dx/dt$ por 140, obtenemos

$$(\sqrt{2})^2\frac{d\theta}{dt} = \frac{1}{500}(140) \qquad \text{luego} \qquad \frac{d\theta}{dt} = 0{,}14.$$

En el instante en el cual el globo está exactamente a 500 pies del suelo, la inclinación de la visual del observador crece a razón de 0,14 radianes por minuto (aproximadamente 8 grados por minuto). □

**Problema 7.** Una escalera de 13 pies de largo está apoyada contra la pared de un edificio. Si la base de la escalera se separa de la pared a razón de 0,1 pies por segundo, ¿con qué velocidad está cambiando el ángulo formado por la escalera y el suelo en el instante en el cual el otro extremo de esta se encuentra a 12 pies del suelo?

*Solución.*

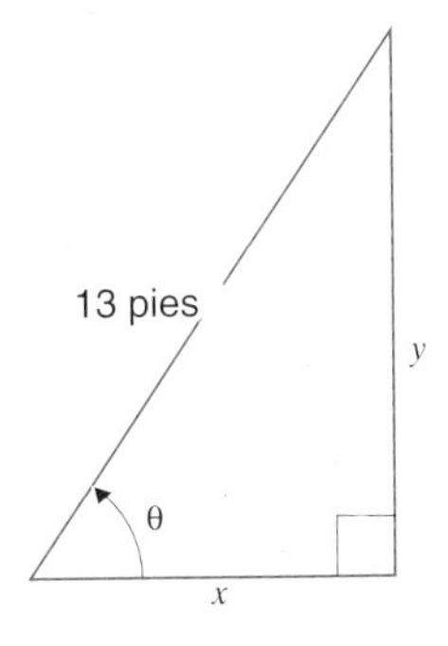


Hallar $\frac{d\theta}{dt}$ cuando $y = 12$ pies

dado que $\frac{dx}{dt} = 0{,}1$ pies/seg.

$$\cos\theta = \frac{x}{13}$$

La diferenciación respecto de $t$ nos da

$$-\operatorname{sen}\theta\,\frac{d\theta}{dt} = \frac{1}{13}\frac{dx}{dt}.$$

Cuando $y = 12$, $\operatorname{sen}\theta = \frac{12}{13}$. Sustituyendo $\operatorname{sen}\theta$ por $\frac{12}{13}$ y $dx/dt$ por 0,1, obtenemos

$$-\left(\frac{12}{13}\right)\frac{d\theta}{dt} = \frac{1}{13}(0{,}1) \qquad \text{luego} \qquad \frac{d\theta}{dt} = -\frac{1}{120}.$$

En el instante en el cual el otro extremo de la escalera está a 12 pies del suelo, el ángulo formado por la escalera y el suelo está decreciendo a razón de $\frac{1}{120}$ radianes por segundo (aproximadamente medio grado por segundo). □

## EJERCICIOS 3.11

1. Un punto se mueve a lo largo de la recta $x + 2y = 2$. Hallar: (a) el coeficiente de variación de la ordenada cuando la abscisa crece a la velocidad de 4 unidades por segundo; (b) el coeficiente de variación de la abscisa cuando la ordenada decrece a la velocidad de 2 unidades por segundo.
2. Una partícula se mueve en la órbita circular $x^2 + y^2 = 25$. Cuando pasa por el punto (3, 4) su ordenada está decreciendo a razón de 2 unidades por segundo. ¿Cómo está variando la abscisa?

**3.** Un montón de basura, de forma cúbica, está siendo prensado. Dado que el volumen decrece a razón de 2 metros cúbicos por minuto, hallar el coeficiente de variación de una arista del cubo cuando el volumen es exactamente de 27 metros cúbicos. ¿Cuál es, en ese instante, el coeficiente de variación de la superficie del cubo?

**4.** En un determinado instante, las dimensiones de un rectángulo son $a$ y $b$. Estas dimensiones varían con velocidades $m$ y $n$, respectivamente. Hallar el coeficiente de variación del área del rectángulo.

**5.** El volumen de un globo esférico crece a razón de 8 pies cúbicos por minuto. ¿Con qué velocidad está creciendo el radio cuando éste mide exactamente 10 pies? ¿Con qué velocidad está creciendo el área de la superficie del globo en ese instante?

**6.** En un determinado instante, el lado de un triángulo equilátero mide $\alpha$ centímetros y crece a la velocidad de $k$ centímetros por minuto. ¿A qué velocidad está creciendo el área?

**7.** El perímetro de un rectángulo se supone fijo en 24 centímetros. Si su base $l$ crece a razón de 1 centímetro por segundo, ¿a partir de qué valor de $l$ empieza el área del rectángulo a decrecer?

**8.** Las dimensiones de un rectángulo están variando de tal manera que su perímetro sea siempre de 24 pulgadas. Demostrar que en el instante en el cual el área es de 32 pulgadas cuadradas, ésta está creciendo o decreciendo a una velocidad 4 veces superior a la velocidad de crecimiento de la base.

**9.** Un rectángulo está inscrito en un círculo de 5 pulgadas de radio. Si su base decrece a razón de 2 pulgadas por segundo, ¿a qué velocidad está cambiando el área en el instante en el cual la base es de 6 pulgadas? (SUGERENCIA: Una diagonal del rectángulo es un diámetro del círculo.)

**10.** Un bote está sujeto por la proa a una cuerda enrollada a un cabrestante situado 6 metros por encima del nivel de la proa. Si el bote se aleja a la velocidad de 2,4 metros por minuto, ¿con qué velocidad se esta desenrollando la cuerda en el instante en el cual el bote está exactamente a 9 metros del cabrestante?

**11.** Dos barcos están compitiendo, con velocidad constante, en una carrera hacia un punto de llegada. El barco A navega desde el Sur a 13 nudos y el barco B se acerca desde el Este. En el instante en que están a la misma distancia de la meta, la distancia entre los dos barcos es de 16 millas y ésta decrece a razón de 17 millas por hora. ¿Cuál de los dos barcos ganará la carrera?

**12.** Una escalera de 4 metros de largo está apoyada contra una pared. Si la base de la escalera se aleja de la pared a la velocidad de 16 centímetros por segundo, ¿a qué velocidad estará descendiendo el otro extremo de la escalera en el instante en que la base esté a 1,6 metros de la pared?

**13.** Un depósito contiene 1000 pies cúbicos de gas natural a la presión de 5 libras por pulgada cuadrada. Hallar el coeficiente de variación del volumen si la presión decrece a razón de 0,05 libras por pulgada cuadrada por hora. (Supóngase conocida la ley de Boyle: presión $\times$ volumen = constante.)

**14.** La ley adiabática para la expansión del aire es $PV^{1,4} = C$. Si en un instante dado se observa un volumen de 400 decímetros cúbicos y una presión de 4 kilogramos por centímetro cuadrado, ¿a qué velocidad está variando la presión si el volumen decrece a razon de 40 decímetros cúbicos por segundo?

(*Importante*) Velocidad angular; movimiento circular uniforme

Cuando una partícula se mueve a lo largo de un círculo de radio $r$, el ángulo central, designado por la letra $\theta$ en la figura 3.11.3 y medido en radianes, varía. Al coeficiente de variación de $\theta$ respecto del tiempo, $\omega = d\theta/dt$ se le llama *velocidad angular* de la partícula. Al movimiento circular con velocidad angular positiva y constante se le llama *movimiento circular uniforme.*

**15.** Una partícula en movimiento circular uniforme recorre un arco de círculo. Al coeficiente de variación de la longitud de dicho arco respecto del tiempo se le llama *velocidad* de la partícula. ¿Cuál es la velocidad de una partícula que se mueve a lo largo de un círculo de radio $r$ con una velocidad angular constante igual a $\omega > 0$?

**16.** ¿Cuál es la energía cinética de la partícula del ejercicio 15 si su masa es $m$?

**17.** Un punto $P$ se mueve de manera uniforme a lo largo del círculo $x^2 + y^2 = r^2$ con velocidad angular $\omega$. Hallar las coordenadas de $P$ en el instante $t$ supuesto que el movimiento se inicia en el instante $t = 0$ con $\theta = \theta_0$.

**18.** Con $P$ como en el ejercicio 17, hallar la velocidad y la aceleración de la proyección † de $P$ sobre (a) el eje $x$, (b) el eje $y$.

**19.** En la figura 3.11.4 se muestra un sector en un círculo de radio $r$. El sector es la unión del triángulo $T$ y del casquete $S$. Supongamos que el vector radial gire en sentido contrario a las agujas del reloj con una velocidad angular constante de $\omega$ radianes por segundo. Demostrar que el área del sector cambia con velocidad constante pero que ni el área de $T$ ni la de $S$ cambian con velocidad constante.

**20.** Sean $S$ y $T$ como en el ejercicio anterior. En general los coeficientes de variación de las áreas de $T$ y $S$ son distintos. Existe, sin embargo, un valor de $\theta$ entre $0$ y $\pi$ para el cual ambas áreas tienen el mismo coeficiente de variación. Hallar ese valor de $\theta$.

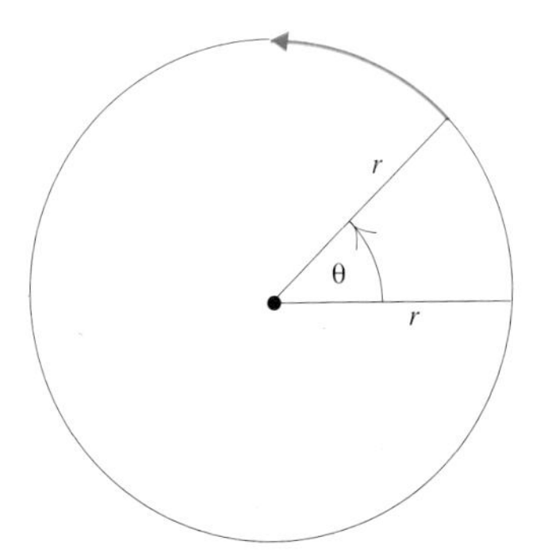

Figura 3.11.3

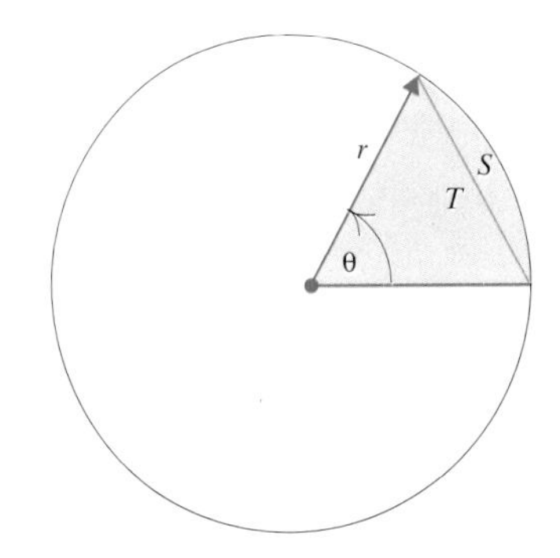


Figura 3.11.4

† La *proyección* de $P(x, y)$ sobre el eje $x$ es el punto $Q(x, 0)$; la proyección de $P(x, y)$ sobre el eje $y$ es el punto $R(0, y)$.

**21.** Un hombre que está a 3 pies de la base de un farol proyecta una sombra de 4 pies de largo. Si el hombre tiene 6 pies de altura y se aleja del farol a una velocidad de 400 pies por minuto, ¿con qué velocidad se alargará su sombra?

**22.** En la teoría de la relatividad restringida, la masa de una partícula que se mueve a la velocidad $v$ es

$$\frac{m}{\sqrt{1 - v^2/c^2}}$$

donde $m$ es su masa en reposo y $c$ la velocidad de la luz. ¿Cuál es el coeficiente de variación de la masa cuando la velocidad de la partícula es $\frac{1}{2}c$ y el coeficiente de variación de la velocidad es $0{,}01c$ por segundo?

**23.** Un vaso cónico de papel, de 4 pulgadas de diámetro y 6 pulgadas de altura, gotea agua a razón de media pulgada cúbica de agua por minuto. ¿A qué velocidad desciende el nivel del agua cuando el agua tiene una profundidad de 3 pulgadas?

**24.** Un grifo está echando agua en un cuenco semiesférico de 35 centímetros de diámetro a razón de 15 centímetros cúbicos por segundo. ¿A qué velocidad sube el agua (a) cuando alcanza una altura igual a la mitad de la del cuenco, y (b) en el instante de desbordarse? (El volumen de un casquete esférico viene dado por la fórmula $\pi rh^2 - \frac{1}{3}\pi h^3$ donde $r$ es el radio de la esfera y $h$ la altura del casquete.)

**25.** La base de un triángulo isósceles es de 6 pies. Si la altura es de 4 pies y está creciendo a razón de 2 pulgadas por minuto, ¿cuál es el coeficiente de variación del ángulo en el vértice?

**26.** Mientras un muchacho está enrollando la cuerda, su cometa se está moviendo horizontalmente a una altura de 18 metros a la velocidad de 3 metros por minuto. ¿A qué velocidad está variando el ángulo de la cuerda con el suelo cuando su longitud es de 30 metros?

**27.** Un faro situado a $\frac{1}{2}$ milla de la costa gira a razón de una revolución por minuto. ¿Con qué rapidez se está desplazando la mancha de luz a lo largo de la playa recta en el instante en que pasa por un punto de la costa alejado 1 milla del punto de la costa más próximo al faro.

**28.** Un coche $A$, que viaja hacia el Este a 30 millas por hora y un coche $B$ que viaja hacia el Norte a 22,5 millas por hora convergen hacia una intersección $I$. ¿Cuál es el coeficiente de variación del ángulo $IAB$ en el instante en el cual el coche $A$ está a 300 pies de la intersección $I$ y el coche $B$ está a 400 pies de la misma?

**29.** Una maroma de 32 pies de largo está atada a un peso y pasa por una polea situada a 16 pies del suelo. El otro cabo de la maroma es desplazado a lo largo del suelo a una velocidad de 3 pies por segundo. ¿Cuál es el coeficiente de variación del ángulo formado por la maroma y el suelo en el instante en el cual el peso está exactamente a 4 pies del suelo?

**30.** Un tirador está hecho sujetando los extremos de una tira de goma de 10 pulgadas de largo a las dos puntas de una horquilla que distan 6 pulgadas. Si el punto medio de la goma es estirado hacia atrás a la velocidad de 1 pulgada por segundo, ¿cuál es el coeficiente de variación del ángulo formado por los dos segmentos de la tira 8 segundos más tarde?

**31.** Un globo es soltado a 500 pies de un observador. Si el globo sube verticalmente a la velocidad de 100 pies por minuto mientras que el viento lo aleja horizontalmente del observador a la velocidad de 75 pies por minuto, ¿cuál será el coeficiente de variación de la inclinación de la visual del observador 6 minutos después de que el globo haya sido soltado?

**32.** En un instante dado un reflector está enfocado sobre un avión que pasa volando en línea recta, a una altitud de 2 millas y una velocidad de 400 millas por hora, por la vertical del reflector. ¿Con qué velocidad deberá girar el reflector dos segundos más tarde?

## 3.12 DIFERENCIALES; APROXIMACIONES DE NEWTON-RAPHSON

### Diferenciales

En la figura 3.12.1 está representada la gráfica de una función $f$ y, debajo de ella, la gráfica de la tangente en el punto $(x, f(x))$. Como sugiere la figura, para $h$ pequeño, $f(x + h) - f(x)$, la variación de $f$ de $x$ a $x + h$, puede aproximarse por el producto $f'(x)h$:

**(3.12.1)** $$f(x+h) - f(x) f'(x)h.$$

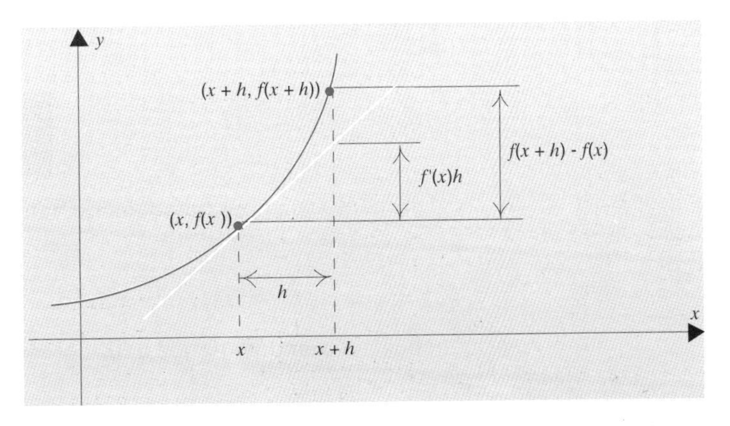


Figura 3.12.1

¿Cuán buena es esta aproximación? Es buena en el siguiente sentido: para $h$ pequeño, la diferencia entre las dos cantidades,

$$[f(x+h)-f(x)] - f'(x)h,$$

es pequeña comparada con $h$. ¿Cómo de pequeña? Tanto como para que el cociente

$$\frac{[f(x+h)-f(x)] - f'(x)h}{h}$$

tienda a 0 cuando $h$ tiende a 0:

$$\lim_{h\to 0}\frac{f(x+h)-f(x)-f'(x)h}{h} = \lim_{h\to 0}\frac{f(x+h)-f(x)}{h} - \lim_{h\to 0}\frac{f'(x)h}{h}$$
$$= f'(x)-f'(x) = 0.$$

Las cantidades $f(x+h)-f(x)$ y $f'(x)h$ se denominan como se indica en la siguiente

**DEFINICIÓN 3.12.2**

La diferencia $f(x+h)-f(x)$ recibe el nombre de incremento (de $f$ desde $x$ a $x+h$) y se denota $\Delta f$:

$$\Delta f = f(x+h)-f(x).\dagger$$

El producto $f'(x)h$ se denomina *diferencial* (en $x$ con incremento $h$) y se denota $df$:

$$df = f'(x)h.$$

La figura 3.12.1 nos dice que, para $h$ pequeño, $\Delta f$ y $df$ son aproximadamente iguales:

$$\Delta f \cong df.$$

¿En cuánto son aproximadamente iguales? Lo suficiente para que el cociente

$$\frac{\Delta f - df}{h}$$

tienda a 0 cuando $h$ tiende a 0.

† El símbolo $\Delta$ es una $\delta$ mayúscula; $\Delta f$ se lee "delta $f$".

Tomemos un ejemplo sencillo para ilustrar todo esto. El área de un cuadrado de lado $x$ viene dada por la fórmula

$$f(x) = x^2, \qquad x > 0.$$

Si la longitud de cada lado se incrementa de $x$ a $x + h$, el área crece de $f(x)$ a $f(x + h)$. La variación del área es el incremento $\Delta f$:

$$\begin{aligned}\Delta f &= f(x+h) - f(x)\\ &= (x+h)^2 - x^2\\ &= (x^2 + 2xh + h^2) - x^2\\ &= 2xh + h^2.\end{aligned}$$

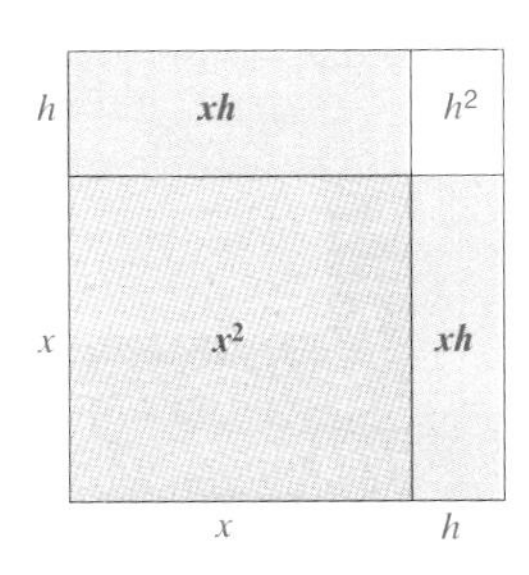


Figura 3.12.2

Como estimación para este cambio podemos usar la diferencial

$$df = f'(x)h = 2xh. \qquad \text{(figura 3.12.2)}$$

El error de nuestra estimación, la diferencia entre el cambio real $\Delta f$ y el cambio estimado $df$, es la diferencia

$$\Delta f - df = h^2.$$

Como esperábamos, el error es pequeño comparado con $h$ en el sentido de que

$$\frac{\Delta f - df}{h} = \frac{h^2}{h} = h$$

tiende a 0 cuando $h$ tiende a 0.

**Problema 1.** Utilizar una diferencial para estimar el incremento de $f(x) = x^{2/5}$ (a) cuando $x$ crece de 32 a 34 y (b) cuando $x$ decrece de 1 a $\frac{9}{10}$.

*Solución.* Dado que $f'(x) = \frac{2}{5}(1/x)^{3/5}$, tenemos que

$$df = f'(x)h = \tfrac{2}{5}(1/x)^{3/5}\,h.$$

Para resolver el apartado (a) hacemos $x = 32$ y $h = 2$. La diferencial toma entonces el valor

$$\tfrac{2}{5}\left(\tfrac{1}{32}\right)^{3/5}(2) = \tfrac{1}{10} = 0{,}10.$$

Una variación en $x$ desde 32 hasta 34 aumenta el valor de $f$ en aproximadamente 0,10. (Nuestra calculadora nos da un incremento $\cong 0{,}098$.)

Para resolver el apartado (b), hacemos $x = 1$ y $h = -\frac{1}{10}$. La diferencial toma entonces el valor

$$\tfrac{2}{5}\left(\tfrac{1}{1}\right)^{3/5}\left(-\tfrac{1}{10}\right) = -\tfrac{2}{50} = -\tfrac{1}{25} = -0{,}04$$

Una variación en $x$ desde 1 hasta $\frac{9}{10}$ hace disminuir el valor de $f$ en aproximadamente 0,04. (Nuestra calculadora nos da un incremento $\cong -0{,}041$.) □

**Problema 2.** Usar una diferencial para estimar $\sqrt{104}$.

*Solución.* Conocemos $\sqrt{100}$. Lo que necesitamos es una estimación para el incremento de

$$f(x) = \sqrt{x}$$

desde 100 a 104. La diferenciación nos da, en este caso,

$$f'(x) = \frac{1}{2\sqrt{x}} \qquad \text{luego} \qquad df = f'(x)h = \frac{h}{2\sqrt{x}}.$$

Con $x = 100$ y $h = 4$, $df$ se convierte en

$$\frac{4}{2\sqrt{100}} = \frac{1}{5} = 0{,}2.$$

Una variación de $x$ desde 100 hasta 104 aumenta el valor de la raíz cuadrada en aproximadamente 0,2. De ahí que

$$\sqrt{104} \cong \sqrt{100} + 0{,}2 = 10 + 0{,}2 = 10{,}2.$$

Como el lector podrá comprobar, $(10{,}2)^2 = 104{,}4$ por lo que no nos hemos alejado tanto del valor indicado. □

## El método de Newton-Raphson

En la figura 3.12.3 está representada la gráfica de una función $f$. Supondremos que $f$ es dos veces diferenciable. Dado que la gráfica de $f$ corta el eje $x$ en $x = c$, el número $c$ es solución de la ecuación $f(x) = 0$. En el dibujo de la figura 3.12.3 podemos aproximar $c$ de la siguiente manera: partimos de $x_1$ (ver la figura). La tangente en $(x_1, f(x_1))$ corta el eje $x$ en un punto $x_2$ que está más cerca de $c$ que $x_1$. La tangente en $(x_2, f(x_2))$ corta el eje $x$ en un punto $x_3$ que está más cerca de $c$ que $x_2$. Continuando con este procedimiento obtenemos aproximaciones cada vez mejores de $c$.

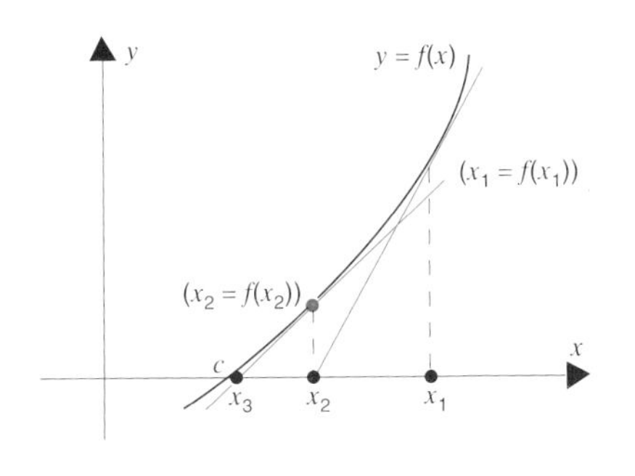


Figura 3.12.3

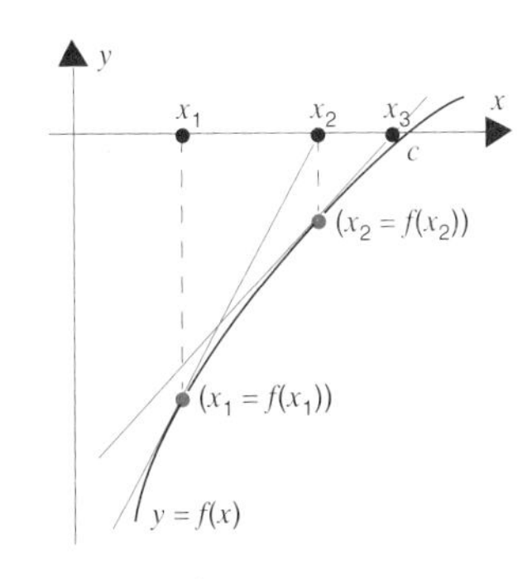


Figura 3.12.4

Este método de aproximación de las raíces de una ecuación $f(x) = 0$ se conoce como *método de Newton-Raphson*. Este método no funciona en todos los casos. Funciona siempre que $x_1$ y $c$ puedan unirse mediante un intervalo $I$ en el interior del cual $f(x)f''(x) > 0$. En efecto, en ese caso si $f$ es positiva en el interior de $I$, su gráfica es convexa en $I$ y tenemos la situación representada en la figura 3.12.3. Por el contrario, si $f$ es negativa, su gráfica es cóncava en $I$ y la situación es la representada en la figura 3.12.4.

Existe una relación algebraica entre $x_n$ y $x_{n+1}$ que estableceremos ahora. La ecuación de la tangente en $(x_n, f(x_n))$ es la siguiente

$$y - f(x_n) = f'(x_n)(x - x_n).$$

Su intersección con el eje $x$, $x_{n+1}$ puede hallarse haciendo $y = 0$ en dicha ecuación

$$0 - f(x_n) = f'(x_n)(x_{n+1} - x_n).$$

Despejando $x_{n+1}$ en dicha ecuación obtenemos

**(3.12.3)**
$$x_{n+1} = x_n - \frac{f(x_n)}{f'(x_n)}.$$

**Ejemplo 3.** El número $\sqrt{3}$ es solución de la ecuación $x^2 - 3 = 0$. Vamos a aproximar $\sqrt{3}$ aplicando el método de Newton-Raphson a la función $f(x) = x^2 - 3$ y partiendo de $x_1 = 2$. (Como podrá comprobar el lector, $f(x)f''(x) > 0$ en $(\sqrt{3}, 2)$ y estamos seguros de que el método se aplica.) Dado que $f'(x) = 2x$ la fórmula de Newton-Raphson da que

$$x_{n+1} = x_n - \left(\frac{x_n^2 - 3}{2x_n}\right) = \frac{2x_n^2 + 3}{x_{n+1}}.$$

aplicaciones sucesivas de la fórmula (utilizamos aquí una calculadora) nos dan

$$x_1 = 2, \quad x_2 = 1{,}7500000, \quad x_3 = 1{,}7321428, \quad x_4 = 1{,}7320508.$$

Dado que $(1{,}7320508)^2 \cong 2.9999999$, el método ha generado una excelente aproximación de $\sqrt{3}$ en sólo tres pasos. □

## EJERCICIOS 3.12

1. Usar la diferencial para estimar la variación del volumen de un cubo cuando la longitud de cada arista se incrementa en $h$. Interpretar geométricamente el error de la estimación $\Delta V - dV$.
2. Usar la diferencial para estimar el área de un anillo de radio interior $r$ y anchura $h$. ¿Cuál es el área exacta?

Estimar las siguientes expresiones mediante diferenciales.

**3.** $\sqrt[3]{1010}$. **4.** $\sqrt{125}$. **5.** $\sqrt[4]{15}$. **6.** $1/\sqrt{24}$.

**7.** $\sqrt[5]{30}$. **8.** $(26)^{2/3}$. **9.** $(33)^{3/5}$. **10.** $(33)^{-1/5}$.

Recordando que el dominio de las funciones trigonométricas se mide en radianes mejor que en grados, usar las diferenciales para estimar las siguientes expresiones.

**11.** sen 46°. **12.** cos 62°. **13.** tan 28°. **14.** sen 43°.

**15.** Estimar $f(2, 8)$ suponiendo que $f(3) = 2$ y $f'(x) = (x^3+5)^{1/5}$.

**16.** Estimar $f(5, 4)$ suponiendo que $f(5) = 1$ y $f'(x) = \sqrt[3]{x^2 + 2}$.

**17.** Hallar el volumen aproximado de una lámina cilíndrica delgada con extremos abiertos, si el radio interior es $r$, la altura $h$ y el espesor $t$.

**18.** El diámetro de una bola de acero mide 16 centímetros con un error máximo de 0,3 centímetros. Calcular mediante diferenciales el error máximo cometido en (a) el cálculo de la superficie al utilizar la fórmula $S = 4\pi r^2$; (b) el cálculo de su volumen mediante la fórmula $V = \frac{4}{3}\pi r^3$.

**19.** Es preciso construir una caja cúbica que contenga 1000 pies cúbicos. Utilizar diferenciales para estimar con qué precisión se ha de hacer la arista interna a fin de que el volumen sea el proyectado con un margen de error inferior a 3 pies cúbicos.

**20.** Utilizar diferenciales para estimar los valores de $x$ para los cuales

(a) $\sqrt{x+1} - \sqrt{x} < 0{,}01$. (b) $\sqrt[4]{x+1} - \sqrt[4]{x} < 0{,}002$.

**21.** La duración $t$ de una oscilación de un péndulo de longitud $l$ viene dada por la fórmula $t = \pi\sqrt{l/g}$. Aquí $t$ se mide en segundos y $l$ en pies. Tómese $\pi \cong 3{,}14$ y $g \cong 32$. Supuesto que un péndulo de longitud 3,26 pies oscila una vez por segundo, hallar la variación aproximado de $t$ si el péndulo se alarga 0,01 pies.

**22.** Al calentar un determinado cubo de metal, cada arista aumenta a razón de 0,1% por cada grado de aumento de la temperatura. Demostrar por diferenciales que la superficie aumenta aproximadamente un 0,2% por cada grado mientras que el volumen aumenta aproximadamente un 0,3% por grado.

**23.** Queremos determinar el área de un círculo midiendo su diámetro. ¿Con qué precisión hemos de medir el diámetro si queremos obtener una precisión del 1%?

**24.** Estimar, por medio de diferenciales, con qué precisión hemos de determinar $x$ para que (a) $x^n$ tenga una precisión del 1%; (b) $x^{1/n}$ tenga una precisión del 1%.

**(Calculadora)** Usar el método de Newton-Raphson para estimar una raíz de la ecuación partiendo del valor indicado de $x$: (a) Expresar $x_{n+1}$ en función de $x_n$. (b) Dar $x_4$ redondeado a la quinta decimal y evaluar $f$ en esa aproximación.

**25.** $f(x) = x^2 - 24; \quad x_1 = 5.$

**26.** $f(x) = x^2 - 17; \quad x_1 = 5.$

**27.** $f(x) = x^3 - 25; \quad x_1 = 3.$

**28.** $f(x) = x^3 - 30; \quad x_1 = 2.$

**29.** $f(x) = \cos x - x; \quad x_1 = 1.$

**30.** $f(x) = \operatorname{sen} x^2; \quad x_1 = 1.$

**31.** $f(x) = 2 \operatorname{sen} x - x; \quad x_1 = 2.$

**32.** $f(x) = x^3 - 4x + 1; \quad x_1 = 2.$

Notación $o(h)$(o-minúscula de $h$); la tangente como mejor aproximación

Sea $g$ una función definida al menos en un intervalo abierto que contiene a 0. Diremos que $g$ es *o-minúscula* de $h$ y escribiremos $g(h) = o(h)$ sii para $h$ pequeño, $g(h)$ es suficientemente pequeño para que

$$\lim_{h \to 0} \frac{g(h)}{h} = 0, \qquad \text{o, lo que es equivalente} \qquad \lim_{h \to 0} \frac{g(h)}{|h|} = 0.$$

**33.** ¿Cuál de los siguientes asertos es cierto?

(a) $h^3 = o(h)$. (b) $\dfrac{h^2}{h-1} = o(h)$. (c) $h^{1/3} = o(h)$.

**34.** Demostrar que si $g(h) = o(h)$, $\lim_{h \to 0} g(h) = 0$.

**35.** Demostrar que si $g_1(h) = o(h)$ y $g_2(h) = o(h)$ entonces

$$g_1(h) + g_2(h) = o(h) \qquad \text{y} \qquad g_1(h)g_2(h) = o(h).$$

**36.** En la figura 3.12.5 están representadas la gráfica de una función $f$ y una recta de pendiente $m$ que pasa por el punto $(x, f(x))$. La separación vertical en $x + h$ entre la línea de pendiente $m$ y la gráfica de $f$ ha sido designada por $g(h)$.

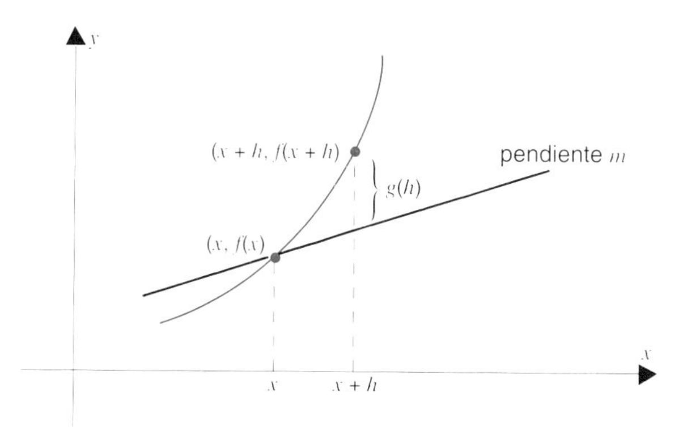


**Figura 3.12.5**

(a) Calcular $g(h)$

(b) Demostrar que de todas las líneas que pasan por el punto $(x, f(x))$, la tangente es la recta que realiza la mejor aproximación a la gráfica cerca del punto $(x, f(x))$, demostrando que

$$g(h) = o(h) \qquad \text{si} \qquad m = f'(x).$$

---

### Un programa para el método de Newton-Raphson (BASIC)

Este programa hace buena parte del trabajo resultante de aplicar el método de Newton-Raphson para hallar una solución de una ecuación del tipo FNf(x) = 0, donde FNf designa la función estudiada. Como en programas anteriores el lector sustituirá la función FNf tomada como ejemplo por la función de su elección. También tendrá que especificar la derivada correcta de su función, designándola por Fnfprime(x) y dar el valor x considerado como un buen punto de partida para hallar una raíz de la ecuación FNf(x) = 0. A partir de ese momento, el ordenador se hará cargo del resto.

```
10 REM Newton-Raphson method for finding roots
20 REM copyright © Colin C. Graham 1988-1989
```

```
30 REM change the lines "def FNf = ..." "def FNfprime = ..."
40 REM    to fit your function

50 DEF FNf(x) = LOG(x) – 1
60 DEF FNfprime(x) = 1/x

70 REM warning: program does not avoid división by 0.

100 INPUT "Enter the number of iterations:"; ntimes
110 REM    13 gives a nice display on many computers

120 INPUT "Enter starting value:"; x

200     PRINT "x", "FNf(x)"
210     PRINT x, FNf(x)

300 FOR j= 0 TO ntimes
310     x = x – FNf(x)/FNfprime(x)
320     PRINT x, FNf(x)
330 NEXT j

500 INPUT "Do it again? (Y/N)"; a$
510 IF a$ = "Y" OR a$ = "y" THEN 100
520 END
```

## 3.13 EJERCICIOS ADICIONALES

**1.** El coeficiente de variación de $f$ en $x_0$ es dos veces mayor que el de $f$ en 1. Hallar $x_0$ cuando

(a) $f(x) = x^2$. (b) $f(x) = 2x^3$. (c) $f(x) = \sqrt{x}$.

**2.** Dado que $y = 2x^3 - x^2$, determinar los valores de $x$ para los cuales $y = dy/dx$.

**3.** Hallar los puntos de la curva $y = \frac{2}{3}x^{3/2}$ donde la inclinación de la tangente es

(a) 45°. (b) 60°. (c) 30°.

**4.** Hallar la ecuación de la tangente a la curva $y = x^3$ que pasa por el punto $(0, 2)$.

**5.** Hallar la ecuación de la tangente a la gráfica de $f^{-1}$ en $(b, a)$ dado que la pendiente de la tangente a la gráfica de $f$ en $(a, b)$ es $m$.

**6.** Hallar la ecuación de la normal a la parábola $y = 5x + x^2$ que forma un ángulo de 45° con el eje $x$.

Hallar la fórmula para la derivada $n$-ésima de las siguientes funciones.

**7.** $y = (a + bx)^n$. 8. $y = \dfrac{a}{bx + c}$.

**9.** Si $y = 4x - x^3$ y si $x$ crece con velocidad constante igual a $\frac{1}{3}$ de unidad por segundo ¿Con qué velocidad está variando la pendiente de la tangente a la gráfica en el instante en el cual $x = 2$?

**10.** Una pelota lanzada en línea recta hacia arriba desde el suelo alcanza la altura de 8 metros en 1 segundo. ¿A qué altura llegará la pelota?

*(Importante)* Hemos definido la derivada de $f$ en $c$ de la siguiente manera

$$f'(c) = \lim_{h \to 0} \frac{f(c+h) - f(c)}{h}.$$

Haciendo $c + h = x$, podemos escribir

**(3.13.1)**
$$f'(c) = \lim_{x \to c} \frac{f(x) - f(c)}{x - c}.$$

Esta definición alternativa de la derivada ofrece ciertas ventajas en determinadas situaciones. Para convencerse de la equivalencia de ambas definiciones, el lector calculará por ambos métodos la derivada $f'(c)$ en los siguientes casos.

**11.** $f(x) = x^2; \quad c = 2.$

**12.** $f(x) = x^2 - 3x; \quad c = 1.$

*(Importante)* Hallar los siguientes límites. [Todos son derivadas expresadas en la forma de (3.13.1).]

**13.** $\lim_{x \to 1} \frac{x^{1/5} - 1}{x - 1}.$ [SUGERENCIA: Se trata de la derivada de $f(x) = x^{1/5}$ en $x = 1$.]

**14.** $\lim_{x \to 2} \frac{x^5 - 32}{x - 2}.$

**15.** $\lim_{x \to \pi} \frac{\operatorname{sen} x}{x - \pi}.$

16. $\lim_{x \to 0} \frac{\cos x - 1}{x}.$

**17.** Hallar las ecuaciones de todas las tangentes a la curva $y = x^3 - x$ que pasan por el punto $(-2, 2)$.

**18.** Una partícula se mueve a lo largo de la parábola $y^2 = 12x$. ¿En qué punto de la parábola crecen las dos coordenadas de la partícula a la misma velocidad?

**19.** El radio de un cono crece a razón de 0,3 pulgadas por minuto pero su volumen permanece constante. ¿Con qué velocidad está variando la altura del cono en el instante en el cual el radio mide 4 pulgadas y la altura mide 15 pulgadas?

**20.** El área de un cuadrado está creciendo a razón de 6 centímetros cuadrados por minuto cuando el lado del cuadrado mide 14 centímetros. ¿Con qué velocidad está variando el perímetro del cuadrado en ese instante?

**21.** Las dimensiones de un rectángulo están variando de tal modo que el perímetro se mantenga en 20 centímetros. ¿Con qué velocidad está cambiando el área del rectángulo en el instante en el cual uno de los lados tiene 7 centímetros de largo y está decreciendo a razón de 0,4 centímetros por minuto?

**22.** Las dimensiones de un rectángulo están variando de tal modo que el área se mantenga en 24 centímetros cuadrados. ¿Con qué velocidad está cambiando el perímetro del rectángulo en el instante en el cual uno de los lados tiene 6 centímetros de largo y está creciendo a razón de 0,3 centímetros por minuto?

**23.** ¿A qué velocidad está variando el volumen de una esfera en el instante en el cual su área crece a razón de 4 pulgadas cuadradas por minuto y su radio crece a razón de 0,1 pulgadas por minuto?

**24.** ¿A qué velocidad está variando la superficie de un cubo en el instante en el cual su volumen decrece a razón de 9 centímetros cúbicos por minuto y la longitud de una arista decrece a razón de 4 centímetros por minuto?

**25.** Un objeto se mueve a lo largo de un eje coordenado y su posición en el instante $t$ viene dada por la función $x(t) = t + 2 \cos t$. Hallar aquellos instantes $t$ entre 0 y $2\pi$ en los cuales el objeto está desacelerando.

**26.** Un objeto se mueve a lo largo de un eje coordenado y su posición en el instante $t$ viene dada por la función $x(t) = \sqrt{t+1}$. (a) Demostrar que la aceleración es negativa y proporcional al cubo de la velocidad. (b) Utilizar diferenciales para hallar estimaciones numéricas de la posición, la velocidad y la aceleración del objeto en el instante $t = 17$. Basar la estimación en $t = 15$.

**27.** Al calentar una determinada esfera de metal, su radio aumenta a razón de 0,1% por cada grado de aumento de la temperatura. Demostrar por diferenciales que la superficie aumenta aproximadamente un 0,2% por cada grado mientras que el volumen aumenta aproximadamente un 0,3% por grado.

**28.** Un objeto se mueve a lo largo de un eje coordenado y su posición en el instante $t$ viene dada por la función $x(t) = -t\sqrt{t+1}$, $t \geq 0$. Hallar (a) la velocidad en el instante $t = 1$. (b) la aceleración en el instante $t = 1$. (c) la celeridad en el instante $t = 1$. (d) el coeficiente de variación de la celeridad en el instante $t = 1$.

**29.** Una artesa horizontal de 12 pies de largo tiene una sección transversal vertical en forma de trapecio. Su base mide 3 pies y sus lados están formando un ángulo con la vertical cuyo seno es $\frac{4}{5}$. Si se vierte el agua en la artesa a razón de 10 pies cúbicos por minuto, ¿a qué velocidad está subiendo el nivel del agua en la artesa cuando el agua tiene exactamente 2 pies de profundidad?

**30.** Con los datos del ejercicio 29, ¿a qué ritmo está saliendo el agua de la artesa si el nivel está bajando a razón de 0,1 pies por minuto cuando el agua tiene 3 pies de profundidad?

**31.** Un punto $P$ se mueve a lo largo de la parábola $y = x^2$ de tal manera que su abscisa crezca a la velocidad constante de $k$ unidades por segundo. Si $M$ es la proyección de $P$ en el eje $x$, ¿con qué velocidad está cambiando el área del triángulo $OMP$ cuando $P$ está en el punto de abscisa $x = a$?

**32.** El diámetro y la altura de un cilindro circular recto toman, en un determinado instante, respectivamente los valores de 10 pulgadas y 20 pulgadas. Si el diámetro está creciendo a razón de 1 pulgada por minuto, ¿qué variación de la altura mantendrá el volumen constante?

**33.** El período ($P$ segundos) de la oscilación completa de un péndulo de longitud $l$ pulgadas viene dado por la fórmula $P = 0{,}32\sqrt{l}$. (a) Hallar el coeficiente de variación del período respecto de la longitud cuando $l = 9$ pulgadas. (b) Utilizar la diferencial para estimar la variación de $P$ causada por un aumento de $l$ de 9 a 9,2 pulgadas.

**34.** Demostrar que un objeto lanzado verticalmente desde el suelo vuelve a caer a este con la misma celeridad que había sido lanzado. Despreciar la resistencia del aire.

**35.** El lastre soltado por un globo que se estaba elevando a razón de 5 pies por segundo alcanza el suelo en 8 segundos. ¿A qué altura estaba el globo cuando soltó el lastre?

**36.** Si el globo del ejercicio 35 hubiera estado bajando a la velocidad de 5 pies por segundo, ¿cuánto tiempo habría tardado el lastre en alcanzar el suelo?

**37.** Las rectas de isocoste y las curvas de indiferencia se estudian en economía. ¿Para qué valor de $C$ es la línea de isocoste

$$Ax + By = 1 \qquad (A > 0, B > 0)$$

tangente a la curva de indiferencia

$$y = \frac{1}{x} + C, \qquad x > 0?$$

Hallar el punto de tangencia (llamado punto de equilibrio).

**38.** Sea

$$P = f(Q) \qquad (P = \text{precio}, Q = \text{cantidad producida})$$

la función de suministro representada en la figura 3.13.1. Comparar los ángulos $\theta$ y $\pi$ en los puntos en los cuales la elasticidad

$$\epsilon = \frac{f(Q)}{Q|f'(Q)|}$$

(a) es 1. (b) es menor que 1. (c) es mayor que 1.

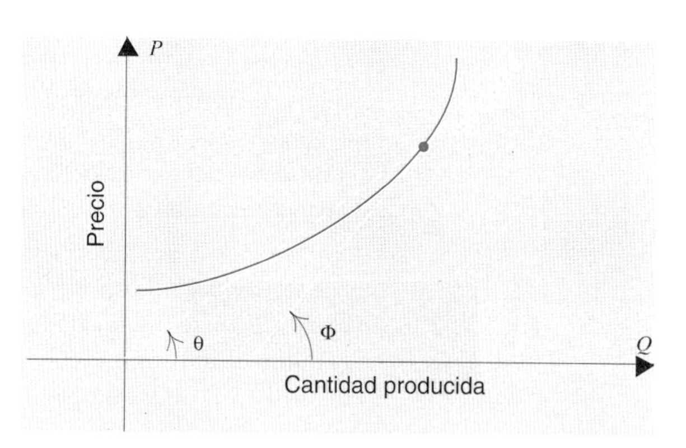


**Figura 3.13.1**

**39.** Determinar los coeficientes $A$, $B$ y $C$ de modo que la curva $y = Ax^2 + Bx + C$ pase por el punto (1, 3) y sea tangente a la recta $x - y + 1 = 0$ en el punto (2, 3).

**40.** Determinar los coeficientes $A$, $B$, $C$ y $D$ de modo que la curva $y = Ax^3 + Bx^2 + Cx + D$ sea tangente a la recta $y = 5x - 4$ en el punto (1, 1) y tangente a la recta $y = 9x$ en el punto (–1, – 9).

**41.** Un objeto se mueve a lo largo de un eje coordenado y su posición en el instante $t$ viene dada por la función $x(t) = \cos 2t - 2\cos t$. ¿En qué instantes $t$ entre 0 y $2\pi$ cambia el objeto de dirección?

**42.** Un muchacho que anda por un camino horizontal y recto, se aleja de una luz que está colgada a 12 pies del suelo. ¿A qué velocidad se alarga su sombra si el muchacho tiene 5 pies de altura y anda a una velocidad de 168 pies por minuto?

**43.** Una vía de ferrocarril cruza una carretera con un ángulo de 60°. Una locomotora está a 500 pies de la intersección y se aleja de ella a razón de 60 millas por hora. Un automóvil a 500 pies de la intersección se acerca a ella a razón de 30 millas por hora. ¿Cuál es el coeficiente de variación de la distancia entre ambos? SUGERENCIA: Utilizar la ley de los cosenos.

**44.** Un barco está navegando hacia el Sur a 6 nudos; otro hacia el Este a 8 nudos. A las 4 de la tarde, el segundo barco cruza la trayectoria del primero en el punto donde éste estuvo dos horas antes. ¿Cómo varía la distancia entre los dos barcos a las 3 de la tarde? (b)¿Y a las 5 de la tarde?

**45.** Un punto $P$ de mueve uniformemente a lo largo del círculo $x^2+ y^2 = r^2$. (a) ¿En qué puntos del círculo la proyección de $P$ en el eje $x$ se mueve con la mayor celeridad? (b) En qué puntos la proyección de P en el eje $y$ se mueve con la mayor celeridad? SUGERENCIA: Ver el ejercicio 17 de la sección 3.11.

---

## RESUMEN DEL CAPÍTULO

### 3.1 La derivada

| | |
|---|---|
| derivada de $f$ (p. 133) | recta tangente (p. 133) |
| recta normal (p. 138) | tangente vertical (p. 140) |

Si $f$ es diferenciable en $x$, $f$ es continua en $x$ (p. 142). La recíproca es falsa.

### 3.2 Algunas fórmulas de diferenciación

$$(f+g)'(x) = f'(x) + g'(x) \qquad (\alpha f)'(x) = \alpha f'(x)$$

$$(fg)'(x) = f(x)g'(x) + g(x)f'(x) \qquad \left(\frac{f}{g}\right)'(x) = \frac{g(x)f'(x) - f(x)g'(x)}{[g(x)]^2} \quad (g(x) \neq 0)$$

Para todo entero $n$ distinto de 0, $p(x) = x^n$ tiene como derivada $p'(x) = nx^{n-1}$.

### 3.3 La notación *d/dx*; derivadas de orden superior

Otra notación para la derivada es la notación de la *doble d* de Leibniz: si $y = f(x)$, entonces

$$\frac{dy}{dx} = f'(x).$$

Las derivadas de orden superior se calculan por diferenciaciones sucesivas. Por ejemplo, la derivada segunda de $y = f(x)$ es la derivada de la derivada:

$$f''(x) = \frac{d^2y}{dx^2} = \frac{d}{dx}\left(\frac{dy}{dx}\right).$$

## 3.4 La derivada como coeficiente de variación

$dy/dx$ da el coeficiente de variación de $y$ respecto de $x$.

## 3.5 Velocidad y aceleración; caída libre

velocidad, aceleración, celeridad (p.p. 169 y 170)
caída libre (p. 173), energía de un cuerpo en caída libre (p. 175)

Si la velocidad y la aceleración son de igual signo, el objeto está *acelerando*. Si la velocidad y la aceleración son de signos opuestos, está *desacelerando*.

## 3.6 La regla de la cadena

Varias formas de la regla de la cadena:

$$\frac{dy}{dx} = \frac{dy}{du}\frac{du}{dx}, \quad \frac{d}{dx}[f(u)] = \frac{d}{du}[f(u)]\frac{du}{dx}, \quad (f \circ g)'(x) = f'(g(x))g'(x).$$

Si $u$ es una función diferenciable de $x$ y $n$ un entero positivo o negativo, entonces

$$\frac{d}{dx}(u^n) = nu^{n-1}\frac{du}{dx}.$$

## 3.7 Diferenciación de las funciones trigonométricas

$$\frac{d}{dx}(\text{sen } u) = \cos u\frac{du}{dx}, \qquad \frac{d}{dx}(\cos u) = -\text{ sen } u\frac{du}{dx},$$

$$\frac{d}{dx}(\tan u) = \sec^2 u\frac{du}{dx}, \qquad \frac{d}{dx}(\cot u) = -\text{ cosec}^2 u\frac{du}{dx},$$

$$\frac{d}{dx}(\sec u) = \sec u \tan u\frac{du}{dx}, \qquad \frac{d}{dx}(\text{cosec } u) = -\text{ cosec } u \cot u\frac{du}{dx}.$$

## 3.8 Diferenciación de inversas; potencias fraccionarias

derivada de una inversa: $(f^{-1})'(x) = \dfrac{1}{f'(f'(x))}$, $\qquad \dfrac{dx}{dy} = \dfrac{1}{dy/dx}$

derivada de una potencia fraccionaria: $\dfrac{d}{dx}(u^{p/q}) = \dfrac{p}{q}u^{(p/q)-1}\dfrac{du}{dx}$

## 3.9 Práctica adicional en diferenciación

## 3.10 Diferenciación de funciones implícitas

Hallar $dy/dx$ a partir de una ecuación en $x$ e $y$ sin tener que despejar primero $y$.

## 3.11 Coeficiente de variación por unidad de tiempo

Si una cantidad $Q$ varía con el tiempo, la derivada $dQ/dt$ da el coeficiente de variación de esta cantidad por unidad de tiempo.
Un procedimiento en 5 pasos para resolver los problemas relacionados con estos coeficientes de variación por unidad de tiempo está esbozado en la p. 209.

## 3.12 Diferenciales; aproximaciónes de Newton-Raphson

incremento: $\Delta f = f(x+h) - f(x)$ diferencial: $df = f'(x)h$

$\Delta \cong df$ en el sentido siguiente: $\dfrac{\Delta f - df}{h}$ tiende a 0 cuando $h \to 0$

Método de Newton-Raphson (p. 200)

## 3.13 Ejercicios adicionales

definición alternativa de la derivada: $f'(c) = \lim\limits_{x \to c} \dfrac{f(x) - f(c)}{x - c}$

4

# EL TEOREMA DEL VALOR MEDIO Y APLICACIONES

## 4.1 EL TEOREMA DEL VALOR MEDIO

En esta sección demostraremos un resultado conocido como *el teorema del valor medio*. Enunciado por primera vez por el matemático francés Joseph Louis Lagrange[†] (1736-1813), este teorema ha acabado por estar presente en toda la estructura teórica del cálculo.

**TEOREMA 4.1.1 EL TEOREMA DEL VALOR MEDIO**

Si $f$ es diferenciable en $(a, b)$ y continua en $[a, b]$, existe al menos un número $c$ en $(a, b)$ para el cual

$$f'(c) = \frac{f(b) - f(a)}{b - a}.$$

El número

$$\frac{f(b) - f(a)}{b - a}$$

[†] Lagrange, que ya hemos tenido ocasión de nombrar en relación con la notación "prima" para las derivadas, nació en Turin, Italia. Pasó veinte años como matemático con residencia en la corte de Federico el Grande. Posteriormente enseñó en la famosa École Polytechnique.

es la pendiente de la recta que pasa por los puntos $(a, f(a))$ y $(b, f(b))$. Decir que existe al menos un número $c$ para el cual

$$f'(c) = \frac{f(b) - f(a)}{b - a}$$

equivale a decir que existe al menos un punto $(c, f(c))$ de la gráfica de $f$ en el cual la tangente es paralela a $l$. Ver la figura 4.1.1.

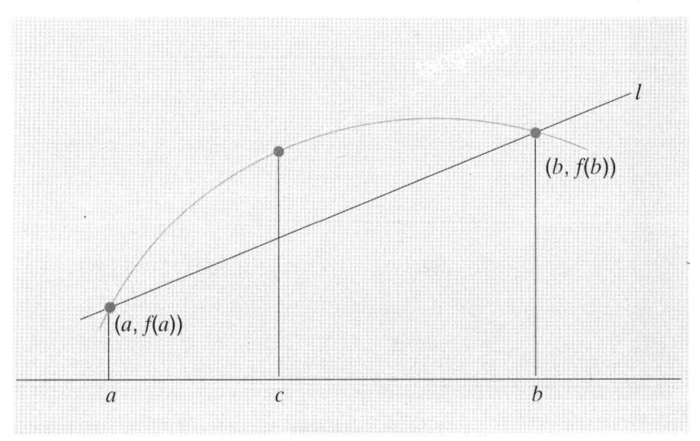


Figura 4.1.1

Demostraremos el teorema del valor medio en varios pasos. Primero demostraremos que si una función $f$ tiene una derivada no nula en algún punto $x_0$, entonces, en la proximidad de $x_0$, $f(x)$ es mayor que $f(x_0)$ a un lado de $x_0$ y menor que $f(x_0)$ del otro lado de $x_0$.

**TEOREMA 4.1.2**

Sea $f$ diferenciable en $x_0$. Si $f'(x_0) > 0$, se verifica

$$f(x_0 - h) < f(x_0) < f(x_0 + h)$$

para todo $h$ positivo y suficientemente pequeño. Si $f'(x_0) < 0$, se verifica

$$f(x_0 + h) < f(x_0) < f(x_0 - h)$$

para todo $h$ positivo y suficientemente pequeño.

Demostración. Demostraremos el caso $f'(x_0) > 0$, dejando el otro al lector. Por definición de la derivada,

$$\lim_{k \to 0} \frac{f(x_0 + k) - f(x_0)}{k} = f'(x_0).$$

Dado que $f'(x_0) > 0$ podemos utilizar el propio $f'(x_0)$ como $\epsilon$ y concluir que existe un $\delta > 0$ tal que

$$\text{si} \quad 0 < |k| < d, \qquad \text{entonces} \quad \left| \frac{f(x_0 + k) - f(x_0)}{k} - f'(x_0) \right| < f'(x_0).$$

Para un tal $k$ tenemos que

$$\frac{f(x_0 + k) - f(x_0)}{k} > 0. \qquad \text{(¿Por qué?)}$$

Sea ahora $0 < h < \delta$, entonces

$$\frac{f(x_0 + h) - f(x_0)}{h} > 0 \qquad \text{y} \qquad \frac{f(x_0 - h) - f(x_0)}{-h} > 0,$$

luego

$$f(x_0) < f(x_0 + h) \qquad \text{y} \qquad f(x_0 - h) < f(x_0). \quad \square$$

A continuación demostraremos un caso particular del teorema del valor medio conocido como teorema de Rolle (en memoria del matemático francés Michel Rolle quien anunció el resultado por primera vez en 1691). En el teorema de Rolle se hace la hipótesis adicional de que $f(a)$ y $f(b)$ valen ambos 0. (Ver la figura 4.1.2.) En este caso la recta que une $(a, f(a))$ y $(b, f(b))$ es horizontal. (Es el eje $x$.) La conclusión es que existe un punto $(c, f(c))$ en el cual la tangente es horizontal.

**TEOREMA 4.1.3 TEOREMA DE ROLLE**

Sea $f$ una función diferenciable en $(a, b)$ y continua en $[a, b]$. Si $f(a)$ y $f(b)$ valen ambos 0, existe al menos un número $c$ en $(a, b)$ para el cual

$$f'(c) = 0$$

Demostración. Si $f$ es idénticamente 0 en $[a, b]$, el resultado es obvio. Si $f$ no es idénticamente 0 en $[a, b]$, toma bien valores positivos, bien valores negativos. Supondremos que estamos en el primero de estos dos casos y dejaremos el otro como ejercicio para el lector.

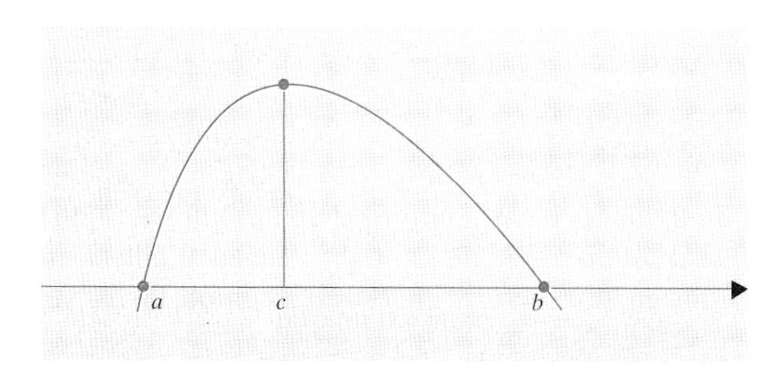


Figura 4.1.2

Dado que $f$ es continua en $[a, b]$, ha de tomar un valor máximo en algún punto $c$. (Teorema 2.6.2.) Este valor máximo $f(c)$ ha de ser positivo. Puesto que $f(a)$ y $f(b)$ valen ambos 0, $c$ no puede ser ni $a$ ni $b$. Esto significa que $c$ debe pertenecer al intervalo abierto $(a, b)$ luego que $f'(c)$ existe. Ahora bien, $f'(c)$ no puede ser ni mayor ni menor que 0 puesto que en cada uno de estos casos $f$ tomaría valores superiores a $f(c)$. (Es una consecuencia del teorema 4.1.2.) La conclusión es que $f'(c) = 0$.

Estamos ahora en condición de demostrar el teorema del valor medio.
Demostración del teorema del valor medio. Vamos a construir una función $g$ que satisfaga las condiciones del teorema de Rolle y esté relacionada con $f$ de tal manera que la conclusión $g'(c) = 0$ nos lleve a la conclusión

$$f'(c) = \frac{f(b) - f(a)}{b - a}.$$

No es difícil ver que

$$g(x) = f(x) - \left[\frac{f(b) - f(a)}{b - a}(x - a) + f(a)\right]$$

es exactamente una función de este tipo. En la figura 4.1.3 está representada geométricamente la función $g(x)$. La recta que pasa por $(a, f(a))$ y $(b, f(b))$ tiene por ecuación

$$y = \frac{f(b) - f(a)}{b - a}(x - a) + f(a).$$

[No es difícil comprobarlo. La pendiente es la correcta y cuando $x = a$, $y = f(a)$.] La diferencia

$$g(x) = f(x) - \left[\frac{f(b) - f(a)}{b - a}(x - a) + f(a)\right]$$

es simplemente la diferencia entre la gráfica de $f$ y la recta en cuestión.

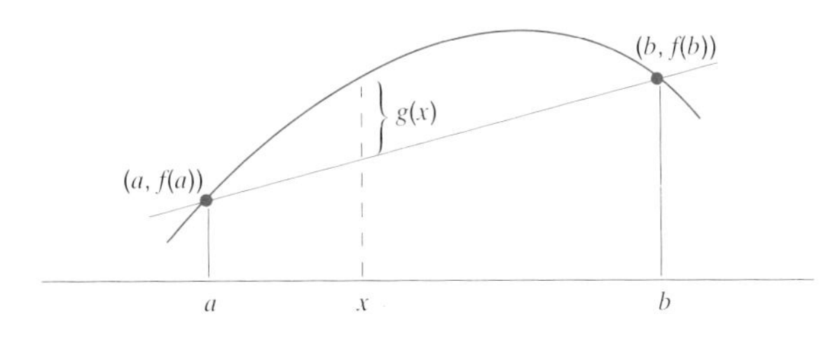


**Figura 4.1.3**

Si $f$ es diferenciable en $(a, b)$ y continua en $[a, b]$, también lo es $g$. Es fácil comprobar que $g(a)$ y $g(b)$ valen ambos 0. Luego, por el teorema de Rolle, existe al menos un número $c$ en $(a, b)$ para el cual $g'(c) = 0$. Dado que, en general

$$g'(x) = f'(x) - \frac{f(b) - f(a)}{b - a},$$

en particular

$$g'(c) = f'(c) - \frac{f(b) - f(a)}{b - a}.$$

Con $g'(c) = 0$, tenemos

$$f'(c) = \frac{f(b) - f(a)}{b - a}. \quad \square$$

[*Nota*: La conclusión $f'(c) = \dfrac{f(b) - f(a)}{b - a}$ se escribe a menudo $f(b) - f(a) = f'(c)(b - a)$.]

## EJERCICIOS 4.1

Tras comprobar que la función satisface las condiciones del teorema del valor medio en el intervalo indicado, hallar los valores que puede tomar $c$.

**1.** $f(x) = x^2$; $[1, 2]$. **2.** $f(x) = 3\sqrt{x} - 4x$; $[1, 4]$. **3.** $f(x) = x^3$; $[1, 3]$.

**4.** $f(x) = x^{2/3}$; $[1, 8]$. **5.** $f(x) = \sqrt{1 - x^2}$; $[0, 1]$. **6.** $f(x) = x^3 - 3x$; $[-1, 1]$.

**7.** Determinar si la función $f(x) = \sqrt{1 - x^2}/(3 + x^2)$ satisface las hipótesis del teorema de Rolle en el intervalo $[-1, 1]$. En caso afirmativo hallar los valores que puede tomar $c$.

**8.** Bosquejar la gráfica de

$$f(x) = \left\{\begin{array}{ll} 2 + x^3, & x \leq 1 \\ 3x, & x > 1 \end{array}\right]$$

y calcular su derivada. Determinar si $f$ satisface las condiciones del teorema del valor medio en el intervalo $[-1, 2]$ y, en caso afirmativo, hallar los valores que puede tomar $c$.

**9.** Bosquejar la gráfica de

$$f(x) = \left\{\begin{array}{ll} 2x + 2, & x \leq -1 \\ x^3 - x, & x > -1 \end{array}\right]$$

y calcular su derivada. Determinar si $f$ satisface las condiciones del teorema del valor medio en el intervalo $[-3, 2]$ y, en caso afirmativo, hallar los valores que puede tomar $c$.

**10.** Sean $f(x) = x^{-1}$, $a = -1$ y $b = 1$. Comprobar que no existe ningún número $c$ para el cual se verifique

$$f'(c) = \frac{f(b) - f(a)}{b - a}.$$

Explicar por qué esto no contradice el teorema del valor medio.

**11.** Repetir el ejercicio 10 para $f(x) = |x|$.

**12.** Dibujar la gráfica de la función $f(x) = |2x - 1| - 3$ y calcular su derivada. Verificar que $f(-1) = 0 = f(2)$ y que, sin embargo, $f'(x)$ no se anula nunca. Explicar por qué esto no contradice el teorema de Rolle.

**13.** Demostrar que la ecuación $6x^4 - 7x + 1 = 0$ no tiene más de dos raíces reales distintas. (utilizar el teorema de Rolle).

**14.** Demostrar que la ecuación $6x^5 + 13x + 1 = 0$ tiene exactamente una raíz real (utilizar el teorema de Rolle y el teorema del valor intermedio).

**15.** Demostrar que la ecuación $x^3 + 9x^2 + 33x - 8 = 0$ tiene exactamente una raíz real.

**16.** Sea $f$ una función dos veces diferenciable. Demostrar que si la ecuación $f(x) = 0$ tiene $n$ raíces reales distintas, la ecuación $f'(x) = 0$ tiene al menos $n - 1$ raíces reales distintas y que la ecuación $f''(x) = 0$ tiene al menos $n - 2$ raíces reales distintas.

**17.** Sea $P$ un polinomio no constante, $P(x) = a_n x^n + \ldots + a_1 x + a_0$. Demostrar que entre dos raíces consecutivas cualesquiera de la ecuación $P'(x) = 0$ existe a lo sumo una raíz de la ecuación $P(x) = 0$.

**18.** Demostrar que la ecuación $x^3 + ax + b = 0$ tiene exactamente una raíz real si $a \geq 0$ y a lo sumo una raíz real comprendida entre $-\frac{1}{3}\sqrt{3}|a|$ y $\frac{1}{3}\sqrt{3}|a|$ si $a < 0$.

**19.** Supuesto que $|f'(x)| \leq 1$ para todo $x$ real, demostrar que $|f(x_1) - f(x_2)| \leq |x_1 - x_2|$ para toda elección de $x_1$ y $x_2$ reales.

**20.** Sea $f$ diferenciable en un intervalo abierto $I$. Demostrar que, si $f'(x) = 0$ para todo $x$ en $I$, $f$ es constante en $I$.

**21.** Sea $f$ diferenciable en $(a, b)$ con $f(a) = f(b) = 0$ y $f'(c) = 0 = 0$ para algún $c$ en $(a, b)$. Demostrar con un ejemplo que $f$ no tiene por qué ser continua en $[a, b]$.

**22.** Demostrar que para todos $x$ e $y$ reales, se verifica:
(a) $|\cos x - \cos y| \leq |x - y|$. (b) $|\operatorname{sen} x - \operatorname{sen} y| \leq |x - y|$.

**23.** Un objeto se mueve a lo largo de un eje coordenado y su posición en el instante $t$ viene dada por la función diferenciable $f(t)$. (a) ¿Qué nos dice el teorema de Rolle acerca del movimiento? (b) ¿Qué nos dice el teorema del valor medio acerca del movimiento?

**24.** (*Importante*) Utilizar el teorema del valor medio para demostrar que si $f$ es continua en $x$ y $x + h$ y diferenciable entre estos dos valores, se verifica

$$f(x + h) - f(x) = f'(x + \theta h)h$$

para algún número $\theta$ entre 0 y 1. (En algunos textos esta es la manera en que se enuncia el teorema del valor medio.)

**25.** Sea $h > 0$. Supongamos que $f$ es continua en $[x_0 - h, x_0 + h]$ y diferenciable en $(x_0 - h, x_0) \cup (x_0, x_0 + h)$. Demostrar que si

$$\lim_{x \to x_0^-} f'(x) = \lim_{x \to x_0^+} f'(x) = L,$$

entonces $f$ es diferenciable en $x_0$ y $f'(x) = L$. SUGERENCIA: Utilizar el ejercicio 24.

**26.** (**Calculadora**) Sea $f(x) = x^4 + 7x^2 + 2$, $x \in [1, 3]$. De acuerdo con el teorema del valor medio, existe un número $c$ en $(1, 3)$ para el cual

$$f'(c) = \frac{f(3) - f(1)}{3 - 1}.$$

Dar una estimación numérica para $c$ ajustada hasta la segunda cifra decimal.

**27.** (**Calculadora**) Sea $f(x) = x^2 + x^{-1}$, $x \in [2, 4]$. De acuerdo con el teorema del valor medio, existe un número $c$ en $(2, 4)$ para el cual

$$f'(c) = \frac{f(4) - f(2)}{4 - 2}.$$

Dar una estimación numérica para $c$ ajustada hasta la segunda cifra decimal.

## 4.2 FUNCIONES CRECIENTES Y DECRECIENTES

Para dar consistencia a nuestra discusión, empezaremos con una definición.

**DEFINICIÓN 4.2.1**

Diremos que una función $f$ es

(i) *creciente* en el intervalo $I$ sii para dos números cualesquiera $x_1$ y $x_2$ en $I$

$$x_1 < x_2 \quad \text{implica} \quad f(x_1) < f(x_2)$$

(ii) *decreciente* en el intervalo $I$ sii para dos números cualesquiera $x_1$ y $x_2$ en I

$$x_1 < x_2 \quad \text{implica} \quad f(x_1) > f(x_2).$$

### Ejemplos preliminares

(a) La función cuadrática

$$f(x) = x^2 \qquad \text{(Figura 4.2.1)}$$

decrece en $(-\infty, 0]$ y crece en $[0, \infty)$.

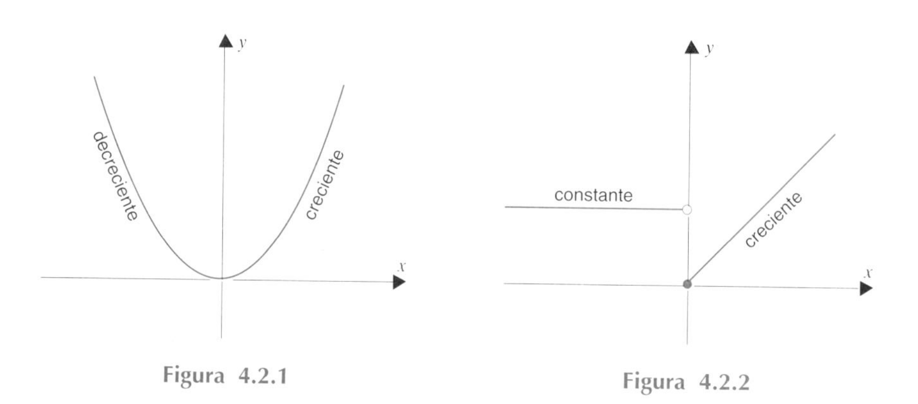


Figura 4.2.1 Figura 4.2.2

(b) La función

$$f(x) = \left\{ \begin{array}{ll} 1, & x < 0 \\ x, & x \geq 0 \end{array} \right] \qquad \text{(Figura 4.2.2)}$$

es constante en $(-\infty, 0)$ y crece en $[0, \infty)$.

(c) La función cúbica

$$f(x) = x^3 \qquad \text{(Figura 4.2.3)}$$

es creciente en todas partes.

(d) En el caso de la función de Dirichlet

$$g(x) = \left\{ \begin{array}{ll} 1, & x \text{ racional} \\ 0, & x \text{ irracional} \end{array} \right], \qquad \text{(Figura 4.2.4)}$$

no existe ningún intervalo en el cual la función crezca o decrezca. En cualquier intervalo, la función salta entre 0 y 1 un número infinito de veces. □

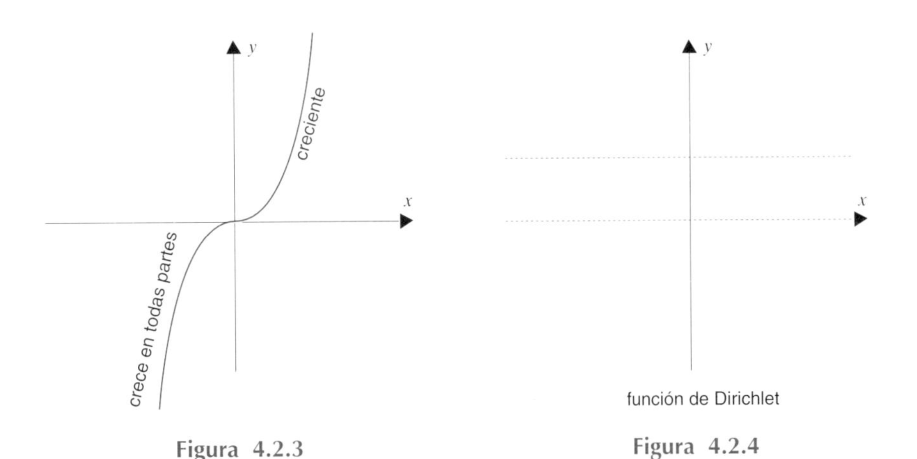


**Figura 4.2.3** **Figura 4.2.4**

Si $f$ es una función diferenciable, podemos determinar aquellos intervalos donde es creciente y aquellos otros donde es decreciente, estudiando el signo de su primera derivada.

**TEOREMA 4.2.2**

Sea $f$ una función diferenciable en un intervalo abierto $I$.

(i) Si $f'(x) > 0$ para todo $x$ en $I$, $f$ es creciente en $I$.

(ii) Si $f'(x) < 0$ para todo $x$ en $I$, $f$ es decreciente en $I$.

(iii) Si $f'(x) = 0$ para todo $x$ en $I$, $f$ es constante en $I$.

Demostración. Consideremos $x_1$ y $x_2$ en $I$ tales que $x_1 < x_2$. Dado que $f$ es diferenciable en $(x_1, x_2)$ y continua en $[x_1, x_2]$, existe, por el teorema del valor medio, un número $c$ en $(x_1, x_2)$ para el cual

$$f'(c) = \frac{f(x_2) - f(x_1)}{x_2 - x_1}.$$

En (i), tenemos $\dfrac{f(x_2) - f(x_1)}{x_2 - x_1} > 0$ luego $f(x_1) < f(x_2)$.

En (ii), tenemos $\dfrac{f(x_2) - f(x_1)}{x_2 - x_1} < 0$ luego $f(x_1) > f(x_2)$.

En (iii), tenemos $\dfrac{f(x_2) - f(x_1)}{x_2 - x_1} = 0$ luego $f(x_1) = f(x_2)$. □

El teorema que acabamos de demostrar es útil pero tiene algunas deficiencias. Por ejemplo, consideremos el caso de la función cuadrática, $f(x) = x^2$. Su derivada $f'(x) = 2x$ es negativa para $x$ en $(-\infty, 0)$, se anula en 0 y es positiva en $(0, \infty)$. El teorema 4.2.2 nos permite afirmar que

$$f \text{ decrece en } (-\infty, 0) \text{ y crece en } (0, \infty),$$

pero sabemos que

$$f \text{ decrece en } (-\infty, 0] \text{ y crece en } [0, \infty).$$

Para obtener estos resultados más potentes, necesitamos un teorema que se aplique también en el caso de los intervalos cerrados.

Para poder extender el teorema 4.2.2 de manera que podamos trabajar con intervalos cerrados, lo único que precisamos es la continuidad de la función en el (o los) extremo(s) del mismo.

**TEOREMA 4.2.3**

Sea $f$ una función continua en un intervalo arbitrario $I$, diferenciable en su interior.

(i) Si $f'(x) > 0$ para todo $x$ en el interior de $I$, $f$ es creciente en todo $I$.
(ii) Si $f'(x) < 0$ para todo $x$ en el interior de $I$, $f$ es decreciente en todo $I$.
(iii) Si $f'(x) = 0$ para todo $x$ en el interior de $I$, $f$ es constante en todo $I$.

La demostración de este resultado no es difícil. En realidad, como podrá comprobar el lector, basta retomar, palabra por palabra, la demostración del teorema 4.2.2.

Es tiempo de considerar algunos ejemplos.

**Ejemplo 1.** La función

$$f(x) = \sqrt{1 - x^2}$$

tiene como derivada

$$f'(x) = -\frac{x}{\sqrt{1 - x^2}}.$$

Dado que $f'(x) > 0$ para todo $x$ en $(-1, 0)$ y que $f$ es continua en $[-1, 0]$, $f$ crece en $[-1, 0]$. Dado que $f'(x) < 0$ para todo $x$ en $(0, 1)$ y es continua en $[0, 1]$, $f$ decrece en $[0, 1]$. La gráfica de $f$ es un semicírculo. (Figura 4.2.5) □

**Ejemplo 2.** La función

$$f(x) = \frac{1}{x}$$

está definida para todo $x \neq 0$. Su derivada

$$f'(x) = -\frac{1}{x^2}$$

es negativa para todo $x \neq 0$. Luego la función $f$ decrece tanto en $(-\infty, 0)$ como en $(0, \infty)$. (Figura 4.2.6.) □

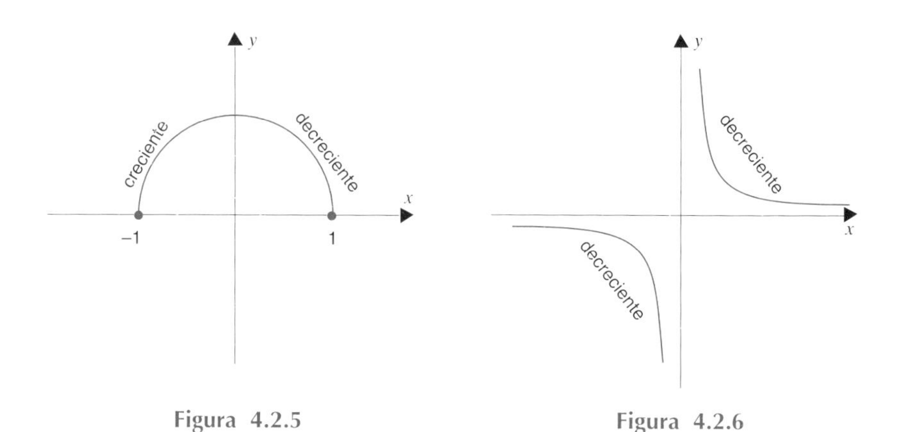


Figura 4.2.5 Figura 4.2.6

**Ejemplo 3.** La función

$$g(x) = 4x^5 - 15x^4 - 20x^3 + 110x^2 - 120x + 40$$

es un polinomio. Luego es continua y diferenciable en todas partes. La diferenciación nos da

$$\begin{aligned} g'(x) &= 20x^4 - 60x^3 - 60x^2 + 220x - 120 \\ &= 20(x^4 - 3x^3 - 3x^2 + 11x - 6) \\ &= 20(x+2)(x-1)^2(x-3). \end{aligned}$$

La derivada $g'$ toma el valor 0 en $-2$, 1 y 3. Estos números determinan cuatro intervalos en cada uno de los cuales $g'$ tiene un signo constante:

$$(-\infty, -2), \quad (-2, 1), \quad (1, 3), \quad (3, \infty).$$

El signo de $g'$ en cada uno de estos intervalos y las consecuencias que esto tiene para $g$ son las que se recogen en el esquema siguiente:

signo de $g'$: + + + + + + + + + + 0 − − − − − − − − − − − 0 − − − − − − − − 0 + + + + + + + + +

signo de $g$: creciente $-2$ decreciente 1 decreciente 3 creciente

Dado que $g$ es continua en todas partes, $g$ crece en $(-\infty, -2]$, decrece en $[-2, 3]$ y crece en $[3, \infty)$. Ver figura 4.2.7. □

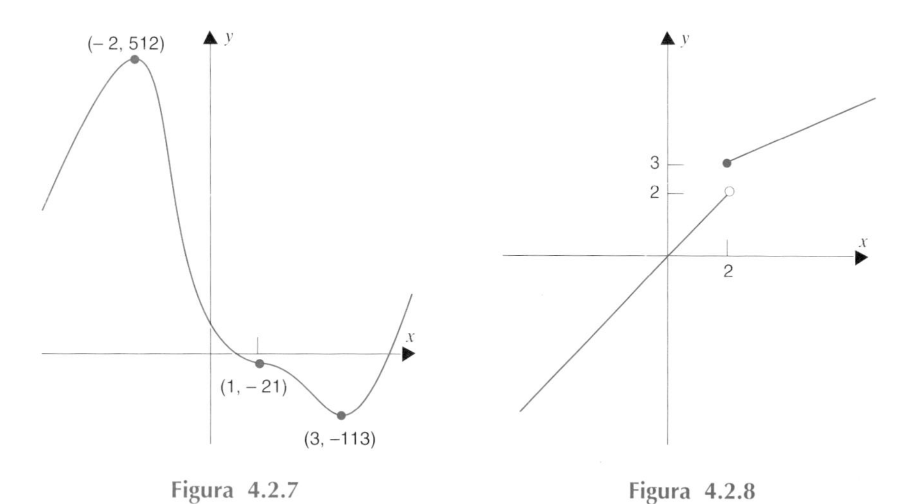


Figura 4.2.7

Figura 4.2.8

Los teoremas 4.2.2 y 4.2.3 tienen un amplio campo de aplicaciones, pero tienen sus limitaciones. Si, por ejemplo, $f$ es discontinua en algún punto del dominio, los teoremas 4.2.2 y 4.2.3 no permiten describir totalmente la situación.

**Ejemplo 4.** La función

$$f(x) = \begin{cases} x, & x < 2 \\ \frac{1}{2}x + 2, & x \geq 2 \end{cases}$$

está representada en la figura 4.2.8. Evidentemente presenta una discontinuidad en $x = 2$. La diferenciación nos da

$$f'(x) = \begin{cases} 1, & x < 2 \\ \text{no existe}, & x = 2 \\ \frac{1}{2}, & x > 2 \end{cases}.$$

Dado que $f'(x) > 0$ en $(-\infty, 2)$, sabemos por el teorema 4.2.2 que $f$ crece en el intervalo $(-\infty, 2)$. Dado que $f'(x) > 0$ en $(2, \infty)$ y que $f$ es continua en $[2, \infty)$, sabemos, por el teorema 4.2.3 que $f$ es creciente en el intervalo $[2, \infty)$. El hecho evidente de que $f$ crece en todo $(-\infty, \infty)$ no se puede inferir de los citados teoremas.[†] □

### Igualdad de derivadas

Si dos funciones diferenciables difieren en una constante,

$$f(x) = g(x) + C,$$

sus derivadas son idénticas

$$f'(x) = g'(x).$$

El recíproco también es cierto. Tenemos el siguiente teorema.

**TEOREMA 4.2.4**

I. Sea $I$ un intervalo abierto. Si $f'(x) = g'(x)$ para todo $x$ en $I$, las funciones $f$ y $g$ difieren en una constante en $I$.

II. Sea $I$ un intervalo arbitrario. Si $f'(x) = g'(x)$ en el interior de $I$ y $f$ y $g$ son continuas en $I$, las funciones $f$ y $g$ difieren en una constante en $I$.

Demostración. Sea $h = f - g$. Para el primer aserto, aplíquese el apartado (iii) del teorema 4.2.2 a $h$. Para el segundo aserto aplicamos el apartado (iii) del teorema 4.2.3 a $h$. Los detalles de la demostración se dejan como ejercicio al lector. □

Hemos ilustrado el teorema en la figura 4.2.9. En los puntos que tienen misma abscisa las pendientes son iguales y, por tanto, las curvas tienen el mismo declive. La separación entre las curvas permanece constante.

**Problema 5.** Hallar $f$ supuesto que

$$f'(x) = 6x^2 - 7x - 5 \quad \text{para todo } x \text{ real} \qquad \text{y} \qquad f(2) = 1.$$

---

[†] La función

$$f(x) = \begin{cases} \frac{1}{2}x + 2, & x < 2 \\ x, & x \geq 2 \end{cases}$$

es creciente en $(-\infty, 2)$ y en $[2, \infty)$, pero no es creciente en $(-\infty, \infty)$. Dibujar la gráfica.

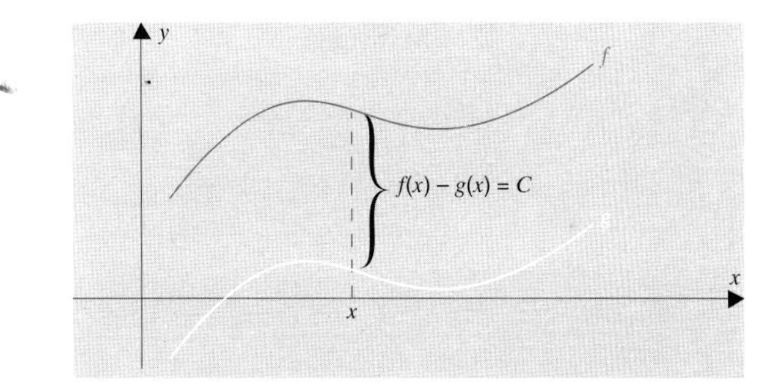


Figura 4.2.9

*Solución.* No es difícil definir una función que tenga la derivada adecuada:

$$\frac{d}{dx}\left(2x^3 - \tfrac{7}{2}x^2 - 5x\right) = 6x^2 - 7x - 5.$$

Por el teorema 4.2.4 sabemos que $f(x)$ difiere de $2x^3 - \frac{7}{2}x^2 - 5x$ sólo en una constante $C$. Luego podemos escribir

$$f(x) = 2x^3 - \tfrac{7}{2}x^2 - 5x + C.$$

Para determinar $C$ utilizamos el hecho de que $f(2) = 1$. Dado que $f(2) = 1$ y que

$$f(2) = 2\,(2)^3 - \tfrac{7}{2}(2)^2 - 5\,(2) + C = 16 - 14 - 10 + C = -8 + C,$$

tenemos $-8 + C = 1$ luego $C = 9$. Por consiguiente

$$f(x) = 2x^3 - \tfrac{7}{2}x^2 - 5x + 9. \quad \square$$

## EJERCICIOS 4.2

Hallar los intervalos en los cuales $f$ crece y aquellos donde $f$ decrece.

**1.** $f(x) = x^3 - 3x + 2.$ **2.** $f(x) = x^3 - 3x^2 + 6.$ **3.** $f(x) = x + \dfrac{1}{x}.$

**4.** $f(x) = (x - 3)^3.$ **5.** $f(x) = x^3(1 + x).$ **6.** $f(x) = x(x + 1)(x + 2).$

**7.** $f(x) = (x+1)^4.$ **8.** $f(x) = 2x - \frac{1}{x^2}.$ **9.** $f(x) = \frac{1}{|x-2|}.$

**10.** $f(x) = \frac{x}{1+x^2}.$ **11.** $f(x) = \frac{x^2+1}{x^2-1}.$ **12.** $f(x) = \frac{x^2}{x^2+1}.$

**13.** $f(x) = |x^2-5|.$ **14.** $f(x) = x^2(1+x)^2.$ **15.** $f(x) = \frac{x-1}{x+1}.$

**16.** $f(x) = x^2 + \frac{16}{x^2}.$ **17.** $f(x) = \left(\frac{1-\sqrt{x}}{1+\sqrt{x}}\right)^7.$ **18.** $f(x) = \sqrt{\frac{2+x}{1+x}}.$

**19.** $f(x) = \sqrt{\frac{1+x^2}{2+x^2}}.$ **20.** $f(x) = |x+1||x-2|.$ **21.** $f(x) = \sqrt{\frac{3-x}{x}}.$

**22.** $f(x) = x + \operatorname{sen} x, \quad 0 \le x \le 2\pi.$ **23.** $f(x) = x - \cos x, \quad 0 \le x \le 2\pi.$

**24.** $f(x) = \cos^2 x, \quad 0 \le x \le \pi.$ **25.** $f(x) = \cos 2x + 2\cos x, \quad 0 \le x \le \pi.$

**26.** $f(x) = \operatorname{sen}^2 x - \sqrt{3}\ \operatorname{sen} x, \quad 0 \le x \le \pi.$ **27.** $f(x) = \sqrt{3}x - \cos 2x, \quad 0 \le x \le \pi.$

Hallar $f$ a partir de la información siguiente.

**28.** $f'(x) = x^2 - 1$ para todo $x$ real, $f(0) = 1.$

**29.** $f'(x) = x^2 - 1$ para todo $x$ real, $f(1) = 2.$

**30.** $f'(x) = 2x - 5$ para todo $x$ real, $f(2) = 4.$

**31.** $f'(x) = 5x^4 + 4x^3 + 3x^2 + 2x + 1$ para todo $x$ real, $f(0) = 5.$

**32.** $f'(x) = 4x^{-3}$ para $x > 0$, $f(1) = 0.$ **33.** $f'(x) = x^{1/3} - x^{1/2}$ para $x > 0$, $f(0) = 1.$

**34.** $f'(x) = x^{-5} - 5x^{-1/5}$ para $x > 0$, $f(1) = 0.$

**35.** $f'(x) = 2 + \operatorname{sen} x$ para todo $x$ real, $f(0) = 3.$

**36.** $f'(x) = 4x + \cos x$ para todo $x$ real, $f(0) = 1.$

Hallar los intervalos en los cuales $f$ es creciente y aquellos en los cuales $f$ es decreciente.

**37.** $f(x) = \begin{cases} x+7, & x < -3 \\ |x+1|, & -3 \le x < 1 \\ 5-2x, & 1 \le x \end{cases}.$ **38.** $f(x) = \begin{cases} (x-1)^2, & x < 1 \\ 5-x, & 1 \le x < 3 \\ 7-2x, & 3 \le x \end{cases}.$

**39.** $f(x) = \begin{cases} 4-x^2, & x < 1 \\ 7-2x, & 1 \le x < 3 \\ 3x-10, & 3 \le x \end{cases}.$ **40.** $f(x) = \begin{cases} x+2, & x < 0 \\ (x-1)^2, & 0 < x < 3 \\ 8-x, & 3 < x < 7 \\ 2x-9, & 7 < x \\ 6, & x = 0,\ 3,\ 7 \end{cases}.$

**41.** Supongamos que la función $f$ es creciente en $(a, b)$ y en $(b, c)$. Supongamos, además, que $\lim_{x \to b^-} f(x) = M$, $\lim_{x \to b^+} f(x) = N$ y $f(b) = L$. ¿Para qué valores de $L$, si es que hay alguno, se puede concluir que $f$ crece en $(a, c)$ si (a) $M < N$, (b) $M > N$ y (c) $M = N$?

**42.** Supongamos que la función $f$ crece en $(a, b)$ y decrece en $(b, c)$. ¿En qué condiciones se puede concluir que $f$ crece en $(a, b]$ y decrece en $[b, c)$?

**43.** Dar un ejemplo de una función $f$ que satisfaga las siguientes condiciones: (i) $f$ está definida para todo número real $x$, (ii) $f'$ es positiva siempre que esté definida, (iii) no existe ningún intervalo en el cual $f$ sea creciente.

**44.** Demostrar el teorema 4.2.4.

**45.** Supuesto que $f'(x) > g'(x)$ para todo $x$ real y que $f(0) = g(0)$, comparar $f(x)$ y $g(x)$ en $(-\infty, 0)$ y en $(0, \infty)$. Justificar las respuestas.

**46.** Demostrar, sin hacer ninguna hipótesis de diferenciabilidad, que si $f$ es creciente (decreciente) en $(a, b)$ y continua en$[a, b]$, $f$ es creciente (decreciente) en $[a, b]$.

---

## 4.3 EXTREMOS LOCALES

En muchos problemas de Economía, Ingeniería y de Física es importante determinar cuán grande o cuán pequeña puede llegar a ser una determinada magnitud. Si el problema admite una formulación matemática, a menudo se reduce a hallar los máximos y los mínimos de alguna función.

En esta sección consideraremos los máximos y los mínimos de funciones definidas sobre *un intervalo abierto* o sobre la *unión de intervalos abiertos*. Comenzaremos con una definición.

**DEFINICIÓN 4.3.1 EXTREMOS LOCALES**

Diremos que una función $f$ tiene un *máximo local en c* sii

$$f(c) \geq f(x) \quad \text{para todos los } x \text{ suficientemente próximos a } c.^{\dagger}$$

Diremos que una función $f$ tiene un *mínimo local en c* sii

$$f(c) \leq f(x) \quad \text{para todos los } x \text{ suficientemente próximos a } c.$$

Hemos ilustrado estas nociones en la figura 4.3.1. Una mirada atenta a la figura sugiere que sólo se dan máximos y mínimos locales en puntos en los cuales o la

---

† ¿Qué sentido debe darse a expresiones como "esto y esto es cierto *para todos los x suficientemente próximos a c*"? Debe entenderse que esto es cierto para todo $x$ en algún intervalo abierto $(c - \delta, c + \delta)$ centrado en $c$.

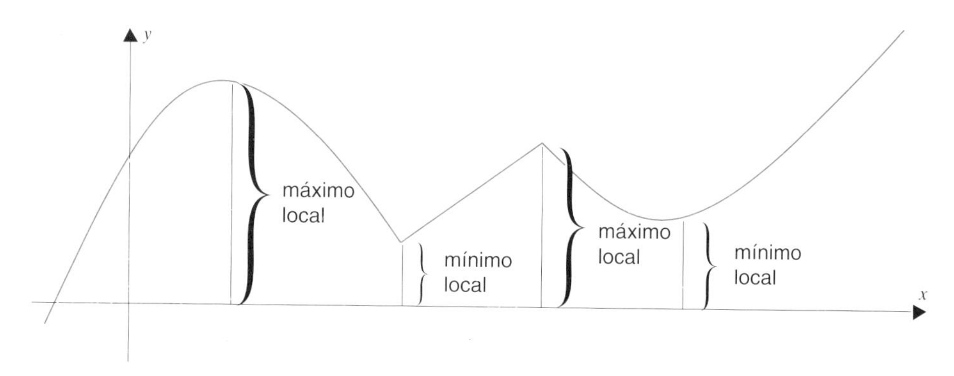


Figura 4.3.1

tangente es horizontal [$f'(c) = 0$] o no existe tangente [$f'(c)$ no existe]. Esto es lo que ocurre realmente.

**TEOREMA 4.3.2**

Si $f$ tiene un máximo o un mínimo local en $c$, entonces o

$$f'(c) = 0 \quad \text{o} \quad f'(c) \text{ no existe.}$$

Demostración. Si $f'(c) > 0$ o $f'(c) < 0$, por el teorema 4.1.2, existen números $x_1$ y $x_2$, que siendo arbitrariamente próximos a $c$ satisfacen

$$f(x_1) < f(c) < f(x_2).$$

Esto hace imposible la existencia de un máximo o un mínimo local en $c$. □

A la vista de este resultado, a la hora de buscar los máximos y los mínimos de una función $f$, los únicos puntos que necesitamos examinar son *aquellos puntos $c$ del dominio de $f$ para los cuales $f'(c) = 0$ o $f'(c)$ no existe*. Tales puntos se denominan *puntos críticos*.

Ilustraremos la técnica para hallar los máximos y mínimos locales con algunos ejemplos. En cada ejemplo, el primer paso consistirá en hallar los puntos críticos. Empezaremos con algunos ejemplos muy sencillos.

**Ejemplo 1.** Para

$$f(x) = 3 - x^2 \qquad \text{(Figura 4.3.2)}$$

la derivada

$$f'(x) = -2x$$

siempre existe. Dado que $f'(x) = 0$ sólo se verifica si $x = 0$, 0 es el único punto crítico. Es evidente que el número $f(0) = 3$ es un máximo local. □

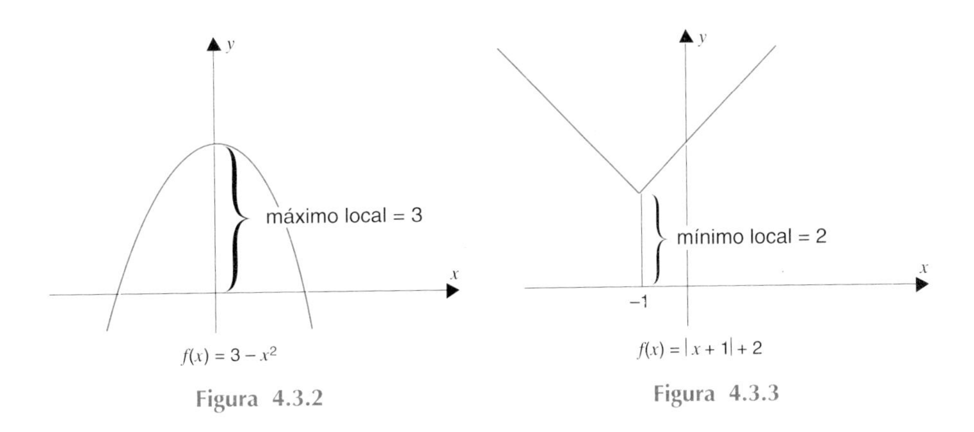


Figura 4.3.2

Figura 4.3.3

**Ejemplo 2.** En el caso de

$$f(x) = |x + 1| + 2 \qquad \text{(Figura 4.3.3)}$$

la diferenciación da

$$f'(x) = \begin{cases} -1, & x < -1 \\ 1, & x > -1 \end{cases}.$$

La derivada no se anula nunca. El único punto donde no está definida es $-1$. El número $-1$ es el único punto crítico. El valor $f(-1) = 2$ es un mínimo local. □

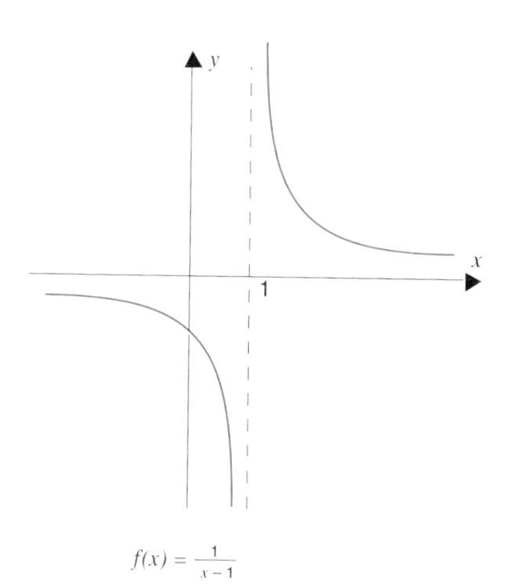


Figura 4.3.4

**Ejemplo 3.** En la figura 4.3.4 está representada la gráfica de la función

$$f(x) = \frac{1}{x-1}.$$

El dominio es $(-\infty, 1) \cup (1, \infty)$. La derivada

$$f'(x) = -\frac{1}{(x-1)^2}$$

existe en todo punto del dominio de $f$ y no se anula nunca. De ahí que no existan puntos críticos y, por consiguiente, tampoco existan valores extremos. □

Precaución. El hecho de que $c$ sea un punto crítico de $f$ no garantiza que $f(c)$ sea un valor extremo local. Esto queda ilustrado en los dos ejemplos siguientes. □

**Ejemplo 4.** En el caso de la función cúbica

$$f(x) = x^3 \qquad \text{(Figura 4.3.5)}$$

la derivada $f'(x) = 3x^2$ se anula en 0, pero $f(0) = 0$ no es un valor extremo local. La función cúbica es creciente en todas partes. □

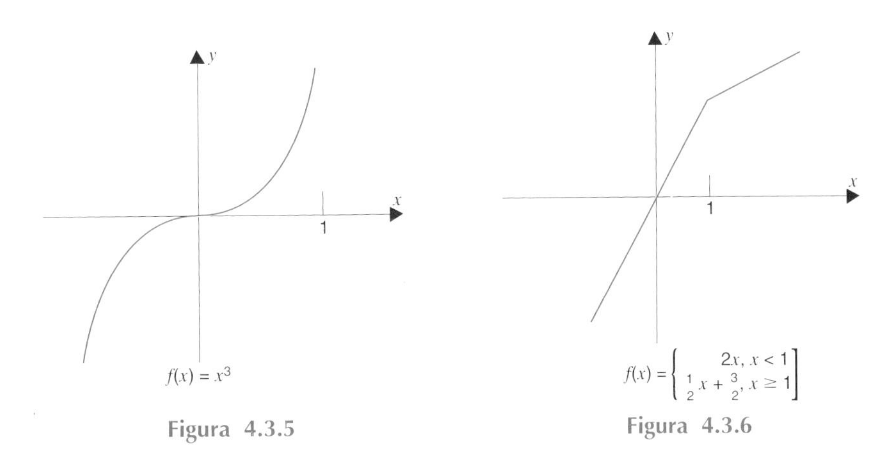


Figura 4.3.5

Figura 4.3.6

**Ejemplo 5.** La función

$$f(x) = \begin{cases} 2x, & x < 1 \\ \frac{1}{2}x + \frac{3}{2}, & x \geq 1 \end{cases}, \qquad \text{(Figura 4.3.6)}$$

crece en todas partes. Aunque 1 sea un punto crítico [$f'(1)$ no existe], $f(1) = 2$ no es un valor extremo local. □

Existen dos criterios ampliamente utilizados para determinar el comportamiento de una función en un punto crítico. El primer criterio (que se da en el teorema 4.3.3) requiere que se examine el signo de la derivada de $f$ a ambos lados del punto crítico. El segundo criterio (que se da en el teorema 4.3.4) requiere que se examine el signo de la derivada segunda de la función en el punto crítico propiamente dicho.

**TEOREMA 4.3.3 EL CRITERIO DE LA DERIVADA PRIMERA**

Supongamos que $c$ es un punto crítico de $f$ y que $f$ es continua en $c$. Sea $\delta$ un número positivo.

(i) Si $f'(x) > 0$ para todo $x$ en $(c - \delta, c)$ y $f'(x) < 0$ para todo $x$ en $(c, c + \delta)$, entonces $f(c)$ es un máximo local. (Figuras 4.3.7 y 4.3.8.)

(ii) Si $f'(x) < 0$ para todo $x$ en $(c - \delta, c)$ y $f'(x) > 0$ para todo $x$ en $(c, c + \delta)$, entonces $f(c)$ es un mínimo local. (Figuras 4.3.9 y 4.3.10.)

(iii) Si $f'(x)$ conserva un signo constante en $(c - \delta, c) \cup (c, c + \delta)$, entonces $f(c)$ no es un valor extremo local. (Figuras 4.3.5 y 4.3.6.)

Demostración. El resultado es una consecuencia directa del teorema 4.2.3. Los detalles de la demostración se dejan al lector y constituyen el objeto del ejercicio 31. □

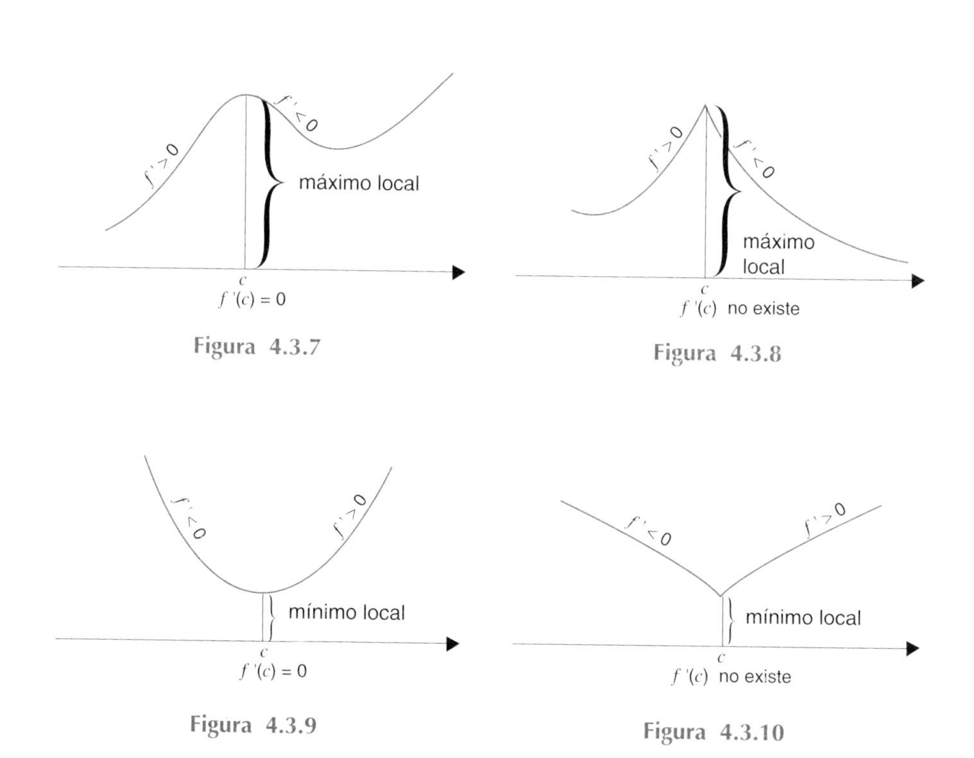


Figura 4.3.7

Figura 4.3.8

Figura 4.3.9

Figura 4.3.10

**Ejemplo 6.** La función

$$f(x) = x^4 - 2x^3, \qquad \text{para todo } x \text{ real}$$

tiene como derivada

$$f'(x) = 4x^3 - 6x^2 = 2x^2(2x - 3), \qquad \text{para todo } x \text{ real.}$$

Los únicos puntos críticos son 0 y $\frac{3}{2}$. En el siguiente esquema se recoge el signo de $f'$.

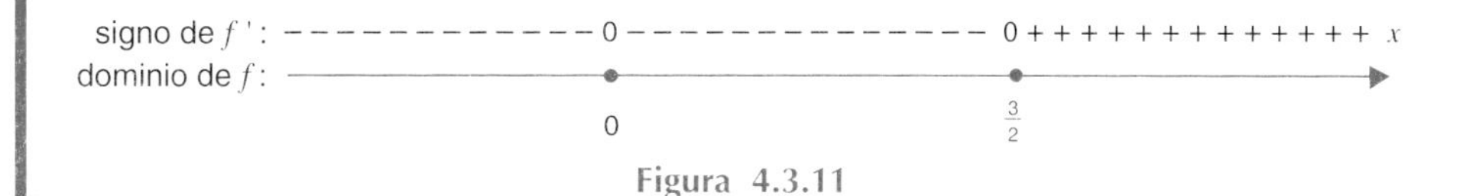


Figura 4.3.11

Dado que $f'$ tiene el mismo signo a ambos lados de 0, $f(0) = 0$ no es un valor extremo local. Sin embargo, $f(\frac{3}{2}) = -\frac{27}{16}$ es un mínimo local. La gráfica de $f$ está representada en la figura 4.3.12. □

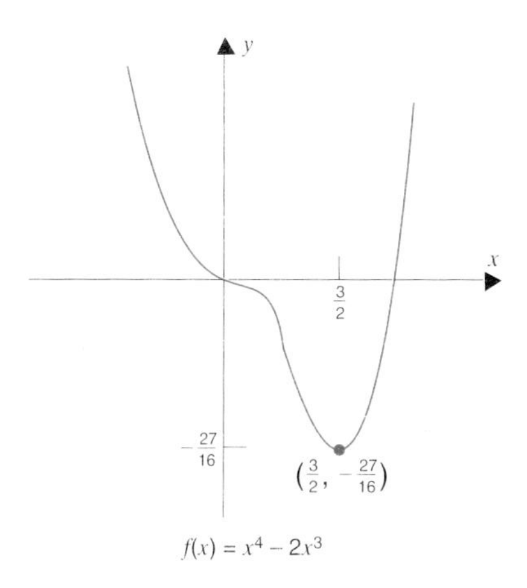


Figura 4.3.12

**Ejemplo 7.** La función

$$f(x) = 2x^{5/3} + 5x^{2/3}, \qquad \text{para todo } x \text{ real}$$

tiene como derivada

$$f'(x) = \frac{10}{3}x^{2/3} + \frac{10}{3}x^{-1/3} = \frac{10}{3}x^{-1/3}(x+1), \qquad x \neq 0.$$

Dado que $f'(-1) = 0$ y $f'(0)$ no existe, los puntos críticos son $-1$ y $0$. En el esquema siguiente recogemos el signo de $f'$. (Para ahorrar espacio en el mismo escribimos, "ne" en lugar de "no existe".)

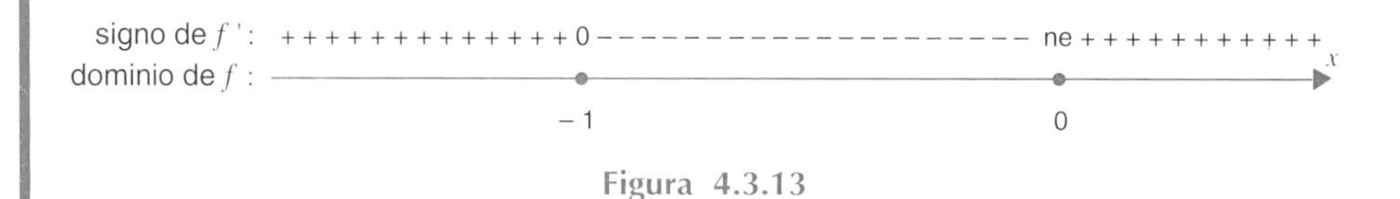


Figura 4.3.13

En este caso, $f(-1) = 3$ es un máximo local y $f(0) = 0$ es un mínimo local. La gráfica está representada en la figura 4.3.14. □

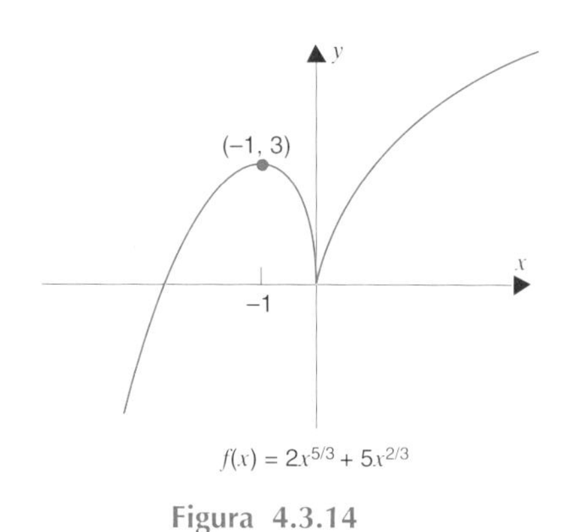


Figura 4.3.14

En algunos casos puede resultar difícil determinar el signo de la derivada a la derecha y a la izquierda de $c$. Si $f$ es dos veces diferenciable, el criterio siguiente puede ser de más fácil aplicación.

**TEOREMA 4.3.4 EL CRITERIO DE LA DERIVADA SEGUNDA**

Supongamos que $f'(c) = 0$.

Si $f''(c) > 0$, $f(c)$ es un valor mínimo local.

Si $f''(c) < 0$, $f(c)$ es un valor máximo local.

Demostración. Trataremos el caso $f''(c) > 0$ y dejaremos el otro como ejercicio. Dado que $f''$ es la derivada de $f'$, podemos deducir del teorema 4.1.2 que existe un $\delta > 0$ tal que, si

$$c - \delta < x_1 < c < x_2 < c + \delta,$$

entonces

$$f'(x_1) < f'(c) < f'(x_2).$$

Dado que $f'(c) = 0$, tenemos que

$$f'(x) < 0 \quad \text{para } x \text{ en } (c - \delta, c) \qquad \text{y} \qquad f'(x) > 0 \quad \text{para } x \text{ en } (c, c + \delta).$$

El criterio de la derivada primera nos permite concluir que $f(c)$ es un mínimo local. □

**Ejemplo 8.** Para

$$f(x) = x^3 - x$$

tenemos

$$f'(x) = 3x^2 - 1 \quad \text{y} \quad f''(x) = 6x.$$

Los puntos críticos son $-\frac{1}{3}\sqrt{3}$ y $\frac{1}{3}\sqrt{3}$. En cada uno de estos puntos, la derivada es 0. Dado que $f''(-\frac{1}{3}\sqrt{3}) < 0$ y que $f''(\frac{1}{3}\sqrt{3}) > 0$, podemos deducir del criterio de la derivada segunda que $f(-\frac{1}{3}\sqrt{3}) = \frac{2}{9}\sqrt{3}$ es un máximo local y que $f(\frac{1}{3}\sqrt{3}) = -\frac{2}{9}\sqrt{3}$ es un mínimo local. □

Se puede aplicar el criterio de la derivada primera incluso a puntos en los cuales la función no es diferenciable, siempre que en ellos sea continua. Por otra parte el criterio de la derivada segunda sólo puede aplicarse en puntos en los cuales la función es dos veces diferenciable y sólo si la derivada segunda es distinta de cero. Esto supone una limitación. Tomemos, por ejemplo, las funciones

$$f(x) = x^{4/3} \quad \text{y} \quad g(x) = x^4.$$

En el primer caso tenemos $f'(x) = \frac{4}{3}x^{1/3}$ de ahí que

$$f'(0) = 0, \qquad f'(x) < 0 \ \text{ para } x < 0, \qquad f'(x) > 0 \ \text{ para } x > 0.$$

Por el criterio de la derivada primera, $f(0) = 0$ es un mínimo local. No podemos deducir esta información a partir del criterio de la derivada segunda dado que $f''(x) = \frac{4}{9}x^{-2/3}$ no está definida en $x = 0$. En el caso de $g(x) = x^4$, tenemos que $g'(x) = 4x^3$, de ahí que

$$g'(0) = 0, \qquad g'(x) < 0 \quad \text{para } x < 0, \qquad g'(x) > 0 \quad \text{para } x > 0.$$

Por el criterio de la derivada primera, $g(0) = 0$ es un mínimo local. Pero aquí otra vez, el criterio de la derivada segunda no permite concluir puesto que $g''(x) = 12x^2$ vale 0 en $x = 0$.

## EJERCICIOS 4.3

Hallar los puntos críticos y los valores extremos locales de $f$.

**1.** $f(x) = x^3 + 3x - 2.$ **2.** $f(x) = 2x^4 - 4x^2 + 6.$ **3.** $f(x) = x + \dfrac{1}{x}.$

**4.** $f(x) = x^2 - \dfrac{3}{x^2}.$ **5.** $f(x) = x^2(1 - x).$ **6.** $f(x) = (1 - x)^2(1 + x).$

**7.** $f(x) = \dfrac{1 + x}{1 - x}.$ **8.** $f(x) = \dfrac{2 - 3x}{2 + x}.$ **9.** $f(x) = \dfrac{2}{x(x + 1)}.$

**10.** $f(x) = |x^2 - 16|.$ **11.** $f(x) = x^3(1 - x)^2.$ **12.** $f(x) = \left(\dfrac{x - 2}{x + 2}\right)^3.$

**13.** $f(x) = (1 - 2x)(x - 1)^3.$ **14.** $f(x) = (1 - x)(1 + x)^3.$ **15.** $f(x) = \dfrac{x^2}{1 + x}.$

**16.** $f(x) = \dfrac{|x|}{1 + |x|}.$ **17.** $f(x) = |x - 1||x + 2|.$ **18.** $f(x) = x\sqrt[3]{1 - x}.$

**19.** $f(x) = x^2\sqrt[3]{2 + x}.$ **20.** $f(x) = \dfrac{1}{x + 1} - \dfrac{1}{x - 2}.$ **21.** $f(x) = |x - 3| + |2x + 1|.$

**22.** $f(x) = x^{7/3} - 7x^{1/3}.$ **23.** $f(x) = x^{2/3} + 3x^{-1/3}.$ **24.** $f(x) = \dfrac{x^3}{x + 1}.$

**25.** $f(x) = \operatorname{sen} x + \cos x, \quad 0 < x < 2\pi.$ **26.** $f(x) = x + \cos 2x, \quad 0 < x < \pi.$

**27.** $f(x) = \operatorname{sen}^2 x - \sqrt{3}\operatorname{sen} x, \quad 0 < x < \pi.$ **28.** $f(x) = \operatorname{sen}^2 x, \quad 0 < x < 2\pi.$

**29.** $f(x) = \operatorname{sen} x \cos x - 3 \operatorname{sen} x + 2x, \quad 0 < x < 2\pi.$

**30.** $f(x) = 2 \operatorname{sen}^3 x - 3 \operatorname{sen} x, \quad 0 < x < \pi.$

**31.** Demostrar el teorema 4.3.3 aplicando el teorema 4.2.3.

**32.** Demostrar el criterio de la derivada segunda cuando $f''(c) < 0$.

**33.** Hallar los puntos críticos y los valores extremos locales del polinomio

$$P(x) = x^4 - 8x^3 + 22x^2 - 24x + 4.$$

Demostrar entonces que la ecuación $P(x) = 0$ tiene exactamente dos raíces reales, ambas positivas.

## 4.4 EXTREMOS Y VALORES EXTREMOS ABSOLUTOS

### Máximos y mínimos en los extremos del intervalo

Para funciones definidas en un intervalo abierto o en la unión de intervalos abiertos, los puntos críticos son aquellos en los cuales la derivada se anula o no existe. Para las funciones definidas sobre un intervalo cerrado o semicerrado

$$[a, b],\quad [a, b),\quad (a, b],\quad [a, \infty),\quad \text{o}\quad (-\infty, b]$$

los *extremos* del dominio ($a$ y $b$ en el caso de $[a, b]$, $a$ en el caso de $[a, b)$ o de $[a, \infty)$, $b$ en el caso de $(a, b]$ o de $(-\infty, b]$) se llaman también *puntos críticos*.

Los extremos pueden dar lugar a lo que se denomina *máximo en el extremo* y *mínimo en el extremo*. Ver, por ejemplo, las figuras 4.4.1, 4.4.2, 4.4.3 y 4.4.4.

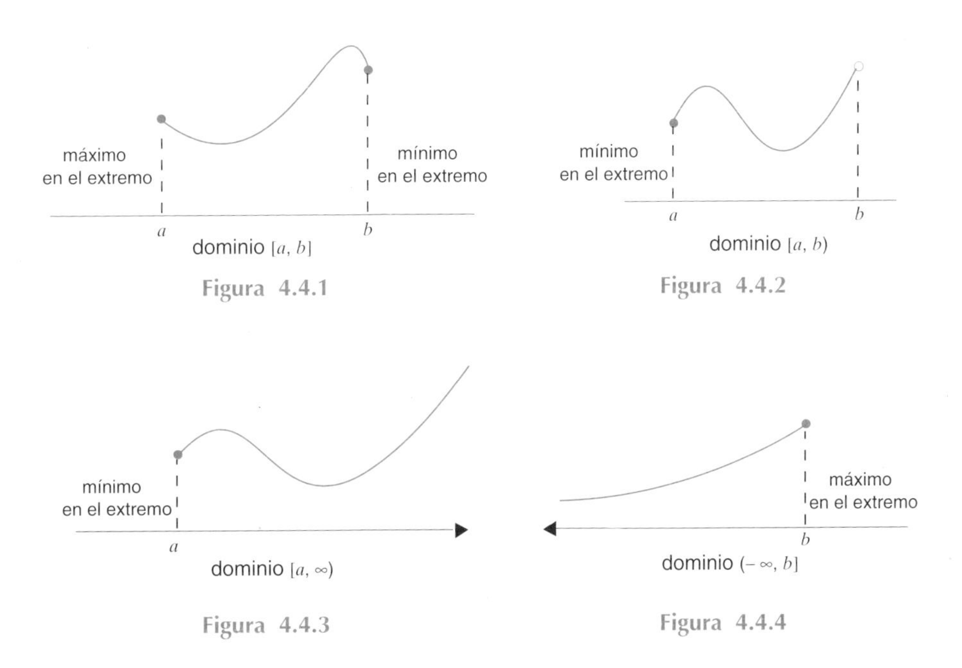


Figura 4.4.1

Figura 4.4.2

Figura 4.4.3

Figura 4.4.4

**DEFINICIÓN 4.4.1 MÁXIMOS Y MÍNIMOS EN LOS PUNTOS EXTREMOS**

Sea $c$ un extremo del dominio de $f$. Diremos que $f$ tiene un *máximo en el extremo* $c$ sii

$$f(c) \geq f(x) \qquad \text{para todo } x \text{ en el dominio de } f \text{ suficientemente próximo a } c.$$

Diremos que $f$ tiene un *mínimo en el extremo* $c$ sii

$$f(c) \leq f(x) \qquad \text{para todo } x \text{ en el dominio de } f \text{ suficientemente próximo a } c.$$

En general, el comportamiento de $f$ en los extremos del dominio de definición se examina comprobando el signo de la derivada en puntos cercanos. Supongamos, por ejemplo, que $a$ es el extremo de la izquierda y que $f$ es continua por la derecha en $a$. Si $f'(x) < 0$ para $x$ próximo a $a$, $f$ es decreciente en un intervalo de la forma $[a, a + \delta]$ y, por consiguiente, $f(a)$ tiene que ser un máximo en el extremo. (Figura 4.4.1.) Por el contrario, si $f'(x) > 0$ para $x$ próximo a $a$, $f$ es creciente en un intervalo de la forma $[a, a + \delta]$ y $f(a)$ debe de ser un mínimo en el extremo. (Figura 4.4.2.) Razonamientos similares se pueden aplicar al caso de los extremos de la derecha de los dominios de definición.

## Máximos y mínimos absolutos

El que una función $f$ tenga o no un máximo o un mínimo en un punto extremo o local en algún punto del intervalo, es una cuestión que sólo depende del comportamiento de $f$ en la proximidad de dicho punto. Los valores extremos absolutos, que definiremos a continuación, dependen del comportamiento de la función en todo su dominio.

Consideremos un número $d$ del dominio de $f$. Aquí $d$ puede ser un punto interior o un extremo.

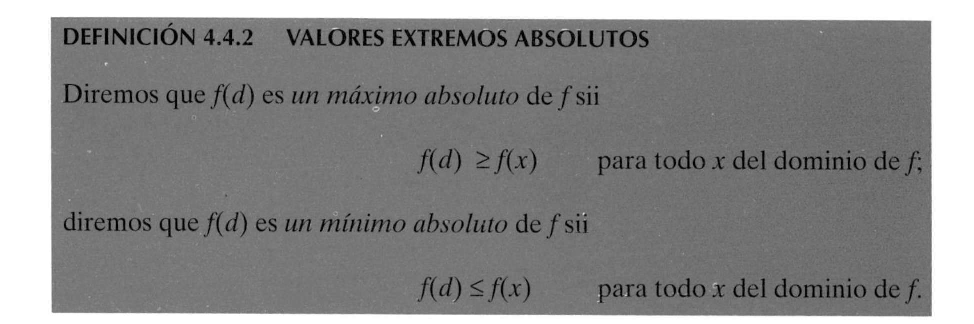

**DEFINICIÓN 4.4.2 VALORES EXTREMOS ABSOLUTOS**

Diremos que $f(d)$ es *un máximo absoluto* de $f$ sii

$$f(d) \geq f(x) \qquad \text{para todo } x \text{ del dominio de } f;$$

diremos que $f(d)$ es *un mínimo absoluto* de $f$ sii

$$f(d) \leq f(x) \qquad \text{para todo } x \text{ del dominio de } f.$$

Una función puede ser continua en un intervalo (o incluso diferenciable en el mismo) sin alcanzar ningún máximo o mínimo absoluto.(Las funciones representadas en las figuras 4.4.2 y 4.4.3 no poseen máximo absoluto. La función representada en la figura 4.4.4 no posee mínimo absoluto.) Todo lo que podemos decir en general es que si $f$ alcanza un valor máximo o mínimo absoluto, lo tiene que hacer en un punto crítico. Sin embargo, si el dominio es un intervalo acotado y cerrado $[a, b]$, la continuidad de la función garantiza la existencia tanto de un máximo absoluto como de un mínimo absoluto (teorema 2.6.2). En este caso, la manera más práctica de determinar los máximos y los mínimos absolutos es considerar conjuntamente los máximos y los mínimos locales y los máximos y los mínimos en los extremos. El mayor de estos números es obviamente el máximo absoluto y el menor de ellos es el mínimo absoluto.

### $f(x) \to \pm\infty$, cuando $x \to \pm\infty$

Escribiremos ahora cuatro definiciones. Una vez que se haya asimilado la primera, las demás resultarán evidentes.

Decir que

$$f(x) \to \infty, \text{ cuando } x \to \infty$$

es decir que cuando $x$ *crece sin cota*, $f(x)$ *se hace arbitrariamente grande*: dado un número positivo cualquiera, $M$, existe un número positivo $K$ tal que

$$\text{si } x \geq K, \quad \text{entonces } f(x) \geq M.$$

Así, por ejemplo, cuando $x \to \infty$,

$$x^2 \to \infty, \qquad \sqrt{1+x^2} \to \infty, \qquad \tan\left(\frac{\pi}{2} - \frac{1}{x^2}\right) \to \infty. \qquad \square$$

Decir que

$$\text{cuando } x \to \infty, \quad f(x) \to -\infty$$

es decir que cuando $x$ *crece sin cota*, $f(x)$ *se hace arbitrariamente pequeño*: dado un número negativo cualquiera, $M$, existe un número positivo $K$ tal que

$$\text{si } x \geq K, \quad \text{entonces } f(x) \leq M.$$

Así, por ejemplo, cuando $x \to \infty$,

$$-x^4 \to -\infty, \qquad 1 - \sqrt{x} \to -\infty, \qquad \tan\left(\frac{1}{x^2} - \frac{\pi}{2}\right) \to -\infty. \qquad \square$$

Decir que

$$\text{cuando } x \to -\infty, \quad f(x) \to \infty$$

es decir que cuando $x$ *decrece sin cota*, $f(x)$ *se hace arbitrariamente grande*: dado un número positivo cualquiera, $M$, existe un número negativo $K$ tal que

$$\text{si } x \leq K, \quad f(x) \geq M.$$

Así, por ejemplo, cuando $x \to -\infty$,

$$x^2 \to \infty, \qquad \sqrt{1-x} \to \infty, \qquad \tan\left(\frac{\pi}{2} - \frac{1}{x^2}\right) \to \infty. \qquad \square$$

Por último, decir que

$$\text{cuando } x \to -\infty, \quad f(x) \to -\infty$$

es decir que cuando $x$ *decrece sin cota*, $f(x)$ *se hace arbitrariamente pequeño*: dado un número negativo cualquiera, $M$, existe un número negativo $K$ tal que

$$\text{si } x \leq K, \quad \text{entonces } f(x) \leq M.$$

Así, por ejemplo, cuando $x \to -\infty$,

$$x^3 \to -\infty, \qquad -\sqrt{1-x} \to -\infty, \qquad \tan\left(\frac{1}{x^2} - \frac{\pi}{2}\right) \to -\infty. \quad \square$$

**Observación**. Como se puede constatar, $f(x) \to -\infty$ sii $-f(x) \to \infty$. □

Supongamos ahora que $P$ es un polinomio no constante:

$$P(x) = a_0 x^n + a_1 x^{n-1} + \ldots + a_{n-1}x + a_n. \qquad (n \geq 1)$$

Para valores de $x$ alejados del origen, el comportamiento del término $a_0 x^n$ prevalece sobre el de los demás. Así, el comportamiento de $P(x)$ cuando $x \to \pm\infty$ depende enteramente del comportamiento de $a_0 x^n$. (Para confirmar este hecho, ver el ejercicio 35.)

**Ejemplo 1.**
(a) Cuando $x \to \infty$, $3x^4 \to \infty$ y, por consiguiente, $3x^4 - 100x^3 + 2x - 5 \to \infty$.
(b) Cuando $x \to -\infty$, $5x^3 \to -\infty$ por consiguiente, $5x^3 + 12x^2 + 80 \to -\infty$. □

Para concluir señalaremos que si $f(x) \to \infty$ no puede tener un máximo absoluto, así mismo, si $f(x) \to -\infty$, $f$ no puede tener un mínimo absoluto.

**Resumen de cómo hallar todos los valores extremos (locales, en un extremo y absolutos) de una función continua $f$**

1. Hallar los puntos críticos. Son los puntos extremos del dominio y los puntos interiores $c$ en los cuales $f'(c) = 0$ o $f'(c)$ no existe.
2. Examinar los puntos extremos del dominio comprobando el signo de la derivada primera en su proximidad.
3. Examinar cada punto crítico interior $c$ comprobando el signo de la derivada primera a ambos lados de $c$ (criterio de la derivada primera) o el signo de la derivada segunda en $c$ (criterio de la derivada segunda).

4. Determinar si algunos de los máximos o mínimos en los extremos o de los valores extremos locales son valores extremos absolutos.

**Problema 2.** Hallar los puntos críticos y clasificar todos los valores extremos de

$$f(x) = \tfrac{1}{4}(x^3 - \tfrac{3}{2}x^2 - 6x + 2), \qquad x \in [-2, \infty).$$

*Solución:* El extremo izquierdo $-2$ es un punto crítico. Para hallar los puntos críticos interiores, diferenciamos la función:

$$f'(x) = \tfrac{1}{4}(3x^2 - 3x - 6) = \tfrac{3}{4}(x+1)(x-2).$$

Dado que $f'(x) = 0$ en $x = -1$ y $x = 2$, los números $-1$ y $2$ son puntos críticos interiores.

En la figura 4.4.5 se recoge el signo de $f'$:

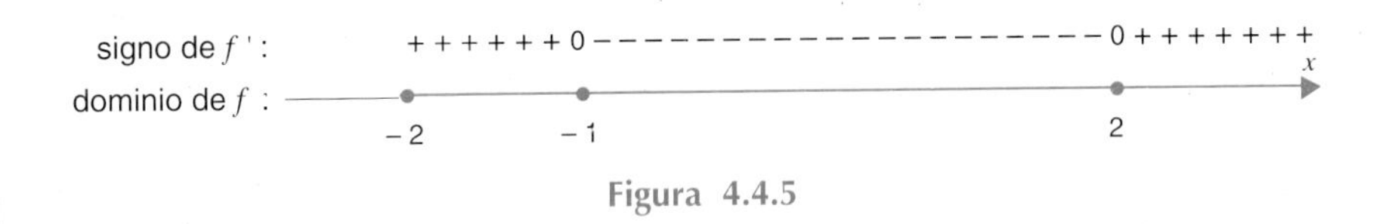


Figura 4.4.5

El estudio del signo de $f'$ nos permite concluir que

$f(-2) = \tfrac{1}{4}(-8 - 6 + 12 + 2) = 0$ es un mínimo en el extremo;

$f(-1) = \tfrac{1}{4}(-1 - \tfrac{3}{2} + 6 + 2) = \tfrac{11}{8}$ es un máximo local;

$f(2) = \tfrac{1}{4}(8 - 6 - 12 + 2) = -2$ es un mínimo local y absoluto.

La función no tiene máximo absoluto dado que cuando $x \to \infty, f(x) \to \infty$. □

**Problema 3.** Hallar los puntos críticos y clasificar los valores extremos de

$$f(x) = x^2 - 2|x| + 2, \qquad x \in [-\tfrac{1}{2}, \tfrac{3}{2}].$$

*Solución.* Los extremos $-\frac{1}{2}$ y $\frac{3}{2}$ son puntos críticos. En el intervalo abierto $(-\frac{1}{2}, \frac{3}{2})$ la función es diferenciable excepto en 0:

$$f'(x) = \begin{cases} 2x+2, & -\frac{1}{2} < x < 0 \\ 2x-2, & 0 < x < \frac{3}{2} \end{cases}. \qquad \text{(comprobarlo)}$$

Esto hace que 0 sea un punto crítico. Dado que $f'(x) = 0$ en $x = 1$, 1 es un punto crítico. Los puntos extremos $-\frac{1}{2}$ y $\frac{3}{2}$ también son puntos críticos.

En la figura 4.4.6 se recoge el signo de $f'$:

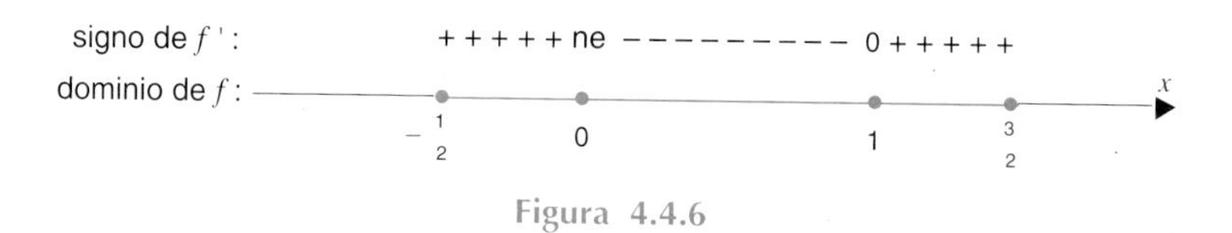


Figura 4.4.6

De ahí que

$f(-\frac{1}{2}) = \frac{1}{4} - 1 + 2 = \frac{5}{4}$ sea un mínimo en el extremo;

$f(0) = 2$ sea un máximo local;

$f(1) = 1 - 2 + 2 = 1$ sea un mínimo local;

$f(\frac{3}{2}) = \frac{9}{4} - 3 + 2 = \frac{5}{4}$ sea un máximo en el extremo.

Además, $f(1)$ es el mínimo absoluto y $f(0) = 2$ es el máximo absoluto. La gráfica de la función está representada en la figura 4.4.7. □

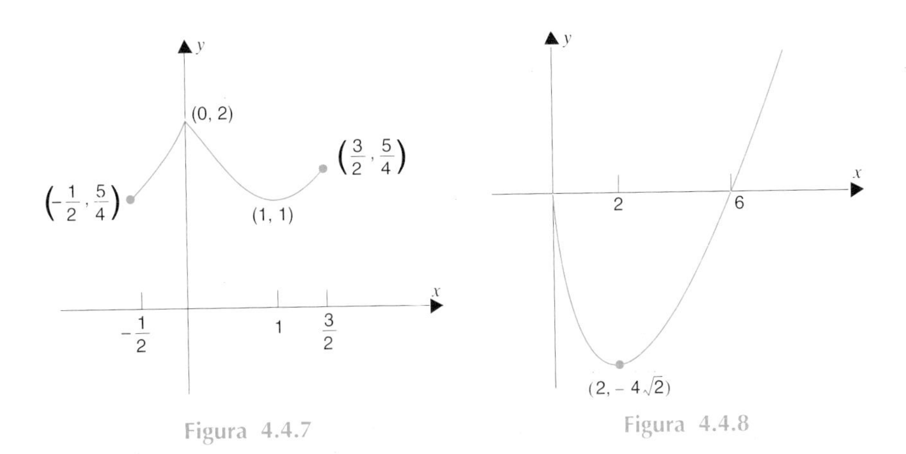


Figura 4.4.7

Figura 4.4.8

**Problema 4.** Hallar los puntos críticos y clasificar los valores extremos de

$$f(x) = x\sqrt{x} - 6\sqrt{x}.$$

*Solución.* El dominio es $[0, \infty)$. Luego el punto 0 es un punto crítico. En $(0, \infty)$ tenemos que

$$f'(x) = \tfrac{3}{2}x^{1/2} - 3x^{-1/2} = \frac{3(x-2)}{2\sqrt{x}}. \qquad \text{(comprobarlo)}$$

Dado que $f'(x) = 0$ en $x = 2$, vemos que 2 es un punto interior crítico.

A continuación recogemos el signo de $f'$

Figura 4.4.9

Por consiguiente

$f(0) = 0$ es un máximo en el extremo;

$f(2) = 2\sqrt{2} - 6\sqrt{2} = -4\sqrt{2}$ es un mínimo local y absoluto.

Dado que $f(x) = \sqrt{x}\,(x-6)$, es fácil ver que $f(x) \to \infty$ cuando $x \to \infty$. Luego la función no tiene máximo absoluto. Su gráfica está representada en la figura 4.4.8. □

## EJERCICIOS 4.4

Hallar los puntos críticos y clasificar los valores extremos.

**1.** $f(x) = \sqrt{x+2}$.

**2.** $f(x) = (x-1)(x-2)$.

**3.** $f(x) = x^2 - 4x + 1, \quad x \in [0, 3]$.

**4.** $f(x) = 2x^2 + 5x - 1, \quad x \in [-2, 0]$.

**5.** $f(x) = x^2 + \dfrac{1}{x}$.

**6.** $f(x) = x + \dfrac{1}{x^2}$.

**7.** $f(x) = x^2 + \dfrac{1}{x}, \quad x \in [\frac{1}{10}, 2]$.

**8.** $f(x) = x + \dfrac{1}{x^2}, \quad x \in [1, \sqrt{2}]$.

**9.** $f(x) = (x-1)(x-2), \quad x \in [0, 2]$.

**10.** $f(x) = (x-1)^2(x-2)^2, \quad x \in [0, 4]$.

**11.** $f(x) = \dfrac{x}{4+x^2}, \quad x \in [-3, 1]$.

**12.** $f(x) = \dfrac{x^2}{1+x^2}, \quad x \in [-1, 2]$.

**13.** $f(x) = (x - \sqrt{x})^2$.

**14.** $f(x) = x\sqrt{4-x^2}$.

**15.** $f(x) = x\sqrt{3-x}$.

**16.** $f(x) = \sqrt{x} - \dfrac{1}{\sqrt{x}}$.

**17.** $f(x) = 1 - \sqrt[3]{x-1}$.

**18.** $f(x) = (4x-1)^{1/3}(2x-1)^{2/3}$.

**19.** $f(x) = \operatorname{sen}^2 x - \sqrt{3}\cos x, \quad 0 \le x \le \pi$.

**20.** $f(x) = \cot x + x, \quad 0 \le x < \dfrac{2\pi}{3}$.

**21.** $f(x) = 2\cos^3 x + 3\cos x, \quad 0 \le x \le \pi$.

**22.** $f(x) = \operatorname{sen} 2x - x, \quad 0 \le x \le \pi$.

**23.** $f(x) = \tan x - x, \quad -\dfrac{\pi}{3} \le x < \dfrac{\pi}{2}$.

**24.** $f(x) = \operatorname{sen}^4 x - \operatorname{sen}^2 x, \quad 0 \le x \le \dfrac{2\pi}{3}$.

**25.** $f(x) = \left\{\begin{array}{ll} -2x, & 0 \le x < 1 \\ x-3, & 1 \le x \le 4 \\ 5-x, & 4 < x \le 7 \end{array}\right]$.

**26.** $f(x) = \left\{\begin{array}{ll} x+9, & -8 < x \le -3 \\ x^2+x, & -3 \le x \le 2 \\ 5x-4, & 2 < x < 5 \end{array}\right]$.

**27.** $f(x) = \left\{\begin{array}{ll} x^2+1, & -2 \le x < -1 \\ 5+2x-x^2, & -1 \le x \le 3 \\ x-1, & 3 < x < 6 \end{array}\right]$.

**28.** $f(x) = \left\{\begin{array}{ll} 2-2x-x^2, & -2 \le x \le 0 \\ |x-2|, & 0 < x < 3 \\ \frac{1}{3}(x-2)^3, & 3 \le x \le 4 \end{array}\right]$.

**29.** $f(x) = \begin{cases} |x+1|, & -3 \le x < 0 \\ x^2 - 4x + 2, & 0 \le x < 3 \\ 2x - 7, & 3 \le x < 4 \end{cases}$.  **30.** $f(x) = \begin{cases} -x^2, & 0 \le x < 1 \\ -2x, & 1 < x < 2 \\ -\frac{1}{2}x^2, & 2 \le x \le 3 \end{cases}$.

**31.** Supongamos que $c$ es un punto crítico para $f$ y que $f'(x) > 0$ para $x \neq 0$. Demostrar que si $f(c)$ es un máximo local, $f$ no es continua en $c$.

**32.** ¿Qué se puede decir de la función $f$ continua en $[a, b]$, si para algún $c$ de $(a, b)$, $f(c)$ es a la vez un máximo y un mínimo locales?

**33.** Supongamos que $f$ es continua en su dominio $[a, b]$ y que $f(a) = f(b)$. Demostrar que $f$ tiene al menos un punto crítico en $(a, b)$.

**34.** Supongamos que $c_1 < c_2$ y que tanto $f(c_1)$ como $f(c_2)$ sean máximos locales. Demostrar que si $f$ es continua en $[c_1, c_2]$, existe un $c$ en $(c_1, c_2)$ tal que $f(c)$ sea un mínimo local.

**35.** Sea $P$ un polinomio no constante con coeficiente director positivo:

$$P(x) = a_0x^n + a_1x^{n-1} + \ldots + a_{n-1}x + a_n. \qquad (n \ge 1, a_0 > 0)$$

Está claro que si $x \to \infty$, $a_0x^n \to \infty$. Demostrar que si $x \to \infty$, $P(x) \to \infty$. Para ello se demostrará que, dado cualquier número positivo $M$, existe un número positivo $K$ tal que, si $x \ge K$, entonces $f(x) \ge M$.

## 4.5 ALGUNOS PROBLEMAS SOBRE MÁXIMOS Y MÍNIMOS.

Las técnicas de las dos últimas secciones pueden utilizarse para resolver una gran variedad de problemas sobre máximos y mínimos. El *paso clave* en la resolución de estos problemas consiste en expresar la cantidad que se quiere maximizar o minimizar como una función de una variable. Si dicha función es diferenciable, podemos diferenciarla y analizar los resultados.

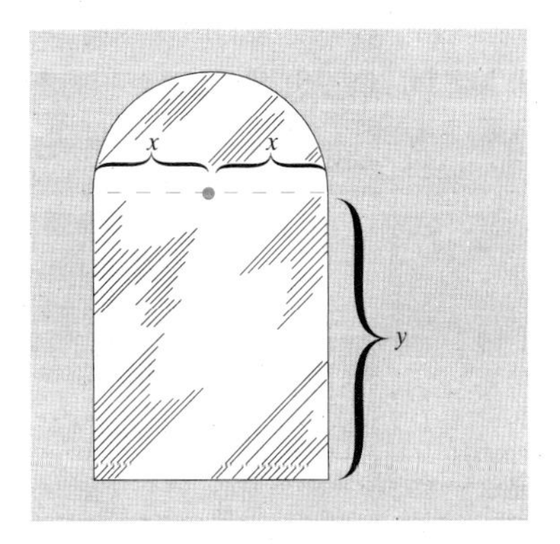


Figura 4.5.1

**Problema 1.** Un espejo de forma rectangular, rematado en su parte superior por un semicírculo, debe tener un perímetro $p$. Hallar el radio de la parte semicircular de manera que el área del espejo sea máxima.

*Solución.* Como en la figura 4.5.1, sea $x$ el radio de la parte semicircular e $y$ la altura de la parte rectangular. Queremos expresar el área

$$A = \tfrac{1}{2}\pi x^2 + 2xy$$

como una función que sólo depende de $x$. Para ello debemos expresar $y$ en función de $x$.

Dado que el perímetro es $p$, tenemos que

$$p = 2x + 2y + \pi x$$

luego

$$y = \tfrac{1}{2}[p - (2+\pi)x].$$

Puesto que $y$ debe ser positivo, $x$ debe variar entre 0 y $p/(2+\pi)$.

El área puede ser expresada ahora como una función que sólo depende de $x$:

$$\begin{aligned} A(x) &= \tfrac{1}{2}\pi x^2 + 2xy \\ &= \tfrac{1}{2}\pi x^2 + 2x\{\tfrac{1}{2}[p - (2+\pi)x]\} \\ &= \tfrac{1}{2}\pi x^2 + px - (2+\pi)x^2 = px - (2 + \tfrac{1}{2}\pi)x^2. \end{aligned}$$

Queremos maximizar la función

$$A(x) = px - (2 + \tfrac{1}{2}\pi)x^2, \qquad x \in \left(0, \frac{p}{2+\pi}\right).$$

*(Paso clave completado.)*

La derivada

$$A'(x) = p - (4+\pi)x$$

sólo toma el valor 0 en $x = p/(4+\pi)$. Dado que $A'(x) > 0$ para $0 < x < p/(4+\pi)$ y $A'(x) < 0$ para $p/(4+\pi) < x < p/(2+\pi)$, la función $A$ alcanza su máximo en $x = p/(4+\pi)$. Es decir que el espejo tendrá un área máxima cuando el radio de la parte semicircular valga $p/(4+\pi)$. □

**Problema 2.** La suma de dos números no negativos es 3. Hallar esos dos números sabiendo que minimizan la expresión obtenida tomando el cuadrado del doble del primero menos el doble del cuadrado del segundo.

*Solución.* Denotamos por $x$ el primer número, con lo cual el segundo se convierte en $3 - x$. Dado que ambos, $x$ y $3 - x$ son no negativos, debemos tener $0 \leq x \leq 3$. Queremos el valor mínimo de

$$f(x) = (2x)^2 - 2(3-x)^2, \qquad 0 \leq x \leq 3.$$

*(Paso clave completado.)*

Dado que

$$f'(x) = 8x + 4(3-x) = 4x + 12 = 4(x+3),$$

tenemos $f'(x) > 0$ en $(0, 3)$. Puesto que $f$ es continua en $[0, 3]$, $f$ crece en $[0, 3]$. El valor mínimo de $f$ se da para $x = 0$. El primer número debe ser 0 y el otro 3. □

**Problema 3.** Determinar las dimensiones del rectángulo de área máxima que puede inscribirse en un triángulo rectángulo de lados de dimensiones 3-4-5, con un lado del rectángulo apoyándose en la hipotenusa del triángulo.

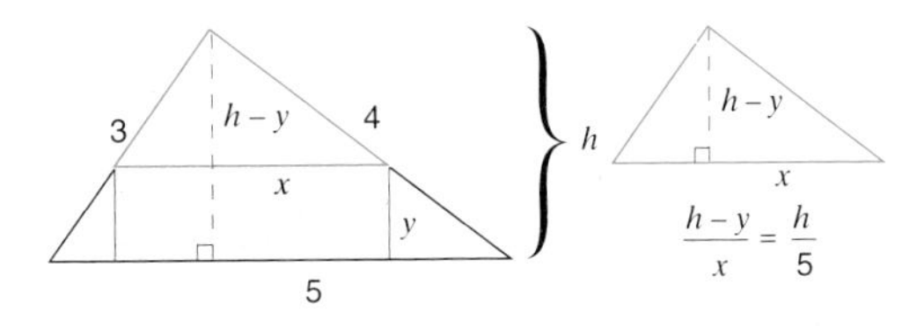


Figura 4.5.2

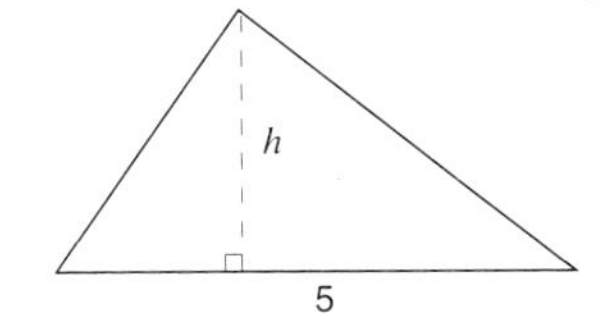


Figura 4.5.3

*Solución.* Designamos las dimensiones según se recoge en la figura 4.5.2. Para expresar el área $A = xy$ como una función que sólo depende de $x$, necesitamos expresar $y$ como una función de $x$. Esto puede conseguirse mediante triángulos semejantes. Los triángulos que nos interesan han sido representados por separado en la figura 4.5.3. De ellos se desprende que

$$\frac{h-y}{x} = \frac{h}{5}$$

y, por consiguiente, que

$$(1) \qquad y = h(1 - \tfrac{1}{5}x).$$

Podemos determinar $h$ calculando el área del triángulo rectángulo del enunciado de dos maneras distintas

$$\tfrac{1}{2}(5)(h) = \tfrac{5}{2}h \quad \text{y} \quad \tfrac{1}{2}(3)(4) = 6$$

De ahí que $\frac{5}{2}h = 6$, luego $h = \frac{12}{5}$.

Sustituyendo $h$ por $\frac{12}{5}$ en la ecuación (1), obtenemos

$$(2) \qquad y = \tfrac{12}{5}(1 - \tfrac{1}{5}x) = \tfrac{12}{25}(5 - x).$$

Dado que tanto $x$ como $y$ deben de ser positivos, $x$ debe permanecer entre 0 y 5. Dado que el área del rectángulo es el producto

$$xy = x\tfrac{12}{25}(5 - x) = \tfrac{12}{5}x - \tfrac{12}{5}x^2,$$

la función que queremos maximizar es la función

$$A(x) = \tfrac{12}{5}x - \tfrac{12}{25}x^2, \qquad 0 < x < 5.$$

*(Paso clave completado.)*

Como se podrá comprobar diferenciando, esta función tiene un máximo absoluto en $x = \frac{5}{2}$. Utilizando (2) se puede ver que cuando $x = \frac{5}{2}$, $y = \frac{6}{5}$. El rectángulo de área máxima que satisface las condiciones del problema es el rectángulo de largo $\frac{5}{2}$ y de ancho $\frac{6}{5}$. □

**Problema 4.** Un faro está situado a 3 millas mar adentro directamente enfrente de un punto $A$ de la costa que es recta. En la costa, a 5 millas del punto $A$, hay un almacén. El farero puede remar en su bote a 4 nudos y puede caminar a 6 millas por hora. ¿Hacia qué punto de la costa debe el farero dirigir su bote para llegar al almacén lo antes posible?

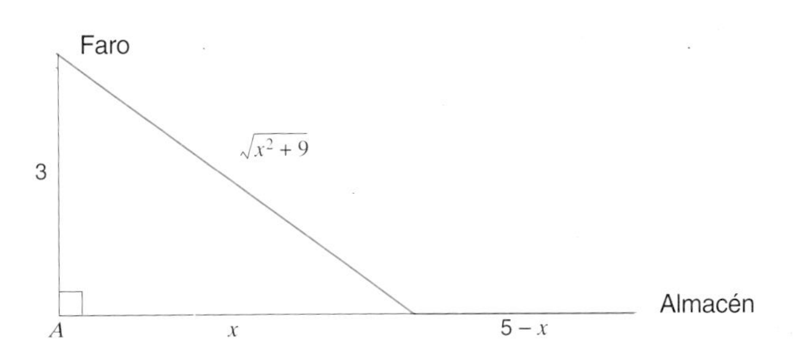


Figura 4.5.4

*Solución.* En la figura 4.5.4 queda reflejada la geometría del problema. Si toma tierra a $x$ millas de $A$, el farero debe remar $\sqrt{x^2+9}$ millas y luego andar $5-x$ millas. El tiempo total requerido para realizar este trayecto es

$$\frac{\text{Distancia remada}}{\text{velocidad de remo}} + \frac{\text{distancia caminada}}{\text{velocidad de paseo}} = \frac{\sqrt{x^2+9}}{4} + \frac{5-x}{6}.$$

Queremos hallar el valor de $x$ que minimice la función

$$T(x) = \frac{\sqrt{x^2+9}}{4} + \frac{5-x}{6}, \qquad 0 \le x \le 5.$$

*(Paso clave completado.)*

La diferenciación nos da

$$T'(x) = \frac{x}{4\sqrt{x^2+9}} - \frac{1}{6}, \qquad 0 < x < 5.$$

Resolviendo $T'(x) = 0$, obtenemos que

$$\begin{aligned} 6x &= 4\sqrt{x^2+9} \\ 36x^2 &= 16(x^2+9) \\ 20x^2 &= 144 \\ x &= \pm\tfrac{6}{5}\sqrt{5}. \end{aligned}$$

La solución $x = -\frac{6}{5}\sqrt{5}$ es una raíz ajena al problema que hemos introducido al elevar al cuadrado. El valor que buscamos es $x = \frac{6}{5}\sqrt{5}$. Como se puede comprobar al examinar el signo de la derivada, $T$ es decreciente en $(0, \frac{6}{5}\sqrt{5})$ y creciente en $(\frac{6}{5}\sqrt{5}, 5)$. De ello se desprende que en $x = \frac{6}{5}\sqrt{5}$ $T$ presenta un mínimo absoluto.

El farero conseguirá llegar antes al almacén si rema hasta el punto de la costa situado a $\frac{6}{5}\sqrt{5}$ millas (unas 2,683 millas) del punto $A$. □

## EJERCICIOS 4.5

1. Hallar el mayor valor posible para el producto $xy$ supuesto que $x$ e $y$ son positivos y que $x + y = 40$.
2. Hallar las dimensiones del rectángulo de área máxima y de perímetro 24.
3. Un jardín de 200 pies cuadrados ha de ser vallado para defenderlo de los conejos. Hallar las dimensiones que requerirían la menor cantidad de valla si un lado del jardín está ya protegido por un granero.
4. Hallar el área máxima para un rectángulo sabiendo que su base descansa en el eje $x$ y sus vértices superiores están en la curva $y = 4 - x^2$.
5. Hallar el área máxima para un rectángulo que esté inscrito en un círculo de radio 4.
6. La sección transversal de una viga tiene la forma de un rectángulo de largo $l$ y de ancho $w$. (Figura 4.5.5.) Suponiendo que la resistencia de la viga es proporcional a $w^2l$, ¿cuáles son las dimensiones de la viga más resistente que se puede cortar a partir de un tronco cilíndrico de 3 pies de diámetro?

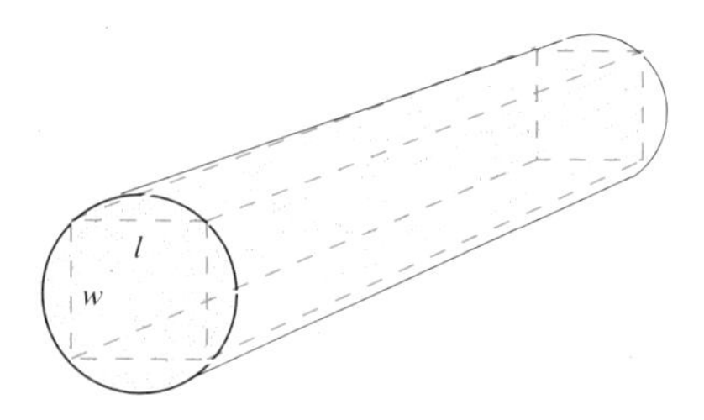


Figura 4.5.5

7. Un campo de juego rectangular debe de ser cercado y dividido en dos por otra cerca paralela a uno de los lados del campo. Para ello se usan seiscientos pies de cerca. Hallar las dimensiones del campo que tendría la mayor área total.

**8.** Una ventana normanda es una ventana que tiene la forma de un rectángulo rematado por un semicírculo. Hallar las dimensiones de la ventana normanda que dejaría pasar la mayor cantidad de luz con un perímetro fijado en 30 pies.

**9.** Retomar el ejercicio 8 suponiendo, esta vez, que la parte semicircular de la ventana sólo deja pasar tres veces menos luz por pie cuadrado que la parte rectangular.

**10.** Un lado de un campo rectangular está delimitado por un río recto. Los demás lados lo están por cercas rectilíneas cuya longitud total es de 800 pies. Determinar las dimensiones del campo sabiendo que su área es máxima.

**11.** Hallar las coordenadas del punto $P$ que maximice el área del rectángulo representado en la figura 4.5.6.

**12.** La base de un triángulo descansa en el eje $x$, uno de sus lados lo hace sobre la recta $y = 3x$ y el tercer lado pasa por el punto (1, 1). ¿Cuál es la pendiente del tercer lado que minimiza el área del triángulo?

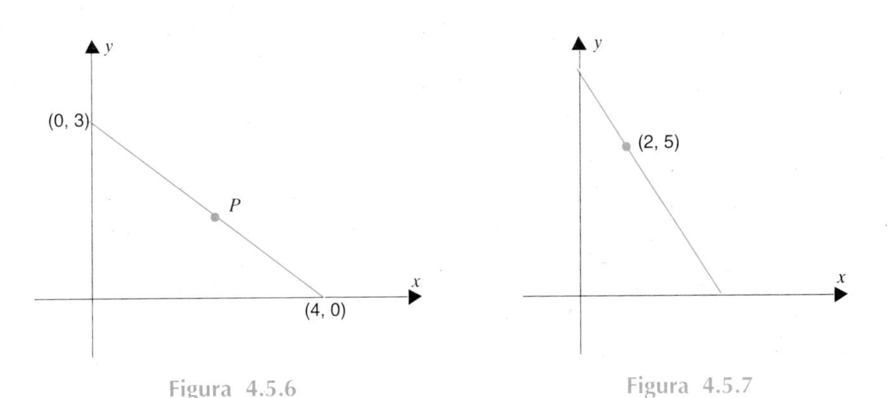


Figura 4.5.6 Figura 4.5.7

**13.** Un triángulo está formado por los ejes de coordenadas y una recta que pasa por el punto (2, 5) como en la figura 4.5.7. Determinar el valor de la pendiente de esta recta que minimiza el área del triángulo.

**14.** Con las mismas condiciones que en el ejercicio 13, determinar el valor de la pendiente de la recta que maximiza el área del triángulo.

**15.** ¿Cuáles son las dimensiones de la base de una caja rectangular de máximo volumen que se puede construir con 100 pulgadas cuadradas de cartón si la base ha de ser dos veces más larga que ancha? Se supondrá que la caja tiene una tapa.

**16.** Repetir el ejercicio 15 suponiendo que la caja no tiene tapa.

**17.** Hallar las dimensiones del triángulo isósceles de área máxima y de perímetro 12.

**18.** Hallar el (o los) punto(s) de la parábola $y = \frac{1}{8}x^2$ más próximo(s) al punto (0, 6).

**19.** Hallar el (o los) punto(s) de la parábola $x = y^2$ más próximo(s) al punto (0, 3).

**20.** Hallar $A$ y $B$ supuesto que la función $y = Ax^{-1/2} + Bx^{1/2}$ alcanza un mínimo igual a 6 en $x = 9$.

**21.** Un pentágono de 30 pulgadas de perímetro ha de ser construido juntando un triángulo equilátero a un rectángulo. Hallar las dimensiones del rectángulo y del triángulo que maximizarían el área del pentágono.

**22.** Una sección de canalón de 10 pies de longitud está construida con una banda de hoja de metal de 12 pulgadas de ancho, doblando bandas de cuatro pulgadas a cada lado de manera que formen el mismo ángulo con la base del canal. Determinar la profundidad del canal que tenga el caudal máximo. *Precaución*: existen dos maneras de dibujar la sección transversal trapezoidal como se muestra en la figura 4.5.8.

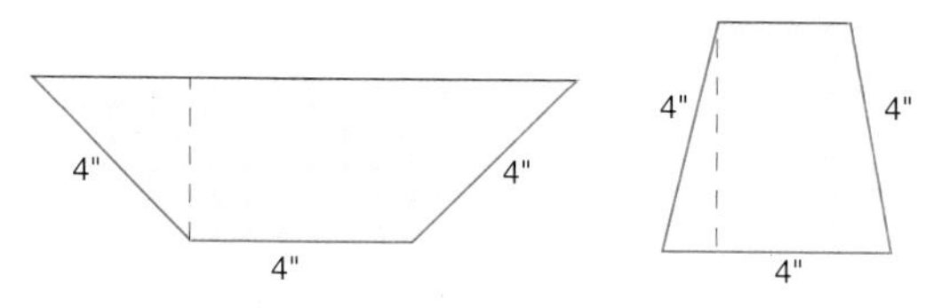


Figura 4.5.8

**23.** En un trozo rectangular de cartón de dimensiones $8 \times 15$ se han cortado cuatro cuadrados iguales, uno en cada esquina. Véase la figura 4.5.9. El pedazo cruciforme restante se dobla de manera que forme una caja sin tapa. ¿Cuáles deberían de ser las dimensiones de los cuadrados que se corten para maximizar el volumen de la caja construida por este procedimiento?

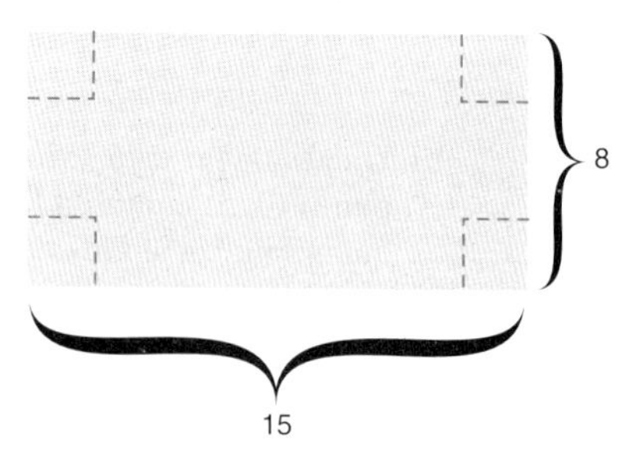


Figura 4.5.9

**24.** La mancha de impresión de una página ha de ser de 81 centímetros cuadrados. Los márgenes superior e inferior son de 3 centímetros cada uno, mientras que los laterales son de 2 centímetros cada uno. Hallar las dimensiones más económicas dado que el precio de una página es directamente proporcional al perímetro de la misma.

**25.** Sea $ABC$ un triángulo con vértices $A = (-3, 0)$, $B = (0, 6)$, $C = (3, 0)$. Sea $P$ un punto en el segmento rectilíneo que une $B$ con el origen. Hallar la posición de $P$ que minimiza la suma de las distancias de $P$ a los vértices.

**26.** Resolver el ejercicio 25 con $A = (-6, 0)$, $B = (0, 3)$ y $C = (6, 0)$.

**27.** Una valla de 8 pies de alto está situada a 1 pie de un edificio. Determinar la longitud mínima que ha de tener una escalera para apoyarse en el edificio, tocando la parte superior de la valla.

**28.** Dos pasillos, uno de 8 pies de ancho y otro de 6 pies de ancho se cruzan a ángulo recto. Determinar la longitud máxima de una escalera para que pueda ser llevada horizontalmente de un pasillo al otro.

**29.** El borde de una bandera rectangular es rojo mientras que su centro es blanco. El ancho de los bordes superior e inferior es de 8 pulgadas mientras que el de los lados es de 6 pulgadas. El área cuadrada es de 27 pies cuadrados. ¿Cuáles serían las dimensiones de la bandera que maximizarían el área del centro blanco?

**30.** Hallar el máximo absoluto de $y = x(r^2 + x^2)^{-3/2}$.

**31.** Una cuerda de 28 pulgadas de largo debe de ser cortada en dos trozos; uno de los trozos para formar un cuadrado y el otro para formar un círculo. ¿Cómo debería cortarse la cuerda de para (a) maximizar la suma de las dos áreas y (b) minimizar la suma de las dos áreas?

**32.** ¿Cuál es el volumen máximo de una caja rectangular (base cuadrada, sin tapa) hecha con 12 pies cuadrados de cartón?

**33.** En la figura 4.5.10 está representado un cilindro inscrito en un cono circular recto de altura 8 y radio de base 5. Hallar las dimensiones del cilindro que maximicen su volumen.

**34.** Una variante del ejercicio 33. Esta vez, hallar las dimensiones del cilindro que maximicen el área de su superficie lateral.

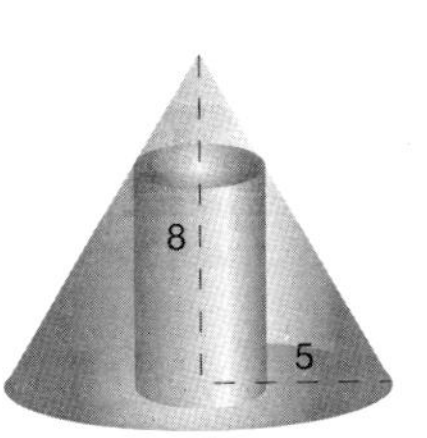


**Figura 4.5.10**

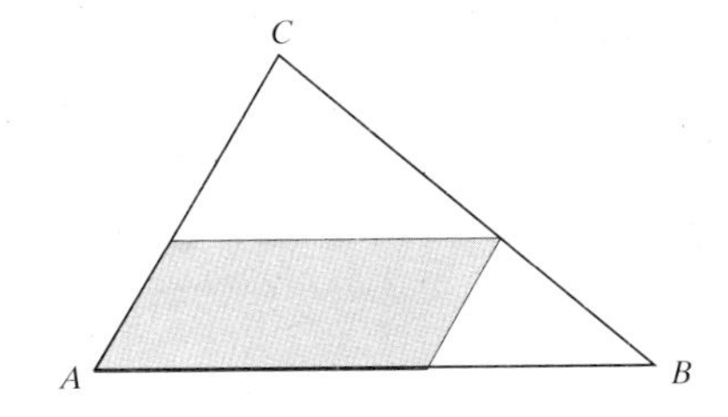


**Figura 4.5.11**

**35.** Es preciso construir una caja rectangular de base cuadrada, con tapa, de 1250 pies cúbicos de capacidad. El material empleado para la base cuesta 35 céntimos por pie cuadrado, el de la tapa cuesta 15 céntimos por pie cuadrado y el de los lados 20 céntimos por pie cuadrado. Hallar las dimensiones que permitan minimizar el coste de la caja.

**36.** ¿Cuál es la mayor área posible para un paralelogramo inscrito en un triángulo $ABC$ de la manera indicada en la figura 4.5.11?

**37.** Hallar las dimensiones del triángulo isósceles de menor área que puede circunscribir un círculo de radio $r$.

**38.** ¿Cuál es el área máxima posible para un triángulo inscrito en un círculo de radio $r$?

**39.** En la figura 4.5.12 se muestra un cilindro inscrito en una esfera de radio $R$. Hallar las dimensiones del cilindro que maximizan su volumen.

**40.** Una variante del ejercicio 39. Hallar las dimensiones del cilindro si se trata de maximizar el área de su superficie lateral.

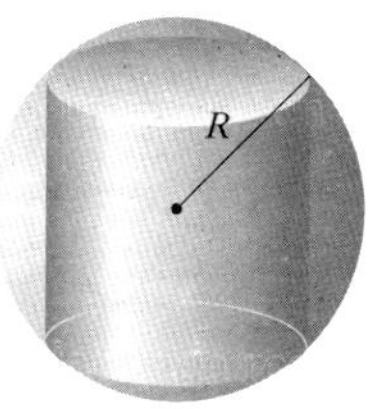


Figura 4.5.12

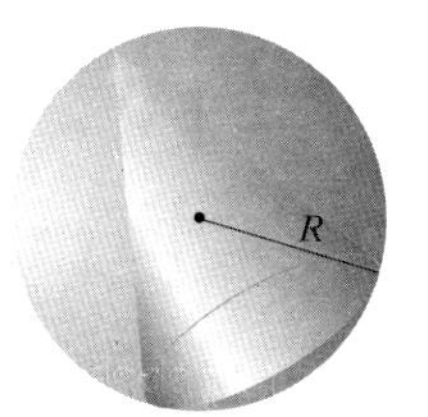


Figura 4.5.13

**41.** Un cono circular recto está inscrito en una esfera de radio $R$ como se ha representado en la figura 4.5.13. Hallar las dimensiones del cono que maximicen su volumen.

**42.** ¿Cuál es el mayor volumen posible para un cono circular recto con una generatriz de longitud $a$?

**43.** Se necesita una línea de potencia para conectar una estación eléctrica situada en la orilla de un río, con una isla situada cuatro kilómetros río abajo y a un kilometro de la orilla. Hallar el coste mínimo para la línea dado que un cable subfluvial cuesta 50.000 dólares por kilómetro mientras que un cable subterráneo sólo cuesta 30.000 dólares por kilómetro.

**44.** Un tapiz de 7 pies de alto cuelga de una pared. El borde inferior está a 9 pies por encima del ojo del observador. ¿A qué distancia de la pared debería permanecer de pie el observador para tener la visión más favorable? Es decir, ¿cuál es la distancia a la pared que maximiza el ángulo visual del observador?
SUGERENCIA: Utilizar la fórmula para tan $(A - B)$.

**45.** Un cuerpo de peso $W$ es arrastrado por un plano horizontal aplicándole un fuerza $P$ cuya recta de acción forma un ángulo $\theta$ con el plano. La intensidad de la fuerza viene dada por la ecuación

$$P = \frac{mW}{m \operatorname{sen} \theta + \cos \theta}$$

donde $m$ es el coeficiente de fricción. ¿Cuál es el valor de $\theta$ que minimiza la fuerza?

**46.** Si un proyectil es disparado desde $O$ para dar con un plano inclinado que forma un ángulo constante $\alpha$ con la horizontal, su alcance viene dado por la fórmula

$$R = \frac{2v^2 \cos\theta \ \text{sen}\ (\theta - \alpha)}{g \cos^2 \alpha}$$

donde $v$ y $g$ son constantes y $\theta$ es el ángulo de elevación. Calcular el valor de $\theta$ que permite el alcance máximo.

**47.** El borde inferior de la pantalla de un cine de 30 pies de altura está situado a 9 pies por encima del ojo de un observador. ¿A qué distancia de la pantalla debería sentarse el observador para conseguir la visión más favorable? Es decir, ¿cuál es la distancia a la pantalla que maximiza el ángulo visual del observador?

## 4.6 CONCAVIDAD Y PUNTOS DE INFLEXIÓN

Empecemos con un dibujo, el de la figura 4.6.1. A la izquierda de $c_1$ y entre $c_2$ y $c_3$, la gráfica está "curvada hacia arriba" (diremos que es cóncava hacia arriba); entre $c_1$ y $c_2$ y a la derecha de $c_3$ la gráfica está "curvada hacia abajo" (diremos que es cóncava hacia abajo).

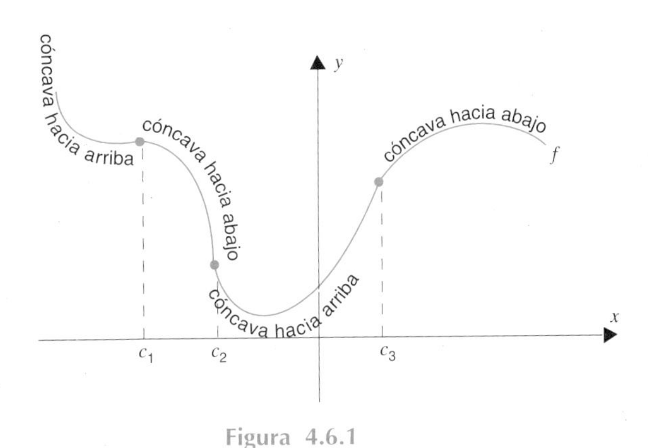


Figura 4.6.1

Estos términos precisan de una definición rigurosa.

**DEFINICIÓN 4.6.1 CONCAVIDAD**

Sea $f$ una función diferenciable en un intervalo abierto $I$. Diremos que la gráfica de $f$ es *cóncava hacia arriba* en $I$ sii $f'$ es creciente en $I$; diremos que es *cóncava hacia abajo* en $I$ sii $f'$ es decreciente en $I$.

En otras palabras, la gráfica es cóncava hacia arriba en un intervalo abierto en el cual la pendiente es creciente y cóncava hacia abajo en un intervalo abierto en el cual la pendiente es decreciente.

Aquellos puntos que separan arcos de concavidad opuesta se llaman *puntos de inflexión*. En la gráfica de la figura 4.6.1 hay tres de estos puntos: $(c_1, f(c_1))$, $(c_2, f(c_2))$, $(c_3, f(c_3))$.

He aquí una definición formal.

**DEFINICIÓN 4.6.2 PUNTO DE INFLEXIÓN**

Sea $f$ una función continua en $c$. Diremos que el punto $c$ es *un punto de inflexión* sii existe un $\delta > 0$ tal que la gráfica de $f$ sea cóncava en un sentido en $(c - \delta, c)$ y cóncava en el sentido opuesto en $(c, c + \delta)$.

**Ejemplo 1.** La gráfica de la función cuadrática $f(x) = x^2$ es cóncava hacia arriba en todas partes dado que su derivada $f'(x) = 2x$ es siempre creciente. (Ver figura 4.6.2.) □

**Ejemplo 2.** La gráfica de la función cúbica $f(x) = x^3$ es cóncava hacia abajo en $(-\infty, 0)$ y cóncava hacia arriba en $(0, \infty)$:

$$f'(x) = 3x^2 \quad \text{es decreciente en } (-\infty, 0) \text{ y creciente en } (0, \infty).$$

El origen es un punto de inflexión. (Ver figura 4.6.3) □

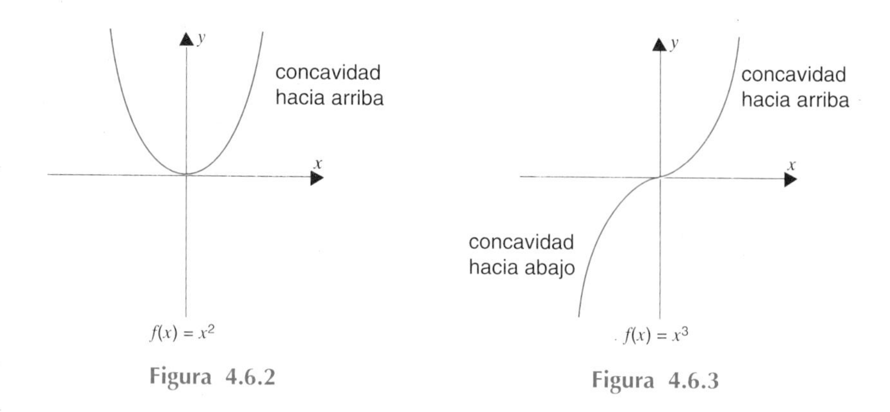


Figura 4.6.2

Figura 4.6.3

Si $f$ es diferenciable dos veces, entonces, recordando que $f'' = (f')'$, podemos determinar la concavidad de la gráfica investigando el signo de la derivada segunda. Si $f''$ es positiva en $I$, entonces $f'$ es creciente en $I$ y la gráfica es cóncava hacia arriba; si $f''$ es negativa en $I$, entonces $f'$ es decreciente en $I$ y la gráfica es cóncava hacia abajo.

El siguiente resultado nos da un medio para identificar posibles puntos de inflexión.

**(4.6.3)** Si $(c, f(c))$ es un punto de inflexión, entonces o $f''(c) = 0$ o $f''(c)$ no existe.

Demostración. Supongamos que $(c, f(c))$ sea un punto de inflexión. Trataremos el caso en el cual la gráfica de $f$ es cóncava hacia arriba a la izquierda de $c$ y cóncava hacia abajo a la derecha de $c$. El otro caso se trataría de manera similar.

En este caso, $f'$ es creciente en un intervalo $(c - \delta, c)$ y decreciente en un intervalo $(c, c + \delta)$.

Supongamos que $f''(c)$ existe. Entonces $f'$ es continua en $c$. Se deduce de ello que $f'$ es creciente en el intervalo semiabierto $(c - \delta, c]$ y decreciente en el intervalo semiabierto $[c, c + \delta)$.[†] Esto significa que $f'$ tiene un máximo local en $c$. Dado que $f''(c)$ existe por hipótesis, tenemos que $f''(c) = 0$ (teorema 4.3.2 aplicado a $f'$).

Hemos demostrado que, si $f''(c)$ existe, $f''(c) = 0$. La otra posibilidad, claro está, es que $f''(c)$ no exista. □

**Ejemplo 3.** Para la función

$$f(x) = x^3 + \tfrac{1}{2}x^2 - 2x + 1 \qquad \text{(Figura 4.6.4)}$$

tenemos

$$f'(x) = 3x^2 + x - 2 \quad \text{y} \quad f''(x) = 6x + 1.$$

Dado que

$$f''(x) \text{ es } \begin{cases} \text{negativa,} & \text{para } x < -\frac{1}{6} \\ 0, & \text{en } x = -\frac{1}{6} \\ \text{positiva,} & \text{para } x > -\frac{1}{6} \end{cases},$$

[†] Ver el ejercicio 46 de la sección 4.2

la gráfica de $f$ es cóncava hacia abajo en $(-\infty, -\frac{1}{6})$ y cóncava hacia arriba en $(-\frac{1}{6}, \infty)$. El punto $(-\frac{1}{6}, f(-\frac{1}{6}))$ es un punto de inflexión. □

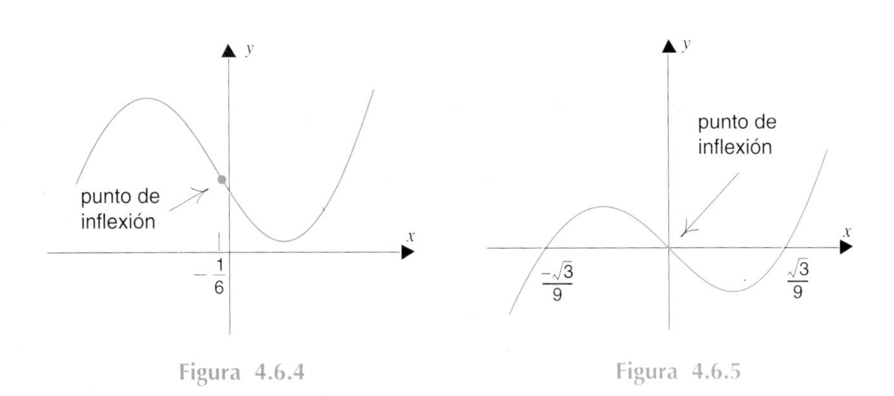


Figura 4.6.4

Figura 4.6.5

**Ejemplo 4.** Para

$$f(x) = 3x^{5/3} - x \qquad \text{(Figura 4.6.5)}$$

tenemos

$$f'(x) = 5x^{2/3} - 1 \quad \text{y} \quad f''(x) = \tfrac{10}{3}x^{-1/3}.$$

La derivada segunda no existe en $x = 0$. Dado que

$$f''(x) \text{ es } \left\{ \begin{array}{lll} \text{negativa,} & \text{para} & x < 0 \\ \text{positiva,} & \text{para} & x > 0 \end{array} \right],$$

la gráfica es cóncava hacia abajo en $(-\infty, 0)$ y cóncava hacia arriba en $(0, \infty)$. Dado que $f$ es continua en 0, el punto $(0, f(0)) = (0, 0)$ es un punto de inflexión. □

Precaución: El hecho de que

$$f''(c) = 0 \quad \text{o} \quad f''(c) \text{ no exista}$$

no basta para garantizar que $(c, f(c))$ sea un punto de inflexión. Como se podrá verificar, la función $f(x) = x^4$ satisface a $f''(0) = 0$ siendo su gráfica siempre cóncava hacia arriba y no teniendo puntos de inflexión. Un punto de inflexión se presenta en $c$ sii $f$ es continua en $c$ y el punto $(c, f(c))$ separa dos arcos de concavidad opuesta. □

## EJERCICIOS 4.6

Describir la concavidad de la curva y hallar los puntos de inflexión (si los hay).

**1.** $f(x) = \dfrac{1}{x}.$
**2.** $f(x) = x + \dfrac{1}{x}.$
**3.** $f(x) = x^3 - 3x + 2.$
**4.** $f(x) = 2x^2 - 5x + 2.$
**5.** $f(x) = \frac{1}{4}x^4 - \frac{1}{2}x^2.$
**6.** $f(x) = x^3(1 - x).$
**7.** $f(x) = \dfrac{x}{x^2 - 1}.$
**8.** $f(x) = \dfrac{x + 2}{x - 2}.$
**9.** $f(x) = (1 - x)^2(1 + x)^2.$
**10.** $f(x) = \dfrac{6x}{x^2 + 1}.$
**11.** $f(x) = \dfrac{1 - \sqrt{x}}{1 + \sqrt{x}}.$
**12.** $f(x) = (x - 3)^{1/5}.$
**13.** $f(x) = (x + 2)^{5/3}.$
**14.** $f(x) = x\sqrt{4 - x^2}.$
**15.** $f(x) = \text{sen}^2 x, \quad x \in [0, \pi].$
**16.** $f(x) = 2\cos^2 x - x^2, \quad x \in [0, \pi].$
**17.** $f(x) = x^2 + \text{sen } 2x, \quad x \in [0, \pi].$
**18.** $f(x) = \text{sen}^4 x, \quad x \in [0, \pi].$

**19.** Hallar $d$ supuesto que $(d, f(d))$ es punto de inflexión de la gráfica de

$$f(x) = (x - a)(x - b)(x - c).$$

**20.** Hallar c suponiendo que la gráfica de $f(x) = cx^2 + x^{-2}$ presenta un punto de inflexión en $(1, f(1))$.

**21.** Hallar $a$ y $b$ supuesto que la gráfica de $f(x) = ax^3 + bx^2$ pasa por el punto $(-1, 1)$ y tiene un punto de inflexión en $x = \frac{1}{3}$.

**22.** Determinar $A$ y $B$ de tal modo que la curva

$$y = Ax^{1/2} + Bx^{-1/2}$$

tenga un punto de inflexión en $(1, 4)$.

**23.** Determinar $A$ y $B$ de tal modo que la curva

$$y = A\cos 2x + B\,\text{sen } 3x$$

tenga un punto de inflexión en $(\pi/6, 5)$.

**24.** Hallar una condición necesaria y suficiente en $A$ y $B$ para que la función $f(x) = Ax^2 + Bx + C$
(a) sea decreciente y cóncava hacia arriba entre $A$ y $B$.
(b) sea creciente y cóncava hacia abajo entre $A$ y $B$.

## 4.7 ALGUNOS TRAZADOS DE CURVAS

A lo largo de las últimas secciones, hemos visto cómo hallar los valores extremos de una función, los intervalos donde es creciente y aquellos donde es decreciente. También hemos visto cómo determinar la concavidad de la curva y cómo hallar sus puntos de inflexión. Todos estos conocimientos permiten dibujar la gráfica de funciones algo complicadas sin tener que ir marcando un punto tras otro.

Antes de intentar dibujar la gráfica de una función, intentaremos recopilar toda la información necesaria de forma sistemática. He aquí la descripción del procedimiento a seguir.

1. Buscar aspectos particulares (como los extremos del dominio, el comportamiento cuando $x \longrightarrow \pm\infty$, y las posibles simetrías).
2. Calcular $f'$ y $f''$.
3. Analizar el signo de $f'$ para determinar los valores extremos así como los intervalos donde la función es creciente y aquellos donde es decreciente.
4. Analizar el signo de $f''$ para determinar los puntos de inflexión y la concavidad de la curva.
5. Marcar los puntos de interés en un dibujo preliminar.
6. Finalmente dibujar la gráfica uniendo los puntos de nuestro dibujo preliminar. Se deberá tener en cuenta toda la información recopilada anteriormente para garantizar que la curva dibujada "sube", "baja" y se "curva" de la manera apropiada.

En la figura 4.7.1 se muestran algunos de los elementos que se pueden incluir en un dibujo preliminar.

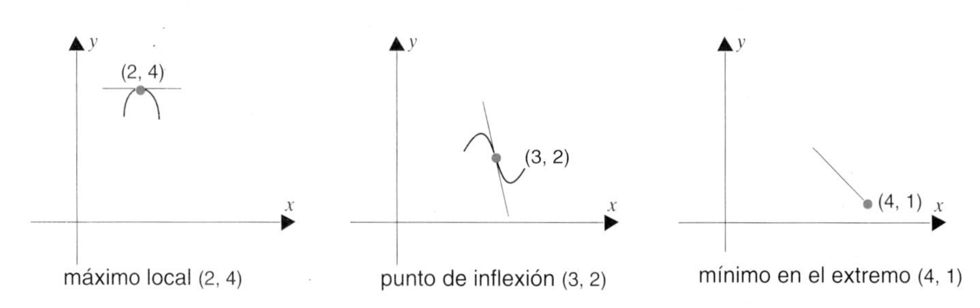


Figura 4.7.1

**Ejemplo 1.** Empezaremos con la función

$$f(x) = \tfrac{1}{3}x^3 + \tfrac{1}{2}x^2 - 2x - 1, \qquad \text{para todo } x \text{ real.}$$

Es un polinomio cuyo término principal es $\frac{1}{3}x^3$. Luego, $f(x) \to -\infty$ cuando $x \to -\infty$ y $f(x) \to \infty$ cuando $x \to \infty$. Dado que $f(0) = -1$, la gráfica corta el eje $y$ en el punto $(0, -1)$.

Para $x$ real

$$f'(x) = x^2 + x - 2 = (x+2)(x-1)$$
$$f''(x) = 2x + 1 = 2\,(x + \tfrac{1}{2}).$$

En la figura 4.7.2 recogemos los signos de $f'$ y $f''$:

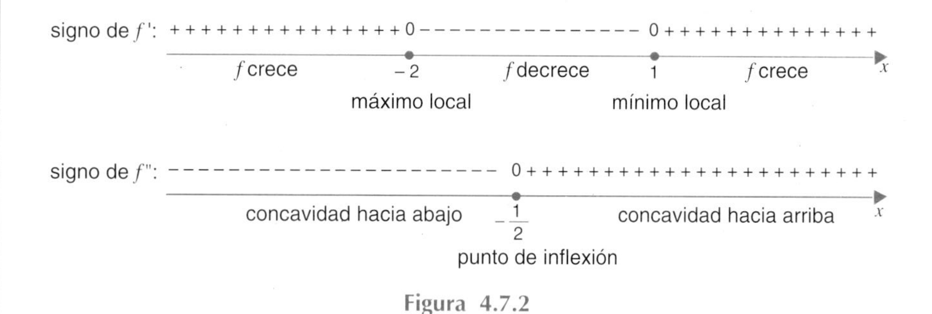


**Figura 4.7.2**

Resumen de los puntos de interés. (Ver figura 4.7.3 para un dibujo preliminar.)

$(-2, 2\frac{1}{3})$: $f(-2) = 2\frac{1}{3}$ es un máximo local.

$(-\frac{1}{2}, \frac{1}{12})$: punto de inflexión; pendiente igual a $-\frac{9}{4}$.

$(0, -1)$: ordenada en el origen $-1$.

$(1, -2\frac{1}{6})$: $f(1) = -2\frac{1}{6}$ es un mínimo local.

La gráfica final está representada en la figura 4.7.4. □

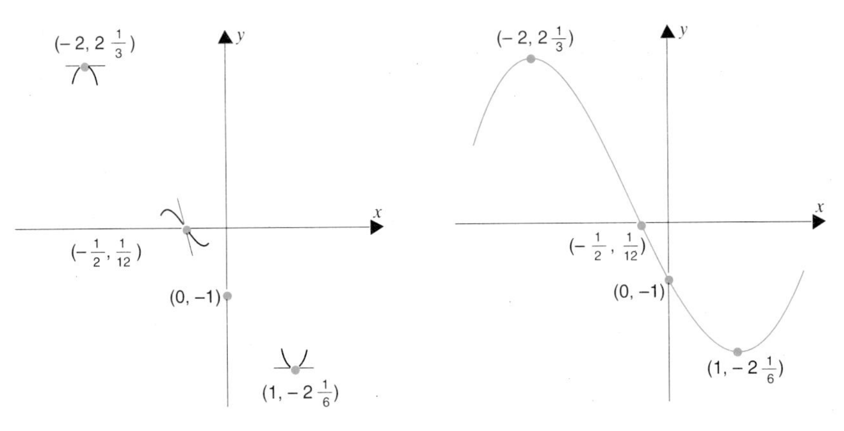


Figura 4.7.3 Figura 4.7.4

Ejemplo 2. Consideremos ahora la función

$$f(x) = x^4 - 4x^3 + 1, \qquad x \in [-1, 5).$$

Observemos que $x = 5$ es un "extremo excluido." Para $x \in [-1, 5)$ se verifica que

$$f'(x) = 4x^3 - 12x^2 = 4x^2(x-3)$$
$$f''(x) = 12x^2 - 24x = 12x(x-2).$$

En la figura 4.7.5 se analizan los signos de $f'$ y $f''$:

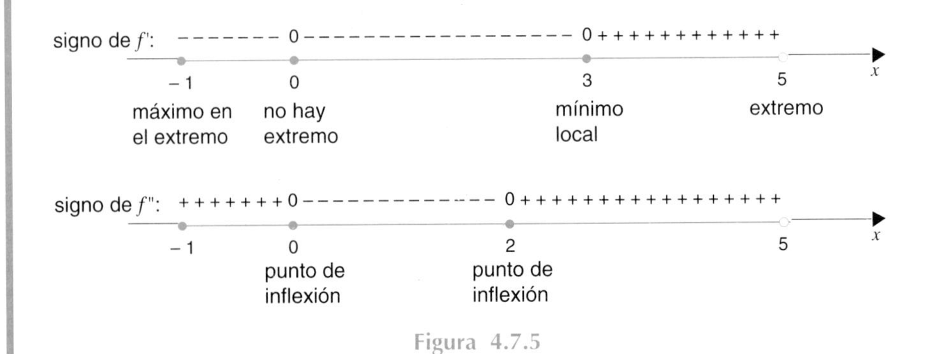


Figura 4.7.5

Resumen de los puntos de interés. (Ver la figura 4.7.6 para un dibujo preliminar.)

(– 1, 6): $f(-1) = 6$ es un máximo en el extremo.
(0, 1): no hay extremos; punto de inflexión con tangente horizontal.
(2, – 15): punto de inflexión; pendiente igual a – 16.
(3, – 26): $f(3) = -26$ es un mínimo local.

Cuando $x$ se acerca al extremo excluido 5 por la izquierda, $f(x)$ crece hacia el valor 126.

Dado que la imagen de $f$ hace impracticable un dibujo a escala, hemos de contentarnos con un dibujo aproximado como el representado en la figura 4.7.7. En casos como este es particularmente importante dar las coordenadas de los puntos de interés. □

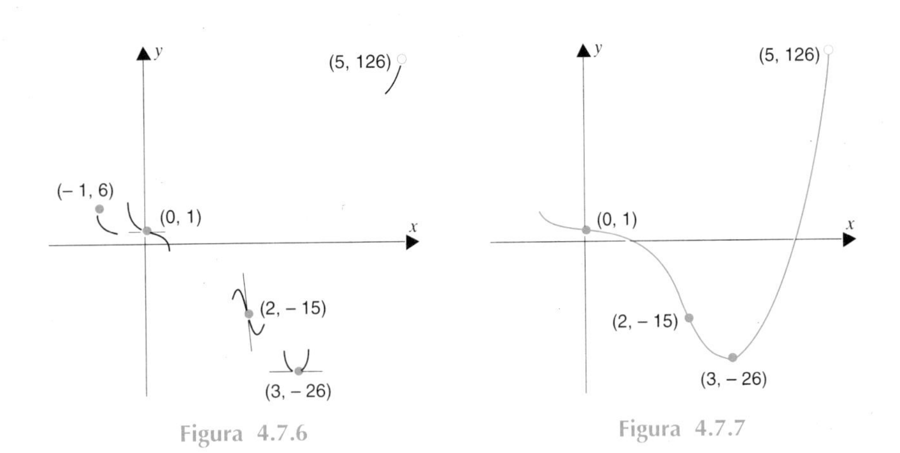


Figura 4.7.6

Figura 4.7.7

Ejemplo 3. La función

$$f(x) = 5x - 3x^{5/3}, \qquad \text{para todo } x \text{ real}$$

es una función impar: $f(-x) = -f(x)$. Esto significa que la gráfica de $f$ es simétrica respecto del origen. Dado que podemos escribir $f(x) = x(5 - 3x^{2/3})$, está claro que $f(x) \to -\infty$ cuando $x \to \infty$. Por simetría, $f(x) \to \infty$ cuando $x \to -\infty$.

La diferenciación nos da que

$$f'(x) = 5 - 5x^{2/3} = 5(1 - x^{2/3}) = 5(1 + x^{1/3})(1 - x^{1/3}), \qquad \text{para todo } x \text{ real}$$

$$f''(x) = -\tfrac{10}{3}x^{-1/3}, \qquad x \neq 0.$$

Los signos de $f'$ y $f''$ se analizan en la figura 4.7.8:

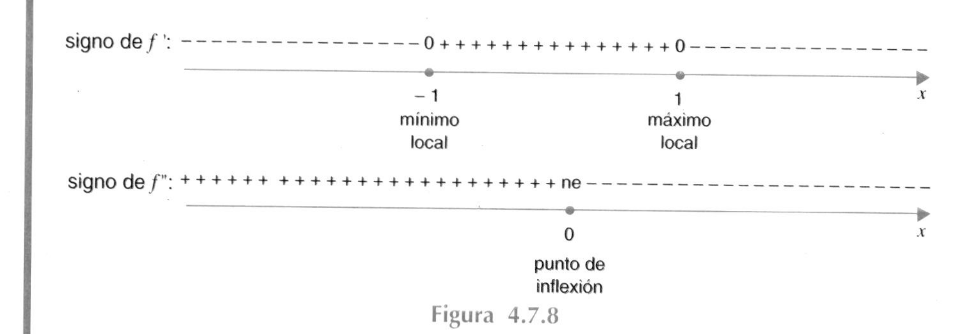

Figura 4.7.8

Resumen de los puntos de interés. (Ver la figura 4.7.9 para un dibujo preliminar.)

$(-1, -2)$: $f(-1) = -2$ es un mínimo local.
$(0, 0)$: es un punto de inflexión; pendiente igual a 5.
$(1, 2)$: $f(1) = 2$ es un máximo local.

La gráfica final aparece en la figura 4.7.10. □

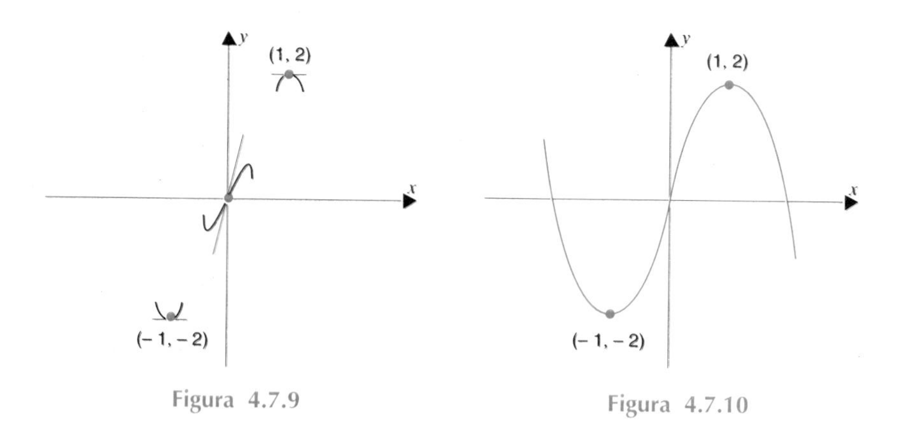

Figura 4.7.9 Figura 4.7.10

**Observación**. El modo más efectivo de producir una gráfica precisa de una función dada, consiste en utilizar las capacidades gráficas de algunas de las computadoras actuales. Siguiendo los métodos descritos en esta sección sólo se puede dibujar una aproximación grosera que da una idea general de la gráfica y evidencia sus rasgos más sobresalientes. Esto es suficiente para nuestro propósito. □

## EJERCICIOS 4.7

Bosquejar la gráfica.

1. $f(x) = (x-2)^2$.
2. $f(x) = 1-(x-2)^2$.
3. $f(x) = x^3 - 2x^2 + x + 1$.
4. $f(x) = x^3 - 9x^2 + 24x - 7$.
5. $f(x) = x^3 + 6x^2, \quad x \in [-4, 4]$.
6. $f(x) = x^4 - 8x^2, \quad x \in [0, \infty)$.
7. $f(x) = \frac{2}{3}x^3 - \frac{1}{2}x^2 - 10x - 1$.
8. $f(x) = 2 + (x-4)^{1/3}, \quad x \in [4, \infty)$.
9. $f(x) = 3x^4 - 4x^3 + 1$.
10. $f(x) = x(x^2+4)^2$.
11. $f(x) = 2\sqrt{x} - x, \quad x \in [0, 4]$.
12. $f(x) = \frac{1}{4}x - \sqrt{x}, \quad x \in [0, 9]$.
13. $f(x) = 2 + (x+1)^{6/5}$.
14. $f(x) = 2 + (x+1)^{7/5}$.
15. $f(x) = 3x^5 + 5x^3$.
16. $f(x) = 3x^4 + 4x^3$.
17. $f(x) = 1 + (x-2)^{5/3}$.
18. $f(x) = 1 + (x-2)^{4/3}$.
19. $f(x) = x^2(1+x)^3$.
20. $f(x) = x^2(1+x)^2$.
21. $f(x) = x\sqrt{1-x}$.
22. $f(x) = \frac{1}{3}x^3 + x^2 - 8x + 4$.
23. $f(x) = x + \operatorname{sen} 2x, \quad x \in [0, \pi]$.
24. $f(x) = \cos^3 x + 6 \cos x, \quad x \in [0, \pi]$.
25. $f(x) = \cos^4 x, \quad x \in [0, \pi]$.
26. $f(x) = \sqrt{3}x - \cos 2x, \quad x \in [0, \pi]$.
27. $f(x) = 2 \operatorname{sen}^3 x + 3 \operatorname{sen} x, \quad x \in [0, \pi]$.
28. $f(x) = \operatorname{sen}^4 x, \quad x \in [0, \pi]$.

## 4.8 ASÍNTOTAS VERTICALES Y HORIZONTALES; TANGENTES VERTICALES Y CÚSPIDES

### Asíntotas verticales y horizontales

En la figura 4.8.1 se puede ver la gráfica de la función

$$f(x) = \frac{1}{|x-c|} \qquad \text{para } x \text{ próximo a } c.$$

Cuando $x \to c$, $f(x) \to \infty$: dado un número positivo cualquiera $M$, existe un número $\delta$ positivo tal que

$$\text{si} \quad 0 < |x-c| < \delta, \qquad \text{se verifica} \quad f(x) \geq M.$$

La recta $x = c$ es llamada *asíntota vertical*.

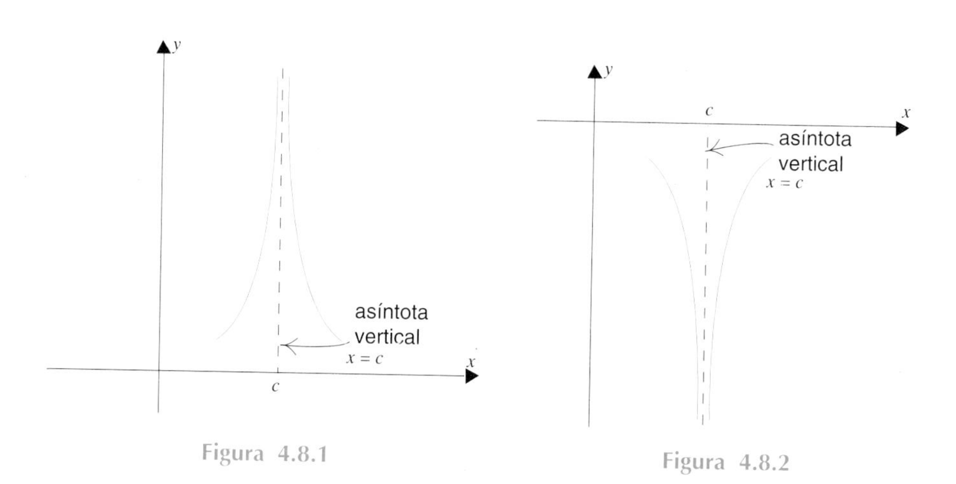


Figura 4.8.1 Figura 4.8.2

En la figura 4.8.2 se puede ver la gráfica de la función

$$g(x) = -\frac{1}{|x-c|} \qquad \text{para } x \text{ próximo a } c.$$

Cuando $x \to c$, $g(x) \to -\infty$. El sentido de esta expresión es evidente. De nuevo, diremos que $x = c$ es una *asíntota vertical.*

*Las asíntotas verticales* también pueden provenir sólo del comportamiento en uno de los lados de las funciones. Con $f$ y $g$ como en la figura 4.8.3, escribiremos

$$\text{cuando } x \to c^-, \quad f(x) \to \infty \quad \text{y} \quad g(x) \to -\infty.$$

Con $f$ y $g$ como en la figura 4.8.4, escribiremos

$$\text{cuando } x \to c^+, \quad f(x) \to \infty \quad \text{y} \quad g(x) \to -\infty.$$

En cada caso la línea vertical $x = c$ es una asíntota vertical para ambas funciones.

También es posible que una función tenga una *asíntota horizontal.* Ver las figuras 4.8.5 y 4.8.6. La definición $\epsilon$, $K$ para estos límites se deja como ejercicio (ver el ejercicio 35.)

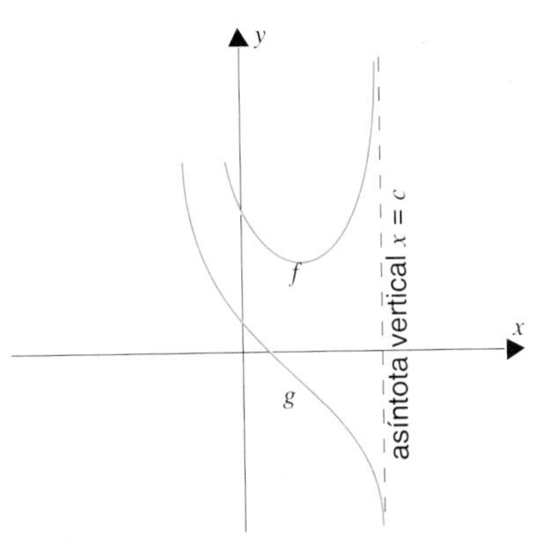


Figura 4.8.3

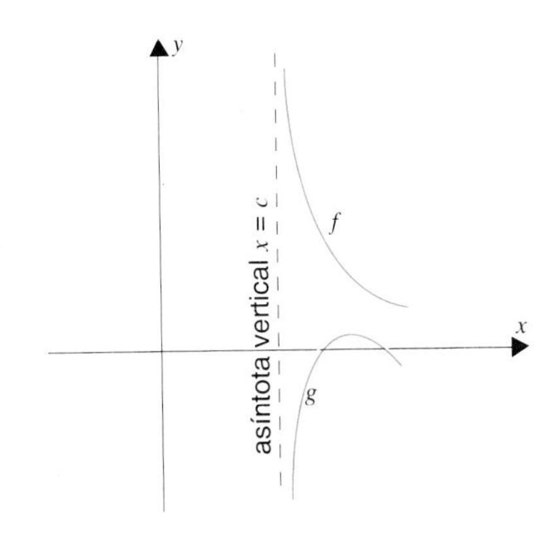


Figura 4.8.4

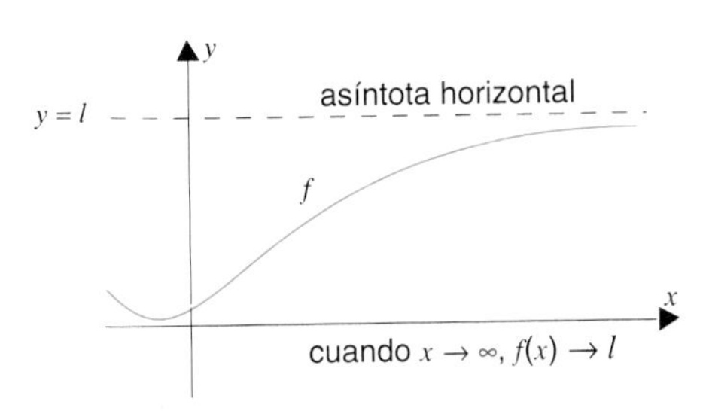


Figura 4.8.5

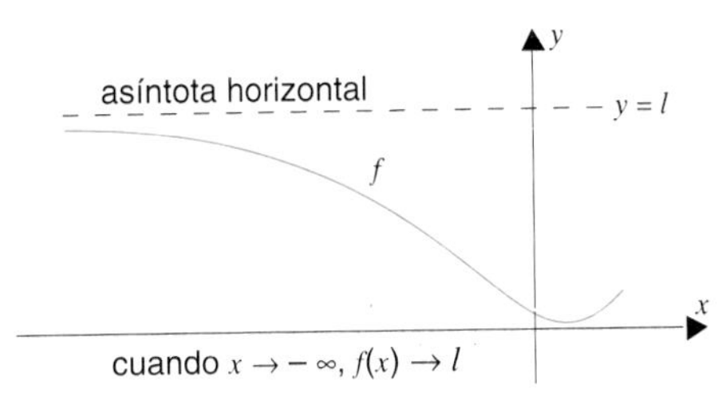


Figura 4.8.6

**Ejemplo 1.** En la figura 4.8.7 hemos representado la gráfica de la función

$$f(x) = \frac{x}{x-2}.$$

Cuando $x \to 2^-$, $f(x) \to -\infty$; cuando $x \to 2^+$, $f(x) \to \infty$. La recta $x = 2$ es una asíntota vertical.

Cuando $x \to \pm\infty$,

$$f(x) = \frac{x}{x-2} = \frac{1}{1-(2/x)} \to 1.$$

La recta $y = 1$ es una asíntota horizontal. □

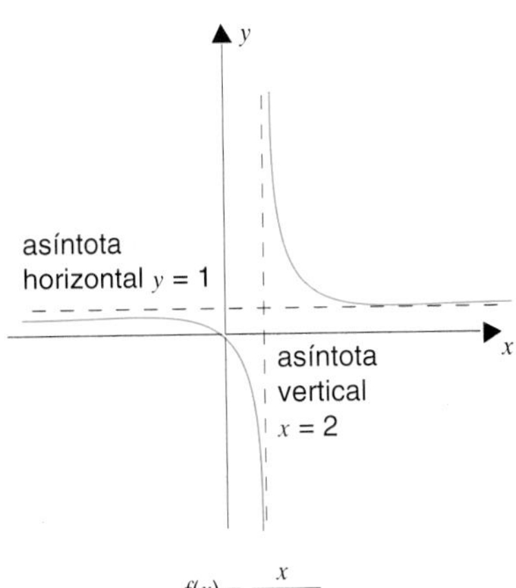


Figura 4.8.7

**Ejemplo 2.** La función

$$g(x) = \frac{1}{1 + x^2}$$

es continua en todas partes, luego no tiene asíntota vertical. Cuando $x \to \pm \infty$, $g(x) \to 0$. La recta $y = 0$ (el eje $x$) es una asíntota horizontal. La gráfica de $g$ está representada en la figura 4.8.8. □

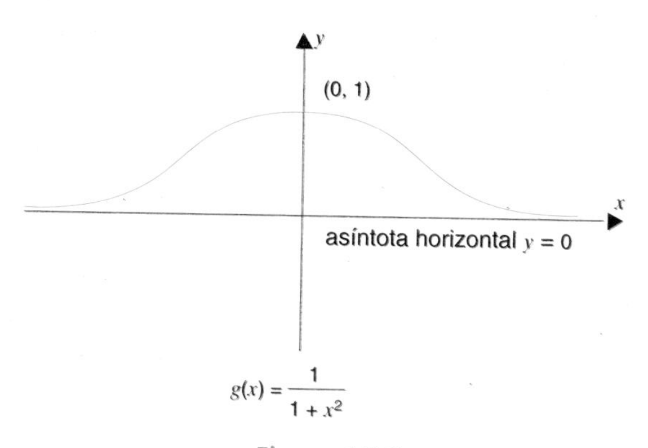


Figura 4.8.8

**Ejemplo 3.** La función

$$f(x) = \frac{5 - 3x^2}{1 - x^2}$$

es continua en todas partes excepto en $x = \pm 1$. El comportamiento asintótico de $f$ queda evidenciado escribiendo

$$f(x) = \frac{3 - 3x^2 + 2}{1 - x^2} = 3 + \frac{2}{1 - x^2}.$$

La recta $x = 1$ es una asíntota vertical: cuando

$x \to 1^-$, $1 - x^2$ decrece a 0 y $f(x) \to \infty$;
$x \to 1^+$, $1 - x^2$ crece a 0 y $f(x) \to -\infty$.

La recta $x = -1$ también es una asíntota vertical: cuando

$x \to -1^-$, $1 - x^2$ crece a 0 y $f(x) \to -\infty$;
$x \to -1^+$, $1 - x^2$ decrece a 0 y $f(x) \to \infty$.

La recta $y = 3$ es una asíntota horizontal:

$$\text{cuando } x \to \pm\infty, \ \frac{2}{1 - x^2} \to 0 \ \text{ y } \ f(x) \to 3$$

Esta gráfica esta representada en la figura 4.8.9. □

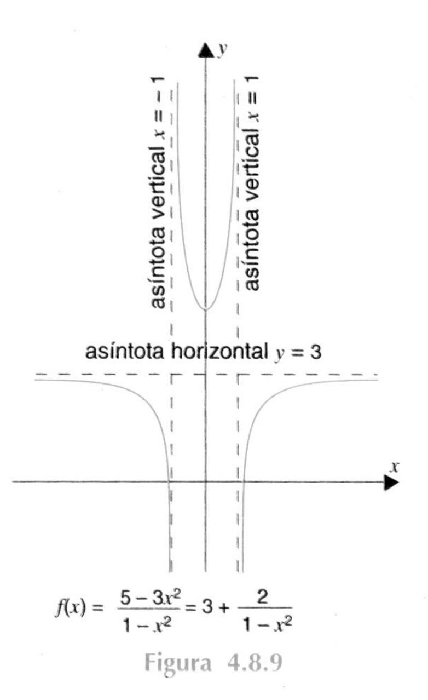


Figura 4.8.9

## Tangentes verticales; cúspides verticales

(En toda esta sección supondremos que $f$ es continua en $x = c$ y diferenciable para $x \neq c$.)

Diremos que la gráfica de $f$ tiene una *tangente vertical* en el punto $(c, f(c))$ sii

$$f'(x) \to \infty \quad \text{o} \quad f'(x) \to -\infty \text{ cuando } x \to c$$

En la figura 4.8.10 hemos representado dos ejemplos.

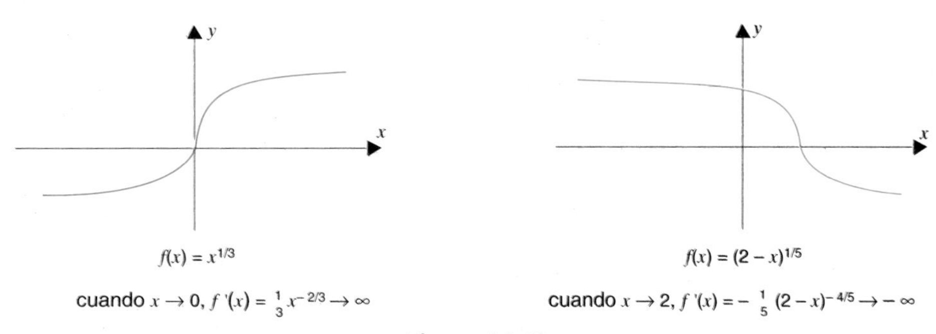


Figura 4.8.10

En ocasiones una gráfica se hace casi vertical para luego volver prácticamente sobre sí misma. Este comportamiento es característico de lo que se conoce como "cúspide vertical." Diremos que la gráfica de $f$ presenta una *cúspide vertical* en $(c, f(c))$ sii

$$f'(x) \to -\infty \text{ cuando } x \to c^- \quad \text{y} \quad f'(x) \to \infty \text{ cuando } x \to c^+$$

o

$$f'(x) \to \infty \text{ cuando } x \to c^- \quad \text{y} \quad f'(x) \to -\infty \text{ cuando } x \to c^+$$

Se pueden ver algunos ejemplos en la figura 4.8.11.

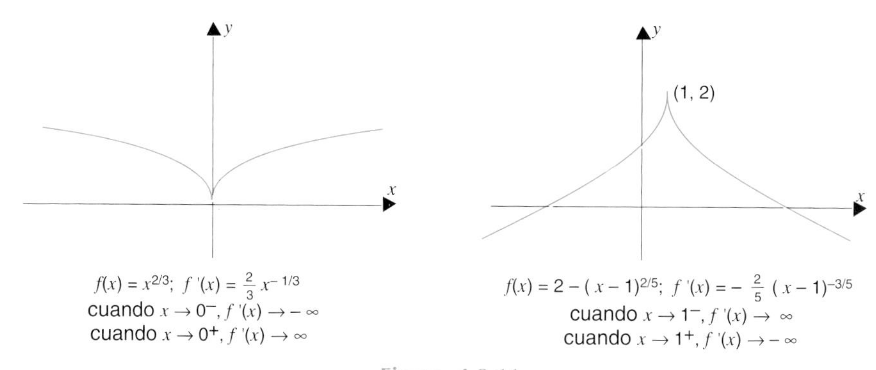


Figura 4.8.11

El hecho de que $f'(c)$ no exista *no* significa que la gráfica de $f$ tenga o una tangente vertical o una cúspide vertical en $(c, f(c))$. Si la condición enunciada más arriba no se verifica, la gráfica de $f$ puede simplemente tener un "punto angular" en $(c, f(c))$. Por ejemplo, la función

$$f(x) = |x^3 - 1|$$

tiene por derivada

$$f'(x) = \left\{ \begin{array}{ll} -3x^2, & x < 1 \\ 3x^2, & x > 1 \end{array} \right].$$

En $x = 1$, $f'(x)$ no existe. Cuando $x \to 1^-$, $f'(x) \to -3$, y cuando $x \to 1^+$, $f'(x) \to 3$. No hay tangente vertical ni tampoco cúspide vertical. Ver la gráfica en la figura 4.8.12.

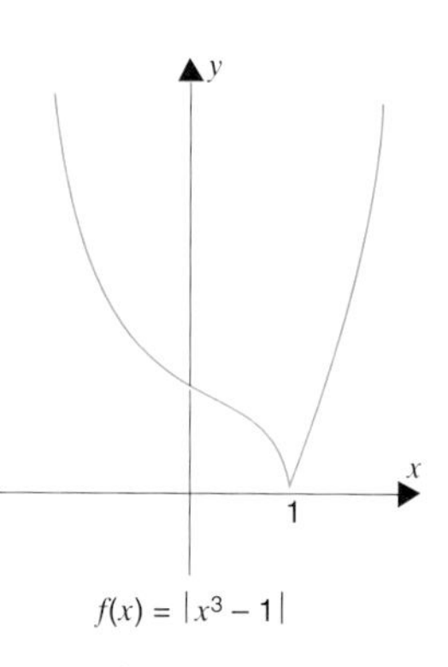


Figura 4.8.12

## EJERCICIOS 4.8

Hallar las asíntotas verticales y horizontales.

**1.** $f(x) = \dfrac{x}{3x-1}$.

**2.** $f(x) = \dfrac{x^3}{x+2}$.

**3.** $f(x) = \dfrac{x^2}{x-2}$.

**4.** $f(x) = \dfrac{4x}{x^2+1}$.

**5.** $f(x) = \dfrac{2x}{x^2-9}$.

**6.** $f(x) = \dfrac{\sqrt{x}}{4\sqrt{x}-x}$.

**7.** $f(x) = \left(\dfrac{2x-1}{4+3x}\right)^2$.

**8.** $f(x) = \dfrac{4x^2}{(3x-1)^2}$.

**9.** $f(x) = \dfrac{3x}{(2x-5)^2}$.

**10.** $f(x) = \left(\dfrac{x}{1-2x}\right)^3$.

**11.** $f(x) = \dfrac{3x}{\sqrt{4x^2+1}}$.

**12.** $f(x) = \dfrac{x^{1/3}}{x^{2/3}-4}$.

**13.** $f(x) = \dfrac{\sqrt{x}}{2\sqrt{x}-x-1}$.

**14.** $f(x) = \dfrac{2x}{\sqrt{x^2-1}}$.

**15.** $f(x) = \sqrt{x+4}-\sqrt{x}$.

**16.** $f(x) = \sqrt{x}-\sqrt{x-2}$.

**17.** $f(x) = \dfrac{\operatorname{sen} x}{\operatorname{sen} x - 1}$.

**18.** $f(x) = \dfrac{1}{\sec x - 1}$.

Determinar si la gráfica de $f$ tiene una tangente vertical o una cúspide vertical en $c$.

**19.** $f(x) = (x+3)^{4/3}; \quad c = -3$.

**20.** $f(x) = 3 + x^{2/5}; \quad c = 0$.

**21.** $f(x) = (2-x)^{4/5}; \quad c = 2$.

**22.** $f(x) = (x+1)^{-1/3}; \quad c = -1$.

**23.** $f(x) = 2x^{3/5} - x^{6/5}; \quad c = 0$.

**24.** $f(x) = (x-5)^{7/3}; \quad c = 5$.

**25.** $f(x) = (x+2)^{-2/3}; \quad c = -2$.

**26.** $f(x) = 4 - (2-x)^{3/7}; \quad c = 2$.

**27.** $f(x) = \sqrt{|x-1|}; \quad c = 1$.

**28.** $f(x) = x(x-1)^{1/3}; \quad c = 1$.

**29.** $f(x) = |(x+8)^{1/3}|; \quad c = -8$.

**30.** $f(x) = \sqrt{4-x^2}; \quad c = 2$.

**31.** $f(x) = \dfrac{x^{2/3}-1}{|x^{1/3}-1|}; \quad c = 0$.

**32.** $f(x) = |(4+x)^{3/5}|; \quad c = -4$.

**33.** $f(x) = \left\{\begin{array}{ll} x^{1/3}+2, & x \le 0 \\ 1 - x^{1/5}, & x > 0 \end{array}\right]; \quad c = 0$.

**34.** $f(x) = \left\{\begin{array}{ll} 1+\sqrt{-x}, & x \le 0 \\ (4x-x^2)^{1/3}, & x > 0 \end{array}\right]; \quad c = 0$.

**35.** Decir que $f(x) \to l$ cuando $x \to \infty$ es decir que dado un número positivo $\epsilon$, existe un número positivo $K$ tal que, si $x \ge K$, entonces $|f(x) - l| < \epsilon$. Redactar una definición $\epsilon$, $K$ similar para

$$f(x) \to l \quad \text{cuando} \quad x \to -\infty$$

## 4.9 EJERCICIOS ADICIONALES SOBRE EL DIBUJO DE GRÁFICAS

Bosquejar la gráfica

**1.** $f(x) = (x+1)^3 - 3(x+1)^2 + 3(x+1)$.

**2.** $f(x) = (x-1)^4 - 2(x-1)^2$.

**3.** $f(x) = x^2(5-x)^3$.

**4.** $f(x) = x^3(x+5)^2$.

**5.** $f(x) = x^2 + \dfrac{2}{x}$.

**6.** $f(x) = x - \dfrac{1}{x}$.

**7.** $f(x) = \dfrac{x-4}{x^2}$.

**8.** $f(x) = \dfrac{x+2}{x^3}$.

**9.** $f(x) = 3 - |x^2 - 1|$.

**10.** $f(x) = 4 - |2x - x^2|$.

**11.** $f(x) = x^2 - 6x^{1/3}$.

**12.** $f(x) = x - x^{1/3}$.

**13.** $f(x) = x(x-1)^{1/5}$.

**14.** $f(x) = x^2(x-7)^{1/3}$.

**15.** $f(x) = \dfrac{2x}{4x-3}$.

**16.** $f(x) = \dfrac{2x^2}{x+1}$.

**17.** $f(x) = \dfrac{x}{(x+3)^2}$.

**18.** $f(x) = \dfrac{x}{x^2+1}$.

**19.** $f(x) = \dfrac{x^2}{x^2-4}$.

**20.** $f(x) = \dfrac{2x}{x-4}$.

**21.** $f(x) = \sqrt{\dfrac{x}{x-2}}$.

**22.** $f(x) = \dfrac{2x}{\sqrt{x^2+1}}$.

**23.** $f(x) = \dfrac{x}{\sqrt{4x^2+1}}$.

**24.** $f(x) = \dfrac{x}{\sqrt{x^2-2}}$.

**25.** $f(x) = \dfrac{x^2}{\sqrt{x^2-2}}$.

**26.** $f(x) = \sqrt{\dfrac{x}{x+4}}$.

**27.** $f(x) = 3 \operatorname{sen} 2x, \quad x \in [0, \pi]$.

**28.** $f(x) = 4 \cos 3x, \quad x \in [0, \pi]$.

**29.** $f(x) = 2 \operatorname{sen} 3x, \quad x \in [0, \pi]$.

**30.** $f(x) = 3 \cos 4x, \quad x \in [0, \pi]$.

**31.** $f(x) = (\operatorname{sen} x - \cos x)^2, \quad x \in [0, \pi]$.

**32.** $f(x) = 3 + 2 \cot x + \operatorname{cosec}^2 x, \quad x \in (0, \tfrac{1}{2}\pi)$.

**33.** $f(x) = 2 \tan x - \sec^2 x, \quad x \in (0, \tfrac{1}{2}\pi)$.

**34.** Sean

$$F(x) = \left\{ \begin{array}{rr} \operatorname{sen}(1/x), & x \neq 0 \\ 0, & x = 0 \end{array} \right], \qquad G(x) = \left\{ \begin{array}{rr} x \operatorname{sen}(1/x), & x \neq 0 \\ 0, & x = 0 \end{array} \right],$$

$$H(x) = \left\{ \begin{array}{rr} x^2 \operatorname{sen}(1/x), & x \neq 0 \\ 0, & x = 0 \end{array} \right].$$

(a) Bosquejar la gráfica de *F*.
(b) Bosquejar la gráfica de *G*.
(c) Bosquejar la gráfica de *H*.
(d) ¿Cuál de estas funciones es continua en 0?
(e) ¿Cuál de estas funciones es diferenciable en 0?

## 4.10 PROBLEMAS ADICIONALES SOBRE MÁXIMOS Y MÍNIMOS

**Problema 1.** (*El ángulo de incidencia es igual al ángulo de reflexión.*) La figura 4.10.1 representa un rayo de luz proveniente de un punto $A$ y reflejado hacia $B$ por un espejo. Dos ángulos han sido señalados: el *ángulo de incidencia*, $\theta_i$, y el *ángulo de reflexión*, $\theta_r$. La experiencia demuestra que $\theta_i = \theta_r$. Demostrar este resultado suponiendo que la luz que viaja desde $A$ hasta el espejo y desde este hasta $B$ lo hace según el camino más corto posible.†

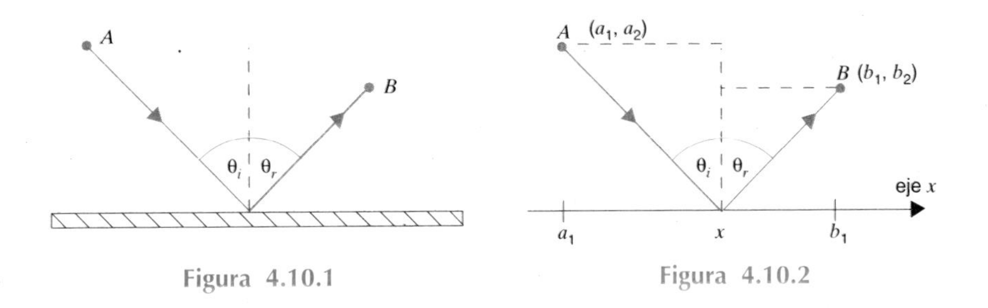


Figura 4.10.1 Figura 4.10.2

*Solución.* Podemos escribir la longitud del camino recorrido como una función de $x$: con las notaciones de la figura 4.10.2,

$$l(x) = \sqrt{(x-a_1)^2 + a_2^2} + \sqrt{(x-b_1)^2 + b_2^2}, \qquad x \in [a_1, b_1].$$

La diferenciación da

$$l'(x) = \frac{x-a_1}{\sqrt{(x-a_1)^2 + a_2^2}} + \frac{x-b_1}{\sqrt{(x-b_1)^2 + b_2^2}}.$$

† Este es un caso especial del *principio del menor tiempo* de Fermat que se puede enunciar de la siguiente manera: de todos los caminos (vecinos), la luz escoge aquel que podrá recorrer en un tiempo menor. Si la luz pasa de un medio a otro, el camino más corto geométricamente no es necesariamente el de menor tiempo. (Ver figura 7.11.1.)

De ahí que

$$l'(x) = 0 \quad \text{sii} \quad \frac{x - a_1}{\sqrt{(x-a_1)^2 + a_2^2}} = \frac{b_1 - x}{\sqrt{(x-b_1)^2 + b_2^2}}.$$

$$\text{sii} \quad \text{sen } \theta_i = \text{sen } \theta_r \qquad \text{(ver la figura)}$$

$$\text{sii} \quad \theta_i = \theta_r.$$

Se puede ver que $l(x)$ es mínimo cuando $\theta_i = \theta_r$ observando que $l''(x)$ siempre es positiva:

$$l''(x) = \frac{a_2^2}{[(x-a_1)^2 + a_2^2]^{3/2}} + \frac{b_2^2}{[(x-b_1)^2 + b_2^2]^{3/2}} > 0. \quad \square$$

Hemos de reconocer que existe un medio más sencillo, que no requiere del cálculo, de resolver el problema 1. ¿Puede usted hallarlo?

Vamos a tratar ahora un problema en el cual la función que hemos de maximizar no está definida en un intervalo o una unión de intervalos, sino en un conjunto discreto de puntos, en este caso en un conjunto finito de números enteros.

**Problema 2.** Una planta productora tiene una capacidad de 25 artículos por semana. La experiencia ha demostrado que se pueden vender $n$ artículos por semana a razón de $p$ dólares cada uno, siendo $p = 110 - 2n$ y el coste de producción de $n$ artículos $600 + 10n + n^2$ dólares. ¿Cuántos artículos deberían fabricarse cada semana para obtener el beneficio máximo?

*Solución.* La ganancia ($P$ dólares) obtenida de la venta de $n$ artículos es

$$P = np - (600 + 10n + n^2).$$

Como $p = 110 - 2n$, esta expresión nos da

$$P = 100n - 600 - 3n^2.$$

En este problema, $n$ tiene que ser un entero, por lo cual no tiene sentido que diferenciemos $P$ respecto de $n$. La fórmula demuestra que $P$ es negativo si $n$ es menor que 8 o mayor que 25. Un cálculo directo permite elaborar la Tabla 4.10.1. Un estudio de la misma permite concluir que el mayor beneficio se obtiene con una producción de 17 artículos semanales.

TABLA 4.10.1

| $n$ | $P$ | $n$ | $P$ | $n$ | $P$ |
|---|---|---|---|---|---|
| 8 | 8 | 14 | 212 | 20 | 200 |
| 9 | 57 | 15 | 225 | 21 | 117 |
| 10 | 100 | 16 | 232 | 22 | 148 |
| 11 | 137 | 17 | 233 | 23 | 113 |
| 12 | 168 | 18 | 228 | 24 | 72 |
| 13 | 193 | 19 | 217 | 25 | 25 |

Podemos evitar tantos cálculos considerando la función

$$f(x) = 100x - 600 - 3x^2, \qquad 8 \le x \le 25. \qquad \text{(paso clave)}$$

Es esta una función diferenciable respecto de $x$ que coincide con $P$ para los valores enteros de $x$. La diferenciación de $f$ nos da

$$f'(x) = 100 - 6x.$$

Evidentemente, $f'(x) = 0$ en $x = \frac{100}{6} = 16\frac{2}{3}$. Dado que $f'(x) > 0$ en $(8, 16\frac{2}{3})$, $f$ es creciente en $[8, 16\frac{2}{3}]$. Dado que $f'(x) < 0$ en $(16\frac{2}{3}, 25)$, $f$ es decreciente en $[16\frac{2}{3}, 25]$. El máximo de $f$ correspondiente a un $x$ entero se alcanza, por consiguiente, en $x = 16$ o $x = 17$. Un cálculo directo de $f(16)$ y $f(17)$ demuestra que esto ocurre en $x = 17$. □

## EJERCICIOS 4.10

**1.** La empresa Davis Rent-A-TV obtiene un beneficio neto medio de 15 dólares por cliente si contrata el mantenimiento para 1000 clientes o menos. Si contrata para más de 1000 clientes, su beneficio medio decae en 1 centavo por cada cliente por encima de ese número. ¿Cuál es el número de clientes que da el beneficio neto máximo?

**2.** Se debe llevar un camión 300 millas por autopista a una velocidad constante de $x$ millas por hora. La legislación vial exige que $35 \le x \le 55$. Se supondrá que el combustible cuesta 1,35 dólares por galón y que el consumo es de $2 + \frac{1}{600}x^2$ galones por hora. Sabiendo que el jornal del conductor es de 13 dólares por hora, ¿a qué velocidad se deberá conducir el camión para minimizar los gastos del propietario?

**3.** Consideremos el triángulo formado por los ejes de coordenadas y una recta que pasa por el punto $(a, b)$ como en la figura 4.10.3. Determinar el valor de la pendiente de la recta que minimiza el área del triángulo.

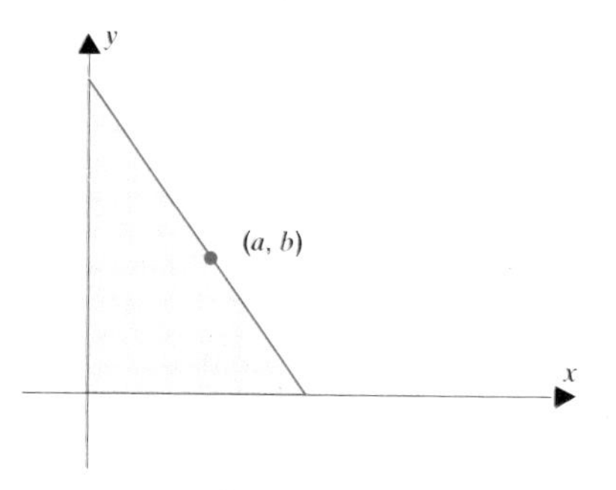


Figura 4.10.3

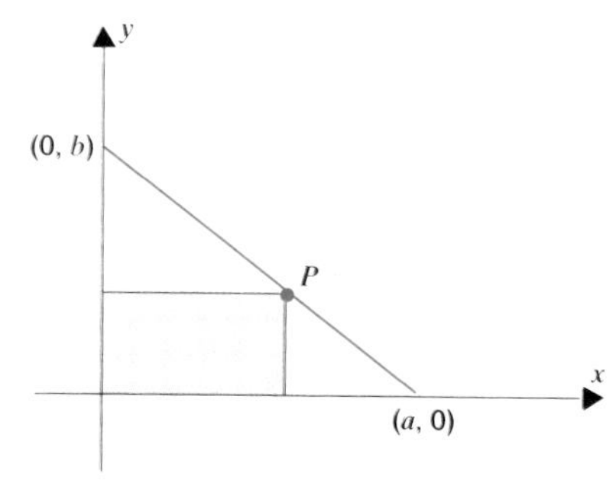


Figura 4.10.4

**4.** Hallar las coordenadas de $P$ que maximicen el área del rectángulo representado en la figura 4.10.4.

**5.** Sean $x$ e $y$ dos números positivos tales que $x + y = 100$; sea $n$ un entero. Hallar los valores de $x$ e $y$ que minimizan la expresión $x^n + y^n$.

**6.** Con los mismos datos que en el ejercicio 5, hallar los valores de $x$ e $y$ que minimizan $x^n y^n$.

**7.** Hallar las dimensiones del cilindro de mayor volumen que puede inscribirse en un cono circular recto de altura $H$ y radio de base $R$.

**8.** Se designa por $Q$ a la producción, por $R$ a los ingresos, por $C$ al coste y por $P$ al beneficio. Dado que $P = R - C$, ¿cuál es la relación entre el ingreso marginal $dR/dQ$ y el coste marginal $dC/dQ$ cuando el beneficio es máximo?

**9.** Para un fabricante, el coste de producción de $Q$ toneladas resulta ser $aQ^2 + bQ + c$ dólares mientras que el precio de venta por tonelada es de $\beta - \alpha Q$. Suponiendo que $a$, $b$, $c$, $\alpha$ y $\beta$ son todos positivos, ¿qué producción permite maximizar el beneficio?

**10.** Sea $P = f(Q)$ una curva de demanda ($P$ = precio, $Q$ = producción). Demostrar que para que una producción haga máximo el ingreso total (precio × producción), la elasticidad debe valer 1

$$\epsilon = \frac{f(Q)}{Q|f'(Q)|} = 1.$$

**11.** Un fabricante de accesorios de iluminación personalizados sabe que puede vender $x$ lámparas de pie por semana a $p$ dólares cada una con $5x = 375 - 3p$. El coste de producción es de $500 + 15x + \frac{1}{5}x^2$ dólares. Demostrar que se obtiene el beneficio máximo con una producción aproximada de unas 30 lámparas a la semana.

**12.** Supongamos que la relación entre $x$ y $p$ en el ejercicio anterior venga dada por la ecuación $x = 100 - 4\sqrt{5p}$. Demostrar que para alcanzar el beneficio máximo, el fabricante sólo debería producir unas 25 lámparas a la semana.

**13.** Supongamos que la relación entre $x$ y $p$ en el ejercicio 11 sea $x^2 = 2500 - 20p$. ¿Qué producción produce el beneficio máximo en este caso?

**14.** El coste total para producir $Q$ unidades a la semana es

$$C(Q) = \tfrac{1}{3}Q^3 - 20Q^2 + 600Q + 1000 \text{ dólares.}$$

Si los ingresos son

$$R(Q) = 420Q - 2Q^2 \text{ dólares},$$

hallar la producción que permite maximizar el beneficio.

**15.** Una acería puede producir $Q_1$ toneladas diarias de acero ordinario y $Q_2$ toneladas diarias de acero de alta calidad, con

$$Q_2 = \frac{40 - 5Q_1}{10 - Q_1}.$$

Suponiendo que el precio de mercado del acero ordinario es la mitad que el del acero de alta calidad, demostrar que han de producirse alrededor de unas $5\frac{1}{2}$ toneladas de acero ordinario para obtener unos ingresos máximos.

**16.** El coste de producción total de $Q$ artículos a la semana es $aQ^2 + bQ + c$ dólares y el precio de venta de cada uno es $p = \beta - \alpha Q^2$. Demostrar que la producción que maximiza las ganancias es

$$Q = \frac{\sqrt{a^2 + 3\alpha(\beta - b)} - a}{3\alpha}. \qquad \text{(tomar } a, b, c, \alpha, \beta \text{ positivos)}$$

**17.** En una determinada industria, una producción de $Q$ artículos puede obtenerse con un coste total de

$$C(Q) = aQ^2 + bQ + c \text{ dólares},$$

reportando unos ingresos totales de

$$R(Q) = \beta Q - \alpha Q^2 \text{ dólares}.$$

El gobierno decide imponer una contribución indirecta sobre el producto. ¿Qué tasa impositiva (en dólares por unidad de producción) maximizará los ingresos del gobierno con este impuesto? (Tomar $a, b, c, \alpha, \beta$ positivos.)

**18.** Hallar las dimensiones del rectángulo de perímetro $p$ que tiene el área máxima.

**19.** Hallar cuál es el área máxima posible para un rectángulo inscrito en un círculo de radio $r$.

**20.** Hallar las dimensiones del triángulo isósceles de área máxima y perímetro $p$.

**21.** Una compañía local de autobuses ofrece viajes al Blue Mountain Museum a 37 dólares por persona a condición de contratar con grupos de 16 a 35 pasajeros. La compañía no contrata viajes para grupos de menos de 16 componentes. El autobús tiene 48 asientos. Si contratan para más de 35 pasajeros, el precio del billete de los 35 primeros no varía pero el de cada uno de los restantes se abarata en 50 céntimos. Determinar el número de pasajeros que supone los mayores ingresos para la compañía de autobuses.

**22.** La Hotwheells Rent-A-Car Co. obtiene un promedio de 12 dólares de beneficio por cada cliente si estos no superan el número de 50. Si sirve a más de 50 clientes, entonces el beneficio medio, por cada cliente por encima de los 50, disminuye en 6 céntimos. ¿Qué número de clientes permite a la compañía obtener un beneficio mayor?

**23.** Un lado de un campo rectangular está delimitado por el tramo recto de un río. Los otros tres lados lo están por cercas rectas. La longitud total del cercado es de 800 pies. Cada uno de los lados del campo tiene al menos 220 pies. Determinar las dimensiones del campo sabiendo que su área es máxima.

**24.** Es preciso fabricar un barril para aceite, de forma cilíndrica circular recta, que contenga $16\pi$ pies cúbicos. El cilindro debe ser más alto que ancho sin superar los 6 pies de altura. Determinar las dimensiones del barril cuya superficie tenga el área mínima.

**25.** Se debe construir una caja rectangular cerrada con base cuadrada según las siguientes especificaciones: tiene que tener un volumen de 27 pies cúbicos, el área de la base no debe superar los 18 pies cuadrados y la altura de la caja no puede ser de más de 2 pies. Determinar las dimensiones para que: (a) la superficie sea mínima; (b) la superficie sea máxima.

**26.** Las copas de papel cónicas se fabrican usualmente de modo que la profundidad sea $\sqrt{2}$ veces el radio del borde. Demostrar que este diseño requiere la mínima cantidad de papel por unidad de volumen.

**27.** Se fabrica una caja abierta con una hoja rectangular de material, que mide $8 \times 15$ pulgadas, quitando unos cuadrados de idénticas dimensiones de las cuatro esquinas y doblando hacia arriba los laterales. Cada dimensión de la caja resultante es al menos de 2 pulgadas. Determinar las dimensiones de la caja de volumen máximo.

**28.** Hay que cortar un pieza de alambre de 28 pulgadas de largo en dos con el fin de formar un círculo con uno de los trozos y un cuadrado con el otro. Cada trozo ha de tener al menos 9 pulgadas de largo. ¿Cómo debería cortarse la pieza original para (a) maximizar la suma de las áreas de las dos figuras formadas (b) minimizar la suma de dichas áreas?

**29.** Hallar las dimensiones del cilindro de volumen máximo que se puede inscribir en una esfera de 6 pulgadas de radio. (Utilizar el ángulo central $\theta$ subtendido por el radio de la base.)

**30.** Resolver el ejercicio 29 si la superficie curva del cilindro ha de ser máxima.

**31.** La ecuación de la trayectoria de una pelota es $y = mx - \frac{1}{800}(m^2 + 1)x^2$, tomándose como origen el punto desde donde se lanza la pelota y siendo $m$ la pendiente de la curva en el origen. Suponiendo que el nivel del suelo es horizontal, ¿para qué valor de $m$ alcanzará la pelota la mayor distancia?

**32.** En el contexto descrito en el ejercicio 31, ¿para qué valor de $m$ golpeará la pelota a la altura máxima en una pared vertical situada a 300 pies del punto de lanzamiento?

**33.** El coste de la construcción de un edificio para oficinas es de 1.000.000 de dólares para la primera planta, 1.100.000 para la segunda, 1.200.000 para la tercera, etc. Otros gastos (solar, sótano, etc.) suman 5.000.000. Suponiendo que el ingreso neto anual es de 200.000 dólares por planta, ¿cuántas plantas permitirían la tasa máxima de recuperación de la inversión?

**34.** Fijada la suma de las áreas de las superficies de una esfera y de un cubo, demostrar que la suma de los volúmenes será mínima cuando el diámetro de la esfera sea igual a la arista del cubo. ¿Cuándo será máxima la suma de los volúmenes?

**35.** La distancia de un punto a una recta es la distancia de ese punto al punto más próximo de la recta. (a) ¿Qué punto de la recta $y = x$ es el más próximo al punto $(x_1, y_1)$? (b) ¿Cuál es la distancia del punto $(x_1, y_1)$ a la recta $y = x$?

**36.** Suponiendo que $PQ$ es el segmento de recta de mayor o menor longitud que puede trazarse desde el punto $P(a, b)$ a la curva diferenciable $y = f(x)$, demostrar que $PQ$ es perpendicular a la tangente a la curva en $Q$.

**37.** ¿Cuál es el punto de la curva $y = x^{3/2}$ más próximo a $P(\frac{1}{2}, 0)$?

**38.** Sea $P(x_0, y_0)$ un punto del primer cuadrante. Trazar una línea que pasando por $P$ corte la parte positiva del eje de las $x$ en $A(a, 0)$ y la parte positiva del eje de las $y$ en $B(0, b)$. Hallar $a$ y $b$ de tal manera que (a) el área del triángulo $\Delta OAB$ sea mínima, (b) la longitud de $AB$ sea mínima, (c) $a + b$ sea un mínimo, (d) la distancia de $O$ a $AB$ sea un máximo.

**39.** Dos fuentes de calor están situadas a $s$ metros de distancia la una de la otra: una fuente de intensidad $a$ en $A$ y una de intensidad $b$ en $B$. La intensidad del calor en un punto $P$ situado entre $A$ y $B$ viene dada por la fórmula

$$I = \frac{a}{x^2} + \frac{b}{(s-x)^2}$$

donde $x$ es la distancia entre $P$ y $A$ medida en metros. ¿En qué punto $P$, situado entre $A$ y $B$, se dará la temperatura más baja?

**40.** Dibuje la parábola $y = x^2$. Tome un punto $P \neq 0$ en la parábola. Trace la normal que pasa por $P$. Esta normal corta la parábola en otro punto $Q$. Demostrar que se minimiza la distancia entre $P$ y $Q$ tomando $P = \left(\pm\frac{1}{2}\sqrt{2}, \frac{1}{2}\right)$.

**41.** *El problema de Viviani.*† Una recta $AB$ corta dos rectas paralelas. Ver figura 4.10.5. Trazamos una recta desde el punto $C$ hasta el punto designado por $Q$. ¿Cómo hemos de escoger $Q$ para que la suma de las áreas de los dos triángulos sea mínima?

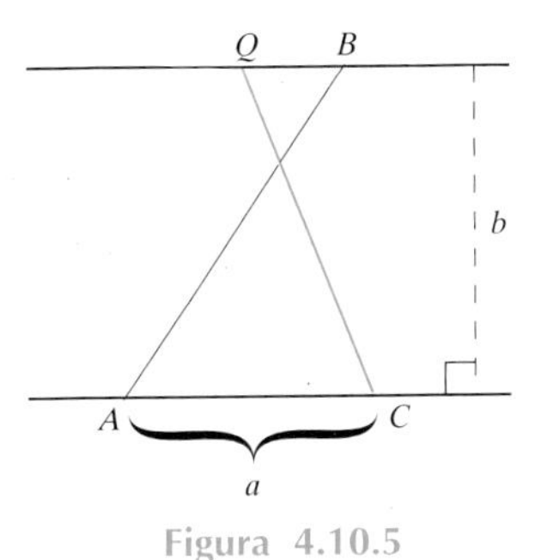

Figura 4.10.5

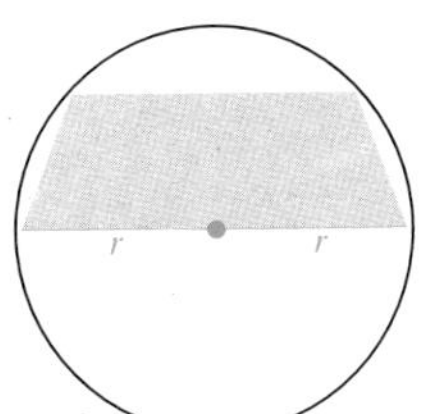

Figura 4.10.6

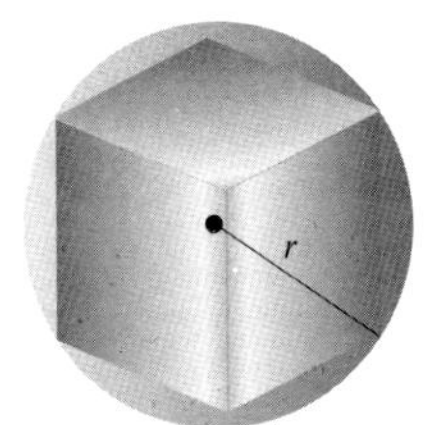

Figura 4.10.7

† Vicenzo Viviani (1622-1703), discípulo de Galileo.

**42.** Un trapecio isósceles está inscrito en un círculo de radio $r$ (Figura 4.10.6). Suponiendo que una de las bases tiene una longitud igual a $2r$, hallar la longitud de la otra base que maximice el área.

**43.** Hallar las dimensiones del sólido rectangular de máximo volumen que podría obtenerse a partir de una esfera sólida de radio $r$. (Figura 4.10.7) INDICACIÓN: Hacer primero el ejercicio 19.

**44.** Hallar la base y la altura de un triángulo isósceles de área mínima que circunscribe la elipse $b^2x^2 + a^2x^2 = a^2b^2$, suponiendo que dicha base es paralela al eje de los $x$.

**45.** Consideramos un triángulo formado en el primer cuadrante por los ejes de coordenadas y una tangente a la elipse $b^2x^2 + a^2x^2 = a^2b^2$. Hallar el punto de tangencia que minimice el área del triángulo.

---

## RESUMEN DEL CAPÍTULO

### 4.1 El teorema del valor medio

teorema del valor medio (p. 233) teorema de Rolle (p. 235)

### 4.2 Funciones crecientes y decrecientes

$f$ es creciente en un intervalo $I$ (p. 240) $f$ es decreciente en un intervalo $I$ (p. 240)

Uno puede determinar los intervalos en los cuales una función diferenciable es creciente o decreciente o es constante, estudiando el signo de la derivada.

Si dos funciones tienen la misma derivada en un intervalo, difieren en una constante en ese intervalo (p. 246).

### 4.3 Extremos locales

extremo local: máximo local, mínimo local (p. 249)
punto crítico (p. 250) criterio de la derivada primera (p. 253)
criterio de la derivada segunda (p. 256)

Si $f$ tiene un extremo local en $c$, entonces o $f'(c) = 0$ o $f'(c)$ ) no existe; el recíproco es falso.

El criterio de la primera derivada exige que examinemos el signo de la primera derivada a ambos lados del punto crítico; el criterio permite concluir siempre y cuando la función sea continua en el punto crítico. El criterio de la derivada segunda exige que examinemos el signo de la derivada segunda en el mismo punto crítico; el criterio no permite concluir si la derivada segunda se anula en el punto crítico.

### 4.4 Extremos y valores extremos absolutos

máximo en un extremo y mínimo en un extremo (p. 259)
máximo absoluto y mínimo absoluto (p. 260)
$f(x) \to \pm\infty$ cuando $x \to \pm\infty$ (p. 261)

## 4.5 Algunos problemas sobre máximos y mínimos

Aquí el *paso clave* consiste en expresar la cantidad que hay que maximizar o minimizar como función de una variable.

## 4.6 Concavidad y puntos de inflexión

concavidad hacia arriba y concavidad hacia abajo (p. 277)
punto de inflexión (p. 278)

Si $(c, f(c))$ es un punto de inflexión, o bien $f''(c) = 0$ o bien $f''(c)$ no existe; el recíproco es falso.

## 4.7 Algunos trazados de curvas

En la p. 282 se describe un procedimiento sistemático para poder dibujar la gráfica de una función dada.

## 4.8 Asíntotas verticales y horizontales; tangentes verticales y cúspides

$f(x) \to \pm\infty$ cuando $x \to c$ (p. 287)
asíntota vertical (p. 287)
tangente vertical (p. 291)

$f(x) \to l$ cuando $x \to \pm\infty$ (p. 293)
asíntota horizontal (p. 288)
cúspide vertical (p. 292)

## 4.9 Ejercicios adicionales sobre el dibujo de curvas

## 4.10 Problemas adicionales sobre máximos y mínimos

# 5 INTEGRACIÓN

## 5.1 UN PROBLEMA DE ÁREA; UN PROBLEMA DE VELOCIDAD Y DISTANCIA

### Un problema de área

En la figura 5.1.1 hemos representado una región $\Omega$ limitada en su parte superior por la gráfica de una función continua no negativa $f$, en su parte inferior por el eje $x$, a la izquierda por la recta $x = a$ y a la derecha por la recta $x = b$. El problema que nos planteamos es el siguiente: ¿Qué número, si lo hubiese, puede ser considerado como el área de $\Omega$?

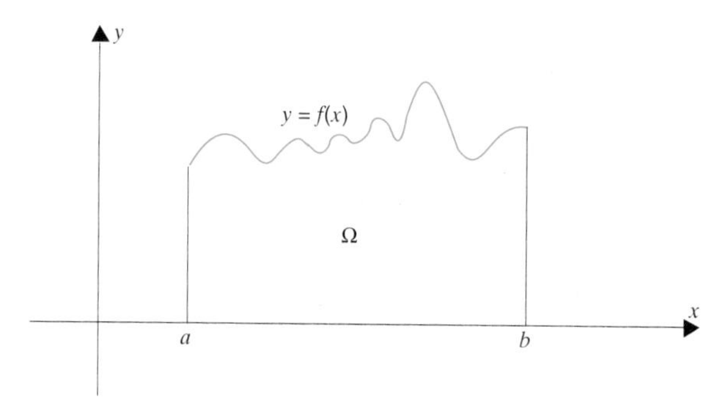


Figura 5.1.1

Para empezar a responder a esta pregunta, subdividiremos el intervalo $[a, b]$ en un número finito de subintervalos que no se solapan:

$$[x_0, x_1], [x_1, x_2], \ldots, [x_{n-1}, x_n] \text{ con } a = x_0 < x_1 < \ldots < x_n = b.$$

De esta manera, la región $\Omega$ queda subdividida en $n$ subregiones

$$\Omega_1, \Omega_2, \ldots, \Omega_n. \qquad \text{(Figura 5.1.2)}$$

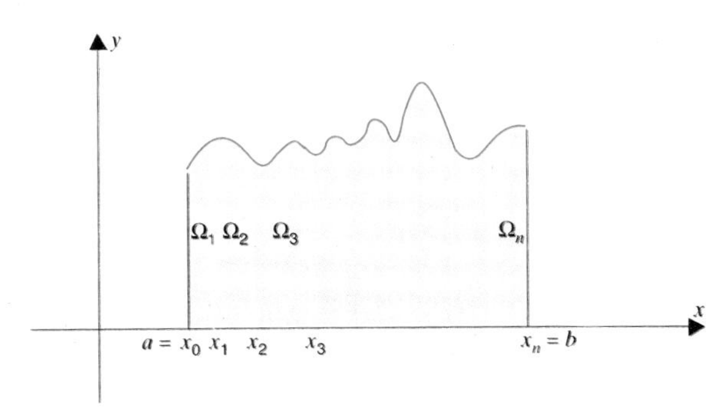


Figura 5.1.2

Podemos estimar el área total de $\Omega$ estimando el área de cada una de las subregiones $\Omega_i$ y sumando los resultados. Designemos por $M_i$ el valor máximo de $f$ en $[x_{i-1}, x_i]$ y por $m_i$ su valor mínimo. Consideremos ahora los rectángulos $r_i$ y $R_i$ de la figura 5.1.3.

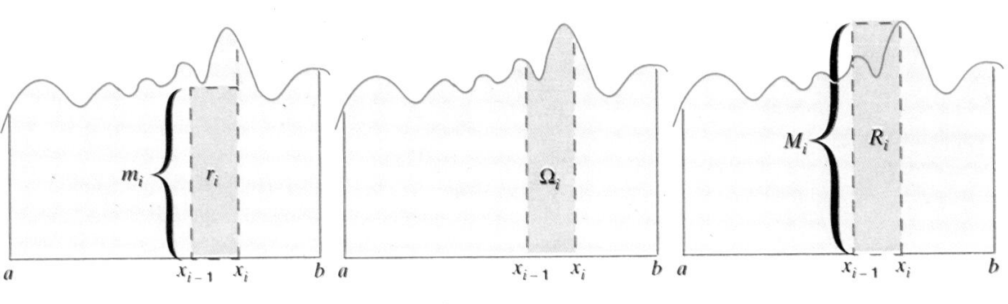


Figura 5.1.3

Dado que

$$r_i \subseteq \Omega_i \subseteq R_i,$$

hemos de tener

$$\text{área de } r_i \leq \text{área de } \Omega_i \leq \text{área de } R_i.$$

Dado que el área de un rectángulo es el producto de la base por la altura, obtenemos

$$m_i(x_i - x_{i-1}) \leq \text{área de } \Omega_i \leq M_i(x_i - x_{i-1}).$$

Haciendo $x_i - x_{i-1} = \Delta x_i$ tenemos que

$$m_i \Delta x_i \leq \text{área de } \Omega_i \leq M_i \Delta x_i$$

La desigualdad se verifica para $i = 1, i = 2, \ldots, i = n$. Sumando estas desigualdades, obtenemos por una parte

**(5.1.1)** $$m_1 \Delta x_1 + m_2 \Delta x_2 + \ldots + m_n \Delta x_n \leq \text{área de } \Omega$$

y por otra,

**(5.1.2)** $$\text{área de } \Omega \leq M_1 \Delta x_1 + M_2 \Delta x_2 + \ldots + M_n \Delta x_n.$$

Una suma de la forma

$$m_1 \Delta x_1 + m_2 \Delta x_2 + \ldots + m_n \Delta x_n \qquad \text{(Figura 5.1.4)}$$

se denomina *suma inferior para f*. Una suma de la forma

$$M_1 \Delta x_1 + M_2 \Delta x_2 + \ldots + M_n \Delta x_n \qquad \text{(Figura 5.1.5)}$$

se denomina *suma superior para f*.

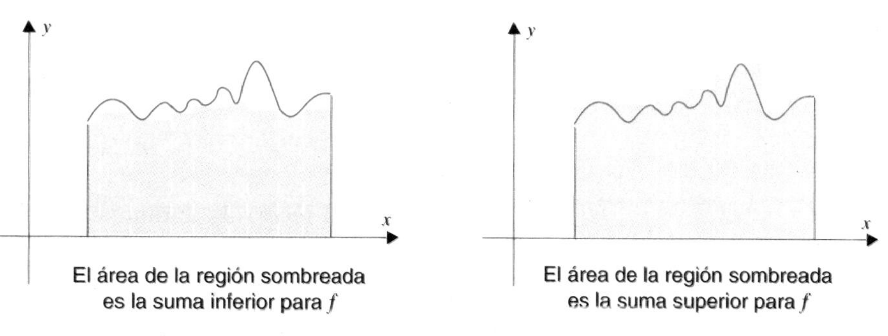


Figura 5.1.4

Figura 5.1.5

Consideradas conjuntamente, las desigualdades (5.1.1) y (5.1.2) nos dicen que para que un número pueda ser candidato al título de "área de $\Omega$", tal número ha de ser mayor o igual que cualquier suma inferior de $f$ y menor o igual que cualquier suma superior de $f$. Puede demostrarse, mediante un razonamiento que omitiremos aquí, que si $f$ es una función continua en $[a, b]$ existe uno y sólo un número que cumpla estas condiciones. A este número lo llamaremos *área de* $\Omega$.

Volveremos más adelante sobre este tema del área. Consideraremos ahora un problema de velocidad y distancia. Como se verá, este nuevo problema puede resolverse con las mismas técnicas que acabamos de aplicar al problema del área.

## Un problema de velocidad y distancia

Si un objeto se mueve a velocidad constante durante un periodo de tiempo dado, la distancia total recorrida por dicho objeto viene dada por una fórmula familiar:

$$\text{distancia} = \text{velocidad} \times \text{tiempo}.$$

Supongamos ahora que, durante el movimiento, la velocidad no permanece constante sino que varía continuamente. ¿Cómo calcular entonces la distancia total recorrida?

Para responder a esta pregunta, vamos a suponer que el movimiento se inicia en el instante $a$, acaba en el instante $b$ y que durante el intervalo de tiempo $[a, b]$ la velocidad varía continuamente.

Como en el caso del problema del área, comenzamos partiendo el intervalo $[a, b]$ en un número finito de subintervalos que no se solapan

$$[t_0, t_1], [t_1, t_2], \dots, [t_{n-1}, t_n] \text{ con } a = t_0 < t_1 < \dots < t_n = b.$$

En cada subintervalo $[t_{i-1}, t_i]$ el objeto alcanza una velocidad máxima $M_i$ y una velocidad mínima $m_i$. (¿Por qué podemos afirmar esto?) Si durante todo el subintervalo de tiempo $[t_{i-1}, t_i]$ el objeto se desplazase constantemente con su velocidad mínima, $m_i$, recorrería una distancia de $m_i\,\Delta t_i$ unidades. En cambio, de moverse constantemente con su velocidad máxima, recorrería una distancia de $M_i\,\Delta t_i$ unidades. Así las cosas, la distancia recorrida por el objeto, llamémosla $s_i$, debe de ser un número intermedio entre los anteriormente mencionados; es decir que hemos de tener

$$m_i\,\Delta t_i \le s_i \le M_i\,\Delta t_i$$

La distancia total recorrida durante el intervalo $[a, b]$, sea s, debe de ser la suma de las distancias recorridas en cada uno de los subintervalos $[t_{i-1}, t_i]$. En otras palabras, hemos de tener

$$s = s_1 + s_2 + \dots + s_n.$$

Dado que

$$\begin{aligned} m_1 \Delta t_1 &\leq s_1 \leq M_1 \Delta t_1 \\ m_2 \Delta t_2 &\leq s_2 \leq M_2 \Delta t_2 \\ &\vdots \\ m_n \Delta t_n &\leq s_n \leq M_n \Delta t_n \end{aligned}$$

se deduce, sumando estas desigualdades, que

$$m_1 \Delta t_1 + m_2 \Delta t_2 + \ldots + m_n \Delta t_n \leq s \leq M_1 \Delta t_1 + M_2 \Delta t_2 + \ldots + M_n \Delta t_n.$$

Una suma de la forma

$$m_1 \Delta t_1 + m_2 \Delta t_2 + \ldots + m_n \Delta t_n$$

se denomina *suma inferior* para la función velocidad. Una suma de la forma

$$M_1 \Delta t_1 + M_2 \Delta t_2 + \ldots + M_n \Delta t_n$$

se llama *suma superior* para la función velocidad. Las desigualdades que acabamos de establecer para $s$ nos dicen que $s$ debe de ser mayor o igual que cualquier suma inferior para la función velocidad y menor o igual que cualquier suma superior para dicha función. Al igual que en el problema del área, se puede demostrar que existe un único número con esta propiedad; ese número es la distancia total recorrida.

## 5.2 INTEGRAL DEFINIDA DE UNA FUNCIÓN CONTINUA

El procedimiento seguido para resolver los dos problemas de la sección 5.1 se llama *integración* y el resultado final de este procedimiento se llama *integral definida*. Nos proponemos ahora establecer estas nociones con mayor precisión.

**(5.2.1)** LLamaremos *partición* del intervalo cerrado $[a, b]$ a todo subconjunto finito de $[a, b]$ que contenga los puntos $a$ y $b$.

Es conveniente identificar los elementos de una partición mediante un índice acorde con el orden natural. Luego si escribimos que

$$P = \{x_0, x_1, \ldots, x_n\} \text{ es una partición de } [a, b],$$

se entiende que

$$a = x_0 < x_1 < \ldots < x_n = b.$$

**Ejemplo 1.** Los conjuntos

$$\{0, 1\},\ \{0, \tfrac{1}{2}, 1\},\ \{0, \tfrac{1}{4}, \tfrac{1}{2}, 1\},\ \{0, \tfrac{1}{4}, \tfrac{1}{3}, \tfrac{1}{2}, \tfrac{5}{8}, 1\}$$

son todos particiones del intervalo [0, 1]. □

Si $P = \{x_0, x_1, \ldots, x_n\}$ es una partición de $[a, b]$, entonces $P$ divide $[a, b]$ en un número finito de intervalos que no se solapan

$$[x_0, x_1], [x_1, x_2], \ldots, [x_{n-1}, x_n]$$

de longitudes $\Delta x_1, \Delta x_2, \ldots, \Delta x_n$ respectivamente.

Supongamos ahora que $f$ es continua en $[a, b]$. En cada intervalo $[x_{i-1}, x_i]$ la función $f$ toma entonces un valor máximo, $M_i$, y un valor mínimo, $m_i$.

**(5.2.2)**

El número

$$U_f(P) = M_1\Delta x_1 + M_2\Delta x_2 + \ldots + M_n\Delta x_n$$

se denomina *suma superior asociada a P de f*, y el número

$$L_f(P) = m_1\Delta x_1 + m_2\Delta x_2 + \ldots + m_n\Delta x_n$$

se denomina *suma inferior asociada a P de f.*

**Ejemplo 2.** La función cuadrática

$$f(x) = x^2$$

es continua en [0, 1]. La partición $P = \{0, \frac{1}{4}, \frac{1}{2}, 1\}$ divide [0, 1] en tres subintervalos:

$$[x_0, x_1] = [0, \tfrac{1}{4}], \quad [x_1, x_2] = [\tfrac{1}{4}, \tfrac{1}{2}], \quad [x_2, x_3] = [\tfrac{1}{2}, 1]$$

de longitudes respectivas

$$\Delta x_1 = \tfrac{1}{4} - 0 = \tfrac{1}{4}, \quad \Delta x_2 = \tfrac{1}{2} - \tfrac{1}{4} = \tfrac{1}{4}, \quad \Delta x_3 = 1 - \tfrac{1}{2} = \tfrac{1}{2}.$$

Los valores máximos que toma $f$ en estos intervalos son

$$M_1 = f(\tfrac{1}{4}) = \tfrac{1}{16}, \quad M_2 = f(\tfrac{1}{2}) = \tfrac{1}{4}, \quad M_3 = f(1) = 1.$$

Los valores mínimos son

$$m_1 = f(0) = 0, \quad m_2 = f(\tfrac{1}{4}) = \tfrac{1}{16}, \quad m_3 = f(\tfrac{1}{2}) = \tfrac{1}{4}.$$

Luego

$$U_f(P) = M_1\Delta x_1 + M_2\Delta x_2 + M_3\Delta x_3 = \tfrac{1}{16}(\tfrac{1}{4}) + \tfrac{1}{4}(\tfrac{1}{4}) + 1(\tfrac{1}{2}) = \tfrac{37}{64}$$

y

$$L_f(P) = m_1\Delta x_1 + m_2\Delta x_2 + m_3\Delta x_3 = 0(\tfrac{1}{4}) + \tfrac{1}{16}(\tfrac{1}{4}) + \tfrac{1}{4}(\tfrac{1}{2}) = \tfrac{9}{64}. \quad \square$$

**Ejemplo 3.** Esta vez consideramos la función

$$f(x) = -x - 1$$

en el intervalo cerrado $[-1, 0]$. La partición $P = \{-1, -\tfrac{1}{4}, 0\}$ determina en $[-1, 0]$ dos intervalos: $[-1, -\tfrac{1}{4}]$ y $[-\tfrac{1}{4}, 0]$. Se puede comprobar que

$$U_f(P) = (0)(\tfrac{3}{4}) + (-\tfrac{3}{4})(\tfrac{1}{4}) = -\tfrac{3}{16} \text{ y } L_f(P) = (-\tfrac{3}{4})(\tfrac{3}{4}) + (-1)(\tfrac{1}{4}) = -\tfrac{13}{16}. \quad \square$$

Mediante un razonamiento que omitimos aquí (aparecerá en el apéndice B.4) es posible demostrar que si $f$ es continua en $[a, b]$, existe un único número $I$ que satisface la desigualdad

$$L_f(P) \leq I \leq U_f(P) \quad \text{para todas las particiones } P \text{ de } [a, b].$$

Este es el número que necesitamos.

**DEFINICIÓN 5.2.3 LA INTEGRAL DEFINIDA**
El único número $I$ que satisface la desigualdad

$$L_f(P) \leq I \leq U_f(P) \quad \text{para todas las particiones } P \text{ de } [a, b]$$

se llama *integral definida* (o más simplemente *integral*) *de f entre a y b* y se designa por

$$\int_a^b f(x)\, dx.^{\dagger}$$

El símbolo $\int$ data de la época de Leibniz y se le llama *signo integral*. En realidad es la $S$ —de *Suma*— estirada. Los números $a$ y $b$ se denominan *límites de integración* y se habla a menudo de *integrar* una función de $a$ a $b$.†† La función a integrar se llama *integrando*.

En la expresión

$$\int_a^b f(x)\, dx$$

la letra $x$ es una "variable muda"; en otras palabras, ésta puede ser sustituida por cualquier otra letra no utilizada hasta el momento. Así, por ejemplo, no existe ninguna diferencia entre

$$\int_a^b f(x)\, dx, \qquad \int_a^b f(t)\, dt, \qquad \text{y} \qquad \int_a^b f(z)\, dz.$$

Todas estas expresiones designan la integral definida de $f$ de $a$ a $b$.

La sección 5.1 proporciona dos aplicaciones inmediatas de la integral definida:

I. Si $f$ es no negativa en $[a, b]$, entonces

$$A = \int_a^b f(x)\, dx$$

da el área de la región plana situada debajo de la gráfica de $f$. Véase la figura 5.1.1.

---

† Esta no es la única notación. Algunos matemáticos omiten el símbolo $dx$ y escriben simplemente

$$\int_a^b f.$$

Nosotros conservaremos el $dx$. Conforme vayamos avanzando en este curso, el lector tendrá la ocasión de convencerse de su utilidad.

†† El significado de la palabra "límite" en este contexto no guarda ninguna relación con la noción de límite discutida en el capítulo 2.

II. Si $|v(t)|$ es la celeridad de un objeto en el instante $t$,

$$s = \int_a^b |v(t)|\ dt$$

da la longitud del camino recorrido desde el instante $a$ hasta el instante $b$.

Volveremos más adelante sobre estas nociones. Por ahora, nos limitaremos a algunos cálculos sencillos.

**Ejemplo 4.** Si $f(x) = \alpha$ para todo $x$ en $[a, b]$, se verifica que

$$\int_a^b f(x)\ dx = \alpha(b-a).$$

Para comprobar que esto es así, tomemos una partición arbitraria de $[a, b]$, sea $P = \{x_0, x_1, \ldots, x_n\}$. Dado que $f$ es siempre igual a $\alpha$ en $[a, b]$, también vale $\alpha$ en cada uno de los subintervalos $x_{i-1}, x_i$. De ahí que $M_i$ y $m_i$ sean ambos iguales a $\alpha$. Esto implica que

$$\begin{aligned} U_f(P) &= \alpha\Delta x_1 + \alpha\Delta x_2 + \ldots + \alpha\Delta x_n \\ &= \alpha(\Delta x_1 + \Delta x_2 + \ldots + \Delta x_n) = \alpha(b-a) \end{aligned}$$

y

$$\begin{aligned} L_f(P) &= \alpha\Delta x_1 + \alpha\Delta x_2 + \ldots + \alpha\Delta x_n \\ &= \alpha(\Delta x_1 + \Delta x_2 + \ldots + \Delta x_n) = \alpha(b-a). \end{aligned}$$

Obviamente se verifica entonces que

$$L_f(P) \le \alpha(b-a) U_f(P).$$

Dado que esta desigualdad se verifica para todas las particiones $P$ de $[a, b]$, podemos concluir que

$$\int_a^b f(x)\ dx = \alpha(b-a). \quad \square$$

Este último resultado puede escribirse

**(5.2.4)**
$$\int_a^b \alpha\ dx = \alpha(b-a).$$

Así, por ejemplo,

$$\int_{-1}^{1} 4\, dx = 4(2) = 8 \quad \text{y} \quad \int_{4}^{10} -2\, dx = -2(6) = -12.$$

Si $\alpha > 0$, la región por debajo de la gráfica de la función es el rectángulo de altura $\alpha$ y de base el intervalo $[a, b]$. (Figura 5.2.1.) La integral nos da el área de este rectángulo.

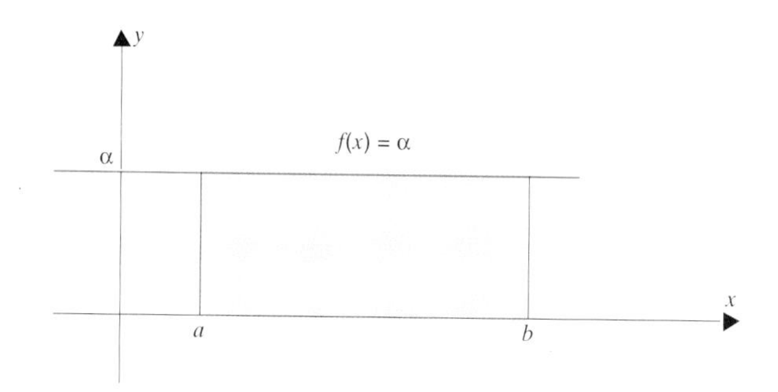


Figura 5.2.1

**Ejemplo 5.**

**(5.2.5)**

$$\int_a^b x\, dx = \tfrac{1}{2}(b^2 - a^2).$$

Para comprobar este resultado, tomamos $P = \{x_0, x_1, \ldots, x_n\}$, una partición arbitraria de $[a, b]$. En cada subintervalo $[x_{i-1}, x_i]$ la función $f(x) = x$ tiene un máximo $M_i = x_i$ y un mínimo $m_i = x_{i-1}$. De ahí que

$$U_f(P) = x_1\Delta x_1 + x_2\Delta x_2 + \ldots + x_n\Delta x_n$$

y

$$L_f(P) = x_0\Delta x_1 + x_1\Delta x_2 + \ldots + x_{n-1}\Delta x_n.$$

Para cada índice $i$

$$x_{i-1} \leq \tfrac{1}{2}(x_i + x_{i-1})x_i. \qquad \text{(explicar)}$$

La multiplicación por $\Delta x_i = x_i - x_{i-1}$ nos da

$$x_{i-1}\Delta x_i \leq \tfrac{1}{2}(x_i^2 - x_{i-1}^2) \leq x_i \Delta x_i.$$

Sumando desde $i = 1$ hasta $i = n$, obtenemos que

$$L_f(P) \leq \tfrac{1}{2}(x_1^2 - x_0^2) + \tfrac{1}{2}(x_2^2 - x_1^2) + \ldots + \tfrac{1}{2}(x_n^2 - x_{n-1}^2) \leq U_f(P).$$

Simplificando la expresión del término intermedio, obtenemos

$$\tfrac{1}{2}(x_n^2 - x_0^2) = \tfrac{1}{2}(b^2 - a^2)$$

y, por consiguiente,

$$L_f(P) \leq \tfrac{1}{2}(b^2 - a^2) \leq U_f(P).$$

Dado que la partición $P$ fue elegida de manera arbitraria entre todas las particiones de $[a, b]$, se deduce que

$$\int_a^b x\, dx = \tfrac{1}{2}(b^2 - a^2). \quad \square$$

Si el intervalo $[a, b]$ está a la derecha del origen, la región por debajo de la gráfica de la función

$$f(x) = x, \qquad x \in [a, b]$$

es el trapecio de la figura 5.2.2. La integral

$$\int_a^b x\, dx$$

proporciona el área de dicho trapecio: $A = (b - a)[\tfrac{1}{2}(a + b)] = \tfrac{1}{2}(b^2 - a^2)$. $\square$

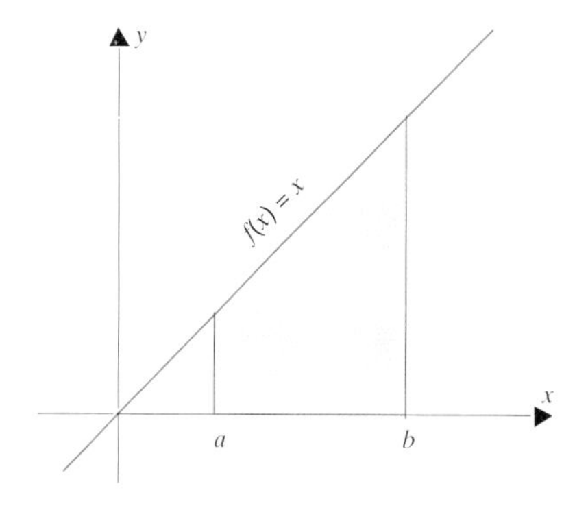


Figura 5.2.2

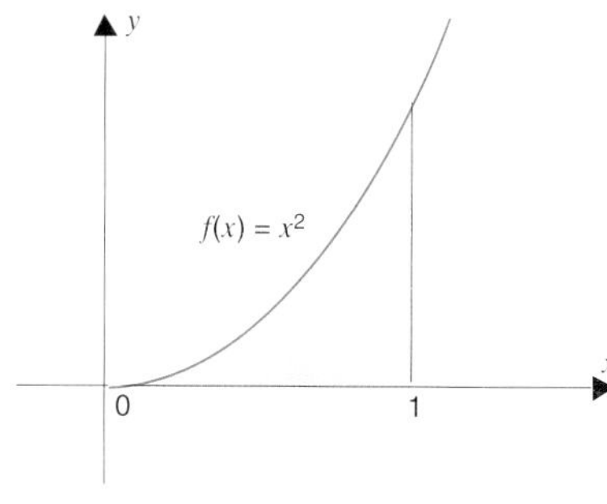


El área de la región sombreada: $\int_0^1 x^2\,dx = \frac{1}{3}$

Figura 5.2.3

**Ejemplo 6.**

$$\int_0^1 x^2\,dx = \tfrac{1}{3}. \qquad \text{(Figura 5.2.3)}$$

Esta vez tomamos una partición $P = \{x_0, x_1, \ldots, x_n\}$ de $[0, 1]$. En cada subintervalo $[x_{i-1}, x_i]$ la función $f(x) = x^2$ tiene un máximo $M_i = x_i^2$ y un mínimo $m_i = x_{i-1}^2$. De ello se deduce que

$$U_f(P) = x_1^2\Delta x_1 + \ldots + x_n^2\Delta x_n$$

y

$$L_f(P) = x_0^2\Delta x_1 + \ldots + x_{n-1}^2\Delta x_n.$$

Para cada índice $i$

$$x_{i-1}^2 \leq \tfrac{1}{3}(x_{i-1}^2 + x_{i-1}x_i + x_i^2) \leq x_i^2. \qquad \text{(compruébese esto)}$$

Multiplicamos ahora esta desigualdad por $\Delta x_i = x_i - x_{i-1}$. El término central se reduce a

$$\tfrac{1}{3}(x_i^3 - x_{i-1}^3), \qquad \text{(compruébese esto)}$$

mostrándonos que

$$x_{i-1}^2 \Delta x_i \leq \tfrac{1}{3}(x_i^3 - x_{i-1}^3) \leq x_i^2 \Delta x_i.$$

La suma de los términos de la izquierda es $L_f(P)$. La suma de los términos del centro se reduce a $\frac{1}{3}$:

$$\tfrac{1}{3}(x_1^3 - x_0^3 + x_2^3 - x_1^3 + \ldots + x_n^3 - x_{n-1}^3) = \tfrac{1}{3}(x_n^3 - x_0^3) = \tfrac{1}{3}(1^3 - 0^3) = \tfrac{1}{3}.$$

La suma de los términos de la derecha es $U_f(P)$. Está claro entonces que

$$L_f(P) \leq \tfrac{1}{3} \leq U_f(P).$$

Dado que $P$ se eligió arbitrariamente, podemos concluir que esta desigualdad es válida para cualquier partición $P$ de $[0, 1]$. De ahí que

$$\int_0^1 x^2\, dx = \tfrac{1}{3}. \quad \square$$

## EJERCICIOS 5.2

Hallar $L_f(P)$ y $U_f(P)$.

**1.** $f(x) = 2x, \quad x \in [0, 1]; \quad P = \{0, \frac{1}{4}, \frac{1}{2}, 1\}.$

**2.** $f(x) = 1 - x, \quad x \in [0, 2]; \quad P = \{0, \frac{1}{3}, \frac{3}{4}, 1, 2\}.$

**3.** $f(x) = x^2, \quad x \in [-1, 0]; \quad P = \{-1, -\frac{1}{2}, -\frac{1}{4}, 0\}.$

**4.** $f(x) = 1 - x^2, \quad x \in [0, 1]; \quad P = \{0, \frac{1}{4}, \frac{1}{2}, 1\}.$

**5.** $f(x) = 1 + x^3, \quad x \in [0, 1]; \quad P = \{0, \frac{1}{2}, 1\}.$

**6.** $f(x) = \sqrt{x}, \quad x \in [0, 1]; \quad P = \{0, \frac{1}{25}, \frac{4}{25}, \frac{9}{25}, \frac{16}{25}, 1\}$

**7.** $f(x) = |x|, \quad x \in [-1, 1]; \quad P = \{-1, -\frac{1}{2}, 0, \frac{1}{4}, 1\}.$

**8.** $f(x) = |x|, \quad x \in [-1, 1]; \quad P = \{-1, -\frac{1}{2}, -\frac{1}{4}, \frac{1}{2}, 1\}$.

**9.** $f(x) = x^2, \quad x \in [-1, 1]; \quad P = \{-1, -\frac{1}{4}, \frac{1}{4}, \frac{1}{2}, 1\}$.

**10.** $f(x) = x^2, \quad x \in [-1, 1]; \quad P = \{-1, -\frac{3}{4}, -\frac{1}{4}, \frac{1}{4}, \frac{1}{2}, 1\}$.

**11.** $f(x) = \operatorname{sen} x, \quad x \in [0, \pi]; \quad P = \{0, \frac{1}{6}\pi, \frac{1}{2}\pi, \pi\}$.

**12** $f(x) = \cos x, \quad x \in [0, \pi]; \quad P = \{0, \frac{1}{3}\pi, \frac{1}{2}\pi, \pi\}$.

**13.** Explicar por qué cada uno de los tres siguientes asertos es falso. Se tomará $P$ como una partición de $[-1, 1]$.

(a) $L_f(P) = 3$ y $U_f(P) = 2$.

(b) $L_f(P) = 3$, $U_f(P) = 6$, y $\int_{-1}^{1} f(x)\,dx = 2$.

(c) $L_f(P) = 3$, $U_f(P) = 6$, y $\int_{-1}^{1} f(x)\,dx = 10$.

**14.** (a) Dada $P = \{x_0, x_1, \dots, x_n\}$ una partición arbitraria de $[a, b]$, hallar $L_f(P)$ y $U_f(P)$ para $f(x) = x + 3$.

(b) Utilizar las respuestas a la parte (a) para evaluar

$$\int_a^b (x + 3)\,dx.$$

**15.** Mismo ejercicio que el 14 tomando $f(x) = -3x$.

**16.** Mismo ejercicio que el 14 tomando $f(x) = 1 + 2x$.

**17.** Calcular

$$\int_0^1 x^3\,dx$$

utilizando los métodos de esta sección.

SUGERENCIA: $b^4 - a^4 = (b^3 + b^2a + ba^2 + a^3)(b - a)$.

**18.** Consideremos la función de Dirichlet $f$ en $[0, 1]$:

$$f(x) = \begin{cases} 1, & x \text{ racional} \\ 0, & x \text{ irracional} \end{cases}.$$

(a) Demostrar que para toda partición $P$ de $[0, 1]$ se verifica que $L_f(P) \leq \frac{1}{2} \leq U_f(P)$.

(b) Explicar por qué *no* se puede concluir que

$$\int_0^1 f(x)\,dx = \tfrac{1}{2}.$$

**19.** La definición de la integral que hemos dado (definición 5.2.3) puede aplicarse a funciones con un número finito de discontinuidades.

Supongamos que $f$ es continua en $[a, b]$. Si $g$ está definida en $[a, b]$ y sólo difiere de $f$ en un número finito de puntos, podemos integrar $g$ en $[a, b]$ y

$$\int_a^b g(x)\,dx = \int_a^b f(x)\,dx.$$

Por ejemplo, la función

$$g(x) = \begin{cases} 2, & x \in [0, 3) \cup (3, 4) \\ 7, & x = 3 \end{cases}$$

sólo difiere de la función constante

$$f(x) = 2, \qquad x \in [0, 4]$$

en el punto $x = 3$. Está claro que

$$\int_0^4 f(x)\,dx = 8.$$

Demostrar que

$$\int_0^4 g(x)\,dx = 8$$

probando que 8 es el único número $I$ que verifica la desigualdad

$$L_g(P) \leq I \leq U_g(P) \qquad \text{para toda partición } P \text{ de } [0, 4].$$

---

## 5.3 LA FUNCIÓN $F(x) = \int_a^x f(t)\,dt$

El cálculo de una integral definida

$$\int_a^b f(x)\,dx$$

directamente a partir de la definición, como el único número $I$ que verifica la desigualdad $L_f(P) \leq I \leq U_f(P)$ para toda partición $P$ de $[a, b]$ suele resultar un proceso laborioso y difícil. Intente, por ejemplo, calcular

$$\int_2^5 \left( x^3 + x^{5/2} - \frac{2x}{1 - x^2} \right) dx \quad \text{o} \quad \int_{-1/2}^{1/4} \frac{x}{1 - x^2}\,dx$$

por ese método. El teorema 5.4.2, conocido como el *teorema fundamental del cálculo integral* nos proporciona otro procedimiento para calcular tales integrales. Dicho procedimiento es consecuencia de una relación entre integración y diferenciación descrita en el teorema 5.3.5. El objeto de esta sección es el de demostrar el teorema 5.3.5. En dicho empeño, recopilaremos alguna información que tiene interés por sí misma.

**TEOREMA 5.3.1**

Sean $P$ y $Q$ dos particiones del intervalo $[a, b]$. Si $P \subseteq Q$, se verifica que

$$L_f(P) \le L_f(Q) \quad \text{y} \quad U_f(Q) \le U_f(P).$$

Este resultado es evidente. Añadiendo puntos a una partición, los subintervalos $[x_{i-1}, x_i]$ tienden a ser cada vez más pequeños. Esto hace que el mínimo $m_i$ tienda a ser cada vez mayor y el máximo $M_i$ tienda a ser cada vez menor. Luego las sumas inferiores se hacen cada vez mayores mientras que las sumas superiores se hacen cada vez menores. Esta idea se ilustra (para una función positiva) en las figuras 5.3.1 y 5.3.2.

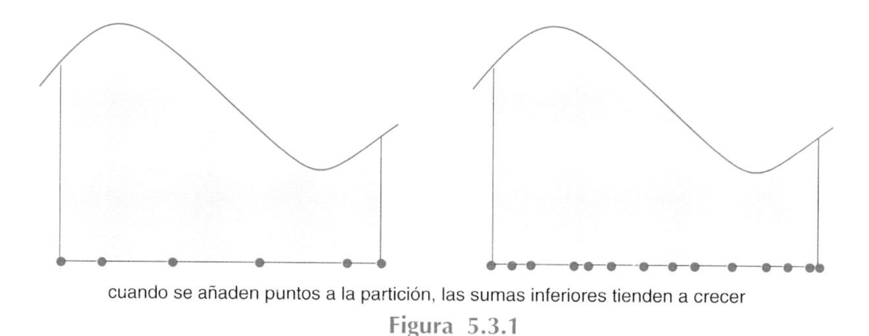

cuando se añaden puntos a la partición, las sumas inferiores tienden a crecer

**Figura 5.3.1**

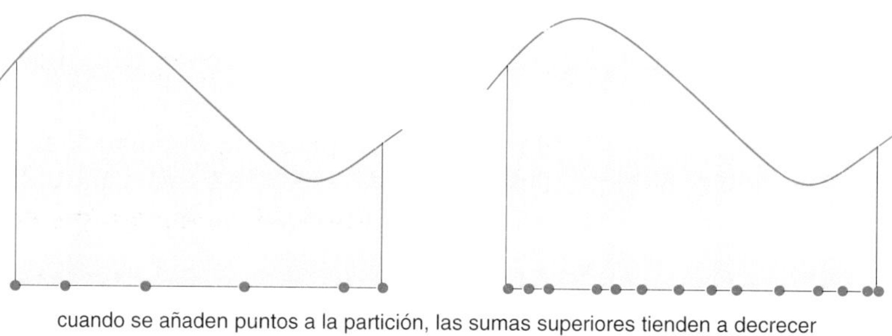

cuando se añaden puntos a la partición, las sumas superiores tienden a decrecer

**Figura 5.3.2**

El próximo teorema nos dice que la integral, como función del intervalo, es *aditiva*.

**TEOREMA 5.3.2**

Si $f$ es continua en $[a, b]$ y $a < c < b$, se verifica que

$$\int_a^c f(t)\, dt + \int_c^b f(t)\, dt = \int_a^b f(t)\, dt$$

Para una función no negativa, este teorema se interpreta fácilmente en términos de áreas. El área de la parte I en la figura 5.3.3 viene dada por

$$\int_a^c f(t)\, dt\,;$$

y el de la parte II por

$$\int_c^b f(t)\, dt\,;$$

mientras que el área de la región completa viene dada por

$$\int_a^b f(t)\, dt$$

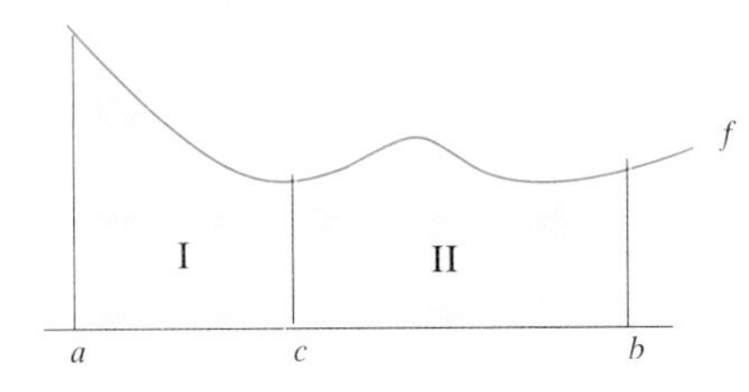

Figura 5.3.3

El teorema nos dice que

área de la parte I + área de la parte II = área de la región completa.

El teorema 5.3.2 también puede interpretarse en términos de velocidades y distancias. Para $f(t) \geq 0$, podemos interpretar $f(t)$ como la velocidad de un objeto en el instante $t$. Con esta interpretación

$\int_a^c f(t)\, dt$ = distancia recorrida desde el instante $a$ hasta el instante $c$

$\int_c^b f(t)\, dt$ = distancia recorrida desde el instante $c$ hasta el instante $b$

$\int_a^b f(t)\, dt$ = distancia recorrida desde el instante $a$ hasta el instante $b$

No es sorprendente que la suma de las dos primeras distancias resulte ser igual a la tercera.

El hecho de que el teorema de aditividad sea susceptible de interpretaciones tan fáciles de entender no nos exime de la necesidad de demostrarlo. He aquí una demostración.

Demostración del teorema 5.3.2. Para demostrar el teorema basta que demostremos que para toda partición $P$ de $[a, b]$ se verifica

$$L_f(P) \leq \int_a^c f(t)\, dt + \int_c^b f(t)\, dt \leq U_f(P). \qquad \text{(¿Por qué?)}$$

Consideremos una partición arbitraria de $[a, b]$:

$$P = \{x_0, x_1, \ldots, x_n\}.$$

Dado que la partición $Q = P \cup \{c\}$ contiene $P$, el teorema 5.3.1 nos permite afirmar que

$$(1) \qquad L_f(P) \leq L_f(Q) \quad \text{y} \quad U_f(Q) \leq U_f(P).$$

Los conjuntos

$$Q_1 = Q \cap [a, c] \quad \text{y} \quad Q_2 = Q \cap [c, b]$$

son particiones de $[a, c]$ y $[c, b]$, respectivamente. Además

$$L_f(Q_1) + L_f(Q_2) = L_f(Q) \quad \text{y} \quad U_f(Q_1) + U_f(Q_2) = U_f(Q).$$

Dado que

$$L_f(Q_1) \leq \int_a^c f(t)\, dt \leq U_f(Q_1) \quad \text{y} \quad L_f(Q_2) \leq \int_c^b f(t)\, dt \leq U_f(Q_2),$$

tendremos que

$$L_f(Q_1) + L_f(Q_2) \leq \int_a^c f(t)\, dt + \int_c^b f(t)\, dt \leq U_f(Q_1) + U_f(Q_2).$$

Se deduce que

$$L_f(Q) \leq \int_a^c f(t)\, dt + \int_c^b f(t)\, dt \leq U_f(Q)$$

y, dado (1), que

$$L_f(P) \leq \int_a^c f(t)\, dt + \int_c^b f(t)\, dt \leq U_f(P). \quad \square$$

Hasta ahora sólo hemos integrado de izquierda a derecha: desde un número $a$ hasta un número $b$ mayor que $a$. También se integra en sentido opuesto definiendo

(5.3.3)
$$\int_b^a f(t)\, dt = -\int_a^b f(t)\, dt$$

Además, la integral desde cualquier número hasta él mismo se define como 0:

(5.3.4)
$$\int_c^c f(t)\, dt = 0$$

para todo $c$ real. Con estos convenios suplementarios, la condición de aditividad

$$\int_a^c f(t)\, dt + \int_c^b f(t)\, dt = \int_a^b f(t)\, dt$$

se cumple para cualquier elección de $a, b, c$ en $f$ independientemente de su orden. La demostración de este resultado se ha dejado para uno de los ejercicios.

Nos encontramos ahora en condiciones de establecer la relación básica existente entre integración y diferenciación. Nuestro primer paso consiste en poner de relieve el hecho de que, si $f$ es continua en $[a, b]$, para cada $x$ en $[a, b]$, la integral

$$\int_a^x f(t)\, dt$$

es un número y, en consecuencia, podemos definir una función $f$ en $[a, b]$ haciendo

$$F(x) = \int_a^x f(t)\, dt.$$

**TEOREMA 5.3.5**

Si $f$ es continua en $[a, b]$, la función $F$ definida en $[a, b]$ haciendo

$$F(x) = \int_a^x f(t)\, dt$$

es continua en $[a, b]$, diferenciable en $(a, b)$, y tiene como derivada

$$F'(x) = f(x) \text{ para todo } x \text{ en } (a, b).$$

Demostración. Comenzamos considerando $x$ en el intervalo semiabierto $[a, b)$ y demostramos que

$$\lim_{h \to 0^+} \frac{F(x+h) - F(x)}{h} = f(x).$$

(Ver la figura 5.3.4 para una representación gráfica de la demostración en el caso de una función no negativa.)

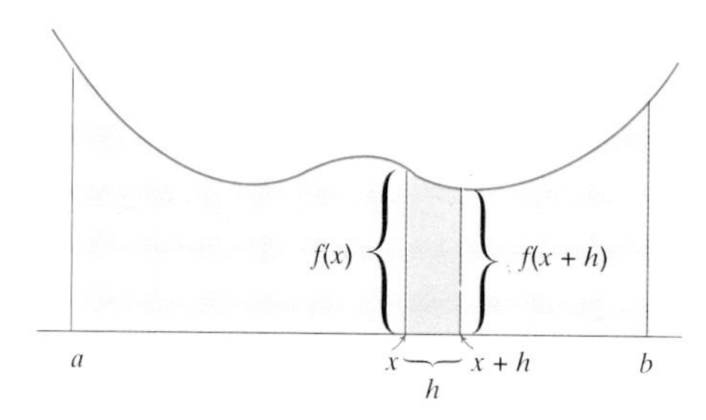


$F(x+h)$ = área desde $a$ hasta $x+h$ y $F(x)$ = área desde $a$ hasta $x$.
Por tanto,

$$F(x+h) - F(x) = \text{área desde } x \text{ hasta } x+h,$$

$$\frac{F(x+h) - F(x)}{h} = \frac{\text{área desde } x \text{ hasta } x+h}{h} \cong f(x) \text{ si } h \text{ es pequeña}$$

**Figura 5.3.4**

Si $x < x + h \leq b$, entonces

$$F(x+h) - F(x) = \int_a^{x+h} f(t)\ dt - \int_a^x f(t)\ dt.$$

Se deduce que

$$F(x+h) - F(x) = \int_x^{x+h} f(t)\ dt. \qquad \text{(justificar este paso)}$$

Hagamos ahora

$$M_h = \text{valor máximo de } f \text{ en } [x, x+h]$$

y

$$m_h = \text{valor mínimo de } f \text{ en } [x, x+h].$$

Dado que

$$M_h\,[(x+h) - x] = M_h \cdot h$$

es una suma superior para $f$ en $[x, x+h]$ y que

$$m_h\,[(x+h) - x] = m_h \cdot h$$

es una suma inferior para $f$ en $[x, x+h]$, tendremos que

$$m_h \cdot h \leq \int_x^{x+h} f(t)dt \leq M_h \cdot h$$

y, dado que $h > 0$,

$$m_h \leq \frac{F(x+h) - F(x)}{h} \leq M_h .$$

Puesto que $f$ es continua en $[x, x+h]$,

$$\lim_{h \to 0^+} m_h = f(x) = \lim_{h \to 0^+} M_h \tag{1}$$

y, por consiguiente,

$$\lim_{h \to 0^+} \frac{F(x+h) - F(x)}{h} = f(x). \tag{2}$$

De manera análoga se puede demostrar que, para $x$ en el intervalo semiabierto $(a, b]$, se verifica

$$\lim_{h \to 0^-} \frac{F(x+h) - F(x)}{h} = f(x). \tag{3}$$

Para $x$ en el intervalo abierto $(a, b)$, se verifican (2) y (3) a la vez por lo que tenemos

$$F'(x) = \lim_{h \to 0} \frac{F(x+h) - F(x)}{h} = f(x).$$

Esto demuestra que $F$ es diferenciable en $(a, b)$ y que su derivada es $F'(x) = f(x)$.

Sólo queda por demostrar que $F$ es continua por la derecha en $a$ y continua por la izquierda en $b$. Aplicando la relación (2) a $x = a$ obtenemos

$$\lim_{h \to 0^+} \frac{F(a+h) - F(a)}{h} = f(a).$$

De ello se deduce que

$$\lim_{h \to 0^+} [F(a+h) - F(a)] = 0 \qquad \text{(explicar esto)}$$

y

$$\lim_{h \to 0^+} F(a+h) = F(a).$$

Esto demuestra que $F$ es continua por la derecha en $a$. La continuidad por la izquierda en $b$ puede demostrarse aplicando (3) en $x = b$. ☐

## EJERCICIOS 5.3

**1.** Suponiendo que

$$\int_0^1 f(x)\,dx = 6, \qquad \int_0^2 f(x)\,dx = 4, \qquad \int_2^5 f(x)\,dx = 1,$$

hallar cada una de las siguientes integrales:

(a) $\int_0^5 f(x)\,dx$. (b) $\int_1^2 f(x)\,dx$. (c) $\int_1^5 f(x)\,dx$.

(d) $\int_0^0 f(x)\,dx$. (e) $\int_2^0 f(x)\,dx$. (f) $\int_5^1 f(x)\,dx$.

**2.** Suponiendo que

$$\int_0^4 f(x)\,dx = 5, \qquad \int_3^4 f(x)\,dx = 7, \qquad \int_1^8 f(x)\,dx = 11,$$

hallar cada una de las siguientes integrales:

(a) $\int_4^8 f(x)\,dx$. (b) $\int_4^3 f(x)\,dx$. (c) $\int_1^3 f(x)\,dx$.

(d) $\int_3^8 f(x)\,dx$. (e) $\int_8^4 f(x)\,dx$. (f) $\int_4^4 f(x)\,dx$.

**3.** Usar las sumas superiores e inferiores para demostrar que

$$0{,}5 < \int_1^2 \frac{dx}{x} < 1.$$

**4.** Usar las sumas superiores e inferiores para demostrar que

$$0{,}6 < \int_0^1 \frac{dx}{1+x^2} < 1.$$

**5.** Para $x > -1$ definamos $F(x) = \int_0^x t\sqrt{t+1}\,dt$.

(a) Hallar $F(0)$. (b) Hallar $F'(x)$. (c) Hallar $F'(2)$.

(d) Expresar $F(2)$ como integral $t\sqrt{t+1}$. (e) Expresar $-F(x)$ como integral de $t\sqrt{t+1}$.

**6.** Para $x > 0$ definamos $F(x) = \int_1^x \frac{dt}{t}$.

(a) Hallar $F(1)$. (b) Hallar $F'(x)$. (c) Hallar $F'(1)$.

(d) Expresar $F(2)$ como integral $1/t$. (e) Expresar $-F(x)$ como integral de $1/t$.

Para la función $F$ dada, calcular los siguientes valores:

(a) $F'(-1)$. (b) $F'(0)$. (c) $F'(\frac{1}{2})$. (d) $F''(x)$.

**7.** $F(x) = \int_0^x \frac{dt}{t^2+9}$. **8.** $F(x) = \int_x^0 \sqrt{t^2+1}\,dt$. **9.** $F(x) = \int_x^1 t\sqrt{t^2+1}\,dt$.

**10.** $F(x) = \int_1^x \operatorname{sen} \pi t\, dt$. **11.** $F(x) = \int_1^x \cos \pi t\, dt$. **12.** $F(x) = \int_2^x (t+1)^3\, dt$.

**13.** Explicar por qué cada uno de los siguientes asertos es falso.

(a) $U_f(P_1) = 4$ para la partición $P_1 = \{0, 1, \frac{3}{2}, 2\}$ y

$U_f(P_2) = 5$ para la partición $P_2 = \{0, \frac{1}{4}, 1, \frac{3}{2}, 2\}$.

(b) $L_f(P_1) = 5$ para la partición $P_1 = \{0, 1, \frac{3}{2}, 2\}$ y

$L_f(P_2) = 4$ para la partición $P_2 = \{0, \frac{1}{4}, 1, \frac{3}{2}, 2\}$.

**14.** Demostrar que, para $f$ continua en un intervalo $I$, se verifica

$$\int_a^c f(t)\,dt + \int_c^b f(t)\,dt = \int_a^b f(t)\,dt$$

para *cualquier* elección de $a$, $b$, $c$ en $I$. SUGERENCIA: Suponer que $a < b$ y considerar los cuatro casos: $c = a$, $c = b$, $c < a$ y $b < c$. Considerar entonces que pasaría si $a > b$ o si $a = b$.

**15.** (*El primer teorema del valor medio para integrales.*) Demostrar que, si $f$ es continua en $[a, b]$, existe al menos un número $c$ en $(a, b)$ tal que

$$\int_a^b f(x)\,dx = f(c)(b-a).$$

SUGERENCIA: Aplicar el teorema del valor medio a la función

$$F(x) = \int_a^x f(t)\,dt \quad \text{en } [a, b].$$

**16.** Demostrar la validez de la ecuación (1) de la demostración del teorema 5.3.5.

**17.** Extender el teorema 5.3.5 demostrando que, si $f$ es continua en $[a, b]$ y si $c$ es un número *cualquiera* en $[a, b]$, la función

$$F(x) = \int_c^x f(t)\,dt$$

es continua en $[a, b]$, diferenciable en $(a, b)$ y verifica

$$F'(x) = f(x) \qquad \text{para todo } x \text{ en } (a, b).$$

SUGERENCIA: $\int_c^x f(t)\,dt = \int_c^a f(t)\,dt + \int_a^x f(t)\,dt$.

**18.** Completar la demostración del teorema 5.3.5 probando que

$$\lim_{h \to 0^-} \frac{F(x+h) - F(x)}{h} = f(x) \quad \text{para todo } x \text{ en } (a, b].$$

## 5.4 EL TEOREMA FUNDAMENTAL DEL CÁLCULO INTEGRAL

**DEFINICIÓN 5.4.1 ANTIDERIVADA**

Una función $G$ será llamada *antiderivada* de $f$ en $[a, b]$ sii

$$G \text{ es continua en } [a, b] \quad \text{y} \quad G'(x) = f(x) \text{ para todo } x \text{ en } (a, b).$$

El teorema 5.3.5 establece que, si $f$ es continua en $[a, b]$, entonces

$$F(x) = \int_a^x f(t)\, dt$$

es una antiderivada de $f$ en $[a, b]$. Nos proporciona pues un método para construir antiderivadas de $f$: basta integrar $f$.

El llamado "teorema fundamental" sigue el camino inverso. Nos proporciona un método no para hallar antiderivadas sino para calcular integrales. Nos dice que podemos calcular

$$\int_a^b f(t)\, dt$$

hallando una antiderivada de $f$.

**TEOREMA 5.4.2 EL TEOREMA FUNDAMENTAL DEL CÁLCULO INTEGRAL**

Sea $f$ continua en $[a, b]$. Si $G$ es una antiderivada de $f$ en $[a, b]$, se verifica que

$$\int_a^b f(t)\, dt = G(b) - G(a).$$

Demostración. Por el teorema 5.3.5, sabemos que la función

$$F(x) = \int_a^x f(t) dt$$

es una antiderivada de $f$ en $[a, b]$. Si $G$ también es una antiderivada de $f$ en $[a, b]$, ambas funciones $F$ y $G$ son continuas en $[a, b]$ y verifican $F'(x) = G'(x)$ para todo $x$ en $(a, b)$. Por el teorema 4.2.4 sabemos que existe una constante $C$ tal que

$$F(x) = G(x) + C \quad \text{para todo } x \text{ en } [a, b].$$

Dado que $F(a) = 0$,

$$G(a) + C = 0 \quad \text{luego} \quad C = -G(a).$$

De ahí que

$$F(x) = G(x) - G(a) \quad \text{para todo } x \text{ en } [a, b].$$

En particular

$$F(b) = G(b) - G(a). \quad \square$$

Calcularemos ahora algunas integrales aplicando el teorema fundamental. En cada uno de los casos recurriremos a la más simple de las antiderivadas que se nos ocurran.

**Problema 1.** Calcular

$$\int_1^4 x\,dx.$$

*Solución.* Como antiderivada de $f(x) = x$ podemos utilizar la función

$$G(x) = \tfrac{1}{2}x^2. \qquad \text{(comprobar esto)}$$

Aplicando el teorema fundamental

$$\int_1^4 x\,dx = G(4) - G(1) = \tfrac{1}{2}(4)^2 - \tfrac{1}{2}(1)^2 = 7\tfrac{1}{2}. \quad \square$$

**Problema 2.** Calcular

$$\int_0^1 8x\,dx.$$

*Solución.* Aquí podemos utilizar la antiderivada $G(x) = 4x^2$:

$$\int_0^1 8x\,dx = G(1) - G(0) = 4(1)^2 - 4(0)^2 = 4. \quad \square$$

Expresiones de la forma $G(b) - G(a)$ son habitualmente representadas por la notación

$$\Big[G(x)\Big]_a^b.$$

Con esta notación

$$\int_1^4 x\,dx = \left[\tfrac{1}{2}x^2\right]_1^4 = \tfrac{1}{2}(4)^2 - \tfrac{1}{2}(2)^2 = 7\tfrac{1}{2},$$

y

$$\int_0^1 8x\,dx = \left[4x^2\right]_0^1 = 4(1)^2 - 4(0)^2 = 4. \quad \square$$

De nuestro estudio sobre la diferenciación, sabemos que para todo entero positivo $n$ se verifica

$$\frac{d}{dx}\left(\frac{1}{n+1}x^{n+1}\right) = x^n.$$

De ahí que

**(5.4.3)**
$$\int_a^b x^n\,dx = \left[\frac{1}{n+1}x^{n+1}\right]_a^b = \frac{1}{n+1}(b^{n+1} - a^{n+1}).$$

Luego

$$\int_a^b x^2\,dx = \left[\tfrac{1}{3}x^3\right]_a^b = \tfrac{1}{3}(b^3 - a^3), \qquad \int_a^b x^3\,dx = \left[\tfrac{1}{4}x^4\right]_a^b = \tfrac{1}{4}(b^4 - a^4), \text{ etc.} \quad \square$$

**Problema 3.** Calcular

$$\int_0^1 (2x - 6x^4 + 5)\,dx.$$

*Solución.* Como antiderivada podemos utilizar $G(x) = x^2 - \frac{6}{5}x^5 + 5x$:

$$\int_0^1 (2x - 6x^4 + 5)\,dx = \left[x^2 - \tfrac{6}{5}x^5 + 5x\right]_0^1 = 1 - (\tfrac{6}{5} + 5) = 4\tfrac{4}{5}. \quad \square$$

**Problema 4.** Calcular

$$\int_{-1}^1 (x-1)(x+2)\,dx.$$

*Solución.* Primero llevamos a cabo la multiplicación indicada

$$(x-1)(x+2) = x^2 + x - 2.$$

Como antiderivada podemos utilizar $G(x) = \frac{1}{3}x^3 + \frac{1}{2}x^2 - 2x$:

$$\int_{-1}^{1} (x-1)(x+2)\, dx = \left[\tfrac{1}{3}x^3 + \tfrac{1}{2}x^2 - 2x\right]_{-1}^{1} = -\tfrac{10}{3}. \quad \square$$

La fórmula 5.4.3 no se verifica sólo para enteros positivos sino también para todos los exponentes racionales distintos de $-1$ siempre que el *integrando*, la función a integrar, esté definido en el intervalo de integración. De ahí que

$$\int_1^2 \frac{dx}{x^2} = \int_1^2 x^{-2}\, dx = \left[-x^{-1}\right]_1^2 = \left[-\tfrac{1}{x}\right]_1^2 = (-\tfrac{1}{2}) - (-1) = \tfrac{1}{2},$$

$$\int_4^9 \frac{dt}{\sqrt{t}} = \int_4^9 t^{-1/2}\, dt = \left[2t^{1/2}\right]_4^9 = 2(3) - 2(2) = 2,$$

$$\int_0^1 t^{5/3} dt = \left[\tfrac{3}{8}t^{8/3}\right]_0^1 = \tfrac{3}{8}(1)^{8/3} - \tfrac{3}{8}(0)^{8/3} = \tfrac{3}{8}. \quad \square$$

Consideraremos ahora algunos ejemplos algo más complicados. En cada caso el paso esencial radica en la determinación de una antiderivada. Compruébese cada paso de estos cálculos con detalle.

$$\int_1^2 \frac{x^4+1}{x^2}\, dx = \int_1^2 (x^2 + x^{-2})\, dx = \left[\tfrac{1}{3}x^3 - x^{-1}\right]_1^2 = \tfrac{17}{6}.$$

$$\int_1^5 \sqrt{x-1}\, dx = \int_1^5 (x-1)^{1/2}\, dx = \left[\tfrac{2}{3}(x-1)^{3/2}\right]_1^5 = \tfrac{16}{3}.$$

$$\int_0^1 (4-\sqrt{x})^2\, dx = \int_0^1 (16 - 8\sqrt{x} + x)\, dx = \left[16x - \tfrac{16}{3}x^{3/2} + \tfrac{1}{2}x^2\right]_0^1 = \tfrac{67}{6}.$$

$$\int_1^2 -\frac{dt}{(t+2)^2} = \int_1^2 -(t+2)^{-2} dt = \left[(t+2)^{-1}\right]_1^2 = -\tfrac{1}{12}. \quad \square$$

## La linealidad de la integral

A continuación enunciaremos algunas propiedades simples de la integral que son de uso frecuente en el cálculo. En lo que sigue, $f$ y $g$ son funciones continuas.

I. Las constantes se pueden sacar fuera del signo integral:

**(5.4.4)**
$$\int_a^b \alpha f(x)\, dx = \alpha \int_a^b f(x)\, dx$$

Por ejemplo

$$\int_0^{10} \tfrac{3}{7}(x-5)dx = \tfrac{3}{7}\int_0^{10}(x-5)\,dx = \tfrac{3}{7}\Big[\tfrac{1}{2}(x-5)^2\Big]_0^{10} = 0,$$

$$\int_0^1 \frac{8}{(x+1)^3}dx = 8\int_0^1 \frac{dx}{(x+1)^3}dx = 8\Big[(-\tfrac{1}{2})(x+1)^{-2}\Big]_0^1 = 8\,(\tfrac{3}{8}) = 3. \quad \square$$

II. La integral de una suma es la suma de las integrales:

**(5.4.5)** $$\int_a^b [f(x)+g(x)]\,dx = \int_a^b f(x)\,dx + \int_a^b g(x)\,dx.$$

Por ejemplo

$$\int_1^2\Big[(x-1)^2 + \frac{1}{(x+2)^2}\Big]dx = \int_1^2 (x-1)^2 dx + \int_1^2 \frac{dx}{(x+2)^2}$$

$$= \Big[\tfrac{1}{3}(x-1)^3\Big]_1^2 + \Big[-(x+2)^{-1}\Big]_1^2$$

$$= \tfrac{1}{3} - \tfrac{1}{4} + \tfrac{1}{3} = \tfrac{5}{12}. \quad \square$$

III. La integral de una combinación lineal es la combinación lineal de las integrales:

**(5.4.6)** $$\int_a^b [\alpha f(x) + \beta g(x)]\,dx = \alpha\int_a^b f(x)\,dx + \beta\int_a^b g(x)\,dx.$$

Por ejemplo

$$\int_2^{5/2}\Big[\frac{3}{(x-1)^2} - 4x\Big]dx = 3\int_2^{5/2}\frac{dx}{(x-1)^2} - 2\int_2^{5/2} 2x\,dx$$

$$= 3\Big[-(x-1)^{-1}\Big]_2^{5/2} - 2\Big[x^2\Big]_2^{5/2}$$

$$= 3\,(-\tfrac{2}{3}+1) - 2\,(\tfrac{25}{4}-4) = -\tfrac{7}{2}. \quad \square$$

I y II son casos particulares de III. Para demostrar III, considerar $F$ y $G$ antiderivadas de $f$ y $g$, respectivamente, y observar que $\alpha F + \beta G$ es una antiderivada de $\alpha f + \beta g$. Los detalles quedan para el lector.

## EJERCICIOS 5.4

Calcular las siguientes integrales.

**1.** $\int_0^1 (2x-3)\,dx.$ **2.** $\int_0^1 (3x+2)\,dx.$ **3.** $\int_1^0 5x^4\,dx.$

**4.** $\int_1^2 (2x+x^2)\,dx.$ **5.** $\int_1^4 \sqrt{x}\,dx.$ **6.** $\int_0^4 \sqrt{x}\,dx.$

**7.** $\int_1^5 2\sqrt{x-1}\,dx.$ **8.** $\int_1^2 \left(\frac{3}{x^3}+5x\right)dx.$ **9.** $\int_{-2}^0 (x+1)(x-2)\,dx.$

**10.** $\int_2^0 \frac{dx}{(x+1)^2}.$ **11.** $\int_3^3 \sqrt{x}\,dx.$ **12.** $\int_{-1}^0 (t-2)(t+1)\,dt.$

**13.** $\int_0^1 \frac{dt}{(t+2)^3}.$ **14.** $\int_1^0 (t^3+t^2)\,dt.$ **15.** $\int_1^2 \left(3t+\frac{4}{t^2}\right)dt.$

**16.** $\int_{-1}^{-1} 7x^6\,dx.$ **17.** $\int_0^1 (x^{3/2}-x^{1/2})\,dx.$ **18.** $\int_0^1 (x^{3/4}-2x^{1/2})\,dx.$

**19.** $\int_0^1 (x+1)^{17}dx.$ **20.** $\int_0^a (a^2x-x^3)\,dx.$ **21.** $\int_0^a (\sqrt{a}-\sqrt{x})^2dx.$

**22.** $\int_{-1}^1 (x-2)^2\,dx.$ **23.** $\int_1^2 \frac{6-t}{t^3}\,dt.$ **24.** $\int_1^2 \frac{2-t}{t^3}\,dt.$

**25.** $\int_0^1 x^2\,(x-1)\,dx.$ **26.** $\int_1^3 \left(x^2-\frac{1}{x^2}\right)dx.$ **27.** $\int_1^2 2x\,(x^2+1)\,dx.$

**28.** $\int_0^1 3x^2\,(x^3+1)\,dx.$ **29.** $\int_0^{\pi/2} \cos x\,dx.$ **30.** $\int_0^{\pi} \operatorname{sen} x\,dx.$

**31.** $\int_0^{\pi/4} \sec^2 x\,dx.$ **32.** $\int_{\pi/6}^{\pi/3} \sec x \tan x\,dx.$ **33.** $\int_{\pi/6}^{\pi/4} \operatorname{cosec} x \cot x\,dx.$

**34.** $\int_{\pi/4}^{\pi/3} \operatorname{cosec}^2 x\,dx.$ **35.** $\int_0^{2\pi} \operatorname{sen} x\,dx.$ **36.** $\int_0^{\pi} \cos x\,dx.$

**37.** Definir una función $F$ en $[1, 8]$ tal que $F'(x) = 1/x$ y (a) $F(2) = 0$; (b) $F(2) = -3$.

**38.** Definir una función $F$ en $[0, 4]$ tal que $F'(x) = \sqrt{1+x^2}$ y (a) $F(3) = 0$; (b) $F(3) = 1$.

**39.** Comparar $\frac{d}{dx}\left[\int_a^x f(t)\,dt\right]$ con $\int_a^x \frac{d}{dt}[f(t)]\,dt.$

## 5.5 ALGUNOS PROBLEMAS DE ÁREA

En la sección 5.2 hemos visto que si $f$ es no negativa y continua en $a,b$, la integral de $f$ entre $a$ y $b$ da el área de la región debajo de la gráfica de $f$. Para la región $\Omega$ de la figura 5.5.1 se verifica que

**(5.5.1)** $$\text{área de } \Omega = \int_a^b f(x)\, dx.$$

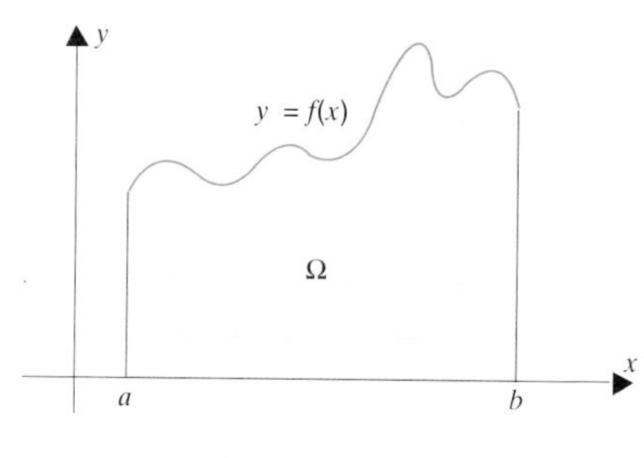


Figura 5.5.1

**Problema 1.** Hallar el área debajo de la gráfica de la función raíz cuadrada entre $x = 0$ y $x = 1$.

*Solución.* La gráfica está representada en la figura 5.5.2. El área en cuestión es $\frac{2}{3}$:

$$\int_0^1 \sqrt{x}\, dx = \int_0^1 x^{1/2}\, dx = \left[\tfrac{2}{3}x^{3/2}\right]_0^1 = \tfrac{2}{3} \quad \square$$

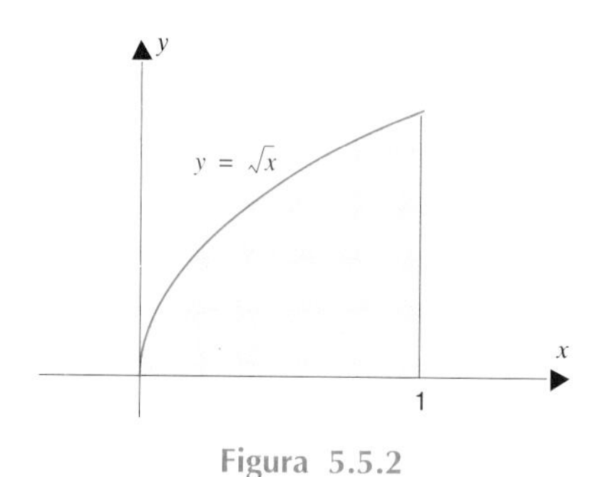


Figura 5.5.2

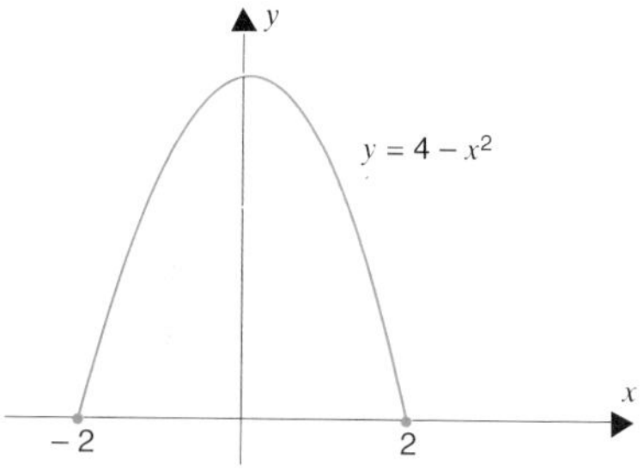

Figura 5.5.3

**Problema 2.** Hallar el área de la región comprendida entre la curva $y = 4 - x^2$ y el eje de las $x$.

*Solución.* La curva corta el eje $x$ en $x = -2$ y $x = 2$. Véase la figura 5.5.3.
El área de la región es $\frac{32}{3}$:

$$\int_{-2}^{2} (4 - x^2)\, dx = \left[4x - \tfrac{1}{3}x^3\right]_{-2}^{2} = \tfrac{32}{3}. \quad \square$$

Calcularemos ahora el área de algunas regiones algo más complicadas, como la representada en la figura 5.5.4. Para evitar excesivas repeticiones dejaremos claro desde ahora que en toda esta sección, los símbolos $f$, $g$, $h$ representan funciones continuas.

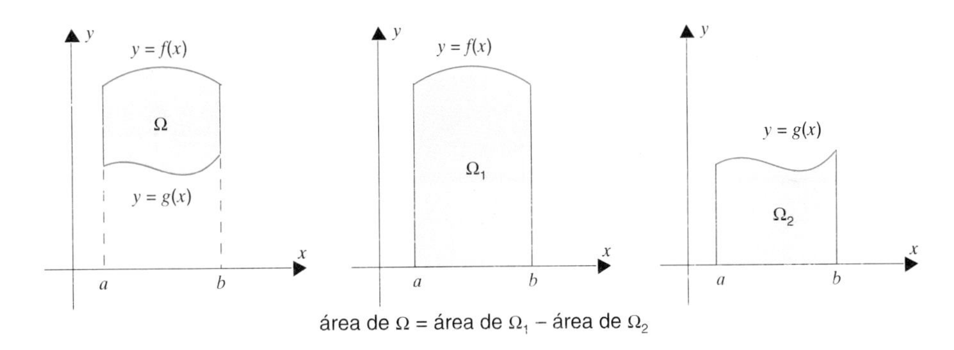


Figura 5.5.4

Obsérvese la región $\Omega$ que se muestra en la figura 5.5.4. La frontera superior de $\Omega$ es la gráfica de una función no negativa $f$ y su frontera inferior es la gráfica de otra función no negativa $g$. Podemos obtener el área de $\Omega$ calculando el área de $\Omega_1$ y restándole el área de $\Omega_2$. Dado que

$$\text{área de } \Omega_1 = \int_a^b f(x)\, dx \quad \text{y} \quad \text{área de } \Omega_2 = \int_a^b g(x)\, dx\,,$$

tenemos que

$$\text{área de } \Omega = \int_a^b f(x)\, dx - \int_a^b g(x)\, dx.$$

Podemos combinar las dos integrales de la siguiente forma (5.5.2)

**(5.5.2)**

$$\text{área de } \Omega = \int_a^b [f(x) - g(x)]\, dx.$$

**Problema 3.** Hallar el área de la región limitada por arriba por $y = x + 2$ y por debajo por $y = x^2$.

*Solución.* Las dos curvas se cortan en $x = -1$ y $x = 2$:

$$x + 2 = x^2 \quad \text{sii} \quad x^2 - x - 2 = 0$$
$$\text{sii} \quad (x+1)(x-2) = 0$$

La región, representada en la figura 5.5.5 tiene área igual a $\frac{9}{2}$:

$$\int_{-1}^{2} [(x+2) - x^2]\, dx = \left[\tfrac{1}{2}x^2 + 2x - \tfrac{1}{3}x^3\right]_{-1}^{2}$$
$$= (2 + 4 - \tfrac{8}{3}) - (\tfrac{1}{2} - 2 + \tfrac{1}{3})$$
$$= \tfrac{9}{2}. \quad \square$$

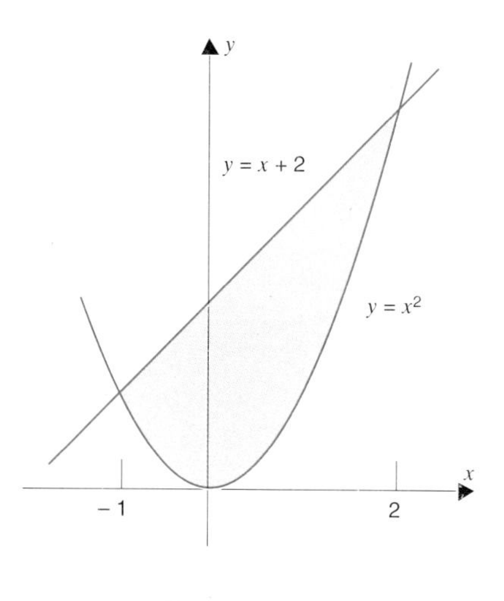


Figura 5.5.5

Hemos establecido la fórmula 5.5.2 suponiendo que tanto $f$ como $g$ son no negativas, pero esta hipótesis resulta innecesaria. La fórmula es válida para cualquier región $\Omega$ que tenga

una frontera superior de la forma $y = f(x)$, $x \in [a, b]$

y

una frontera inferior de la forma $y = g(x)$, $x \in [a, b]$.

Para verlo, tomemos $\Omega$ como en la figura 5.5.6. Evidentemente, $\Omega$ es congruente con la región designada por $\Omega'$ en la figura 5.5.7, que es $\Omega$ trasladada $C$ unidades hacia arriba. Dado que $\Omega'$ queda por encima del eje $x$, su área viene dada por la integral

$$\int_a^b \{[f(x) + C] - [g(x) + C]\}\, dx = \int_a^b [f(x) - g(x)]\, dx.$$

Dado que el área de $\Omega$ = área de $\Omega'$,

$$\text{área de } \Omega = \int_a^b [f(x) - g(x)]\, dx$$

como habíamos anunciado.

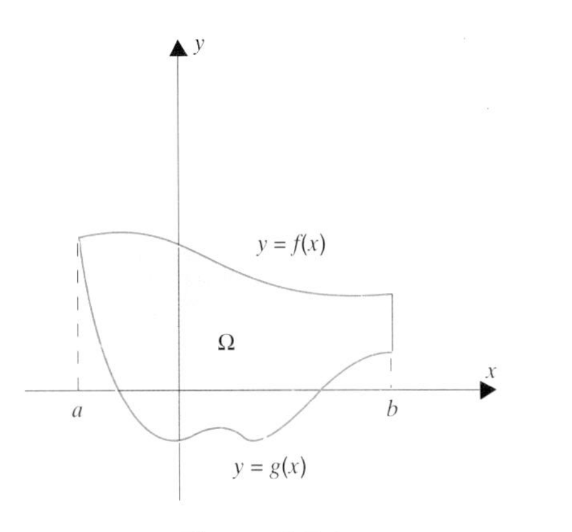


Figura 5.5.6

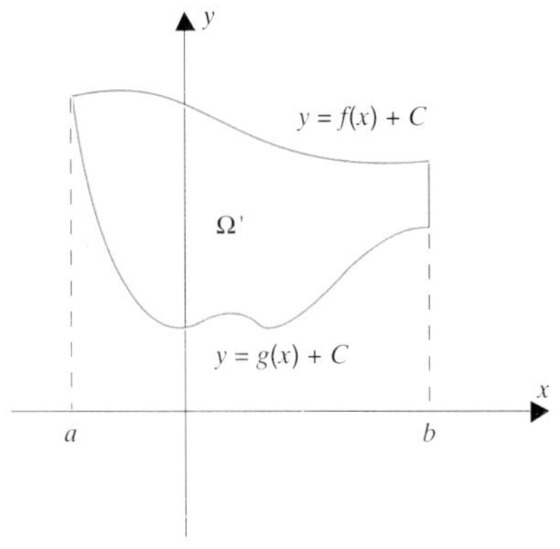


Figura 5.5.7

**Problema 4.** Hallar el área de la región representada en la figura 5.5.8.

*Solución.*

$$\begin{aligned}\text{área de } \Omega &= \int_{\pi/4}^{5\pi/4} [\operatorname{sen} x - \cos x]\, dx \\ &= \Big[-\cos x - \operatorname{sen} x\Big]_{\pi/4}^{5\pi/4} \\ &= 2\sqrt{2}. \quad \square\end{aligned}$$

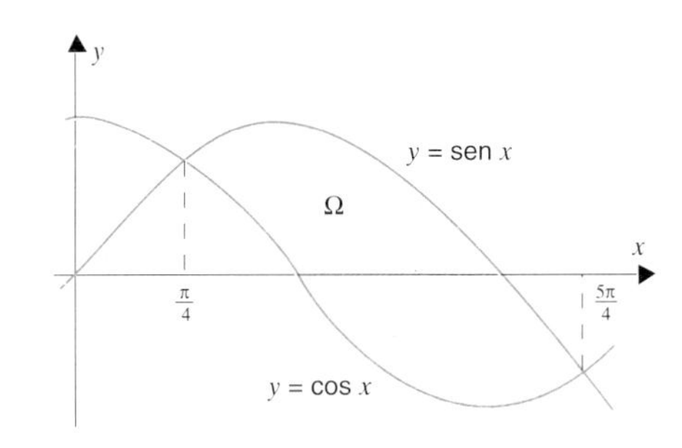


Figura 5.5.8

**Problema 5.** Hallar el área comprendida entre las curvas

$$y = 4x \quad \text{e} \quad y = x^3$$

desde $x = -2$ hasta $x = 2$. Véase la figura 5.5.9.

*Solución.* Obsérvese que $y = x^3$ es la frontera superior desde $x = -2$ hasta $x = 0$, pero que es la frontera inferior entre $x = 0$ y $x = 2$. De ahí que

$$\begin{aligned}\text{área} &= \int_{-2}^{0} [x^3 - 4x]\, dx + \int_{0}^{2} [4x - x^3]\, dx \\ &= \Big[\tfrac{1}{4}x^4 - 2x^2\Big]_{-2}^{0} + \Big[2x^2 - \tfrac{1}{4}x^4\Big]_{0}^{2} \\ &= 8. \quad \square\end{aligned}$$

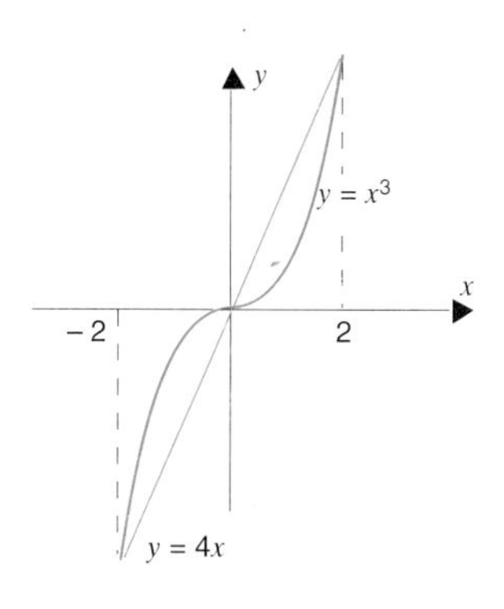


Figura 5.5.9

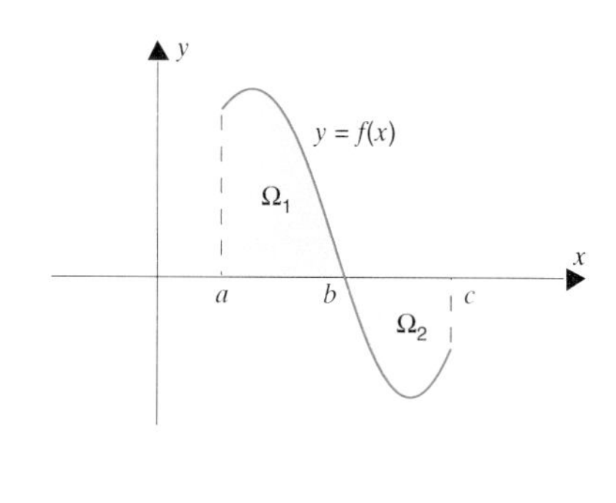


Figura 5.5.10

**Problema 6.** Representar el área de la región $\Omega = \Omega_1 \cup \Omega_2$ de la figura 5.5.10 mediante integrales.

*Solución.* Desde $x = a$ hasta $x = b$, la curva $y = f(x)$ está por encima del eje $x$. Luego

$$\text{área de } \Omega_1 = \int_a^b f(x)\ dx.$$

Desde $x = b$ hasta $x = c$, la curva $y = f(x)$ está por debajo del eje $x$. La frontera superior de $\Omega_1$ es la curva $y = 0$ (el eje $x$) y la frontera inferior es la curva $y = f(x)$. Luego

$$\text{área de } \Omega_2 = \int_b^c [0 - f(x)]\ dx = \int_b^c f(x)\ dx.$$

El área de $\Omega$ es la suma de estas dos áreas:

$$\text{área de } \Omega = \int_a^b f(x)\ dx - \int_b^c f(x)\ dx. \quad \square$$

**Problema 7.** Usar integrales para representar el área de la región sombreada de la figura 5.5.11.

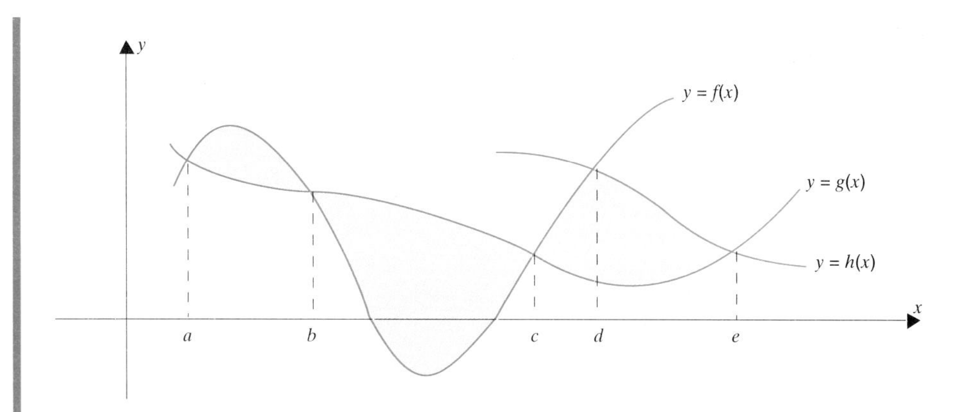


Figura 5.5.11

*Solución.*

$$\text{Área} = \int_a^b [f(x) - g(x)]\, dx + \int_b^c [g(x) - f(x)]\, dx$$
$$+ \int_a^d [f(x) - g(x)]\, dx + \int_d^e [h(x) - g(x)]\, dx. \quad \square$$

## EJERCICIOS 5.5

Hallar el área comprendida entre la gráfica de $f$ y el eje $x$.

**1.** $f(x) = 2 + x^3, \quad x \in [0, 1]$.

**2.** $f(x) = (x + 2)^{-2}, \quad x \in [0, 2]$.

**3.** $f(x) = \sqrt{x + 1}, \quad x \in [3, 8]$.

**4.** $f(x) = x^2(3 + x), \quad x \in [0, 8]$.

**5.** $f(x) = (2x^2 + 1)^2, \quad x \in [0, 1]$.

**6.** $f(x) = \frac{1}{2}(x + 1)^{-1/2}, \quad x \in [0, 8]$.

**7.** $f(x) = x^2 - 4, \quad x \in [1, 2]$.

**8.** $f(x) = \cos x, \quad x \in [\frac{1}{6}\pi, \frac{1}{3}\pi]$.

**9.** $f(x) = \operatorname{sen} x, \quad x \in [\frac{1}{3}\pi, \frac{1}{2}\pi]$.

**10.** $f(x) = x^3 + 1, \quad x \in [-2, -1]$.

Dibujar la región limitada por las curvas y calcular su área.

**11.** $y = \sqrt{x}, \quad y = x^2$.

**12.** $y = 6x - x^2, \quad y = 2x$.

**13.** $y = 5 - x^2, \quad y = 3 - x$.

**14.** $y = 8, \quad y = x^2 + 2x$.

**15.** $y = 8 - x^2, \quad y = x^2.$

**16.** $y = \sqrt{x}, \quad y = \frac{1}{4}x.$

**17.** $x^3 - 10y^2 = 0, \quad x - y = 0.$

**18.** $y^2 - 27x = 0, \quad x + y = 0.$

**19.** $x - y^2 + 3 = 0, \quad x - 2y = 0.$

**20.** $y^2 = 2x, \quad x - y = 4.$

**21.** $y = x, \quad y = 2x, \quad y = 4.$

**22.** $y = x^2, \quad y = -\sqrt{x}, \quad x = 4.$

**23.** $y = \cos x, \quad y = 4x^2 - \pi^2.$

**24.** $y = \operatorname{sen} x, \quad y = \pi x - x^2.$

**25.** $y = x, \quad y = \operatorname{sen} x, \quad x = \pi/2.$

**26.** $y = x + 1, \quad y = \cos x, \quad x = \pi.$

---

## 5.6 INTEGRALES INDEFINIDAS

Consideremos una función continua $f$. Si $F$ es una antiderivada de $f$ en $[a, b]$, se verifica que

$$(1) \qquad \int_a^b f(x)\, dx = \Big[F(x)\Big]_a^b.$$

Si $C$ es una constante, entonces

$$\Big[F(x) + C\Big]_a^b = [F(b) + C] - [F(a) + C] = F(b) - F(a) = \Big[F(x)\Big]_a^b.$$

Luego podemos sustituir (1) por

$$\int_a^b f(x)\, dx = \Big[F(x) + C\Big]_a^b.$$

Si no tenemos un interés especial en el intervalo $[a, b]$ y sólo queremos resaltar el hecho que $F$ es una antiderivada de $f$ para *algún* intervalo, entonces omitiremos $a$ y $b$ y simplemente escribiremos

$$\int f(x)\, dx = F(x) + C.$$

Cuando se expresan de este modo, las antiderivadas se llaman *integrales indefinidas*. La constante $C$ se denomina *constante de integración*.

Así, por ejemplo,

$$\int x^2\, dx = \tfrac{1}{3}x^3 + C \quad \text{y} \quad \int \sqrt{s}\, ds = \tfrac{2}{3}s^{3/2} + C.$$

Los problemas que vienen a continuación servirán para ilustrar esta notación.

**Problema 1.** Hallar $f$ supuesto que

$$f'(x) = x^3 + 2 \quad \text{y} \quad f(0) = 1.$$

*Solución.* Dado que $f'$ es la derivada de $f$, $f$ es una antiderivada de $f'$. Luego

$$f(x) = \int (x^3 + 2)\, dx = \tfrac{1}{4}(x^4) + 2x + C.$$

Para estimar $C$ utilizaremos el hecho de que $f(0) = 1$. Dado que

$$f(0) = 1 \quad \text{y} \quad f(0) = \tfrac{1}{4}(0)^4 + 2(0) + C = C,$$

obtenemos que $C = 1$. Luego

$$f(x) = \tfrac{1}{4}x^4 + 2x + 1. \quad \square$$

**Problema 2.** Hallar $f$ supuesto que

$$f''(x) = 6x - 2, \quad f'(1) = -5 \quad \text{y} \quad f(1) = 3.$$

*Solución.* Primero obtenemos $f'$ integrando $f''$:

$$f'(x) = \int (6x - 2)\, dx = 3x^2 - 2x + C.$$

Puesto que

$$f'(1) = -5 \quad \text{y} \quad f'(1) = 3(1)^2 - 2(1) + C = 1 + C,$$

tendremos

$$-5 = 1 + C \quad \text{luego} \quad C = -6.$$

Por consiguiente

$$f'(x) = 3x^2 - 2x - 6.$$

Ahora obtenemos $f$ integrando $f'$:

$$f(x) = \int (3x^2 - 2x - 6)\, dx = x^3 - x^2 - 6x + K.$$

(Estamos utilizando la letra $K$ para representar la constante de integración ya que hemos utilizado $C$ antes y queremos evitar la confusión que resultaría de asignar a $C$ dos valores distintos en un mismo problema.) Puesto que

$$f(1) = 3 \quad \text{y} \quad f(1) = (1)^3 - (1)^2 - 6(1) + K = -6 + K,$$

tenemos

$$3 = -6 + K \quad \text{luego} \quad K = 9.$$

y, por consiguiente

$$f(x) = x^3 - x^2 - 6x + 9. \quad \square$$

## EJERCICIOS 5.6

Calcular las siguientes integrales

**1.** $\int \frac{dx}{x^4}$.

**2.** $\int (x-1)^2\,dx$.

**3.** $\int (ax+b)\,dx$.

**4.** $\int (ax^2+b)\,dx$.

**5.** $\int \frac{dx}{\sqrt{1+x}}$.

**6.** $\int \left(\frac{x^3+1}{x^5}\right)dx$.

**7.** $\int \left(\frac{x^3-1}{x^2}\right)dx$.

**8.** $\int \left(\sqrt{x} - \frac{1}{\sqrt{x}}\right)dx$.

**9.** $\int (t-a)(t-b)\,dt$.

**10.** $\int (t^2-a)(t^2-b)\,dt$.

**11.** $\int \frac{(t^2-a)(t^2-b)}{\sqrt{t}}\,dt$.

**12.** $\int (2-\sqrt{x})(2+\sqrt{x})\,dt$.

**13.** $\int g(x)g'(x)\,dx$.

**14.** $\int \operatorname{sen} x \cos x\,dx$.

**15.** $\int \tan x \sec^2 x\,dx$.

**16.** $\int \frac{g'(x)}{[g(x)]^2}\,dx$.

**17.** $\int \frac{4}{(4x+1)^2}\,dx$.

**18.** $\int \frac{3x^2}{(x^3+1)^2}\,dx$.

Hallar $f$ a partir de la información dada.

**19.** $f'(x) = 2x-1, \quad f(3) = 4.$

**20.** $f'(x) = 3-4x, \quad f(1) = 6.$

**21.** $f'(x) = ax+b, \quad f(2) = 0.$

**22.** $f'(x) = ax^2+bx+c, \quad f(0) = 0.$

**23.** $f'(x) = \operatorname{sen} x, \quad f(0) = 2.$

**24.** $f'(x) = \cos x, \quad f(\pi) = 3.$

**25.** $f''(x) = 6x-2, \; f'(0) = 1, \; f(0) = 2.$

**26.** $f''(x) = -12x^2, \; f'(0) = 1, \; f(0) = 2.$

**27.** $f''(x) = x^2-x, \; f'(1) = 0, \; f(1) = 2.$

**28.** $f''(x) = 1-x, \; f'(2) = 1, \; f(2) = 0.$

**29.** $f''(x) = \cos x, \; f'(0) = 1, \; f(0) = 2.$

**30.** $f''(x) = \operatorname{sen} x, \; f'(0) = -2, \; f(0) = 1.$

**31.** $f''(x) = 2x-3, \; f(2) = -1, \; f(0) = 3.$

**32.** $f''(x) = 5-4x, \; f(1) = 1, \; f(0) = -2.$

**33.** Comparar $\frac{d}{dx}\left[\int f(x)dx\right]$ y $\int \frac{d}{dx}[f(x)]\,dx$.

**34.** Calcular

$$\int [f(x)g''(x) - g(x)f''(x)]\,dx.$$

## 5.7 ALGUNOS PROBLEMAS DE MOVIMIENTO

**Problema 1.** Un objeto se mueve a lo largo de un eje de coordenadas con velocidad de

$$v(t) = 2 - 3t + t^2 \text{ unidades por segundo.}$$

Su posición inicial (su posición en el instante $t = 0$) es de 2 unidades a la derecha del origen. Hallar la posición del objeto 4 segundos más tarde.

*Solución.* Sea $x(t)$ la posición (la coordenada) del objeto en el instante $t$. Sabemos que $x(0) = 2$. Dado que $x'(t) = v(t)$, tenemos que

$$x(t) = \int v(t)\, dt = \int (2 - 3t + t^2)\, dt = 2t - \tfrac{3}{2}t^2 + \tfrac{1}{3}t^3 + C.$$

Dado que $x(0) = 2$ y $x(0) = 2(0) - \frac{3}{2}(0)^2 + \frac{1}{3}(0)^3 + C = C$, tenemos que $C = 2$ y

$$x(t) = 2t - \tfrac{3}{2}t^2 + \tfrac{1}{3}t^3 + 2.$$

La posición del objeto en el instante $t = 4$ es el valor de esta función para $t = 4$:

$$x(4) = 2(4) - \tfrac{3}{2}(4)^2 + \tfrac{1}{3}(4)^2 + 2 = 7\tfrac{1}{3}.$$

Pasados 4 segundos, el objeto se halla $7\frac{1}{3}$ unidades a la derecha del origen. □

Recordemos que hemos llamado celeridad al valor absoluto de la velocidad:

$$\text{celeridad en el instante } t = |v(t)|$$

y que la integral de la función celeridad proporciona la distancia recorrida:

$$\int_a^b |v(t)|\, dt = \text{distancia recorrida entre los instantes } t = a \text{ y } t = b.$$

**Problema 2.** Un objeto se mueve a lo largo del eje $x$ con aceleración $a(t) = 2t - 2$ unidades por segundo por segundo. Su posición inicial (su posición en el instante $t = 0$) es de 5 unidades a la derecha del origen. Un segundo más tarde, el objeto se está moviendo hacia la izquierda a la velocidad de 4 unidades por segundo.

(a) Hallar la posición del objeto en el instante $t = 4$ segundos.
(b) Hallar la distancia total recorrida por el objeto durante esos 4 primeros segundos.

*Solución.* (a) Sean $x(t)$ y $v(t)$, respectivamente, la posición y la velocidad del objeto en el instante $t$. Sabemos que $x(0) = 5$ y que $v(1) = -4$. Dado que $v'(t) = a(t)$, tenemos que

$$v(t) = \int a(t)\, dt = \int (2t-2)\, dt = t^2 - 2t + C.$$

Puesto que

$$v(1) = -4 \quad \text{y} \quad v(1) = (1)^2 - 2(1) + C = -1 + C,$$

tenemos que $C = -3$ y

$$v(t) = t^2 - 2t - 3.$$

Dado que $x'(t) = v(t)$, tenemos que

$$x(t) = \int v(t)\, dt = \int (t^2 - 2t - 3)\, dt = \tfrac{1}{3}t^3 - t^2 - 3t + K.$$

Dado que

$$x(0) = 5 \qquad \text{y} \qquad x(0) = \tfrac{1}{3}(0)^3 - (0)^2 - 3(0) + K = K,$$

tenemos que $K = 5$. De ahí que

$$x(t) = \tfrac{1}{3}t^3 - t^2 - 3t + 5.$$

Como se podrá comprobar, $x(4) = -\frac{5}{3}$. En el instante $t = 4$, el objeto está a $\frac{5}{3}$ unidades a la izquierda del origen.

(b) La distancia total recorrida desde el instante $t = 0$ hasta el instante $t = 4$ viene dada por la integral

$$s = \int_0^4 |v(t)|\, dt = \int_0^4 |t^2 - 2t - 3|\, dt.$$

Para calcular esta integral, primero eliminamos el signo del valor absoluto. Se podrá comprobar que

$$|t^2 - 2t - 3| = \left\{ \begin{array}{ll} -(t^2 - 2t - 3), & 0 \le t \le 3 \\ t^2 - 2t - 3, & 3 \le t \le 4 \end{array} \right].$$

Luego que

$$s = \int_0^3 (3 + 2t - t^2)\, dt + \int_3^4 (t^2 + -2t - 3)\, dt$$

$$= \left[3t + t^2 - \tfrac{1}{3}t^3\right]_0^3 + \left[\tfrac{1}{3}t^3 - t^2 - 3t\right]_3^4 = \tfrac{34}{3}.$$

En los 4 primeros segundos, el objeto ha recorrido una distancia de $\frac{34}{3}$ unidades. □

*Una pregunta*: El objeto del problema 2 sale de $x = -5$ en el instante $t = 0$ y llega a $x = -\frac{5}{3}$ en el instante $t = 4$. La distancia entre $x = -5$ y $x = -\frac{5}{3}$ sólo es $\left|-5 - (-\frac{5}{3})\right| = \frac{10}{3}$. ¿Cómo es posible que el objeto halla recorrido una distancia de $\frac{34}{3}$ unidades? *Respuesta*: El objeto no se mueve en una dirección constante. Cambia de dirección en el instante $t = 3$. Esto se puede comprobar observando que la función velocidad

$$v(t) = t^2 - 2t - 3 = (t - 3)(t + 1)$$

cambia de signo en $t = 3$.

**Problema 3.** Hallar la ecuación del movimiento de un objeto que se mueve a lo largo de una recta con una aceleración constante $a$ desde una posición inicial $x_0$ y con una velocidad inicial $v_0$.

*Solución.* Consideremos la recta del movimiento como el eje $x$. Sabemos que $a(t) = a$ para todo $t$. Para hallar la velocidad, integramos la aceleración:

$$v(t) = \int a\, dt = at + C.$$

La constante $C$ es la velocidad inicial $v_0$:

$$v_0 = v(0) = a \cdot 0 + C = C.$$

Vemos, por consiguiente, que

$$v(t) = at + v_0.$$

Para hallar la función coordenada, basta integrar la velocidad:

$$x(t) = \int v(t)\, dt = \int (at + v_0)\, dt = \tfrac{1}{2}at^2 + v_0 t + K.$$

La constante $K$ es la posición inicial $x_0$:

$$x_0 = x(0) = \tfrac{1}{2}a \cdot 0^2 + v_0 \cdot 0 + K = K.$$

La ecuación del movimiento es:

**(5.7.1)** $$x(t) = \tfrac{1}{2}at^2 + v_0 t + x_0.$$ † □

## EJERCICIOS 5.7

1. Un objeto se mueve a lo largo de una recta de coordenadas con velocidad $v(t) = 6t^2 - 6$ unidades por segundo. Su posición inicial (posición en el instante $t = 0$) es 2 unidades a la izquierda del origen. (a) Hallar la posición del objeto 3 segundos más tarde. (b) Hallar la distancia total recorrida por el objeto en esos 3 segundos.
2. Un objeto se mueve a lo largo de un eje de coordenadas con una aceleración de $a(t) = (t + 2)^3$ unidades por segundo por segundo. (a) Hallar la función de velocidad supuesto que la velocidad inicial es de 3 unidades por segundo. (b) Hallar la función posición supuesto que la velocidad inicial es de 3 unidades por segundo y la posición inicial es el origen.
3. Un objeto se mueve a lo largo de un eje de coordenadas con una aceleración de $a(t) = (t + 1)^{-1/2}$ unidades por segundo por segundo. (a) Hallar la función de velocidad supuesto que la velocidad inicial es de 1 unidad por segundo. (b) Hallar la función posición supuesto que la velocidad inicial es de 1 unidad por segundo y la posición inicial es el origen.
4. Un objeto se mueve a lo largo de un eje de coordenadas con velocidad $v(t) = t(1 - t)$ unidades por segundo. Su posición inicial es 2 unidades a la izquierda del origen. (a) Hallar la posición del objeto 10 segundo más tarde. (b) Hallar la distancia total recorrida por el objeto en esos 10 segundos.
5. Un coche que circula a 60 millas por hora desacelera a razón de 20 pies por segundo por segundo. (a) ¿Cuánto tardará el coche en detenerse? (b) ¿Qué distancia necesitará el coche para detenerse?
6. Un objeto se mueve a lo largo del eje $x$ con aceleración constante. Expresar la posición $x(t)$ en función de la posición inicial $x_0$, de la velocidad inicial $v_0$, de la velocidad $v(t)$ y del tiempo transcurrido $t$.

† En el caso de un cuerpo en caída libre, $a = -g$ y tenemos la ecuación de Galileo para la caída libre. (3.5.5)

**7.** Un objeto se mueve a lo largo del eje $x$ con aceleración constante $a$. Comprobar que

$$[v(t)]^2 = v_0^2 + 2a\,[x(t) - x_0].$$

**8.** Un trineo que se desliza a 60 millas por hora reduce su velocidad a 40 millas por hora con una desaceleración constante. Durante esta operación recorre 264 pies. Luego sigue desacelerando de la misma manera hasta detenerse. (a)¿Cuál es la desaceleración del trineo medida en pies por segundo por segundo? (b) ¿Cuánto tarda en reducir su velocidad de 60 millas por hora a 40? ¿Cuánto tiempo necesita el trineo para detenerse? (d) ¿Qué distancia recorrerá el trineo desde el instante en el cual comienza a desacelerar hasta que se detiene?

**9.** En la carrera $AB$, los coches participantes parten del punto $A$ y tras competir a lo largo de una línea recta han de detenerse en el punto $B$ distante de $A$ media milla. Dado que el tipo de coche autorizado a participar puede acelerar, de manera uniforme, hasta alcanzar la velocidad de 60 millas por hora en 20 segundos y pueden desacelerar (frenar) a razón de un máximo de 22 pies por segundo por segundo, ¿Cuál es el mejor tiempo posible en el recorrido $AB$?

Hallar la ley general del movimiento de un objeto que se mueve en línea recta con aceleración $a(t)$. Se utilizarán las notaciones $x_0$ para la posición inicial y $v_0$ para la velocidad inicial.

**10.** $a(t) = \text{sen } t.$ **11.** $a(t) = 2A + 6Bt$ **12.** $a(t) = \cos t.$

**13.** Conforme una partícula se va moviendo por el plano, su coordenada $x$ varía a razón de $t^2 - 5$ unidades por segundo y su ordenada $y$ varía a razón de $3t$ unidades por segundo. Si la partícula se encuentra en el punto $(4, 2)$ en el instante $t = 2$, ¿dónde se encontrará 4 segundos más tarde?

**14.** Conforme una partícula se va moviendo por el plano, su coordenada $x$ varía a razón de $t - 2$ unidades por segundo y su ordenada $y$ varía a razón de $\sqrt{t}$ unidades por segundo. Si la partícula se encuentra en el punto $(3, 1)$ en el instante $t = 4$, ¿dónde se encontrará 5 segundos más tarde?

**15.** Una partícula se mueve a lo largo del eje $x$ con velocidad $v(t) = At + B$. Calcular $A$ y $B$ sabiendo que la velocidad inicial de la partícula es de 2 unidades por segundo y que su posición después de 2 segundos es 1 unidad a la izquierda de la posición inicial.

**16.** Una partícula se mueve a lo largo del eje $x$ con velocidad $v(t) = At^2 + 1$. Calcular $A$ sabiendo que $x(1) = x(0)$. Hallar la distancia total recorrida por la partícula durante el primer segundo.

**17.** Un objeto se mueve a lo largo de un eje de coordenadas con la velocidad $v(t) = \text{sen } t$ unidades por segundo. El objeto pasa por el origen en el instante $t = \pi/6$ segundos. ¿En qué momento volverá el objeto a pasar por el origen? ¿En qué momento volverá a pasar el objeto por el origen, desplazándose de izquierda a derecha?

**18.** Mismo ejercicio que el 17 con $v(t) = \cos t$.

**19.** Un automóvil con velocidad variable $v(t)$ se mueve en una dirección fija durante 5 minutos y recorre 4 millas. ¿En qué teorema hay que fundamentarse para asegurar que al menos en un instante, el velocímetro ha de haber marcado 48 millas por hora?

**20.** Un motociclista veloz advierte que su camino está obstruido por un camión de heno y frena con toda su fuerza. Dado que los frenos imprimen a la moto una aceleración negativa constante $a$ y que el camión se está moviendo con velocidad $v_1$ en la misma dirección que la moto, demostrar que el motociclista puede evitar la colisión a condición de que su velocidad, en el momento de iniciar la frenada, sea menor que $v_1 + \sqrt{2|a|s}$.

**21.** Hallar la velocidad $v(t)$ supuesto que $a(t) = 2[v(t)]^2$ y que $v_0 \neq 0$.

## 5.8 CAMBIO DE VARIABLE

Para diferenciar una aplicación compuesta, aplicamos la regla de la cadena. Al tratar de calcular una integral indefinida, a menudo tenemos que aplicar la regla de la cadena en sentido inverso. Habitualmente, este proceso se ve facilitado haciendo un "cambio de variable".

Una integral de la forma

$$\int f(g(x))g'(x)\,dx$$

se puede escribir

$$\int f(u)\,du$$

haciendo

$$u = g(x), \qquad du = g'(x)\,dx.^{\dagger}$$

Si $F$ es una antiderivada de $f$, se verifica que

$$\int f(g(x))g'(x)\,dx = \int F'(g(x))g'(x)\,dx \underset{\uparrow}{=} F(g(x)) + C.$$

por la regla de la cadena

Podemos obtener el mismo resultado calculando

$$\int f(u)\,du$$

† Considere $du = g'(x)\,dx$ como una "diferencial formal", escribiendo $dx$ en lugar de $h$.

y, luego, sustituyendo de nuevo $u$ por $g(x)$:

$$\int f(u)\, du = F(u) + C = F(g(x)) + C.$$

**Problema 1.** Calcular

$$\int (x^2 - 1)^4\, 2x\, dx$$

y comprobar el resultado por diferenciación.

*Solución.* Sea

$$u = x^2 - 1 \quad \text{luego} \quad du = 2x\, dx.$$

Entonces

$$\int (x^2 - 1)^4\, 2x\, dx = \int u^4\, du = \tfrac{1}{5}u^5 + C = \tfrac{1}{5}(x^2 - 1)^5 + C.$$

*Comprobación*

$$\frac{d}{dx}\left[\tfrac{1}{5}(x^2 - 1)^5 + C\right] = \tfrac{5}{5}(x^2 - 1)^4 \frac{d}{dx}(x^2 - 1) = (x^2 - 1)^4\, 2x. \quad \square$$

**Problema 2.** Calcular

$$\int \frac{dx}{(3 + 5x)^2}$$

y comprobar el resultado por diferenciación.

*Solución.* Sea

$$u = 3 + 5x \quad \text{luego} \quad du = 5\, dx.$$

Entonces

$$\frac{dx}{(3 + 5x)^2} = \frac{\tfrac{1}{5}du}{u^2} = \frac{1}{5}\,\frac{du}{u^2}$$

y

$$\int \frac{dx}{(3+5x)^2} = \frac{1}{5}\int \frac{du}{u^2} = -\frac{1}{5u} + C^{\dagger} = -\frac{1}{5(3+5x)} + C.$$

*Comprobación*

$$\frac{d}{dx}\left[-\frac{1}{5(3+5x)} + C\right] = \frac{d}{dx}\left[-\tfrac{1}{5}(3+5x)^{-1}\right]$$

$$= (-\tfrac{1}{5})(-1)(3+5x)^{-2}(5) \overset{\checkmark}{=} \frac{1}{(3+5x)^2}. \quad \square$$

En los siguientes problemas dejamos la comprobación al lector

**Problema 3.** Calcular

$$\int x(2x^2-1)^3\,dx$$

*Solución.* Sea

$$u = 2x^2 - 1, \quad du = 4x\,dx.$$

Entonces

$$x(2x^2-1)^3\,dx = \underbrace{(2x^2-1)^3}_{u^3}\;\underbrace{x\,dx}_{\frac{1}{4}du} = \tfrac{1}{4}u^3\,du$$

y

$$\int x(2x^2-1)^3\,dx = \tfrac{1}{4}\int u^3\,du = \tfrac{1}{16}u^4 + C = \tfrac{1}{16}(2x^2-1)^4 + C. \quad \square$$

† Se puede escribir

$$\frac{1}{5}\int \frac{du}{u^2} = -\frac{1}{5}\left[\frac{1}{u} + C\right] = -\frac{1}{5u} + \frac{C}{5},$$

pero, dado que $C$ es arbitrario, $C/5$ también lo es y podemos seguir escribiendo $C$ en su lugar.

El paso clave en el cambio de variable consiste en hallar una sustitución $u = g(x)$ tal que la expresión $du = g'(x)\,dx$ aparezca en la integral original (eventualmente multiplicado por una constante) y que la nueva integral

$$\int f(u)\,du$$

sea más fácil de calcular que la integral original. En la mayor parte de los casos, el integrando original sugerirá una buena elección de $u$.

**Problema 4.** Calcular

$$\int x^2\sqrt{4+x^3}\,dx.$$

*Solución.* Sea

$$u = 4 + x^3, \qquad du = 3x^2 dx.$$

Entonces

$$x^2\sqrt{4+x^3}\,dx = \underbrace{\sqrt{4+x^3}}_{\sqrt{u}}\;\underbrace{x^2\,dx}_{\frac{1}{3}du} = \tfrac{1}{3}\sqrt{u}\,du$$

y

$$\int x^2\sqrt{4+x^3}\,dx = \tfrac{1}{3}\int\sqrt{u}\,du$$
$$= \tfrac{2}{9}u^{3/2} + C = \tfrac{2}{9}(4+x^3)^{3/2} + C. \quad \square$$

**Problema 5.** Calcular

$$\int x\,(x-3)^5\,dx.$$

*Solución.* Sea

$$u = x - 3, \qquad du = dx.$$

Entonces

$$x\,(x-3)^5\,dx = (u+3)\,u^5\,du = (u^6 + 3u^5)\,du$$

y

$$\int x(x-3)^5\,dx = \int (u^6 + 3u^5)\,du$$
$$= \tfrac{1}{7}u^7 + \tfrac{1}{2}u^6 + C = \tfrac{1}{7}(x-3)^7 + \tfrac{1}{2}(x-3)^6 + C. \quad \square$$

Para las integrales definidas, tenemos la siguiente *fórmula de cambio de variable*:

**(5.8.1)**
$$\int_a^b f(g(x))g'(x)\,dx = \int_{g(a)}^{g(b)} f(u)\,du.$$

Esta fórmula se verifica siempre que $f$ y $g'$ sean ambas continuas. Para ser más precisos, $g'$ ha de ser continua en un intervalo que una $a$ y $b$, y $f$ ha de ser continua en el conjunto de los valores tomados por $g$.

Demostración. Sea $F$ una antiderivada de $f$. Entonces $F' = f$ y

$$\begin{aligned}\int_a^b f(g(x))g'(x)\,dx &= \int_a^b F'(g(x))\,g'(x)\,dx\\ &= \Big[F(g(x))\Big]_a^b = F(g(b)) - F(g(a)) = \int_{g(a)}^{g(b)} f(u)\,du. \quad \square\end{aligned}$$

**Problema 6.** Calcular

$$\int_1^2 \frac{10x^2}{(x^3+1)^2}\,dx.$$

*Solución.* Sea

$$u = x^3 + 1, \qquad du = 3x^2\,dx.$$

Entonces

$$\frac{10x^2}{(x^3+1)^2}\,dx = 10\,\frac{\overbrace{x^2\,dx}^{\frac{1}{3}du}}{\underbrace{(x^3+1)^2}_{u^2}} = \frac{10}{3}\,\frac{du}{u^2}.$$

En $x = 1$, $u = 2$. En $x = 2$, $u = 9$. Luego

$$\int_1^2 \frac{10x^2}{(x^3+1)^2}\,dx = \frac{10}{3}\int_2^9 \frac{du}{u^2} = \frac{10}{3}\left[-\frac{1}{u}\right]_2^9 = \frac{35}{27}. \quad \square$$

**Problema 7.** Calcular

$$\int_0^2 x\sqrt{4x^2+9}\,dx.$$

*Solución.* Sea

$$u = 4x^2 + 9, \qquad du = 8x\,dx.$$

Entonces

$$x\sqrt{4x^2+9}\,dx = \underbrace{\sqrt{4x^2+9}}_{\sqrt{u}}\ \underbrace{x\,dx}_{\frac{1}{8}du} = \tfrac{1}{8}\sqrt{u}\,du.$$

En $x = 0$, $u = 9$. En $x = 2$, $u = 25$. Luego

$$\int_0^2 x\sqrt{4x^2+9}\,dx = \tfrac{1}{8}\int_9^{25}\sqrt{u}\,du = \tfrac{1}{8}\left[u^{3/2}\right]_9^{25} = \tfrac{49}{6}. \quad \square$$

**Problema 8.** Calcular

$$\int_0^{\sqrt{3}} x^5\sqrt{x^2+1}\,dx.$$

*Solución.* Sea

$$u = x^2 + 1, \qquad du = 2x\,dx.$$

Entonces

$$x^5\sqrt{x^2+1}\,dx = \underbrace{x^4}_{(u-1)^2}\ \underbrace{\sqrt{x^2+1}}_{\sqrt{u}}\ \underbrace{x\,dx}_{\frac{1}{2}du} = \tfrac{1}{2}(u-1)^2\sqrt{u}\,du.$$

En $x = 0$, $u = 1$. En $x = 3$, $u = 4$. Luego

$$\begin{aligned}
\int_0^{\sqrt{3}} x^5\sqrt{x^2+1}\,dx &= \tfrac{1}{2}\int_1^4 (u-1)^2\sqrt{u}\,du \\
&= \tfrac{1}{2}\int_1^4 (u^{5/2} - 2u^{3/2} + u^{1/2})\,du \\
&= \tfrac{1}{2}\left[\tfrac{2}{7}u^{7/2} - \tfrac{4}{5}u^{5/2} + \tfrac{2}{3}u^{3/2}\right]_1^4 = \left[u^{3/2}\left(\tfrac{1}{7}u^2 - \tfrac{2}{5}u + \tfrac{1}{3}\right)\right]_1^4 = \tfrac{848}{105}. \quad \square
\end{aligned}$$

Unas cuantas palabras acerca del papel de la simetría en la integración. Supongamos que $f$ es una función continua, definida en algún intervalo de la forma $[-a, a]$, un intervalo cerrado simétrico respecto del origen.

**(5.8.2)**

(a) Si $f$ es impar en $[-a, a]$ (esto es, si $f(-x) = -f(x)$ para todo $x \in [-a, a]$), entonces

$$\int_{-a}^{a} f(x)\, dx = 0.$$

(b) Si $f$ es par en $[-a, a]$ (esto es, si $f(-x) = f(x)$ para todo $x \in [-a, a]$), entonces

$$\int_{-a}^{a} f(x)\, dx = 2\int_{0}^{a} f(x)\, dx$$

Estos asertos pueden comprobarse mediante un simple cambio de variable (ejercicio 34). Consideraremos aquí estos asertos examinando lo que ocurre con el área. Véase las figuras 5.8.1 y 5.8.2.

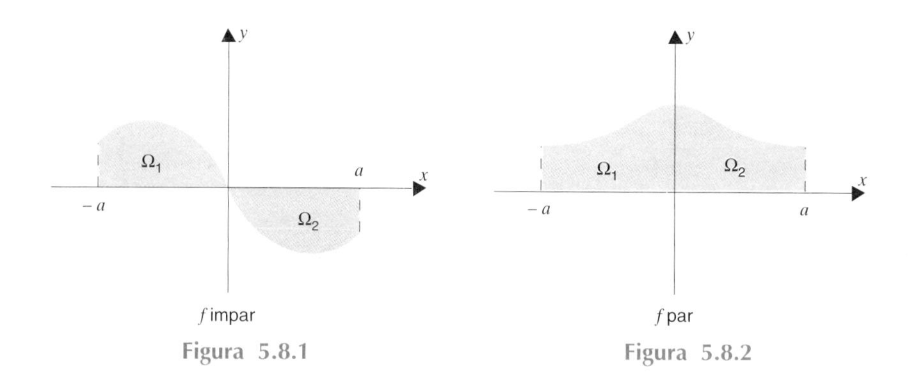


Figura 5.8.1

Figura 5.8.2

Para la función impar,

$$\int_{-a}^{a} f(x)dx = \int_{-a}^{0} f(x)\, dx + \int_{0}^{a} f(x)\, dx = \text{área de } \Omega_1 - \text{área de } \Omega_2 = 0.$$

Para la función par,

$$\int_{-a}^{a} f(x)\, dx = \text{área de } \Omega_1 + \text{área de } \Omega_2 = 2\,(\text{área de } \Omega_2) = 2\int_{0}^{a} f(x)\, dx.$$

Supongamos que tengamos que calcular

$$\int_{-\pi}^{\pi} (\text{sen } x - x \cos x)^3 \, dx.$$

Un cálculo laborioso demostraría que esta integral vale cero. Pero no tenemos que llevar a cabo este cálculo. El integrando es una función impar, luego podemos concluir de manera inmediata que la integral vale cero.

## EJERCICIOS 5.8

Calcular las siguientes integrales mediante un cambio de variable.

**1.** $\int \frac{dx}{(2-3x)^2}$.

**2.** $\int \frac{dx}{\sqrt{2x+1}}$.

**3.** $\int \sqrt{2x+1}\, dx$.

**4.** $\int \sqrt{ax+b}\, dx$.

**5.** $\int (ax+b)^{3/4}\, dx$.

**6.** $\int 2ax\,(ax^2+b)^4\, dx$.

**7.** $\int \frac{t}{(4t^2+9)^2}\, dt$.

**8.** $\int \frac{3t}{(t^2+1)^2}\, dt$.

**9.** $\int t^2\,(5t^3+9)^4\, dt$.

**10.** $\int t\,(1+t^2)^3\, dt$.

**11.** $\int x^2\,(1+x^3)^{1/4}\, dx$.

**12.** $\int x^{n-1}\sqrt{a+bx^n}\, dx$.

**13.** $\int \frac{s}{(1+s^2)^3}\, ds$.

**14.** $\int \frac{2s}{\sqrt[3]{6-5s^2}}\, ds$.

**15.** $\int \frac{x}{\sqrt{x^2+1}}\, dx$.

**16.** $\int \frac{3ax^2-2bx}{\sqrt{ax^3-bx^2}}\, dx$.

**17.** $\int x^2\,(1-x^3)^{2/3}\, dx$.

**18.** $\int \frac{x^2}{(1-x^3)^{2/3}}\, dx$.

**19.** $\int 5x(x^2+1)^{-3}\, dx$.

**20.** $\int 2x^3\,(1-x^4)^{-1/4}\, dx$.

**21.** $\int x^{-3/4}\,(x^{1/4}+1)^{-2}\, dx$.

**22.** $\int \frac{4x+6}{\sqrt{x^2+3x+1}}\, dx$.

**23.** $\int \frac{b^3x^3}{\sqrt{1-a^4x^4}}\, dx$.

**24.** $\int \frac{x^{n-1}}{\sqrt{a+bx^n}}\, dx$.

Calcular las siguientes integrales mediante un cambio de variable.

**25.** $\int_0^1 x\,(x^2+1)^3\, dx$.

**26.** $\int_{-1}^{0} 3x^2\,(4+2x^3)^2\, dx$.

**27.** $\int_0^1 5x(1+x^2)^4\, dx$.

**28.** $\int_1^2 (6-x)^{-3}\, dx$.

**29.** $\int_{-1}^{1} \frac{r}{(1+r^2)^4}\, dr$.

**30.** $\int_0^3 \frac{r}{\sqrt{r^2+16}}\, dr$.

**31.** $\int_0^a y\sqrt{a^2-y^2}\, dy$.

**32.** $\int_0^a y\sqrt{a^2+y^2}\, dy$.

**33.** $\int_{-a}^{0} y^2\left(1-\frac{y^3}{a^3}\right)^{-2} dy$.

**34.** Sea $f$ una función continua. Demostrar, mediante un cambio de variable, que

(a) si $f$ es impar, entonces $\int_{-a}^{a} f(x)\, dx = 0$;

(b) si $f$ es impar, entonces $\int_{-a}^{a} f(x)\, dx = 2\int_{0}^{a} f(x)\, dx$.

Calcular las siguientes integrales mediante un cambio de variable.

**35.** $\int x\sqrt{x+1}\, dx$. $[u = x+1]$

**36.** $\int 2x\sqrt{x-1}\, dx$.

**37.** $\int x\sqrt{2x-1}\, dx$.

**38.** $\int x^2\sqrt{x+1}\, dx$.

**39.** $\int y\,(y+1)^{12}\, dy$.

**40.** $\int y\,(y-1)^{-7}\, dy$.

**41.** $\int t^2\,(t-2)^5\, dt$.

**42.** $\int t\,(2t+3)^8\, dt$.

**43.** $\int t^2\,(t-2)^{-5}\, dt$.

**44.** $\int t\,(2t+3)^{-8}\, dt$.

**45.** $\int x\,(x+1)^{-1/5}\, dx$.

**46.** $\int x^2\,(2x-1)^{-2/3}\, dx$.

**47.** $\int_0^1 \frac{x+3}{\sqrt{x+1}}\, dx$.

**48.** $\int_0^1 \frac{x^2}{\sqrt{x+1}} dx$.

**49.** $\int_{-1}^{0} x^3\,(x^2+1)^6\, dx$.

**50.** $\int_1^{\sqrt{2}} x^3\,(x^2-1)^7\, dx$.

---

## 5.9 INTEGRACIÓN DE LAS FUNCIONES TRIGONOMÉTRICAS

Hasta ahora hemos tenido la ocasión de integrar algunas funciones trigonométricas aunque no nos hemos centrado en ellas. Lo haremos en esta sección.

La aplicación del teorema fundamental del cálculo integral a las fórmulas de diferenciación elementales nos da:

**(5.9.1)**

$$\int \cos x\, dx = \operatorname{sen} x + C, \qquad \int \operatorname{sen} x\, dx = -\cos x + C,$$

$$\int \sec^2 x\, dx = \tan x + C, \qquad \int \operatorname{cosec}^2 x\, dx = -\cot x + C,$$

$$\int \sec x \tan x\, dx = \sec x + C, \qquad \int \operatorname{cosec} x \cot x\, dx = -\operatorname{cosec} x + C.$$

**Problema 1.** Hallar

$$\int \operatorname{sen} x \cos x\, dx.$$

*Solución.* Sea

$$u = \operatorname{sen} x, \qquad du = \cos x\, dx.$$

Entonces

$$\int \operatorname{sen} x \cos x \, dx = \int u \, du = \tfrac{1}{2}u^2 + C = \tfrac{1}{2}\operatorname{sen}^2 x + C. \quad \square$$

**Problema 2.** Hallar

$$\int \sec^3 x \tan x \, dx.$$

*Solución.* Sea

$$u = \sec x, \qquad du = \sec x \tan x \, dx.$$

Entonces

$$\sec^3 x \tan x \, dx = \underbrace{\sec^2 x}_{u^2} \underbrace{(\sec x \tan x)\, dx}_{du} = u^2 \, du$$

y

$$\int \sec^3 x \tan x \, dx = \int u^2 \, du = \tfrac{1}{3}u^3 + C = \tfrac{1}{3}\sec^3 x + C. \quad \square$$

Cuando una antiderivada es evidente, no es necesario hacer un cambio de variable:

$$(1) \qquad \int \cos 3x \, dx = \tfrac{1}{3} \operatorname{sen} 3x + C$$

$$(2) \qquad \int \sec^2 \frac{\pi}{2} \, dx = \frac{2}{\pi} \tan \frac{\pi}{2} x + C$$

$$(3) \qquad \int \sec(\pi - t) \tan(\pi - t) \, dt = -\sec(\pi - t) + C.$$

Claro que podemos obtener estos resultados mediante un cambio de variable.

Para (1) hagamos

$$u = 3x, \qquad du = 3 \, dx.$$

Entonces

$$\int \cos 3x \, dx = \tfrac{1}{3}\int \cos u \, du = \tfrac{1}{3} \operatorname{sen} u + C = \tfrac{1}{3} \operatorname{sen} 3x + C.$$

Para (2) hagamos

$$u = \frac{\pi}{2}x, \qquad du = \frac{\pi}{2}\,dx.$$

Entonces

$$\int \sec^2 \frac{\pi}{2}x\,dx = \frac{2}{\pi}\int \sec^2 u\,du = \frac{2}{\pi}\tan u + C = \frac{2}{\pi}\tan\frac{\pi}{2}x + C.$$

Para (3) hagamos

$$u = \pi - t, \qquad du = -\,dt.$$

Entonces

$$\begin{aligned}\int \sec(\pi - t)\tan(\pi - t)\,dt &= -\int \sec u \tan u\,du\\ &= -\sec(u + C) = -\sec(\pi - t) + C. \qquad \square\end{aligned}$$

**Problema 3.** Hallar

$$\int x \cos \pi x^2\,dx.$$

*Solución.* Sea

$$u = \pi x^2, \qquad du = 2\pi x\,dx.$$

Entonces

$$x \cos \pi x^2\,dx = \underbrace{\cos \pi x^2}_{\cos u}\ \underbrace{x\,dx}_{\frac{1}{2\pi}du} = \frac{1}{2\pi}\cos u\,du$$

y

$$\int x \cos \pi x^2\,dx. = \frac{1}{2\pi}\int \cos u\,du = \frac{1}{2\pi}\operatorname{sen} u + C = \frac{1}{2\pi}\operatorname{sen}\,\pi x^2 + C. \qquad \square$$

**Problema 4.** Hallar

$$\int x^2 \operatorname{cosec}^2 x^3 \cot^4 x^3 \, dx.$$

*Solución.* Podemos simplificar el problema haciendo

$$u = x^3, \qquad du = 3x^2 \, dx.$$

Entonces

$$x^2 \operatorname{cosec}^2 x^3 \cot^4 x^3 \, dx = \underbrace{\cot^4 x^3}_{\cot^4 u} \underbrace{\operatorname{cosec}^2 x^3}_{\operatorname{cosec}^2 u} \underbrace{x^2 \, dx}_{\frac{1}{3}du} = \tfrac{1}{3}\cot^4 u \operatorname{cosec}^2 u \, du$$

y

$$\int x^2 \operatorname{cosec}^2 x^3 \cot^4 x^3 \, dx = \tfrac{1}{3}\int \cot^4 u \operatorname{cosec}^2 u \, du.$$

Se puede calcular la integral de la derecha haciendo

$$t = \cot u, \qquad dt = -\operatorname{cosec}^2 u \, du.$$

Entonces

$$\tfrac{1}{3}\int \cot^4 u \operatorname{cosec}^2 u \, du = -\tfrac{1}{3}\int t^4 \, dt = -\tfrac{1}{15} t^5 + C = -\tfrac{1}{15} \cot^5 u + C,$$

y luego

$$\int x^2 \operatorname{cosec}^2 x^3 \cot^4 x^3 \, dx = -\tfrac{1}{15} \cot^5 u + C = -\tfrac{1}{15} \cot^5 x^3 + C.$$

Hemos llegado a esto haciendo dos sustituciones consecutivas. Primero hemos hecho $u = x^3$ y, luego, $t = \cot u$. Nos podríamos haber ahorrado algún trabajo haciendo $u = \cot x^3$ desde el principio. Con

$$u = \cot x^3, \qquad du = -\operatorname{cosec}^2 x^3 \cdot 3x^2 \, dx$$

tenemos que

$$x^2 \operatorname{cosec}^2 x^3 \cot^4 x^3 \, dx = \underbrace{\cot^4 x^3}_{u^4} \underbrace{\operatorname{cosec}^2 x^3 \, x^2 \, dx}_{-\frac{1}{3}du} = -\tfrac{1}{3}u^4 \, du$$

y

$$\int x^2 \operatorname{cosec}^2 x^3 \cot^4 x^3 \, dx = -\tfrac{1}{3}\int u^4 \, du = -\tfrac{1}{15}u^5 + C = -\tfrac{1}{15} \cot^5 x^3 + C. \quad \square$$

**Observación.** Todas las integrales que hemos calculado mediante un cambio de variable en esta sección se pueden calcular sin recurrir a ningún cambio. Todo lo que se necesita es una buena intuición de la regla de la cadena.

1. $\int \operatorname{sen} x \cos x \, dx$. El coseno es la derivada del seno. Luego

$$\int \operatorname{sen} x \cos x \, dx = \int \operatorname{sen} x \frac{d}{dx}(\operatorname{sen} x) \, dx = \tfrac{1}{2}\operatorname{sen}^2 x + C.$$

2. $\int \sec^3 x \tan x \, dx$. El integrando se puede escribir

$$\sec^2 x \; (\sec x \tan x) = \sec^2 x \frac{d}{dx}(\sec x).$$

Entonces

$$\int \sec^3 x \tan x \, dx = \int \sec^2 x \frac{d}{dx}(\sec x) \, dx = \tfrac{1}{3} \sec^3 x + C.$$

3. $\int x \cos \pi x^2 \, dx$. El coseno es la derivada del seno. Luego

$$\frac{d}{dx}(\operatorname{sen} \pi x^2) = \cos \pi x^2 \cdot 2\pi x \quad \text{y} \quad x \cos \pi x^2 = \frac{1}{2\pi} \frac{d}{dx}(\operatorname{sen} \pi x^2).$$

Luego

$$\int x \cos \pi x^2 = \frac{1}{2\pi}\int \frac{d}{dx}(\operatorname{sen} \pi x^2) \, dx = \frac{1}{2\pi} \operatorname{sen} \pi x^2 + C.$$

4. $\int x^2 \operatorname{cosec}^2 x^3 \cot^4 x^3 \, dx$. La integral puede parecer complicada, pero vista de la manera adecuada es muy sencilla. Sabemos que la derivada de la $\cot x$ es $-\operatorname{cosec}^2 x$. Luego, aplicando la regla de la cadena,

$$\frac{d}{dx}(\cot x^3) = -\operatorname{cosec}^2 x^3 \cdot 3x^2$$

y

$$x^2 \operatorname{cosec}^2 x^3 = -\tfrac{1}{3}\frac{d}{dx}(\cot x^3).$$

Luego

$$\int x^2 \operatorname{cosec}^2 x^3 \cot^4 x^3\,dx = -\tfrac{1}{3}\int \cot^4 x^3 \cdot \frac{d}{dx}(\cot x^3)\,dx = -\tfrac{1}{15}\cot^5 x^3 + C.$$

No hay nada malo en calcular integrales mediante cambios de variable. Lo único que decimos es que, con un poco de experiencia, podrá calcular muchas integrales sin recurrir a ello. □

Acabaremos esta sección con dos fórmulas importantes:

(5.9.2) $$\int \cos^2 x\,dx = \tfrac{1}{2}x + \tfrac{1}{4}\operatorname{sen} 2x + C, \qquad \int \operatorname{sen}^2 x\,dx = \tfrac{1}{2}x - \tfrac{1}{4}\operatorname{sen} 2x + C.$$

Se puede obtener estas fórmulas a partir de las siguientes

$$\cos^2 x = \tfrac{1}{2}(1 + \cos 2x) \quad \text{y} \quad \operatorname{sen}^2 x = \tfrac{1}{2}(1 - \cos 2x).$$

Los detalles se dejan para el lector.

## EJERCICIOS 5.9

Calcular las integrales indefinidas.

**1.** $\int \cos(3x - 1)\,dx.$ **2.** $\int \operatorname{sen} 2\pi x\,dx.$ **3.** $\int \operatorname{cosec}^2 \pi x\,dx.$

**4.** $\int \sec 2x \tan 2x\,dx.$ **5.** $\int \operatorname{sen}(3 - 2x)\,dx.$ **6.** $\int \operatorname{sen}^2 x \cos x\,dx.$

**7.** $\int \cos^4 x \operatorname{sen} x\,dx.$ **8.** $\int x \sec^2 x^2\,dx.$ **9.** $\int x^{-1/2} \operatorname{sen} x^{1/2}\,dx.$

**10.** $\int \operatorname{cosec}(1 - 2x)\cot(1 - 2x)\,dx.$ **11.** $\int \sqrt{1 + \operatorname{sen} x}\,\cos x\,dx.$

**12.** $\int \frac{\operatorname{sen} x}{\sqrt{1 + \cos x}}\,dx.$ **13.** $\int \frac{1}{\cos^2 x}\,dx.$

**14.** $\int (1 + \tan^2 x)\sec^2 x\,dx.$ **15.** $\int x \operatorname{sen}^3 x^2 \cos x^2\,dx.$

**16.** $\int \sqrt{1 + \cot x}\, \operatorname{cosec}^2 x\, dx.$ **17.** $\int (1 + \cot^2 x) \operatorname{cosec}^2 x\, dx.$

**18.** $\int \cos^2 5x\, dx.$ [usar (5.9.2)] **19.** $\int \operatorname{sen}^2 3x\, dx.$ [usar (5.9.2)]

**20.** $\int \frac{1}{\operatorname{sen}^2 x}\, dx.$ **21.** $\int \frac{\sec^2 x}{\sqrt{1 + \tan x}}\, dx.$ **22.** $\int x^2 \operatorname{sen}(4x^3 - 7)\, dx.$

Calcular las integrales

**23.** $\int_{-\pi}^{\pi} \operatorname{sen} x\, dx.$ **24.** $\int_{-\pi/3}^{\pi/3} \sec x \tan x\, dx.$ **25.** $\int_{1/4}^{1/3} \sec^2 \pi x\, dx.$

**26.** $\int_0^1 \cos^2 \frac{\pi}{2}x \operatorname{sen} \frac{\pi}{2}x\, dx.$ **27.** $\int_0^{\pi/2} \operatorname{sen}^3 x \cos x\, dx.$ **28.** $\int_0^{\pi} \cos x\, dx.$

**29.** $\int_{\pi/6}^{\pi/4} \operatorname{cosec} x \cot x\, dx.$ **30.** $\int_0^{2\pi} \operatorname{sen}^2 x\, dx.$ **31.** $\int_0^{2\pi} \cos^2 x\, dx.$

Hallar el área de la región delimitada por las siguientes curvas.

**32.** $y = \cos \pi x,\quad y = \operatorname{sen} \pi x,\quad x = 0,\quad x = \frac{1}{4}.$

**33.** $y = \cos^2 \pi x,\quad y = \operatorname{sen}^2 \pi x,\quad x = 0,\quad x = \frac{1}{4}.$

**34.** $y = \cos^2 \pi x,\quad y = -\operatorname{sen}^2 \pi x,\quad x = 0,\quad x = \frac{1}{4}.$

**35.** $y = \operatorname{cosec}^2 \pi x,\quad y = \sec^2 \pi x,\quad x = \frac{1}{6},\quad x = \frac{1}{4}.$

**36.** Haciendo el cambio $u = \operatorname{sen} x$, hemos visto que

$$\int \operatorname{sen} x \cos x\, dx = \tfrac{1}{2} \operatorname{sen}^2 x + C$$

Calcular esta integral haciendo $u = \cos x$ y comparar las dos respuestas.

**37.** Calcular

$$\int \sec^2 x \tan x\, dx$$

(a) haciendo $u = \sec x$; (b) haciendo $u = \tan x$. (c) Conciliar ambas respuestas.

**38.** *(El área de una región circular)* El círculo $x^2 + y^2 = r^2$ delimita un disco circular de radio $r$. Justifique, mediante integración, la conocida fórmula que da el área del disco: $A = \pi r^2$. SUGERENCIA: La parte del disco comprendida en el primer cuadrante es la región por debajo de la curva $y = \sqrt{r^2 - x^2}\, dx$, $x \in [0, r]$. Luego

$$A = 4\int_0^r \sqrt{r^2 - x^2}\, dx.$$

Calcular la integral haciendo $x = r \operatorname{sen} u$, $dx = r \cos u\, du$.

**39.** Hallar el área del interior de la elipse $b^2x^2 + a^2y^2 = a^2b^2$.

## 5.10 OTRAS PROPIEDADES DE LA INTEGRAL DEFINIDA

En esta sección consideramos algunas propiedades generales importantes de la integral. La mayoría de las demostraciones se dejan para el lector. Supondremos, a lo largo de esta sección, que las funciones involucradas son continuas y que $a < b$.

I. La integral de una función no negativa es no negativa:

**(5.10.1)** $$\text{si } f(x) \geq 0 \text{ para todo } x \in [a, b], \quad \text{entonces } \int_a^b f(x)\, dx \geq 0.$$

La integral de una función positiva es positiva:

**(5.10.2)** $$\text{si } f(x) > 0 \text{ para todo } x \in [a, b], \quad \text{entonces } \int_a^b f(x)\, dx > 0.$$

La siguiente propiedad es una consecuencia inmediata de la propiedad I y de la linealidad (5.4.6)

II. La integral conserva el orden:

**(5.10.3)** $$\text{si } f(x) \leq g(x) \text{ para todo } x \in [a, b], \quad \text{entonces } \int_a^b f(x)\, dx \leq \int_a^b g(x)\, dx.$$

y

**(5.10.4)** $$\text{si } f(x) < g(x) \text{ para todo } x \in [a, b], \quad \text{entonces } \int_a^b f(x)\, dx < \int_a^b g(x)\, dx.$$

III. De la misma manera que el valor absoluto de una suma es menor o igual a la suma de los valores absolutos,

$$|x_1 + x_2 + \ldots + x_n| \leq |x_1| + |x_2| + \ldots + |x_n|,$$

el valor absoluto de una integral es menor o igual a la integral del valor absoluto:

**(5.10.5)** $$\left|\int_a^b f(x)\, dx\right| \leq \int_a^b |f(x)|\, dx.$$

Sugerencia para la demostración de 5.10.5. Demostrar que

$$\int_a^b f(x)\, dx \quad \text{y} \quad -\int_a^b f(x)\, dx$$

son ambos menores o iguales que

$$\int_a^b |f(x)|\,dx. \quad \square$$

El lector se encuentra ya familiarizado con la siguiente propiedad.

IV. Si $m$ es el valor mínimo de $f$ en $[a, b]$ y $M$ es el valor máximo, se verifica que

**(5.10.6)**
$$m(b-a)\int_a^b f(x)\,dx \le M(b-a).$$

Nos ocuparemos ahora de una generalización del teorema 5.3.5, cuya importancia se hará patente en el capítulo 7.

V. Si $u$ es una función diferenciable de $x$ y $f$ es continua, entonces

**(5.10.7)**
$$\frac{d}{dx}\left(\int_a^u f(t)\,dt\right) = f(u)\,\frac{du}{dx}.$$

Demostración. La función

$$F(u) = \int_a^u f(t)\,dt$$

es diferenciable como función de $u$ y

$$\frac{d}{du}[F(u)] = f(u). \qquad \text{(Teorema 5.3.5)}$$

Luego

$$\frac{d}{dx}\left(\int_a^u f(t)dt\right) = \frac{d}{dx}[F(u)] \underset{\text{regla de la cadena}}{=} \frac{d}{du}[F(u)]\frac{du}{dx} = f(u)\frac{du}{dx}. \quad \square$$

**Problema 1.** Hallar

$$\frac{d}{dx}\left(\int_0^{x^3} \frac{dt}{1+t}\right).$$

*Solución.* En este momento podría resultarle difícil al lector llevar a cabo esta integración puesto que requiere la función logarítmica que no será introducida hasta el capítulo 7. Esto aquí no importa. Por (5.10.7) sabemos que

$$\frac{d}{dx}\left(\int_0^{x^3}\frac{dt}{1+t}\right) = \frac{1}{1+x^3}3x^2 = \frac{3x^2}{1+x^3}$$

sin tener que efectuar la integración.

**Problema 2.** Hallar

$$\frac{d}{dx}\left(\int_x^{2x}\frac{dt}{1+t^2}\right).$$

*Solución.* La idea para calcular esta integral consiste en expresarla en función de integrales cuyos límites inferiores de integración sean constantes. Una vez hecho esto podremos diferenciar como antes. Dada la aditividad de la integral:

$$\int_0^x\frac{dt}{1+t^2} + \int_x^{2x}\frac{dt}{1+t^2} = \int_0^{2x}\frac{dt}{1+t^2}.$$

Luego

$$\int_x^{2x}\frac{dt}{1+t^2} = \left[\int_0^{2x}\frac{dt}{1+t^2}\right] - \int_0^x\frac{dt}{1+t^2}.$$

La diferenciación nos da que

$$\frac{d}{dx}\left(\int_x^{2x}\frac{dt}{1+t^2}\right) = \frac{d}{dx}\left(\int_0^{2x}\frac{dt}{1+t^2}\right) - \frac{d}{dx}\left(\int_0^x\frac{dt}{1+t^2}\right)$$

$$\underset{(5.10.7)}{=} \frac{1}{1+(2x)^2}(2) - \frac{1}{1+x^2}(1) = \frac{2}{1+4x^2} - \frac{1}{1+x^2}. \quad \square$$

## EJERCICIOS 5.10

Supóngase que $f$ y $g$ son continuas, que $a < b$ y que

$$\int_a^b f(x)\,dx > \int_a^b g(x)\,dx.$$

Responder razonadamente a las siguientes preguntas.

1. ¿Se deduce necesariamente que $\int_a^b [f(x) - g(x)]\, dx > 0$?
2. ¿Se deduce necesariamente que $f(x) > g(x)$ para todo $x \in [a, b]$?
3. ¿Se deduce necesariamente que $f(x) > g(x)$ para por lo menos algún $x \in [a, b]$?
4. ¿Se deduce necesariamente que $\left|\int_a^b f(x)\, dx\right| > \left|\int_a^b g(x)\, dx\right|$ ?
5. ¿Se deduce necesariamente que $\int_a^b |f(x)|\, dx > \int_a^b |g(x)|\, dx$ ?
6. ¿Se deduce necesariamente que $\int_a^b |f(x)|\, dx > \int_a^b g(x)\, dx$ ?

Supóngase que $f$ es continua, que $a < b$ y que

$$\int_a^b f(x)\, dx = 0.$$

Responder razonadamente a las siguientes preguntas.

7. ¿Se deduce necesariamente que $f(x) = 0$ para todo $x \in [a, b]$?
8. ¿Se deduce necesariamente que $f(x)= 0$ para por lo menos algún $x \in [a, b]$?
9. ¿Se deduce necesariamente que $\int_a^b |f(x)|\, dx = 0$ ?
10. ¿Se deduce necesariamente que $\left|\int_a^b f(x)\, dx\right| = 0$ ?
11. ¿Han de ser no negativas todas las sumas superiores $U_f(P)$?
12. ¿Han de ser positivas todas las sumas superiores $U_f(P)$?
13. ¿Puede ser positiva una suma inferior $L_f(P)$?
14. ¿Se deduce necesariamente que $\int_a^b [f(x)]^2\, dx = 0$ ?
15. ¿Se deduce necesariamente que $\int_a^b [f(x) + 1]\, dx = b - a$ ?

Calcular las siguientes derivadas

16. $\dfrac{d}{dx}\left(\int_1^{x^2} \dfrac{dt}{t}\right)$.
17. $\dfrac{d}{dx}\left(\int_1^{1+x^2} \dfrac{dt}{\sqrt{2t+5}}\right)$.
18. $\dfrac{d}{dx}\left(\int_0^{x^3} \dfrac{dt}{\sqrt{1+t^2}}\right)$.
19. $\dfrac{d}{dx}\left(\int_x^{a} f(t)\, dt\right)$.
20. Demostrar que si $u$ y $v$ son funciones diferenciables de $x$ y si $f$ es continua, entonces se verifica que

$$\frac{d}{dx}\left(\int_u^v f(t)\, dt\right) = f(v)\, \frac{dv}{dx} - f(u)\, \frac{du}{dx}.$$

SUGERENCIA: Considerar un número $a$ del dominio de $f$. Expresar la integral como diferencia de dos integrales cada una de las cuales tenga $a$ como límite inferior.

Calcular las derivadas siguientes usando el ejercicio 20.

**21.** $\frac{d}{dx}\left(\int_{x}^{x^2}\frac{dt}{t}\right)$.

**22.** $\frac{d}{dx}\left(\int_{1-x}^{1+x}\frac{t-1}{t}\,dt\right)$.

**23.** $\frac{d}{dx}\left(\int_{x^{1/3}}^{2+3x}\frac{dt}{1+t^{3/2}}\right)$.

**24.** $\frac{d}{dx}\left(\int_{\sqrt{x}}^{x^2+x}\frac{dt}{2+\sqrt{t}}\right)$.

**25.** Demostrar la propiedad I: (a) mediante la consideración de sumas inferiores $L_f(P)$; (b) mediante el uso de la antiderivada.

**26.** Demostrar la propiedad II.

**27.** Demostrar la propiedad III.

**28.** (*Importante*) Demostrar que si $f$ es continua en $[a, b]$ y si

$$\int_a^b |f(x)|\,dx = 0,$$

entonces $f(x) = 0$ para todo $x \in [a, b]$.
SUGERENCIA: Ejercicio 48, sección 2.4.

**29.** Hallar $H'(2)$ si

$$H(x) = \int_{2x}^{x^3-4}\frac{x}{1+\sqrt{t}}\,dt.$$

**30.** Hallar $H'(3)$ si

$$H(x) = \frac{1}{x}\int_3^x [2t - 3H'(t)]\,dt.$$

---

## 5.11 TEOREMA DEL VALOR MEDIO PARA INTEGRALES; VALOR MEDIO O PROMEDIO

Empezaremos con un resultado cuya demostración se pedía al lector en el ejercicio 15 de la sección 5.3.

**TEOREMA 5.11.1 PRIMER TEOREMA DEL VALOR MEDIO PARA INTEGRALES**

Si $f$ es continua en $[a, b]$, existe un número $c$ en $(a, b)$ tal que

$$\int_a^b f(x)\,dx = f(c)(b-a).$$

A este número se le llama *valor medio o promedio de f en* $[a, b]$.

Se verifica entonces la siguiente identidad:

**(5.11.2)** $$\int_a^b f(x)\,dx = (\textit{valor promedio de } f \textit{ en } [a, b]) \cdot (b - a).$$

Esta identidad nos suministra un instrumento poderoso e intuitivo para entender la integral definida. Fijémonos por un instante en el área. Si $f$ es constante y positiva en $[a, b]$, entonces $\Omega$, la región por debajo de la gráfica, es un rectángulo. Su área viene dada por la fórmula

$$\text{área de } \Omega = (\text{valor constante de } f \text{ en } [a, b]) \cdot (b - a). \qquad \text{(Figura 5.11.1)}$$

Si $f$ puede variar de manera continua en $[a, b]$, tenemos que

$$\text{área de } \Omega = \int_a^b f(x)\,dx,$$

lo cual puede escribirse

$$\textit{área de } \Omega = (\textit{ promedio de } f \textit{ en } [a, b]) \cdot (b - a). \qquad \text{(Figura 5.11.2)}$$

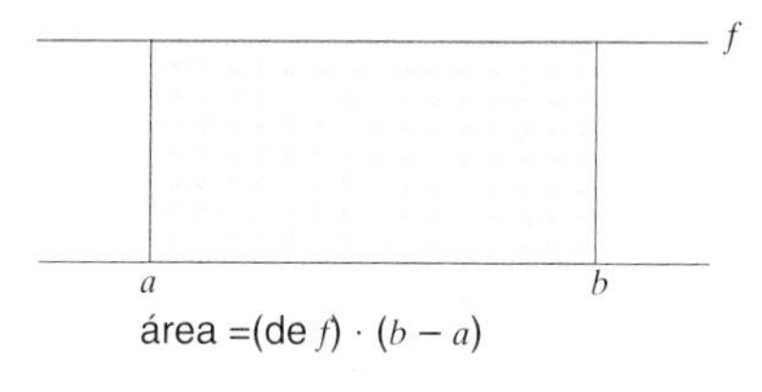


Figura 5.11.1

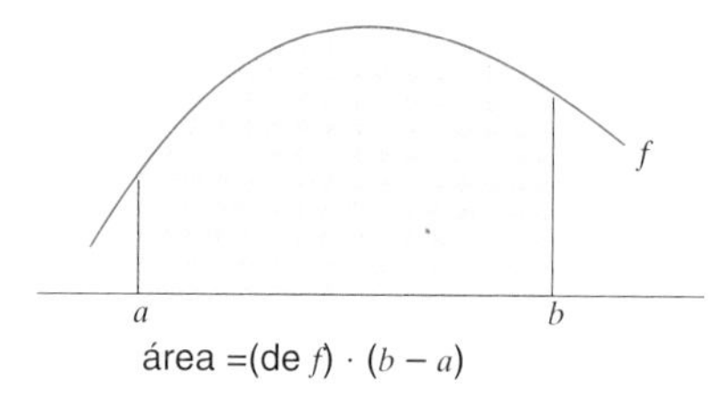


Figura 5.11.2

Vayamos ahora a nuestra interpretación en términos de movimiento. Si un objeto se desplaza a lo largo de una recta con velocidad constante $|v|$ durante el intervalo de tiempo $[a, b]$, se verifica que

$$\text{distancia recorrida} = (\text{valor constante de } |v| \text{ en } [a, b]) \cdot (b - a).$$

Si la velocidad $|v|$ varía, tenemos

$$\text{distancia recorrida} = \int_a^b |v(t)|\, dt$$

que también podemos escribir

*distancia recorrida = (promedio de $|v|$ en $[a, b]$) $\cdot$ $(b - a)$.*

Vamos a considerar un intervalo $[a, b]$ y promediar en él las más sencillas de las funciones. El promedio de una constante $k$ es, claro está, $k$:

$$\int_a^b k\, dx = k(b - a).$$

El promedio de $x$ es $\frac{1}{2}(b - a)$, el centro del intervalo:

$$\int_a^b x\, dx = \left[\tfrac{1}{2}x^2\right]_a^b = \tfrac{1}{2}(b^2 - a^2) = \left[\tfrac{1}{2}(b + a)\right](b - a).$$

¿Cuál es el promedio de $x^2$?

$$\int_a^b x^2\, dx = \left[\tfrac{1}{3}x^3\right]_a^b = \tfrac{1}{3}(b^3 - a^3) = [\tfrac{1}{3}(b^2 + ab + a^2)](b - a).$$

El promedio de $x^2$ en $[a, b]$ es $\frac{1}{3}(b^2 + ab + a^2)$.

Existe una extensión del teorema 5.11.1 muy útil de cara a las aplicaciones, como se verá más adelante:

**TEOREMA 5.11.3 SEGUNDO TEOREMA DEL VALOR MEDIO PARA INTEGRALES**

Si $f$ y $g$ son continuas en $[a, b]$ y $g$ es no negativa, existe un número $c$ en $(a, b)$ para el cual se verifica

$$\int_a^b f(x)g(x)\, dx = f(c)\int_a^b g(x)\, dx.$$

El número $f(c)$ se denomina *media ponderada o promedio ponderado de $f$ en $[a, b]$ respecto de $g$.*

Demostraremos este teorema (luego dispondremos de una prueba para el teorema 5.11.1) al final de esta sección. Primero realizaremos una breve incursión en la física.

***La masa de una varilla***. Imagínese una varilla fina (un alambre fino de grosor despreciable) colocada en el eje $x$ entre los puntos $x = a$ y $x = b$. Si la *densidad de masa* de la varilla (la masa por unidad de longitud) es constante, su masa $M$ es simplemente el producto de la densidad $\lambda$ por la longitud de la varilla: $M = \lambda\ (b - a)$[†]. Si la densidad $\lambda$ varía de manera continua a lo largo de la varilla, es decir si $\lambda = \lambda(x)$, entonces la masa de la varilla es el producto del promedio de la densidad por la longitud de la varilla:

$$M = (\text{promedio de la densidad}) \times (\text{longitud}).$$

Es una integral

**(5.11.4)**
$$M = \int_a^b \lambda(x)\, dx.$$

***El centro de masa de una varilla***. Seguimos con la misma varilla. Si ésta es homogénea (densidad constante), entonces su centro de masa es, sencillamente, el punto intermedio:

$$x_M = \tfrac{1}{2}(a + b). \qquad \text{(el promedio de } x \text{ desde } a \text{ hasta } b\text{)}$$

Si la varilla no es homogénea, el centro de masa sigue siendo un promedio, sólo que esta vez se trata de un promedio ponderado, *el promedio ponderado de x, desde a hasta b, respecto la densidad*; concretamente, $x_M$ es el punto para el cual

$$x_M \int_a^b \lambda(x)\, dx = \int_a^b x\lambda(x)\, dx.$$

Dado que la integral de la izquierda es, sencillamente, $M$, tenemos

**(5.11.5)**
$$x_M M = \int_a^b x\lambda(x)\, dx.$$

**Problema 1.** Una varilla de longitud $L$ está colocada sobre el eje $x$ desde $x = 0$ hasta $x = L$. Hallar la masa de la varilla y su centro de masa suponiendo que la densidad de la varilla es proporcional a la distancia al extremo $x = 0$ de la varilla.

---

[†] El símbolo $\lambda$ es la letra griega "lambda."

*Solución.* Aquí, $\lambda(x) = kx$ donde $k$ es una constante positiva. Luego

$$M = \int_0^L kx\ dx = \left[\tfrac{1}{2}kx^2\right]_0^L = \tfrac{1}{2}kL^2$$

y

$$x_M M = \int_0^L x\,(kx)\ dx = \int_0^L kx^2\ dx = \left[\tfrac{1}{3}kx^3\right]_0^L = \tfrac{1}{3}kL^3.$$

Dividiendo por $M$ obtenemos $x_M = \frac{2}{3}L$.

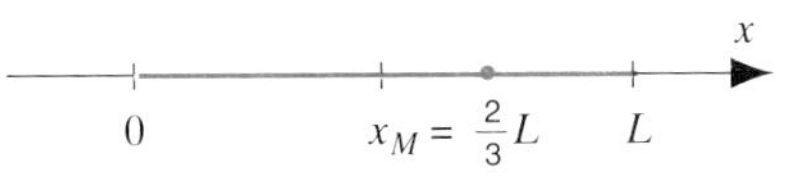


En este caso el centro de masa está situado a la derecha del punto intermedio. Esto tiene sentido. Después de todo la densidad crece cuando uno se desplaza de izquierda a derecha. Luego hay más masa situada a la derecha que a la izquierda del punto intermedio. □

Volvamos al teorema 5.11.3 para demostrarlo. [No existe razón alguna para preocuparse por el teorema 5.11.1. Se trata del teorema 5.11.3 con $g(x)$ idénticamente igual a 1.]

Demostración del teorema 5.11.3. Dado que $f$ es continua en $[a, b]$, $f$ toma un valor mínimo $m$ en $[a, b]$ y un valor máximo $M$. Dado que $g$ es no negativa en $[a, b]$, tenemos que

$$mg(x) \leq f(x)g(x) \leq Mg(x) \quad \text{para todo } x \text{ en } [a, b].$$

Luego

$$\int_a^b mg(x)\ dx \leq \int_a^b f(x)g(x)\ dx \leq \int_a^b Mg(x)\ dx$$

y

$$m\int_a^b g(x)\ dx \leq \int_a^b f(x)g(x)\ dx \leq M\int_a^b g(x)\ dx.$$

Sabemos que $\int_a^b g(x)\ dx \geq 0$. Si $\int_a^b g(x)\ dx = 0$, entonces también tenemos que $\int_a^b f(x)g(x)\ dx = 0$ y el teorema se verifica para cualquier elección de $c$ en $(a, b)$. Si $\int_a^b g(x)\ dx > 0$, entonces

$$m \leq \frac{\int_a^b f(x)g(x)\ dx}{\int_a^b g(x)\ dx} \leq M$$

y por el teorema del valor intermedio (teorema 2.6.1) existe un $c$ en $(a, b)$ para el cual

$$f(c) = \frac{\int_a^b f(x)g(x)\,dx}{\int_a^b g(x)\,dx}.$$

Evidentemente, se verifica entonces que

$$f(c)\int_a^b g(x)\,dx = \int_a^b f(x)g(x)\,dx. \quad \square$$

## EJERCICIOS 5.11

Determinar el promedio de la función en el intervalo indicado y hallar un punto en el cual la función toma como valor dicho promedio.

**1.** $f(x) = mx + b, \quad x \in [0, c]$.

**2.** $f(x) = x^2, \quad x \in [-1, 1]$.

**3.** $f(x) = x^3, \quad x \in [-1, 1]$.

**4.** $f(x) = x^{-2}, \quad x \in [1, 4]$.

**5.** $f(x) = |x|, \quad x \in [-2, 2]$.

**6.** $f(x) = x^{1/3}, \quad x \in [-8, 8]$.

**7.** $f(x) = 2x - x^2, \quad x \in [0, 2]$.

**8.** $f(x) = 3 - 2x, \quad x \in [0, 3]$.

**9.** $f(x) = \sqrt{x}, \quad x \in [0, 9]$.

**10.** $f(x) = 4 - x^2, \quad x \in [-2, 2]$.

**11.** $f(x) = \operatorname{sen} x, \quad x \in [0, 2\pi]$.

**12.** $f(x) = \cos x, \quad x \in [0, \pi]$.

**13.** Despejar $A$ de la siguiente ecuación:

$$\int_a^b [f(x) - A]\,dx = 0.$$

**14.** Supuesto que $f$ es una función continua en $[a, b]$, comparar

$$f(b)(b-a) \qquad \text{y} \qquad \int_a^b f(x)\,dx$$

cuando $f$ es (a) constante en $[a, b]$; (b) creciente en $[a, b]$; (c) decreciente en $[a, b]$.

**15.** En el capítulo 4 hemos interpretado $[f(b) - f(a)]/(b - a)$ como el coeficiente medio de variación de $f$ en $[a, b]$ y $f'(t)$ como el coeficiente de variación instantánea en el instante $t$. De ser consistente nuestra nueva definición de promedio con la anterior, deberíamos tener que

$$\frac{f(b) - f(a)}{b - a} = \text{promedio de } f' \text{ en } [a, b].$$

Demostrar que este es el caso.

**16.** Determinar si la afirmación es verdadera o falsa.

(a) $\begin{pmatrix} \text{promedio de } f+g \\ \text{en } [a,b] \end{pmatrix} = \begin{pmatrix} \text{promedio de } f \\ \text{en } [a,b] \end{pmatrix} + \begin{pmatrix} \text{promedio de } g \\ \text{en } [a,b] \end{pmatrix}.$

(b) $\begin{pmatrix} \text{promedio de } \alpha f \\ \text{en } [a,b] \end{pmatrix} = \alpha \begin{pmatrix} \text{promedio de } f \\ \text{en } [a,b] \end{pmatrix}.$

(c) $\begin{pmatrix} \text{promedio de } fg \\ \text{en } [a,b] \end{pmatrix} = \begin{pmatrix} \text{promedio de } f \\ \text{en } [a,b] \end{pmatrix} \begin{pmatrix} \text{promedio de } g \\ \text{en } [a,b] \end{pmatrix}.$

**17.** Hallar la distancia media al arco parabólico

$$y = x^2, \qquad x \in [0, \sqrt{3}]$$

desde (a) el eje $x$; (b) el eje $y$; (c) el origen.

**18.** Hallar la distancia media al segmento de recta

$$y = mx, \qquad x \in [0, 1]$$

desde (a) el eje $x$; (b) el eje $y$; (c) el origen.

**19.** Una piedra que parte de una posición de reposo, cae en el vacío durante $x$ segundos. (a) Comparar su velocidad final con su velocidad media; (b) Comparar su velocidad media durante los primeros $\frac{1}{2}x$ segundos con su velocidad media durante los siguientes $\frac{1}{2}x$ segundos.

**20.** Sea $f$ continua. Demostrar que si $f$ es una función impar, su promedio en cualquier intervalo de la forma $[-a, a]$ es cero.

**21.** Una varilla de longitud $L$ está colocada sobre el eje $x$ desde $x = 0$ hasta $x = L$. Hallar la masa de la varilla y su centro de masa si la densidad de la varilla varía de manera directamente proporcional (a) a la raíz cuadrada de la distancia a $x = 0$ y (b) al cuadrado de la distancia a $x = L$.

**22.** Una varilla de densidad variable, masa $M$ y centro de gravedad $x_M$ se extiende entre $x = a$ y $x = b$. Una partición $P = \{x_0, x_1, \ldots, x_n\}$ de $[a, b]$ descompone la varilla en $n$ partes. Demostrar que si estas $n$ partes tienen masas, $M_1, M_2, \ldots, M_n$ y, centros de masa los puntos $x_{M_1}, x_{M_2}, \ldots, x_{M_n}$ se verifica que

$$x_M M = x_{M_1} M_1 + x_{M_2} M_2 + \ldots + x_{M_n} M_n.$$

**23.** Una varilla de masa $M$, que se extiende desde $x = 0$ hasta $x = L$, está formada por dos partes de masas $M_1$, $M_2$. Sabiendo que el centro de masa de la varilla completa está situado en $x = \frac{1}{4}L$ y que el centro de masa de la primera parte esta situado en $x = \frac{1}{8}L$, determinar el centro de masa de la segunda parte.

**24.** Una varilla de masa $M$, que se extiende desde $x = 0$ hasta $x = L$, está formada por dos partes. Hallar la masa de cada una de las dos partes, sabiendo que el centro de masa de la varilla está situado en $x = \frac{2}{3}L$, el centro de masa de la primera parte esta situado en $x = \frac{1}{4}L$ y el de la segunda en $x = \frac{7}{8}L$.

**25.** Demostrar el teorema 5.11.1 aplicando el teorema del valor medio del cálculo diferencial a la función

$$F(x) = \int_a^x f(t)\, dt, \qquad x \in [a, b].$$

(Este ejercicio ya fue propuesto anteriormente.)

**26.** Sea $f$ continua en $[a, b]$. Sea $a < c < b$. Demostrar que

$$f(c) = \lim_{h \to 0^+} \text{ (promedio de } f \text{ en } [c-h, c+h]).$$

**27.** Demostrar que dos funciones continuas distintas no pueden tener el mismo promedio en todo intervalo.

---

## 5.12 EJERCICIOS ADICIONALES

Calcular las siguientes integrales.

**1.** $\int (\sqrt{x-a} - \sqrt{x-b})\, dx.$ **2.** $\int ax\sqrt{1+bx^2}dx.$ **3.** $\int t^{-1/3}(t^{2/3}-1)^2 dt.$

**4.** $\int t^2(1+t^3)^{10} dt.$ **5.** $\int (1+2\sqrt{x})^2 dx.$ **6.** $\int \left(\frac{1}{\sqrt{x}}(1+2\sqrt{x})\right)^5 dx.$

**7.** $\int (x^{1/5} - x^{-1/5})^2 dx.$ **8.** $\int x\sqrt{2-x^2}dx.$ **9.** $\int x\sqrt{2-x}\, dx.$

**10.** $\int \frac{(1+\sqrt{x})^5}{\sqrt{x}}\, dx.$ **11.** $\int \frac{(a+b\sqrt{y+1})^2}{\sqrt{y+1}}\, dy.$ **12.** $\int y\sqrt{y}(1+y^2\sqrt{y})^2 dy.$

**13.** $\int \frac{g'(x)}{[g(x)]^3}\, dx.$ **14.** $\int [f'(x) + \ldots + f^{(n)}(x)]\, dx.$ **15.** $\int \frac{g(x)g'(x)}{\sqrt{1+[g(x)]^2}}\, dx.$

**16.** $\int x \operatorname{sen}^3 x^2 \cos x^2\, dx.$ **17.** $\int (\sec\theta - \tan\theta)^2 d\theta.$ **18.** $\int (\tan 3\theta + \cot 3\theta)^2 d\theta.$

**19.** $\int \frac{dx}{1+\cos 2x}.$ SUGERENCIA: Multiplicar el numerador y el denominador por $1 - \cos 2x$.

**20.** $\int \frac{dx}{1+\operatorname{sen} 2x}.$ **21.** $\int \sec^4 \pi x \tan \pi x\, dx.$ **22.** $\int ax\sqrt{1+bx}\, dx.$

**23.** $\int (1+\operatorname{sen}^2 \pi x)^{-3} \operatorname{sen} 2\pi x\, dx.$ **24.** $\int ax^2\sqrt{1+bx}\, dx.$

Hallar el área de la región debajo de la gráfica.

**25.** $y = x\sqrt{2x^2+1}, \quad x \in [0, 2].$ **26.** $y = \frac{x}{(2x^2+1)^2}, \quad x \in [0, 2].$

**27.** $y = x^{-3}(1 + x^{-2})^{-3}, \quad x \in [1, 2].$

**28.** $y = \dfrac{2x+5}{(x+2)^2(x+3)^2}, \quad x \in [0, 1].$

**29.** En cada punto de una curva, la pendiente viene dada por la ecuación

$$\frac{dy}{dx} = x\sqrt{x^2+1}.$$

Hallar la ecuación de dicha curva sabiendo que pasa por el punto (0, 1).

**30.** Hallar el área de la porción del primer cuadrante que está limitada

por encima por $y = 2x$ por debajo por $y = x\sqrt{3x^2+1}$.

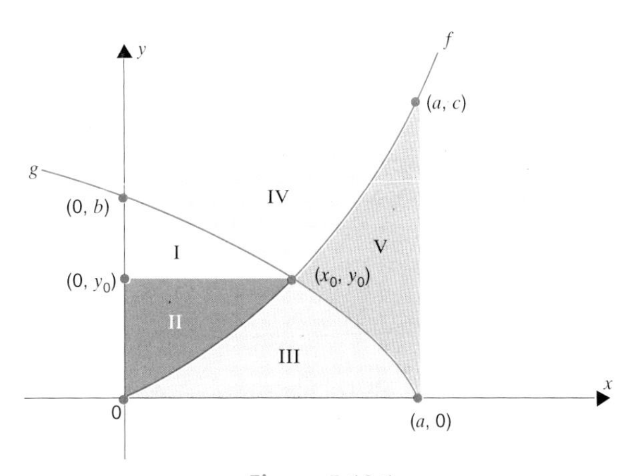


Figura 5.12.1

**31.** Hallar una fórmula para el área de cada una de las regiones representadas en la figura 5.12.1:
(a) I. (b) II. (c) III. (d) IV e) V.

Representar la región limitada por las curvas y hallar su área.

**32.** $y^2 = 2x, \quad x^2 = 3y.$

**33.** $y^2 = 6x, \quad x^2 + 4y = 0.$

**34.** $y = 4 - x^2, \quad y = x + 2.$

**35.** $y = 4 - x^2, \quad x + y + 2 = 0.$

**36.** $y = \sqrt{x}$, el eje $x$ $y = 6 - x$.

**37.** $y = x^3$, el eje $x$ $x + y = 2$.

**38.** $4y = x^2 - x^4, \quad x + y + 1 = 0.$

**39.** $x^2 y = a^2$, el eje $x$ $x = a, x = 2a$.

**40.** Demostrar que si $f'$, $g'$ y $h'$ son continuas y si $h(a) = h(b)$, entonces

$$\int_a^b f'(g(h(x)))\, g'(h(x))h'(x)\, dx = 0.$$

Supongamos que $f$ y $g$ sean continuas, que $a < b$ y que

$$\int_a^b f(x)\,dx > \int_a^b g(x)\,dx.$$

¿Cuál de las siguientes afirmaciones se verifica necesariamente para toda partición $P$ de $[a, b]$? Razonar las respuestas.

**41.** $L_g(P) < U_f(P)$.  **42.** $L_g(P) < L_f(P)$.  **43.** $L_g(P) < \int_a^b f(x)\,dx$.

**44.** $U_g(P) < U_f(P)$.  **45.** $U_f(P) < \int_a^b g(x)\,dx$.  **46.** $U_g(P) < \int_a^b f(x)\,dx$.

En los ejercicios 47 y 48 se trata de hallar la ley general del movimiento de un objeto que se mueve a lo largo del eje $x$ con la aceleración $a(t)$ dada. Utilícese las siguientes notaciones: $x_0$ para la posición inicial y $v_0$ para la velocidad inicial. Aquí, $\omega$, $A$ y $\phi_0$ son constantes.

**47.** $a(t) = -\omega^2 A \operatorname{sen}(\omega t + \phi_0)$.  **48.** $a(t) = -\omega^2 A \cos(\omega t + \phi_0)$.

**49.** Hallar una ecuación $y = f(x)$ para la curva que pasa por el punto $(4, \frac{1}{3})$ y cuya pendiente viene dada por la ecuación

$$\frac{dy}{dx} = -\frac{1}{2\sqrt{x}\,(1+\sqrt{x})^2}.$$

**50.** Dibujar la gráfica de la curva del ejercicio 49.

**51.** **(Calculadora)** Estimar el área por debajo de la curva del ejercicio 49 entre $x = 0$ y $x = 1$ mediante la partición

$$P = \{0, \tfrac{1}{100}, \tfrac{4}{100}, \tfrac{9}{100}, \tfrac{16}{100}, \tfrac{25}{100}, \tfrac{36}{100}, \tfrac{49}{100}, \tfrac{49}{100}, \tfrac{81}{100}, 1\}.$$

La estimación se basará en $\frac{1}{2}\,[L_f(P) + U_f(P)]$.

Efectuar la diferenciación.

**52.** $\frac{d}{dx}\left(\int_0^x \frac{dt}{1+t^2}\right)$.  **53.** $\frac{d}{dx}\left(\int_0^{x^2} \frac{dt}{1+t^2}\right)$.  **54.** $\frac{d}{dx}\left(\int_x^{x^2} \frac{dt}{1+t^2}\right)$.

**55.** $\frac{d}{dx}\left(\int_0^{\operatorname{sen} x} \frac{dt}{1-t^2}\right)$.  **56.** $\frac{d}{dx}\left(\int_0^{\cos x} \frac{dt}{1-t^2}\right)$.  **57.** $\frac{d}{dx}\left(\int_0^{\tan x} \frac{dt}{1+t^2}\right)$.

**58.** Definamos una función $L$ haciendo

$$L(x) = \int_1^x \frac{dt}{t} \qquad \text{para todo } x > 0.$$

(a) Demostrar que $L$ es una función creciente. ¿Dónde toma $L$ el valor 0?
(c) Demostrar que $L(xy) = L(x) + L(y)$ para cualquier elección de $x$ e $y$ positivas.

**59.** Una varilla se extiende entre $x = 0$ y $x = a$. Hallar su centro de masa sabiendo que la densidad de la varilla varía en proporción directa a la distancia a $x = 2a$.

**60.** Se quiere confeccionar una varilla de masa $M$ y longitud $L$ cortando una pieza de una varilla más larga colocada en el semieje de las $x$ positivas, a partir de 0. ¿Dónde deberá realizarse el corte si la densidad de esta última varía de manera proporcional a la distancia a $x = 0$? (Se supondrá que $M \geq \frac{1}{2}kL^2$ donde $k$ es la constante de proporcionalidad de la función de densidad.)

**61.** ¿Dónde alcanza la función

$$f(x) = \int_0^x \frac{t-1}{1+t^2}\, dt$$

su valor mínimo?

**62.** Demostrar que

(a) $$\int_{a+c}^{b+c} f(x-c)\, dx = \int_a^b f(x)\, dx,$$

y que para $c \neq 0$,

(b) $$\frac{1}{c}\int_{ac}^{bc} f\left(\frac{x}{c}\right) dx = \int_a^b f(x)\, dx.$$

Se supondrá que $f$ es continua en todas partes.

---

## 5.13 LA INTEGRAL COMO LÍMITE DE SUMAS DE RIEMANN

Sea $f$ una función continua en un intervalo cerrado $[a, b]$. De acuerdo con la introducción que hemos hecho de la integral definida (llegados a este punto es el momento de repasar la sección 5.2), la integral definida

$$\int_a^b f(x)\, dx$$

es el único número que satisface las desigualdades

$$L_f(P) \leq \int_a^b f(x)dx \leq U_f(P)$$

para cualquier partición $P$ de $[a, b]$. Este método de obtención de la integral definida aproximándola, cada vez más, por arriba y por debajo con las sumas superiores e inferiores, es conocido como *método de Darboux*.†

† En honor del matemático francés J. G. Darboux (1842-1917).

Existe otra manera de obtener la integral que se usa con frecuencia. Consideremos una partición $P = \{x_0, x_1, \dots, x_n\}$ de $[a, b]$. $P$ divide $[a, b]$ en $n$ subintervalos

$$[x_0, x_1], [x_1, x_2], \dots, [x_{n-1}, x_n]$$

de longitudes

$$\Delta x_1, \Delta x_2, \dots, \Delta x_n.$$

Elijamos ahora un punto $x_1^*$ de $[x_0, x_1]$ y formemos el producto $f(x_1^*)\Delta x_1$; elijamos ahora un punto $x_2^*$ de $[x_1, x_2]$ y formemos el producto $f(x_2^*)\Delta x_2$; continuemos de esta manera hasta formar los productos

$$f(x_1^*)\Delta x_1, f(x_2^*)\Delta x_2, \dots, f(x_n^*)\Delta x_n$$

La suma de estos productos

$$S^*(P) = f(x_1^*)\Delta x_1 + f(x_2^*)\Delta x_2 + \dots + f(x_n^*)\Delta x_n$$

se denomina *suma de Riemann*†.

La integral definida puede verse como el límite de tales sumas de Riemann en el sentido siguiente: definamos la norma $\|P\|$ de $P$ de la siguiente manera:

$$\|P\| = \max \Delta x_i \qquad i = 1, 2, \dots, n;$$

Dado un $\epsilon > 0$ existe un $\delta > 0$ tal que

$$\text{si} \quad \|P\| < \delta \quad \text{entonces} \quad \left| S^*(P) - \int_a^b f(x)\, dx \right| < \epsilon,$$

independientemente de la forma en que los $x_i^*$ hayan sido escogidos en $[x_{i-1}, x_i]$.

Con símbolos, esto se escribe

**(5.13.1)** $$\int_a^b f(x)\, dx = \lim_{\|P\| \to 0} \left[ f(x_1^*)\Delta x_1 + f(x_2^*)\Delta x_2 + \dots + f(x_n^*)\Delta x_n \right].$$

† En honor del matemático alemán G. F. B. Riemann (1826-1866).

En el apéndice B.5 se da una demostración de este resultado. La figura 5.13.1 ilustra la idea. Aquí el intervalo de partida se ha subdividido en 8 subintervalos. El punto $x_1^*$ ha sido elegido en $[x_0, x_1]$, $x_2^*$ en $[x_1, x_2]$ y así sucesivamente. Mientras que la integral representa el área por debajo de la gráfica, la suma de Riemann representa la suma de las áreas de los rectángulos sombreados. La diferencia entre estas dos magnitudes se puede hacer tan pequeña como queramos (menor que $\epsilon$) simplemente haciendo la longitud máxima de las bases de los subintervalos de la base suficientemente pequeña —esto es, haciendo $\|P\|$ suficientemente pequeña.

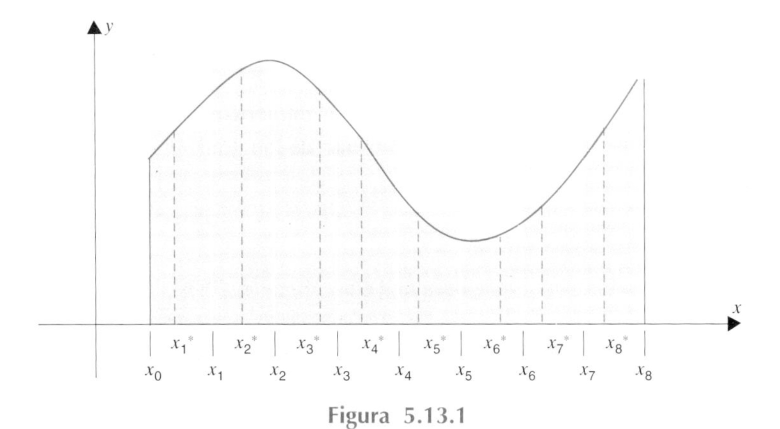


**Figura 5.13.1**

## EJERCICIOS 5.13

**1.** Sea $\Omega$ la región debajo de la gráfica de $f(x) = x^2$, $x \in [0, 1]$. Dibujar una figura que muestre la suma de Riemann $S^*(P)$ como aproximación de su área. Tomar

$$P = \{0, \tfrac{1}{4}, \tfrac{1}{2}, \tfrac{3}{4}, 1\}, \quad \text{y} \quad x_1^* = \tfrac{1}{8},\ x_2^* = \tfrac{3}{8},\ x_3^* = \tfrac{5}{8},\ x_4^* = \tfrac{7}{8}.$$

**2.** Sea $\Omega$ la región debajo de la gráfica de $f(x) = \frac{3}{2}x + 1$, $x \in [0, 2]$. Dibujar una figura que muestre la suma de Riemann $S^*(P)$ como aproximación de su área. Tomar

$$P = \{0, \tfrac{1}{4}, \tfrac{3}{4}, 1, \tfrac{3}{2}, 2\} \quad \text{y los } x_i^* \text{ los puntos intermedios de los intervalos.}$$

**3.** Sean $f(x) = 2x, x \in [0, 1], P = \{0, \frac{1}{8}, \frac{1}{4}, \frac{1}{2}, \frac{3}{4}, 1\}$ y

$$x_1^* = \tfrac{1}{16}, \quad x_2^* = \tfrac{3}{16}, \quad x_3^* = \tfrac{3}{8}, \quad x_4^* = \tfrac{5}{8}, \quad x_5^* = \tfrac{3}{4}.$$

Calcular las siguientes expresiones

(a) $\Delta x_1, \Delta x_2, \Delta x_3, \Delta x_4, \Delta x_5$. (b) $\|P\|$. (c) $m_1, m_2, m_3, m_4, m_5$.

(d) $f(x_1^*), f(x_2^*), f(x_3^*), f(x_4^*), f(x_5^*)$. (e) $M_1, M_2, M_3, M_4, M_5$.

(f) $L_f(P)$. (g) $S^*(P)$. (h) $U_f(P)$. (i) $\int_a^b f(x)dx$.

**4.** Sean $f$ una función continua en $[a, b]$ y $P = \{x_0, x_1, \ldots, x_n\}$ una partición de $[a, b]$. Demostrar que para toda suma de Riemann $S^*(P)$ obtenida a partir de $P$, se verifica que

$$L_f(P) \leq S^*(P) \leq U_f(P).$$

En los cálculos numéricos se suele descomponer el intervalo de base $[a, b]$ en $n$ subintervalos, cada uno de longitud $(b - a)/n$. Las sumas de Riemann toman entonces la forma

$$S_n^* = \frac{b-a}{n}\left[f(x_1^*) + f(x_2^*) + \ldots + f(x_n^*)\right].$$

Para una elección de $\epsilon > 0$, se descompone el intervalo $[0, 1]$ en $n$ subintervalos de longitud $1/n$. Se toma $x_1^* = 1/n, x_2^* = 2/n, \ldots, x_n^* = n/n$.

**5.** (a) Determinar la suma de Riemann $S_n^*$ para

$$\int_0^1 x\, dx.$$

(b) Demostrar que

$$\left|S_n^* - \int_0^1 x\, dx\right| < \varepsilon \qquad \text{si} \quad n > 1/\varepsilon.$$

SUGERENCIA: $1 + 2 + \ldots + n = \frac{1}{2}n(n + 1)$.

**6.** (a) Determinar la suma de Riemann $S_n^*$ para

$$\int_0^1 x^2\, dx.$$

(b) Demostrar que

$$\left|S_n^* - \int_0^1 x^2\, dx\right| < \epsilon \qquad \text{si} \quad n > 1/\epsilon.$$

SUGERENCIA: $1^2 + 2^2 + \ldots + n^2 = \frac{1}{6}n(n + 1)(2n + 1)$.

7. (a) Determinar la suma de Riemann $S_n^*$ para

$$\int_0^1 x^3 \, dx.$$

(b) Demostrar que

$$\left|S_n^* - \int_0^1 x^3 \, dx\right| < \epsilon \quad \text{si} \quad n > 1/\epsilon.$$

SUGERENCIA: $1^3 + 2^3 + \ldots + n^3 = (1 + 2 + \ldots + n)^2$

**8.** Sea $f$ una función continua en $[a, b]$. Demostrar que, si $P$ es una partición de $[a, b]$, entonces $L_f(P)$, $U_f(P)$, y $\frac{1}{2}[L_f(P) + U_f(P)]$ son sumas de Riemann.

**9. (Calculadora)** Sean $f(x) = x \cos x^2$, $x \in [0, 2]$, $P = \{0, \frac{1}{3}, \frac{2}{3}, 1, \frac{4}{3}, \frac{5}{3}, 2\}$ y

$$x_1^* = \tfrac{1}{6},\quad x_2^* = \tfrac{3}{6},\quad x_3^* = \tfrac{5}{6},\quad x_4^* = \tfrac{7}{6},\quad x_5^* = \tfrac{9}{6},\quad x_6^* = \tfrac{11}{6}.$$

Calcular $S^*(P)$ y comparar su valor con el de la integral

$$\int_0^2 x \cos x^2 \, dx.$$

**10. (Calculadora)** Sean $f(x) = \sec^2 x$, $x \in [0, 1]$, $P = \{0, \frac{2}{10}, \frac{4}{10}, \frac{6}{10}, \frac{8}{10}, 1\}$ y

$$x_1^* = \tfrac{1}{10},\quad x_2^* = \tfrac{3}{10},\quad x_3^* = \tfrac{5}{10},\quad x_4^* = \tfrac{7}{10},\quad x_5^* = \tfrac{9}{10}.$$

Calcular $S^*(P)$ y comparar su valor con el de la integral

$$\int_0^1 \sec^2 x \, dx.$$

---

### Un programa para la integración numérica vía las sumas de Riemann (BASIC)

Este programa pone de relieve un hecho importante: no es necesario intentar siempre el cálculo de una integral definida mediante una antiderivada explícita del integrando evaluada en los límites de integración. Se puede estimar el valor de la integral directamente a partir de las sumas de Riemann. El ordenador hace que éste sea un método práctico y potencialmente muy preciso para hallar una respuesta. El programa es fiable y, como de costumbre, funciona con una función genérica que ha de ser sustituida por la función de su elección. El intervalo de integración así como la longitud de los subintervalos utilizados también pueden ser escogidos por el lector.

```
10 REM Numerical integration via Riemann sums
20 REM copyright © Colin C. Graham 1988-1989
30 REM change the line "def FNf(x) = ..."
40 REM to fit your function
50 DEF FNf(x) = 4/ ( 1 + x*x)
100 INPUT "Enter left endpoint"; a
110 INPUT "Enter right endpoint"; b
120 INPUT "Enter number of divisions"; n
200 delta = (b - a) /n
210 integral = 0
300 REM this is left endpt estimate
310 REM for right endpt estimate use j = 1 to n
320 FOR j = 0 TO n - 1
330     integral = integral + FNf(a + j*delta)*delta
340 NEXT j
400 PRINT integral
500 INPUT "Do again? (Y/N"; a$
510 IF a$ = "Y" OR a$ = "y" THEN 100
520 END
```

## RESUMEN DEL CAPÍTULO

### 5.1 Un problema de área; un problema de velocidad y distancia

### 5.2 La integral definida de una función continua

partición (p. 309) suma superior; suma inferior (p. 310)
integral definida (p. 312) límites de integración; integrando (p. 312)

### 5.3 La función $F(x) = \int_a^x f(t)\, dt$

aditividad de la integral (p. 321)

$\frac{d}{dx}\left[\int_a^x f(t)\, dt\right] = f(x)$ si $f$ es continua (p. 323)

### 5.4 El teorema fundamental del cálculo integral

antiderivada (p. 328) teorema fundamental (p. 328)
linealidad de la integral (p. 331)

### 5.5 Algunos problemas de área

Si $f$ y $g$ son continuas y si $f(x) \geq g(x)$ para todo $x \in [a, b]$, entonces

$$\int_a^b [f(x) - g(x)]\, dx$$

nos da el área de la región comprendida entre las gráficas de $f$ y $g$ sobre $[a, b]$.

## 5.6 Integrales indefinidas

integral indefinida; constante de integración (p. 340)

## 5.7 Algunos problemas de movimiento

Para un objeto que se mueve a lo largo de un eje de coordenadas con velocidad $v(t)$

$$\int_a^b |v(t)|\ dt = \text{distancia recorrida entre los instantes } t = a \text{ y } t = b$$

mientras que

$$\int_a^b v(t)\ dt = \text{desplazamiento neto entre los instantes } t = a \text{ y } t = b$$

ecuación del movimiento lineal con aceleración constante (p. 346)

## 5.8 Cambio de variable

Una integral de la forma $\int f(g(x))g'(x)\ dx$ puede escribirse de la forma $\int f(u)\ du$ haciendo

$$u = g(x), \quad du = g'(x)\ dx.$$

Para las integrales definidas

$$\int_a^b f(g(x))g'(x)\ dx = \int_{g(a)}^{g(b)} f(u)\ du.$$

## 5.9 Integración de las funciones trigonométricas

$$\int \cos x\ dx = \operatorname{sen} x + C, \qquad \int \operatorname{sen} x\ dx = -\cos x + C,$$

$$\int \sec^2 x\ dx = \tan x + C, \qquad \int \operatorname{cosec}^2 x\ dx = -\cot x + C,$$

$$\int \sec x \tan x\ dx = \sec x + C, \qquad \int \operatorname{cosec} x \cot x dx = -\operatorname{cosec} x + C,$$

$$\int \cos^2 x\ dx = \tfrac{1}{2}x + \tfrac{1}{4}(\operatorname{sen} 2x) + C, \qquad \int \operatorname{sen}^2 x\ dx = \tfrac{1}{2}x - \tfrac{1}{4}(\operatorname{sen} 2x) + C.$$

## 5.10 Otras propiedades de la integral definida

La integral de una función no negativa es no negativa; la integral de una función positiva es positiva; la integral preserva el orden (p. 363)

$$\left|\int_a^b f(x)\ dx\right| \le \int_a^b |f(x)|\ dx, \qquad \frac{d}{dx}\left[\int_a^u f(t)\ dt\right] = f(u)\frac{du}{dx}$$

## 5.11 El teorema del valor medio para integrales; valor medio o promedio

primer teorema del valor medio para integrales (p. 367) promedio (pp. 367-368)
segundo teorema del valor medio para integrales (p. 369)
media ponderada o promedio ponderado (p. 369)
masa de un varilla (p. 370) centro de masa de una varilla (p. 370)

## 5.12 Ejercicios adicionales

## 5.13 La integral como límite de sumas de Riemann

método de Darboux (p. 377) sumas de Riemann (p. 378)

$$\int_a^b f(x)\,dx = \lim_{\|P\| \to 0} \left[ f(x_1^*)\Delta x_1 + f(x_2^*)\Delta x_2 + \ldots + f(x_n^*)\Delta x_n \right]$$

6

# ALGUNAS APLICACIONES DE LA INTEGRAL

## 6.1 ALGO MÁS ACERCA DEL ÁREA

### Rectángulos representativos

Hemos visto cómo la integral definida puede ser considerada como un límite de sumas de Riemann:

$$(1) \qquad \int_a^b f(x)\,dx = \lim_{\|P\|\to 0}\left[f(x_1^*)\Delta x_1 + f(x_2^*)\Delta x_2 + \ldots + f(x_n^*)\Delta x_n\right].$$

Al elegir $x_i^*$ de manera arbitraria en $[x_{i-1}, x_i]$, se puede considerar $f(x_i^*)$ como un valor *representativo* de $f$ en ese intervalo. Si $f$ es positiva, el producto

$$f(x_i^*)\Delta x_i$$

da el área del *rectángulo representativo* de la figura 6.1.1. La fórmula (1) nos dice que podemos aproximar el área por debajo de la curva tanto como deseemos sumando áreas de rectángulos representativos. (Figura 6.1.2)

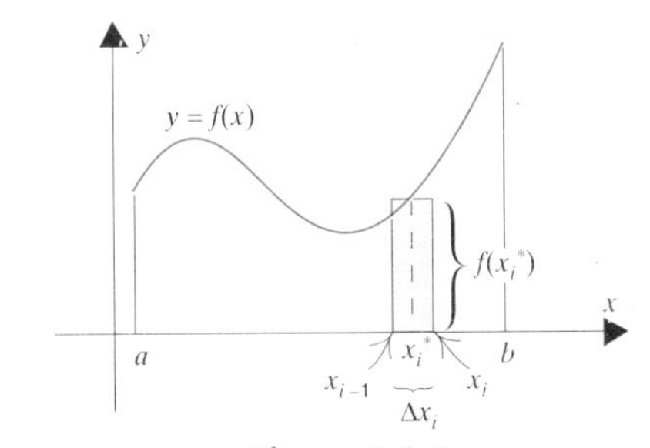


Figura 6.1.1

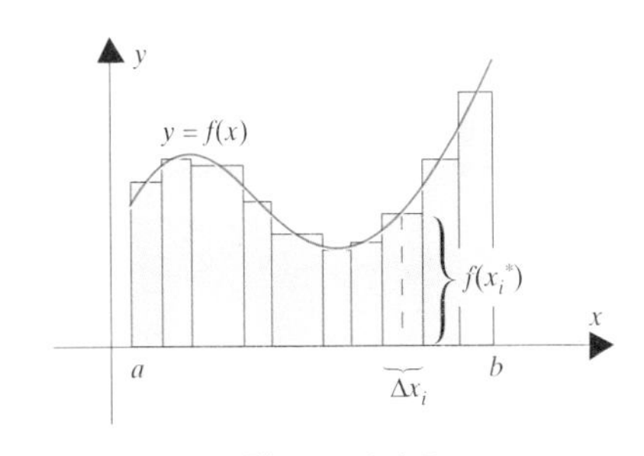


Figura 6.1.2

La figura 6.1.3 muestra una región $\Omega$ limitada por arriba por la gráfica de una función $f$ y limitada por abajo por la gráfica de una función $g$. Como vimos anteriormente, podemos calcular el área de $\Omega$ integrando respecto de $x$ la *separación vertical*

$$f(x) - g(x)$$

desde $x = a$ hasta $x = b$:

$$\text{área } (\Omega) = \int_a^b [f(x) - g(x)]\, dx.$$

En este caso las sumas de Riemann que permiten la aproximación tienen la forma

$$[f(x_1^*) - g(x_1^*)]\Delta x_1 + [f(x_2^*) - g(x_2^*)]\Delta x_2 + \ldots + [f(x_n^*) - g(x_n^*)]\Delta x_n.$$

Las dimensiones de un rectángulo representativo son ahora

$$f(x_i^*) - g(x_i^*) \qquad \text{y} \qquad \Delta x_i.$$

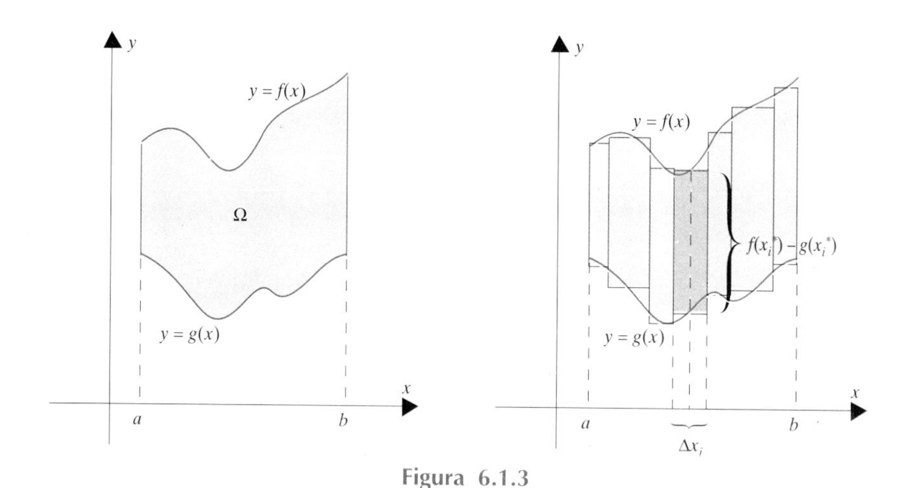


Figura 6.1.3

## Áreas por integración respecto de $y$

En la figura 6.1.4 podemos ver una región cuyas fronteras no son funciones de $x$ sino funciones de $y$. En tal caso podemos dibujar los rectángulos representativos horizontalmente y calcular el área de la región como límite de las sumas de Riemann compuestas de productos de la forma

$$\left[F(y_1^*) - G(y_1^*)\right]\Delta y_1 + \left[F(y_2^*) - G(y_2^*)\right]\Delta y_2 + \ldots + \left[F(y_n^*) - G(y_n^*)\right]\Delta y_n.$$

Por consiguiente el área de la región viene dada por la integral

$$\int_c^d [F(y) - G(y)]\, dy.$$

Aquí estamos integrando la *separación horizontal*

$$F(y) - G(y)$$

respecto de $y$.

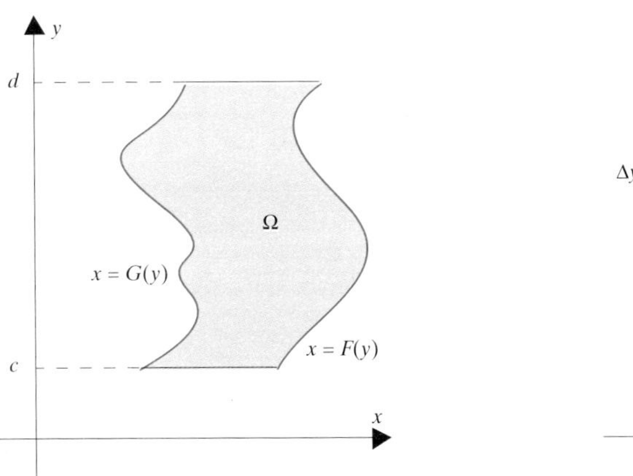


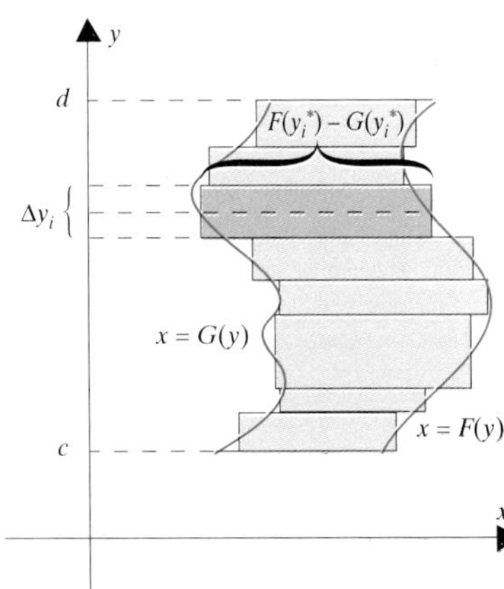


**Figura 6.1.4**

**Problema 1.** Hallar el área de la región limitada a la izquierda por $x = y^2$ y a la derecha por $x = 3 - 2y^2$.

*Solución.* La región está representada en la figura 6.1.5. El modo más fácil de calcular el área consiste en considerar los rectángulos representativos horizontalmente e integrar respecto de $y$.

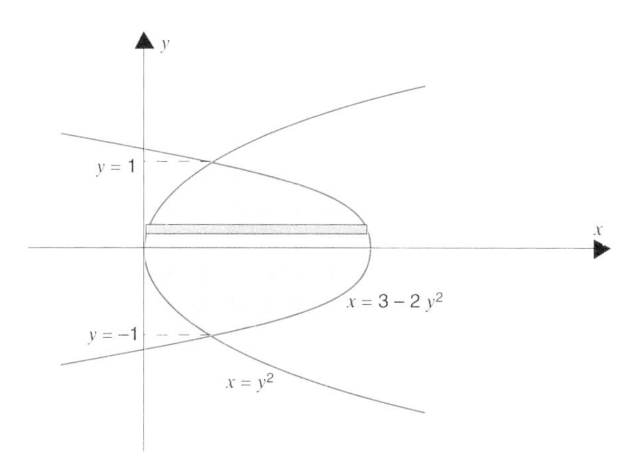


Figura 6.1.5

Las dos curvas se cortan en $y = -1$ e $y = 1$. Podemos hallar el área de la región integrando la separación

$$(3 - 2y^2) - y^2 = 3 - 3y^2$$

desde $y = -1$ hasta $y = 1$:

$$A = \int_{-1}^{1} (3 - 3y^2)\, dy = 4. \quad \square$$

**Problema 2.** Calcular el área de la región limitada por las curvas $x = y^2$ y $x - y = 2$ integrando (a) respecto de $x$, (b) respecto de $y$.

*Solución.* (a) Para integrar respecto de $x$ se considera los rectángulos representativos verticalmente. Ver figura 6.1.6. La frontera superior de la región es la curva $y = \sqrt{x}$. Sin embargo, la frontera inferior debe ser descrita mediante dos ecuaciones: $y = -\sqrt{x}$ desde $x = 0$ hasta $x = 1$ e $y = x - 2$ desde $x = 1$ hasta $x = 4$. De ahí que necesitemos dos integrales:

$$A = \int_0^1 [\sqrt{x} - (-\sqrt{x})]\, dx + \int_1^4 [\sqrt{x} - (x - 2)]\, dx$$
$$= 2\int_0^1 \sqrt{x}\; dx + \int_1^4 (\sqrt{x} - x + 2)\, dx = \left[\tfrac{4}{3}x^{3/2}\right]_0^1 + \left[\tfrac{2}{3}x^{3/2} - \tfrac{1}{2}x^2 + 2x\right]_{-1}^{2} = \tfrac{9}{2}.$$

(b) Ver figura 6.1.7. Para integrar respecto de $y$ consideramos los rectángulos representativos horizontalmente. Ahora la frontera de la derecha es la recta

$x = y + 2$ y la frontera de la izquierda es la curva $x = y^2$. Como $x$ varía desde $-1$ hasta 2,

$$A = \int_{-1}^{2} [(y+2) - y^2]\, dy = \left[\tfrac{1}{2}y^2 + 2y - \tfrac{1}{3}y^3\right]_{-1}^{2} = \tfrac{9}{2}. \quad \square$$

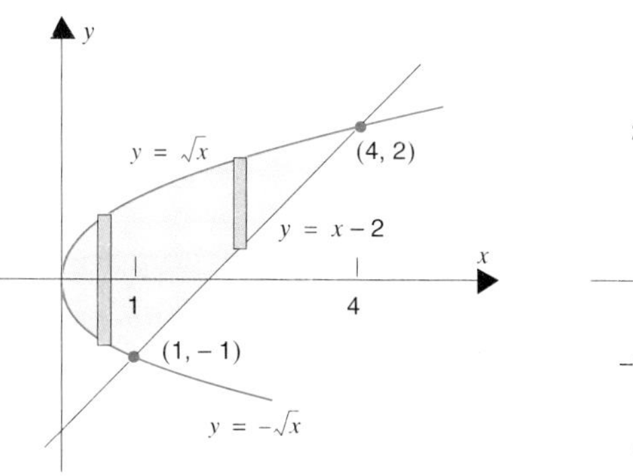

Figura 6.1.6

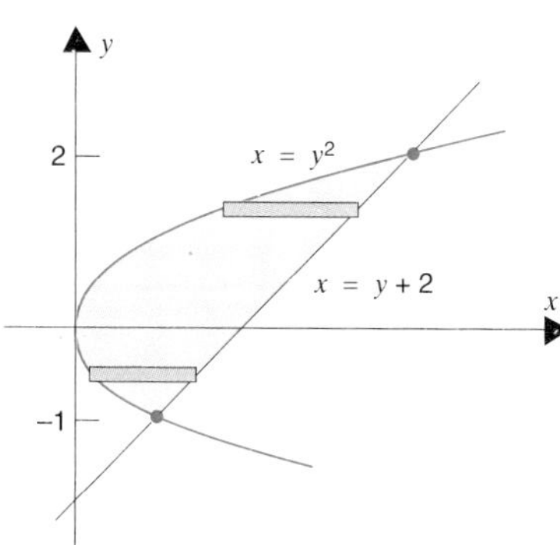

Figura 6.1.7

## EJERCICIOS 6.1

En cada caso dibujar la región limitada por las curvas. Representar el área de la región por una o más integrales (a) en términos de $x$; (b) en términos de $y$.

**1.** $y = x^2, \quad y = x + 2.$

**2.** $y = x^2, \quad y = -4x.$

**3.** $y = x^3, \quad y = 2x^2.$

**4.** $y = \sqrt{x}, \quad y = x^3.$

**5.** $y = -\sqrt{x}, \quad y = x - 6, \quad y = 0.$

**6.** $x = y^3, \quad x = 3y + 2.$

**7.** $y = |x|, \quad 3y - x = 8.$

**8.** $y = x, \quad y = 2x, \quad y = 3.$

**9.** $x + 4 = y^2, \quad x = 5.$

**10.** $x = |y|, \quad x = 2.$

**11.** $y = 2x, \quad x + y = 9, \quad y = x - 1.$

**12.** $y = x^3, \quad y = x^2 + x - 1.$

**13.** $y = x^{1/3}, \quad y = x^2 + x - 1.$

**14.** $y = x + 1, \quad y + 3x = 13, \quad 3y + x + 1 = 0.$

En cada caso dibujar la región limitada por las curvas y calcular su área.

**15.** $4x = 4y - y^2, \quad 4x - y = 0.$

**16.** $x + y^2 - 4 = 0, \quad x + y = 2.$

**17.** $x = y^2, \quad x = 3 - 2y^2.$

**18.** $x + y = 2y^2, \quad y = x^3.$

**19.** $x + y - y^3 = 0, \quad x - y + y^2 = 0.$

**20.** $8x = y^3, \quad 8x = 2y^3 + y^2 - 2y.$

## 6.2 CÁLCULO DE VOLÚMENES POR SECCIONES PARALELAS; DISCOS Y ARANDELAS

Una manera de calcular el volumen de un sólido consiste en introducir un eje de coordenadas y examinar las secciones transversales del sólido perpendiculares a dicho eje. En la figura 6.2.1 hemos representado un sólido y un eje de coordenadas considerado como eje $x$. Como en la figura, suponemos que el sólido está enteramente situado entre $x = a$ y $x = b$. En la figura se puede ver una sección arbitraria del sólido, perpendicular al eje $x$. En lo sucesivo, por $A(x)$ designamos el área de la sección transversal que tiene coordenada $x$.

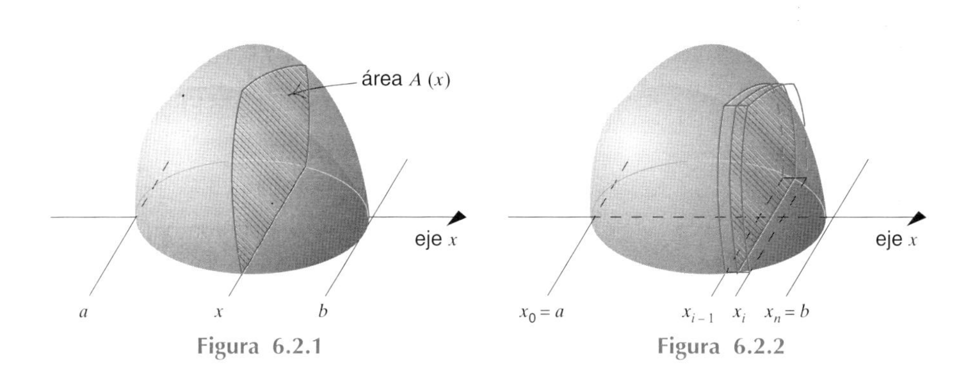


Figura 6.2.1 Figura 6.2.2

Si el área de la sección transversal, $A(x)$ varía continuamente con $x$, podemos hallar el volumen del sólido mediante la integración de dicha función entre $a$ y $b$:

**(6.2.1)**
$$V = \int_a^b A(x)\,dx.$$

Para demostrar esto, consideremos $P = \{x_0, x_1, \ldots, x_n\}$ una partición de $[a, b]$. El volumen del sólido entre $x_{i-1}$ y $x_i$ puede ser aproximado por un producto de la forma

$$A(x_i^*)\Delta x_i \qquad \text{(Figura 6.2.2)}$$

donde $x_i^*$ es elegido arbitrariamente en $[x_{i-1}, x_i]$. Luego el volumen del sólido puede ser aproximado por sumas de la forma

$$A(x_1^*)\Delta x_1 + A(x_2^*)\Delta x_2 + \ldots + A(x_n^*)\Delta x_n.$$

Se trata de sumas de Riemann que convergen, cuando $\|P\| \to 0$, a

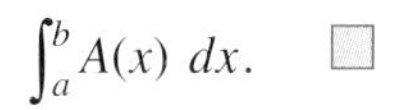

$$\int_a^b A(x)\,dx. \quad \square$$

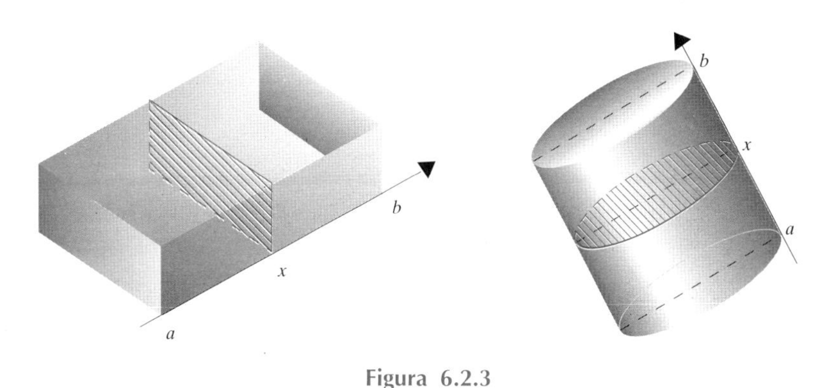


Figura 6.2.3

Para sólidos de sección transversal constante (como los representados en la figura 6.2.3), el volumen es simplemente el producto de la sección transversal por el espesor:

$$V = (\text{área de la sección constante}) \cdot (b - a).$$

Para los sólidos con sección transversal variable,

$$V = \int_a^b A(x)\,dx,$$

lo cual equivale a

**(6.2.2)** $$V = (\text{promedio del área de la sección transversal}) \cdot (b - a)$$ (5.11.2)

El cálculo del volumen de sólidos más generales se verá en el capítulo 17. Nos limitaremos aquí a sólidos con secciones transversales simples.

**Problema 1.** Hallar el volumen de una pirámide triangular, siendo $B$ el área de su base y $h$ la altura.

*Solución.* En la figura 6.2.4 hemos representado un eje de coordenadas que pasa por el vértice y es perpendicular a la base. Asignamos coordenada 0 al vértice y $h$ al punto de la base. La sección transversal a una distancia de $x$ unidades del vértice $(0 \leq x \leq h)$ es un triángulo semejante al triángulo de la base. Los lados correspondientes de estos triángulos son proporcionales, siendo $x/h$ el factor de proporcionalidad. Esto significa que las áreas también son proporcionales, sólo que el factor de proporcionalidad es $(x/h)^2$.† De ahí que

$$A(x) = B\frac{x^2}{h^2} \qquad \text{y} \qquad V = \int_0^h A(x)\,dx = \frac{B}{h^2}\int_0^h x^2\,dx = \frac{B}{h^2}\left(\tfrac{1}{3}h^3\right) = \tfrac{1}{3}Bh.$$

Esta fórmula fue descubierta en tiempos antiguos. Ya la conocía Eudoxio de Cnidos (alrededor del 400 a.C.). □

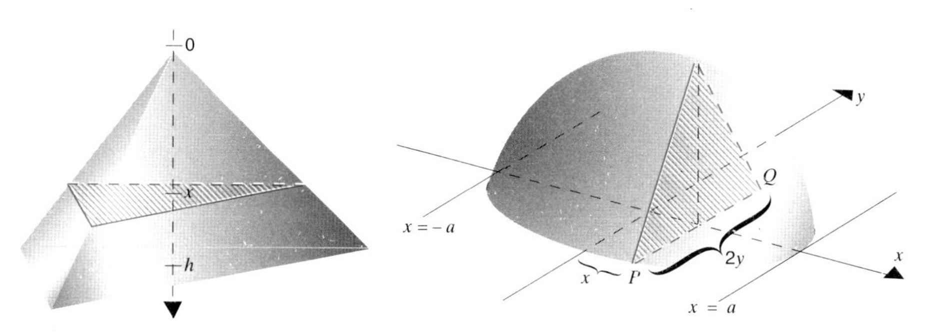


Figura 6.2.4

Figura 6.2.5

**Problema 2.** La base de un sólido es la región delimitada por la elipse

$$\frac{x^2}{a^2} + \frac{y^2}{b^2} = 1.$$

† Si el triángulo de la base tiene como dimensiones $a$, $b$, y $c$, su área es $ab$ sen $\theta$, donde $\theta$ es el ángulo opuesto al lado de longitud $c$. Para el triángulo de nivel $x$, las dimensiones son $a(x/h)$, $b(x/h)$, $c(x/h)$ y el área es $a(x/h)b(x/h)$ sen $\theta = ab$ sen $\theta\,(x/h)^2$.

Hallar el volumen de dicho sólido sabiendo que las secciones transversales perpendiculares al eje $x$ son triángulos equiláteros.

*Solución.* Sea $x$ como en la figura 6.2.5. La sección transversal de coordenada $x$ es un triángulo equilátero de lado $\overline{PQ}$. La ecuación de la elipse puede escribirse

$$y^2 = \frac{b^2}{a^2}(a^2 - x^2).$$

Dado que

$$\text{longitud de } \overline{PQ} = 2y = \frac{2b}{a}\sqrt{a^2 - x^2},$$

el área del triángulo equilátero será:

$$A(x) = \frac{\sqrt{3}b^2}{a^2}(a^2 - x^2).^{\dagger}$$

Podemos hallar el volumen del sólido integrando $A(x)$ desde $x = -a$ hasta $x = a$:

$$V = \int_{-a}^{a} A(x)\,dx = 2\int_0^a A(x)\,dx \quad \text{(por simetría)}$$

$$= \frac{2\sqrt{3}b^2}{a^2}\int_0^a (a^2 - x^2)\,dx$$

$$= \frac{2\sqrt{3}b^2}{a^2}\left[a^2x - \frac{x^3}{3}\right]_0^a = \tfrac{4}{3}\sqrt{3}ab^2. \quad \square$$

**Problema 3.** La base de un sólido es la región entre las parábolas

$$x = y^2 \qquad \text{y} \qquad x = 3 - 2y^2.$$

Hallar el volumen del sólido sabiendo que la secciones transversales perpendiculares al eje $x$ son cuadrados.

† En general, el área de un triángulo equilátero es $\frac{1}{4}\sqrt{3}s^2$, donde $s$ es la longitud de uno de los lados.

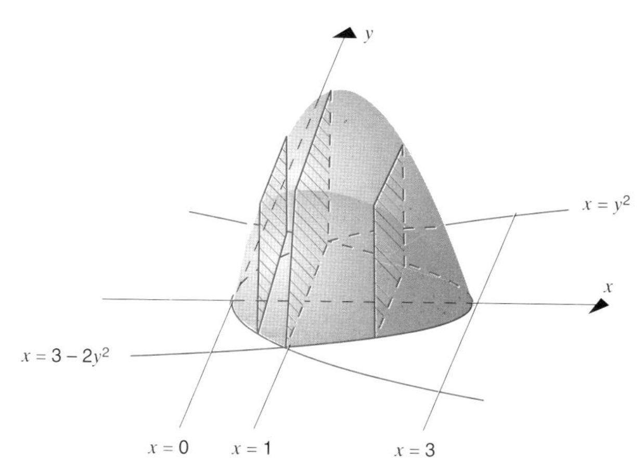


**Figura 6.2.6**

*Solución.* Las dos parábolas se cortan en $x = 1$ (figura 6.2.6). Entre $x = 0$ y $x = 1$, la sección transversal de coordenada $x$ tiene por área

$$A(x) = (2y)^2 = 4y^2 = 4x.$$

(Aquí lo que medimos es el área determinada por la primera parábola $x = y^2$.) El volumen del sólido entre $x = 0$ y $x = 1$ es

$$V_1 = \int_0^1 4x\,dx = 4\left[\tfrac{1}{2}x^2\right]_0^1 = 2.$$

Entre $x = 1$ y $x = 3$, la sección transversal de coordenada $x$ tiene por área

$$A(x) = (2y)^2 = 4y^2 = 2(3 - x).$$

(Aquí lo que medimos es el área determinada por la segunda parábola $x = 3 - 2y^2$.) El volumen del sólido entre $x = 1$ y $x = 3$ es

$$V_2 = \int_1^3 2(3 - x)dx = 2\left[-\tfrac{1}{2}(3 - x)^3\right]_1^3 = 4.$$

El volumen total es

$$V_1 + V_2 = 6. \quad \square$$

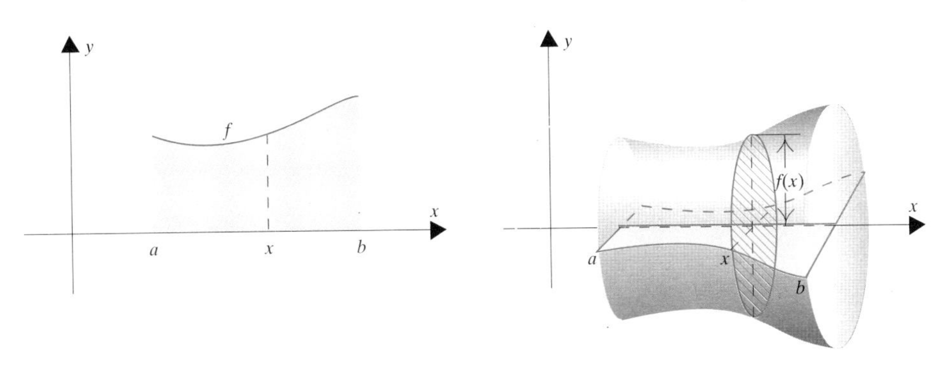


Figura 6.2.7

## Sólidos de revolución: Método de los discos

Supongamos que $f$ es no negativa y continua en $[a, b]$. (Ver figura 6.2.7.) Si giramos la región por debajo de la gráfica de $f$ alrededor del eje $x$, obtenemos un sólido. El volumen de este sólido viene dado por la fórmula

**(6.2.3)**
$$V = \int_a^b \pi [f(x)]^2 \, dx.$$

Demostración. La sección transversal de coordenada $x$ es un *disco* circular de radio $f(x)$. Luego el área de la sección transversal es $\pi [f(x)]^2$. □

Entre los más sencillos sólidos de revolución tenemos el cono y la esfera.

**Ejemplo 4.** Podemos generar un cono cuyo radio de base sea $r$ y cuya altura sea $h$ haciendo girar alrededor del eje $x$ la región debajo de la gráfica de

$$f(x) = \frac{r}{h}x, \qquad 0 \leq x \leq h. \qquad \text{(dibujar una figura)}$$

Aplicando la fórmula 6.2.3, obtenemos

$$\text{volumen del cono} = \int_0^h \pi \frac{r^2}{h^2} x^2 \, dx = \tfrac{1}{3}\pi r^2 h. \qquad □$$

**Ejemplo 5.** Una esfera de radio $r$ puede obtenerse girando la región debajo de la gráfica de

$$f(x) = \sqrt{r^2 - x^2}, \qquad -r \leq x \leq r. \qquad \text{(dibujar una figura)}$$

Luego

$$\text{volumen de la esfera} = \int_{-r}^{r} \pi (r^2 - x^2)\, dx = \pi \left[ r^2 x - \tfrac{1}{3}x^3 \right]_{-r}^{r} = \tfrac{4}{3}\pi r^3.$$

Este resultado fue obtenido por Arquímedes en el siglo tercero a.d.C. □

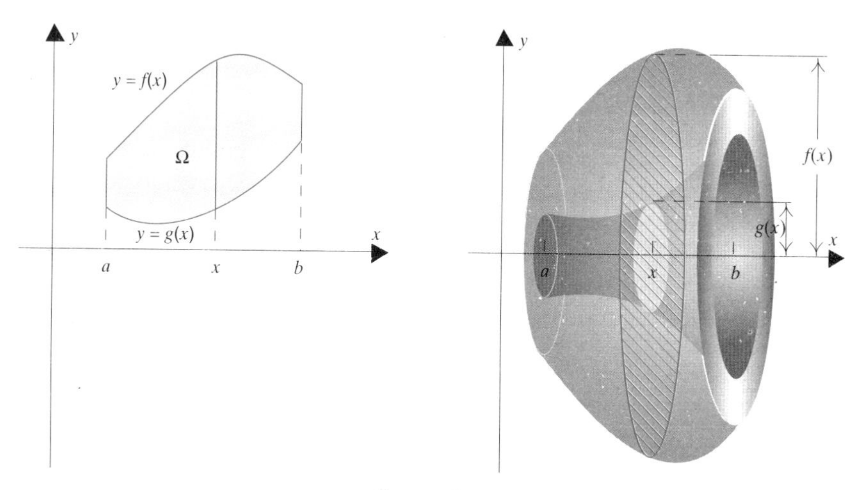


Figura 6.2.8

## Sólidos de revolución: Método de las arandelas

El método de las arandelas constituye una ligera generalización del método de los discos. Supongamos que $f$ y $g$ son dos funciones continuas no negativas tales que $g(x) \leq f(x)$ para todo $x$ en $[a, b]$. (Véase la figura 6.2.8.) Si hacemos girar la región $\Omega$ alrededor del eje $x$ obtenemos un sólido. El volumen de dicho sólido viene dado por la fórmula

**(6.2.4)** $$V = \int_a^b \pi([f(x)]^2 - [g(x)]^2)\, dx.$$ método de las arandelas respecto del eje $x$

Demostración. La sección transversal de coordenada $x$ es una *arandela* de radio exterior $f(x)$, de radio interior $g(x)$ y de área

$$A(x) = \pi[f(x)]^2 - \pi[g(x)]^2 = \pi([f(x)]^2 - [g(x)]^2).$$

Podemos obtener el volumen del sólido integrando esta función desde $a$ hasta $b$. □

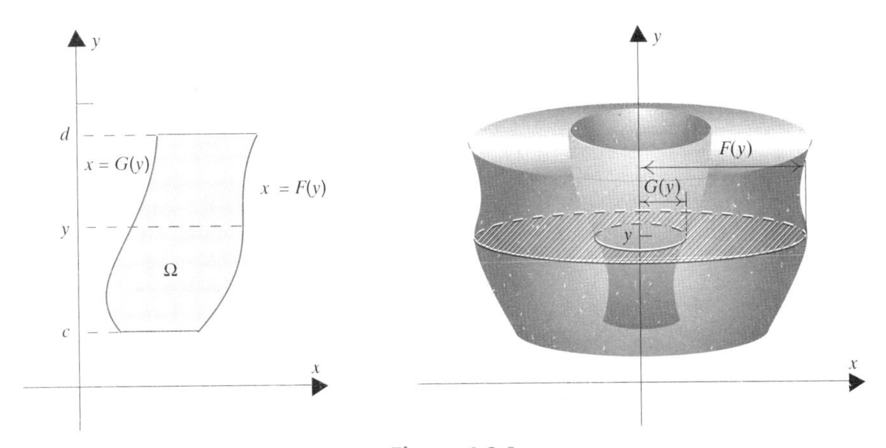


Figura 6.2.9

Supongamos ahora que las fronteras son funciones de $y$ y no de $x$. (Ver la figura 6.2.9.) Haciendo girar Ω *alrededor del eje y*, obtenemos un sólido de revolución. Resulta claro, según (6.2.4) que

**(6.2.5)**
$$V = \int_c^d \pi([F(y)]^2 - [G(y)]^2)\,dy.$$
método de las arandelas respecto del eje $y$

**Problema 6.** Hallar el volumen del sólido obtenido al hacer girar la región comprendida entre $y = x^2$ e $y = 2x$ alrededor del eje $x$.

*Solución.* Fijémonos en la figura 6.2.10. Para cada $x$ entre 0 y 2, la sección transversal de coordenada $x$ es una arandela de radio exterior $2x$ y de radio interior $x^2$. Por (6.2.4)

$$V = \int_0^2 \pi[(2x)^2 - (x^2)^2]\,dx = \pi\int_0^2 (4x^2 - x^4)\,dx = \pi\left[\tfrac{4}{3}x^3 - \tfrac{1}{5}x^5\right]_0^2 = \tfrac{65}{15}\pi. \quad □$$

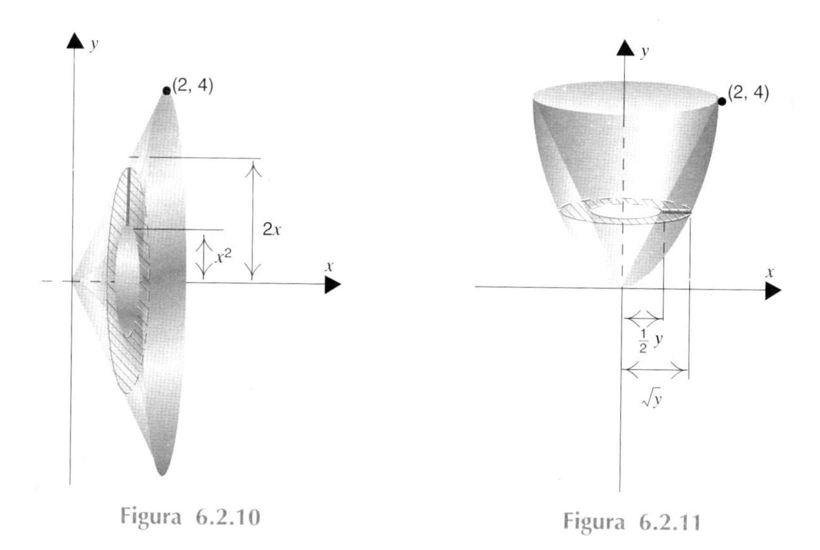


Figura 6.2.10 Figura 6.2.11

**Problema 7.** Hallar el volumen del sólido obtenido al hacer girar la región comprendida entre $y = x^2$ e $y = 2x$ alrededor del eje $y$.

*Solución.* El sólido está representado en la figura 6.2.11. Para cada $y$ entre 0 y 4, la sección transversal de ordenada $y$ es una arandela de radio exterior $\sqrt{y}$ y de radio interior $\frac{1}{2}y$. Por (6.2.5)

$$V = \int_0^4 \pi [(\sqrt{y})^2 - (\tfrac{1}{2}y)^2]\, dy = \pi \int_0^4 (y - \tfrac{1}{4}y^2)\, dy = \pi \left[\tfrac{1}{2}y^2 - \tfrac{1}{12}y^3\right]_0^4 = \tfrac{8}{3}\pi. \quad \square$$

**Observación.** Estos dos últimos problemas tienen que ver con los sólidos generados al hacer girar una misma región en torno a dos ejes *distintos*. Obsérvese que los sólidos son distintos y tienen volúmenes distintos. $\square$

## EJERCICIOS 6.2

Dibujar la región $\Omega$ limitada por las curvas y hallar el volumen del sólido engendrado al girar $\Omega$ alrededor del eje $x$.

**1.** $y = x, \quad y = 0, \quad x = 1.$

**2.** $x + y = 3, \quad y = 0, \quad x = 0.$

**3.** $y = x^2, \quad y = 9.$

**4.** $y = x^3, \quad y = 8, \quad x = 0.$

**5.** $y = \sqrt{x}, \quad y = x^3.$

**6.** $y = x^2, \quad y = x^{1/3}.$

**7.** $y = x^3, \quad x + y = 10, \quad y = 1.$

**8.** $y = \sqrt{x}, \quad x + y = 6, \quad y = 1.$

**9.** $y = x^2, \quad y = x + 2.$

**10.** $y = x^2, \quad y = 2 - x.$

**11.** $y = \sqrt{4 - x^2}, \quad y = 0.$

**12.** $y = 1 - |x|, \quad y = 0.$

**13.** $y = \sec x, \quad x = 0, \quad x = \frac{1}{4}\pi, \quad y = 0.$

**14.** $y = \operatorname{cosec} x, \quad x = \frac{1}{4}\pi, \quad x = \frac{3}{4}\pi, \quad y = 0.$

**15.** $y = \cos x, \quad y = x + 1, \quad x = \frac{1}{2}\pi.$

**16.** $y = \operatorname{sen} x, \quad x = \frac{1}{4}\pi, \quad x = \frac{1}{2}\pi, \quad y = 0.$

Dibujar la región $\Omega$ limitada por las curvas y hallar el volumen del sólido engendrado al girar $\Omega$ alrededor del eje $y$.

**17.** $y = 2x, \quad y = 4, \quad x = 0.$

**18.** $x + 3y = 6, \quad x = 0, \quad y = 0.$

**19.** $x = y^3, \quad x = 8, \quad y = 0.$

**20.** $x = y^2, \quad x = 4.$

**21.** $y = \sqrt{x}, \quad y = x^3.$

**22.** $y = x^2, \quad y = x^{1/3}.$

**23.** $y = x, \quad y = 2x, \quad x = 4.$

**24.** $x + y = 3, \quad 2x + y = 6, \quad x = 0.$

**25.** $x = y^2, \quad x = 2 - y^2.$

**26.** $x = \sqrt{9 - y^2}, \quad x = 0.$

**27.** La base de un sólido es el círculo $x^2 + y^2 = r^2$. Hallar el volumen de dicho sólido si las secciones transversales perpendiculares al eje $x$ son (a) cuadrados, (b) triángulos equiláteros.

**28.** La base de un sólido es la región limitada por la elipse $b^2x^2 + a^2y^2 = a^2b^2$. Hallar el volumen del sólido si las secciones transversales perpendiculares al eje $x$ son (a) triángulos rectángulos isósceles cuyas hipotenusas están en el plano $xy$, (b) cuadrados, (c) triángulos isósceles de altura igual a 2.

**29.** La base de un sólido está limitada por $y = x^2$ e $y = 4$. Hallar el volumen del sólido sabiendo que las secciones transversales perpendiculares al eje $x$ son (a) cuadrados, (b) semicírculos, (c) triángulos equiláteros.

**30.** La base de un sólido es la región comprendida entre las parábolas $x = y^2$ y $x = 3 - 2y^2$. Hallar el volumen del sólido sabiendo que las secciones transversales perpendiculares al eje $x$ son (a) rectángulos de altura $h$, (b) triángulos equiláteros, (c) triángulos rectángulos isósceles cuyas hipotenusas están en el plano $xy$.

**31.** El ejercicio 29 con las secciones transversales perpendiculares al eje $y$.

**32.** El ejercicio 30 con las secciones transversales perpendiculares al eje $y$.

**33.** Hallar el volumen definido al hacer girar la elipse $b^2x^2 + a^2y^2 = a^2b^2$ alrededor del eje $x$.

**34.** El ejercicio 33 con la elipse girada alrededor del eje $y$.

**35.** Establecer una fórmula para el volumen de un tronco de cono en función de su altura $h$, el radio de la base inferior $R$ y el radio de la base superior $r$. (Ver la figura 6.2.12.)

**36.** Hallar el volumen encerrado por la superficie obtenida al girar el triángulo equilátero de vértices $(0, 0)$, $(a, 0)$ y $\left(\frac{1}{2}a, \frac{1}{2}\sqrt{3}a\right)$ alrededor del eje $x$.

**37.** Un depósito semiesférico cuyo radio mide $r$ pies se utiliza para almacenar agua. ¿A qué porcentaje de su capacidad está lleno cuando el agua alcanza una altura de (a) $\frac{1}{2}r$ pies, y (b) $\frac{1}{3}r$ pies?

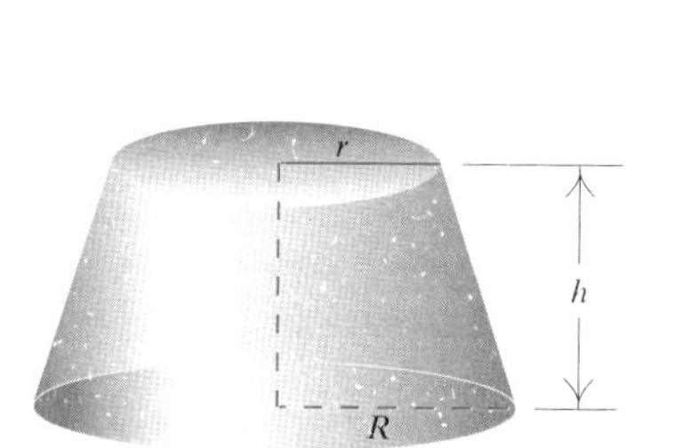


Figura 6.2.12

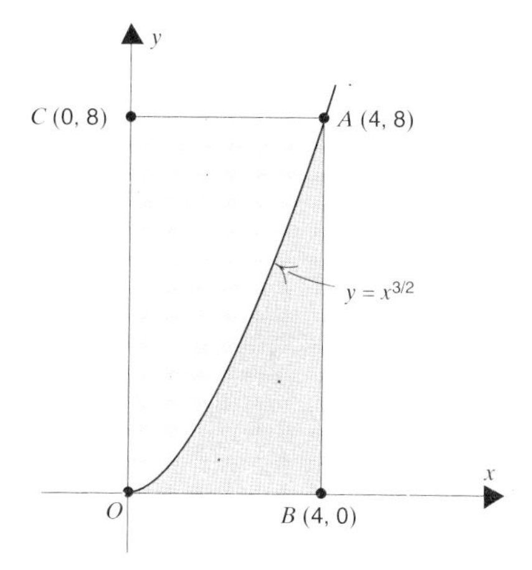


Figura 6.2.13

**38.** Se corta una esfera de radio $r$ por dos planos paralelos: uno, $a$ unidades por encima del ecuador y el otro $b$ unidades por debajo del ecuador. Hallar el volumen de la porción de esfera comprendida entre esos dos planos. Se supondrá que $a < b$.

**39.** Hallar el volumen generado cuando la región $OAB$ de la figura 6.2.13 gira alrededor (a) del eje $x$, (b) de $AB$, (c) de $CA$, (d) del eje $y$.

**40.** Hallar el volumen generado cuando la región $OAC$ de la figura 6.2.13 gira alrededor (a) del eje $y$, (b) de $CA$, (c) de $AB$, (d) del eje $x$.

## 6.3 CÁLCULO DE VOLÚMENES POR EL MÉTODO DE LAS CAPAS

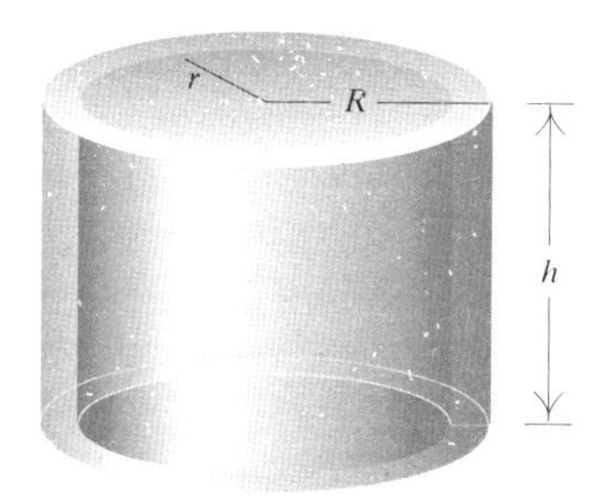


Figura 6.3.1

Para describir el método de las capas para el cálculo de volúmenes, empezaremos considerando un cilindro de radio $R$ y altura $h$ del cual se extrae un cilindro interior de radio $r$ (figura 6.3.1).

Dado que el cilindro de partida tiene un volumen igual a $\pi R^2 h$ y que la parte extraída tiene un volumen igual a $\pi r^2 h$, la capa cilíndrica restante tiene un volumen igual a

**(6.3.1)** $$\pi R^2 h - \pi r^2 h = \pi h(R + r)(R - r).$$

Utilizaremos esto en breve.

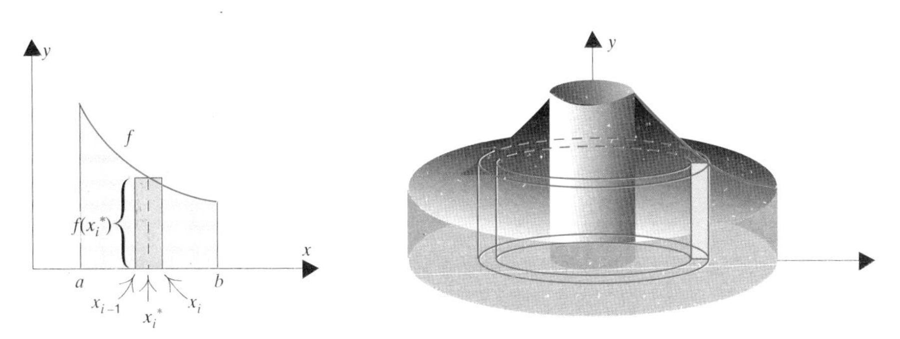


Figura 6.3.2

Consideremos ahora una función $f$, no negativa y continua en un intervalo $[a, b]$ que no contiene el origen en su interior. Para precisar más esto, supondremos que $a \geq 0$. Si la región debajo de la gráfica gira alrededor del eje $y$, genera un sólido $T$ (figura 6.3.2). El volumen de este sólido viene dado por *la fórmula del método de las capas*:

**(6.3.2)** $$V = \int_a^b 2\pi x f(x)\,dx.$$

Para ver esto, consideremos una partición $P = \{x_0, x_1, \ldots, x_n\}$ de $[a, b]$ y fijémonos en lo que ocurre en el $i$-ésimo subintervalo $[x_{i-1}, x_i]$. Recordemos que para formar una suma de Riemann, podemos escoger para $x_i^*$ el punto intermedio $\frac{1}{2}(x_{i-1} + x_i)$. El rectángulo representativo de altura $f(x_i^*)$ y base $\Delta x_i$ (ver figura 6.3.2) genera una capa cilíndrica de altura $h = f(x_i^*)$, de radio interior $r = x_{i-1}$ y radio exterior $R = x_i$. Podemos utilizar (6.2.3) para calcular el volumen de esta capa. Dado que

$$h = f(x_i^*) \qquad \text{y} \qquad R + r = x_i + x_{i-1} = 2x_i^* \qquad \text{y} \qquad R - r = \Delta x_i,$$

el volumen de esta capa es

$$\pi h(R + r)(R - r) = 2\pi x_i^* f(x_i^*)\Delta x_i.$$

El volumen del sólido puede aproximarse sumando los volúmenes de estas capas:

$$V \cong 2\pi x_1^* f(x^*{}_1)\Delta x_1 + 2\pi x_2^* f(x_2^*)\Delta x_2 + \ldots + 2\pi x_n^* f(x_n^*)\Delta x_n.$$

Las sumas de la derecha son sumas de Riemann que convergen a

$$\int_a^b 2\pi x f(x)\, dx$$

cuando $\|P\| \to 0$. □

Para una interpretación sencilla de la fórmula 6.3.2 consideremos la figura 6.3.3.

Cuando la región debajo de la gráfica de $f$ gira alrededor del eje $y$, el segmento de recta de $x$ unidades a partir del eje $y$ engendra un cilindro de radio $x$, altura $f(x)$ y área lateral igual a $2\pi x f(x)$. La fórmula del método de las capas expresa el volumen de un sólido de revolución como el promedio del área lateral de esos cilindros multiplicado por la longitud del intervalo de base:

**(6.3.3)** $$V = (\text{promedio del área lateral de los cilindros}) \cdot (b - a).$$

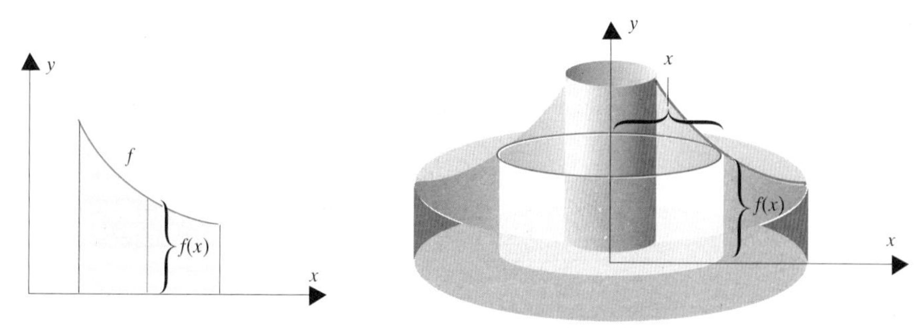


Figura 6.3.3

La fórmula del método de las capas es susceptible de ser generalizada. Con $\Omega$ como en la figura 6.3.4, el volumen engendrado haciendo girar $\Omega$ alrededor del eje $y$ viene dado por la fórmula

**(6.3.4)** $$V = \int_a^b 2\pi x\,[f(x) - g(x)]\,dx.$$ método de las capas respecto del eje $y$

El integrando $2\pi x\,[f(x) - g(x)]$ es el área lateral del cilindro de la figura 6.3.4.

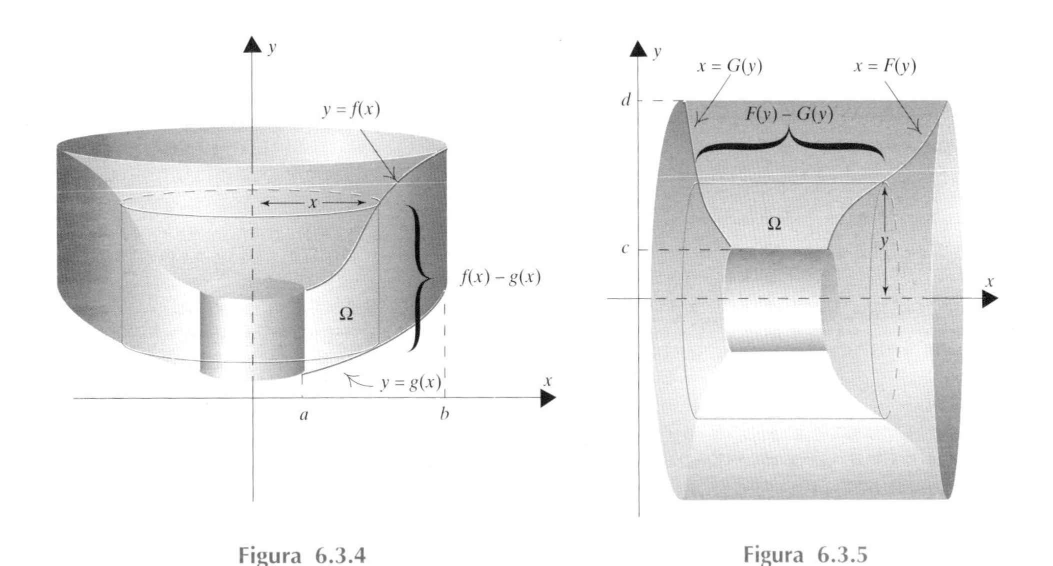


Figura 6.3.4 Figura 6.3.5

También podemos aplicar el método de las capas a sólidos engendrados al hacer girar una región alrededor del eje $x$. Véase la figura 6.3.5. En este caso, las fronteras curvas son funciones de $y$ y no de $x$. Tenemos

**(6.3.5)** $$V = \int_c^d 2\pi y\,[F(y) - G(y)]\,dy.$$ método de las capas respecto del eje $x$

El integrando $2\pi x\,[F(y) - G(y)]$ es el área lateral del cilindro de la figura 6.3.5.

**Problema 1.** Hallar el volumen generado al girar la región comprendida entre

$$y = x^2 \qquad \text{e} \qquad y = 2x$$

alrededor del eje $y$.

*Solución.* Nos referimos a la figura 6.3.6. Para cada $x$ entre 0 y 2, el segmento de recta de $x$ unidades a partir del eje $y$ engendra un cilindro de radio $x$, de altura $(2x - x^2)$ y de área lateral $2\pi x(2x - x^2)$. Por (6.3.4) tenemos

$$V = \int_0^2 2\pi x\,(2x - x^2)\,dx = 2\pi\int_0^2 (2x^2 - x^3)\,dx = 2\pi\left[\tfrac{2}{3}x^3 - \tfrac{1}{4}x^4\right]_0^2 = \tfrac{8}{3}\pi. \quad \square$$

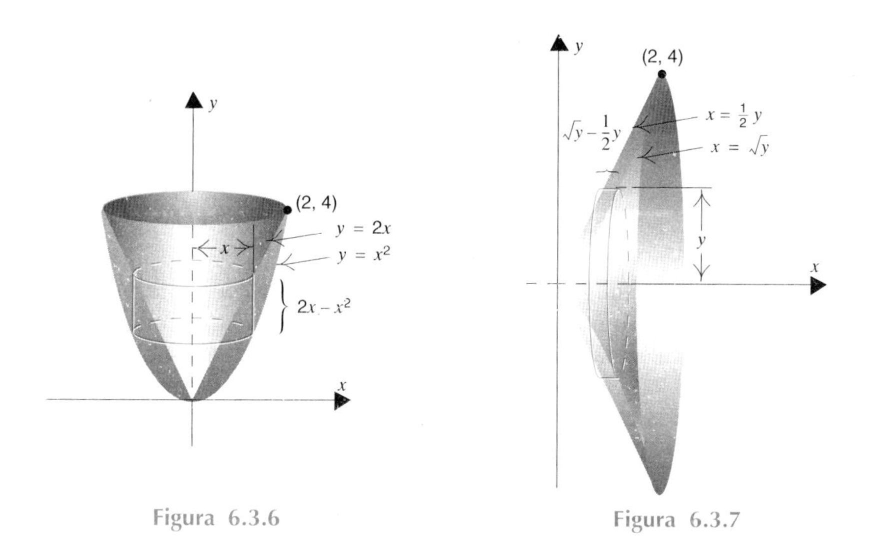


Figura 6.3.6 Figura 6.3.7

**Problema 2.** Hallar el volumen del sólido engendrado al girar la región entre

$$y = x^2 \qquad \text{e} \qquad y = 2x$$

alrededor del eje $x$.

*Solución.* Empezaremos por expresar estas fronteras en función de $y$. Podemos escribir $x = \sqrt{y}$ para la frontera de la derecha y $x = \frac{1}{2}y$ para la frontera de la izquierda (ver figura 6.3.7). La capa de radio $y$ tiene la altura $(\sqrt{y} - \frac{1}{2}y)$ . Luego, por (6.3.5), tenemos que

$$V = \int_0^4 2\pi y\,(\sqrt{y} - \tfrac{1}{2}y)\,dy = \pi\int_0^4 (2y^{3/2} - y^2)\,dy = \pi\Big[\tfrac{4}{5}y^{5/2} - \tfrac{1}{3}y^3\Big]_0^4 = \tfrac{64}{15}\pi. \quad \square$$

**Observación.** En la sección 6.2, hemos calculado el volumen de estos sólidos (y obtuvimos los mismos resultados) por el método de las arandelas. □

## EJERCICIOS 6.3

Dibujar la región $\Omega$ limitada por las curvas y usar el método de las capas para calcular el volumen del sólido engendrado al girar $\Omega$ alrededor del eje $y$.

**1.** $y = x,\quad y = 0,\quad x = 1.$
**2.** $x + y = 3,\quad y = 0,\quad x = 0.$
**3.** $y = \sqrt{x},\quad x = 4,\quad y = 0.$
**4.** $y = x^3,\quad x = 2,\quad y = 0.$
**5.** $y = \sqrt{x},\quad y = x^3.$
**6.** $y = x^2,\quad y = x^{1/3}.$
**7.** $y = x,\quad y = 2x,\quad y = 4.$
**8.** $y = x,\quad y = 1,\quad x + y = 6.$
**9.** $x = y^2,\quad x = y + 2.$
**10.** $x = y^2,\quad x = 2 - y.$
**11.** $x = \sqrt{9 - y^2},\quad x = 0.$
**12.** $x = |y|,\quad x = 2 - y^2.$

Dibujar la región $\Omega$ limitada por las curvas y usar el método de las capas para calcular el volumen del sólido engendrado al girar $\Omega$ alrededor del eje $x$.

**13.** $x + 3y = 6,\quad y = 0,\quad x = 0.$
**14.** $y = x,\quad y = 5,\quad x = 0.$
**15.** $y = x^2,\quad y = 9.$
**16.** $y = x^3,\quad y = 8,\quad x = 0.$
**17.** $y = \sqrt{x},\quad y = x^3.$
**18.** $y = x^2,\quad y = x^{1/3}.$
**19.** $y = x^2,\quad y = x + 2.$
**20.** $y = x^2,\quad y = 2 - x.$
**21.** $y = x,\quad y = 2x,\quad x = 4.$
**22.** $y = x,\quad x + y = 8,\quad x = 1.$
**23.** $y = \sqrt{1 - x^2},\quad x + y = 1.$
**24.** $y = x^2,\quad y = 2 - |x|.$

**25.** Usar el método de las capas para calcular el volumen encerrado por la superficie obtenida al girar la elipse $b^2x^2 + a^2y^2 = a^2b^2$ alrededor del eje $y$.
**26.** El ejercicio 25 para la elipse girando alrededor del eje $x$.
**27.** Usar el método de las capas para calcular el volumen encerrado por la superficie obtenida al girar el triángulo equilátero de vértices $(0, 0)$, $(a, 0)$, y $(\frac{1}{2}a, \frac{1}{2}\sqrt{3}a)$ alrededor del eje $y$.
**28.** Se corta una bola de radio $r$ en dos pedazos mediante un plano horizontal que pasa $a$ unidades por encima del centro de la bola. Determinar el volumen de la pieza superior mediante el método de las capas.
**29.** El ejercicio 39 de la sección 6.2 usando el método de las capas.
**30.** El ejercicio 40 de la sección 6.2 usando el método de las capas.

## 6.4 CENTROIDE DE UNA REGIÓN; TEOREMA DE PAPPUS RELATIVO A VOLÚMENES

### Centroide de una región

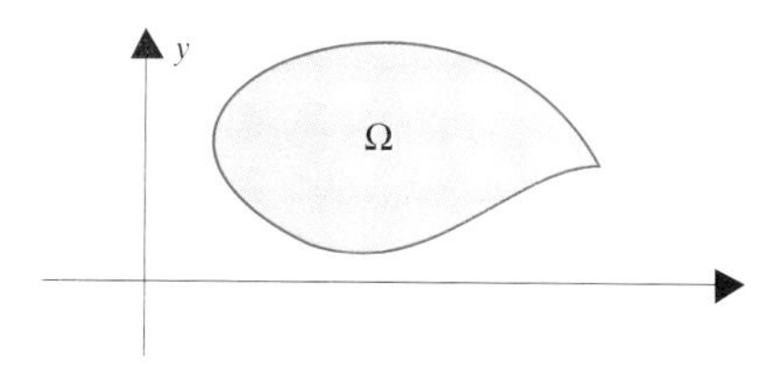


Figura 6.4.1

En la sección 5.1.1 hemos visto cómo calcular el centro de masa de una varilla. Supongamos ahora que tenemos una fina distribución de materia, una *fina hoja*, depositada en el plano $xy$ y cuya forma define una región $\Omega$ (ver figura 6.4.1). Si la densidad de masa de la hoja varía de un punto a otro, la determinación del centro de masa de la hoja precisa de una integración doble (ver capítulo 17). Sin embargo, si la densidad es constante en $\Omega$, el centro de masa de la hoja sólo depende de la forma de $\Omega$ y determina un punto que llamaremos *centroide* de $\Omega$. Salvo que la forma de $\Omega$ sea muy complicada, podemos determinar su centroide por una integración ordinaria en una variable.

Recurriremos a dos principios para hallar el centroide de una región $\Omega$. El primero es obvio. Tomaremos el segundo de la física.[†]

***Principio 1: Simetría.*** Si la región posee un eje de simetría, el centroide $(\bar{x}, \bar{y})$ pertenece a dicho eje. (Se deduce del Principio 1 que si la región posee un centro, ese centro ha de ser el centroide.)

***Principio 2: Aditividad.*** Si una región de área $A$ está formada por un número finito de partes de áreas $A_1, \ldots, A_n$ y de centroides $(\bar{x}_1, \bar{y}_1), \ldots, (\bar{x}_n, \bar{y}_n)$, se verifica que

**(6.4.1)** $$\bar{x}A = \bar{x}_1A_1 + \ldots + \bar{x}_nA_n \qquad \text{e} \qquad \bar{y}A = \bar{y}_1A_1 + \ldots + \bar{y}_nA_n.$$

[†] Al menos de momento. En realidad se justifica muy bien a partir de una integración doble. (Capítulo 17)

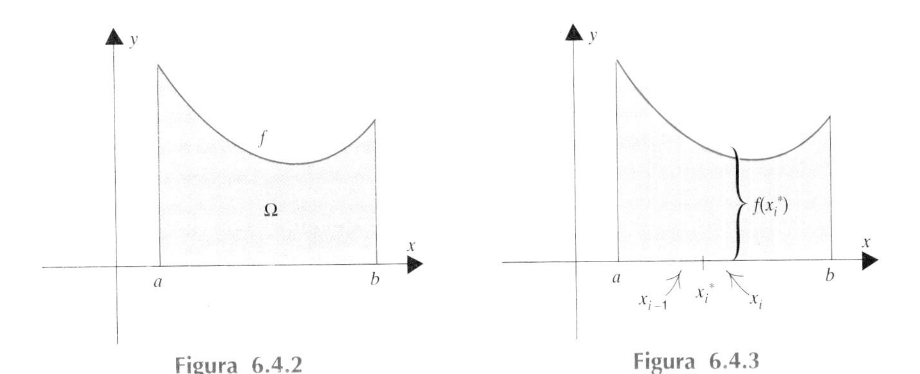


Figura 6.4.2

Figura 6.4.3

Estamos ahora en condiciones de introducir las técnicas del cálculo necesarias. En la figura 6.4.2 está representada la región $\Omega$ debajo de la gráfica de una función continua $f$. Sea $A$ el área de $\Omega$. El centroide $(\bar{x}, \bar{y})$ de $\Omega$ puede obtenerse a partir de las siguientes fórmulas:

**(6.4.2)** $$\bar{x}A = \int_a^b x f(x)\, dx, \qquad \bar{y}A = \int_a^b \tfrac{1}{2}[f(x)]^2\, dx.$$

Para obtener dichas fórmulas, consideremos una partición $P = \{x_0, x_1, \ldots, x_n\}$ de $[a, b]$. Ésta subdivide $[a, b]$ en $n$ subintervalos $[x_{i-1}, x_i]$. Tomemos para $x_i^*$ el punto intermedio de $[x_{i-1}, x_i]$ y formemos los rectángulos correspondientes $R_i$ representados en la figura 6.4.3. El área de $R_i$ es $f(x_i^*)\,\Delta x_i$ y el centroide de $R_i$ es su centro $(x_i^*, \frac{1}{2}f(x_i^*))$. Por (6.4.1) el centroide $(\bar{x}_p, \bar{y}_p)$ de la unión de esos rectángulos debe verificar:

$$\bar{x}_P A_P = x_1^* f(x_1^*)\Delta x_1 + \ldots + x^*_n f(x_n^*)\Delta x_n,$$

$$\bar{y}_P A_P = \tfrac{1}{2}\left[f(x_1^*)\right]^2\Delta x_1 + \ldots + \tfrac{1}{2}\left[f(x_n^*)\right]^2\Delta x_n.$$

(Aquí $A_P$ representa el área de la reunión de los $n$ rectángulos.) Cuando $\|P\| \to 0$ la unión de los rectángulos tiende a la forma de $\Omega$ y las ecuaciones que acabamos de escribir tienden a las fórmulas dadas en (6.4.2). □

**Problema 1.** Hallar el centroide del cuarto de disco de la figura 6.4.4.

*Solución.* El cuarto de disco tiene como eje de simetría a la recta $x = y$. Luego sabemos que $\bar{x} = \bar{y}$. Aquí,

$$\bar{y}A = \int_0^r \tfrac{1}{2}[f(x)]^2\,dx = \int_0^r \tfrac{1}{2}(r^2 - x^2)\,dx = \tfrac{1}{3}r^3.$$

$f(x) = \sqrt{r^2 - x^2}$

Dado que $A = \frac{1}{4}\pi r^2$,

$$\bar{y} = \frac{\frac{1}{3}r^3}{\frac{1}{4}\pi r^2} = \frac{4r}{3\pi}.$$

El centroide del cuarto de disco es el punto

$$\left(\frac{4r}{3\pi}, \frac{4r}{3\pi}\right). \quad \square$$

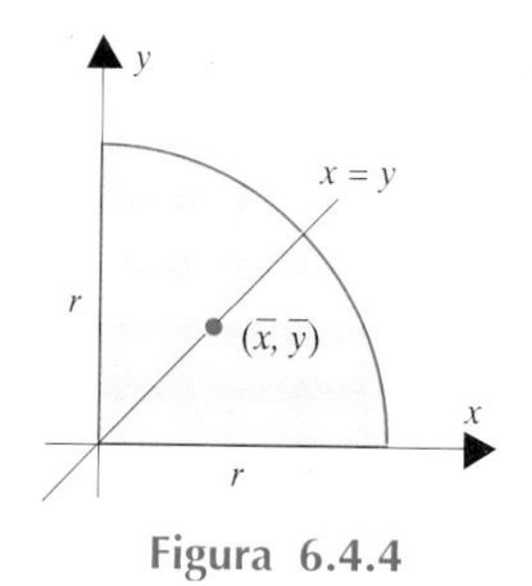


**Figura 6.4.4**

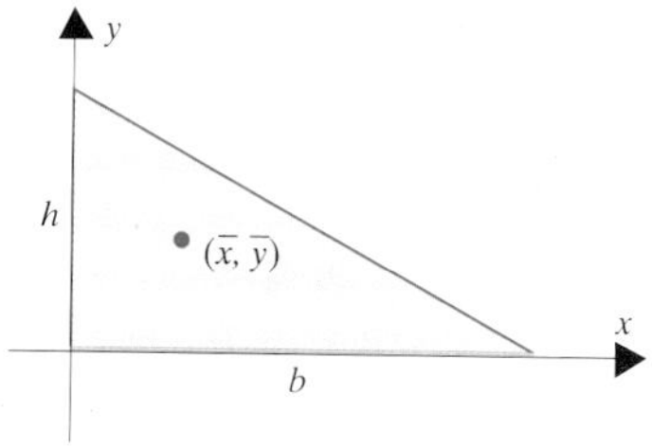

**Figura 6.4.5**

**Problema 2.** Hallar el centroide del triángulo rectángulo de la figura 6.4.5.

*Solución.* No podemos usar ninguna simetría en este caso. La hipotenusa está en la recta

$$y = -\frac{h}{b}x + h.$$

Luego

$$\bar{x}A = \int_0^b x f(x)\, dx = \int_0^b \left(-\frac{h}{b}x^2 + hx\right) dx = \tfrac{1}{6}b^2 h$$

e

$$\bar{y}A = \int_0^b \tfrac{1}{2}[f(x)]^2\, dx = \tfrac{1}{2}\int_0^b \left(\frac{h^2}{b^2}x^2 - \frac{2h^2}{b}x + h^2\right) dx = \tfrac{1}{6}bh^2.$$

Dado que $A = \frac{1}{2}bh$, tenemos que

$$\bar{x} = \frac{\frac{1}{6}b^2h}{\frac{1}{2}bh} = \frac{1}{3}b \qquad \text{e} \qquad \bar{y} = \frac{\frac{1}{6}bh^2}{\frac{1}{2}bh} = \frac{1}{3}h.$$

El centroide es el punto $(\frac{1}{3}b, \frac{1}{3}h)$. □

En la figura 6.4.6 está representada la región Ω limitada por las gráficas de dos funciones continuas $f$ y $g$. En este caso, $A$ es el área de Ω y $(\bar{x}, \bar{y})$ su centroide, entonces

**(6.4.3)**
$$\bar{x}A = \int_a^b x\,[f(x) - g(x)]\,dx, \qquad \bar{y}A = \int_a^b \tfrac{1}{2}\left([f(x)]^2 - [g(x)]^2\right) dx.$$

Demostración. Sean $A_f$ el área debajo de la gráfica de $f$ y $A_g$ el área debajo de la gráfica de $g$. Entonces, con una notación evidente, tenemos que

$$\bar{x}A + \bar{x}_g A_g = \bar{x}_f A_f \qquad \text{e} \qquad \bar{y}A + \bar{y}_g A_g = \bar{y}_f A_f. \tag{6.4.1}$$

Luego

$$\bar{x}A = \bar{x}_f A_f - \bar{x}_g A_g = \int_a^b x f(x)\,dx - \int_a^b x g(x)\,dx = \int_a^b x\,[f(x) - g(x)]\,dx$$

e

$$\bar{y}A = \bar{y}_f A_f - \bar{y}_g A_g = \int_a^b \tfrac{1}{2}[f(x)]^2\,dx - \int_a^b \tfrac{1}{2}[g(x)]^2\,dx = \int_a^b \tfrac{1}{2}\left([f(x)]^2 - [g(x)]^2\right) dx.$$ □

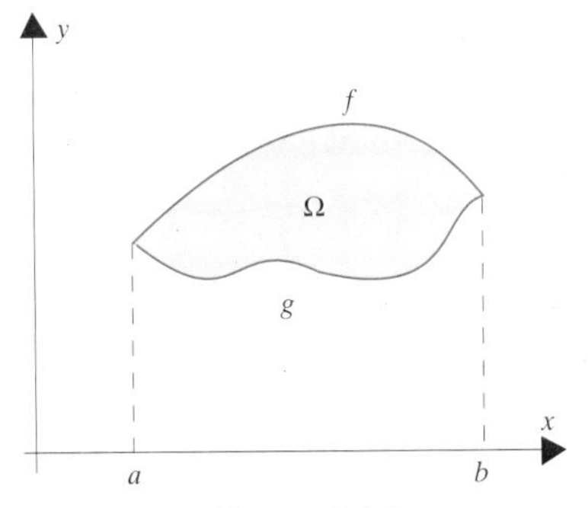

Figura 6.4.6

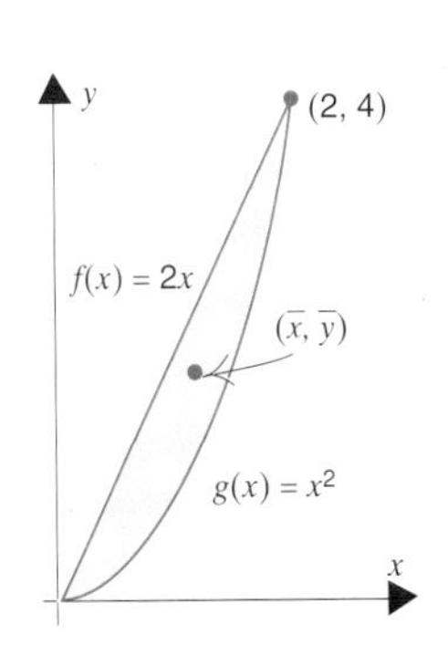

Figura 6.4.7

**Problema 3.** Hallar el centroide de la región representada en la figura 6.4.7.

*Solución.* No podemos recurrir a ninguna simetría. Hemos de llevar a cabo los cálculos.

$$A = \int_0^2 [f(x) - g(x)]\,dx = \int_0^2 (2x - x^2)\,dx = \tfrac{4}{3},$$

$$\bar{x}A = \int_0^2 x\,[f(x) - g(x)]\,dx = \int_0^2 (2x^2 - x^3)\,dx = \tfrac{4}{3},$$

$$\bar{y}A = \int_0^2 \tfrac{1}{2}([f(x)]^2 - [g(x)]^2)\,dx = \tfrac{1}{2}\int_0^2 (4x^2 - x^4)\,dx = \tfrac{32}{15}.$$

Luego $\bar{x} = \frac{4}{3}/\frac{4}{3} = 1$ e $\bar{y} = \frac{32}{15}/\frac{4}{3} = \frac{8}{5}$. □

## Teorema de Pappus relativo a volúmenes

Todas las fórmulas que hemos establecido para calcular el volumen de un sólido son simples corolarios de una observación hecha por un brillante griego de la antigüedad, Pappus de Alejandría (aproximadamente 300 años d.C.).

**TEOREMA 6.4.4 TEOREMA DE PAPPUS RELATIVO A VOLÚMENES**[†]

Una región plana gira alrededor de un eje que pertenece a su plano. Si la región no corta el eje, el volumen del sólido de revolución resultante es el área de la región multiplicada por la circunferencia del círculo descrito por el centroide de la región:

$$V = 2\pi \bar{R} A$$

donde $A$ es el área de la región y $\bar{R}$ la distancia del eje la centroide de la región.

Básicamente, sólo hemos establecido dos fórmulas para el volumen de un sólido de revolución:

1. *La fórmula del método de las arandelas.* Si la región $\Omega$ de la figura 6.4.6 gira alrededor del eje $x$, el sólido resultante tiene el volumen

$$V_x = \int_a^b \pi([f(x)]^2 - [g(x)]^2)\,dx.$$

[†] Este teorema se encuentra en el Libro VII de las "Colecciones Matemáticas" de Pappus, un amplio recorrido por la geometría antigua a la cual Pappus hizo contribuciones originales (entre las cuales este teorema). Mucho de lo que hoy sabemos de la geometría de los griegos se lo debemos a Pappus.

2. *La fórmula del método de las capas.* Si la región $\Omega$ de la figura 6.4.6 gira alrededor del eje $y$, el sólido resultante tiene el volumen

$$V_y = \int_a^b 2\pi x\,[f(x) - g(x)]\,dx.$$

Obsérvese que

$$V_x = \int_a^b \pi([f(x)]^2 - [g(x)]^2)\,dx = 2\pi\int_a^b \tfrac{1}{2}([f(x)]^2 - [g(x)]^2)\,dx = 2\pi\bar{y}A = 2\pi\bar{R}A$$

y que

$$V_y = \int_a^b 2\pi x\,[f(x) - g(x)]\,dx = 2\pi\bar{x}A = 2\pi\bar{R}A,$$

exactamente lo que Pappus dijo.

**Observación.** Al enunciar el teorema de Pappus hemos dado por sentado que se efectuaba una revolución completa. Si $\Omega$ no realiza una revolución completa, el volumen del sólido resultante es sencillamente el área de $\Omega$ multiplicada por la longitud del arco de círculo recorrido por el centroide de $\Omega$. □

## Aplicaciones del teorema de Pappus

**Problema 4.** Hemos visto con anterioridad que la región de la figura 6.4.7 tiene un área igual a $\frac{4}{3}$ y que su centroide es $(1, \frac{8}{5})$. Hallar el volumen del sólido engendrado por la rotación de esta figura en torno a la recta $y = 5$.

*Solución.* Aquí $\bar{R} = 5 - \frac{8}{5} = \frac{17}{5}$ y $A = \frac{4}{3}$. Luego

$$V = 2\pi(\tfrac{17}{5})(\tfrac{4}{3}) = \tfrac{136}{15}\pi. \quad \square$$

**Problema 5.** Hallar el volumen de la rosquilla (llamada *toro* en el lenguaje matemático) engendrada por la rotación del disco circular

$$(x - a)^2 + (y - b)^2 \leq c^2, \qquad a > c,\ b > c$$

alrededor (a) del eje $x$, (b) del eje $y$.

*Solución.* El centroide del disco es el centro $(a, b)$. Esta situado a $b$ unidades del eje $x$ y a $a$ unidades del eje $y$. El área del disco es $\pi c^2$. De ahí que

(a) $V_x = 2\pi(b)(\pi c^2) = 2\pi^2 bc^2$, (b) $V_y = 2\pi(a)(\pi c^2) = 2\pi^2 ac^2$. □

**Problema 6.** Hallar el centroide del semidisco

$$x^2 + y^2 \leq r^2, \qquad y \geq 0$$

usando el teorema de Pappus.

*Solución.* Dado que el eje $y$ es un eje de simetría para el semidisco, sabemos que $\bar{x} = 0$. Solo necesitamos hallar $\bar{y}$.

Si giramos el semidisco alrededor del eje $x$ obtenemos una bola sólida cuyo volumen es $\frac{4}{3}\pi r^3$. El área del semidisco es $\frac{1}{2}\pi r^2$. Por el teorema de Pappus

$$\tfrac{4}{3}\pi r^3 = 2\pi\bar{y}(\tfrac{1}{2}\pi r^2).$$

Dividiendo, obtenemos que $\bar{y} = 4r/3\pi$. □

**Observación.** Los centroides de los sólidos de revolución se discuten en los ejercicios. □

## EJERCICIOS 6.4

Dibujar la región limitada por las curvas. Determinar el centroide de la región así como el volumen engendrado por la rotación de la región alrededor de cada uno de los ejes de coordenadas.

**1.** $y = \sqrt{x}, \quad y = 0, \quad x = 4.$

**2.** $y = x^3, \quad y = 0, \quad x = 2.$

**3.** $y = x^2, \quad y = x^{1/3}.$

**4.** $y = x^3, \quad y = \sqrt{x}.$

**5.** $y = 2x, \quad y = 2, \quad x = 3.$

**6.** $y = 3x, \quad y = 6, \quad x = 1.$

**7.** $y = x^2 + 2, \quad y = 6, \quad x = 0.$

**8.** $y = x^2 + 1, \quad y = 1, \quad x = 3.$

**9.** $\sqrt{x} + \sqrt{y} = 1, \quad x + y = 1.$

**10.** $y = \sqrt{1 - x^2}, \quad x + y = 1.$

**11.** $y = x^2, \quad y = 0, \quad x = 1, \quad x = 2.$

**12.** $y = x^{1/3}, \quad y = 1, \quad x = 8.$

**13.** $y = x, \quad x + y = 6, \quad y = 1.$

**14.** $y = x, \quad y = 2x, \quad x = 3.$

Hallar el centroide de la región acotada determinada por las siguientes curvas

**15.** $y = 6x - x^2, \quad y = x.$

**16.** $y = 4x - x^2, \quad y = 2x - 3.$

**17.** $x^2 = 4y, \quad x - 2y + 4 = 0.$

**18.** $y = x^2, \quad 2x - y + 3 = 0.$

**19.** $y^3 = x^2, \quad 2y = x.$

**20.** $y^2 = 2x, \quad y = x - x^2.$

**21.** $y = x^2 - 2x, \quad y = 6x - x^2.$

**22.** $y = 6x - x^2, \quad x + y = 6.$

**23.** $x + 1 = 0, \quad x + y^2 = 0.$

**24.** $\sqrt{x} + \sqrt{y} = \sqrt{a}, \quad x = 0, \quad y = 0.$

**25.** Sea $\Omega$ la región en forma de anillo (la corona) formada por los círculos

$$x^2 + y^2 = \tfrac{1}{4} \qquad \text{y} \qquad x^2 + y^2 = 4.$$

(a) Determinar el centroide de $\Omega$. (b) Determinar el centroide de la parte de $\Omega$ situada en el primer cuadrante. (c) Determinar el centroide de la mitad superior de $\Omega$.

**26.** La elipse $b^2x^2 + a^2y^2 = a^2b^2$ encierra un región de área $\pi ab$. Determinar el centroide de la mitad superior de la región.

**27.** Se gira el rectángulo de la figura 6.4.8 alrededor de la línea representada. Hallar el volumen del sólido de revolución resultante.

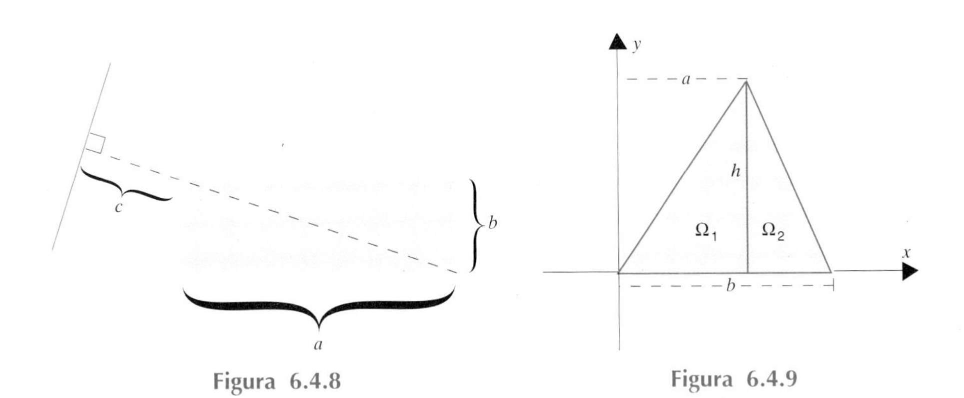


Figura 6.4.8

Figura 6.4.9

**28.** En el problema 2 de esta sección hemos visto que el centroide del triángulo de la figura 6.4.5 es el punto $(\frac{1}{3}b, \frac{1}{3}h)$.

(a) Comprobar que los segmentos de recta que unen el centroide a los tres vértices del triángulo lo dividen en tres triángulos de áreas iguales.

(b) Hallar la distancia $d$ del centroide a la hipotenusa.

(c) Hallar el volumen engendrado por la rotación del triángulo alrededor de la hipotenusa.

**29.** La región triangular de la figura 6.4.9 es la unión de dos triángulos rectángulos $\Omega_1$ y $\Omega_2$. Hallar el centroide (a) de $\Omega_1$, (b) de $\Omega_2$ y (c) de toda la región.

**30.** Hallar el volumen del sólido engendrado al hacer girar la región triangular entera de la figura 6.4.9 alrededor (a) del eje $x$ y (b) del eje $y$.

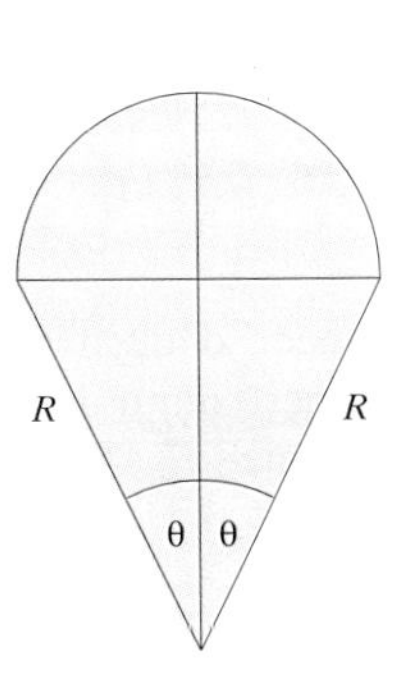


Figura 6.4.10

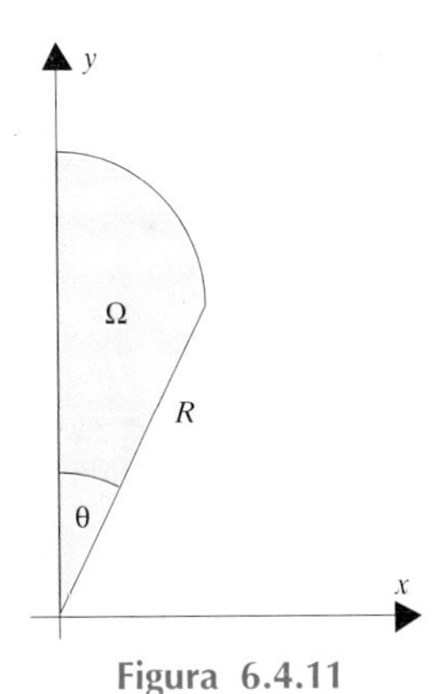


Figura 6.4.11

**31.** (a) Hallar el volumen del cono de helado representado en la figura 6.4.10. (Un cono recto, de base circular, cubierto por un semiesfera sólida.)

(b) Hallar $\bar{x}$ para la región $\Omega$ de la figura 6.4.11.

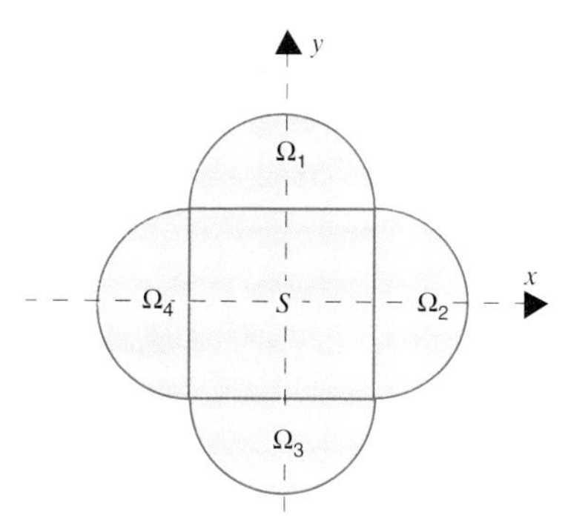


Figura 6.4.12

**32.** La región $\Omega$ de la figura 6.4.12 está formada por un cuadrado $S$ de lado $2r$ y cuatro semidiscos de radio $r$. Hallar el centroide de cada una de las siguientes regiones.

(a) $\Omega$ (b) $\Omega_1$. (c) $S \cup \Omega_1$. (d) $S \cup \Omega_3$. (e) $S \cup \Omega_1 \cup \Omega_3$.
(f) $S \cup \Omega_1 \cup \Omega_2$. (g) $S \cup \Omega_1 \cup \Omega_2 \cup \Omega_3$.

**33.** (a) En la sección 5.11 hemos visto que la masa de una varilla que se extiende desde $x = a$ hasta $x = b$ viene dada por la fórmula

$$M = \int_a^b \lambda(x)\, dz$$

donde $\lambda$ es la función de densidad de masa. Establecer esta fórmula tomando una partición arbitraria $P = \{x_0, x_1, \ldots, x_n\}$ de $[a, b]$, luego estimando la contribución de $[x_{i-1}, x_i]$ a la masa, sumando esas contribuciones y tomando el límite cuando $\|P\| \to 0$.

(b) En la sección 5.11, también hemos dado la fórmula para el centro de masa

$$x_M M = \int_a^b x\, \lambda(x)\, dx.$$

Esta fórmula puede deducirse de una premisa física según la cual si se parte la varilla en un número finito de piezas de masas $M_1, \ldots, M_n$ y cuyos centros de masa son, respectivamente, $x_{M_1}, \ldots, x_{M_n}$, entonces se verifica que

$$x_M M = x_{M_1} M_1 + \ldots + x_{M_n} M_n.$$

Establecer dicha fórmula.

**34.** (*El centroide de un sólido de revolución.*) Si un sólido es *homogéneo* (su densidad de masa es constante), su centro de masa sólo depende de la forma del sólido y se le llama *centroide*. La determinación del centroide de un sólido de forma arbitraria precisa de la integración triple (capítulo 17). Sin embargo, si se trata de un sólido de revolución, el centroide puede hallarse mediante técnicas de integración en una variable.

(a) Sean $\Omega$ la región de la figura 6.4.2 y $T$ el sólido engendrado por la rotación de $\Omega$ alrededor del eje $x$. Por simetría, el centroide de $T$ pertenece al eje $x$. Luego está totalmente determinado por su coordenada $\bar{x}$. Demostrar que

**(6.4.5)** $$\bar{x}V_x = \int_a^b \pi x\,[f(x)]^2\,dx$$

se basará la argumentación en el siguiente principio de aditividad: si un sólido de volumen $V$ está formado por un número finito de piezas con volúmenes $V_1, \ldots, V_n$ y si los centroides de dichas piezas tienen como coordenadas sobre el eje $x$ los valores $\bar{x}_1, \ldots, \bar{x}_n$, se verifica que

$$\bar{x}V = \bar{x}_1 V_1 + \ldots + \bar{x}_n V_n.$$

(b) Sean $\Omega$ la región de la figura 6.4.2 y $T$ el sólido engendrado por la rotación de $\Omega$ alrededor del eje $y$. Por simetría el centroide de $T$ pertenece al eje $y$. Luego está completamente determinado por su coordenada $\bar{y}$. Demostrar que

**(6.4.6)** $$\bar{y}V_y = \int_a^b \pi x\,[f(x)]^2\,dx$$

se basará la argumentación en el siguiente principio de aditividad: si un sólido de volumen $V$ está formado por un número finito de piezas con volúmenes $V_1, \ldots, V_n$ y si los centroides de dichas piezas tienen como coordenadas sobre el eje $y$ los valores $\bar{y}_1, \ldots, \bar{y}_n$, se verifica que

$$\bar{y}V = \bar{y}_1 V_1 + \ldots + \bar{y}_n V_n.$$

Determinar el centroide de cada una de las siguientes configuraciones.

**35.** Un cono sólido de radio de base $r$ y de altura $h$.

**36.** Una semiesfera de radio $r$.

**37.** El sólido engendrado al hacer girar la región debajo de la gráfica de $f(x) = \sqrt{x}$, $x \in [0, 1]$ (a) alrededor del eje $x$ y (b) alrededor del eje $y$.

**38.** El sólido engendrado al hacer girar la región debajo de la gráfica de $f(x) = 4 - x^2$, $x \in [0, 2]$ (a) alrededor del eje $x$ y (b) alrededor del eje $y$.

**39.** El sólido engendrado al hacer girar alrededor del eje $x$ la parte comprendida en el primer cuadrante de la región encerrada por la elipse $b^2x^2 + a^2y^2 = a^2b^2$.

**40.** Un segmento de altura $h$ cortado en una bola de radio $r$. Se tomará $h < r$.

## 6.5 LA NOCIÓN DE TRABAJO

Consideremos una fuerza constante $F$ que actúa a lo largo de una recta que consideraremos como el eje $x$. Diremos que $F$ es positiva si actúa en la dirección de las $x$ crecientes y negativa si actúa en dirección de las $x$ decrecientes. (Figura 6.5.1.)

Figura 6.5.1

Supongamos ahora que, sometido a la acción de esta fuerza, un objeto se mueve a lo largo del eje $x$ desde $a$ hasta $b$. Se llama *trabajo* realizado por $F$ en el desplazamiento al producto de *la fuerza por el desplazamiento*:

**(6.5.1)** $$W = F \times (b - a).$$

No es difícil comprobar que si $F$ actúa en la misma dirección del movimiento, entonces $W > 0$, mientras que si $F$ actúa en sentido contrario al movimiento, $W < 0$. Por ejemplo, si un objeto se cae de una mesa al suelo, el trabajo realizado por la fuerza de la gravedad es positivo (después de todo la gravedad terrestre atrae los objetos hacia abajo). Mientras que si un objeto es elevado desde el nivel del suelo hasta una mesa, el trabajo realizado por la fuerza de la gravedad resultará ser negativo.[†]

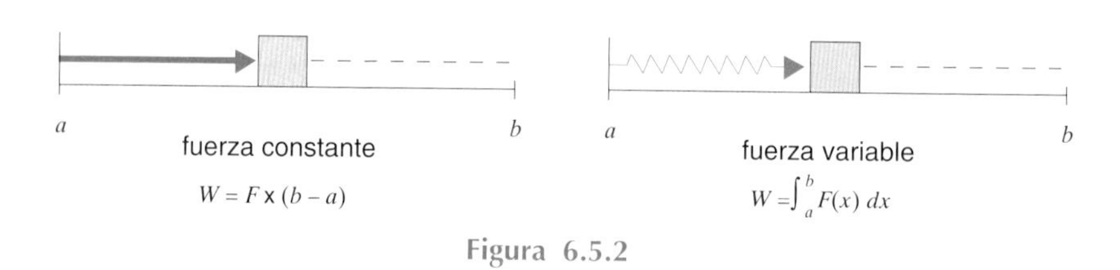


Figura 6.5.2

[†] Aunque el trabajo realizado por la mano que eleva el objeto es positivo.

Como hemos dicho ya, si un objeto se mueve desde $x = a$ hasta $x = b$ bajo la acción de una fuerza constante $F$, el trabajo realizado por $F$ es el producto del valor constante de $F$ por $b - a$. ¿Cuál es el trabajo realizado por $F$ si, en lugar de permanecer constante, varía continuamente como función de $x$? Como seguramente se imaginará el lector, el trabajo realizado por $F$ se define entonces como el producto del *promedio* de $f$ por $b - a$:

**(6.5.2)** $$W = \int_a^b F(x)\, dx.$$ (Figura 6.2.5)

## La ley de Hooke

Un ejemplo de fuerza variable lo proporciona la acción de un muelle de acero. Estire un muelle, dentro de su límite de elasticidad, y experimentará una fuerza en sentido contrario. Cuando más se estire, mayor es la fuerza experimentada. Si se comprime un muelle dentro de su límite de elasticidad, se experimenta una fuerza de repulsión. A mayor compresión, mayor repulsión. De acuerdo con la ley de Hooke (Robert Hooke, 1635-1703) la fuerza ejercida por un muelle puede escribirse

$$F(x) = -kx$$

donde $k$ es un número positivo, llamado *constante del muelle*, y $x$ es el desplazamiento desde la posición de equilibrio. El signo menos significa que el muelle siempre ejerce una fuerza en dirección contraria al sentido de la deformación a la que ha sido sometido (la fuerza siempre actúa para restaurar la posición de equilibrio inicial).

**Observación.** La ley de Hooke es solo una aproximación, pero es una buena aproximación para las deformaciones pequeñas. En los problemas siguientes siempre se supondrá que la fuerza ejercida por el muelle para recuperar su posición inicial viene dada por la ley de Hooke. □

**Problema 1.** Un muelle de longitud natural $L$ es comprimido hasta medir $\frac{7}{8}L$. Entonces ejerce una fuerza $F_0$. Hallar el trabajo realizado por el muelle para recuperar su longitud natural.

*Solución.* Situemos el muelle en el eje $x$ de tal modo que el punto de equilibrio coincida con el origen. La compresión se traduce en un movimiento hacia la izquierda.

Comprimido un $\frac{1}{8}L$ hacia la izquierda, el muelle ejerce una fuerza $F_0$. Luego, por la ley de Hooke,

$$F_0 = F(-\tfrac{1}{8}L) = -k(-\tfrac{1}{8}L) = \tfrac{1}{8}kL.$$

Esto nos dice que $k = 8F_0/L$. Luego la ley para la fuerza del muelle puede escribirse

$$F(x) = -\left(\frac{8F_0}{L}\right)x.$$

Para hallar el trabajo realizado por este muelle para restablecer su posición de equilibrio, integramos $F(x)$ desde $x = -\frac{1}{8}L$ hasta $x = 0$:

$$W = \int_{-L/8}^{0} F(x)dx = \int_{-L/8}^{0} -\left(\frac{8F_0}{L}\right)x\,dx = -\frac{8F_0}{L}\left[\frac{x^2}{2}\right]_{-L/8}^{0} = \frac{LF_0}{16}. \quad \square$$

**Problema 2.** ¿Qué trabajo deberíamos realizar para alargar el muelle del problema 1 hasta la longitud de $\frac{11}{10}L$?

*Solución.* Para alargar el muelle, debemos contrarrestar la fuerza que este ejerce. Si se le estira $x$ unidades, esta vale

$$F(x) = -\left(\frac{8F_0}{L}\right)x. \qquad \text{(Problema 1)}$$

Tendremos pues que aplicar la fuerza opuesta

$$-F(x) = \left(\frac{8F_0}{L}\right)x.$$

El trabajo que ha de realizarse para alargar el muelle hasta $\frac{11}{10}L$ se obtiene integrando $-F(x)$ desde $x = 0$ hasta $x = \frac{1}{10}L$:

$$W = \int_0^{L/10} -F(x)\,dx = \int_0^{L/10} \left(\frac{8F_0}{L}\right)x\,dx = \frac{8F_0}{L}\left[\frac{x^2}{2}\right]_0^{L/10} = \frac{LF_0}{25}. \quad \square$$

Si la fuerza se mide en newton y la distancia en metros, las unidades de trabajo son newton por metro, también llamado julio; luego, si una fuerza constante de 2000 newton se aplica para empujar un coche 20 metros, el trabajo realizado será de 40.000 newton-metro.†

**Problema 3.** Estirado un $\frac{1}{3}$ de metro desde su posición natural, un determinado muelle ejerce una fuerza de 10 newton. ¿Qué trabajo deberemos realizar para estirarlo otro tercio de metro?

† Existen otras unidades de trabajo. Si la fuerza viene dada en libras y la distancia se mide en pies, el trabajo se mide en *libras-pies*. Si la fuerza viene dada en dinas y la distancia en centímetros, el trabajo se mide en *dinas-centímetros* también llamados *ergios*. Para nuestro propósito nos bastará con los newton por metro.

*Solución.* Situemos el muelle en el eje $x$ de tal manera que la posición de equilibrio coincida con el origen. Un estiramiento se puede ver como un movimiento hacia la derecha. Como hemos dicho, asumiremos la ley de Hooke: $F(x) = -kx$.

Al ser estirado $\frac{1}{3}$ de metro, el muelle ejerce una fuerza de $-10$ newton (10 newton hacia la izquierda). Luego $-10 = -k(\frac{1}{3})$ y $k = 30$ (es decir 30 newton por metro).

Para hallar el trabajo necesario para estirar otro tercio de metro el muelle, integramos la fuerza contraria, $-F(x) = 30x$ desde $x = \frac{1}{3}$ hasta $x = \frac{2}{3}$:

$$W = \int_{1/3}^{2/3} 30x \; dx = 30\left[\tfrac{1}{2}x^2\right]_{1/3}^{2/3} = 5 \text{ newton por metro.} \quad \square$$

### Vaciado de un depósito

Para levantar un objeto se ha de contrarrestar la fuerza de la gravedad. Por consiguiente, el trabajo realizado al levantar un objeto viene dado por la fórmula

$$\text{trabajo} = (\text{peso del objeto}) \times (\text{altura a la que se eleva}).$$

Si levantamos un saco de arena que tiene una pérdida o vaciamos un depósito de agua bombeando el agua desde la parte superior, el cálculo resulta algo más complicado. En el primer ejemplo, el peso varía durante el movimiento (hay menos arena en el saco a medida que lo levantamos). En el segundo ejemplo, el recorrido varía (el agua de la parte superior del depósito no ha de ser bombeada en un recorrido tan grande como la de la parte inferior). Dejaremos el problema del saco de arena como ejercicio. Nos vamos a interesar por el segundo problema.

En la figura 6.5.3 hemos representado un depósito de almacenamiento lleno hasta $a$ metros por debajo del borde con algún líquido. Supondremos que el líquido es homogéneo y que pesa $\sigma$ newton por metro cúbico. Supongamos ahora que se bombea líquido del depósito de almacenamiento por la parte superior hasta que el nivel del líquido descienda hasta $b$ metros por debajo del borde del depósito. ¿Cuál es el trabajo realizado?

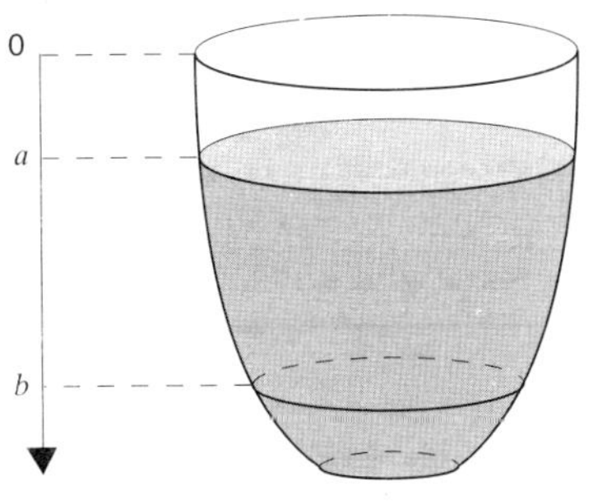


**Figura 6.5.3**

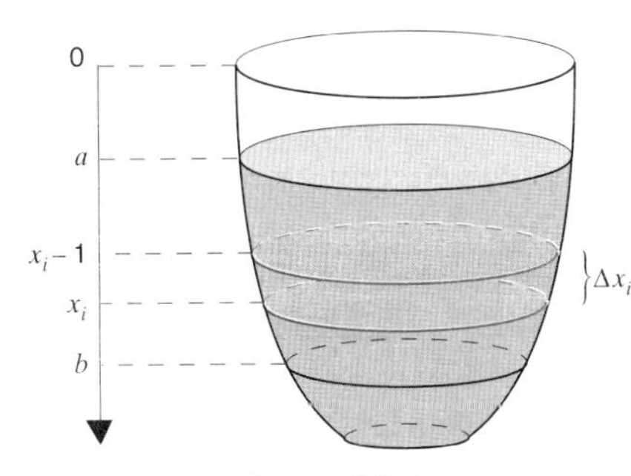


**Figura 6.5.4**

Podemos responder a esta pregunta por los métodos del cálculo integral. Para cada $x \in [a, b]$, definimos

$A(x)$ = área de la sección transversal $x$ metros por debajo de la parte superior del depósito,

$s(x)$ = altura a la que hay que elevar el agua del nivel $x$.

Sea $P = \{x_0, x_1, \ldots, x_n\}$ una partición arbitraria de $[a, b]$ y centremos nuestra atención en el $i$-ésimo subintervalo $[x_{i-1}, x_i]$. (Figura 6.5.4.) Tomando $x_i^*$ como un punto arbitrario del $i$-ésimo subintervalo, tenemos

$A(x_i^*)\ \Delta x_i$ = volumen aproximado del $i$-ésimo estrato de líquido,

$\sigma A(x_i^*)\ \Delta x_i$ = peso aproximado de dicho volumen,

$s(x_i^*)$ = altura aproximada a la que hay que elevar dicho peso,

de ahí que

$\sigma s(x_i^*)\ A(x_i^*)\ \Delta x_i$ = trabajo aproximado (peso × recorrido) necesario para bombear este estrato de líquido hasta la parte superior del depósito.

El trabajo necesario para bombear todo el líquido puede ser aproximado por la suma de todos estos términos:

$$W \cong \sigma s\left(x_1^*\right)A(x_1^*)\Delta x_1 + \sigma s\left(x_2^*\right)A(x_2^*)\Delta x_2 + \ldots + \sigma s\left(x_n^*\right)A(x_n^*)\Delta x_n.$$

Las sumas de la derecha son sumas de Riemann, las cuales, cuando $\|P\| \to 0$, convergen a

**(6.5.3)**
$$W = \int_a^b \sigma s(x)A(x)\ dx. \quad \square$$

Utilizaremos esta fórmula en el próximo problema.

**Problema 4.** Un depósito de agua semiesférico de 10 metros de radio se vacía mediante bombeo. Hallar el trabajo realizado cuando el nivel del agua desciende desde 2 a 4 metros por debajo de la cúspide del depósito cuando (a) la bomba está situada justamente en esa cúspide, (b) cuando la bomba está situada 3 metros por encima del depósito.

*Solución.* Como peso del agua se toma 10.000 newton por metro cúbico (10 kN por $m^3$). No es difícil ver que la sección transversal a $x$ metros de la parte más alta del depósito es un disco de radio $\sqrt{100 - x^2}$. Luego su área es

$$A(x) = \pi(100 - x^2).$$

Para la parte (a), tenemos que $s(x) = x$, de ahí que

$$W = \int_2^4 10\pi x\,(100 - x^2)\,dx = 5.400\pi \text{ kN-metro.}$$

Para la parte (b), tenemos que $s(x) = x + 3$, de ahí que

$$W = \int_2^4 10\pi\,(x + 3)(100 - x^2)dx = 10.840\pi \text{ kN-metro.} \quad \square$$

## EJERCICIOS 6.5

**1.** Al ser estirado 4 pies más allá de su longitud natural, un determinado muelle ejerce una fuerza de 200 libras. Hallar el trabajo realizado al estirar el muelle (a) 1 pie más allá de su longitud natural; (b) $1\frac{1}{2}$ pies más allá de su longitud natural.

**2.** Cierto muelle tiene una longitud natural igual a $L$. Si $W$ es el trabajo realizado al estirar el muelle desde $L$ pies hasta $L + a$ pies, hallar el trabajo realizado al estirar el muelle (a) desde $L$ a $L + 2a$ pies, (b) desde $L$ hasta $L + na$ pies, (c) desde $L + a$ hasta $L + 2a$ pies, (d) desde $L + a$ hasta $L + na$ pies.

**3.** Hallar la longitud natural de un muelle metálico pesado, sabiendo que el trabajo realizado al alargarlo desde una longitud de 2 pies hasta una longitud de 2,1 pies es la mitad del trabajo realizado al alargarlo desde una longitud de 2,1 pies hasta una longitud de 2,2 pies.

**4.** Un depósito cilíndrico vertical, de radio 2 metros y altura 6 metros está lleno de agua. Hallar el trabajo realizado al bombear el agua (a) hasta la parte superior del depósito, (b) hasta un nivel de 5 metros por encima de dicho depósito. (Se supondrá que el agua pesa 10 kN por metro cúbico.)

**5.** Un depósito cilíndrico horizontal de 3 pies de radio y 8 pies de largo está lleno hasta la mitad de un aceite que pesa 60 libras por pie cúbico. Hallar el trabajo realizado al bombear el aceite (a) hasta la parte superior del depósito, (b) hasta un nivel de 4 pies por encima de dicho depósito.

**6.** ¿Cuál es el trabajo realizado por la fuerza de la gravedad si el depósito del ejercicio 5 se vacía por completo por un orificio situado en el fondo del mismo.

**7.** Un depósito cónico (con el vértice hacia abajo) de radio $r$ metros y altura $h$ metros está lleno de un líquido que pesa $\sigma$ newton por metro cúbico. Hallar el trabajo realizado al bombear hacia fuera los primeros $\frac{1}{2}h$ metros de líquido (a) hasta la parte superior del depósito, (b) hasta un nivel de $k$ metros por encima del borde del depósito.

**8.** ¿Cuál es el trabajo realizado por la fuerza de la gravedad si el depósito del ejercicio 7 se vacía por completo por un orificio situado en el fondo del mismo?

**9.** La fuerza gravitatoria ejercida por la Tierra sobre una masa $m$ situada a una distancia $r$ del centro de la Tierra viene dada por la fórmula de Newton

$$F = -G\frac{mM}{r^2}$$

donde $M$ es la masa de la Tierra y $G$ es una constante gravitatoria. Hallar el trabajo realizado por la gravedad al mover una masa $m$ desde $r = r_1$ hasta $r = r_2$.

**10.** Se tira al suelo, desde una altura de $d$ metros, una caja que pesa $w$ newton. (a) ¿Cuál es el trabajo realizado por la fuerza de la gravedad? (b) Demostrar que el trabajo es el mismo si la caja se desliza hacia el suelo a lo largo de un plano inclinado liso.

**11.** Un saco de arena de 100 libras se eleva durante 2 segundos a la velocidad de 4 pies por segundo. Hallar el trabajo realizado al elevar el saco si la arena se está escapando del mismo a razón de $1\frac{1}{2}$ libras por segundo.

**12.** Un depósito de agua que pesa inicialmente $w$ libras es izado con una grúa a razón de $n$ pies por segundo. ¿Cuál es el trabajo realizado si el depósito ha sido elevado $m$ pies mientras el agua se escapaba del mismo a razón de $p$ galones por segundo? (Suponer que el agua pesa 8,3 libras por galón.)

**13.** Una cuerda de $l$ metros de longitud y que pesa $\sigma$ newton por metro, descansa sobre el suelo. ¿Cuál es el trabajo realizado al levantar la cuerda de manera que cuelgue de una viga (a) a una altura de $l$ metros? (b) a una altura de $2l$ metros?

**14.** Se eleva un fardo de $w$ newton de peso desde el fondo un pozo de $h$ metros de profundidad. Hallar el trabajo realizado sabiendo que la cuerda utilizada para elevar el fardo pesa $\sigma$ newton por metro.

**15.** Una viga de acero de 800 libras cuelga de un cable de 50 pies que pesa 6 libras por pie. Hallar el trabajo realizado al enrollar 20 pies de cable alrededor de un tambor de acero.

---

## *6.6 FUERZA SOBRE UNA PRESA

Cuando se sumerge un objeto en un líquido, el objeto experimenta una fuerza del líquido que le rodea. Dicha fuerza es perpendicular a la superficie del sólido en cada uno de sus puntos.

Una superficie horizontal de área $A$ situada a una profundidad $h$ experimenta una fuerza igual a

**(6.6.1)** $$F = \sigma h A$$

donde $\sigma$ representa el *peso específico* del fluido (su peso por unidad de volumen). Éste se determina experimentalmente. En este apartado, mediremos el área en metros cuadrados, la profundidad en metros y $\sigma$ en newton por metro cúbico. La fuerza sobre una superficie se mide entonces en newton.

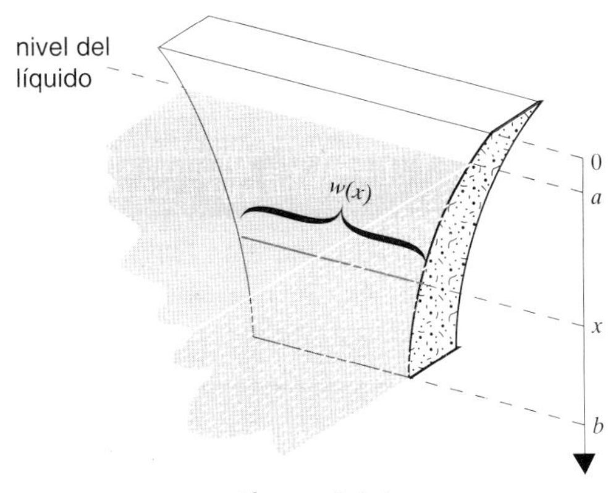


Figura 6.6.1

En la figura 6.6.1 se ha representado una pared vertical en la que descansa una masa líquida (piense en un presa o en una parte de un depósito.) Queremos calcular la fuerza ejercida por el líquido sobre esa pared.

Como en el dibujo, supondremos que el líquido está situado entre las profundidades $a$ y $b$ y designaremos por $w(x)$ la anchura de la pared a la profundidad $x$. Una partición $P = \{x_0, x_1, \ldots, x_n\}$ de $[a, b]$, de norma pequeña, subdivide la pared en $n$ pequeñas franjas horizontales. (Figura 6.6.2.)

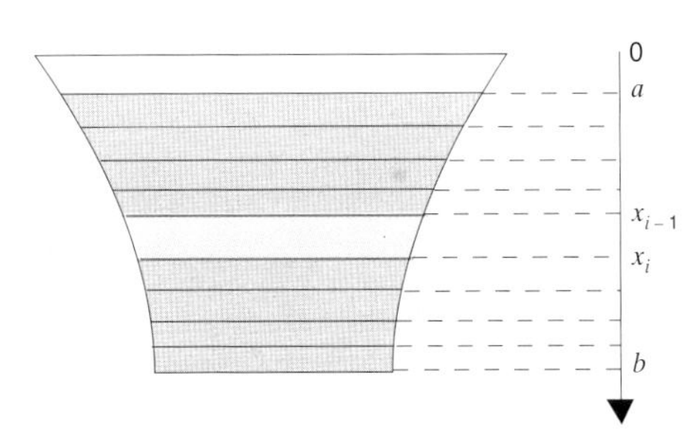


Figura 6.6.2

Podemos estimar la fuerza ejercida en la $i$-ésima franja tomando $x_i^*$ como el punto intermedio del intervalo $[x_{i-1}, x_i]$. Entonces

$$w(x_i^*) = \text{ancho aproximado de la } i\text{-ésima franja}$$

y

$$w(x_i^*)\,\Delta x_i = \text{área aproximada de la } i\text{-ésima franja}$$

Dado que esta franja es estrecha, todos sus puntos están aproximadamente a la misma profundidad $x_i^*$. Luego, aplicando (6.6.1), podemos estimar la fuerza ejercida sobre la $i$-ésima franja mediante el producto

$$\sigma x_i^* w(x_i^*)\Delta x_i.$$

Sumando todas estas estimaciones obtenemos una estimación para la pared entera:

$$F \cong \sigma x_1^* w(x_1^*)\Delta x_1 + \sigma x_2^* w(x_2^*)\Delta x_2 + \ldots + \sigma x_n^* w(x_n^*)\Delta x_n.$$

La suma de la derecha es una suma de Riemann para la integral

$$\int_a^b \sigma\, x w(x)\; dx$$

y como tal converge a dicha integral cuando $\|P\| \to 0$. Luego tenemos

**(6.6.2)** $$\text{Fuerza contra la pared} = \int_a^b \sigma x w(x)\; dx.$$

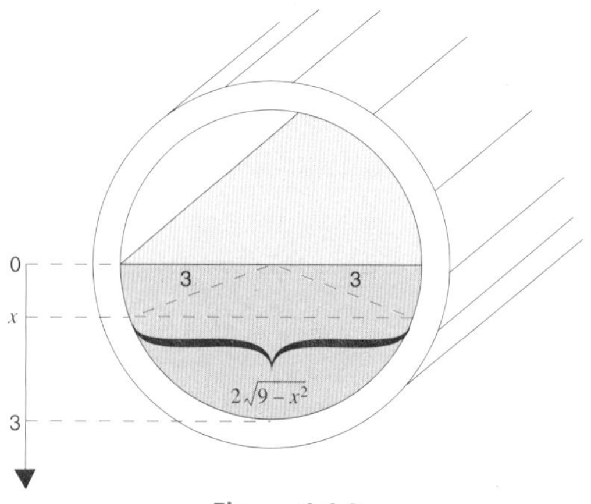


**Figura 6.6.3**

**Problema 1.** Un conducto circular de agua (figura 6.6.3) de 6 metros de diámetro se encuentra semilleno. Hallar la fuerza que ejerce el agua sobre la compuerta que cierra el conducto.

*Solución.* Aquí

$$w(x) = 2\sqrt{9-x^2} \quad \text{y} \quad \sigma = 10.000 \text{ newton por metro cúbico.}$$

La fuerza sobre la compuerta es

$$F = \int_0^3 (10.000)\, x\, (2\sqrt{9-x^2})\, dx = 10.000\int_0^3 2x\sqrt{9-x^2}\, dx = 180.000 \text{ newton.} \quad \square$$

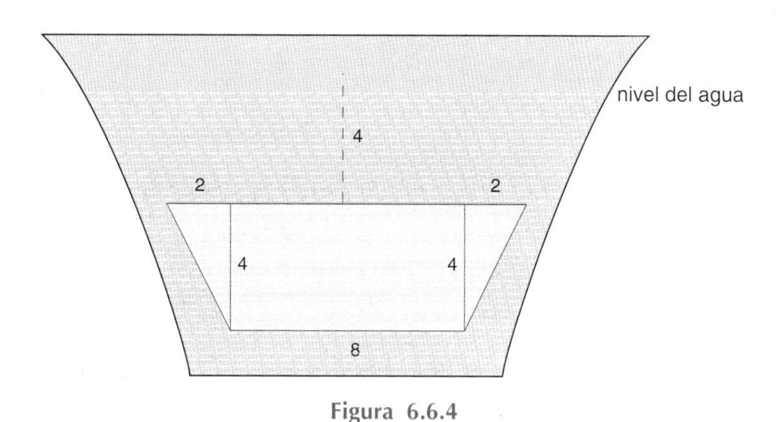


**Figura 6.6.4**

**Problema 2.** Una placa de metal con forma trapezoidal queda fijada a una presa vertical tal y como se representa en la figura 6.6.4. Las dimensiones señaladas en la misma vienen dadas en metros. Hallar la fuerza hidrostática sobre la placa.

*Solución.* Primero definiremos el ancho de la placa a la profundidad de $x$ metros. Por triángulos semejantes (ver figura 6.6.5)

$$t = \tfrac{1}{2}(8-x) \quad \text{luego} \quad w(x) = 8 + 2t = 16 - x.$$

Luego la fuerza sobre la placa es

$$\int_4^8 10.000x\,(16 - x)\,dx \;=\; 1.564.373{,}3\tfrac{2}{3}\text{ newton.} \quad \square$$

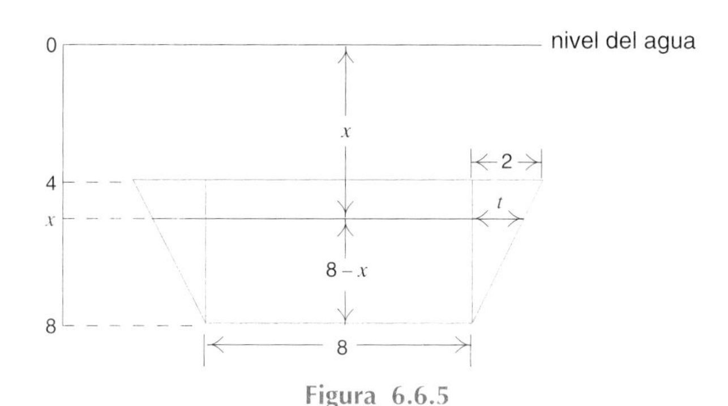


Figura 6.6.5

## EJERCICIOS *6.6

1. Cada uno de los extremos de un depósito horizontal de aceite es una elipse cuyo eje horizontal tiene un longitud de 12 pies y 6 pies el eje vertical. Calcular la fuerza sobre un extremo cuando el depósito se encuentra semilleno de un aceite que pesa 60 libras por pie cúbico.
2. Cada uno de los extremos verticales de un depósito es un segmento de parábola (vértice hacia abajo) de 8 pies de un lado a otro del borde y 16 pies de profundidad. Calcular la fuerza sobre un extremo cuando el depósito esté lleno de un líquido que pesa 70 libras por pie cúbico.
3. Los extremos verticales de una artesa de agua son triángulos rectángulos isósceles con el ángulo de 90° abajo. Calcular la fuerza sobre cada triángulo cuando la artesa se encuentra llena de agua sabiendo que los lados iguales de cada triángulo tienen 8 pies de largo.
4. Los extremos verticales de una artesa son unos triángulos isósceles cuya base (que corresponde al borde de la artesa) y altura miden ambos 5 pies. Calcular la fuerza sobre un extremo cuando la artesa está llena de agua.
5. Un depósito cilíndrico horizontal de 8 pies de diámetro esta semilleno de un aceite que pesa 60 libras por pie cúbico. Calcular la fuerza sobre un extremo.
6. Calcular la fuerza sobre un extremo si el depósito del ejercicio 5 está lleno.
7. Una placa de metal rectangular de 10 pies por 6 pies queda fijada a la pared de una presa con su centro a 11 pies por debajo del nivel del agua. Hallar la fuerza ejercida por el agua sobre la placa (a) si el lado de 10 pies de largo está en posición horizontal; (b) cuando esto ocurre con el lado de 6 pies de largo.

**8.** Un depósito cilíndrico vertical de 30 pies de diámetro y 50 pies de altura está lleno de un aceite que pesa 60 libras por pie cúbico. Hallar la fuerza sobre la superficie curva.

**9.** Relacionar la fuerza sobre una presa con el centroide de la superficie de la parte sumergida de dicha presa.

**10.** Dos placas de metal idénticas quedan fijadas a la pared vertical de una presa. El centroide de la primera placa queda a la profundidad $h_1$, y el centroide de la segunda a la profundidad $h_2$. Comparar las fuerzas sobre las dos placas. SUGERENCIA: Ejercicio 9.

---

## *6.7 LEY DE NEWTON DE LA ATRACCIÓN GRAVITATORIA

*La ley de Newton de la atracción gravitatoria* afirma que una masa puntual $M$ atrae a otra masa puntual $m$ con una fuerza cuya magnitud varía en proporción directa al producto de ambas masas y en proporción inversa al cuadrado de las distancias entre ambas:

**(6.7.1)**
$$F = G\frac{mM}{r^2}.$$

Aquí $G$ es una constante que depende de las unidades empleadas.

Para calcular el efecto gravitatorio de un cuerpo extenso (un cuerpo que no es una partícula) hemos de recurrir a la integración.

**Problema 1.** Una masa puntual $m$ está situada en el plano bisector de una varilla de densidad uniforme a una distancia $h$ de la misma. La varilla ejerce una atracción gravitatoria sobre $m$. Hallar la magnitud de dicha atracción supuesto que la varilla tiene masa $M$ y longitud $L$.

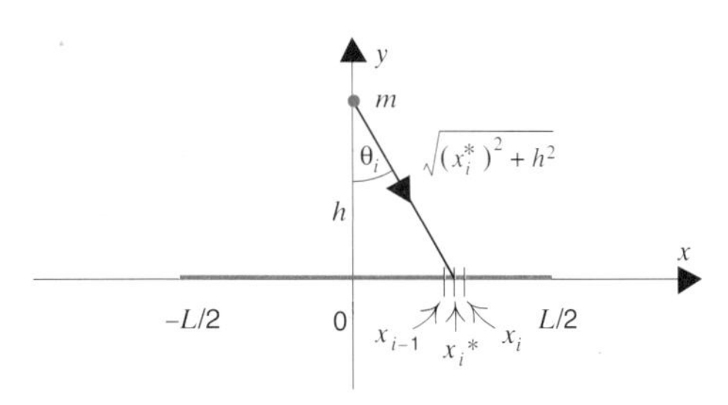


Figura 6.7.1

*Solución.* Dada que la densidad de la varilla es uniforme, ésta vale $\lambda = M/L$. Podemos considerar que la varilla está situada en el eje $x$ y que la partícula $m$ está en el eje $y$. (Figura 6.7.1.)

Está claro que cualquier atracción hacia la derecha ejercida por la parte correspondiente de la varilla está contrarrestada por el efecto simétrico ejercido por la parte izquierda de la misma. Luego la fuerza que se ejerce en $m$ está dirigida hacia abajo, hacia $x = 0$. Por simetría, esta fuerza ejercida por toda la varilla ha de ser el doble de la fuerza ejercida por la parte derecha de la varilla. Luego bastará trabajar con la mitad derecha de la misma.

Subdividamos el intervalo $[0, L/2]$ y centremos nuestra atención en el $i$-ésimo intervalo $[x_{i-1}, x_i]$. La masa de esta pequeña pieza de varilla es $\lambda\, \Delta x_i$. La fuerza que ejerce sobre $m$ es menor que la que ejercería toda la masa de la pieza concentrada en el punto más cercano $x_{i-1}$ pero mayor que la que ejercería toda la masa concentrada en el punto más lejano $x_i$. (Ver la figura.) Podemos pues considerar que toda la masa del intervalo está concentrada en algún punto $x_i^*$ del interior de $[x_{i-1}, x_i]$. Siguiendo esta línea de razonamiento, podemos pensar en esta $i$-ésima pieza como atrayendo la masa $m$ hacia $x_i^*$ con una fuerza de intensidad

$$G\frac{m\lambda\Delta x_i}{(x_i^*)^2 + h^2}.$$

Pero una parte de esta fuerza esta dirigida hacia la derecha. La parte que está dirigida hacia abajo, hacia $x = 0$ solo es

$$\left(G\frac{m\lambda\Delta x_i}{(x_i^*)^2 + h^2}\right)\cos\theta_i \underset{\text{ver la figura}}{=} \left(G\frac{m\lambda\Delta x_i}{(x_i^*)^2 + h^2}\right)\left(\frac{h}{\sqrt{(x_i^*)^2 + h^2}}\right) = G\frac{m\lambda h\Delta x_i}{\left[(x_i^*)^2 + h^2\right]^{3/2}}.$$

Sumando todos estos términos obtenemos una estimación de la fuerza, orientada hacia abajo, ejercida por la media varilla de la derecha sobre $m$. Al multiplicarla por 2, obtenemos una estimación de la fuerza que la varilla ejerce sobre $m$:

$$F \cong 2Gm\lambda h\left[\frac{\Delta x_1}{\left[(x_1^*)^2 + h^2\right]^{3/2}} + \frac{\Delta x_2}{\left[(x_2^*)^2 + h^2\right]^{3/2}} + \ldots + \frac{\Delta x_n}{\left[(x_n^*)^2 + h^2\right]^{3/2}}\right].$$

Los términos entre corchetes son una suma de Riemann, la cual, conforme la norma de la partición tiende a cero, tiende a

$$\int_0^{L/2}\frac{dx}{(x^2 + h^2)^{3/2}} \underset{\text{comprobar por diferenciación}}{=} \left[\frac{x}{h^2\sqrt{x^2 + h^2}}\right]_0^{L/2} = \frac{L/2}{h^2\sqrt{(L/2)^2 + h^2}}.$$

Recordando el factor $2Gm\lambda h$, tenemos

$$F = (2Gm\lambda h)\left(\frac{L/2}{h^2\sqrt{(L/2)^2+h^2}}\right) = \frac{Gm\lambda L}{h^2\sqrt{(L/2)^2+h^2}} = \frac{GmM}{h^2\sqrt{(L/2)^2+h^2}}.^{\dagger} \quad \square$$

$\lambda L = M$

**Problema 2.** Una masa puntual $m$ se encuentra a mitad de camino entre los dos extremos de un alambre semicircular, de densidad uniforme, de radio $R$ y masa $M$. El alambre ejerce una fuerza gravitatoria sobre $m$, la cual (por razones de simetría) está dirigida hacia el punto intermedio del alambre. Hallar la intensidad de esa fuerza.

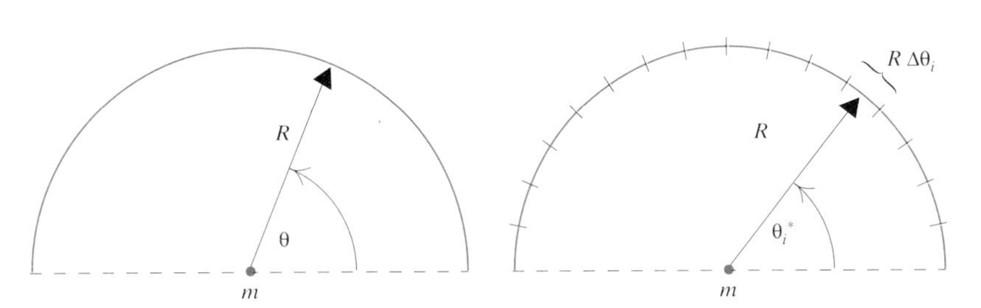


Figura 6.7.2

*Solución.* El ángulo $\theta$ de la figura 6.7.2 varía de 0 a $\pi$. Una partición

$$P = \{0 = \theta_0,\ \theta_1,\ \ldots,\ \theta_{i-1},\ \theta_i,\ \ldots,\ \theta_n = \pi\}$$

de $[0, \pi]$ induce una descomposición del alambre en $n$ pequeños arcos de longitud $R\,\Delta\theta_i$ y masa $\lambda R\,\Delta\theta_i$, donde $\lambda = m/\pi R$. ($\lambda$ es la densidad del alambre, su masa

† Podemos escribir esta fuerza como

$$G\frac{mM}{r^2}$$

donde $r$ es la media geométrica de las dos distancias: la distancia de $m$ al centro de la varilla y la distancia de $m$ al extremo de la misma. (La media geométrica de dos números positivos $a$ y $b$ es por definición $\sqrt{ab}$.)

por unidad de longitud.) El $i$-ésimo pequeño arco atrae $m$ con una fuerza de intensidad

$$G\frac{m\lambda R\Delta\theta_i}{R^2}.$$

Pero parte de esa fuerza está dirigida hacia el lateral. La parte que nos interesa de esa fuerza (ver la figura) es aproximadamente

$$\left(G\frac{mlR\Delta\theta_i}{R^2}\right)\text{sen } \theta_i^* = \left(\frac{Gm\lambda}{R}\right)\text{sen } \theta_i^*\Delta\theta_i$$

donde $\theta_i^*$ es algún ángulo entre $\theta_{i-1}$ y $\theta_i$. Sumando esos términos, obtenemos

$$\frac{Gm\lambda}{R}\left[\text{sen } \theta_1^* \ \ \Delta\theta_1 + \text{sen } \theta_2^* \ \ \Delta\theta_2 + \ldots + \text{sen } \theta_n^* \ \ \Delta\theta_n\right].$$

Los términos entre corchetes forman una suma de Riemann que, cuando la norma de la partición tiende a 0, tiende a

$$\int_0^\pi \text{sen } \theta \ d\theta = [-\cos \theta]_0^\pi = 2.$$

El alambre semicircular atrae $m$ hacia su punto intermedio con una fuerza de intensidad

$$\frac{2Gm\lambda}{R} \underset{\lambda = M/\pi R}{=} \frac{2GmM}{\pi R^2}. \quad \square$$

## EJERCICIOS *6.7

1. Una varilla de densidad uniforme, longitud $L$ y masa $M$ ejerce una atracción gravitatoria sobre una masa puntual $m$ situada en la recta definida por la varilla a una distancia $h$ de uno de los extremos de la misma. Hallar la intensidad de la fuerza de atracción.
2. Cuatro varillas de densidad uniforme, masa $M$ y longitud $L$ están colocadas de manera que forman un cuadrado en el plano $xy$. Una masa puntual $m$ está situada en el eje $z$ a una distancia $h$ por encima del centro del cuadrado. Este ejerce una fuerza gravitatoria sobre $m$ que (por razones de simetría) está dirigida hacia el centro del cuadrado. Hallar la intensidad de esta fuerza.

**3.** Un alambre circular, de densidad uniforme, radio $R$ y masa total $M$ ejerce una fuerza gravitatoria sobre la masa puntual $m$ de la figura 6.7.3. Por razones de simetría, esta fuerza está dirigida hacia el centro del círculo. Hallar la intensidad de la fuerza.

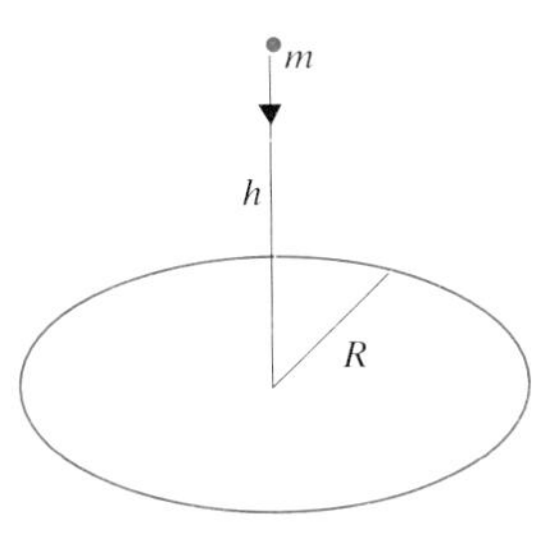


Figura 6.7.3

**4.** El problema 1 de esta sección suponiendo que la densidad de la varilla varía en proporción directa a la distancia del centro de la misma.

**5.** Consideremos un objeto de masa $m$ en caída libre en la proximidad de la superficie de la tierra. ¿Cuál es la intensidad de la fuerza de la gravedad sobre el objeto a la altura $h$? Se puede deducir de la ley de la gravitación de Newton que la intensidad de esa fuerza sobre $m$ es aproximadamente

$$G\frac{mM}{(R+h)^2}$$

donde $M$ es la masa de la Tierra y $R$ su radio. De acuerdo con los planteamientos de Galileo, la intensidad de la fuerza que se ejerce sobre $m$ es $mg$ donde $g$ es una constante. Reconciliar estos dos planteamientos.

**6.** Un objeto hecho con Meccano consiste en dos piezas circulares, cada una de masa $m$, unidas por una varilla de longitud $L$ y masa despreciable. Se suspende el objeto, quedando la varilla en posición vertical. Demostrar que una buena aproximación de la *diferencia* entre las fuerzas con las cuales la Tierra atrae cada extremos del objeto viene dada por la expresión

$$F = \left(\frac{2GmM}{R^3}\right)L$$

con $M$ y $R$ como en el ejercicio 5. (Algunas veces ésta se llama "fuerza de marea" debido a que las mareas terrestres se deben, en buena parte, al diferencial en la fuerza con la cual la Luna atrae las masas de agua que le son más próximas y aquellas que le son más lejanas.)

## RESUMEN DEL CAPÍTULO

### 6.1 Algo más acerca del área

rectángulos representativos (p. 385)
área por integración respecto de $y$ (p. 386)

### 6.2 Cálculo de volúmenes por secciones paralelas; discos y arandelas (p. 390)

volúmenes por secciones transversales paralelas (p. 390)
método de los discos (p. 395)
método de las arandelas (eje $x$) (p. 396)
método de las arandelas (eje $y$) (p. 397)

### 6.3 Cálculo de volúmenes por el método de las capas

método de las capas (eje $y$) (p. 403)  método de las capas (eje $x$) (p. 403)

### 6.4 Centroide de una región; teorema de Pappus relativo a volúmenes

principios para hallar el centroide de una región (p. 406)

$\bar{x}A = \int_a^b x\,[f(x) - g(x)]\,dx, \qquad \bar{y}A = \int_a^b \frac{1}{2}([f(x)]^2 - [g(x)]^2)\,dx$

teorema de Pappus relativo a volúmenes (p. 410)

centroide de un sólido de revolución : $\bar{x}V_x = \int_a^b \pi x\,[f(x)]^2\,dx, \quad \bar{y}V_y = \int_a^b \pi x\,[f(x)]^2\,dx$

### 6.5 La noción de trabajo

Ley de Hooke (p. 417)  vaciado de un depósito (p. 419)

### *6.6 Fuerza sobre una presa

Fuerza sobre una pared vertical = $\int_a^b \sigma x w(x)\,dx$

### *6.7 Ley de Newton de la atracción gravitatoria

$F = G\dfrac{mM}{r^2}$

# 7 FUNCIONES TRASCENDENTES

Existen números reales que verifican ecuaciones polinomiales con coeficientes enteros:

$$\tfrac{3}{5} \text{ verifica la ecuación } 5x - 3 = 0$$

$$\sqrt{2} \text{ verifica la ecuación } x^2 - 2 = 0$$

A estos números se les llama *algebraicos*. Existen, sin embargo, otros números que no son algebraicos, entre ellos el número $\pi$. Tales números son llamados *trascendentes*.

Algunas funciones satisfacen ecuaciones polinomiales con coeficientes polinomiales:

$$f(x) = \frac{x}{\pi x + \sqrt{2}} \quad \text{satisface la ecuación} \quad (\pi x + \sqrt{2})\, f(x) - x = 0,$$

$$f(x) = 2\sqrt{x} - 3x^2 \quad \text{satisface la ecuación} \quad [f(x)]^2 + 6x^2 f(x) + (9x^4 - 4x) = 0.$$

A estas funciones se las llama *algebraicas*. Sin embargo, también existen funciones que no son algebraicas; se las llama *trascendentes*. Las funciones que estudiaremos en este capítulo (el logaritmo, la exponencial y las funciones trigonométricas y sus inversas) son todas funciones trascendentes.

## 7.1 EN BUSCA DE LA NOCIÓN DE LOGARITMO

Si $B$ es un número positivo distinto de 1, en matemáticas elementales se define el logaritmo de base $B$ haciendo

$$C = \log_B A \qquad \text{sii} \qquad B^C = A.$$

Normalmente se elige la base 10 con lo que la relación de definición se convierte en

$$C = \log_{10} A \qquad \text{sii} \qquad 10^C = A.$$

Las propiedades básicas de $\log_{10}$ se pueden entonces resumir de la siguiente manera: para $X, Y > 0$,

$$\log_{10}(XY) = \log_{10} X + \log_{10} Y, \qquad \log_{10} 1 = 0,$$
$$\log_{10}(1/Y) = -\log_{10} Y, \qquad \log_{10}(X/Y) = \log_{10} X - \log_{10} Y,$$
$$\log_{10} X^Y = Y \log_{10} X, \qquad \log_{10} 10 = 1.$$

Esta noción elemental del logaritmo es inadecuada para el cálculo. No es clara: ¿Qué significa $10^C$ si $C$ es irracional? No se presta bien a los métodos del cálculo: ¿Cómo derivaríamos $Y = \log_{10} X$ sabiendo solamente que $10^Y = X$?

Aquí asumiremos un enfoque radicalmente diferente de los logaritmos. En lugar de intentar conectar con la definición elemental, renunciaremos a esta. Desde nuestro punto de vista, la propiedad fundamental de los logaritmos es que transforman las multiplicaciones en adiciones:

el log de un producto = la suma de los logs.

Tomando ésta como idea central, nos veremos conducidos a una noción general del logaritmo, coherente con la noción elemental, que se presta bien a las técnicas del cálculo y nos lleva de manera natural a la elección de una base que simplifica mucho los cálculos.

**DEFINICIÓN 7.1.1**

Una función *logarítmica* es una función $f$ no constante, diferenciable, definida en el conjunto de los números reales positivos tal que para todo $x > 0$ e $y > 0$

$$f(xy) = f(x) + f(y).$$

Supongamos por el momento que existe una tal función logarítmica y veamos que podemos averiguar acerca de ella. En primer lugar, si $f$ es una tal función, verifica

$$f(1) = f(1 \cdot 1) = f(1) + f(1) = 2f(1) \qquad \text{luego} \qquad f(1) = 0.$$

Tomando $y > 0$, tenemos

$$0 = f(1) = f(y \cdot 1/y) = f(y) + f(1/y)$$

luego

$$f(1/y) = -f(y).$$

Tomando $x > 0$ e $y > 0$, tenemos

$$f(x/y) = f(x \cdot 1/y) = f(x) + f(1/y),$$

lo cual, a la vista del resultado previo, significa que

$$f(x/y) = f(x) - f(y).$$

Estamos ahora en condiciones de estudiar la derivada. (Recuerde que estamos suponiendo que $f$ es diferenciable.) Empezaremos formando el cociente incremental

$$\frac{f(x+h) - f(x)}{h}.$$

Por lo que hemos descubierto acerca de $f$,

$$f(x+h) - f(x) = f\left(\frac{x+h}{x}\right) = f(1 + h/x),$$

luego

$$\frac{f(x+h) - f(x)}{h} = \frac{f(1 + h/x)}{h}.$$

Recordando que $f(1) = 0$ y multiplicando el denominador por $x/x$, tenemos

$$\frac{f(x+h) - f(x)}{h} = \frac{1}{x}\left[\frac{f(1 + h/x) - f(1)}{h/x}\right].$$

Cuando $h$ tiende a 0, el primer miembro tiende a $f'(x)$ y, mientras que $1/x$ permanece fijo, $h/x$ tiende a 0 y, por consiguiente, la expresión entre corchetes tiende a $f'(1)$. Resumiendo

**(7.1.2)**
$$f'(x) = \frac{1}{x}f'(1).$$

Acabamos de demostrar que, si $f$ es un logaritmo, se verifica

$$f(1) = 0 \qquad \text{y} \qquad f'(x) = \frac{1}{x}f'(1).$$

Es imposible que $f'(1) = 0$ puesto que esto implicaría $f$ constante. (Explicarlo.) La alternativa más natural consiste en hacer $f'(1) = 1$.[†] Entonces la derivada es $1/x$.

Esta función, que se anula en 1 y tiene derivada $1/x$ para $x > 0$, por el teorema fundamental del cálculo, tiene que ser de la forma

$$\int_1^x \frac{dt}{t}. \qquad \text{(comprobarlo)}$$

[†] Como veremos más adelante, esto equivale a elegir una base.

## 7.2 LA FUNCIÓN LOGARITMO, PARTE I

**DEFINICIÓN 7.2.1**

La función

$$L(x) = \int_1^x \frac{dt}{t}, \qquad x > 0$$

se denomina *función logaritmo* (*natural*).

A continuación daremos algunas de las propiedades obvias de $L$:

(1) $L$ está definida en $(0, \infty)$ y su derivada es

$$L'(x) = \frac{1}{x} \qquad \text{para todo } x > 0.$$

$L'$ es positiva en $(0, \infty)$, luego $L$ es una función creciente.

(2) $L$ es continua en $(0, \infty)$ puesto que es diferenciable.

(3) Para $x > 1$, $L(x)$ proporciona el área de la región sombreada en la figura 7.2.1.

(4) $L(x)$ es negativa si $0 < x < 1$, nula en $x = 1$ y positiva si $x > 1$.

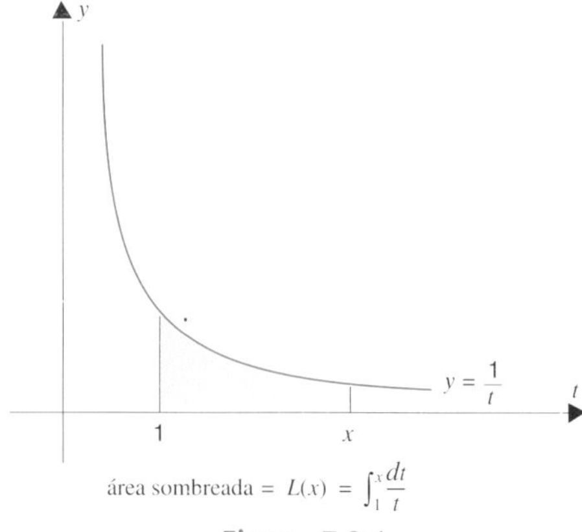


Figura 7.2.1

El siguiente resultado es fundamental:

**TEOREMA 7.2.2**

Si $x$ e $y$ son positivos, se verifica

$$L(xy) = L(x) + L(y).$$

Demostración. Dado que

$$\frac{d}{dx}[L(x)] = \frac{1}{x} \qquad \text{y} \qquad \frac{d}{dx}[L(xy)] \underset{\text{regla de la cadena}}{=} \frac{y}{xy} = \frac{1}{x},$$

podemos asegurar que

$$L(xy) = L(x) + C.$$

Podemos evaluar la constante tomando $x = 1$:

$$L(y) = L(1 \cdot y) = L(1) + C \underset{L(1)=0}{=} C.$$

de ahí que $L(xy) = L(x) + L(y)$ como anunciábamos. □

Daremos ahora otro resultado importante.

**TEOREMA 7.2.3**

Si $x$ es positivo y $p/q$ es racional, se verifica

$$L(x^{p/q}) = \frac{p}{q}L(x).$$

Demostración. Hemos visto que $d/dx[L(x)] = 1/x$. Por la regla de la cadena

$$\frac{d}{dx}[L(x^{p/q})] = \frac{1}{x^{p/q}}\frac{d}{dx}(x^{p/q}) \underset{(3.8.4)}{=} \frac{1}{x^{p/q}}\left(\frac{p}{q}\right)x^{(p/q)-1} = \frac{p}{q}\left(\frac{1}{x}\right) = \frac{d}{dx}\left[\frac{p}{q}L(x)\right].$$

Dado que ambas funciones tienen idéntica derivada, sólo difieren en una constante:

$$L(x^{p/q}) = \frac{p}{q}L(x) + C.$$

Dado que ambas funciones se anulan en $x = 1$, tenemos que $C = 0$ y el teorema queda demostrado. □

El dominio de $L$ es $(0, \infty)$. ¿Cuál es la imagen de $L$?

**TEOREMA 7.2.4**

La imagen de $L$ es $(-\infty, \infty)$.

Demostración. Dado que $L$ es continua en $(0, \infty)$, sabemos por el teorema del valor intermedio que no "se salta" ningún valor. En consecuencia su imagen es un intervalo. Para demostrar que el intervalo es $(-\infty, \infty)$ sólo necesitamos demostrar que no está acotado ni por arriba ni por abajo. Para ello basta demostrar que, dado un número positivo arbitrario $M$, $L$ toma valores mayores que $M$ y menores que $-M$.

Dado que

$$L(2) = \int_1^2 \frac{dt}{t}$$

es positivo (explicarlo), sabemos que algún múltiplo positivo de $L(2)$ ha de ser mayor que $M$; esto es, sabemos que existe un entero positivo $n$ tal que

$$nL(2) > M.$$

Multiplicando la ecuación por $-1$ tenemos

$$-nL(2) < -M.$$

Puesto que

$$nL(2) = L(2^n) \qquad \text{y} \qquad -nL(2) = L(2^{-n}),$$

tenemos

$$L(2^n) > M \qquad \text{y} \qquad L(2^{-n}) < -M.$$

Esto demuestra que el intervalo no es acotado. □

### El número $e$

Dado que la imagen de $L$ es $(-\infty, \infty)$ y que $L$ es una función creciente, sabemos que $L$ toma cada valor y sólo lo toma una vez. En particular, existe un número y sólo uno, en el cual la función $L$ toma el valor 1. *Este único número se designa por la letra e.*[†]

Dado que

**(7.2.5)** $$L(e) = \int_1^e \frac{dt}{t} = 1,$$

se deduce del teorema 7.2.3 que

**(7.2.6)** $$L(e^{p/q}) = \frac{p}{q} \qquad \text{para todos los números racionales } \frac{p}{q}.$$

Debido a esta relación, a $L$ se le llama *logaritmo en base e* y algunas veces se escribe

$$L(x) = \log_e x.$$

El número $e$ surge de manera natural en diversos contextos. Por este motivo, llamaremos a $L(x)$ el logaritmo natural y escribiremos

**(7.2.7)** $$L(x) = \ln x.$$ [††]

He aquí las propiedades básicas que hemos establecido para el $\ln x$:

**(7.2.8)**
$$\begin{array}{lr}
\ln 1 = 0, \quad \ln e = 1. & \\
\ln xy = \ln x + \ln y. & (x > 0, y > 0) \\
\ln 1/x = -\ln x. & (x > 0) \\
\ln x/y = \ln x - \ln y. & (x > 0, y > 0) \\
\ln x^r = r \ln x. & (x > 0, r \text{ racional})
\end{array}$$

---

[†] En memoria del matemático suizo Leonhard Euler (1707–1783), considerado por muchos como el mejor matemático del siglo dieciocho.

[††] Más adelante estudiaremos logaritmos relativos a otras bases [provienen de otras elecciones para $f'(1)$ ], pero, con mucho, el logaritmo más importante del cálculo es el logaritmo de base $e$. Tanto es así, que cuando hablamos del logaritmo de un número $x$ sin especificar su base, es que, con toda seguridad, estamos hablando del *logaritmo natural*.

Obsérvese el paralelismo existente entre estas reglas y las reglas conocidas para los logaritmos habituales (base 10). Más adelante demostraremos que la última de estas reglas también se aplica en el caso de exponentes irracionales.

**La gráfica de la función logaritmo**

Sabemos que la función logaritmo

$$\ln x = \int_1^x \frac{dt}{t}$$

tiene dominio $(0, \infty)$, imagen $(-\infty, \infty)$ y derivada

$$\frac{d}{dx}(\ln x) = \frac{1}{x} > 0.$$

Para $x$ pequeño, la derivada es grande (cerca de 0 la curva tiene mucha pendiente); para $x$ grande, la derivada es pequeña (lejos del origen, la curva se allana). En $x = 1$ el logaritmo vale 0 y su derivada, $1/x$ vale 1. (La gráfica atraviesa el eje $x$ en el punto $(1, 0)$ y la tangente en dicho punto es paralela a la recta $y = x$). La derivada segunda

$$\frac{d^2}{dx^2}(\ln x) = -\frac{1}{x^2}$$

es negativa en $(0, \infty)$. (La gráfica tiene la concavidad hacia abajo siempre.) Hemos representado la gráfica en la figura 7.2.2. El eje $y$ es una asíntota vertical:

$$\ln x \to -\infty \qquad \text{cuando} \qquad x \to 0^+$$

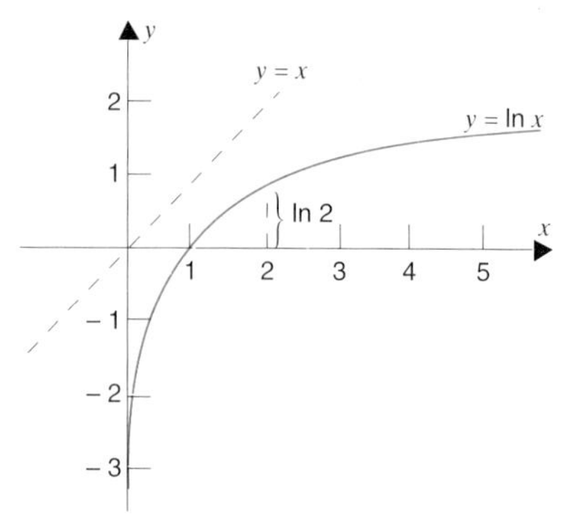


Figura 7.2.2

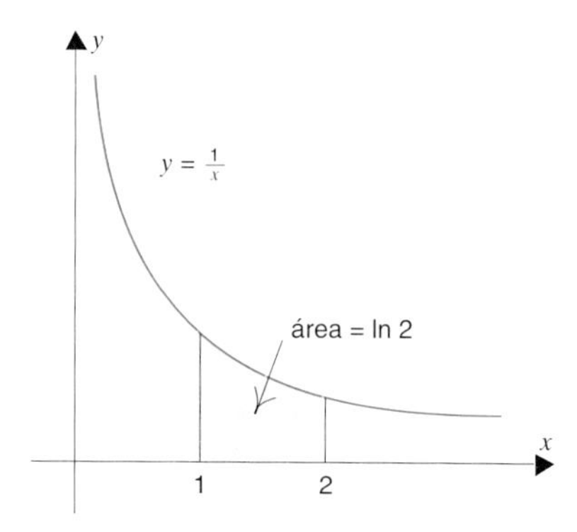


Figura 7.2.3

**Problema 1.** Estimar

$$\ln 2 = \int_1^2 \frac{dt}{t} \qquad \text{(figura 7.2.3)}$$

utilizando la partición

$$P = \{1 = \tfrac{10}{10}, \tfrac{11}{10}, \tfrac{12}{10}, \tfrac{13}{10}, \tfrac{14}{10}, \tfrac{15}{10}, \tfrac{16}{10}, \tfrac{17}{10}, \tfrac{18}{10}, \tfrac{19}{10}, \tfrac{20}{10} = 2\}.$$

*Solución.* Usando una calculadora, hallamos que

$$\begin{aligned} L_f(P) &= \tfrac{1}{10}\left(\tfrac{10}{11} + \tfrac{10}{12} + \tfrac{10}{13} + \tfrac{10}{14} + \tfrac{10}{15} + \tfrac{10}{16} + \tfrac{10}{17} + \tfrac{10}{18} + \tfrac{10}{19} + \tfrac{10}{20}\right) \\ &= \tfrac{1}{11} + \tfrac{1}{12} + \tfrac{1}{13} + \tfrac{1}{14} + \tfrac{1}{15} + \tfrac{1}{16} + \tfrac{1}{17} + \tfrac{1}{18} + \tfrac{1}{19} + \tfrac{1}{20} > 0{,}668 \end{aligned}$$

y

$$\begin{aligned} U_f(P) &= \tfrac{1}{10}\left(\tfrac{10}{10} + \tfrac{10}{11} + \tfrac{10}{12} + \tfrac{10}{13} + \tfrac{10}{14} + \tfrac{10}{15} + \tfrac{10}{16} + \tfrac{10}{17} + \tfrac{10}{18} + \tfrac{10}{19}\right) \\ &= \tfrac{1}{10} + \tfrac{1}{11} + \tfrac{1}{12} + \tfrac{1}{13} + \tfrac{1}{14} + \tfrac{1}{15} + \tfrac{1}{16} + \tfrac{1}{17} + \tfrac{1}{18} + \tfrac{1}{19} < 0{,}719. \end{aligned}$$

Luego tenemos

$$0{,}668 < L_f(P) < \ln 2 < U_f(P) < 0{,}719.$$

El promedio de estas dos estimaciones es

$$\tfrac{1}{2}(0{,}668 + 0{,}719) = 0{,}6935.$$

No hemos caído muy lejos. Las tablas con tres decimales dan la estimación 0,693. □

La tabla 7.2.1 da los logaritmos naturales de los enteros comprendidos entre 2 y 10, redondeados a la centésima más próxima. En el apéndice C, el lector encontrará una tabla más extensa.

TABLA 7.2.1

| $n$ | $\ln n$ | $n$ | $\ln n$ |
|---|---|---|---|
| 1 | 0,00 | 6 | 1,79 |
| 2 | 0,69 | 7 | 1,95 |
| 3 | 1,10 | 8 | 2,08 |
| 4 | 1,39 | 9 | 2,20 |
| 5 | 1,61 | 10 | 2,30 |

**Problema 2.** Usar la tabla 7.2.1 para estimar los logaritmos siguientes

(a) ln 0,2. (b) ln 0,25. (c) ln 2,4. (d) ln 90.

*Solución.*

(a) $\ln 0{,}2 = \ln \frac{1}{5} = -\ln 5 \cong -1{,}61$. (b) $\ln 0{,}25 = \ln \frac{1}{4} = -\ln 4 \cong -1{,}39$.

(c) $\ln 2{,}4 = \ln \dfrac{12}{5} = \ln \dfrac{(3)(4)}{5} = \ln 3 + \ln 4 - \ln 5 \cong 0{,}88$.

(d) $\ln 90 = \ln [(9)(10)] = \ln 9 + \ln 10 \cong 4{,}50$. □

**Problema 3.** Usar la tabla 7.2.1 para estimar $e$.

*Solución.* Lo único que sabemos es que $\ln e = 1$. Mediante la tabla se puede ver que

$$3 \ln 3 - \ln 10 \cong 1.$$

La expresión de la izquierda se puede escribir

$$\ln 3^3 - \ln 10 = \ln 27 - \ln 10 = \ln \tfrac{27}{10} = \ln 2{,}7.$$

Luego $\ln 2{,}7 \cong 1$ y $e \cong 2{,}7$. (Las tablas con ocho cifras decimales dan $e \cong 2{,}71828182$. En la mayoría de los casos tomaremos $e \cong 2{,}72$.) □

## EJERCICIOS 7.2

Usar la tabla 7.2.1 para calcular los logaritmos naturales siguientes

**1.** ln 20. **2.** ln 16. **3.** ln 1,6. **4.** $\ln 3^4$.

**5.** ln 0,1. **6.** ln 2,5. **7.** ln 7,2. **8.** $\ln \sqrt{630}$.

**9.** $\ln \sqrt{2}$. **10.** ln 0,4. **11.** $\ln 2^5$. **12.** ln 1,8.

**13.** Interpretar la ecuación $\ln n = \ln mn - \ln m$ en términos del área debajo de la curva $y = 1/x$. Dibujar una figura.

**14.** Para $0 < x < 1$, expresar como un logaritmo el área debajo de la curva $y = 1/t$ desde $t = x$ hasta $t = 1$.

**15.** Estimar

$$\ln 1{,}5 = \int_1^{1{,}5} \frac{dt}{t}$$

usando la aproximación $\frac{1}{2}[L_f(P) + U_f(P)]$ con $P = \{1 = \frac{8}{8}, \frac{9}{8}, \frac{10}{8}, \frac{11}{8}, \frac{12}{8} = 1{,}5\}$.

**16.** Estimar

$$\ln 2{,}5 = \int_1^{2{,}5} \frac{dt}{t}$$

usando la aproximación $\frac{1}{2}[L_f(P) + U_f(P)]$ con $P = \{1 = \frac{4}{4}, \frac{5}{4}, \frac{6}{4}, \frac{7}{4}, \frac{8}{4}, \frac{9}{4}, \frac{10}{4} = \frac{5}{2}\}$.

**17.** Tomando $\ln 5 \cong 1{,}61$, usar diferenciales para estimar (a) $\ln 5{,}2$. (b) $\ln 4{,}8$. (c) $\ln 5{,}5$.

**18.** Tomando $\ln 10 \cong 2{,}30$, usar diferenciales para estimar (a) $\ln 10{,}3$. (b) $\ln 9{,}6$. (c) $\ln 11$.

Despejar $x$ de las siguientes ecuaciones

**19.** $\ln x = 2$.

**20.** $\ln x = -1$.

**21.** $(2 - \ln x) \ln x = 0$.

**22.** $\frac{1}{2} \ln x = \ln(2x - 1)$.

**23.** $\ln[(2x + 1)(x + 2)] = 2 \ln(x + 2)$.

**24.** $2 \ln(x + 2) - \frac{1}{2} \ln x^4 = 1$.

**(Calculadora)** Evaluar numéricamente

**25.** $\lim_{x \to 1} \frac{\ln x}{x - 1}$.

**26.** $\lim_{x \to 0^+} x \ln x$.

**27.** $\lim_{x \to 0^+} \sqrt{x} \ln x$.

## 7.3 LA FUNCIÓN LOGARITMO, PARTE II

### Diferenciación y trazado de gráficas

Sabemos que para $x > 0$

$$\frac{d}{dx}(\ln x) = \frac{1}{x}.$$

Si $u$ es una función positiva y diferenciable de $x$, por la regla de la cadena

$$\frac{d}{dx}(\ln u) = \frac{d}{du}(\ln u)\frac{du}{dx} = \frac{1}{u}\frac{du}{dx}.$$

Luego, por ejemplo,

$$\frac{d}{dx}[\ln(1 + x^2)] = \frac{1}{1 + x^2} \cdot 2x = \frac{2x}{1 + x^2} \qquad \text{para todo } x \text{ real}$$

y

$$\frac{d}{dx}[\ln(1 + 3x)] = \frac{1}{1 + 3x} \cdot 3 = \frac{3}{1 + 3x} \qquad \text{para todo } x > -\tfrac{1}{3}.$$

**Problema 1.** Hallar el dominio de $f$ y calcular $f'(x)$ si

$$f(x) = \ln\left(x\sqrt{1+3x}\right).$$

*Solución.* Para que $x$ pertenezca al dominio de $f$ ha de verificar $x\sqrt{1+3x} > 0$, luego $x > 0$. El dominio es el conjunto de los números positivos.

Antes de diferenciar $f$ haremos uso de las propiedades especiales del logaritmo:

$$f(x) = \ln\left(x\sqrt{1+3x}\right) = \ln x + \ln\left[(1+3x)^{1/2}\right] = \ln x + \tfrac{1}{2}\ln(1+3x).$$

Según esto, tenemos

$$f'(x) = \frac{1}{x} + \frac{1}{2}\left(\frac{3}{1+3x}\right). \quad \square$$

**Problema 2.** Dibujar la gráfica de

$$f(x) = \ln|x|.$$

*Solución.* Se trata de una función par: $f(-x) = f(x)$, definida para todo $x \neq 0$. La gráfica tiene dos ramas:

$$y = \ln(-x), \quad x < 0 \qquad \text{y} \qquad y = \ln x, \quad x > 0.$$

Estas ramas son imágenes especulares entre sí. (figura 7.3.1). $\square$

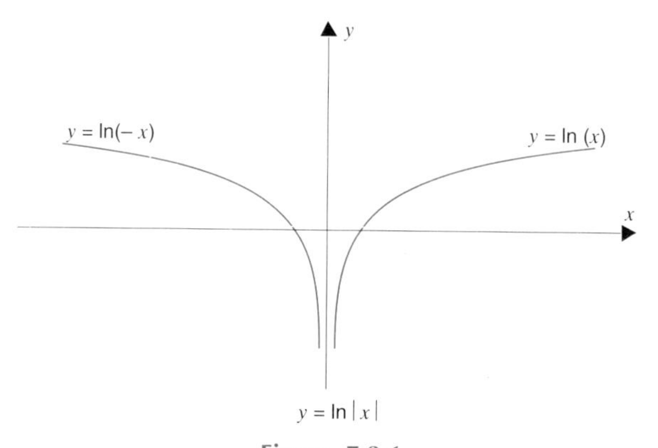


**Figura 7.3.1**

**Problema 3.** Demostrar que

(7.3.1) $$\frac{d}{dx}(\ln |x|) = \frac{1}{x} \qquad \text{para todo } x \neq 0.$$

*Solución.* Para $x > 0$

$$\frac{d}{dx}(\ln |x|) = \frac{d}{dx}(\ln x) = \frac{1}{x}.$$

Para $x < 0$, tenemos que $|x| = -x > 0$, luego

$$\frac{d}{dx}(\ln |x|) = \frac{d}{dx}[\ln(-x)] = \frac{1}{-x}\frac{d}{dx}(-x) = \left(\frac{1}{-x}\right)(-1) = \frac{1}{x}. \qquad \square$$

**Problema 4.** Hallar el dominio de $f$ y calcular $f'(x)$ si

$$f(x) = (\ln x^2)^3.$$

*Solución.* Dado que la función logaritmo está definida para los números positivos, hemos de tener $x^2 > 0$. El dominio de $f$ consiste en todos los $x \neq 0$. Antes de diferenciar, obsérvese que

$$f(x) = (\ln x^2)^3 = (2 \ln |x|)^3 = 8(\ln |x|)^3.$$

Se deduce que

$$f'(x) = 24(\ln |x|)^2 \frac{d}{dx}(\ln |x|) = 24(\ln |x|)^2 \frac{1}{x} = \frac{24}{x}(\ln |x|)^2. \qquad \square$$

**Problema 5.** Demostrar que si $u$ es una función diferenciable de $x$, para $u \neq 0$ se verifica

(7.3.2) $$\frac{d}{dx}(\ln |u|) = \frac{1}{u}\frac{du}{dx}.$$

*Solución.*

$$\frac{d}{dx}(\ln |u|) = \frac{d}{du}(\ln |u|)\frac{du}{dx} = \frac{1}{u}\frac{du}{dx}. \qquad \square$$

He aquí dos ejemplos:

$$\frac{d}{dx}(\ln|1-x^3|) = \frac{1}{1-x^3}\frac{d}{dx}(1-x^3) = \frac{-3x^2}{1-x^3} = \frac{3x^2}{x^3-1}.$$

$$\frac{d}{dx}\left(\ln\left|\frac{x-1}{x-2}\right|\right) = \frac{d}{dx}(\ln|x-1|) - \frac{d}{dx}(\ln|x-2|) = \frac{1}{x-1} - \frac{1}{x-2}. \quad \square$$

**Problema 6.** Sea

$$f(x) = \ln\left(\frac{x^4}{x-1}\right).$$

(a) Especificar el dominio de $f$. (b) ¿En qué intervalos es $f$ creciente? ¿Y decreciente? (c) Hallar los valores extremos de $f$. (d) Determinar la concavidad de la gráfica y hallar los puntos de inflexión. (e) Bosquejar la gráfica indicando las posibles asíntotas.

*Solución.* Dado que la función logaritmo sólo está definida para los números positivos, el dominio de $f$ es el intervalo abierto $(1, \infty)$.

Usando las propiedades especiales del logaritmo, podemos escribir

$$f(x) = \ln x^4 - \ln(x-1) = 4\ln x - \ln(x-1).$$

La diferenciación nos da

$$f'(x) = \frac{4}{x} - \frac{1}{x-1} = \frac{3x-4}{x(x-1)}$$

y

$$f''(x) = -\frac{4}{x^2} + \frac{1}{(x-1)^2} = \frac{(x-2)(3x-2)}{x^2(x-1)^2}.$$

Dado que el dominio de $f$ es $(1, \infty)$, sólo consideraremos valores de $x$ mayores que 1.

Es fácil ver que

$$f'(x) \text{ es } \begin{cases} \text{negativa, para} & 1 < x < \frac{4}{3} \\ 0, \text{ en} & x = \frac{4}{3} \\ \text{positiva, para} & x > \frac{4}{3} \end{cases}.$$

Luego $f$ es decreciente en $(1, \frac{4}{3}]$ y creciente en $[\frac{4}{3}, \infty)$. Por el criterio de la derivada primera,

$$f(\tfrac{4}{3}) = 4\ln 4 - 3\ln 3 \cong 2{,}25$$

es un mínimo local y absoluto. No existen más valores extremos.

Dado que

$$f''(x) \text{ es } \begin{cases} \text{positiva, para} & 1 < x < 2 \\ 0, \text{ en} & x = 2 \\ \text{negativa, para} & x > 2 \end{cases},$$

la gráfica es cóncava hacia arriba en (1, 2) y cóncava hacia abajo en $(2, \infty)$. El punto

$$(2, f(2)) = (2, 4 \ln 2) \cong (2, 2{,}77)$$

es el único punto de inflexión.

Antes de bosquejar la gráfica, observemos que la derivada

$$f'(x) = \frac{4}{x} - \frac{1}{x-1}$$

posee un valor negativo muy grande para $x$ próximo a 1 y un valor muy próximo a 0 para $x$ grande. Esto significa que la gráfica es muy empinada para $x$ próximo a 1 y muy allanada para $x$ grande. Ver la figura 7.3.2. La recta $x = 1$ es una asíntota vertical: $f(x) \to \infty$, cuando $x \to 1^+$. □

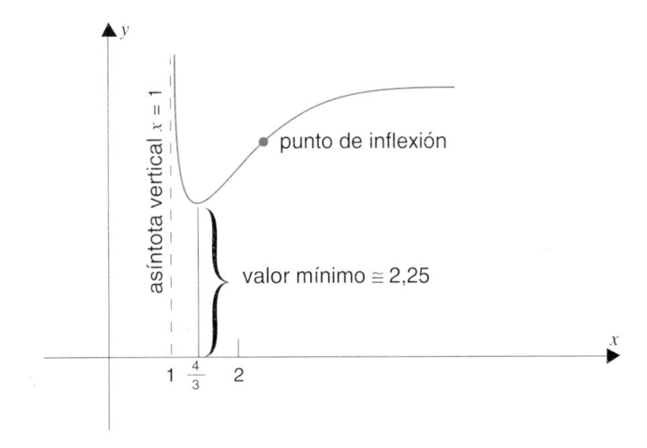


Figura 7.3.2

**Integración**

La expresión integral de (7.3.1) es

**(7.3.3)**
$$\int \frac{dx}{x} = \ln|x| + C.$$

En la práctica

$$\int \frac{g'(x)}{g(x)} dx \quad \text{se reduce a} \quad \int \frac{du}{u}$$

haciendo

$$u = g(x), \qquad du = g'(x)\, dx.$$

**Problema 7.** Calcular

$$\int \frac{8x}{x^2 - 1}\, dx.$$

*Solución.* Hagamos

$$u = x^2 - 1, \qquad du = 2x\, dx.$$

$$\int \frac{8x}{x^2 - 1}\, dx = 4\int \frac{du}{u} = 4 \ln|u| + C = 4 \ln|x^2 - 1| + C. \qquad \square$$

**Problema 8.** Calcular

$$\int \frac{x^2}{1 - 4x^3}\, dx.$$

*Solución.* Hagamos

$$u = 1 - 4x^3, \qquad du = -12x^2\, dx.$$

$$\int \frac{x^2}{1 - 4x^3}\, dx = -\frac{1}{12}\int \frac{du}{u} = -\frac{1}{12} \ln|u| + C = -\frac{1}{12} \ln|1 - 4x^3| + C. \qquad \square$$

**Problema 9.** Calcular

$$\int \frac{\ln x}{x}\, dx.$$

*Solución.* Hagamos

$$u = \ln x, \qquad du = \frac{1}{x}\,dx.$$

$$\int \frac{\ln x}{x}\,dx = \int u\,du = \tfrac{1}{2}u^2 + C = \tfrac{1}{2}(\ln x)^2 + C. \quad \square$$

**Problema 10.** Calcular

$$\int_1^2 \frac{6x^2 - 2}{x^3 - x + 1}\,dx.$$

*Solución.* Hagamos

$$u = x^3 - x + 1, \qquad du = (3x^2 - 1)\,dx.$$

para $x = 1$, $u = 1$; para $x = 2$, $u = 7$.

$$\int_1^2 \frac{6x^2 - 2}{x^3 - x + 1}\,dx = 2\int_1^7 \frac{du}{u} = 2\Big[\ln|u|\Big]_1^7 = 2(\ln 7 - \ln 1) = 2\ln 7. \quad \square$$

**Diferenciación logarítmica**

Para diferenciar un producto con muchos factores

$$g(x) = g_1(x)g_2(x)\ldots g_n(x)$$

podemos escribir primero

$$\begin{aligned}\ln|g(x)| &= \ln\left(|g_1(x)||g_2(x)|\ldots|g_n(x)|\right)\\ &= \ln|g_1(x)| + \ln|g_2(x)| + \ldots + \ln|g_n(x)|\end{aligned}$$

y luego diferenciar

$$\frac{g'(x)}{g(x)} = \frac{g_1'(x)}{g_1(x)} + \frac{g_2'(x)}{g_2(x)} + \ldots + \frac{g_n'(x)}{g_n(x)}.$$

La multiplicación por $g(x)$ nos da

**(7.3.4)**

$$g'(x) = g(x)\left(\frac{g_1'(x)}{g_1(x)} + \frac{g_2'(x)}{g_2(x)} + \ldots + \frac{g_n'(x)}{g_n(x)}\right).$$

El procedimiento mediante el cual hemos obtenido $g'(x)$ se llama *diferenciación logarítmica*. La diferenciación logarítmica tiene validez en todo punto tal que $g(x) \neq 0$. En los puntos para los cuales $g(x) = 0$, no tiene sentido.

Un producto de $n$ factores

$$g(x) = g_1(x)g_2(x)\ldots g_n(x)$$

también puede derivarse mediante la aplicación repetida de la regla del producto (3.2.4). La gran ventaja de la diferenciación logarítmica es que proporciona una fórmula explícita para la derivada, una fórmula fácil de recordar y cómoda para trabajar con ella.

**Problema 11.** Dado

$$g(x) = x(x-1)(x-2)(x-3)$$

hallar $g'(x)$ para $x \neq 0, 1, 2, 3$.

*Solución.* Podemos escribir $g'(x)$ aplicando directamente la fórmula 7.3.4.

$$g'(x) = x(x-1)(x-2)(x-3)\left(\frac{1}{x} + \frac{1}{x-1} + \frac{1}{x-2} + \frac{1}{x-3}\right).$$

O podemos repetir el procedimiento que nos ha llevado a establecer la fórmula 7.3.4.

$$\ln|g(x)| = \ln|x| + \ln|x-1| + \ln|x-2| + \ln|x-3|,$$

$$\frac{g'(x)}{g(x)} = \frac{1}{x} + \frac{1}{x-1} + \frac{1}{x-2} + \frac{1}{x-3},$$

$$g'(x) = x(x-1)(x-2)(x-3)\left(\frac{1}{x} + \frac{1}{x-1} + \frac{1}{x-2} + \frac{1}{x-3}\right). \quad \square$$

La diferenciación logarítmica también puede utilizarse para cocientes:

**Problema 12.** Dado

$$g(x) = \frac{(x^2+1)^3(2x-5)^2}{(x^2+5)^2},$$

hallar $g'(x)$ para $x \neq \frac{5}{2}$.

*Solución.* Nuestro primer paso consiste en escribir

$$g(x) = (x^2+1)^3(2x-5)^2(x^2+5)^{-2}.$$

Luego, de acuerdo con la fórmula 7.3.4

$$g'(x) = \frac{(x^2+1)^3(2x-5)^2}{(x^2+5)^2}\left[\frac{3(x^2+1)^2(2x)}{(x^2+1)^3} + \frac{2(2x-5)(2)}{(2x-5)^2} + \frac{(-2)(x^2+5)^{-3}(2x)}{(x^2+5)^{-2}}\right]$$

$$= \frac{(x^2+1)^3(2x-5)^2}{(x^2+5)^2}\left(\frac{6x}{x^2+1} + \frac{4}{2x-5} - \frac{4}{x^2+5}\right). \quad \square$$

## EJERCICIOS 7.3

Determinar el dominio y hallar la derivada.

**1.** $f(x) = \ln 4x.$

**2.** $f(x) = \ln(2x+1).$

**3.** $f(x) = \ln(x^3+1).$

**4.** $f(x) = \ln[(x+1)^3].$

**5.** $f(x) = \ln\sqrt{1+x^2}.$

**6.** $f(x) = (\ln x)^3.$

**7.** $f(x) = \ln|x^4-1|.$

**8.** $f(x) = \ln(\ln x).$

**9.** $f(x) = x\ln x.$

**10.** $f(x) = \ln\left|\frac{x+2}{x^3-1}\right|.$

**11.** $f(x) = \frac{1}{\ln x}.$

**12.** $f(x) = \ln\sqrt[4]{x^2+1}.$

**13.** $f(x) = \frac{\ln(x+1)}{x+1}.$

**14.** $f(x) = \ln\sqrt{\frac{1-x}{2-x}}.$

Calcular las integrales siguientes.

**15.** $\int\frac{dx}{x+1}.$

**16.** $\int\frac{dx}{3-x}.$

**17.** $\int\frac{x}{3-x^2}\,dx.$

**18.** $\int\frac{x+1}{x^2}\,dx.$

**19.** $\int\frac{x}{(3-x^2)^2}\,dx.$

**20.** $\int\frac{\ln(x+a)}{x+a}\,dx.$

**21.** $\int\left(\frac{1}{x+2}-\frac{1}{x-2}\right)dx.$

**22.** $\int\frac{x^2}{2x^3-1}\,dx.$

**23.** $\int\frac{dx}{x(\ln x)^2}.$

**24.** $\int\left(\frac{1}{x-a}-\frac{1}{x-b}\right)dx.$

**25.** $\int\frac{\sqrt{x}}{1+x\sqrt{x}}\,dx.$

**26.** $\int x\left(\frac{1}{x^2-a^2}-\frac{1}{x^2-b^2}\right)dx.$

Evaluar.

**27.** $\int_1^e \frac{dx}{x}.$

**28.** $\int_1^{e^2} \frac{dx}{x}.$

**29.** $\int_e^{e^2} \frac{dx}{x}.$

**30.** $\int_3^4 \frac{dx}{1-x}.$

**31.** $\int_4^5 \frac{x}{x^2-1}\,dx.$

**32.** $\int_1^e \frac{\ln x}{x}\,dx.$

**33.** $\int_0^1 \frac{\ln(x+1)}{x+1}\,dx.$

**34.** $\int_0^1\left(\frac{1}{x+1}-\frac{1}{x+2}\right)dx.$

Calcular la derivada mediante diferenciación logarítmica.

**35.** $g(x) = (x^2+1)^2(x-1)^5x^3$.

**36.** $g(x) = x(x+a)(x+b)(x+c)$.

**37.** $g(x) = \dfrac{x^4(x-1)}{(x+2)(x^2+1)}$.

**38.** $g(x) = \dfrac{(1+x)(2+x)x}{(4+x)(2-x)}$.

**39.** $g(x) = \sqrt{\dfrac{(x-1)(x-2)}{(x-3)(x-4)}}$.

**40.** $g(x) = \dfrac{x^2(x^2+1)(x^2+2)}{(x^2-1)(x^2-5)}$.

Hallar el área de la parte del primer cuadrante comprendida entre

**41.** $x+4y-5 = 0$ y $xy = 1$.

**42.** $x+y-3 = 0$ y $xy = 2$.

**43.** Una partícula se mueve a lo largo de una recta con aceleración $a(t) = -(t+1)^{-2}$ pies por segundo por segundo. Hallar la distancia recorrida por la partícula en el intervalo de tiempo $[0, 4]$, dado que la velocidad inicial $v(0)$ es 1 pie por segundo.

**44.** El ejercicio 43 con $v(0)$ igual a 2 pies por segundo.

Hallar una fórmula para la derivada $n$-ésima.

**45.** $\dfrac{d^n}{dx^n}(\ln x)$.

**46.** $\dfrac{d^n}{dx^n}[\ln(1-x)]$.

**47.** $\dfrac{d^n}{dx^n}(\ln 2x)$.

**48.** $\dfrac{d^n}{dx^n}\left(\ln \dfrac{1}{x}\right)$.

**49.** (a) Comprobar que

$$\ln x = \int_1^x \frac{dt}{t} < \int_1^x \frac{dt}{\sqrt{t}} \qquad \text{para } x > 1.$$

(b) Usar (a) para demostrar que

$$0 < \ln x < 2(\sqrt{x} - 1) \qquad \text{para } x > 1.$$

(c) Usar (b) para demostrar que

$$2x\left(1 - \frac{1}{\sqrt{x}}\right) < x \ln x < 0 \qquad \text{para } 0 < x < 1.$$

(d) Usar (c) para demostrar que

$$\lim_{x \to 0^+} (x \ln x) = 0.$$

**50.** (a) Demostrar que para $n = 2$ la fórmula 7.3.4 se reduce a la regla del producto (3.2.4).

(b) Demostrar que la fórmula 7.3.4 aplicada a

$$g(x) = \frac{g_1(x)}{g_2(x)}$$

se reduce a la regla del cociente (3.2.9).

Para cada una de las funciones indicadas, (i) hallar el dominio, (ii) hallar los intervalos en los cuales la función es creciente y aquellos en los cuales es decreciente, (iii) hallar los valores extremos, (iv) determinar la concavidad de la gráfica y hallar los puntos de inflexión, y, finalmente, (v) bosquejar la gráfica indicando las asíntotas.

**51.** $f(x) = \ln 2x$.
**52.** $f(x) = x - \ln x$
**53.** $f(x) = \ln(4 - x)$.
**54.** $f(x) = \ln(4 - x^2)$.
**55.** $f(x) = x \ln x$.
**56.** $f(x) = \ln(8x - x^2)$.
**57.** $f(x) = \ln\left(\frac{x}{1 + x^2}\right)$.
**58.** $f(x) = \ln\left(\frac{x^3}{x - 1}\right)$.

## 7.4 LA FUNCIÓN EXPONENCIAL

Las potencias racionales de $e$ ya tienen un sentido establecido: $e^{p/q}$ es la raíz $q$-ésima de la potencia $p$ de $e$. ¿Pero qué sentido podemos dar a $e^{\sqrt{2}}$ o a $e^{\pi}$?

Hemos demostrado ya que toda potencia racional $e^{p/q}$ tiene $p/q$ como logaritmo:

**(7.4.1)**
$$\ln e^{p/q} = \frac{p}{q}.$$

La definición de $e^z$ para $z$ irracional viene inspirada por esa relación.

**DEFINICIÓN 7.4.2**

Si $z$ es irracional, designaremos por $e^z$ al único número cuyo logaritmo es $z$:

$$\ln e^z = z.$$

¿Qué significa $e^{\sqrt{2}}$? Es el único número cuyo logaritmo es $\sqrt{2}$. ¿Qué significa $e^{\pi}$? Es el único número cuyo logaritmo es $\pi$. Obsérvese que $e^x$ posee ahora un significado para todo valor de $x$: es el único número cuyo logaritmo es $x$.

**DEFINICIÓN 7.4.3**

La función

$$E(x) = e^x \qquad \text{para todo } x \text{ real.}$$

recibe el nombre de *función exponencial.*

A continuación damos algunas propiedades de la función exponencial:

(1) En primer lugar

**(7.4.4)** $\ln e^x = x \qquad \text{para todo } x \text{ real.}$

Escribiendo $L(x) = \ln x$ y $E(x) = e^x$, tenemos

$$L(E(x)) = x \qquad \text{para todo } x \text{ real.}$$

Esto significa que *la función exponencial es la inversa de la función logarítmica.*

(2) La gráfica de la función exponencial aparece en la figura 7.4.1. Puede obtenerse a partir de la gráfica de la función logaritmo por simetría respecto de la recta $x = y$.

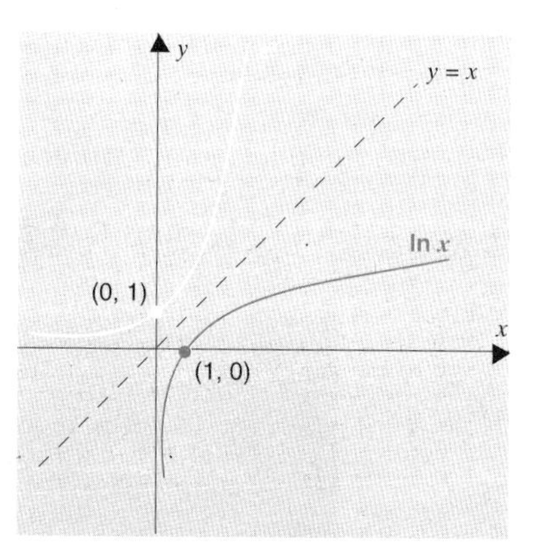


Figura 7.4.1

(3) Dado que la gráfica de la función logaritmo permanece a la derecha del eje $y$, la gráfica de la función exponencial se sitúa por encima del eje $x$:

**(7.4.5)** $e^x > 0 \qquad \text{para todo } x \text{ real.}$

(4) Dado que la gráfica de la función logaritmo corta el eje $x$ en $(1, 0)$, la gráfica de la función exponencial corta el eje $y$ en $(0, 1)$:

$$\ln 1 = 0 \qquad \text{da} \qquad e^0 = 1.$$

(5) Dado que el eje $y$ es una asíntota vertical para la gráfica de la función logaritmo, el eje $x$ es una asíntota horizontal para la gráfica de la función exponencial:

$$e^x \to 0 \qquad \text{cuando} \qquad x \to -\infty.$$

(6) Dado que la función exponencial es la inversa de la función logaritmo, la función logaritmo es la inversa de la función exponencial; es decir que tenemos

**(7.4.6)**

$$e^{\ln x} = x \qquad \text{para todo } x > 0.$$

Se puede comprobar esta ecuación directamente observando que ambos miembros tienen el mismo logaritmo:

$$\ln(e^{\ln x}) = \ln x$$

dado que, para todo $t$ real, $\ln e^t = t$

Sabemos que en el caso de exponentes racionales se verifica

$$e^{(p/q + r/s)} = e^{p/q} \cdot e^{r/s}.$$

Esta propiedad se verifica para todos los exponentes, incluidos los irracionales.

**TEOREMA 7.4.7**

$$e^{x+y} = e^x \cdot e^y \qquad \text{para todo } x \text{ e } y \text{ reales.}$$

Demostración.

$$\ln(e^x \cdot e^y) = \ln e^x + \ln e^y = x + y = \ln e^{x+y}.$$

Dado que el logaritmo es una función inyectiva tenemos que

$$e^{x+y} = e^x \cdot e^y. \quad \square$$

Dejamos al lector demostrar que

**(7.4.8)**

$$e^{-y} = \frac{1}{e^y} \qquad \text{y} \qquad e^{x-y} = \frac{e^x}{e^y}.$$

La tabla 7.4.1 da algunos valores de la función exponencial redondeados a la centésima más cercana. En el apéndice C, el lector encontrará unas tablas más completas.

TABLA 7.4.1

| $x$ | $e^x$ | $x$ | $e^x$ |
|---|---|---|---|
| 0,1 | 1,11 | 1,1 | 3,00 |
| 0,2 | 1,22 | 1,2 | 3,32 |
| 0,3 | 1,35 | 1,3 | 3,67 |
| 0,4 | 1,49 | 1,4 | 4,06 |
| 0,5 | 1,65 | 1,5 | 4,48 |
| 0,6 | 1,82 | 1,6 | 4,95 |
| 0,7 | 2,01 | 1,7 | 5,47 |
| 0,8 | 2,23 | 1,8 | 6,05 |
| 0,9 | 2,46 | 1,9 | 6,68 |
| 1,0 | 2,72 | 2,0 | 7,39 |

**Problema 1.** Usar la tabla 7.4.1 para estimar las siguientes potencias de $e$:

(a) $e^{-0,2}$. (b) $e^{2,4}$. (c) $e^{3,1}$.

*Solución.* Por supuesto, la idea consiste en utilizar la ley de los exponentes.

(a) $e^{-0,2} = 1/e^{0,2} \cong 1/1,22 \cong 0,82$.

(b) $e^{2,4} = e^{2+0,4} = (e^2)(e^{0,4}) \cong (7,39)(1,49) \cong 11,01$.

(c) $e^{3,1} = e^{1,7+1,4} = (e^{1,7})(e^{1,4}) \cong (5,47)(4,06) \cong 22,21$. □

Llegamos ahora a uno de los más importantes resultados del cálculo. Es maravillosamente simple.

**TEOREMA 7.4.9**

La función exponencial es su propia derivada: para todo $x$ real

$$\frac{d}{dx}(e^x) = e^x.$$

Demostración. La función logaritmo es diferenciable y su derivada no toma nunca el valor 0. Se deduce de nuestra discusión de la sección 3.8 que su inversa, la función exponencial, también es diferenciable. Sabiendo esto podemos demostrar que

$$\frac{d}{dx}(e^x) = e^x$$

diferenciando la identidad

$$\ln e^x = x.$$

Para el término de la izquierda, la regla de la cadena nos da

$$\frac{d}{dx}(\ln e^x) = \frac{1}{e^x}\frac{d}{dx}(e^x).$$

La derivada del término de la derecha es 1:

$$\frac{d}{dx}(x) = 1.$$

Igualando esas derivadas obtenemos

$$\frac{1}{e^x}\frac{d}{dx}(e^x) = 1 \qquad \text{luego} \qquad \frac{d}{dx}(e^x) = e^x. \quad \square$$

Nos encontraremos a menudo con expresiones de la forma $e^u$ donde $u$ es una función de $x$. Si $u$ es diferenciable, la regla de la cadena da

**(7.4.10)**
$$\frac{d}{dx}(e^u) = e^u\frac{du}{dx}.$$

Demostración.

$$\frac{d}{dx}(e^u) = \frac{d}{du}(e^u)\frac{du}{dx} = e^u\frac{du}{dx}. \quad \square$$

**Ejemplo 2.**

(a) $\frac{d}{dx}(e^{kx}) = e^{kx}\cdot k = ke^{kx}.$

(b) $\frac{d}{dx}(e^{\sqrt{x}}) = e^{\sqrt{x}}\frac{d}{dx}(\sqrt{x}) = e^{\sqrt{x}}\left(\frac{1}{2\sqrt{x}}\right) = \frac{1}{2\sqrt{x}}e^{\sqrt{x}}.$

(c) $\frac{d}{dx}(e^{-x^2}) = e^{-x^2}\frac{d}{dx}(-x^2) = e^{-x^2}(-2x) = -2xe^{-x^2}.$ $\square$

La relación

$$\frac{d}{dx}(e^x) = e^x \qquad \text{y su corolario} \qquad \frac{d}{dx}(e^{kx}) = ke^{kx}$$

tienen importantes aplicaciones en la ingeniería, la física, la química, la biología y la economía. Discutiremos algunas de estas aplicaciones en la sección 7.6.

**Problema 3.** Sea

$$f(x) = xe^{-x} \qquad \text{para todo } x \text{ real.}$$

(a) ¿En qué intervalos es la función $f$ creciente? ¿Y decreciente? (b) Hallar los valores extremos de $f$. (c) Determinar la concavidad de la gráfica y hallar los puntos de inflexión. (d) Bosquejar la gráfica indicando las asíntotas si las hay.

*Solución.* Tenemos

$$\begin{aligned} f(x) &= xe^{-x}, \\ f'(x) &= xe^{-x}(-1) + e^{-x} = (1-x)\,e^{-x}, \\ f''(x) &= (1-x)\,e^{-x}(-1) - e^{-x} = (x-2)\,e^{-x}. \end{aligned}$$

Dado que $e^x > 0$ para todo $x$ real,

$$f'(x) \text{ es} \begin{cases} \text{positiva, para} & x < 1 \\ 0, \text{ en} & x = 1 \\ \text{negativa, para} & x > 1 \end{cases}.$$

La función crece en $(-\infty, 1]$ y decrece en $[1, \infty)$. El número

$$f(1) = \frac{1}{e} \cong \frac{1}{2{,}72} \cong 0{,}37$$

es un máximo local y absoluto. No existen otros valores extremos. Dado que

$$f''(x) \text{ es} \begin{cases} \text{negativa, para} & x < 2 \\ 0, \text{ en} & x = 2 \\ \text{positiva, para} & x > 2 \end{cases},$$

la gráfica es cóncava hacia abajo en $(-\infty, 2)$ y cóncava hacia arriba en $(2, \infty)$. El punto

$$(2, f(2)) = (2, 2e^{-2}) \cong \left(2, \frac{2}{(2{,}72)^2}\right) \cong (2, 0{,}27)$$

es el único punto de inflexión. La gráfica está representada en la figura 7.4.2. El eje $x$ es una asíntota horizontal: $f(x) \to 0$ cuando $x \to \infty$. □

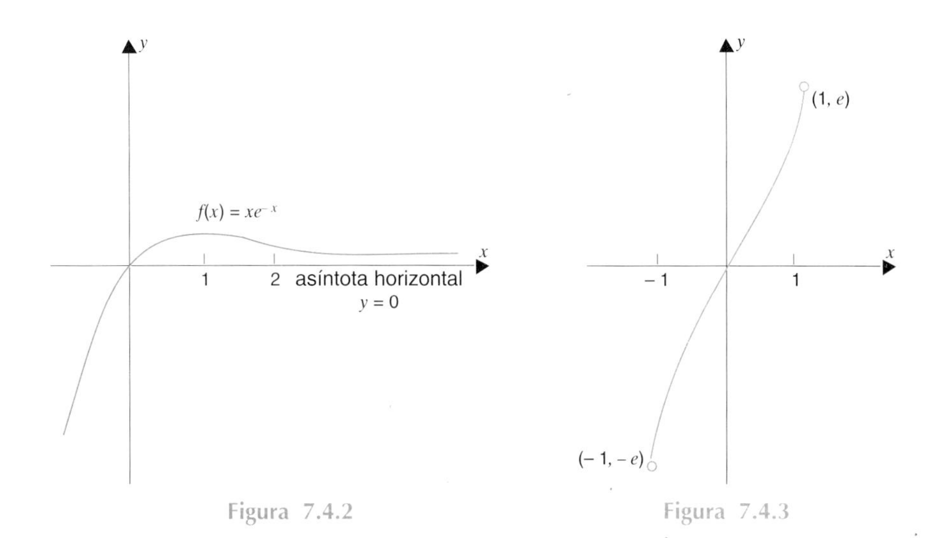


Figura 7.4.2

Figura 7.4.3

**Problema 4.** Sea

$$f(x) = xe^{x^2} \qquad \text{para todo } x \in (-1, 1).$$

(a) ¿En qué intervalos es la función $f$ creciente? ¿Y decreciente? (b) Hallar los valores extremos de $f$. (c) Determinar la concavidad de la gráfica y hallar los puntos de inflexión. (d) Bosquejar la gráfica.

*Solución.* Aquí

$$f(x) = xe^{x^2},$$
$$f'(x) = xe^{x^2}(2x) + e^{x^2} = (1 + 2x^2)\,e^{x^2},$$
$$f''(x) = (1 + 2x^2)\,e^{x^2}(2x) + 4xe^{x^2} = 2x(2x^2 + 3)e^{x^2}.$$

Dado que $f'(x) > 0$ para todo $x \in (-1, 1)$, $f$ crece en $(-1, 1)$, y no existen valores extremos. Dado que

$$f''(x) \text{ es} \begin{cases} \text{negativa, para} & x \in (-1, 0) \\ 0, \text{ en} & x = 0 \\ \text{positiva, para} & x \in (0, 1) \end{cases},$$

la gráfica es cóncava hacia abajo en $(-1, 0)$ y cóncava hacia arriba en $(0, 1)$. El punto $(0, f(0)) = (0, 0)$ es el único punto de inflexión. Dado que $f(-x) = -f(x)$, $f$ es una función impar, luego su gráfica (figura 7.4.3) es simétrica respecto del origen. ☐

La expresión, en términos de integrales, de la fórmula (7.4.9) es la siguiente

**(7.4.11)**
$$\int e^x \, dx = e^x + C.$$

En la práctica

$$\int e^{g(x)} g'(x) \, dx \qquad \text{se reduce a} \qquad \int e^u \, du$$

haciendo

$$u = g(x), \quad du = g'(x) \, dx.$$

**Problema 5.** Hallar

$$\int 9e^{3x} \, dx.$$

*Solución.* Sea

$$u = 3x, \qquad du = 3 \, dx.$$

$$\int 9e^{3x} \, dx = 3 \int e^u \, du = 3e^u + C = 3e^{3x} + C.$$

Si uno se da cuenta, desde el principio, que

$$3e^{3x} = \frac{d}{dx}(e^{3x}),$$

entonces puede ahorrarse el cambio de variable y simplemente escribir

$$\int 9e^{3x} \, dx = 3 \int 3e^{3x} \, dx = 3e^{3x} + C. \quad \square$$

**Problema 6.** Hallar

$$\int \frac{e^{\sqrt{x}}}{\sqrt{x}}\, dx.$$

*Solución.* Sea

$$u = \sqrt{x}, \qquad du = \frac{1}{2\sqrt{x}}\, dx.$$

$$\int \frac{e^{\sqrt{x}}}{\sqrt{x}}\, dx = 2\int e^{u}\, du = 2e^{u} + C = 2e^{\sqrt{x}} + C.$$

Si uno se da cuenta, desde el principio, que

$$\frac{1}{2}\left(\frac{e^{\sqrt{x}}}{\sqrt{x}}\right) = \frac{d}{dx}(e^{\sqrt{x}}),$$

entonces puede ahorrarse el cambio de variable e integrar directamente

$$\int \frac{e^{\sqrt{x}}}{\sqrt{x}}\, dx = 2\int \frac{1}{2}\left(\frac{e^{\sqrt{x}}}{\sqrt{x}}\right) dx = 2e^{\sqrt{x}} + C. \quad \square$$

**Problema 7.** Hallar

$$\int \frac{e^{3x}}{e^{3x}+1}\, dx.$$

*Solución.* Podemos poner esta integral en la forma

$$\int \frac{du}{u}$$

haciendo

$$u = e^{3x} + 1, \qquad du = 3e^{3x}\, dx.$$

Entonces

$$\int \frac{e^{3x}}{e^{3x}+1}\, dx = \frac{1}{3}\int \frac{du}{u} = \frac{1}{3}\ln|u| + C = \frac{1}{3}\ln(e^{3x}+1) + C. \quad \square$$

**Problema 8.** Evaluar

$$\int_0^{\ln 2} e^x \, dx.$$

*Solución.*

$$\int_0^{\ln 2} e^x \, dx = \left[ e^x \right]_0^{\ln 2} = e^{\ln 2} - e^0 = 2 - 1 = 1. \quad \square$$

**Problema 9.** Evaluar

$$\int_0^1 e^x (e^x + 1)^{1/5} \, dx.$$

*Solución.* Hagamos

$$u = e^x + 1, \qquad du = e^x \, dx.$$

En $x = 0$, $u = 2$; en $x = 1$, $u = e + 1$. Luego

$$\int_0^1 e^x (e^x + 1)^{1/5} \, dx = \int_2^{e+1} u^{1/5} \, du = \left[ \tfrac{5}{6} u^{6/5} \right]_2^{e+1} = \tfrac{5}{6} [ (e + 1)^{6/5} - 2^{6/5} ]. \quad \square$$

**Observación.** El cambio de variable simplifica mucho los cálculos, pero cuando tenga más experiencia comprobará que en muchos casos se puede llevar a cabo la integración más rápidamente sin recurrir a ello.

## EJERCICIOS 7.4

Diferenciar las funciones siguientes.

**1.** $y = e^{-2x}$. **2.** $y = 3e^{2x+1}$. **3.** $y = e^{x^2-1}$.

**4.** $y = 2e^{-4x}$. **5.** $y = e^x \ln x$. **6.** $y = x^2 e^x$.

**7.** $y = x^{-1} e^{-x}$. **8.** $y = e^{\sqrt{x}+1}$. **9.** $y = \frac{1}{2}(e^x + e^{-x})$.

**10.** $y = \frac{1}{2}(e^x - e^{-x})$. **11.** $y = e^{\sqrt{x}} \ln \sqrt{x}$. **12.** $y = (1 - e^{4x})^2$.

**13.** $y = (e^x + e^{-x})^2$. **14.** $y = (3 - 2e^{-x})^3$. **15.** $y = (e^{x^2} + 1)^2$.

**16.** $y = (e^x + e^{-2x})^2$. **17.** $y = (x^2 - 2x + 2) e^x$. **18.** $y = x^2 e^x - x e^{x^2}$.

**19.** $y = \dfrac{e^x - 1}{e^x + 1}$. **20.** $y = \dfrac{e^{2x} - 1}{e^{2x} + 1}$. **21.** $y = \dfrac{e^{ax} - e^{bx}}{e^{ax} + e^{bx}}$.

**22.** $y = \ln e^{3x}$. **23.** $y = e^{4 \ln x}$. **24.** $y = e^{\sqrt{1-x^2}}$.

Calcular las integrales indefinidas siguientes.

**25.** $\int e^{2x}\,dx$. **26.** $\int e^{-2x}\,dx$. **27.** $\int e^{kx}\,dx$.

**28.** $\int e^{ax+b}\,dx$. **29.** $\int xe^{x^2}\,dx$. **30.** $\int xe^{-x^2}\,dx$.

**31.** $\int \frac{e^{1/x}}{x^2}\,dx$. **32.** $\int \frac{e^{2\sqrt{x}}}{\sqrt{x}}\,dx$. **33.** $\int (e^x + e^{-x})^2\,dx$.

**34.** $\int e^{\ln x}\,dx$. **35.** $\int \ln e^x\,dx$. **36.** $\int (e^{-x} - 1)^2\,dx$.

**37.** $\int \frac{4}{\sqrt{e^x}}\,dx$. **38.** $\int \frac{e^x}{e^x + 1}\,dx$. **39.** $\int \frac{e^x}{\sqrt{e^x + 1}}\,dx$.

**40.** $\int \frac{2e^x}{\sqrt[3]{e^x + 1}}\,dx$. **41.** $\int \frac{e^{2x}}{2e^{2x} + 3}\,dx$. **42.** $\int \frac{xe^{ax^2}}{e^{ax^2} + 1}\,dx$.

Evaluar las integrales definidas siguientes.

**43.** $\int_0^1 e^x\,dx$. **44.** $\int_0^1 e^{-kx}\,dx$. **45.** $\int_0^{\ln \pi} e^{-6x}\,dx$.

**46.** $\int_0^1 xe^{-x^2}\,dx$. **47.** $\int_0^1 \frac{e^x + 1}{e^x}\,dx$. **48.** $\int_0^1 \frac{4 - e^x}{e^x}\,dx$.

**49.** $\int_0^{\ln 2} \frac{e^x}{e^x + 1}\,dx$. **50.** $\int_0^1 \frac{e^x + e^{-x}}{2}\,dx$. **51.** $\int_{\ln 2}^{\ln 3} (e^x - e^{-x})^2\,dx$.

**52.** $\int_0^1 \frac{e^x}{4 - e^x}\,dx$. **53.** $\int_0^1 x(e^{x^2} + 2)\,dx$. **54.** $\int_1^2 (2 - e^{-x})^2\,dx$.

Usar la tabla 7.4.1 para estimar

**55.** $e^{-0,4}$. **56.** $e^{2,6}$. **57.** $e^{2,8}$. **58.** $e^{-2,1}$.

Usar diferenciales para estimar

**59.** $e^{2,03}$. $(e^2 \cong 7{,}39)$ **60.** $e^{-0,15}$. $(e^0 = 1)$

**61.** $e^{2,85}$. $(e^3 \cong 20{,}09)$ **62.** $e^{2a+h}$. $(e^a = A)$

**63.** Una partícula se mueve a lo largo de un eje de coordenadas y su posición en el instante $t$ viene dada por la función $x(t) = Ae^{ct} + Be^{-ct}$. Demostrar que la aceleración de la partícula es proporcional a su posición.

Dibujar la región limitada por las curvas y hallar su área.

**64.** $x = e^{2y}$, $x = e^{-y}$, $x = 4$. **65.** $y = e^x$, $y = e^{2x}$, $y = e^4$.

**66.** $y = e^x$, $y = e$, $y = x$, $x = 0$. **67.** $x = e^y$, $y = 1$, $y = 2$, $x = 2$.

**68.** La función $f(x) = e^{-x^2}$ juega un papel muy importante en estadística. (a) ¿Qué simetrías presenta la gráfica? ¿En qué intervalos es la función creciente? ¿Y decreciente? (c) la función sólo tiene un valor extremo. Diga cuál es dicho valor y en qué punto se alcanza. (d) Determinar la concavidad de la gráfica y determinar los puntos de inflexión. (e) La gráfica tiene una asíntota horizontal. ¿Cuál es? (f) Bosquejar la gráfica.

Para cada una de las siguientes funciones, (i) hallar el dominio, (ii) hallar los intervalos en los cuales la función es creciente y aquellos en los cuales es decreciente, (iii) hallar los valores extremos, (iv) determinar la concavidad y hallar los puntos de inflexión. Finalmente, (v) bosquejar la gráfica, indicando las asíntotas.

**69.** $f(x) = \frac{1}{2}(e^x + e^{-x})$. **70.** $f(x) = \frac{1}{2}(e^x - e^{-x})$. **71.** $f(x) = xe^x$.

**72.** $f(x) = (1 - x)\,e^x$. **73.** $f(x) = e^{(1/x)^2}$. **74.** $f(x) = x^2e^{-x}$.

**75.** Nos referimos a la figura 7.4.4 ($a > 0$). (a) Hallar los puntos de tangencia señalados como $A$ y $B$. (b) Hallar el área de la región I. (c) Hallar el área de la región II.

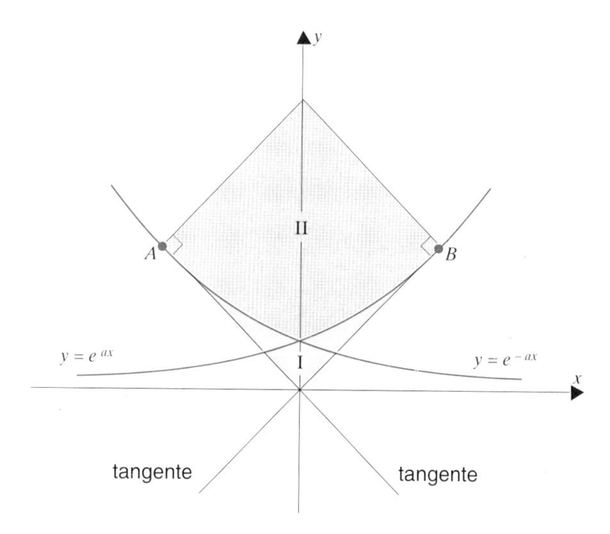


Figura 7.4.4

**76.** Demostrar que para todo $x > 0$ y todo entero positivo $n$

$$e^x > 1 + x + \frac{x^2}{2!} + \frac{x^3}{3!} + \ldots + \frac{x^n}{n!},$$

donde $n!$ que se lee "factorial de $n$" es la abreviación de

$$n(n-1)(n-2)\ldots 2 \cdot 1.$$

SUGERENCIA: $e^x = 1 + \int_0^x e^t dt > 1 + \int_0^x dt = 1 + x,$

$$e^x = 1 + \int_0^x e^t dt > 1 + \int_0^x (1 + t)\,dt = 1 + x + \frac{x^2}{2}, \text{ etc.}$$

**77.** Demostrar que para $n$ entero positivo, se verifica que

$$e^x > x^n \qquad \text{para } x \text{ suficientemente grande.}$$

SUGERENCIA: Usar el ejercicio 76.

**(Calculadora)** Evaluar numéricamente los límites siguientes y justificar la respuesta por otros medios.

**78.** $\lim_{x\to 0} \dfrac{e^{10x}-1}{x}$. **79.** $\lim_{x\to 1} \dfrac{e^{x^3}-e}{x-1}$. **80.** $\lim_{x\to 1} \dfrac{e^x-e}{\ln x}$.

SUGERENCIA: Recuérdese la definición alternativa de la derivada:

$$f'(c) = \lim_{x\to c} \frac{f(x)-f(c)}{x-c}. \qquad (3.13.1)$$

---

## 7.5 POTENCIAS ARBITRARIAS; OTRAS BASES; ESTIMACIÓN DE *e*

### Potencias arbitrarias: la función $f(x) = x^r$

La noción elemental de exponente sólo se aplica a los números racionales. Expresiones tales como

$$10^5, \quad 2^{1/3}, \quad 7^{-4/5}, \quad \pi^{-1/2}$$

tienen sentido, pero hasta ahora no hemos dado ningún contenido a expresiones tales como

$$10^{\sqrt{2}}, \quad 2^{\pi}, \quad 7^{-\sqrt{3}}, \quad \pi^{e}.$$

La extensión de nuestro concepto de exponente al caso de los exponentes irracionales puede hacerse convenientemente haciendo uso de las funciones logaritmo y exponencial. La clave está en observar que para $x > 0$ y $p/q$ racional

$$x^{p/q} = e^{(p/q)\ln x}.$$

(Para verificar esto, tomar el log de ambos miembros.) Para definir $x^z$ para $z$ irracional, basta hacer

$$x^z = e^{z\ln x}.$$

Tenemos entonces el siguiente resultado:

**(7.5.1)** si $x > 0$, entonces
$$x^r = e^{r \ln x} \quad \text{para todo } r \text{ real.}$$

En particular

$$10^{\sqrt{2}} = e^{\sqrt{2}\ln 10}, \quad 2^{\pi} = e^{\pi \ln 2}, \quad 7^{-\sqrt{3}} = e^{-\sqrt{3}\ln 7}, \quad \pi^e = e^{e \ln \pi}. \quad \square$$

Con este concepto generalizado del exponente, las leyes habituales de los exponentes

**(7.5.2)**
$$x^{r+s} = x^r x^s, \quad x^{r-s} = \frac{x^r}{x^s}, \quad (x^r)^s = x^{rs}$$

siguen siendo válidas:

$$x^{r+s} = e^{(r+s)\ln x} = e^{r \ln x} \cdot e^{s \ln x} = x^r x^s,$$
$$x^{r-s} = e^{(r-s)\ln x} = e^{r \ln x} \cdot e^{-s \ln x} = \frac{e^{r \ln x}}{e^{s \ln x}} = \frac{x^r}{x^s},$$
$$(x^r)^s = e^{s \ln x^r} = e^{rs \ln x} = x^{rs}. \quad \square$$

La diferenciación de potencias arbitrarias sigue teniendo el siguiente aspecto familiar

**(7.5.3)**
$$\frac{d}{dx}(x^r) = rx^{r-1} \qquad \text{para todo } x > 0.$$

Demostración.

$$\frac{d}{dx}(x^r) = \frac{d}{dx}(e^{r \ln x}) = e^{r \ln x}\frac{d}{dx}(r \ln x) = x^r \frac{r}{x} = rx^{r-1}.$$

También se puede escribir $f(x) = x^r$ y usar diferenciación logarítmica:

$$\ln f(x) = r \ln x$$
$$\frac{f'(x)}{f(x)} = \frac{r}{x}$$
$$f'(x) = \frac{rf(x)}{x} = \frac{rx^r}{x} = rx^{r-1}. \quad \square$$

Luego

$$\frac{d}{dx}(x^{\sqrt{2}}) = \sqrt{2}x^{\sqrt{2}-1}, \qquad \frac{d}{dx}(x^{\pi}) = \pi x^{\pi-1}.$$

Si $u$ es una función diferenciable de $x$, por la regla de la cadena,

**(7.5.4)**
$$\frac{d}{dx}(u^r) = ru^{r-1}\frac{du}{dx}.$$

Demostración.

$$\frac{d}{dx}(u^r) = \frac{d}{du}(u^r)\frac{du}{dx} = ru^{r-1}\frac{du}{dx}. \quad \square$$

Por ejemplo,

$$\frac{d}{dx}[(x^2+5)^{\sqrt{3}}] = \sqrt{3}(x^2+5)^{\sqrt{3}-1}(2x) = 2\sqrt{3}\,x(x^2+5)^{\sqrt{3}-1}.$$

**Problema 1.** Hallar

$$\int \frac{x^3}{(2x^4+1)^{\pi}}\,dx.$$

*Solución.* Hagamos

$$u = 2x^4+1, \qquad du = 8x^3\,dx.$$

$$\int \frac{x^3}{(2x^4+1)^{\pi}}\,dx = \frac{1}{8}\int\frac{du}{u^{\pi}} = \frac{1}{8}\left(\frac{u^{1-\pi}}{1-\pi}\right) + C = \frac{(2x^4+1)^{1-\pi}}{8(1-\pi)} + C. \quad \square$$

**Problema 2.** Hallar

$$\frac{d}{dx}(x^x).$$

*Solución.* Una manera de hallar esta derivada es observando que $x^x = e^{x\ln x}$ y luego diferenciando:

$$\frac{d}{dx}(x^x) = \frac{d}{dx}(e^{x\ln x}) = e^{x\ln x}\left(x\cdot\frac{1}{x} + \ln x\right) = x^x(1+\ln x).$$

Otra manera consiste en hacer $f(x) = x^x$ y recurrir a la diferenciación logarítmica:

$$\ln f(x) = x \ln x$$

$$\frac{f'(x)}{f(x)} = x \cdot \frac{1}{x} + \ln x = 1 + \ln x$$

$$f'(x) = f(x)(1 + \ln x) = x^x(1 + \ln x). \qquad \square$$

**Base $p$: la función $f(x) = p^x$**

Para formar la función $f(x) = x^r$ tomamos una variable $x$ y la elevamos a una potencia constante $r$. Para formar la función $f(x) = p^x$, tomamos una constante positiva $p$ y la elevamos a una potencia variable $x$. Dado que $1^x = 1$ para todo $x$, la función sólo tiene interés si $p \neq 1$.

La gran importancia del número $e$ de Euler proviene del hecho que

$$\frac{d}{dx}(e^x) = e^x.$$

Para otras bases la derivada tiene un factor suplementario.

**(7.5.5)**
$$\frac{d}{dx}(p^x) = p^x \ln p.$$

Demostración.

$$\frac{d}{dx}(p^x) = \frac{d}{dx}(e^{x \ln p}) = e^{x \ln p} \ln p = p^x \ln p. \qquad \square$$

Luego, por ejemplo,

$$\frac{d}{dx}(2^x) = 2^x \ln 2 \qquad \text{y} \qquad \frac{d}{dx}(10^x) = 10^x \ln 10.$$

Si $u$ es una función diferenciable de $x$, por la regla de la cadena,

**(7.5.6)**
$$\frac{d}{dx}(p^u) = p^u \ln p \frac{du}{dx}.$$

Demostración.

$$\frac{d}{dx}(p^u) = \frac{d}{du}(p^u)\frac{du}{dx} = p^u \ln p \frac{du}{dx}. \qquad \square$$

Por ejemplo

$$\frac{d}{dx}(2^{3x^2}) = 2^{3x^2}(\ln 2)(6x) = 6x\, 2^{3x^2} \ln 2.$$

**Problema 3.** Hallar

$$\int 2^x\, dx.$$

*Solución.* Hagamos

$$u = 2^x, \qquad du = 2^x \ln 2\, dx.$$

$$\int 2^x\, dx = \frac{1}{\ln 2}\int du = \frac{1}{\ln 2}u + C = \frac{1}{\ln 2}2^x + C. \quad \square$$

**Problema 4.** Evaluar

$$\int_1^2 3^{-x}\, dx.$$

*Solución.* Hagamos

$$u = 3^{-x}, \qquad du = -\,3^{-x} \ln 3\, dx.$$

En $x = 1$, $u = \frac{1}{3}$; en $x = 2$, $u = \frac{1}{9}$. Luego

$$\int_1^2 3^{-x}\, dx = -\frac{1}{\ln 3}\int_{1/3}^{1/9} du = -\frac{1}{\ln 3}\left(\frac{1}{9} - \frac{1}{3}\right) = \frac{2}{9 \ln 3}. \quad \square$$

**Base $p$: la función $f(x) = \log_p x$**

Si $p > 0$, entonces

$$\ln p^t = t \ln p \qquad \text{para todo } t.$$

Si $p$ también es distinto de 1, entonces $\ln p \neq 0$, y tenemos

$$\frac{\ln p^t}{\ln p} = t.$$

Esto indica que la función

$$f(x) = \frac{\ln x}{\ln p}$$

satisface la relación

$$f(p^t) = t \qquad \text{para todo } t \text{ real.}$$

A la vista de lo cual, llamaremos

$$\frac{\ln x}{\ln p}$$

*el logaritmo de x en base p* y escribiremos

**(7.5.7)**

$$\log_p x = \frac{\ln x}{\ln p}.$$

Por ejemplo

$$\log_2 32 = \frac{\ln 32}{\ln 2} = \frac{\ln 2^5}{\ln 2} = \frac{5 \ln 2}{\ln 2} = 5$$

y

$$\log_{100}\left(\tfrac{1}{10}\right) = \frac{\ln\left(\tfrac{1}{10}\right)}{\ln 100} = \frac{\ln 10^{-1}}{\ln 10^2} = \frac{-\ln 10}{2 \ln 10} = -\frac{1}{2}. \quad \square$$

Podemos obtener estos mismos resultados de manera más directa a partir de la relación

**(7.5.8)**

$$\log_p p^t = t.$$

De acuerdo con lo cual tenemos

$$\log_2 32 = \log_2 2^5 = 5 \qquad \text{y} \qquad \log_{100}\left(\tfrac{1}{10}\right) = \log_{100}\left(100^{-1/2}\right) = -\tfrac{1}{2}.$$

Diferenciando (7.5.7) tenemos

$$\frac{d}{dx}(\log_p x) = \frac{1}{x \ln p}.^{\dagger}$$

Cuando $p$ es 1, el factor $\ln p$ vale 1 y tenemos

$$\frac{d}{dx}(\log_e x) = \frac{1}{x}.$$

Al logaritmo de base $e$, $\ln = \log_e$, se le llama "*logaritmo natural*" por ser el logaritmo cuya derivada tiene la expresión más sencilla.

**Ejemplo 5.**

(a) $\frac{d}{dx}(\log_5 |x|) = \frac{d}{dx}\left(\frac{\ln |x|}{\ln 5}\right) = \frac{1}{x \ln 5}.$

(b) $\frac{d}{dx}[\log_2 (3x^2 + 1)] = \frac{d}{dx}\left[\frac{\ln (3x^2 + 1)}{\ln 2}\right] = \frac{6x}{(3x^2 + 1) \ln 2}.$

(c) $\int \frac{dx}{x \ln 2} = \frac{\ln |x|}{\ln 2} + C = \log_2 |x| + C.$ □

**Estimación del número *e***

Hemos definido la función logaritmo haciendo

$$\ln x = \int_1^x \frac{dt}{t}, \qquad x > 0.$$

Podemos deducir de esta representación integral del logaritmo una estimación numérica del valor de $e$.

---

† La función $f(x) = \log_p x$ verifica

$$f'(x) = \frac{1}{x \ln p}, \qquad f'(1) = \frac{1}{\ln p}.$$

Esto significa que, en general,

$$f'(x) = \frac{1}{x} f'(1).$$

En la sección 7.1 anunciamos este resultado a partir de consideraciones muy generales. (Ver fórmula 7.1.2.)

Dado que $e$ es irracional (ejercicio 36, sección 12.6), no podemos aspirar a expresar $e$ como un número decimal con un número finito de dígitos (ni tampoco como un número decimal periódico). Lo único que podemos hacer es dar un método que permita calcular el valor de $e$ con el grado de precisión que se quiera.

**TEOREMA 7.5.9**

Para todo entero positivo $n$

$$\left(1+\frac{1}{n}\right)^n \le e \le \left(1+\frac{1}{n}\right)^{n+1}.$$

Demostración. Nos referiremos en lo sucesivo a la figura 7.5.1.

$$\ln\left(1+\frac{1}{n}\right) = \int_1^{1+1/n} \frac{dt}{t} \le \int_1^{1+1/n} 1\,dt = \frac{1}{n}.$$

dado que $\frac{1}{t} \le 1$ en todo el intervalo de integración

$$\ln\left(1+\frac{1}{n}\right) = \int_1^{1+1/n} \frac{dt}{t} \ge \int_1^{1+1/n} \frac{dt}{1+1/n} = \frac{1}{1+1/n}\cdot\frac{1}{n} = \frac{1}{n+1}.$$

dado que $\frac{1}{t} \ge \frac{1}{1+1/n}$ en todo el intervalo de integración

Luego hemos demostrado que

$$\frac{1}{n+1} \le \ln\left(1+\frac{1}{n}\right) \le \frac{1}{n}.$$

De la segunda desigualdad se deduce que

$$1+\frac{1}{n} \le e^{1/n} \qquad \text{luego} \qquad \left(1+\frac{1}{n}\right)^n \le e.$$

De la desigualdad de la izquierda se deduce que

$$e^{1/(n+1)} \le 1+\frac{1}{n} \qquad \text{luego} \qquad e \le \left(1+\frac{1}{n}\right)^{n+1}. \quad \square$$

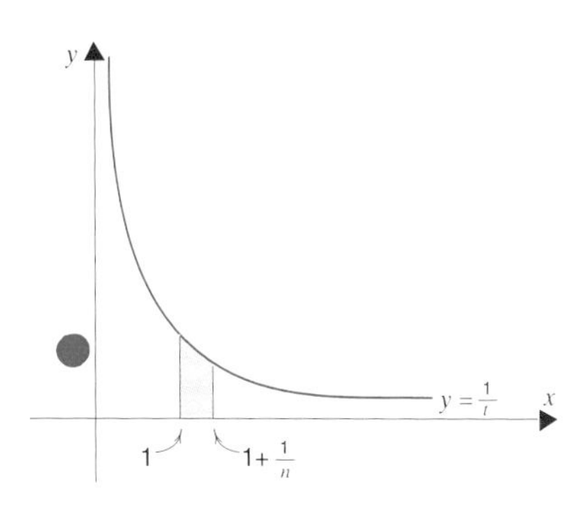


Figura 7.5.1

La desigualdad

$$\left(1 + \frac{1}{n}\right)^n \leq e \leq \left(1 + \frac{1}{n}\right)^{n+1}$$

es una caracterización elegante de $e$ pero no proporciona una herramienta muy eficaz a la hora de calcular $e$. Nuestra calculadora nos da que

$$(1 + \tfrac{1}{100})^{100} \cong 2{,}7048138 \qquad \text{y} \qquad (1 + \tfrac{1}{100})^{101} \cong 2{,}7318619.$$

Es decir que tenemos una estimación de $e$ hasta la primera cifra decimal: $e \cong 2{,}7$. Para $n = 1000$, obtenemos que

$$(1 + \tfrac{1}{1000})^{1000} \cong 2{,}7169239 \qquad \text{y} \qquad (1 + \tfrac{1}{1000})^{1001} \cong 2{,}7196409$$

con lo cual llegamos hasta la segunda cifra decimal: $e \cong 2{,}72$. Para llegar hasta la quinta cifra decimal tenemos que tomar $n = 1.000.000$:

$$(1 + \tfrac{1}{1.000.000})^{1.000.000} \cong 2{,}7182805 \qquad \text{y} \qquad (1 + \tfrac{1}{1.000.000})^{1.000.001} \cong 2{,}7182832$$

obtenemos entonces que $e \cong 2{,}71828$.

**Observación.** El desarrollo en serie de Taylor nos proporcionará un método mucho más eficaz a la hora de calcular $e$. (Capítulo 12.) □

## EJERCICIOS 7.5

Hallar

**1.** $\log_2 64$. **2.** $\log_2 \frac{1}{64}$. **3.** $\log_{64} \frac{1}{2}$. **4.** $\log_{10} 0{,}01$.

**5.** $\log_5 1$. **6.** $\log_5 0{,}2$. **7.** $\log_5 125$. **8.** $\log_2 4^3$.

**9.** $\log_{32} 8$. **10.** $\log_{100} 10^{-4/5}$. **11.** $\log_{10} 100^{-4/5}$. **12.** $\log_9 \sqrt{3}$.

Demostrar que

**13.** $\log_p xy = \log_p x + \log_p y$. **14.** $\log_p \frac{1}{x} = -\log_p x$.

**15.** $\log_p x^y = y \log_p x$. **16.** $\log_p \frac{x}{y} = \log_p x - \log_p y$.

Hallar aquellos números $x$, si los hubiese, para los cuales

**17.** $10^x = e^x$. **18.** $\log_5 x = 0{,}04$. **19.** $\log_x 10 = \log_4 100$.

**20.** $\log_x 2 = \log_3 x$. **21.** $\log_2 x = \int_2^x \frac{dt}{t}$. **22.** $\log_x 10 = \log_2 (\frac{1}{10})$.

**23.** Estimar $\ln a$ sabiendo que $e^{t_1} < a < e^{t_2}$. **24.** Estimar $e^b$ sabiendo que $x_1 < b < \ln x_2$.

Calcular las integrales siguientes.

**25.** $\int 3^x \, dx$. **26.** $\int 2^{-x} \, dx$. **27.** $\int (x^3 + 3^{-x}) \, dx$.

**28.** $\int x 10^{-x^2} \, dx$. **29.** $\int \frac{dx}{x \ln 5}$. **30.** $\int \frac{\log_5 x}{x} \, dx$.

**31.** $\int \frac{\log_2 x^3}{x} \, dx$. **32.** $\int \frac{\log_3 \sqrt{x} - 1}{x} \, dx$. **33.** $\int x 10^{x^2} \, dx$.

**34.** Demostrar que si $a$, $b$ y $c$ son positivos, entonces

$$\log_a c = \log_a b \log_b c$$

suponiendo que $a$ y $b$ son ambos distintos de 1.

Hallar $f'(e)$

**35.** $f(x) = \log_3 x$. **36.** $f(x) = x \log_3 x$.

**37.** $f(x) = \ln(\ln x)$. **38.** $f(x) = \log_3 (\log_2 x)$.

Establecer una expresión para $f'(x)$ por medio de la diferenciación logarítmica.

**39.** $f(x) = p^x$. **40.** $f(x) = p^{g(x)}$.

Hallar mediante diferenciación logarítmica

**41.** $\frac{d}{dx}[(x+1)^x]$. **42.** $\frac{d}{dx}[(\ln x)^x]$. **43.** $\frac{d}{dx}[(\ln x)^{\ln x}]$.

**44.** $\frac{d}{dx}\left[\left(\frac{1}{x}\right)^x\right]$. **45.** $\frac{d}{dx}[(x^2+2)^{\ln x}]$. **46.** $\frac{d}{dx}[(\ln x)^{x^2+2}]$.

Bosquejar las figuras y comparar los siguientes pares de gráficas.

**47.** $f(x) = e^x$ y $g(x) = 2^x$. **48.** $f(x) = e^x$ y $g(x) = 3^x$.

**49.** $f(x) = e^x$ y $g(x) = e^{-x}$. **50.** $f(x) = 2^x$ y $g(x) = 2^{-x}$.

**51.** $f(x) = \ln x$ y $g(x) = \log_3 x$. **52.** $f(x) = \ln x$ y $g(x) = \log_2 x$.

**53.** $f(x) = 2^x$ y $g(x) = \log_2 x$. **54.** $f(x) = 10^x$ y $g(x) = \log_{10} x$.

Para cada una de las funciones siguientes, (i) especificar el dominio, (ii) hallar los intervalos en los cuales la función es creciente y aquellos en los cuales es decreciente (iii) hallar los valores extremos.

**55.** $f(x) = 10^{1-x^2}$. **56.** $f(x) = 10^{1/(1-x^2)}$.

**57.** $f(x) = 10^{\sqrt{1-x^2}}$. **58.** $f(x) = \log_{10}\sqrt{1-x^2}$.

Evaluar

**59.** $\int_1^2 2^{-x}\,dx$. **60.** $\int_0^1 4^x\,dx$. **61.** $\int_1^4 \frac{dx}{x\ln 2}$.

**62.** $\int_0^2 p^{x/2}\,dx$. **63.** $\int_0^1 x10^{1+x^2}\,dx$. **64.** $\int_1^3 \frac{\log_3 x}{x}\,dx$.

**65.** $\int_{10}^{100} \frac{dx}{x\log_{10} x}$. **66.** $\int_0^1 \frac{5p^{\sqrt{x+1}}}{\sqrt{x+1}}\,dx$. **67.** $\int_0^1 (2^x + x^2)\,dx$.

Usar la tabla 7.2.1 para estimar los logaritmos siguientes.

**68.** $\log_{10} 4$. **69.** $\log_{10} 7$. **70.** $\log_{10} 12$. **71.** $\log_{10} 45$.

**72.** Demostrar que

$$\lim_{h\to 0}(1+h)^{1/h} = e.$$

SUGERENCIA: En $x = 1$ la derivada de la función logaritmo vale 1:

$$\lim_{h\to 0}\frac{\ln(1+h) - \ln 1}{h} = 1.$$

**(Calculadora)** Evaluar y explicar los resultados.

**73.** $5^{(\ln 17)/(\ln 5)}$. **74.** $7^{1/\ln 7}$. **75.** $16^{1/\ln 2}$.

**Un programa para calcular $e$ como el límite de un producto (BASIC)**

Este programa calcula el valor del producto

$$\left(1 + \frac{1}{n}\right)^n,$$

que aproxima el valor de $e$. Resulta muy esclarecedor hacer que la máquina haga los cálculos para varios valores suficientemente grandes de $n$ para ver con que velocidad se aproxima al valor correcto de $e$.

```
10 REM Computation of e as the limit of a product
20 REM copyright © Colin C. Graham 1988-1989

100 INPUT "Enter n:"; n

200 term = 1 + (1/n)
210 e = 1

300 FOR j = 1 TO n
310    e = e*term
330    PRINT e
340 NEXT j

500 INPUT "Do it again? (Y/N)"; a$
510 IF a$ = "Y" OR a$ = "y" THEN 100
520 END
```

## 7.6 CRECIMIENTO Y CAÍDA EXPONENCIAL; INTERÉS COMPUESTO

Empezaremos comparando la variación de la exponencial con la de una función afín. Sea $y$ una cantidad que varía con el tiempo: $y = y(t)$.

Si $y$ es una función afín,

$$y(t) = kt + C,$$

entonces $y$ varía *en la misma cuantía a lo largo de todos los períodos de idéntica duración*:

$$y(t + \Delta t) = k(t + \Delta t) + C = (kt + C) + k\,\Delta t = y(t) + k\,\Delta t.$$

Durante cada período de duración $\Delta t$, la variación de $y$ es de $k\,\Delta t$.

Por otra parte, si $y$ es una función exponencial

$$y(t) = Ce^{kt},$$

Aquí, para obtener la variación de $y$, *hemos de multiplicar por el mismo factor para todos los períodos de idéntica duración*:

$$y(t + \Delta t) = Ce^{k[t + \Delta t]} = Ce^{kt + k\Delta t} = Ce^{kt} \cdot e^{k\Delta t} = e^{k\Delta t}y(t).$$

A lo largo de cada período de duración $\Delta t$, el valor de $y$ se ve multiplicado por un factor $e^{k\Delta t}$.

Una exponencial

$$f(t) = Ce^{kt}$$

tiene la propiedad de que su derivada $f'(x)$ es proporcional a $f(t)$:

$$f'(t) = Cke^{kt} = kCe^{kt} = kf(t).$$

Además es la única función que tiene esta propiedad.

**TEOREMA 7.6.1**

Si

$$f'(t) = kf(t) \qquad \text{para todos los } t \text{ de algún intervalo } I,$$

entonces $f$ tiene la forma

$$f(t) = Ce^{kt} \qquad \text{para todo } t \text{ en } I.$$

A una ecuación que hace intervenir derivadas se la llama *ecuación diferencial*, y a una función que satisface dicha ecuación se la llama *solución de la ecuación*. De acuerdo con el teorema 7.6.1, toda solución de la ecuación diferencial $f'(t) = kf(t)$ puede escribirse $f(t) = Ce^{kt}$.

$$\begin{aligned} f'(t) &= kf(t) \\ f'(t) - kf(t) &= 0 \\ e^{-kt}f'(t) - ke^{-kt}f(t) &= 0 \qquad \text{(hemos multiplicado por } e-kt) \\ \frac{d}{dt}[e^{-kt}f(t)] &= 0 \\ e^{-kt}f(t) &= C \\ f(t) &= Ce^{kt}. \quad \square \end{aligned}$$

La constante $C$ es el valor de $f$ en 0: $f(0) = Ce^0 = C$. Habitualmente se denomina *valor inicial de f*.

**Problema 1.** Hallar $f(t)$ sabiendo que $f'(t) = 2f(t)$ para todo $t$ y que $f(0) = \sqrt{2}$.

*Solución.* El hecho de que $f'(t) = 2f(t)$ nos indica que $f(t) = Ce^{2t}$ donde $C$ es una constante. El hecho de que $f(0) = \sqrt{2}$ nos dice que $C = \sqrt{2}$. Luego $f(t) = \sqrt{2}\, e^{2t}$. $\square$

**Observación.** Para los cálculos numéricos de esta sección se recurrirá a una calculadora o a las tablas del apéndice C. □

**Problema 2.** La población tiende a crecer con el tiempo a un ritmo aproximadamente proporcional a la población actual. Según la Oficina del Censo, la población de los Estados Unidos en 1970 era, aproximadamente, de 203 millones y en 1980 de 227 millones. Usar estos datos para estimar en qué año la población de los Estados Unidos podría alcanzar el nivel actual de población mundial: aproximadamente unos 5000 millones.

*Solución.* Sea $P(t)$ la población de los Estados Unidos (en millones) $t$ años después de 1970. La ecuación básica $P'(t) = kP(t)$ nos da

$$P(t) = Ce^{kt}.$$

Dado que $P(0) = 203$, tenemos

$$(1) \qquad P(t) = 203e^{kt}.$$

Podemos usar el hecho de que $P(10) = 227$ para eliminar $k$ de (1):

$$(*) \qquad 227 = 203e^{10k}, \quad e^{10k} = \frac{227}{203}, \quad e^k = \left(\frac{227}{203}\right)^{1/10},$$

y, por consiguiente, la ecuación (1) puede escribirse

$$P(t) = 203\left(\frac{227}{203}\right)^{t/10}.$$

Queremos hallar el valor de $t$ para el cual $P(t) = 5000$. Luego hacemos

$$P(t) = 203\left(\frac{227}{203}\right)^{t/10} = 5000$$

$$\ln 203 + \frac{t}{10}\ln\left(\frac{227}{203}\right) = \ln 5000$$

$$t = \frac{10 \ln (5000/203)}{\ln (227/203)} \cong 287. \quad \text{(calculadora)}$$

De acuerdo con nuestros cálculos, la población de los Estados Unidos podría alcanzar el actual nivel de la población mundial en el año $1970 + 287 = 2257$. □

**Problema 3.** La tasa de desintegración de un material radiactivo es proporcional a la cantidad presente de dicho material.

(a) Hoy tenemos $A_0$ gramos de una sustancia radiactiva. Dado que una tercera parte de dicha sustancia se desintegra cada 5 años, ¿cuánto quedará dentro de $t$ años?

(b) ¿Cuál es la *vida media* de la sustancia? (Es decir ¿cuánto tiempo es necesario esperar para que se desintegre la mitad de la sustancia?)

*Solución.* (a) Sea $A(t)$ la cantidad de sustancia radiactiva presente en el instante $t$, medido en años. Dado que la velocidad de desintegración es proporcional a la cantidad presente de dicha sustancia, sabemos que

$$A'(t) = kA(t) \qquad \text{luego} \qquad A(t) = Ce^{kt}.$$

La constante $C$ representa la cantidad en el instante $t = 0$. En nuestro caso $C = A_0$ y tenemos

$$A(t) = A_0 e^{kt}. \tag{1}$$

Después de 5 años, una tercera parte de $A_0$ se habrá desintegrado, luego nos quedarán dos terceras partes:

$$A(5) = \tfrac{2}{3}A_0.$$

Podemos usar esta relación para eliminar $k$ de (1):

$$A(5) = A_0 e^{5k} = \tfrac{2}{3}A_0, \qquad e^{5k} = \tfrac{2}{3}, \qquad e^k = (\tfrac{2}{3})^{1/5},$$

por consiguiente, (1) puede escribirse

$$A(t) = A_0 (\tfrac{2}{3})^{t/5}.$$

(b) Para hallar la vida media de la sustancia hemos de hallar el valor de $t$ para el cual

$$A_0 (\tfrac{2}{3})^{t/5} = \tfrac{1}{2}A_0.$$

Dividiendo por $A_0$, tenemos

$$(\tfrac{2}{3})^{t/5} = \tfrac{1}{2}$$

de ahí que

$$\left(\tfrac{2}{3}\right)^t = \left(\tfrac{1}{2}\right)^5, \qquad t \ln \tfrac{2}{3} = 5 \ln \tfrac{1}{2}, \qquad t(\ln 2 - \ln 3) = -5 \ln 2,$$

y

calculadora

$$t = \frac{5 \ln 2}{\ln 3 - \ln 2} = \frac{5 \ln 2}{\ln 1{,}5} \cong 8{,}55.$$

La vida media de la sustancia es aproximadamente de $8\frac{1}{2}$ años. □

**Interés compuesto**

Consideremos dinero invertido al tipo de interés $r$. Si el interés acumulado se abona una vez al año, se dice que el interés es compuesto anualmente; si se abona dos veces al año, se dice que es compuesto semianualmente; si se abona cuatro veces al año, se dice que es compuesto trimestralmente. Se puede seguir por este camino. El interés puede abonarse cada día, cada hora, cada segundo, cada medio segundo y así sucesivamente. En el caso límite, el interés se abona en cada instante. Los economistas llaman a esto *composición ( o capitalización) continua*.

La fórmula de los economistas para el interés compuesto continuo es una simple exponencial:

**(7.6.2)**
$$A(t) = A_0 e^{rt}.$$

Aquí $t$ se mide en años,

$A(t)$ = el principal en dólares en el instante $t$,
$A_0 = A(0)$ = la inversión inicial,
$r$ = tipo de interés anual.

El tipo $r$ se llama tipo de interés *nominal*. La composición hace la tasa *efectiva* más elevada.

Deducción de la fórmula del interés compuesto. Tomamos $h$ como un pequeño incremento de tiempo y observamos que

$A(t + h) - A(t)$ = interés conseguido desde el instante $t$ hasta el instante $t + h$.

Si el capital hubiera permanecido constante valiendo $A(t)$ durante el intervalo de tiempo considerado, el interés conseguido en dicho período hubiera sido

$$rhA(t).$$

Si el capital hubiera valido $A(t+h)$ durante este período, el interés conseguido hubiera sido

$$rhA(t+h).$$

El interés realmente conseguido debe situarse entre los dos valores anteriormente citados:

$$rhA(t) \leq A(t+h) - A(t) \leq rhA(t+h).$$

Dividiendo por $h$ obtenemos

$$rA(t) \leq \frac{A(t+h) - A(t)}{h} \leq rA(t+h).$$

Si $A$ varía de manera continua, cuando $h$ tiende a 0, $rA(t+h)$ tiende a $rA(t)$ y (como consecuencia del teorema de la función intermedia) el cociente incremental intermedio también debe tender a $rA(t)$:

$$\lim_{h \to 0} \frac{A(t+h) - A(t)}{h} = rA(t).$$

Esto significa que

$$A'(t) = rA(t),$$

de lo cual se deduce que

$$A(t) = Ce^{rt}.$$

Con $A_0$ de inversión inicial, tenemos que $C = A_0$ y

$$A(t) = A_0e^{rt}. \quad \square$$

**Problema 4.** Hallar los intereses producidos por 100 dólares al interés compuesto continuo del 6% durante 5 años.

*Solución.*

$$A(5) = 100e^{(0,06)5} = 100e^{0,30} \cong 134,99.$$
(calculadora: $100e^{0,30} \cong 134,99$)

Los intereses producidos son, aproximadamente, 35 dólares. $\square$

**Problema 5.** Una suma de dinero produce intereses a razón del 10% compuesto continuamente. ¿Cuál es la tasa de interés efectivo?

*Solución.* Al cabo de un año, cada dolar se convierte en

$$e^{0,10} \cong 1,105. \quad (\text{calculadora})$$

El interés conseguido es de aproximadamente $10\frac{1}{2}$ centavos. La tasa de interés efectivo es del $10\frac{1}{2}\%$. □

**Problema 6.** ¿Cuánto tarda en duplicarse una suma de dinero al 5% de interés compuesto continuamente?

*Solución.* En general

$$A(t) = A_0 e^{0,05t}.$$

Hagamos

$$2A_0 = A_0 e^{0,05t}$$

y despejemos $t$:

$$2 = e^{0,05t}, \quad \ln 2 = 0,05t = \tfrac{1}{20}t, \quad t = 20 \ln 2 \cong 13,86. \quad (\text{calculadora})$$

Tarda alrededor de 13 años, 10 meses y 14 días. □

Más vale tener un dolar hoy que un dólar mañana ya que durante este tiempo puede estar produciendo intereses.

**Problema 7.** ¿Cuál es el valor actual de 1000 dólares de dentro de cuarenta meses a una composición continua del 6%?

*Solución.* Comenzamos con

$$A(t) = A_0 e^{0,06t}$$

y despejamos $A_0$:

$$A_0 = A(t)e^{0,06t}.$$

Dado que cuarenta meses son $\frac{10}{3}$ años, $t = \frac{10}{3}$ y

$$A_0 = A(\tfrac{10}{3})e^{(-0,06)(10/3)} = 1000e^{-0,20} \underset{\text{calculadora}}{\cong} 818{,}73.$$

El valor actual de 1000 dólares de dentro de cuarenta meses es de unos 818,73 dólares. □

**Problema 8.** El señor $A$ gana 28.000 dólares al año. ¿Cuánto deberá ganar dentro de diez años para mantener su poder adquisitivo actual? Se supondrá una tasa de inflación anual del 7%.

*Solución.* El poder adquisitivo de un dólar después de $t$ años se verá erosionado por un factor $e^{-0,07t}$. Dentro de 10 años, unos ingresos de $S$ dólares al año tendrán un poder adquisitivo equivalente a $Se^{-0,07(10)} = Se^{-0,7}$ dólares de hoy en día. Haciendo

$$28.000 = Se^{-0,7}$$

tenemos

$$S = (28.000)\,e^{0,7} \underset{\text{calculadora}}{\cong} 56.385.$$

El señor $A$ deberá ganar unos 56.385 dólares para mantener su poder adquisitivo. □

**Problema 9.** Un productor de licores constata que el valor de su fondo (el precio al cual puede venderlo) crece con el tiempo de acuerdo con la fórmula

$$V(t) = V_0 e^{\sqrt{t}/2}. \qquad (t \text{ medido en años})$$

¿Cuánto tiempo debería conservar almacenada su producción? Se despreciarán los costes y se supondrá una tasa anual de inflación del 8%.

*Solución.* El valor de los dólares en el instante $t$ debe modificarse por un factor $e^{-0,08t}$. Queremos maximizar no $V(t)$ sino el valor actual del fondo:

$$f(t) = V(t)e^{-0,08t} = V_0 e^{(\sqrt{t}/2) - 0,08t}.$$

La diferenciación nos da

$$f'(t) = V_0 e^{(\sqrt{t}/2) - 0{,}08t}\left(\frac{1}{4\sqrt{t}} - 0{,}08\right).$$

Haciendo $f'(t) = 0$, obtenemos que

$$\frac{1}{4\sqrt{t}} = 0{,}08, \quad \sqrt{t} = \frac{1}{0{,}32}, \quad t = \left(\frac{1}{0{,}32}\right)^2 \underset{\text{calculadora}}{\cong} 9{,}77.$$

Con lo cual el productor debería optar por almacenar su producción durante 9 años y 9 meses. □

### Problemas de mezclas

En la resolución de los problemas de mezclas presentados más abajo suponemos que la concentración se mantiene uniforme mediante algún tipo de "acción mezcladora".

**Problema 10.** El agua contaminada de un depósito (el nivel de contaminación es de $p_0$ gramos por litro) está siendo vaciada a razón de $n$ litros por hora para ser sustituida por otra menos contaminada (con un nivel de contaminación de $p_1$ gramos por litro). Dado que el depósito contiene $M$ litros, ¿cuánto tiempo será necesario para reducir la contaminación a $p$ gramos por litro?

*Solución.* Sea $A(t)$ el número total de gramos de materia contaminante en el depósito en el instante $t$. Queremos hallar el instante $t$ tal que

$$\frac{A(t)}{M} = p.$$

En cada instante, los elementos contaminantes abandonan el depósito a razón de

$$n\frac{A(t)}{M} \quad \text{gramos por hora}$$

y entran en el depósito a razón de

$$np_1 \quad \text{gramos por hora.}$$

De ello se deduce que

$$A'(t) = \begin{bmatrix} \text{coeficiente de} \\ \text{variación} \\ \text{entrada} \end{bmatrix} - \begin{bmatrix} \text{coeficiente de} \\ \text{variación} \\ \text{salida} \end{bmatrix} = np_1 - n\frac{A(t)}{M}$$

y tenemos

$$A'(t) = -\frac{n}{M}[A(t) - Mp_1].$$

Dado que la derivada de una constante es 0, podemos escribir:

$$\frac{d}{dt}[A(t) - Mp_1] = -\frac{n}{M}[A(t) - Mp_1]$$

y aplicar el teorema 7.6.1. Por dicho teorema

$$A(t) - Mp_1 = Ce^{-nt/M}$$

de ahí que

$$\frac{A(t)}{M} = p_1 + \frac{C}{M}e^{-nt/M}.$$

La constante $C$ viene determinada por el nivel de contaminación inicial $p_0$:

$$p_0 = \frac{A(0)}{M} = p_1 + \frac{C}{M} \qquad \text{luego} \qquad C = M(p_0 - p_1).$$

Usando este valor para $C$, tenemos

$$\frac{A(t)}{M} = p_1 + (p_0 - p_1)\,e^{-nt/M}.$$

Esta ecuación nos da el nivel de contaminación en cada instante $t$. Para hallar el instante en el cual el nivel de contaminación quedará reducido a $p$, hacemos

$$p_1 + (p_0 - p_1)\,e^{-nt/M} = p$$

y despejamos $t$:

$$e^{-nt/M} = \frac{p - p_1}{p_0 \quad p_1}, \qquad -\frac{n}{M}t = \ln\frac{p - p_1}{p_0 - p_1}, \qquad t = \frac{M}{n}\ln\frac{p_0 - p_1}{p - p_1}. \qquad \square$$

**Problema 11.** En el problema anterior, ¿cuánto tiempo llevaría reducir la contaminación a la mitad, suponiendo que el depósito contiene 50.000.000 litros, que el agua es sustituida a razón de 25.000 litros por hora y que el agua de recambio no está contaminada?

*Solución.* En general

$$t = \frac{M}{n}\ln\frac{p_0 - p_1}{p - p_1}.$$

Aquí

$$M = 50.000.000, \quad n = 25.000, \quad p_1 = 0, \quad p = \tfrac{1}{2}p_0,$$

de tal modo que

$$t = 2000 \ln 2 \cong 1386.$$

Tomaría unas 1386 horas. □

## EJERCICIOS 7.6

1. **(Calculadora)** Hallar los intereses generados por 500 dólares en 10 años al interés compuesto continuo (a) del 6%, (b) del 8% y (c) del 10%.
2. **(Calculadora)** Cuánto tardará en duplicarse una suma de dinero al interés compuesto continuo (a) del 6%, (b) del 8% y (c) del 10%.
3. **(Calculadora)** ¿Cuál es el valor actual de un bono de 1000 dólares que vence dentro de 5 años? Se supondrá un interés compuesto continuo (a) del 6%, (b) del 8% y (c) del 10%.
4. ¿A qué tipo de interés compuesto continuo se incrementa una masa de dinero en un factor $e$ (a) en un año, (b) en $n$ años?
5. **(Calculadora)** ¿A qué tipo de interés compuesto continuo se triplica una suma de dinero en 20 años?
6. **(Calculadora)** ¿A qué tipo de interés compuesto continuo se duplica una suma de dinero en 10 años?
7. En un determinado momento, un depósito de 100 galones está lleno de salmuera que contiene 0,25 libras de sal por galón. Hallar la cantidad de sal presente en el depósito $t$ minutos más tarde si la salmuera del depósito está siendo sustituida a razón de 3 galones por minuto por otra salmuera que contiene 0,2 libras de sal por galón.

**8.** **(Calculadora)** Se bombea agua al interior de un depósito para diluir una solución salina. Se mantiene el volumen $V$ de la solución constante mediante un vaciado continuo del depósito. La cantidad de sal $s$ en el depósito depende de la cantidad de agua $x$ que ha sido bombeada hacia el interior del mismo. Dado que

$$\frac{ds}{dx} = -\frac{s}{V},$$

hallar la cantidad de agua que ha de ser bombeada al interior del depósito para reducir en un 50% la cantidad de sal. Tomar $V = 10.000$ galones.

**9.** Un depósito de 200 litros lleno inicialmente de agua, pierde líquido por abajo. Dado que el 20% del agua se pierde en los primeros 5 minutos, hallar la cantidad de agua que queda en el depósito $t$ minutos después de producirse la fuga de agua. Se supondrá que el flujo de salida del agua en cada instante es proporcional al producto del tiempo transcurrido por la cantidad de agua restante.

**10.** El ejercicio 9 suponiendo que el flujo de salida del agua es proporcional a la cantidad de agua restante.

En los ejercicios 11–16 recordar que la velocidad de desintegración de una sustancia radiactiva es proporcional a la cantidad de sustancia presente.

**11.** **(Calculadora)** ¿Cuál es la vida media de una sustancia radiactiva si es preciso esperar 4 años para que una cuarta parte de la sustancia se desintegre?

**12.** **(Calculadora)** El año pasado teníamos 4 gramos de una sustancia radiactiva. Hoy tenemos 3 gramos. ¿Cuánto nos quedará dentro de 10 años?

**13.** **(Calculadora)** Hace dos años teníamos 5 gramos de una sustancia radiactiva. Hoy tenemos 4 gramos de la misma. ¿Cuánto nos quedará dentro de 3 años?

**14.** **(Calculadora)**¿Cuál es la vida media de una sustancia radiactiva si una tercera parte de la misma se desintegra en un período de 5 años?

**15.** Supongamos que la vida media de una sustancia radiactiva es de $n$ años. ¿Qué porcentaje de la sustancia presente al principio de un año se desintegrará a lo largo del mismo?

**16.** Una sustancia radiactiva pesaba $n$ gramos en el instante $t = 0$. Hoy, 5 años más tarde, la sustancia pesa $m$ gramos. ¿Cuanto pesará dentro de 5 años?

**17.** (*La "potencia" del crecimiento exponencial*) Imagine dos corredores compitiendo a lo largo del eje $x$ (calibrado en metros para la circunstancia), un corredor lineal LIN [su posición es una función de la forma $x_1(t) = kt + C$] y un corredor exponencial EXP [su función de posición es de la forma $x_2(t) = e^{kt} + C$]. Supongamos que ambos corredores salgan simultáneamente del origen, LIN a la velocidad de un millón de metros por segundo y EXP sólo a la velocidad de un metro por segundo. En los primeros instantes de la carrera, LIN, que salió muy deprisa, se desplazará más lejos que EXP, pero con el tiempo EXP pasará a LIN y lo dejará atrás insospechadamente lejos. Demostrar que esto es verdad de la siguiente manera:

(a) Expresar la posición de cada corredor como una función del tiempo donde $t$ se mide en segundos.

(b) Demostrar que la ventaja de LIN sobre EXP empieza a disminuir después de 13,8 segundos de carrera.
(c) Demostrar que LIN sigue algo por delante de EXP después de 15 segundos pero que queda muy por detrás 3 segundos más tarde. (Usar $e^3 \cong 20$)
(d) Demostrar que una vez que EXP le ha pasado, LIN ya no puede volver a alcanzarle.

**18.** (*La "debilidad" del crecimiento logarítmico*) Habiendo sido estrepitosamente derrotado en la carrera del ejercicio 17, el corredor LIN ha encontrado un oponente al que poder vencer, el corredor logarítmico LOG [cuya función de posición es $x_3(t) = k \ln(t + 1) + C$]. Una vez más el terreno de competición es el eje $x$ calibrado en metros. Ambos corredores parten del origen, LOG a la velocidad de un millón de metros por segundo y LIN a la velocidad de un metro por segundo. (LIN está cansado por su carrera anterior.) En esta carrera, LOG sale en cabeza y permanecerá en cabeza por un tiempo largo, pero LIN acabará por alcanzarlo, superarlo y dejarlo permanentemente detrás de él. Demostrar esto de la siguiente manera:
(a) Expresar la posición de cada corredor como una función del tiempo $t$ expresado en segundos.
(b) Demostrar que la ventaja de LOG sobre LIN empieza a reducirse después de $10^6 - 1$ segundos de carrera.
(c) Demostrar que LOG sigue en cabeza después de $10^7 - 1$ segundos pero que está detrás de LIN después de $10^8 - 1$ segundos de carrera.
(d) Demostrar que una vez que LIN a pasado a LOG este nunca más puede volver a alcanzarle.

**19. (Calculadora)** La presión atmosférica $p$ varía con la altura $h$ de acuerdo con la siguiente ecuación

$$\frac{dp}{dh} = kp, \qquad \text{donde } k \text{ es una constante.}$$

Dado que $p$ vale 15 libras por pulgada cuadrada en el nivel del mar y 10 libras por pulgada cuadrada a 10.000 pies de altura, hallar $p$ (a) a 5000 pies y (b) a 15.000 pies.

**20. (Calculadora)** Un individuo de 45 años está cotizando para obtener una pensión de 30.000 dólares anuales a los 65 años. ¿Cuál sería el poder adquisitivo, hoy en día, de dicha pensión si la tasa de inflación hasta entonces se sitúa en torno (a) al 6%, (b) al 9% y (c) al 10%?

**21. (Calculadora)** La enseñanza en el colegio XYZ cuesta actualmente 6000 dólares. ¿Qué cantidad cabe esperar pagar dentro de 3 años si la tasa de inflación se sitúa en (a) el 5%, (b) el 8% y (c) el 12%?

**22.** Un barco que se desplaza en aguas tranquilas se ve sometido a una fuerza de frenado proporcional a su velocidad. Demostrar que la velocidad $t$ segundos después de parar los motores viene dada por la fórmula $v = ce^{-kt}$ donde $c$ es la velocidad en el instante en el que se paran los motores.

**23. (Calculadora)** Un barco a la deriva en aguas tranquilas se desplaza a razón de 4 millas por hora; una hora más tarde, se desplaza a razón de 2 millas por hora. ¿Cuánto ha derivado el barco durante ese minuto? (Ver ejercicio 22.)

**24.** **(Calculadora)** La población tiende a crecer con el tiempo a un ritmo aproximadamente proporcional a la población de cada instante. De acuerdo con la Oficina del Censo, la población de los Estados Unidos era aproximativamente de 203 millones en 1970 y de 227 millones en 1980. Usar estos datos para estimar la población en 1960 (el dato real era de unos 179 millones.)

**25.** **(Calculadora)** Usar los datos del ejercicio 24 para predecir la población del año 2000.

**26.** **(Calculadora)** Usar los datos del ejercicio 24 para estimar en cuanto tiempo se duplicará la población.

**27.** **(Calculadora)** Una compañía de maderas para la construcción comprueba por su experiencia que el valor de sus árboles antes de talar crece con el tiempo de acuerdo con la fórmula

$$V(t) = V_0\left(\tfrac{3}{2}\right)^{\sqrt{t}}.$$

Aquí $t$ se mide en años y $V_0$ es el valor en el momento de la plantación. ¿Cuánto tiempo debería esperar la compañía antes de talar sus árboles? Se despreciarán los costes y se supondrá una composición continua del 5%.

**28.** Determinar el período de tiempo durante el cual $y = Ce^{kt}$ se multiplica por un factor $q$.

**29.** Durante el proceso de refinado del azúcar, la cantidad $A$ de azúcar en bruto decrece a un ritmo proporcional a $A$. Durante las 10 primeras horas, 1000 libras de azúcar en bruto quedan reducidas a 800 libras. ¿Cuántas libras quedarán después de otras 10 horas de inversión?

**30.** El número de bacterias presente en un cultivo dado crece a un ritmo proporcional al número presente. Observado una primera vez, en el cultivo había $n_0$ bacterias, una hora más tarde había $n_1$

(a) Hallar el número de bacterias presentes tres horas después de la primera observación

(b) ¿Cuánto tiempo será preciso esperar para que el número de bacterias se duplique?

**31.** (*Importante*) Sean $k_1$, $k_2$ dos constantes, $k_1 \neq 0$. Demostrar que

$$\text{si } f'(t) = k_1 f(t) + k_2 \qquad \text{entonces} \qquad f(t) = Ce^{k_1 t} - k_2/k_1$$

donde $C$ es una constante arbitraria.

SUGERENCIA: No se altera la derivada de una función por sumarle una constante. Luego podemos escribir

$$f'(t) = k_1 f(t) + k_2 \qquad \text{como} \qquad d/dt\,[f(t) + k_2/k_1] = k_1\,[f(t) + k_2/k_1]\,.$$

proceda a partir de aquí.

Los ejercicios siguientes están basados en el ejercicio 31.

**32.** Hallar $f(t)$ sabiendo que $f'(t) = k[2 - f(t)]$ y que $f(0) = 0$.

**33.** Un objeto que cae en el aire no sólo está sujeto a la fuerza gravitatoria sino también a la resistencia del aire. Hallar $v(t)$, la velocidad del objeto en el instante $t$, sabiendo que

$$v'(t) + Kv(t) = 32 \qquad \text{y} \qquad v(0) = 0. \qquad (\text{tomar } K > 0)$$

Demostrar que $v(t)$ no puede exceder $32/K$. ($32/K$ es llamada *velocidad terminal*.)

**34.** *La ley de enfriamiento de Newton* afirma que la tasa de variación de la temperatura $T$ de un objeto es proporcional a la diferencia entre $T$ y la temperatura $\tau$ del medio circundante:

$$\frac{dT}{dt} = -k(T - \tau) \qquad \text{donde } k \text{ es una constante positiva.}$$

(a) Resolver esta ecuación en $T$ sabiendo que $T(0) = T_0$.

(b) Supongamos que $T_0 > \tau$. ¿Hacia qué temperatura límite se enfría el objeto cuando $t$ crece? ¿Qué pasa si $T_0 < \tau$?

**35. (Calculadora)** Le sirven una taza de café a la temperatura de 185° F en una habitación en la cual la temperatura es de 65° F. Dos minutos más tarde, la temperatura del café ha bajado a 155° F. ¿Cuántos minutos más deberá esperar para que la temperatura del café alcance los 105° F?
SUGERENCIA: Ver el ejercicio 34.

**36.** La intensidad $i$ de la corriente en un circuito eléctrico varía con el tiempo $t$ de acuerdo con la fórmula

$$L\frac{di}{dt} + Ri = E$$

donde $E$ (el voltaje), $L$ (la inductancia) y $R$ (la resistencia) son constantes positivas.

(a) Hallar la fórmula que da la intensidad en cada instante $t$.

(b) ¿A qué límite superior tiende la intensidad cuando $t$ crece?

(c) ¿Cuántos segundos tardará la corriente en alcanzar el 90% de ese límite superior?

## 7.7 INTEGRACIÓN POR PARTES

Comenzamos con la fórmula de diferenciación

$$f(x)g'(x) + f'(x)g(x) = (f \cdot g)'(x).$$

Integrando ambos miembros, obtenemos

$$\int f(x)g'(x)\,dx + \int f'(x)g(x)\,dx = \int (f \cdot g)'(x)\,dx.$$

Puesto que

$$\int (f \cdot g)'(x)\,dx = f(x)g(x) + C,$$

tenemos

$$\int f(x)g'(x)\ dx + \int f'(x)g(x)\ dx = f(x)g(x) + C$$

luego

$$\int f(x)g'(x)\ dx = f(x)g(x) - \int f'(x)g(x)\ dx + C.$$

Como el cálculo de

$$\int f'(x)g(x)\ dx$$

originará su propia constante arbitraria, no hay razón para guardar la constante $C$. Podemos, en consecuencia, suprimirla y escribir:

**(7.7.1)**
$$\int f(x)g'(x)\ dx = f(x)g(x) - \int f'(x)g(x)\ dx.$$

Esta fórmula, llamada *fórmula de integración por partes* nos permite hallar

$$\int f(x)g'(x)\ dx$$

calculando

$$\int f'(x)g(x)\ dx$$

en su lugar. Claro está, es útil si la segunda integral es más fácil de calcular que la primera.

En la práctica, normalmente se hace

$$u = f(x), \qquad dv = g'(x)\ dx$$

luego

$$du = f'(x)\ dx, \qquad v = g(x).$$

La fórmula de integración por partes puede escribirse

**(7.7.2)**
$$\int u\ dv = uv - \int v\ du.$$

El éxito con esta fórmula depende de la elección de $u$ y $dv$ de tal modo que

$$\int v\,du \qquad \text{sea más fácil de calcular que} \qquad \int u\,dv.$$

**Problema 1.** Calcular

$$\int xe^x\,dx.$$

*Solución.* Queremos separar $x$ de $e^x$. Haciendo

$$u = x, \qquad dv = e^x\,dx,$$

tenemos

$$du = dx, \qquad v = e^x.$$

Consecuentemente,

$$\int xe^x\,dx = \int u\,dv = uv - \int v\,du = xe^x - \int e^x\,dx = xe^x - e^x + C.$$

Nuestra elección de $u$ y $dv$ ha funcionado muy bien. Si hubiéramos hecho

$$u = e^x, \qquad dv = x\,dx,$$

hubiéramos tenido

$$du = e^x, \qquad v = \tfrac{1}{2}x^2.$$

La integración por partes nos hubiera dado

$$\int xe^x\,dx = \int u\,dv = uv - \int v\,du = \tfrac{1}{2}x^2e^x - \tfrac{1}{2}\int x^2e^x\,dx,$$

una integral más complicada que la de partida. Es crucial una buena elección de $u$ y $dv$. □

Como se demuestra en los ejemplos siguientes, las elecciones acertadas de $u$ y $dv$ no son únicas.

**Problema 2.** Calcular

$$\int x \ln x\,dx.$$

*Solución.* Haciendo

$$u = \ln x, \qquad dv = x\,dx,$$

tenemos

$$du = \frac{1}{x}\,dx, \qquad v = \frac{x^2}{2}.$$

Luego

$$\int x \ln x\,dx = \int u\,dv = uv - \int v\,du$$
$$= \frac{x^2}{2}\ln x - \int \frac{1}{x}\frac{x^2}{2}\,dx = \frac{1}{2}x^2 \ln x - \frac{1}{4}x^2 + C.$$

*Solución alternativa.* Esta vez hacemos

$$u = x \ln x, \qquad dv = dx,$$

de tal modo que

$$du = (1 + \ln x)\,dx, \qquad v = x.$$

Sustituyendo en

$$\int u\,dv = uv - \int v\,du,$$

hayamos que

$$\int x \ln x\,dx = x^2 \ln x - \int x(1 + \ln x)\,dx. \tag{1}$$

Puede parecer que la integral de la derecha es más complicada que la de partida. Sin embargo, podemos escribir (1) como

$$\int x \ln x\,dx = x^2 \ln x - \int x\,dx - \int x \ln x\,dx.$$

Se deduce que

$$2\int x \ln x\,dx = x^2 \ln x - \int x\,dx$$

luego

$$\int x \ln x \, dx = \frac{1}{2}x^2 \ln x - \frac{1}{4}x^2 + C$$

como anteriormente. □

**Problema 3.** Calcular

$$\int x \operatorname{sen} x \, dx.$$

*Solución.* Haciendo

$$u = x, \qquad dv = \operatorname{sen} x \, dx,$$

tenemos

$$du = dx, \qquad v = -\cos x.$$

Luego

$$\int x \operatorname{sen} x \, dx = -x \cos x - \int -\cos x \, dx = -x \cos x + \operatorname{sen} x + C. \qquad \square$$

Se usa a menudo la integración por partes para calcular integrales en las cuales el integrando es una mezcla de distintos tipos de funciones; por ejemplo, polinomios y exponenciales, o polinomios y funciones trigonométricas, etc. Sin embargo, es mejor dejar algunos integrandos como mezclas de distinta tipos de funciones; por ejemplo, es fácil ver que

$$\int 2xe^{x^2} \, dx = e^{x^2} + C \qquad \text{y} \qquad \int 3x^2 \cos x^3 \, dx = \operatorname{sen} x^3 + C.$$

Cualquier intento de separar estos integrandos recurriendo a la integración por partes resultaría contraproducente. El hecho de que aparezcan mezclados distintos tipos de funciones en estos integrandos proviene de la regla de la cadena y necesitamos estas mezclas para poder calcular la integral.

**Problema 4.** Calcular

$$\int x^5 e^{x^3} \, dx.$$

*Solución.* Para integrar $e^{x^3}$ necesitamos un factor en $x^2$. Luego nos quedaremos con un $x^2$ junto con $e^{x^3}$. Haciendo

$$u = x^3, \qquad dv = x^2 e^{x^3}\, dx,$$

tenemos

$$du = 3x^2\, dx, \qquad v = \tfrac{1}{3}e^{x^3}.$$

Luego

$$\begin{aligned}\int x^5 e^{x^3}\, dx = \int u\, dv &= uv - \int u\, dv\\ &= \tfrac{1}{3}x^3 e^{x^3} - \int x^2 e^{x^3}\, dx\\ &= \tfrac{1}{3}x^3 e^{x^3} - \tfrac{1}{3}e^{x^3} + C = \tfrac{1}{3}(x^3 - 1)e^{x^3} + C.\end{aligned}$$

□

Para calcular algunas integrales uno puede tener que integrar por partes más de una vez.

**Problema 5.** Evaluar

$$\int_0^1 x^2 e^x\, dx.$$

*Solución.* Primero calcularemos la integral indefinida

$$\int x^2 e^x\, dx$$

separando $x^2$ de $e^x$. Haciendo

$$u = x^2, \qquad dv = e^x\, dx,$$

tenemos

$$du = 2x\, dx, \qquad v = e^x,$$

luego

$$\int x^2 e^x\, dx = \int u\, dv = uv - \int v\, du = x^2 e^x - \int 2xe^x\, dx.$$

Calculamos ahora la integral de la derecha aplicando de nuevo la integración por partes. Esta vez hacemos

$$u = 2x, \qquad dv = e^x\,dx.$$

Esto nos da

$$du = 2\,dx, \qquad v = e^x$$

luego

$$\int 2xe^x\,dx = \int u\,dv = uv - \int v\,du = 2xe^x - \int 2e^x\,dx = 2xe^x - 2e^x + C.$$

Lo cual, junto con nuestro cálculo anterior, nos da

$$\int x^2e^x\,dx = x^2e^x - 2xe^x - 2e^x + C.$$

Luego

$$\int_0^1 x^2e^x\,dx = \left[x^2e^x - 2xe^x + 2e^x\right]_0^1 = (e - 2e + 2e) - 2 = e - 2. \qquad \square$$

**Problema 6.** Hallar

$$\int e^x \cos x\,dx.$$

*Solución.* Aquí integraremos dos veces por partes. Primero escribimos

$$u = e^x, \qquad dv = \cos x\,dx,$$
$$du = e^x\,dx, \qquad v = \operatorname{sen} x.$$

Esto nos da

$$\int e^x \cos x\,dx = \int u\,dv = uv - \int v\,du = e^x \operatorname{sen} x - \int e^x \operatorname{sen} x\,dx. \tag{1}$$

Ahora trabajaremos con la integral de la derecha. Haciendo

$$u = e^x, \qquad dv = \operatorname{sen} x\,dx,$$
$$du = e^x\,dx, \qquad v = -\cos x,$$

tenemos

$$(2) \qquad \int e^x \operatorname{sen} x\, dx = \int u\, dv = uv - \int v\, du = -e^x \cos x + \int e^x \cos x\, dx.$$

Sustituyendo (2) en (1), obtenemos

$$\int e^x \cos x\, dx = e^x \operatorname{sen} x + e^x \cos x - \int e^x \cos x\, dx,$$

$$2\int e^x \cos x\, dx = e^x(\operatorname{sen} x + \cos x),$$

$$\int e^x \cos x\, dx = \tfrac{1}{2}e^x(\operatorname{sen} x + \cos x).$$

Dado que esta integral es una integral indefinida, añadimos una constante arbitraria

$$\int e^x \cos x\, dx = \tfrac{1}{2}e^x(\operatorname{sen} x + \cos x) + C. \quad \square$$

Por último, las técnicas de integración por partes nos permiten integrar la función logaritmo:

**(7.7.3)** $$\int \ln x\, dx = x \ln x - x + C.$$

Se deja al lector como ejercicio el establecer esta importante fórmula.

## EJERCICIOS 7.7

Calcular las siguientes integrales y comprobar el resultado por diferenciación.

**1.** $\int xe^{-x}\, dx.$ **2.** $\int \ln(-x)\, dx.$ **3.** $\int x^2 \ln x\, dx.$

**4.** $\int x2^x\, dx.$ **5.** $\int x^2 e^{-x^3}\, dx.$ **6.** $\int x \ln x^2\, dx.$

**7.** $\int x^2 e^{-x}\, dx.$ **8.** $\int x^3 e^{-x^2}\, dx.$ **9.** $\int \frac{x^2}{\sqrt{1-x}}\, dx.$

**10.** $\int \frac{dx}{x(\ln x)^3}.$ **11.** $\int x \ln \sqrt{x}\, dx.$ **12.** $\int x\sqrt{x+1}\, dx.$

**13.** $\int \frac{\ln(x+1)}{\sqrt{x+1}}\, dx.$ **14.** $\int x^2(e^x - 1)\, dx.$ **15.** $\int (\ln x)^2\, dx.$

**16.** $\int x(x+5)^{-14}\,dx.$ **17.** $\int x^3 3^x\,dx.$ **18.** $\int \sqrt{x}\ln x\,dx.$

**19.** $\int x(x+5)^{14}\,dx.$ **20.** $\int (2^x+x^2)^2\,dx.$ **21.** $\int x\cos x\,dx.$

**22.** $\int x^2 \operatorname{sen} x\,dx.$ **23.** $\int x^2(x+1)^9\,dx.$ **24.** $\int x^2(2x-1)^{-7}\,dx.$

**25.** $\int e^x \operatorname{sen} x\,dx.$ **26.** $\int (e^x+2x)^2\,dx.$ **27.** $\int \ln(1+x^2)\,dx.$

**28.** $\int x\ln(x+1)\,dx.$ **29.** $\int x^n \ln x\,dx.\quad (n\neq -1)$ **30.** $\int e^{3x}\cos 2x\,dx.$

**31.** $\int x^3 \operatorname{sen} x^2\,dx.$ **32.** $\int x^3 \operatorname{sen} x\,dx.$ **33.** $\int x^4 e^x\,dx.$

**34.** Establecer (7.7.3) integrando por partes.

Hallar el centroide de la región debajo de la gráfica.

**35.** $f(x) = e^x, \quad x\in[0,1].$ **36.** $f(x) = e^{-x}, \quad x\in[0,1].$

**37.** $f(x) = \operatorname{sen} x, \quad x\in[0,\pi].$ **38.** $f(x) = \cos x, \quad x\in[0,\frac{1}{2}\pi].$

**39.** La densidad de masa de una varilla que se extiende desde $x = 0$ hasta $x = 1$ viene dada por la fórmula $\lambda(x) = e^{kx}$ donde $k$ es una constante. (a) Calcular la masa de la varilla. (b) Hallar el centro de masas de la varilla.

**40.** La densidad de masa de una varilla que se extiende desde $x = 2$ hasta $x = 3$ viene dada por la fórmula $\lambda(x) = \ln x$ donde $k$ es una constante. (a) Calcular la masa de la varilla. (b) Hallar el centro de masas de la varilla.

Hallar el volumen generado al girar la región debajo de la curva alrededor del eje $y$.

**41.** $f(x) = e^{\alpha x}, \quad x\in[0,1].$ **42.** $f(x) = \operatorname{sen}\pi x, \quad x\in[0,1].$

**43.** $f(x) = \cos\frac{1}{2}\pi x, \quad x\in[0,1].$ **44.** $f(x) = x\operatorname{sen} x, \quad x\in[0,\pi].$

**45.** $f(x) = xe^x, \quad x\in[0,1].$ **46.** $f(x) = x\cos x, \quad x\in[0,\frac{1}{2}\pi].$

**47.** Sea $\Omega$ la región debajo de la curva $y = e^x$, $x\in[0,1]$. Hallar el centroide del sólido obtenido al girar $\Omega$ alrededor del eje $x$. (6.4.5).

**48.** Sea $\Omega$ la región debajo de la curva $y = \operatorname{sen} x$, $x\in[0,\frac{1}{2}\pi]$. Hallar el centroide del solido obtenido al girar $\Omega$ alrededor del eje $x$. (6.4.5).

## 7.8 MOVIMIENTO ARMÓNICO SIMPLE

Un objeto se mueve a lo largo de una recta. En lugar de seguir en la misma dirección, se mueve hacia adelante y hacia atrás, oscilando alrededor de un punto central. Llamemos $x = 0$ a dicho punto central y sea $x(t)$ su posición en el instante $t$. Si la aceleración es un múltiplo constante y negativo de la posición,

$$a(t) = -kx(t) \qquad \text{con } k>0,$$

se dice que el objeto está en *movimiento armónico simple*. El objetivo de esta sección es el de analizar tales movimientos.

Dado que, por definición

$$a(t) = x''(t),$$

en el movimiento armónico simple

$$x''(t) = -kx(t).$$

Esto da

$$x''(t) + kx(t) = 0.$$

Para subrayar que $k$ es positivo, hacemos $k = \omega^2$. La ecuación del movimiento toma entonces la forma

**(7.8.1)**
$$x''(t) + \omega^2 x(t) = 0.$$

Es fácil ver que cualquier función de la forma

$$x(t) = C_1 \operatorname{sen}(\omega t + C_2)$$

satisface esta ecuación

$$x'(t) = C_1 \omega \cos(\omega t + C_2)$$
$$x''(t) = -C_1 \omega^2 \operatorname{sen}(\omega t + C_2) = -\omega^2 x(t)$$

luego

$$x''(t) + \omega^2 x(t) = 0.$$

Lo que no es tan fácil de ver, aunque es igualmente cierto, es que toda solución de la ecuación 7.8.1 puede escribirse en la forma

**(7.8.2)**
$$x(t) = C_1 \operatorname{sen}(\omega t + C_2) \quad \text{con} \quad C_1 \geq 0 \quad \text{y} \quad C_2 \in [0, 2\pi).$$

Demostración. Supongamos que $f$ sea una función que verifica la ecuación 7.8.1 en algún intervalo abierto $I$. Sea ahora $t_0$ cualquier número en $I$. En $t_0$ la función tiene un valor $f(t_0)$ y una derivada $f'(t_0)$. Escribimos ahora

$$g(t) = C_1 \operatorname{sen}(\omega t + C_2).$$

Un cálculo elemental que dejamos para el lector demuestra que podemos ajustar las constantes $C_1$, $C_2$ tomando $C_1 \geq 0$ y $C_2 \in [0, 2\pi)$ de tal modo que $g(t_0) = f(t_0)$ y $g'(t_0) = f'(t_0)$. Supongamos esto hecho. Dado que

$$f''(t) + \omega^2 f(t) = 0 \qquad \text{y} \qquad g''(t) + \omega^2 g(t) = 0,$$

tenemos

$$f''(t) - g''(t) + \omega^2 [f(t) - g(t)] = 0.$$

La multiplicación por $f'(t) - g'(t)$ nos da

$$[f'(t) - g'(t)]\,[f''(t) - g''(t)] + \omega^2 [f(t) - g(t)]\,[f'(t) - g'(t)] = 0.$$

Integrando ambos miembros obtenemos

$$[f'(t) - g'(t)]^2 + \omega^2 [f(t) - g(t)]^2 = C.$$

Dado que $g(t_0) = f(t_0)$ y $g'(t_0) = f'(t_0)$, la constante $C$ tiene que valer 0. Luego para todo $t$ en $I$

$$[f'(t) - g'(t)]^2 + \omega^2 [f(t) - g(t)]^2 = 0.$$

Está claro que esto implica que $f(t) = g(t)$ para todo $t$ en $I$, lo cual demuestra lo enunciado.† □

En la práctica, la primera constante $C_1 \geq 0$ se escribe $A$ y la segunda constante $C_2 \in [0, 2\pi)$ se escribe $\phi_0$. La solución de (7.8.1) se escribe entonces

**(7.8.3)**
$$x(t) = A \operatorname{sen}(\omega t + \phi_0).$$

Analicemos ahora el movimiento, midiendo $t$ en segundos. Si añadimos $2\pi/\omega$ a $t$, incrementamos $\omega t + \phi_0$ en $2\pi$:

$$\omega\left(t + \frac{2\pi}{\omega}\right) + \phi_0 = \omega t + \phi_0 + 2\pi.$$

† Tenemos una deuda con el profesor Edwin Hewitt de la Universidad de Washington por sugerirnos este pequeño argumento.

Esto significa que el movimiento es *periódico* de período $2\pi/\omega$:

$$T = \frac{2\pi}{\omega}.$$

Una oscilación completa dura $2\pi/\omega$ segundos. El recíproco del período nos da el número de oscilaciones completas por segundo. Se le llama *frecuencia*:

$$f = \frac{\omega}{2\pi}.$$

El número $\omega$ es llamado *frecuencia angular*. Dado que sen $(\omega t + \phi_0)$ oscila entre $-1$ y 1,

$$x(t) = A \operatorname{sen}(\omega t + \phi_0)$$

oscila entre $-A$ y $A$. El número $A$ recibe el nombre de *amplitud del movimiento*.

En la figura 7.8.1 hemos representado $x$ como función de $t$. Las oscilaciones a lo largo del eje $x$ aparecen ahora como ondas en el plano, $xt$. El período del movimiento $2\pi/\omega$ es la distancia entre dos crestas sucesivas. La amplitud $A$ representa la altura de las ondas medida en las unidades del eje $x$ a partir de $x = 0$. El número $\phi_0$ se denomina *constante de fase*. La constante de fase determina la posición inicial (en el plano $xt$ la altura de la onda en el instante $t = 0$). Si $\phi_0$, el objeto parte del centro de intervalo de movimiento (la onda parte del origen del plano $xt$).

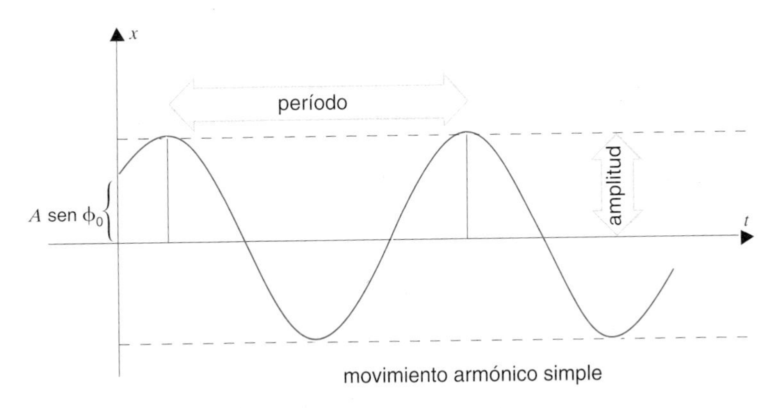


**Figura 7.8.1**

**Problema 1.** Hallar la ecuación del movimiento oscilatorio sabiendo que el período es $2\pi/3$ y que, en el instante $t = 0$, $x = 1$ y $v = 3$.

*Solución.* Empezamos haciendo

$$x(t) = A \operatorname{sen}(\omega t + \phi_0).$$

En general el período es $2\pi/\omega$, de tal modo que

$$\frac{2\pi}{\omega} = \frac{2\pi}{3} \qquad \text{luego} \qquad \omega = 3.$$

La ecuación del movimiento toma la forma

$$x(t) = A \operatorname{sen}(3t + \phi_0).$$

Diferenciando

$$v(t) = 3A \cos(3t + \phi_0).$$

La condición en $t = 0$ nos da

$$1 = x(0) = A \operatorname{sen} \phi_0, \qquad 3 = v(0) = 3A \cos \phi_0$$

luego

$$1 = A \operatorname{sen} \phi_0, \qquad 1 = A \cos \phi_0.$$

Sumando los cuadrados, tenemos

$$2 = A^2 \operatorname{sen}^2 \phi_0 + A^2 \cos^2 \phi_0 = A^2.$$

Dado que $A > 0$, tenemos $A = \sqrt{2}$

Para hallar $\phi_0$, observamos que

$$1 = \sqrt{2} \operatorname{sen} \phi_0, \qquad 1 = \sqrt{2} \cos \phi_0.$$

Estas ecuaciones se verifican si hacemos $\phi_0 = \frac{1}{4}\pi$. La ecuación del movimiento puede escribirse

$$x(t) = \sqrt{2} \operatorname{sen}(3t + \tfrac{1}{4}\pi). \quad \square$$

**Problema 2.** Un objeto en movimiento armónico simple pasa por el punto central $x = 0$ en el instante 0 y cada segundo a partir de entonces. Hallar la ecuación del movimiento si $v(0) = -4$.

*Solución.*

$$x(t) = A \operatorname{sen} (\omega t + \phi_0).$$

En cada ciclo completo el objeto tiene que pasar dos veces por el centro: una al ir y otra al venir. Luego el período es de 2 segundos:

$$\frac{2\pi}{\omega} = 2 \qquad \text{luego} \qquad \omega = \pi.$$

Sabemos que

$$x(t) = A \operatorname{sen} (\pi t + \phi_0),$$

en consecuencia

$$v(t) = \pi A \cos (\pi t + \phi_0).$$

Las condiciones iniciales pueden escribirse

$$0 = x(0) = A \operatorname{sen} \phi_0, \qquad -4 = v(0) = \pi A \cos \phi_0$$

de tal modo que

$$0 = A \operatorname{sen} \phi_0, \qquad -\frac{4}{\pi} = A \cos \phi_0.$$

Estas ecuaciones nos dan

$$A = \frac{4}{\pi}, \qquad \phi_0 = \pi. \qquad \text{(comprobarlo)}$$

La ecuación del movimiento puede escribirse

$$x(t) = \frac{4}{\pi} \operatorname{sen} (\pi t + \pi). \qquad \square$$

**Problema 3.** Un muelle colgado posee una longitud natural $l_0$. Cuando se le cuelga un objeto de masa $m$, el muelle se alarga $l_1$ pulgadas. Si se tira del objeto hacia abajo otras $x$ pulgadas más antes de soltarlo, ¿cuál será el movimiento resultante?

*Solución.* En lo que sigue nos referiremos a la figura 7.8.2, tomando la dirección descendente como positiva.

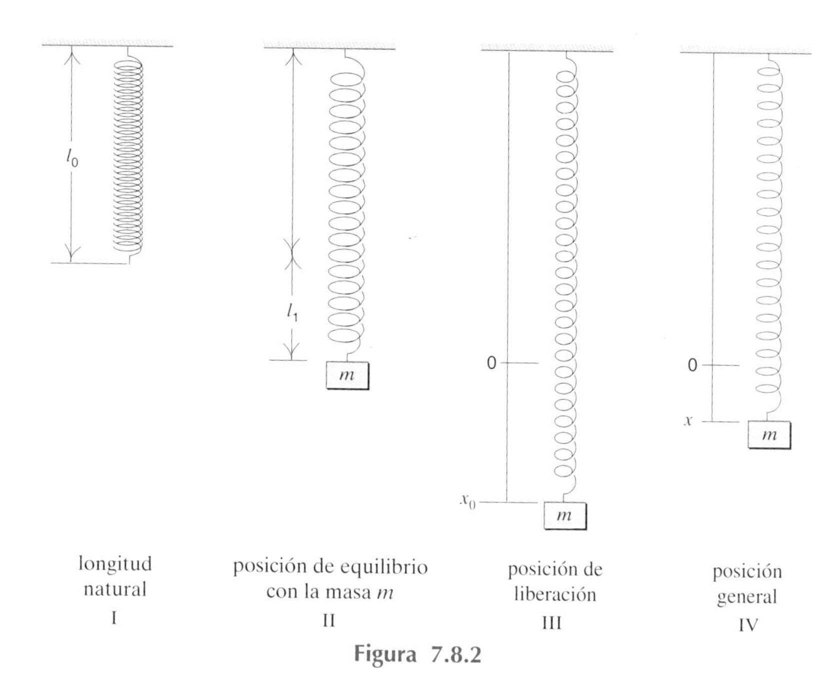


**Figura 7.8.2**

Empezamos analizando las fuerzas que actúan sobre el cuerpo de masa $m$ en una posición general $x$ (etapa IV). En primer lugar está el peso del cuerpo:

$$F_1 = mg.$$

Esta es una fuerza hacia abajo y, según nuestra elección de sistema de coordenadas, positiva. Luego existe la fuerza de recuperación del muelle. Esta fuerza, por la ley de Hooke, es proporcional al desplazamiento total $l_1 + x$ y actúa en el sentido opuesto:

$$F_2 = -k(l_1 + x) \qquad \text{con } k > 0.$$

Si despreciamos la resistencia, éstas son las dos fuerzas que actúan sobre el objeto. En estas condiciones, la fuerza total es

$$F = F_1 + F_2 = mg - k(l_1 + x),$$

que escribimos en la forma

$$(1) \qquad F = (mg - kl_1) - kx.$$

En la etapa II (figura 7.8.2) la situación era de equilibrio. La suma de la fuerza de la gravedad, $mg$, y de la fuerza del muelle, $-kl_1$, debe de valer 0:

$$mg - kl_1 = 0.$$

La ecuación (1) se simplifica entonces

$$F = -kx.$$

Usando la ley de Newton

$$F = ma \qquad \text{(fuerza = masa} \times \text{aceleración)}$$

tenemos

$$ma = -kx \qquad \text{luego} \qquad a = -\frac{k}{m}x.$$

Para cualquier instante $t$,

$$x''(t) = -\frac{k}{m}x(t).$$

Dado que $k/m > 0$, podemos hacer $\omega = \sqrt{k/m}$ y escribir

$$x''(t) = -\omega^2 x(t).$$

El movimiento del cuerpo es un movimiento armónico simple de período $T = 2\pi/\omega$. □

Hay un hecho digno de mención en el movimiento armónico simple y que no hemos tenido la ocasión de señalar; y es que la frecuencia $f = \omega/2\pi$ es completamente independiente de la amplitud del movimiento. Las oscilaciones del cuerpo del problema 3 tienen como frecuencia

$$f = \frac{\sqrt{k/m}}{2\pi}. \qquad (\text{Aquí } \omega = \sqrt{k/m}.)$$

Ajustando la constante $k$ del muelle y la masa $m$ del cuerpo, podemos calibrar el sistema muelle–cuerpo de tal manera que oscile una vez por segundo (al menos casi exactamente). Obtenemos así un reloj primitivo (un primo lejano del reloj de cuerda). Con el paso del tiempo, la fricción y la resistencia del aire reducen la amplitud de las oscilaciones pero no su frecuencia. Dándole un pequeño empujón o un pequeño tirón al cuerpo de vez en cuando (dándole cuerda al reloj) podemos restaurar la amplitud de las oscilaciones y mantener el "tic – tac" constante.

En esta sección examinamos las formas más simples de oscilación y en todas partes intervienen senos y cosenos. Los senos y cosenos tienen un papel central en el estudio de todas las oscilaciones. Dondequiera que haya ondas que analizar (ondas de sonido, ondas de radio, ondas de luz, etc), los senos y cosenos aparecen en primer lugar.

## EJERCICIOS 7.8

**1.** Un objeto ejecuta un movimiento armónico simple. Hallar una ecuación para el movimiento si el período es $\frac{1}{4}\pi$ y en el instante $t = 0$, $x = 1$ y $v = 0$. ¿Cuál es la amplitud? ¿Cuál es la frecuencia?

**2.** Un objeto ejecuta un movimiento armónico simple. Hallar una ecuación para el movimiento si el período es $\frac{1}{\pi}$ y en el instante $t = 0$, $x = 0$ y $v = -2$. ¿Cuál es la amplitud? ¿Cuál es el período?

**3.** Un objeto ejecuta un movimiento armónico simple de período $T$ y amplitud $A$. ¿Cuál es la velocidad al pasar por el punto central $x = 0$?

**4.** Un objeto ejecuta un movimiento armónico simple de período $T$. Hallar la amplitud sabiendo que $v = v_0$ en $x = x_0$.

**5.** Un objeto que ejecuta un movimiento armónico simple pasa por el punto central $x = 0$ en el instante $t = 0$ y después cada 3 segundos. Hallar la ecuación del movimiento supuesto que $v(0) = 5$.

**6.** Demostrar que el movimiento armónico simple $x(t) = A \text{ sen } (\omega t + \phi_0)$ también podría escribirse (a) $x(t) = A \cos (\omega t + \phi_1)$. (b) $x(t) = B \text{ sen } \omega t + C \cos \omega t$.

**7.** ¿Qué es $x(t)$ para el cuerpo de masa $m$ del problema 3?

**8.** Hallar las posiciones del cuerpo del problema 3 donde este alcanza (a) su velocidad máxima; (b) la velocidad cero; (c) la aceleración máxima y (d) la aceleración nula.

**9.** ¿Dónde alcanza el cuerpo del problema 3 la mitad de su velocidad máxima?

**10.** Hallar la energía cinética máxima conseguida por el cuerpo del problema 3. (Recuerde: $EC = \frac{1}{2} mv^2$ donde $m$ es la masa del objeto y $v$ su velocidad.)

**11.** Hallar el promedio en el tiempo de la energía cinética del cuerpo del problema 3 durante un período $T$.

**12.** Expresar la celeridad del cuerpo del problema 3 en función de $k$, $m$, $x_0$ y $x(t)$.

**13.** Dado que $x''(t) = 8 - 4x(t)$ con $x(0) = 0$ y $x'(0) = 0$, demostrar que se trata del movimiento armónico simple, centrado en $x = 2$. Hallar la amplitud y el período.

**14.** La figura 7.8.3 muestra un péndulo de masa $m$ oscilando en un brazo de longitud $L$. El ángulo $\theta$ se mide en sentido contrario de las agujas de un reloj. Despreciando la fricción y el peso del brazo, podemos describir el movimiento mediante la ecuación

$$mL\theta''(t) = -mg \text{ sen } \theta(t)$$

que se reduce a

$$\theta''(t) = -\frac{g}{L}\text{ sen } \theta(t).$$

(a) Para ángulos pequeños, sustituimos sen $\theta$ por $\theta$ y escribimos

$$\theta''(t) \cong -\frac{g}{L}\theta(t).$$

Justificar este paso.

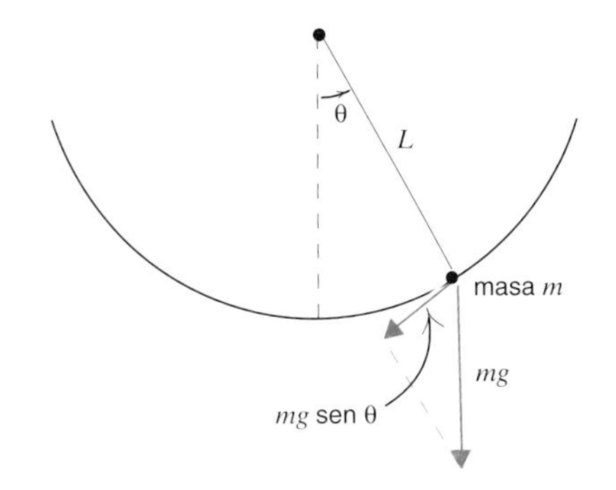


Figura 7.8.3

(b) Resolver la ecuación aproximada de (a) si el péndulo
(i) Se sujeta en un ángulo $\theta_0 > 0$ y se suelta en el instante $t = 0$.
(ii) Pasa por la posición vertical en el instante $t = 0$ y $\theta'(0) = -\sqrt{g/L}\ \theta_0$.

(c) Hallar $L$ si el movimiento se repite cada dos segundos.

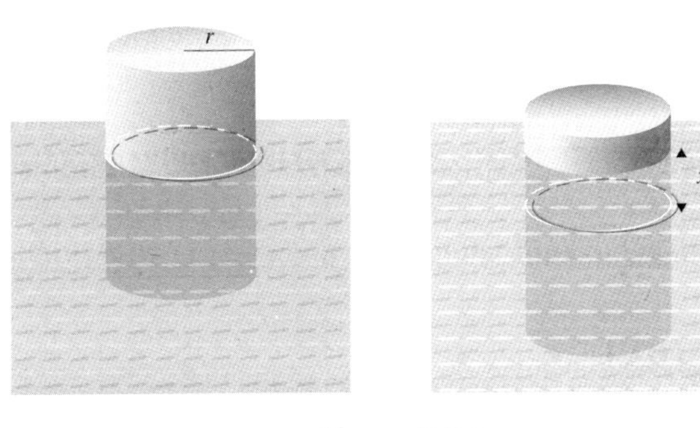


Figura 7.8.4

**15.** Una boya cilíndrica de masa $m$ y radio $r$ centímetros flota, estando su eje en posición vertical, en un líquido de densidad $\rho$ kilogramos por centímetro cúbico (figura 7.8.4). Supongamos que la boya se empuja $x_0$ centímetros cúbicos hacia abajo en el líquido.

(a) Despreciando la fricción y suponiendo que la fuerza de flotabilidad es igual al peso del líquido desplazado, demostrar que la boya se mueve hacia arriba y hacia abajo siguiendo un movimiento armónico simple hallando la ecuación del movimiento.

(b) Resolver la ecuación obtenida en (a). Especificar la amplitud y el período.

**16.** Explicar en detalle la relación entre el movimiento circular uniforme y el movimiento armónico simple.

## 7.9 MÁS SOBRE LA INTEGRACIÓN DE FUNCIONES TRIGONOMÉTRICAS

En la sección 5.9 hemos visto que

**(7.9.1)**

$$\int \cos x\, dx = \operatorname{sen} x + C, \qquad \int \operatorname{sen} x\, dx = -\cos x + C,$$

$$\int \sec^2 x\, dx = \tan x + C, \qquad \int \operatorname{cosec}^2 x\, dx = -\cot x + C,$$

$$\int \sec x \tan x\, dx = \sec x + C, \qquad \int \operatorname{cosec} x \cot x\, dx = -\operatorname{cosec} x + C,$$

$$\int \cos^2 x\, dx = \tfrac{1}{2}x + \tfrac{1}{4}\operatorname{sen} 2x + C, \qquad \int \operatorname{sen}^2 x\, dx = \tfrac{1}{2}x - \tfrac{1}{4}\operatorname{sen} 2x + C,$$

Ahora que nos hemos familiarizado con la función logaritmo, podemos añadir cuatro fórmulas básicas a la lista.

**(7.9.2)**

(i) $\int \tan x\, dx = \ln|\sec x| + C.$

(ii) $\int \cot x\, dx = \ln|\operatorname{sen} x| + C.$

(iii) $\int \sec x\, dx = \ln|\sec x + \tan x| + C.$

(iv) $\int \operatorname{cosec} x\, dx = \ln|\operatorname{cosec} x - \cot x| + C.$

Cada una de estas fórmulas puede deducirse de la siguiente manera:

$$\int \frac{g'(x)}{g(x)}\, dx = \int \frac{du}{u} = \ln|u| + C = \ln|g(x)| + C.$$

hacer $u = g(x)$, $du = g'(x)\, dx$

Las fórmulas (i) – (iii)

(i) $$\int \tan x\, dx = \int \frac{\operatorname{sen} x}{\cos x}\, dx \qquad [\text{hacer } u = \cos x, \quad du = -\operatorname{sen} x\, dx]$$

$$= -\int \frac{du}{u} = -\ln|u| + C$$

$$= \ln|\cos x| + C = \ln\left|\frac{1}{\cos x}\right| + C = \ln|\sec x| + C. \quad \square$$

(ii) $$\int \cot x\, dx = \int \frac{\cos x}{\operatorname{sen} x}\, dx \qquad [\text{hacer } u = \operatorname{sen} x, \quad du = \cos x\, dx]$$

$$= \int \frac{du}{u} = \ln|u| + C = \ln|\operatorname{sen} x| + C. \quad \square$$

$$\text{(iii)} \quad \int \sec x \, dx \overset{\dagger}{=} \int \sec x \, \frac{\sec x + \tan x}{\sec x + \tan x} \, dx$$

$$= \int \frac{\sec x \tan x + \sec^2 x}{\sec x + \tan x} \, dx$$

[hacer $u = \sec x + \tan x$, $du = (\sec x \tan x + \sec^2 x)\, dx$]

$$= \int \frac{du}{u} = \ln|u| + C = \ln|\sec x + \tan x| + C. \quad \square$$

Se deja al lector el establecer la fórmula (iv).

**Problema 1.** Calcular

$$\int \cot \pi x \, dx.$$

*Solución.* Hagamos

$$u = \pi x, \qquad du = \pi \, dx.$$

$$\int \cot \pi x \, dx = \frac{1}{\pi} \int \cot u \, du = \frac{1}{\pi} \ln|\operatorname{sen} u| + C = \frac{1}{\pi} \ln|\operatorname{sen} \pi x| + C. \quad \square$$

**Observación.** El cambio de variable simplifica muchos cálculos pero resulta que con experiencia uno puede llevar a cabo muchos cálculos sin utilizarlo. $\square$

**Problema 2.** Evaluar

$$\int_0^{\pi/8} \sec 2x \, dx.$$

*Solución.*

$$\int_0^{\pi/8} \sec 2x \, dx = \tfrac{1}{2}\Big[\ln|\sec 2x + \tan 2x|\Big]_0^{\pi/8}$$

$$= \tfrac{1}{2}[\ln(\sqrt{2} + 1) - \ln 1] = \tfrac{1}{2}\ln(\sqrt{2} + 1) \cong 0{,}44. \quad \square$$

Siempre que el integrando sea un cociente es una buena táctica intentar escribir la integral en la forma $\int \frac{du}{u}$.

---

[†] Sólo la experiencia puede inducirnos a multiplicar el numerador y el denominador por $\sec x + \tan x$.

**Problema 3.** Calcular

$$\int \frac{\cos 3x}{2 + \operatorname{sen} 3x}\, dx.$$

*Solución.* Hagamos

$$u = 2 + \operatorname{sen} 3x, \qquad du = 3 \cos 3x \, dx.$$

$$\int \frac{\cos 3x}{2 + \operatorname{sen} 3x}\, dx = \frac{1}{3}\int \frac{du}{u} = \frac{1}{3}\ln |u| + C = \frac{1}{3}\ln |2 + \operatorname{sen} 3x| + C. \quad \square$$

**Problema 4.** Hallar

$$\int_{\pi/4}^{\pi/3} \frac{\sec^2 x}{1 + \tan x}\, dx.$$

*Solución.*

$$\int_{\pi/4}^{\pi/3} \frac{\sec^2 x}{1 + \tan x}\, dx = \Big[\ln (1 + \tan x)\Big]_{\pi/4}^{\pi/3}$$

$$= \ln (1 + \sqrt{3}) - \ln (1 + 1) = \ln\left(\frac{1 + \sqrt{3}}{2}\right) \cong 0{,}31. \quad \square$$

## EJERCICIOS 7.9

Calcular las integrales indefinidas siguientes.

**1.** $\int \tan 3x \, dx.$

**2.** $\int \sec \frac{1}{2}\pi x \, dx.$

**3.** $\int \operatorname{cosec} \pi x \, dx.$

**4.** $\int \cot (\pi - x) \, dx.$

**5.** $\int e^x \cot e^x \, dx.$

**6.** $\int \frac{\operatorname{cosec}^2 x}{2 + \cot x}\, dx.$

**7.** $\int \frac{\operatorname{sen} 2x}{3 - 2 \cos 2x}\, dx.$

**8.** $\int e^{\operatorname{cosec} x} \operatorname{cosec} x \cot x \, dx.$

**9.** $\int e^{\tan 3x} \sec^2 3x \, dx.$

**10.** $\int e^x \cos e^x \, dx.$

**11.** $\int x \sec x^2 \, dx.$

**12.** $\int \frac{\sec e^{-2x}}{e^{2x}}\, dx.$

**13.** $\int \cot x \ln (\operatorname{sen} x) \, dx.$

**14.** $\int \frac{\tan (\ln x)}{x}\, dx.$

**15.** $\int (1 + \sec x)^2 \, dx.$

**16.** $\int \tan x \ln (\sec x) \, dx.$

**17.** $\int \left(\frac{\operatorname{cosec} x}{1 + \cot x}\right)^2 dx.$

**18.** $\int (3 - \operatorname{cosec} x)^2 \, dx.$

Hallar las integrales definidas siguientes.

**19.** $\int_{\pi/6}^{\pi/2} \frac{\cos x}{1 + \text{sen } x}\, dx.$ **20.** $\int_{\pi/4}^{\pi/2} (1 + \text{cosec } x)^2\, dx.$ **21.** $\int_{\pi/4}^{\pi/2} \cot x\, dx.$

**22.** $\int_{1/4}^{1/3} \tan \pi x\, dx.$ **23.** $\int_{0}^{\ln \pi/4} e^x \sec e^x\, dx.$ **24.** $\int_{\pi/4}^{\pi/2} \frac{\text{cosec}^2 x}{3 + \cot x}\, dx.$

Bosquejar la región limitada por las curvas y hallar su área.

**25.** $y = \sec x, \quad y = 2, \quad x = 0, \quad x = \pi/6.$ **26.** $y = \text{cosec } \frac{1}{2}\pi x, \quad y = x, \quad x = \frac{1}{2}.$

**27.** $y = \tan x, \quad y = 1, \quad x = 0.$ **28.** $y = \sec x, \quad y = \cos x, \quad x = \pi/4.$

## 7.10 FUNCIONES TRIGONOMÉTRICAS INVERSAS

Como ninguna de las funciones trigonométricas es biunívoca, ninguna puede tener inversa. ¿Qué son entonces las funciones trigonométricas inversas?

### El arco seno

La imagen de la función seno es el intervalo $[-1, 1]$. Aunque no sea biunívoca en todo su dominio, la función seno sí lo es en el intervalo cerrado $[-\frac{1}{2}\pi, \frac{1}{2}\pi]$ y en este intervalo, para cada valor de $[-1, 1]$ existe un número único del intervalo $[-\frac{1}{2}\pi, \frac{1}{2}\pi]$ en el cual la función seno toma dicho valor. Es decir que si $x \in [-1, 1]$ existe un número y sólo uno del intervalo $[-\frac{1}{2}\pi, \frac{1}{2}\pi]$ en el cual la función seno toma el valor $x$. Este número se llama arco seno de $x$ y se escribe arcsen $x$ (en la literatura matemática anglosajona se emplea también la notación $\text{sen}^{-1} x$[†]).

La función *arco seno*

$$y = \text{arcsen } x, \qquad x \in [-1, 1]$$

es la inversa de la función

$$y = \text{sen } x, \qquad x \in \left[-\frac{1}{2}\pi, \frac{1}{2}\pi\right].$$

[†] Cuidado: El $-1$ no es un exponente. No se debe confundir, en dicha notación, arcsen$x$ con el recíproco $1/\text{sen } x$.

Las gráficas de estas funciones están representadas en la figura 7.10.1. Cada curva es la simétrica de la otra respecto de la recta $y = x$.

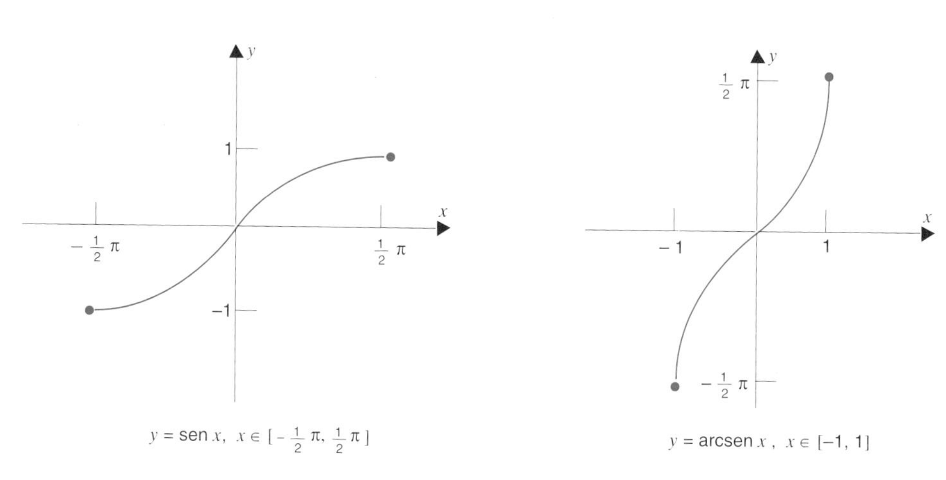


**Figura 7.10.1**

Puesto que estas funciones son inversas la una de la otra, tenemos

**(7.10.1)** $$\text{para todo } x \in [-1, 1], \qquad \text{sen}\,(\text{arcsen}\, x) = x$$

y

**(7.10.1)** $$\text{para todo } x \in [-\tfrac{1}{2}\pi, \tfrac{1}{2}\pi], \qquad \text{arcsen}\,(\text{sen}\, x) = x.$$

La tabla 7.10.1 da algunos valores representativos de la función seno desde $x = -\frac{1}{2}\pi$ hasta $x = \frac{1}{2}\pi$. Intercambiando el orden de las columnas, obtenemos una tabla para la función arco seno (tabla 7.10.2).

TABLA 7.10.1

| $x$ | sen $x$ |
|---|---|
| $-\frac{1}{2}\pi$ | $-1$ |
| $-\frac{1}{3}\pi$ | $-\frac{1}{2}\sqrt{3}$ |
| $-\frac{1}{4}\pi$ | $-\frac{1}{2}\sqrt{2}$ |
| $-\frac{1}{6}\pi$ | $-\frac{1}{2}$ |
| $0$ | $0$ |
| $\frac{1}{6}\pi$ | $\frac{1}{2}$ |
| $\frac{1}{4}\pi$ | $\frac{1}{2}\sqrt{2}$ |
| $\frac{1}{3}\pi$ | $\frac{1}{2}\sqrt{3}$ |
| $\frac{1}{2}\pi$ | $1$ |

TABLA 7.10.2

| $x$ | arcsen $x$ |
|---|---|
| $-1$ | $-\frac{1}{2}\pi$ |
| $-\frac{1}{2}\sqrt{3}$ | $-\frac{1}{3}\pi$ |
| $-\frac{1}{2}\sqrt{2}$ | $-\frac{1}{4}\pi$ |
| $-\frac{1}{2}$ | $-\frac{1}{6}\pi$ |
| $0$ | $0$ |
| $\frac{1}{2}$ | $\frac{1}{6}\pi$ |
| $\frac{1}{2}\sqrt{2}$ | $\frac{1}{4}\pi$ |
| $\frac{1}{2}\sqrt{3}$ | $\frac{1}{3}\pi$ |
| $1$ | $\frac{1}{2}\pi$ |

Observando la tabla 7.10.2, uno puede conjeturar que para todo $x \in [-1, 1]$ se verifica

$$\text{arcsen}(-x) = -\text{arcsen}\, x.$$

Así es. Al ser la inversa de una función impar (sen $(-x) = -$ sen $x$ para todo $x \in \frac{1}{2}\pi$), el arco seno también es una función impar. (Comprobar esto.)

En la tabla 4 del final del libro se dan los valores de las principales funciones trigonométricas entre 0 y 1,58 radianes (aproximadamente $\frac{1}{2}\pi$ radianes). De acuerdo con dicha tabla, por ejemplo tenemos

$$\text{sen}\, 0{,}32 \cong 0{,}315 \qquad \text{y} \qquad \text{sen}\, 0{,}81 \cong 0{,}724.$$

Leyendo al revés esta tabla y utilizando el hecho de que el arco seno es una función inversa, tenemos

$$\text{arcsen}\, 0{,}315 \cong 0{,}32 \qquad \text{y} \qquad \text{arcsen}(-0{,}724) = -\text{arcsen}\, 0{,}724 \cong -0{,}81.$$

**Problema 1.** Calcular si están definidos:

(a) arcsen (sen $\frac{1}{16}\pi$). (b) arcsen (sen $\frac{5}{2}\pi$). (c) sen (arcsen $\frac{1}{3}$).

(d) arcsen (sen $\frac{9}{5}\pi$). (e) sen (arcsen 2).

*Solución.* (a) Dado que $\frac{1}{16}\pi$ pertenece al intervalo $[-\frac{1}{2}\pi, \frac{1}{2}\pi]$, sabemos por (7.10.2) que

$$\text{arcsen}(\text{sen}\, \tfrac{1}{16}\pi) = \tfrac{1}{16}\pi.$$

(b) Dado que $\frac{5}{2}\pi$ no pertenece al intervalo $[-\frac{1}{2}\pi, \frac{1}{2}\pi]$, no podemos aplicar (7.10.2) directamente. Sin embargo, $\frac{5}{2}\pi = \frac{1}{2}\pi + 2\pi$. Luego

$$\text{arcsen}(\text{sen}\, \tfrac{5}{2}\pi) = \text{arcsen}(\text{sen}(\tfrac{1}{2}\pi + 2\pi)) = \text{arcsen}(\text{sen}\, \tfrac{1}{2}\pi) \underset{\text{por (7.10.2)}}{=} \tfrac{1}{2}\pi.$$

(c) Por (7.10.1)

$$\text{sen}(\text{arcsen}\, \tfrac{1}{3}) = \tfrac{1}{3}.$$

(d) Dado que $\frac{9}{5}\pi$ no pertenece al intervalo $[-\frac{1}{2}\pi, \frac{1}{2}\pi]$, no podemos aplicar (7.10.2) directamente. Sin embargo, $\frac{9}{5}\pi = 2\pi - \frac{1}{5}\pi$. Luego

$$\text{arcsen}(\text{sen}\, \tfrac{9}{5}\pi) = \text{arcsen}(\text{sen}(2\pi - \tfrac{1}{5}\pi)) = \text{arcsen}(\text{sen}(-\tfrac{1}{5}\pi)) \underset{\text{por (7.10.2)}}{=} -\tfrac{1}{5}\pi.$$

(e) La expresión sen (arcsen 2) no tiene sentido puesto que 2 no pertenece al dominio de arco seno. El arco seno sólo está definido en $[-1, 1]$. □

Si $0 < x < 1$, entonces arcsen $x$ es la medida en radianes del ángulo agudo cuyo seno es $x$. Podemos construir un ángulo que mida arcsen $x$ radianes dibujando un triángulo rectángulo con un cateto de longitud $x$ y una hipotenusa de longitud $l$. (Figura 7.10.2.)

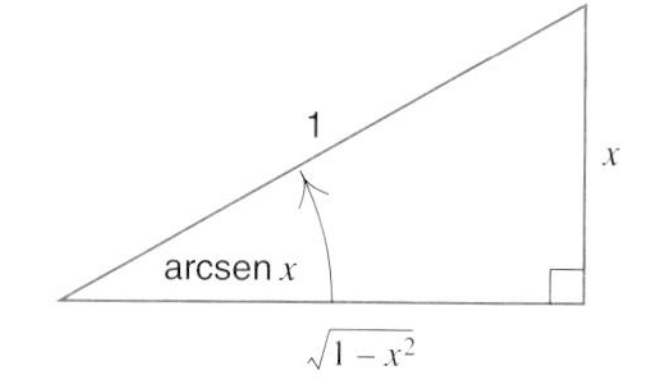


Figura 7.10.2

Analizando la figura, obtenemos:

$$\text{sen}(\text{arcsen}\, x) = x, \qquad \cos(\text{arcsen}\, x) = \sqrt{1-x^2}$$

$$\tan(\text{arcsen}\, x) = \frac{x}{\sqrt{1-x^2}}, \qquad \cot(\text{arcsen}\, x) = \frac{\sqrt{1-x^2}}{x}$$

$$\sec(\text{arcsen}\, x) = \frac{x}{\sqrt{1-x^2}}, \qquad \text{cosec}(\text{arcsen}\, x) = \frac{1}{x}.$$

Puesto que la derivada de la función seno,

$$\frac{d}{dx}(\text{sen}\, x) = \cos x,$$

no toma el valor 0 en el intervalo *abierto* $(-\frac{1}{2}\pi, \frac{1}{2}\pi)$, la función arco seno es diferenciable en el intervalo *abierto* $(-1, 1)$.[†] Podemos definir las derivadas de la siguiente manera:

$$\begin{aligned} y &= \text{arcsen } x, \\ \text{sen } y &= x, \\ \cos y \frac{dy}{dx} &= 1, \\ \frac{dy}{dx} &= \frac{1}{\cos y} = \frac{1}{\sqrt{1-x^2}}. \end{aligned}$$

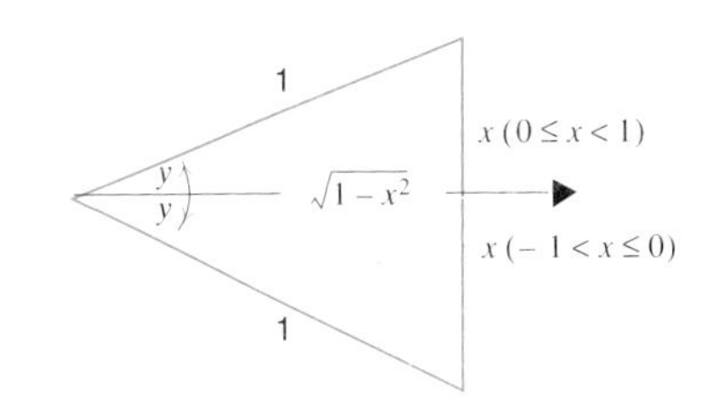


Resumiendo,

**(7.10.3)**
$$\frac{d}{dx}(\text{arcsen } x) = \frac{1}{\sqrt{1-x^2}}.$$

**Problema 2.** Hallar

$$\frac{d}{dx}[\text{arcsen }(3x^2)].$$

*Solución.* En general, debido a la regla de la cadena,

$$\frac{d}{dx}[\text{arcsen } u] = \frac{d}{du}[\text{arcsen } u]\frac{du}{dx} = \frac{1}{\sqrt{1-u^2}}\frac{du}{dx}.$$

Luego

$$\frac{d}{dx}[\text{arcsen }(3x^2)] = \frac{1}{\sqrt{1-(3x^2)^2}}\frac{d}{dx}(3x^2) = \frac{6x}{\sqrt{1-9x^4}}.$$ □

**Problema 3.** Demostrar que para $a > 0$

**(7.10.4)**
$$\int \frac{dx}{\sqrt{a^2-x^2}} = \text{arcsen}\left(\frac{x}{a}\right) + C.$$

[†] Ver el primer párrafo de la sección 3.8

*Solución.* Realizamos un cambio de variable de tal manera que la $a^2$ del denominador se transforme en un 1 y podamos usar (7.10.3). Hacemos

$$au = x, \qquad a\,du = dx.$$

Entonces

$$\int \frac{dx}{\sqrt{a^2 - x^2}} = \int \frac{a\,du}{\sqrt{a^2 - a^2u^2}} = \int \frac{du}{\sqrt{1 - u^2}} = \operatorname{arcsen} u + C = \operatorname{arcsen}\left(\frac{x}{a}\right) + C. \quad \square$$

dado que $a > 0$

**Problema 4.** Hallar

$$\int_0^{\sqrt{3}} \frac{dx}{\sqrt{4 - x^2}}.$$

*Solución.* Por (7.10.4)

$$\int \frac{dx}{\sqrt{4 - x^2}} = \operatorname{arcsen}\left(\frac{x}{2}\right) + C.$$

De ahí que

$$\int_0^{\sqrt{3}} \frac{dx}{\sqrt{4 - x^2}} = \left[\operatorname{arcsen}\left(\frac{x}{2}\right)\right]_0^{\sqrt{3}} = \operatorname{arcsen}\frac{\sqrt{3}}{2} - \operatorname{arcsen} 0 = \frac{\pi}{3} - 0 = \frac{\pi}{3}. \quad \square$$

No hemos hablado de la integración del arco seno. Una integración por partes cuyo detalle se deja para el lector, demuestra que

**(7.10.5)**

$$\int \operatorname{arcsen} x\,dx = x \operatorname{arcsen} x + \sqrt{1 - x^2} + C.$$

**El arco tangente**

Aunque no es biunívoca en todo su dominio, la función tangente sí lo es en el intervalo $(-\frac{1}{2}\pi, \frac{1}{2}\pi)$ y en dicho intervalo toma como valor cada número real. Luego, si $x$ es real, existe un único número del intervalo abierto $(-\frac{1}{2}\pi, \frac{1}{2}\pi)$ en el cual la función tangente toma el valor $x$. Este número se llama *arco tangente de x* y se escribe arctan $x$ (en la literatura matemática anglosajona se emplea también la notación $\tan^{-1} x$).

La función *arco tangente*

$$y = \arctan x, \qquad x \text{ real}$$

es la inversa de la función

$$y = \tan x, \qquad x \in (-\tfrac{1}{2}\pi, \tfrac{1}{2}\pi).$$

Las gráficas de estas dos funciones están representadas en la figura 7.10.3. Cada curva es la simétrica de la otra respecto de la recta $y = x$. Mientras que la tangente tiene asíntotas verticales, el arco tangente tiene asíntotas horizontales. Ambas funciones son impares.

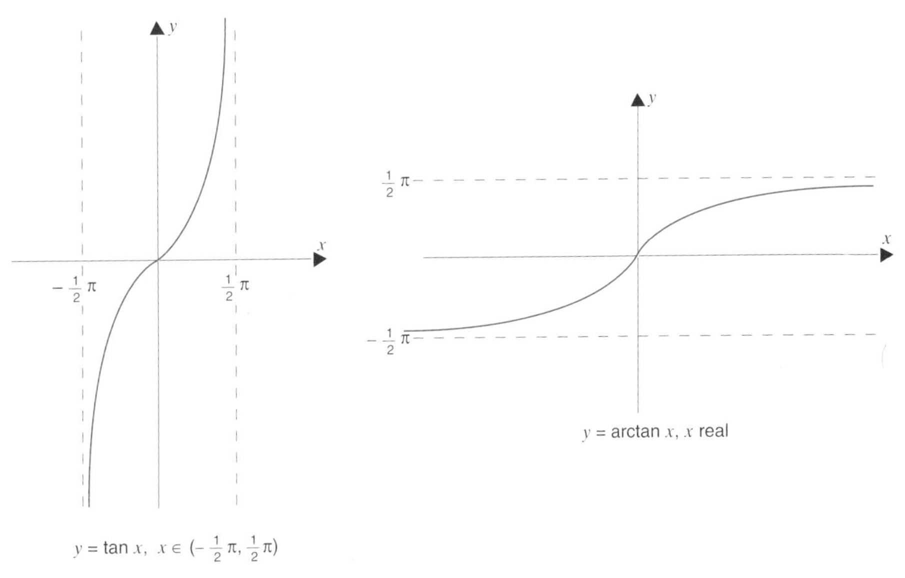


**Figura 7.10.3**

Dado que estas funciones son inversas la una de la otra,

**(7.10.6)** para todo número $x$ real, $\quad \tan(\arctan x) = x$

y

**(7.10.7)** para todo $x \in (-\frac{1}{2}\pi, \frac{1}{2}\pi)$, $\quad \arctan(\tan x) = x.$

Es difícil equivocarse con la primera relación, pues ésta se verifica para todos los números reales. Con la segunda hay que tener el cuidado habitual:

$$\arctan\,(\tan \tfrac{1}{4}\pi) = \tfrac{1}{4}\pi \qquad \text{pero} \qquad \arctan\,(\tan \tfrac{7}{5}\pi) \neq \tfrac{7}{5}\pi.$$

Podemos calcular arctan (tan $\frac{7}{5}\pi$) de la siguiente manera:

$$\arctan\,(\tan \tfrac{7}{5}\pi) = \arctan\,(\tan\,(\tfrac{2}{5}\pi + \pi)\,) = \arctan\,(\tan \tfrac{2}{5}\pi) = \tfrac{2}{5}\pi.$$

La relación arctan (tan $\frac{2}{5}\pi$) = $\frac{2}{5}\pi$ es válida puesto que $\frac{2}{5}\pi$ pertenece al intervalo $(-\frac{1}{2}\pi, \frac{1}{2}\pi)$.

Si $x > 0$, entonces arctan $x$ es la medida en radianes del ángulo agudo cuya tangente es $x$. Podemos construir un ángulo cuya medida en radianes sea arctan $x$, dibujando un triángulo rectángulo con catetos de longitudes $x$ y $l$ (figura 7.10.4) Los valores de

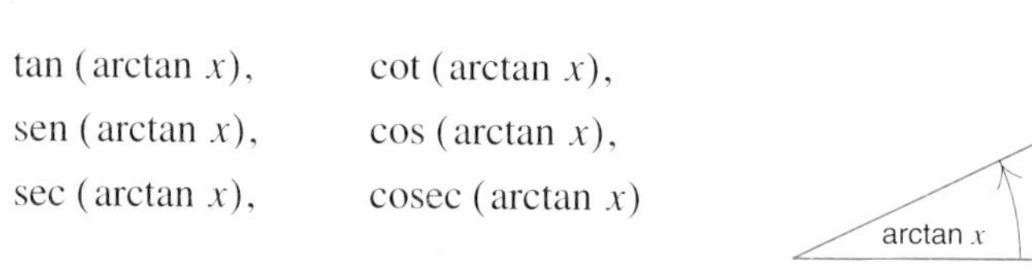


tan (arctan $x$), cot (arctan $x$),
sen (arctan $x$), cos (arctan $x$),
sec (arctan $x$), cosec (arctan $x$)

pueden obtenerse a partir de dicho triángulo.

Figura 7.10.4

Dado que la derivada de la función tangente

$$\frac{d}{dx}(\tan x) = \sec^2 x = \frac{1}{\cos^2 x},$$

no se anula nunca, la función arco tangente es diferenciable en todas partes (sección 3.8). Podemos hallar la derivada con el mismo procedimiento que el empleado para el arco seno;

$$\begin{aligned} y &= \arctan x, \\ \tan y &= x, \\ \sec^2 y \frac{dy}{dx} &= 1, \\ \frac{dy}{dx} &= \frac{1}{\sec^2 y} = \cos^2 y = \frac{1}{1+x^2}. \quad \square \end{aligned}$$

Hemos obtenido que

**(7.10.8)**
$$\frac{d}{dx}(\arctan x) = \frac{1}{1+x^2}.$$

**Problema 5.** Calcular

$$\frac{d}{dx}[\arctan(ax^2+bx+c)].$$

*Solución.* En general, debido a la regla de la cadena, tenemos

$$\frac{d}{dx}[\arctan u] = \frac{d}{du}[\arctan u]\frac{du}{dx} = \frac{1}{1+u^2}\frac{du}{dx}.$$

Luego

$$\begin{aligned}\frac{d}{dx}[\arctan(ax^2+bx+c)] &= \frac{1}{1+(ax^2+bx+c)^2}\frac{d}{dx}(ax^2+bx+c)\\ &= \frac{2ax+b}{1+(ax^2+bx+c)^2}. \quad \square\end{aligned}$$

**Problema 6.** Demostrar que

**(7.10.9)**
$$\int\frac{dx}{a^2+x^2} = \frac{1}{a}\arctan\left(\frac{x}{a}\right)+C.$$

*Solución.* Haremos un cambio de variable de manera a que la $a^2$ del denominador se transforme en un 1 y poder utilizar (7.10.8). Sea

$$au = x, \qquad a\,du = dx.$$

Entonces

$$\int \frac{dx}{a^2+x^2} = \int \frac{a\,du}{a^2+a^2u^2} = \frac{1}{a}\int \frac{du}{1+u^2}$$

$$= \frac{1}{a}\arctan u + C = \frac{1}{a}\arctan\left(\frac{x}{a}\right) + C. \quad \square$$

(7.10.8)

**Problema 7.** Calcular

$$\int_0^2 \frac{dx}{4+x^2}.$$

*Solución.* Por (7.10.9)

$$\int \frac{dx}{4+x^2} = \int \frac{dx}{2^2+x^2} = \tfrac{1}{2}\arctan\left(\frac{x}{2}\right) + C$$

luego

$$\int_0^2 \frac{dx}{4+x^2} = \left[\tfrac{1}{2}\arctan\left(\frac{x}{2}\right)\right]_0^2 = \tfrac{1}{2}\arctan 1 = \frac{\pi}{8}. \quad \square$$

Para concluir, una integración por partes que dejamos para el lector, permite demostrar que

**(7.10.10)**
$$\int \arctan x\,dx = x\arctan x - \tfrac{1}{2}\ln(1+x^2) + C.$$

## Las otras funciones trigonométricas inversas

Existen otras cuatro funciones trigonométricas inversas:

*el arco coseno*, $y = \arccos x$, es la inversa de $y = \cos x$, $x \in [0, \pi]$;
*el arco cotangente*, $y = \operatorname{arccot} x$, es la inversa de $y = \cot x$, $x \in (0, \pi)$;
*el arco secante*, $y = \operatorname{arcsec} x$ es la inversa de $y = \sec x$, $x \in [0, \frac{1}{2}\pi) \cup (\frac{1}{2}\pi, \pi]$;
*el arco cosecante*, $y = \operatorname{arccosec} x$ es la inversa de $y = \operatorname{cosec} x$, $x \in [-\frac{1}{2}\pi, 0) \cup (0, \frac{1}{2}\pi]$.

De estas cuatro funciones, sólo las dos primeras se usan mucho. En la figura 7.10.5 están todas representadas entre 0 y $\frac{1}{2}\pi$ en términos de triángulos rectángulos.

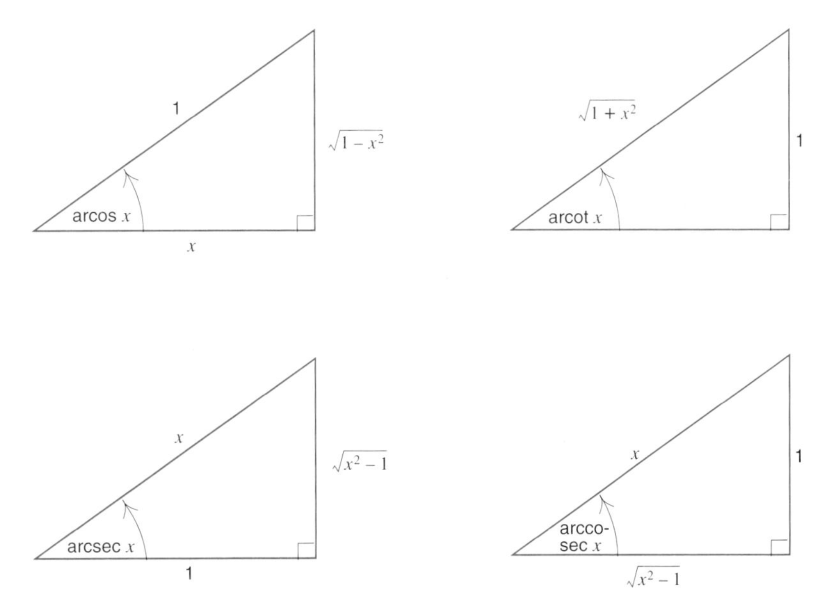


**Figura 7.10.5**

## EJERCICIOS 7.10

Determinar el valor exacto:

**1.** arctan 0. **2.** arccos 0. **3.** arccos $\frac{1}{2}$.

**4.** arctan $\sqrt{3}$. **5.** arctan $(-\sqrt{3})$. **6.** arccos $(-\frac{1}{2})$.

**7.** arccos 1. **8.** arctan $(-1)$. **9.** arcsen $(-\frac{1}{2})$.

**10.** arccos $\left(-\frac{1}{2}\sqrt{3}\right)$. **11.** cos (arccos $\frac{1}{2}$). **12.** arcsen (sen $\frac{7}{4}\pi$).

**13.** arctan (tan $\frac{7}{4}\pi$). **14.** arctan (tan $\frac{5}{6}\pi$). **15.** cos (arcsen $\frac{1}{2}$).

**16.** sen (arccos $\frac{1}{2}$). **17.** arctan (cos 0). **18.** arcsen (sen $(-\frac{7}{4}\pi)$).

**19.** sen (arcos $(-\frac{1}{2})$). **20.** arctan (cos $\frac{3}{2}\pi$).

Usar la tabla 4 del final del libro para hallar el valor aproximado.

**21.** arcsen 0,918. **22.** arcsen (– 0,795). **23.** arctan (– 0,493).

**24.** arctan 3,111. **25.** arccos (0,960). **26.** arccos (– 0,142).

Tomando $x > 0$, calcular las siguientes expresiones a partir de la figura 7.10.4.

**27.** $\cos(\arctan x)$. **28.** $\operatorname{sen}(\arctan x)$. **29.** $\tan(\arctan x)$.

**30.** $\cot(\arctan x)$. **31.** $\sec(\arctan x)$. **32.** $\operatorname{cosec}(\arctan x)$.

Tomando $0 < x < 1$, usar un triángulo rectángulo apropiado para calcular las expresiones siguientes.

**33.** $\operatorname{sen}(\arccos x)$. **34.** $\cos(\operatorname{arccot} x)$. **35.** $\sec(\operatorname{arccot} x)$.

**36.** $\tan(\arccos x)$. **37.** $\cot(\arccos x)$. **38.** $\operatorname{cosec}(\operatorname{arccot} x)$.

Diferenciar.

**39.** $y = \arctan(x+1)$. **40.** $y = \arctan\sqrt{x}$. **41.** $y = \operatorname{arcsen} x^2$.

**42.** $f(x) = e^x \operatorname{arcsen} x$. **43.** $f(x) = x \operatorname{arcsen} 2x$. **44.** $f(x) = e^{\arctan x}$.

**45.** $u = (\operatorname{arcsen} x)^2$. **46.** $v = \arctan(e^x)$. **47.** $y = \dfrac{\arctan x}{x}$.

**48.** $y = \arctan\left(\dfrac{2}{x}\right)$. **49.** $f(x) = \sqrt{\arctan 2x}$. **50.** $f(x) = \ln(\arctan x)$.

**51.** $y = \arctan(\ln x)$. **52.** $y = \arctan(\operatorname{sen} x)$. **53.** $\theta = \operatorname{arcsen}(\sqrt{1-r^2})$.

**54.** $\theta = \operatorname{arcsen}\left(\dfrac{r}{r+1}\right)$. **55.** $\theta = \arctan\left(\dfrac{c+r}{1-cr}\right)$. **56.** $\theta = \arctan\left(\dfrac{1}{1+r^2}\right)$.

**57.** $f(x) = \sqrt{c^2-x^2} + c \operatorname{arcsen}\left(\dfrac{x}{c}\right)$.† **58.** $f(x) = \frac{1}{3} \operatorname{arcsen}(3x-4x^2)$.

**59.** $y = \dfrac{x}{\sqrt{c^2-x^2}} - \operatorname{arcsen}\left(\dfrac{x}{c}\right)$.† **60.** $y = x\sqrt{c^2-x^2} + c^2 \operatorname{arcsen}\left(\dfrac{x}{c}\right)$.†

**61.** Demostrar que para $a > 0$

**(7.10.11)** $$\int \frac{dx}{\sqrt{a^2-(x+b)^2}} = \operatorname{arcsen}\left(\frac{x+b}{a}\right) + C.$$

**62.** Demostrar que para $a \neq 0$

**(7.10.12)** $$\int \frac{dx}{\sqrt{a^2+(x+b)^2}} = \frac{1}{a}\arctan\left(\frac{x+b}{a}\right) + C.$$

† Tomar $c > 0$.

Calcular.

**63.** $\int_0^1 \frac{dx}{1+x^2}$. **64.** $\int_{-1}^1 \frac{dx}{1+x^2}$. **65.** $\int_0^{1/\sqrt{2}} \frac{dx}{\sqrt{1+x^2}}$.

**66.** $\int_0^1 \frac{dx}{\sqrt{4-x^2}}$. **67.** $\int_0^5 \frac{dx}{25+x^2}$. **68.** $\int_{-4}^4 \frac{dx}{16+x^2}$.

**69.** $\int_0^{3/2} \frac{dx}{9+4x^2}$. **70.** $\int_2^5 \frac{dx}{9+(x-2)^2}$. **71.** $\int_{-3}^{-2} \frac{dx}{\sqrt{4-(x+3)^2}}$.

**72.** $\int_{\ln 2}^{\ln 3} \frac{e^{-x}}{\sqrt{1-e^{-2x}}}\, dx$. **73.** $\int_0^{\ln 2} \frac{e^x}{\sqrt{1+e^{2x}}}\, dx$. **74.** $\int_0^{1/2} \frac{1}{\sqrt{3-4x^2}}\, dx$.

**75.** Demostrar la fórmula 7.10.5.

**76.** Demostrar la fórmula 7.10.10.

Calcular las integrales indefinidas.

**77.** $\int \frac{x}{\sqrt{1-x^4}} dx$. **78.** $\int \frac{\sec^2 x}{\sqrt{9-\tan^2 x}} dx$. **79.** $\int \frac{x}{1+x^4} dx$.

**80.** $\int x \arctan x \, dx$. **81.** $\frac{\sec^2 x}{9+\tan^2 x} dx$. **82.** $\int x \operatorname{arcsen} 2x^2 \, dx$.

**83.** Demostrar que $\operatorname{arcsen} x + \arccos x = \frac{1}{2}\pi$ para todo $\in [x-1, 1]$.

**84.** Demostrar que $\arctan x + \operatorname{arccot} x = \frac{1}{2}\pi$ para todo $x$ real.

Determinar las derivadas siguientes.

**85.** $\frac{d}{dx}(\arccos x)$ para $-1 < x < 1$. **86.** $\frac{d}{dx}(\operatorname{arccot} x)$ para todo $x$ real.

**87.** Demostrar que para $x < -1$ y $x > 1$

**(7.10.13)** $$\frac{d}{dx}(\operatorname{arcsec} x) = \frac{1}{|x|\sqrt{x^2-1}}.$$

**88.** **(Calculadora)** Evaluar numéricamente

$$\lim_{x \to 0} \frac{\operatorname{arcsen} x}{x}$$

Justificar la respuesta por otros medios.

**89.** **(Calculadora)** Dar una estimación del valor de la integral

$$\int_0^{0,5} \frac{1}{\sqrt{1-x^2}} dx$$

usando la partición $\{0, 0{,}1, 0{,}2, 0{,}3, 0{,}4, 0{,}5\}$ y los puntos intermedios

$$x_1^* = 0{,}05, \quad x_2^* = 0{,}15, \quad x_3^* = 0{,}25, \quad x_4^* = 0{,}35, \quad x_5^* = 0{,}45.$$

Observe que el seno de su estimación es próximo a 0,5. Explicar las razones de este hecho.

## 7.11 SENO Y COSENO HIPERBÓLICOS

El *seno hiperbólico* y el *coseno hiperbólico* son las funciones

**(7.11.1)**
$$\operatorname{senh} x = \tfrac{1}{2}(e^x - e^{-x}), \qquad \cosh x = \tfrac{1}{2}(e^x + e^{-x}).$$

Las razones de tales nombres quedarán justificadas más adelante.
Como

$$\frac{d}{dx}(\operatorname{senh} x) = \frac{d}{dx}[\tfrac{1}{2}(e^x - e^{-x})] = \tfrac{1}{2}(e^x + e^{-x})$$

y

$$\frac{d}{dx}(\cosh x) = \frac{d}{dx}[\tfrac{1}{2}(e^x + e^{-x})] = \tfrac{1}{2}(e^x - e^{-x}),$$

tenemos

**(7.11.2)**
$$\frac{d}{dx}(\operatorname{senh} x) = \cosh x, \qquad \frac{d}{dx}(\cosh x) = \operatorname{senh} x.$$

Resumiendo, cada una de estas funciones es la derivada de la otra.

### Las gráficas

Comenzamos con el seno hiperbólico. Puesto que

$$\operatorname{senh}(-x) = \tfrac{1}{2}(e^{-x} - e^x) = -\tfrac{1}{2}(e^x - e^{-x}) = -\operatorname{senh} x,$$

el seno hiperbólico es una función impar. Luego su gráfica es simétrica respecto del origen. Dado que

$$\frac{d}{dx}(\operatorname{senh} x) = \cosh x = \tfrac{1}{2}(e^x + e^{-x}) > 0 \qquad \text{para todo } x \text{ real},$$

el seno hiperbólico siempre es creciente. Dado que

$$\frac{d^2}{dx^2}(\operatorname{senh} x) = \frac{d}{dx}(\cosh x) = \operatorname{senh} x = \tfrac{1}{2}(e^x - e^{-x}),$$

podemos ver que

$$\frac{d^2}{dx^2}(\operatorname{senh} x) \text{ es } \begin{cases} \text{negativa,} & \text{para} \quad x < 0 \\ 0, & \text{en} \quad x = 0 \\ \text{positiva,} & \text{para} \quad x > 0 \end{cases}$$

Luego la gráfica es cóncava hacia abajo en $(-\infty, 0)$ y cóncava hacia arriba en $(0, \infty)$. El punto $(0, \operatorname{senh} 0) = (0, 0)$ es el único punto de inflexión. La pendiente en el origen es $\cosh 0 = 1$. En la figura 7.11.1 está representada esta gráfica. □

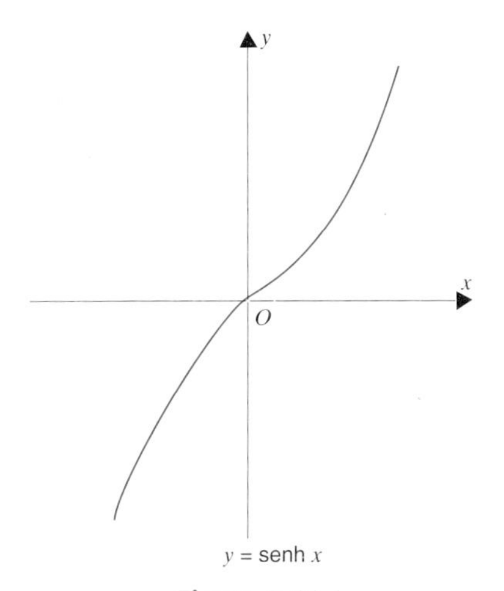


**Figura 7.11.1**

Ocupémonos ahora del coseno hiperbólico. Puesto que

$$\cosh(-x) = \tfrac{1}{2}(e^{-x} + e^{x}) = -\tfrac{1}{2}(e^{x} + e^{-x}) = \cosh x,$$

el coseno hiperbólico es una función par. Luego su gráfica es simétrica respecto del eje $x$. Dado que

$$\frac{d}{dx}(\cosh x) = \operatorname{senh} x,$$

podemos ver que

$$\frac{d}{dx}(\cosh x) \quad \text{es} \quad \left\{ \begin{array}{lll} \text{negativa,} & \text{para} & x < 0 \\ 0, & \text{en} & x = 0 \\ \text{positiva,} & \text{para} & x > 0 \end{array} \right].$$

Luego la función decrece en $(-\infty, 0]$ y crece en $[0, \infty)$. El número

$$\cosh 0 = \tfrac{1}{2}(e^0 + e^{-0}) = \tfrac{1}{2}(1 + 1) = 1$$

es un mínimo local y absoluto. No existen otros valores extremos. Puesto que

$$\frac{d^2}{dx^2}(\cosh x) = \frac{d}{dx}(\operatorname{senh} x) = \cosh x > 0 \qquad \text{para todo } x \text{ real,}$$

la gráfica siempre es cóncava hacia arriba. (Figura 7.11.2) □

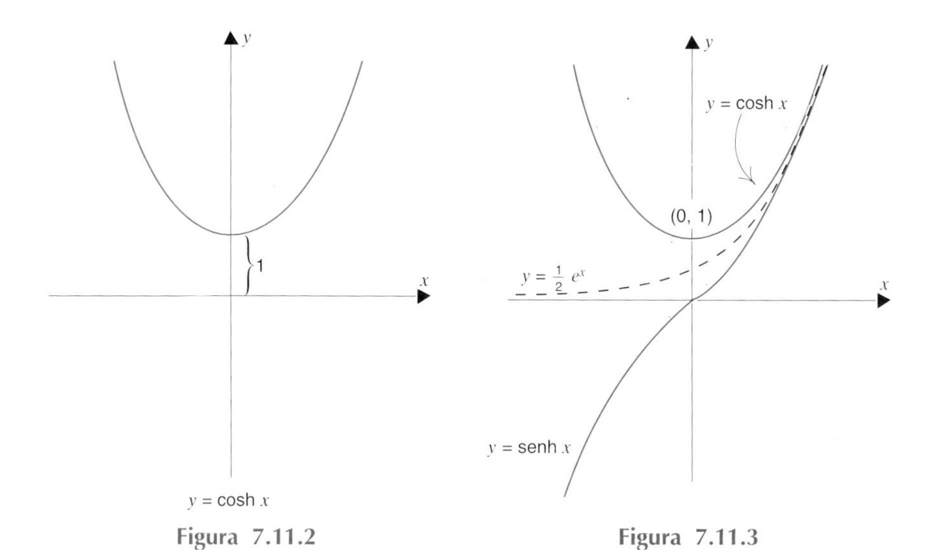


Figura 7.11.2

Figura 7.11.3

En la figura 7.11.3 hemos representado las gráficas de tres funciones

$$y = \operatorname{senh} x = \tfrac{1}{2}(e^x - e^{-x}), \qquad y = \tfrac{1}{2}e^x, \qquad y = \cosh x = \tfrac{1}{2}(e^x + e^{-x}).$$

Para todo $x$ real

$$\operatorname{senh} x < \tfrac{1}{2}e^{x} < \cosh x. \qquad (e - x > 0)$$

Aunque marcadamente diferentes para las $x$ negativas, las tres funciones son casi indistinguibles para las $x$ positivas grandes. La razón es que $e^{-x} \to 0$ cuando $x \to 0$.

### Identidades

El seno y coseno hiperbólicos satisfacen identidades similares a las que satisfacen las funciones "circulares" seno y coseno.

**(7.11.3)**

$$\begin{aligned}
&\cosh^2 t - \operatorname{senh}^2 t = 1,\\
&\operatorname{senh}(t+s) = \operatorname{senh} t \cosh s + \cosh t \operatorname{senh} s,\\
&\cosh(t+s) = \cosh t \cosh s + \operatorname{senh} t \operatorname{senh} s,\\
&\operatorname{senh} 2t = 2 \operatorname{senh} t \cosh t,\\
&\cosh 2t = \cosh^2 t + \operatorname{senh}^2 t.
\end{aligned}$$

La comprobación de estas identidades es dejada al lector como ejercicio.

### Relación con la hipérbola $x^2 - y^2 = 1$

El seno hiperbólico y el coseno hiperbólico están relacionados con la hipérbola $x^2 - y^2 = 1$ de la misma manera que el seno y el coseno "circulares" están relacionados con el círculo $x^2 + y^2 = 1$:

1. Para cada $t$ real

$$\cos^2 t + \operatorname{sen}^2 t = 1,$$

luego el punto $(\cos t, \operatorname{sen} t)$ está sobre la circunferencia $x^2 + y^2 = 1$. Para cada $t$ real

$$\cosh^2 t - \operatorname{senh}^2 t = 1,$$

luego el punto $(\cosh t, \operatorname{senh} t)$ está sobre la hipérbola $x^2 - y^2 = 1$.

2. Para cada $t$ en $[0, 2\pi]$ (ver la figura 7.11.5), el número $\frac{1}{2}t$ da el área del sector circular limitado por el arco circular que empieza en $(1, 0)$ y termina en $(\cos t, \operatorname{sen} t)$. Como demostraremos más abajo, para cada $t > 0$ (ver la figura 7.11.5), el número $\frac{1}{2}t$ da el área del sector hiperbólico limitado por el arco hiperbólico que comienza en $(1, 0)$ y termina en $(\cosh t, \operatorname{senh} t)$.

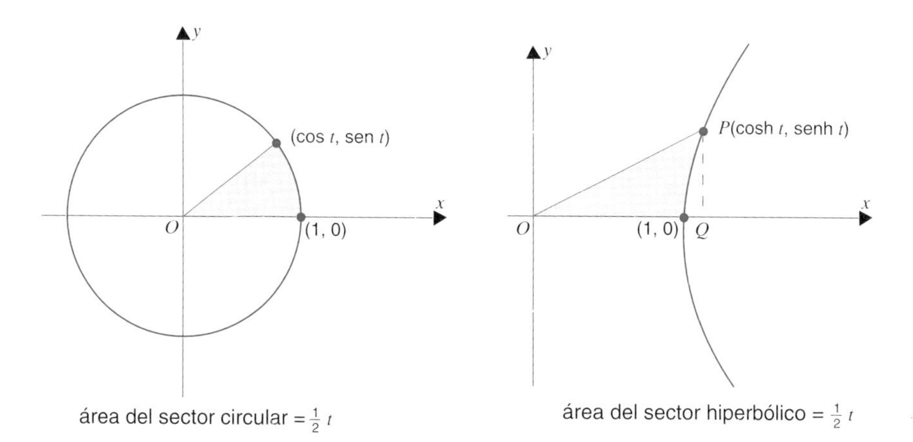


Figura 7.11.4

Figura 7.11.5

Demostración. Sea $A(t)$ el área del sector hiperbólico. No es difícil ver que

$$A(t) = \tfrac{1}{2}\cosh t \ \operatorname{senh} t - \int_1^{\cosh t} \sqrt{x^2 - 1}\ dx.$$

El primer término, $\frac{1}{2}\cosh t \operatorname{senh} t$, nos da el área del rectángulo $OPQ$, y la integral

$$\int_1^{\cosh t} \sqrt{x^2 - 1}\ dx$$

nos da el área de la región no sombreada del triángulo. Queremos ver que

$$A(t) = \tfrac{1}{2}t \qquad \text{para todo } t \geq 0.$$

Lo haremos demostrando que

$$A'(t) = \tfrac{1}{2} \qquad \text{para todo } t > 0 \qquad \text{y} \qquad A(0) = 0.$$

Diferenciando $A(t)$, obtenemos

$$A'(t) = \tfrac{1}{2}\left[\cosh t \frac{d}{dt}(\operatorname{senh} t) + \operatorname{senh} t \frac{d}{dt}(\cosh t)\right] - \frac{d}{dt}\left(\int_1^{\cosh t} \sqrt{x^2 - 1}\ dx\right)$$

luego

$$(1) \qquad A'(t) = \tfrac{1}{2}(\cosh^2 t + \operatorname{senh}^2 t) - \frac{d}{dt}\left(\int_1^{\cosh t} \sqrt{x^2-1}\, dx\right).$$

Diferenciemos ahora la integral:

$$\frac{d}{dt}\left(\int_1^{\cosh t} \sqrt{x^2-1}\, dx\right) = \sqrt{\cosh^2 t - 1}\,\frac{d}{dt}(\cosh t) = \operatorname{senh} t \cdot \operatorname{senh} t = \operatorname{senh}^2 t.$$

(5.10.7)

Sustituyendo esta expresión en la ecuación (1), obtenemos

$$A'(t) = \tfrac{1}{2}(\cosh^2 t + \operatorname{senh}^2 t) - \operatorname{senh}^2 t = \tfrac{1}{2}(\cosh^2 t + \operatorname{senh}^2 t) = \tfrac{1}{2}.$$

No es difícil ver que $A(0) = 0$:

$$A(0) = \tfrac{1}{2}\cosh 0 \operatorname{senh} 0 - \int_1^{\cosh 0} \sqrt{x^2-1}\, dx = 0. \quad \square$$

## EJERCICIOS 7.11

Diferenciar

**1.** $y = \operatorname{senh} x^2$.

**2.** $y = \cosh(x+a)$.

**3.** $y = \sqrt{\cosh ax}$.

**4.** $y = (\operatorname{senh} ax)(\cosh ax)$.

**5.** $y = \dfrac{\operatorname{senh} x}{\cosh x - 1}$.

**6.** $y = \dfrac{\operatorname{senh} x}{x}$.

**7.** $y = a \operatorname{senh} bx - b \cosh ax$.

**8.** $y = e^x(\cosh x + \operatorname{senh} x)$.

**9.** $y = \ln|\operatorname{senh} ax|$.

**10.** $y = \ln|1 - \cosh ax|$.

Verificar las siguientes identidades.

**11.** $\cosh^2 t - \operatorname{senh}^2 t = 1$.

**12.** $\operatorname{senh}(t+s) = \operatorname{senh} t \cosh s + \cosh t \operatorname{senh} s$.

**13.** $\cosh(t+s) = \cosh t \cosh s + \operatorname{senh} t \operatorname{senh} s$.

**14.** $\operatorname{senh} 2t = 2 \operatorname{senh} t \cosh t$.

**15.** $\cosh 2t = \cosh^2 t + \operatorname{senh}^2 t$.

Hallar los valores extremos absolutos.

**16.** $y = 5\cosh x + 4 \operatorname{senh} x$.

**17.** $y = -5\cosh x + 4 \operatorname{senh} x$.

**18.** $y = 4\cosh x + 5 \operatorname{senh} x$.

**19.** Demostrar que para todo entero positivo $n$

$$(\cosh x + \operatorname{senh} x)^n = \cosh nx + \operatorname{senh} nx.$$

**20.** Comprobar que $y = A \cosh cx + B \operatorname{senh} cx$ satisface la ecuación $y'' - c^2 y = 0$.

**21.** Determinar $A$, $B$ y $c$ de tal modo que $y = A \cosh cx + B \operatorname{senh} cx$ verifique las condiciones $y'' - 9y = 0$, $y(0) = 2$, $y'(0) = 1$. Tomar $c > 0$.

**22.** Determinar $A$, $B$ y $c$ de tal modo que $y = A \cosh cx + B \operatorname{senh} cx$ verifique las condiciones $4y'' - y = 0$, $y(0) = 1$, $y'(0) = 2$. Tomar $c > 0$.

Calcular las integrales indefinidas siguientes.

**23.** $\int \cosh ax\, dx$. **24.** $\int \operatorname{senh} ax\, dx$. **25.** $\int \operatorname{senh}^2 ax \cosh ax\, dx$.

**26.** $\int \operatorname{senh} ax \cosh^2 ax\, dx$. **27.** $\int \frac{\operatorname{senh} ax}{\cosh ax}\, dx$. **28.** $\int \frac{\cosh ax}{\operatorname{senh} ax}\, dx$.

**29.** $\int \frac{\operatorname{senh} ax}{\cosh^2 ax}\, dx$. **30.** $\int x \cosh x\, dx$. **31.** $\int x \operatorname{senh} x\, dx$.

**32.** $\int \operatorname{senh}^2 x\, dx$. **33.** $\int \cosh^2 x\, dx$. **34.** $\int x^2 \operatorname{senh} x\, dx$.

Hallar el área de la región debajo de la curva y determinar el centroide.

**35.** $y = \cosh x$, $x \in [0, 1]$. **36.** $y = \operatorname{senh} x$, $x \in [0, 1]$.

**37.** Hallar el volumen generado al girar la región comprendida entre las curvas

$$y = \cosh x, \quad x \in [0, 1] \quad \text{e} \quad y = \operatorname{senh} x, \quad x \in [0, 1]$$

(a) alrededor del eje $x$. (b) alrededor del eje $y$.

**38.** Sea $\Omega$ la región debajo de la curva $y = \cosh x$, $x \in [0, 1]$. Hallar el centroide del sólido generado al girar $\Omega$ (a) alrededor del eje $x$. (b) alrededor del eje $y$.

---

## 7.12 OTRAS FUNCIONES HIPERBÓLICAS

*La tangente hiperbólica* se define por

$$\tanh x = \frac{\operatorname{senh} x}{\cosh x} = \frac{e^x - e^{-x}}{e^x + e^{-x}}.$$

También podemos definir una *cotangente hiperbólica*, una *secante hiperbólica* y una *cosecante hiperbólica*:

$$\coth x = \frac{\cosh x}{\operatorname{senh} x}, \qquad \operatorname{sech} x = \frac{1}{\cosh x}, \qquad \operatorname{cosech} x = \frac{1}{\operatorname{senh} x}.$$

Las derivadas son las siguientes:

**(7.12.1)**
$$\frac{d}{dx}(\tanh x) = \operatorname{sech}^2 x \qquad \frac{d}{dx}(\coth x) = -\operatorname{cosech}^2 x,$$
$$\frac{d}{dx}(\operatorname{sech} x) = -\operatorname{sech} x \tanh x, \qquad \frac{d}{dx}(\operatorname{cosech} x) = -\operatorname{cosech} x \coth x.$$

Todas estas fórmulas son muy fáciles de comprobar. Por ejemplo

$$\frac{d}{dx}(\tanh x) = \frac{d}{dx}\left(\frac{\operatorname{senh} x}{\cosh x}\right) = \frac{\cosh x \frac{d}{dx}(\operatorname{senh} x) - \operatorname{senh} x \frac{d}{dx}(\cosh x)}{\cosh^2 x}$$
$$= \frac{\cosh^2 x - \operatorname{senh}^2 x}{\cosh^2 x} = \frac{1}{\cosh^2 x} = \operatorname{sech}^2 x.$$

Dejamos al lector la comprobación de las otras fórmulas. □

Analicemos más detenidamente la tangente hiperbólica. Dado que

$$\tanh(-x) = \frac{\operatorname{senh}(-x)}{\cosh(-x)} = \frac{-\operatorname{senh} x}{\cosh x} = -\tanh x,$$

la tangente hiperbólica es una función impar y su gráfica es simétrica respecto del origen. Dado que

$$\frac{d}{dx}(\tanh x) = \operatorname{sech}^2 x > 0 \qquad \text{para todo } x \text{ real},$$

la función siempre es creciente. De la relación

$$\tanh x = \frac{e^x - e^{-x}}{e^x + e^{-x}} = 1 - \frac{2}{e^{2x} + 1}$$

podemos deducir que $\tanh x$ permanece siempre entre $-1$ y $1$. Además,

$$\text{cuando } x \to \infty, \quad \tanh x \to 1 \qquad \text{y} \qquad \text{cuando } x \to -\infty, \quad \tanh x \to -1.$$

Las rectas $y = 1$ e $y = -1$ son asíntotas horizontales. Para estudiar la concavidad de la gráfica, tomamos la derivada segunda:

$$\frac{d^2}{dx^2}(\tanh x) = \frac{d}{dx}(\operatorname{sech}^2 x) = 2 \operatorname{sech} x \frac{d}{dx}(\operatorname{sech} x)$$
$$= 2 \operatorname{sech} x(-\operatorname{sech} x \tanh x)$$
$$= -2 \operatorname{sech}^2 x \tanh x.$$

Dado que

$$\tanh x = \frac{e^x - e^{-x}}{e^x + e^{-x}} \text{ es } \left\{ \begin{array}{r} \text{negativa, para } x < 0 \\ 0, \text{ en } x = 0 \\ \text{positiva, para } x > 0 \end{array} \right],$$

se puede comprobar que

$$\frac{d^2}{dx^2}(\tanh x) \text{ es } \left\{ \begin{array}{r} \text{positiva, para } x < 0 \\ 0, \text{ en } x = 0 \\ \text{negativa, para } x > 0 \end{array} \right].$$

En consecuencia, la gráfica es cóncava hacia arriba en $(-\infty, 0)$ y cóncava hacia abajo en $(0, \infty)$. El punto $(0, \tanh 0) = (0, 0)$ es un punto de inflexión. La pendiente en el origen es

$$\operatorname{sech}^2 0 = \frac{1}{\cosh^2 0} = 1.$$

Para una representación de la gráfica, ver la figura 7.12.1.

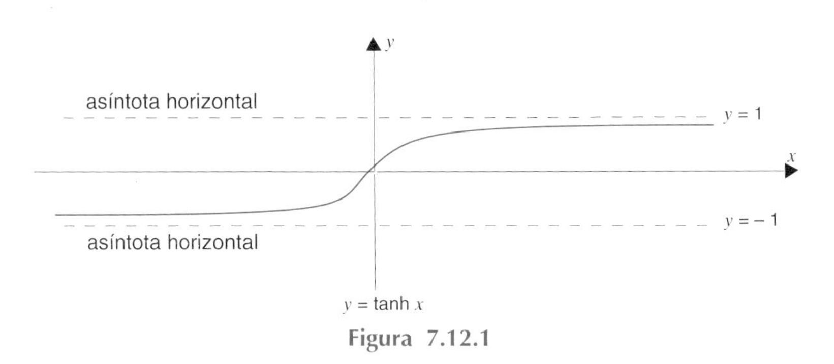


**Figura 7.12.1**

### Las funciones hiperbólicas inversas

Las inversas de las funciones hiperbólicas que son importantes para nosotros son el *seno hiperbólico inverso*, el *coseno hiperbólico inverso* y la *tangente hiperbólica inversa*. Estas funciones

$$y = \operatorname{arcsenh} x, \qquad y = \operatorname{arccosh} x, \qquad y = \operatorname{arctanh} x$$

son, respectivamente, las inversas de

$$y = \operatorname{senh} x, \qquad y = \cosh x \quad (x \geq 0), \qquad y = \tanh x$$

**TEOREMA 7.12.2**

$$\text{(i) } \operatorname{arcsenh} x = \ln(x + \sqrt{x^2 + 1}), \qquad x \text{ real}$$

$$\text{(ii) } \operatorname{arccosh} x = \ln(x + \sqrt{x^2 + 1}), \qquad x \geq 1$$

$$\text{(iii) } \operatorname{arctanh} x = \frac{1}{2}\ln\left(\frac{1+x}{1-x}\right), \qquad -1 < x < 1.$$

Demostración. Para demostrar (i), hacemos $y = \operatorname{arcsenh} x$ y observamos que

$$\operatorname{senh} y = x.$$

Esto nos da

$$\tfrac{1}{2}(e^y - e^{-y}) = x, \qquad e^y - e^{-y} = 2x, \qquad e^{2y} - 2xe^y - 1 = 0.$$

Esta última es una ecuación cuadrática en $e^y$. La fórmula general para las soluciones de una ecuación de segundo grado nos da:

$$e^y = \tfrac{1}{2}(2x \pm \sqrt{4x^2 + 4}) = x \pm \sqrt{x^2 + 1}.$$

Dado que $e^y > 0$, hemos de desechar el término de la derecha con el signo menos. Luego tenemos

$$e^y = x + \sqrt{x^2 + 1}$$

y, tomando logaritmos,

$$y = \ln(x + \sqrt{x^2 + 1}).$$

Para demostrar (ii), hacemos

$$y = \operatorname{arccosh} x, \qquad x \geq 1$$

y observamos que

$$\cosh y = x \qquad \text{e} \qquad y \geq 0.$$

Esto nos da

$$\tfrac{1}{2}(e^y + e^{-y}) = x, \qquad e^y + e^{-y} = 2x, \qquad e^{2y} - 2xe^y + 1 = 0.$$

De nuevo tenemos una ecuación de segundo grado en $e^y$. La fórmula general de nuevo nos da:

$$e^y = \tfrac{1}{2}(2x \pm \sqrt{4x^2 - 4}) = x \pm \sqrt{x^2 - 1}.$$

Dado que $y$ es no negativo,

$$e^y = x \pm \sqrt{x^2 - 1}$$

no puede ser menor que 1. Esto hace que tengamos que desechar el término con signo negativo (comprobar esto) y nos queda

$$e^y = x + \sqrt{x^2 - 1}$$

como única posibilidad. Tomando logaritmos, obtenemos

$$y = \ln(x + \sqrt{x^2 - 1}).$$

Se deja al lector la demostración de (iii) como ejercicio. □

## EJERCICIOS 7.12

Diferenciar

**1.** $y = \tanh^2 x$.

**2.** $y = \tanh^2 3x$.

**3.** $y = \ln(\tanh x)$.

**4.** $y = \tanh(\ln x)$.

**5.** $y = \operatorname{senh}(\arctan e^{2x})$.

**6.** $y = \operatorname{sech}(3x^2 + 1)$.

**7.** $y = \coth(\sqrt{x^2 + 1})$.

**8.** $y = \ln(\operatorname{sech} x)$.

**9.** $y = \dfrac{\operatorname{sech} x}{1 + \cosh x}$.

**10.** $y = \dfrac{\cosh x}{1 + \operatorname{sech} x}$.

Comprobar las siguientes fórmulas de diferenciación.

**11.** $\dfrac{d}{dx}(\coth x) = -\operatorname{cosech}^2 x$.

**12.** $\dfrac{d}{dx}(\operatorname{sech} x) = -\operatorname{sech} x \tanh x$.

**13.** $\dfrac{d}{dx}(\operatorname{cosech} x) = -\operatorname{cosech} x \coth x.$

**14.** Demostrar que

$$\tanh(t+s) = \frac{\tanh t + \tanh s}{1 + \tanh t \tanh s}.$$

**15.** Suponiendo que $\tanh x_0 = \frac{4}{5}$, hallar (a) $\operatorname{sech} x_0$. SUGERENCIA: $1 - \tanh^2 x = \operatorname{sech}^2 x$. Hallar entonces (b) $\cosh x_0$. (c) $\operatorname{senh} x_0$. (d) $\coth x_0$. (e) $\operatorname{cosech} x_0$.

**16.** Sabiendo que $t_0 = -\frac{5}{12}$, calcular las restantes funciones hiperbólicas en $t_0$.

**17.** Demostrar que si $x^2 \geq 1$, entonces $x - \sqrt{x^2 - 1} \leq 1$.

**18.** Demostrar que

$$\tanh^{-1} x = \frac{1}{2}\ln\left(\frac{1+x}{1-x}\right), \qquad -1 < x < 1.$$

**19.** Demostrar que

**(7.12.3)**
$$\frac{d}{dx}(\operatorname{arcsenh} x) = \frac{1}{\sqrt{x^2+1}}, \qquad x \text{ real}.$$

**20.** Demostrar que

**(7.12.4)**
$$\frac{d}{dx}(\operatorname{arccosh} x) = \frac{1}{\sqrt{x^2+1}}, \qquad x > 1.$$

**21.** Demostrar que

**(7.12.5)**
$$\frac{d}{dx}(\operatorname{arctanh} x) = \frac{1}{\sqrt{x^2+1}}, \qquad -1 < x < 1.$$

**22.** Dibujar las gráficas de (a) $y = \operatorname{arcsenh} x$. (b) $y = \operatorname{arccosh} x$. (c) $y = \operatorname{arctanh} x$.

**23.** Dado que $\tan \phi = \operatorname{senh} x$, demostrar que

(a) $\dfrac{d\phi}{dx} = \operatorname{sech} x.$ (b) $x = \ln(\sec \phi + \tan \phi)$. (c) $\dfrac{dx}{d\phi} = \sec \phi.$

---

## 7.13 EJERCICIOS ADICIONALES

**1.** Hallar el valor mínimo de $y = ae^{kx} + be^{-kx}$, $a > 0$, $b > 0$.

**2.** Demostrar que, si $y = \frac{1}{2}a(e^{x/a} + e^{-x/a})$, entonces $y'' = y/a^2$.

**3.** Hallar los puntos de inflexión de la gráfica de $y = e^{-x^2}$.

**4.** Un rectángulo tiene uno de sus lados situado en el eje $x$ y los dos vértices superiores en la gráfica de $y = e^{-x^2}$. ¿Dónde deberían estar situados estos vértices de manera que el área del rectángulo sea máxima?

**5.** Un cable telegráfico está constituido por un alambre de cobre recubierto por un material no conductor. Si $x$ es el cociente del los radios del alambre y del cable, la velocidad de una señal en el cable es proporcional al producto $x^2 \ln (1/x)$. ¿Para qué valor de $x$ se alcanza la velocidad maxima?

**6.** Un rectángulo tiene dos lados situados sobre los ejes coordenados y un vértice $P$ que se desplaza sobre la curva $y = e^x$ de tal forma que su ordenada $y$ crece a razón de $\frac{1}{2}$ unidades por minuto. ¿A qué velocidad crece el área del rectángulo cuando $y = 3$?

**7.** Hallar

$$\lim_{h \to 0} \frac{1}{h}(e^h - 1).$$

**8.** Hallar los valores extremos y los puntos de inflexión de $y = x/\ln x$.

Hallar el área debajo de la gráfica.

**9.** $y = \dfrac{x}{x^2+1}$, $x \in [0, 1]$.

**10.** $y = \dfrac{1}{x^2+1}$, $x \in [0, 1]$.

**11.** $y = \dfrac{1}{\sqrt{1-x^2}}$, $x \in [0, \frac{1}{2}]$.

**12.** $y = \dfrac{x}{\sqrt{1-x^2}}$, $x \in [0, \frac{1}{2}]$.

Una partícula se mueve a lo largo de un eje de coordenadas siendo $x(t)$ su posición en el instante $t$, $v(t)$ su velocidad y $a(t)$ su aceleración.

**13.** Hallar $x(1)$ si $x(0) = 0$ y $v(t) = 1/(t^2 + 1)$.

**14.** Hallar $a(t)$ si $v(t) = 1/(t^2 + 1)$.

**15.** Hallar $a(0)$ si $x(t) = \arctan (1 + t)$.

**16.** Hallar $v(0)$ si $v(1) = 1$ y $a(t) = (\arctan t)/(t^2 + 1)$.

**17.** Demostrar que el promedio de la pendiente de la curva del logaritmo entre $x = a$ y $x = b$ es

$$\frac{1}{b-a}\ln\frac{b}{a}.$$

**18.** Hallar el promedio de $\text{sen}^2\, x$ entre $x = 0$ y $x = \pi$. (Este promedio se usa en la teoría de las corrientes alternas.)

**19.** Hallar el área de la región limitada por la curva $xy = a^2$, el eje $x$, y las rectas verticales $x = a$, $x = 2a$.

**20.** Hallar los promedios del seno y del coseno en intervalos de longitud $2\pi$.

**21.** Se lanza una pelota desde el nivel del suelo. Tomar como origen el punto de lanzamiento y como eje $x$ el nivel del suelo, medir las distancias en pies y tomar como ecuación de la trayectoria de la pelota $y = x - \frac{1}{100}x^2$. (a) ¿Cuál es el ángulo de lanzamiento de la pelota? (b) ¿Cuál será el ángulo con el que golpeará una pared situada a 75 pies de distancia? (c) ¿Cuál será el ángulo con el cual golpeará un tejado horizontal a 16 pies de altura?

**22.** Un objeto se mueve con aceleración $a(t) = g - kv(t)$, velocidad inicial $v = 0$ y posición inicial $x = 0$. Demostrar que se verifica

(a) $v(t) = \frac{g}{k}(1 - e^{-kt})$.  (b) $x(t) = \frac{g}{k^2}(kt + e^{-kt} - 1)$.

(c) $kx(t) + v(t) + \frac{g}{k}\ln\left(1 - \frac{kv(t)}{g}\right) = 0$.

**23.** Sea $\Omega$ la región debajo de la gráfica de $f(x) = (1 + x^2)^{-1/2}$, $x \in [0, \sqrt{3}\,]$. Hallar el volumen generado al girar $\Omega$ alrededor (a) del eje $x$ y (b) del eje $y$.

**24.** Sea $\Omega$ la región debajo de la gráfica de $f(x) = (1 - x^2)^{-1/4}$, $x \in [0, \frac{1}{2}]$. Hallar el volumen generado al girar $\Omega$ alrededor (a) del eje $x$ y (b) del eje $y$.

**25.** Hallar el centroide de la región debajo de la curva $y = \sec \frac{1}{2}\pi x$, $x \in [-\frac{1}{2}, \frac{1}{2}]$.

**26.** Dado $|a| < 1$, hallar los valores de $b$ para los cuales

$$\int_0^1 \frac{b}{\sqrt{1 - b^2x^2}}\,dx = \int_0^a \frac{dx}{\sqrt{1 - x^2}}.$$

**27.** Demostrar que para todo número real $a$,

$$\int_0^1 \frac{a}{1 + a^2x^2}\,dx = \int_0^a \frac{dx}{1 + x^2}.$$

**28.** Hallar el centroide de la región debajo de la curva $y = (1 - x^2)^{-1/2}$, $x \in [0, \frac{1}{2}]$.

**29.** Demostrar que para todos los enteros positivos $m < n$

$$\ln\frac{n+1}{m} < \frac{1}{m} + \frac{1}{m+1} + \ldots + \frac{1}{n} < \ln\frac{n}{m-1}.$$

SUGERENCIA:

$$\frac{1}{k+1} < \int_k^{k+1} \frac{dx}{x} < \frac{1}{k}.$$

**30.** Representar las tres gráficas en una misma figura

(a) $y = e^{x/4}$;  $y = e^{-x/4}$;  $y = e^{-x/4}\operatorname{sen}\frac{1}{2}\pi x$,  $x \geq 0$.

(b) $y = e^{x/4}$;  $y = e^{-x/4}$;  $y = e^{-x/4}\cos\frac{1}{2}\pi x$,  $x \geq 0$.

**31.** Sean $p(x)$ un polinomio de grado $n$ y $P(x) = p(x) + p'(x) + \ldots + p^{(n)}(x)$. Demostrar que

$$\frac{d}{dx}[e^{-x} P(x)] = -e^{x} p(x).$$

**32.** Comprobar las fórmulas:

(a) $\int x \operatorname{arcsen} x\,dx = \frac{1}{4}[(2x^2 - 1)\operatorname{arcsen} x + x\sqrt{1 - x^2}] + C$.

(b) $\int (\operatorname{arcsen} x)^2\,dx = x(\operatorname{arcsen} x)^2 + 2(\operatorname{arcsen} x)\sqrt{1 - x^2} - 2x + C$.

**33.** Hallar el centroide de la región debajo de la curva $y = \operatorname{arcsen} x$, $x \in [0, 1]$.

**34.** Sea $\Omega$ la región debajo de la curva $y = e^{-x}$, $x \in [0, 1]$. Hallar el centroide del sólido generado al girar $\Omega$ (a) alrededor del eje $x$ y (b) alrededor del eje $y$.

**35.** Sea $\Omega$ la región debajo de la gráfica de la función logaritmo entre $x = 1$ y $x = e$. (a) Hallar el área de $\Omega$. (b) Hallar el centroide de $\Omega$. (c) Hallar el volumen de los sólidos generados al girar $\Omega$ alrededor de cada uno de los ejes coordenados. (d) Hallar la distancia del centroide de $\Omega$ a la recta $y = x$. (e) Hallar el volumen del sólido generado al girar $\Omega$ alrededor de la recta $y = x$.

**36.** Sea $\Omega$ la región del ejercicio 35. Hallar el centroide del sólido obtenido al girar $\Omega$ (a) alrededor del eje $x$ y (b) alrededor del eje $y$.

**37.** Sea $\Omega$ la región debajo de la curva $y = \operatorname{senh} x$, $x \in [0, 1]$. Hallar el volumen del sólido generado al girar $\Omega$ (a) alrededor del eje $x$. (b) alrededor del eje $y$.

**38.** Determinar el centroide del sólido del ejercicio 37.

### Flujos de renta

En la sección 7.6 hemos hablado de la composición continua y hemos visto que el valor actual de $A$ dólares de dentro de $t$ años viene dado por la fórmula

$$P.V. = Ae^{-rt}$$

donde $r$ es la tasa de capitalización anual.

Supongamos ahora la situación de un flujo de renta continuo de $R$ dólares por año durante $n$ años. ¿Cuál es el valor actual de dicha renta? No es difícil ver que el valor actual de dicha renta viene dado por la fórmula

**(7.13.1)**
$$P.V. = \int_0^n Re^{-rt}\,dt.$$

Sea $S$ un flujo de renta constante de 1000 dólares por año.

**39. (Calculadora)** ¿Cuál es el valor actual de los 4 primeros años de renta? Se supondrá una composición continua (a) del 4% y (b) del 8%.

**40. (Calculadora)** ¿Cuál es el valor actual del quinto año de renta? Se supondrá una composición continua (a) del 4% y (b) del 8%.

En general las rentas no suelen ser constantes ($R$) sino que dependen del tiempo ($R(t)$). En general, $R(t)$ tiende a crecer cuando los negocios van bien y a decrecer cuando van mal. Se denomina "compañías en crecimiento" a aquellas cuyo $R(t)$ crece continuamente y "compañías cíclicas" a las que tienen un $R(t)$ fluctuante; durante un tiempo $R(t)$ crece y luego decrece durante otro período, y se supone que el ciclo se repite.

En caso de considerar un flujo de renta variable $R(t)$, el valor actual de $n$ años de renta viene dado por la fórmula

**(7.13.2)**
$$P.V. = \int_0^n R(t)\,e^{-rt}\,dt.$$

Aquí, como antes, $r$ es la tasa de capitalización continua.

Sea $S$ un flujo de renta continuo con $R(t) = 1000 + 60t$ dólares por año.

**41. (Calculadora)** ¿Cuál es el valor actual de los dos primeros años de renta? Se supondrá una capitalización continua (a) del 5% y (b) del 10%.

**42. (Calculadora)** ¿Cuál es el valor actual del tercer año de renta? Se supondrá una capitalización continua (a) del 5% y (b) del 10%.

Sea $S$ un flujo de renta continuo con $R(t) = 1000 + 80t$ dólares por año.

**43. (Calculadora)** ¿Cuál es el valor actual del cuarto año de renta? Se supondrá una capitalización continua (a) del 6% y (b) del 8%.

**44. (Calculadora)** ¿Cuál es el valor actual de los cuatro primeros años de renta? Se supondrá una capitalización continua (a) del 6% y (b) del 8%.

### Refracción

(Si se sumerje en agua una parte de un palo recto, éste parece estar torcido.)

La luz viaja a la velocidad $c$ (el famoso $c$ de $E = mc^2$) únicamente en el vacío. A través de un medio material, la luz no viaja tan aprisa. El *índice de refracción n* de un medio relaciona la velocidad de la luz en ese medio con $c$:

**(7.13.3)**

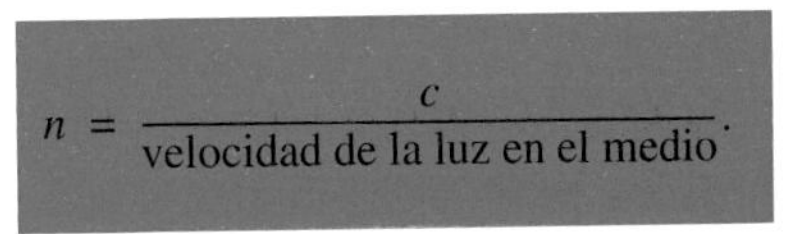

$$n = \frac{c}{\text{velocidad de la luz en el medio}}.$$

Cuando la luz pasa de un medio otro, cambia de dirección. Se dice que la luz ha sido *refractada*. Se demuestra experimentalmente que *el ángulo de refracción* $\theta_r$ está relacionado con *el ángulo de incidencia* $\theta_i$ por la ley de Snell:

**(7.13.4)**

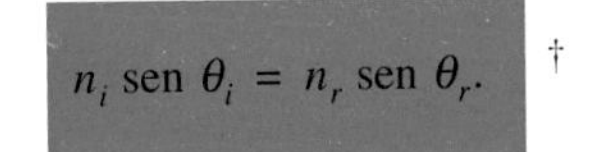

$$n_i \operatorname{sen} \theta_i = n_r \operatorname{sen} \theta_r.$$ † (Figura 7.13.1)

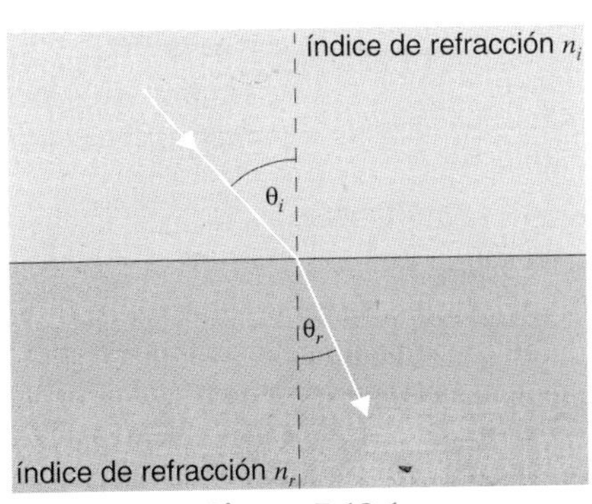


Figura 7.13.1

† Al igual que la ley de reflexión, la ley de refracción de Snell puede deducirse del principio del tiempo mínimo de Fermat. (Ejercicio 26, sección 16.8)

**45.** Un rayo de luz pasa de un medio cuyo índice de refracción es $n_1$ a una hoja plana de material cuyas caras superior e inferior son dos planos paralelos y luego a otro medio de índice de refracción $n_2$. (Figura 7.13.2)

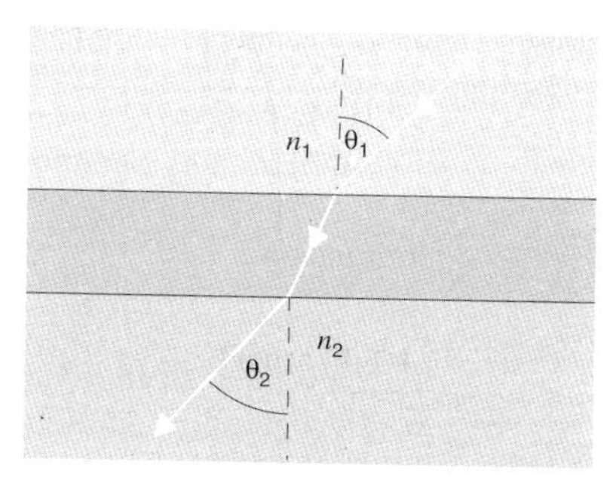


**Figura 7.13.2**

(a) Demostrar que la ley de Snell implica que $n_1 \operatorname{sen} \theta_1 = n_2 \operatorname{sen} \theta_2$ independientemente del grosor de la hoja plana o de su índice de refracción.

(b) (*Una estrella no está donde parece estar.*) Consideremos un rayo de luz que atraviesa una atmósfera cuyo índice de refracción varía con la altura, $n = n(y)$. La luz recorre una trayectoria curva $y = y(x)$. Piense en la atmósfera como en una sucesión de capas paralelas. Cuando un rayo de luz llega a la parte superior de una capa a la altura $y$, forma un cierto ángulo $\theta$ con la vertical; cuando sale de la capa a la altura $y - \Delta y$, forma un ángulo algo diferente, $\theta + \Delta\theta$. Usando el resultado de la parte (a), demostrar que

$$\frac{1}{n}\frac{dn}{dy} = -\cot\theta\,\frac{d\theta}{dy} = \frac{d^2y/dx^2}{1 + (dy/dx)^2}.$$

[Observe que $\theta$ es el ángulo que forman la tangente a la curva y la *vertical*. Luego $\cot\theta = dy/dx$.]

(c) Comprobar que la pendiente de la trayectoria de la luz ha de variar de tal forma que se verifique que

$$1 + (dy/dx)^2 = (\text{constante})\,[n(y)]^2.$$

(d) ¿Cómo debería variar $n$ con la altura $y$ para que la trayectoria de la luz fuese un arco circular?

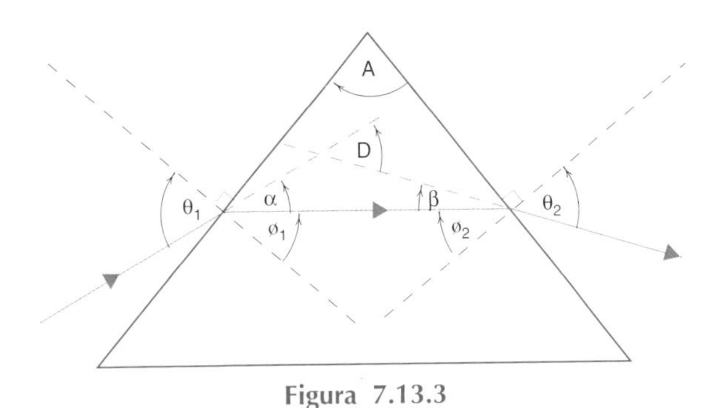


Figura 7.13.3

**46.** Un rayo de luz atraviesa un prisma de cristal cuyo índice de refracción es $n$. (Ver la figura 7.13.3.) Suponiendo que el índice de refracción del aire vale 1 (es muy cercano a 1), la ley de Snell nos da

$$\operatorname{sen} \theta_1 = n \operatorname{sen} \phi_1 \qquad \text{y} \qquad \operatorname{sen} \theta_2 = n \operatorname{sen} \phi_2.$$

(a) La diferencia en las direcciones del rayo entrante y del saliente, notada $D$ en la figura, se denomina ángulo de desviación. Demostrar a partir de la geometría de la figura que

$$D =, (\theta_1 - \phi_1) + (\theta_2 - \phi_2) \qquad \text{y} \qquad \phi_1 + \phi_2 = A.$$

Usar estas relaciones junto con la ley de Snell para demostrar el siguiente resultado:

$$D = \operatorname{arcsen}[n \operatorname{sen} \phi_1] + \operatorname{arcsen}[n \operatorname{sen}(A - \phi_1)] - A.$$

(b) Demostrar que la desviación mínima se da cuando $\theta_1$ verifica

$$\operatorname{sen} \theta_1 = n \operatorname{sen}\frac{A}{2} = \operatorname{sen}\left(\frac{D + A}{2}\right).$$

(Dado que se puede medir con una precisión muy grande los ángulos $A$ y $D$, este resultado proporciona un instrumento sencillo y preciso para medir el índice de refracción de muchos materiales.)

---

## RESUMEN DEL CAPÍTULO

### 7.1 En busca de la noción de logaritmo

definición de la función logaritmo (p. 434)

## 7.2 La función logaritmo, parte I

logaritmo natural: $\ln x = \int_1^x \frac{dt}{t}, \quad x > 0;$ dominio $(0, \infty)$, imagen $(-\infty, \infty)$

$\ln 1 = 0, \quad \ln e = 1$

para $x, y > 0$ y $r$ racional

$$\ln xy = \ln x + \ln y, \quad \ln \frac{1}{x} = -\ln x, \quad \ln \frac{x}{y} = \ln x - \ln y, \quad \ln x^r = r \ln x.$$

gráfica de $y = \ln x$ (p. 440)

## 7.3 La función logaritmo, parte II

$$\frac{d}{dx}(\ln |u|) = \frac{1}{u}\frac{du}{dx} \qquad \int \frac{g'(x)}{g(x)}dx = \ln |g(x)| + C$$

diferenciación logarítmica (p. 449)

## 7.4 La función exponencial

La función exponencial $y = e^x$ es la inversa de la función logaritmo $y = \ln x$.

gráfica de $y = e^x$ (p. 454); dominio $(-\infty, \infty)$, imagen $(0, \infty)$

$$\ln(e^x) = x, \quad e^{\ln x} = x, \quad e^0 = 1, \quad e^{-x} = \frac{1}{e^x}, \quad e^{x+y} = e^x e^y, \quad e^{x-y} = \frac{e^x}{e^y}$$

$$\frac{d}{dx}(e^u) = e^u \frac{du}{dx} \qquad \int e^{g(x)} g'(x)\, dx = e^{g(x)} + C$$

## 7.5 Exponentes arbitrarios; otras bases; estimación de e

$x^r = e^{r \ln x}$ para todo $x > 0$, y todo $r$ real

$$\frac{d}{dx}(p^u) = p^u \ln p \frac{du}{dx} \ (p \text{ constante positiva}) \qquad \log_p x = \frac{\ln x}{\ln p}$$

$$\frac{d}{dx}(\log_p u) = \frac{1}{u \ln p}\frac{du}{dx}$$

$$\left(1 + \frac{1}{n}\right)^n \le e \le \left(1 + \frac{1}{n}\right)^{n+1} \qquad e \cong 2{,}71828$$

## 7.6 Crecimiento y caída exponencial; interés compuesto.

Las funciones lineales del tiempo varían en la misma *cantidad* durante períodos de tiempo de idéntica duración; las funciones exponenciales del tiempo se multiplican por un mismo *factor* durante los períodos de misma duración.

Todas las funciones que satisfacen la ecuación $f'(t) = kf(t)$ son de la forma $f(t) = Ce^{kt}$.

crecimiento de la población (p. 478)
desintegración radiactiva, vida media (p. 479)
interés compuesto, capitalización continua (p. 480)
"potencia" del crecimiento exponencial (p. 487)
"debilidad" del crecimiento logarítmico (p. 488)

## 7.7 Integración por partes

$$\int u\,dv = uv - \int v\,du \qquad\qquad \int \ln x\,dx = x\ln x - x + C$$

El éxito con esta técnica depende de una correcta elección de $u$ y $dv$ que haga la integral $\int v\,du$ más fácil de calcular que $\int u\,dv$.

La integración por partes se emplea a menudo cuando en el integrando se mezclan distintos tipos de funciones; por ejemplo, polinomios y exponenciales, o polinomios y funciones trigonométricas.

Para calcular algunas integrales puede ser necesario integrar por partes más de una vez.

## 7.8 Movimiento armónico simple

Toda solución de la ecuación $x''(t) + \omega^2 x(t) = 0$ puede escribirse

$$x(t) = A\,\mathrm{sen}\,(\omega t + \phi_0) \qquad \text{con } A \geq 0,\ \phi_0 \in 0,\ [0, 2\pi).$$

movimiento armónico simple (p. 498)
período, frecuencia, frecuencia angular (p. 501)
amplitud (p. 501)
constante de fase (p. 501)

Otras maneras de escribir el movimiento armónico simple

$$x(t) = A\cos(\omega t + \phi_1), \qquad x(t) = A\,\mathrm{sen}\,\omega t + B\cos\omega t.$$

## 7.9 Más sobre la integración de funciones trigonométricas

$$\int \tan x\,dx = \ln|\sec x| + C, \qquad \int \sec x\,dx = \ln|\sec x + \tan x| + C,$$

$$\int \cot x\,dx = \ln|\mathrm{sen}\,x| + C, \qquad \int \mathrm{cosec}\,x\,dx = \ln|\mathrm{cosec}\,x - \cot x| + C.$$

## 7.10 Funciones trigonométricas inversas

el arco seno, $y = \mathrm{arcsen}\,x$ es la función inversa de $y = \mathrm{sen}\,x$, $x \in [-\frac{1}{2}\pi, \frac{1}{2}\pi]$

el arco tangente, $y = \arctan x$, es la inversa de $y = \tan x$, $x \in (-\frac{1}{2}\pi, \frac{1}{2}\pi)$

gráfica de $y = \mathrm{arcsen}\,x$ (p. 512) gráfica de $y = \arctan x$ (p. 517)

$$\frac{d}{dx}(\mathrm{arcsen}\,x) = \frac{1}{\sqrt{1-x^2}} \qquad \int \frac{dx}{\sqrt{a^2-x^2}} = \mathrm{arcsen}\left(\frac{x}{a}\right) + C \quad (a > 0)$$

$$\frac{d}{dx}(\arctan x) = \frac{1}{1+x^2} \qquad \int \frac{dx}{a^2+x^2} = \frac{1}{a}\arctan\left(\frac{x}{a}\right) + C \quad (a \neq 0)$$

se puede calcular $\int \mathrm{arcsen}\,x\,dx$ y $\int \arctan x\,dx$ mediante integración por partes.

definición de las demás funciones trigonométricas inversas (p. 520)

## 7.11 Seno y coseno hiperbólicos

$$\mathrm{senh}\,x = \tfrac{1}{2}(e^x - e^{-x}), \qquad \cosh x = \tfrac{1}{2}(e^x + e^{-x}),$$

$$\frac{d}{dx}(\text{senh } x) = \cosh x, \qquad \frac{d}{dx}(\cosh x) = \text{senh } x.$$

gráficas (p. 524)

identidades básicas (p. 527)

## *7.12 Otras funciones hiperbólicas

$$\tanh x = \frac{\text{senh } x}{\cosh x}, \qquad \coth x = \frac{\cosh x}{\text{senh } x},$$

$$\text{sech } x = \frac{1}{\cosh x}, \qquad \text{cosech } x = \frac{1}{\text{senh } x}.$$

derivadas (p. 531)

funciones hiperbólicas inversas (p. 532)

derivadas de las funciones hiperbólicas inversas (p. 535)

## 7.13 Ejercicios adicionales

flujos de renta (p. 538)

8

# TÉCNICAS DE INTEGRACIÓN

## 8.1 REPASO

Para empezar, recordamos las más importantes integrales que el lector ya ha tenido ocasión de ver. Una tabla más extensa aparece en las cubiertas interiores del libro.

**1.** $\int \alpha\, dx = \alpha x + C.$

**2.** $\int x^n\, dx = \dfrac{1}{n+1}x^{n+1} + C,\ n \neq -1.$

**3.** $\int \dfrac{dx}{x} = \ln|x| + C.$

**4.** $\int e^x\, dx = e^x + C.$

**5.** $\int p^x\, dx = \dfrac{p^x}{\ln p} + C.$

**6.** $\int \ln x\, dx = x \ln x - x + C.$

**7.** $\int xe^x\, dx = xe^x - e^x + C.$

**8.** $x \ln x\, dx = \frac{1}{2}x^2 \ln x - \frac{1}{4}x^2 + C.$

**9.** $\int \operatorname{sen} x\, dx = -\cos x + C.$

**10.** $\int \cos x\, dx = \operatorname{sen} x + C.$

**11.** $\int x \operatorname{sen} x\, dx = -x \cos x + \operatorname{sen} x + C.$

**12.** $\int x \cos x\, dx = x \operatorname{sen} x + \cos x + C.$

**13.** $\int \operatorname{sen}^2 x\, dx = \frac{1}{2}x - \frac{1}{4}\operatorname{sen} 2x + C.$

**14.** $\int \cos^2 x\, dx = \frac{1}{2}x + \frac{1}{4}\operatorname{sen} 2x + C.$

**15.** $\int \tan x\, dx = \ln|\sec x| + C.$

**16.** $\int \operatorname{cotan} x\, dx = \ln|\operatorname{sen} x| + C.$

**17.** $\int \sec x\, dx = \ln|\sec x + \tan x| + C.$

**18.** $\int \operatorname{cosec} x\, dx = \ln|\operatorname{cosec} x - \operatorname{cotan} x| + C.$

**19.** $\int \sec x \tan x\, dx = \sec x + C.$

**20.** $\int \operatorname{cosec} x \cot x\, dx = -\operatorname{cosec} x + C.$

**21.** $\int \sec^2 x\, dx = \tan x + C.$

**22.** $\int \operatorname{cosec}^2 x\, dx = -\cot x + C.$

**23.** $\int \dfrac{dx}{\sqrt{1-x^2}} = \operatorname{arcsen} x + C.$

**24.** $\int \dfrac{dx}{1+x^2} = \arctan x + C.$

**25.** $\int \operatorname{arcsen} x\, dx = x \operatorname{arcsen} x + \sqrt{1-x^2} + C.$

**26.** $\int \arctan x\, dx = x \arctan x - \frac{1}{2}\ln(1+x^2) + C.$

**27.** $\int \frac{dx}{|x|\sqrt{x^2-1}} = \operatorname{arcsen} x + C.$

**28.** $\int \operatorname{senh} x\, dx = \cosh x + C.$

**29.** $\int \cosh x\, dx = \operatorname{senh} x + C.$

**30.** $\int \operatorname{senh}^2 x\, dx = \frac{1}{2}[\operatorname{senh} x \cosh x - x] + C.$

**31.** $\int \cosh^2 x\, dx = \frac{1}{2}[\operatorname{senh} x \cosh x + x] + C.$

**32.** $\int x \operatorname{senh} x\, dx = x \cosh x - \operatorname{senh} x + C.$

**33.** $\int x \cosh x\, dx = x \operatorname{senh} x - \cos h\, x + C.$

Con el fin de repasar lo visto anteriormente, calcularemos algunas integrales.

**Problema 1.** Calcular

$$\int x \tan x^2\, dx.$$

*Solución.* Hagamos

$$u = x^2, \qquad du = 2x\, dx.$$

Entonces

$$\int x \tan x^2\, dx = \frac{1}{2}\int \tan u\, du = \frac{1}{2}\ln|\sec u| + C = \frac{1}{2}\ln|\sec x^2| + C. \quad \square$$

**Problema 2.** Calcular

$$\int_0^1 \frac{e^x}{e^x+2}\, dx.$$

*Solución.* Hagamos

$$u = e^x + 2, \qquad du = e^x\, dx.$$

En $x = 0$, $u = 3$; en $x = 1$, $u = e + 2$. Luego

$$\int_0^1 \frac{e^x}{e^x+2}\, dx = \int_3^{e+2} \frac{du}{u} = \Big[\ln|u|\Big]_3^{e+2}$$
$$= \ln(e+2) - \ln 3 = \ln\left[\tfrac{1}{3}(e+2)\right] \cong 0{,}45. \quad \square$$

**Problema 3.** Hallar

$$\int x \sec^2 x \, dx.$$

*Solución.* Integraremos por partes. Haciendo

$$u = x, \qquad dv = \sec^2 x$$

tenemos

$$du = dx, \qquad v = \tan x.$$

Luego

$$\int x \sec^2 x \, dx = x \tan x - \int \tan x \, dx = x \tan x - \ln|\sec x| + C. \quad \square$$

En este último problema interviene algo de álgebra.

**Problema 4.** Hallar

$$\int \frac{dx}{x^2 + 2x + 5}.$$

*Solución.* Empezamos por completar el cuadrado del denominador:

$$\int \frac{dx}{x^2 + 2x + 5} = \int \frac{dx}{(x^2 + 2x + 1) + 4} = \int \frac{dx}{(x+1)^2 + 2^2} = (*).$$

Sabemos que

$$\int \frac{du}{u^2 + 1} = \arctan u + C.$$

Haciendo

$$2u = x + 1, \qquad 2du = dx,$$

tenemos

$$(*) = \int \frac{2du}{4u^2 + 4} = \tfrac{1}{2}\int \frac{du}{u^2 + 1} = \tfrac{1}{2}\arctan u + C = \tfrac{1}{2}\arctan\left[\tfrac{1}{2}(x+1)\right] + C. \quad \square$$

## EJERCICIOS 8.1

Calcular las siguientes integrales.

**1.** $\int e^{2-x}\,dx.$ **2.** $\int \cos \frac{2}{3}x\,dx.$ **3.** $\int_0^1 \operatorname{sen} \pi x\,dx.$

**4.** $\int_0^t \sec \pi x \tan \pi x\,dx.$ **5.** $\int \sec^2(1-x)\,dx.$ **6.** $\int \frac{dx}{5^x}.$

**7.** $\int_{\pi/6}^{\pi/3} \operatorname{cotan} x\,dx.$ **8.** $\int_0^1 \frac{x^3}{1+x^4}\,dx.$ **9.** $\int \frac{x}{\sqrt{1-x^2}}\,dx.$

**10.** $\int_{-\pi/4}^{\pi/4} \frac{dx}{\cos^2 x}.$ **11.** $\int_{-\pi/4}^{\pi/4} \frac{\operatorname{sen} x}{\cos^2 x}\,dx.$ **12.** $\frac{e^{\sqrt{x}}}{\sqrt{x}}\,dx.$

**13.** $\int_1^2 \frac{e^{1/x}}{x^2}\,dx.$ **14.** $\int_{\pi/6}^{\pi/3} \operatorname{cosec} x\,dx.$ **15.** $\int \frac{x}{x^2+1}\,dx.$

**16.** $\int \frac{x^3}{\sqrt{1-x^4}}\,dx.$ **17.** $\int_0^c \frac{dx}{x^2+c^2}.$ **18.** $\int a^x e^x\,dx.$

**19.** $\int \frac{\sec^2\theta}{\sqrt{3\tan\theta+1}}\,d\theta.$ **20.** $\int \frac{\operatorname{sen}\phi}{3-2\cos\phi}\,d\phi.$ **21.** $\int \frac{e^x}{ae^x-b}\,dx.$

**22.** $\int_0^{\pi/4} \frac{\sec^2 x \tan x}{\sqrt{2+\sec^2 x}}\,dx.$ **23.** $\int \frac{1+\cos 2x}{\operatorname{sen}^2 2x}\,dx.$ **24.** $\int \frac{dx}{x^2-4x+13}.$

**25.** $\int \frac{x}{(x+1)^2+4}\,dx.$ **26.** $\int \frac{\ln x}{x}\,dx.$ **27.** $\int \frac{x}{\sqrt{1-x^4}}\,dx.$

**28.** $\int \frac{e^x}{1+e^{2x}}\,dx.$ **29.** $\int \frac{dx}{x^2+6x+10}.$ **30.** $\int e^x \tan e^x\,dx.$

**31.** $\int x \operatorname{sen} x^2\,dx.$ **32.** $\int \frac{x+1}{\sqrt{1-x^2}}\,dx.$ **33.** $\int \tan^2 x\,dx.$

**34.** $\int x \operatorname{sen} 2x\,dx.$ **35.** $\int x^3 e^{-x^2}\,dx.$ **36.** $\int e^{2x} \operatorname{sen} 3x\,dx.$

## 8.2 FRACCIONES SIMPLES

Por definición, una fracción racional es el cociente de dos polinomios. Así, por ejemplo,

$$\frac{1}{x^2-4},\ \frac{2x^2+3}{x(x-1)^2},\ \frac{-2x}{(x+1)(x^2+1)},\ \frac{1}{x(x^2+x+1)},$$
$$\frac{3x^4+x^3+20x^2+3x+31}{(x+1)(x^2+4)^2},\ \frac{x^5}{x^2-1}$$

son todos ejemplos de fracciones racionales, mientras que

$$\frac{1}{\sqrt{x}}, \quad \ln x, \quad \frac{|x-2|}{x^2}$$

no lo son.

Para integrar una fracción racional suele ser necesario volverla a escribir como la suma de un polinomio (que puede ser idénticamente 0) y de fracciones de la forma

**(8.2.1)**
$$\frac{A}{(x-\alpha)^k} \quad \text{y} \quad \frac{Bx+C}{(x^2+\beta x+\gamma)^k}$$

donde el polinomio cuadrático $x^2 + \beta x + \gamma$ es irreducible (es decir que no se puede descomponer como producto de dos polinomios de orden 1 con coeficientes reales).[†] Tales fracciones se denominan *fracciones simples*.

En álgebra se demuestra que toda función racional puede escribirse de esta forma. A continuación damos algunos ejemplos.

**Ejemplo 1.** (*El denominador se descompone en factores lineales distintos.*) Para

$$\frac{1}{x^2-4} = \frac{1}{(x-2)(x+2)},$$

escribimos

$$\frac{1}{x^2-4} = \frac{A}{x-2} + \frac{B}{x+2}.$$

Reduciendo a común denominador e igualando los numeradores, obtenemos

(1) $$1 = A(x+2) + B(x-2).$$

Para hallar $A$ y $B$ sustituimos $x$ por valores numéricos:

haciendo $x = 2$, obtenemos $1 = 4A$, lo cual nos da $A = \frac{1}{4}$;

[†] $\beta^2 - 4\gamma < 0$.

haciendo $x = -2$, obtenemos $1 = -4B$, lo cual nos da $B = -\frac{1}{4}$. †

La descomposición deseada es

$$\frac{1}{x^2 - 4} = \frac{1}{4(x-2)} - \frac{1}{4(x+2)}.$$

Se puede comprobar este resultado efectuando la sustracción del segundo miembro. □

En general, cada factor distinto, $x - c$, en el denominador, da lugar a un término de la forma

$$\frac{A}{x-c}.$$

**Ejemplo 2.** (*El denominador tiene un factor lineal repetido.*) Para

$$\frac{2x^2+3}{x(x-1)^2},$$

escribimos

$$\frac{2x^2+3}{x(x-1)^2} = \frac{A}{x} + \frac{B}{x-1} + \frac{C}{(x-1)^2}.$$

De lo cual se deduce

$$2x^2 + 3 = A(x-1)^2 + Bx(x-1) + Cx.$$

---

† Otro modo de hallar $A$ y $B$ consiste en escribir (1) de la siguiente manera

$$1 = (A+B)x + 2A - 2B$$

para igualar después los coeficientes, obteniendo el siguiente sistema de ecuaciones

$$A + B = 0$$
$$2A - 2B = 1.$$

Podemos hallar $A$ y $B$ resolviendo el sistema así obtenido. Habitualmente, este procedimiento requiere más algebra. Usaremos el método de la sustitución de $x$ por valores numéricos *bien escogidos*.

Para determinar los tres coeficientes $A$, $B$, $C$ necesitamos sustituir $x$ por tres valores numéricos. Escogemos 0 y 1 dado que para esos valores varios términos del segundo miembro se eliminan. Como tercer valor de $x$ vale cualquier otro número; para que el cálculo aritmético sea más sencillo escogemos el valor 2.

Haciendo $x = 0$, obtenemos $3 = A$.
Haciendo $x = 1$, obtenemos $5 = C$.
Haciendo $x = 2$, obtenemos $11 = A + 2B + 2C$,
lo cual, con $A = 3$ y $C = 5$ nos da $B = -1$.

Luego la descomposición es

$$\frac{2x^2 + 3}{x(x-1)^2} = \frac{3}{x} - \frac{1}{x-1} + \frac{5}{(x-1)^2}. \quad \square$$

En general, cada factor de la forma $(x - c)^k$ en el denominador, da lugar a una expresión de la forma

$$\frac{A_1}{x-c} + \frac{A_2}{(x-c)^2} + \ldots + \frac{A_k}{(x-c)^k}.$$

**Ejemplo 3.** (*El denominador tiene un factor cuadrático irreducible.*) Para

$$\frac{-2x}{(x+1)(x^2+1)},$$

escribimos

$$\frac{-2x}{(x+1)(x^2+1)} = \frac{A}{x+1} + \frac{Bx+C}{x^2+1}$$

y obtenemos

$$-2x = A(x^2+1) + (Bx+C)(x+1).$$

Esta vez, usamos $-1$, 0 y 1.

Haciendo $x = -1$, obtenemos $2 = 2A$, luego $A = 1$.
Haciendo $x = 0$, obtenemos $0 = A + C$, luego $C = -1$.
Haciendo $x = 1$, obtenemos $-2 = 2A + 2B + 2C$,
lo cual, dado que $A = 1$ y $C = -1$, nos da que $B = -1$.

Luego la descomposición es

$$\frac{-2x}{(x+1)(x^2+1)} = \frac{1}{x+1} - \frac{x+1}{x^2+1}. \quad \square$$

**Ejemplo 4.** (*El denominador tiene un factor cuadrático irreducible.*) Para

$$\frac{1}{x(x^2+x+1)}$$

escribimos

$$\frac{1}{x(x^2+x+1)} = \frac{A}{x} + \frac{Bx+C}{x^2+x+1}$$

y obtenemos

$$1 = A(x^2+x+1) + (Bx+C)x.$$

De nuevo escogemos los valores de $x$ que anulan términos o simplifican los cálculos en el segundo miembro.

$$\begin{aligned} 1 &= A & (x &= 0), \\ 1 &= 3A + B + C & (x &= 1), \\ 1 &= A + B - C & (x &= -1). \end{aligned}$$

De ahí que

$$A = 1, \qquad B = -1, \qquad C = -1,$$

luego

$$\frac{1}{x(x^2+x+1)} = \frac{1}{x} - \frac{x+1}{x^2+x+1} \quad \square$$

En general, cada factor cuadrático irreducible $x^2 + \beta x + \gamma$ en el denominador, da lugar a un término de la forma

$$\frac{Ax+B}{x^2+\beta x+\gamma}.$$

**Ejemplo 5.** (*El denominador tiene un factor cuadrático repetido.*) Para

$$\frac{3x^4 + x^3 + 20x^2 + 3x + 31}{(x+1)(x^2+4)^2}$$

escribimos

$$\frac{3x^4 + x^3 + 20x^2 + 3x + 31}{(x+1)(x^2+4)^2} = \frac{A}{x+1} + \frac{Bx+C}{x^2+4} + \frac{Dx+E}{(x^2+4)^2}.$$

Esto nos da

$$3x^4 + x^3 + 20x^2 + 3x + 31$$
$$= A(x^2+4)^2 + (Bx+C)(x+1)(x^2+4) + (Dx+E)(x+1).$$

Esta vez usamos $-1, 0, 1, 2,$ y $-2$.

$$\begin{aligned}
50 &= 25A && (x = -1),\\
31 &= 16A \qquad + 4C \qquad + E && (x = 0),\\
58 &= 25A + 10B + 10C + 2D + 2E && (x = 1),\\
173 &= 64A + 48B + 24C + 6D + 3E && (x = 2),\\
145 &= 64A + 16B - 8C + 2D - E && (x = -2).
\end{aligned}$$

Con un poco de paciencia se puede ver que

$$A = 2, \quad B = 1, \quad C = 0, \quad D = 0, \quad \text{y} \quad E = -1.$$

Luego la descomposición es

$$\frac{3x^4 + x^3 + 20x^2 + 3x + 31}{(x+1)(x^2+4)^2} = \frac{2}{x+1} + \frac{x}{x^2+4} - \frac{1}{(x^2+4)^2}. \quad \square$$

En general, cada factor cuadrático irreducible repetido $(x^2 + \beta x + \gamma)^k$ en el denominador, da lugar a una expresión de la forma

$$\frac{A_1x + B_1}{x^2 + \beta x + \gamma} + \frac{A_2x + B_2}{(x^2 + \beta x + \gamma)^2} + \dots + \frac{A_kx + B_k}{(x^2 + \beta x + \gamma)^k}.$$

Si el grado del numerador es mayor que el del denominador, aparece un polinomio en la descomposición.

**Ejemplo 6.** (*La descomposición contiene un polinomio.*) Para

$$\frac{x^5+2}{x^2-1},$$

primeramente llevamos a cabo la división sugerida:

$$\begin{array}{r|l} & x^3 + x \\ \hline x^2-1 & x^5 \qquad + 2 \\ & \underline{x^5 - x^3} \\ & \quad x^3 \\ & \quad \underline{x^3 - x} \\ & \qquad x + 2. \end{array}$$

Esto nos da

$$\frac{x^5+2}{x^2-1} = x^3 + x + \frac{x+2}{x^2-1}.$$

Dado que el denominador de la fracción se descompone en factores lineales, escribimos

$$\frac{x+2}{x^2-1} = \frac{A}{x+1} + \frac{B}{x-1}.$$

Esto nos da

$$x + 2 = A(x-1) + B(x+1).$$

La sustitución $x = 1$ da $B = \frac{3}{2}$; la sustitución $x = -1$ da $A = -\frac{1}{2}$. La descomposición toma la forma

$$\frac{x^5+2}{x^2-1} = x^3 + x - \frac{1}{2(x+1)} + \frac{3}{2(x-1)}. \quad \square$$

Hemos descompuesto las funciones racionales en fracciones simples para poder integrarlas. A continuación llevamos a cabo dichas integraciones, dejando algunos de los detalles para el lector.

**Ejemplo 1′**

$$\int \frac{dx}{x^2-4} = \frac{1}{4}\int\left(\frac{1}{x-2} - \frac{1}{x+2}\right) dx$$

$$= \frac{1}{4}\left(\ln|x-2| - \ln|x+2|\right) + C = \frac{1}{4}\ln\left|\frac{x-2}{x+2}\right| + C. \quad \square$$

**Ejemplo 2′**

$$\int \frac{2x^2+3}{x(x-1)^2}\,dx = \int\left[\frac{3}{x} - \frac{1}{x-1} + \frac{5}{(x-1)^2}\right]dx$$
$$= 3\ln|x| - \ln|x-1| - \frac{5}{x-1} + C. \qquad \square$$

**Ejemplo 3′**

$$\int \frac{-2x}{(x+1)(x^2+1)}\,dx = \int\left(\frac{1}{x+1} - \frac{x+1}{x^2+1}\right)dx.$$

Dado que

$$\int \frac{dx}{x+1} = \ln|x+1| + C_1$$

y

$$\int \frac{x+1}{x^2+1}\,dx = \frac{1}{2}\int \frac{2x}{x^2+1}\,dx + \int \frac{dx}{x^2+1} = \frac{1}{2}\ln(x^2+1) + \arctan x + C_2,$$

tenemos

$$\int \frac{-2x}{(x+1)(x^2+1)}\,dx = \ln|x+1| - \frac{1}{2}\ln(x^2+1) - \arctan x + C. \qquad \square$$

**Ejemplo 4′**

$$\int \frac{dx}{x(x^2+x+1)} = \int\left(\frac{1}{x} - \frac{x+1}{x^2+x+1}\right)dx = \ln|x| - \int \frac{x+1}{x^2+x+1}\,dx = (*).$$

Para calcular la integral restante, observe que

$$\int \frac{x+1}{x^2+x+1}\,dx = \frac{1}{2}\int \frac{2x+1}{x^2+x+1}\,dx + \frac{1}{2}\int \frac{dx}{x^2+x+1}.$$

La primera integral es un logaritmo:

$$\frac{1}{2}\int \frac{2x+1}{x^2+x+1}\,dx = \frac{1}{2}\ln(x^2+x+1) + C_1;$$

la segunda integral es un arco tangente:

$$\frac{1}{2}\int\frac{dx}{x^2+x+1} = \frac{1}{2}\int\frac{dx}{(x+\frac{1}{2})^2+(\sqrt{3}/2)^2} = \frac{1}{\sqrt{3}}\arctan\left[\frac{2}{\sqrt{3}}\left(x+\frac{1}{2}\right)\right]+C_2.$$

Combinando estos resultados, tenemos

$$(*) = \ln|x| - \frac{1}{2}\ln(x^2+x+1) - \frac{1}{\sqrt{3}}\arctan\left[\frac{2}{\sqrt{3}}\left(x+\frac{1}{2}\right)\right]+C. \quad \square$$

**Ejemplo 5′**

$$\int\frac{3x^4+x^3+20x^2+3x+31}{(x+1)(x^2+4)^2}\,dx = \int\left[\frac{2}{x+1}+\frac{x}{x^2+4}-\frac{1}{(x^2+4)^2}\right]dx.$$

Las dos primeras fracciones son fáciles de integrar:

$$\int\frac{2}{x+1}\,dx = 2\ln|x+1|+C_1,$$

$$\int\frac{x}{x^2+4}\,dx = \frac{1}{2}\int\frac{2x}{x^2+4}\,dx = \frac{1}{2}\ln(x^2+4)+C_2.$$

La integral de la última fracción es de la forma

$$\int\frac{dx}{(x^2+c^2)^n}.$$

Todas las integrales de este tipo pueden calcularse haciendo el cambio de variable $c\tan u = x$:

**(8.2.2)**

$$\int\frac{dx}{(x^2+c^2)^n} = \frac{1}{c^{2n-1}}\int\cos^{2(n-1)}u\,du.$$

$c\tan u = x$

† Se deja al lector como ejercicio la demostración de esta fórmula de reducción.

En la próxima sección se discute en detalle la integración de tales potencias trigonométricas. En nuestro caso, tenemos

$$\int \frac{dx}{(x^2+4)^2} = \frac{1}{8}\int \cos^2 u \, du$$

$2 \tan u = x$

$$= \frac{1}{16}\int (1 + \cos 2u)\, du$$

$$= \frac{1}{16}u + \frac{1}{32}\text{sen } 2u + C_3$$

fórmula del ángulo mitad

$$= \frac{1}{16}u + \frac{1}{16}\text{sen } u \cos u + C_3$$

$$= \frac{1}{16}\arctan\frac{x}{2} + \frac{1}{16}\left(\frac{x}{\sqrt{x^2+4}}\right)\left(\frac{2}{\sqrt{x^2+4}}\right) + C_3$$

$$= \frac{1}{16}\arctan\frac{x}{2} + \frac{1}{8}\left(\frac{x}{x^2+4}\right) + C_3.$$

$\text{sen } 2u = 2 \text{ sen } u \cos u$

$\sqrt{x^2+4}$, $x$, $u$, 2

Por lo tanto, la integral que buscamos vale

$$2\ln|x+1| + \frac{1}{2}\ln(x^2+4) - \frac{1}{8}\left(\frac{x}{x^2+4}\right) - \frac{1}{16}\arctan\frac{x}{2} + C. \quad \square$$

**Ejemplo 6′**

$$\int \frac{x^5+2}{x^2-1}\,dx = \int\left[x^3 + x - \frac{1}{2(x+1)} + \frac{3}{2(x-1)}\right]dx$$

$$= \tfrac{1}{4}x^4 + \tfrac{1}{2}x^2 - \tfrac{1}{2}\ln|x+1| + \tfrac{3}{2}\ln|x-1| + C. \quad \square$$

Las fracciones simples intervienen en toda una variedad de problemas físicos. He aquí un ejemplo.

**Ejemplo 7.** (*Fuerzas que dependen de la velocidad.*) Si un objeto de masa $m$ se mueve en el aire o en cualquier otro medio viscoso, actúa sobre él una fuerza de fricción en sentido opuesto a la dirección de su movimiento. Esta fuerza de fricción depende de la velocidad del objeto y viene dada (con una buena aproximación) por una fórmula de la forma

$$F(v) = -\alpha v - \beta v^2.$$

Aquí $\alpha$ y$\beta$ son constantes positivas que dependen de las características del objeto (su tamaño y su forma) y de las propiedades del medio (su densidad y su viscosidad). Para velocidades muy pequeñas, el término $\beta v^2$ es pequeño comparado con el otro y puede ignorarse. Para velocidades ordinarias, suele predominar el término $\beta v^2$ y el término lineal puede ignorarse. Conservaremos ambos términos y supondremos que la fuerza de fricción es la única que actúa para establecer una fórmula que muestre cómo varía la velocidad $v$ con el tiempo. Tomaremos $v$ positiva.

De la fórmula de Newton $F = ma$, deducimos

$$m\frac{dv}{dt} = -\alpha v - \beta v^2, \quad \text{de ahí que} \quad 1 = -\frac{m\, dv/dt}{\alpha v + \beta v^2}.$$

Integramos ahora respecto de $t$:

$$\begin{aligned} t &= -m\int \frac{dv/dt}{v(\alpha + \beta v)}\, dt = -\frac{m}{\alpha}\int\left(\frac{dv/dt}{v} - \frac{\beta\, dv/dt}{\alpha + \beta v}\right) dt \\ &= -\frac{m}{\alpha}[\ln v - \ln(\alpha + \beta v)] + C. \end{aligned}$$

En $t = 0$ el objeto tiene una velocidad inicial $v(0) = v_0$. Esto nos permite calcular la constante $C$

$$C = \frac{m}{\alpha}[\ln v_0 - \ln(\alpha + \beta v_0)].$$

Luego

$$\begin{aligned} t &= -\frac{m}{\alpha}[\ln v - \ln(\alpha + \beta v)] + \frac{m}{\alpha}[\ln v_0 - \ln(\alpha + \beta v_0)] \\ &= \frac{m}{\alpha}\ln\left[\frac{v_0(\alpha + \beta v)}{v(\alpha + \beta v_0)}\right]. \end{aligned}$$

Multiplicando ambos miembros de la igualdad por $\alpha/m$ y tomando luego la exponencial, obtenemos

$$e^{\alpha t/m} = \frac{v_0(\alpha + \beta v)}{v(\alpha + \beta v_0)}.$$

Un poco de álgebra permite ver que

$$v = \frac{\alpha v_0 e^{-\alpha t/m}}{\alpha + \beta v_0(1 - e^{-\alpha t/m})}. \quad \square$$

## EJERCICIOS 8.2

Calcular las siguientes integrales.

**1.** $\int \frac{7}{(x-2)(x+5)}\,dx.$ **2.** $\int \frac{x}{(x+1)(x+2)(x+3)}\,dx.$ **3.** $\int \frac{2x^2+3}{x^2(x-1)}\,dx.$

**4.** $\int \frac{x^2+1}{x(x^2-1)}\,dx.$ **5.** $\int \frac{x^5}{(x-2)^2}\,dx.$ **6.** $\int \frac{x^5}{x-2}\,dx.$

**7.** $\int \frac{x+3}{x^2-3x+2}\,dx.$ **8.** $\int \frac{x^2+3}{x^2-3x+2}\,dx.$ **9.** $\int \frac{dx}{(x-1)^3}.$

**10.** $\int \frac{dx}{x^2+2x+2}.$ **11.** $\int \frac{x^2}{(x-1)^2(x+1)}\,dx.$ **12.** $\int \frac{2x-1}{(x+1)^2(x-2)^2}\,dx.$

**13.** $\int \frac{dx}{x^4-16}.$ **14.** $\int \frac{x}{x^3-1}\,dx.$ **15.** $\int \frac{x^3+4x^2-4x-1}{(x^2+1)^2}\,dx.$

**16.** $\int \frac{dx}{(x^2+16)^2}.$ **17.** $\int \frac{dx}{x^4+4}.$ † **18.** $\int \frac{dx}{x^4+16}.$ †

**19.** Demostrar que

$$\text{si} \quad y = \frac{1}{x^2-1} \qquad \text{entonces} \quad \frac{d^n y}{dx^n} = \frac{1}{2}(-1)^n n!\left[\frac{1}{(x-1)^{n+1}} - \frac{1}{(x+1)^{n+1}}\right].$$

**20.** Comprobar la fórmula de reducción 8.2.2.

**21.** Hallar el centroide de la región debajo de la curva $y = (x^2+1)^{-1}$, $x \in [0, 1]$.

**22.** Hallar el centroide del sólido generado al girar la región del ejercicio 21 (a) alrededor del eje $x$ y (b) alrededor del eje $y$.

**23.** Se sabe que $m$ partes del producto químico $A$ se combinan con $n$ partes del producto químico $B$ para producir un compuesto $C$. Se supone que la velocidad con que se produce $C$ es directamente proporcional al producto de las cantidades de $A$ y $B$ presentes en ese instante. Hallar la cantidad de $C$ producida en $t$ minutos a partir de una mezcla inicial de $A_0$ libras de $A$ con $B_0$ libras de $B$, sabiendo que

(a) $n = m$, $A_0 = B_0$ y en el primer minuto se producen $A_0$ libras de $C$.

(b) $n = m$, $A_0 = \frac{1}{2}B_0$ y en el primer minuto se producen $A_0$ libras de $C$.

(c) $n \neq m$, $A_0 = B_0$ y en el primer minuto se producen $A_0$ libras de $C$.

SUGERENCIA: Designar por $A(t)$, $B(t)$ y $C(t)$ las cantidades de $A$, $B$ y $C$ presentes en el instante $t$. Observar que $C'(t) = kA(t)B(t)$. Advertir entonces que

$$A_0 - A(t) = \frac{m}{m+n}\,C(t) \quad \text{y} \quad B_0 - B(t) = \frac{n}{m+n}\,C(t)$$

luego

$$C'(t) = k\left[A_0 - \frac{m}{m+n}\,C(t)\right]\left[B_0 - \frac{n}{m+n}\,C(t)\right].$$

† SUGERENCIA: Para $a > 0$, $x^4 + a^2 = (x^2 + \sqrt{2a}\,x + a)(x^2 - \sqrt{2a}\,x + a)$.

**24.** Durante el descenso, dos fuerzas actúan sobre un paracaidista: una fuerza $mg$ que tira de él hacia abajo y, en sentido opuesto, la resistencia del aire, la cual (con una buena aproximación) es de la forma $-\beta v^2$ donde $\beta$ es una constante positiva. (En este problema tomamos la dirección hacia abajo como positiva.)

(a) Expresar $t$ en función de la velocidad $v$, la velocidad inicial $v_0$, y la constante $v_c = \sqrt{mg/\beta}$.

(b) Expresar $v$ en función de $t$.

(c) Expresar la aceleración $a$ en función de $t$. Comprobar que la aceleración nunca cambia de signo y que tiende a cero cuando $t$ crece.

(d) Demostrar que cuando $t$ crece, $v$ tiende a $v_c$. (Este número $v_c$ se llama velocidad terminal.)

Los ejercicios *25 y *26 presuponen un cierto conocimiento de la sección *6.7.

***25.** Una vara de longitud $L$ y masa $M$ ejerce una fuerza gravitatoria sobre una masa puntual $m$ situada en la prolongación de la vara a una distancia $h$ de su extremo. Hallar la intensidad de la fuerza de atracción sabiendo que la densidad de la vara varía en proporción a la distancia al extremo más alejado de $m$.

***26.** El ejercicio 25 suponiendo que la densidad varía en proporción a la distancia al extremo más cercano a $m$.

---

## 8.3 POTENCIAS Y PRODUCTOS DE SENOS Y COSENOS

I. Empezamos explicando cómo se calculan integrales de la forma

$$\int \operatorname{sen}^m x \cos^n x \, dx \qquad \text{con } m \text{ o } n \text{ impar.}$$

Supongamos que $n$ es impar. Si $n = 1$, la integral es de la forma

$$(1) \qquad \int \operatorname{sen}^m x \cos x \, dx = \frac{1}{m+1} \operatorname{sen}^{m+1} x + C.$$

Si $n > 1$, escribimos

$$\cos^n x = \cos^{n-1} x \cos x.$$

Dado que $n-1$ es par, $\cos^{n-1} x$ puede expresarse mediante potencias de $\operatorname{sen}^2 x$ observando que $\cos^2 x = 1 - \operatorname{sen}^2 x$. La integral toma entonces la forma

$$\int (\text{suma de potencias de sen } x) \cdot \cos x \, dx,$$

que puede descomponerse en integrales de la forma (1).

De manera análoga, si $m$ es impar, escribimos

$$\text{sen}^m x = \text{sen}^{m-1} x \text{ sen } x$$

y usamos la sustitución $\text{sen}^2 x = 1 - \cos^2 x$.

**Ejemplo 1.**

$$\begin{aligned}\int \text{sen}^2 x \cos^5 x\, dx &= \int \text{sen}^2 x \cos^4 x \cos x\, dx \\ &= \int \text{sen}^2 x (1 - \text{sen}^2 x)^2 \cos x\, dx \\ &= \int (\text{sen}^2 x - 2\text{sen}^4 x + \text{sen}^6 x) \cos x\, dx \\ &= \int \text{sen}^2 x \cos x\, dx - 2\int \text{sen}^4 x \cos x\, dx + \int \text{sen}^6 x \cos x\, dx \\ &= \tfrac{1}{3}\text{sen}^3 x - \tfrac{2}{5}\text{sen}^5 x + \tfrac{1}{7}\text{sen}^7 x + C. \quad \square\end{aligned}$$

**Ejemplo 2.**

$$\begin{aligned}\int \text{sen}^5 x\, dx &= \int \text{sen}^4 x \text{ sen } x\, dx \\ &= \int (1 - \cos^2 x)^2 \text{ sen } x\, dx \\ &= \int (1 - 2\cos^2 x + \cos^4 x) \text{ sen } x\, dx \\ &= \int \text{sen } x\, dx - 2\int \cos^2 x \text{ sen } x\, dx + \int \cos^4 x \text{ sen } x\, dx \\ &= -\cos x + \tfrac{2}{3}\cos^3 x - \tfrac{1}{5}\cos^5 x + C. \quad \square\end{aligned}$$

II. Para calcular integrales de la forma

$$\int \text{sen}^m x \cos^n x\, dx \quad \text{con } m \text{ y } n \text{ ambos pares}$$

se usan las siguientes identidades:

$$\text{sen } x \cos x = \tfrac{1}{2}\text{sen } 2x, \qquad \text{sen}^2 x = \tfrac{1}{2} - \tfrac{1}{2}\cos 2x, \qquad \cos^2 x = \tfrac{1}{2} + \tfrac{1}{2}\cos 2x.$$

**Ejemplo 3.**

$$\begin{aligned}\int \cos^2 x\, dx &= \int (\tfrac{1}{2} + \tfrac{1}{2}\cos 2x)\, dx \\ &= \tfrac{1}{2}\int dx + \tfrac{1}{2}\int \cos 2x\, dx = \tfrac{1}{2}x + \tfrac{1}{4}\text{sen } 2x + C. \quad \square\end{aligned}$$

**Ejemplo 4.**

$$\begin{aligned}\int \operatorname{sen}^2 x \cos^2 x\, dx &= \tfrac{1}{4}\int \operatorname{sen}^2 2x\, dx\\ &= \tfrac{1}{4}\int \left(\tfrac{1}{2} - \tfrac{1}{2}\cos 4x\right)\, dx\\ &= \tfrac{1}{8}\int dx - \tfrac{1}{8}\int \cos 4x\, dx = \tfrac{1}{8}x - \tfrac{1}{32}\operatorname{sen} 4x + C. \quad \square\end{aligned}$$

**Ejemplo 5.**

$$\begin{aligned}\int \operatorname{sen}^4 x \cos^2 x\, dx &= \int (\operatorname{sen} x \cos x)^2 \operatorname{sen}^2 x\, dx\\ &= \int \tfrac{1}{4}\operatorname{sen}^2 2x \left(\tfrac{1}{2} - \tfrac{1}{2}\cos 2x\right)\, dx\\ &= \tfrac{1}{8}\int \operatorname{sen}^2 2x\, dx - \tfrac{1}{8}\int \operatorname{sen}^2 2x \cos 2x\, dx\\ &= \tfrac{1}{8}\int \left(\tfrac{1}{2} - \tfrac{1}{2}\cos 4x\right) dx - \tfrac{1}{8}\int \operatorname{sen}^2 2x \cos 2x\, dx\\ &= \tfrac{1}{16}x - \tfrac{1}{64}\operatorname{sen} 4x - \tfrac{1}{48}\operatorname{sen}^3 2x + C. \quad \square\end{aligned}$$

III. Finalmente estudiamos integrales de la forma

$$\int \operatorname{sen} mx \cos nx\, dx, \quad \int \operatorname{sen} mx \operatorname{sen} nx\, dx, \quad \int \cos mx \cos nx\, dx.$$

Si $m = n$, no hay dificultad. Para $m \neq n$ usamos las identidades

$$\begin{aligned}\operatorname{sen} A \cos B &= \tfrac{1}{2}[\operatorname{sen}(A - B) + \operatorname{sen}(A + B)],\\ \operatorname{sen} A \operatorname{sen} B &= \tfrac{1}{2}[\cos(A - B) - \cos(A + B)],\\ \cos A \cos B &= \tfrac{1}{2}[\cos(A - B) + \cos(A + B)].\end{aligned}$$

Estas identidades se deducen fácilmente de las fórmulas de adición habituales:

$$\begin{aligned}\operatorname{sen}(A + B) &= \operatorname{sen} A \cos B + \cos A \operatorname{sen} B,\\ \operatorname{sen}(A - B) &= \operatorname{sen} A \cos B - \cos A \operatorname{sen} B,\\ \cos(A + B) &= \cos A \cos B - \operatorname{sen} A \operatorname{sen} B,\\ \cos(A - B) &= \cos A \cos B + \operatorname{sen} A \operatorname{sen} B.\end{aligned}$$

**Ejemplo 6.**

$$\int \operatorname{sen} 5x \operatorname{sen} 3x\, dx = \int \tfrac{1}{2}(\cos 2x - \cos 8x)\, dx = \tfrac{1}{4}\operatorname{sen} 2x - \tfrac{1}{16}\operatorname{sen} 8x + C. \quad \square$$

## EJERCICIOS 8.3

Calcular las siguientes integrales.

**1.** $\int \text{sen}^3 x\, dx.$ **2.** $\int \cos^2 4x\, dx.$ **3.** $\int \text{sen}^2 3x\, dx.$

**4.** $\int \cos^3 x\, dx.$ **5.** $\int \cos^4 x \,\text{sen}^3 x\, dx.$ **6.** $\int \text{sen}^3 x \cos^2 x\, dx.$

**7.** $\int \text{sen}^3 x \cos^3 x\, dx.$ **8.** $\int \text{sen}^2 x \cos^4 x\, dx.$ **9.** $\int \text{sen}^2 x \cos^3 x\, dx.$

**10.** $\int \text{sen}^4 x \cos^3 x\, dx.$ **11.** $\int \text{sen}^4 x\, dx.$ **12.** $\int \cos^3 x \cos 2x\, dx.$

**13.** $\int \text{sen}\, 2x \cos 3x\, dx.$ **14.** $\int \cos 2x \,\text{sen}\, 3x\, dx.$ **15.** $\int \text{sen}^2 x \,\text{sen}\, 2x\, dx.$

**16.** $\int \cos^4 x\, dx.$ **17.** $\int \text{sen}^4 x \cos^4 x\, dx.$ **18.** $\int \text{sen}^7 x\, dx.$

**19.** $\int \text{sen}^6 x\, dx.$ **20.** $\int \cos^5 x \,\text{sen}^5 x\, dx.$ **21.** $\int \cos^7 x\, dx.$

**22.** $\int \cos^6 x\, dx.$ **23.** $\int \cos 3x \cos 2x\, dx.$ **24.** $\int \text{sen}\, 3x \,\text{sen}\, 2x\, dx.$

Calcular las siguientes integrales mediante un cambio de variable trigonométrico.

**25.** $\int \dfrac{dx}{(x^2+1)^3}.$ $[x = \tan u]$ **26.** $\int \dfrac{dx}{(x^2+4)^3}.$

**27.** $\int \dfrac{dx}{[(x+1)^2+1]^2}.$ **28.** $\int \dfrac{dx}{[(2x+1)^2+9]^2}.$

Calcular las integrales siguientes. Tienen importancia en matemática aplicada.

**29.** $\dfrac{1}{\pi}\int_0^{2\pi} \cos^2 nx\, dx.$ **30.** $\dfrac{1}{\pi}\int_0^{2\pi} \text{sen}^2 nx\, dx.$

**31.** $\int_0^{2\pi} \text{sen}\, mx \cos nx\, dx,\ m \neq n.$ **32.** $\int_0^{2\pi} \text{sen}\, mx \,\text{sen}\, nx\, dx,\ m \neq n.$

**33.** $\int_0^{2\pi} \cos mx \cos nx\, dx,\ m \neq n.$

**34.** (a) Usar la integración por partes para establecer la fórmula de reducción:

$$\int \text{sen}^{n+2} x\, dx = -\frac{\text{sen}^{n+1} x \cos x}{n+2} + \frac{n+1}{n+2}\int \text{sen}^n x\, dx.$$

(b) Usando (a), comprobar que

$$\int_0^{\pi/2} \text{sen}^{n+2} x\, dx = \frac{n+1}{n+2}\int_0^{\pi/2} \text{sen}^n x\, dx.$$

(c) Demostrar que

$$\int_0^{\pi/2} \text{sen}^m x\, dx = \begin{cases} \left(\dfrac{(m-1)\cdots 5\cdot 3\cdot 1}{m\cdots 6\cdot 4\cdot 2}\right)\dfrac{\pi}{2}, & m \text{ par},\ m \geq 2 \\[2ex] \dfrac{(m-1)\cdots 4\cdot 2}{m\cdots 5\cdot 3}, & m \text{ impar},\ m \geq 3 \end{cases}$$

(d) Demostrar que

$$\int_0^{\pi/2} \cos^m x \, dx = \int_0^{\pi/2} \operatorname{sen}^m x \, dx.$$

## 8.4 OTRAS POTENCIAS TRIGONOMÉTRICAS

I. Consideramos en primer lugar integrales de la forma

$$\int \tan^n x \, dx, \qquad \int \cot^n x \, dx.$$

Para integrar $\tan^n x$, hacemos

$$\tan^n x = \tan^{n-2} x \tan^2 x = (\tan^{n-2} x)(\sec^2 x - 1) = \tan^{n-2} x \sec^2 x - \tan^{n-2} x.$$

Para integrar $\cot^n x$, hacemos

$$\cot^n x = \cot^{n-2} x \cot^2 x = (\cot^{n-2} x)(\operatorname{cosec}^2 x - 1) = \cot^{n-2} x \operatorname{cosec}^2 x - \cot^{n-2} x.$$

**Ejemplo 1.**

$$\begin{aligned}
\int \tan^6 x \, dx &= \int (\tan^4 x \sec^2 x - \tan^4 x) \, dx \\
&= \int (\tan^4 x \sec^2 x - \tan^2 x \sec^2 x + \tan^2 x) \, dx \\
&= \int (\tan^4 x \sec^2 x - \tan^2 x \sec^2 x + \sec^2 x - 1) \, dx \\
&= \int \tan^4 x \sec^2 x \, dx - \int \tan^2 x \sec^2 x \, dx + \int \sec^2 x \, dx - \int dx \\
&= \tfrac{1}{5}\tan^5 x - \tfrac{1}{3}\tan^3 x + \tan x - x + C. \quad \square
\end{aligned}$$

II. Consideramos ahora las integrales

$$\int \sec^n x \, dx, \qquad \int \operatorname{cosec}^n x \, dx.$$

Para las potencias pares escribimos

$$\sec^n x = \sec^{n-2} x \sec^2 x = (\tan^2 x + 1)^{(n-2)/2} \sec^2 x$$

y

$$\operatorname{cosec}^n x = \operatorname{cosec}^{n-2} x \operatorname{cosec}^2 x = (\cot^2 x + 1)^{(n-2)/2} \operatorname{cosec}^2 x.$$

**Ejemplo 2.**

$$\begin{aligned}\int \sec^4 x\, dx &= \int \sec^2 x \sec^2 x\, dx \\ &= \int (\tan^2 x + 1) \sec^2 x\, dx \\ &= \int \tan^2 x \sec^2 x\, dx + \int \sec^2 x\, dx = \tfrac{1}{3}\tan^3 x + \tan x + C. \quad \square\end{aligned}$$

Para las potencias impares se puede integrar por partes. Para $\sec^n x$ se hace

$$u = \sec^{n-2} x, \qquad dv = \sec^2 x\, dx$$

y, cuando aparece $\tan^2 x$, se usa la identidad $\tan^2 x = \sec^2 x - 1$. Se puede operar con $\operatorname{cosec}^n x$ de manera análoga.

**Ejemplo 3.** Para

$$\int \sec^3 x\, dx$$

escribimos

$$\begin{aligned} u &= \sec x, & dv &= \sec^2 x\, dx, \\ du &= \sec x \tan x\, dx, & v &= \tan x. \end{aligned}$$

$$\begin{aligned}\int \sec^3 x\, dx &= \int \sec x \sec^2 x\, dx \\ &= \int u\, dv = uv - \int v\, du \\ &= \sec x \tan x - \int \tan^2 x \sec x\, dx \\ &= \sec x \tan x - \int (\sec^2 x - 1) \sec x\, dx \\ &= \sec x \tan x - \int \sec^3 x\, dx + \int \sec x\, dx \\ &= \sec x \tan x - \int \sec^3 x\, dx + \ln|\sec x + \tan x| \\ 2\int \sec^3 x\, dx &= \sec x \tan x + \ln|\sec x + \tan x| \\ \int \sec^3 x\, dx &= \tfrac{1}{2} \sec x \tan x + \tfrac{1}{2} \ln|\sec x + \tan x|. \end{aligned}$$

Ahora añadimos la constante arbitraria:

$$\int \sec^3 x\, dx = \tfrac{1}{2} \sec x \tan x + \tfrac{1}{2} \ln|\sec x + \tan x| + C.$$

Esta integral aparece tan frecuentemente en las aplicaciones que está recogida en la tabla que aparece al principio del libro. □

III. Finalmente nos ocupamos de integrales de la forma

$$\int \tan^m x \sec^n x\, dx, \qquad \int \cot^m x \operatorname{cosec}^n x\, dx.$$

Si $n$ es par, escribimos

$$\tan^m x \sec^n x = \tan^m x \sec^{n-2} x \sec^2 x$$

y expresamos $\sec^{n-2} x$ en función de $\tan^2 x$ usando la fórmula $\sec^2 x = \tan^2 x + 1$.

**Ejemplo 4.**

$$\begin{aligned}\int \tan^5 x \sec^4 x\, dx &= \int \tan^5 x \sec^2 x \sec^2 x\, dx \\ &= \int \tan^5 x\ (\tan^2 x + 1)\ \sec^2 x\, dx \\ &= \int \tan^7 x \sec^2 x\, dx + \int \tan^5 x \sec^2 x\, dx \\ &= \tfrac{1}{8}\tan^8 x + \tfrac{1}{6}\tan^6 x + C. \quad \square\end{aligned}$$

Cuando $n$ y $m$ son ambos impares, escribimos

$$\tan^m x \sec^n x = \tan^{m-1} x \sec^{n-1} x \sec x \tan x$$

y expresamos $\tan^{m-1} x$ en función de $\sec^2 x$ usando la fórmula $\tan^2 x = \sec^2 x - 1$.

**Ejemplo 5.**

$$\begin{aligned}\int \tan^5 x \sec^3 x\, dx &= \int \tan^4 x \sec^2 x \sec x \tan x\, dx \\ &= \int (\sec^2 x - 1)^2 \sec^2 x \sec x \tan x\, dx \\ &= \int (\sec^6 x - 2\sec^4 x + \sec^2 x) \sec x \tan x\, dx \\ &= \tfrac{1}{7}\sec^7 x - \tfrac{2}{5}\sec^5 x + \tfrac{1}{3}\sec^3 x + C. \quad \square\end{aligned}$$

Finalmente, si $n$ es impar y $m$ es par, podemos expresar el producto en términos de $\sec x$ e integrar por partes.

**Ejemplo 6.**

$$\int \tan^2 x \sec x \, dx = \int (\sec^2 x - 1) \sec x \, dx$$
$$= \int (\sec^3 x - \sec x) \, dx = \int \sec^3 x \, dx - \int \sec x \, dx.$$

Hemos calculado cada una de estas integrales antes:

$$\int \sec^3 x \, dx = \tfrac{1}{2}\sec x \tan x + \tfrac{1}{2}\ln|\sec x + \tan x| + C$$

y

$$\int \sec x \, dx = \ln|\sec x + \tan x| + C.$$

De ahí que

$$\int \tan^2 x \sec x \, dx = \tfrac{1}{2} \sec x \tan x - \tfrac{1}{2}\ln|\sec x + \tan x| + C. \quad \square$$

Se puede proceder de manera análoga con integrales de $\cot^m x \operatorname{cosec}^n x$.

## EJERCICIOS 8.4

Calcular.

**1.** $\int \tan^2 3x \, dx.$ **2.** $\int \cot^2 5x \, dx.$ **3.** $\int \sec^2 \pi x \, dx.$

**4.** $\int \operatorname{cosec}^2 2x \, dx.$ **5.** $\int \tan^3 x \, dx.$ **6.** $\int \cot^3 x \, dx.$

**7.** $\int \tan^2 x \sec^2 x \, dx.$ **8.** $\int \cot^2 x \operatorname{cosec}^2 x \, dx.$ **9.** $\int \operatorname{cosec}^3 x \, dx.$

**10.** $\int \sec^3 \pi x \, dx.$ **11.** $\int \cot^4 x \, dx.$ **12.** $\int \tan^4 x \, dx.$

**13.** $\int \cot^3 x \operatorname{cosec}^3 x \, dx.$ **14.** $\int \tan^3 x \sec^3 x \, dx.$ **15.** $\int \operatorname{cosec}^4 2x \, dx.$

**16.** $\int \sec^4 3x \, dx.$ **17.** $\int \cot^2 x \operatorname{cosec} x \, dx.$ **18.** $\int \operatorname{cosec}^3 \tfrac{1}{2}x \, dx.$

**19.** $\int \tan^5 3x\, dx$. **20.** $\int \cot^5 2x\, dx$. **21.** $\int \sec^5 x\, dx$.

**22.** $\int \operatorname{cosec}^5 x\, dx$. **23.** $\int \tan^4 x \sec^4 x\, dx$. **24.** $\int \cot^4 x \operatorname{cosec}^4 x\, dx$.

---

## 8.5 INTEGRALES EN LAS CUALES INTERVIENEN $\sqrt{a^2 \pm x^2}$ Y $\sqrt{x^2 \pm a^2}$

Habitualmente, se puede calcular estas integrales mediante una sustitución trigonométrica:

$$\text{para } \sqrt{a^2 - x^2} \quad \text{se hace} \quad a \operatorname{sen} u = x,$$
$$\text{para } \sqrt{a^2 + x^2} \quad \text{se hace} \quad a \tan u = x,$$
$$\text{para } \sqrt{x^2 - a^2} \quad \text{se hace} \quad a \sec u = x.$$

En todos los casos se toma $a > 0$.

**Problema 1.** Hallar

$$\int \frac{dx}{(a^2 - x^2)^{3/2}}.$$

*Solución.* Se hace

$$a \operatorname{sen} u = x, \qquad a \cos u\, du = dx.$$

$$\begin{aligned}
\int \frac{dx}{(a^2 - x^2)^{3/2}} &= \int \frac{a \cos u}{(a^2 - a^2 \operatorname{sen}^2 u)^{3/2}}\, du \\
&= \frac{1}{a^2} \int \frac{\cos u}{\cos^3 u}\, du \\
&= \frac{1}{a^2} \int \sec^2 u\, du \\
&= \frac{1}{a^2} \tan u + C = \frac{x}{a^2 \sqrt{a^2 - x^2}} + C. \quad \square
\end{aligned}$$

**Problema 2.** Hallar

$$\int \sqrt{a^2 + x^2}\, dx.$$

*Solución.* Se hace

$$a \tan u = x, \qquad a \sec^2 u\, du = dx.$$

$$\begin{aligned}
\int \sqrt{a^2 + x^2}\, dx &= \int \sqrt{a^2 + a^2 \tan^2 u}\; a \sec^2 u\, du \\
&= a^2 \int \sqrt{1 + \tan^2 u}\, \sec^2 u\, du \\
&= a^2 \int \sec u \cdot \sec^2 u\, du \\
&= a^2 \int \sec^3 u\, du \\
&\overset{\text{según la sección 8.4}}{=} \frac{a^2}{2}(\sec u \tan u + \ln|\sec u + \tan u|) + C \\
&= \frac{a^2}{2}\left[\frac{\sqrt{a^2 + x^2}}{a}\left(\frac{x}{a}\right) + \ln\left|\frac{\sqrt{a^2 + x^2}}{a} + \frac{x}{a}\right|\right] + C \\
&= \tfrac{1}{2}x\sqrt{a^2 + x^2} + \tfrac{1}{2}a^2 \ln(x + \sqrt{a^2 + x^2}) - \tfrac{1}{2}a^2 \ln a + C.
\end{aligned}$$

$\sqrt{a^2 + x^2}$

$u$

$a$

Podemos absorber la constante $-\frac{1}{2}a^2 \ln a$ en $C$ y escribir

**(8.5.1)** $$\int \sqrt{a^2 + x^2}\, dx = \tfrac{1}{2}x\sqrt{a^2 + x^2} + \tfrac{1}{2}a^2 \ln(x + \sqrt{a^2 + x^2}) + C.$$

Ésta es una de las fórmulas usuales. □

Ahora una ligera variante.

**Problema 3.** Hallar

$$\int \frac{dx}{x\sqrt{4x^2 + 9}}.$$

*Solución.* Hacemos

$$3 \tan u = 2x, \qquad 3 \sec^2 u\, du = 2\, dx.$$

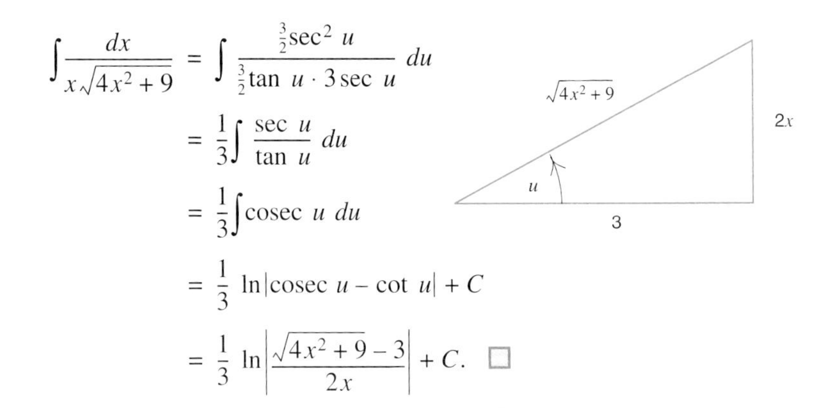


$$\begin{aligned}
\int \frac{dx}{x\sqrt{4x^2+9}} &= \int \frac{\frac{3}{2}\sec^2 u}{\frac{3}{2}\tan u \cdot 3\sec u}\, du \\
&= \frac{1}{3}\int \frac{\sec u}{\tan u}\, du \\
&= \frac{1}{3}\int \operatorname{cosec} u\, du \\
&= \frac{1}{3} \ln|\operatorname{cosec} u - \cot u| + C \\
&= \frac{1}{3} \ln\left|\frac{\sqrt{4x^2+9}-3}{2x}\right| + C. \quad \square
\end{aligned}$$

El siguiente problema requiere que se complete, en primer lugar, el cuadrado bajo el radical.

**Problema 4.** Hallar

$$\int \frac{x}{\sqrt{x^2+2x-3}}\, dx.$$

*Solución.* Primero observamos que

$$\int \frac{x}{\sqrt{x^2+2x-3}}\, dx = \int \frac{x}{\sqrt{(x+1)^2-4}}\, dx.$$

Ahora hacemos

$$2\sec u = x+1, \qquad 2\sec u \tan u = dx.$$

Entonces

$$\begin{aligned}
\int \frac{x}{\sqrt{(x+1)^2-4}}\, dx &= \int \frac{(2\sec u - 1)\, 2\sec u \tan u}{2\tan u}\, du \\
&= \int (2\sec^2 u - \sec u)\, du \\
&= 2\tan u - \ln|\sec u + \tan u| + C \\
&= \sqrt{x^2+2x-3} - \ln\left|\frac{x+1+\sqrt{x^2+2x-3}}{2}\right| + C. \quad \square
\end{aligned}$$

Finalmente, observemos que una sustitución trigonométrica también puede ser un procedimiento efectivo en casos en los cuales el polinomio cuadrático del integrando no está bajo un radical. Como ejemplo, ver la fórmula de reducción (8.2.2).

## EJERCICIOS 8.5

Calcular las integrales siguientes.

**1.** $\displaystyle\int \frac{dx}{\sqrt{a^2 - x^2}}$. **2.** $\displaystyle\int \frac{dx}{(x^2 + 2)^{3/2}}$. **3.** $\displaystyle\int \frac{dx}{(5 - x^2)^{3/2}}$.

**4.** $\displaystyle\int \frac{x}{\sqrt{x^2 - 4}}\, dx$. **5.** $\displaystyle\int \sqrt{x^2 - 1}\, dx$. **6.** $\displaystyle\int \frac{x}{\sqrt{4 - x^2}}\, dx$.

**7.** $\displaystyle\int \frac{x^2}{\sqrt{4 - x^2}}\, dx$. **8.** $\displaystyle\int \frac{x^2}{\sqrt{x^2 - 4}}\, dx$. **9.** $\displaystyle\int \frac{x}{(1 - x^2)^{3/2}}\, dx$.

**10.** $\displaystyle\int \frac{x^2}{\sqrt{4 + x^2}}\, dx$. **11.** $\displaystyle\int \frac{x^2}{(1 - x^2)^{3/2}}\, dx$. **12.** $\displaystyle\int \frac{x}{a^2 + x^2}\, dx$.

**13.** $\displaystyle\int x\sqrt{4 - x^2}\, dx$. **14.** $\displaystyle\int \frac{e^x}{\sqrt{9 - e^{2x}}}\, dx$. **15.** $\displaystyle\int \frac{x^2}{(x^2 + 8)^{3/2}}\, dx$.

**16.** $\displaystyle\int \frac{\sqrt{1 - x^2}}{x^4}\, dx$. **17.** $\displaystyle\int \frac{dx}{x\sqrt{a^2 - x^2}}$. **18.** $\displaystyle\int \frac{dx}{\sqrt{x^2 + a^2}}$.

**19.** $\displaystyle\int \frac{dx}{\sqrt{x^2 - a^2}}$. **20.** $\displaystyle\int \sqrt{a^2 - x^2}\, dx$. **21.** $\displaystyle\int e^x\sqrt{e^{2x} - 1}\, dx$.

**22.** $\displaystyle\int \frac{\sqrt{x^2 - 1}}{x}\, dx$. **23.** $\displaystyle\int \frac{dx}{x^2\sqrt{a^2 + x^2}}$. **24.** $\displaystyle\int \frac{dx}{x^2\sqrt{a^2 - x^2}}$.

**25.** $\displaystyle\int \frac{dx}{x^2\sqrt{x^2 - a^2}}$. **26.** $\displaystyle\int \frac{dx}{e^x\sqrt{4 + e^{2x}}}$. **27.** $\displaystyle\int \frac{dx}{e^x\sqrt{e^{2x} - 9}}$.

**28.** $\displaystyle\int \frac{dx}{\sqrt{x^2 - 2x - 3}}$. **29.** $\displaystyle\int \frac{dx}{(x^2 - 4x + 4)^{3/2}}$. **30.** $\displaystyle\int \frac{x}{\sqrt{6x - x^2}}\, dx$.

**31.** $\displaystyle\int x\sqrt{6x - x^2 - 8}\, dx$. **32.** $\displaystyle\int \frac{x + 2}{\sqrt{x^2 + 4x + 13}}\, dx$. **33.** $\displaystyle\int \frac{x}{(x^2 + 2x + 5)^2}\, dx$.

**34.** $\displaystyle\int \frac{x}{\sqrt{x^2 - 2x - 3}}\, dx$. **35.** $\displaystyle\int \frac{x + 3}{\sqrt{x^2 + 4x + 13}}\, dx$. **36.** $\displaystyle\int x\sqrt{x^2 + 6x}\, dx$.

**37.** $\displaystyle\int \sqrt{6x - x^2 - 8}\, dx$. **38.** $\displaystyle\int \frac{dx}{(4 - x^2)^2}$. **39.** $\displaystyle\int x(8 - 2x - x^2)^{3/2}\, dx$.

**40.** Calcular

$$\int x \operatorname{arcsen} x\, dx.$$

**41.** Calcular la masa y el centro de masa de una varilla que se extiende desde $x = 0$ hasta $x = a > 0$ y cuya densidad de masa es $\lambda(x) = (x^2 + a^2)^{-1/2}$.

**42.** Calcular la masa y el centro de masa de la varilla del ejercicio 41 si su densidad de masa es $\lambda(x) = (x^2 + a^2)^{-3/2}$.

Para los ejercicios 43 – 45, $\Omega$ es la región bajo la curva $y = \sqrt{x^2 - a^2}$, $x \in [a, \sqrt{2}\,a]$.

**43.** Dibujar $\Omega$, hallar su área y determinar su centroide.

**44.** Determinar el volumen del sólido generado al girar $\Omega$ alrededor del eje $x$ y determinar el centroide de dicho sólido.

**45.** Determinar el volumen del sólido generado al girar $\Omega$ alrededor del eje $y$ y determinar el centroide de dicho sólido.

---

## 8.6 ALGUNAS SUSTITUCIONES DE RACIONALIZACIÓN

**Problema 1.** Hallar

$$\int \frac{dx}{1 + \sqrt{x}}.$$

*Solución.* Para transformar el integrando en una función racional, hacemos

$$u^2 = x, \qquad 2u\,du = dx.$$

Con $u = \sqrt{x}$,

$$\begin{aligned}\int \frac{dx}{1 + \sqrt{x}} = \int \frac{2u}{1 + u}\,du &= \int \left(2 - \frac{2}{1 + u}\right) du \\ &= 2u - 2\ln|1 + u| + C \\ &= 2\sqrt{x} - 2\ln|1 + \sqrt{x}| + C. \quad \square\end{aligned}$$

**Problema 2.** Hallar

$$\int \frac{x^{1/2}}{4(1 + x^{3/4})}\,dx.$$

*Solución.* Aquí hacemos

$$u^4 = x, \qquad 4u^3du = dx.$$

Con $u = x^{1/4}$,

$$\int \frac{x^{1/2}}{4\,(1 + x^{3/4})}\,dx = \int \frac{(u^2)\,(4u^3)}{4\,(1 + u^3)}\,du$$
$$= \int \frac{u^5}{1 + u^3}\,du = \int \left(u^2 - \frac{u^2}{1 + u^3}\right) du$$
$$= \tfrac{1}{3}u^3 - \tfrac{1}{3}\ln|1 + u^3| + C$$
$$= \tfrac{1}{3}x^{3/4} - \tfrac{1}{3}\ln|1 + x^{3/4}| + C. \quad \square$$

**Problema 3.** Hallar

$$\int \sqrt{1 - e^x}\,dx.$$

*Solución.* Para transformar el integrando en una función racional, hacemos

$$u^2 = 1 - e^x.$$

Para hallar $dx$ como función de $u$ y $du$, resolvemos la siguiente ecuación en $x$:

$$1 - u^2 = e^x, \qquad \ln(1 - u^2) = x, \qquad -\frac{2u}{1 - u^2}du = dx.$$

El resto es inmediato:

$$\int \sqrt{1 - e^x}\,dx = \int u\left(-\frac{2u}{1 - u^2}\right) du$$
$$= \int \frac{2u^2}{u^2 - 1}\,du = \int \left(2 + \frac{1}{u - 1} - \frac{1}{u + 1}\right) du$$
$$= 2u + \ln|u - 1| - \ln|u + 1| + C$$
$$= 2u + \ln\left|\frac{u - 1}{u + 1}\right| + C$$
$$= 2\sqrt{1 - e^x} + \ln\left|\frac{\sqrt{1 - e^x} - 1}{\sqrt{1 - e^x} + 1}\right| + C. \quad \square$$

## EJERCICIOS 8.6

Calcular las integrales siguientes.

**1.** $\int \frac{dx}{1 - \sqrt{x}}$. **2.** $\int \frac{\sqrt{x}}{1 + x}\,dx$. **3.** $\int \sqrt{1 + e^x}\,dx$.

**4.** $\int \frac{dx}{x\,(x^{1/3} - 1)}$. **5.** $\int x\sqrt{1 + x}\, dx$. [(a) hacer $u^2 = 1 + x$; (b) hacer $u = 1 + x$]

**6.** $\int x^2\sqrt{1 + x}\, dx$. [(a) hacer $u^2 = 1 + x$; (b) hacer $u = 1 + x$] **7.** $\int (x + 2)\sqrt{x - 1}\, dx$.

**8.** $\int (x - 1)\sqrt{x + 2}\, dx$. **9.** $\int \frac{x^3}{(1 + x^2)^3}\, dx$. **10.** $\int x\,(1 + x)^{1/3}\, dx$.

**11.** $\int \frac{\sqrt{x}}{\sqrt{x} - 1}\, dx$. **12.** $\int \frac{x}{\sqrt{x + 1}}\, dx$. **13.** $\int \frac{\sqrt{x - 1} + 1}{\sqrt{x - 1} - 1}\, dx$.

**14.** $\int \frac{1 - e^x}{1 + e^x}\, dx$. **15.** $\int \frac{dx}{\sqrt{1 + e^x}}$. **16.** $\int \frac{dx}{1 + e^{-x}}$.

**17.** $\int \frac{x}{\sqrt{x + 4}}\, dx$. **18.** $\int \frac{x + 1}{x\sqrt{x - 2}}\, dx$. **19.** $\int 2x^2\,(4x + 1)^{-5/2}\, dx$.

**20.** $\int x^2\sqrt{x - 1}\, dx$. **21.** $\int \frac{x}{(ax + b)^{3/2}}\, dx$. **22.** $\int \frac{x}{\sqrt{ax + b}}\, dx$.

---

## 8.7 INTEGRACIÓN NUMÉRICA

Para calcular una integral definida mediante la fórmula

$$\int_a^b f(x)\, dx = F(b) - F(a)$$

hemos de ser capaces, primero, de hallar una antiderivada $F$ y, luego de calcular sus valores en los puntos $a$ y $b$. Cuando esto no es posible, el método falla.

El método falla incluso para integrales de aspecto tan sencillo como las siguientes:

$$\int_0^1 \sqrt{x}\ \text{sen}\ x\, dx \quad \text{y} \quad \int_0^1 e^{-x^2}\, dx.$$

No existen *funciones elementales* cuyas derivadas sean $\sqrt{x}$ sen $x$ y $e^{-x^2}$.

Consideraremos ahora algunos métodos numéricos sencillos que permiten evaluar integrales definidas —métodos que se pueden usar aunque uno no sepa hallar una antiderivada. Todos los procedimientos que describimos utilizan solamente aritmética elemental y son perfectamente apropiados para su implementación en el ordenador.

Centremos nuestra atención en

$$\int_a^b f(x)\, dx.$$

Como de costumbre, suponemos que $f$ es continua en $[a, b]$ y, para simplificar nuestras figuras, que es positiva. Empezamos dividiendo $[a, b]$ en $n$ subintervalos, cada uno de los cuales tiene longitud $(b - a)/n$:

$$[a, b] = [x_0, x_1] \cup \ldots \cup [x_{i-1}, x_i] \cup \ldots \cup [x_{n-1}, x_n],$$

con

$$\Delta x_i = \frac{b-a}{n}.$$

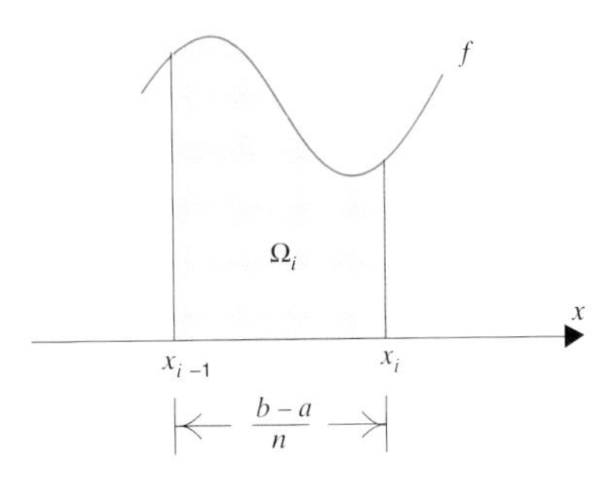


Figura 8.7.1

La región $\Omega_i$ representada en la figura 8.7.1 puede aproximarse de varios modos.

(1) Por medio del rectángulo correspondiente al extremo izquierdo del subintervalo (figura 8.7.2):

$$\text{área} = f(x_{i-1})\Delta x_i$$
$$= f(x_{i-1})\left(\frac{b-a}{n}\right).$$

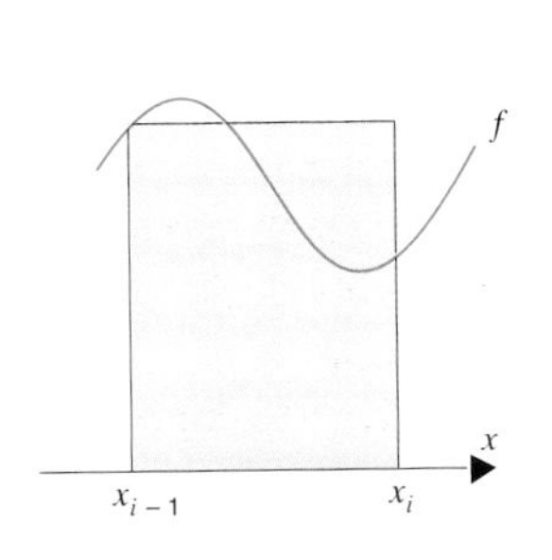


Figura 8.7.2

(2) Por medio del rectángulo correspondiente al extremo derecho del intervalo (figura 8.7.3):

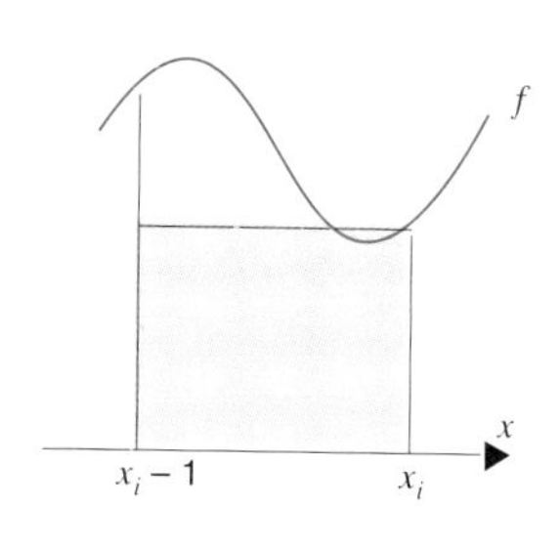


$$\begin{aligned}\text{área} &= f(x_i)\Delta x_i \\ &= f(x_i)\left(\frac{b-a}{n}\right).\end{aligned}$$

Figura 8.7.3

(3) Por medio del rectángulo correspondiente al punto intermedio (figura 8.7.4):

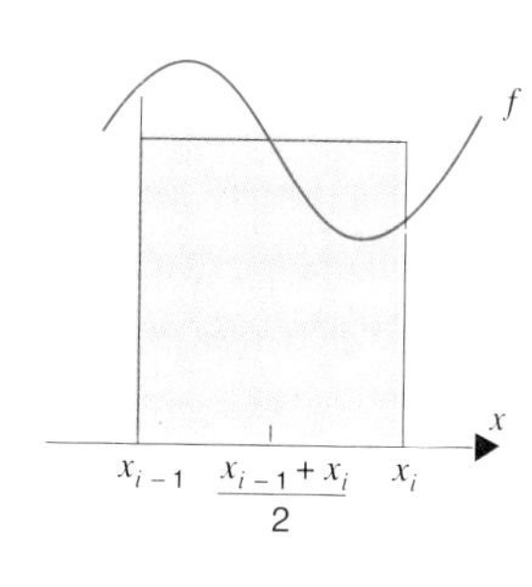


$$\begin{aligned}\text{área} &= f\left(\frac{x_{i-1}+x_i}{2}\right)\Delta x_i \\ &= f\left(\frac{x_{i-1}+x_i}{2}\right)\left(\frac{b-a}{n}\right).\end{aligned}$$

Figura 8.7.4

(4) Por medio de un trapecio (Figura 8.7.5):

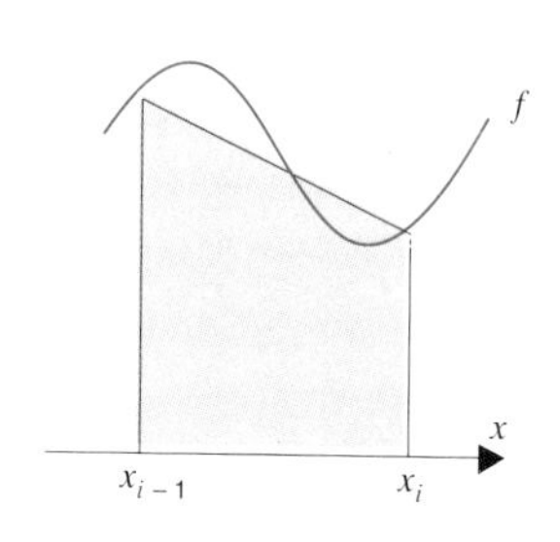


$$\begin{aligned}\text{área} &= \frac{1}{2}\left[f(x_{i-1}) + f(x_i)\right]\Delta x_i \\ &= \frac{1}{2}\left[f(x_{i-1}) + f(x_i)\right]\left(\frac{b-a}{n}\right).\end{aligned}$$

Figura 8.7.5

(5) Por medio de una región parabólica (figura 8.7.6): se toma la parábola $y = Ax^2 + Bx + C$ que pasa por los tres puntos indicados.

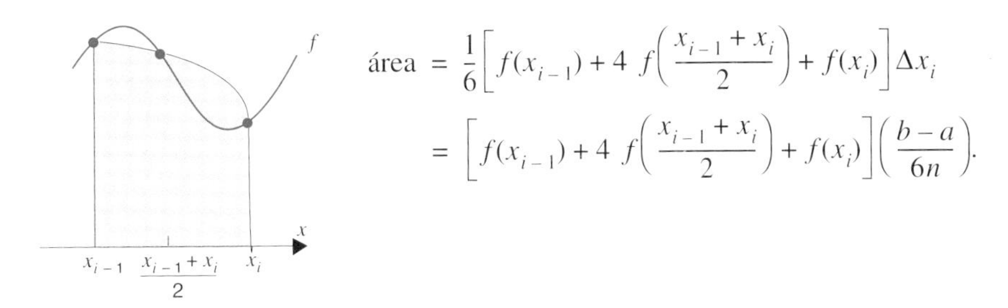


$$\text{área} = \frac{1}{6}\left[f(x_{i-1}) + 4\,f\left(\frac{x_{i-1}+x_i}{2}\right) + f(x_i)\right]\Delta x_i$$

$$= \left[f(x_{i-1}) + 4\,f\left(\frac{x_{i-1}+x_i}{2}\right) + f(x_i)\right]\left(\frac{b-a}{6n}\right).$$

**Figura 8.7.6**

El lector podrá comprobar esta fórmula haciendo los ejercicios 7 y 8. (Si los tres puntos están alineados, la parábola degenera en una recta y la región parabólica se convierte en un trapecio. En este caso, la fórmula da el área del trapecio.)

Las aproximaciones de $\Omega_i$ que acabamos de considerar dan lugar a las siguientes estimaciones para

$$\int_a^b f(x)\,dx.$$

(1) La estimación del extremo izquierdo del subintervalo:

$$L_n = \frac{b-a}{n}\,[\,f(x_0) + f(x_1) + \ldots + f(x_{n-1})].$$

(2) La estimación del extremo derecho del subintervalo:

$$R_n = \frac{b-a}{n}\,[\,f(x_1) + f(x_2) + \ldots + f(x_n)]\,.$$

(3) La estimación del punto intermedio:

$$M_n = \frac{b-a}{n}\left[f\left(\frac{x_0+x_1}{2}\right) + \ldots + f\left(\frac{x_{n-1}+x_n}{2}\right)\right].$$

(4) La estimación trapezoidal (*regla del trapecio*):

$$T_n = \frac{b-a}{n}\left[\frac{f(x_0)+f(x_1)}{2} + \frac{f(x_1)+f(x_2)}{2} + \ldots + \frac{f(x_{n-1})+f(x_n)}{2}\right]$$

$$= \frac{b-a}{2n}\,[\,f(x_0) + 2f(x_1) + \ldots + 2f(x_{n-1}) + f(x_n)].$$

(5) La estimación parabólica (*regla de Simpson*):

$$S_n = \frac{b-a}{6n}\left\{f(x_0) + f(x_n) + 2\,[f(x_1) + \ldots + f(x_{n-1})] + 4\left[f\left(\frac{x_0 + x_1}{2}\right) + \ldots + f\left(\frac{x_{n-1} + x_n}{2}\right)\right]\right\}.$$

Las tres primeras estimaciones, $L_n$, $R_n$, $M_n$ son sumas de Riemann (sección 5.13). $T_n$ y $S_n$, aunque no definidas explícitamente como sumas de Riemann, también pueden escribirse como tales (ver ejercicio 18.) Se deduce de 5.13.1 que cada una de estas estimaciones puede usarse para aproximar la integral con tanta precisión como se quiera. Todo lo que hemos de hacer es tomar $n$ suficientemente grande.

Como ejemplo, hallemos el valor aproximado de

$$\ln 2 = \int_1^2 \frac{dx}{x}$$

aplicando cada una de las cinco estimaciones. Aquí

$$f(x) = \frac{1}{x}, \qquad [a, b] = [1, 2].$$

Tomando $n = 5$, tenemos

$$\frac{b-a}{n} = \frac{2-1}{5} = \frac{1}{5}.$$

Los puntos de la partición son

$$x_0 = \tfrac{5}{5}, \quad x_1 = \tfrac{6}{5}, \quad x_2 = \tfrac{7}{5}, \quad x_3 = \tfrac{8}{5}, \quad x_4 = \tfrac{9}{5}, \quad x_5 = \tfrac{10}{5}.$$

Las cinco estimaciones son entonces las siguientes :

$$L_5 = \tfrac{1}{5}\left(\tfrac{5}{5} + \tfrac{5}{6} + \tfrac{5}{7} + \tfrac{5}{8} + \tfrac{5}{9}\right) = \left(\tfrac{1}{5} + \tfrac{1}{6} + \tfrac{1}{7} + \tfrac{1}{8} + \tfrac{1}{9}\right) \cong 0{,}75,$$

$$R_5 = \tfrac{1}{5}\left(\tfrac{5}{6} + \tfrac{5}{7} + \tfrac{5}{8} + \tfrac{5}{9} + \tfrac{5}{10}\right) = \left(\tfrac{1}{6} + \tfrac{1}{7} + \tfrac{1}{8} + \tfrac{1}{9} + \tfrac{1}{10}\right) \cong 0,65,$$

$$M_5 = \tfrac{1}{5}\left(\tfrac{10}{11} + \tfrac{10}{13} + \tfrac{10}{15} + \tfrac{10}{17} + \tfrac{10}{19}\right) = 2\left(\tfrac{1}{11} + \tfrac{1}{13} + \tfrac{1}{15} + \tfrac{1}{17} + \tfrac{1}{19}\right) \cong 0,69,$$

$$T_5 = \tfrac{1}{10}\left(\tfrac{5}{5} + \tfrac{10}{6} + \tfrac{10}{7} + \tfrac{10}{8} + \tfrac{10}{9} + \tfrac{5}{10}\right) = \left(\tfrac{1}{10} + \tfrac{1}{6} + \tfrac{1}{7} + \tfrac{1}{8} + \tfrac{1}{9} + \tfrac{1}{20}\right) \cong 0,70,$$

$$S_5 = \tfrac{1}{30}\left[\tfrac{5}{5} + \tfrac{5}{10} + 2\left(\tfrac{5}{6} + \tfrac{5}{7} + \tfrac{5}{8} + \tfrac{5}{9}\right) + 4\left(\tfrac{10}{11} + \tfrac{10}{13} + \tfrac{10}{15} + \tfrac{10}{17} + \tfrac{10}{19}\right)\right] \cong 0,69.$$

Dado que el integrando $1/x$ decrece en todo el intervalo $[1, 2]$, se puede esperar que la estimación del extremo izquierdo, 0,75, sea demasiado grande, mientras que la estimación del extremo derecho, 0,65 será demasiado pequeña. Las otras estimaciones deben de ser mejores.

La tabla 1, al final del libro, da $\ln 2 \cong 0{,}693$. La estimación 0,69 es correcta redondeada hasta las centésimas.

**Problema 1.** Hallar el valor aproximado de

$$\int_0^2 \sqrt{4 + x^3}\, dx$$

mediante la regla del trapecio. Tomar $n = 4$.

*Solución.* Cada subintervalo tiene longitud

$$\frac{b-a}{n} = \frac{2-0}{4} = \frac{1}{2}.$$

Los puntos de la partición son

$$x_0 = 0, \quad x_1 = \tfrac{1}{2}, \quad x_2 = 1, \quad x_3 = \tfrac{3}{2}, \quad x_4 = 2.$$

Consecuentemente

$$T_4 = \tfrac{1}{4}[f(0) + 2f(\tfrac{1}{2}) + 2f(1) + 2f(\tfrac{3}{2}) + f(2)].$$

Tomando una calculadora y redondeando hasta la tercera decimal, tenemos

$$f(0) = 2{,}000, \quad f(\tfrac{1}{2}) \cong 2{,}031, \quad f(1) \cong 2{,}236, \quad f(\tfrac{3}{2}) \cong 2{,}716, \quad f(2) \cong 3{,}464.$$

Luego

$$T_4 \cong \tfrac{1}{4}(2{,}000 + 4{,}062 + 4{,}472 + 5{,}432 + 3{,}464) \cong 4{,}858. \quad \square$$

**Problema 2.** Hallar el valor aproximado de

$$\int_0^2 \sqrt{4 + x^3}\, dx$$

por la regla de Simpson. Tomar $n = 2$.

*Solución.* Hay dos intervalos cada uno de los cuales tiene longitud igual a

$$\frac{b-a}{n} = \frac{2-0}{2} = 1.$$

Aquí

$$x_0 = 0, \quad x_1 = 1, \quad x_2 = 2 \quad \text{y} \quad \frac{x_0 + x_1}{2} = \frac{1}{2}, \quad \frac{x_1 + x_2}{2} = \frac{3}{2}.$$

La regla de Simpson nos da

$$S_2 = \tfrac{1}{6}[f(0) + f(2) + 2f(1) + 4f(\tfrac{1}{2}) + 4f(\tfrac{3}{2})],$$

lo cual, a la vista de las estimaciones de la raíz cuadrada dadas en el último problema, nos da

$$S_2 \cong \tfrac{1}{6}(2{,}000 + 3{,}464 + 4{,}472 + 8{,}124 + 10{,}864) \cong 4{,}821. \quad \square$$

### Cálculo de errores

Una estimación numérica sólo es útil en la medida en que podemos determinar cuán próxima al valor real es. Al usar cualquier procedimiento de aproximación, nos enfrentamos a dos tipos de error: el error inherente al método que usamos (se le llama *error teórico*) y el error que acumulamos en los redondeos sucesivos de los decimales que surgen a lo largo del cálculo (a este se le llama *error de redondeo*). La naturaleza del error de redondeo es obvia. Hablaremos primero del error teórico.

Empezamos con una función $f$ continua y creciente en $[a, b]$. Subdividimos $[a, b]$ en $n$ intervalos que no se solapan, cada uno de ellos de longitud $(b - a)/n$. Queremos un valor aproximado de

$$\int_a^b f(x)\, dx$$

por el método del extremo izquierdo. ¿Cuál es el error teórico? Queda claro, por la figura 8.7.7, que el error teórico está acotado superiormente por

$$[f(b) - f(a)]\left(\frac{b-a}{n}\right). \tag{1}$$

El error está representado por la suma de las áreas de las regiones sombreadas. Cuando se trasladan hacia la derecha, todas estas regiones caben dentro de un rectángulo de altura $f(b) - f(a)$ y base $(b - a)/n$.

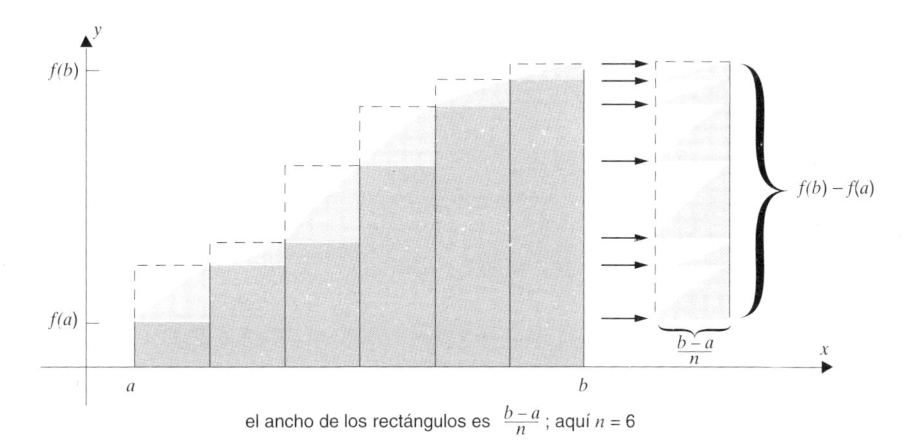


Figura 8.7.7

Un razonamiento similar demuestra que, en las mismas circunstancias, el error teórico asociado al método del trapecio está acotado por

(2) $$\frac{1}{2}\left[f(b) - f(a)\right]\left(\frac{b-a}{n}\right).$$

En este contexto, el método del trapecio resulta mejor que el anterior.

Podemos mejorar (2) considerablemente, incluso eliminando la condición de que $f$ sea creciente. Se demuestra en los textos de análisis numérico, que si $f$ es dos veces diferenciable, el error teórico del método del trapecio puede escribirse como

**(8.7.1)** $$\frac{(b-a)^3}{12n^2}\, f''(c)$$

donde $c$ es un número entre $a$ y $b$. Normalmente no se puede añadir ninguna información más acerca de $c$. Sin embargo, como veremos más adelante, (8.7.1) resulta ser un instrumento valioso.

Recordemos la estimación mediante la regla del trapecio

$$\int_1^2 \frac{dx}{x} \cong 0{,}70.$$

Llegamos a ella haciendo $n = 5$. Aplicaremos (8.7.1) para hallar el error teórico. Aquí

$$f(x) = \frac{1}{x}, \qquad f'(x) = -\frac{1}{x^2}, \qquad f''(x) = \frac{2}{x^3}.$$

Con $a = 1$ y $b = 2$, tenemos $c$ entre 1 y 2. Dado que $n = 5$,

$$\left|\frac{(b-a)^3}{12n^2} f''(c)\right| = \frac{1}{300}\frac{2}{c^3} \underset{c>1}{<} \frac{1}{150} < 0{,}007.$$

Luego la estimación 0,70 tiene un error teórico menor que 0,0007.

Para obtener una estimación de

$$\int_1^2 \frac{dx}{x}$$

exacta hasta la cuarta cifra decimal, necesitamos que

$$\left|\frac{(b-a)^3}{12n^2} f''(c)\right| < 0{,}00005. \tag{3}$$

Como

$$\left|\frac{(b-a)^3}{12n^2} f''(c)\right| \leq \frac{1}{12n^2}\frac{2}{c^3} < \frac{1}{6n^2},$$

podemos garantizar que (3) se cumple asegurando que

$$\frac{1}{6n^2} < 0{,}00005.$$

Como se podrá comprobar esto exige que $n$ sea mayor que 57.

La regla de Simpson es todavía más efectiva que la del trapecio. El error teórico para la regla de Simpson puede escribirse

$$\frac{(b-a)^5}{180n^4} f^{(4)}(c) \tag{8.7.2}$$

donde, como anteriormente, $c$ es un número entre $a$ y $b$. Mientras que (8.7.1) varía como $1/n^2$, esta cantidad varía como $1/n^4$. Luego para un mismo $n$ comparable podemos esperar una mayor precisión con la regla de Simpson.

Por último, unas palabras acerca del error de redondeo. Todo procedimiento numérico requiere una consideración cuidadosa del error de redondeo. Para ilustrar este punto, retomaremos nuestra estimación de

$$\int_1^2 \frac{dx}{x},$$

mediante la regla del trapecio, tomando de nuevo $n = 5$ pero haciendo, esta vez, la hipótesis de que nuestra calculadora sólo trabaja con dos números significativos. Como anteriormente,

$$(3) \qquad \int_1^2 \frac{dx}{x} \cong \tfrac{1}{10}\left[\tfrac{1}{1} + 2\left(\tfrac{5}{6}\right) + 2\left(\tfrac{5}{7}\right) + 2\left(\tfrac{5}{8}\right) + 2\left(\tfrac{5}{9}\right) + \left(\tfrac{1}{2}\right)\right].$$

Ahora, nuestra limitada máquina de redondear se pone a trabajar:

$$\begin{aligned}\int_1^2 \frac{dx}{x} &\cong (0{,}10)\left[(1{,}0) + 2(0{,}83) + 2(0{,}71) + 2(0{,}62) + 2(0{,}44) + (0{,}50)\right]\\ &\text{“}=\text{”}\,(0{,}10)\left[(1{,}0) + (1{,}7) + (1{,}4) + (1{,}2) + (0{,}88) + (0{,}50)\right]\\ &= (0{,}10)\,[6{,}7] = 0{,}67.\end{aligned}$$

Más arriba hemos usado (8.7.1) para demostrar que el error cometido en la estimación (3) es menor que 0,0007 y hemos hallado 0,70 como aproximación. Ahora, con nuestra limitada máquina de redondear, hemos simplificado (3) de una manera distinta y hemos obtenido 0,67 como aproximación. El error aparente, debido al redondeo tosco, $0{,}70 - 0{,}67 = 0{,}03$, supera el error del propio procedimiento de aproximación. La lección ha de quedar clara: el error de redondeo es importante.

## EJERCICIOS 8.7

**1. (Calculadora)** Estimar

$$\int_0^{12} x^2\, dx$$

usando (a) la estimación del extremo izquierdo, $n = 12$; (b) la estimación del extremo derecho, $n = 12$; (c) la estimación del punto intermedio, $n = 6$; (d) la estimación trapezoidal, $n = 12$; (e) la regla de Simpson, $n = 6$. Compruebe los resultados calculando la integral.

2. **(Calculadora)** Estimar

$$\int_0^1 \operatorname{sen}^2 \pi x \, dx$$

usando (a) la estimación del punto intermedio, $n = 3$; (b) la regla del trapecio, $n = 6$; (c) la regla de Simpson, $n = 3$. Comprobar los resultados calculando la integral.

3. **(Calculadora)** Estimar

$$\int_0^3 \frac{dx}{1 + x^3}$$

usando (a) la estimación del extremo izquierdo, $n = 6$; (b) la estimación del extremo derecho, $n = 6$; (c) la estimación del punto intermedio, $n = 3$; (d) la estimación trapezoidal, $n = 6$; (e) la regla de Simpson, $n = 3$.

4. **(Calculadora)** Estimar

$$\int_0^\pi \frac{\operatorname{sen} x}{\pi + x} \, dx$$

usando (a) la regla del trapecio, $n = 6$; (b) la regla de Simpson, $n = 3$.

5. **(Calculadora)** Hallar el valor aproximado de $\pi$ estimando la integral

$$\frac{\pi}{4} = \arctan 1 = \int_0^1 \frac{dx}{1 + x^2}$$

usando (a) la regla del trapecio, $n = 4$; (b) la regla de Simpson, $n = 4$.

6. **(Calculadora)** Estimar

$$\int_0^2 \frac{dx}{\sqrt{4 + x^3}}$$

usando (a) la regla del trapecio, $n = 4$; (b) la regla de Simpson, $n = 2$.

7. Demostrar que existe una y solamente una curva de la forma $y = Ax^2 + Bx + C$ que pase por tres puntos dados con abscisas dos a dos distintas.

8. Demostrar que la función $g(x) = Ax^2 + Bx + C$ verifica la condición

$$\int_a^b g(x)dx = \frac{b - a}{6}\left[g(a) + 4g\left(\frac{a + b}{2}\right) + g(b)\right]$$

para todo intervalo $[a, b]$.

**(Calculadora)** Determinar los valores de $n$ para los cuales se puede garantizar un error teórico inferior a $\epsilon$ si la integral es estimada mediante (a) la regla del trapecio; (b) la regla de Simpson.

9. $\int_1^4 \sqrt{x} \, dx$; $\epsilon = 0{,}01$.

10. $\int_1^3 x^5 \, dx$; $\epsilon = 0{,}01$.

11. $\int_1^4 \sqrt{x} \, dx$; $\epsilon = 0{,}00001$.

12. $\int_1^3 x^5 \, dx$; $\epsilon = 0{,}00001$.

**13.** $\int_0^{\pi} \operatorname{sen} x \, dx; \quad \epsilon = 0{,}001.$

**14.** $\int_0^{\pi} \cos x \, dx; \quad \epsilon = 0{,}001.$

**15.** $\int_1^3 e^x \, dx; \quad \epsilon = 0{,}01.$

**16.** $\int_1^e \ln x \, dx; \quad \epsilon = 0{,}01.$

**17.** Demostrar que la regla de Simpson es exacta (error teórico nulo) para todo polinomio de grado igual a tres o menor.

**18.** Demostrar que, si $f$ es continua, $T_n$ y $S_n$ pueden ser escritos ambos como sumas de Riemann.
SUGERENCIA: tanto

$$\frac{1}{2}[f(x_{i-1}) + f(x_i)] \quad \text{como} \quad \frac{1}{6}\left[f(x_{i-1}) + 4f\left(\frac{x_{i-1} + x_i}{2}\right) + f(x_i)\right]$$

están comprendidos entre $m_i$ y $M_i$, el mínimo y el máximo de $f$ en $[x_{i-1}, x_i]$

---

## Integración numérica mediante la regla del trapecio y la de Simpson (BASIC)

Como los programas anteriores de integración numérica mediante sumas de Riemann, estos programas ofrecen una alternativa práctica al método consistente en calcular integrales por medio de las antiderivadas. El lector podrá aplicar los dos procedimientos a una integral cuyo valor conozca para comprobar cuál de los dos da el mejor resultado partiendo de subintervalos de misma longitud.

```
10 REM Numerical integration via the trapezoidal rule
20 REM copyright © Colin C. Graham 1988-1989

30 REM change the line "def FNf(x) = ..."
40 REM to fit your function

50 DEF FNf(x) = 4/(1 + x*x)

100 INPUT "Enter left endpoint"; a
120 INPUT "Enter right endpoint"; b
130 INPUT "Enter number of divisions"; n

200 delta = (b – a)/n
210 integral = 0

300 FOR j = 1 TO n – 1
310     integral = integral + FNf(a+j*delta)*delta
320 NEXT j
330 integral = integral + delta*(FNf(a) + FNf(b))/2

400 PRINT integral

510 INPUT "Do again? (Y/N)"; a$
520 IF a$ = "Y" OR a$ = "y" THEN 100
530 END
```

```
10 REM Numerical integration via Simpson's rule
20 REM copyright © Colin C. Graham 1988-1989
30 REM change the line "def FNf(x) = ..."
40 REM to fit your function
50 DEF FNf(x) = 4/(1 + x*x)
100 INPUT "Enter left endpoint"; a
110 INPUT "Enter right endpoint"; b
120 INPUT "Enter one-half number of divisions"; n
200 n = 2*n
210 delta = (b – a)/n
220 evenones = 0
230 oddones = 0
300 FOR j = 1 TO n – 1 STEP 2
310     oddones = oddones + FNf(a + j*delta)*delta
320 NEXT j
330 FOR j = 2 TO n – 2 STEP 2
340     evenones = evenones + FNf(a + j*delta)*delta
350 NEXT j
360 integral = 4*oddones + 2*evenones
370 integral = (integral + delta*(FNf(a) + FNf(b)))/3
400 PRINT integral
500 INPUT "Do again?(Y/N)"; a$
510 IF a$ = "Y" OR a$ = "y" THEN 100
520 END
```

## 8.8 EJERCICIOS ADICIONALES

Calcular las integrales siguientes y comprobar los resultados mediante diferenciación.

**1.** $\int 10^{nx}\, dx.$ **2.** $\int \tan\left(\frac{\pi}{n}x\right) dx.$ **3.** $\int \sqrt{2x+1}\, dx.$

**4.** $\int x\sqrt{2x+1}\, dx.$ **5.** $\int e^x \tan e^x\, dx.$ **6.** $\int \frac{\operatorname{sen}\sqrt{x}}{\sqrt{x}}\, dx.$

**7.** $\int \frac{dx}{a^2x^2+b^2}.$ **8.** $\int \operatorname{sen} 2x \cos x\, dx.$ **9.** $\int \ln(x\sqrt{x})\, dx.$

**10.** $\int \sec 2x\, dx.$ **11.** $\int \frac{x^3}{\sqrt{1+x^2}}\, dx.$ **12.** $\int x2^x dx.$

**13.** $\int \operatorname{sen}^2\left(\frac{\pi}{n}x\right) dx.$ **14.** $\int \frac{dx}{x^3-1}.$ **15.** $\int \frac{dx}{a\sqrt{x}+b}.$

**16.** $\int (1-\sec x)^2\, dx.$ **17.** $\int \frac{\operatorname{sen} 3x}{2+\cos 3x}\, dx.$ **18.** $\int \frac{\sqrt{a-x}}{\sqrt{a+x}}\, dx.$ $(a>0)$

19. $\int \frac{\text{sen } x}{\cos^3 x}\, dx.$

20. $\int \frac{\cos x}{\text{sen}^3 x}\, dx.$

21. $\int \frac{dx}{2x^2 - 2x + 1}.$

22. $\int \frac{dx}{\text{sen } x \cos x}.$

23. $\int \frac{\sqrt{a + x}}{\sqrt{a - x}}\, dx.$

24. $\int a^{2x}\, dx.$

25. $\int \frac{\sqrt{a^2 - x^2}}{x^2}\, dx.$

26. $\int \ln \sqrt{x + 1}\, dx.$

27. $\int \frac{x}{(x + 1)^2}\, dx.$

28. $\int \frac{\text{sen}^5 x}{\cos^7 x}\, dx.$

29. $\int \frac{1 - \text{sen } 2x}{1 + \text{sen } 2x}\, dx.$

30. $\int \ln (ax + b)\, dx.$

31. $\int x \ln (ax + b)\, dx.$

32. $\int (\tan x + \cot x)^2 dx.$

33. $\int \frac{dx}{\sqrt{x + 1} - \sqrt{x}}.$

34. $\int \frac{e^{-\sqrt{x}}}{\sqrt{x}}\, dx.$

35. $\int \frac{x^2}{1 + x^2}\, dx.$

36. $\int \sqrt{\frac{x^2}{9} - 1}\, dx.$

37. $\int \frac{-x^2}{\sqrt{1 - x^2}}\, dx.$

38. $\int e^x \text{sen } \pi x\, dx.$

39. $\int \text{senh}^2 x\, dx.$

40. $\int 2x \text{ senh } x\, dx.$

41. $\int e^{-x} \cosh x\, dx.$

42. $\int x \ln \sqrt{x^2 + 1}\, dx.$

43. $\int x \arctan (x - 3)\, dx.$

44. $\int \frac{dx}{2 - \sqrt{x}}.$

45. $\int \frac{2}{x(1 + x^2)}\, dx.$

46. $\int \frac{dx}{\sqrt{2x - x^2}}.$

47. $\int \frac{\cos^4 x}{\text{sen}^2 x}\, dx.$

48. $\int \frac{x - 3}{x^2 (x + 1)}\, dx.$

49. $\int \frac{\sqrt{x^2 + 4}}{x}\, dx.$

50. $\int \frac{e^x}{\sqrt{e^x + 1}}\, dx.$

51. $\int \frac{dx}{x\sqrt{9 - x^2}}.$

52. $\int \frac{dx}{e^x - 2e^{-x}}.$

53. $\int \ln (1 - \sqrt{x})\, dx.$

54. $\int x \tan^2 \pi x\, dx.$

55. $\int \frac{dx}{\sqrt{1 - e^{2x}}}.$

56. $\int \frac{\cos 2x}{\cos x}\, dx.$

57. $\int \frac{\sec^3 x}{\tan x}\, dx.$

58. $\int \text{sen}^3 x \sec x\, dx.$

59. $\int \frac{\text{sen } 4x}{\text{sen } x}\, dx.$

60. $\int \frac{x^2 + x}{\sqrt{1 - x^2}}\, dx.$

61. $\int \text{sen}^5 \left(\frac{x}{2}\right) dx.$

62. $\int \text{cosec } x \tan x\, dx.$

63. $\int \cot^2 x \sec x\, dx.$

64. $\int \sec^3 x \text{ sen } x\, dx.$

65. $\int \frac{\text{sen } x}{\text{sen } 2x}\, dx.$

66. $\int \frac{x^2}{\sqrt{3 - 2x - x^2}}\, dx.$

67. $\int x^2 \arcsen x\, dx.$

68. $\int \frac{x + 3}{\sqrt{x^2 + 2x - 8}}\, dx.$

69. $\int x\sqrt{x^2 + 2x - 8}\, dx.$

70. $\int x^2 \arctan x\, dx.$

71. $\int (\text{sen}^2 x - \cos x)^2\, dx.$

72. $\int \text{sen } 2x \cos 3x\, dx.$

73. $\int \frac{3}{\sqrt{2 - 3x - 4x^2}}\, dx.$

74. $\int \left( \frac{x}{\sqrt{a^2 - x^2}} - \frac{\sqrt{a^2 - x^2}}{x} \right) dx.$

## RESUMEN DEL CAPÍTULO

### 8.1 Repaso

Una tabla de integrales aparece en las cubiertas interiores del libro.

### 8.2 Fracciones simples

Se puede integrar cualquier función racional escribiéndola como suma de un polinomio (que puede ser idénticamente nulo) y de fracciones de la forma

$$\frac{A}{(x-\alpha)^k} \quad \text{y} \quad \frac{Bx+C}{(x^2+\beta x+\gamma)^k}.$$

fuerzas que dependen de la velocidad (p. 557)

### 8.3 Potencias y productos de senos y cosenos

Se puede calcular integrales de la forma

$$\int \operatorname{sen}^m x \cos^n x \, dx$$

usando la identidad elemental $\operatorname{sen}^2 x + \cos^2 x = 1$ y las fórmulas del ángulo doble

$$\operatorname{sen} x \cos x = \tfrac{1}{2}\operatorname{sen} 2x, \qquad \operatorname{sen}^2 x = \tfrac{1}{2} - \tfrac{1}{2}\cos 2x, \qquad \cos^2 x = \tfrac{1}{2} + \tfrac{1}{2}\cos 2x.$$

### 8.4 Otras potencias trigonométricas

Las herramientas básicas para calcular tales integrales son las identidades

$$1 + \tan^2 x = \sec^2 x, \qquad 1 + \cot^2 x = \operatorname{cosec}^2 x$$

y la integración por partes.

### 8.5 Integrales en las cuales intervienen $\sqrt{a^2 \pm x^2}$ y $\sqrt{x^2 \pm a^2}$

Se calcula habitualmente estas integrales mediante una sustitución trigonométrica:

$$\text{para } \sqrt{a^2 - x^2} \text{ se hace } a \operatorname{sen} u = x,$$
$$\text{para } \sqrt{a^2 + x^2} \text{ se hace } a \tan u = x,$$
$$\text{para } \sqrt{x^2 - a^2} \text{ se hace } a \sec u = x.$$

Algunas veces es preciso empezar completando el cuadrado bajo el radical. (p. 570)

En algunos casos en los cuales el polinomio de segundo grado del integrando no está bajo radical, también puede resultar efectiva una sustitución trigonométrica.

### 8.6 Algunas sustituciones de racionalización

## 8.7 Integración numérica

estimaciones del extremo izquierdo, del extremo derecho y del punto intermedio; regla del trapecio y regla de Simpson (pp. 577 y 578)
el error teórico en la regla del trapecio varía como $1/n^2$
el error teórico en la regla de Simpson varía como $1/n^4$
error de redondeo (p. 583)

## 8.8 Ejercicios adicionales

9

# Secciones cónicas

## 9.1 INTRODUCCIÓN

Si se corta por un plano un "doble cono circular recto", la intersección resultante recibe el nombre de *sección cónica* o, más brevemente, *cónica*. En la figura 9.1.1 hemos representado tres casos importantes.

Eligiendo un plano perpendicular al eje del cono podemos obtener un círculo. Las otras posibilidades son un punto, una recta, o un par de rectas. Intente visualizarlo.

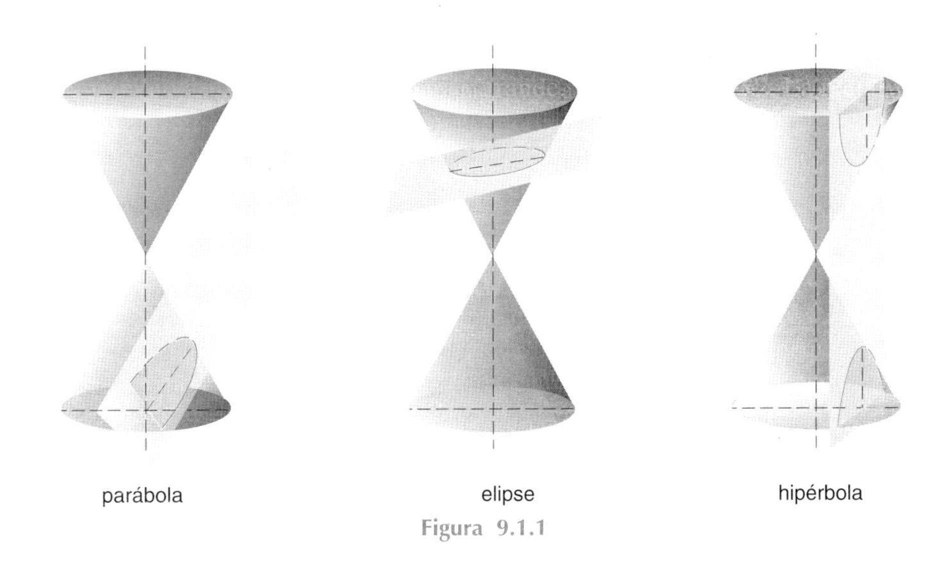


Figura 9.1.1

Esta aproximación tridimensional a las secciones cónicas se remonta a Apolonio de Perga, un griego del siglo III a.d. C. Escribió ocho libros sobre el tema.

Tomaremos un punto de vista distinto. Definiremos la parábola, la elipse y la hipérbola enteramente en términos de la geometría plana. Pero primero haremos algunas consideraciones preliminares.

## 9.2 TRASLACIONES; DISTANCIA DE UN PUNTO A UNA RECTA

En la figura 9.2.1 hemos representado un sistema de coordenadas rectangular y hemos marcado un punto $O'(x_0, y_0)$. Imaginemos el sistema $Oxy$ como un marco rígido que se desliza sobre el plano sin girar hasta que el origen $O$ coincide con el punto $O'$ (figura 9.2.2). Este movimiento, llamado *traslación*, produce un nuevo sistema de coordenadas $O'XY$.

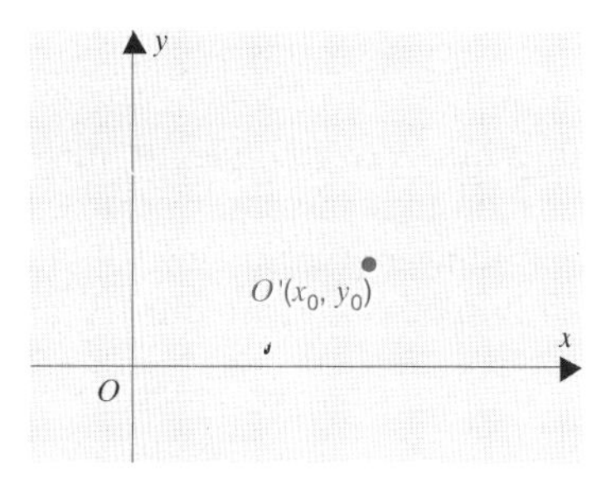


Figura 9.2.1

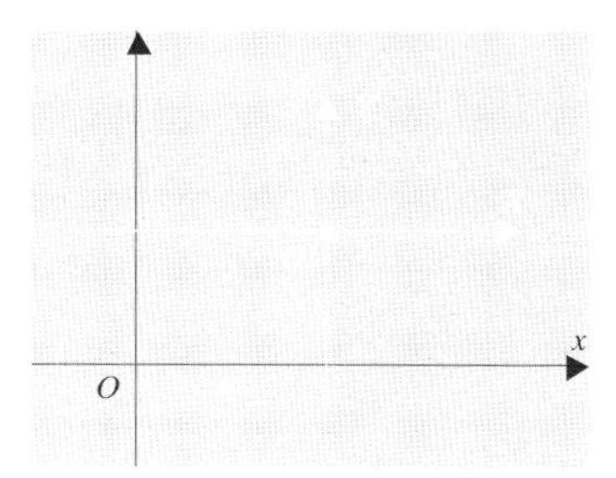


Figura 9.2.2

Un punto $P$ tiene ahora dos pares de coordenadas: un par $(x, y)$ con respecto al sistema $Oxy$ y otro $(X, Y)$ con respecto al sistema $O'XY$. (Figura 9.2.3.) Para ver la relación entre estas coordenadas, nótese que partiendo de $O$ podemos llegar a $P$ yendo primero a $O'$ y luego a $P$; de ahí que

$$x = x_0 + X, \qquad y = y_0 + Y.$$

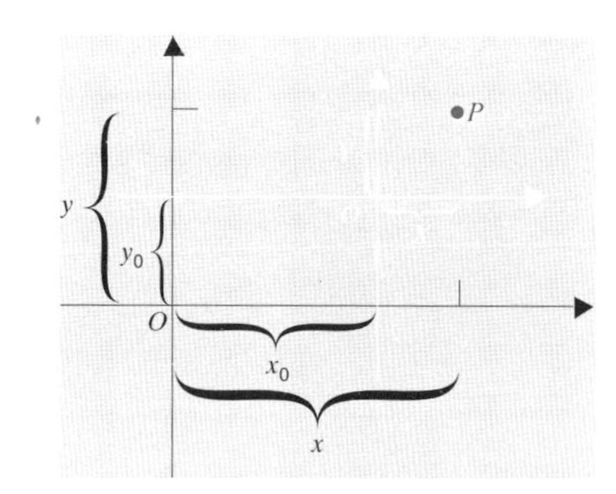


Figura 9.2.3

A menudo se usan las traslaciones para simplificar argumentos geométricos. Al resolver el apartado (c) del ejercicio 55 de la sección 1.3, se halla que la distancia de la recta $l$: $Ax + By + C = 0$ al origen viene dada por la fórmula

$$d(0, l) = \frac{|C|}{\sqrt{A^2 + B^2}}. \tag{9.2.1}$$

Estableceremos la fórmula para la distancia entre una recta y un punto arbitrario trasladando el sistema de coordenadas.

**TEOREMA 9.2.2**

La distancia entre una recta $l$: $Ax + By + C = 0$ y el punto $P_1(x_1, y_1)$ viene dada por la fórmula

$$d(P_1, l) = \frac{|Ax_1 + By_1 + C|}{\sqrt{A^2 + B^2}}.$$

Demostración. Trasladamos el sistema de coordenadas $Oxy$ para obtener un nuevo sistema $O'XY$, en el que $O'$ coincida con el punto $P_1$. La relación entre las nuevas y las antiguas coordenadas la da la ecuación

$$x = x_1 + X, \qquad y = y_1 + Y.$$

En el sistema $xy$, la ecuación de $l$ es

$$Ax + By + C = 0.$$

En el sistema $XY$, $l$ tiene la ecuación

$$A(x_1 + X) + B(y_1 + Y) + C = 0.$$

Podemos escribir esta última ecuación de la siguiente manera:

$$AX + BY + K = 0 \quad \text{con} \quad K = Ax_1 + By_1 + C.$$

La distancia que queremos es la distancia entre la recta $AX + BY + K = 0$ y el nuevo origen = $O'$. Por (9.2.1), esta distancia es

$$\frac{|K|}{\sqrt{A^2 + B^2}}.$$

Dado que $K = Ax_1 + By_1 + C$, tenemos

$$d(P_1, l) = \frac{|Ax_1 + By_1 + C|}{\sqrt{A^2 + B^2}}. \quad \square$$

**Problema 1.** Hallar la distancia entre la recta

$$l: 3x + 4y - 5 = 0$$

y (a) el origen, (b) el punto $P(-6, 2)$.

*Solución.*

(a) $d(O, l) = \dfrac{|C|}{\sqrt{A^2 + B^2}} = \dfrac{|-5|}{\sqrt{3^2 + 4^2}} = \dfrac{5}{\sqrt{25}} = 1.$

(b) $d(P, l) = \dfrac{|Ax_1 + By_1 + C|}{\sqrt{A^2 + B^2}} = \dfrac{|3(-6) + 4(2) - 5|}{\sqrt{3^2 + 4^2}} = \dfrac{15}{\sqrt{25}} = 3.$ □

Si una curva tiene una ecuación en $x$ e $y$, esta ecuación siempre puede escribirse en la forma $f(x, y) = K$ con $K$ constante:

$$2y = 3x - 5 \quad \text{se puede escribir} \quad 3x - 2y = 5,$$
$$y^2 = x^2 + x + 1 \quad \text{se puede escribir} \quad x^2 - y^2 + x = -1,$$
$$y^2 = x^3 \quad \text{se puede escribir} \quad x^3 - y^2 = 0, \text{ etc.}$$

Consideremos ahora una curva

$$C: f(x, y) = K.$$

La curva

$$C_1: f(x - 2, y - 3) = K$$

se obtiene a partir de $C$ por traslación; hacemos

$$x = 2 + X, \qquad y = 3 + Y$$

y la ecuación de $C_1$ toma la forma

$$f(X, Y) = K.$$

Se obtiene la curva $C_1$ desplazando la curva $C$ 2 unidades a la derecha y 3 unidades hacia arriba. Las curvas

$$C_2: f(x + 2, y + 3) = K, \quad C_3: f(x - 2, y + 3) = K, \quad C_4: f(x + 2, y - 3) = K,$$

también se obtienen a partir de $C$ por traslaciones. Se obtiene $C_2$ desplazando $C$ 2 unidades hacia la izquierda y 3 unidades hacia abajo; se obtiene $C_3$, desplazando $C$

2 unidades hacia la derecha y 3 unidades hacia abajo; se obtiene $C_4$ desplazando $C$ 2 unidades hacia la izquierda y 3 unidades hacia arriba.

## EJERCICIOS 9.2

**1.** Hallar la distancia entre la recta $5x + 12y + 2 = 0$ y (a) el origen. (b) el punto $P(1, -3)$.

**2.** Hallar la distancia entre la recta $2x - 3y + 1 = 0$ y (a) el origen. (b) el punto $P(-2, 5)$.

**3.** ¿Cuál de los puntos $(0, 1)$, $(0, 1)$ y $(-1, 1)$ está más próximo a $l$: $8x + 7y - 6 = 0$? ¿Cuál es el más lejano?

**4.** Consideremos el triángulo de vértices $A(2, 0)$, $B(4, 3)$ y $C(5, -1)$. ¿Cuál de estos vértices está más alejado del lado opuesto?

**5.** Hallar el área del triángulo de vértices $(1, -2)$, $(-1, 3)$ y $(2, 4)$.

**6.** Hallar el área del triángulo de vértices $(-1, 1)$, $(3, \sqrt{2})$ y $(\sqrt{2}, -1)$.

**7.** Escribir la ecuación de una recta $Ax + By + C = 0$ en su *forma normal*:

$$x \cos \alpha + y \operatorname{sen} \alpha = p \qquad \text{con } p \geq 0$$

¿Cuál es el significado geométrico de $p$?, ¿Y el de $\alpha$?

**8.** Hallar una expresión para la distancia entre las rectas paralelas $Ax + By + C = 0$ y $Ax + By + C' = 0$.

**9.** Escribir una ecuación en $x$ e $y$ para la recta obtenida a partir de $l$: $4x + 5y + 3$ desplazándola (a) 1 unidad hacia la izquierda y 2 unidades hacia arriba; (b) 1 unidad hacia la derecha y 2 unidades hacia arriba; (c) 1 unidad hacia la izquierda y 2 unidades hacia abajo; (d) 1 unidad hacia la derecha y 2 unidades hacia abajo.

**10.** El ejercicio 9 con $l$: $3x - 2y + 7 = 0$.

**11.** Escribir una ecuación en $x$ e $y$ para la curva obtenida a partir de $C$: $x^2 = y^3$ desplazándola (a) 3 unidades hacia la derecha y 4 unidades hacia arriba; (b) 3 unidades hacia la izquierda y 4 unidades hacia arriba; (c) 4 unidades hacia la derecha y 3 unidades hacia abajo; (d) 4 unidades hacia la izquierda y 3 unidades hacia abajo.

**12.** El ejercicio 11 con $C$: $x^2 + y^2 = 1$.

**13.** Un rayo $l$ gira en el sentido al de las agujas del reloj alrededor del punto $Q(-b^2, 0)$ a razón de una revolución por minuto. ¿Con qué velocidad varía la distancia entre $l$ y el origen en el momento en el cual la pendiente de $l$ vale $\frac{3}{4}$?

**14.** Un rayo $l$ gira en sentido contrario al de las agujas del reloj alrededor del punto $Q(-b^2, 0)$ a razón de $\frac{1}{2}$ revolución por minuto. ¿Con qué velocidad varía la distancia entre $l$ y el origen en el momento en el cual $l$ se aleja más rápidamente del punto $P(b^2, -1)$?

## 9.3 LA PARÁBOLA

En la figura 9.3.1, hemos representado una recta $l$ y un punto $F$ no situado en $l$.

**(9.3.1)** El conjunto de los puntos $P$ equidistantes de $F$ y de $l$ se denomina *parábola*

Véase la figura 9.3.2

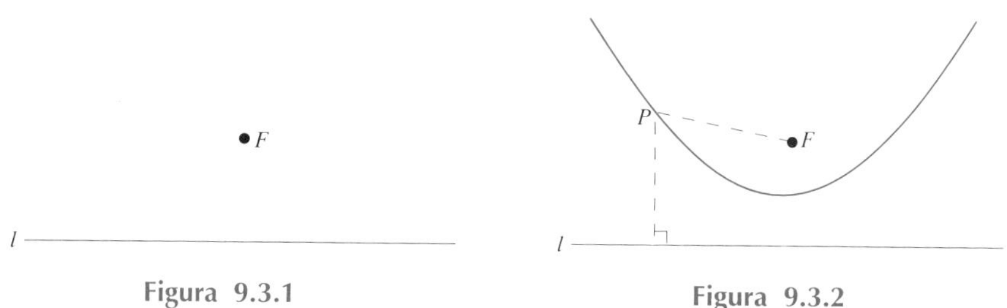


Figura 9.3.1 Figura 9.3.2

La recta $l$ recibe el nombre de *directriz* de la parábola y el punto $F$ se llama el *foco*. (Veremos la razón de esta denominación más adelante.) La recta que pasa por $F$ y es perpendicular a $l$ se denomina *eje* de la parábola. (Es el eje de simetría.) El punto en el cual el eje corta la parábola se llama *vértice*. (Ver la figura 9.3.3.)

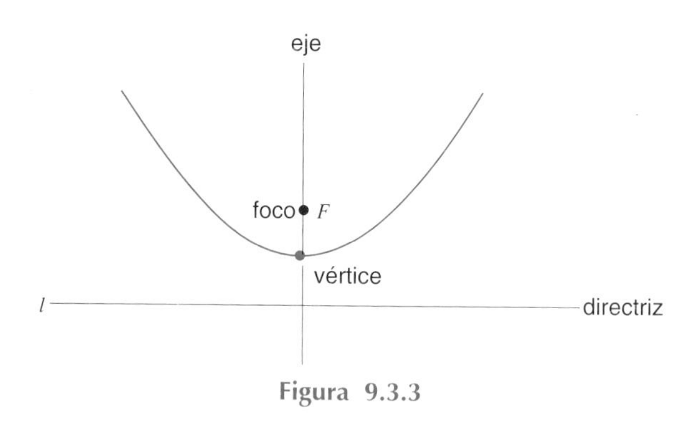


Figura 9.3.3

La ecuación de una parábola es particularmente simple si elegimos el vértice como origen y el foco se sitúa en uno de los ejes de coordenadas. Supongamos por el momento que el foco $F$ se sitúa en el eje $x$. Entonces, las coordenadas de $F$ son

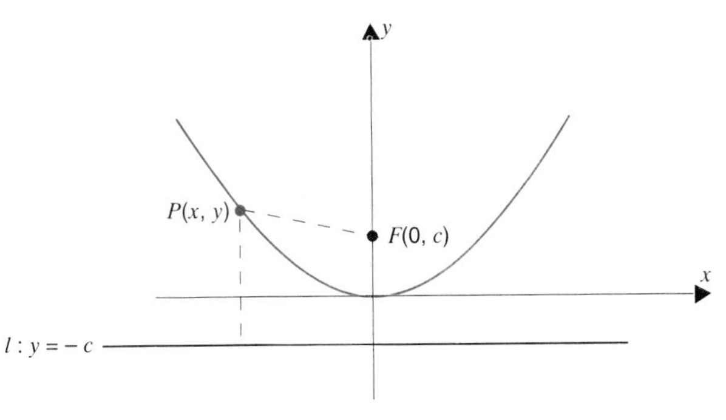


Figura 9.3.4

de la forma $(0, c)$. Con el vértice en el origen, las ecuación de la directriz es $y = -c$. (Ver la figura 9.3.4.)

Cada punto $P(x, y)$de la parábola satisfará

$$d(P, F) = d(P, l).$$

Puesto que

$$d(P, F) = \sqrt{x^2 + (y-c)^2} \quad \text{y} \quad d(P, l) = |y + c|,$$

podemos ver que

$$\begin{aligned} \sqrt{x^2 + (y-c)^2} &= |y + c|, \\ x^2 + (y-c)^2 &= |y + c|^2 = (y + c)^2, \\ x^2 + y^2 - 2cy + c^2 &= y^2 + 2cy + c^2, \\ x^2 &= 4cy. \quad \square \end{aligned}$$

Acabamos de ver que la ecuación

**(9.3.2)** $$x^2 = 4cy$$ (Figura 9.3.5)

representa una parábola con vértice en el origen y foco en $(0, c)$. Intercambiando los papeles de $x$ e $y$, podemos ver que la ecuación

**(9.3.3)** $$y^2 = 4cx$$ (Figura 9.3.6)

representa una parábola con vértice en el origen y foco en $(c, 0)$.

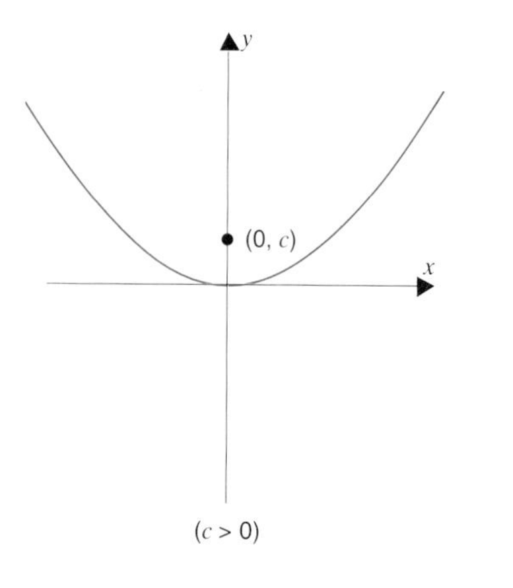


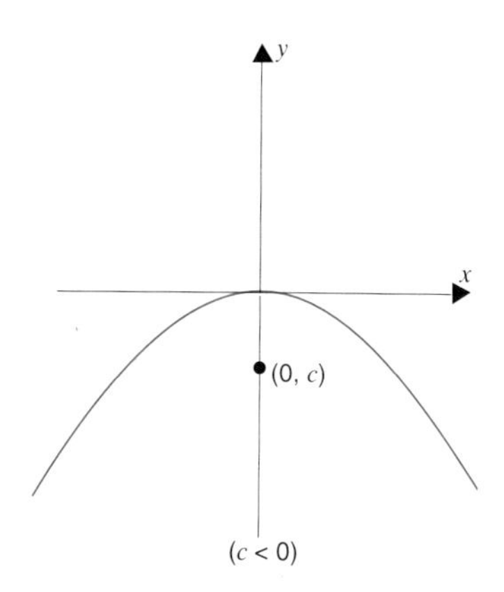


$x^2 = 4cy$

**Figura 9.3.5**

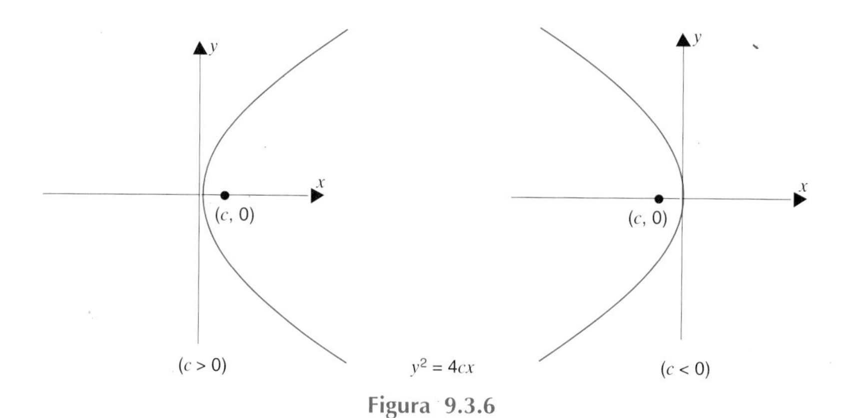


$y^2 = 4cx$

**Figura 9.3.6**

**Problema 1.** Dibujar la parábola, precisando su vértice, su foco, su directriz y su eje:

$$\text{(a)}\ x^2 = -4y. \qquad \text{(b)}\ y^2 = 3x.$$

*Solución.* (a) La ecuación $x^2 = -4y$ es de la forma

$$x^2 = 4cy \quad \text{con} \quad c = -1. \qquad \text{(Figura 9.3.7)}$$

El vértice está situado en el origen y el foco en el punto $(0, -1)$; la directriz es la recta horizontal $y = 1$; el eje de la parábola es el eje $y$.

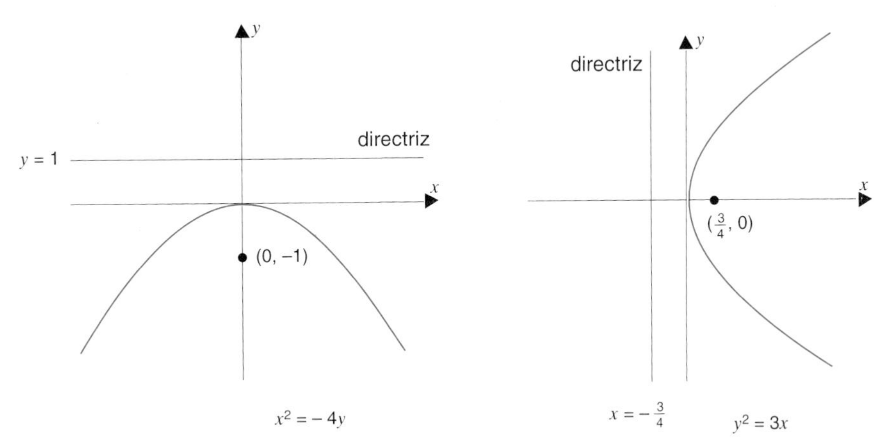


**Figura 9.3.7**

(b) La ecuación $y^2 = 3x$ es de la forma

$$y^2 = 4cx \quad \text{con} \quad c = \tfrac{3}{4}. \qquad \text{(Figura 9.3.7)}$$

El vértice está situado en el origen y el foco en el punto $(\frac{3}{4}, 0)$; la directriz es la recta vertical $x = -\frac{3}{4}$; el eje de la parábola es el eje $x$. ◻

Toda parábola con eje vertical es la trasladada de una parábola cuya ecuación es de la forma $x^2 = 4cy$, y toda parábola con eje horizontal es la trasladada de una parábola cuya ecuación es de la forma $y^2 = 4cx$.

**Problema 2.** Identificar la curva

$$(x-4)^2 = 8(y+3).$$

*Solución.* La curva es la parábola

$$x^2 = 8y \qquad \text{(aquí } c = 2\text{)}$$

desplazada 4 unidades hacia la derecha y 3 unidades hacia abajo. La parábola $x^2 = 8y$ tiene su vértice en el origen; su foco está situado en (0, 2), y su directriz es la recta $y = -2$. Luego la parábola $(x-4)^2 = 8(y+3)$ tiene su vértice en (4, − 3); su foco está situado en (4, − 1), y su directriz es la recta $y = -5$. ◻

**Problema 3.** Identificar la curva

$$(y-1)^2 = 8(x+3).$$

*Solución.* La curva es la parábola

$$y^2 = 8x \qquad \text{(aquí } c = 2\text{)}$$

desplazada 3 unidades hacia la izquierda y 1 unidad hacia arriba. La parábola $y^2 = 8x$ tiene su vértice en el origen; su foco está situado en (2, 0), y su directriz es la recta $x = -2$. Luego la parábola $(y-1)^2 = 8(x+3)$ tiene su vértice en $(-3, 1)$; su foco está situado en $(-1, 1)$, y su directriz es la recta $x = -5$. ☐

**Problema 4.** Identificar la curva

$$y = x^2 + 2x - 2.$$

*Solución.* Primero completaremos el cuadrado del término de la derecha sumando 3 a ambos miembros de la ecuación:

$$y + 3 = x^2 + 2x + 1 = (x+1)^2.$$

Esto nos da

$$(x+1)^2 = y + 3.$$

Se trata de la parábola

$$x^2 = y \qquad \text{(aquí } c = \tfrac{1}{4}\text{)}$$

desplazada 1 unidad hacia la izquierda y 3 unidades hacia abajo. La parábola $x^2 = y$ tiene su vértice en el origen; su foco es el punto $(0, \frac{1}{4})$ y su directriz es la recta $y = -\frac{1}{4}$. Luego la parábola $(x+1)^2 = y + 3$ tiene su vértice en $(-1, -3)$; su foco en $(-1, -\frac{11}{4})$ y su directriz es la recta $y = -\frac{13}{4}$. ☐

Con el método seguido en este último problema se puede demostrar que todo polinomio cuadrático

$$y = Ax^2 + Bx + C$$

representa una parábola con eje vertical. Su aspecto es así $\cup$ si $A$ es positivo y así $\cap$ si $A$ es negativo.

### Espejos parabólicos

El lector está familiarizado con el principio geométrico de la reflexión de la luz: el ángulo de reflexión es igual al ángulo de incidencia. (Problema 1, sección 4.10.)

Consideremos ahora una parábola y hagámosla girar alrededor de su eje. Obtenemos así una superficie parabólica. Un espejo con esta forma es llamado *espejo parabólico*. Tales espejos se emplean en los proyectores y en los telescopios. Nos proponemos explicar el porqué.

Consideramos una parábola y elegimos el sistema de coordenadas de tal forma que su ecuación sea de la forma $x^2 = 4cy$ con $c > 0$. Podemos expresar $y$ en función de $x$:

$$y = \frac{x^2}{4c}.$$

Dado que

$$\frac{dy}{dx} = \frac{2x}{4c} = \frac{x}{2c},$$

la tangente en el punto $P(x_0, y_0)$ tiene por pendiente $m = x_0/2c$ y su ecuación es

$$(1) \qquad (y - y_0) = \frac{x_0}{2c}(x - x_0).$$

Para los pasos siguientes nos referiremos a la figura 9.3.8.

En la figura hemos dibujado un rayo (una semirrecta) $l$ paralela al eje de la parábola, el eje $y$. Queremos demostrar que los ángulos marcados como $\beta$ y $\gamma$ son iguales.

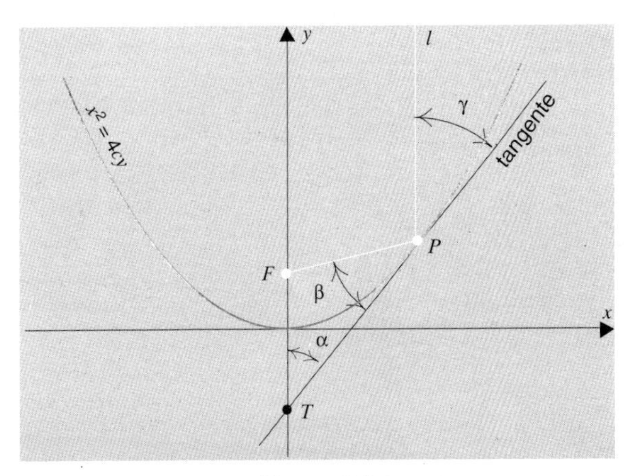


Figura 9.3.8

Haciendo $x = 0$ en la ecuación (1), hallamos que

$$y = y_0 - \frac{x_0^2}{2c}.$$

Dado que el punto $(x_0, y_0)$ pertenece a la parábola, tenemos que $x_0^2 = 4cy_0$, luego

$$y_0 - \frac{x_0^2}{2c} = y_0 - \frac{4cy_0}{2c} = -y_0.$$

La ordenada del punto $T$ es $-y_0$. Dado que el foco $F$ está situado en $(0, c)$,

$$d(F, T) = y_0 + c.$$

La distancia entre $F$ y $P$ también vale $y_0 + c$:

$$d(F, P) = \sqrt{x_0^2 + (y_0 - c)^2} \underset{x_0^2 = 4cy_0}{=} \sqrt{4cy_0 + (y_0 - c)^2} = \sqrt{(y_0 + c)^2} = y_0 + c.$$

Dado que $d(F, T) = d(F, P)$, el triángulo $TFP$ es isósceles y los ángulos $\alpha$ y $\beta$ son iguales. Dado que $l$ es paralelo al eje $y$, $\alpha = \gamma$ y, por consiguiente (y esto es lo que queríamos demostrar)

$$\beta = \gamma.$$

El hecho de ser $\beta = \gamma$ tiene consecuencias ópticas importantes. Significa (figura 9.3.9) que la luz procedente de una fuente situada en el foco de un espejo parabólico se refleja en el espejo, formando un haz paralelo a su eje; este es el

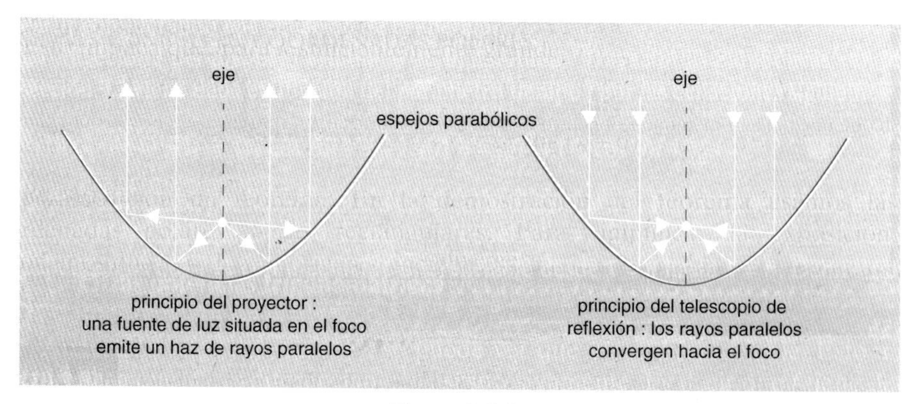


Figura 9.3.9

principio del proyector. También significa que un haz de luz que llega al espejo paralelamente a su eje será enteramente reflejado hacia el foco; este es el principio del telescopio de reflexión.

### Trayectorias parabólicas

A principios del siglo XVII, Galileo Galilei estudiaba el movimiento de piedras arrojadas desde la Torre de Pisa, observando que su trayectoria era parabólica. Mediante un cálculo simple, junto con algunas hipótesis físicas simplificadoras, obtenemos unos resultados que coinciden con las observaciones de Galileo.

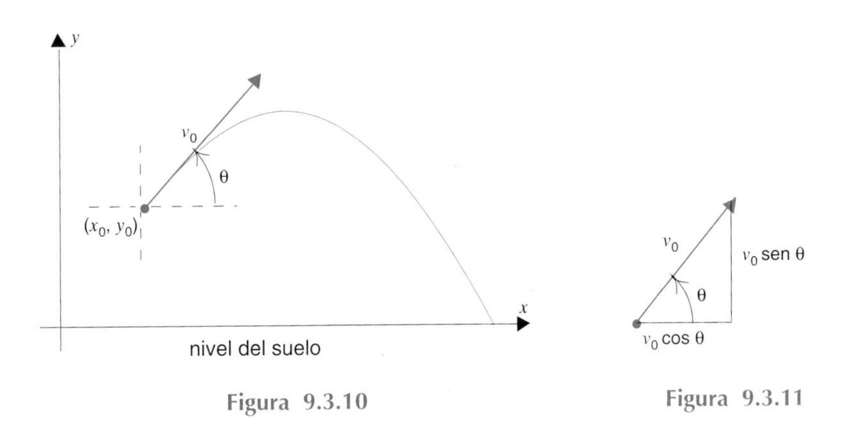


Figura 9.3.10

Figura 9.3.11

Consideremos un proyectil disparado desde un punto $(x_0, y_0)$ con un ángulo $\theta$ y una velocidad inicial $v_0$ (figura 9.3.10). La componente horizontal de $v_0$ es $v_0 \cos \theta$ y la componente vertical es $v_0 \operatorname{sen} \theta$ (figura 9.3.11).

Despreciemos la resistencia del aire y la curvatura de la Tierra. Con estas hipótesis, no existe aceleración horizontal:

$$x''(t) = 0.$$

La única aceleración vertical se debe a la gravedad:

$$y''(t) = -g.$$

De la primera ecuación, deducimos que

$$x'(t) = C$$

y, dado que $x'(0) = v_0 \cos \theta$,

$$x'(t) = v_0 \cos \theta.$$

Integrando otra vez, obtenemos

$$x(t) = (v_0 \cos \theta)t + C$$

y, dado que $x(0) = x_0$,

$$(1) \qquad x(t) = (v_0 \cos \theta)t + x_0.$$

La relación $y''(t) = -g$ da

$$y'(t) = -gt + C$$

y, dado que $y'(0) = v_0 \operatorname{sen} \theta$

$$y'(t) = -gt + v_0 \operatorname{sen} \theta.$$

Integrando otra vez, hallamos que

$$y(t) = -\tfrac{1}{2}gt^2 + (v_0 \operatorname{sen} \theta)t + C.$$

Puesto que $y(0) = y_0$, tenemos que

$$(2) \qquad y(t) = -\tfrac{1}{2}gt^2 + (v_0 \operatorname{sen} \theta)t + y_0.$$

Según (1)

$$t = \frac{1}{v_0 \cos \theta}[x(t) - x_0].$$

Sustituyendo este valor de $t$ en (2) hallamos que

$$y(t) = -\frac{g}{2v_0^2} \sec^2\theta\,[x(t) - x_0]^2 + \tan \theta\,[x(t) - x_0] + y_0.$$

La trayectoria (el camino recorrido por el proyectil) es la curva

**(9.3.4)**
$$y = -\frac{g}{2v_0^2}\sec^2\theta\,[x - x_0]^2 + \tan\theta\,[x - x_0] + y_0.$$

Es una ecuación de segundo grado en $x$, luego se trata de una parábola. □

## EJERCICIOS 9.3

Dibujar las siguientes parábolas y hallar sus ecuaciones.

**1.** vértice (0, 0), foco (2, 0).
**2.** vértice (0, 0), foco (– 2, 0).
**3.** vértice (– 1, 3), foco (– 1, 0).
**4.** vértice (1, 2), foco (1, 3).
**5.** foco (1, 1), directriz $y = -1$.
**6.** foco (2, – 2), directriz $x = 5$.
**7.** foco (1, 1), directriz $x = 2$.
**8.** foco (2, 0), directriz $y = 3$.

Hallar el vértice, foco, eje y directriz y dibujar la parábola.

**9.** $y^2 = 2x$.
**10.** $x^2 = -5y$.
**11.** $2y = 4x^2 - 1$.
**12.** $y^2 = 2(x-1)$.
**13.** $(x+2)^2 = 12 - 8y$.
**14.** $y - 3 = 2(x-1)^2$.
**15.** $x = y^2 + y + 1$.
**16.** $y = x^2 + x + 1$.

Hallar la ecuación de la parábola indicada.

**17.** foco (1, 2), directriz $x + y + 1 = 0$.
**18.** vértice (2, 0), directriz $2x - y = 0$.
**19.** vértice (2, 0), foco (0, 2).
**20.** vértice (3, 0), foco (0, 1).

**21.** Demostrar que toda parábola tiene una ecuación de la forma

$$(\alpha x + \beta y)^2 = \gamma x + \delta y + \epsilon \quad \text{con} \quad \alpha^2 + \beta^2 \neq 0.$$

SUGERENCIA: Tomar $l$: $Ax + By + C = 0$ como directriz y $F(a, b)$ como foco.

**22.** Una recta que pasa por el foco de una parábola interseca la curva en dos puntos $P$ y $Q$. Demostrar que las tangentes en $P$ y $Q$ se cortan a ángulo recto.

**23.** Una parábola corta un rectángulo de área $A$ en dos vértices opuestos. Demostrar que, si un lado del rectángulo está sobre el eje de la parábola, ésta divide el rectángulo en dos partes, una de área $\frac{1}{3}A$ y la otra de área $\frac{2}{3}A$.

**24.** (a) Demostrar que toda parábola cuyo eje es paralelo al eje $y$ tiene una ecuación de la forma $y = Ax^2 + Bx + C$ con $A \neq 0$. (b) Hallar el vértice, el foco, y la directriz de la parábola $y = Ax^2 + Bx + C$.

**25.** Hallar las ecuaciones de todas las parábolas que pasan por el punto (5, 6) y tienen como directriz la recta $y = 1$ y como eje $x = 2$.

**26.** Hallar una ecuación para la parábola que tiene un eje horizontal, su vértice en $(-1, 1)$ y que pasa por el punto $(-6, 13)$.

La recta que pasa por el foco de una parábola y es paralela a la directriz corta la curva en dos puntos $A$ y $B$. Al segmento de recta $\overline{AB}$ se le llama *lado recto* de la parábola. En los ejercicios 27–30, trabajamos con la parábola $x^2 = 4cy$, $c > 0$. Designamos por $\Omega$ la región limitada, por abajo, por la parábola y, por arriba, por el lado recto.

**27.** Hallar la longitud del lado recto.

**28.** ¿Cuál es la pendiente de la parábola en los extremos del lado recto?

**29.** ¿Determinar el área de $\Omega$ y determinar su centroide.

**30.** Hallar el volumen del sólido generado al hacer girar $\Omega$ alrededor del eje $y$ y determinar su centroide (6.4.5).

En los ejercicios 31–36 se desprecia la resistencia del aire y la curvatura de la Tierra. Las distancias se miden en pies, el tiempo en segundos y se supone que $g = 32$ pies por segundo por segundo. Se toma $O$ como origen, el eje $x$ como nivel del suelo y se considera un proyectil disparado desde $O$ con ángulo $\theta$ y velocidad inicial $v_0$.

**31.** Hallar una ecuación para la trayectoria.

**32.** ¿Cuál es la altura máxima que alcanza el proyectil?

**33.** Hallar el alcance del proyectil.

**34.** ¿Cuántos segundos después del disparo tendrá lugar el impacto?

**35.** ¿Cómo se debería elegir $\theta$ para que el alcance sea máximo?

**36.** ¿Cómo se debería elegir $\theta$ para que el alcance sea $r$?

**37.** Supongamos que un cable flexible inelástico (figura 9.3.12), cuyos extremos están fijos, soporta una carga horizontal. (Imagine un puente suspendido y piense en la calzada como la carga horizontal del ejercicio.) Demostrar que si el peso de la carga por unidad de longitud es constante, el cable adopta la forma de una parábola.
SUGERENCIA: La parte del cable que soporta el peso entre 0 y $x$ está sometida a las siguientes fuerzas:

(1) El peso de la carga, que en este caso es proporcional a $x$.
(2) La tensión horizontal en 0: $p(0)$
(3) La tensión tangencial en $x$: $p(x)$.

Igualando las fuerzas verticales tenemos

$$kx = p(x) \text{ sen } \theta. \qquad \text{[peso = tensión vertical en } x\text{]}$$

Igualando las fuerzas horizontales tenemos

$$p(0) = p(x) \cos \theta. \qquad \text{[tensión en 0 = tensión horizontal en } x\text{]}$$

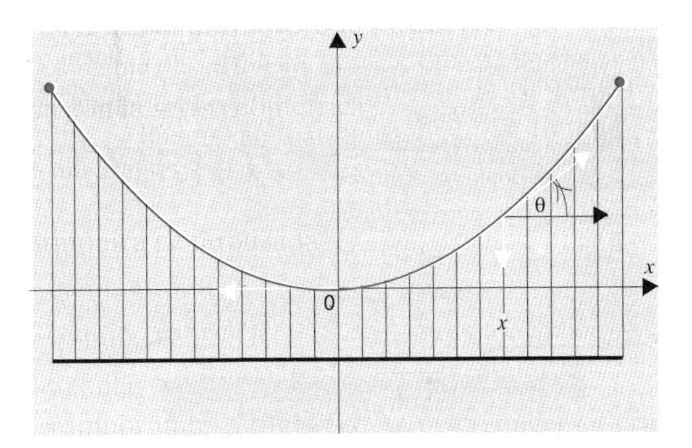


Figura 9.3.12

**38.** El espejo parabólico de un telescopio concentra en el foco los rayos paralelos provenientes de una estrella lejana. Demostrar que todos los recorridos hasta el foco tienen la misma longitud.

**39.** Todos los triángulos equiláteros son semejantes, sólo difieren por un cambio de escala. Demostrar que lo mismo sucede para todas las parábolas.

---

## 9.4 LA ELIPSE

Consideremos dos puntos $F_1$, $F_2$ y un número $k$ mayor que la distancia que los separa.

**(9.4.1)** El conjunto de los puntos $P$ tales que

$$d(P, F_1) + d(P, F_2) = k$$

se denomina *elipse*. $F_1$ y $F_2$ reciben el nombre de *focos*.

En la figura 9.4.1 hemos ilustrado esta idea. Se rodean, con una cuerda de extremos anudados, dos chinchetas situadas en los focos. El lápiz, apoyado en la cuerda de manera que ésta se mantenga tensa, describe una elipse.

La figura 9.4.2 representa una elipse en la llamada *posición estándar*: los focos situados en el eje $x$ equidistantes del origen. Estableceremos una ecuación para esta elipse haciendo $k = 2a$.

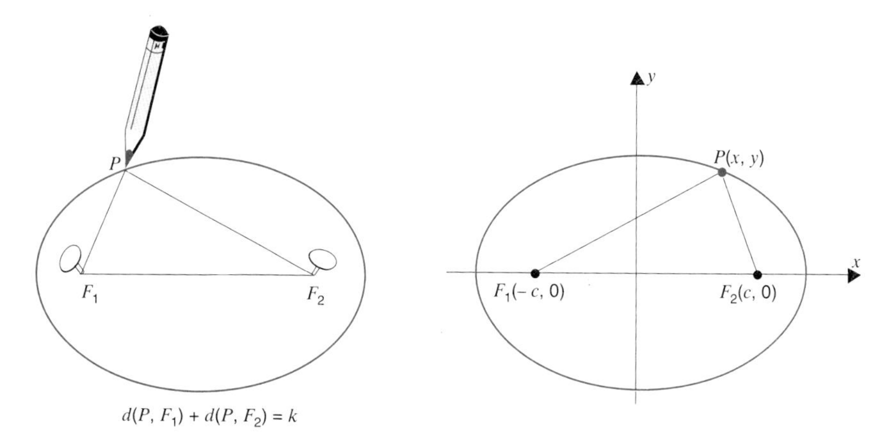


Figura 9.4.1

Figura 9.4.2

Un punto $P(x, y)$ está en la elipse sii

$$d(P, F_1) + d(P, F_2) = 2a.$$

Con $F_1$ en $(-c, 0)$ y $F_2$ en $(0, c)$ tenemos

$$\sqrt{(x+c)^2 + y^2} + \sqrt{(x-c)^2 + y^2} = 2a.$$

Pasando el segundo término al miembro de la derecha y elevando al cuadrado ambos miembros, obtenemos

$$(x+c)^2 + y^2 = 4a^2 + (x-c)^2 + y^2 - 4a\sqrt{(x-c)^2 + y^2}.$$

Esto se reduce a

$$4a\sqrt{(x-c)^2 + y^2} = 4(a^2 - cx)$$

Simplificando por 4 y elevando de nuevo al cuadrado, obtenemos

$$a^2(x^2 - 2cx + c^2 + y^2) = a^4 - 2a^2cx + c^2x^2.$$

Lo cual, a su vez, se reduce a

$$(a^2 - c^2)x^2 + a^2y^2 = a^2(a^2 - c^2),$$

que también podemos escribir de la siguiente manera

**(9.4.2)**
$$\frac{x^2}{a^2} + \frac{y^2}{a^2 - c^2} = 1. \quad \square$$

Usualmente se hace $b = \sqrt{a^2 - c^2}$. La ecuación para una elipse en posición estándar toma entonces la forma

**(9.4.3)**
$$\frac{x^2}{a^2} + \frac{y^2}{b^2} = 1 \quad \text{con} \quad a > b.$$

El significado de $a$, $b$, $c$ está ilustrado en la figura 9.4.3.

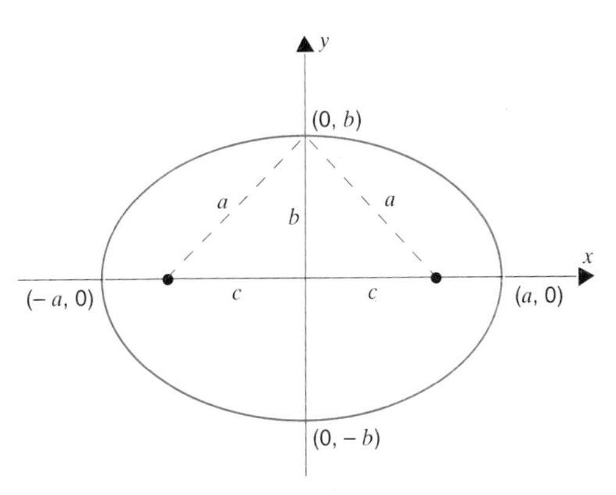


Figura 9.4.3

Cada elipse tiene cuatro *vértices*. En la figura 9.4.3 tienen por coordenadas $(a, 0)$, $(-a, 0)$, $(0, b)$, $(0, -b)$. Los segmentos de recta que unen los vértices opuestos se denominan *ejes* de la elipse. Al eje que contiene los focos se le llama *eje mayor*, al otro se le llama *eje menor*. En la posición estándar, el eje mayor es horizontal y su longitud es $2a$; el eje menor es vertical y su longitud es $2b$. El punto de intersección de los dos ejes se denomina *centro* de la elipse. En la posición estándar, el centro está situado en el origen.

**Ejemplo 1.** La ecuación $16x^2 + 25y^2 = 400$ se puede escribir

$$\frac{x^2}{25} + \frac{y^2}{16} = 1. \qquad \text{(dividir por 400)}$$

Aquí $a = 5$, $b = 4$ y $c = \sqrt{a^2 - b^2} = \sqrt{9} = 3$. La ecuación está en la forma de (9.4.2). Se trata de una elipse en posición estándar con focos en $(-3, 0)$ y $(3, 0)$. El eje mayor tiene longitud $2a = 10$, y el eje menor tiene longitud igual a $2b = 8$. El centro está en el origen. La elipse está representada en la figura 9.4.4. □

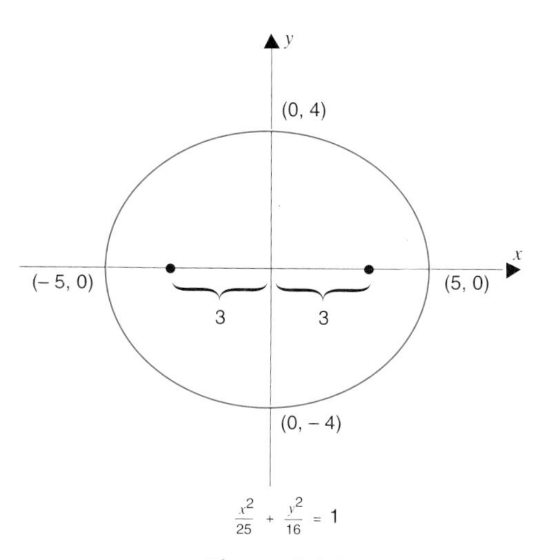


**Figura 9.4.4**

**Ejemplo 2.** La ecuación

$$\frac{x^2}{16} + \frac{y^2}{25} = 1$$

no representa una elipse en posición estándar puesto que $25 > 16$. Ésta es la ecuación del ejemplo 1 con $x$ e $y$ intercambiados. Representa la elipse simétrica de la del ejemplo 1 respecto de la recta $y = x$. (Ver la figura 9.4.5.) Sus focos están en el eje $y$, en $(0, -3)$ y $(0, 3)$. Ahora el eje mayor es vertical, tiene longitud 10, y el eje menor es horizontal y tiene longitud 8. El centro sigue estando en el origen. □

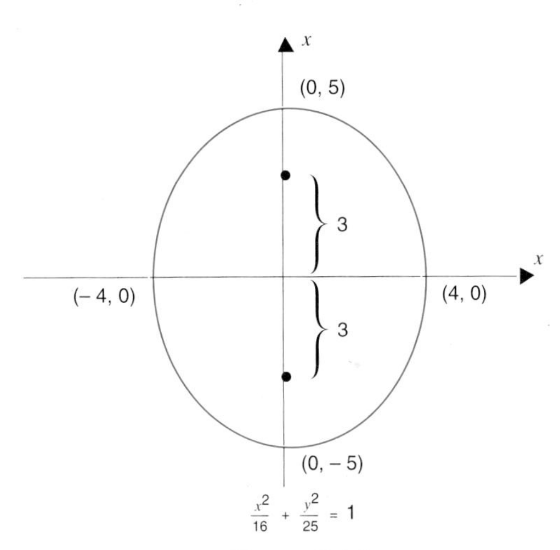


**Figura 9.4.5**

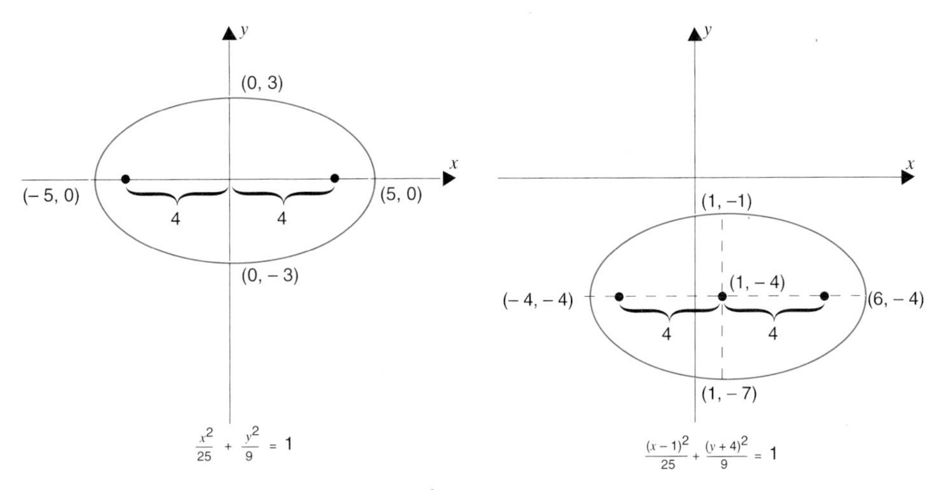


**Figura 9.4.6**

**Ejemplo 3.** En la figura 9.4.6 hemos representado dos elipses

$$\frac{x^2}{25} + \frac{y^2}{9} = 1 \quad \text{y} \quad \frac{(x-1)^2}{25} + \frac{(y+4)^2}{9} = 1.$$

La primera elipse está en la posición estándar. En este caso, $a = 5$, $b = 3$ y $c = \sqrt{a^2 - b^2} = 4$. Los focos están en $(-4, 0)$ y $(4, 0)$. El eje mayor tiene longitud 10 y el eje menor tiene longitud 6.

La segunda elipse se obtiene desplazando la primera 1 unidad hacia la derecha y 4 unidades hacia abajo. Su centro está en $(1, -4)$. Los focos están en $(-3, -4)$ y $(5, -4)$. □

**Ejemplo 4.** Para identificar la curva

$$4x^2 - 8x + y^2 + 4y - 8 = 0.$$

escribimos

$$4(x^2 - 2x + \quad) + (y^2 + 4y + \quad) = 8.$$

Al completar los cuadrados entre paréntesis, obtenemos

$$(*) \qquad \begin{aligned} 4(x^2 - 2x + 1) + (y^2 + 4y + 4) &= 16, \\ 4(x-1)^2 + (y+2)^2 &= 16, \\ \frac{(x-1)^2}{4} + \frac{(y+2)^2}{16} &= 1. \end{aligned}$$

Se trata de la elipse obtenida tomando la simétrica de la elipse

$$(**) \qquad \frac{x^2}{16} + \frac{y^2}{4} = 1 \qquad (a = 4, b = 2, c = \sqrt{16-4} = 2\sqrt{3})$$

respecto de la recta $y = x$ y desplazandola 1 unidad a la derecha y 2 unidades hacia abajo. Dado que los focos de (**) están en $(-2\sqrt{3}, 0)$ y $(2\sqrt{3}, 0)$, los focos de (*) están en $(1, -2 - 2\sqrt{3})$ y $(1, -2 + 2\sqrt{3})$. El eje mayor, ahora en posición vertical, tiene longitud 8; el eje menor tiene longitud 4. □

## Reflectores elípticos

Como la parábola, la elipse posee una propiedad de reflexión interesante. Para establecerla, consideramos la elipse

$$\frac{x^2}{a^2} + \frac{y^2}{b^2} = 1.$$

La diferenciación respecto de $x$ da

$$\frac{2x}{a^2} + \frac{2y}{b^2}\frac{dy}{dx} = 0 \quad \text{luego} \quad \frac{dy}{dx} = -\frac{b^2x}{a^2y}.$$

Por consiguiente, la pendiente en el punto $P(x_0, y_0)$ es

$$-\frac{b^2x_0}{a^2y_0}$$

y la ecuación de la tangente en ese punto es

$$y - y_0 = -\frac{b^2x_0}{a^2y_0}(x - x_0).$$

Podemos escribir de nuevo esta última ecuación de la siguiente manera

$$(b^2x_0)x + (a^2y_0)y - a^2b^2 = 0.$$

Podemos ahora demostrar el siguiente aserto

**(9.4.4)** En cada punto $P$ de la elipse, los radios focales $\overline{F_1P}$ y $\overline{F_2P}$ forman con la tangente ángulos iguales.

Demostración. Si $P$ está en el eje $x$, los radios focales coinciden y no hay nada que demostrar. Para una representación gráfica del razonamiento para un punto $P = P(x_0, y_0)$ que no esté en eje $x$, véase la figura 9.4.7.

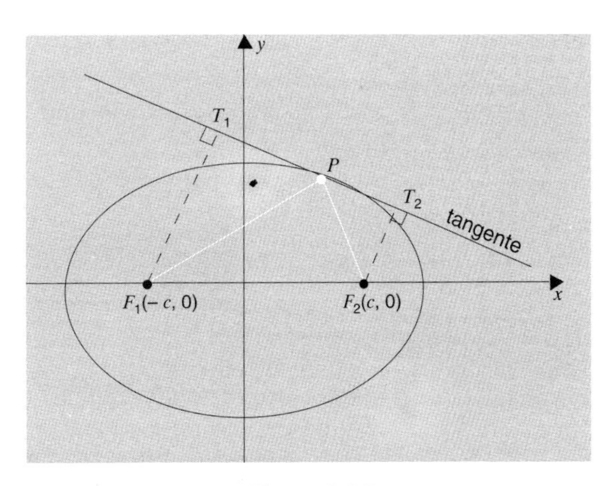


Figura 9.4.7

Para demostrar que $\overline{F_1P}$ y $\overline{F_2P}$ forman ángulos iguales con la tangente, basta demostrar que los triángulos $PT_1F_1$ y $PT_2F_2$ son semejantes. Esto se puede hacer demostrando que

$$\frac{d(T_1, F_1)}{d(F_1, P)} = \frac{d(T_2, F_2)}{d(F_2, P)}$$

o, lo que es equivalente, demostrando que

$$\frac{|-b^2x_0c - a^2b^2|}{\sqrt{(x_0 + c)^2 + y_0^2}} = \frac{|b^2x_0c - a^2b^2|}{\sqrt{(x_0 - c)^2 + y_0^2}}.$$

La validez de esta última ecuación puede comprobarse simplificando ambos miembros por $b^2$ y luego elevando al cuadrado. Esto nos da

$$\frac{(x_0c + a^2)^2}{(x_0 + c)^2 + y_0^2} = \frac{(x_0c - a^2)^2}{(x_0 - c)^2 + y_0^2},$$

lo cual se reduce a

$$(a^2 - c^2)\, x_0^2 + a^2y_0^2 = a^2(a^2 - c^2) \qquad \text{luego a} \qquad \frac{x_0^2}{a^2} + \frac{y_0^2}{b^2} = 1.$$

Esta última ecuación se verifica puesto que el punto $P(x_0,\ y_0)$ está sobre la elipse. □

El resultado que acabamos de demostrar tiene la siguiente consecuencia física:

**(9.4.5)** La luz o el sonido emitidos desde un foco de un reflector elíptico son concentrados por éste hacia el otro foco.

En unas construcciones elípticas, llamadas "cámaras de los susurros", un susurro emitido en uno de los focos, inaudible para quien esté cerca, puede escucharse perfectamente en el otro foco. Se puede experimentar este fenómeno visitando la Habitación de las Estatuas en el Capitolio.

## EJERCICIOS 9.4

Para cada una de las elipses siguientes hallar (a) el centro, (b) los focos, (c) la longitud del eje mayor, y (d) la longitud del eje menor. Dibujar entonces la figura.

**1.** $x^2/9 + y^2/4 = 1$.

**2.** $x^2/4 + y^2/9 = 1$.

**3.** $3x^2 + 2y^2 = 12$.

**4.** $3x^2 + 4y^2 - 12 = 0$.

**5.** $4x^2 + 9y^2 - 18y = 27$.

**6.** $4x^2 + y^2 - 6y + 5 = 0$.

**7.** $4(x-1)^2 + y^2 = 64$.

**8.** $16(x-2)^2 + 25(y-3)^2 = 400$.

Hallar la ecuación de la elipse que satisface las condiciones dadas

**9.** Focos en $(-1, 0)$, $(1, 0)$; eje mayor 6.

**10.** Focos en $(0, -1)$, $(0, 1)$; eje mayor 6.

**11.** Focos en $(1, 3)$, $(1, 9)$; eje menor 8.

**12.** Focos en $(3, 1)$, $(9, 1)$; eje menor 10.

**13.** Foco en $(1, 1)$; centro en $(1, 3)$; eje mayor 10.

**14.** Centro en $(2, 1)$; vértices en $(2, 6)$, $(1, 1)$.

**15.** Eje mayor 10; vértices en $(3, 2)$, $(3, -4)$.

**16.** Foco en $(6, 2)$; vértices en $(1, 7)$, $(1, -3)$.

**17.** ¿Cuál es la longitud de la cuerda en la figura 9.4.1?

**18.** Demostrar que todos los puntos de la forma $(a \cos t, b \operatorname{sen} t)$ con $t$ real están situados sobre una elipse.

**19.** Hallar la distancia entre los focos de una elipse de área $A$ si la longitud del eje mayor es $2a$.

**20.** Demostrar que, en una elipse, el producto de las distancias de los focos a la tangente en un punto $[d(F_1, T_1)\, d(F_2, T_2)$ en la figura 9.4.7] es siempre el cuadrado de la mitad de la longitud del eje menor.

**21.** Determinar los focos de una elipse sabiendo que el punto $(3, 4)$ está sobre la elipse y que los extremos del eje mayor son $(0, 0)$ y $(10, 0)$.

**22.** Hallar el centroide de la parte de la región elíptica $b^2x^2 + a^2y^2 \leq a^2b^2$ comprendida en el primer cuadrante.

Aunque todas la parábolas tengan la misma forma (ejercicio 39, sección 9.3), las elipses tienen formas diferentes. La forma de una elipse depende de su *excentricidad* $e$. Ésta es la razón de la mitad de la distancia entre los focos a la mitad de la longitud del eje mayor:

**(9.4.6)**
$$e = c/a.$$

Para toda elipse se verifica que $0 < e < 1$.
Determinar la excentricidad de las siguientes elipses.

**23.** $x^2/25 + y^2/16 = 1$.

**24.** $x^2/16 + y^2/25 = 1$.

**25.** $(x-1)^2/25 + (y+2)^2/9 = 1$.

**26.** $(x+1)^2/169 + (y-1)^2/144 = 1$.

**27.** Supongamos que $E_1$ y $E_2$ son dos elipses con el mismo eje mayor. Comparar las forma de $E_1$ y $E_2$ si $e_1 < e_2$.

**28.** ¿Qué le sucede a una elipse de eje mayor $2a$ cuando $e$ tiende a 0?

**29.** ¿Qué le sucede a una elipse de eje mayor $2a$ cuando $e$ tiende a 1?

Escribir la ecuación de la elipse

**30.** De eje mayor entre $(-3, 0)$, $(3, 0)$, de excentricidad $\frac{1}{3}$.

**31.** De eje mayor entre $(-3, 0)$, $(3, 0)$, de excentricidad $\frac{2}{3}\sqrt{2}$.

**32.** Sean $l$ una recta y $F$ un punto que no esté sobre $l$. Hemos visto que el conjunto de los puntos $P$ tales que

$$d(F, P) = d(l, P)$$

es una parábola. Demostrar que si $0 < e < 1$, el conjunto de los puntos $P$ tales que

$$d(F, P) = e\, d(l, P)$$

es una elipse de excentricidad $e$. SUGERENCIA: Escoger un sistema de coordenadas tal que $F$ esté situado en el origen y $l$ sea una recta vertical $x = d$.

## 9.5 LA HIPÉRBOLA

Consideremos dos puntos $F_1$, $F_2$ y un número positivo $k$ menor que la distancia entre ellos.

**(9.5.1)**

> El conjunto de todos los puntos $P$ tales que
>
> $$|d(P, F_1) - d(P, F_2)| = k$$
>
> recibe el nombre de *hipérbola*. Los puntos $F_1$ y $F_2$ se denominan *focos*.

En la figura 9.5.1 hemos representado una hipérbola en la llamada *posición estándar*: los focos sobre el eje $x$ son equidistantes respecto del origen. Estableceremos una ecuación para esta hipérbola haciendo $k = 2a$.

Un punto $P(x, y)$ está sobre la hipérbola si, y solo si

$$|d(P, F_1) - d(P, F_2)| = 2a.$$

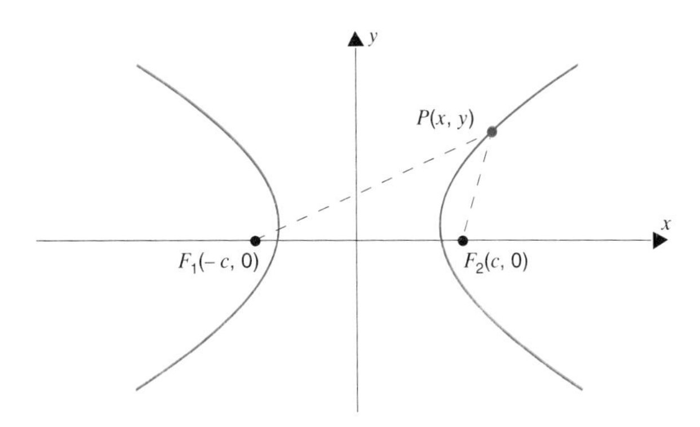


**Figura 9.5.1**

Con $F_1$ en $(-c, 0)$ y $F_2$ en $(c, 0)$ tenemos

$$\sqrt{(x+c)^2+y^2} - \sqrt{(x-c)^2+y^2} = \pm 2a. \qquad \text{(explicarlo)}$$

Pasando el segundo término al miembro de la derecha y elevando al cuadrado, obtenemos

$$(x+c)^2+y^2 = 4a^2 \pm 4a\sqrt{(x-c)^2+y^2} + (x-c)^2+y^2.$$

Esta ecuación se reduce a

$$xc - a^2 = \pm a\sqrt{(x-c)^2+y^2}.$$

Elevando al cuadrado otra vez, hallamos que

$$x^2c^2 - 2a^2xc + a^4 = a^2(x^2 - 2xc + c^2 + y^2).$$

Esto se reduce a

$$(c^2-a^2)x^2 - a^2y^2 = a^2(c^2-a^2),$$

luego a

**(9.5.2)** $$\frac{x^2}{a^2} - \frac{y^2}{c^2-a^2} = 1. \qquad \square$$

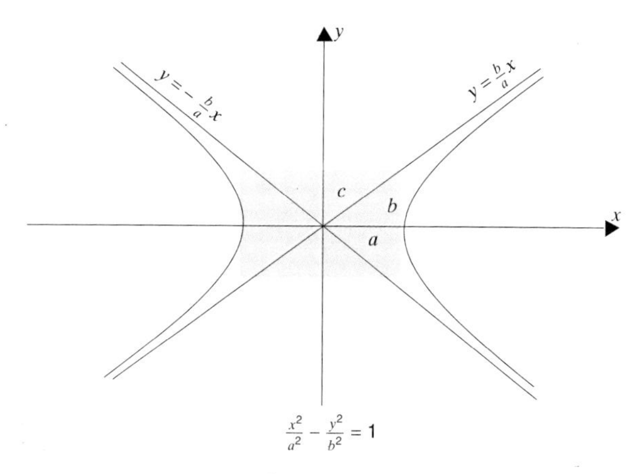


Figura 9.5.2

Usualmente se hace $b = \sqrt{c^2 - a^2}$. La ecuación de una hipérbola en posición estándar toma entonces la forma

**(9.5.3)**
$$\frac{x^2}{a^2} - \frac{y^2}{b^2} = 1.$$

Los significados de $a$, $b$ y $c$ pueden verse en la figura 9.5.2.

Como lo sugiere la propia figura, la hipérbola permanece entre las rectas

$$y = \frac{b}{a}x \quad \text{e} \quad y = -\frac{b}{a}x.$$

Estas rectas reciben el nombre de *asíntotas* de la hipérbola. Pueden obtenerse a partir de la ecuación 9.5.2 sustituyendo el 1 del segundo miembro por 0:

$$\frac{x^2}{a^2} - \frac{y^2}{b^2} = 0 \quad \text{da} \quad y = \pm\frac{b}{a}x.$$

*Cuando $x \to \pm\infty$, la separación vertical entre la hipérbola y sus asíntotas tiende a cero.* Para verlo resolvemos la ecuación

$$\frac{x^2}{a^2} - \frac{y^2}{b^2} = 1$$

en $y$. Esto nos da

$$y = \pm\sqrt{\frac{b^2}{a^2}x^2 - b^2}.$$

En cada uno de los cuatro cuadrantes, la separación vertical entre la hipérbola y las asíntotas puede escribirse

$$\left|\frac{b}{a}|x| - \sqrt{\frac{b^2}{a^2}x^2 - b^2}\right|. \qquad \text{(comprobar esto)}$$

Cuando $x \to \pm\infty$,

$$\left|\frac{b}{a}|x| - \sqrt{\frac{b^2}{a^2}x^2 - b^2}\right| = \left|\frac{b}{a}|x| - \sqrt{\frac{b^2}{a^2}x^2 - b^2}\right| \frac{\left|\frac{b}{a}|x| - \sqrt{\frac{b^2}{a^2}x^2 - b^2}\right|}{\left|\frac{b}{a}|x| - \sqrt{\frac{b^2}{a^2}x^2 - b^2}\right|}$$

$$= \frac{b^2}{\left|\frac{b}{a}|x| - \sqrt{\frac{b^2}{a^2}x^2 - b^2}\right|} \to 0. \quad \square$$

La recta determinada por los focos de una hipérbola corta la hipérbola en dos puntos llamados *vértices*. El segmento de recta que une los vértices se llama el *eje transverso*. El punto medio del eje transversal se llama *centro* de la hipérbola.

En posición estándar (figura 9.5.2), los vértices son $(\pm a, 0)$, el eje transverso tiene longitud $2a$, y el centro está en el origen.

**Ejemplo 1.** La ecuación

$$\frac{x^2}{1} - \frac{y^2}{3} = 1 \qquad \text{(Figura 9.5.3)}$$

representa una hipérbola en posición estándar; aquí $a = 1$, $b = \sqrt{3}$, $c = \sqrt{1+3} = 2$. El centro está en el origen. Los focos están en $(-2, 0)$, $(2, 0)$. Los vértices están en $(-1, 0)$, $(1, 0)$. El eje transverso tiene longitud 2. Podemos obtener las asíntotas haciendo

$$\frac{x^2}{1} - \frac{y^2}{3} = 0.$$

Las asíntotas son las rectas $y = \pm\sqrt{3x}$. $\square$

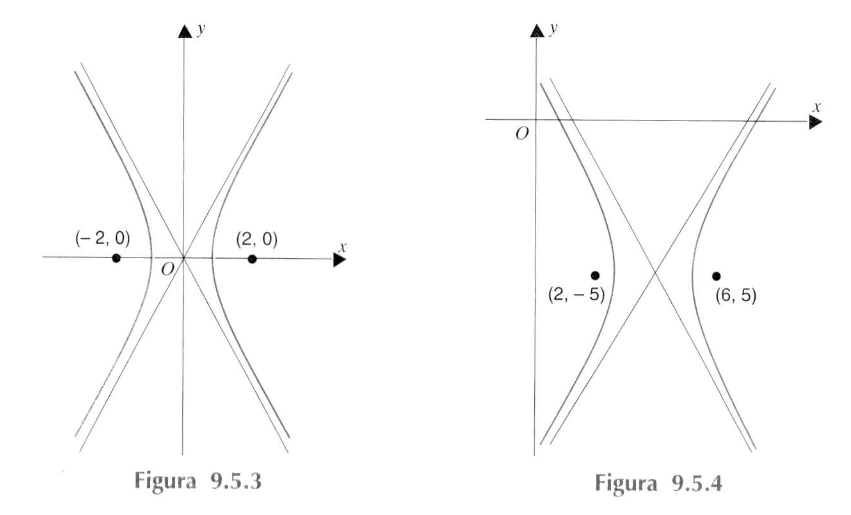


Figura 9.5.3

Figura 9.5.4

**Ejemplo 2.** La hipérbola

$$\frac{(x-4)^2}{1} - \frac{(y+5)^2}{3} = 1 \qquad \text{(Figura 9.5.4)}$$

es la hipérbola

$$\frac{x^2}{1} - \frac{y^2}{3} = 1$$

del ejemplo 1, desplazada 4 unidades hacia la derecha y 5 unidades hacia abajo. El centro de la hipérbola está ahora en (4, – 5). Los focos están en (2, – 5), (6, – 5). Los vértices están en (3, – 5) y (5, – 5). Las nuevas asíntotas son las rectas $y + 5 = \pm\sqrt{3}\,(x - 4)$. □

**Ejemplo 3.** La hipérbola

$$\frac{y^2}{1} - \frac{x^2}{3} = 1 \qquad \text{(Figura 9.5.5)}$$

se obtiene a partir de la hipérbola

$$\frac{x^2}{1} - \frac{y^2}{3} = 1$$

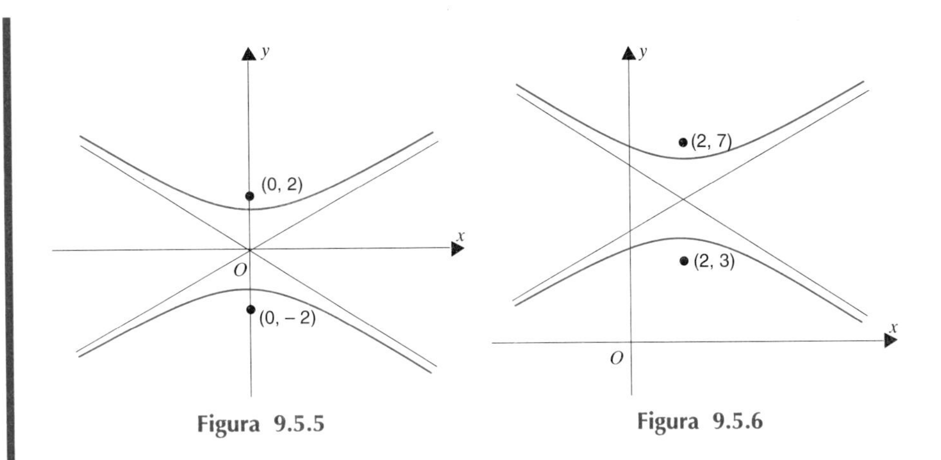


Figura 9.5.5 Figura 9.5.6

del ejemplo 1 por simetría respecto de la recta $y = x$. El centro sigue estando en el origen. Los focos están ahora en $(0, -2)$, $(0, 2)$. Los vértices están en $(0, -1)$, $(0, 1)$. Las asíntotas son las rectas $x = \pm\sqrt{3}y$. ▢

**Ejemplo 4.** La hipérbola

$$\frac{(y-5)^2}{1} - \frac{(x-2)^2}{3} = 1 \qquad \text{(Figura 9.5.6)}$$

es la del ejemplo 3 desplazada 2 unidades a la derecha y 5 unidades hacia arriba. ▢

## Reflectores hiperbólicos

Un cálculo directo, que se propone en los ejercicios, permite demostrar que

**(9.5.4)** en cada punto de una hipérbola, la tangente es bisectriz del ángulo formado por los radios focales $\overline{F_1P}$ y $\overline{F_2P}$.

Las consecuencias ópticas de este hecho se ilustran en la figura 9.5.7. En ella hemos representado la rama derecha de una hipérbola de focos $F_1$, $F_2$. La luz o el sonido que llegan a $F_2$ desde cualquier punto situado a la izquierda del reflector son dirigidos hacia $F_1$.

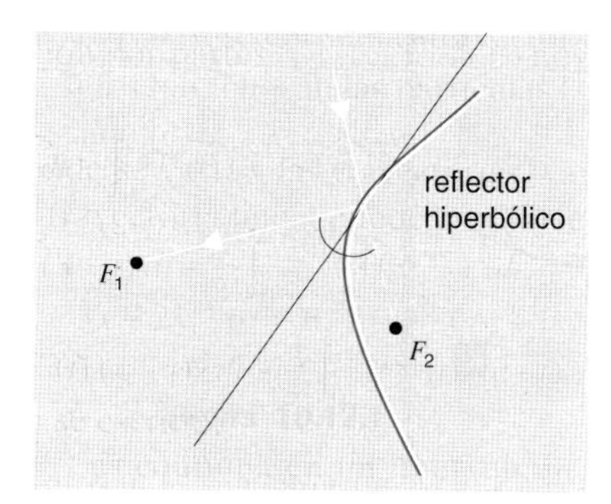


Figura 9.5.7

### Una aplicación en telemetría

Si dos observadores, situados en puestos de escucha separados por una distancia conocida, cronometran el disparo de un cañón, la diferencia entre los tiempos medidos multiplicada por la velocidad del sonido proporciona el valor $2a$ y, en consecuencia, determina una hipérbola sobre la cual ha de estar situado el cañón. Un tercer punto de escucha da dos hipérbolas más. El cañón se encuentra en el punto donde se cortan las hipérbolas.

(Variantes sencillas de esta cuestión aparecen en los ejercicios.)

## EJERCICIOS 9.5

Hallar la ecuación de la hipérbola indicada.

**1.** Focos en $(-5, 0)$, $(5, 0)$; eje transverso 6.
**2.** Focos en $(-13, 0)$, $(13, 0)$; eje transverso 10.
**3.** Focos en $(0, -13)$, $(0, 13)$; eje transverso 10.
**4.** Focos en $(0, -13)$, $(0, 13)$; eje transverso 24.
**5.** Focos en $(-5, 1)$, $(5, 1)$; eje transverso 6.
**6.** Focos en $(-3, 1)$, $(7, 1)$; eje transverso 6.
**7.** Focos en $(-1, -1)$, $(-1, 1)$; eje transverso $\frac{1}{2}$.
**8.** Focos en $(2, 1)$, $(2, 5)$; eje transverso 3.

Para cada una de las siguientes hipérbolas, hallar el centro, los vértices, los focos, las asíntotas y la longitud del eje transverso. A continuación, dibujar la figura.

**9.** $x^2 - y^2 = 1$. **10.** $y^2 - x^2 = 1$. **11.** $x^2/9 - y^2/16 = 1$.
**12.** $x^2/16 - y^2/9 = 1$. **13.** $y^2/16 - x^2/9 = 1$. **14.** $y^2/9 - x^2/16 = 1$.

**15.** $(x-1)^2/9 - (y-3)^2/16 = 1.$

**16.** $(x-1)^2/16 - (y-3)^2/9 = 1.$

**17.** $4x^2 - 8x - y^2 + 6y - 1 = 0.$

**18.** $-3x^2 + y^2 - 6x = 0.$

**19.** Hallar el centro, los vértices, los focos, las asíntotas y la longitud del eje transverso de la hipérbola cuya ecuación es $xy = 1$. SUGERENCIA: Definir un nuevo sistema de coordenadas $XY$ haciendo $x = X + Y$ e $y = X - Y$.

En los ejercicios 20–22 nos referimos a la hipérbola de la figura 9.5.2.

**20.** Hallar dos funciones $x = x(t)$, $y = y(t)$ tales que, cuando $t$ recorre el conjunto de los números reales, los puntos $(x(t), y(t))$ describen (a) la rama derecha de la hipérbola. (b) la rama izquierda de la hipérbola.

**21.** Hallar el área de la región comprendida entre la rama derecha de la hipérbola y la recta vertical $x = 2a$.

**22.** Demostrar que en cada punto $P$ de la hipérbola, la tangente en $P$ es la bisectriz del ángulo formado por los radios focales $\overline{F_1P}$ y $\overline{F_2P}$.

La forma de una hipérbola está determinada por su *excentricidad* $e$. Esta es la razón de la mitad de la distancia entre los focos a la mitad de la longitud del eje transverso:

**(9.5.5)**
$$e = c/a.$$

Para toda hipérbola se verifica que $e > 1$.
Determinar la excentricidad de cada una de las hipérbolas siguientes.

**23.** $x^2/9 - y^2/16 = 1.$

**24.** $x^2/16 - y^2/9 = 1.$

**25.** $x^2 - y^2 = 1.$

**26.** $x^2/25 - y^2/144 = 1.$

**27.** Supongamos que $H_1$ y $H_2$ son dos hipérbolas con el mismo eje transverso. Comparar la forma de $H_1$ con la de $H_2$ si $e_1 < e_2$.

**28.** ¿Qué le sucede a una hipérbola cuando $e$ tiende a 1?

**29.** ¿Qué le sucede a una hipérbola cuando $e$ tiende al infinito?

**30.** (Comparar con el ejercicio 32 de la sección 9.4.) Sean $l$ una recta y $F$ un punto que no está en $l$. Demostrar que, si $e > 1$, el conjunto de todos los puntos $P$ tales que

$$d(F, P) = ed(l, P)$$

es una hipérbola de excentricidad $e$. SUGERENCIA: Escoger un sistema de coordenadas tal que $F$ esté en el origen y $l$ sea una recta vertical $x = d$.

**31. (Calculadora)** Un meteorito se estrella en algún punto de las montañas situadas al norte del punto $A$. Se escucha el ruido del impacto en el punto $A$ y, cuatro segundos más tarde en el punto $B$. Dos segundos más tarde se escucha en el punto $C$. Determinar el punto del impacto sabiendo que $A$ está situado dos millas al este de $B$ y dos millas al oeste de $C$. (Tomar 0,20 millas por segundo para la velocidad del sonido.)

**32. (Calculadora)** Se recibe una señal de radio en los puntos $P_1$, $P_2$, $P_3$ y $P_4$ de la figura 9.5.8. Suponemos que la señal llega al punto $P_1$ seiscientos microsegundos después de llegar a $P_2$ y que llega a $P_4$ ochocientos microsegundos después de llegar a $P_3$. Determinar el origen de la señal sabiendo que ésta viaja a la velocidad de la luz, 186.000 millas por segundo. (Un microsegundo es una millonésima de segundo.)

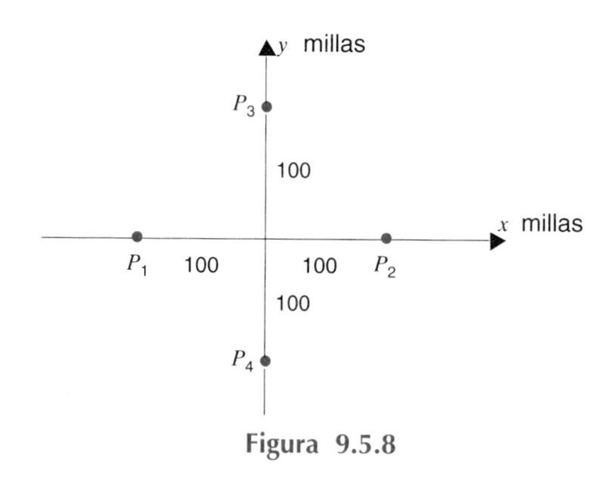


Figura 9.5.8

## 9.6 ROTACIONES; ELIMINACIÓN DEL TÉRMINO EN *XY*

Considerando la figura 9.6.1 se deduce que

$$\cos\theta = \frac{x}{r}, \quad \operatorname{sen}\theta = \frac{y}{r}.$$

Luego

$$x = r\cos\theta, \quad y = r\operatorname{sen}\theta. \tag{9.6.1}$$

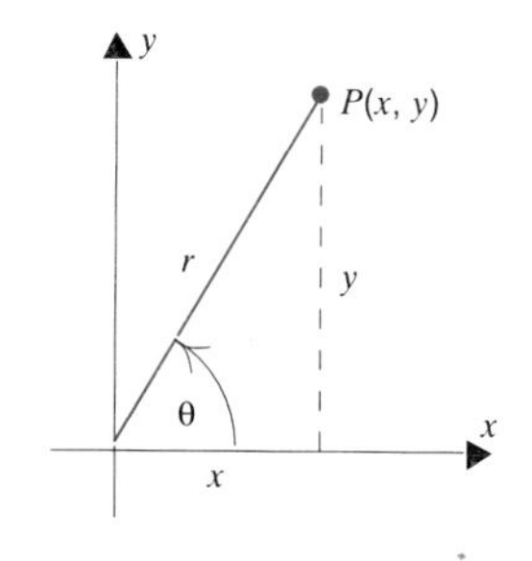


Figura 9.6.1

Estas ecuaciones aparecen con frecuencia en cálculo. En la sección 10.1 las consideraremos con mayor detalle al estudiar las coordenadas polares.

Consideremos ahora un sistema de coordenadas rectangular *Oxy*. Si giramos este sistema alrededor del origen $\alpha$ radianes en sentido contrario a las agujas del reloj, obtenemos un nuevo sistema de coordenadas *OXY*. Véase la figura 9.6.2.

A un punto *P* le corresponderán ahora dos pares de coordenadas rectangulares:

$$(x, y)\text{en el sistema } Oxy \quad \text{y } (X, Y) \text{ en el sistema } OXY$$

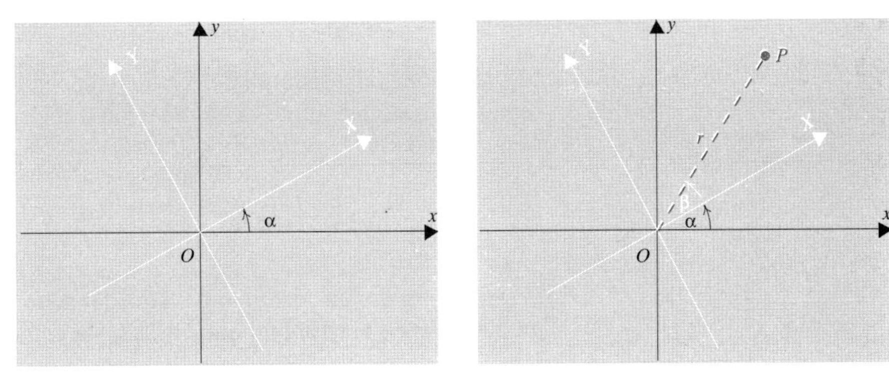


Figura 9.6.2 Figura 9.6.3

En esta sección investigamos la relación existente entre $(x, y)$ y $(X, Y)$. Con $P$ como en la figura 9.6.3,

$$x = r \cos(\alpha + \beta), \quad y = r \operatorname{sen}(\alpha + \beta)$$

y

$$X = r \cos \beta, \quad Y = r \operatorname{sen} \beta.$$

Puesto que

$$\begin{aligned}\cos(\alpha + \beta) &= \cos \alpha \cos \beta - \operatorname{sen} \alpha \operatorname{sen} \beta,\\ \operatorname{sen}(\alpha + \beta) &= \operatorname{sen} \alpha \cos \beta + \cos \alpha \operatorname{sen} \beta,\end{aligned}$$

tenemos

$$\begin{aligned}x = r \cos(\alpha + \beta) &= (\cos \alpha)\, r \cos \beta - (\operatorname{sen} \alpha)\, r \operatorname{sen} \beta,\\ y = r \operatorname{sen}(\alpha + \beta) &= (\operatorname{sen} \alpha)\, r \cos \beta + (\cos \alpha)\, r \operatorname{sen} \beta,\end{aligned}$$

y por consiguiente

**(9.6.2)** $$x = (\cos \alpha) X - (\operatorname{sen} \alpha) Y, \quad y = (\operatorname{sen} \alpha) X + (\cos \alpha) Y.$$

Estas fórmulas expresan las consecuencias algebraicas de una rotación de $\alpha$ radianes en sentido contrario a las agujas del reloj.

## Eliminación del término en $xy$

Las rotaciones del sistema de coordenadas permiten simplificar las ecuaciones de segundo grado mediante la eliminación del término en $xy$; esto es, si en el sistema $Oxy$, $S$ tiene una ecuación de la forma

$$(1) \qquad ax^2 + bxy + cy^2 + dx + ey + f = 0 \quad \text{con} \quad b \neq 0,$$

entonces existe un sistema de coordenadas $OXY$, obtenido a partir de $Oxy$ mediante una rotación, tal que en $OXY$ la ecuación de $S$ sea de la forma

$$AX^2 + CY^2 + DX + EY + F = 0.$$

Para comprobarlo, hagamos la sustitución

$$x = (\cos\alpha)X - (\operatorname{sen}\alpha)Y, \qquad y = (\operatorname{sen}\alpha)X + (\cos\alpha)Y$$

en la ecuación (1). Esto nos dará una ecuación de segundo grado en $x$ e $y$ en la cual el coeficiente de $XY$ es

$$-2a\cos\alpha\operatorname{sen}\alpha + b(\cos^2\alpha - \operatorname{sen}^2\alpha) + 2c\cos\alpha\operatorname{sen}\alpha.$$

Este coeficiente se simplifica, quedando

$$(c - a)\operatorname{sen}2\alpha + b\cos 2\alpha.$$

Para eliminar el término en $XY$ hemos de anular este coeficiente, es decir que hemos de tener

$$(a - c)\operatorname{sen}2\alpha = b\cos 2\alpha.$$

Aquí hay dos posibilidades: $a = c$, $a \neq c$.

I. Si $a = c$, entonces

$$\begin{aligned} \cos 2\alpha &= 0, \\ 2\alpha &= \tfrac{1}{2}\pi + n\pi, \qquad (n \text{ entero arbitrario}) \\ \alpha &= \tfrac{1}{4}\pi + \tfrac{1}{2}n\pi. \end{aligned}$$

Luego si $a = c$, podemos eliminar el término en $XY$ haciendo

**(9.6.3)** $$\alpha = \tfrac{1}{4}\pi.$$ (tomar $n = 0$)

II. Si $a \neq c$, entonces

$$\tan 2\alpha = \frac{b}{a-c},$$
$$2\alpha = \arctan\left(\frac{b}{a-c}\right) + n\pi,$$
$$\alpha = \tfrac{1}{2}\arctan\left(\frac{b}{a-c}\right) + \tfrac{1}{2}n\pi.$$

Luego si $a \neq c$ podemos eliminar el término en $XY$ haciendo

**(9.6.4)** $$\alpha = \frac{1}{2}\arctan\left(\frac{b}{a-c}\right).$$ (tomar $n = 0$)

**Ejemplo 1.** En el siguiente caso

$$xy - 2 = 0,$$

tenemos $a = c$ luego podemos tomar $\alpha = \frac{1}{4}\pi$. Haciendo

$$x = (\cos\tfrac{1}{4}\pi)\,X - (\operatorname{sen}\tfrac{1}{4}\pi)\,Y = \tfrac{1}{2}\sqrt{2}\,(X - Y),$$
$$y = (\operatorname{sen}\tfrac{1}{4}\pi)\,X - (\cos\tfrac{1}{4}\pi)\,Y = \tfrac{1}{2}\sqrt{2}\,(X + Y),$$

hallamos que $xy - 2 = 0$ se transforma en

$$\tfrac{1}{2}(X^2 - Y^2) - 2 = 0,$$

que también puede escribirse

$$\frac{X^2}{4} - \frac{Y^2}{4} = 1.$$

Esta es la ecuación de una hipérbola en posición estándar en el sistema $OXY$. En la figura 9.6.4 está representada esta hipérbola. □

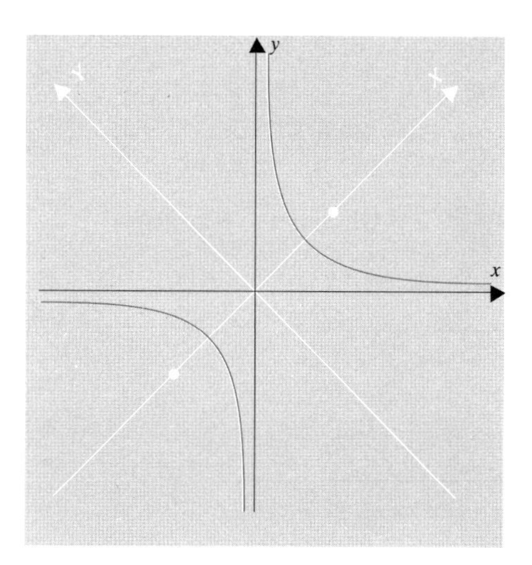


**Figura 9.6.4**

**Ejemplo 2.** En el siguiente caso

$$11x^2 + 4\sqrt{3}xy + 7y^2 - 1 = 0,$$

tenemos $a = 11$, $b = 4\sqrt{3}$ y $c = 7$. Luego podemos tomar

$$\alpha = \tfrac{1}{2} \arctan\left(\frac{b}{a-c}\right) = \tfrac{1}{2} \arctan \sqrt{3} = \tfrac{1}{6}\pi.$$

Haciendo

$$x = (\cos \tfrac{1}{6}\pi)\, X - (\operatorname{sen} \tfrac{1}{6}\pi)\, Y = \tfrac{1}{2}(\sqrt{3}X - Y),$$
$$y = (\operatorname{sen} \tfrac{1}{6}\pi)\, X + (\cos \tfrac{1}{6}\pi)\, Y = \tfrac{1}{2}(X + \sqrt{3}Y),$$

hallamos que nuestra ecuación inicial se simplifica para dar $13X^2 + 5Y^2 - 1 = 0$, que podemos escribir

$$\frac{X^2}{(1/\sqrt{13})^2} + \frac{Y^2}{(1/\sqrt{5})^2} = 1.$$

Esta es la ecuación de una elipse. En la figura 9.6.5 hemos representado dicha elipse. □

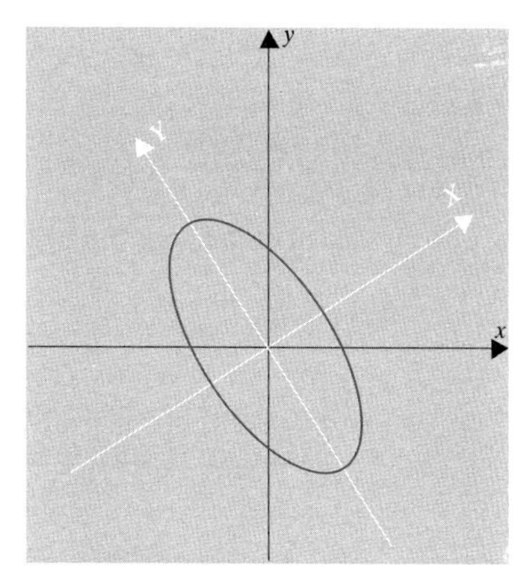


Figura 9.6.5

## EJERCICIOS *9.6

Para cada una de las ecuaciones siguientes, (a) hallar una rotación $\alpha \in (-\frac{1}{4}\pi, \frac{1}{4}\pi]$ que permite eliminar el término en $xy$; (b) escribir la ecuación respecto del nuevo sistema de coordenadas; (c) dibujar la curva mostrando ambos sistemas de coordenadas.

**1.** $xy = 1$.

**2.** $xy - y + x = 1$.

**3.** $11x^2 + 10\sqrt{3}xy + y^2 - 4 = 0$.

**4.** $52x^2 - 72xy + 73y^2 - 100 = 0$.

**5.** $x^2 - 2xy + y^2 + x + y = 0$.

**6.** $3x^2 + 2\sqrt{3}xy + y^2 - 2x + 2\sqrt{3}y = 0$.

**7.** $x^2 + 2\sqrt{3}xy + 3y^2 + 2\sqrt{3}x - 2y = 0$.

**8.** $2x^2 + 4\sqrt{3}xy + 6y^2 + (8 - \sqrt{3})x + (8\sqrt{3} + 1)y + 8 = 0$.

Hallar una rotación $\alpha \in (-\frac{1}{4}\pi, \frac{1}{4}\pi]$ que permita eliminar el término en $xy$. Hallar entonces $\cos\alpha$ y $\operatorname{sen}\alpha$.

**9.** $x^2 + xy + Kx + Ly + M = 0$.

**10.** $5x^2 + 24xy + 12y^2 + Kx + Ly + M = 0$.

## SUPLEMENTO A LA SECCIÓN *9.6

### La ecuación de segundo grado

Es posible extraer conclusiones generales acerca de la gráfica que representa a la ecuación de segundo grado

$$ax^2 + bxy + cy^2 + dx + ey + f = 0, \qquad a, b, c \text{ no todos } 0,$$

considerando exclusivamente su *discriminante* $\Delta = b^2 - 4ac$. Se dan tres casos.

Caso 1 Si $\Delta < 0$, la gráfica es una elipse, un círculo, un punto o el conjunto vacío.

Caso 2 Si $\Delta > 0$, la gráfica es una hipérbola o un par de rectas que se cortan.

Caso 3 Si $\Delta = 0$, la gráfica es una parábola, una recta, un par de rectas o el conjunto vacío.

A continuación se esboza cómo comprobar estos asertos. Un primer paso útil consiste en girar el sistema de coordenadas de manera que la ecuación tome la forma

$$AX^2 + CY^2 + DX + EY + F = 0. \tag{1}$$

Un cálculo elemental, aunque laborioso, demuestra que el discrimante es invariante por rotación, de modo que tenemos

$$\Delta = b^2 - 4ac = -4AC.$$

Además, $A$ y $C$ no pueden anularse simultáneamente. Si $\Delta < 0$, entonces $AC > 0$ y podemos escribir (1) de la siguiente forma

$$\frac{X^2}{C} + \frac{D}{AC}X + \frac{Y^2}{A} + \frac{EY}{AC} + \frac{F}{AC} = 0.$$

Completando los cuadrados, obtenemos una ecuación de la forma

$$\frac{(X-\alpha)^2}{(\sqrt{|C|})^2} + \frac{(Y-\beta)^2}{(\sqrt{|A|})^2} = K.$$

Si $K > 0$, tenemos una elipse o un círculo. Si $K = 0$, tenemos el punto $(\alpha, \beta)$. Si $K < 0$, el conjunto es vacío.

Si $\Delta > 0$, entonces $AC < 0$. Procediendo como anteriormente, obtenemos una ecuación de la forma

$$\frac{(X-\alpha)^2}{(\sqrt{|C|})^2} - \frac{(Y-\beta)^2}{(\sqrt{|A|})^2} = K.$$

Si $K \neq 0$, tenemos una hipérbola. Si $K = 0$, la ecuación se convierte en

$$\left(\frac{X-\alpha}{\sqrt{|C|}} - \frac{Y-\beta}{\sqrt{|A|}}\right)\left(\frac{X-\alpha}{\sqrt{|C|}} + \frac{Y-\beta}{\sqrt{|A|}}\right) = 0,$$

de ahí que tengamos un par de rectas que se cortan en el punto $(\alpha, \beta)$.

Si $\Delta = 0$, entonces $AC = 0$, luego o $A = 0$ o $C = 0$. Dado que ambos $A$ y $C$ no pueden anularse simultáneamente, no hay pérdida de generalidad en suponer que $A \neq 0$ y que $C = 0$. En este caso la ecuación (1) se reduce a

$$AX^2 + DX + EY + F = 0.$$

Dividiendo por $A$ y completando el cuadrado, tenemos una ecuación de la forma

$$(X - \alpha)^2 = \beta Y + K.$$

Si $\beta \neq 0$, tenemos una parábola. Si $\beta = 0$ y $K = 0$, tenemos una recta. Si $\beta = 0$ y $K > 0$, tenemos un par de rectas paralelas. Si $\beta = 0$ y $K < 0$, el conjunto es vacío. □

## 9.7 EJERCICIOS ADICIONALES

Describir en detalle cada una de las siguientes curvas.

**1.** $x^2 - 4y - 4 = 0.$

**2.** $3x^2 + 2y^2 - 6 = 0.$

**3.** $x^2 - 4y^2 - 10x + 41 = 0.$

**4.** $9x^2 - 4y^2 - 18x - 8y - 31 = 0.$

**5.** $x^2 + 3y^2 + 6x + 8 = 0.$

**6.** $x^2 - 10x - 8y + 41 = 0.$

**7.** $y^2 + 4y + 2x + 1 = 0.$

**8.** $9x^2 + 4y^2 - 18x - 8y - 23 = 0.$

**9.** $9x^2 + 25y^2 + 100y + 99 = 0.$

**10.** $7x^2 - y^2 + 42x + 14y + 21 = 0.$

**11.** $7x^2 - 5y^2 + 14x - 40y = 118.$

**12.** $2x^2 - 3y^2 + 4\sqrt{3}x - 6\sqrt{3}y = 9.$

**13.** $(x^2 - 4y)(4x^2 + 9y^2 - 36) = 0.$

**14.** $(x^2 - 4y)(x^2 - 4y^2) = 0.$

## RESUMEN DEL CAPÍTULO

### 9.1 Introducción

secciones cónicas (p. 591)

### 9.2 Traslaciones; distancia de un punto a una recta

traslaciones (p. 592) $\quad d(P_1, l) = \dfrac{|Ax_1 + By_1 + C|}{\sqrt{A^2 + B^2}}$

### 9.3 La parábola

directriz, foco, eje, vértices (p. 596) lado recto (p. 606)
propiedad de reflexión (p. 601) trayectorias parabólicas (p. 603)

Una parábola es el conjunto de los puntos equidistantes de una recta fija y de un punto fijo que no esté en la recta

## 9.4 La elipse

focos, posición estándar (p. 607)
vértices, ejes, centro (p. 609)
reflectores elípticos (p. 612)
excentricidad (p. 615)

Una elipse es el conjunto de los puntos tales que la suma de sus distancias a dos puntos fijos es constante.

## 9.5 La hipérbola

focos, posición estándar (p. 616)
asíntotas (p. 618)
vértices, eje transverso, centro (p. 619)
reflectores hiperbólicos (p. 621)
excentricidad (p. 623)

Una hipérbola es el conjunto de los puntos tales que la diferencia de sus distancias a dos puntos fijos es constante.

## *9.6 Rotaciones; eliminación del término en *xy*

fórmulas de rotación: $x = (\cos\alpha)X - (\operatorname{sen}\alpha)Y, \qquad y = (\operatorname{sen}\alpha)X + (\cos\alpha)Y$
discriminante de una ecuación de segundo grado en $x$ e $y$ (p. 629)

## 9.7 Ejercicios adicionales

10

# COORDENADAS POLARES; ECUACIONES PARAMÉTRICAS

## 10.1 COORDENADAS POLARES

La finalidad de las coordenadas es el fijar la posición respecto a un sistema de referencia. Cuando se usan coordenadas rectangulares, el sistema de referencia es un par de rectas que se cortan en ángulo recto. En un *sistema de coordenadas polares*, el sistema de referencia es un punto $O$, que llamaremos *polo* y una semirrecta, o rayo, que parte de él y que llamaremos *eje polar.* (Figura 10.1.1.)

En la figura 10.1.2 hemos representado dos rayos más a partir del polo. Uno forma un ángulo de $\theta$ radianes con el eje polar; lo llamaremos *rayo de argumento* $\theta$. El rayo opuesto forma un ángulo de $\theta + \pi$ radianes; lo llamaremos *rayo de argumento* $\theta + \pi$.

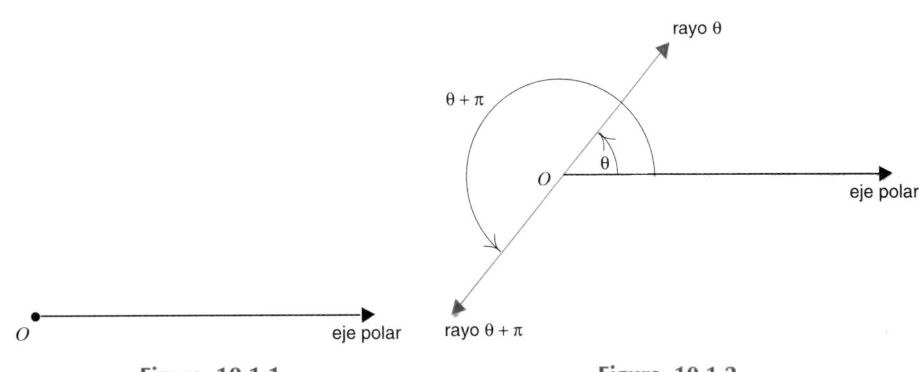


Figura 10.1.1

Figura 10.1.2

En la figura 10.1.3 hemos representado algunos puntos a lo largo de esos mismos rayos, explicitando sus *coordenadas polares*.

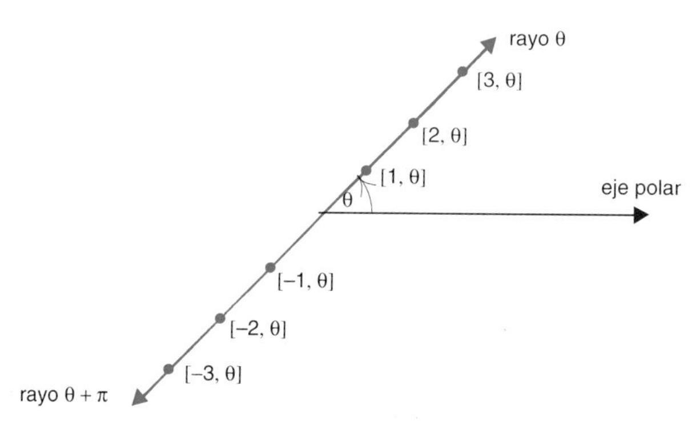


**Figura 10.1.3**

**(10.1.1)** En general un punto está representado en *coordenadas polares* por $[r, \theta]$ sii está a una distancia $|r|$ del polo

sobre el rayo $\theta$, si $r \geq 0$, y sobre el rayo $\theta + \pi$, si $r < 0$.

En la figura 10.1.4 hemos representado el punto $[2, \frac{2}{3}\pi]$ a una distancia de 2 unidades del polo a lo largo del rayo de argumento $\frac{2}{3}\pi$. El punto $[-2, \frac{2}{3}\pi]$ también está a una distancia de 2 unidades del polo, pero no a lo largo del rayo de argumento $\frac{2}{3}\pi$, sino sobre el rayo opuesto.

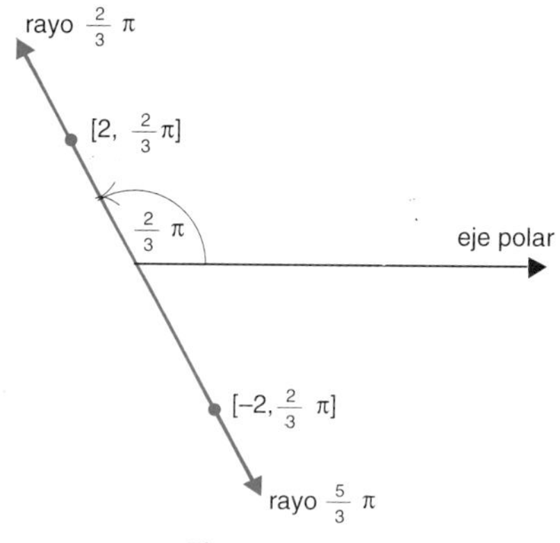


**Figura 10.1.4**

Las coordenadas polares no son únicas. Muchos pares $[r, \theta]$ pueden representar un mismo punto.

1. Si $r = 0$, no importa cómo elijamos $\theta$. El punto resultante siempre es el origen:

**(10.1.2)**
$$O = [0, \theta] \qquad \text{para todo } \theta.$$

2. No existe diferencia geométrica entre dos ángulos que difieren en un múltiplo entero de $2\pi$. Por consiguiente, como sugiere la figura 10.1.5,

**(10.1.3)**
$$[r, \theta] = [r, \theta + 2n\pi] \qquad \text{para todo entero } n.$$

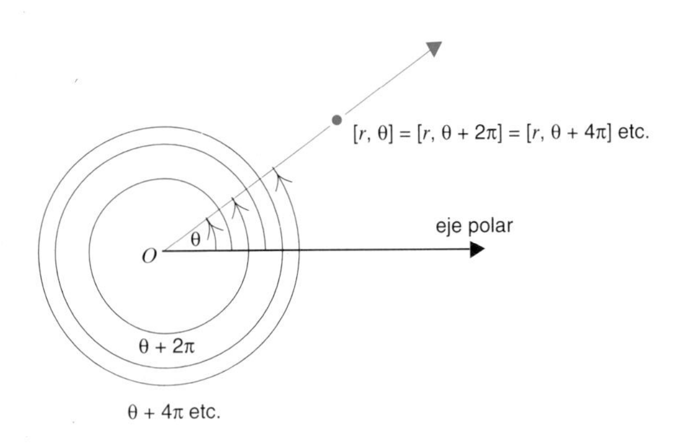


**Figura 10.1.5**

3. Añadir $\pi$ a la segunda coordenada equivale a cambiar el signo de la primera:

**(10.1.4)**
$$[r, \theta + \pi] = [-r, \theta]. \qquad \text{(figura 10.1.6)}$$

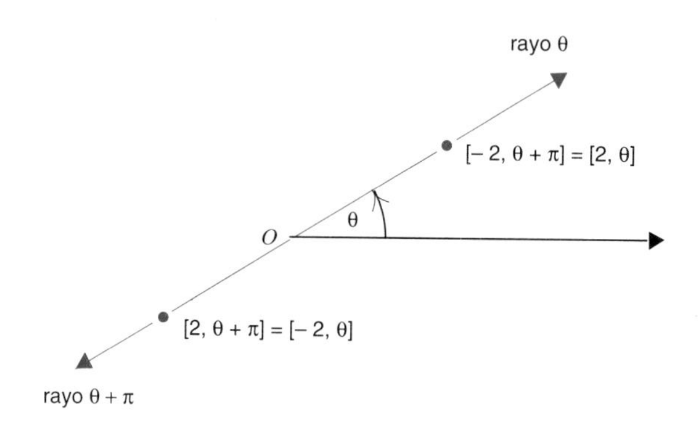


**Figura 10.1.6**

## Relación con las coordenadas rectangulares

En la figura 10.1.7 hemos superpuesto un sistema de coordenadas polares sobre un sistema de coordenadas rectangular. Hemos colocado el polo en el origen y hemos hecho coincidir el eje polar con el eje $x$.

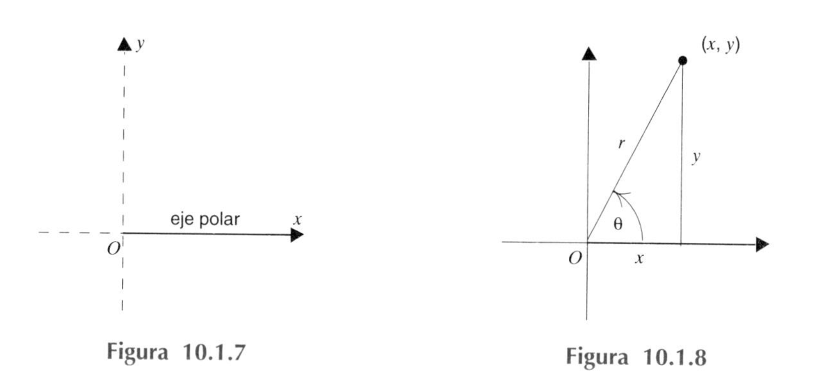


**Figura 10.1.7** **Figura 10.1.8**

La relación entre las coordenadas polares $[r, \theta]$ y las coordenadas rectangulares $(x, y)$ viene dada por las siguientes ecuaciones:

**(10.1.5)** $$x = r\cos\theta, \qquad y = r\operatorname{sen}\theta.$$

Demostración. Si $r = 0$, las fórmulas son ciertas dado que entonces el punto $[r, \theta]$ está en el origen y que tanto $x$ como $y$ se anulan:

$$0 = 0 \cos \theta, \qquad 0 = 0 \operatorname{sen} \theta.$$

Para $r > 0$, utilizaremos la figura 10.1.8 como referencia.[†] De acuerdo con ésta

$$\cos \theta = \frac{x}{r}, \qquad \operatorname{sen} \theta = \frac{y}{r}$$

luego

$$x = r \cos \theta, \qquad y = r \operatorname{sen} \theta.$$

Supongamos ahora que $r < 0$. Dado que $[r, \theta] = [-r, \theta + \pi]$ y que $-r > 0$, sabemos por el caso anterior que

$$x = -r \cos(\theta + \pi), \qquad y = -r \operatorname{sen}(\theta + \pi).$$

Dado que

$$\cos(\theta + \pi) = -\cos \theta \qquad \text{y} \qquad \operatorname{sen}(\theta + \pi) = -\operatorname{sen} \theta,$$

una vez más tenemos

$$x = r \cos \theta, \qquad y = r \operatorname{sen} \theta. \quad \square$$

Por las relaciones que acabamos de demostrar se puede comprobar que, salvo que $x = 0$,

**(10.1.6)**
$$\tan \theta = \frac{y}{x}$$

y que siempre se verifica

**(10.1.7)**
$$x^2 + y^2 = r^2. \qquad \text{(comprobar esto)}$$

---

[†] Para simplificar hemos situado $(x, y)$ en el primer cuadrante. Un razonamiento análogo serviría para cada uno de los demás cuadrantes.

**Problema 1.** Hallar las coordenadas rectangulares del punto $P$ de coordenadas polares $[-2, \frac{1}{3}\pi]$.

*Solución.* Las relaciones

$$x = r\cos\theta, \qquad y = r\,\text{sen}\,\theta$$

dan

$$x = -2\cos\tfrac{1}{3}\pi = -2(\tfrac{1}{2}) = -1, \qquad y = -2\,\text{sen}\,\tfrac{1}{3}\pi = -2(\tfrac{1}{2}\sqrt{3}) = -\sqrt{3}.$$

El punto $P$ tiene coordenadas rectangulares $(-1, -\sqrt{3})$. □

**Problema 2.** Hallar todas las coordenadas polares posibles para el punto $P$ de coordenadas rectangulares $(-2, 2\sqrt{3})$.

*Solución.* Sabemos que

$$r\cos\theta = -2, \qquad r\,\text{sen}\,\theta = 2\sqrt{3}.$$

Podemos obtener los posibles valores de $r$ elevando al cuadrado estas expresiones y sumándolas:

$$r^2 = r^2\cos^2\theta + r^2\,\text{sen}^2\,\theta = (-2)^2 + (2\sqrt{3})^2 = 16,$$

de tal modo que $r = \pm 4$.

Tomando $r = 4$, tenemos

$$4\cos\theta = -2, \qquad 4\,\text{sen}\,\theta = 2\sqrt{3}$$
$$\cos\theta = -\tfrac{1}{2}, \qquad \text{sen}\,\theta = \tfrac{1}{2}\sqrt{3}.$$

Estas ecuaciones se verifican para $\theta = \frac{2}{3}\pi$, o, más generalmente, para

$$\theta = \tfrac{2}{3}\pi + 2n\pi.$$

Las coordenadas polares de $P$ con primera coordenada $r = 4$ son todos los pares de la forma

$$[4, \tfrac{2}{3}\pi + 2n\pi]$$

donde $n$ recorre el conjunto de todos los enteros.

Podríamos repetir el razonamiento para el caso $r = -4$, pero no es necesario proceder así. Dado que $[r, \theta] = [-r, \theta + \pi]$, sabemos que

$$[4, \tfrac{2}{3}\pi + 2n\pi] = [-4, (\tfrac{2}{3}\pi + \pi) + 2n\pi].$$

Las coordenadas polares de $P$ con primera coordenada $r = -4$ son, pues, todos los pares de la forma

$$[-4, \tfrac{5}{3}\pi + 2n\pi]$$

donde $n$ recorre también el conjunto de todos los enteros. □

Especifiquemos algunos conjuntos sencillos en coordenadas polares.

1. En coordenadas rectangulares la circunferencia de radio $a$ con centro en el origen tiene la ecuación

$$x^2 + y^2 = a^2.$$

La ecuación de esta circunferencia en coordenadas polares es simplemente

$$r = a.$$

El interior del círculo viene dado por $0 \leq r < a$ y el exterior por $r > a$.

2. La recta que pasa por el origen y tiene inclinación $\alpha$ viene dada, en coordenadas polares, por

$$\theta = \alpha.$$

3. La recta vertical $x = a$ se transforma en

$$r \cos \theta = a$$

y la recta horizontal $y = b$ se transforma en

$$r \operatorname{sen} \theta = b.$$

4. La recta $Ax + By + C = 0$ se puede escribir

$$r(A \cos \theta + B \operatorname{sen} \theta) + C = 0.$$

**Problema 3.** Hallar una ecuación en coordenadas polares para la hipérbola $x^2 - y^2 = a^2$.

*Solución.* Haciendo $x = r\cos\theta$ e $y = r \operatorname{sen}\theta$, tenemos

$$\begin{aligned} r^2\cos^2\theta - r^2\operatorname{sen}^2\theta &= a^2, \\ r^2(\cos^2\theta - \operatorname{sen}^2\theta) &= a^2, \\ r^2\cos 2\theta &= a^2. \quad \square \end{aligned}$$

**Problema 4.** Demostrar que la ecuación $r = 2a\cos\theta$ representa una circunferencia.

*Solución.* Multiplicando por $r$, obtenemos

$$\begin{aligned} r^2 &= 2ar\cos\theta, \\ x^2 + y^2 &= 2ax, \\ x^2 - 2ax + y^2 &= 0, \\ x^2 - 2ax + a^2 + y^2 &= a^2, \\ (x-a)^2 + y^2 &= a^2. \end{aligned}$$

Se trata de una circunferencia de radio $a$ cuyo centro está situado en el punto de coordenadas rectangulares $(a, 0)$. □

## Simetría

En la figura 10.1.9 hemos ilustrado las simetrías respecto de cada uno de los ejes de coordenadas y respecto del origen. Las coordenadas marcadas no son, por supuesto, las únicas posibles. (En la sección 10.4 se explica las dificultades que este hecho puede causar.)

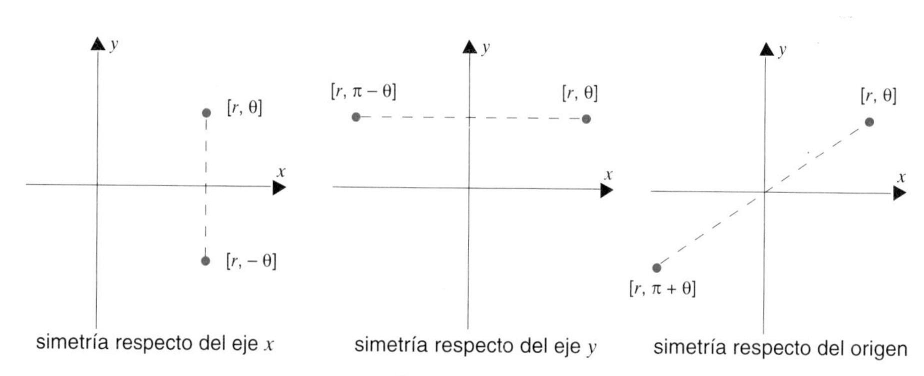


**Figura 10.1.9**

**Problema 5.** Estudiar las simetrías de la lemniscata $r^2 = \cos 2\theta$.

*Solución.* Dado que

$$\cos[2(-\theta)] = \cos(-2\theta) = \cos 2\theta,$$

se puede ver que, si $[r, \theta]$ pertenece a la curva, también pertenece $[r, -\theta]$. Esto significa que la curva es simétrica respecto del eje $x$. Dado que

$$\cos[2(\pi-\theta)] = \cos(2\pi-2\theta) = \cos(-2\theta) = \cos 2\theta,$$

se puede ver que si $[r, \theta]$ pertenece a la curva, también pertenece $[r, \pi - \theta]$. Luego la curva es simétrica respecto del eje $y$.

Siendo simétrica respecto de los dos ejes, la curva ha de ser simétrica respecto del origen. Se puede comprobar directamente esto observando que

$$\cos[2(\pi+\theta)] = \cos(2\pi+2\theta) = \cos 2\theta,$$

de tal modo que, si $[r, \theta]$ pertenece a la curva, también le pertenece $[r, \pi + \theta]$. En la figura 10.1.10 hemos representado una lemniscata. ☐

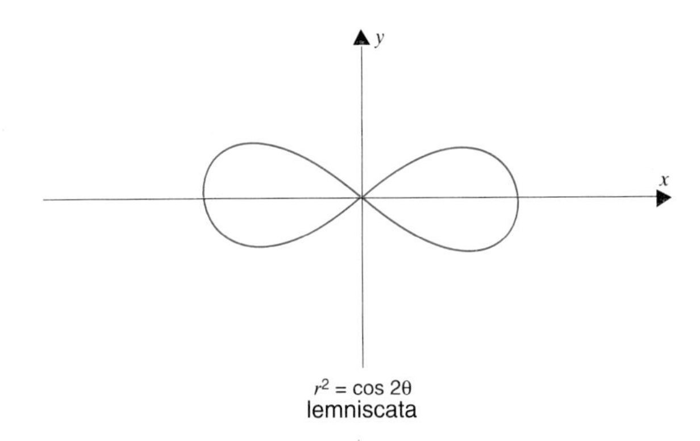


**Figura 10.1.10**

## EJERCICIOS 10.1

Representar los siguientes puntos:

**1.** $[1, \frac{1}{3}\pi]$. **2.** $[1, \frac{1}{2}\pi]$. **3.** $[-1, \frac{1}{3}\pi]$. **4.** $[-1, -\frac{1}{3}\pi]$.

**5.** $[4, \frac{5}{4}\pi]$. **6.** $[-2, 0]$. **7.** $[-\frac{1}{2}, \pi]$. **8.** $[\frac{1}{3}, \frac{2}{3}\pi]$.

Hallar las coordenadas rectangulares de cada uno de los puntos siguientes:

**9.** $[3, \frac{1}{2}\pi]$. **10.** $[4, \frac{1}{6}\pi]$. **11.** $[-1, -\pi]$. **12.** $[-1, \frac{1}{4}\pi]$.

**13.** $[-3, -\frac{1}{3}\pi]$. **14.** $[2, 0]$. **15.** $[3, -\frac{1}{2}\pi]$. **16.** $[2, 3\pi]$.

Los puntos siguientes vienen dados en coordenadas rectangulares. Hallar, para cada punto, todas las coordenadas polares posibles.

**17.** $(0, 1)$. **18.** $(1, 0)$. **19.** $(-3, 0)$. **20.** $(4, 4)$.

**21.** $(2, -2)$. **22.** $(3, -3\sqrt{3})$. **23.** $(4\sqrt{3}, 4)$. **24.** $(\sqrt{3}, -1)$.

**25.** Hallar una fórmula para la distancia entre $[r_1, \theta_1]$ y $[r_2, \theta_2]$.

**26.** Demostrar que para $r_1 > 0$, $r_2 > 0$ y $|\theta_1 - \theta_2| < \pi$, la fórmula de la distancia del ejercicio 25 coincide con la ley de los cosenos.

Hallar el punto $[r, \theta]$, simétrico del punto dado (a) respecto del eje $x$, (b) respecto del eje $y$, (c) respecto del origen. Dar una respuesta con $r > 0$ y $\theta \in [0, 2\pi)$.

**27.** $[\frac{1}{2}, \frac{1}{6}\pi]$. **28.** $[3, -\frac{5}{4}\pi]$. **29.** $[-2, \frac{1}{3}\pi]$. **30.** $[-3, -\frac{7}{4}\pi]$.

Estudiar las simetrías de las curvas siguientes respecto de los ejes de coordenadas y del origen.

**31.** $r = 2 + \cos\theta$. **32.** $r = \cos 2\theta$. **33.** $r(\operatorname{sen}\theta + \cos\theta) = 1$.

**34.** $r \operatorname{sen}\theta = 1$. **35.** $r^2 \operatorname{sen} 2\theta = 1$. **36.** $r^2 \cos 2\theta = 1$.

Escribir cada una de las siguientes ecuaciones en coordenadas polares.

**37.** $x = 2$. **38.** $y = 3$. **39.** $2xy = 1$.

**40.** $x^2 + y^2 = 9$. **41.** $x^2 + (y-2)^2 = 4$. **42.** $(x-a)^2 + y^2 = a^2$.

**43.** $y = x$. **44.** $x^2 - y^2 = 4$. **45.** $x^2 + y^2 + x = \sqrt{x^2 + y^2}$.

**46.** $y = mx$. **47.** $(x^2 + y^2)^2 = 2xy$. **48.** $(x^2 + y^2)^2 = x^2 - y^2$.

Identificar la curva y escribir la ecuación en coordenadas rectangulares.

**49.** $r$ sen $\theta = 4$.

**50.** $r \cos \theta = 4$.

**51.** $\theta = \frac{1}{3}\pi$.

**52.** $\theta^2 = \frac{1}{9}\pi^2$.

**53.** $r = 2(1 - \cos \theta)^{-1}$.

**54.** $r = 4$ sen $(\theta + \pi)$.

**55.** $r = 3 \cos \theta$.

**56.** $\theta = -\frac{1}{2}\pi$.

**57.** $\tan \theta = 2$.

**58.** $r = 2$ sen $\theta$.

**59.** $\theta^2 = \frac{1}{4}\pi^2$.

**60.** $r = (2 - \cos \theta)^{-1}$.

---

## 10.2 TRAZADO DE GRÁFICAS EN COORDENADAS POLARES

Consideramos la ecuación

$$r = \theta, \qquad \theta \geq 0.$$

Su gráfica es una espiral ilimitada, parte de la famosa *espiral de Arquímedes*. En la figura 10.2.1 se ha representado con todo detalle la espiral desde $\theta = 0$ hasta $\theta = 2\pi$. En $\theta = 0$, $r = 0$; en $\theta = \frac{1}{4}\pi$, $r = \frac{1}{4}\pi$; en $\theta = \frac{1}{2}\pi$, $r = \frac{1}{2}\pi$; etc. □

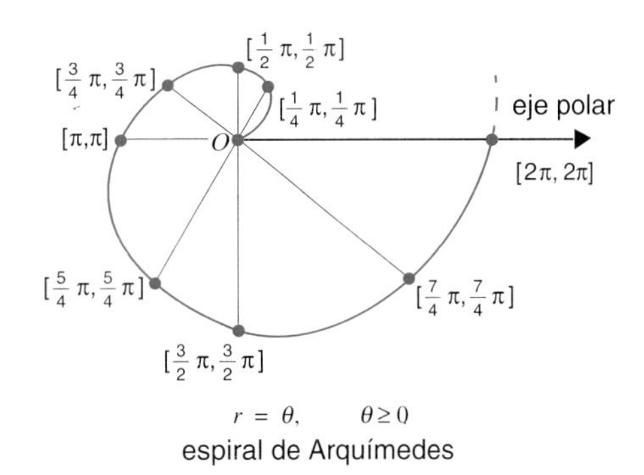


**Figura 10.2.1**

Los ejemplos siguientes implican funciones trigonométricas.

**Ejemplo 1.** Para dibujar la curva

$$r = 1 - 2 \cos \theta$$

recurriremos a la gráfica de la función coseno en coordenadas rectangulares. (Figura 10.2.2.)

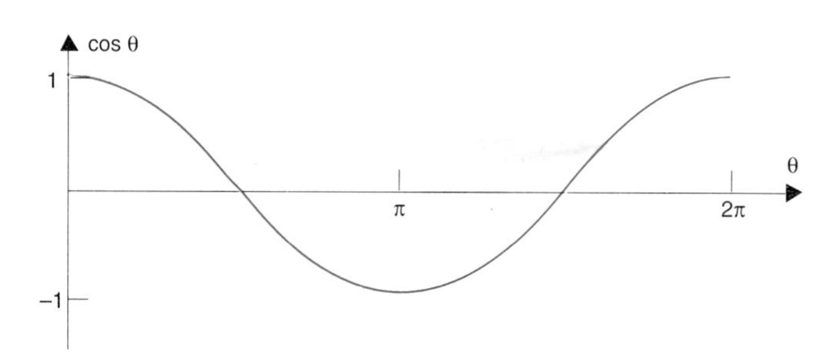


**Figura 10.2.2**

Dado que la función coseno es periódica, la curva $r = 1 - 2\cos\theta$ es una curva cerrada. La dibujaremos para los valores de $\theta$ comprendidos entre 0 y $2\pi$. Fuera de este intervalo la curva se repite.

Para empezar la representación de

$$r = 1 - 2\cos\theta,$$

primero hallaremos los valores de $\theta$ para los cuales $r = 0$ o $|r|$ es un máximo local:

$r = 0$ en $\theta = \frac{1}{3}\pi, \frac{5}{3}\pi$ entonces $\cos\theta = \frac{1}{2}$; $|r|$ es un máximo local para $\theta = 0, \pi, 2\pi$.

Estos cinco valores de $\theta$ generan cinco intervalos:

$$[0, \tfrac{1}{3}\pi], \quad [\tfrac{1}{3}\pi, \pi], \quad [\pi, \tfrac{5}{3}\pi], \quad [\tfrac{5}{3}\pi, 2\pi].$$

Trazaremos la curva en cuatro etapas. Estas etapas están representadas en la figura 10.2.3.

Cuando $\theta$ crece desde 0 hasta $\frac{1}{3}\pi$, $\cos\theta$ decrece desde 1 hasta $\frac{1}{2}$ y $r = 1 - 2\cos\theta$ crece desde $-1$ hasta 0.

Cuando $\theta$ crece desde $\frac{1}{3}\pi$ hasta $\pi$, $\cos\theta$ decrece desde $\frac{1}{2}$ hasta $-1$ y $r$ crece desde 0 hasta 3.

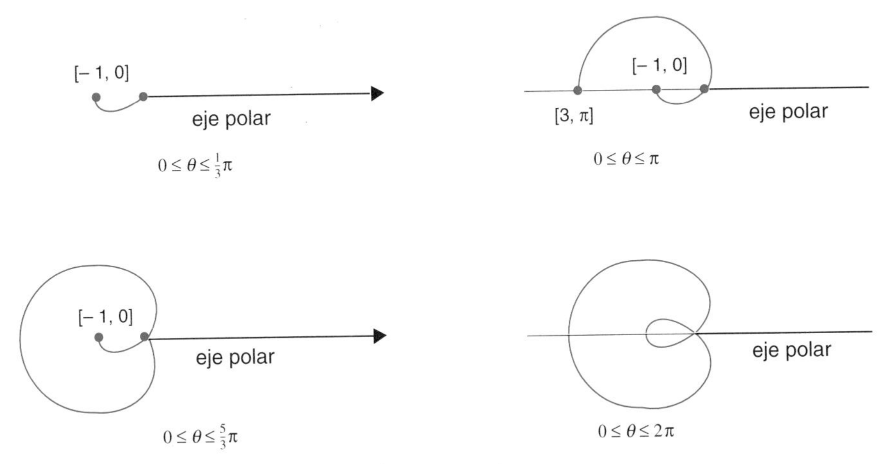


**Figura 10.2.3**

Cuando $\theta$ crece desde $\pi$ hasta $\frac{5}{3}\pi$, cos $\theta$ crece desde – 1 hasta $\frac{1}{2}$ y $r$ decrece desde 3 hasta 0.

Finalmente, cuando $\theta$ crece desde $\frac{5}{3}\pi$ hasta $2\pi$, cos $\theta$ crece desde $\frac{1}{2}$ hasta 1 y $r$ decrece desde 0 hasta – 1.

Como se puede ver directamente a partir de la ecuación, la curva es simétrica respecto del eje $x$. □

**Ejemplo 2.** Para dibujar la curva

$$r = \cos 2\theta$$

recurriremos a la gráfica de cos $2\theta$ en coordenadas rectangulares. (Figura 10.2.4.)

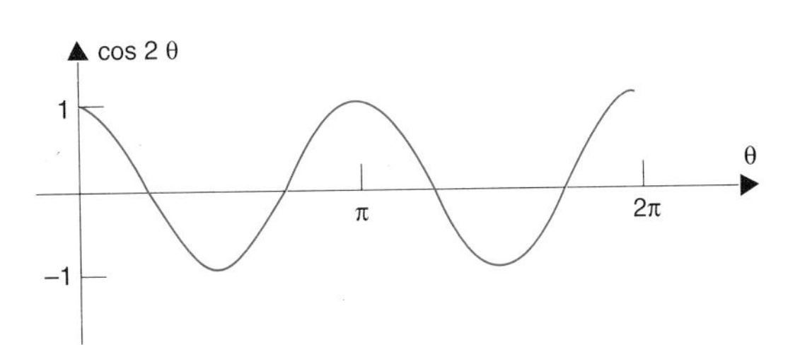


**Figura 10.2.4**

Los valores de $\theta$ para los cuales $r$ se anula o tiene un valor extremo son los siguientes:

$$\theta = \tfrac{1}{4}n\pi, \qquad n = 0, 1, \ldots, 8.$$

En la figura 10.2.5 hemos representado las ocho etapas del trazado de esta curva. □

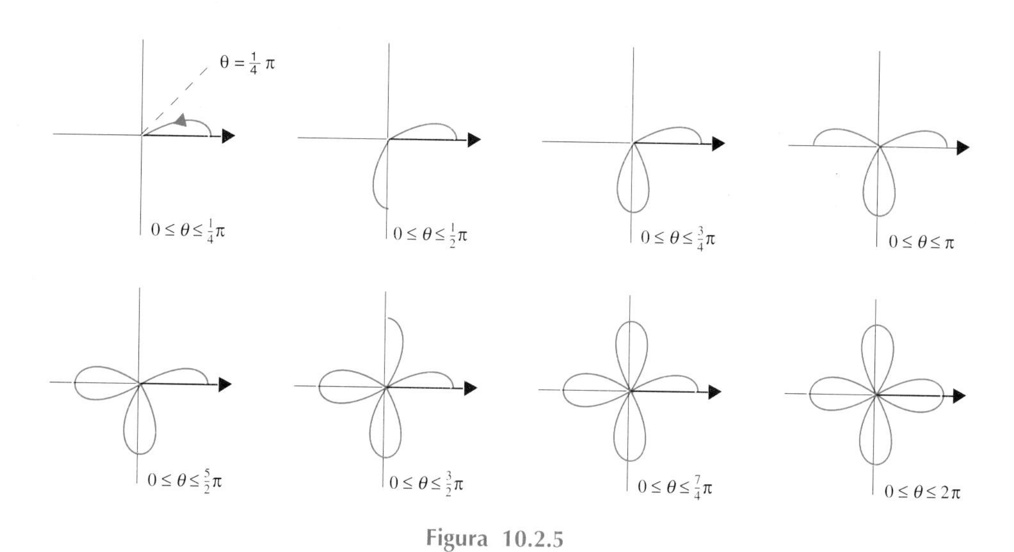


**Figura 10.2.5**

**Ejemplo 3.** La figura 10.2.6 muestra cuatro *cardioides*, curvas con forma de corazón.

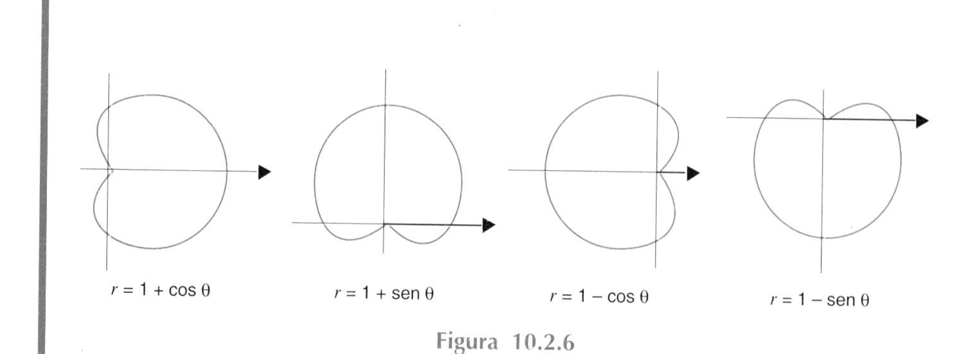


**Figura 10.2.6**

La rotación de $r = 1 + \cos\theta$ en $\frac{1}{2}\pi$ radianes da

$$r = 1 + \cos(\theta - \tfrac{1}{2}\pi) = 1 + \operatorname{sen}\theta.$$

Otra rotación de $\frac{1}{2}\pi$ radianes da

$$r = 1 + \cos(\theta - \pi) = 1 - \cos\theta.$$

Una tercera rotación de $\frac{1}{2}\pi$ radianes da

$$r = 1 + \cos(\theta - \tfrac{3}{2}\pi) = 1 - \operatorname{sen}\theta.$$

Observe lo fácil que resulta girar los ejes en coordenadas polares: cada uno de los cambios

$$\cos\theta \to \operatorname{sen}\theta \to -\cos\theta \to -\operatorname{sen}\theta$$

representa una rotación de $\frac{1}{2}\pi$ radianes. □

Llegados a este punto intentaremos dar un breve resumen acerca de las principales curvas en coordenadas polares, dejando la parábola, la elipse y la hipérbola para la sección *10.3. (Los números $a$ y $b$ que aparecen a continuación se han de interpretar como constantes no nulas.)

**Rectas:** $\theta = a$, $\quad r = a \sec\theta$, $\quad r = a \operatorname{cosec}\theta$. (Figura 10.2.7)

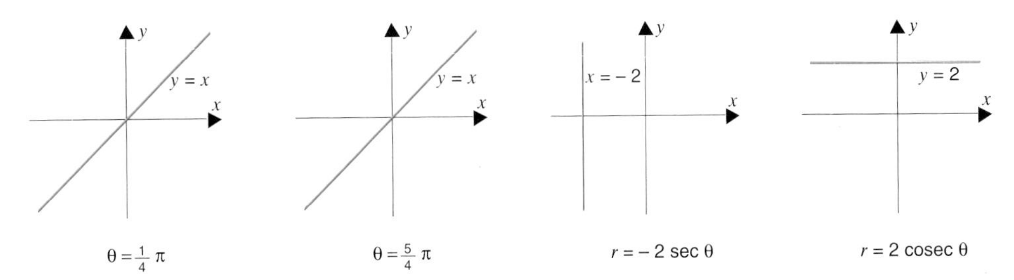


Figura 10.2.7

**Circunferencias:** $r = a, \qquad r = a \text{ sen } \theta, \qquad r = a \cos \theta.$ (Figura 10.2.8)

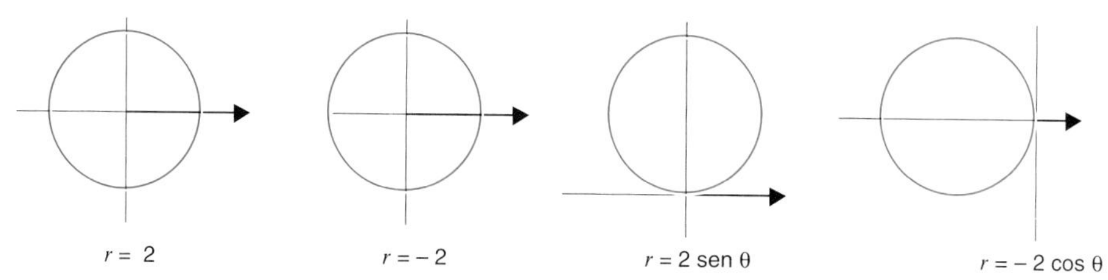


Figura 10.2.8

**Caracoles:** $r = a + b \text{ sen } \theta, \qquad r = a + b \cos \theta.$ (Figura 10.2.9)
La forma de la curva depende de los valores relativos de $|a|$ y $|b|$.

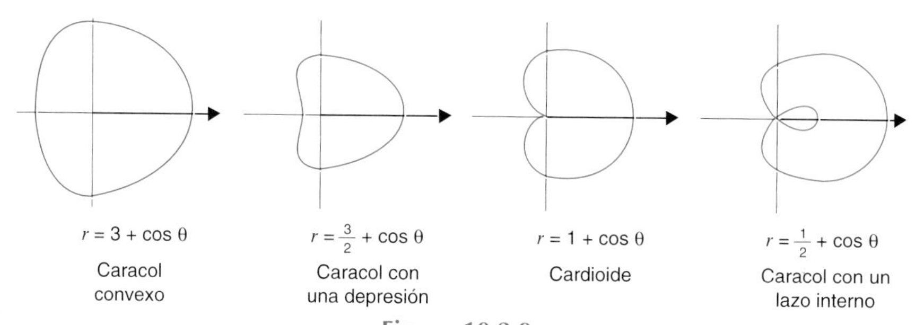


Figura 10.2.9

**Leminiscatas:**† $r^2 = a \text{ sen } 2\theta, \qquad r^2 = a \cos 2\theta.$ (Figura 10.2.10)

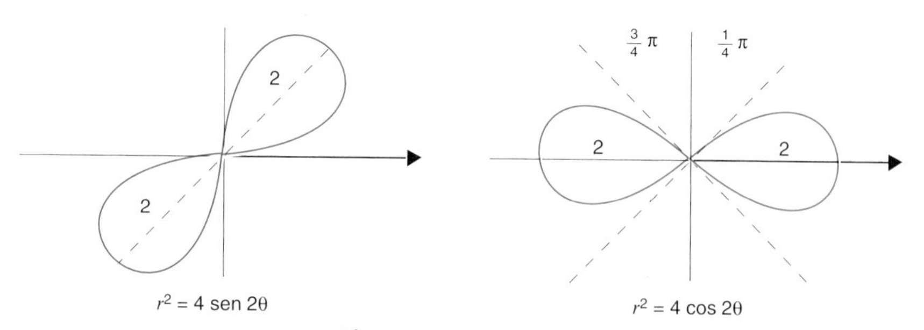


Figura 10.2.10

† Del latín *lemniscatus*, que significa "adornado con cintas colgantes."

**Curvas de pétalos:** $r = a \text{ sen } n\theta, \quad r = a \cos n\theta \quad n$ entero. (Figura 10.2.11)

Si $n$ es *impar*, hay $n$ pétalos. Si $n$ es *par* hay $2n$ pétalos.

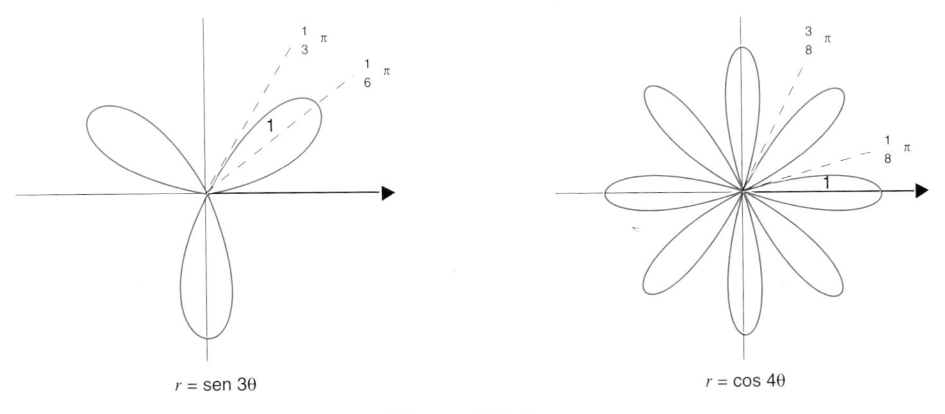


Figura 10.2.11

**Espirales:** $r = a\theta$, espiral de Arquímedes. (Figura 10.2.12)

$r = e^{a\theta}$, $\ln r = a\theta$ espiral logarítmica. (Figura 10.2.13)

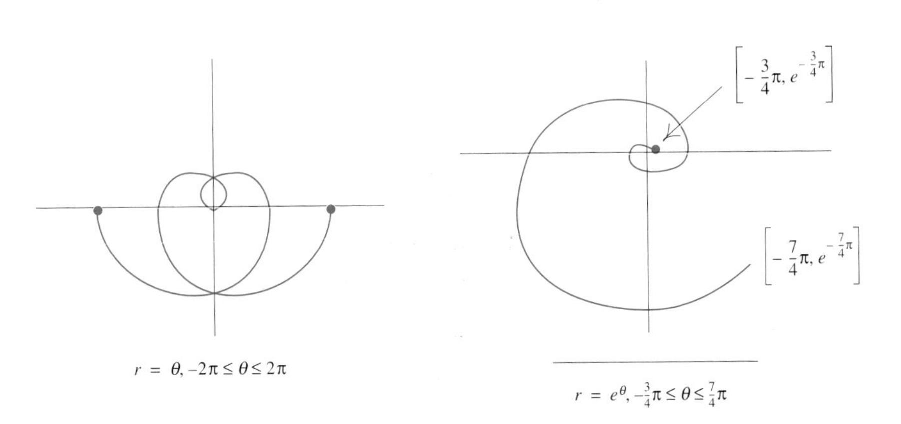


Figura 10.2.12

Figura 10.2.13

## EJERCICIOS 10.2

Dibujar las siguientes curvas en coordenadas polares.

**1.** $\theta = -\frac{1}{4}\pi$.

**2.** $r = -3$.

**3.** $r = 4$.

**4.** $r = 3 \cos \theta$.

**5.** $r = -2 \operatorname{sen} \theta$.

**6.** $\theta = \frac{2}{3}\pi$.

**7.** $r \operatorname{cosec} \theta = 3$.

**8.** $r = 1 - \cos \theta$.

**9.** $r = \theta, \quad -\frac{1}{2}\pi \leq \theta \leq \pi$.

**10.** $r \sec \theta = -2$.

**11.** $r = \operatorname{sen} 3\theta$.

**12.** $r^2 = \cos 2\theta$.

**13.** $r^2 = \operatorname{sen} 2\theta$.

**14.** $r = \cos 2\theta$.

**15.** $r^2 = 4, \quad 0 \leq \theta \leq \frac{3}{4}\pi$.

**16.** $r = \operatorname{sen} \theta$.

**17.** $r^3 = 9r$.

**18.** $\theta = -\frac{1}{4}\pi, \quad 1 \leq r < 2$.

**19.** $r = -1 + \operatorname{sen} \theta$.

**20.** $r^2 = 4r$.

**21.** $r = \operatorname{sen} 2\theta$.

**22.** $r = \cos 3\theta, \quad 0 \leq \theta \leq \frac{1}{2}\pi$.

**23.** $r = \cos 5\theta, \quad 0 \leq \theta \leq \frac{1}{2}\pi$.

**24.** $r = e^{\theta}, \quad -\pi \leq \theta \leq \pi$.

**25.** $r = 2 + \operatorname{sen} \theta$.

**26.** $r = \cot \theta$.

**27.** $r = \tan \theta$.

**28.** $r = 2 - \cos \theta$.

**29.** $r = 2 + \sec \theta$.

**30.** $r = 3 - \operatorname{cosec} \theta$.

**31.** $r = -1 + 2 \cos \theta$.

## *10.3 SECCIONES CÓNICAS EN COORDENADAS POLARES

(El contenido de esta sección sólo se utilizará en la sección *14.6 cuando examinemos el movimiento de los planetas.)

Empezamos con un teorema. En la demostración del teorema usamos las coordenadas polares y las rectangulares. Para simplificar la exposición, suponemos que el polo y el origen coinciden.

Para comprobar el teorema 10.3.1 (pág. siguiente) empezaremos por despejar el denominador. La multiplicación por $1 + e \cos \theta$ nos da

$$r + er \cos \theta = ed.$$

**TEOREMA 10.3.1**

Sean $e$ y $d$ dos números positivos y consideremos la ecuación en coordenadas polares

$$r = \frac{ed}{1 + e\cos\theta}.$$

Existen tres posibilidades. (Figura 10.3.1.)

I. Si $0 < e < 1$, la ecuación representa una elipse de excentricidad $e$ con el foco derecho en el origen y el eje mayor horizontal.[†]

II. Si $e = 1$, la ecuación representa una parábola con el foco en el origen y de directriz $x = d$.[††]

III. Si $e > 1$, la ecuación representa una hipérbola de excentricidad $e$, con el foco izquierdo en el origen y el eje transverso horizontal.[†††]

Luego

$$\begin{aligned} r &= ed - er\cos\theta \\ r^2 &= e^2d^2 - 2e^2dr\cos\theta + e^2r^2\cos^2\theta \\ (*) \qquad x^2 + y^2 &= e^2d^2 - 2e^2dx + e^2x^2. \end{aligned}$$

Si $0 < e < 1$, la ecuación (*) puede escribirse

$$(1 - e^2)x^2 + 2e^2dx + y^2 = e^2d^2.$$

Completando el cuadrado en $x$ podemos llegar a la siguiente expresión

$$\left(x + \frac{e^2d}{1 - e^2}\right)^2 + \frac{y^2}{1 - e^2} = \frac{e^2d^2}{(1 - e^2)^2}. \qquad \text{(llevar a cabo estos cálculos)}$$

[†] La elipse $\dfrac{(x + c)^2}{a^2} + \dfrac{y^2}{a^2 - c^2} = 1$ con $a = \dfrac{ed}{1 - e^2}$, $c = ea$.

[††] La parábola $y^2 = -4\dfrac{d}{2}\left(x - \dfrac{d}{2}\right)$.

[†††] La hipérbola $\dfrac{(x - c)^2}{a^2} - \dfrac{y^2}{c^2 - a^2} = 1$ con $a = \dfrac{ed}{e^2 - 1}$, $c = ea$.

Haciendo $a = ed/(1 - e^2)$ y $c = ea$, tenemos

$$(x + c)^2 + \frac{y^2}{1 - e^2} = a^2$$

$$\frac{(x + c)^2}{a^2} + \frac{y^2}{(1 - e^2)a^2} = 1$$

$$\frac{(x + c)^2}{a^2} + \frac{y^2}{a^2 - c^2} = 1.$$

Esta es la ecuación de una elipse de excentricidad $e$, con el foco derecho en el origen y el eje mayor horizontal.

Si $e = 1$, la ecuación (*) se lee $y^2 = d^2 - 2dx$. Esto puede escribirse

$$y^2 = -4\frac{d}{2}\left(x - \frac{d}{2}\right).$$

Como se puede comprobar, se trata de la ecuación de una parábola con el foco en el origen y de directriz $x = d$.

Se deja el caso $e > 1$ para el lector. □

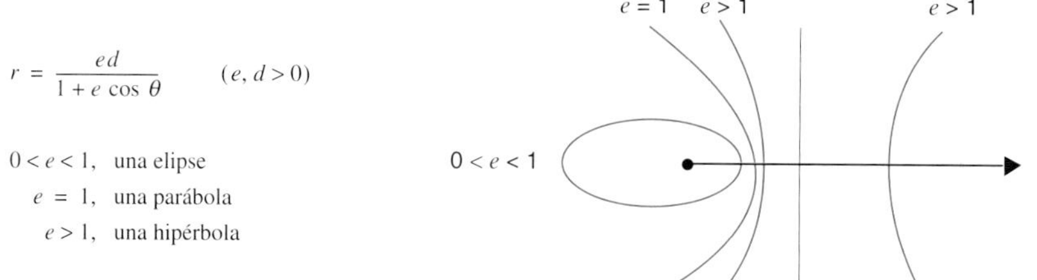


**Figura 10.3.1**

**Problema 1.** La elipse

$$r = \frac{8}{4 + 3 \cos \theta}$$

tiene el foco derecho situado en el polo y el eje mayor horizontal. Sin pasar por las coordenadas $xy$, (a) hallar la excentricidad de la elipse, (b) localizar los extremos del eje mayor, (c) localizar el centro de la elipse, (d) localizar el segundo foco, (e) determinar la longitud del eje menor, (f) determinar cuán ancha es la elipse en los focos, y por último (g) dibujar la elipse.

*Solución.* (a) Dividiendo por 4 el numerador y el denominador, obtenemos

$$r = \frac{2}{1 + \frac{3}{4}\cos\theta}.$$

La excentricidad de la elipse es $\frac{3}{4}$.

(b) En el extremo izquierdo del eje mayor, $\theta = 0$, $\cos\theta = 1$, y $r = \frac{8}{7}$. En el extremo izquierdo, $\theta = \pi$, $\cos\theta = -1$ y $r = 8$. Un extremo del eje mayor está situado 8 unidades a la izquierda del polo, el otro está situado $\frac{8}{7}$ unidades a la derecha del polo.

(c) El centro de la elipse está situado en el medio del eje mayor, en este caso $\frac{24}{7}$ unidades a la izquierda del polo.

(d) En general, la distancia focal $2c$ dividida por la longitud del eje mayor $2a$ nos da la excentricidad. Aquí $2c/\frac{64}{7} = \frac{3}{4}$ luego $2c = \frac{48}{7}$. El segundo foco está situado $\frac{48}{7}$ unidades a la izquierda del polo.

(Se puede obtener el mismo resultado por simetría: dado que el foco derecho esta situado a $\frac{8}{7}$ unidades del extremo derecho del eje mayor, el otro foco estará situado a $\frac{8}{7}$ unidades del extremo izquierdo del eje mayor luego a $8 - \frac{8}{7} = \frac{48}{7}$ unidades a la izquierda del polo.)

(e) En general la longitud del eje menor es $2b = 2\sqrt{a^2 - c^2}$. Aquí

$$2b = 2\sqrt{(\tfrac{32}{7})^2 - (\tfrac{24}{7})^2} = \tfrac{16}{7}\sqrt{7}.$$

El eje menor tiene longitud $\frac{16}{7}\sqrt{7} \cong 6{,}05$.

(f) El ancho de la elipse en los focos es $2r$ siendo $\theta = \frac{1}{2}\pi$. El ancho en los focos es 4.

(g) En la figura 10.3.2 aparece un dibujo de la elipse. □

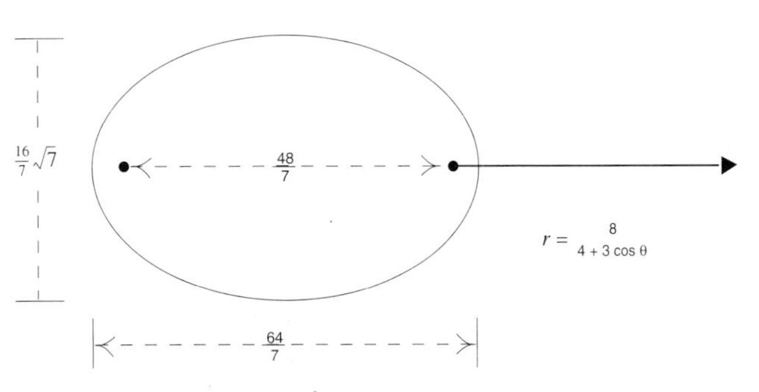


**Figura 10.3.2**

**Problema 2.** Dibujar la elipse

$$r = \frac{8}{4 + 3 \text{ sen } \theta}.$$

*Solución.* No es necesario trabajar mucho en este caso. La elipse es la elipse del Problema 1 sometida a una rotación de $\frac{1}{2}\pi$ radianes. Ver la figura 10.3.3. □

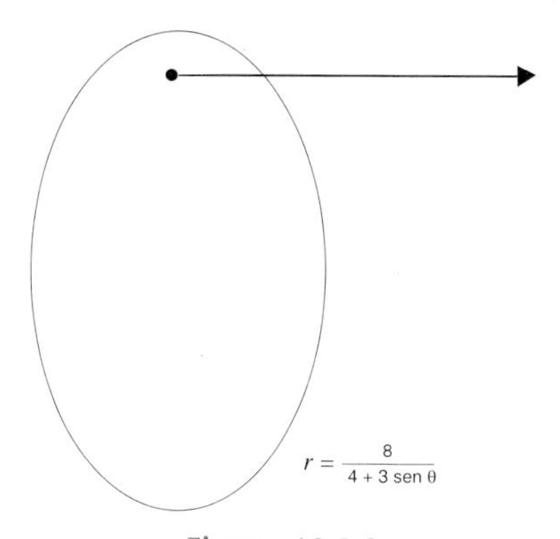


**Figura 10.3.3**

## EJERCICIOS *10.3

**1.** La parábola

$$r = \frac{1}{1 + \cos \theta}$$

tiene un foco en el polo y su directriz es $x = 1$. Sin pasar por el sistema de coordenadas $xy$, (a) localizar el vértice de la parábola, (b) hallar la longitud del lado recto (el ancho de la parábola en el foco), y (c) dibujar la parábola.

Dibujar las siguientes parábolas .

**2.** $r = \dfrac{1}{1 + \text{sen } \theta}$. **3.** $r = \dfrac{1}{1 - \cos \theta}$. **4.** $r = \dfrac{1}{1 - \text{sen } \theta}$.

**5.** La elipse

$$r = \frac{2}{3 + 2 \cos \theta}$$

tiene su foco derecho en el polo y su eje mayor es horizontal. Sin pasar por el sistema de coordenadas $xy$, (a) determinar la excentricidad de la elipse, (b) localizar los extremos del eje mayor, (c) localizar el centro de la elipse, (d) localizar el otro foco, (e) determinar la longitud del eje menor, (f) determinar el ancho de la elipse en los focos, y finalmente (g) dibujar la elipse.

Dibujar las siguientes elipses.

**6.** $r = \dfrac{2}{3 - 2 \operatorname{sen} \theta}$. **7.** $r = \dfrac{2}{3 - 2 \cos \theta}$. **8.** $r = \dfrac{2}{3 + 2 \operatorname{sen} \theta}$.

**9.** La hipérbola

$$r = \frac{6}{1 + 2 \cos \theta}$$

tiene el foco izquierdo en el polo y su eje transverso es horizontal. Sin pasar por el sistema de coordenadas $xy$, (a) hallar la excentricidad de la hipérbola, (b) localizar los extremos del eje transverso (para uno de estos hace falta considerar $r < 0$), (c) localizar el centro de la hipérbola, (d) localizar el segundo foco, (e) determinar el ancho de la hipérbola en los focos, y (f) dibujar la hipérbola.

Dibujar las siguientes hipérbolas.

**10.** $r = \dfrac{6}{1 + 2 \operatorname{sen} \theta}$. **11.** $r = \dfrac{6}{1 - 2 \operatorname{sen} \theta}$. **12.** $r = \dfrac{6}{1 - 2 \cos \theta}$.

Identificar la sección cónica y escribir una ecuación de la misma en coordenadas rectangulares.

**13.** $r = \dfrac{12}{2 + \operatorname{sen} \theta}$. **14.** $r = \dfrac{4}{1 + 3 \cos \theta}$. **15.** $r = \dfrac{9}{5 - 4 \operatorname{sen} \theta}$.

**16.** Sean $e$ y $d$ dos números positivos y $l$ la recta vertical $x = d$. Demostrar que la ecuación

$$r = \frac{ed}{1 + e \cos \theta}$$

determina el conjunto de los puntos $P$ tales que $d(P, O) = ed(P, l)$.

---

## 10.4 INTERSECCIÓN DE CURVAS EN POLARES

El hecho de que un simple punto tenga muchos pares de coordenadas polares puede originar complicaciones. En particular, puede ocurrir que un punto $[r_1, \theta_1]$ esté en una curva dada por una determinada ecuación en polares aunque las coordenadas $r_1$ y $\theta_1$ no verifiquen dicha ecuación. Por ejemplo, las coordenadas de $[2, \pi]$ no verifican la ecuación $r^2 = 4 \cos \theta$:

$$r^2 = 2^2 = 4 \quad \text{pero} \quad 4 \cos \theta = 4 \cos \pi = -4.$$

Sin embargo, el punto $[2, \pi]$ está en la curva $r^2 = 4 \cos \theta$. Está en la curva dado que $[2, \pi] = [-2, 0]$ y que las coordenadas de $[-2, 0]$ sí satisfacen la ecuación

$$r^2 = (-2)^2 = 4, \qquad 4 \cos \theta = 4 \cos 0 = 4.$$

Las dificultades se acumulan cuando uno se las ve con dos o más curvas. He aquí un ejemplo.

**Problema 1.** Hallar los puntos en los cuales las cardioides

$$r = a(1 - \cos \theta) \quad \text{y} \quad r = a(1 + \cos \theta) \qquad (a > 0)$$

se cortan.

*Solución.* Empecemos por resolver el sistema formado por las dos ecuaciones. Sumando estas ecuaciones, obtenemos $2r = 2a$ luego $r = a$. Esto nos dice que $\cos \theta = 0$ luego que $\theta = \frac{1}{2}\pi + n\pi$. Todos los puntos $[a, \frac{1}{2}\pi + n\pi]$ están en ambas curvas. Pero estos puntos no son todos distintos:

$$\text{para } n \text{ par, } [a, \tfrac{1}{2}\pi + n\pi] = [a, \tfrac{1}{2}\pi]; \quad \text{para } n \text{ impar, } [a, \tfrac{1}{2}\pi + n\pi] = [a, \tfrac{3}{2}\pi].$$

Resumiendo, al resolver el sistema de las dos ecuaciones, hemos obtenido dos puntos comunes:

$$[a, \tfrac{1}{2}\pi] = (0, a) \quad \text{y} \quad [a, \tfrac{3}{2}\pi] = (0, -a).$$

Sin embargo, existe un tercer punto en el cual las dos curvas se cortan, se trata del origen $O$ (figura 10.4.1).

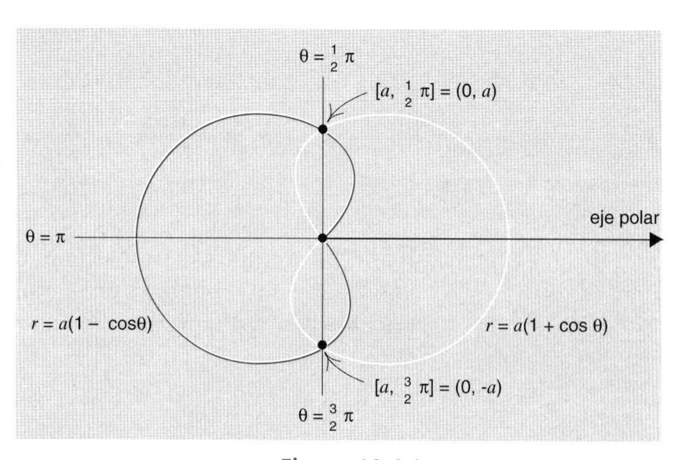


**Figura 10.4.1**

Está claro que el origen pertenece a ambas curvas:

para $r = a(1 - \cos\theta)$ tomar $\theta = 0, 2\pi$, etc.
para $r = a(1 + \cos\theta)$ tomar $\theta = \pi, 3\pi$, etc.

La razón por la cual el origen no aparece como solución del sistema de dos ecuaciones es que las curvas no pasan por el origen "simultáneamente"; es decir que no pasan por el origen para los mismos valores de $\theta$. Consideramos que cada una de las ecuaciones

$$r = a(1 - \cos\theta) \qquad \text{y} \qquad r = a(1 + \cos\theta)$$

da la posición de un objeto en el instante $\theta$. En los puntos que hemos hallado al resolver el sistema de dos ecuaciones, los objetos colisionan (ambos llegan al mismo tiempo). En el origen la situación es diferente. Los dos objetos pasan por el origen, pero no colisionan dado que pasan en instantes *diferentes*. □

**Observación.** Los problemas de pertenencia (¿está tal o cual punto en una determinada curva dada en polares?) así como los problemas de intersección (¿dónde se cortan tal y cual curvas en polares?) se tratan habitualmente con más facilidad pasando primero a coordenadas rectangulares. Así ocurre con la simetría. Por ejemplo, la curva

$$C\colon\ r^2 = \operatorname{sen}\theta$$

es simétrica respecto al eje $x$:

$$\text{(1)} \qquad \text{si } [r, \theta] \in C, \quad \text{entonces } [r, -\theta] \in C.$$

Pero esto no es fácil de ver en la ecuación en polares dado que, en general, si las coordenadas del primer punto satisfacen la ecuación, las coordenadas del segundo no. Una forma de ver que (1) se verifica consiste en observar que

$$[r, -\theta] = [-r, \pi - \theta]$$

y luego en comprobar que, si las coordenadas de $[r, \theta]$ verifican la ecuación también la verifican las coordenadas de $[-r, \pi - \theta]$. Pero todo esto resulta muy pesado. La mejor manera de comprobar que la curva $r^2 = \operatorname{sen}\theta$ es simétrica respecto del eje $x$ consiste en escribirla en la siguiente forma

$$(x^2 + y^2)^3 = y^2.$$

Las demás simetrías también quedan claras. □

## EJERCICIOS 10.4

Determinar si el punto está en la curva.

**1.** $r^2 \cos\theta = 1; \quad [1, \pi]$.

**2.** $r^2 = \cos 2\theta; \quad [1, \frac{1}{4}\pi]$.

**3.** $r = \operatorname{sen}\frac{1}{3}\theta; \quad [\frac{1}{2}, \frac{1}{2}\pi]$.

**4.** $r^2 = \operatorname{sen} 3\theta; \quad [1, -\frac{5}{6}\pi]$.

**5.** Demostrar que el punto $[2, \pi]$ está en $r^2 = 4\cos\theta$ y en $r = 3 + \cos\theta$.

**6.** Demostrar que el punto $[2, \frac{1}{2}\pi]$ está en $r^2 \operatorname{sen}\theta = 4$ y en $r = 2\cos\theta$.

Hallar los puntos en los cuales las curvas se cortan. Expresar las respuestas en coordenadas rectangulares.

**7.** $r = \operatorname{sen}\theta, \quad r = -\cos\theta$.

**8.** $r^2 = \operatorname{sen}\theta, \quad r = 2 - \operatorname{sen}\theta$.

**9.** $r = \cos^2\theta, \quad r = -1$.

**10.** $r = 2\operatorname{sen}\theta, \quad r = 2\cos\theta$.

**11.** $r = 1 - \cos\theta, \quad r = \cos\theta$.

**12.** $r = 1 - \cos\theta, \quad r = \operatorname{sen}\theta$.

**13.** $r = \dfrac{1}{1 - \cos\theta}, \quad r\operatorname{sen}\theta = 2$.

**14.** $r = \dfrac{1}{2 - \cos\theta}, \quad r\cos\theta = 1$.

**15.** $r = \cos 3\theta, \quad r = \cos\theta$.

**16.** $r = \operatorname{sen} 2\theta, \quad r = \operatorname{sen}\theta$.

## 10.5 ÁREA EN COORDENADAS POLARES

A continuación desarrollamos una técnica para calcular el área de una región cuya frontera viene dada en coordenadas polares.

Para empezar supondremos que $\alpha$ y $\beta$ son dos números reales tales que $\alpha < \beta \leq \alpha + 2\pi$. Tomamos $\rho$ como función continua en $[\alpha, \beta]$ que conserva un signo constante en dicho intervalo. Queremos hallar el área de la región $\Gamma$ engendrada por la curva

$$r = \rho(\theta), \qquad \alpha \leq \theta \leq \beta.$$

Dicha región está representada en la figura 10.5.1.

En la figura, $\rho(\theta)$ permanece no negativa. Si $\rho(\theta)$ fuera negativa, la región $\Gamma$ aparecería en el otro lado del polo. En ambos casos el área de $\Gamma$ viene dada por la fórmula

**(10.5.1)**
$$A = \int_\alpha^\beta \tfrac{1}{2}[\rho(\theta)]^2\, d\theta.$$

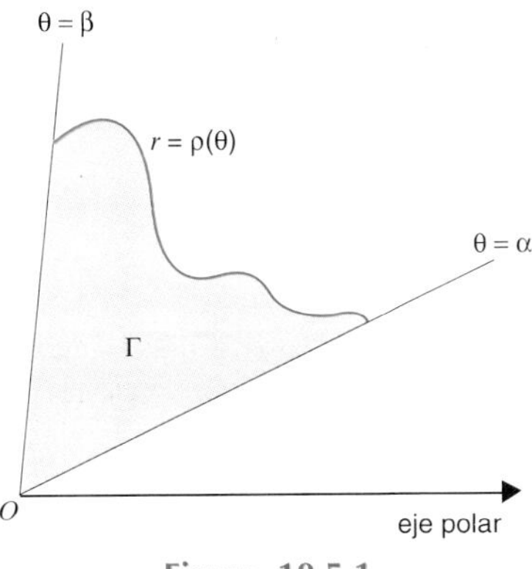


Figura 10.5.1

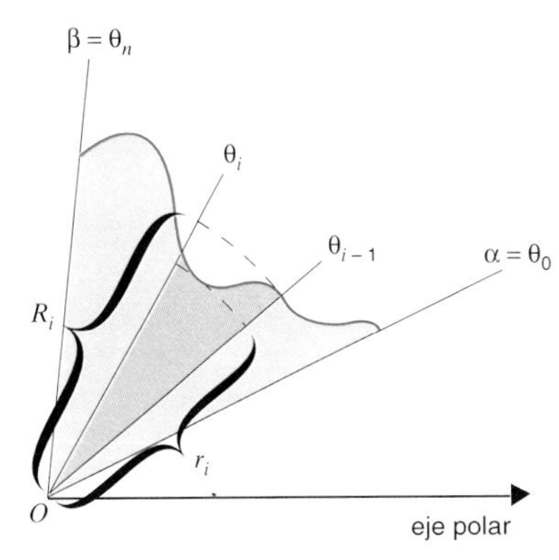


Figura 10.5.2

Demostración. Consideramos el caso $\rho(\theta) \geq 0$. Sea $P = \{\theta_0, \theta_1, \ldots, \theta_n\}$ una partición de $[\alpha, \beta]$ y observemos lo que sucede entre $\theta_{i-1}$ y $\theta_i$. Escribimos

$$r_i = \text{valor mínimo de } \rho \text{ en } [\theta_{i-1}, \theta_i] \qquad R_i = \text{valor máximo de } \rho \text{ en } [\theta_{i-1}, \theta_i]$$

La parte de $\Gamma$ comprendida entre $\theta_{i-1}$ y $\theta_i$ contiene un sector circular de radio $r_i$ y ángulo central $\Delta\theta_i = \theta_i - \theta_{i-1}$ y está contenida en un sector circular de radio $R_i$ y ángulo central $\Delta\theta_i = \theta_i - \theta_{i-1}$ (ver figura 10.5.2). Luego su área $A_i$ debe verificar la desigualdad

$$\tfrac{1}{2}r_i^2\, \Delta\theta_i \leq A_i \leq \tfrac{1}{2}R_i^2\, \Delta\theta_i.\,^{\dagger}$$

Sumando estas desigualdades desde $i = 1$ hasta $i = n$, se puede ver que el área total $A$ debe verificar la desigualdad

$$(1) \qquad L_f(P) \leq A \leq U_f(P)$$

donde

$$f(\theta) = \tfrac{1}{2}[\rho(\theta)]^2.$$

Dado que $f$ es una función continua y que (1) se verifica para toda partición $P$ de $[\alpha, \beta]$, hemos de tener

$$A = \int_\alpha^\beta f(\theta)\, d\theta = \int_\alpha^\beta \tfrac{1}{2}[\rho(\theta)]^2\, d\theta. \qquad \square$$

† El área de un sector circular de radio $r$ y ángulo central $\alpha$ es $\frac{1}{2} r^2\alpha$.

**Observación.** Si $\rho$ es constante, $\Gamma$ es un sector circular y

$$\text{el área de } \Gamma = (\text{el valor constante de } \tfrac{1}{2}\rho^2 \text{ en } [\alpha, \beta]) \cdot (\beta - \alpha).$$

Si $\rho$ varía de manera continua,

**(10.5.2)** $$\text{El área de } \Gamma = (\text{valor medio de } \tfrac{1}{2}\rho^2 \text{ en } [\alpha, \beta]) \cdot (\beta - \alpha).$$ □

**Problema 1.** Calcular el área encerrada por la cardioide

$$r = 1 - \cos\theta. \qquad \text{(Figura 10.2.6)}$$

*Solución.*

$$\text{área} = \int_0^{2\pi} \tfrac{1}{2}(1-\cos\theta)^2\,d\theta = \tfrac{1}{2}\int_0^{2\pi}(1 - 2\cos\theta + \cos^2\theta)\,d\theta$$
$$= \tfrac{1}{2}\int_0^{2\pi}(\tfrac{3}{2} - 2\cos\theta + \cos 2\theta)\,d\theta.$$

fórmula del ángulo mitad: $\cos^2\theta = \frac{1}{2} + \frac{1}{2}\cos 2\theta$

Como

$$\int_0^{2\pi}\cos\theta\,d\theta = 0 \qquad \text{y} \qquad \int_0^{2\pi}\cos 2\theta\,d\theta = 0,$$

tenemos

$$\text{área} = \tfrac{1}{2}\int_0^{2\pi}\tfrac{3}{2}\,d\theta = \tfrac{3}{4}\int_0^{2\pi}d\theta = \tfrac{3}{2}\pi.$$ □

En la figura 10.5.3 hemos representado un tipo de región algo más complicado. Se puede calcular el área de una región $\Omega$ de este tipo tomando el área hasta $r = \rho_2(\theta)$ y restándole el área hasta $r = \rho_1(\theta)$. Esto nos da la fórmula

**(10.5.3)** $$\text{área de } \Omega = \int_\alpha^\beta \tfrac{1}{2}([\rho_2(\theta)]^2 - [\rho_1(\theta)]^2)\,d\theta.$$

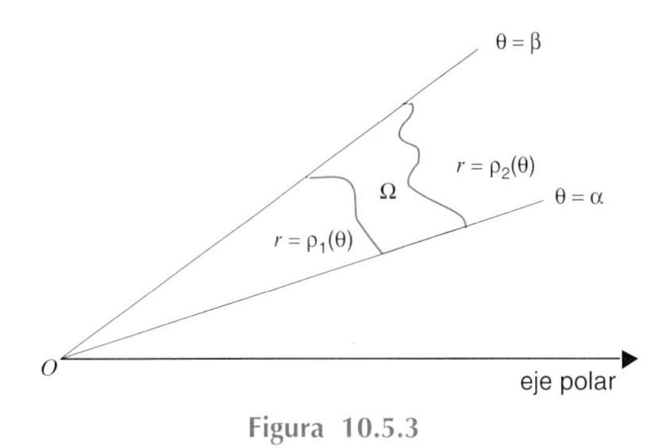

Figura 10.5.3

**Problema 2.** Hallar el área de la región formada por todos los puntos que están dentro del círculo $r = 2\cos\theta$ pero fuera del círculo $r = 1$.

*Solución.* Se muestra la región en la figura 10.5.4. Nuestro primer paso consiste en hallar los valores de $\theta$ para los dos puntos de intersección de los círculos:

$$2\cos\theta = 1, \qquad \cos\theta = \tfrac{1}{2}, \qquad \theta = \tfrac{1}{3}\pi, \tfrac{5}{3}\pi.$$

Dado que la región es simétrica respecto del eje polar, el área que queda por debajo de dicho eje es igual a la que queda por encima del mismo. Luego

$$A = 2\int_0^{\pi/3} \tfrac{1}{2}([2\cos\theta]^2 - [1]^2)\, d\theta.$$

Llevando a cabo la integración se ve que $A = \frac{1}{3}\pi + \frac{1}{2}\sqrt{3} \cong 1,91$. □

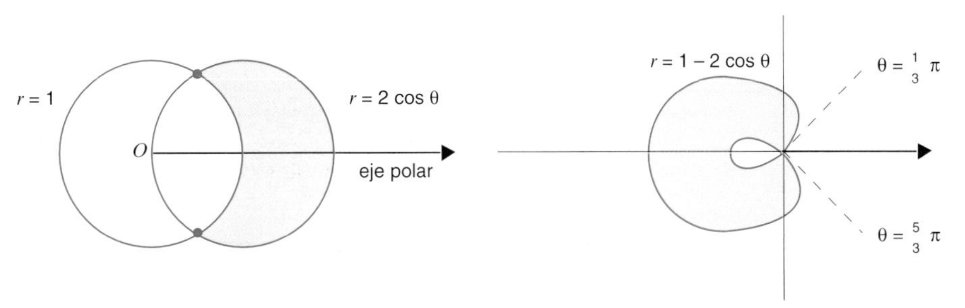

Figura 10.5.4 Figura 10.5.5

Para hallar el área comprendida entre dos curvas en polares, determinamos primero las curvas que sirven de fronteras interior y exterior de la región así como los intervalos de valores de $\theta$ que definen dichas fronteras. Dado que las coordenadas polares de un punto no son únicas, es preciso tener más cuidado a la hora de determinar estos intervalos de valores de $\theta$.

**Ejemplo 3.** El área comprendida entre el lazo interior y el exterior del caracol

$$r = 1 - 2\cos\theta \qquad \text{(Figura 10.5.5)}$$

se puede calcular como la diferencia entre

$$\text{área dentro del lazo exterior} = \int_{\pi/3}^{5\pi/3} \tfrac{1}{2}[1 - 2\cos\theta]^2\, d\theta$$

y

$$\text{área dentro del lazo interior} = \int_{0}^{\pi/3} \tfrac{1}{2}[1 - 2\cos\theta]^2\, d\theta + \int_{5\pi/3}^{2\pi} \tfrac{1}{2}[1 - 2\cos\theta]^2\, d\theta \quad \square$$

**Ejemplo 4.** El área de la región $\Omega$ de la figura 10.5.6 puede ser representada de la siguiente manera:

$$\text{área de la región } \Omega = \int_{\pi/3}^{\pi} \tfrac{1}{2}[2 - \cos\theta]^2\, d\theta - \int_{\pi/3}^{\pi/2} \tfrac{1}{2}[3\cos\theta]^2\, d\theta. \quad \square$$

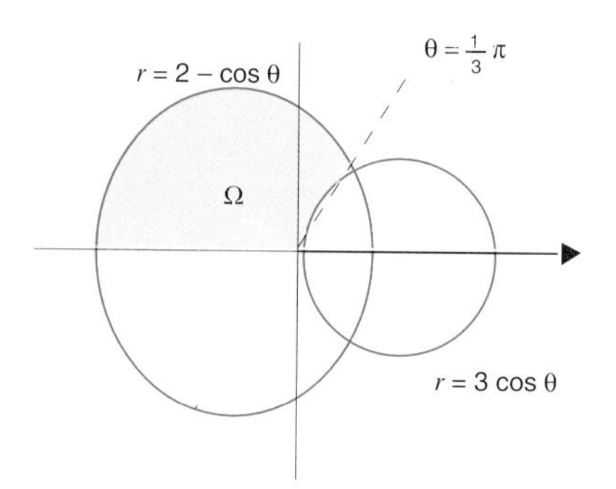


Figura 10.5.6

## EJERCICIOS 10.5

Calcular el área encerrada por las siguientes curvas. Tomar $a > 0$.

**1.** $r = a\cos\theta$ desde $\theta = -\frac{1}{2}\pi$ hasta $\theta = \frac{1}{2}\pi$.
**2.** $r = a\cos 3\theta$ desde $\theta = -\frac{1}{6}\pi$ hasta $\theta = \frac{1}{6}\pi$.
**3.** $r = a\sqrt{\cos 2\theta}$ desde $\theta = -\frac{1}{4}\pi$ hasta $\theta = \frac{1}{4}\pi$.
**4.** $r = a(1 + \cos 3\theta)$ desde $\theta = -\frac{1}{3}\pi$ hasta $\theta = \frac{1}{3}\pi$.
**5.** $r^2 = a^2\,\mathrm{sen}^2\,\theta$.
**6.** $r^2 = a^2\,\mathrm{sen}^2\,2\theta$.

Calcular el área de la región limitada por los siguientes elementos.

**7.** $r = \tan 2\theta$ y los rayos $\theta = 0$, $\theta = \frac{1}{8}\pi$.
**8.** $r = \cos\theta$, $r = \mathrm{sen}\,\theta$, y los rayos $\theta = 0$, $\theta = \frac{1}{4}\pi$.
**9.** $r = 2\cos\theta$, $r = \cos\theta$, y los rayos $\theta = 0$, $\theta = \frac{1}{4}\pi$.
**10.** $r = 1 + \cos\theta$, $r = \cos\theta$, y los rayos $\theta = 0$, $\theta = \frac{1}{2}\pi$.
**11.** $r = a(4\cos\theta - \sec\theta)$ y los rayos $\theta = 0$, $\theta = \frac{1}{4}\pi$.
**12.** $r = \frac{1}{2}\sec^2\frac{1}{2}\theta$ y la recta vertical que pasa por el origen.

Hallar el área de la región delimitada por los siguientes elementos.

**13.** $r = e^{Q}$, $0 \le \theta \le \pi$; $r = \theta$, $0 \le \theta \le \pi$; los rayos $\theta = 0$, $\theta = \pi$.
**14.** $r = e^{Q}$, $2\pi \le \theta \le 3\pi$; $r = \theta$, $0 \le \theta \le \pi$; los rayos $\theta = 0$, $\theta = \pi$.
**15.** $r = e^{Q}$, $0 \le \theta \le \pi$; $r = e^{Q/2}$, $0 \le \theta \le \pi$; los rayos $\theta = 2\pi$, $\theta = 3\pi$.
**16.** $r = e^{Q}$, $0 \le \theta \le \pi$; $r = e^{Q}$, $2\pi \le \theta \le 3\pi$; los rayos $\theta = 0$, $\theta = \pi$.

Representar el área por una o más integrales.

**17.** Fuera de $r = 2$, pero dentro de $r = 4\,\mathrm{sen}\,\theta$.
**18.** Fuera de $r = 1 - \cos\theta$, pero dentro de $r = 1 + \cos\theta$.
**19.** Dentro de $r = 4$, y a la derecha de $r = 2\sec\theta$.
**20.** Dentro de $r = 2$, pero fuera de $r = 4\cos\theta$.
**21.** Dentro de $r = 4$, y entre las rectas $\theta = \frac{1}{2}\pi$ y $r = 2\sec\theta$.
**22.** Dentro del lazo interior de $r = 1 - 2\,\mathrm{sen}\,\theta$.
**23.** Dentro de un pétalo de $r = 2\,\mathrm{sen}\,3\theta$.
**24.** Fuera de $r = 1 + \cos\theta$, pero dentro de $r = 2 - \cos\theta$.
**25.** A la vez dentro de $r = 1 - \mathrm{sen}\,\theta$ y de $r = \mathrm{sen}\,\theta$.
**26.** Dentro de un pétalo de $r = 5\cos 6\theta$.

## 10.6 CURVAS DADAS PARAMÉTRICAMENTE

Empezamos con un par de funciones $x = x(t)$, $y = y(t)$ diferenciables en el interior de un intervalo $I$. En los extremos de $I$ (si los hay) sólo exigimos continuidad.

Para cada número $t$ en $I$ podemos interpretar $(x(t), y(t))$ como el punto de abscisa $x(t)$ y de ordenada $y(t)$. Entonces, cuando $t$ recorre $I$, el punto $(x(t), y(t))$ describe un camino en el plano $xy$ (figura 10.6.1). A un camino de este tipo lo llamaremos *curva parametrizada* y $t$ será el *parámetro*.

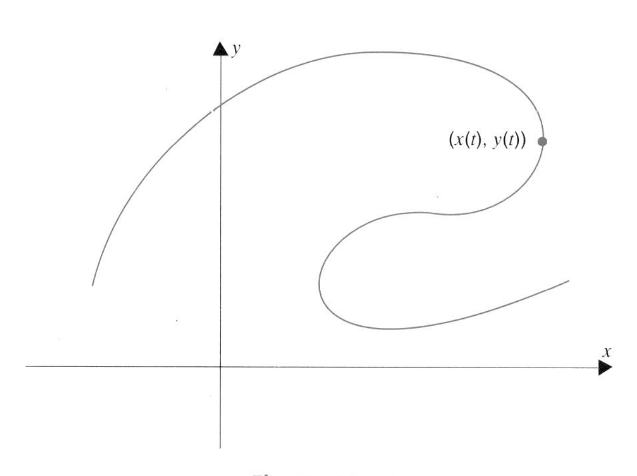


Figura 10.6.1

**Problema 1.** Identificar la curva parametrizada por las funciones

$$x(t) = t + 1, \quad y(t) = 2t - 5 \qquad t \text{ real.}$$

*Solución.* Podemos expresar $y(t)$ en función de $x(t)$:

$$y(t) = 2[x(t) - 1] - 5 = 2x(t) - 7.$$

Las funciones parametrizan la recta $y = 2x - 7$: cuando $t$ recorre el conjunto de los números reales, el punto $(x(t), y(t))$ recorre la recta $y = 2x - 7$. □

**Problema 2.** Identificar la curva parametrizada por las funciones

$$x(t) = 2t, \quad y(t) = t^2 \qquad t \text{ real.}$$

*Solución.* Se puede ver que para todo $t$

$$y(t) = \tfrac{1}{4}[x(t)]^2.$$

Las funciones parametrizan la parábola $y = \frac{1}{4}x^2$: cuando t recorre el conjunto de los números reales, el punto $(x(t), y(t))$ recorre la parábola $y = \frac{1}{4}x^2$. □

**Problema 3.** Identificar la curva parametrizada por las funciones

$$x(t) = \operatorname{sen}^2 t, \quad y(t) = \cos t \qquad t \in [0, \pi].$$

*Solución.* Observemos primero que

$$x(t) = \operatorname{sen}^2 t = 1 - \cos^2 t = 1 - [y(t)]^2.$$

Todos los puntos $(x(t), y(t))$ están en la parábola

$$x = 1 - y^2. \qquad \text{(Figura 10.6.2)}$$

En $t = 0$, $x = 0$ e $y = 1$; en $t = \pi$, $x = 0$ e $y = -1$. Cuando $t$ varía desde 0 hasta $\pi$, el punto $(x(t), y(t))$ recorre el arco parabólico

$$x = 1 - y^2, \qquad -1 \leq y \leq 1$$

desde el punto (0, 1) hasta el punto (0, – 1). □

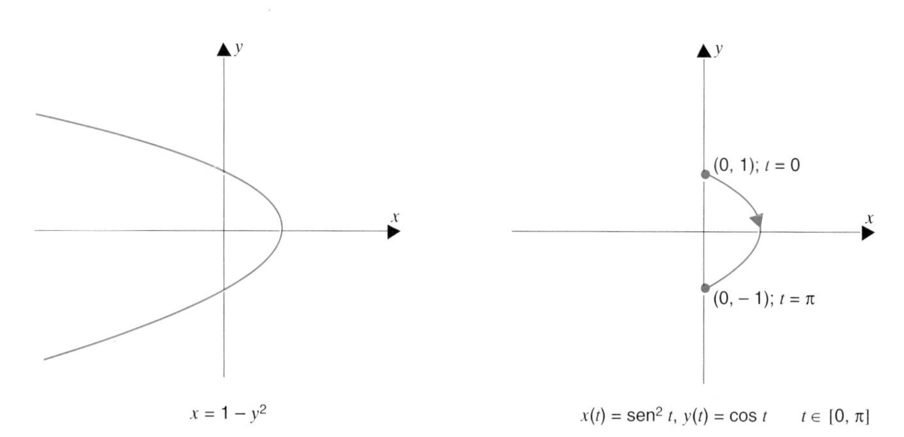


**Figura 10.6.2**

**Observación.** Si en el problema anterior cambiamos el dominio a todos los números reales $t$ *no* obtenemos una parte mayor de la parábola. Para cualquier $t$ dado, seguimos teniendo

$$0 \leq x(t) \leq 1 \quad \text{y} \quad -1 \leq y(t) \leq 1.$$

Cuando $t$ recorre el conjunto de todos los números reales, el punto $(x(t), y(t))$ sigue recorriendo el mismo arco parabólico hacia atrás y hacia adelante un número infinito de veces. □

Las funciones

**(10.6.1)** $$x(t) = x_0 + t(x_1 - x_0), \quad y(t) = y_0 + t(y_1 - y_0) \qquad t \text{ real}$$

parametrizan la recta que pasa por los puntos $(x_0, y_0)$ y $(x_1, y_1)$.

Demostración. Si $x_1 = x_0$, tenemos

$$x(t) = x_0, \quad y(t) = y_0 + t(y_1 - y_0).$$

Cuando $t$ recorre el conjunto de los números reales, $x(t)$ permanece constantemente igual a $x_0$ e $y(t)$ describe el conjunto de los números reales. Las funciones parametrizan la recta vertical $x = x_0$. Dado que $x_1 = x_0$, tanto $(x_0, y_0)$ como $(x_1, y_1)$ están en la recta vertical.

Si $x_1 \neq x_0$, podemos resolver la primera ecuación en $t$:

$$t = \frac{x(t) - x_0}{x_1 - x_0}.$$

Sustituyendo en la segunda ecuación obtenemos la identidad

$$y(t) - y_0 = \frac{y_1 - y_0}{x_1 - x_0}[x(t) - x_0].$$

Las funciones parametrizan la recta de ecuación

$$y - y_0 = \frac{y_1 - y_0}{x_1 - x_0}(x - x_0).$$

Es la recta que pasa por los puntos $(x_0, y_0)$ y $(x_1, y_1)$. □

Las funciones $x(t) = a \cos t$, $y(t) = b \operatorname{sen} t$ satisfacen la identidad

$$\frac{[x(t)]^2}{a^2} + \frac{[y(t)]^2}{b^2} = 1.$$

Cuando $t$ recorre cualquier intervalo de longitud $2\pi$, el punto $(x(t), y(t))$ describe la elipse

$$\frac{x^2}{a^2} + \frac{y^2}{b^2} = 1.$$

Usualmente hacemos que $t$ varíe entre 0 y $2\pi$ y parametrizamos la elipse haciendo

**(10.6.2)** $$x(t) = a \cos t, \quad y(t) = b \operatorname{sen} t \qquad t \in [0, 2\pi].$$

Si $b = a$, tenemos una circunferencia. Podemos parametrizar la circunferencia

$$x^2 + y^2 = a^2$$

haciendo

**(10.6.3)** $$x(t) = a \cos t, \quad y(t) = a \operatorname{sen} t \qquad t \in [0, 2\pi].$$

Si interpretamos el parámetro $t$ como el tiempo medido en segundos, podemos pensar que un par de ecuaciones paramétricas $x = x(t)$, $y = y(t)$ describen el movimiento de una partícula en el plano $xy$. Distintas parametrizaciones de una misma curva representan distintas maneras de recorrer dicha curva.

**Ejemplo 4.** La recta que pasa por los puntos (1, 2) y (3, 6) tiene por ecuación $y = 2x$. El segmento de recta que une estos puntos viene dado por

$$y = 2x, \qquad 1 \leq x \leq 3.$$

Vamos a parametrizar este segmento de distintas maneras e interpretar cada una de ellas como el movimiento de una partícula.

Empezamos haciendo

$$x(t) = t, \quad y(t) = 2t, \qquad t \in [1, 3].$$

En el instante $t = 1$, la partícula está en el punto (1, 2). Recorre el segmento de recta y llega al punto (3, 6) en el instante $t = 3$.

Ahora hacemos

$$x(t) = t + 1, \quad y(t) = 2t + 2 \qquad t \in [0, 2].$$

En el instante $t = 0$, la partícula está en el punto (1, 2). Recorre el segmento y llega al punto (3, 6) en el instante $t = 2$.

La ecuación

$$x(t) = 3 - t, \quad y(t) = 6 - 2t \qquad t \in [0, 2]$$

representa un recorrido del mismo segmento en el sentido opuesto. En el instante $t = 0$, la partícula está en (3, 6). Llega a (1, 2) en el instante $t = 2$.

Sea

$$x(t) = 3 - 4t, \quad y(t) = 6 - 8t \qquad t \in [0, \tfrac{1}{2}].$$

Ahora la partícula recorre el segmento en sólo medio segundo. En el instante $t = 0$, la partícula está en (3, 6). Llega a (1, 2) en $t = \frac{1}{2}$.

Para terminar hacemos

$$x(t) = 2 - \cos t, \quad y(t) = 4 - 2\cos t \qquad t \in [0, 4\pi].$$

En este caso, la partícula inicia y termina su recorrido en el punto (1, 2) habiendo recorrido dos veces en cada sentido el segmento de recta a lo largo de un período de $4\pi$ segundos. Ver la figura 10.6.3. ☐

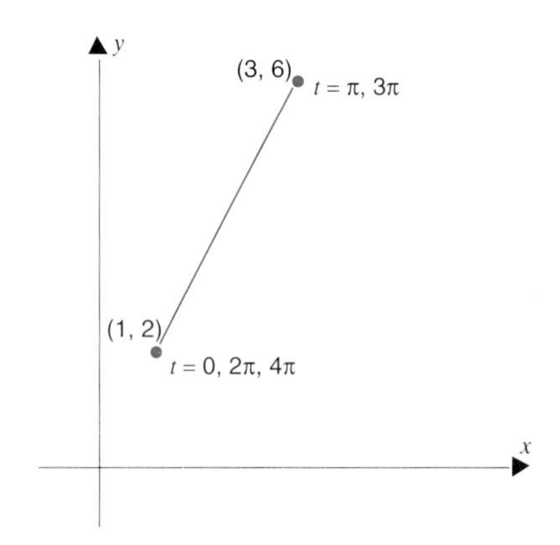


**Figura 10.6.3**

**Observación.** Si la trayectoria de un objeto viene dada en función de un parámetro $t$ y lo eliminamos para obtener una ecuación en $x$ e $y$, es posible que obtengamos una visión mejor de dicha trayectoria, pero pagando por ello un precio considerable. La ecuación en $x$ e $y$ no nos dice dónde está la partícula en cada instante $t$. La ecuación paramétrica sí lo hace. □

**Ejemplo 5.** Volvamos a la elipse

$$\frac{x^2}{a^2} + \frac{y^2}{b^2} = 1.$$

Una partícula cuya posición viene dada por las ecuaciones

$$x(t) = a \cos t, \quad y(t) = b \operatorname{sen} t \qquad \text{con } t \in [0, 2\pi]$$

recorre la elipse en el sentido contrario a las agujas del reloj. Parte del punto $(a, 0)$ y completa el circuito en $2\pi$ segundos. Si las ecuaciones del movimiento son

$$x(t) = a \cos 2\pi t, \quad y(t) = -b \operatorname{sen} 2\pi t \qquad \text{con } t \in [0, 1],$$

la partícula sigue recorriendo la misma elipse, sólo que de una forma distinta. Una vez más, parte de $(a, 0)$, pero esta vez se mueve en el sentido de las agujas del reloj y completa el circuito en sólo un segundo. Si las ecuaciones del movimiento son

$$x(t) = a \operatorname{sen} 4\pi t, \quad y(t) = b \cos 4\pi t \qquad \text{con } t \in [0, \infty),$$

el movimiento arranca de $(0, b)$ y no se detiene nunca. El movimiento tiene lugar en el sentido de las agujas del reloj y se completa un circuito cada medio segundo. □

## Intersecciones y colisiones

**Problema 6.** Dos partículas parten en el mismo instante, la primera a lo largo de la trayectoria lineal

$$x_1(t) = \tfrac{16}{3} - \tfrac{8}{3}t, \quad y_1(t) = 4t - 5 \qquad t \geq 0$$

y la segunda a lo largo de la trayectoria elíptica

$$x_2(t) = 2 \operatorname{sen} \tfrac{1}{2}\pi t, \quad y_2(t) = -3 \cos \tfrac{1}{2}\pi t \qquad t \geq 0.$$

(a) ¿En qué puntos, si los hay, se cortan las trayectorias?
(b) ¿En qué puntos, si los hay, chocan las partículas?

*Solución.* Para ver dónde se cortan las trayectorias, vamos a determinar sus ecuaciones en $x$ e $y$. La trayectoria lineal puede escribirse

$$3x + 2y - 6 = 0, \qquad x \le \tfrac{16}{3}$$

mientras que la elíptica se escribe

$$\frac{x^2}{4} + \frac{y^2}{9} = 1.$$

Resolviendo el sistema formado por las dos ecuaciones, obtenemos

$$x = 2, \quad y = 0 \qquad \text{y} \qquad x = 0, \quad y = 3.$$

Esto significa que las trayectorias se cortan en los puntos (2, 0) y (0, 3). Esto responde a la parte (a).

Consideremos ahora la parte (b). La primera partícula sólo pasa por el punto (2, 0) cuando

$$x_1(t) = \tfrac{16}{3} - \tfrac{8}{3}t = 2 \qquad \text{y} \qquad y_1(t) = 4t - 5 = 0.$$

Como se puede comprobar, esto sólo ocurre cuando $t = \frac{5}{4}$. Cuando $t = \frac{5}{4}$, la segunda partícula está en otro lugar. Luego no hay colisión en (2, 0). Sin embargo, si hay una colisión en (0, 3) dado que ambas partículas llegan a este punto en el mismo instante, $t = 2$.

$$x_1(2) = 0 = x_2(2), \qquad y_1(2) = 3 = y_2(2). \qquad \square$$

## EJERCICIOS 10.6

Expresar la curva mediante una ecuación en $x$ e $y$.

**1.** $x(t) = t^2, \quad y(t) = 2t + 1.$

**2.** $x(t) = 3t - 1, \quad y(t) = 5 - 2t.$

**3.** $x(t) = t^2, \quad y(t) = 4t^4 + 1.$

**4.** $x(t) = 2t - 1, \quad y(t) = 8t^3 - 5.$

**5.** $x(t) = 2 \cos t, \quad y(t) = 3 \operatorname{sen} t.$

**6.** $x(t) = \sec^2 t, \quad y(t) = 2 + \tan t.$

**7.** $x(t) = \tan t, \quad y(t) = \sec t.$

**8.** $x(t) = 2 - \operatorname{sen} t, \quad y(t) = \cos t.$

**9.** $x(t) = \text{sen } t, \quad y(t) = 1 + \cos^2 t.$

**10.** $x(t) = e^t, \quad y(t) = 4 - e^{2t}.$

**11.** $x(t) = 4 \text{ sen } t, \quad y(t) = 3 + 2 \text{ sen } t.$

**12.** $x(t) = \text{cosec } t, \quad y(t) = \cot t.$

Expresar la curva mediante una ecuación en $x$ e $y$; dibujar entonces la curva.

**13.** $x(t) = e^{2t}, \quad y(t) = e^{2t} - 1, \quad t \leq 0.$

**14.** $x(t) = 3 \cos t, \quad y(t) = 2 - \cos t, \quad 0 \leq t \leq \pi.$

**15.** $x(t) = \text{sen } t, \quad y(t) = \text{cosec } t, \quad 0 < t \leq \frac{1}{4}\pi.$

**16.** $x(t) = 1/t, \quad y(t) = 1/t^2, \quad 0 < t < 3.$

**17.** $x(t) = 3 + 2t, \quad y(t) = 5 - 4t, \quad -1 \leq t \leq 2.$

**18.** $x(t) = \sec t, \quad y(t) = \tan t, \quad 0 \leq t \leq \frac{1}{4}\pi.$

**19.** $x(t) = \text{sen } \pi t, \quad y(t) = 2t, \quad 0 \leq t \leq 4.$

**20.** $x(t) = 2 \text{ sen } t, \quad y(t) = \cos t, \quad 0 \leq t \leq \frac{1}{2}\pi.$

**21.** $x(t) = \cot t, \quad y(t) = \text{cosec } t, \quad \frac{1}{4}\pi \leq t < \frac{1}{2}\pi.$

**22.** (*Importante*) Parametrizar (a) la curva $y = f(x)$, $x \in [a, b]$; (b) la curva en polares $r = f(\theta)$, $\theta \in [\alpha, \beta]$.

**23.** Una partícula cuya posición viene dada por las ecuaciones

$$x(t) = \text{sen } 2\pi t, \quad y(t) = \cos 2\pi t \qquad t \in [0, 1]$$

parte del punto (0, 1) y recorre una vez la circunferencia unidad $x^2 + y^2 = 1$ en el sentido de las agujas del reloj. Escribir las ecuaciones en la forma

$$x(t) = f(t), \quad y(t) = g(t) \qquad t \in [0, 1]$$

de tal modo que la partícula

(a) parta de (0, 1) y recorra la circunferencia una vez en sentido contrario a las agujas del reloj;

(b) parta de (0, 1) y recorra la circunferencia dos veces en el sentido de las agujas del reloj;

(c) recorra el cuarto de circunferencia desde (1, 0) hasta (0, 1);

(d) recorra los tres cuartos de circunferencia desde (1, 0) hasta (0, 1).

**24.** Una partícula cuya posición viene dada por las ecuaciones

$$x(t) = 3 \cos 2\pi t, \quad y(t) = 4 \text{ sen } 2\pi t \qquad t \in [0, 1]$$

parte del punto (3, 0) y recorre una vez la elipse $16x^2 + 9y^2 = 144$ en sentido contrario a las agujas del reloj. Escribir las ecuaciones en la forma

$$x(t) = f(t), \quad y(t) = g(t) \qquad t \in [0, 1]$$

de tal modo que la partícula

(a) empiece en (3, 0) y recorra la elipse una vez en el sentido de las agujas del reloj;

(b) empiece en (0, 4) y recorra la elipse una vez en el sentido de las agujas del reloj;

(c) empiece en (– 3, 0) y recorra la elipse dos veces en el sentido contrario a las agujas del reloj;

(d) recorra la mitad superior de la elipse desde (3, 0) hasta (0, 3).

**25.** Hallar una parametrización

$$x = x(t), \quad y = y(t) \qquad t \in (-1, 1)$$

para la recta horizontal $y = 2$.

**26.** Hallar una parametrización

$$x(t) = \operatorname{sen} f(t), \quad y(t) = \cos f(t) \qquad t \in (0, 1)$$

que recorra la circunferencia unidad indefinidamente.

Hallar una parametrización

$$x = x(t), \quad y = y(t) \qquad t \in [0, 1]$$

para la curva dada.

**27.** El segmento de recta entre (3, 7) y (8, 5).
**28.** El segmento de recta entre (2, 6) y (6 ,3).
**29.** El arco de parábola $x = 1 - y^2$ desde (0, – 1) hasta (0, 1).
**30.** El arco de parábola $x = y^2$ desde (4, 2) hasta (0, 0).
**31.** La curva $y^2 = x^3$ desde (4, 8) hasta (1, 1).
**32.** La curva $y^3 = x^2$ desde (1, 1) hasta (8, 4).
**33.** La curva $y = f(x)$ $x \in [a, b]$.
**34.** (*Importante*) Supongamos que la curva

$$C: \quad x = x(t), \quad y = y(t) \qquad t \in [c, d]$$

es la gráfica de una función no negativa $f$ en un intervalo $[a, b]$. Supongamos que $x'$ e $y$ son continuas y que $x(c) = a$, y $x(d) = b$.

(a) (*El área debajo de una curva parametrizada*) Demostrar que

**(10.6.4)** $$\text{el área debajo de } C = \int_c^d y(t)x'(t)\, dt.$$

SUGERENCIA: Dado que $C$ es la gráfica de $f$, sabemos que $y(t) = f(x(t))$.

(b) (*El centroide de una región por debajo de una curva parametrizada*) Demostrar que si la región por debajo de $C$ tiene área $A$ y como centroide $(\bar{x}, \bar{y})$, entonces

**(10.6.5)** $$\bar{x}A = \int_c^d x(t)y(t)x'(t)\, dt, \qquad \bar{y}A = \int_c^d \tfrac{1}{2}[y(t)]^2 x'(t)\, dt.$$

(c) (*El volumen del sólido generado al girar alrededor de un eje de coordenadas la región por debajo de una curva parametrizada*) Demostrar que

**(10.6.6)** $$V_x = \int_c^d \pi[y(t)]^2 x'(t), \qquad V_y = \int_c^d 2\pi x(t)y(t)x'(t)\, dt.$$

suponiendo que $x(c) \geq 0$

(d) (*El centroide del sólido generado al girar alrededor de un eje de coordenadas la región por debajo de una curva parametrizada*) Demostrar que

**(10.6.7)**

$$\bar{x}V_x = \int_c^d \pi x(t)[y(t)]^2 x'(t)\, dt, \quad \bar{y}V_y = \int_c^d \pi x(t)[y(t)]^2 x'(t)\, dt.$$

suponiendo que $x(c) \geq 0$

**35.** Dibujar la curva

$$x(t) = rt, \quad y(t) = r(1 - \cos t) \qquad t \in [0, 2\pi].$$

y hallar el área debajo de la misma.

**36.** Hallar el centroide de la región por debajo de la curva del ejercicio 35.

**37.** Hallar el volumen generado al girar la región del ejercicio 36 alrededor (a) del eje $x$; (b) del eje $y$.

**38.** Hallar el centroide del sólido generado al girar la región del ejercicio 36 alrededor (a) del eje $x$. (b) del eje $y$.

**39.** Dar una parametrización para la mitad superior de la elipse $b^2x^2 + a^2y^2 = a^2b^2$ que satisfaga los requisitos de (10.6.4).

**40.** Usar la parametrización elegida en el ejercicio 39 para hallar (a) el área de la región encerrada por la elipse; (b) el centroide de la mitad superior de dicha región.

**41.** Dos partículas parten en el mismo instante, la primera a lo largo del rayo

$$x(t) = 2t + 6, \quad y(t) = 5 - 4t \qquad t \geq 0$$

y la segunda según la trayectoria circular

$$x(t) = 3 - 5 \cos \pi t, \quad y(t) = 1 + 5 \operatorname{sen} \pi t \qquad t \geq 0.$$

(a) ¿En qué puntos, si los hay, se cortan estas trayectorias?
(b) ¿En qué puntos, si los hay, colisionarán las partículas?

**42.** Dos partículas parten en el mismo instante, la primera a lo largo de la trayectoria elíptica

$$x_1(t) = 2 - 3 \cos \pi t, \quad y_1(t) = 3 + 7 \operatorname{sen} \pi t \qquad t \geq 0$$

y la segunda según la trayectoria parabólica

$$x_2(t) = 3t + 2, \quad y_2(t) = -\tfrac{7}{15}(3t + 1)^2 + \tfrac{157}{15} \qquad t \geq 0.$$

(a) ¿En qué puntos, si los hay, se cortan estas trayectorias?
(b) ¿En qué puntos, si los hay, colisionarán las partículas?

Podemos determinar los puntos en los cuales una curva parametrizada

$$C: \quad x = x(t), \quad y = y(t) \qquad t \in I$$

se corta a sí misma hallando los números $r$ y $s$ en $I$ $(r \neq s)$ para los cuales

$$x(r) = x(s) \quad \text{y} \quad y(r) = y(s).$$

Usar este método para hallar los puntos donde cada una de las siguientes curvas se corta a sí misma.

**43.** $x(t) = t^2 - 2t, \quad y(t) = t^3 - 3t^2 + 2t, \quad t$ real.

**44.** $x(t) = \cos t\,(1 - 2 \operatorname{sen} t), \quad y(t) = \operatorname{sen} t\,(1 - 2 \operatorname{sen} t), \quad t \in [0, \pi]$.

**45.** $x(t) = \operatorname{sen} 2\pi t, \quad y(t) = 2t - t^2, \quad t \in [0, 4]$.

**46.** $x(t) = t^3 - 4t, \quad y(t) = t^3 - 3t^2 + 2t, \quad t$ real.

---

### Programas de trazado de curvas (BASIC)

Estos programas simplifican el trazado de curvas al calcular las coordenadas rectangulares de una serie de puntos de la curva escogida. Se supone que la curva viene dada, en cada caso, en coordenadas polares con parámetro $t$. En el programa "Trazado de curvas en polares", se deben dar las coordenadas polares $r$ y $\theta$ como funciones de $t$. Sin embargo, el resultado del cómputo serán las coordenadas *rectangulares* de una sucesión de puntos de la curva. En el programa "Trazado de una curva paramétrica", todo está en coordenadas polares desde el principio: se dan $x$ e $y$ como funciones de $t$ y el programa devuelve las coordenadas rectangulares de una sucesión de puntos de la curva.

```
10 REM Graphing polar coordinate curves
20 REM copyright © Colin C. Graham 1988-1989

30 REM change the two lines “def FNr(t)...” and
40 REM “def FNtheta(t)...” to fit your functions

50 DEF FNr(t) = 1 + COS(t)
60 DEF FNtheta(t) = t

100 INPUT “Enter starting value:”; a
110    REM(a will usually be 0), thourgh exactly 0 will be bad for curves such as “rsin(theta) = 1”
120 INPUT “Enter ending value:”; b
130    REM (b will usually be 2Pi) - again 2Pi bad for curves such as “rsin(theta) = 1”
140 INPUT “Enter number of points:”; n

300 FOR j = 0 TO n
310    t = a + (b – a)*j/n
320    PRINT FNr(t)*COS(FNtheta(t)), FNr(t)*SIN(FNtheta(t))
330 NEXT j

500 INPUT “Do it again? (Y/N)”; a$
510 IF a$ = “Y” OR a$ = “y” THEN 100
520 END
```

```
10 REM Graph a parametric curve
20 REM copyright © Colin C. Graham 1988-1989

30 REM change the two lines “def FNx(t) =...” and
40 REM “def FNy(t)...” to fit your functions
```

```
50 DEF FNx(t) = COS(t)
60 DEF FNy(t) = SIN(t)

100 INPUT "Enter starting value:"; a
120 INPUT "Enter ending value:"; b
140 INPUT "Enter number of points:"; n

300 FOR j = 0 TO n
310    t = a + (b – a)*j/n
320    PRINT FNx(t), FNy(t)
330 NEXT j

500 INPUT "Do it again? (Y/N)"; a$
510 IF a$ = "Y" OR a$ = "y" THEN 100
520 END
```

## 10.7 TANGENTES A CURVAS DADAS PARAMÉTRICAMENTE

Una curva parametrizada

$$C: \quad x = x(t), \quad y = y(t) \qquad \text{con } t \in I$$

puede cortarse a sí misma. Luego, en cualquier punto dado, puede tener

(i) una tangente, (ii) dos tangentes, (iii) ninguna tangente.

Estas tres posibilidades quedan ilustradas en la figura 10.7.1.

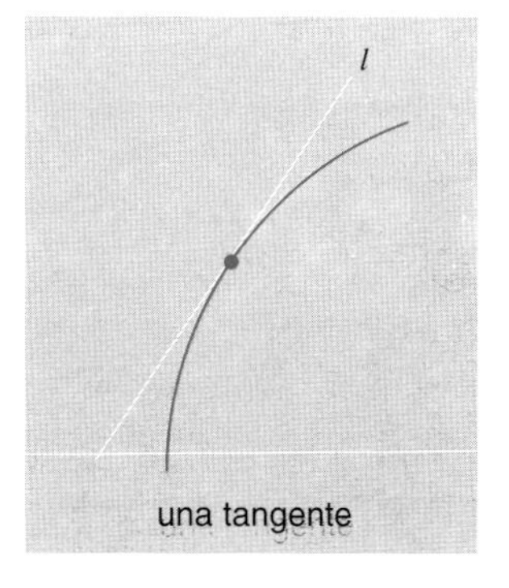


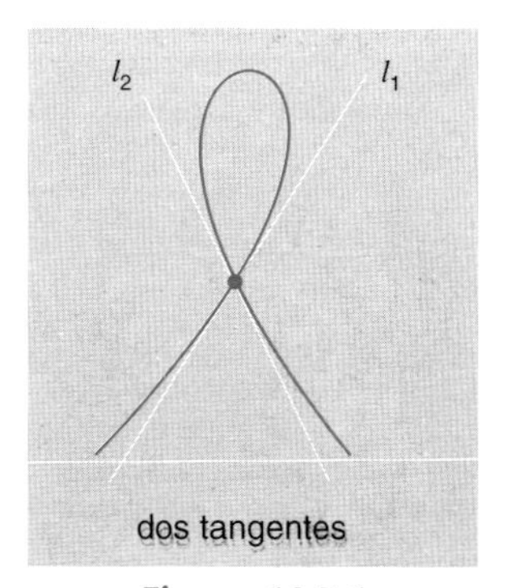


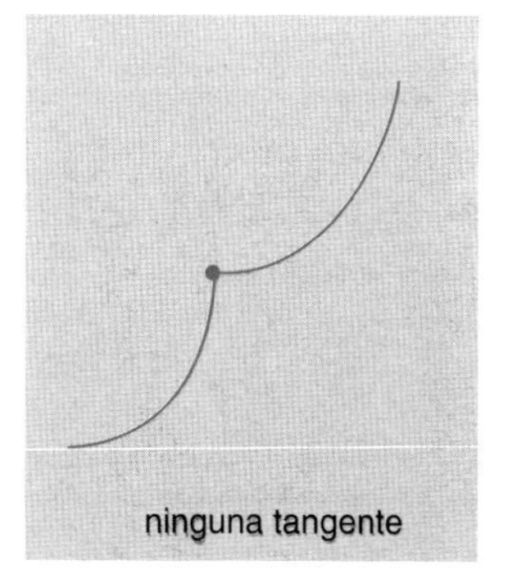


**Figura 10.7.1**

Como hemos hecho anteriormente, estamos suponiendo que $x'(t)$ e $y'(t)$ existen, al menos en el interior de $I$. Para asegurarnos de que al menos existe una tangente en cada uno de los puntos de $C$, asumiremos la *hipótesis* adicional siguiente

**(10.7.1)**
$$[x'(t)]^2 + [y'(t)]^2 \neq 0.$$

(Sin esta hipótesis, cualquier cosa puede ocurrir. Ver ejercicios 31–35.)

Escojamos ahora un punto $(x_0, y_0)$ en la curva $C$ y un tiempo $t_0$ en el cual

$$x(t_0) = x_0 \quad \text{e} \quad y(t_0) = y_0.$$

Queremos la pendiente de la curva cuando pasa por el punto $(x_0, y_0)$ en el instante $t_0$.[†] Para hallar esta pendiente, supondremos que $x'(t_0) \neq 0$. Con $x'(t_0) \neq 0$ podemos asegurar que, para $h$ suficientemente pequeño,

$$x(t_0 + h) - x(t_0) \neq 0. \qquad \text{(explicar)}$$

Para un tal $h$ podemos formar el cociente

$$\frac{y(t_0 + h) - y(t_0)}{x(t_0 + h) - x(t_0)}.$$

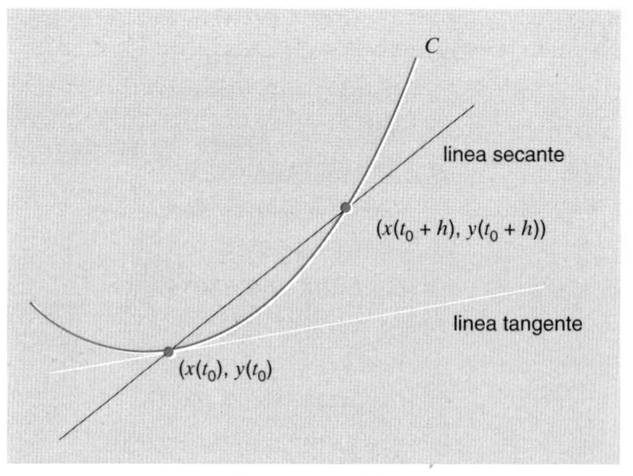


Figura 10.7.2

[†] También puede pasar por el punto $(x_0, y_0)$ en otros instantes.

Este cociente es la pendiente de la secante representada en la figura 10.7.2. El límite de este cociente cuando $h$ tiende a cero es la pendiente de la recta tangente, luego la pendiente de la curva. Dado que

$$\frac{y(t_0+h)-y(t_0)}{x(t_0+h)-x(t_0)} = \frac{(1/h)[y(t_0+h)-y(t_0)]}{(1/h)[x(t_0+h)-x(t_0)]} \to \frac{y'(t_0)}{x'(t_0)} \qquad \text{cuando } h \to 0,$$

se puede ver que

**(10.7.2)**
$$m = \frac{y'(t_0)}{x'(t_0)}.$$

La ecuación de la recta tangente puede escribirse

$$y - y(t_0) = \frac{y'(t_0)}{x'(t_0)}[x - x(t_0)].$$

Multiplicando por $x'(t_0)$ obtenemos

$$y'(t_0)[x - x(t_0)] - x'(t_0)[y - y(t_0)] = 0,$$

luego

**(10.7.3)**
$$y'(t_0)[x - x_0] - x'(t_0)[y - y_0] = 0.$$

Hemos obtenido esta ecuación suponiendo que $x'(t_0) \neq 0$. Si $x'(t_0) = 0$, la ecuación 10.7.3 sigue teniendo sentido. Es simplemente $y'(t_0)[x - x_0] = 0$, la cual, dado que $y'(t_0) \neq 0$,[†] puede simplificarse y da

**(10.7.4)**
$$x = x_0.$$

En este caso la recta es vertical y se dice que la curva tienen una *tangente vertical.*

**Problema 1.** Hallar la(s) tangente(s) a la curva

$$x(t) = t^3, \qquad y(t) = 1 - t$$

en el punto $(8, -1)$.

[†] Hemos supuesto que $[x'(t)]^2 + [y'(t)]^2$ no se anula nunca. Dado que $x'(t_0) = 0$, $y'(t) \neq 0$.

*Solución.* Dado que la curva pasa por el punto $(8, -1)$ sólo en $t = 2$, sólo puede existir una tangente en este punto. Con

$$x(t) = t^3, \qquad y(t) = 1 - t$$

tenemos

$$x'(t) = 3t^2, \qquad y'(t) = -1$$

luego

$$x'(2) = 12, \qquad y'(2) = -1.$$

La ecuación de la tangente es

$$(-1)[x - 8] - (12)[y - (-1)] = 0. \tag{10.7.3}$$

La cual se reduce a

$$x + 12y + 4 = 0. \quad \square$$

**Problema 2.** Hallar los puntos de la curva

$$x(t) = 3 - 4 \text{ sen } t, \quad y(t) = 4 + 3 \cos t$$

en los cuales hay (i) una tangente horizontal, (ii) una tangente vertical.

*Solución.* Obsérvese primero que las derivadas

$$x'(t) = -4 \cos t \quad \text{e} \quad y'(t) = -3 \text{ sen } t$$

nunca se anulan simultáneamente.

Para hallar los puntos en los cuales existe una tangente horizontal, hacemos $y'(t) = 0$. Esto nos da $t = n\pi$. Se dan tangentes horizontales en todos los puntos de la forma $(x(n\pi), y(n\pi))$. Dado que

$$x(n\pi) = 3 - 4 \text{ sen } n\pi = 3 \quad \text{e} \quad y(n\pi) = 4 + 3 \cos n\pi = \left\{ \begin{matrix} 7, & n \text{ par} \\ 1, & n \text{ impar} \end{matrix} \right],$$

hay tangentes horizontales en los puntos $(3, 7)$ y $(3, 1)$.

Para hallar las tangentes verticales, hacemos $x'(t) = 0$. Esto nos da $t = \frac{1}{2}\pi + n\pi$. Se dan tangentes verticales en los puntos de la forma $(x(\frac{1}{2}\pi + n\pi), y(\frac{1}{2}\pi + n\pi))$.

Dado que

$$x(\tfrac{1}{2}\pi + n\pi) = 3 - 4 \text{ sen } (\tfrac{1}{2}\pi + n\pi) = \begin{cases} -1, & n \text{ par} \\ 7, & n \text{ impar} \end{cases}$$

y que

$$y(\tfrac{1}{2}\pi + n\pi) = 4 + 3 \cos (\tfrac{1}{2}\pi + n\pi) = 4,$$

hay tangentes verticales en $(-1, 4)$ y $(7, 4)$. □

**Problema 3.** Hallar la(s) tangente(s) a la curva

$$x(t) = t^2 - 2t + 1, \quad y(t) = t^4 - 4t^2 + 4$$

en el punto $(1, 4)$.

*Solución.* La curva pasa por el punto $(1, 4)$ cuando $t = 0$ y $t = 2$ (comprobar esto). La diferenciación nos da

$$x'(t) = 2t - 2, \quad y'(t) = 4t^3 - 8t.$$

Cuando $t = 0$

$$x'(t) \neq 0 \quad \text{e} \quad y'(t) = 0;$$

la tangente es horizontal y su ecuación puede escribirse $y = 4$. Cuando $t = 2$,

$$x'(t) = 2 \quad \text{e} \quad y'(t) = 16;$$

luego la ecuación para la tangente puede escribirse

$$16(x - 1) - 2(y - 4) = 0, \tag{10.7.3}$$

o, más simplemente

$$y - 4 = 8(x - 1). \quad □$$

Podemos aplicar estas ideas a una curva dada en coordenadas polares por una ecuación de la forma $r = f(\theta)$. Las transformaciones coordenadas

$$x = r \cos \theta, \quad y = r \text{ sen } \theta$$

nos permiten parametrizar una tal curva haciendo

$$x(\theta) = f(\theta) \cos \theta, \quad y(\theta) = f(\theta) \text{ sen } \theta.$$

**Problema 4.** Hallar la pendiente de la espiral

$$r = a\theta \qquad \text{en } \theta = \tfrac{1}{2}\pi.$$

*Solución.* Escribamos

$$x(\theta) = r\cos\theta = a\theta\cos\theta, \quad y(\theta) = r\,\text{sen}\,\theta = a\theta\,\text{sen}\,\theta.$$

Ahora diferenciamos:

$$x'(\theta) = -a\theta\,\text{sen}\,\theta + a\cos\theta, \quad y'(\theta) = a\theta\cos\theta + a\,\text{sen}\,\theta.$$

Dado que

$$x'(\tfrac{1}{2}\pi) = -\tfrac{1}{2}\pi a \quad \text{e} \quad y'(\tfrac{1}{2}\pi) = a,$$

la pendiente de la curva en $\theta = \frac{1}{2}\pi$ es

$$\frac{y'(\frac{1}{2}\pi)}{x'(\frac{1}{2}\pi)} = -\frac{2}{\pi}. \quad \square$$

**Problema 5.** Hallar los puntos de la cardioide

$$r = 1 - \cos\theta$$

en los cuales la tangente es vertical.

*Solución.* Dado que la función coseno tiene período $2\pi$, sólo tenemos que preocuparnos por lo que pasa cuando $\theta$ recorre $[0, 2\pi)$. Paramétricamente, tenemos

$$x(\theta) = (1 - \cos\theta)\cos\theta, \quad y(\theta) = (1 - \cos\theta)\,\text{sen}\,\theta.$$

Diferenciando y simplificando, obtenemos que

$$x'(\theta) = (2\cos\theta - 1)\,\text{sen}\,\theta, \quad y'(\theta) = (1 - \cos\theta)(1 + 2\cos\theta).$$

Los únicos números del intervalo $[0, 2\pi)$ en los cuales $x'$ se anula sin que se anule $y'$ son $\frac{1}{3}\pi$, $\pi$ y $\frac{5}{3}\pi$. La tangente es vertical en

$$[\tfrac{1}{2}, \tfrac{1}{3}\pi], \quad [2, \pi], \quad [\tfrac{1}{2}, \tfrac{5}{3}\pi].$$

Las coordenadas rectangulares de esos puntos son

$$(\tfrac{1}{4}, \tfrac{1}{4}\sqrt{3}), \quad (-2, 0), \quad (\tfrac{1}{4}, -\tfrac{1}{4}\sqrt{3}). \quad \square$$

## EJERCICIOS 10.7

Hallar una ecuación en $x$ e $y$ para la tangente a la curva.

**1.** $x(t) = t, \quad y(t) = t^3 - 1; \quad t = 1.$

**2.** $x(t) = t^2, \quad y(t) = t + 5; \quad t = 2.$

**3.** $x(t) = 2t, \quad y(t) = \cos \pi t; \quad t = 0.$

**4.** $x(t) = 2t - 1, \quad y(t) = t^4; \quad t = 1.$

**5.** $x(t) = t^2, \quad y(t) = (2 - t)^2; \quad t = \frac{1}{2}.$

**6.** $x(t) = 1/t, \quad y(t) = t^2 + 1; \quad t = 1.$

**7.** $x(t) = \cos^3 t, \quad y(t) = \operatorname{sen}^3 t; \quad t = \frac{1}{4}\pi.$

**8.** $x(t) = e^t, \quad y(t) = 3e^{-t}; \quad t = 0.$

Hallar una ecuación en $x$ e $y$ para la tangente a la curva en polares.

**9.** $r = 4 - 2 \operatorname{sen} \theta, \quad \theta = 0.$

**10.** $r = 4 \cos 2\theta, \quad \theta = \frac{1}{2}\pi.$

**11.** $r = \dfrac{4}{5 - \cos \theta}, \quad \theta = \frac{1}{2}\pi.$

**12.** $r = \dfrac{5}{4 - \cos \theta}, \quad \theta = \frac{1}{6}\pi.$

**13.** $r = \dfrac{\operatorname{sen} \theta - \cos \theta}{\operatorname{sen} \theta + \cos \theta}, \quad \theta = 0.$

**14.** $r = \dfrac{\operatorname{sen} \theta + \cos \theta}{\operatorname{sen} \theta - \cos \theta}, \quad \theta = \frac{1}{2}\pi.$

Parametrizar la curva mediante un par de funciones diferenciables

$$x = x(t), \quad y = y(t) \qquad \text{con } [x'(t)]^2 + [y'(t)]^2 \neq 0.$$

Dibujar la curva y determinar la tangente en el origen mediante el método de esta sección.

**15.** $y = x^3.$ **16.** $x = y^3.$ **17.** $y^5 = x^3.$ **18.** $y^3 = x^5.$

Hallar los puntos $(x, y)$ en los cuales la curva tiene (a) una tangente horizontal, (b) una tangente vertical. Luego, dibujar la curva.

**19.** $x(t) = 3t - t^3, \quad y(t) = t + 1.$

**20.** $x(t) = t^2 - 2t, \quad y(t) = t^3 - 12t.$

**21.** $x(t) = 3 - 4 \operatorname{sen} t, \quad y(t) = 4 + 3 \cos t.$

**22.** $x(t) = \operatorname{sen} 2t, \quad y(t) = \operatorname{sen} t.$

**23.** $x(t) = t^2 - 2t, \quad y(t) = t^3 - 3t^2 + 2t.$

**24.** $x(t) = 2 - 5 \cos t, \quad y(t) = 3 + \operatorname{sen} t.$

**25.** $x(t) = \cos t, \quad y(t) = \operatorname{sen} 2t.$

**26.** $x(t) = 3 + 2 \operatorname{sen} t, \quad y(t) = 2 + 5 \operatorname{sen} t.$

**27.** Hallar la(s) tangente(s) a la curva

$$x(t) = -t + 2 \cos \tfrac{1}{4}\pi t, \quad y(t) = t^4 - 4t^2$$

en el punto (2, 0).

**28.** Hallar la(s) tangente(s) a la curva

$$x(t) = t^3 - t, \quad y(t) = t \operatorname{sen} \tfrac{1}{2}\pi t$$

en el punto (0, 1).

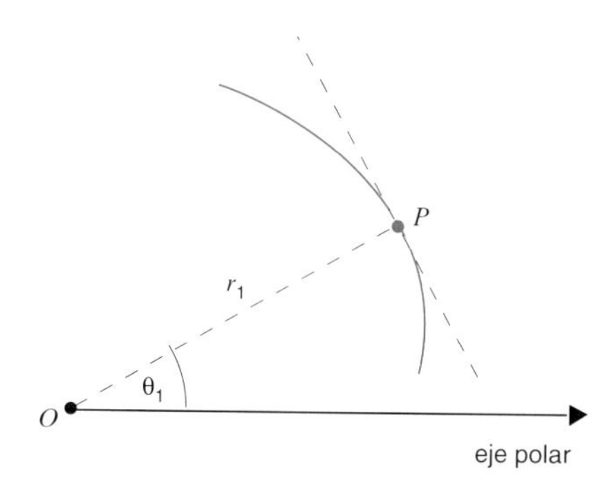


Figura 10.7.3

**29.** Sea $P = [r_1, \theta_1]$ un punto en una curva en polares $r = f(\theta)$ como la representada en la figura 10.7.3. Demostrar que si $f'(\theta_1) = 0$ pero $f(\theta_1) \neq 0$, la tangente en $P$ es perpendicular al segmento de recta $\overline{OP}$. .

**30.** Si $0 < a < 1$, la curva en polares $r = a - \cos\theta$ es un caracol con un lazo interior. Escoger $a$ de tal forma que la curva se corte a sí misma en el polo formando un ángulo recto.

Comprobar que $x'(0) = y'(0) = 0$ y que la descripción dada se verifica en el punto en el cual $t = 0$. Dibujar la gráfica.

**31.** $x(t) = t^3, \quad y(t) = t^2;$ cúspide.

**32.** $x(t) = t^3, \quad y(t) = t^5;$ tangente horizontal.

**33.** $x(t) = t^5, \quad y(t) = t^3;$ tangente vertical.

**34.** $x(t) = t^3 - 1, \quad y(t) = 2t^3;$ tangente con pendiente 2.

**35.** $x(t) = t^2, \quad y(t) = t^2 + 1;$ no hay tangente.

**36.** Supongamos que $x = x(t)$ e $y = y(t)$ son dos funciones diferenciables que parametrizan una curva. Tomemos un punto en la curva tal que $x'(t) \neq 0$ y $d^2y/dx^2$ existe. Demostrar que

**(10.7.5)**
$$\frac{d^2y}{dx^2} = \frac{x'(t)y''(t) - y'(t)x''(t)}{[x'(t)]^3}.$$

Calcular $d^2y/dx^2$ en los puntos indicados sin eliminar el parámetro.

**37.** $x(t) = \cos t, \quad y(t) = \operatorname{sen} t; \quad t = \frac{1}{6}\pi.$

**38.** $x(t) = t^3, \quad y(t) = t - 2; \quad t = 1.$

**39.** $x(t) = e^t, \quad y(t) = e^{-t}; \quad t = 0.$

**40.** $x(t) = \operatorname{sen}^2 t, \quad y(t) = \cos t; \quad t = \frac{1}{4}\pi.$

## 10.8 EL AXIOMA DEL SUPREMO

En la sección 10.9 hablaremos de la *longitud* de una curva. Para estar en condiciones de hacerlo con propiedad, hemos de adentrarnos algo más en el sistema de los números reales.

Consideremos un conjunto $S$ de números reales. Como se ha dicho en el capítulo 1, se dice que un número $M$ es una *cota superior* de $S$ si y sólo si

$$x \leq M \qquad \text{para todo } x \in S.$$

Claro está que no todos los conjuntos de números tienen cotas superiores. Los que sí las tienen se dice que están *acotados superiormente*.

Es obvio que todo conjunto que tenga un elemento mayor que los demás tendrá una cota superior: si $b$ es el mayor elemento de $S$, se verifica

$$x \leq b \qquad \text{para todo } x \in S.$$

esto significa que $b$ es una cota superior de $S$. El recíproco es falso: los conjuntos

$$(-\infty, 0) \quad \text{y} \quad \left\{\frac{1}{2}, \frac{2}{3}, \frac{3}{4}, \ldots, \frac{n}{n+1}, \ldots\right\}$$

tienen ambos cotas superiores (por ejemplo 2), pero ninguno de los dos tiene un elemento máximo.

Consideremos de nuevo el primer conjunto, $(-\infty, 0)$. Mientras que $(-\infty, 0)$, no tiene un elemento máximo, el conjunto de sus cotas superiores, $[0, \infty)$, tiene un elemento mínimo, 0. A 0 lo llamaremos *supremo* de $(-\infty, 0)$.

Volvamos ahora al segundo conjunto. Mientras que el conjunto de los cocientes

$$\frac{n}{n+1} = 1 - \frac{1}{n+1}$$

no tiene elemento máximo, el conjunto de sus cotas superiores, $[1, \infty)$, sí tiene un elemento mínimo, 1. Diremos que 1 es el *supremo* de dicho conjunto de cocientes.

Estamos ahora en condiciones de explicitar una de las *hipótesis* esenciales acerca del conjunto de los números reales. La llamamos *axioma del supremo*.

**AXIOMA 10.8.1 AXIOMA DEL SUPREMO**

Todo conjunto de números reales no vacío acotado superiormente tiene un *supremo*.

Para indicar el supremo de un conjunto $S$, escribiremos sup $S$. He aquí algunos ejemplos:

1. $\sup(-\infty, 0) = 0, \quad \sup(-\infty, 0] = 0.$
2. $\sup(-4, -1) = -1, \quad \sup(-4, -1] = -1.$
3. $\sup \left\{ \frac{1}{2}, \frac{2}{3}, \frac{3}{4}, \ldots, \frac{n}{n+1}, \ldots \right\} = 1.$
4. $\sup \left\{ -\frac{1}{2}, -\frac{1}{8}, -\frac{1}{27}, \ldots, -\frac{1}{n^3}, \ldots \right\} = 0.$
5. $\sup \{x\colon x^2 < 3\} = \sup \{x\colon (-\sqrt{3}) < x < \sqrt{3}\} = \sqrt{3}.$ □

El supremo de un conjunto goza de una propiedad especial que merece una atención particular. La idea es la siguiente: El hecho de que $M$ sea el supremo de $S$ no significa que $M$ esté en $S$ (no tiene por qué estar), pero podemos aproximar $M$ tanto como queramos por elementos de $S$.

**TEOREMA 10.8.2**

Si $M$ es el supremo del conjunto $S$ y $\epsilon$ es un número positivo, existe al menos un $s$ en $S$ tal que

$$M - \epsilon < s \leq M.$$

Demostración. Sea $\epsilon > 0$. Dado que $M$ es una cota superior de $S$, todos los números $s$ de $S$ verifican $s \leq M$. Lo único que tenemos que demostrar es que existe algún número $s$ de $S$ que verifica

$$M - \epsilon < s.$$

Supongamos lo contrario, que ningún número de $S$ sea así. Entonces tendríamos

$$x \leq M - \epsilon \qquad \text{para todo } x \in S.$$

Esto significa que $M - \epsilon$ es una cota superior para $S$. Pero esto no puede ser ya que $M - \epsilon$ sería una cota superior para $S$ *menor* que $M$ cuando, por hipótesis, $M$ es la *menor* de todas las cotas superiores. □

El teorema que acabamos de demostrar se ilustra en la figura 10.8.1. Tomemos como $S$ el conjunto de los puntos marcados en la figura. Si $M = \sup S$, $S$ tiene al menos un elemento en cada intervalo semiabierto de la forma $(M - \epsilon, M]$.

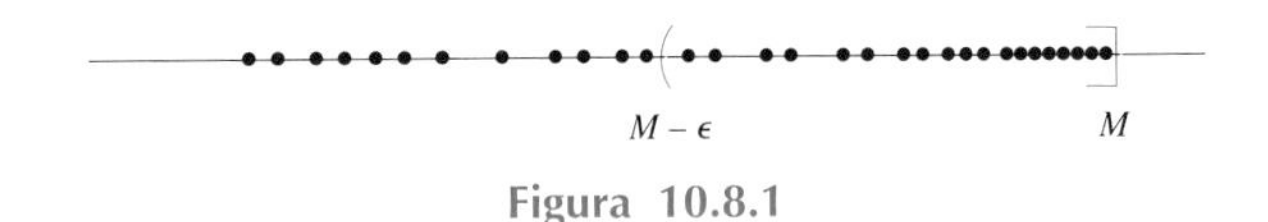


Figura 10.8.1

**Ejemplo 1.**

(a) Sea

$$S = \left\{\frac{1}{2}, \frac{2}{3}, \frac{3}{4}, \dots, \frac{n}{n+1}, \dots\right\}$$

y consideremos $\epsilon = 0{,}0001$. Dado que 1 es el supremo de $S$, debe existir un número $s$ en $S$ tal que

$$1 - 0{,}0001 < s \leq 1.$$

Lo hay: tomar, por ejemplo, $s = \frac{99999}{100000}$. □

(b) Sea

$$S = \{1, 2, 3\}$$

y consideremos $\epsilon = 0{,}000001$. Dado que 3 es el sup de $S$, debe de existir un número $s$ de $S$ tal que

$$3 - 0{,}000001 < s \leq 3.$$

Lo hay: $s = 3$. □

Vamos a considera ahora las cotas inferiores. En primer lugar, diremos que un número $m$ es una cota *inferior* para $S$ si y sólo si

$$m \leq x \qquad \text{para todo } x \in S.$$

Se dice que los conjuntos que tienen una cota inferior están *acotados inferiormente*. No todos los conjuntos tienen cotas inferiores; aquellos que las tienen, tienen *ínfimos* o cotas inferiores máximas. No es necesario tomar esto como axioma. Usando el axioma del supremo, podemos demostrar esto como teorema.

**TEOREMA 10.8 3**

Todo conjunto de números reales no vacío acotado inferiormente tiene un *ínfimo*.

Demostración. Supongamos $S$ no vacío y que tiene una cota inferior $x$. Entonces

$$x \leq s \qquad \text{para todo } s \in S.$$

De ello se deduce que $-s \leq -x$ para todo $s$ de $S$; es decir que

$$\{-s: s \in S\} \quad \text{tiene una cota superior } -x.$$

Del axioma del supremo, deducimos que $\{-s: s \in S\}$ tiene un supremo; sea $x_0$. Dado que $-s \leq x_0$ para todo $s$ de $S$, se puede ver que

$$-x_0 \leq s \qquad \text{para todo } s \in S,$$

luego que $x_0$ es una cota inferior de $S$. Veamos ahora que $-x_0$ es la mayor de las cotas inferiores de $S$. Para ello, observemos que si existiera otro número $x_1$ que verifique

$$-x_0 < x_1 \leq s \qquad \text{para todo } s \in S,$$

tendríamos

$$-s \leq -x_1 < x_0 \qquad \text{para todo } s \in S,$$

luego $x_0$ no sería el *supremo* de $\{s: s \in S\}$.[†] □

Como en el caso del supremo, el ínfimo no tiene por qué estar en el conjunto pero puede aproximarse tanto como se quiera por elementos del conjunto. Resumiendo, tenemos el siguiente teorema cuya demostración se deja como ejercicio.

**TEOREMA 10.8.4**

Si $m$ es el ínfimo del conjunto $S$ y si $\epsilon$ es un número positivo, entonces existe al menos un número $s$ en $S$ tal que

$$m \leq s < m + \epsilon.$$

[†] Hemos demostrado el teorema 10.8.3 a partir del axioma del supremo. Podríamos haber procedido de manera distinta. Podríamos haber tomado el teorema 10.8.1 como axioma y haber demostrado el axioma del supremo como teorema.

Este teorema se ilustra en la figura 10.8.2. Si $m = \inf S$ (es decir, si $m$ es el ínfimo de $S$), $S$ tiene al menos un elemento en cada uno de los intervalos semiabiertos de la forma $[m, m + \epsilon)$.

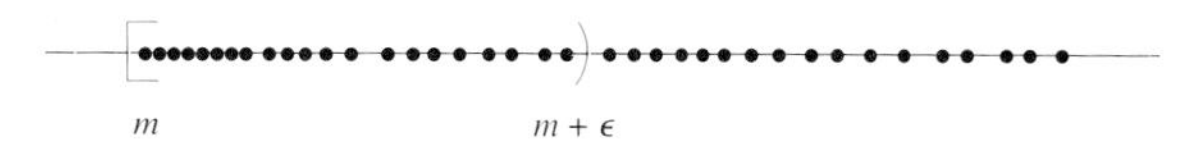


Figura 10.8.2

**Observación.** ¿Recuerda el lector el teorema del valor intermedio? Este viene a decir que una función continua no se salta ningún valor. ¿Recuerda el teorema del máximo-mínimo? Afirma que en un intervalo cerrado acotado, una función continua alcanza tanto su valor máximo como su valor mínimo. Hemos venido utilizando estos dos resultados sin dar su demostración. Después de haber entendido los conceptos de supremo e ínfimo, el lector está en condiciones de entender las demostraciones de estos dos teoremas. (Ver Apéndice B). Mejor aún, podría intentar demostrarlos usted mismo. □

## EJERCICIOS 10.8

Hallar el supremo (si existe) y el ínfimo (si existe) de cada uno de los conjuntos siguientes.

**1.** $(0, 2)$. **2.** $[0, 2]$. **3.** $(0, \infty)$. **4.** $(-\infty, 1)$.

**5.** $\{x: x^2 < 4\}$. **6.** $\{x: |x-1| < 2\}$. **7.** $\{x: x^3 \geq 8\}$. **8.** $\{x: x^4 \leq 16\}$.

**9.** $\{2\frac{1}{2}, 2\frac{1}{3}, 2\frac{1}{4}, \ldots\}$. **10.** $\{-1, -\frac{1}{2}, -\frac{1}{3}, -\frac{1}{4}, \ldots\}$.

**11.** $\{0{,}9, 0{,}99, 0{,}999, \ldots\}$. **12.** $\{-2, 2, -2{,}1, 2{,}1, -2{,}11, 2{,}11, \ldots\}$.

**13.** $\{x: \ln x < 1\}$. **14.** $\{x: \ln x > 0\}$. **15.** $\{x: x^2 + x - 1 < 0\}$.

**16.** $\{x: x^2 + x + 2 \geq 0\}$. **17.** $\{x: x^2 > 4\}$. **18.** $\{x: |x-1| > 2\}$.

**19.** $\{x: \text{sen } x \geq -1\}$. **20.** $\{x: e^x < 1\}$.

Ilustrar la validez del teorema 10.8.4 tomando $S$ y $\epsilon$ como se indica a continuación.

**21.** $S = \{\frac{1}{11}, (\frac{1}{11})^2, (\frac{1}{11})^3, \ldots, (\frac{1}{11})^n, \ldots\}$, $\epsilon = 0{,}001$.

**22.** $S = \{1, 2, 3, 4\}$, $\epsilon = 0{,}0001$.

**23.** $S = \{\frac{1}{10}, \frac{1}{1000}, \frac{1}{100000}, \ldots, (\frac{1}{10})^{2n-1}, \ldots\}$, $\epsilon = (\frac{1}{10})^k \quad (k \geq 1)$.

**24.** $S = \{\frac{1}{2}, \frac{1}{4}, \frac{1}{8}, \ldots, (\frac{1}{2})^n, \ldots\}$, $\epsilon = (\frac{1}{4})^k \quad (k \geq 1)$.

**25.** Demostrar el teorema 10.8.4 imitando la demostración del teorema 10.8.2.

## 10.9 LONGITUD DE UN ARCO Y VELOCIDAD

### Definición de la longitud de un arco

Pasamos ahora a la noción de longitud de arco. En la figura 10.9.1 hemos representado una curva $C$ que suponemos parametrizada mediante un par de funciones *continuamente diferenciables*†

$$x = x(t), \quad y = y(t) \qquad t \in [a, b].$$

Se trata de asignar una longitud a esta curva $C$.

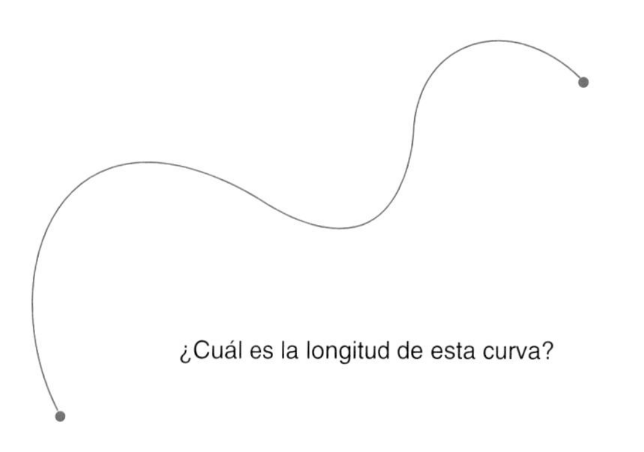


Figura 10.9.1

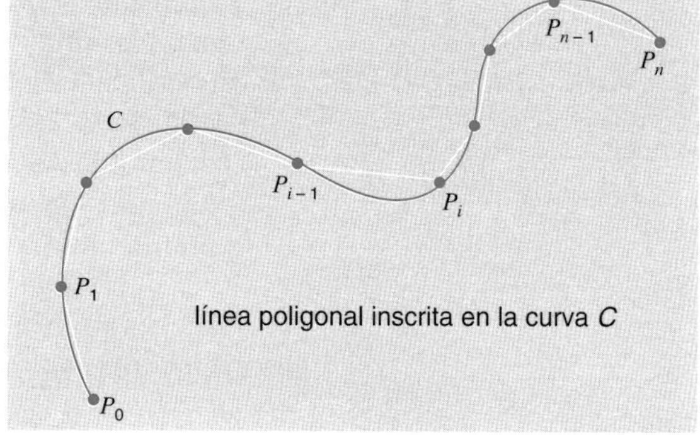


Figura 10.9.2

Podemos hacer uso de nuestra experiencia del capítulo 5. Para determinar que ha de entenderse como el área de una región $\Omega$ hemos aproximado $\Omega$ por una unión finita de rectángulos. Para determinar que ha de entenderse como la longitud de $C$ vamos a aproximar $C$ por la unión de un número finito de segmentos.

A cada punto $t$ en $[a, b]$ esta asociado un punto $P = P(x(t), y(t))$ en la curva $C$. Tomando un número finito de puntos en $[a, b]$,

$$a = t_0 < t_1 < \ldots < t_{i-1} < t_i < \ldots < t_{n-1} < t_n = b,$$

obtenemos un número finito de puntos de $C$,

$$P_0, P_1, \ldots, P_{i-1}, P_i, \ldots, P_{n-1}, P_n.$$

† Con esta expresión queremos significar que las derivadas primeras de las funciones son continuas.

Unimos los pares de puntos sucesivos mediante segmentos rectilíneos y llamamos al camino resultante,

$$\gamma = \overline{P_0 P_1} \cup \ldots \cup \overline{P_{i-1} P_i} \cup \ldots \cup \overline{P_{n-1} P_n},$$

*línea poligonal* inscrita en la curva $C$ (ver figura 10.9.2).

La longitud de una tal línea poligonal es la suma de las distancias entre dos vértices consecutivos:

$$\text{longitud de } \gamma = L(\gamma) = d(P_0, P_1) + \ldots + d(P_{i-1}, P_i) + \ldots + d(P_{n-1}, P_n).$$

La línea poligonal $\gamma$ nos permite aproximar la curva $C$, pero, como es obvio, podemos obtener una mejor aproximación añadiendo vértices a $\gamma$. Llegados a este punto, conviene que nos preguntemos exactamente qué propiedades pretendemos del número que vamos a llamar longitud de $C$. Ciertamente ha de verificar que

$$\mathrm{L}(\gamma) \leq \text{la longitud de } C \qquad \text{para } \gamma \text{ inscrita en } C.$$

Pero esto no es suficiente. Hay otro requisito que parece razonable. Si podemos elegir $\gamma$ tan próxima a $C$ como queramos, deberíamos poder entonces elegir $\gamma$ de tal forma que $L(\gamma)$ fuese tan próximo a la longitud de $C$ como quisiéramos; es decir que, para cada número positivo $\epsilon$, debería existir una línea poligonal $\gamma$ tal que

$$(\text{longitud de } C) - \epsilon < L(\gamma) \leq \text{ longitud de } C$$

El teorema 10.8.2 nos dice que podemos obtener este resultado definiendo la longitud de $C$ como el supremo de todos los $L(\gamma)$. Esto, en realidad, es lo que hacemos.

**DEFINICIÓN 10.9.1**

$$\text{Longitud de } C = \left\{ \begin{array}{l} \text{supremo del conjunto de las longitudes de} \\ \text{todas las líneas poligonales inscritas en } C \end{array} \right].$$

### Fórmulas de la longitud de un arco

Ahora que ya hemos explicado lo que entendemos por longitud de una curva parametrizada, es el momento de explicar cómo calcularla. El resultado básico es fácil de enunciar. Si $C$ está parametrizada por un par de funciones continuamente diferenciables

$$x = x(t), \quad y = y(t) \qquad t \in [a, b],$$

entonces

**(10.9.2)**

$$\text{longitud de } C = \int_a^b \sqrt{[x'(t)]^2 + [y'(t)]^2}\, dt.$$

Evidentemente no se trata de pedir un acto de fe. Hay que demostrar este resultado. Así lo haremos, pero no antes del capítulo 14. De momento lo supondremos cierto y llevaremos a cabo algunos cálculos.

**Ejemplo 1.** Las funciones

$$x(t) = a \cos t, \quad y(t) = a \operatorname{sen} t \qquad t \in [0, 2\pi]$$

parametrizan una circunferencia $C$ de radio $a$. La fórmula 10.9.2 da

$$L(C) = \int_0^{2\pi} \sqrt{a^2 \operatorname{sen}^2 t + a^2 \cos^2 t}\, dt = \int_0^{2\pi} a\, dt = 2\pi a,$$

lo cual no deja de ser alentador. □

Supongamos ahora que $C$ es la gráfica de una función continuamente diferenciable

$$y = f(x), \qquad x \in [a, b].$$

Podemos parametrizar $C$ haciendo

$$x(t) = t, \quad y(t) = f(t) \qquad t \in [a, b].$$

Dado que

$$x'(t) = 1 \qquad \text{e} \qquad y'(t) = f'(t),$$

la fórmula 10.9.2 da

$$L(C) = \int_a^b \sqrt{1 + [f'(t)]^2}\, dt.$$

Sustituyendo $t$ por $x$, podemos escribir

**(10.9.3)**

$$\text{longitud de la gráfica de } f = \int_a^b \sqrt{1 + [f'(x)]^2}\, dx.$$

En el ejercicio 38 se indica cómo establecer directamente esta fórmula.

**Ejemplo 2.** Si

$$f(x) = \tfrac{1}{6}x^3 + \tfrac{1}{2}x^{-1},$$

entonces

$$f'(x) = \tfrac{3}{6}x^2 - \tfrac{1}{2}x^{-2} = \tfrac{1}{2}x^2 - \tfrac{1}{2}x^{-2}.$$

Luego

$$1 + [f'(x)]^2 = 1 + (\tfrac{1}{4}x^4 - \tfrac{1}{2} + \tfrac{1}{4}x^{-4}) = \tfrac{1}{4}x^4 + \tfrac{1}{2} + \tfrac{1}{4}x^{-4} = (\tfrac{1}{2}x^2 + \tfrac{1}{2}x^{-2})^2.$$

La longitud de la gráfica desde $x = 1$ hasta $x = 3$ es

$$\int_1^3 \sqrt{1 + [f'(x)]^2}\, dx = \int_1^3 (\tfrac{1}{2}x^2 + \tfrac{1}{2}x^{-2})\, dx = [\tfrac{1}{6}x^3 - \tfrac{1}{2}x^{-1}]_1^3 = \tfrac{14}{3}. \quad \square$$

**Problema 3.** La gráfica de la función

$$f(x) = x^2, \qquad x \in [0, 1]$$

es un arco parabólico. La longitud de dicho arco viene dada por

$$\begin{aligned}\int_0^1 \sqrt{1 + [f'(x)]^2}\, dx = \int_0^1 \sqrt{1 + 4x^2}\, dx &= 2\int_0^1 \sqrt{(\tfrac{1}{2})^2 + x^2}\, dx \\ &= \left[x\sqrt{(\tfrac{1}{2})^2 + x^2} + (\tfrac{1}{2})^2 \ln\left(x + \sqrt{(\tfrac{1}{2})^2 + x^2}\right)\right]_0^1 \quad \text{(por 8.5.1)} \\ &= \tfrac{1}{2}\sqrt{5} + \tfrac{1}{4}\ln(2 + \sqrt{5}) \cong 1{,}48. \quad \square\end{aligned}$$

Supongamos ahora que $C$ es la gráfica de una función en polares

$$r = \rho(\theta), \qquad \alpha \le \theta \le \beta.$$

Podemos parametrizar $C$ haciendo

$$x(\theta) = \rho(\theta)\cos\theta, \quad y(\theta) = \rho(\theta)\,\mathrm{sen}\,\theta \qquad \theta \in [\alpha, \beta].$$

Un cálculo sencillo que dejamos al lector permite ver que

$$[x'(\theta)]^2 + [y'(\theta)]^2 = [\rho(\theta)]^2 + [\rho'(\theta)]^2.$$

La fórmula de la longitud de un arco se escribe ahora

**(10.9.4)**
$$L(C) = \int_{\alpha}^{\beta} \sqrt{[\rho(\theta)]^2 + [\rho'(\theta)]^2}\, d\theta.$$

**Ejemplo 4.** Para $a > 0$ fijado, la ecuación $r = a$ representa una circunferencia de radio $a$. Aquí

$$\rho(\theta) = a \qquad \text{y} \qquad \rho'(\theta) = 0.$$

La longitud de esta circunferencia es

$$\int_0^{2\pi} \sqrt{[\rho(\theta)]^2 + [\rho'(\theta)]^2}\, d\theta = \int_0^{2\pi} \sqrt{a^2 + 0^2}\, d\theta = \int_0^{2\pi} a\, d\theta = 2\pi a. \qquad \square$$

**Ejemplo 5.** En el caso de la cardioide $r = a(1 - \cos\theta)$, tenemos

$$\rho(\theta) = a(1 - \cos\theta), \qquad \rho'(\theta) = a \operatorname{sen}\theta.$$

Aquí

$$[\rho(\theta)]^2 + [\rho'(\theta)]^2 = a^2(1 - 2\cos\theta + \cos^2\theta) + a^2 \operatorname{sen}^2\theta = 2a^2(1 - \cos\theta).$$

La identidad

$$\tfrac{1}{2}(1 - \cos\theta) = \operatorname{sen}^2 \tfrac{1}{2}\theta$$

da

$$[\rho(\theta)]^2 + [\rho'(\theta)]^2 = 4a^2 \operatorname{sen}^2 \tfrac{1}{2}\theta.$$

La longitud de la cardioide es $8a$:

$$\int_0^{2\pi} \sqrt{[\rho(\theta)]^2 + [\rho'(\theta)]^2}\, d\theta = \int_0^{2\pi} 2a \operatorname{sen} \tfrac{1}{2}\theta\, d\theta = 4a\left[-\cos\tfrac{1}{2}\theta\right]_0^{2\pi} = 8a. \qquad \square$$

### El significado geométrico de *dx/ds* y de *dy/ds*.

En la figura 10.9.3 está representada la gráfica de una función $y = f(x)$ que suponemos continuamente diferenciable. En el punto $(x, y)$, la tangente tiene una inclinación igual a $\alpha$.

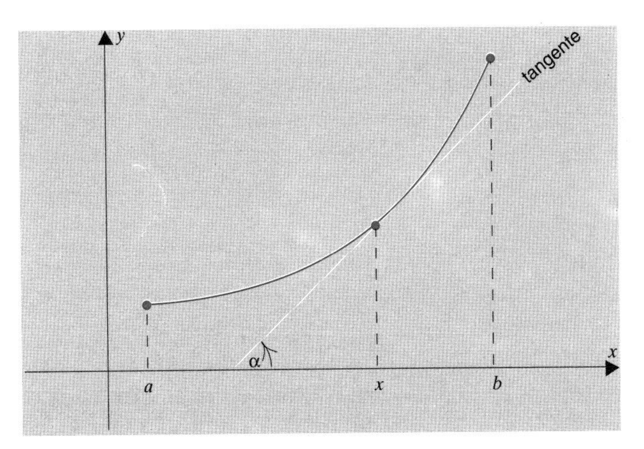


**Figura 10.9.3**

La longitud de la gráfica desde $a$ hasta $x$ puede escribirse

$$s(x) = \int_a^x \sqrt{1 + [f'(t)]^2}\, dt.$$

La diferenciación respecto de $x$ da $s'(x) = \sqrt{1 + [f'(x)]^2}$. Usando la notación de Leibniz, tenemos

$$\frac{ds}{dx} = \sqrt{1 + \left(\frac{dy}{dx}\right)^2} = \sqrt{1 + \tan^2 \alpha} = \sec \alpha.$$

sec $\alpha > 0$ para $\alpha \in \left(-\frac{1}{2}\pi, \frac{1}{2}\pi\right)$

Por (3.8.2)

$$\frac{dx}{ds} = \frac{1}{\sec \alpha} = \cos \alpha.$$

Para hallar $dy/ds$ observamos que

$$\tan \alpha = \frac{dy}{dx} = \frac{dy}{ds}\frac{ds}{dx} = \frac{dy}{ds} \sec \alpha.$$

regla de la cadena

Multiplicando por sec $\alpha$ obtenemos

$$\frac{dy}{ds} = \operatorname{sen} \alpha.$$

Resumiendo, tenemos

**(10.9.5)** $$\frac{dx}{ds} = \cos\alpha \quad \text{y} \quad \frac{dy}{ds} = \operatorname{sen}\alpha \qquad \text{donde } \alpha \text{ es la inclinación de la recta tangente.}$$

(Utilizaremos esto en breve)

### Velocidad a lo largo de una curva plana

Hasta ahora sólo hemos hablado de velocidad en relación con el movimiento rectilíneo. ¿Cómo podemos calcular la velocidad de un objeto que se mueve a lo largo de una curva? Imaginemos un objeto en movimiento a lo largo de una trayectoria curva. Supongamos que la posición del objeto en el instante $t$ venga dada por $(x(t), y(t))$. La distancia recorrida por el objeto desde el instante cero hasta en instante posterior $t$ es, sencillamente, la longitud de la curva hasta el instante $t$:

$$s(t) = \int_0^t \sqrt{[x'(u)]^2 + [y'(u)]^2}\, du.$$

Llamaremos *velocidad* del objeto al coeficiente de variación de la distancia en función del tiempo. Si $v(t)$ es la velocidad del objeto en el instante $t$, tenemos

**(10.9.6)** $$v(t) = s'(t) = \sqrt{[x'(t)]^2 + [y'(t)]^2}.$$

**Problema 6.** La trayectoria del proyectil de los ejercicios 31-36 de la sección 9.3 viene dada en función del parámetro tiempo $t$ por las siguientes ecuaciones:

$$x(t) = (v_0 \cos\theta)t, \qquad y(t) = -16t^2 + (v_0 \operatorname{sen}\theta)t.$$

Por esos ejercicios sabemos que el impacto del proyectil se produce en el instante $t = \frac{1}{16} v_0 \operatorname{sen}\theta$. Calcular la velocidad en el momento del impacto.

*Solución.* Dado que

$$x'(t) = v_0 \cos\theta \quad \text{y} \quad y'(t) = -32t + v_0 \operatorname{sen}\theta,$$

tenemos

$$v(t) = \sqrt{v_0^2 \cos^2\theta + (-32t + v_0 \operatorname{sen}\theta)^2}.$$

Luego la velocidad en el impacto es

$$\sqrt{v_0^2 \cos^2 \theta + (-2v_0 \operatorname{sen} \theta + v_0 \operatorname{sen} \theta)^2} = \sqrt{v_0^2 \cos^2 \theta + v_0^2 \operatorname{sen}^2 \theta} = |v_0|,$$

la cual es exactamente la velocidad con que el proyectil ha sido disparado.† □

En la notación de Leibniz, la ecuación para la velocidad se escribe

$$v = \frac{ds}{dt} = \sqrt{\left(\frac{dx}{dt}\right)^2 + \left(\frac{dy}{dt}\right)^2}. \qquad \textbf{(10.9.7)}$$

Si conocemos la velocidad de un objeto y su masa, podemos calcular su energía cinética.

**Problema 7.** Una partícula de masa $m$ se desliza a lo largo de una curva sin rozamiento (ver la figura 10.9.4) desde un punto $(x_0, y_0)$ hasta un punto $(x_1, y_1)$ bajo el efecto de la gravedad. Como hemos visto en la sección 3.5, la partícula tiene dos formas de energía durante su recorrido: la energía potencial gravitatoria $mgy$ y la energía cinética $\frac{1}{2}mv^2$. Demostrar que la suma de ambas cantidades permanece constante:

$$\overset{\text{EPG}}{mgy} + \overset{\text{EC}}{\tfrac{1}{2}mv^2} = C.$$

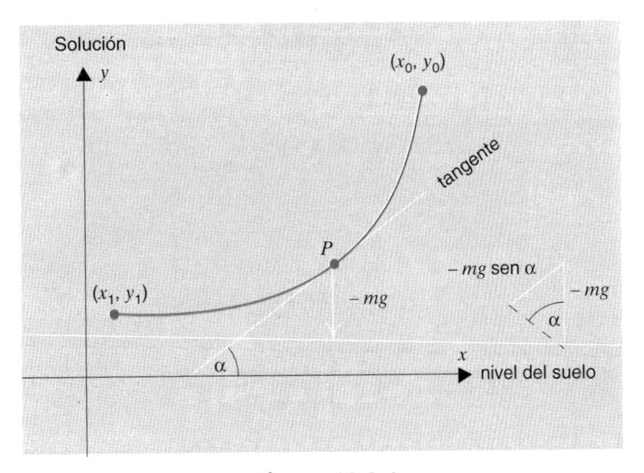


**Figura 10.9.4**

† Esto puede deducirse también a partir de consideraciones acerca de la energía. Ver el ejercicio 39.

La partícula está sometida a una fuerza vertical $-mg$ (una fuerza dirigida hacia abajo de magnitud $mg$). Dado que la partícula ha de permanecer en la curva, la fuerza que efectivamente actúa sobre la partícula es tangencial. El componente tangencial de la fuerza vertical es $-mg$ sen $\alpha$ (ver la figura 10.9.4). La velocidad de la partícula es $ds/dt$ y la aceleración tangencial es $d^2s/dt^2$ (es como si la partícula se estuviese moviendo a lo largo de la tangente). Luego por la relación de Newton $F = ma$, tenemos

$$m\frac{d^2s}{dt^2} = -mg \text{ sen } \alpha \underset{\text{por (10.9.5)}}{=} -mg\frac{dy}{ds}.$$

Luego podemos escribir

$$mg\frac{dy}{ds} + m\frac{d^2s}{dt^2} = 0$$

$$mg\frac{dy}{ds}\frac{ds}{dt} + m\frac{ds}{dt}\frac{d^2s}{dt^2} = 0 \qquad \left(\text{multiplicando por } \frac{ds}{dt}\right)$$

$$mg\frac{dy}{dt} + mv\frac{dv}{dt} = 0. \qquad \text{(regla de la cadena)}$$

Integrando respecto de $t$, tenemos

$$mgy + \tfrac{1}{2}mv^2 = C$$

como anunciábamos. ◻

## EJERCICIOS 10.9

Hallar la longitud de la gráfica y comparar con la distancia en línea recta entre los puntos extremos de la gráfica.

**1.** $f(x) = 2x + 3, \quad x \in [0, 1]$.

**2.** $f(x) = 3x + 2, \quad x \in [0, 1]$.

**3.** $f(x) = (x - \frac{4}{9})^{3/2}, \quad x \in [1, 4]$.

**4.** $f(x) = x^{3/2}, \quad x \in [0, 44]$.

**5.** $f(x) = \frac{1}{3}\sqrt{x}\,(x - 3), \quad x \in [0, 3]$.

**6.** $f(x) = \frac{2}{3}(x - 1)^{3/2}, \quad x \in [1, 2]$.

**7.** $f(x) = \frac{1}{3}(x^2 + 2)^{3/2}, \quad x \in [0, 1]$.

**8.** $f(x) = \frac{1}{3}(x^2 - 2)^{3/2}, \quad x \in [2, 4]$.

**9.** $f(x) = \frac{1}{4}x^2 - \frac{1}{2}\ln x, \quad x \in [1, 5]$.

**10.** $f(x) = \frac{1}{8}x^2 - \ln x, \quad x \in [1, 4]$.

**11.** $f(x) = \frac{3}{8}x^{3/4} - \frac{3}{4}x^{2/3}, \quad x \in [1, 8].$

**12.** $f(x) = \frac{1}{10}x^5 + \frac{1}{6}x^{-3}, \quad x \in [1, 2].$

**13.** $f(x) = \ln(\sec x), \quad x \in [0, \frac{1}{4}\pi].$

**14.** $f(x) = \frac{1}{2}x^2, \quad x \in [0, 1].$

**15.** $f(x) = \frac{1}{2}x\sqrt{x^2 - 1} - \frac{1}{2}\ln(x + \sqrt{x^2 - 1}), \quad x \in [1, 2].$

**16.** $f(x) = \cosh x, \quad x \in [0, \ln 2].$

**17.** $f(x) = \frac{1}{2}x\sqrt{3 - x^2} + \frac{3}{2}\operatorname{sen}^{-1}\left(\frac{1}{3}\sqrt{3}x\right), \quad x \in [0, 1].$

**18.** $f(x) = \ln(\operatorname{sen} x), \quad x \in [\frac{1}{6}\pi, \frac{1}{2}\pi].$

Las ecuaciones siguientes dan la posición de una partícula en cada uno de los instantes $t$ del intervalo precisado. Hallar la velocidad inicial de la partícula, su velocidad final y la distancia recorrida.

**19.** $x(t) = t^2, \quad y(t) = 2t$ desde $t = 0$ hasta $t = \sqrt{3}$.

**20.** $x(t) = t - 1, \quad y(t) = \frac{1}{2}t^2$ desde $t = 0$ hasta $t = 1$.

**21.** $x(t) = t^2, \quad y(t) = t^3$ desde $t = 0$ hasta $t = 1$.

**22.** $x(t) = a\cos^3 t, \quad y(t) = a\operatorname{sen}^3 t$ desde $t = 0$ hasta $t = \frac{1}{2}\pi$.

**23.** $x(t) = e^t \operatorname{sen} t, \quad y(t) = e^t \cos t$ desde $t = 0$ hasta $t = \pi$.

**24.** $x(t) = \cos t + t\operatorname{sen} t, \quad y(t) = \operatorname{sen} t - t\cos t$ desde $t = 0$ hasta $t = \pi$.

Hallar la longitud de la curva en polares.

**25.** $r = 1$ desde $\theta = 0$ hasta $\theta = 2\pi$.

**26.** $r = 3$ desde $\theta = 0$ hasta $\theta = \pi$.

**27.** $r = e^\theta$ desde $\theta = 0$ hasta $\theta = 4\pi$. (espiral logarítmica)

**28.** $r = ae^\theta$ desde $\theta = -2\pi$ hasta $\theta = 2\pi$.

**29.** $r = e^{2\theta}$ desde $\theta = 0$ hasta $\theta = 2\pi$.

**30.** $r = 1 + \cos\theta$ desde $\theta = 0$ hasta $\theta = 2\pi$.

**31.** $r = 1 - \cos\theta$ desde $\theta = 0$ hasta $\theta = \frac{1}{2}\pi$.

**32.** $r = 2a\sec\theta$ desde $\theta = 0$ hasta $\theta = \frac{1}{4}\pi$.

**33.** En el instante $t$ una partícula ocupa la posición

$$x(t) = 1 + \arctan t, \quad y(t) = 1 - \ln\sqrt{1 + t^2}.$$

Hallar la distancia total recorrida desde el instante $t = 0$ hasta el instante $t = 1$. Dar las velocidades inicial y final.

**34.** En el instante $t$ una partícula ocupa la posición

$$x(t) = 1 - \cos t, \quad y(t) = t - \operatorname{sen} t.$$

Hallar la distancia total recorrida desde el instante $t = 0$ hasta el instante $t = 2\pi$. Dar las velocidades inicial y final.

**35.** Hallar $c$ sabiendo que la longitud del arco de la curva $y = \ln x$ comprendido entre $x = 1$ y $x = e$ es igual a la longitud de la curva $y = e^x$ desde $x = 0$ hasta $x = c$.

**36.** Hallar la longitud de la curva $y = x^{2/3}$, $x \in [1, 8]$. SUGERENCIA: Trabajar con la curva simétrica $y = x^{3/2}$, $x \in [1, 4]$.

**37.** Demostrar que la función $f(x) = \cosh x$ tiene la siguiente propiedad: para todo intervalo $[a, b]$, la longitud de la gráfica es igual al área por debajo de la gráfica.

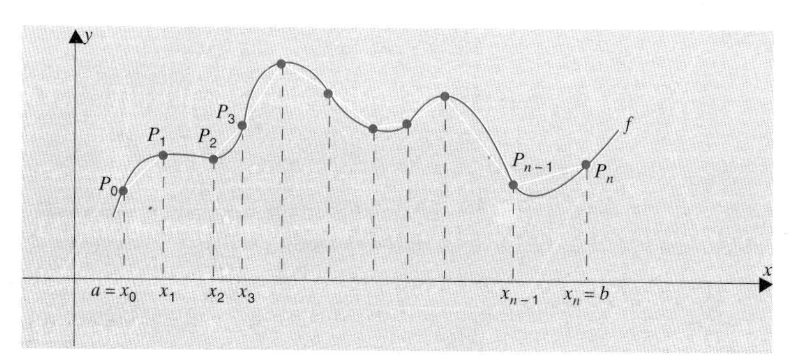


Figura 10.9.5

**38.** En la figura 10.9.5 hemos representado la gráfica de una función continuamente diferenciable desde $x = a$ hasta $x = b$ junto con una aproximación poligonal de la misma. Demostrar que la longitud de dicha aproximación poligonal puede escribirse como la siguiente suma de Riemann:

$$\sqrt{1 + [f'(x_1^*)]^2}\Delta x_1 + \sqrt{1 + [f'(x_2^*)]^2}\Delta x_2 + \ldots + \sqrt{1 + [f'(x_n^*)]^2}\Delta x_n.$$

Cuando $\|P\| = \max \Delta x_i$ tiende a 0, esta suma de Riemann tiende a

$$\int_a^b \sqrt{1 + [f'(x)]^2}\, dx.$$

**39.** Reconsiderar el problema 6, esta vez considerando la energía. (a) Comprobar que EPG + EC permanece constante. (b) Deducir la velocidad en el momento del impacto a partir considerando una ecuación de la energía.

**40.** La trayectoria del proyectil estudiado en el apartado "Trayectorias parabólicas" en la sección 9.3 viene dada en función del parámetro tiempo $t$ por las ecuaciones siguientes:

$$x(t) = (v_0 \cos \theta)t + x_0, \quad y(t) = -\tfrac{1}{2}gt^2 + (v_0 \cos \theta)t + y_0.$$

El proyectil acaba por hacer impacto en el suelo al nivel $y = 0$. Hallar su velocidad en el momento del impacto.

**41.** Supongamos que $f$ es continuamente diferenciable desde $x = a$ hasta $x = b$. Demostrar que

**(10.9.8)** longitud de la gráfica de $f = \int_a^b |\sec[\alpha(x)]|\, dx$ donde $\alpha(x)$ es la inclinación de la tangente en $(x, f(x))$.

**42.** Demostrar que una soga homogénea, flexible, inelástica que cuelga de dos puntos fijos, adopta la forma de una *catenaria*:

$$f(x) = a \cosh\left(\frac{x}{a}\right) = \frac{a}{2}\left(e^{x/a} + e^{-x/a}\right).$$

SUGERENCIA: Considere la figura 10.9.6. La parte de la soga que corresponde al intervalo $[0, x]$ está sometida a las siguientes fuerzas:

(1) su peso, que es proporcional a su longitud;
(2) una tensión horizontal en 0, $p(0)$;
(3) una tensión tangencial en $x$, $p(x)$.

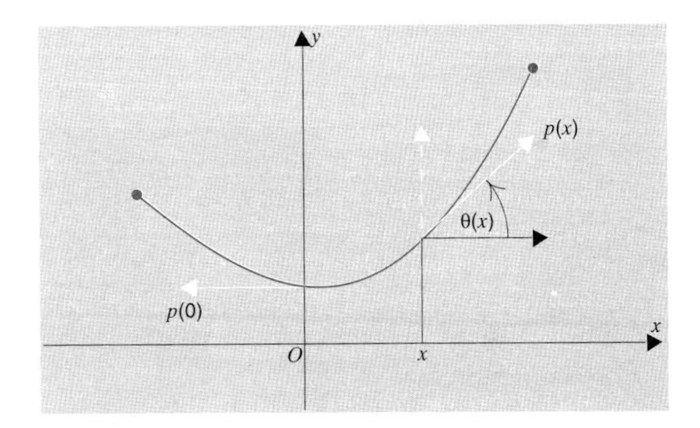


Figura 10.9.6

## 10.10 ÁREA DE UNA SUPERFICIE DE REVOLUCIÓN; CENTROIDE DE UNA CURVA; TEOREMA DE PAPPUS PARA EL ÁREA DE UNA SUPERFICIE

### Área de una superficie de revolución

En la figura 10.10.1 hemos representado un tronco de cono; uno de los radios está designado por la letra $r$, el otro por $R$, y la longitud del segmento de generatriz por $s$.

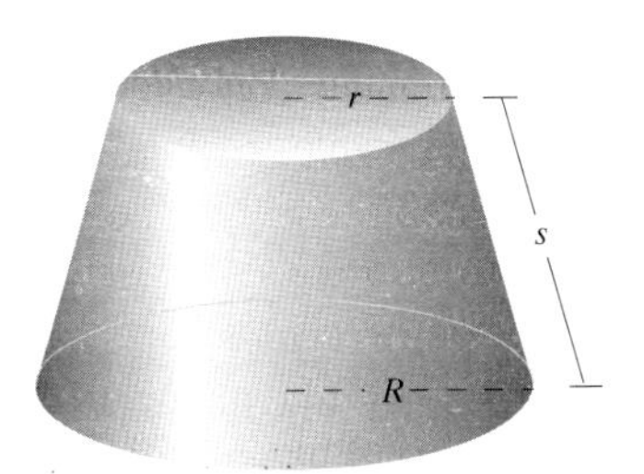


Figura 10.10.1

Un cálculo interesante, cuyo detalle dejamos para el lector, permite ver que la superficie lateral de este tronco de cono viene dada por la fórmula

**(10.10.1)**
$$A = \pi(r + R)s.$$
(Ejercicio 19)

Esta pequeña fórmula nos servirá para todo lo que sigue.

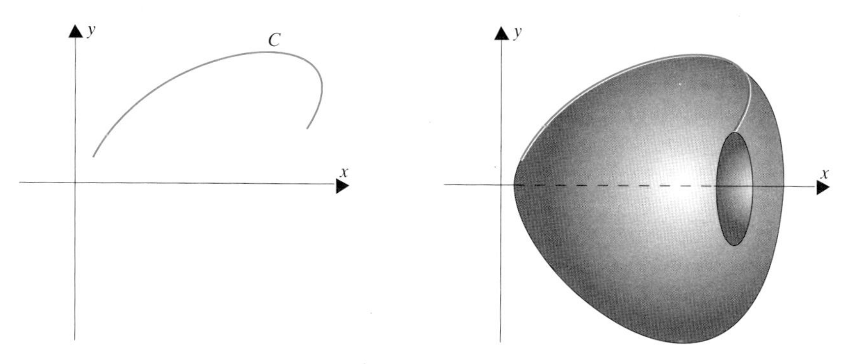


Figura 10.10.2

Sea $C$ una curva en el semiplano superior (figura 10.10.2). La curva sólo puede tener un número finito de puntos comunes con el eje $x$. Supondremos que $C$ está parametrizada por un par de funciones continuamente diferenciables

$$x = x(t), \quad y = y(t) \qquad t \in [c, d].$$

Además, supondremos que $C$ es *simple*: no existen dos valores de $t$ entre $c$ y $d$ que den lugar al mismo punto de $C$.

Si hacemos girar $C$ alrededor del eje $x$, obtenemos una superficie de revolución. El área de esta superficie viene dada por la fórmula

**(10.10.2)**
$$A = \int_c^d 2\pi\, y(t)\sqrt{[x'(t)]^2 + [y'(t)]^2}\, dt.$$

Trataremos de ver cómo se establece esta fórmula.

Cada partición $P = \{c = x_0 < x_1 < \ldots < x_n = d\}$ de $[c, d]$ da lugar a una aproximación poligonal de $C$ (figura 10.10.3), sea $C_P$. Si hacemos girar $C_P$ alrededor del eje $x$, obtenemos una superficie hecha de $n$ troncos de cono.

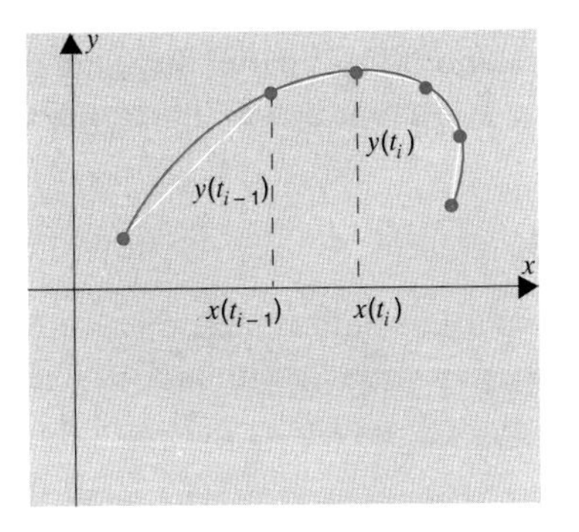


Figura 10.10.3

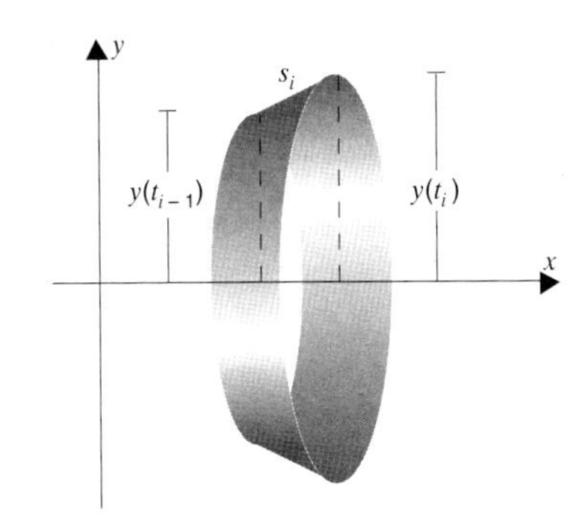


Figura 10.10.4

La longitud del segmento de generatriz del $i$-ésimo tronco de cono (figura 10.10.4) vale

$$s_i = \sqrt{[x(t_i) - x(t_{i-1})]^2 + [y(t_i) - y(t_{i-1})]^2}$$
$$= \sqrt{\left[\frac{x(t_i) - x(t_{i-1})}{t_i - t_{i-1}}\right]^2 + \left[\frac{y(t_i) - y(t_{i-1})}{t_i - t_{i-1}}\right]^2}\,(t_i - t_{i-1})$$

y el área lateral $\pi[y(t_{i-1}) - y(t_i)]s_i$ (ver la fórmula 10.10.1) puede escribirse

$$\pi[y(t_{i-1}) + y(t_i)]\sqrt{\left[\frac{x(t_i) - x(t_{i-1})}{t_i - t_{i-1}}\right]^2 + \left[\frac{y(t_i) - y(t_{i-1})}{t_i - t_{i-1}}\right]^2}\,(t_i - t_{i-1}).$$

Existen puntos $t_i^*, t_i^{**}, t_i^{***}$ en $[t_{i-1}, t_i]$ tales que

$$y(t_i) + y(t_{i-1}) = 2y(t_i^*), \qquad \frac{x(t_i) - x(t_{i-1})}{t_i - t_{i-1}} = x'(t_i^{**}), \qquad \frac{y(t_i) - y(t_{i-1})}{t_i - t_{i-1}} = y'(t_i^{***}).$$

teorema del valor intermedio — teorema del valor medio

Dado que $t_i - t_{i-1} = \Delta t_i$, podemos escribir el área lateral del $i$-ésimo cono como

$$2\pi\, y(t_i^*)\sqrt{[x'(t_i^{**})]^2 + [y'(t_i^{***})]^2}\,\Delta t_i.$$

El área engendrada al hacer girar $C_P$ es la suma de esos términos:

$$2\pi\, y(t_1^*)\sqrt{[x'(t_1^{**})]^2 + [y'(t_1^{***})]^2}\,\Delta t_1 + \ldots + 2\pi\, y(t_n^*)\sqrt{[x'(t_n^{**})]^2 + [y'(t_n^{***})]^2}\,\Delta t_n.$$

No es una suma de Riemann: no sabemos si $t_i^* = t_i^{**} = t_i^{***}$. Pero se parece mucho a una suma de Riemann. Suficientemente para que, cuando $\|P\| \to 0$, esta "casi" suma de Riemann tienda a la integral

$$\int_c^d 2\pi\, y(t)\sqrt{[x'(t)]^2 + [y'(t)]^2}\; dt.$$

El que esto sea así se deduce de un teorema que se ve en textos más avanzados y conocido como principio de Duhamel. No intentaremos entrar en más detalle. □

**Problema 1.** Establecer a partir de (10.10.2) una fórmula para la superficie de una esfera.

*Solución.* Podemos engendrar una esfera de radio $r$ haciendo girar el arco

$$x(t) = r\cos t, \quad y(t) = r \operatorname{sen} t \qquad t \in [0, \pi]$$

alrededor del eje $x$. La diferenciación nos da

$$x'(t) = -r \operatorname{sen} t, \quad y'(t) = r\cos t.$$

Por la fórmula 10.10.2

$$A = 2\pi\int_0^\pi r \operatorname{sen} t\sqrt{r^2(\operatorname{sen}^2 t + \cos^2 t)}\; dt$$

$$= 2\pi r^2 \int_0^\pi \operatorname{sen} t\; dt = 2\pi r^2\Big[-\cos t\Big]_0^\pi = 4\pi r^2. \quad □$$

**Problema 2.** Hallar el área de la superficie engendrada al hacer girar alrededor del eje $x$ la curva

$$y^2 - 2\ln y = 4x \qquad \text{desde } y = 1 \text{ hasta } y = 2.$$

*Solución.* Podemos representar la curva paramétricamente haciendo

$$x(t) = \tfrac{1}{4}(t^2 - 2\ln t), \quad y(t) = t \qquad t \in [1, 2].$$

Aquí

$$x'(t) = \tfrac{1}{2}(t - t^{-1}), \quad y'(t) = 1$$

y

$$[x'(t)]^2 + [y'(t)]^2 = [\tfrac{1}{2}(t + t^{-1})]^2. \qquad \text{(comprobarlo)}$$

Se deduce de ello que

$$A = \int_1^2 2\pi t\,[\tfrac{1}{2}(t + t^{-1})]\,dt = \int_1^2 \pi(t^2 + 1)dt = \pi\Big[\tfrac{1}{3}t^3 + t\Big]_1^2 = \tfrac{10}{3}\pi. \quad \square$$

Supongamos ahora que $f$ es una función no negativa, definida desde $x = a$ hasta $x = b$. Si $f'$ es continua, la gráfica de $f$ es una curva continuamente diferenciable en el semiplano superior. El área de la superficie engendrada al hacer girar dicha gráfica alrededor del eje $x$ viene dada por la fórmula

**(10.10.3)**

$$A = \int_a^b 2\pi f(x)\sqrt{1 + [f'(x)]^2}\,dx.$$

Esta se deduce fácilmente de (10.10.2). Sea

$$x = t, \quad y(t) = f(t) \qquad t \in [a,b].$$

Basta con aplicar (10.10.2) y sustituir luego la variable muda $t$ por $x$. $\square$

**Problema 3.** Hallar el área de la superficie engendrada al hacer girar alrededor del eje $x$ la gráfica de la función seno desde $x = 0$ hasta $x = \frac{1}{2}\pi$.

*Solución.* Haciendo $f(x) = \text{sen}\,x$, tenemos que $f'(x) = \cos x$ luego

$$A = \int_0^{\pi/2} 2\pi\,\text{sen}\,x\sqrt{1 + \cos^2 x}\,dx.$$

Para calcular esta integral, hacemos

$$u = \cos x, \qquad du = -\,\text{sen}\,x\,dx.$$

En $x = 0$, $u = 1$; en $x = \frac{1}{2}\pi$, $u = 0$. Luego

$$A = -2\pi\int_1^0 \sqrt{1 + u^2}\,du = 2\pi\int_0^1 \sqrt{1 + u^2}\,du$$

$$= 2\pi\Big[\tfrac{1}{2}u\sqrt{1 + u^2} + \tfrac{1}{2}\ln\,(u + \sqrt{1 + u^2})\Big]_0^1 \quad \text{por (8.5.1)}$$

$$= \pi[\sqrt{2} + \ln\,(1 + \sqrt{2})] \cong 2{,}3\pi. \quad \square$$

### Centroide de un curva

El centroide de una región plana $\Omega$ es el centro de masas de una hoja homogénea con la forma de $\Omega$. De manera análoga, el centroide de un sólido de revolución $T$

es el centro de masas de un sólido homogéneo con la forma de $T$. Sabemos todo esto por la sección 6.4.

¿Qué significado queremos dar a la noción de centroide de una curva plana? Exactamente el que cabría esperar. Por *centroide* de una curva plana $C$ queremos significar el centro de masas de una varilla homogénea que tenga la forma de $C$. Podemos calcular el centroide de una curva a partir de los principios siguientes, tomados de la física.

***Principio 1: Simetría*** Si una curva tiene un eje de simetría, el centroide $(\bar{x}, \bar{y})$ está en algún punto de dicho eje.

***Principio 2: Aditividad*** Si se parte una curva de longitud $L$ en un número finito de trozos de longitudes $\Delta s_1, \dots, \Delta s_n$ y centroides $(\bar{x}_1, \bar{y}_1), \dots, (\bar{x}_n, \bar{y}_n)$, entonces

$$xL = \bar{x}_1 \Delta s_1 + \dots + \bar{x}_n \Delta s_n \quad \text{y} \quad \bar{y}L = \bar{y}\,_1 \Delta s_1 + \dots + \bar{y}_n \Delta s_n.$$

En la figura 10.10.5 está representada una curva que parte de $A$ y acaba en $B$. Suponemos que la curva es continuamente diferenciable y que su longitud es $L$. Queremos una fórmula para el centroide $(\bar{x}, \bar{y})$.

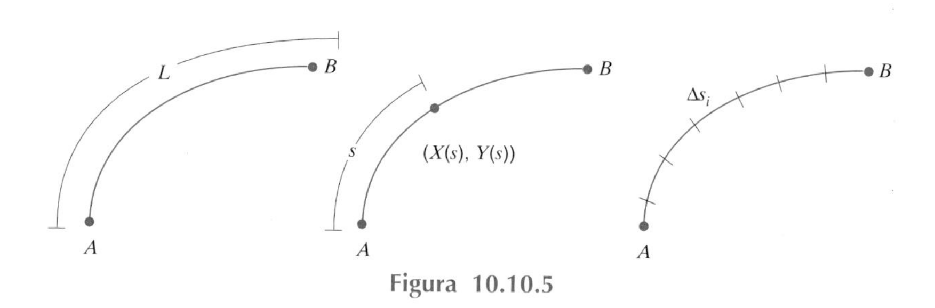


Figura 10.10.5

Sea $(X(s), Y(s))$ el punto en $C$ que está a una distancia curvilínea (sobre el arco) $s$ del punto inicial $A$. (A esto se le llama *parametrizar la curva C mediante longitud de arco*.) Una partición $P = \{0 = s_0 < s_1 < \dots < s_n = L\}$ de $[0, L]$ parte $C$ en $n$ pequeños trozos de longitudes $\Delta s_1, \dots, \Delta s_n$ cuyos centroides son $(\bar{x}_1, \bar{y}_1), \dots, (\bar{x}_n, \bar{y}_n)$. Por el principio 2, sabemos que

$$\bar{x}L = \bar{x}_1 \Delta s_1 + \dots + \bar{x}_n \Delta s_n \quad \text{e} \quad \bar{y}L = \bar{y}_1 \Delta s_1 + \dots + \bar{y}_n \Delta s_n.$$

Dado que $(\bar{x}_i, \bar{y}_i)$ está en el $i$-ésimo trozo, sabemos que existe $s_i^*$ en $[s_{i-1}, s_i]$ tal que $\bar{x}_i = X(s_i^*)$ y $s_i^{**}$ en $[s_{i-1}, s_i]$ tal que $\bar{y}_i = Y(s_i^{**})$. Luego podemos escribir

$$\bar{x}L = X(s_1^*)\,\Delta s_1 + \ldots + X(s_n^*)\,\Delta s_n, \qquad \bar{y}L = Y(s_1^{**})\,\Delta s_1 + \ldots + Y(s_n^{**})\,\Delta s_n.$$

Las sumas de la derecha son sumas de Riemann que convergen a un límite fácilmente reconocible: cuando $\|P\| \to 0$, tenemos

**(10.10.4)**
$$\bar{x}L = \int_0^L X(s)\,ds \quad \text{e} \quad \bar{y}L = \int_0^L Y(s)\,ds.$$

Estas fórmulas nos dan el centroide de una curva en función del parámetro longitud de arco. Sólo queda un paso para obtener fórmulas más fáciles de usar.

Supongamos que la curva $C$ viene dada paramétricamente por las funciones

$$x = x(t), \quad y = y(t) \qquad t \in [c,d]$$

donde $t$ es un parámetro arbitrario. Entonces

$$s(t) = \int_c^t \sqrt{[x'(u)]^2 + [y'(u)]^2}\,du, \qquad ds = s'(t)\,dt = \sqrt{[x'(t)]^2 + [y'(t)]^2}.$$

En $s = 0$, $t = c$; en $s = L$, $t = d$. Un cambio de variable en (10.10.4) de $s$ a $t$ nos da

$$\bar{x}L = \int_c^d X(s(t))s'(t)\,dt = \int_c^d X(s(t))\sqrt{[x'(t)]^2 + [y'(t)]^2}\,dt$$

e

$$\bar{y}L = \int_c^d Y(s(t))s'(t)\,dt = \int_c^d Y(s(t))\sqrt{[x'(t)]^2 + [y'(t)]^2}\,dt.$$

Un instante de reflexión permite ver que

$$X(s(t)) = x(t) \quad \text{e} \quad Y(s(t)) = y(t).$$

Luego podemos escribir

**(10.10.5)**
$$\bar{x}L = \int_c^d x(t)\sqrt{[x'(t)]^2 + [y'(t)]^2}\,dt,$$
$$\bar{y}L = \int_c^d y(t)\sqrt{[x'(t)]^2 + [y'(t)]^2}\,dt.$$

Éstas son las fórmulas para el centroide en su expresión más cómoda.

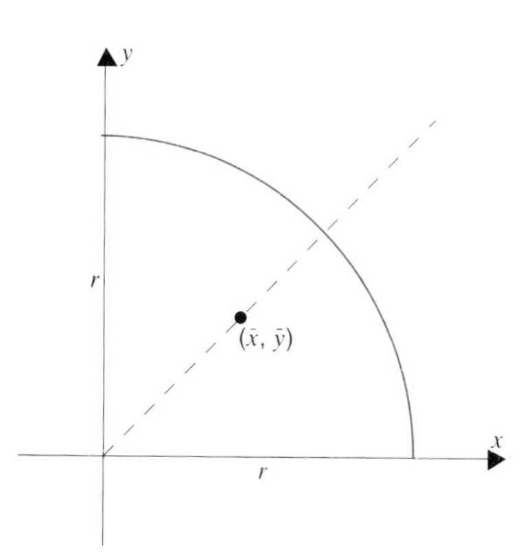


Figura 10.10.6

**Problema 4.** Hallar el centroide del cuarto de circunferencia representado en la figura 10.10.6.

*Solución.* Podemos parametrizar el cuarto de circunferencia haciendo

$$x(t) = r \cos t, \quad y(t) = r \operatorname{sen} t \qquad t \in [0, \pi/2].$$

Dado que la curva es simétrica respecto de la recta $x = y$, sabemos que $\bar{x} = \bar{y}$. Aquí $x'(t) = -r \operatorname{sen} t$ e $y'(t) = r \cos t$. Luego

$$\sqrt{[x'(t)]^2 + [y'(t)]^2} = \sqrt{r^2 \operatorname{sen}^2 t + r^2 \cos^2 t} = r.$$

Por (10.10.5)

$$\bar{y}L = \int_0^{\pi/2} (r \operatorname{sen} t) r \; dt = r^2 \int_0^{\pi/2} \operatorname{sen} t \; dt = r^2 \Big[ -\cos t \Big]_0^{\pi/2} = r^2.$$

Observe que $L = \pi r/2$. Luego $\bar{y} = r^2/L = 2r/\pi$. El centroide del cuarto de circunferencia es el punto $(2r/\pi, 2r/\pi)$. [Observe que este punto está más próximo a la curva que el centroide del cuarto de disco (problema 1, sección 6.4).] □

**Problema 5.** Hallar el centroide de la cardioide $r = a(1 - \cos \theta)$.

*Solución.* La curva (ver la figura 10.4.1) es simétrica respecto del eje $x$. Luego $\bar{y} = 0$.

Para hallar $\bar{x}$, parametrizamos la curva de la siguiente manera:

$$x(\theta) = r \cos \theta = a(1 - \cos \theta) \cos \theta,$$
$$y(\theta) = r \operatorname{sen} \theta = a(1 - \cos \theta) \operatorname{sen} \theta \qquad \theta \in [0, 2\pi].$$

Un cálculo sencillo permite ver que

$$[x'(\theta)]^2 + [y'(\theta)]^2 = 4a^2 \operatorname{sen}^2 \tfrac{1}{2}\theta.$$

Aplicando (10.10.5), tenemos

$$\bar{x}L = \int_0^{2\pi} [a(1 - \cos\theta)\cos\theta][2a \operatorname{sen} \tfrac{1}{2}\theta]\, d\theta = -\tfrac{32}{5}a^2.$$

comprobar esto

En el ejemplo 5 de la sección 10.9 hemos visto que $L = 8a$. De ahí que $\bar{x} = (-\frac{32}{5}a^2)/8a = -\frac{4}{5}a$. El centroide de la curva es el punto $(-\frac{4}{5}a, 0)$. □

Si $C$ es una curva de la forma

$$y = f(x), \qquad x \in [a, b],$$

la fórmula (10.10.5) nos da

**(10.10.6)**
$$\bar{x}L = \int_a^b x\sqrt{1 + [f'(x)]^2}\, dx, \qquad \bar{y}L = \int_a^b f(x)\sqrt{1 + [f'(x)]^2}\, dx.$$

Se dejan los detalles para el lector. □

### Teorema de Pappus para el área de una superficie

El mismo Pappus a quien debemos el magnífico teorema relativo a los volúmenes de los sólidos de revolución (teorema 6.4.4) también es el autor del siguiente, y no menos maravilloso, resultado acerca del área de una superficie:

**TEOREMA 10.10.7 TEOREMA DE PAPPUS PARA EL ÁREA DE UNA SUPERFICIE**

Se hace girar una curva plana alrededor de un eje situado en su mismo plano. La curva sólo tiene un número finito de puntos comunes con el eje. Si la curva no atraviesa el eje, el área de la superficie de revolución resultante es el producto de la longitud de la curva por la longitud de la circunferencia descrita por el centroide de la curva:

$$A = 2\pi\bar{R}L$$

donde $L$ es la longitud de la curva y $\bar{R}$ la distancia del eje al centroide de la curva.

Pappus no disponía de la herramienta del cálculo cuando tuvo esta inspiración: Realizó su trabajo 13 siglos antes del nacimiento de Newton o de Leibniz. Con las fórmulas que hemos desarrollado gracias al cálculo (es decir, gracias a Newton y a Leibniz) es fácil comprobar la validez del teorema de Pappus. Podemos considerar que el plano de la curva es el plano $xy$ y el eje de rotación, el eje $x$. Entonces $\overline{R} = \bar{y}$ y

$$A = \int_c^d 2\pi y(t)\sqrt{[x'(t)]^2 + [y'(t)]^2}\,dt$$
$$= 2\pi\int_c^d y(t)\sqrt{[x'(t)]^2 + [y'(t)]^2}\,dt = 2\pi\bar{y}L = 2\pi\overline{R}L. \qquad \square$$

## EJERCICIOS 10.10

Hallar la longitud de la curva, localizar su centroide y determinar el área de la superficie engendrada al girar la curva alrededor del eje $x$.

**1.** $f(x) = 4, \quad x \in [0, 1]$.

**2.** $f(x) = 2x, \quad x \in [0, 1]$.

**3.** $y = \frac{4}{3}x, \quad x \in [0, 3]$.

**4.** $-\frac{12}{5}x + 12, \quad x \in [0, 5]$.

**5.** $x(t) = 3t, \quad y(t) = 4t; \quad t \in [0, 2]$.

**6.** $r = 5, \quad \theta \in [0, \frac{1}{4}\pi]$.

**7.** $x(t) = 2\cos t, \quad y(t) = 2 \operatorname{sen} t; \quad t \in [0, \frac{1}{6}\pi]$.

**8.** $x(t) = \cos^3 t, \quad y(t) = \operatorname{sen}^3 t; \quad t \in [0, \frac{1}{2}\pi]$.

**9.** $x^2 + y^2 = a^2, \quad x \in [-\frac{1}{2}a, \frac{1}{2}a]$.

**10.** $r = 1 + \cos\theta, \quad \theta \in [0, \pi]$.

Hallar el área de la superficie engendrada al girar la curva alrededor del eje $x$.

**11.** $f(x) = \frac{1}{3}x^3, \quad x \in [0, 2]$.

**12.** $f(x) = \sqrt{x}, \quad x \in [1, 2]$.

**13.** $4y = x^3, \quad x \in [0, 1]$.

**14.** $y^2 = 9x, \quad x \in [0, 4]$.

**15.** $y = \cos x, \quad x \in [0, \frac{1}{2}\pi]$.

**16.** $f(x) = 2\sqrt{1 - x}, \quad x \in [-1, 0]$.

**17.** $r = e^{\theta}, \quad \theta \in [0, \frac{1}{2}\pi]$.

**18.** $y = \cosh x, \quad x \in [0, \ln 2]$.

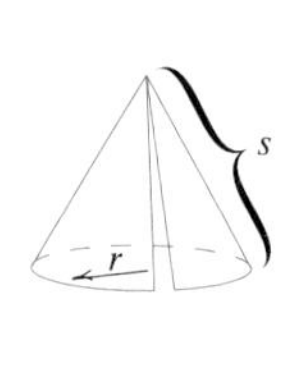


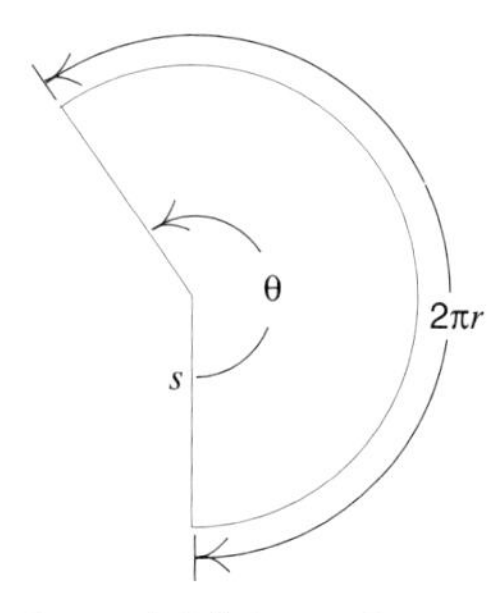


área = $\frac{1}{2}\theta s^2$, θ en radianes

Figura 10.10.7

**19.** Si un cono de radio de base $r$ y generatriz $s$ se corta a lo largo de una generatriz y se pone la superficie sobre un plano, podemos formar un sector circular de radio $s$ (ver figura 10.10.7). Usar esta idea para comprobar la fórmula 10.10.1.

**20.** En la figura 10.10.8 está representada un cuarto de anillo formado por dos cuartos de circunferencia. Sean $\Omega_a$ y $\Omega_r$ los dos cuartos de discos correspondientes. Sabemos, por la sección 6.4, que el centroide de $\Omega_a$ es $(4a/3\pi, 4a/3\pi)$ y el de $\Omega_r$, $(4r/3\pi, 4r/3\pi)$.

(a) Sin integración, calcular el centroide de la porción de anillo.

(b) A partir de la respuesta a la pregunta (a), hallar el centroide del arco exterior haciendo tender $a$ a $r$.

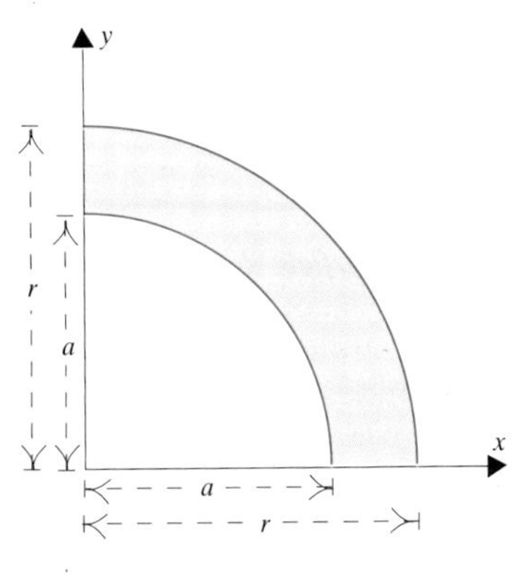

Figura 10.10.8

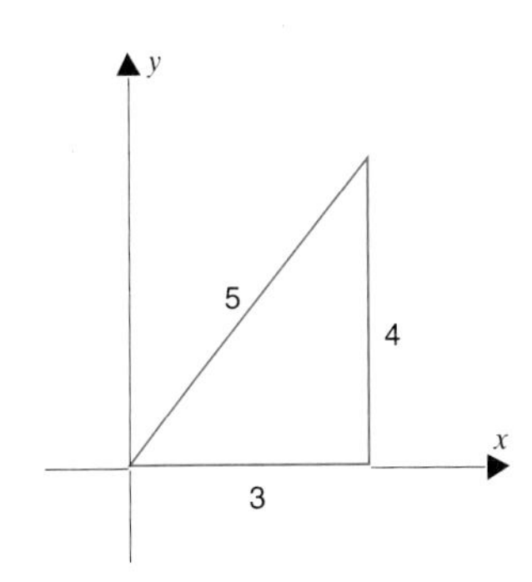

Figura 10.10.9

**21.** (a) Hallar el centroide de cada uno de los lados del triángulo de la figura 10.10.9.

(b) Utilizar el resultado de (a) para calcular el centroide del triángulo.

(c) ¿Cuál es el centroide de la región triangular?

(d) ¿Cuál es el centroide de la curva formada por los lados 4 y 5?

(e) Usar el teorema de Pappus para hallar el área de la superficie inclinada de un cono cuyo radio de base sea 4 y cuya altura sea 3.

(f) Usar el teorema de Pappus para hallar el área total del cono de la pregunta anterior (esta vez incluyendo la base).

**22.** Hallar el área de la superficie engendrada al hacer girar, alrededor del eje $x$, la curva

(a) $2x = y\sqrt{y^2-1} + \ln\left|y - \sqrt{y^2-1}\right|, \quad y \in [2, 5].$ (b) $6a^2xy = y^4 + 3a^4, \quad y \in [a, 3a].$

**23.** Usar el teorema de Pappus para hallar el área de la superficie del *toro* engendrado al hacer girar la circunferencia $x^2 + (y-b)^2 = a^2$. $(0 < a \leq b)$ alrededor del eje $x$.

**24.** (a) Hemos calculado la superficie de la esfera a partir de (10.10.2) y no de (10.10.3). ¿Podíamos haberlo hecho a partir de (10.10.3)? Explicar la respuesta.

(b) Comprobar que la fórmula 10.10.2, aplicada a

$$C: \quad x(t) = \cos t, \quad y(t) = r \qquad \text{con } t \in [0, 2\pi]$$

da $A = 8\pi r$. Observar que la superficie obtenida al hacer girar $C$ alrededor del eje $x$ es un cilindro de radio de base $r$ y altura 2, luego que $A$ debería valer $4\pi r$. ¿Qué ha fallado?

**25.** (*Una propiedad interesante de la esfera*) Consideremos dos planos paralelos situados a una distancia fija el uno del otro y una esfera de diámetro superior o igual a esta distancia que corta ambos planos. Demostrar que el área de la banda esférica entre los dos planos no depende del lugar donde se producen los cortes.

**26.** Localizar el centroide de un arco circular situado en el primer cuadrante

$$C: \quad x(t) = r\cos t, \quad y(t) = r\,\text{sen}\,t \qquad t \in [\theta_1, \theta_2].$$

**27.** Hallar la superficie del área del elipsoide obtenido al girar la elipse

$$\frac{x^2}{a^2} + \frac{y^2}{b^2} = 1 \qquad (0 < b < a)$$

(a) alrededor de su eje mayor. (b) alrededor de su eje menor.

***El centroide de una superficie de revolución*** Si una superficie de revolución está formada por un material homogéneo, al centro de masas de dicha superficie se le llama *centroide*. Para determinar el centroide de una superficie de forma arbitraria es preciso recurrir a la integración de superficies (Capítulo 18). Sin embargo, si se trata de una superficie de revolución, el centroide puede hallarse mediante la integración de funciones de una variable.

**28.** Sea $C$ una curva simple en el semiplano superior parametrizada por un par de funciones continuamente diferenciables

$$x = x(t), \quad y = y(t) \qquad t \in [c, d].$$

Al hacer girar $C$ alrededor del eje $x$, obtenemos una superficie de revolución cuya área designaremos por $A$. Por simetría, el centroide de la superficie está en el eje $x$. Luego el centroide está totalmente determinado por su abscisa $\bar{x}$. Demostrar que

**(10.10.8)**
$$\bar{x}A = \int_c^d 2\pi x(t)y(t)\sqrt{[x'(t)]^2 + [y'(t)]^2}\,dt$$

suponiendo el siguiente principio de aditividad: si se parte la superficie en $n$ superficies de revolución de áreas $A_1, \ldots, A_n$ y las abscisas de los centroides de las $n$ superficies son $\bar{x}_1, \ldots, \bar{x}_n$, entonces

$$\bar{x}A = \bar{x}_1A_1 + \ldots + \bar{x}_nA_n.$$

**29.** Localizar el centroide de un hemisferio de radio $r$.

**30.** Localizar el centroide de una superficie cónica de radio de base $r$ y altura $h$.

**31.** ¿Dónde está situado el centroide de la superficie lateral de un tronco de cono de altura $h$ y radios iguales a $r$ y $R$?

## *SUPLEMENTO A LA SECCIÓN 10.10. LA FUERZA GRAVITATORIA EJERCIDA POR UNA CAPA ESFÉRICA

(El material contenido en esta sección presupone cierta familiaridad con la sección *6.7).

**Problema 6.** Una capa esférica homogénea de radio $R$ y masa total $M$, atrae una partícula exterior a la misma hacia su centro. Esto está claro por consideraciones de simetría. Hallar la intensidad de la fuerza si la partícula tiene masa $m$ y está situada a una distancia $a$ del centro de la capa esférica.

*Solución*

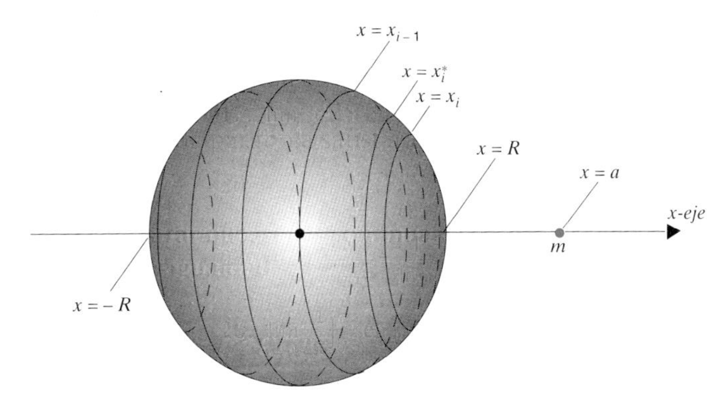


Figura 10.10.10

Como en la figura 10.10.10, situemos el centro de la esfera en $x = 0$ y la partícula en $x = a > 0$. Consideremos entonces una partición del intervalo $[-R, R]$ constituida por puntos equidistantes: $-R = x_0 < x_1 < \ldots < x_n = R$. Estos puntos descomponen la esfera en $n$ bandas esféricas de idéntica anchura. Las superficies de estas bandas son idénticas (ejercicio 25) luego sus masas son idénticas y valen $M_i = M/n$. Dado que $n\Delta x_n = 2R$, tenemos

$$M_i = (M/2R)\,\Delta x_i.$$

El efecto gravitatorio de la $i$-ésima banda es muy próximo al que produciría un alambre circular de misma masa $M_i$ centrada en $x = x_i^*$ donde $x_i^*$ es el punto medio de $[x_{i-1}, x_i]$. Como hemos visto en el ejercicio 3 de la sección *6.7, esta configuración de masa atrae $m$ a lo largo del eje $x$ con una fuerza de intensidad

$$F_i = \frac{GmM_ih_i}{(h_i^2 + R_i^2)^{3/2}} = \frac{GmM}{2R}\left[\frac{h_i}{(h_i^2 + R_i^2)^{3/2}}\right]\Delta x_i$$

donde $h_i$ es la distancia desde el centro del alambre a la masa $m$ y $R_i$ el radio del alambre. Dado que $h_i = a - x_i^*$ y que $R_i^2 = R^2 - (x_i^*)^2$, tenemos

$$h_i^2 + R_i^2 = (a - x_i^*)^2 + R^2 - (x_i^*)^2 = a^2 + R^2 - 2ax_i^*.$$

Se deduce de ello que

$$F_i = \frac{GmM}{2R}\left[\frac{a - x_i^*}{(a^2 + R^2 - 2ax_i^*)^{3/2}}\right]\Delta x_i.$$

Sumando estos términos

$$F = \frac{GmM}{2R}\left[\frac{a - x_i^*}{(a^2 + R^2 - 2ax_i^*)^{3/2}}\Delta x_1 + \ldots + \frac{a - x_n^*}{(a^2 + R^2 - 2ax_n^*)^{3/2}}\Delta x_n\right].$$

Cuando max $\Delta x_i \to 0$, la suma converge a una integral y tenemos

$$(*) \qquad F = \frac{GmM}{2R}\int_{-R}^{R} \frac{a - x}{(a^2 + R^2 - 2ax)^{3/2}}\, dx.$$

Se puede calcular la integral mediante integración por partes. Sea

$$u = a - x, \qquad dv = \frac{dx}{(a^2 + R^2 - 2ax)^{3/2}}$$

y (con un poco de perseverancia) se comprueba que

$$F = \frac{GmM}{a^2}.$$

*La capa esférica atrae la partícula como si toda su masa estuviese concentrada en su centro.*[†] □

La partícula del problema 6 estaba fuera de la esfera. Supongamos ahora que la partícula está dentro de la capa esférica. ¿Qué fuerza actúa entonces sobre la partícula? Respuesta: la fuerza es nula. Para verlo, hay que volver a la ecuación (*) y calcular la integral como anteriormente utilizando el hecho que $a < R$.

[†] Lo mismo sigue siendo verdad para una bola sólida homogénea. (Piense en la bola como si estuviera formada por un gran número de capas esféricas concéntricas.)

## *10.11 LA CICLOIDE

(En esta sección hemos intercalado los ejercicios con el texto.)

Considere una rueda (un rollo de cinta puede valer) y fije su vista en algún punto del borde. Llamemos $P$ a dicho punto. Ahora, hagamos girar la rueda lentamente, manteniendo la vista en el punto $P$. La trayectoria tipo salto de canguro que recorre $P$ se llama *cicloide*.

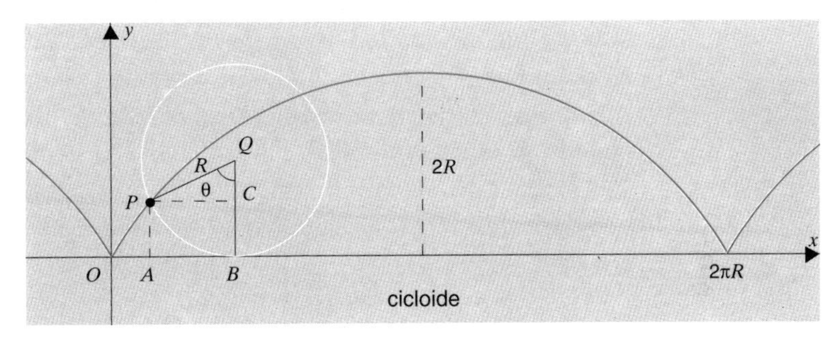


Figura 10.11.1

Para obtener una caracterización matemática de la cicloide, llamemos $R$ al radio de la rueda y coloquémosla en el eje $x$ de tal forma que el punto $P$ parta del origen. En la figura 10.11.1 se muestra $P$ después de haber girado $\theta$ radianes.

**1.** Demostrar que la cicloide puede parametrizarse mediante las funciones

$$\textbf{(10.11.1)} \qquad x(\theta) = R(\theta - \operatorname{sen}\theta), \quad y(\theta) = R(1 - \cos\theta).$$

SUGERENCIA: Longitud de $\overline{OB}$ = longitud de $\widehat{PB} = R\theta$.

**2.** Al final de cada arco, la cicloide llega a una cúspide. Comprobar que tanto $x'$ como $y'$ se anulan al final de cada arco.

**3.** Demostrar que la tangente a la cicloide en $P$ (a) pasa por el punto más alto de la circunferencia y (b) forma con el eje $x$ un ángulo de $\frac{1}{2}(\pi - \theta)$ radianes.

**4.** Expresar la cicloide desde $\theta = 0$ hasta $\theta = \pi$ por una ecuación en $x$ e $y$. (Esta ecuación es algo complicada y no es fácil trabajar con ella. Es mucho más fácil examinar las propiedades de la cicloide a partir de las ecuaciones paramétricas.)

**5.** Hallar la longitud de uno de los arcos de la cicloide (10.9.2).

**6.** Demostrar que el área debajo de un arco de la cicloide es igual a tres veces el área de la circunferencia en movimiento (10.6.4).

**7.** Localizar el centroide de la región situada debajo del primer arco de la cicloide (10.6.5).

**8.** Hallar el volumen del sólido engendrado al girar alrededor del eje $x$ la región debajo del primer arco de la cicloide (10.6.6).

**9.** Hallar el volumen del sólido engendrado al girar alrededor del eje $y$ la región debajo del primer arco de la cicloide (10.6.6).
**10.** Determinar el centroide del primer arco de la cicloide (10.10.5).
**11.** Hallar el área de la superficie engendrada al girar alrededor del eje $x$ un arco de la cicloide (10.10.2).

## La cicloide invertida

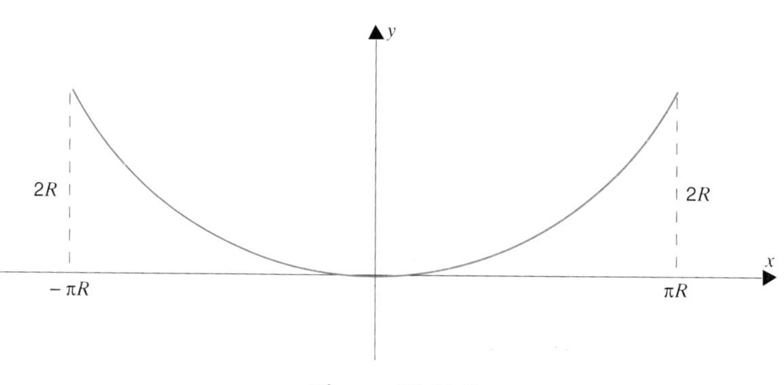


Figura 10.11.2

**12.** Demostrar que el arco de la cicloide invertida de la figura 10.11.2 puede parametrizarse haciendo

$$x = R(\phi + \text{sen}\ \phi), \quad y = R(1 - \cos\phi) \qquad \phi \in [-\pi, \pi].$$

Proceder de la siguiente manera:
(a) Tomar el simétrico del arco de la figura 10.11.1 respecto del eje $x$ y hallar una parametrización en función de $\theta$ para éste.
(b) Trasladar el arco de la parte (a) de tal forma que su punto inferior se quede en el eje $x$ y hallar la parametrización en función de $\theta$ para el arco así obtenido.
(c) Para obtener el arco de la figura 10.11.2, trasladar $\pi R$ unidades el arco de la parte (b). Escribir la parametrización en función de $\theta$ de este arco y luego hacer $\phi = \theta - \pi$.

**13.** Hallar la inclinación $\alpha$ de la tangente al arco invertido en el punto $(x(\phi), y(\phi))$.
**14.** Sea $s$ la distancia curvilínea desde el punto más bajo del arco invertido hasta el punto $(x(\phi), y(\phi))$ del mismo arco. Demostrar que $s = 4R\ \text{sen}\ \frac{1}{2}\phi = 4r\ \text{sen}\ \alpha$ donde $\alpha$ es la inclinación de la tangente en $(x(\phi), y(\phi))$.

## La tautocrona (o isocrona)

Imaginemos dos partículas (o dos perlas si se prefiere) que se deslizan sin fricción a lo largo del arco de una cicloide invertida (figura 10.11.3). Si en el mismo instante ambas partículas se sueltan desde posiciones distintas, ¿cuál de las dos llegará primero al punto más bajo?

Ninguna: llegarán ambas exactamente al mismo tiempo.[†] Al ser la única curva que tiene esta propiedad, el arco de la cicloide invertida también se conoce como *tautocrona* o *isocrona*.

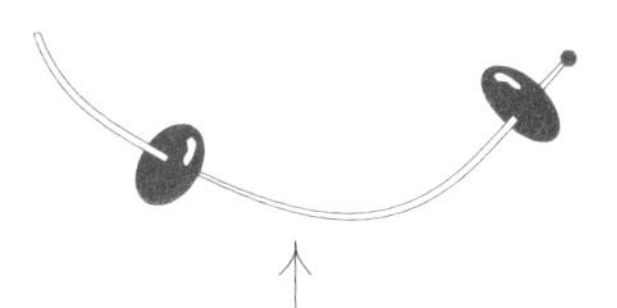

Figura 10.11.3

**15.** Comprobar que el arco de una cicloide invertida tiene la propiedad anteriormente mencionada procediendo de la siguiente manera:

(a) Demostrar que la fuerza gravitatoria efectiva sobre una partícula de masa $m$ es $-mg$ sen $\alpha$ donde $\alpha$ es la inclinación de la tangente a la posición de la partícula. Concluir entonces que

$$(*) \qquad \frac{d^2s}{dt^2} = -g \text{ sen } \alpha.$$

(b) Combinar (*) con el ejercicio 14 para demostrar que la partícula sigue un movimiento armónico simple de período

$$T = 4\pi\sqrt{R/g}.$$

(Luego, mientras que la amplitud del movimiento depende del punto en el que se suelta la partícula, su frecuencia no. Dos partículas que se sueltan simultáneamente desde posiciones diferentes de la curva alcanzarán el punto más bajo exactamente en el mismo instante: $T/4 = \pi\sqrt{R/g}$. )

## La braquistocrona

Consideremos una partícula que debe bajar a lo largo de una curva desde un punto $A$ hasta otro punto $B$ que no está directamente debajo de él (ver la figura 10.11.4). ¿Cuál debería de ser la forma de la curva para que la partícula se deslice desde $A$ hasta $B$ en el menor tiempo posible?

[†] Esto fue comprendido en 1673 por Christian Huygens, el inventor del reloj de péndulo. Al obligar a la lenteja de su péndulo a recorrer el arco de una cicloide invertida, Huyghens fue capaz de estabilizar la frecuencia de las oscilaciones del péndulo y, por consiguiente, de mejorar la precisión de su reloj.

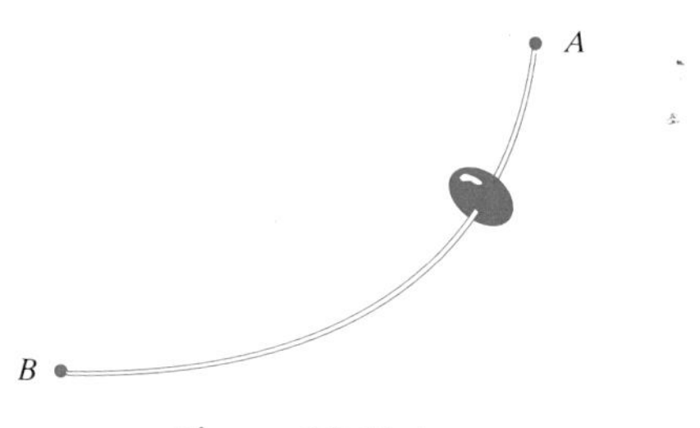


Figura 10.11.4

Esta cuestión fue formulada por primera vez por Johann Bernouilli y propuesta por él a la comunidad científica en 1696. El reto fue aceptado y en los meses siguientes la respuesta fue hallada —por el propio Bernouilli, por su hermano Jacob, por Newton, por Leibniz y por L'Hospital. ¿La respuesta? Un trozo de cicloide invertida. Por esta propiedad la cicloide invertida es conocida como *la curva del descenso más rápido* o *braquistocrona.*

Una demostración de esta propiedad de la cicloide invertida está fuera del alcance del lector. El argumento requiere una sofisticada variante del cálculo conocida como el *cálculo de variaciones*. Sin embargo, podemos comparar el tiempo necesario para deslizarse a lo largo de una cicloide con el que requiere una línea recta.

**16.** Hemos visto que una partícula se desliza a lo largo de un arco de cicloide invertida desde $(\pi R, 2R)$ hasta $(0, 0)$ en un tiempo $t = T/4 = \pi\sqrt{R/g}$. ¿Cuánto tiempo necesitaría para deslizarse a lo largo de una recta?

## 10.12 EJERCICIOS ADICIONALES

**1.** Dibujar la curva $r^2 = 4 \operatorname{sen} 2\theta$ y hallar el área que encierra.

**2.** Dibujar la curva $r = 2 + \operatorname{sen} \theta$ y hallar el área que encierra.

**3.** Dibujar la curva $r = 2 + \operatorname{sen} 3\theta$ y hallar el área que encierra.

**4.** Representar la región limitada por la curva $r = \sec \theta + \tan \theta$, el eje polar y el rayo $\theta = \frac{1}{4}\pi$. Hallar el área de la región.

Hallar la longitud de la curva.

**5.** $y^2 = x^3$ desde $x = 0$ hasta $x = \frac{5}{9}$ (rama superior).

**6.** $9y^2 = 4(1 + x^2)^3$ desde $x = 0$ hasta $x = 3$ (rama superior).

**7.** $ay^2 = x^3$ desde $x = 0$ hasta $x = 5a$ (rama superior).

**8.** $y = \ln(1 - x^2)$ desde $x = 0$ hasta $x = \frac{1}{2}$.

**9.** $r = 2(1 + \cos \theta)^{-1}$ desde $\theta = 0$ hasta $\theta = \frac{1}{2}\pi$.

**10.** $x(t) = \cos t$, $y(t) = \operatorname{sen}^2 t$ desde $t = 0$ hasta $t = \pi$.

**11.** $r = a \operatorname{sen}^3 \frac{1}{3}\theta$ desde $\theta = 0$ hasta $\theta = 3\pi$.

**12.** Un objeto se mueve en un plano de tal forma que $dx/dt$ y $d^2y/dt^2$ permanezcan constantes distintos de cero. Identificar la trayectoria del objeto.

Hallar el área de la superficie engendrada al hacer girar la curva alrededor del eje $x$.

**13.** $y^2 = 2px$ desde $x = 0$ hasta $x = 4p$.

**14.** $y^2 = 4x$ desde $x = 0$ hasta $x = 24$.

**15.** $6a^2xy = x^4 + 3a^4$ desde $x = a$ hasta $x = 2a$.

**16.** $3x^2 + 4y^2 = 3a^2$.

**17.** $x(t) = \frac{2}{3}t^{3/2}$, $y(t) = t \quad t \in [3, 8]$.

**18.** Demostrar que si $f$ es continuamente diferenciable en $[a, b]$ y si $f'$ no se anula nunca, se verifica que

$$\text{longitud de la gráfica de } f^{-1} = \text{longitud de la gráfica de } f.$$

**19.** Localizar el centroide de la catenaria $y = a \cosh(x/a)$, $x \in [-a, a]$.

Los ejercicios 20-23 conciernen la *astroide*: la curva

$$x^{2/3} + y^{2/3} = r^{2/3}. \qquad (r > 0)$$

**20.** Dibujar la astroide y demostrar que la curva puede parametrizarse haciendo

$$x(\theta) = r\cos^3\theta, \quad y(\theta) = r \operatorname{sen}^3\theta \qquad \theta \in [0, 2\pi].$$

**21.** Hallar la longitud de la astroide.

**22.** Localizar el centroide la parte de la astroide situada en el primer cuadrante.

**23.** Hallar el área encerrada por la astroide. SUGERENCIA: Parametrizar la mitad superior de manera a poder aplicar (10.6.4).

**24.** Una partícula parte en el instante $t = 0$ del punto $(4, 2)$ y se desplaza hasta el instante $t = 1$ de tal forma que $x'(t) = x(t)$ e $y'(t) = 2y(t)$. Hallar la velocidad inicial $v_0$, la velocidad final $v_1$ y la distancia recorrida $s$.

**25.** Localizar el centroide de la cardioide $r = a(1 - \cos\theta)$, $a > 0$.

**26.** Una partícula se mueve desde el instante $t = 0$ hasta el instante $t = 1$ de tal forma que

$$x(t) = 4t - \operatorname{sen}\pi t, \quad y(t) = 4t + \cos\pi t.$$

(a) ¿Cuándo tiene la partícula velocidad mínima? ¿Y máxima?

(b) ¿Cuál es el área debajo de la trayectoria?

(c) ¿Cuál es la pendiente de la tangente en el punto $\left(1 - \frac{1}{2}\sqrt{2}, 1 + \frac{1}{2}\sqrt{2}\right)$?

(Los demás ejercicios suponen cierta familiaridad con las cuestiones tratadas en la sección *10.11.1.)

**27.** (*La trocoide*) Volvamos a la rueda de radio $R$ de la figura 10.11.1. Tomemos un punto $S$ entre $P$ y $Q$ (un punto a lo largo del radio $\overline{PQ}$). Cuando la rueda se hace rodar a lo largo del eje $x$, el punto $S$ describe una curva. Esta curva se llama *trocoide*. En la figura 10.12.1 hemos representado la posición de $S$ después de un giro de $\theta$ radianes.

(a) Parametrizar la trocoide en función de $\theta$, tomando $b$ como longitud de $\overline{QS}$.

(b) Dibujar la figura que muestra la trayectoria seguida por un punto $T$ que esté fuera de la rueda en línea con $P$ y $Q$.

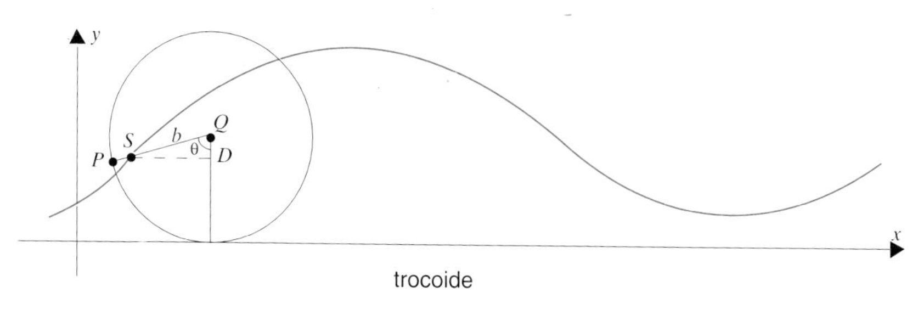


Figura 10.12.1

**28.** (*La epicicloide y la hipocicloide*) En la figura 10.12.2 hemos representado la curva que describe un punto $P$ de una circunferencia de radio $a$ cuando ésta gira rodando alrededor de otra circunferencia de radio $R$. Una curva de este tipo se llama *epicicloide*. En la figura 10.12.3 se puede ver la trayectoria de $P$ si la circunferencia gira rodando por dentro de la otra circunferencia. Una curva de este tipo se llama *hipocicloide*.

(a) Parametrizar la epicicloide de la figura 10.12.2 en función del ángulo $\theta$ formado por el semieje de los $x$ positivos y la recta que pasa por los centros de ambas circunferencias.

(b) Dibujar la epicicloide en el caso $a = R$ e identificar esta curva conocida.

(c) Parametrizar la hipocicloide de la figura 10.12.3 en función del ángulo $\theta$ formado por el semieje de los $x$ positivos y la recta que pasa por los centros de ambas circunferencias.

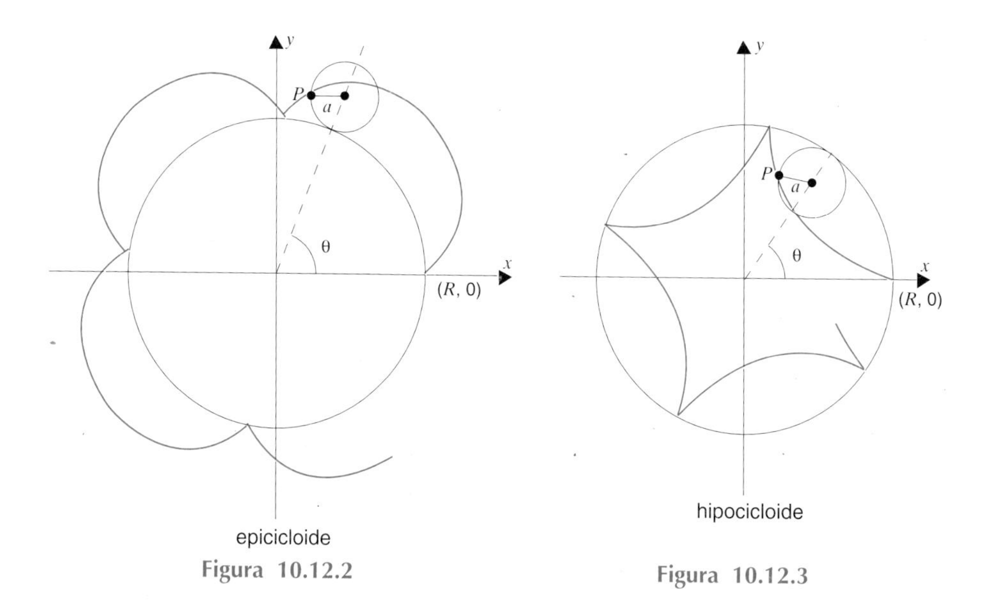


Figura 10.12.2

Figura 10.12.3

## RESUMEN DEL CAPÍTULO

### 10.1 Coordenadas polares

relación entre las coordenadas rectangulares $(x, y)$ y las coordenadas polares $[r, \theta]$:

$$x = r\cos\theta, \quad y = r\,\text{sen}\,\theta \qquad \tan\theta = \frac{y}{x}, \qquad x^2 + y^2 = r^2.$$

### 10.2 Trazado de gráficas en coordenadas polares

cardioides (p. 646) rectas (p. 647) circunferencias (p. 648)
caracoles (p. 648) espirales (p. 649) lemniscatas (p. 648)
curvas de pétalos (p. 649)

### *10.3 Secciones cónicas en coordenadas polares

$$r = \frac{ed}{1 + e\cos\theta}$$

| | |
|---|---|
| elipse | $0 < e < 1$ |
| parábola | $e = 1$ |
| hipérbola | $e > 1$ |

### 10.4 Intersección de curvas en polares

Si pensamos que cada una de las dos ecuaciones nos da la posición de un objeto en el instante $\theta$, la solución simultánea de las dos ecuaciones nos da los puntos en los cuales los objetos colisionan. Para identificar los puntos en los cuales las dos curvas se cortan sin que los objetos colisionen, suele ser necesario pasar a coordenadas rectangulares.

### 10.5 Área en coordenadas polares

Sean $\rho_1$ y $\rho_2$ dos funciones continuas, positivas, definidas en un intervalo cerrado $[\alpha, \beta]$ de longitud inferior o igual a $2\pi$. Si $\rho_1(\theta) \le \rho_2(\theta)$ para todo $\theta$ en $[\alpha, \beta]$, el área de la región comprendida entre las dos curvas en polares $r = \rho_1(\theta)$ y $r = \rho_2(\theta)$ viene dada por la fórmula

$$A = \int_\alpha^\beta \tfrac{1}{2}([\rho_2(\theta)]^2 - [\rho_1(\theta)]^2)\, d\theta.$$

### 10.6 Curvas dadas paramétricamente

Sean $x = x(t)$, $y = y(t)$ un par de funciones diferenciables en el interior de un intervalo $I$. En los extremos de $I$, (si los tiene) sólo es preciso tener continuidad. Para cada $t$ en $I$ podemos interpretar $(x(t), y(t))$ como el punto de abscisa $x(t)$ y ordenada $y(t)$. Entonces, cuando $t$ recorre $I$, el punto $(x(t), y(t))$ describe una trayectoria en el plano $xy$. Llamaremos *curva parametrizada* una trayectoria de este tipo y $t$ será el *parámetro*.

línea: $x(t) = x_0 + t(x_1 - x_0), \quad y(t) = y_0 + t(y_1 - y_0) \qquad t$ real

circunsferencia: $x(t) = a\cos t, \quad y(t) = a\,\text{sen}\,t \qquad t \in [0, 2\pi]$

elipse: $x(t) = a\cos t, \quad y(t) = b\,\text{sen}\,t \qquad t \in [0, 2\pi]$

## 10.7 Tangentes a curvas dadas paramétricamente

tangente en $(x_0, y_0)$: $y'(t_0)[x - x_0] - x'(t_0)[y - y_0] = 0$
suponiendo que $[x'(t_0)]^2 + [y'(t_0)]^2 \neq 0$.

## 10.8 El axioma del supremo

cota superior, acotado superiormente, supremo (p. 683)
axioma del supremo (p. 683)
cota inferior, acotado inferiormente, ínfimo (p. 685)

## 10.9 Longitud de un arco y velocidad

caminos poligonales (p. 689) definición de la longitud de un arco (p. 689)
significado de $dx/ds$, $dy/ds$ (p. 692)

longitud de una curva parametrizada: $L = \int_a^b \sqrt{[x'(t)]^2 + [y'(t)]^2}\, dt$

longitud de una gráfica: $L = \int_a^b \sqrt{1 + [f'(x)]^2}\, dx$

velocidad a lo largo de una curva parametrizada por el tiempo $t$: $v(t) = \sqrt{[x'(t)]^2 + [y'(t)]^2}$

## 10.10 Área de una superficie de revolución; centroide de una curva; teorema de Pappus para el área de una superficie

rotación de la curva alrededor del eje $x$: $A = \int_c^d 2\pi y(t)\sqrt{[x'(t)]^2 + [y'(t)]^2}\, dt$

rotación de una gráfica alrededor del eje $x$: $A = \int_a^b 2\pi f(x)\sqrt{1 + [f'(x)]^2}\, dx$

parametrización de una curva mediante la longitud de arco (p. 705)
principios para hallar el centroide de una curva plana (p. 704)

centroide de una curva plana: $\bar{x}L = \int_c^d x(t)\sqrt{[x'(t)]^2 + [y'(t)]^2}\, dt$,

$\bar{y}L = \int_c^d y(t)\sqrt{[x'(t)]^2 + [y'(t)]^2}\, dt$

teorema de Pappus para el área de una superficie: $A = 2\pi \bar{R} L$
*fuerza gravitatoria ejercida por una capa esférica (p. 711)

## *10.11 La cicloide

cicloide (p. 713) tautocrona (p. 714) braquistocrona (p. 715)

## 10.12 Ejercicios adicionales

astroide (p. 717) *trocoide (p. 717)
*epicicloide (p. 718) *hipocicloide (p. 718)

11

# Sucesiones; formas indeterminadas; integrales impropias

## 11.1 SUCESIONES DE NÚMEROS REALES

Hasta ahora hemos centrado nuestra atención en funciones definidas en un intervalo o en una unión de intervalos. Vamos a estudiar ahora las funciones definidas en el conjunto de los enteros naturales.

**DEFINICIÓN 11.1.1**

Llamaremos *sucesión de números reales* a toda función definida en el conjunto de los enteros positivos y con valores reales.

Las funciones definidas en el conjunto de los enteros positivos haciendo

$$a(n) = n^2, \quad b(n) = \frac{n}{n+1}, \quad c(n) = \sqrt{\ln n}, \quad d(n) = \frac{e^n}{n}$$

son todas sucesiones de números reales.

Las nociones que hemos desarrollado para las funciones, en general, se aplican al caso de las sucesiones. Por ejemplo, diremos que una sucesión está acotada (acotada superiormente, acotada inferiormente) si y sólo si su imagen está acotada (acotada superiormente, acotada inferiormente). Si $a$ y $b$ son sucesiones, sus combinaciones lineales y sus productos también son sucesiones:

$$(\alpha a + \beta b)(n) = \alpha a(n) + \beta b(n) \qquad \text{y} \qquad (ab)(n) = a(n) \cdot b(n).$$

Si la sucesión $b$ no toma el valor 0, la recíproca $1/b$ es una sucesión, lo mismo que $a/b$:

$$\frac{1}{b}(n) = \frac{1}{b(n)} \qquad \text{y} \qquad \frac{a}{b}(n) = \frac{a(n)}{b(n)}.$$

El número $a(n)$, llamado el *$n$-ésimo término de la sucesión $a$*, se suele escribir $a_n$ y la sucesión se escribe

$$\{a_1, a_2, a_3, \dots\}$$

o, más simplemente,

$$\{a_n\}.$$

Por ejemplo, la sucesión de los recíprocos definida haciendo

$$a_n = 1/n \qquad \text{para todo } n$$

puede escribirse

$$\{1, \tfrac{1}{2}, \tfrac{1}{3}, \dots\} \qquad \text{o} \qquad \{1/n\}.$$

La sucesión definida por

$$a_n = 10^{1/n} \qquad \text{para todo } n$$

puede escribirse

$$\{10, 10^{1/2}, 10^{1/3}, \dots\} \qquad \text{o} \qquad \{10^{1/n}\}.$$

Con esta notación, podemos escribir

$$\alpha\{a_n\} + \beta\{b_n\} = \{\alpha a_n + \beta b_n\}, \qquad \{a_n\}\{b_n\} = \{a_n b_n\}$$

y, suponiendo que ninguno de los $b_n$ se anula,

$$\frac{1}{\{b_n\}} = \{1/b_n\} \qquad \text{y} \qquad \frac{\{a_n\}}{\{b_n\}} = \{a_n/b_n\}.$$

Los siguientes asertos servirán para ilustrar la nueva notación.

(1) La sucesión $\{1/2^n\}$ multiplicada por 5 es la sucesión $\{5/2^n\}$:

$$5\{1/2^n\} = \{5/2^n\}.$$

También podemos escribir

$$5\{\tfrac{1}{2}, \tfrac{1}{4}, \tfrac{1}{8}, \tfrac{1}{16}, \ldots\} = \{\tfrac{5}{2}, \tfrac{5}{4}, \tfrac{5}{8}, \tfrac{5}{16}, \ldots\}.$$

(2) La sucesión $\{n\}$ más la sucesión $\{1/n\}$ es la sucesión $\{n + 1/n\}$:

$$\{n\} + \{1/n\} = \{n + 1/n\}.$$

en forma desarrollada

$$\{1, 2, 3, \ldots\} + \{1, \tfrac{1}{2}, \tfrac{1}{3}, \ldots\} = \{2, 2\tfrac{1}{2}, 3\tfrac{1}{3}, \ldots\}.$$

(3) La sucesión $\{n\}$ multiplicada por la sucesión $\{\sqrt{n}\}$ es la sucesión $\{n\sqrt{n}\}$ :

$$\{n\}\{\sqrt{n}\} = \{n\sqrt{n}\};$$

la sucesión $\{2^n\}$ dividida por la sucesión $\{n\}$ es la sucesión $\{2^n/n\}$:

$$\frac{\{2^n\}}{\{n\}} = \{2^n/n\}.$$

(4) La sucesión $\{1/n\}$ está acotada inferiormente por 0 y superiormente por 1:

$$0 \leq 1/n \leq 1 \qquad \text{para todo } n.$$

(5) La sucesión $\{2^n\}$ esta acotada inferiormente por 2:

$$2 \leq 2^n \qquad \text{para todo } n.$$

No está acotada superiormente: no existe ningún número $M$ que verifique

$$2^n \leq M \qquad \text{para todo } n.$$

(6) La sucesión $a_n = (-1)^n 2^n$ puede escribirse

$$\{-2, 4, -8, 16, -32, 64, \ldots\}.$$

No está acotada ni superior ni inferiormente. □

**DEFINICIÓN**

Diremos que una sucesión $\{a_n\}$ es

| | | | | |
|---|---|---|---|---|
| (i) | *creciente* | sii | $a_n < a_{n+1}$ | para todo entero positivo $n$, |
| (ii) | *no decreciente* | sii | $a_n \leq a_{n+1}$ | para todo entero positivo $n$, |
| (iii) | *decreciente* | sii | $a_n > a_{n+1}$ | para todo entero positivo $n$, |
| (iv) | *no creciente* | sii | $a_n \geq a_{n+1}$ | para todo entero positivo $n$. |

Si se verifica alguna de estas propiedades, diremos que la sucesión es *monótona*.

Las sucesiones

$$\{1, \tfrac{1}{2}, \tfrac{1}{3}, \ldots\}, \qquad \{2, 4, 8, 16, \ldots\}, \qquad \{2, 2, 4, 4, 8, 8, 16, 16, \ldots\}$$

son todas monótonas, pero la sucesión

$$\{1, \tfrac{1}{2}, 1, \tfrac{1}{3}, 1, \tfrac{1}{4}, \ldots\}$$

no lo es.

Los ejemplos siguientes son menos triviales.

**Ejemplo 1.** La sucesión

$$a_n = \frac{n}{n+1}$$

es creciente. Está acotada inferiormente por $\frac{1}{2}$ y superiormente por 1.

Demostración. Dado que

$$\frac{a_{n+1}}{a_n} = \frac{n+1}{n+2} \cdot \frac{n+1}{n} = \frac{n^2+2n+1}{n^2+2n} > 1,$$

tenemos $a_n<a_{n+1}$. Esto confirma el que la sucesión sea creciente. Dado que la sucesión puede escribirse

$$\{\tfrac{1}{2}, \tfrac{2}{3}, \tfrac{3}{4}, \tfrac{4}{5}, \tfrac{5}{6}, \ldots\},$$

las cotas son obvias. □

**Ejemplo 2.** La sucesión

$$a_n = \frac{2^n}{n!}$$

es no creciente. Decrece para $n \geq 2$.

Demostración. Los dos primeros términos son idénticos

$$a_1 = \frac{2^1}{1!} = 2 = \frac{2^2}{2!} = a_2.$$

Para $n \geq 2$ la sucesión decrece:

$$\frac{a_{n+1}}{a_n} = \frac{2^{n+1}}{(n+1)!} \cdot \frac{n!}{2^n} = \frac{2}{n+1} < 1 \qquad \text{si } n \geq 2. \quad \square$$

**Ejemplo 3.** Si $|c| > 1$, la sucesión

$$a_n = |c|^n$$

crece sin tener ninguna cota.

Demostración. Supongamos que $|c| > 1$. Entonces

$$\frac{a_{n+1}}{a_n} = \frac{|c|^{n+1}}{|c|^n} = |c| > 1.$$

Esto demuestra que la sucesión es creciente. Para demostrar que no está acotada, tomemos un número positivo arbitrario $M$ y demostremos que existe un entero positivo $k$ para el cual

$$|c|^k \geq M.$$

Un $k$ apropiado debe verificar

$$k \geq \frac{\ln M}{\ln |c|},$$

luego

$$k \ln |c| \geq \ln M, \qquad \ln |c|^k \geq \ln M, \qquad \text{luego} \qquad |c|^k \geq M. \quad \square$$

Dado que las sucesiones están definidas en el conjunto de los enteros positivos y no en un intervalo, no se les puede aplicar directamente los métodos del cálculo. Afortunadamente, a menudo es posible rodear esta dificultad considerando inicialmente, en lugar de la sucesión misma, una función de una variable real $x$ que coincide con la sucesión dada en todos los enteros positivos $n$.

**Ejemplo 4.** La sucesión

$$a_n = \frac{n}{e^n}$$

decrece. Está acotada superiormente por $1/e$ e inferiormente por 0.

Demostración. Vamos a trabajar con la función

$$f(x) = \frac{x}{e^x}.$$

La diferenciación nos da

$$f'(x) = \frac{e^x - xe^x}{e^{2x}} = \frac{1-x}{e^x}.$$

Dado que $f'(x)$ vale 0 en $x = 1$ y es negativa para $x > 1$, $f$ decrece en $[1, \infty)$. Evidentemente, esto implica que la sucesión $a_n = n/e^n$ decrece.

Dado que la sucesión decrece, su primer término $a_1 = 1/e$ es el mayor de sus términos. Luego, con toda seguridad, $1/e$ es una cota superior. Dado que todos los términos de la sucesión son positivos, 0 es una cota inferior. □

**Ejemplo 5.** La sucesión

$$a_n = n^{1/n}$$

decrece para $n \geq 3$.

Demostración. Podríamos comparar directamente $a_n$ y $a_{n+1}$, pero es más fácil considerar la función

$$f(x) = x^{1/x}$$

Dado que

$$f(x) = e^{(1/x)\ln x},$$

tenemos

$$f'(x) = e^{(1/x)\ln x}\frac{d}{dx}\left(\frac{1}{x}\ln x\right) = x^{1/x}\left(\frac{1-\ln x}{x^2}\right).$$

Para $x > e$, $f'(x) < 0$. Esto demuestra que $f$ decrece en $[e, \infty)$. Dado que $3 > e$, $f$ decrece en $[3, \infty)$. De ello se deduce que $\{a_n\}$ decrece para $n \geq 3$. □

**Observación**. Hemos de ser cuidadosos cuando examinamos una función de una variable real $x$ para analizar el comportamiento de una sucesión. La función $y = f(x)$ y la sucesión $y_n = f(n)$ pueden tener comportamientos distintos. Por ejemplo la sucesión

$$f(n) = \frac{1}{n - 11{,}5}$$

está acotada (por 2 y – 2) mientras que la función

$$f(x) = \frac{1}{x - 11{,}5}$$

no lo está. De la misma manera, la sucesión $f(n) = \text{sen}\, n\pi$ es idénticamente nula luego monótona mientras que la función $f(x) = \text{sen}\, \pi x$ no es monótona. □

## EJERCICIOS 11.1

Determinar si las siguientes sucesiones son acotadas o monótonas.

**1.** $\dfrac{2}{n}$.

**2.** $\dfrac{(-1)^n}{n}$.

**3.** $\sqrt{n}$.

**4.** $(1{,}001)^n$.

**5.** $\dfrac{n + (-1)^n}{n}$.

**6.** $\dfrac{n-1}{n}$.

**7.** $(0{,}9)^n$.

**8.** $\sqrt{n^2+1}$.

**9.** $\dfrac{n^2}{n+1}$.

**10.** $\dfrac{2^n}{4^n+1}$.

**11.** $\dfrac{4n}{\sqrt{4n^2+1}}$.

**12.** $\dfrac{n+1}{n^2}$.

**13.** $\dfrac{4^n}{2^n + 100}$. **14.** $\dfrac{n^2}{\sqrt{n^3 + 1}}$. **15.** $\dfrac{10^{10}\sqrt{n}}{n + 1}$. **16.** $\dfrac{n^2 + 1}{3n + 2}$.

**17.** $\ln\left(\dfrac{2n}{n + 1}\right)$. **18.** $\dfrac{n + 2}{3^{10}\sqrt{n}}$. **19.** $\dfrac{(n + 1)^2}{n^2}$. **20.** $(-1)^n\sqrt{n}$.

**21.** $\sqrt{4 - \dfrac{1}{n}}$. **22.** $\ln\left(\dfrac{n + 1}{n}\right)$. **23.** $(-1)^{2n+1}\sqrt{n}$. **24.** $\dfrac{\sqrt{n + 1}}{\sqrt{n}}$.

**25.** $\dfrac{2^n - 1}{2^n}$. **26.** $\dfrac{1}{2n} - \dfrac{1}{2n + 3}$. **27.** $\operatorname{sen} \dfrac{\pi}{n + 1}$. **28.** $(-\frac{1}{2})^n$.

**29.** $(1{,}2)^{-n}$. **30.** $\dfrac{n + 3}{\ln (n + 3)}$. **31.** $\dfrac{1}{n} - \dfrac{1}{n + 1}$. **32.** $\cos n\pi$.

**33.** $\dfrac{\ln (n + 2)}{n + 2}$. **34.** $\dfrac{(-2)^n}{n^{10}}$. **35.** $\dfrac{3^n}{(n + 1)^2}$. **36.** $\dfrac{1 - (\frac{1}{2})^n}{(\frac{1}{2})^n}$.

**37.** Demostrar que la sucesión $\{5^n/n!\}$ decrece para $n \geq 5$. ¿Es la secuencia no creciente?

**38.** Sea $M$ un entero positivo. Demostrar que $\{M^n/n!\}$ decrece para $n \geq M$.

**39.** Demostrar que, si $0 < c < d$, la sucesión

$$a_n = (c^n + d^n)^{1/n}$$

está acotada y es monótona.

**40.** Demostrar que el producto y las combinaciones lineales de sucesiones acotadas están acotadas.

Se dice que una sucesión $\{a_n\}$ está definida con *recurrencia* si para un $k \geq 1$, los términos $a_1, a_2, \ldots, a_k$ están dados y para $n \geq k$, $a_n$ se expresa como una función de $a_1, a_2, \ldots, a_{n-1}$. La fórmula que da $a_n$ en función de alguno (o todos) sus predecesores se llama *relación de recurrencia.* Escribir los seis primeros términos de la sucesión y dar el término general.

**41.** $a_1 = 1; \quad a_{n+1} = \dfrac{1}{n + 1}a_n$. **42.** $a_1 = 1; \quad a_{n+1} = a_n + 3n(n + 1) + 1$.

**43.** $a_1 = 1; \quad a_{n+1} = \frac{1}{2}(a_n + 1)$. **44.** $a_1 = 1; \quad a_{n+1} = \frac{1}{2}a_n + 1$.

**45.** $a_1 = 1; \quad a_{n+1} = a_n + 2$. **46.** $a_1 = 1; \quad a_{n+1} = \dfrac{n}{n + 1}a_n$.

**47.** $a_1 = 1; \quad a_{n+1} = 3a_n + 1$. **48.** $a_1 = 1; \quad a_{n+1} = 4a_n + 3$.

**49.** $a_1 = 1; \quad a_{n+1} = a_n + 2n + 1$. **50.** $a_1 = 1; \quad a_{n+1} = 2a_n + 1$.

**51.** $a_1 = 1, a_2 = 3; \quad a_{n+1} = a_n + \ldots + a_1$. **52.** $a_1 = 3; \quad a_{n+1} = 4 - a_n$.

**53.** $a_1 = 2, a_2 = 1, a_3 = 2; \quad a_{n+1} = 6 - (a_n + a_{n-1} + a_{n-2})$.

**54.** $a_1 = 1, a_2 = 2; \quad a_{n+1} = 2a_n - a_{n-1}$.

**55.** $a_1 = 1, a_2 = 3; \quad a_{n+1} = 2a_n - a_{n-1}$. **56.** $a_1 = 1, a_2 = 3; \quad a_{n+1} = 3a_n - 2n - 1$.

Usar la inducción matemática para demostrar los siguientes asertos para todo $n \geq 1$.

**57.** Si $a_1 = 1$ y $a_{n+1} = 2a_n + 1$, entonces $a_n = 2^n - 1$.

**58.** Si $a_1 = 3$ y $a_{n+1} = a_n + 5$, entonces $a_n = 5n - 2$.

**59.** Si $a_1 = 1$ y $a_{n+1} = \dfrac{n+1}{2n} a_n$, entonces $a_n = \dfrac{n}{2^{n-1}}$.

**60.** Si $a_1 = 1$ y $a_{n+1} = a_n - \dfrac{1}{n(n+1)}$, entonces $a_n = \dfrac{1}{n}$.

---

## 11.2 LÍMITE DE UNA SUCESIÓN

El significado de

$$\lim_{x \to c} f(x) = l$$

es que podemos hacer $f(x)$ tan próximo como deseemos al número $l$, simplemente exigiendo que $x$ sea suficientemente próximo a $c$. El significado de

$$\lim_{n \to \infty} a_n = l$$

(léase "el límite de $a_n$ cuando $n$ tiende al infinito es $l$") es que podemos hacer $a_n$ tan próximo como deseemos al número $l$ simplemente exigiendo que $n$ sea suficientemente grande.

**DEFINICIÓN 11.2.1 EL LÍMITE**

$$\lim_{n \to \infty} a_n = l \quad \text{si} \quad \begin{cases} \text{para todo } \epsilon > 0 \text{ existe un entero } k < 0 \text{ tal que} \\ \quad \text{si } n \geq k, \qquad \text{entonces } |-a_n - l| < \epsilon. \end{cases}$$

**Ejemplo 1.**

$$\lim_{n \to \infty} \frac{1}{n} = 0.$$

Demostración. Sea $\epsilon > 0$ y elijamos un entero $k > 1/\epsilon$. Entonces, $1/k < \epsilon$, y, para $n \geq k$,

$$0 < \frac{1}{n} \leq \frac{1}{k} < \epsilon \qquad \text{luego} \qquad \left|\frac{1}{n} - 0\right| < \epsilon. \qquad \square$$

**Ejemplo 2.**

$$\lim_{n\to\infty} \frac{2n-1}{n} = 2.$$

Demostración. Sea $\epsilon > 0$. Tenemos que demostrar que existe un entero $k$ tal que

$$\left|\frac{2n-1}{n} - 2\right| < \epsilon \qquad \text{para todo } n \geq k.$$

Dado que

$$\left|\frac{2n-1}{n} - 2\right| = \left|\frac{2n-1-2n}{n}\right| = \left|-\frac{1}{n}\right| = \frac{1}{n},$$

De nuevo tenemos que tomar $k > 1/\epsilon$. □

El ejemplo siguiente justifica el escribir

$$\tfrac{1}{3} = 0{,}333\ldots\,.$$

**Ejemplo 3.** Las fracciones decimales

$$a_n = 0{,}\overbrace{33\ldots\,3}^{n}$$

tienden a $\frac{1}{3}$ como un límite:

$$\lim_{n\to\infty} a_n = \tfrac{1}{3}.$$

Demostración. Sea $\epsilon > 0$. En primer lugar

$$(1) \qquad \left|a_n - \frac{1}{3}\right| = \left|0{,}\overbrace{33\ldots\,3}^{n} - \frac{1}{3}\right| = \left|\frac{0{,}\overbrace{99\ldots\,9}^{n} - 1}{3}\right| = \frac{1}{3}\cdot\frac{1}{10^n} < \frac{1}{10^n}.$$

Tomemos ahora $k$ tal que $1/10^k < \epsilon$. Si $n \geq k$, tendremos por (1)

$$\left|a_n - \frac{1}{3}\right| < \frac{1}{10^n} \leq \frac{1}{10^k} < \epsilon. \quad \square$$

### Teoremas sobre límites

El proceso de paso al límite para las sucesiones es tan similar al proceso de paso al límite que ya hemos estudiado que el lector comprobará que está en condiciones de demostrar la mayor parte de los teoremas sobre límites por sí mismo. En cualquier caso, es bueno que el lector intente construir sus propias demostraciones comparándolas con las del texto sólo en caso de necesidad.

**TEOREMA 11.2.2 UNICIDAD DEL LÍMITE**

$$\text{Si} \quad \lim_{n\to\infty} a_n = l \quad \text{y} \quad \lim_{n\to\infty} a_n = m, \quad \text{entonces} \quad l = m.$$

En el suplemento situado al final de esta sección se da una demostración de este resultado, similar a la demostración del teorema 2.3.1.

**DEFINICIÓN 11.2.3**

De una sucesión que tiene límite diremos que es *convergente*. Si no tiene límite diremos que es *divergente*.

En lugar de escribir

$$\lim_{n\to\infty} a_n = l,$$

a menudo escribimos

$$a_n \to l \qquad \text{(léase "}a_n\text{ converge a } l\text{")}$$

o, menos escuetamente

$$a_n \to l \quad \text{cuando} \quad n \to \infty.$$

**TEOREMA 11.2.4**

Toda sucesión convergente está acotada.

Demostración. Supongamos que $a_n \to l$ y tomemos cualquier número positivo: 1, por ejemplo. Usando 1 como $\epsilon$, se puede ver que debe existir un $k$ tal que

$$|a_n - l| < 1 \qquad \text{para todo } n \geq k.$$

Esto significa que

$$|a_n| < 1 + |l| \qquad \text{para todo } n \geq k$$

luego, consecuentemente,

$$|a_n| \leq \max \{|a_1|, |a_2|, \ldots, |a_{k-1}|, 1 + |l|\} \qquad \text{para todo } n.$$

Esto demuestra que $\{a_n\}$ está acotada. □

Dado que toda sucesión convergente está acotada, una sucesión que no esté acotada no puede ser convergente; es decir

**(11.2.5)** toda sucesión no acotada es divergente.

Ninguna de las sucesiones

$$a_n = \tfrac{1}{2}n, \qquad b_n = \frac{n^2}{n+1}, \qquad c_n = n \ln n$$

está acotada. Por lo tanto todas ellas son divergentes.

El hecho de estar acotada no implica la convergencia. Como contraejemplo consideremos la sucesión oscilante

$$\{1, 0, 1, 0, \ldots\}.$$

Esta sucesión es ciertamente acotada (superiormente por 1 e inferiormente por 0), pero, obviamente, no converge: el límite tendría que estar arbitrariamente próximo a 1 a la vez que a 0.

La acotación junto con la monotonía implica la convergencia.

**TEOREMA 11.2.6**

Una sucesión acotada y no decreciente converge al supremo de su imagen; una sucesión acotada no creciente converge al mínimo de su imagen.

Demostración. Supongamos que $\{a_n\}$ es acotada y no decreciente. Si $l$ es el supremo de su imagen, se verifica

$$a_n \leq l \qquad \text{para todo } n.$$

Sea ahora $\epsilon$ un número positivo arbitrario. Por el teorema 10.8.2 existe un $a_k$ tal que

$$l - \epsilon < a_k.$$

Dado que la sucesión es no decreciente

$$a_k \leq a_n \qquad \text{para todo } n \geq k.$$

De ello se deduce que

$$l - \epsilon < a_n \leq l \qquad \text{para todo } n \geq k.$$

Esto demuestra que

$$|a_n - l| < \epsilon \qquad \text{para todo } n \geq k$$

lo cual demuestra que

$$a_n \to l.$$

El caso no creciente puede ser tratado de manera análoga. □

**Ejemplo 4.** Consideremos la sucesión

$$\{(3^n + 4^n)^{1/n}\}.$$

Dado que

$$3 = (3^n)^{1/n} < (3^n + 4^n)^{1/n} < (2 \cdot 4^n)^{1/n} = 2^{1/n} \cdot 4 \leq 8,$$

la sucesión es acotada. Observe que

$$\begin{aligned}(3^n + 4^n)^{(n+1)/n} &= (3^n + 4^n)^{1/n}(3^n + 4^n)\\ &= (3^n + 4^n)^{1/n}3^n + (3^n + 4^n)^{1/n}4^n\\ &> (3^n)^{1/n}3^n + (4^n)^{1/n}4^n = 3 \cdot 3^n + 4 \cdot 4^n = 3^{n+1} + 4^{n+1}.\end{aligned}$$

Tomando la raíz $(n + 1)$-ésima de ambos extremos, hallamos que

$$(3^n + 4^n)^{1/n} > (3^{n+1} + 4^{n+1})^{1/(n+1)}.$$

La sucesión es decreciente. Al ser acotada debe de ser convergente (más adelante se pedirá demostrar que el límite es 4). □

**TEOREMA 11.2.7**

Sea $\alpha$ un número real. Si $a_n \to l$ y $b_n \to m$, se verifica que

$$\text{(i) } a_n + b_n \to l + m, \qquad \text{(ii) } \alpha a_n \to \alpha l, \qquad \text{(iii) } a_n b_n \to lm.$$

Si además $m \neq 0$ y $b_n$ no se anula nunca,

$$\text{(iv) } \frac{1}{b_n} \to \frac{1}{m} \quad \text{y} \quad \text{(v) } \frac{a_n}{b_n} \to \frac{l}{m}.$$

Las demostraciones de las partes (i) y (ii) se dejan como ejercicios. Para las demostraciones de las partes (iii)-(v) ver el suplemento al final de esta sección.

Estamos ahora en condición de tratar el caso de una sucesión racional.

$$a_n = \frac{\alpha_k n^k + \alpha_{k-1} n^{k-1} + \ldots + \alpha_0}{\beta_j n^j + \beta_{j-1} n^{j-1} + \ldots + \beta_0}. \quad \square$$

Para determinar el comportamiento de una sucesión de este tipo, basta dividir el numerador y el denominador por la mayor potencia de $n$ que aparezca en la expresión.

**Ejemplo 5.**

$$\frac{3n^4 - 2n^2 + 1}{n^5 - 3n^3} = \frac{3/n - 2/n^3 + 1/n^5}{1 - 3/n^2} \to \frac{0}{1} = 0. \quad \square$$

**Ejemplo 6.**

$$\frac{1 - 4n^7}{n^7 + 12n} = \frac{1/n^7 - 4}{1 + 12/n^6} \to \frac{-4}{1} = -4. \quad \square$$

**Ejemplo 7.**

$$\frac{n^4 - 3n^2 + n + 2}{n^3 + 7n} = \frac{1 - 3/n^2 + 1/n^3 + 2/n^4}{1/n + 7/n^3}.$$

Dado que el numerador tiende a 1 mientras que el denominador tiende a 0, la sucesión no puede ser acotada. Luego no puede ser convergente. $\square$

**TEOREMA 11.2.8**

$$a_n \to l \qquad \text{sii} \qquad a_n - l \to 0 \qquad \text{sii} \qquad |a_n - l| \to 0.$$

Se deja la demostración para el lector.

**TEOREMA 11.2.9 TEOREMA DE LA SUCESIÓN INTERMEDIA**

Supongamos que para $n$ suficientemente grande

$$a_n \leq b_n \leq c_n.$$

Si $a_n \to l$ y $c_n \to l$, entonces $b_n \to l$.

De nuevo dejamos la demostración para el lector.

Como consecuencia inmediata y evidente del teorema de la sucesión intermedia tenemos el siguiente corolario.

**(11.2.10)** Supongamos que para todo $n$ suficientemente grande

$$|b_n| \leq |c_n|.$$

Si $|c_n| \to 0$, entonces $|b_n| \to 0$.

**Ejemplo 8.**

$$\frac{\cos n}{n} \to 0 \qquad \text{dado que} \qquad \left|\frac{\cos n}{n}\right| \leq \frac{1}{n} \qquad \text{y} \qquad \frac{1}{n} \to 0. \qquad \square$$

**Ejemplo 9.**

$$\sqrt{4 + \left(\frac{1}{n}\right)^2} \to 2$$

dado que

$$2 \leq \sqrt{4 + \left(\frac{1}{n}\right)^2} \leq \sqrt{4 + 4\left(\frac{1}{n}\right) + \left(\frac{1}{n}\right)^2} = 2 + \frac{1}{n} \quad \text{y} \quad 2 + \frac{1}{n} \to 2. \qquad \square$$

**Ejemplo 10.**

**(11.2.11)**

$$\lim_{n \to \infty} \left(1 + \frac{1}{n}\right)^n = e.$$

Demostración. Ya hemos visto que

$$\left(1 + \frac{1}{n}\right)^n \leq e \leq \left(1 + \frac{1}{n}\right)^{n+1}. \qquad \text{(Teorema 7.5.9)}$$

Dividiendo la desigualdad de la derecha por $1 + 1/n$, tenemos

$$\frac{e}{1 + 1/n} \leq \left(1 + \frac{1}{n}\right)^n.$$

Combinando esto con la desigualdad de la izquierda, podemos escribir

$$\frac{e}{1 + 1/n} \leq \left(1 + \frac{1}{n}\right)^n \leq e.$$

Dado que

$$\frac{e}{1 + 1/n} \to \frac{e}{1} = e,$$

podemos concluir a partir del teorema de la sucesión intermedia que

$$\left(1 + \frac{1}{n}\right)^n \to e. \qquad \square$$

Las sucesiones

$$\{\cos \frac{\pi}{n}\}, \quad \left\{\ln\left(\frac{n}{n+1}\right)\right\}, \quad \{e^{1/n}\}, \quad \left\{\tan\left(\sqrt{\frac{\pi^2 n^2 - 8}{16n^2}}\right)\right\}$$

son todas de la forma $\{fc_n\}$ con $f$ función continua. En general estas sucesiones son fáciles de tratar. La idea básica es la siguiente: cuando se aplica una función continua a una sucesión convergente, se obtiene una sucesión convergente. Más precisamente, tenemos el siguiente teorema.

**TEOREMA 11.2.12**

Supongamos que

$$c_n \to c$$

y que, para cada $n$, $c_n$ esté en el dominio de $f$. Si $f$ es continua en $c$, se verifica que

$$f(c_n) \to f(c).$$

Demostración. Supongamos que $f$ es continua en $c$ y tomemos $\epsilon > 0$. En virtud de dicha continuidad sabemos que existe $\delta > 0$ tal que

$$\text{si } |x - c| < \delta, \qquad \text{entonces } |f(x) - f(c)| < \epsilon.$$

Dado que $c_n \to$ c, sabemos que existe un entero positivo $k$ tal que

$$\text{si } n \geq k, \qquad \text{entonces } |c_n - c| < \delta.$$

De ahí que

$$\text{si } n \geq k, \qquad \text{entonces } |f(c_n) - f(c)| < \epsilon. \quad \square$$

**Ejemplo 11.** Dado que $\pi/n \to 0$ y que la función coseno es continua en 0,

$$\cos\ (\pi/n) \to \cos 0 = 1. \quad \square$$

**Ejemplo 12.** Dado que

$$\frac{n}{n+1} = \frac{1}{1 + 1/n} \to 1$$

y que la función logaritmo es continua en 1,

$$\ln\left(\frac{n}{n+1}\right) \to \ln 1 = 0. \quad \square$$

**Ejemplo 13.** Dado que $1/n \to 0$ y que la función exponencial es continua en 0,

$$e^{1/n} \to e^0 = 1. \quad \square$$

**Ejemplo 14.** Dado que

$$\frac{\pi^2 n^2 - 8}{16n^2} = \frac{\pi^2 - 8/n^2}{16} \to \frac{\pi^2}{16}$$

y que la función $f(x) = \tan\sqrt{x}$ es continua en $\pi^2/16$,

$$\tan\left(\sqrt{\frac{\pi^2 n^2 - 8}{16n^2}}\right) \to \tan\left(\sqrt{\frac{\pi^2}{16}}\right) = \tan\frac{\pi}{4} = 1. \quad \square$$

**Ejemplo 15.** Dado que

$$\frac{2n+1}{n} + \left(5 - \frac{1}{n^2}\right) \to 7$$

y que la función raíz cuadrada es continua en 7,

$$\sqrt{\frac{2n+1}{n} + \left(5 - \frac{1}{n^2}\right)} \to \sqrt{7}. \quad \square$$

**Ejemplo 16.** Dado que la función valor absoluto es continua en todas partes,

$$a_n \to l \qquad \text{implica que} \qquad |a_n| \to |l|. \quad \square$$

**Observación.** Hasta ahora hemos pedido al lector que admita dos resultados fundamentales de la teoría de la integración: el que las funciones continuas tienen integrales definidas y que éstas pueden expresarse como límites de sumas de Riemann. No podíamos dar una demostración de estos asertos al no disponer de las herramientas necesarias. Ahora ya podemos. Las demostraciones se encuentran en el Apéndice B. $\square$

## EJERCICIOS 11.2

Decir si la sucesión converge o no y, en caso afirmativo, hallar su límite.

**1.** $2^n$. **2.** $\frac{2}{n}$. **3.** $\frac{(-1)^n}{n}$. **4.** $\sqrt{n}$.

**5.** $\dfrac{n-1}{n}$. **6.** $\dfrac{n+(-1)^n}{n}$ **7.** $\dfrac{n+1}{n^2}$. **8.** sen $\dfrac{\pi}{2n}$.

**9.** $\dfrac{2^n}{4^n+1}$. **10.** $\dfrac{n^2}{n+1}$. **11.** $(-1)^n\sqrt{n}$. **12.** $\dfrac{4n}{\sqrt{n^2+1}}$.

**13.** $(-\frac{1}{2})^n$. **14.** $\dfrac{4^n}{2^n+10^6}$. **15.** $\tan\dfrac{n\pi}{4n+1}$. **16.** $\dfrac{10^{10}\sqrt{n}}{n+1}$.

**17.** $\dfrac{(2n+1)^2}{(3n-1)^2}$. **18.** $\ln\left(\dfrac{2n}{n+1}\right)$. **19.** $\dfrac{n^2}{\sqrt{2n^4+1}}$. **20.** $\dfrac{n^4-1}{n^4+n-6}$.

**21.** $\cos n\pi$. **22.** $\dfrac{n^5}{17n^4+12}$. **23.** $e^{1/\sqrt{n}}$. **24.** $\sqrt{4-\dfrac{1}{n}}$.

**25.** $(0{,}9)^{-n}$. **26.** $\dfrac{2^n-1}{2^n}$. **27.** $\ln n - \ln(n+1)$. **28.** $\dfrac{1}{n}-\dfrac{1}{n+1}$.

**29.** $\dfrac{\sqrt{n+1}}{2\sqrt{n}}$. **30.** $(0{,}9)^n$. **31.** $\left(1+\dfrac{1}{n}\right)^{2n}$.

**32.** $\left(1+\dfrac{1}{n}\right)^{n/2}$. **33.** $\dfrac{2^n}{n^2}$. **34.** $\dfrac{(n+1)\cos\sqrt{n}}{n(1+\sqrt{n})}$.

**35.** $\dfrac{\sqrt{n}\,\text{sen}\,(e^n\pi)}{n+1}$. **36.** $2\ln 3n - \ln(n^2+1)$.

**37.** Demostrar que, si $a_n \to l$ y si $b_n \to m$, entonces $a_n + b_n \to l + m$.

**38.** Sea $\alpha$ un número real. Demostrar que si $a_n \to l$, entonces $\alpha a_n \to \alpha l$.

**39.** Demostrar que

$$\left(1+\frac{1}{n}\right)^{n+1} \to e \qquad \text{suponiendo que} \qquad \left(1+\frac{1}{n}\right)^n \to e.$$

**40.** Determinar la convergencia o divergencia de una sucesión racional

$$a_n = \frac{\alpha_k n^k + \alpha_{k-1}n^{k-1} + \ldots + \alpha_0}{\beta_j n^j + \beta_{j-1}n^{j-1} + \ldots + \beta_0} \qquad \text{con } \alpha_k \neq 0, \beta_j \neq 0,$$

suponiendo que (a) $k = j$. (b) $k < j$. (c) $k > j$.

**41.** Demostrar que una sucesión acotada no creciente converge al ínfimo de su imagen.

**42.** Sea $\{a_n\}$ una sucesión de números reales. Sea $\{e_n\}$ la sucesión de los términos pares:

$$e_n = a_{2n}$$

y $\{o_n\}$ la de los impares:

$$o_n = a_{2n-1}.$$

Demostrar que

$$a_n \to l \qquad \text{sii} \qquad e_n \to l \qquad \text{y} \qquad o_n \to l.$$

**43**. Demostrar el teorema de la sucesión intermedia.

**44**. Demostrar que

$$\frac{2^n}{n!} \to 0.$$

SUGERENCIA: Demostrar primero que

$$\frac{2^n}{n!} = \frac{2}{1} \cdot \frac{2}{2} \cdot \frac{2}{3} \cdot \ldots \cdot \frac{2}{n} \leq \frac{4}{n}.$$

**45.** Demostrar que $(1/n)^{1/p} \to 0$ para todos los enteros positivos impares $p$.

**46.** Demostrar el teorema 11.2.8.

Las sucesiones siguientes están definidas por recurrencia.[†] Determinar en cada caso si la sucesión converge y, en caso afirmativo, su límite. En cada caso se supondrá que $a_1 = 1$.

**47.** $a_{n+1} = \frac{1}{e} a_n$. **48.** $a_{n+1} = 2^{n+1} a_n$. **49.** $a_{n+1} = \frac{1}{n+1} a_n$. **50.** $a_{n+1} = \frac{n}{n+1} a_n$.

**51.** $a_{n+1} = 1 - a_n$. **52.** $a_{n+1} = -a_n$. **53.** $a_{n+1} = \frac{1}{2} a_n + 1$. **54.** $a_{n+1} = \frac{1}{3} a_n + 1$.

**(Calculadora)** Evaluar numéricamente el límite de cada sucesión cuando $n \to \infty$. Algunas de esas sucesiones convergen más de prisa que otras. Determinar en cada caso el valor mínimo para $n$ de tal forma que el $n$-ésimo término difiera del límite en menos de 0,001.

**55.** $\frac{1}{n^2}$. **56.** $\frac{1}{\sqrt{n}}$. **57.** $\frac{n}{10^n}$. **58.** $\frac{n^{10}}{10^n}$.

**59.** $\frac{1}{n!}$. **60.** $\frac{2^n}{n!}$. **61.** $\frac{\ln n}{n^2}$. **62.** $\frac{\ln n}{n}$.

---

## *SUPLEMENTO A LA SECCIÓN 11.2

Demostración del teorema 11.2.2. Si $l \neq m$, tenemos

$$\tfrac{1}{2}|l - m| > 0.$$

La hipótesis de que $\lim_{n \to \infty} a_n = l$ y $\lim_{n \to \infty} a_n = m$ implica la existencia de un $k_1$ tal que

$$\text{si } n \geq k_1, \qquad \text{entonces } |a_n - l| < \tfrac{1}{2}|l - m|$$

[†] Esta noción ha sido introducida en los ejercicios del final de la sección 11.1.

y la existencia de un $k_2$ tal que

$$\text{si } n \geq k_2, \qquad \text{entonces } |a_n - m| < \tfrac{1}{2}|l - m|.^{\dagger}$$

Para $n \geq \max\{k_1, k_2\}$, tenemos

$$|a_n - l| + |a_n - m| < |l - m|.$$

Por la desigualdad triangular, tenemos

$$|l - m| = |(l - a_n) + (a_n - m)| \leq |l - a_n| + |a_n - m| = |a_n - l| + |a_n - m|.$$

Combinando los dos asertos últimos, obtenemos

$$|l - m| < |l - m|.$$

La hipótesis $l \neq m$ nos ha conducido a un absurdo. Hemos de concluir que $l = m$. ☐

Demostración del teorema 11.2.7 (iii)-(v). Para demostrar (iii), tomamos $\epsilon > 0$. Para cada $n$,

$$\begin{aligned} |a_n b_n - lm| &= |(a_n b_n - a_n m) + (a_n m - lm)| \\ &\leq |a_n||b_n - m| + |m||a_n - l|. \end{aligned}$$

Dado que $\{a_n\}$ es convergente, $\{a_n\}$ está acotada; es decir que existe un $M > 0$ tal que

$$|a_n| \leq M \qquad \text{para todo } n.$$

Dado que $|m| < |m| + 1$, tenemos

$$(1) \qquad |a_n b_n - lm| \leq M|b_n - m| + (|m| + 1)|a_n - l|.^{\dagger\dagger}$$

Dado que $b_n \to m$, sabemos que existe $k_1$ tal que

$$\text{si } n \geq k_1, \qquad \text{entonces } |b_n - m| < \frac{\epsilon}{2M}.$$

---

† Podemos llegar a esta conclusión a partir de la definición 11.2.1 tomando como $\epsilon$ a $\frac{1}{2}|l - m|$.

†† Pronto tendremos que dividir por el coeficiente de $|a_n - l|$. Hemos sustituido $|m|$ por $|m| + 1$ porque $|m|$ puede ser cero.

Dado que $a_n \to l$, sabemos que existe un $k_2$ tal que

$$\text{si } n \geq k_2, \qquad \text{entonces } |a_n - l| < \frac{\epsilon}{2(|m|+1)}.$$

Para $n \geq \max\{k_1, k_2\}$ ambas condiciones se verifican y, consecuentemente

$$M|b_n - m| + (|m|+1)|a_n - l| < \frac{\epsilon}{2} + \frac{\epsilon}{2} = \epsilon.$$

En vista de (1), podemos concluir que

$$\text{si } n \geq \max\{k_1, k_2\}, \qquad \text{entonces } |a_n b_n - lm| < \epsilon.$$

Esto demuestra que

$$a_n b_n \to lm. \quad \square$$

Para demostrar (iv), de nuevo tomamos $\epsilon > 0$. En primer lugar

$$\left|\frac{1}{b_n} - \frac{1}{m}\right| = \left|\frac{m - b_n}{b_n m}\right| = \frac{|b_n - m|}{|b_n||m|}.$$

Dado que $b_n \to m$ y que $|m|/2 > 0$, existe un $k_1$ tal que

$$\text{si } n \geq k_1, \qquad \text{entonces } |b_n - m| < \frac{|m|}{2}.$$

Esto significa que para $n \geq k_1$ tenemos

$$|b_n| > \frac{|m|}{2} \qquad \text{luego} \qquad \frac{1}{|b_n|} < \frac{2}{|m|}.$$

Luego para $n \geq k_1$, tenemos

$$(2) \qquad \left|\frac{1}{b_n} - \frac{1}{m}\right| \leq \frac{2}{|m|^2}|b_n - m|.$$

Dado que $b_n \to m$, existe $k_2$ tal que

$$\text{si } n \geq k_2, \qquad \text{entonces } |b_n - m| < \frac{\epsilon |m|^2}{2}.$$

Luego para $n \geq k_2$, tenemos

$$\frac{2}{|m|^2}|b_n - m| < \epsilon.$$

A la vista de (2), podemos asegurar que

$$\text{si } n \geq \max\ \{k_1, k_2\}, \qquad \text{entonces } \left|\frac{1}{b_n} - \frac{1}{m}\right| < \epsilon.$$

Esto demuestra que

$$\frac{1}{b_n} \to \frac{1}{m}. \quad \square$$

La demostración de (v) resulta fácil ahora:

$$\frac{a_n}{b_n} = a_n \cdot \frac{1}{b_n} \to l \cdot \frac{1}{m} = \frac{l}{m}. \quad \square$$

## 11.3 ALGUNOS LÍMITES IMPORTANTES

Nuestro propósito en esta sección es familiarizar al lector con algunos límites que son particularmente importantes en el cálculo, proporcionándole a la vez más experiencia en el manejo de límites

**(11.3.1)** Si $x > 0$ se verifica que

$$x^{1/n} \to 1 \qquad \text{cuando} \qquad n \to \infty.$$

Demostración. Observe que

$$\ln\ (x^{1/n}) = \frac{1}{n}\ln x \to 0.$$

Dado que la función exponencial es continua en 0, se deduce del teorema 11.2.12 que

$$x^{1/n} = e^{(1/n)\ln x} \to e^0 = 1. \quad \square$$

**(11.3.2)**

Si $|x| < 1$ se verifica que

$$x^n \to 0 \qquad \text{cuando} \qquad n \to \infty.$$

Demostración. Tomemos $|x| < 1$ y observemos que $\{|x|^n\}$ es una sucesión decreciente:

$$|x|^{n+1} = |x||x|^n < |x|^n.$$

Sea ahora $\epsilon > 0$. Por (11.3.1)

$$\epsilon^{1/n} \to 1 \qquad \text{cuando} \qquad n \to \infty.$$

Luego existe un entero $k > 0$ tal que

$$|x| < \epsilon^{1/k}. \qquad \text{(explicar)}$$

Evidentemente entonces se verifica que $|x|^k < \epsilon$. Dado que $\{|x|^n\}$ es una sucesión decreciente,

$$|x^n| = |x|^n < \epsilon \qquad \text{para todo } n \geq k. \quad \square$$

**(11.3.3)**

Para todo $x$ real

$$\frac{x^n}{n!} \to 0 \qquad \text{cuando} \qquad n \to \infty.$$

Demostración. Escojamos un entero $k$ tal que $k > |x|$. Para $n > k$,

$$\frac{k^n}{n!} = \left(\frac{k^k}{k!}\right)\left[\frac{k}{k+1}\,\frac{k}{k+2}\cdots\frac{k}{n-1}\right]\left(\frac{k}{n}\right) < \left(\frac{k^{k+1}}{k!}\right)\left(\frac{1}{n}\right).$$

el término intermedio es menor que 1

Dado que $k > |x|$, tenemos

$$0 < \frac{|x|^n}{n!} < \frac{k^n}{n!} < \left(\frac{k^{k+1}}{k!}\right)\left(\frac{1}{n}\right).$$

Dado que $k$ es fijo y que $1/n \to 0$, se deduce del teorema de la sucesión intermedia que

$$\frac{|x|^n}{n!} \to 0 \qquad \text{luego} \qquad \frac{x^n}{n!} \to 0. \qquad \square$$

**(11.3.4)**

Para todo $\alpha > 0$

$$\frac{1}{n^{\alpha}} \to 0 \qquad \text{cuando} \qquad n \to \infty.$$

Demostración. Dado que $\alpha > 0$, existe un entero positivo impar $p$ tal que $1/p < \alpha$. Entonces

$$0 < \frac{1}{n^{\alpha}} = \left(\frac{1}{n}\right)^{\alpha} \leq \left(\frac{1}{n}\right)^{1/p}.$$

Dado que $1/n \to 0$ y que $f(x) = x^{1/p}$ es continua en 0, tenemos

$$\left(\frac{1}{n}\right)^{1/p} \to 0 \quad \text{luego, por el teorema de la sucesión intermedia} \quad \frac{1}{n^{\alpha}} \to 0. \qquad \square$$

**(11.3.5)**

$$\frac{\ln n}{n} \to 0 \qquad \text{cuando} \qquad n \to \infty.$$

Demostración. Se puede dar una demostración rutinaria a partir de la regla de L'Hospital (11.5.1), pero todavía no disponemos de ella. Recurriremos al teorema de la sucesión intermedia y nuestra demostración se basará en la representación integral del logaritmo:

$$0 \leq \frac{\ln n}{n} = \frac{1}{n}\int_1^n \frac{dt}{t} \leq \frac{1}{n}\int_1^n \frac{dt}{\sqrt{t}} = \frac{2}{n}(\sqrt{n} - 1) = 2\left(\frac{1}{\sqrt{n}} - \frac{1}{n}\right) \to 0. \qquad \square$$

**(11.3.6)**

$$n^{1/n} \to 1 \qquad \text{cuando} \qquad n \to \infty.$$

Demostración. Sabemos que

$$n^{1/n} = e^{(1/n)\ln n}.$$

Dado que

$$(1/n)\ln n \to 0 \tag{11.3.5}$$

y que la función exponencial es continua en 0, se deduce de (11.2.12) que

$$n^{1/n} \to e^0 = 1. \quad \square$$

**(11.3.7)**

> Para todo $x$ real
> $$\left(1+\frac{x}{n}\right)^n \to e^x \qquad \text{cuando} \qquad n \to \infty.$$

Demostración. Para $x = 0$ el resultado es evidente. Para $x \neq 0$,

$$\ln\left(1+\frac{x}{n}\right)^n = n \ln\left(1+\frac{x}{n}\right) = x\left[\frac{\ln\,(1+x/n) - \ln 1}{x/n}\right].$$

La clave aquí consiste en identificar el término entre corchetes como un cociente incremental de la función logaritmo. Una vez visto esto podemos escribir

$$\lim_{n\to\infty}\left[\frac{\ln\,(1+x/n) - \ln 1}{x/n}\right] = \lim_{h\to 0}\left[\frac{\ln\,(1+h) - \ln 1}{h}\right] = 1.^{\dagger}$$

Se deduce de ello que

$$\ln\left(1+\frac{x}{n}\right)^n \to x \qquad \text{luego que} \qquad \left(1+\frac{x}{n}\right)^n = e^{\ln(1+x/n)^n} \to e^x. \quad \square$$

† Para cada $t > 0$

$$\lim_{h\to 0}\frac{\ln\,(t+h) - \ln t}{h} = \frac{d}{dt}(\ln t) = \frac{1}{t}.$$

## EJERCICIOS 11.3

Establecer si la secuencia es o no convergente cuando $n \to \infty$ y en caso afirmativo, determinar su límite.

1. $2^{2/n}$.
2. $e^{-\alpha/n}$.
3. $\left(\frac{2}{n}\right)^n$.
4. $\frac{\log_{10} n}{n}$.
5. $\frac{\ln(n+1)}{n}$.
6. $\frac{3^n}{4^n}$.
7. $\frac{x^{100n}}{n!}$.
8. $n^{1/(n+2)}$.
9. $n^{\alpha/n}, \quad \alpha > 0$.
10. $\ln\left(\frac{n+1}{n}\right)$.
11. $\frac{3^{n+1}}{4^{n-1}}$.
12. $\int_{-n}^{0} e^{2x}dx$.
13. $(n+2)^{1/n}$.
14. $\left(1-\frac{1}{n}\right)^n$.
15. $\int_0^n e^{-x}dx$.
16. $\frac{2^{3n-1}}{7^{n+2}}$.
17. $\int_{-n}^{n} \frac{dx}{1+x^2}$
18. $\int_0^n e^{-nx}dx$.
19. $(n+2)^{1/(n+2)}$.
20. $n^2 \operatorname{sen} n\pi$.
21. $\frac{\ln n^2}{n}$.
22. $\int_{-1+1/n}^{1-1/n} \frac{dx}{\sqrt{1-x^2}}$.
23. $n^2 \operatorname{sen} \frac{\pi}{n}$.
24. $\frac{n!}{2^n}$.
25. $\frac{5^{n+1}}{4^{2n-1}}$.
26. $\left(1+\frac{x}{n}\right)^{3n}$.
27. $\left(\frac{n+1}{n+2}\right)^n$.
28. $\int_{1/n}^{1} \frac{dx}{\sqrt{x}}$.
29. $\int_n^{n+1} e^{-x^2}\, dx$
30. $\left(1+\frac{1}{n^2}\right)^n$.
31. $\frac{n^n}{2^{n^2}}$.
32. $\int_0^{1/n} \cos e^x\, dx$.
33. $\left(1+\frac{x}{2n}\right)^{2n}$.
34. $\left(1+\frac{1}{n}\right)^{n^2}$.
35. $\int_{-1/n}^{1/n} \operatorname{sen} x^2\, dx$.
36. $\left(t+\frac{x}{n}\right)^n, t>0, x>0$.

**37.** Demostrar que $\lim_{n\to\infty} (\sqrt{n+1}-\sqrt{n}) = 0$.

**38.** Demostrar que $\lim_{n\to\infty} (\sqrt{n^2+n}-n) = \frac{1}{2}$.

**39.** Hallar $\lim_{n\to\infty} [2n \operatorname{sen}(\pi/n)]$. ¿Cuál es el significado geométrico de este límite?

SUGERENCIA: Piense en un polígono regular de $n$ lados inscrito en el círculo unidad.

**40.** Demostrar que

$$\text{si } 0<c<d, \quad \text{entonces } (c^n+d^n)^{1/n} \to d.$$

Hallar los límites siguientes

**41.** $\lim_{n\to\infty} \frac{1+2+\ldots+n}{n^2}$. SUGERENCIA: $1+2+\ldots+n = \frac{n(n+1)}{2}$.

**42.** $\lim\limits_{n\to\infty} \dfrac{1^2+2^2+\ldots+n^2}{(1+n)(2+n)}$. SUGERENCIA: $1^2+2^2+\ldots+n^2 = \dfrac{n(n+1)(2n+1)}{6}$.

**43.** $\lim\limits_{n\to\infty} \dfrac{1^3+2^3+\ldots+n^3}{2n^4+n-1}$. SUGERENCIA: $1^3+2^3+\ldots+n^3 = \dfrac{n^2(n+1)^2}{4}$.

**44.** Se dice que una sucesión$\{a_n\}$ es una *sucesión de Cauchy* [†] sii

**(11.3.8)** Para todo $\epsilon > 0$ existe un entero positivo $k$ tal que $|a_n - a_m| < \epsilon$ para todos $m, n \geq k$.

Demostrar que

**(11.3.9)** Toda sucesión convergente es una sucesión de Cauchy.

También es verdad que toda sucesión de Cauchy es convergente, pero este es un resultado mucho más difícil de demostrar.

**45.** *(Medias aritméticas)* Sea

$$m_n = \frac{1}{n}(a_1 + a_2 + \ldots + a_n).$$

(a) Demostrar que si $\{a_n\}$ es creciente, entonces $\{m_n\}$ es creciente.

(b) Demostrar que si $a_n \to 0$, entonces $m_n \to 0$.

SUGERENCIA: Tomar un entero $j > 0$ tal que, si $n \geq j$ entonces $a_n < \epsilon/2$. Entonces, para $n \geq j$,

$$|m_n| < \frac{|a_1 + a_2 + \ldots + a_j|}{n} + \frac{\epsilon}{2}\left(\frac{n-j}{n}\right).$$

**46. (Calculadora)** Hemos visto que para todo $x$ real

$$\lim_{n\to\infty}\left(1+\frac{x}{n}\right)^n = e^x.$$

Sin embargo, la velocidad de convergencia depende de cada $x$. Comprobar que para $n = 100$, $(1 + 1/n)^n$ no difiere de su límite en más de un 1%, mientras que $(1 + 5/n)^n$ difiere en casi un 12% de su límite. Dar una estimación comparada del grado de aproximación de estas sucesiones a sus límites para $n = 1000$.

---

[†] En memoria del barón francés Augustin Louis Cauchy (1789-1857), uno de los matemáticos más prolíficos de todos los tiempos.

**47. (Calculadora)** Evaluar numéricamente

$$\lim_{n \to \infty} \left( \operatorname{sen} \frac{1}{n} \right)^{1/n}$$

y justificar la respuesta por otros medios.

**48. (Calculadora)** Hemos establecido que

$$\lim_{n \to \infty} (\sqrt{n^2 + n} - n) = \tfrac{1}{2}. \qquad \text{(Ejercicio 38)}$$

Evaluar numéricamente

$$\lim_{n \to \infty} [(n^3 + n^2)^{1/3} - n].$$

Formular una conjetura acerca de

$$\lim_{n \to \infty} [(n^k + n^{k-1})^{1/k} - n], \qquad k = 1, 2, 3, \ldots$$

y demostrar que dicha conjetura es cierta.

---

## 11.4 LA FORMA INDETERMINADA (0/0)

Nos vamos a interesar aquí en límites de cocientes $f(x)/g(x)$ cuando el denominador y el numerador tiende ambos a 0 y los métodos elementales fallan o son de difícil aplicación.

**TEOREMA 11.4.1 REGLA DE L'HOSPITAL (0/0)†**

Supongamos que

$$f(x) \to 0 \qquad y \qquad g(x) \to 0$$

cuando $x \to c^+$, $x \to c^-$, $x \to c$, $x \to \infty$, o $x \to -\infty$.

$$\text{Si } \frac{f'(x)}{g'(x)} \to l, \qquad \text{entonces } \frac{f(x)}{g(x)} \to l.$$

Demostraremos la regla de L'Hospital más adelante en esta sección. Primero mostraremos su utilidad.

---

† En memoria del francés G. F. A. L'Hospital (1661-1704). En realidad, el resultado fue descubierto por su maestro, Jakob Bernouilli (1654-1705).

**Problema 1.** Hallar

$$\lim_{x \to \pi/2} \frac{\cos x}{\pi - 2x}.$$

*Solución.* Cuando $x \to \pi/2$, tanto el numerador $f(x) = \cos x$ como el denominador $g(x) = \pi - 2x$ tienden a cero, pero no es nada evidente lo que le pueda suceder al cociente

$$\frac{f(x)}{g(x)} = \frac{\cos x}{\pi - 2x}.$$

Luego chequeamos el comportamiento del cociente de las derivadas:

$$\frac{f'(x)}{g'(x)} = \frac{-\operatorname{sen} x}{-2} = \frac{\operatorname{sen} x}{2} \to \frac{1}{2} \qquad \text{cuando} \qquad x \to \pi/2.$$

Se deduce de la regla de L'Hospital que

$$\frac{\cos x}{\pi - 2x} \to \frac{1}{2} \qquad \text{cuando} \qquad x \to \pi/2.$$

Podemos expresar esto en una línea usando el símbolo * para indicar la diferenciación del numerador y del denominador:

$$\lim_{x \to \pi/2} \frac{\cos x}{\pi - 2x} \overset{*}{=} \lim_{x \to \pi/2} \frac{-\operatorname{sen} x}{-2} = \lim_{x \to \pi/2} \frac{\operatorname{sen} x}{2} = \frac{1}{2}. \quad \square$$

**Problema 2.** Hallar

$$\lim_{x \to 0^+} \frac{x}{\operatorname{sen} \sqrt{x}}.$$

*Solución.* Cuando $x \to 0^+$, tanto el numerador como el denominador tienden a 0. Dado que

$$\frac{f'(x)}{g'(x)} = \frac{1}{(\cos \sqrt{x})\,(1/2\sqrt{x})} = \frac{2\sqrt{x}}{\cos \sqrt{x}} \to 0 \qquad \text{cuando } x \to 0^+,$$

se deduce de la regla de L'Hospital que

$$\frac{x}{\operatorname{sen} \sqrt{x}} \to 0 \qquad \text{cuando } x \to 0^+.$$

Resumiendo, esto se puede escribir

$$\lim_{x\to 0^+} \frac{x}{\operatorname{sen}\sqrt{x}} \overset{*}{=} \lim_{x\to 0^+} \frac{2\sqrt{x}}{\cos\sqrt{x}} = 0. \quad \square$$

Algunas veces es preciso diferenciar más de una vez el numerador y el denominador. En el siguiente problema nos encontramos con una situación de este tipo.

**Problema 3.** Hallar

$$\lim_{x\to 0} \frac{e^x - x - 1}{x^2}.$$

*Solución.* Cuando $x \to 0$ el numerador y el denominador tienden a 0. Aquí

$$\frac{f'(x)}{g'(x)} = \frac{e^x - 1}{2x}.$$

Dado que tanto el numerador como el denominador siguen tendiendo a 0, diferenciamos otra vez:

$$\frac{f''(x)}{g''(x)} = \frac{e^x}{2}.$$

Dado que este último cociente tiende a $\frac{1}{2}$, podemos concluir que

$$\frac{e^x - 1}{2x} \to \frac{1}{2} \qquad \text{luego} \qquad \frac{e^x - x - 1}{x^2} \to \frac{1}{2}.$$

Resumiendo, podemos escribir que

$$\lim_{x\to 0} \frac{e^x - x - 1}{x^2} \overset{*}{=} \lim_{x\to 0} \frac{e^x - 1}{2x} \overset{*}{=} \lim_{x\to 0} \frac{e^x}{2} = \frac{1}{2}. \quad \square$$

**Problema 4.** Hallar

$$\lim_{x\to 0^+} (1 + x)^{1/x}.$$

*Solución.* Aquí nos la tenemos que ver con una forma indeterminada del tipo $1^\infty$: cuando $x \to 0^+$, $1 + x \to 0$ y $1/x$ crece sin estar acotado.

Tal y como se presenta la expresión, no se puede aplicar la regla de L'Hospital. Para poderla aplicar, tomaremos los logaritmos. Esto nos da

$$\lim_{x \to 0^+} \ln (1 + x)^{1/x} = \lim_{x \to 0^+} \frac{\ln (1 + x)}{x} \overset{*}{=} \lim_{x \to 0^+} \frac{1}{1 + x} = 1.$$

Dado que $\ln (1 + x)^{1/x}$ tiende a 1, $(1 + x)^{1/x}$ tiende a $e$. □[†]

**Problema 5.** Hallar

$$\lim_{n \to \infty} (\cos \pi/n)^n .$$

*Solución.* De nuevo tenemos una forma indeterminada del tipo $1^\infty$. Para aplicar las técnicas de esta sección, sustituimos la variable entera $n$ por la variable real $x$ y examinamos el comportamiento de

$$(\cos \pi/x)^x \qquad \text{cuando} \qquad x \to \infty.$$

Tomando los logaritmos de esta expresión, tenemos

$$\ln (\cos \pi/x)^x = x \ln (\cos \pi/x).$$

El término de la derecha es una forma indeterminada del tipo $\infty \cdot 0$. Para aplicar la regla de L'Hospital hemos de expresarla como una indeterminación del tipo 0/0:

$$x \ln (\cos \pi/x) = \frac{\ln (\cos \pi/x)}{1/x}.$$

Entonces, tenemos

$$\lim_{x \to \infty} \ln (\cos \pi/x)^x = \lim_{x \to \infty} \frac{\ln (\cos \pi/x)}{1/x}$$

$$\overset{*}{=} \lim_{n \to \infty} \frac{(-\operatorname{sen} \pi/x)(-\pi/x^2)}{(\cos \pi/x)(-1/x^2)} = \lim_{n \to \infty} (-\pi \tan \pi/x) = 0.$$

Esto demuestra que $(\cos \pi/x)^x$ tiende a 1, luego que $(\cos \pi/n)^n$ tiende a 1. □

[†] Haciendo $x = 1/n$ obtenemos un resultado ya conocido

$$\left(1 + \frac{1}{n}\right)^n \to e.$$

Para demostrar la regla de L'Hospital necesitaremos una generalización del teorema del valor medio.

**TEOREMA 11.4.2 TEOREMA DE CAUCHY DEL VALOR MEDIO**[†]

Supongamos que $f$ y $g$ son diferenciables en $(a, b)$ y continuas en $[a, b]$. Si $g'$ no se anula nunca en $(a, b)$, existe un número $c$ en $(a, b)$ tal que

$$\frac{f'(c)}{g'(c)} = \frac{f(b) - f(a)}{g(b) - g(a)}.$$

Demostración. Podemos demostrar esto aplicando el teorema del valor medio (4.1.1) a la función

$$G(x) = [g(b) - g(a)]\,[f(x) - f(a)] - [g(x) - g(a)]\,[f(b) - f(a)].$$

Dado que

$$G(a) = 0 \qquad \text{y} \qquad G(b) = 0,$$

existe (por el teorema del valor medio) un número $c$ en $(a, b)$ tal que

$$G'(c) = 0.$$

Dado que en general

$$G'(x) = [g(b) - g(a)]\,f'(x) - g'(x)\,[f(b) - f(a)],$$

hemos de tener

$$[g(b) - g(a)]\,f'(c) - g'(c)\,[f(b) - f(a)] = 0,$$

luego

$$[g(b) - g(a)]\,f'(c) - g'(c)\,[f(b) - f(a)].$$

Puesto que $g'$ no se anula nunca en $(a, b)$,

$$g'(c) \neq 0 \qquad \text{y} \qquad g(b) - g(a) \neq 0.$$

explicar

[†] Otra contribución de A. L. Cauchy, el mismo que dio su nombre a las sucesiones convergentes.

Luego podemos dividir por esos números y obtener

$$\frac{f'(c)}{g'(c)} = \frac{f(b) - f(a)}{g(b) - g(a)}. \qquad \square$$

Demostraremos ahora la regla de L'Hospital en el caso en el que $x \to c^+$. Suponemos pues que $x \to c^+$,

$$f(x) \to 0, \quad g(x) \to 0, \quad \text{y} \quad \frac{f'(x)}{g'(x)} \to l$$

y queremos demostrar que

$$\frac{f(x)}{g(x)} \to l.$$

Demostración. El hecho que

$$\frac{f'(x)}{g'(x)} \to l \qquad \text{cuando} \qquad x \to c^+$$

nos permite afirmar que tanto $f'$ como $g'$ existen en un conjunto de la forma $(c, c + h]$ y que $g'$ no se anula en dicho conjunto. Haciendo $f(c) = 0$ y $g(c) = 0$ aseguramos que $f$ y $g$ sean ambas continuas en $[c, c + h]$. Podemos aplicar el teorema del valor medio de Cauchy y concluir que existe un número $c_h$ entre $c$ y $c + h$ tal que

$$\frac{f'(c_h)}{g'(c_h)} = \frac{f(c+h) - f(c)}{g(c+h) - g(c)} = \frac{f(c+h)}{g(c+h)}.$$

El resultado se obtiene haciendo tender $h$ a $0^+$. Dado que el término de la izquierda tiende a $l$, el de la derecha también tiende a $l$. $\square$

He aquí una demostración de la regla de L'Hospital cuando $x \to \infty$.

Demostración. La clave aquí consiste en hacer $x = 1/t$:

$$\lim_{x\to\infty} \frac{f'(x)}{g'(x)} = \lim_{t\to 0^+} \frac{f'(1/t)}{g'(1/t)} = \lim_{t\to 0^+} \frac{-t^{-2}f'(1/t)}{-t^{-2}g'(1/t)} = \lim_{t\to 0^+} \frac{f(1/t)}{g(1/t)} = \lim_{x\to\infty} \frac{f(x)}{g(x)}. \qquad \square$$

por la regla de L'Hospital cuando $t \to 0^+$

Precaución. La regla de L'Hospital no se aplica si el denominador o el numerador tienen un límite finito no nulo. Por ejemplo

$$\lim_{x\to 0} \frac{x}{x + \cos x} = \frac{0}{1} = 0.$$

Una aplicación ciega de la regla de L'Hospital nos habría dado

$$\lim_{x \to 0} \frac{x}{x + \cos x} \overset{*}{=} \lim_{x \to 0} \frac{1}{1 - \operatorname{sen} x} = 1.$$

Lo cual es falso. □

## EJERCICIOS 11.4

Hallar los límites indicados.

**1.** $\lim_{x \to 0^+} \frac{\operatorname{sen} x}{\sqrt{x}}$.

**2.** $\lim_{x \to 1} \frac{\ln x}{1 - x}$.

**3.** $\lim_{x \to 0} \frac{e^x - 1}{\ln (1 + x)}$.

**4.** $\lim_{x \to 4} \frac{\sqrt{x} - 2}{x - 4}$.

**5.** $\lim_{x \to \pi/2} \frac{\cos x}{\operatorname{sen} 2x}$.

**6.** $\lim_{x \to a} \frac{x - a}{x^n - a^n}$.

**7.** $\lim_{x \to 0} \frac{2^x - 1}{x}$.

**8.** $\lim_{x \to 0} \frac{\arctan x}{x}$.

**9.** $\lim_{x \to 1} \frac{x^{1/2} - x^{1/4}}{x - 1}$.

**10.** $\lim_{x \to 0} \frac{e^x - 1}{x (1 + x)}$.

**11.** $\lim_{x \to 0} \frac{e^x - e^{-x}}{\operatorname{sen} x}$.

**12.** $\lim_{x \to 0} \frac{1 - \cos x}{3x}$.

**13.** $\lim_{x \to 0} \frac{x + \operatorname{sen} \pi x}{x - \operatorname{sen} \pi x}$.

**14.** $\lim_{x \to 0} \frac{a^x - (a + 1)^x}{x}$.

**15.** $\lim_{x \to 0} (e^x + x)^{1/x}$.

**16.** $\lim_{x \to \infty} \left(1 + \frac{1}{x}\right)^x$.

**17.** $\lim_{x \to 0} \frac{\tan \pi x}{e^x - 1}$.

**18.** $\lim_{x \to 0} (e^x + 3x)^{1/x}$.

**19.** $\lim_{x \to 0} \frac{1 + x - e^x}{x (e^x - 1)}$.

**20.** $\lim_{x \to 0} \frac{\ln (\sec x)}{x^2}$.

**21.** $\lim_{x \to 0} \frac{x - \tan x}{x - \operatorname{sen} x}$.

**22.** $\lim_{x \to 0} \frac{x e^{nx} - x}{1 - \cos nx}$.

**23.** $\lim_{x \to 1^{-1}} \frac{\sqrt{1 - x^2}}{\sqrt{1 - x^3}}$.

**24.** $\lim_{x \to 0} \left(\frac{1}{\operatorname{sen} x} - \frac{1}{x}\right)$.

**25.** $\lim_{x \to \pi/2} \frac{\ln (\operatorname{sen} x)}{(\pi - 2x)^2}$.

**26.** $\lim_{x \to 0^+} \frac{\sqrt{x}}{\sqrt{x} + \operatorname{sen} \sqrt{x}}$.

**27.** $\lim_{x \to 1} \left(\frac{1}{\ln x} - \frac{x}{x - 1}\right)$.

**28.** $\lim_{x \to 0} \frac{\sqrt{a + x} - \sqrt{a - x}}{x}$.

**29.** $\lim_{x \to \pi/4} \frac{\sec^2 x - 2 \tan x}{1 + \cos 4x}$.

**30.** $\lim_{x \to 0} \frac{x - \arcsen x}{\operatorname{sen}^3 x}$.

Hallar los límites de las sucesiones.

**31.** $\lim_{n \to \infty} n (\pi/2 - \arctan n)$.

**32.** $\lim_{n \to \infty} [\ln (1 - 1/n) \operatorname{cosec} 1/n]$.

**33.** $\lim_{n \to \infty} \frac{1}{n [\ln (n + 1) - \ln n\}}$.

**34.** $\lim_{n \to \infty} \frac{\operatorname{senh} \pi/n - \operatorname{sen} \pi/n}{\operatorname{sen}^3 \pi/n}$.

**35.** Hallar el error:

$$\lim_{x \to 0} \frac{2 + x + \operatorname{sen} x}{x^3 + x - \cos x} \stackrel{*}{=} \lim_{x \to 0} \frac{1 + \cos x}{3x^2 + 1 + \operatorname{sen} x} \stackrel{*}{=} \lim_{x \to 0} \frac{-\operatorname{sen} x}{6x + \cos x} = \frac{0}{1} = 0.$$

**36.** Demostrar que si $a > 0$, entonces

$$\lim_{n \to \infty} n\,(a^{1/n} - 1) = \ln a.$$

**37.** Suponiendo que $f$ es continua, usar la regla de L'Hospital para determinar

$$\lim_{x \to 0} \left( \frac{1}{x} \int_0^x f(t)\, dt \right).$$

**(Calculadora)** Evaluar numéricamente los límites y demostrar que la respuesta es correcta.

**38.** $\lim_{x \to \infty} \left[ x^2 \left( \cos \frac{1}{x} - 1 \right) \right].$

**39.** $\lim_{x \to \infty} \left[ x^3 \left( \operatorname{sen} \frac{1}{x} - \frac{1}{x} \right) \right].$

## 11.5 LA FORMA INDETERMINADA $(\infty/\infty)$

Nos vamos a interesar ahora en los cocientes $f(x)/g(x)$ cuando el numerador y el denominador tienden ambos a $\infty$. En lo sucesivo $l$ será un número real fijado.

**TEOREMA 11.5.1 REGLA DE L'HOSPITAL $(\infty/\infty)$**

Supongamos que

$$f(x) \to \pm\infty \qquad \text{y} \qquad g(x) \to \pm\infty$$

cuando $x \to c^-$, $x \to c^+$, $x \to c$, $x \to \infty$, o $x \to -\infty$.

$$\text{Si} \quad \frac{f'(x)}{g'(x)} \to l, \qquad \text{entonces} \quad \frac{f(x)}{g(x)} \to l.$$

Mientras que la demostración de la regla de L'Hospital es algo más complicada en este caso que en el anterior,[†] ésta se aplica de manera análoga.

[†] Omitiremos la demostración.

**Problema 1.** Demostrar que

**(11.5.2)**
$$\lim_{x \to \infty} \frac{\ln x}{x} = 0.$$

*Solución.* Tanto el numerador como el denominador tienden a $\infty$ con $x$. La regla de L'Hospital nos da

$$\lim_{x \to \infty} \frac{\ln x}{x} \overset{*}{=} \lim_{x \to \infty} \frac{1}{x} = 0. \quad \square$$

**Problema 2.** Demostrar que

**(11.5.3)**
$$\lim_{x \to \infty} \frac{x^k}{e^x} = 0.$$

*Solución.* En este caso, diferenciamos el numerador y el denominador $k$ veces:

$$\lim_{x \to \infty} \frac{x^k}{e^x} \overset{*}{=} \lim_{x \to \infty} \frac{kx^{k-1}}{e^x} \overset{*}{=} \lim_{x \to \infty} \frac{k(k-1)x^{k-2}}{e^x} \overset{*}{=} \ldots \overset{*}{=} \lim_{x \to \infty} \frac{k!}{e^x} = 0. \quad \square$$

**Problema 3.** Demostrar que

**(11.5.4)**
$$\lim_{x \to 0^+} x^x = 1.$$

*Solución.* En este caso tenemos una forma indeterminada del tipo $0^0$. Nuestro primer paso consiste en tomar el logaritmo de $x^x$. Luego, aplicamos la regla de L'Hospital:

$$\lim_{x \to 0^+} \ln x^x = \lim_{x \to 0^+} (x \ln x) = \lim_{x \to 0^+} \frac{\ln x}{1/x} \overset{*}{=} \lim_{x \to 0^+} \frac{1/x}{-1/x^2} = \lim_{x \to 0^+} (-x) = 0.$$

Dado que $\ln x^x$ tiende a 0, $x^x$ debe tender a 1. $\square$

**Problema 4.** Demostrar que

$$\lim_{x \to \infty} (x^2 + 1)^{1/\ln x} = e^2.$$

*Solución.* Esta vez tenemos un forma indeterminada del tipo $\infty^0$. Tomando el logaritmo y aplicando luego la regla de L'Hospital, hallamos que

$$\lim_{x \to \infty} \ln (x^2 + 1)^{1/\ln x} = \lim_{x \to \infty} \frac{\ln (x^2 + 1)}{\ln x} \stackrel{*}{=} \lim_{x \to \infty} \frac{2x/(x^2 + 1)}{1/x} = \lim_{x \to \infty} \frac{2x^2}{x^2 + 1} = 2.$$

De ahí que

$$\lim_{x \to \infty} (x^2 + 1)^{1/\ln x} = e^2. \quad \square$$

**Problema 5.** Hallar el límite cuando $n \to \infty$ de la sucesión

$$a_n = \frac{\ln n}{\sqrt{n}}.$$

*Solución.* Para introducir las técnicas del cálculo, en lugar de dicha sucesión estudiamos

$$\lim_{x \to \infty} \frac{\ln x}{\sqrt{x}}$$

Dado que ambos, numerador y denominador, tienden a $\infty$ con $x$, intentamos aplicar la regla de L'Hospital:

$$\lim_{x \to \infty} \frac{\ln x}{\sqrt{x}} \stackrel{*}{=} \lim_{x \to \infty} \frac{1/x}{1/2\sqrt{x}} = \lim_{x \to \infty} \frac{2}{\sqrt{x}} = 0.$$

El límite de la sucesión ha de ser 0. $\square$

Precaución. La regla de L'Hospital no se aplica cuando el numerador o el denominador tienen un límite finito no nulo. Mientras que

$$\lim_{x \to 0^+} \frac{1 + x}{\operatorname{sen} x} = \infty,$$

una aplicación errónea de la regla de L'Hospital nos puede llevar a la *conclusión errónea*

$$\lim_{x \to 0^+} \frac{1 + x}{\operatorname{sen} x} \stackrel{*}{=} \lim_{x \to 0^+} \frac{1}{-\cos x} = -1. \quad \square$$

## EJERCICIOS 11.5

Hallar los límites indicados.

**1.** $\lim\limits_{x\to-\infty} \dfrac{x^2+1}{1-x}$.

**2.** $\lim\limits_{x\to\infty} \dfrac{20x}{x^2+1}$.

**3.** $\lim\limits_{x\to\infty} \dfrac{x^3}{1-x^3}$.

**4.** $\lim\limits_{x\to\infty} \dfrac{x^3+1}{2-x}$.

**5.** $\lim\limits_{x\to\infty} \left(x^2 \operatorname{sen} \dfrac{1}{x}\right)$.

**6.** $\lim\limits_{x\to\infty} \dfrac{\ln x^k}{x}$.

**7.** $\lim\limits_{x\to\pi/2^-} \dfrac{\tan 5x}{\tan x}$.

**8.** $\lim\limits_{x\to 0} (x \ln |\operatorname{sen} x|)$.

**9.** $\lim\limits_{x\to 0^+} x^{2x}$.

**10.** $\lim\limits_{x\to\infty} \left(x \operatorname{sen} \dfrac{\pi}{x}\right)$.

**11.** $\lim\limits_{x\to 0} [x(\ln |x|^2)]$.

**12.** $\lim\limits_{x\to 0^+} \dfrac{\ln x}{\cot x}$.

**13.** $\lim\limits_{x\to\infty} \left(\dfrac{1}{x}\int_0^x e^{t^2}dt\right)$

**14.** $\lim\limits_{x\to\infty} \dfrac{\sqrt{1+x^2}}{x}$.

**15.** $\lim\limits_{x\to 0} \left[\dfrac{1}{\operatorname{sen}^2 x} - \dfrac{1}{x^2}\right]$.

**16.** $\lim\limits_{x\to 0} |\operatorname{sen} x|^x$.

**17.** $\lim\limits_{x\to 1} x^{1/(x-1)}$.

**18.** $\lim\limits_{x\to 0^+} x^{\operatorname{sen} x}$.

**19.** $\lim\limits_{x\to\infty} \left(\cos \dfrac{1}{x}\right)^x$.

**20.** $\lim\limits_{x\to\pi/2} |\sec x|^{\cos x}$.

**21.** $\lim\limits_{x\to 0} \left[\dfrac{1}{\ln(1+x)} - \dfrac{1}{x}\right]$.

**22.** $\lim\limits_{x\to\infty} (x^2+a^2)^{(1/x)^2}$.

**23.** $\lim\limits_{x\to 1} \left[\dfrac{x}{x-1} - \dfrac{1}{\ln x}\right]$.

**24.** $\lim\limits_{x\to\infty} \ln \left(\dfrac{x^2-1}{x^2+1}\right)^3$.

**25.** $\lim\limits_{x\to\infty} (\sqrt{x^2+2x} - x)$.

**26.** $\lim\limits_{x\to\infty} \dfrac{1}{x}\int_0^x \operatorname{sen}\left(\dfrac{1}{t+1}\right)dt$.

**27.** $\lim\limits_{x\to\infty} (x^3+1)^{1/\ln x}$.

**28.** $\lim\limits_{x\to\infty} (e^x+1)^{1/x}$.

**29.** $\lim\limits_{x\to\infty} (\cosh x)^{1/x}$.

**30.** $\lim\limits_{x\to\infty} (x^4+1)^{1/\ln x}$.

Hallar el límite de las sucesiones.

**31.** $\lim\limits_{n\to\infty} \left(\dfrac{1}{n} \ln \dfrac{1}{n}\right)$.

**32.** $\lim\limits_{n\to\infty} \dfrac{n^k}{2^n}$.

**33.** $\lim\limits_{n\to\infty} (\ln n)^{1/n}$.

**34.** $\lim\limits_{n\to\infty} \dfrac{\ln n}{n^p}, \quad (p>0)$.

**35.** $\lim\limits_{n\to\infty} (n^2+n)^{1/n}$.

**36.** $\lim\limits_{n\to\infty} n^{\operatorname{sen}(\pi/n)}$.

**37.** $\lim\limits_{n\to\infty} \dfrac{n^2 \ln n}{e^n}$.

**38.** $\lim\limits_{n\to\infty} (\sqrt{n}-1)^{1/\sqrt{n}}$.

Dibujar las curvas indicadas, señalando todas las asíntotas verticales y horizontales.

**39.** $y = x^2 - \dfrac{1}{x^3}$.

**40.** $y = \sqrt{\dfrac{x}{x-1}}$.

**41.** $y = xe^x$.

**42.** $y = xe^{-x}$.

**43.** $y = x^2e^{-x}$.

**44.** $y = \dfrac{\ln x}{x}$.

Diremos que las gráficas de dos funciones $y = f(x)$ e $y = g(x)$ son *asintóticas* cuando $x \to \infty$ sii

$$\lim_{n\to\infty} [f(x) - g(x)] = 0;$$

diremos que son *asintóticas* cuando $x \to -\infty$ sii

$$\lim_{n \to -\infty} [f(x) - g(x)] = 0.$$

**45.** Demostrar que el arco hiperbólico $y = (b/a)\sqrt{x^2 - a^2}$ es asintótico a la recta $y = (b/a)x$ cuando $x \to \infty$.

**46.** Demostrar que las gráficas de $y = \cosh x$ e $y = \operatorname{senh} x$ son asintóticas.

**47.** Dar un ejemplo de una función cuya gráfica sea asintótica a la función cúbica $y = x^3$ cuando $x \to \infty$.

**48.** Dar un ejemplo de una función cuya gráfica sea asintótica a la parábola $y = x^2$ cuando $x \to \infty$ y cruce dos veces la gráfica de la parábola.

**49.** Dar un ejemplo de una función cuya gráfica sea asintótica a la recta $y = x$ cuando $x \to \infty$ y cruce la gráfica de la recta un número infinito de veces.

**50.** Sea $P$ un polinomio de grado $n$: $P(x) = a_n x^n + a_{n-1} x^{n-1} + \ldots + a_0$. Sea $Q$ un polinomio de grado $m < n$: $Q(x) = b_m x^m + b_{m-1} x^{m-1} + \ldots + b_0$. Hallar

$$\lim_{x \to \infty} \frac{P(x)}{Q(x)}$$

suponiendo que $a_n$ y $b_m$ tienen (a) el mismo signo, (b) signos opuestos.

**51.** Hallar el error

$$\lim_{x \to 0^+} \frac{x^2}{\operatorname{sen} x} \overset{*}{=} \lim_{x \to 0^+} \frac{2x}{\cos x} \overset{*}{=} \lim_{x \to 0^+} \frac{2}{-\operatorname{sen} x} = -\infty.$$

**52.** Demostrar por inducción que, para todo entero positivo $k$,

$$\lim_{n \to \infty} \frac{(\ln n)^k}{n} = 0.$$

---

## 11.6 INTEGRALES IMPROPIAS

Empezamos considerando una función $f$ continua en un intervalo no acotado $[a, \infty)$. Para cada número $b > a$ podemos formar la integral

$$\int_a^b f(x)\, dx.$$

Si esta integral tiende a un límite $l$ cuando $b \to \infty$,

$$\lim_{b \to \infty} \int_a^b f(x)\, dx = l,$$

escribiremos

$$\int_a^{\infty} f(x)\, dx = l$$

y diremos que

*la integral impropia* $\int_a^{\infty} f(x)\, dx$ *converge a* $l$.

En caso contrario, diremos que

*la integral impropia* $\int_a^{\infty} f(x)\, dx$ *diverge*.

De manera análoga,

las integrales impropias del tipo $\int_{-\infty}^{b} f(x)\, dx$ aparecen

como límite de la forma $\lim_{a \to -\infty} \int_a^b f(x)\, dx$.

**Ejemplo 1.**

(a) $\int_1^{\infty} e^{-x}\, dx = \frac{1}{e}$.

(b) $\int_1^{\infty} \frac{dx}{x}$ diverge.

(c) $\int_1^{\infty} \frac{dx}{x^2} = 1$.

(d) $\int_{-\infty}^{1} \cos \pi x\, dx$ diverge.

Comprobación

(a) $$\int_1^{\infty} e^{-x}\, dx = \lim_{b \to \infty} \int_1^b e^{-x}\, dx = \lim_{b \to \infty} \left[-e^{-x}\right]_1^b = \lim_{b \to \infty} \left(\frac{1}{e} - \frac{1}{e^b}\right) = \frac{1}{e}.$$

(b) $$\int_1^{\infty} \frac{dx}{x} = \lim_{b \to \infty} \int_1^b \frac{dx}{x} = \lim_{b \to \infty} \ln b = \infty.$$

(c) $$\int_1^{\infty} \frac{dx}{x^2} = \lim_{b \to \infty} \int_1^b \frac{dx}{x^2} = \lim_{b \to \infty} \left[-\frac{1}{x}\right]_1^b = \lim_{b \to \infty} \left(1 - \frac{1}{b}\right) = 1.$$

(d) Observe primero que

$$\int_a^1 \cos \pi x\, dx = \left[\frac{1}{\pi} \operatorname{sen} \pi x\right]_a^1 = -\frac{1}{\pi} \operatorname{sen} \pi a.$$

Cuando $a$ tiende a $-\infty$, sen $\pi\, a$ oscila entre $-1$ y $1$. Luego la integral oscila entre $1/\pi$ y $-1/\pi$ y no converge. □

Las fórmulas habituales para áreas y volúmenes se extienden al caso no acotado por medio de las integrales impropias.

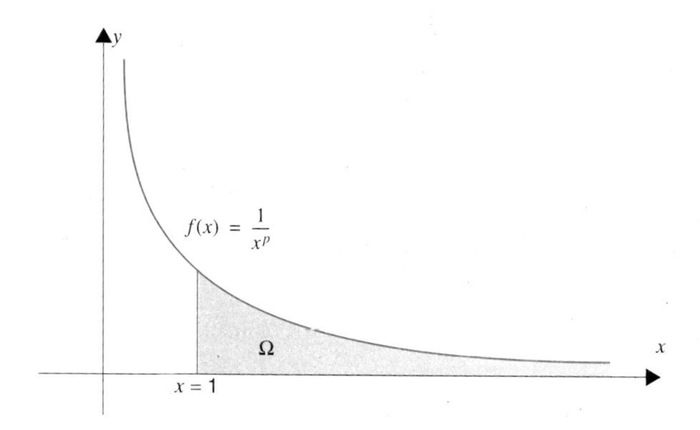


**Figura 11.6.1**

**Ejemplo 2.** Si Ω es la región debajo de la gráfica de

$$f(x) = \frac{1}{x^p}, \qquad x \geq 1 \qquad \text{(Figura 11.6.1)}$$

entonces

$$\text{área de } \Omega = \left\{ \begin{array}{ll} \dfrac{1}{p-1}, & \text{si} \quad p > 1 \\ \infty, & \text{si} \quad p \leq 1 \end{array} \right].$$

Esto se obtiene haciendo

$$\text{área de } \Omega = \lim_{b \to \infty} \int_1^b \frac{dx}{x^p} = \int_1^\infty \frac{dx}{x^p}.$$

Para $p \neq 1$,

$$\int_1^\infty \frac{dx}{x^p} = \lim_{b \to \infty} \int_1^b \frac{dx}{x^p} = \lim_{b \to \infty} \frac{1}{1-p}(b^{1-p} - 1) = \left\{ \begin{array}{ll} \dfrac{1}{p-1}, & \text{si} \quad p > 1 \\ \infty, & \text{si} \quad p < 1 \end{array} \right].$$

Para $p = 1$,

$$\int_1^\infty \frac{dx}{x^p} = \int_1^\infty \frac{dx}{x} = \infty,$$

como ya hemos visto con anterioridad. □

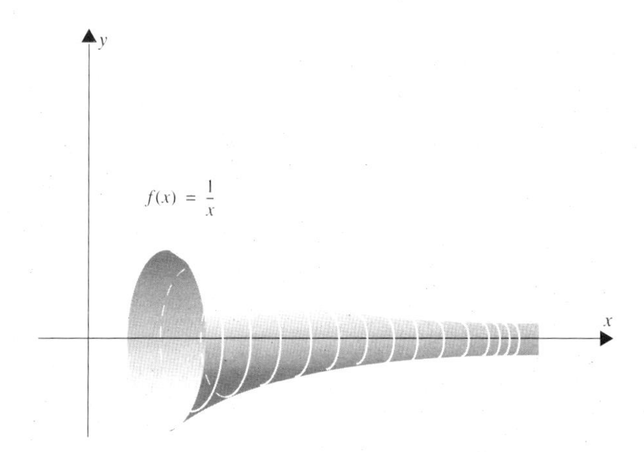


Figura 11.6.2

**Ejemplo 3.** En el último ejemplo hemos visto que la región debajo de la gráfica de

$$f(x) = \frac{1}{x}, \qquad x \geq 1$$

tiene área infinita. Supongamos que se hace girar esta región de área infinita alrededor del eje $x$ (ver figura 11.6.2). ¿Cuál es el volumen del sólido resultante? Aunque pueda resultar sorprendente, el volumen no es infinito. De hecho, vale $\pi$. Esto se puede comprobar mediante el método de los discos:

$$V_x = \pi \int_1^\infty \frac{dx}{x^2} = \pi \cdot 1 = \pi. \quad □$$

De cara a referencias futuras, anotamos el siguiente resultado:

**(11.6.1)** $\displaystyle\int_1^\infty \frac{dx}{x^p}$ converge para $p > 1$ y diverge para $p \leq 1$.

A menudo resulta difícil determinar mediante métodos directos la convergencia o divergencia de una integral dada, pero se suele obtener alguna información suplementaria comparándola con integrales cuyo comportamiento es conocido.

**(11.6.2)** (*Un criterio de comparación*) Supongamos que $f$ y $g$ son continuas y que

$$0 \leq f(x) \leq g(x) \qquad \text{para todo } x \in (a, \infty).$$

(i) Si $\int_a^{\infty} g(x)\, dx$ converge, entonces $\int_a^{\infty} f(x)\, dx$ converge.

(ii) Si $\int_a^{\infty} f(x)\, dx$ diverge, entonces $\int_a^{\infty} f(x)\, dx$ diverge.

Un criterio semejante sirve para las integrales desde $-\infty$ hasta $b$. La demostración de (11.6.2) se deja como ejercicio.

**Ejemplo 4.** La integral impropia

$$\int_1^{\infty} \frac{dx}{\sqrt{1+x^3}}$$

converge dado que

$$\frac{1}{\sqrt{1+x^3}} < \frac{1}{x^{3/2}} \quad \text{para } x \in [1, \infty) \qquad \text{y} \qquad \int_1^{\infty} \frac{dx}{x^{3/2}} \quad \text{converge.}$$ □

**Ejemplo 5.** La integral impropia

$$\int_1^{\infty} \frac{dx}{\sqrt{1+x^2}}$$

diverge dado que

$$\frac{1}{1+x} \leq \frac{1}{\sqrt{1+x^2}} \quad \text{para } x \in [1, \infty) \qquad \text{y} \qquad \int_1^{\infty} \frac{dx}{1+x} \quad \text{diverge.}$$ □

Supongamos ahora que $f$ sea continua en $(-\infty, \infty)$. Se dice que la *integral impropia*

$$\int_{-\infty}^{\infty} f(x)\, dx$$

*converge* sii

$$\int_{-\infty}^{0} f(x)\,dx \qquad \text{y} \qquad \int_{0}^{\infty} f(x)\,dx$$

convergen ambas. Se escribe entonces

$$\int_{-\infty}^{\infty} f(x)\,dx = l + m$$

donde

$$\int_{-\infty}^{0} f(x)\,dx = l \qquad \text{y} \qquad \int_{0}^{\infty} f(x)\,dx = m.$$

También pueden darse integrales impropias en intervalos acotados. Supongamos que $f$ sea continua en el intervalo semiabierto $[a, b)$ sin estar acotada. Ver la figura 11.6.3. Si

$$\lim_{c \to b^-} \int_{a}^{c} f(x)\,dx = l \qquad (l \text{ finito})$$

diremos que la *integral impropia*

$$\int_{a}^{b} f(x)\,dx$$

*converge a* $l$. En caso contrario, diremos que *la integral impropia diverge*. De manera análoga, las funciones continuas no acotadas en intervalos abiertos de la forma $(a, b]$ conducen a límites de la forma

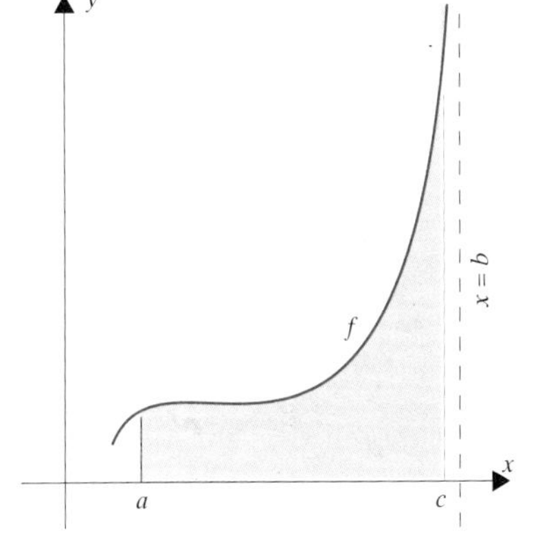


**Figura 11.6.3**

$$\lim_{c \to a^+} \int_{c}^{b} f(x)\,dx$$

luego a las integrales impropias

$$\int_{a}^{b} f(x)\,dx.$$

**Ejemplo 6.**

(a) $\displaystyle\int_{0}^{1} (1 - x)^{-2/3}dx = 3.$ (b) $\displaystyle\int_{0}^{1} \frac{dx}{x}$ diverge.

Comprobación

(a) $$\int_0^1 (1-x)^{-2/3}\,dx = \lim_{c\to 1^-}\int_0^1 (1-x)^{-2/3}\,dx$$

$$= \lim_{c\to 1^-}\left[-3(1-x)^{-1/3}\right]_0^c = \lim_{c\to 1^-}[-3(1-c)^{-1/3}+3] = 3.$$

(b) $$\int_0^1 \frac{dx}{x} = \lim_{c\to 0^+}\int_c^1 \frac{dx}{x} = \lim_{c\to 0^+}(-\ln c) = \infty. \quad \square$$

Supongamos ahora que $f$ es continua en un intervalo $[a, b]$, excepto en algún punto $c$ de $(a, b)$, y que $f(x) \to \pm\infty$ cuando $x \to c^+$ o cuando $x \to c^-$. Diremos que la integral impropia

$$\int_a^b f(x)\,dx$$

converge sii *las dos* integrales impropias

$$\int_a^c f(x)\,dx \qquad \text{y} \qquad \int_c^b f(x)\,dx \quad \text{converge.}$$

**Ejemplo 7.** Para evaluar

(*) $$\int_1^4 \frac{dx}{(x-2)^2}$$

necesitamos calcular

$$\lim_{c\to 2^-}\int_1^c \frac{dx}{(x-2)^2} \qquad \text{y} \qquad \lim_{c\to 2^+}\int_c^4 \frac{dx}{(x-2)^2}.$$

Como se puede comprobar, ninguno de estos límites existe y por lo tanto la integral impropia (*) diverge

Obsérvese que, si uno ignora el carácter impropio de la integral (*) puede llegar a la *conclusión errónea* siguiente

$$\int_1^4 \frac{dx}{(x-2)^2} = \left[\frac{-1}{x-2}\right]_1^4 = -\frac{3}{2}. \quad \square$$

## EJERCICIOS 11.6

Calcular las integrales impropias que converjan

**1.** $\int_1^\infty \frac{dx}{x^2}$. **2.** $\int_0^\infty \frac{dx}{1+x^2}$. **3.** $\int_0^\infty \frac{dx}{4+x^2}$.

**4.** $\int_0^\infty e^{-px}\,dx, \quad p>0.$ **5.** $\int_0^\infty e^{px}\,dx, \quad p>0.$ **6.** $\int_0^1 \frac{dx}{\sqrt{x}}.$

**7.** $\int_0^8 \frac{dx}{x^{2/3}}.$ **8.** $\int_0^1 \frac{dx}{x^2}.$ **9.** $\int_0^1 \frac{dx}{\sqrt{1-x^2}}.$

**10.** $\int_0^1 \frac{dx}{\sqrt{1-x}}.$ **11.** $\int_0^2 \frac{x}{\sqrt{4-x^2}}\,dx.$ **12.** $\int_0^a \frac{dx}{\sqrt{a^2-x^2}}.$

**13.** $\int_e^\infty \frac{\ln x}{x}\,dx.$ **14.** $\int_e^\infty \frac{dx}{x\ln x}.$ **15.** $\int_0^1 x\ln x\,dx.$

**16.** $\int_e^\infty \frac{dx}{x(\ln x)^2}.$ **17.** $\int_{-\infty}^\infty \frac{dx}{1+x^2}.$ **18.** $\int_2^\infty \frac{dx}{x^2-1}.$

**19.** $\int_{-\infty}^\infty \frac{dx}{x^2}.$ **20.** $\int_{1/3}^3 \frac{dx}{\sqrt[3]{3x-1}}.$ **21.** $\int_1^\infty \frac{dx}{x(x+1)}.$

**22.** $\int_{-\infty}^0 xe^x\,dx.$ **23.** $\int_3^5 \frac{x}{\sqrt{x^2-9}}\,dx.$ **24.** $\int_1^4 \frac{dx}{x^2-4}.$

**25.** $\int_{-3}^3 \frac{dx}{x(x+1)}.$ **26.** $\int_1^\infty \frac{x}{(1+x^2)^2}\,dx.$ **27.** $\int_{-3}^1 \frac{dx}{x^2-4}.$

**28.** $\int_0^\infty \operatorname{senh} x\,dx.$ **29.** $\int_0^\infty \cosh x\,dx.$ **30.** $\int_1^4 \frac{dx}{x^2-5x+6}.$

**31.** Sea $\Omega$ la región debajo de la curva $y=e^{-x}$, $x\ge 0$. (a) Representar $\Omega$. (b) Hallar el área de $\Omega$. (c) Hallar el volumen del sólido obtenido al girar $\Omega$ alrededor del eje $y$. (e) Hallar la superficie lateral del sólido del apartado (c).

**32.** ¿Qué punto debería ser el centroide de la región del ejercicio 31? ¿Se aplica el teorema de Pappus en este caso?

**33.** Sea $\Omega$ la región debajo de la curva $y = e^{x^2}$, $x\ge 0$. (a) Demostrar que $\Omega$ tiene área finita (el área vale $\frac{1}{2}\sqrt{\pi}$ como se verá en el Capítulo 17). (b) Calcular el volumen engendrado al girar $\Omega$ alrededor del eje $y$.

**34.** Sea $\Omega$ la región delimitada inferiormente por $y(x^2+1)=x$, superiormente por $xy=1$ y, por la izquierda, por $x=1$. (a) Hallar el área de $\Omega$. (b) Demostrar que el sólido engendrado al girar $\Omega$ alrededor del eje $x$ tiene volumen finito. (c) Calcular el volumen del sólido engendrado al girar $\Omega$ alrededor del eje $y$.

**35.** Sea $\Omega$ la región debajo de la curva $y=x^{-1/4}$, $0<x\le 1$. (a) Representar $\Omega$. (b) Hallar el área de $\Omega$. (c) Hallar el volumen del sólido engendrado al girar $\Omega$ alrededor del eje $x$. (d) Hallar el volumen del sólido engendrado al girar $\Omega$ alrededor del eje $y$.

**36.** Demostrar el criterio de comparación (11.6.2).

Usar el criterio de comparación (11.6.2) para determinar si las integrales siguientes convergen.

**37.** $\int_1^\infty \frac{x}{\sqrt{1+x^5}}\,dx.$ **38.** $\int_1^\infty 2^{-x^2}\,dx.$ **39.** $\int_0^\infty (1+x^5)^{-1/6}\,dx.$

**40.** $\int_\pi^\infty \frac{\operatorname{sen}^2 2x}{x^2}\,dx.$ **41.** $\int_1^\infty \frac{\ln x}{x^2}\,dx.$ **42.** $\int_e^\infty \frac{dx}{\sqrt{x+1}\ln x}.$

**43.** Calcular la longitud del arco que va desde el origen hasta el punto $(x(\theta_1), y(\theta_1))$ a lo largo de la espiral exponencial $r = ae^{c\theta}$. (Tomar $a0$, $c0$).

**44.** La función

$$f(x) = \frac{1}{\sqrt{2\pi}} \int_{-\infty}^{x} e^{-t^2/2} dt$$

juega un importante papel en estadística. Demostrar que la integral de la derecha converge para todo $x$ real.

## 11.7 EJERCICIOS ADICIONALES

Establecer si las sucesiones siguientes convergen y, en caso afirmativo, hallar su límite.

**1.** $3^{1/n}$.

**2.** $n2^{1/n}$.

**3.** $\cos n\pi \operatorname{sen} n\pi$.

**4.** $\dfrac{(n+1)(n+2)}{(n+3)(n+4)}$.

**5.** $\left(\dfrac{n}{1+n}\right)^{1/n}$.

**6.** $\dfrac{n^2+5n+1}{n^3+1}$.

**7.** $\cos \dfrac{\pi}{n} \operatorname{sen} \dfrac{\pi}{n}$.

**8.** $\dfrac{n^\pi}{1-n^\pi}$.

**9.** $\left(2+\dfrac{1}{n}\right)^n$.

**10.** $\dfrac{\pi}{n} \cos \dfrac{\pi}{n}$.

**11.** $\dfrac{\ln [n(n+1)]}{n}$.

**12.** $\left[\ln \left(1+\dfrac{1}{n}\right)\right]^n$.

**13.** $\dfrac{\pi}{n} \ln \dfrac{n}{\pi}$.

**14.** $\dfrac{\pi}{n} e^{\pi/n}$.

**15.** $\dfrac{n}{\pi} \operatorname{sen} n\pi$.

**16.** $3 \ln 2n - \ln (n^3+1)$.

**17.** $\int_n^{n+1} e^{-x}\, dx$.

**18.** $\int_1^n \dfrac{dx}{\sqrt{x}}$.

**19.** Demostrar que, si $a_n \to l$, entonces $b_n = a_{n+1} \to l$.

**20.** Si $f$ es una función continua para todo $x$ real, para todo número $c$ real podemos formar la sucesión

$$f(c), \quad f^2(c) = f(f(c)), \quad \ldots \quad, f^n(f^{n-1}(c)), \quad \ldots \quad .$$

Demostrar que si $f^n(c) \to l$, entonces $f(l) = l$ [luego $l$ es solución de la ecuación $f(x) = x$].

**21. (Calculadora)** Tomar un número real $a$ cualquiera y formar la sucesión

$$\cos a, \quad \cos(\cos a), \quad \cos(\cos(\cos a)), \quad \ldots \quad .$$

Convencerse numéricamente que esta sucesión converge a algún número $l$. Determinar $l$ y comprobar que $\cos l = l$ (este es un método numérico práctico para resolver la ecuación $\cos x = x$).

**22. (Calculadora)** Hallar una solución numérica para la ecuación $\operatorname{sen}(\cos x) = x$. SUGERENCIA: Usar el método del ejercicio 21.

**23.** (Calculadora) Hallar una solución numérica para la ecuación cos (sen $x$) = $x$.

**24.** Calcular

$$\int_0^a \ln \frac{1}{x}\, dx \qquad \text{para } a > 0.$$

**25.** *(Útil más adelante)* Sea $f$ una función continua, decreciente y positiva en $[1, \infty)$. Demostrar que

$$\int_1^{\infty} f(x)\, dx \quad \text{converge sii la sucesión} \quad \left\{\int_1^{n} f(x)\, dx\right\} \quad \text{converge.}$$

**26.** Hallar la longitud de la curva $y = (a^{2/3} - x^{2/3})^{3/2}$ desde $x = 0$ hasta $x = a > 0$.

**27.** Sean $f$ una función continua en $(-\infty, \infty)$ y $L$ un número real.

(a) Demostrar que

$$\text{si} \quad \int_{-\infty}^{\infty} f(x)\, dx = L \qquad \text{entonces} \qquad \lim_{c \to \infty} \int_{-c}^{c} f(x)\, dx = L.$$

(b) Demostrar que el recíproco de (a) es falso probando que

$$\lim_{c \to \infty} \int_{-c}^{c} x\, dx = 0 \qquad \text{pero} \qquad \int_{-\infty}^{\infty} x\, dx \quad \text{diverge.}$$

**28.** Demostrar que

$$\int_{-\infty}^{\infty} f(x)\, dx = L \qquad \text{sii} \qquad \lim_{c \to \infty} \int_{-c}^{c} f(x)\, dx = L$$

suponiendo que $f$ es (a) no negativa o (b) par.

El valor actual de una corriente perpetua de ingresos, que fluye continuamente a razón de $R(t)$ dólares por año, viene dada por la fórmula

$$P.V. = \int_0^{\infty} R(t)\, e^{-rt}\, dt,$$

donde $r$ es la tasa de interés continuo.

**29.** ¿Cuál es el valor actual de un flujo de ingresos si $R(t)$ es constantemente 100 dólares por año y $r$ es el 5%?

**30.** ¿Cuál es el valor actual si $R(t)$ es $100 + 60t$ dólares por año y $r$ es el 10%?

**(Calculadora)** Evaluar numéricamente los límites y demostrar después que la respuesta es correcta.

**31.** $\displaystyle\lim_{x \to \infty} \left\{x^2\left[\ln\left(1 + \frac{5}{x}\right) - \frac{5}{x}\right]\right\}.$

**32.** $\displaystyle\lim_{x \to \infty} \left[x^3\left(e^{1/x} - 1 - \frac{1}{x} - \frac{1}{2x^2}\right)\right].$

**33.** Un alambre rectilíneo que transporta una corriente $I$ se extiende a lo largo del eje de las $x$. $P$ es un punto arbitrario a distancia $a$ del alambre. La contribución $\Delta B_i$ al campo magnético $B$ en $P$ de un corto segmento de alambre, de longitud $\Delta x_i$ vale aproximadamente

$$k_M I \frac{\operatorname{sen}\, \theta_i^*}{(r_i^*)^2}$$

donde $\theta_i^*$ y $r_i^*$ son como en la figura 11.7.1. Calcular $B$ en $P$. SUGERENCIA: Situar el origen del eje $x$ en el corte de dicho eje con la perpendicular al mismo que pasa por $P$. Expresar como una integral la contribución a $B$ de un intervalo $[-c, c]$ y tomar luego el límite cuando $c \to \infty$.

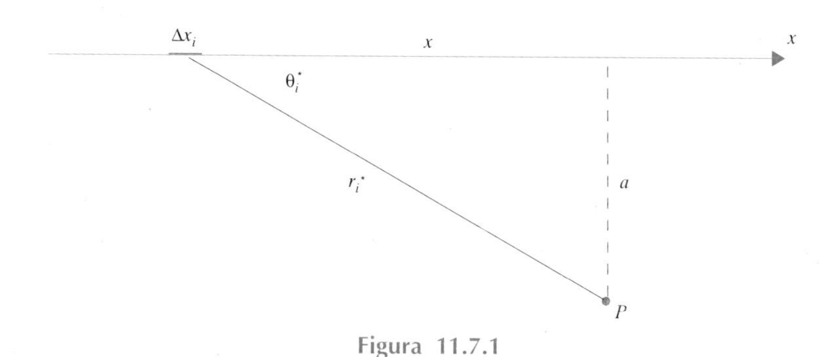


Figura 11.7.1

**34.** En cualquier muestra de moléculas de un gas, algunas se mueven más de prisa que la media y otras más lentamente que la media. El número $N(v_1, v_2)$ de moléculas cuyas velocidades están comprendidas en el intervalo $v_1 \leq v \leq v_2$ puede calcularse a partir de la fórmula de Maxwell-Boltzman:

$$N(v_1, v_2) = C \int_{v_1}^{v_2} v^2 e^{-\alpha v^2} \; dv.^{\dagger}$$

Aquí, $C$ y $\alpha$ son constantes positivas (la constante $\alpha$ puede expresarse en función de la masa de una molécula y de la temperatura de la muestra por la fórmula $\alpha = m/2kT$; siendo $k$ la constante de Boltzmann).

† $N(v_1, v_2)$ ha de ser un entero, pero la integral de la derecha rara vez resulta ser un entero. Esta fórmula (importante) no puede interpretarse como una igualdad estricta; sólo es una aproximación especialmente buena en el caso de un gran número de moléculas en una muestra típica de gas.

(a) $N = N(0, \infty)$ es el número total de moléculas en la muestra. Expresar $C$ en función de $N$ y de $\alpha$. SUGERENCIA: Usar el hecho demostrado en la sección 17.5 de que

$$\int_0^\infty e^{-x^2}\, dx = \tfrac{1}{2}\sqrt{\pi}.$$

(b) La *velocidad media* de una molécula, $\bar{v}$ puede calcularse haciendo una media ponderada de todas las posibles velocidades $v$, usando el "factor de Maxwell-Boltzmann" $v^2 e^{-\alpha v^2}$ como factor de ponderación:

$$N\bar{v} = C\int_0^\infty v \cdot v^2 e^{-\alpha v^2}\, dv.$$

Demostrar que esto implica que $\bar{v} = \sqrt{4kT/\pi m}$.

(c) La *energía cinética media* de una molécula, $\overline{\tfrac{1}{2}mv^2}$ viene dada por una media ponderada similar:

$$\overline{\tfrac{1}{2}mv^2} = \frac{C}{N}\int_0^\infty \tfrac{1}{2}mv^2 \cdot v^2 e^{-\alpha v^2}\, dv.$$

Demostrar que $\overline{\tfrac{1}{2}mv^2} = \tfrac{3}{2}kT$. (Observar que $\overline{\tfrac{1}{2}mv^2} = \tfrac{1}{2}m\overline{v^2}$ pero que esto no vale lo mismo que la cantidad $\tfrac{1}{2}m(\bar{v})^2$ ; difieren en un factor $3\pi/8$.)

---

## RESUMEN DEL CAPÍTULO

### 11.1 Sucesiones de números reales

sucesiones (p. 721 ) relación de recurrencia (p. 728 )
acotada, acotada superiormente, acotada inferiormente (p. 721 )
creciente, no decreciente, decreciente, no decreciente (p. 724 )

A menudo es posible obtener información útil acerca de una sucesión $y_n = f(n)$ aplicando las técnicas del cálculo a la función $y = f(x)$.

### 11.2 Límite de una sucesión

límite de una sucesión (p. 729 ) convergente, divergente (p. 731)

teorema de la sucesión intermedia (p. 735 ) $\lim_{n\to\infty}\left(1 + \frac{1}{n}\right)^n = e$

Toda sucesión convergente está acotada (p. 731); luego toda sucesión no acotada es divergente.

Una sucesión monótona acotada es convergente (p. 732).

Supongamos que $c_n \to c$ y que todos los $c_n$ pertenecen al dominio de $f$. Si $f$ es continua en $c$, $f(c_n) \to f(c)$ (p. 737)

## 11.3 Algunos límites importantes

para $x > 0$, $\lim_{n\to\infty} x^{1/n} = 1$ para $|x| < 1$, $\lim_{n\to\infty} x^n = 0$

para cada $x$ real, $\lim_{n\to\infty} \frac{x^n}{n!} = 0$ para $\alpha > 0$, $\lim_{n\to\infty} \frac{1}{n^\alpha} = 0$

$\lim_{n\to\infty} \frac{\ln n}{n} = 0$ $\lim_{n\to\infty} n^{1/n} = 1$

para cada $x$ real, $\lim_{n\to\infty} \left(1 + \frac{x}{n}\right)^n = e^x$ sucesiones de Cauchy (p. 748)

## 11.4 La forma indeterminada (0/0)

La regla de L'Hospital (0/0) (p. 749) teorema del valor medio de Cauchy (p. 753)

Si un producto $f(x)g(x)$ da lugar a una forma indeterminada del tipo $0 \cdot \infty$, el mismo producto escrito como $f(x)/(1/g(x))$ da lugar a una forma indeterminada del tipo 0/0.

## 11.5 La forma indeterminada ($\infty/\infty$)

La regla de L'Hospital ($\infty/\infty$) (p. 756) gráficas asintóticas (p. 759)

$\lim_{x\to\infty} \frac{\ln x}{x} = 0$ $\lim_{x\to\infty} \frac{x^k}{e^x} = 0$ $\lim_{x\to 0^+} x^x = 1$

## 11.6 Integrales impropias

integrales impropias (p. 761) un criterio de comparación (p.764)

$\int_1^\infty \frac{dx}{x^p}$ converge para $p > 1$ y diverge para $p \leq 1$

## 11.7 Ejercicios adicionales

# 12 SERIES INFINITAS

## 12.1 LA NOTACIÓN SIGMA

Para indicar la sucesión

$$\{1, \tfrac{1}{2}, \tfrac{1}{4}, \ldots\}$$

podemos hacer $a_n = (\frac{1}{2})^{n-1}$ y escribir

$$\{a_1, a_2, a_3, \ldots\}.$$

También podemos hacer $b_n = (\frac{1}{2})^n$ y escribir

$$\{b_0, b_1, b_2, \ldots\},$$

empezando, en este caso, por el índice 0. Más generalmente, podemos poner $c_n = (\frac{1}{2})^{n-p}$ y escribir

$$\{c_p, c_{p+1}, c_{p+2}, \ldots\},$$

empezando esta vez por el índice $p$. En este capítulo empezaremos a menudo por un índice distinto de 1.

El símbolo $\Sigma$ es la letra griega "sigma" mayúscula. Escribimos

$$\sum_{k=0}^{n} a_k \tag{1}$$

(léase "suma desde $k$ igual a 0 hasta $k$ igual a $n$ de las $a$ sub $k$") para indicar la suma

$$a_0 + a_1 + \ldots + a_n.$$

En general, si $n \geq m$, escribimos

$$(2) \qquad \sum_{k=m}^{n} a_k$$

para indicar la suma

$$a_m + a_{m+1} + \dots + a_n.$$

En (1) y (2) se usa la letra $k$ como variable "muda". Es decir que puede ser sustituida por cualquier otra letra no utilizada previamente. Por ejemplo, se puede usar cada una de las siguientes expresiones

$$\sum_{i=3}^{7} a_i, \qquad \sum_{j=3}^{7} a_j, \qquad \sum_{k=3}^{7} a_k$$

para indicar la suma

$$a_3 + a_4 + a_5 + a_6 + a_7.$$

Traduciendo

$$(a_0 + \dots + a_n) + (b_0 + \dots + b_n) = (a_0 + b_0) + \dots + (a_n + b_n),$$
$$\alpha(a_0 + \dots + a_n) = \alpha a_0 + \dots + \alpha a_n,$$
$$(a_0 + \dots + a_m) + (a_{m+1} + \dots + a_n) = a_0 + \dots + a_n$$

a la notación con $\Sigma$, tenemos

$$\sum_{k=0}^{n} a_k + \sum_{k=0}^{n} b_k = \sum_{k=0}^{n} (a_k + b_k), \qquad \alpha \sum_{k=0}^{n} a_k = \sum_{k=0}^{n} \alpha a_k,$$
$$\sum_{k=0}^{m} a_k + \sum_{k=m+1}^{n} a_k = \sum_{k=0}^{n} a_k.$$

A veces suele ser conveniente cambiar los índices. En relación con esto, observemos que

$$\sum_{k=j}^{n} a_k = \sum_{i=0}^{n-j} a_{i+j}. \qquad \text{(hacer } i = k - j\text{)}$$

Ambas expresiones son abreviaciones de $a_j + a_{j+1} + \dots + a_n$.

El lector podrá familiarizarse con esta notación haciendo los ejercicios que se proponen a continuación, pero antes, una observación más. Si todos los $a_k$ son iguales a un número $x$ fijado, entonces

$$\sum_{k=0}^{n} a_k \quad \text{puede escribirse} \quad \sum_{k=0}^{n} x.$$

Obviamente, entonces

$$\sum_{k=0}^{n} x = \overbrace{x + x + \ldots + x}^{n+1} = (n+1)\,x.$$

en particular

$$\sum_{k=0}^{n} 1 = n + 1.$$

## EJERCICIOS 12.1

Calcular las siguientes expresiones.

**1.** $\sum_{k=0}^{2} (3k+1)$. **2.** $\sum_{k=1}^{4} (3k-1)$. **3.** $\sum_{k=0}^{3} 2^k$. **4.** $\sum_{k=0}^{3} (-1)^k 2^k$.

**5.** $\sum_{k=0}^{3} (-1)^k 2^{k+1}$. **6.** $\sum_{k=2}^{5} (-1)^{k+1} 2^{k-1}$. **7.** $\sum_{k=1}^{4} \frac{1}{2^k}$. **8.** $\sum_{k=2}^{5} \frac{1}{k!}$.

**9.** $\sum_{k=3}^{5} \frac{(-1)^k}{k!}$. **10.** $\sum_{k=2}^{4} \frac{1}{3^{k-1}}$. **11.** $\sum_{k=0}^{3} (\frac{1}{2})^{2k}$. **12.** $\sum_{k=1}^{3} (-1)^{k+1} (\frac{1}{2})^{2k-1}$.

Expresar en notación sigma.

**13.** La suma inferior $m_1 \Delta x_1 + m_2 \Delta x_2 + \ldots + m_n \Delta x_n$.

**14.** La suma superior $M_1 \Delta x_1 + M_2 \Delta x_2 + \ldots + M_n \Delta x_n$.

**15.** La suma de Riemann $f(x_1^*)\Delta x_1 + f(x_2^*)\Delta x_2 + \ldots + f(x_n^*)\Delta x_n$.

**16.** $a^5 + a^4 b + a^3 b^2 + a^2 b^3 + a b^4 + b^5$. **17.** $a^5 - a^4 b + a^3 b^2 - a^2 b^3 + a b^4 - b^5$.

**18.** $a^n + a^{n-1} b + \ldots + a b^{n-1} + b^n$. **19.** $a_0 x^4 + a_1 x^3 + a_2 x^2 + a_3 x + a_4$.

**20.** $a_0 x^n + a_1 x^{n-1} + \ldots + a_{n-1} x + a_n$. **21.** $1 - 2x + 3x^2 - 4x^3 + 5x^4$.

**22.** $3x - 4x^2 + 5x^3 - 6x^4$.

Escribir las siguientes sumas como $\sum_{k=3}^{10} a_k$ y como $\sum_{i=0}^{7} a_{i+3}$:

**23.** $\frac{1}{2^3} + \frac{1}{2^4} + \ldots + \frac{1}{2^{10}}$.

**24.** $\frac{3^3}{3!} + \frac{4^4}{4!} + \ldots + \frac{10^{10}}{10!}$.

**25.** $\frac{3}{4} - \frac{4}{5} + \ldots - \frac{10}{11}$.

**26.** $\frac{1}{3} + \frac{1}{5} + \frac{1}{7} + \ldots + \frac{1}{17}$.

**27.** (a) (*Importante*) Demostrar que para $x \neq 1$

$$\sum_{k=0}^{n} x^k = \frac{1 - x^{n+1}}{1 - x}.$$

(b) Determinar cuándo converge la sucesión $a_n = \sum_{k=0}^{n} \frac{1}{3^k}$ y hallar su límite cuando proceda.

**28.** Expresar $\sum_{k=1}^{n} \frac{a_k}{10^k}$ como una fracción decimal dado que cada $a_k$ es un número entero comprendido entre 0 y 9.

**29.** Sea $p$ un entero positivo. Demostrar que, cuando $n \to \infty$,

$$a_n \to l \qquad \text{sii} \qquad a_{n-p} \to l.$$

**30.** Demostrar que

$$\sum_{k=1}^{n} \frac{1}{\sqrt{k}} \geq \sqrt{n}.$$

Comprobar por inducción

**31.** $\sum_{k=1}^{n} k = \frac{1}{2}(n)(n+1)$.

**32.** $\sum_{k=1}^{n} (2k-1) = n^2$.

**33.** $\sum_{k=1}^{n} k^2 = \frac{1}{6}(n)(n+1)(2n+1)$.

**34.** $\sum_{k=1}^{n} k^3 = \left(\sum_{k=1}^{n} k\right)^2$.

## 12.2 SERIES INFINITAS

### Introducción; definiciones

Mientras que es posible sumar dos números, tres números, un centenar de números, o incluso un millón de números, resulta imposible sumar una infinidad de números. La teoría de las *series infinitas* surge del intento de salvar esta imposibilidad.

Para formar una serie infinita, empezamos considerando una sucesión infinita de números reales: $a_0$, $a_1$, ... . No podemos forma la suma de todos los $a_k$ (hay una infinidad de ellos), pero sí podemos formar las *sumas parciales*

$$
\begin{aligned}
s_0 &= a_0 = \sum_{k=0}^{0} a_k, \\
s_1 &= a_0 + a_1 = \sum_{k=0}^{1} a_k, \\
s_2 &= a_0 + a_1 + a_2 = \sum_{k=0}^{2} a_k, \\
s_3 &= a_0 + a_1 + a_2 + a_3 = \sum_{k=0}^{3} a_k, \\
&\vdots \\
s_n &= a_0 + a_1 + a_2 + a_3 + \ldots + a_n = \sum_{k=0}^{n} a_k \\
&\vdots
\end{aligned}
$$

Si la sucesión $\{s_n\}$ de las sumas parciales converge a un límite finito $l$, escribiremos

$$\sum_{k=0}^{\infty} a_k = l$$

y diremos que

$$\text{la } \textit{serie } \sum_{k=0}^{\infty} a_k \textit{ converge} \text{ a } l.$$

Diremos que $l$ es la *suma* de la serie. Si la sucesión de las sumas parciales diverge, diremos que

$$\text{la } \textit{serie } \sum_{k=0}^{\infty} a_k \textit{ diverge}.$$

**Observación.** Es importante observar que la suma de una serie no es una suma en el sentido ordinario. Es un límite. □

He aquí algunos ejemplos

**Ejemplo 1.** Empezamos con la serie

$$\sum_{k=0}^{\infty} \frac{1}{(k+1)(k+2)}.$$

Para determinar si esta serie converge o no, hemos de examinar las sumas parciales

Dado que

$$\frac{1}{(k+1)(k+2)} = \frac{1}{k+1} - \frac{1}{k+2},$$

se puede ver que

$$\begin{aligned} s_n &= \frac{1}{1\cdot 2} + \frac{1}{2\cdot 3} + \ldots + \frac{1}{n(n+1)} + \frac{1}{(n+1)(n+2)} \\ &= \left(\frac{1}{1} - \frac{1}{2}\right) + \left(\frac{1}{2} - \frac{1}{3}\right) + \ldots + \left(\frac{1}{n} - \frac{1}{n+1}\right) + \left(\frac{1}{n+1} - \frac{1}{n+2}\right) \\ &= 1 - \frac{1}{2} + \frac{1}{2} - \frac{1}{3} + \ldots + \frac{1}{n} - \frac{1}{n+1} + \frac{1}{n+1} - \frac{1}{n+2}. \end{aligned}$$

Puesto que todos los términos, excepto el primero y el último, aparecen por pares con signos opuestos, la suma se simplifica y da

$$s_n = 1 - \frac{1}{n+2}.$$

Evidentemente, cuando $n \to \infty$, $s_n \to 1$. Esto significa que la serie converge a 1:

$$\sum_{k=0}^{\infty} \frac{1}{(k+1)(k+2)} = 1. \quad \square$$

**Ejemplo 2.** Consideraremos aquí dos series divergentes

$$\sum_{k=0}^{\infty} 2^k \qquad \text{y} \qquad \sum_{k=1}^{\infty} (-1)^k.$$

Las sumas parciales de la primera serie son de la forma

$$s_n = \sum_{k=0}^{n} 2^k = 1 + 2 + \ldots + 2^n.$$

La sucesión $\{s_n\}$ no está acotada luego es divergente (11.2.5). Esto significa que la serie es divergente.

En cuanto a la segunda serie, tenemos que

$$s_n = -1 \quad \text{si } n \text{ es impar} \quad \text{y} \quad s_n = 0 \quad \text{si } n \text{ es par.}$$

La sucesión de las sumas parciales tiene el siguiente aspecto

$$-1,\ 0,\ -1,\ 0,\ -1,\ 0,\ \ldots .$$

La serie diverge dado que la sucesión de las sumas parciales diverge. □

**Las series geométricas**

En la escuela se estudia la progresión geométrica: $1, x, x^2, x^3, \ldots$ . Las sumas

$$1,\ 1+x,\ 1+x+x^2,\ 1+x+x^2+x^3,\ \ldots$$

engendradas por números en progresión geométrica son las sumas parciales de lo que se conoce como *series geométricas*:

$$\sum_{k=0}^{\infty} x^k.$$

Las series geométricas aparecen en tantos contexto que merecen una atención especial.

El resultado siguiente es fundamental

**(12.2.1)**

$$\text{(i) si } |x| < 1, \quad \text{entonces } \sum_{k=0}^{\infty} x^k = \frac{1}{1-x};$$

$$\text{(ii) si } |x| \geq 1, \quad \text{entonces } \sum_{k=0}^{\infty} x^k \text{ diverge.}$$

Demostración. La $n$–ésima suma parcial de la serie geométrica

$$\sum_{k=0}^{\infty} x^k$$

tiene la forma

(1) $$s_n = 1 + x + \ldots + x^n.$$

La multiplicación por $x$ nos da

$$xs_n = x + x^2 + \ldots + x^{n+1}.$$

Restando la segunda ecuación de la primera, obtenemos que

$$(1-x)\, s_n = 1 - x^{n+1}.$$

Para $x \neq 1$, esto nos da

(2) $$s_n = \frac{1 - x^{n+1}}{1 - x}.$$

Si $|x| < 1$, entonces $x^{n+1} \to 0$ luego, en virtud de la ecuación (2),

$$s_n \to \frac{1}{1 - x}.$$

Esto demuestra (i).

Demostremos ahora (ii). Para $x = 1$, usamos la ecuación (1) y deducimos que $s_n = n + 1$. Evidentemente, $\{s_n\}$ diverge. Para $x \neq 1$, con $|x| \geq 1$, usamos la ecuación (2). Dado que en este caso $\{x^{n+1}\}$ diverge, $\{s_n\}$ diverge. ☐

Puede que el lector haya visto anteriormente (12.2.1) escrito de la siguiente manera

$$a + ar + ar^2 + \ldots + ar^n + \ldots = \left\{ \begin{array}{l} \dfrac{a}{1 - r}, \ |r| < 1 \\ \text{diverge}, \ |r| \geq 1 \end{array} \right].$$

Tomando $a = 1$ y $r = \frac{1}{2}$, tenemos

$$\sum_{k=0}^{\infty} \frac{1}{2^k} = \frac{1}{1 - \frac{1}{2}} = 2.$$

Tomando la suma a partir de $k = 1$ en lugar de $k = 0$, obtenemos

**(12.2.2)** $$\sum_{k=1}^{\infty} \frac{1}{2^k} = 1.$$

Las sumas parciales de esta serie

$$\begin{aligned} s_1 &= \tfrac{1}{2}, \\ s_2 &= \tfrac{1}{2} + \tfrac{1}{4} = \tfrac{3}{4}, \\ s_3 &= \tfrac{1}{2} + \tfrac{1}{4} + \tfrac{1}{8} = \tfrac{7}{8}, \\ s_4 &= \tfrac{1}{2} + \tfrac{1}{4} + \tfrac{1}{8} + \tfrac{1}{16} = \tfrac{15}{16}, \\ s_5 &= \tfrac{1}{2} + \tfrac{1}{4} + \tfrac{1}{8} + \tfrac{1}{16} + \tfrac{1}{32} = \tfrac{31}{32}, \end{aligned}$$

etc.

están representadas en la figura 12.2.1. Cada nueva suma parcial queda a mitad de camino entre la suma parcial anterior y el número 1.

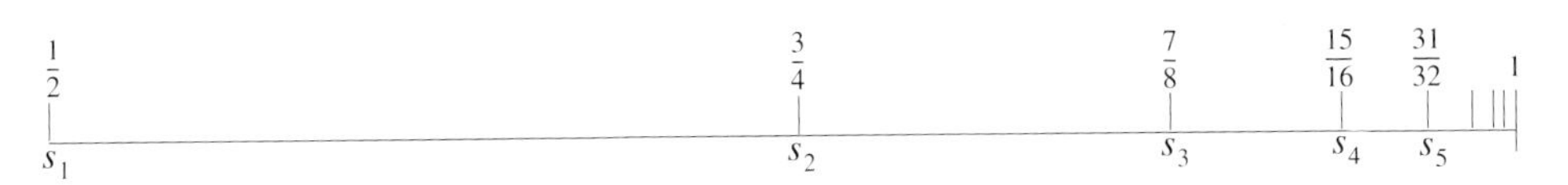


**Figura 12.2.1**

La convergencia de la serie geométrica para $x = \frac{1}{10}$ nos permite asignar un significado preciso a los desarrollos decimales infinitos. Partamos del hecho que

$$\sum_{k=0}^{\infty} \left(\frac{1}{10}\right)^k = \sum_{k=0}^{\infty} \frac{1}{10^k} = \frac{1}{1-\frac{1}{10}} = \frac{10}{9}.$$

Esto nos da

$$\sum_{k=1}^{\infty} \frac{1}{10^k} = \frac{1}{9}$$

y demuestra que las sumas parciales

$$s_n = \frac{1}{10} + \frac{1}{10^2} + \ldots + \frac{1}{10^n}$$

son todas inferiores a $\frac{1}{9}$. Tomemos ahora una serie de la forma

$$\sum_{k=1}^{\infty} \frac{a_k}{10^k} \qquad \text{con} \qquad a_k = 0, 1, \ldots, \text{ó } 9.$$

Sus sumas parciales

$$t_n = \frac{a_1}{10} + \frac{a_2}{10^2} + \ldots + \frac{a_n}{10^n}$$

son todas inferiores a 1:

$$t_n = \frac{a_1}{10} + \frac{a_2}{10^2} + \ldots + \frac{a_n}{10^n} \leq 9\left(\frac{1}{10} + \frac{1}{10^2} + \ldots + \frac{1}{10^n}\right) = 9s_n < 9\left(\frac{1}{9}\right) = 1.$$

Dado que $\{t_n\}$ es no decreciente y acotada superiormente, $\{t_n\}$ es convergente; esto significa que la serie

$$\sum_{k=1}^{\infty} \frac{a_k}{10^k}$$

es convergente. La suma de esta serie será el significado que daremos al desarrollo decimal infinito

$$0.a_1a_2a_3 \ldots a_n \ldots$$

A continuación aparecen dos problemas sencillos que conducen de manera natural a las series geométricas. El lector encontrará más en los ejercicios.

**Problema 3.** Al apagar un ventilador eléctrico, las aspas empiezan a perder velocidad. Suponiendo que las aspas giran $N$ veces durante el primer segundo después del apagado y que pierden al menos el $\sigma$ % de su velocidad con cada segundo que pasa, demostrar que las aspas no pueden realizar más de $100N\,\sigma^{-1}$ revoluciones después de la interrupción de la corriente.

*Solución.* El número de revoluciones durante el primer segundo después del apagado es

$$N.$$

El número de revoluciones durante los dos primeros segundos no puede ser superior a

$$N + \left(1 - \frac{1}{100}\sigma\right)N;$$

durante los tres primeros segundos, no más de

$$N + \left(1 - \frac{1}{100}\sigma\right)N + \left(1 - \frac{1}{100}\sigma\right)^2 N;$$

y, durante los primeros $n + 1$ segundos, no más de

$$N\sum_{k=0}^{n}\left(1 - \frac{1}{100}\sigma\right)^k.$$

El número total de revoluciones después de la interrupción de la corriente no puede exceder el valor límite

$$N\sum_{k=0}^{n}\left(1 - \frac{1}{100}\sigma\right)^k = N\left[\frac{1}{1 - (1 - \frac{1}{100}\sigma)}\right] = \frac{100N}{\sigma} = 100N\sigma^{-1}. \quad \square$$

Figura 12.2.2

**Problema 4.** De acuerdo con la figura 12.2.2, son las 2. ¿A qué hora entre las 2 y las 3 coincidirán las dos agujas del reloj?

*Solución.* Vamos a resolver el problema planteando una serie geométrica. Luego confirmaremos nuestra respuesta desde otro punto de vista.

La aguja de las horas gira doce veces más lentamente que el minutero. A las 2, el minutero señala las 12 mientras que la aguja de las horas señala el 2. Cuando el minutero señala el 2, la aguja de las horas llega a $2 + \frac{1}{6}$. Cuando el minutero llega a $2 + \frac{1}{6}$, la aguja de las horas alcanza a

$$2 + \frac{1}{6} + \frac{1}{6 \cdot 12}.$$

Cuando el minutero llega a

$$2 + \frac{1}{6} + \frac{1}{6 \cdot 12},$$

la aguja de las horas marca

$$2 + \frac{1}{6} + \frac{1}{6 \cdot 12} + \frac{1}{6 \cdot 12^2}.$$

y así sucesivamente. En general, cuando el minutero alcanza

$$2 + \frac{1}{6} + \frac{1}{6 \cdot 12} + \ldots + \frac{1}{6 \cdot 12^{n-1}} = 2 + \frac{1}{6}\sum_{k=0}^{n-1} \frac{1}{12^k},$$

la aguja de las horas marca

$$2 + \frac{1}{6} + \frac{1}{6 \cdot 12} + \ldots + \frac{1}{6 \cdot 12^{n-1}} + \frac{1}{6 \cdot 12^{n}} = 2 + \frac{1}{6}\sum_{k=0}^{n} \frac{1}{12^{k}}.$$

Las dos agujas coinciden cuando ambas apuntan hacia el valor límite

$$2 + \frac{1}{6}\sum_{k=0}^{\infty} \frac{1}{12^{k}} = 2 + \frac{1}{6}\left(\frac{1}{1 - \frac{1}{12}}\right) = 2 + \frac{2}{11}.$$

Esto ocurre a las $2 + \frac{2}{11}$, aproximadamente a las dos y 10 minutos y 55 segundos.

Podemos confirmar este resultado de la manera siguiente. Supongamos que las dos agujas coinciden a las $2 + x$. La aguja de las horas habrá recorrido una distancia $x$ y el minutero una distancia $2 + x$. Dado que el minutero se mueve doce veces más deprisa que la aguja de las horas, tendremos

$$12x = 2 + x, \qquad 11x = 2, \qquad \text{luego} \qquad x = \frac{2}{11}. \quad \square$$

Volveremos más adelante sobre las series geométricas. Ahora nos vamos a concentrar en las series generales.

## Algunos resultados básicos

**TEOREMA 12.2.3**

1. Si $\sum_{k=0}^{\infty} a_k$ converge y si $\sum_{k=0}^{\infty} b_k$ converge, entonces $\sum_{k=0}^{\infty} (a_k + b_k)$ converge.

   Además, si $\sum_{k=0}^{\infty} a_k = l$ y si $\sum_{k=0}^{\infty} b_k = m$, entonces $\sum_{k=0}^{\infty} (a_k + b_k) = l + m.$

2. Si $\sum_{k=0}^{\infty} a_k$ converge, entonces $\sum_{k=0}^{\infty} \alpha a_k$ converge para todo $\alpha$ número real.

   Además, si $\sum_{k=0}^{\infty} a_k = l$, entonces $\sum_{k=0}^{\infty} \alpha a_k = \alpha l.$

Demostración. Sea

$$s_n = \sum_{k=0}^{n} a_k, \quad t_n = \sum_{k=0}^{n} b_k, \quad u_n = \sum_{k=0}^{n} (a_k + b_k), \quad v_n = \sum_{k=0}^{n} \alpha a_k.$$

Observe que

$$u_n = s_n + t_n \qquad \text{y} \qquad v_n = \alpha s_n.$$

Si $s_n \to l$ y $t_n \to m$, entonces

$$u_n \to l + m \qquad \text{y} \qquad v_n \to \alpha l. \quad \square$$

**TEOREMA 12.2.4**

El $k$-ésimo término de una serie convergente tiende a 0; es decir,

$$\text{si } \sum_{k=0}^{\infty} a_k \text{ converge, entonces } a_k \to 0.$$

Demostración. Decir que la serie converge es decir que la sucesión de las sumas parciales converge a algún número $l$:

$$s_n = \sum_{k=0}^{n} a_k \to l.$$

Evidentemente, entonces $s_{n-1} \to l$. Dado que $a_n = s_n - s_{n-1}$, tenemos que $a_n \to l - l = 0$. Un cambio de notación nos da que $a_k \to 0$. $\square$

El resultado siguiente es una consecuencia evidente pero importante del teorema 12.2.4

**TEOREMA 12.2.5 UN CRITERIO DE DIVERGENCIA**

$$\text{Si } a_k \not\to 0, \text{ entonces } \sum_{k=0}^{\infty} a_k \text{ diverge.}$$

**Ejemplo 5.**

(a) Dado que $\frac{k}{k+1} \not\to 0$, la serie

$$\sum_{k=0}^{\infty} \frac{k}{k+1} = 0 + \frac{1}{2} + \frac{2}{3} + \frac{3}{4} + \frac{4}{5} + \ldots \text{ diverge.}$$

(b) Dado que $k \not\to 0$, la serie

$$\sum_{k=0}^{\infty} \text{sen } k = \text{sen } 0 + \text{sen } 1 + \text{sen } 2 + \text{sen } 3 + \ldots \text{ diverge.}$$ □

Precaución. El teorema 12.2.4 *no* dice que si $a_n \to 0$ la serie $\sum_{k=0}^{\infty} a_k$ converge. Existen series divergentes tales que $a_k \to 0$.

**Ejemplo 6.** En el caso de

$$\sum_{k=1}^{\infty} \frac{1}{\sqrt{k}} = \frac{1}{\sqrt{1}} + \frac{1}{\sqrt{2}} + \frac{1}{\sqrt{3}} + \frac{1}{\sqrt{4}} + \ldots$$

tenemos

$$a_k = \frac{1}{\sqrt{k}} \to 0,$$

pero dado que

$$s_n = \frac{1}{\sqrt{1}} + \frac{1}{\sqrt{2}} + \ldots + \frac{1}{\sqrt{n}} > \frac{n}{\sqrt{n}} = \sqrt{n},$$

la sucesión de las sumas parciales no está acotada, luego la serie diverge. □

## EJERCICIOS 12.2

Hallar la suma de las series

**1.** $\sum_{k=3}^{\infty} \frac{1}{(k+1)(k+2)}$.

**2.** $\sum_{k=0}^{\infty} \frac{1}{(k+3)(k+4)}$.

**3.** $\sum_{k=1}^{\infty} \frac{1}{2k(k+1)}$.

**4.** $\displaystyle\sum_{k=3}^{\infty} \frac{1}{k^2 - k}.$ **5.** $\displaystyle\sum_{k=1}^{\infty} \frac{1}{k(k+3)}.$ **6.** $\displaystyle\sum_{k=0}^{\infty} \frac{1}{(k+1)(k+3)}.$

**7.** $\displaystyle\sum_{k=0}^{\infty} \frac{3}{10^k}.$ **8.** $\displaystyle\sum_{k=0}^{\infty} \frac{12}{100^k}.$ **9.** $\displaystyle\sum_{k=0}^{\infty} \frac{67}{1000^k}.$

**10.** $\displaystyle\sum_{k=0}^{\infty} \frac{(-1)^k}{5^k}.$ **11.** $\displaystyle\sum_{k=0}^{\infty} \left(\frac{3}{4}\right)^k.$ **12.** $\displaystyle\sum_{k=0}^{\infty} \frac{3^k + 4^k}{5^k}.$

**13.** $\displaystyle\sum_{k=0}^{\infty} \frac{1 - 2^k}{3^k}.$ **14.** $\displaystyle\sum_{k=0}^{\infty} \left(\frac{25}{10^k} - \frac{6}{100^k}\right).$ **15.** $\displaystyle\sum_{k=3}^{\infty} \frac{1}{2^{k-1}}.$

**16.** $\displaystyle\sum_{k=0}^{\infty} \frac{1}{2^{k+3}}.$ **17.** $\displaystyle\sum_{k=0}^{\infty} \frac{2^{k+3}}{3^k}.$ **18.** $\displaystyle\sum_{k=2}^{\infty} \frac{3^{k-1}}{4^{3k+1}}.$

Expresar la fracción decimal como una serie infinita y expresar la suma como el cociente de dos enteros.

**19.** $0{,}777\ldots.$ **20.** $0{,}999\ldots.$ **21.** $0{,}\widehat{24}\widehat{24}\ldots.$

**22.** $0{,}\widehat{89}\widehat{89}\ldots.$ **23.** $0{,}\widehat{112}\widehat{112}\widehat{112}\ldots.$ **24.** $0{,}\widehat{315}\widehat{315}\widehat{315}\ldots.$

**25.** $0{,}62\widehat{45}\widehat{45}\ldots.$ **26.** $0{,}112\widehat{019}\widehat{019}\ldots.$

**27.** Usando series, demostrar que todo decimal periódico representa un número racional (el cociente de dos enteros).

**28.** Demostrar que

$$\sum_{k=0}^{\infty} a_k = l \qquad \text{sii} \qquad \sum_{k=j+1}^{\infty} a_k = l - (a_0 + \ldots + a_j).$$

Deducir estos resultados a partir de las series geométricas.

**29.** $\displaystyle\sum_{k=0}^{\infty} (-1)^k x^k = \frac{1}{1+x}, \quad |x| < 1.$ **30.** $\displaystyle\sum_{k=0}^{\infty} (-1)^k x^{2k} = \frac{1}{1+x^2}, \quad |x| < 1.$

Hallar un desarrollo en serie para cada una de las expresiones siguientes

**31.** $\dfrac{x}{1-x}$ para $|x| < 1.$ **32.** $\dfrac{x}{1+x}$ para $|x| < 1.$ **33.** $\dfrac{x}{1+x^2}$ para $|x| < 1.$

**34.** $\dfrac{1}{4-x^2}$ para $|x| < 2.$ **35.** $\dfrac{1}{1+4x^2}$ para $|x| < \frac{1}{2}.$ **36.** $\dfrac{x^2}{1-x}$ para $|x| < 1.$

**37.** En algún instante entre las 4 y las 5, el minutero se sitúa exactamente sobre la aguja de las horas. Expresar ese instante como una serie geométrica. ¿Cuál es la suma de esta serie?

**38.** Dado que una pelota que se deja caer hacia el suelo rebota hasta una altura proporcional a la altura desde la cual se la dejó caer, hallar la distancia total recorrida por una pelota que se deja caer desde una altura de 6 pies y cuyo rebote inicial alcanza una altura de 3 pies.

**39.** El ejercicio 38 suponiendo que el rebote inicial alcanza la altura de 2 pies.

**40.** En el contexto del ejercicio 38, ¿hasta qué altura rebota la pelota la primera vez si la distancia total recorrida es de 21 pies?

**41.** ¿Cuánto dinero debería depositar a un interés compuesto anual del $r$% para que sus descendientes puedan retirar $n_1$ dólares al final del primer año, $n_2$ dólares al final del segundo año, $n_3$ dólares al final del tercer año y así sucesivamente hasta perpetuidad? Se supondrá que la sucesión $\{n_k\}$ está acotada $n_k \leq N$ para todo $k$; expresar la respuesta como una serie infinita.

**42.** Sumar la serie obtenida en el ejercicio 41 haciendo

(a) $r = 5, n_k = 5000\left(\frac{1}{2}\right)^{k-1}$. (b) $r = 6, n_k = 1000\,(0{,}8)^{k-1}$. (c) $r = 5, n_k = N$.

**43.** Demostrar que

$$\sum_{k=1}^{\infty} \ln\left(\frac{k+1}{k}\right) \text{ diverge a pesar de que } \lim_{k\to\infty} \ln\left(\frac{k+1}{k}\right) = 0.$$

**44.** Demostrar que

$$\sum_{k=1}^{\infty} \left(\frac{k+1}{k}\right)^k \quad \text{diverge.}$$

**45.** Sea $\{d_k\}$ una sucesión de números reales que converge a 0.

(a) Demostrar que

$$\sum_{k=1}^{\infty} (d_k - d_{k+1}) = d_1.$$

(b) Sumar las series siguientes:

(i) $\displaystyle\sum_{k=1}^{\infty} \frac{\sqrt{k+1} - \sqrt{k}}{\sqrt{k(k+1)}}$. (ii) $\displaystyle\sum_{k=1}^{\infty} \frac{2k+1}{2k^2\,(k+1)^2}$

**46.** Demostrar que

$$\sum_{k=1}^{\infty} kx^{k-1} = \frac{1}{(1-x)^2} \qquad \text{para } |x| < 1.$$

SUGERENCIA: Comprobar que la $n$ – ésima suma parcial $s_n$ verifica la identidad

$$(1-x)^2 s_n = 1 - (n+1)\,x^n + nx^{n+1}.$$

---

### Un programa para sumar series (BASIC)

Este programa puede usarse para sumar una serie para la cual existe una relación sencilla entre los términos sucesivos (lo cual sucede a menudo en la práctica). En este ejemplo, cada término es la mitad del que le precede. Haciendo una modificación sencilla en el programa se pueden sumar otras series. Se puede probar, por ejemplo, escribir un programa para cada una de las siguientes series

$$\sum_{k=0}^{\infty}\left(\frac{3}{4}\right)^k, \quad \sum_{k=0}^{\infty}\frac{1}{k!}, \quad \sum_{k=1}^{\infty}\frac{1}{k}.$$

```
10 REM Sum a series
20 REM copyright © Colin C. Graham 1988-1989
30 REM change the three lines "firstterm = ...", "nextterm = ..."
40 REM and "thisterm = ..." to fit your particular series

50 firstterm = 1

100 INPUT "Enter number of terms:"; n

200 sum = firstterm
210 thisterm = firstterm

300 FOR j = 1 TO n
310 PRINT sum: REM omit this line if you don't want to see intermediate result
320 nextterm = thisterm/2
330 sum = sum + nextterm
340 thisterm = nextterm
350 NEXT j

400 PRINT sum

500 INPUT "Do it again? (Y/N)"; a$
510 IF a$ = "Y" OR a$ = "y" THEN 100
520 END
```

## 12.3 EL CRITERIO DE LA INTEGRAL; TEOREMAS DE COMPARACIÓN

En esta y en la próxima sección vamos a centrar nuestro interés en las *series con términos no negativos*: $a_k \geq 0$ para todo $k$. Para tales series, el teorema siguiente es fundamental.

**TEOREMA 12.3.1**

Una serie con términos no negativos converge sii la sucesión de las sumas parciales está acotada.

Demostración. Supongamos que la serie converge. Entonces la sucesión de las sumas parciales es convergente luego acotada (teorema 11.2.4).

Supongamos ahora que la sucesión de las sumas parciales está acotada. Dado que los términos son no negativos, la sucesión es no decreciente. Al estar acotada y ser no decreciente, la sucesión de las sumas parciales converge (teorema 11.2.6). Esto significa que la serie converge. □

La convergencia o la divergencia de una serie puede, a veces, deducirse de la convergencia o divergencia de una integral impropia estrechamente relacionada con dicha serie.

**TEOREMA 12.3.2 EL CRITERIO DE LA INTEGRAL**

Si $f$ es continua, decreciente y positiva en $[1, \infty)$, se verifica que

$$\sum_{k=1}^{\infty} f(k) \quad \text{converge} \quad \text{sii} \quad \int_1^{\infty} f(x)\,dx \quad \text{converge.}$$

Demostración. En el ejercicio 25 de la sección 11.7 se pedía demostrar que si $f$ es continua, decreciente y positiva en $[1,\infty)$

$$\int_1^{\infty} f(x)\,dx \quad \text{converge} \quad \text{sii} \quad \text{la sucesión } \left\{\int_1^{n} f(x)\,dx\right\} \quad \text{converge.}$$

Supuesto este resultado, basaremos nuestra demostración en el comportamiento de las sucesiones de integrales. Para visualizar nuestro argumento, véase la figura 12.3.1.

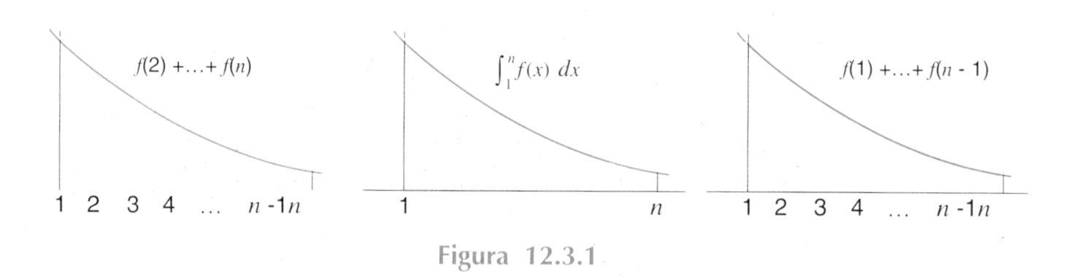


Figura 12.3.1

Dado que $f$ decrece en el intervalo $[1, n]$,

$$f(2) + \ldots + f(n) \quad \text{es una suma inferior para } f \text{ sobre } [1, n]$$

y

$$f(1) + \ldots + f(n-1) \quad \text{es una suma superior para } f \text{ sobre } [1, n].$$

En consecuencia

$$f(2) + \ldots + f(n) \le \int_1^n f(x)\,dx \quad \text{y} \quad \int_1^n f(x)\,dx \le f(1) + \ldots + f(n-1).$$

Si la sucesión de las integrales converge, está acotada. La primera desigualdad implica que la sucesión de las sumas parciales está acotada luego que la serie es convergente.

Supongamos ahora que la sucesión de las integrales diverge. Dado que $f$ es positiva, la sucesión de las integrales crece:

$$\int_1^n f(x)\,dx < \int_1^{n+1} f(x)\,dx.$$

Dado que esta sucesión diverge, ha de ser no acotada. La segunda desigualdad implica que la sucesión de las sumas parciales no está acotada y que la serie diverge. □

## Aplicación del criterio de la integral

**Ejemplo 1.** (*La serie armónica*)

**(12.3.3)** $$\sum_{k=1}^{\infty} \frac{1}{k} = 1 + \frac{1}{2} + \frac{1}{3} + \frac{1}{4} + \ldots \quad \text{diverge.}$$

Demostración. La función $f(x) = 1/x$ es continua, decreciente y positiva en $[1, \infty)$. Sabemos que

$$\int_1^{\infty} \frac{dx}{x} \text{ diverge.} \qquad (11.6.1)$$

Por el criterio de la integral

$$\sum_{k=1}^{\infty} \frac{1}{k} \text{ diverge.} \quad □$$

El ejemplo siguiente proporciona un resultado más general.

**Ejemplo 2.** (*La serie armónica general*)

**(12.3.4)** $$\sum_{k=1}^{\infty} \frac{1}{k^p} = 1 + \frac{1}{2^p} + \frac{1}{3^p} + \frac{1}{4^p} + \ldots \text{ converge sii } p > 1.$$

Demostración. Si $p \leq 0$, entonces cada uno de los términos de la serie es mayor o igual a 1 y, dado el criterio de divergencia (12.2.5), la serie no puede converger. Supongamos ahora que $p > 0$. La función $f(x) = 1/x^p$ es entonces continua decreciente y positiva en $[1, \infty)$. Luego, por el criterio de la integral

$$\sum_{k=1}^{\infty} \frac{1}{k^p} \text{ converge sii } \int_1^{\infty} \frac{dx}{x^p} \text{ converge.}$$

Anteriormente hemos visto que

$$\int_1^{\infty} \frac{dx}{x^p} \text{ converge sii } p > 1. \tag{11.6.1}$$

De ahí que

$$\sum_{k=1}^{\infty} \frac{1}{k^p} \text{ converge sii } p > 1. \quad \square$$

**Ejemplo 3.** Vamos a demostrar aquí que la serie

$$\sum_{k=1}^{\infty} \frac{1}{k \ln (k+1)} = \frac{1}{\ln 2} + \frac{1}{2 \ln 3} + \frac{1}{3 \ln 4} + \cdots$$

diverge. Empezaremos haciendo

$$f(x) = \frac{1}{x \ln (x+1)}.$$

Dado que $f$ es continua, decreciente y positiva en $[1, \infty)$, podemos usar el criterio de la integral. Observe que

$$\int_1^b \frac{dx}{x \ln (x+1)} > \int_1^b \frac{dx}{(x+1) \ln (x+1)}$$
$$= \Big[\ln (\ln (x+1))\Big]_1^b = \ln (\ln (b+1)) - \ln (\ln 2).$$

Cuando $b \to \infty$, $\ln (\ln (b+1)) \to \infty$. Esto demuestra que

$$\int_1^{\infty} \frac{dx}{x \ln (x+1)} \text{ diverge.} \quad \square$$

**Una observación acerca de la notación.** Hemos visto que, para todo $j \geq 0$

$$\sum_{k=0}^{\infty} a_k \text{ converge sii } \sum_{k=j+1}^{\infty} a_k \text{ converge}$$

(ejercicio 28, sección 12.2). Esto significa que a la hora de determinar si una serie converge o no, no tiene importancia donde empecemos a sumar.† Cuando no aporte nada precisar el conjunto en el cual varían los índices, lo omitiremos y escribiremos $\Sigma\ a_k$ sin especificar donde empieza la suma. Por ejemplo, tiene sentido afirmar que

$$\Sigma \frac{1}{k^2} \text{ converge} \quad \text{y} \quad \Sigma \frac{1}{k} \text{ diverge}$$

sin especificar donde empezamos a sumar. □

La convergencia o divergencia de una serie de términos no negativos se deduce habitualmente por comparación con otra serie cuyo comportamiento es conocido.

**TEOREMA 12.3.5 TEOREMA BÁSICO DE COMPARACIÓN**

Sea $\Sigma\, a_k$ una serie de término no negativos

(i) $\Sigma\ a_k$ converge si existe una serie convergente $\Sigma\ c_k$ de términos no negativos tal que $a_k \leq c_k$ para $k$ suficientemente grande.

(ii) $\Sigma\ a_k$ diverge si existe una serie divergente $\Sigma\ d_k$ de términos no negativos tal que $d_k \leq a_k$ para $k$ suficientemente grande.

Demostración. La demostración consiste en constatar, en el primer caso, que las sumas parciales de $\Sigma\ a_k$ están acotadas mientras que en el segundo caso no lo están. Se dejan los detalles para el lector. □

**Ejemplo 4.**

(a) $\Sigma \dfrac{1}{2k^3+1}$ converge por comparación con $\Sigma \dfrac{1}{k^3}$:

$$\frac{1}{2k^3+1} < \frac{1}{k^3} \quad \text{y} \quad \Sigma \frac{1}{k^3} \text{ converge.} \quad \square$$

† En el caso convergente, sin embargo, sí afecta al valor de la suma. Así, por ejemplo,

$$\sum_{k=0}^{\infty} \left(\frac{1}{2}\right)^k = 2, \quad \sum_{k=1}^{\infty} \left(\frac{1}{2}\right)^k = 1, \quad \sum_{k=2}^{\infty} \left(\frac{1}{2}\right)^k = \frac{1}{2}, \quad \text{etc.}$$

(b) $\Sigma \dfrac{1}{3k+1}$ diverge por comparación con $\Sigma \dfrac{1}{3(k+1)}$:

$$\frac{1}{3(k+1)} < \frac{1}{3k+1} \quad \text{y} \quad \Sigma \frac{1}{3(k+1)} = \frac{1}{3}\Sigma \frac{1}{k+1} \text{ diverge.} \quad \square$$

(c) $\Sigma \dfrac{k^3}{k^5+5k^4+7}$ converge por comparación con $\Sigma \dfrac{1}{k^2}$:

$$\frac{k^3}{k^5+5k^4+7} < \frac{k^3}{k^5} = \frac{1}{k^2} \quad \text{y} \quad \Sigma \frac{1}{k^2} \text{ converge.} \quad \square$$

**Problema 5.** Demostrar que

$$\Sigma \frac{1}{\ln\ (k+6)} \text{ diverge.}$$

*Solución.* Sabemos que cuando $k \to \infty$

$$\frac{\ln k}{k} \to 0. \tag{11.3.5}$$

De ahí que

$$\frac{\ln\ (k+6)}{k+6} \to 0$$

luego

$$\frac{\ln\ (k+6)}{k} = \frac{\ln\ (k+6)}{k+6}\left(\frac{k+6}{k}\right) \to 0.$$

Esto implica que, para $k$ suficientemente grande

$$\ln\ (k+6) < k \quad \text{y} \quad \frac{1}{k} < \frac{1}{\ln\ (k+6)}.$$

Puesto que

$$\Sigma \frac{1}{k} \text{ diverge,}$$

podemos concluir que

$$\Sigma \frac{1}{\ln\ (k+6)} \text{ diverge.} \quad \square$$

**Observación.** Otra manera de demostrar que $\ln(k + 6) < k$ para $k$ suficientemente grande, consiste en examinar la función $f(x) = x - \ln(x + 6)$. En $x = 3$ la función es positiva:

$$f(3) = 3 - \ln 9 \cong 3 - 2{,}197 > 0.$$

Dado que

$$f'(x) = 1 - \frac{1}{x+6} > 0 \quad \text{para todo } x > 0,$$

$f(x) > 0$ para todo $x \geq 3$. De ahí que

$$\ln(x + 6) < x \quad \text{para todo } x \geq 3. \quad \square$$

Veremos ahora un teorema de comparación algo más sofisticado. Su demostración se basa en el teorema básico de comparación.

**TEOREMA 12.3.6 TEOREMA DE COMPARACIÓN DEL LÍMITE**

Sean $\Sigma\, a_k$ y $\Sigma\, b_k$ dos series de términos positivos. Si $a_k/b_k \to L$, donde $L$ es un número positivo, entonces

$$\Sigma\, a_k \text{ converge} \quad \text{sii} \quad \Sigma\, b_k \text{ converge.}$$

Demostración. Sea un $\epsilon$ entre 0 y $L$. Dado que $a_k/b_k \to L$, sabemos que para todos los $k$ suficientemente grandes (para todos los $k$ mayores que un determinado $k_0$)

$$\left|\frac{a_k}{b_k} - L\right| < \epsilon.$$

Para estos $k$ tenemos que

$$L - \epsilon < \frac{a_k}{b_k} < L + \epsilon$$

luego

$$(L - \epsilon)\, b_k < a_k < (L + \epsilon)\, b_k.$$

Esta última desigualdad es la que necesitamos:

si $\Sigma\, a_k$ converge, entonces $\Sigma\, (L - \epsilon)b_k$ converge, luego $\Sigma\, b_k$ converge;

si $\Sigma\, b_k$ converge, entonces $\Sigma\, (L + \epsilon)b_k$ converge, luego $\Sigma\, a_k$ converge. $\square$

Para aplicar el teorema de comparación del límite a una serie $\Sigma\, a_k$, hemos de hallar una serie $\Sigma\, b_k$ cuyo comportamiento sea conocido y tal que $a_k/b_k$ converja a un número positivo.

**Problema 6.** Determinar si la serie

$$\Sigma\, \frac{3k^2 + 2k + 1}{k^3 + 1}$$

converge o diverge.

*Solución.* Para los valores grandes de $k$, dominan los términos de mayor potencia en $k$. Aquí, $3k^2$ domina el numerador y $k^3$ domina el denominador. Luego

$$\frac{3k^2 + 2k + 1}{k^3 + 1} \quad \text{difiere poco de} \quad \frac{3k^2}{k^3} = \frac{3}{k}.$$

Dado que

$$\frac{3k^2 + 2k + 1}{k^3 + 1} \div \frac{3}{k} = \frac{3k^2 + 2k^2 + k}{3k^3 + 3} = \frac{1 + 2/3k + 1/3k^2}{1 + 1/k^3} \to 1$$

y que

$$\Sigma\, \frac{3}{k} = 3\Sigma\, \frac{1}{k} \text{ diverge,}$$

sabemos que la serie diverge. □

**Problema 7.** Determinar si la serie

$$\Sigma\, \frac{5\sqrt{k} + 100}{2k^2\sqrt{k} + 9\sqrt{k}}$$

converge o diverge.

*Solución.* Para valores grandes de $k$, $5\sqrt{k}$ domina el numerador y $2k^2\sqrt{k}$ domina el denominador. Luego, para tales $k$,

$$\frac{5\sqrt{k} + 100}{2k^2\sqrt{k} + 9\sqrt{k}} \quad \text{difiere poco de} \quad \frac{5\sqrt{k}}{2k^2\sqrt{k}} = \frac{5}{2k^2}.$$

Dado que

$$\frac{5\sqrt{k}+100}{2k^2\sqrt{k}+9\sqrt{k}} \div \frac{5}{2k^2} = \frac{10k^2\sqrt{k}+200k^2}{10k^2\sqrt{k}+45\sqrt{k}} = \frac{1+20/\sqrt{k}}{1+9/2k^2} \to 1$$

y que

$$\Sigma\,\frac{5}{2k^2} = \frac{5}{2}\Sigma\,\frac{1}{k^2} \text{ converge,}$$

sabemos que la serie converge. □

**Problema 8.** Determinar si la serie

$$\Sigma\ \mathrm{sen}\,\frac{\pi}{k}$$

converge o diverge.

*Solución.* Recordemos que

$$\text{cuando} \qquad x \to 0, \qquad \frac{\mathrm{sen}\,x}{x} \to 1. \tag{2.5.5}$$

Cuando $k \to \infty$, $\pi/k \to 0$ luego

$$\frac{\mathrm{sen}\,\pi/k}{\pi/k} \to 1.$$

Dado que $\Sigma\pi/k$ diverge, $\Sigma$ sen $\pi/k$. □

**Observación.** En el ejercicio 31 se trata la cuestión de lo que se puede o no se puede concluir mediante la aplicación del teorema de comparación del límite si $a_k/b_k \to 0$. □

## EJERCICIOS 12.3

Determinar si la serie converge o diverge.

**1.** $\Sigma\,\dfrac{k}{k^3+1}$.　　**2.** $\Sigma\,\dfrac{1}{3k+2}$.　　**3.** $\Sigma\,\dfrac{1}{(2k+1)^2}$.

**4.** $\Sigma \dfrac{\ln k}{k}$. **5.** $\Sigma \dfrac{1}{\sqrt{k+1}}$. **6.** $\Sigma \dfrac{1}{k^2+1}$.

**7.** $\Sigma \dfrac{1}{\sqrt{2k^2-k}}$. **8.** $\Sigma \left(\dfrac{5}{2}\right)^{-k}$. **9.** $\Sigma \dfrac{\arctan k}{1+k^2}$.

**10.** $\Sigma \dfrac{\ln k}{k^3}$. **11.** $\Sigma \dfrac{1}{k^{2/3}}$. **12.** $\Sigma \dfrac{1}{(k+1)(k+2)(k+3)}$.

**13.** $\Sigma \left(\dfrac{3}{4}\right)^{-k}$. **14.** $\Sigma \dfrac{1}{1+2\ln k}$. **15.** $\Sigma \dfrac{\ln \sqrt{k}}{k}$.

**16.** $\Sigma \dfrac{2}{k(\ln k)^2}$. **17.** $\Sigma \dfrac{1}{2+3^{-k}}$. **18.** $\Sigma \dfrac{7k+2}{2k^5+7}$.

**19.** $\Sigma \dfrac{2k+5}{5k^3+3k^2}$. **20.** $\Sigma \dfrac{k^4-1}{3k^2+5}$. **21.** $\Sigma \dfrac{1}{k \ln k}$.

**22.** $\Sigma \dfrac{1}{2^{k+1}-1}$. **23.** $\Sigma \dfrac{k^2}{k^4-k^3+1}$. **24.** $\Sigma \dfrac{k^{3/2}}{k^{5/2}+2k-1}$.

**25.** $\Sigma \dfrac{2k+1}{\sqrt{k^4+1}}$. **26.** $\Sigma \dfrac{2k+1}{\sqrt{k^3+1}}$. **27.** $\Sigma \dfrac{2k+1}{\sqrt{k^5+1}}$.

**28.** $\Sigma \dfrac{1}{\sqrt{2k(k+1)}}$. **29.** $\Sigma ke^{-k^2}$. **30.** $\Sigma k^2 2^{-k^3}$.

**31.** Sean $\Sigma a_k$ y $\Sigma b_k$ dos series con términos positivos y supongamos que $a_k / b_k \to 0$.

(a) Demostrar que si $\Sigma b_k$ converge, entonces $\Sigma a_k$ converge.

(b) Demostrar que si $\Sigma a_k$ diverge, entonces $\Sigma b_k$ diverge.

(c) Demostrar mediante un ejemplo que si $\Sigma a_k$ converge, entonces $\Sigma b_k$ puede converger o divergir.

(d) Demostrar mediante un ejemplo que si $\Sigma b_k$ diverge, entonces $\Sigma a_k$ puede converger o divergir.

[Las partes (c) y (d) justifican por qué hemos supuesto que $L > 0$ en el teorema 12.3.6.]

**32.** Todos los resultados de esta sección han sido enunciados en el caso de términos no negativos. Los resultados correspondientes se verifican en el caso de *series con términos no positivos*: $a_k \leq 0$ para todo $k$.

(a) Enunciar un teorema de comparación análogo al teorema 12.3.5 para las series con términos no positivos.

(b) Tal y como se enunció, el criterio de la integral (teorema 12.3.2) sólo se aplica a las series con términos positivos. Enunciar el resultado equivalente para las series con términos negativos.

**33.** Este ejercicio demuestra que no siempre se puede usar la misma serie para el criterio de comparación básica y el criterio de comparación del límite

(a) Demostrar que

$$\Sigma \frac{\ln n}{n\sqrt{n}} \quad \text{converge por comparación con} \quad \Sigma \frac{1}{n^{5/4}}.$$

(b) Demostrar que el criterio de comparación del límite no se aplica.

## 12.4 EL CRITERIO DE LA RAÍZ; EL CRITERIO DEL COCIENTE

La comparación con la serie geométrica

$$\Sigma\, x^k$$

y con la serie armónica generalizada

$$\Sigma\, \frac{1}{k^p}$$

conducen a dos importantes criterios de convergencia: el criterio de la raíz y el criterio del cociente.

**TEOREMA 12.4.1 EL CRITERIO DE LA RAÍZ**

Sea $\Sigma\, a_k$ una serie de términos no negativos y supongamos que

$$(a_k)^{1/k} \to \rho.$$

Si $\rho < 1$, $\Sigma\, a_k$ converge. Si $\rho > 1$, $\Sigma\, a_k$ diverge. Si $\rho = 1$ el criterio no permite concluir.

Demostración. Supongamos primero que $\rho < 1$ y elijamos $\mu$ tal que

$$\rho < \mu < 1.$$

Dado que $(a_k)^{1/k} \to \rho$, tenemos que

$$(a_k)^{1/k} < \mu \qquad \text{para todo } k \text{ suficientemente grande.} \qquad \text{(explicarlo)}$$

Luego

$$a_k < \mu^k \qquad \text{para todo } k \text{ suficientemente grande.}$$

Puesto que $\Sigma\, \mu^k$ converge (se trata de una serie geométrica con $0 < \mu < 1$), sabemos por el criterio de comparación básico que $\Sigma\, a_k$ converge.

Supongamos ahora que $\rho > 1$ y elijamos $\mu$ tal que

$$\rho > \mu > 1.$$

Dado que $(a_k)^{1/k} \to \rho$, tenemos que

$$(a_k)^{1/k} > \mu \qquad \text{para todo } k \text{ suficientemente grande.} \qquad \text{(explicarlo)}$$

Luego

$$a_k > \mu^k \qquad \text{para todo } k \text{ suficientemente grande.}$$

Puesto que $\Sigma\, \mu^k$ diverge (se trata de una serie geométrica con $\mu > 1$), sabemos por el criterio de comparación básico que $\Sigma\, a_k$ diverge.

Para ver lo que sucede en el caso $\rho = 1$, obsérvese que $(a_k)^{1/k} \to 1$ tanto para $\Sigma\, 1/k^2$ como para $\Sigma\, 1/k$.[†] La primera de estas series es convergente mientras que la otra diverge. □

### Aplicación del criterio de la raíz

**Ejemplo 1.** Para la serie

$$\Sigma\, \frac{1}{(\ln k)^k}$$

tenemos

$$(a_k)^{1/k} = \frac{1}{\ln k} \to 0.$$

La serie es convergente. □

**Ejemplo 2.** Para la serie

$$\Sigma\, \frac{2^k}{k^3}$$

tenemos

$$(a_k)^{1/k} = 2\left(\frac{1}{k}\right)^{3/k} = 2\left[\left(\frac{1}{k}\right)^{1/k}\right]^3 \to 2 \cdot 1^3 = 2.$$

La serie es divergente. □

---

[†]En el primer caso

$$(a_k)^{1/k} = \left(\frac{1}{k^2}\right)^{1/k} = \left(\frac{1}{k^{1/k}}\right)^2 \to 1^2 = 1;$$

en el segundo caso

$$(a_k)^{1/k} = \left(\frac{1}{k}\right)^{1/k} = \frac{1}{k^{1/k}} \to 1.$$

**Ejemplo 3.** En el caso de

$$\Sigma \left(1 - \frac{1}{k}\right)^k,$$

tenemos

$$(a_k)^{1/k} = 1 - \frac{1}{k} \to 1.$$

En este caso el criterio de la raíz no permite concluir. Además resulta innecesario: dado que $a_k = (1 - 1/k)^k$ converge a $1/e$ y no a 0 (11.3.7), la serie diverge (12.2.5). □

**TEOREMA 12.4.4 EL CRITERIO DEL COCIENTE**

Sea $\Sigma\, a_k$ una serie de términos positivos y supongamos que

$$\frac{a_{k+1}}{a_k} \to \lambda.$$

Si $\lambda < 1$, $\Sigma\, a_k$ converge. Si $\lambda > 1$, $\Sigma\, a_k$ diverge. Si $\lambda = 1$ no se puede concluir.

Demostración. Supongamos primero que $\lambda < 1$ y elijamos $\mu$ tal que $\lambda < \mu < 1$. Dado que

$$\frac{a_{k+1}}{a_k} \to \lambda,$$

sabemos que existe un $k_0 > 0$ tal que

$$\text{si } k \geq k_0, \quad \text{entonces } \frac{a_{k+1}}{a_k} < \mu. \qquad \text{(explicarlo)}$$

Esto da que

$$a_{k_0+1} < \mu a_{k_0}, \quad a_{k_0+2} < \mu a_{k_0+1} < \mu^2 a_{k_0},$$

y, más generalmente,

$$a_{k_0+j} < \mu^j a_{k_0}.$$

Para $k > k_0$, tenemos que

(1) $$a_k < \mu^{k-k_0} a_{k_0} = \frac{a_{k_0}}{\mu^{k_0}} \mu^k.$$

hacer $j = k - k_0$

Dado que $\mu < 1$,

$$\Sigma \frac{a_{k_0}}{\mu^{k_0}} \mu^k = \frac{a_{k_0}}{\mu^{k_0}} \Sigma \mu^k \text{ converge.}$$

Volviendo a (1), se puede ver a partir del criterio de comparación básico que $\Sigma a_k$ converge. El resto de la demostración se deja para los ejercicios. □

**Observación.** Contrariamente a la intuición de algunos, los criterios de la raíz y del cociente no son equivalentes. Ver el ejercicio 36. □

## Aplicación del criterio del cociente

Ejemplo 4. El criterio del cociente demuestra que la serie

$$\Sigma \frac{1}{k!}$$

converge:

$$\frac{a_{k+1}}{a_k} = \frac{1}{(k+1)!} \cdot \frac{k!}{1} = \frac{1}{k+1} \to 0. \quad \square$$

Ejemplo 5. Para la serie

$$\Sigma \frac{k}{10^k}$$

tenemos

$$\frac{a_{k+1}}{a_k} = \frac{k+1}{10^{k+1}} \cdot \frac{10^k}{k} = \frac{1}{10} \frac{k+1}{k} \to \frac{1}{10}.$$

La serie es convergente.† □

**Ejemplo 6.** Para la serie

$$\Sigma \frac{k^k}{k!}$$

tenemos

$$\frac{a_{k+1}}{a_k} = \frac{(k+1)^{k+1}}{(k+1)!} \cdot \frac{k!}{k^k} = \left(\frac{k+1}{k}\right)^k = \left(1 + \frac{1}{k}\right)^k \to e.$$

Dado que $e > 1$, la serie es divergente. □

**Ejemplo 7.** Para la serie

$$\Sigma \frac{1}{2k+1}$$

el criterio del cociente no permite concluir:

$$\frac{a_{k+1}}{a_k} = \frac{1}{2(k+1)+1} \cdot \frac{2k+1}{1} = \frac{2k+1}{2k+3} = \frac{2+1/k}{2+3/k} \to 1.$$

Por consiguiente es preciso profundizar algo más. La comparación con la serie armónica demuestra que la serie es divergente:

$$\frac{1}{2k+1} > \frac{1}{2(k+1)} \quad \text{y} \quad \Sigma \frac{1}{2(k+1)} \text{ diverge.}$$ □

## Resumen de los criterios de convergencia

En general se usa el criterio de la raíz cuando se trata de una serie de potencias. El criterio del cociente es particularmente efectivo cuando aparecen factoriales o combinaciones de potencias y de factoriales. Si los términos son funciones racionales de $k$, el criterio del cociente no permite concluir y el de la raíz es de difícil aplicación. Los términos racionales son más fáciles de manejar por comparación o comparación del límite con una serie armónica generalizada, $\Sigma\, 1/k^p$. Si los términos tienen la estructura de una derivada, se podrá aplicar el criterio de la integral. Por último, conviene recordar que si $a_k \not\to 0$, no existe ninguna razón para intentar aplicar alguno de los criterios citados anteriormente. La serie es divergente (12.2.5).

† Se puede calcular explícitamente la suma de esta serie. Ver el ejercicio 33.

## EJERCICIOS 12.4

Determinar si la serie es convergente o divergente.

**1.** $\Sigma \frac{10^k}{k!}$. **2.** $\Sigma \frac{1}{k2^k}$. **3.** $\Sigma \frac{1}{k^k}$. **4.** $\Sigma \left(\frac{k}{2k+1}\right)^k$.

**5.** $\Sigma \frac{k!}{100^k}$. **6.** $\Sigma \frac{(\ln k)^2}{k}$. **7.** $\Sigma \frac{k^2+2}{k^3+6k}$. **8.** $\Sigma \frac{1}{(\ln k)^k}$.

**9.** $\Sigma k\left(\frac{2}{3}\right)^k$. **10.** $\Sigma \frac{1}{(\ln k)^{10}}$. **11.** $\Sigma \frac{1}{1+\sqrt{k}}$. **12.** $\Sigma \frac{2k+\sqrt{k}}{k^3+\sqrt{k}}$.

**13.** $\Sigma \frac{k!}{10^{4k}}$. **14.** $\Sigma \frac{k^2}{e^k}$. **15.** $\Sigma \frac{\sqrt{k}}{k^2+1}$. **16.** $\Sigma \frac{2^k k!}{k^k}$.

**17.** $\Sigma \frac{k!}{(k+2)!}$. **18.** $\Sigma \frac{1}{k}\left(\frac{1}{\ln k}\right)^{3/2}$. **19.** $\Sigma \frac{1}{k}\left(\frac{1}{\ln k}\right)^{1/2}$. **20.** $\Sigma \frac{1}{\sqrt{k^3-1}}$.

**21.** $\Sigma \left(\frac{k}{k+100}\right)^k$. **22.** $\Sigma \frac{(k!)^2}{(2k)!}$. **23.** $\Sigma k^{-(1+1/k)}$. **24.** $\Sigma \frac{11}{1+100^{-k}}$.

**25.** $\Sigma \frac{\ln k}{e^k}$. **26.** $\Sigma \frac{k!}{k^k}$. **27.** $\Sigma \frac{\ln k}{k^2}$.

**28.** $\Sigma \frac{k!}{1\cdot 3\cdot \ldots \cdot (2k-1)}$. **29.** $\Sigma \frac{2\cdot 4\cdot \ldots \cdot 2k}{(2k)!}$. **30.** $\Sigma \frac{(2k+1)^{2k}}{(5k^2+1)^k}$.

**31.** $\Sigma \frac{k!\,(2k)!}{(3k)!}$. **32.** $\Sigma \frac{\ln k}{k^{5/4}}$.

**33.** Hallar la suma de la serie $\frac{1}{10}+\frac{2}{100}+\frac{3}{1000}+\frac{4}{10000}+\ldots$. SUGERENCIA: Ejercicio 46 de la sección 12.2.

**34.** Completar la demostración del criterio del cociente.
(a) Demostrar que, si $\lambda > 1$, entonces $\Sigma\, a_k$ es divergente.
(b) Demostrar que, si $\lambda = 1$, el criterio del cociente no permite concluir.
SUGERENCIA: Considerar $\Sigma\, 1/k$ y $\Sigma\, 1/k^2$.

**35.** Sea $\{a_k\}$ una sucesión de números positivos y tomemos $r > 0$. Usar el criterio de la raíz para demostrar que si $(a_k)^{1/k} \not\to \rho$ y si $\rho < 1/r$, entonces $\Sigma\, a_k r^k$ es convergente.

**36.** Considerar la serie $\frac{1}{2}+1+\frac{1}{8}+\frac{1}{4}+\frac{1}{32}+\frac{1}{16}+\ldots$ obtenida mediante la reordenación de una serie geométrica convergente. (a) Usar el criterio de la raíz para demostrar que la serie es convergente. (b) Demostrar que el criterio del cociente no se aplica.

## 12.5 CONVERGENCIA ABSOLUTA Y CONDICIONAL; SERIES ALTERNADAS

En esta sección consideraremos series que tienen términos a la vez positivos y negativos.

### Convergencia absoluta y condicional

Sea $\Sigma\, a_k$ una serie con términos positivos y negativos. Una manera de ver que $\Sigma\, a_k$ converge consiste en demostrar que $\Sigma|a_k|$ converge.

**TEOREMA 12.5.1**

Si $\Sigma|a_k|$ converge, entonces $\Sigma\, a_k$ converge.

Demostración. Para cada $k$,

$$-|a_k| \le a_k \le |a_k| \qquad \text{luego} \qquad 0 \le a_k + |a_k| \le 2|a_k|.$$

Si $\Sigma|a_k|$ converge, $\Sigma\, 2|a_k| = 2\,\Sigma|a_k|$ converge, luego, por el teorema de comparación básico, $\Sigma\,(a_k + |a_k|)$ converge. Dado que

$$a_k = (a_k + |a_k|) - |a_k|,$$

podemos concluir que $\Sigma\, a_k$ converge. □

Las series $\Sigma\, a_k$ para las cuales $\Sigma|a_k|$ converge se llaman *absolutamente convergentes*. El teorema que acabamos de demostrar afirma que

**(12.5.2)** las series absolutamente convergentes son convergentes

Como demostraremos ahora, el recíproco es falso. Existen series convergentes que no son absolutamente convergentes. Dichas series se llaman *condicionalmente convergentes.*

**Ejemplo 1.**

$$1 - \frac{1}{2^2} + \frac{1}{3^2} - \frac{1}{4^2} + \frac{1}{5^2} - \frac{1}{6^2} + \dots .$$

Si sustituimos cada término por su valor absoluto, obtenemos la serie

$$1 + \frac{1}{2^2} + \frac{1}{3^2} + \frac{1}{4^2} + \frac{1}{5^2} + \frac{1}{6^2} + \dots .$$

Ésta es una serie armónica generalizada con $p = 2$. Luego es convergente. Esto significa que la serie inicial es absolutamente convergente. □

**Ejemplo 2.**

$$1-\frac{1}{2}-\frac{1}{2^2}+\frac{1}{2^3}-\frac{1}{2^4}-\frac{1}{2^5}+\frac{1}{2^6}-\frac{1}{2^7}-\frac{1}{2^8}+\dots.$$

Si sustituimos cada término por su valor absoluto, obtenemos la serie

$$1+\frac{1}{2}+\frac{1}{2^2}+\frac{1}{2^3}+\frac{1}{2^4}+\frac{1}{2^5}+\frac{1}{2^6}+\frac{1}{2^7}+\frac{1}{2^8}+\dots.$$

Ésta es una serie geométrica convergente. Luego la serie inicial es absolutamente convergente. □

**Ejemplo 3.**

$$1-\frac{1}{2}+\frac{1}{3}-\frac{1}{4}+\frac{1}{5}-\frac{1}{6}+\dots.$$

Ésta serie sólo es condicionalmente convergente. Es convergente (ver el próximo teorema), pero no es absolutamente convergente: si sustituimos cada término por su valor absoluto obtenemos la serie armónica que es divergente:

$$1+\frac{1}{2}+\frac{1}{3}+\frac{1}{4}+\frac{1}{5}+\frac{1}{6}+\dots.^{\dagger}$$ □

**Ejemplo 4.**

$$\frac{1}{2}-1+\frac{1}{3}-1+\frac{1}{4}-1+\frac{1}{5}-1+\dots.$$

Aquí los términos no tienden a 0. La serie es divergente. □

## Series alternadas

Se denominan *series alternadas* aquellas series en las cuales dos términos consecutivos tienen signos opuestos. He aquí dos ejemplos.

$$1-\frac{1}{2}+\frac{1}{3}-\frac{1}{4}+\frac{1}{5}-\frac{1}{6}+\dots, \qquad 1-\frac{1}{\sqrt{2}}+\frac{1}{\sqrt{3}}-\frac{1}{\sqrt{4}}+\frac{1}{\sqrt{5}}-\frac{1}{\sqrt{6}}+\dots.$$

† En la sección 12.6 demostraremos que la serie original,

$$1-\frac{1}{2}+\frac{1}{3}-\frac{1}{4}+\frac{1}{5}-\frac{1}{6}+\dots,$$

converge a ln 2.

La serie

$$1 - \frac{1}{2} - \frac{1}{3} + \frac{1}{4} - \frac{1}{5} - \frac{1}{6} + \ldots$$

no es una serie alternada puesto que existen términos consecutivos con el mismo signo.

**TEOREMA 12.5.3 SERIES ALTERNADAS**[†]

Sea $\{a_k\}$ una sucesión decreciente de números positivos.

$$\text{Si } a_k \to 0, \quad \text{entonces} \quad \sum_{k=0}^{\infty} (-1)^k a_k \quad \text{converge.}$$

Demostración. Primero consideraremos las sumas parciales pares, $s_{2m}$. Dado que

$$s_{2m} = (a_0 - a_1) + (a_2 - a_3) + \ldots + (a_{2m-2} - a_{2m-1}) + a_{2m}$$

es una suma de números positivos, las sumas parciales pares son todas positivas. Dado que

$$s_{2m+2} = s_{2m} - (a_{2m+1} - a_{2m+2}) \qquad \text{y} \qquad a_{2m+1} - a_{2m+2} > 0,$$

tenemos

$$s_{2m+2} < s_{2m}.$$

Esto significa que la sucesión de las sumas parciales pares es decreciente. Al estar acotada inferiormente por 0, es convergente; esto es,

$$s_{2m} \to l.$$

Ahora

$$s_{2m+1} = s_{2m} - a_{2m+1}.$$

Dado que $a_{2m+1} \to 0$, tenemos también que

$$s_{2m+1} \to l.$$

Dado que las sumas parciales pares e impares tienden a $l$, la sucesión de todas las sumas parciales tiende a $l$ (ejercicio 42, sección 11.2). □

[†] Este teorema es de la época de Leibniz. Éste observó el resultado en 1705.

Este teorema permite ver que las series siguientes son convergentes:

$$1 - \frac{1}{2} + \frac{1}{3} - \frac{1}{4} + \frac{1}{5} - \frac{1}{6} + \dots, \qquad 1 - \frac{1}{\sqrt{2}} + \frac{1}{\sqrt{3}} - \frac{1}{\sqrt{4}} + \frac{1}{\sqrt{5}} - \frac{1}{\sqrt{6}} + \dots,$$

$$1 - \frac{1}{2!} + \frac{1}{3!} - \frac{1}{4!} + \frac{1}{5!} - \frac{1}{6!} + \dots.$$

Las dos primeras series sólo convergen condicionalmente; la tercera es absolutamente convergente.

**Una estimación para las series alternadas** Hemos visto que si $\{a_k\}$ es una serie decreciente de números positivos que tiende a 0, entonces

$$\sum_{k=0}^{\infty} (-1)^k a_k \qquad \text{converge a una suma } l.$$

**(12.5.4)** Esta suma $l$ de una serie alternada está comprendida entre dos sumas consecutivas $s_n$, $s_{n+1}$ y, por consiguiente, $s_n$ aproxima $l$ en menos de $a_{n+1}$:

$$|s_n - l| < a_{n+1}.$$

Demostración. Para todo $n$

$$a_{n+1} > a_{n+2}.$$

Si $n$ es impar,

$$s_{n+2} = s_n + a_{n+1} - a_{n+2} > s_n;$$

si $n$ es par

$$s_{n+2} = s_n - a_{n+1} + a_{n+2} < s_n.$$

Las sumas parciales pares crecen hacia $l$; las impares decrecen hacia $l$.

Para $n$ impar

$$s_n < l < s_{n+1} = s_n + a_{n+1},$$

y para $n$ par

$$s_n - a_{n+1} = s_{n+1} < l < s_n.$$

Luego, para todo $n$, $l$ está comprendido entre $s_n$ y $s_{n+1}$ y $s_n$ está a una distancia de $l$ menor que $a_{n+1}$. □

**Ejemplo 5.** Las series

$$1-\frac{1}{2}+\frac{1}{3}-\frac{1}{4}+\frac{1}{5}-\frac{1}{6}+\ldots \quad \text{y} \quad 1-\frac{1}{2^2}+\frac{1}{3^2}-\frac{1}{4^2}+\frac{1}{5^2}-\frac{1}{6^2}+\ldots$$

son ambas convergentes alternadas. La $n$-ésima suma parcial de la primera serie aproxima la suma de ésta a menos de $1/(n+1)$; la $n$-ésima suma parcial de la segunda serie aproxima la suma de la segunda serie a menos de $1/(n+1)^2$. La segunda serie converge más rápidamente que la primera. □

### Reordenaciones

Una *reordenación* de una serie $\Sigma\, a_k$ es otra serie que contiene exactamente los mismos términos pero en un orden diferente. Así, por ejemplo,

$$1+\frac{1}{3^3}-\frac{1}{2^2}+\frac{1}{5^5}-\frac{1}{4^4}+\frac{1}{7^7}-\frac{1}{6^6}+\ldots$$

y

$$1+\frac{1}{3^3}+\frac{1}{5^5}-\frac{1}{2^2}-\frac{1}{4^4}+\frac{1}{7^7}+\frac{1}{9^9}-\ldots$$

son ambas reordenaciones de

$$1-\frac{1}{2^2}+\frac{1}{3^3}-\frac{1}{4^4}+\frac{1}{5^5}-\frac{1}{6^6}+\frac{1}{7^7}+\ldots\,.$$

En 1867 Riemann publicó un teorema sobre reordenaciones de series en el que subraya la importancia de distinguir entre la convergencia absoluta y la convergencia condicional. De acuerdo con dicho teorema, todos las reordenaciones de una serie absolutamente convergente convergen absolutamente a la misma suma. En claro contraste con la anterior, una serie que sólo es condicionalmente convergente se puede reordenar de manera que converja a cualquier número que se desee. También se puede reordenar de manera que diverja hacia $+\infty$, o hacia $-\infty$, o incluso hacerla oscilar entre dos cotas cualesquiera. †

† Para una demostración completa véase el libro de Konrad Knopp *Theory and Applications of Infinite Series* (segunda edición inglesa), Blackie & Son Limited, Londres, 1951, págs. 138-39, 318-20.

## EJERCICIOS 12.5

Comprobar si las siguientes series son (a) absolutamente convergentes, (b) condicionalmente convergentes.

**1.** $1 + (-1) + 1 + \ldots + (-1)^k + \ldots$ .

**2.** $\frac{1}{4} - \frac{1}{6} + \frac{1}{8} - \frac{1}{10} + \ldots + \frac{(-1)^k}{2k} + \ldots$ .

**3.** $\frac{1}{2} - \frac{2}{3} + \frac{3}{4} - \frac{4}{5} + \ldots + (-1)^k \frac{k}{k+1} + \ldots$ .

**4.** $\frac{1}{2 \ln 2} - \frac{1}{3 \ln 3} + \frac{1}{4 \ln 4} - \frac{1}{5 \ln 5} + \ldots + (-1)^k \frac{1}{k \ln k} + \ldots$ .

**5.** $\Sigma\ (-1)^k \frac{\ln k}{k}$.

**6.** $\Sigma\ (-1)^k \frac{k}{\ln k}$.

**7.** $\Sigma \left( \frac{1}{k} - \frac{1}{k!} \right)$.

**8.** $\Sigma \frac{k^3}{2^k}$.

**9.** $\Sigma\ (-1)^k \frac{1}{2k+1}$.

**10.** $\Sigma\ (-1)^k \frac{(k!)^2}{(2k)!}$.

**11.** $\Sigma \frac{k!}{(-2)^k}$.

**12.** $\Sigma \operatorname{sen} \left( \frac{k\pi}{4} \right)$.

**13.** $\Sigma\ (-1)^k (\sqrt{k+1} - \sqrt{k})$.

**14.** $\Sigma\ (-1)^k \frac{k}{k^2+1}$.

**15.** $\Sigma \operatorname{sen} \left( \frac{\pi}{4k^2} \right)$.

**16.** $\Sigma \frac{(-1)^k}{\sqrt{k(k+1)}}$.

**17.** $\Sigma\ (-1)^k \frac{k}{2^k}$.

**18.** $\Sigma \left( \frac{1}{\sqrt{k}} - \frac{1}{\sqrt{k+1}} \right)$.

**19.** $\Sigma \frac{(-1)^k}{k - 2\sqrt{k}}$.

**20.** $\frac{1}{2} - \frac{1}{3} - \frac{1}{4} + \frac{1}{5} - \frac{1}{6} - \frac{1}{7} + \ldots + \frac{1}{3k+2} - \frac{1}{3k+3} - \frac{1}{3k+4} + \ldots$ .

**21.** $\frac{2 \cdot 3}{4 \cdot 5} - \frac{5 \cdot 6}{7 \cdot 8} + \ldots + (-1)^k \frac{(3k+2)\ (3k+3)}{(3k+4)\ (3k+5)} + \ldots$ .

**22.** Sea $s_n$ la $n$-ésima suma parcial de la serie

$$\sum_{k=0}^{\infty} (-1)^k \frac{1}{10^k}.$$

Hallar el valor mínimo de $n$ para el cual $s_n$ aproxima la suma de la serie en menos de (a) 0,001. (b) 0,0001.

**23.** Hallar la suma de la serie del ejercicio 22.

**24.** Comprobar que la serie

$$1 - \frac{1}{2} + \frac{1}{2} - \frac{1}{3} + \frac{1}{2} - \frac{1}{3} + \frac{1}{3} - \frac{1}{4} + \frac{1}{3} - \frac{1}{4} + \frac{1}{3} - \frac{1}{4} + \ldots$$

diverge y explicar por qué esto no contradice el teorema sobre series alternadas.

**25.** Sea $l$ la suma de la serie

$$\sum_{k=0}^{\infty} (-1)^k \frac{1}{k!}$$

y sea $s_n$ la $n$-ésima serie parcial. Hallar el más pequeño valor de $n$ para el cual $s_n$ aproxima $l$ en menos de (a) 0,01. (b) 0,001.

**26.** Sea $\{a_k\}$ una sucesión no creciente de números positivos que converge a 0. ¿Converge necesariamente la serie alternada $\Sigma\,(-1)^k\, a_k$?

**27.** ¿Se pueden debilitar las hipótesis del teorema 12.5.3 para exigir solamente que $\{a_{2k}\}$ y $\{a_{2k+1}\}$ sean sucesiones decrecientes de números positivos que convergen a cero?

**28.** Indicar cómo se puede reordenar una serie convergente condicional (a) para converger a un número real arbitrario $l$; (b) para divergir a $+\infty$; (c) para divergir a $-\infty$. SUGERENCIA: Reunir los términos positivos $p_1, p_2, p_3, \ldots$ y los términos negativos $n_1, n_2, n_3, \ldots$ en el orden en el que aparecen en la serie original.

**29.** En la sección 12.8 demostraremos que, si $\Sigma a_k\ x_1^k$ converge, entonces $\Sigma a_k\ x^k$ es absolutamente convergente para $|x| < |x_1|$. Intentar demostrar esto ahora.

## 12.6 POLINOMIOS DE TAYLOR EN *X*; SERIES DE TAYLOR EN *X*

### Polinomios de Taylor en *x*

Empezamos con una función $f$ continua en 0 y hacemos $P_0(x) = f(0)$. Si $f$ es diferenciable en 0, la función lineal que mejor aproxima $f$ en los puntos próximos a 0 es la función lineal

$$P_1(x) = f(0) + f'(0)x;$$

$P_1$ tiene el mismo valor que $f$ en 0 y también la misma derivada (el mismo coeficiente de variación):

$$P_1(0) = f(0), \qquad P_1'(0) = f'(0).$$

Si $f$ tiene dos derivadas en 0, podemos obtener una mejor aproximación de $f$ usando el polinomio cuadrático

$$P_2(x) = f(0) + f'(0)x + \frac{f''(0)}{2!}x^2;$$

$P_2$ tiene el mismo valor que $f$ en 0 y las dos mismas primeras derivadas:

$$P_2(0) = f(0), \qquad P_2'(0) = f'(0), \qquad P_2''(0) = f''(0).$$

Si $f$ tiene tres derivadas, podemos formar el polinomio cúbico

$$P_3(x) = f(0) + f'(0)x + \frac{f''(0)}{2!}x^2 + \frac{f'''(0)}{3!}x^3;$$

$P_3$ tiene el mismo valor que $f$ en 0 y las mismas tres primeras derivadas:

$$P_3(0) = f(0), \qquad P_3'(0) = f'(0), \qquad P_3''(0) = f''(0), \qquad P_3'''(0) = f'''(0).$$

Más generalmente, si $f$ tiene $n$ derivadas en 0, podemos formar el polinomio

$$P_n(x) = f(0) + f'(0)x + \frac{f''(0)}{2!}x^2 + \ldots + \frac{f^{(n)}(0)}{n!}x^n;$$

$P_n$ es el polinomio de grado $n$ que tiene el mismo valor que $f$ en 0 y las mismas $n$ primeras derivadas:

$$P_n(0) = f(0), \qquad P_n'(0) = f'(0), \qquad P_n''(0) = f''(0), \ldots , P_n^{(n)}(0) = f^{(n)}(0).$$

Estos polinomios de aproximación $P_0(x)$, $P_1(x)$, $P_2(x)$, ... , $P_n(x)$ se llaman *polinomios de Taylor* en recuerdo del matemático inglés Brook Taylor (1685-1731). Taylor introdujo estos polinomios en el año 1712.

**Ejemplo 1.** La función exponencial

$$f(x) = e^x$$

tiene las derivadas

$$f'(x) = e^x, \qquad f''(x) = e^x, \qquad f'''(x) = e^x, \qquad \text{etc.}$$

Luego

$$f(0) = 1, \qquad f'(0) = 1, \qquad f''(0) = 1, \qquad f'''(0) = 1, \ldots , f^{(n)}(0) = 1.$$

El $n$-ésimo polinomio de Taylor tiene la forma

$$P_n(x) = 1 + x + \frac{x^2}{2!} + \frac{x^3}{3!} + \ldots + \frac{x^n}{n!}. \qquad \square$$

**Ejemplo 2.** Para hallar los polinomios de Taylor que aproximan la función seno, escribimos

$$f(x) = \operatorname{sen} x, \qquad f'(x) = \cos x, \qquad f''(x) = -\operatorname{sen} x, \qquad f'''(x) = -\cos x.$$

Estos cuatro valores se repiten:

$$f^{(4)}(x) = \operatorname{sen} x, \qquad f^{(5)}(x) = \cos x, \qquad f^{(6)}(x) = -\operatorname{sen} x, \qquad f^{(7)}(x) = -\cos x.$$

En 0, la función seno y todas sus derivadas de orden par valen 0. Las derivadas impares valen, alternativamente, 1 y $-1$:

$$f'(0) = 1, \quad f'''(0) = -1, \quad f^{(5)}(0) = 1, \quad f^{(7)}(0) = -1, \quad \text{etc.}$$

Luego los polinomios son los siguientes:

$$\begin{aligned} P_0(x) &= 0 \\ P_1(x) &= P_2(x) = x \\ P_3(x) &= P_4(x) = x - \frac{x^3}{3!} \\ P_5(x) &= P_6(x) = x - \frac{x^3}{3!} + \frac{x^5}{5!} \\ P_7(x) &= P_8(x) = x - \frac{x^3}{3!} + \frac{x^5}{5!} - \frac{x^7}{7!}, \quad \text{etc.} \end{aligned}$$

Sólo aparecen las potencias impares. □

Esto no basta para afirmar que los polinomios de Taylor

$$P_n(x) = f(0) + f'(0)x + \frac{f''(0)}{2!}x^2 + \ldots + \frac{f^{(n)}(0)}{n!}x^n$$

aproximan $f(x)$. Hemos de precisar la bondad de la aproximación.

Nuestro primer paso consiste en demostrar un resultado conocido como el teorema de Taylor.

**TEOREMA 12.6.1 EL TEOREMA DE TAYLOR**

Si $f$ tiene $n + 1$ derivadas continuas en el intervalo $I$ que une 0 con $x$, se verifica que

$$f(x) = f(0) + f'(0)x + \frac{f''(0)}{2!}x^2 + \ldots + \frac{f^{(n)}(0)}{n!}x^n + R_{n+1}(x)$$

donde el *resto* $R_{n+1}(x)$ viene dado por la fórmula

$$R_{n+1}(x) = \frac{1}{n!}\int_0^x f^{(n+1)}(t)\,(x-t)^n dt.$$

Demostración. La integración por partes (ver el ejercicio 33) nos da

$$\begin{aligned}
f'(0)x &= \int_0^x f'(t)\,dt - \int_0^x f''(t)\,(x-t)\,dt,\\
\frac{f''(0)}{2!}x^2 &= \int_0^x f''(t)\,(x-t)\,dt - \frac{1}{2!}\int_0^x f'''(t)\,(x-t)^2 dt,\\
\frac{f'''(0)}{3!}x^3 &= \frac{1}{2!}\int_0^x f'''(t)\,(x-t)^2 dt - \frac{1}{3!}\int_0^x f^{(4)}(t)\,(x-t)^3 dt,\\
&\vdots\\
\frac{f^{(n)}(0)}{n!}x^n &= \frac{1}{(n-1)!}\int_0^x f^{(n)}(t)\,(x-t)^{n-1} dt - \frac{1}{n!}\int_0^x f^{(n+1)}(t)\,(x-t)^n dt.
\end{aligned}$$

Sumemos ahora todas estas ecuaciones. La suma de la izquierda es, simplemente

$$f'(0)x + \frac{f''(0)}{2!}x^2 + \frac{f'''(0)}{3!}x^3 + \ldots + \frac{f^{(n)}(0)}{n!}x^n = P_n(x) - f(0).$$

La suma de la derecha se condensa y nos da

$$\int_0^x f'(t)dt - \frac{1}{n!}\int_0^x f^{(n+1)}(t)\,(x-t)^n dt = f(x) - f(0) - \frac{1}{n!}\int_0^x f^{(n+1)}(t)\,(x-t)^n dt.$$

De ello se deduce que

$$f(x) = P_n(x) + \frac{1}{n!}\int_0^x f^{(n+1)}(t)\,(x-t)^n dt,$$

luego

$$R_{n+1}(x) = \frac{1}{n!}\int_0^x f^{(n+1)}(t)\,(x-t)^n dt. \quad \square$$

Podemos precisar ahora cuán buena es la aproximación de $f(x)$ por

$$P_n(x) = f(0) + f'(0)x + \frac{f''(0)}{2!}x^2 + \ldots + \frac{f^{(n)}(0)}{n!}x^n$$

dando una estimación para el resto

$$R_{n+1}(x) = \frac{1}{n!}\int_0^x f^{(n+1)}(t)\,(x-t)^n dt.$$

Operando con la integral de la derecha, se puede ver que

**(12.6.2)**
$$|R_{n+1}(x)| \leq \left(\max_{t \in I} |f^{(n+1)}(t)|\right)\frac{|x|^{n+1}}{(n+1)!}.$$

Se deja como ejercicio para el lector el establecer esta *estimación del resto* como ejercicio.

**Ejemplo 3.** Los polinomios de Taylor de la función exponencial

$$f(x) = e^x$$

tienen la forma

$$P_n(x) = 1 + x + \frac{x^2}{2!} + \ldots + \frac{x^n}{n!}. \qquad \text{(Ejemplo 1)}$$

Vamos a demostrar, con nuestra estimación del resto, que para todo $x$ real

$$R_{n+1}(x) \to 0,$$

luego que podemos aproximar $e^x$ tanto como queramos mediante los polinomios de Taylor.

Empezamos por fijar un $x$ y llamamos $M$ al valor máximo de la función exponencial en el intervalo $I$ que une 0 a $x$ (si $x > 0$, $M = e^x$, pero si $x < 0$ entonces $M = e^0 = 1$). Dado que

$$f^{(n+1)}(t) = e^t \qquad \text{para todo } n,$$

tenemos que

$$\max_{t \in I} |f^{(n+1)}(t)| = M \qquad \text{para todo } n.$$

Luego por (12.6.2)

$$|R_{n+1}(x)| \leq M\frac{|x|^{n+1}}{(n+1)!}.$$

Por (11.3.3) sabemos que

$$\frac{|x|^{n+1}}{(n+1)!} \to 0.$$

De ello se deduce que $R_{n+1}(x) \to 0$ como se había anunciado. □

**Ejemplo 4.** Volvemos a la función seno

$$f(x) = \operatorname{sen} x$$

y a sus polinomios de Taylor

$$P_1(x) = P_2(x) = x$$

$$P_3(x) = P_4(x) = x - \frac{x^3}{3!}$$

$$P_5(x) = P_6(x) = x - \frac{x^3}{3!} + \frac{x^5}{5!}, \text{ etc.}$$

En el ejemplo 2 hemos establecido las reglas de derivación; concretamente, para todo $k$

$$f^{(4k)}(x) = \operatorname{sen} x, \quad f^{(4k+1)}(x) = \cos x,$$
$$f^{(4k+2)}(x) = -\operatorname{sen} x, \quad f^{(4k+3)}(x) = -\cos x.$$

Luego para todo $n$ y todo $t$ real,

$$|f^{(n+1)}(t)| \leq 1.$$

Resulta de nuestra estimación del resto (12.6.2) que

$$|R_{n+1}(x)| \leq \frac{|x|^{n+1}}{(n+1)!}.$$

Dado que

$$\frac{|x|^{n+1}}{(n+1)!} \to 0 \qquad \text{para todo } x \text{ real,}$$

vemos que $R_{n+1}(x) \to 0$ para todo $x$ real. Luego la sucesión de los polinomios de Taylor converge hacia la función seno y, por consiguiente, la podemos utilizar para aproximar sen $x$ tanto como queramos. □

## Series de Taylor en $x$

Por definición $0! = 1$. Adoptando la convención de que $f^{(0)} = f$, podemos escribir los polinomios de Taylor

$$P_n(x) = f(0) + f'(0)x + \frac{f''(0)}{2!}x^2 + \ldots + \frac{f^{(n)}(0)}{n!}x^n$$

con la notación $\sum$:

$$P_n(x) = \sum_{k=0}^{n} \frac{f^{(k)}(0)}{k!} x^k.$$

Si $f$ es infinitamente diferenciable en $x = 0$, tenemos entonces

$$f(x) = \sum_{k=0}^{n} \frac{f^{(k)}(0)}{k!} x^k + R_{n+1}(x)$$

para todos los enteros positivos $n$. Si, como es el caso de las funciones exponencial y seno, $R_{n+1}(x) \to 0$, tenemos

$$\sum_{k=0}^{n} \frac{f^{(k)}(0)}{k!} x^k \to f(x).$$

En este caso diremos que $f(x)$ se puede desarrollar en *serie de Taylor en x* y escribiremos

**(12.6.3)**
$$f(x) = \sum_{k=0}^{\infty} \frac{f^{(k)}(0)}{k!} x^k.$$

[A veces, a las series de Taylor en $x$ se las llama series de Maclaurin en recuerdo de Colin Maclaurin, un matemático escocés (1648-1746). En algunos círculos el nombre de Maclaurin sigue relacionado con estas series a pesar de que Taylor las consideró unos veinte años antes que Maclaurin.]

A partir del ejemplo 3 está claro que

**(12.6.4)**
$$e^x = \sum_{k=0}^{\infty} \frac{x^k}{k!} = 1 + x + \frac{x^2}{2!} + \frac{x^3}{3!} + \ldots \quad \text{para todo } x \text{ real.}$$

Del ejemplo 4 deducimos

**(12.6.5)**
$$\text{sen } x = \sum_{k=0}^{\infty} \frac{(-1)^k}{(2k+1)!} x^{2k+1} = x - \frac{x^3}{3!} + \frac{x^5}{5!} - \frac{x^7}{7!} + \ldots \quad \text{para todo } x \text{ real.}$$

Se deja como ejercicio para el lector demostrar que

**(12.6.6)** $$\cos x = \sum_{k=0}^{\infty} \frac{(-1)^k}{(2k)!} x^{2k} = 1 - \frac{x^2}{2!} + \frac{x^4}{4!} - \frac{x^6}{6!} + \ldots \quad \text{para todo } x \text{ real.}$$

Nos vamos a ocupar ahora de la función logaritmo. Dado que $\ln x$ no está definida en $x = 0$, no podemos desarrollar $\ln x$ en potencias de $x$. En su lugar nos ocuparemos pues de $\ln(1 + x)$.

**(12.6.7)** $$\ln(1+x) = \sum_{k=1}^{\infty} \frac{(-1)^{k+1}}{k} x^k = x - \frac{x^2}{2} + \frac{x^3}{3} - \ldots \quad \text{para } -1 < x \leq 1.$$

Demostración.[†] La función

$$f(x) = \ln(1+x)$$

tiene las derivadas

$$f'(x) = \frac{1}{1+x}, \quad f''(x) = -\frac{1}{(1+x)^2}, \quad f'''(x) = \frac{2}{(1+x)^3},$$
$$f^{(4)}(x) = \frac{3!}{(1+x)^4}, \quad f^{(5)}(x) = \frac{4!}{(1+x)^5}, \quad \text{y así sucesivamente.}$$

Para $k \geq 1$

$$f^{(k)}(x) = (-1)^{k+1} \frac{(k-1)!}{(1+x)^k}, \quad f^{(k)}(0) = (-1)^{k+1}(k-1)!, \quad \frac{f^{(k)}(0)}{k!} = \frac{(-1)^{k+1}}{k}.$$

Dado que $f(0) = 0$, el $n$-ésimo polinomio de Taylor tiene la forma

$$P_n(x) = \sum_{k=1}^{n} (-1)^{k+1} \frac{x^k}{k} = x - \frac{x^2}{2} + \ldots + (-1)^{n+1} \frac{x^n}{n}.$$

[†] La demostración que damos aquí es ilustrativa de los métodos de esta sección. En la sección 12.9 daremos otro método, más sencillo, para obtener este desarrollo en serie.

Luego todo lo que tenemos que demostrar es que

$$R_{n+1}(x) \to 0 \qquad \text{para } -1 < x \leq 1.$$

En lugar de intentar aplicar nuestra habitual estimación del resto [en este caso dicha estimación no resulta lo suficientemente fina para demostrar que $R_{n+1} \to 0$ para $-1 < x < -\frac{1}{2}$], escribimos el resto en su forma integral. Por el teorema de Taylor,

$$R_{n+1}(x) = \frac{1}{n!}\int_o^x f^{(n+1)}(t)\,(x-t)^n\,dt,$$

así que en este caso

$$R_{n+1}(x) = \frac{1}{n!}\int_0^x (-1)^{n+2}\,\frac{n!}{(1+t)^{n+1}}\,(x-t)^n\,dt = (-1)^n \int_0^x \frac{(x-t)^n}{(1+t)^{n+1}}\,dt.$$

Para $0 \leq x \leq 1$ tenemos

$$|R_{n+1}(x)| = \int_0^x \frac{(x-t)^n}{(1+t)^{n+1}}\,dt \leq \int_0^x (x-t)^n\,dt = \frac{x^{n+1}}{n+1} \to 0.$$

explicarlo (la desigualdad $\leq$)

Para $-1 < x < 0$ tenemos

$$|R_{n+1}(x)| = \left|\int_0^x \frac{(x-t)^n}{(1+t)^{n+1}}\,dt\right| = \int_x^0 \left(\frac{t-x}{1+t}\right)^n \frac{1}{1+t}\,dt.$$

Por el teorema del valor medio para las integrales (5.11.1) existe un número $x_n$ entre $x$ y 0 tal que

$$\int_x^0 \left(\frac{t-x}{1+t}\right)^n \frac{1}{1+t}\,dt = \left(\frac{x_n - x}{1+x_n}\right)^n \left(\frac{1}{1+x_n}\right)(-x).$$

Dado que $-x = |x|$ y que $0 < 1 + x < 1 + x_n$, podemos concluir que

$$|R_{n+1}(x)| < \left(\frac{x_n - |x|}{1+x_n}\right)^n \left(\frac{|x|}{1+x}\right).$$

Dado que $|x| < 1$ y que $x_n < 0$, tenemos

$$x_n < |x|\,x_n, \qquad x_n + |x| < |x|\,x_n + |x| = |x|\,(1+x_n)$$

luego

$$\frac{x_n - |x|}{1 + x_n} < |x|.$$

De ello se deduce ahora que

$$|R_{n+1}(x)| < |x|^n \left( \frac{|x|}{1 + x} \right)$$

y, dado que $|x| < 1$, que $R_{n+1}(x) \to 0$. □

**Observación.** El desarrollo en serie de $\ln(1 + x)$ que acabamos de hallar para $-1 < x \leq 1$ no se puede extender a otros valores de $x$. Para $x \leq -1$ ninguno de los dos miembros de esta expresión tiene sentido: $\ln(1 + x)$ no está definido y la serie de la derecha diverge. Para $x \geq 1$, $\ln(1 + x)$ está definido, pero la serie de la derecha diverge y, por consiguiente, no puede representar la función. En $x = 1$ la serie nos da un resultado inesperado:

$$\ln 2 = 1 - \tfrac{1}{2} + \tfrac{1}{3} - \tfrac{1}{4} + \dots . \quad \square$$

Queremos resaltar otra vez el papel que desempeña el resto $R_{n+1}(x)$. Podemos formar una serie de Taylor

$$\sum_{k=0}^{\infty} \frac{f^{(k)}(0)}{k!} x^k$$

para cualquier función con derivadas de todos los órdenes en $x = 0$, pero dicha serie no tiene por qué converger en ningún $x \neq 0$. Incluso si converge, la suma no tiene por qué ser $f(x)$ (ver el ejercicio 35). La serie de Taylor converge a $f(x)$ si y sólo si el resto $R_{n+1}(x)$ tiende a 0.

## Algunos cálculos numéricos

Si la serie de Taylor converge, podemos usar las sumas parciales (los polinomios de Taylor) para calcular $f(x)$ con tanta precisión como queramos. A continuación se muestran algunos ejemplos de tales cálculos. Para facilitar el trabajo, he aquí unas tablas con algunos valores de $k!$ y de $1/k!$.

TABLA 12.6.1

| $k!$ |
|---|
| $2! = 2$ |
| $3! = 6$ |
| $4! = 24$ |
| $5! = 120$ |
| $6! = 720$ |
| $7! = 5.040$ |
| $8! = 40.320$ |

TABLA 12.6.2

| $1/k!$ | |
|---|---|
| $0{,}16666 < \frac{1}{3!} < 0{,}16667$ | $0{,}00138 < \frac{1}{6!} < 0{,}00139$ |
| $0{,}04166 < \frac{1}{4!} < 0{,}04167$ | $0{,}00019 < \frac{1}{7!} < 0{,}00020$ |
| $0{,}00833 < \frac{1}{5!} < 0{,}00834$ | $0{,}00002 < \frac{1}{8!} < 0{,}00003$ |

**Problema 5.** Estimar $e$ con un error inferior a 0,001.

*Solución.* Para todo $x$

$$e^x = 1 + x + \frac{x^2}{2!} + \ldots + \frac{x^n}{n!} + \ldots .$$

Tomando $x = 1$ tenemos

$$e = 1 + 1 + \frac{1}{2!} + \ldots + \frac{1}{n!} + \ldots .$$

Por el ejemplo 3 sabemos que la $n$-ésima suma parcial de esta serie, el polinomio de Taylor

$$P_n(1) = 1 + 1 + \frac{1}{2!} + \ldots + \frac{1}{n!},$$

aproxima $e$ a menos de

$$|R_{n+1}(1)| \leq e\frac{|1|^{n+1}}{(n+1)!} < \frac{3}{(n+1)!}.$$

Aquí $M = e^1 = e$     $e < 3$

Dado que

$$\frac{3}{7!} = \frac{3}{5040} = \frac{1}{1680} < 0{,}001,$$

podemos tomar $n = 6$ y estar seguros de que

$$P_6(1) = 1 + 1 + \frac{1}{2!} + \frac{1}{3!} + \frac{1}{4!} + \frac{1}{5!} + \frac{1}{6!} = \frac{1957}{720}$$

difiere de $e$ en menos de 0,001.

Nuestra calculadora da

$$\frac{1957}{720} \cong 2{,}7180556 \qquad \text{y} \qquad e \cong 2{,}7182818. \quad \square$$

**Problema 6.** Estimar $e^{0,2}$ con un error inferior a 0,001.

*Solución.* La serie exponencial en $x = 0{,}2$ da

$$e^{0,2} = 1 + 0{,}2 + \frac{(0{,}2)^2}{2!} + \ldots + \frac{(0{,}2)^n}{n!} + \ldots .$$

Por el ejemplo 3, sabemos que la $n$-ésima suma parcial de esta serie, el polinomio de Taylor

$$P_n(0{,}2) = 1 + 0{,}2 + \frac{(0{,}2)^2}{2!} + \ldots + \frac{(0{,}2)^n}{n!},$$

aproxima $e^{0,2}$ a menos de

$$|R_{n+1}(0{,}2)| \leq e^{0,2} \frac{|0{,}2|^{n+1}}{(n+1)!} < 3\frac{(0{,}2)^{n+1}}{(n+1)!}.$$

Aquí $M = e^{0,2}$

Dado que

$$3\frac{(0{,}2)^4}{4!} = \frac{(3)(16)}{240.000} < 0{,}001,$$

podemos tomar $n = 3$ y estar seguros de que

$$P_3(0{,}2) = 1 + 0{,}2 + \frac{(0{,}2)^2}{2!} + \frac{(0{,}2)^3}{3!} = \frac{7326}{6000} = 1{,}221$$

difiere de $e^{0,2}$ en menos de 0,001.

Nuestra calculadora da

$$e^{0,2} \cong 1{,}2214028. \quad \square$$

Problema 7. Estimar sen 0,5 con un error inferior a 0,001.

*Solución.* En $x = 0{,}5$, la serie seno da

$$\operatorname{sen} 0{,}5 = 0{,}5 - \frac{(0{,}5)^3}{3!} + \frac{(0{,}5)^5}{5!} - \frac{(0{,}5)^7}{7!} + \ldots .$$

Por el ejemplo 4, sabemos que la $n$-ésima suma parcial, el $n$-ésimo polinomio de Taylor $P_n(0{,}5)$, aproxima sen 0,5 a menos de

$$|R_{n+1}(0{,}5)| \leq \frac{(0{,}5)^{n+1}}{(n+1)!}.$$

Dado que

$$\frac{(0{,}5)^5}{5!} = \frac{1}{(2^5)(5!)} = \frac{1}{(32)(120)} = \frac{1}{3840} < 0{,}001,$$

podemos estar seguros de que

el coeficiente de $x^4$ es 0

$$P_4(0{,}5) = P_3(0{,}5) = 0{,}5 - \frac{(0{,}5)^3}{3!} = \frac{23}{48}$$

aproxima sen 0,5 a menos de 0,001.

Nuestra calculadora da

$$\frac{23}{48} \cong 0{,}4791666 \qquad \text{y} \qquad \operatorname{sen} 0{,}5 \cong 0{,}4794255. \quad \square$$

**Observación.** Podríamos haber resuelto el último problema sin referirnos a la estimación del resto obtenida en el ejemplo 4. La serie para sen 0,5 es una serie convergente alternada de términos decrecientes. Por (12.5.4) podemos concluir inmediatamente que sen 0,5 está entre dos cualesquiera sumas parciales consecutivas. En particular

$$0{,}5 - \frac{(0{,}5)^3}{3!} < \operatorname{sen} 0{,}5 < 0{,}5 - \frac{(0{,}5)^3}{3!} + \frac{(0{,}5)^5}{5!}. \quad \square$$

**Problema 8.** Estimar ln 1,4 con un error inferior a 0,01.

*Solución.* Por (12.6.7)

$$\ln 1{,}4 = \ln(1+0{,}4) = 0{,}4 - \tfrac{1}{2}(0{,}4)^2 + \tfrac{1}{3}(0{,}4)^3 - \tfrac{1}{4}(0{,}4)^4 + \dots .$$

Ésta es una serie convergente alternada de términos decrecientes. Luego ln 1,4 está entre dos cualesquiera sumas parciales consecutivas.

El primer término menor que 0,01 es

$$\tfrac{1}{4}(0{,}4)^4 = \tfrac{1}{4}(0{,}0256) = 0{,}0064.$$

La relación

$$0{,}4 - \tfrac{1}{2}(0{,}4)^2 + \tfrac{1}{3}(0{,}4)^3 - \tfrac{1}{4}(0{,}4)^4 < \ln 1{,}4 < 0{,}4 - \tfrac{1}{2}(0{,}4)^2 + \tfrac{1}{3}(0{,}4)^3$$

da

$$0{,}335 < \ln 1{,}4 < 0{,}341.$$

Dentro de los límites indicados, podemos tomar $\ln 1{,}4 \cong 0{,}34$. □[†]

## EJERCICIOS 12.6

Hallar el polinomio de Taylor $P_4(x)$ para cada una de las siguientes funciones.

**1.** $x - \cos x$. **2.** $\sqrt{1+x}$. **3.** $\ln \cos x$. **4.** $\sec x$.

Hallar el polinomio de Taylor $P_5(x)$ para cada una de las siguientes funciones.

**5.** $(1+x)^{-1}$. **6.** $e^x \operatorname{sen} x$. **7.** $\tan x$. **8.** $x \cos x^2$.

**9.** Determinar $P_0(x)$, $P_1(x)$, $P_2(x)$, $P_3(x)$ para $1 - x + 3x^2 + 5x^3$.

**10.** Determinar $P_0(x)$, $P_1(x)$, $P_2(x)$, $P_3(x)$ para $(x+1)^3$

Determinar el $n$-ésimo polinomio de Taylor $P_n(x)$.

**11.** $e^{-x}$. **12.** $\operatorname{senh} x$. **13.** $\cosh x$. **14.** $\ln(1-x)$.

[†] En los ejercicios se verá un instrumento mucho más efectivo a la hora de calcular logaritmos.

Usar polinomios de Taylor para estimar las magnitudes siguientes con un error inferior a 0,001

**15.** $\sqrt{e}$. **16.** sen 0,3. **17.** sen 1. **18.** ln 1,2. **19.** cos 1. **20.** $e^{0,8}$.

**21.** Sea $P_n(x)$ el $n$-ésimo polinomio de Taylor de

$$f(x) = \ln(1 + x).$$

Hallar el más pequeño entero $n$ tal que (a) $P_n(0{,}5)$ aproxima ln 1,5 a menos de 0,01. (b) $P_n(0{,}3)$ aproxima ln 1,3 a menos de 0,01. (c) $P_n(1)$ aproxima ln 2 a menos de 0,01.

**22.** Sea $P_n(x)$ el $n$-ésimo polinomio de Taylor de

$$f(x) = \operatorname{sen} x.$$

Hallar el más pequeño entero $n$ tal que (a) $P_n(1)$ aproxima sen 1 a menos de 0,001. (b) $P_n(2)$ aproxima sen 2 a menos de 0,001. (c) $P_n(3)$ aproxima sen 3 a menos de 0,001.

**23.** Demostrar que un polinomio $P(x) = a_0 + a_1x + \ldots + a_nx^n$ es su propia serie de Taylor.

**24.** Demostrar que

$$\cos x = \sum_{k=0}^{\infty} \frac{(-1)^k}{(2k)!} x^{2k} \qquad \text{para todo } x \text{ real.}$$

Establecer un desarrollo en serie para cada una de las siguientes funciones y especificar los números $x$ para los cuales es válido el desarrollo. Tomar $a > 0$.

**25.** $e^{ax}$. SUGERENCIA: Hacer $t = ax$ y desarrollar $e^t$ en potencias de $t$

**26.** sen $ax$. **27.** cos $ax$. **28.** $\ln(1 - ax)$.

**29.** $\ln(a + x)$. SUGERENCIA: $\ln(a + x) = \ln[a(1 + x/a)]$.

**30.** La serie que hemos obtenido para $\ln(1 + x)$ converge demasiado lentamente para poder ser de un uso práctico. La siguiente serie logarítmica converge mucho más rápidamente:

**(12.6.8)**
$$\ln\left(\frac{1+x}{1-x}\right) = 2\left(x + \frac{x^3}{3} + \frac{x^5}{5} + \ldots\right) \quad \text{para } -1 < x < 1.$$

Establecer este desarrollo en serie.

**31.** Hacer $x = \frac{1}{3}$ y usar los tres primeros términos no nulos de (12.6.8) para estimar ln 2.

**32.** Usar los dos primeros términos no nulos de (12.6.8) para estimar ln 1,4.

**33.** Comprobar la identidad

$$\frac{f^{(k)}(0)}{k!}x^k = \frac{1}{(k-1)!}\int_0^x f^{(k)}(t)(x-t)^{k-1}\,dt - \frac{1}{k!}\int_0^x f^{(k+1)}(t)(x-t)^k\,dt$$

calculando la segunda integral por partes.

**34.** Establecer la estimación del resto (12.6.2).

**35.** Demostrar que para la función

$$f(x) = \left\{ \begin{array}{ll} e^{-1/x^2}, & x \neq 0 \\ 0, & x = 0 \end{array} \right],$$

$f^{(k)}(0) = 0$, $k = 0, 1, 2$. Argumentos similares permiten demostrar que $f^{(k)}(0) = 0$ para todo $k$. Luego la serie de Taylor en $x$ es idénticamente nula y no representa la función excepto en $x = 0$.

**36.** *(Importante)* Demostrar que $e$ es irracional, siguiendo los siguientes pasos.

(1) Considerar el desarrollo en serie

$$e = \sum_{k=0}^{\infty} \frac{1}{k!}$$

y demostrar que la $q$-ésima suma parcial

$$s_q = \sum_{k=0}^{q} \frac{1}{k!}$$

verifica la desigualdad

$$0 < q!\,(e - s_q) < \frac{1}{q}.$$

(2) Demostrar que $q!s_q$ es un entero y razonar que si $e$ fuese de la forma $p/q$, entonces $q!(e - s_q)$ sería un entero positivo menor que 1.

---

**Un programa para el cálculo de *e* mediante sumas (BASIC)**

Este programa utiliza la fórmula

$$e = \sum_{j=1}^{\infty} \frac{1}{j!}$$

para calcular el valor de $e$. Sólo se tiene que especificar el número de términos a usar seleccionando un valor de $n$.

```
10 REM Computation of e via sums
20 REM copyright © Colin C. graham 1988-1989

100 INPUT "Enter n:" n

200 term = 1
210 e =1
```

```
300 FOR j = 1 TO n
310     term = term/j
320     e = e + term
330     PRINT e
340 NEXT j

500 INPUT "Do it again? (Y/N)"; a$
510 IF a$ = "Y" OR a$ = "y" THEN 100
520 END
```

## 12.7 POLINOMIOS DE TAYLOR EN $x - a$; SERIES DE TAYLOR EN $x - a$

Hasta ahora sólo hemos considerado desarrollos en series de potencias de $x$. Vamos a generalizar ahora esto a desarrollos en potencias de $x - a$ donde $a$ es un número real arbitrario. Empezamos con una versión más general del teorema de Taylor.

**TEOREMA 12.7.1 EL TEOREMA DE TAYLOR**

Si $g$ tiene $n + 1$ derivadas continuas en el intervalo $I$ que une 0 $a$ $x$, se verifica

$$g(x) = g(a) + g'(a)(x-a) + \frac{g''(a)}{2!}(x-a)^2 + \ldots + \frac{g^{(n)}(a)}{n!}(x-a)^n + R_{n+1}(x)$$

donde

$$R_{n+1}(x) = \frac{1}{n!}\int_a^x g^{(n+1)}(s)(x-s)^n\, ds.$$

En este contexto más general, la estimación del resto puede escribirse

**(12.7.2)**
$$|R_{n+1}(x)| \le \left(\max_{s \in I} |g^{(n+1)}(s)|\right)\frac{|x-a|^{n+1}}{(n+1)!}.$$

Si $R_{n+1}(x) \to 0$, tenemos

$$g(x) = g(a) + g'(a)(x-a) + \frac{g''(a)}{2!}(x-a)^2 + \ldots + \frac{g^{(n)}(a)}{n!}(x-a)^n + \ldots .$$

Con la notación sigma, tenemos

(12.7.3)
$$g(x) = \sum_{k=0}^{\infty} \frac{g^{(k)}(a)}{k!}(x-a)^k.$$

Esto se conoce como el desarrollo de Taylor de $g(x)$ en potencias de $x - a$. La serie de la derecha se llama *serie de Taylor en* $x - a$.

Todo esto sólo difiere de lo que ya hemos visto anteriormente en una traslación. Si definimos

$$f(t) = g(t + a).$$

obviamente

$$f^{(k)}(t) = g^{(k)}(t + a) \qquad \text{y} \qquad f^{(k)}(0) = g^{(k)}(a).$$

Los resultados de esta sección enunciados para $g$ pueden deducirse aplicando los de la sección 12.6 a la función $f$.

**Problema 1.** Desarrollar $g(x) = 4x^3 - 3x^2 + 5x - 1$ en potencias de $x - 2$.

*Solución.* Tenemos que calcular el valor de $g$ y de sus derivadas en $x = 2$.

$$\begin{aligned} g(x) &= 4x^3 - 3x^2 + 5x - 1 \\ g'(x) &= 12x^2 - 6x + 5 \\ g''(x) &= 24x - 6 \\ g'''(x) &= 24. \end{aligned}$$

Todas las derivadas de orden superior son idénticamente nulas.

Sustituyendo, obtenemos $g(2) = 29$, $g'(2) = 41$, $g''(2) = 42$, $g'''(2) = 24$ y $g^{(k)}(2) = 0$ para todo $k \geq 4$. Luego, por (12.7.3), tenemos

$$\begin{aligned} g(x) &= 29 + 41(x-2) + \frac{42}{2!}(x-2)^2 + \frac{24}{3!}(x-2)^3 \\ &= 29 + 41(x-2) + 21(x-2)^2 + 4(x-2)^3. \qquad \square \end{aligned}$$

**Problema 2.** Desarrollar $g(x) = x^2 \ln x$ en potencias de $x - 1$.

*Solución.* Queremos calcular el valor de $g$ y de sus derivadas en $x = 1$.

$$\begin{aligned} g(x) &= x^2 \ln x \\ g'(x) &= x + 2x \ln x \\ g''(x) &= 3 + 2 \ln x \\ g'''(x) &= 2x^{-1} \\ g^{(4)}(x) &= -2x^{-2} \\ g^{(5)}(x) &= (2)(2)x^{-3} \\ g^{(6)}(x) &= (2)(2)(3)x^{-4} = -2(3!)x^{-4} \\ g^{(7)}(x) &= (2)(2)(3)(4)x^{-5} = 2(4!)x^{-5}, \text{ etc.} \end{aligned}$$

Queda ya clara la regla de formación de las derivadas sucesivas: para $k \geq 3$

$$g^{(k)}(x) = (-1)^{k+1} 2(k-3)!\,x^{-k+2}.$$

Evaluando en $x = 1$, obtenemos $g(1) = 0$, $g'(1) = 1$, $g''(1) = 3$ y, para $k \geq 3$,

$$g^{(k)}(1) = (-1)^{k+1} 2(k-3)!.$$

El desarrollo en potencias de $x - 1$ puede escribirse

$$\begin{aligned} g(x) &= (x-1) + \frac{3}{2!}(x-1)^2 + \sum_{k=3}^{\infty} \frac{(-1)^{k+1} 2(k-3)!}{k!}(x-1)^k \\ &= (x-1) + \frac{3}{2}(x-1)^2 + \sum_{k=3}^{\infty} \frac{(-1)^{k+1} 2}{k(k-1)(k-2)}(x-1)^k. \end{aligned}$$

□

Otra manera de hallar el desarrollo en serie de $g(x)$ consiste en desarrollar $g(t + a)$ en potencias de $t$ y luego en hacer $t = x - a$. Este es el camino que tomaremos cuando conozcamos ya el desarrollo en $t$ o cuando éste sea fácil de hallar.

**Ejemplo 3.** Podemos desarrollar $g(x) = e^{x/2}$ en potencias de $x - 3$ desarrollando

$$g(t + 3) = e^{(t+3)/2} \qquad \text{en potencias de } t$$

y haciendo luego $t = x - 3$.

Observe que

$$g(t+3) = e^{3/2}e^{t/2} = e^{3/2}\sum_{k=0}^{\infty}\frac{(t/2)^k}{k!} = e^{3/2}\sum_{k=0}^{\infty}\frac{1}{2^k k!}t^k.$$

serie exponencial

Haciendo $t = x - 3$, tenemos

$$g(x) = e^{3/2}\sum_{k=0}^{\infty}\frac{1}{2^k k!}(x-3)^k.$$

Dado que el desarrollo de $g(t+3)$ es válido para todo $t$ real, el desarrollo de $g(x)$ es válido para todo $x$ real. □

Siguiendo el mismo método, es fácil demostrar que

**(12.7.4)** Para $0 < x \leq 2a$

$$\ln x = \ln a + \frac{1}{a}(x-a) - \frac{1}{2a^2}(x-a)^2 + \frac{1}{3a^3}(x-a)^3 - \dots .$$

Demostración. Primero desarrollaremos $\ln(a+t)$ en potencias de $t$ y haremos $t = x - a$.

En primer lugar

$$\ln(a+t) = \ln\left[a\left(1+\frac{t}{a}\right)\right] = \ln a + \ln\left(1+\frac{t}{a}\right).$$

Por (12.6.7) está claro que

$$\ln\left(1+\frac{t}{a}\right) = \frac{t}{a} - \frac{1}{2}\left(\frac{t}{a}\right)^2 + \frac{1}{3}\left(\frac{t}{a}\right)^3 - \dots \qquad \text{para } -a < t \leq a.$$

Añadiendo $\ln a$ a ambos miembros, tenemos

$$\ln(a+t) = \ln a + \frac{1}{2}t - \frac{1}{2a^2}t^2 + \frac{1}{3a^3}t^3 - \dots \qquad \text{para } -a < t \leq a.$$

Haciendo $t = x - a$, hallamos que

$$\ln x = \ln a + \frac{1}{a}(x-a) - \frac{1}{2a^2}(x-a)^2 + \frac{1}{3a^3}(x-a)^3 - \ldots$$

Para todos aquellos $x$ tales que $-a < x - a \leq a$; es decir para todos los $x$ tales que $0 < x \leq 2a$. □

## EJERCICIOS 12.7

Desarrollar $g(x)$ como se ha indicado y especificar los valores de $x$ para los cuales el desarrollo es válido.

**1.** $g(x) = 3x^3 - 2x^2 + 4x + 1$ en potencias de $x - 1$.

**2.** $g(x) = x^4 - x^3 + x^2 - x + 1$ en potencias de $x - 2$.

**3.** $g(x) = 2x^5 + x^2 - 3x - 5$ en potencias de $x + 1$.

**4.** $g(x) = x^{-1}$ en potencias de $x - 1$.

**5.** $g(x) = (1 + x)^{-1}$ en potencias de $x - 1$.

**6.** $g(x) = (b + x)^{-1}$ en potencias de $x - a$, $a \neq -b$.

**7.** $g(x) = (1 - 2x)^{-1}$ en potencias de $x + 2$.

**8.** $g(x) = e^{-4x}$ en potencias de $x + 1$.

**9.** $g(x) = \operatorname{sen} x$ en potencias de $x - \pi$.

**10.** $g(x) = \operatorname{sen} x$ en potencias de $x - \frac{1}{2}\pi$.

**11.** $g(x) = \cos x$ en potencias de $x - \pi$.

**12.** $g(x) = \cos x$ en potencias de $x - \frac{1}{2}\pi$.

**13.** $g(x) = \operatorname{sen} \frac{1}{2}\pi x$ en potencias de $x - 1$.

**14.** $g(x) = \operatorname{sen} \pi x$ en potencias de $x - 1$.

**15.** $g(x) = \ln(1 + 2x)$ en potencias de $x - 1$.

**16.** $g(x) = \ln(2 + 3x)$ en potencias de $x - 4$.

Desarrollar $g(x)$ de la manera indicada.

**17.** $g(x) = x \ln x$ en potencias de $x - 2$.

**18.** $g(x) = x^2 + e^3 x$ en potencias de $x - 2$.

**19.** $g(x) = x \operatorname{sen} x$ en potencias de $x$.

**20.** $g(x) = \ln(x^2)$ en potencias de $x - 1$.

**21.** $g(x) = (1 - 2x)^{-3}$ en potencias de $x + 2$.

**22.** $g(x) = \operatorname{sen}^2 x$ en potencias de $x - \frac{1}{2}\pi$.

**23.** $g(x) = \cos^2 x$ en potencias de $x - \pi$.

**24.** $g(x) = (1 + 2x)^{-4}$ en potencias de $x - 2$.

**25.** $g(x) = x^n$ en potencias de $x - 1$.

**26.** $g(x) = (x - 1)^n$ en potencias de $x$.

**27.** (a) Desarrollar $e^x$ en potencias de $x - a$.

(b) Usar el desarrollo para demostrar que $e^{x_1 + x_2} = e^{x_1}e^{x_2}$.

(c) Desarrollar $e^{-x}$ en potencias de $x - a$.

**28.** (a) Desarrollar $\operatorname{sen} x$ y $\cos x$ en potencias de $x - a$.

(b) Demostrar que ambas series son absolutamente convergentes para todo $x$ real.

(c) Como se observó anteriormente (sección 12.5), Riemann demostró que se puede alterar el orden de los términos de una serie absolutamente convergente sin que cambie la suma de dicha serie. Usar el descubrimiento de Riemann y el desarrollo de Taylor de la parte (a) para demostrar las fórmulas de adición

$$\text{sen } (x_1 + x_2) = \text{sen } x_1 \cos x_2 + \cos x_1 \text{ sen } x_2,$$
$$\cos (x_1 + x_2) = \cos x_1 \cos x_2 - \text{sen } x_1 \text{ sen } x_2.$$

---

## 12.8 SERIES DE POTENCIAS

Nos hemos familiarizado con las series de Taylor

$$\sum_{k=0}^{\infty} \frac{f^{(k)}(a)}{k!}(x-a)^k \qquad \text{y} \qquad \sum_{k=0}^{\infty} \frac{f^{(k)}(0)}{k!}x^k.$$

Estudiaremos aquí series de la forma

$$\sum_{k=0}^{\infty} a_k (x-a)^k \qquad \text{y} \qquad \sum_{k=0}^{\infty} a_k x^k$$

sin ocuparnos de como se han obtenido sus coeficientes. Estas series se llaman *series de potencias*. Dado que una simple traslación transforma

$$\sum_{k=0}^{\infty} a_k (x-a)^k \qquad \text{en} \qquad \sum_{k=0}^{\infty} a_k x^k,$$

podemos concentrar nuestra atención en las series de potencias del tipo

$$\sum_{k=0}^{\infty} a_k x^k.$$

Cuando no sea necesario detallar los índices, los omitiremos y escribiremos

$$\Sigma\, a_k x^k.$$

Empezamos la discusión con una definición.

**DEFINICIÓN 12.8.1**

Diremos que una serie de potencias $\Sigma\, a_k x^k$ converge

(i) en $x_1$ sii $\Sigma\, a_k x_1^k$ converge.
(ii) en el conjunto $S$ sii $\Sigma a_k x^k$ converge para todo $x$ de $S$.

El resultado siguiente es fundamental.

**TEOREMA 12.8.2**

Si $\Sigma a_k x^k$ converge en $x_1 \neq 0$, entonces converge absolutamente para $|x| < |x_1|$.
Si $\Sigma a_k x^k$ diverge en $x_1$, entonces diverge para $|x| > |x_1|$.

Demostración. Si $\Sigma a_k x_1^k$ converge, entonces $a_k x_1^k \to 0$. En particular, para $k$ suficientemente grande,

$$|a_k x_1^k| \leq 1$$

luego

$$|a_k x^k| = |a_k x_1^k| \left|\frac{x}{x_1}\right|^k \leq \left|\frac{x}{x_1}\right|^k.$$

Para $|x| < |x_1|$, tenemos

$$\left|\frac{x}{x_1}\right| < 1.$$

La convergencia de $\Sigma |a_k x^k|$ se obtiene por comparación con la serie geométrica. Esto demuestra el primer aserto.

Supongamos ahora que $\Sigma a_k x_1^k$ diverge. Dado el razonamiento anterior, no puede existir un $x$ tal que $|x| > |x_1|$ y que $\Sigma a_k x^k$ converja. La existencia de un tal $x$ implicaría la convergencia absoluta de $\Sigma a_k x_1^k$. Esto demuestra el segundo aserto. □

A partir del teorema que acabamos de demostrar, se puede ver que hay exactamente tres posibilidades para una serie de potencias.

Caso I. *La serie sólo converge en 0.* Esto es lo que sucede con

$$\Sigma\ k^k x^k.$$

Como se puede ver por el criterio de la raíz, el $k$-ésimo término, $k^k x^k$, sólo tiende a 0 si $x = 0$.

Caso II. *La serie converge absolutamente para todo valor de x.* Esto es lo que sucede con la serie exponencial

$$\Sigma \frac{x^k}{k!}.$$

Caso III. *Existe un número positivo r tal que la serie converja absolutamente para* $|x| < r$ *y diverja para* $|x| > r$. Esto es lo que sucede con la serie geométrica.

$$\Sigma\ x^k.$$

En este caso hay convergencia absoluta para $|x| < 1$ y la serie es divergente para $|x| > 1$.

A cada caso se asocia un *radio de convergencia*:

En el Caso I, diremos que el radio de convergencia es 0.
En el Caso II, diremos que el radio de convergencia es $\infty$.
En el Caso III, diremos que el radio de convergencia es $r$.

Los tres casos están representados en la figura 12.8.1.

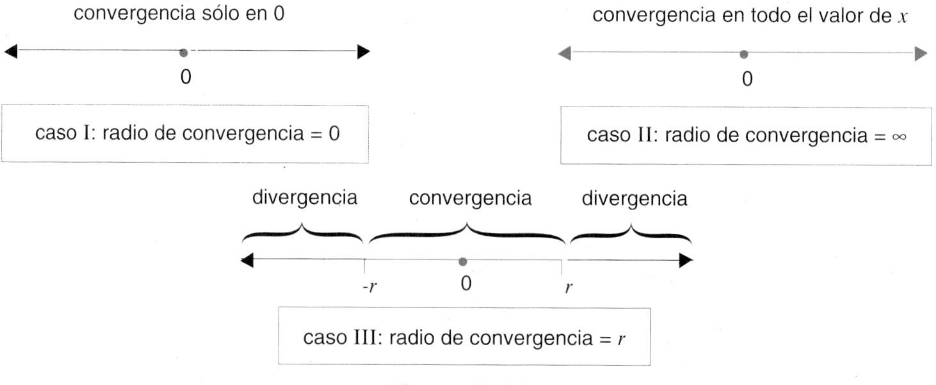


Figura 12.8.1

En general no se puede predecir el comportamiento de una serie de potencias en $-r$ y $r$. Las series

$$\Sigma\, x^k, \qquad \Sigma\, \frac{1}{k}x^k, \qquad \Sigma\, \frac{(-1)^k}{k}x^k, \qquad \Sigma\, \frac{1}{k^2}x^k,$$

tienen todas radio de convergencia 1, pero mientras que la primera de estas series sólo converge en $(-1, 1)$, la segunda converge en $[-1, 1)$, la tercera en $(-1, 1]$ y la cuarta en $[-1, 1]$.

El intervalo maximal en el cual converge una serie de potencias se llama *intervalo de convergencia*. Para una serie con radio de convergencia infinito, el intervalo de convergencia es $(-\infty, \infty)$. Para una serie de radio de convergencia $r$, el intervalo de convergencia puede ser $[-r, r]$, $(-r, r]$, $[-r, r)$ o $(-r, r)$. Para una serie de radio de convergencia 0, el intervalo de convergencia se reduce a un punto, $\{0\}$.

**Problema 1.** Comprobar que el intervalo de convergencia de la serie

$$\Sigma\, \frac{(-1)^k}{k}x^k \tag{1}$$

es $(-1, 1]$.

*Solución.* Primero demostraremos que el radio de convergencia es 1 (es decir que la serie es absolutamente convergente para $|x| < 1$ y divergente para $|x| > 1$). Lo haremos formando las series

$$\Sigma \left| \frac{(-1)^k}{k}x^k \right| = \Sigma\, \frac{1}{k}|x|^k \tag{2}$$

y aplicando el criterio del cociente.

Hacemos

$$b_k = \frac{1}{k}|x|^k$$

y observamos que

$$\frac{b_{k+1}}{b_k} = \frac{k}{k+1}\frac{|x|^{k+1}}{|x|^k} = \frac{k}{k+1}|x| \to |x|.$$

Por el criterio del cociente, la serie (2) converge para $|x| < 1$ y diverge para $|x| > 1$.† De ello se deduce que la serie (1) es absolutamente convergente para $|x| < 1$ y divergente para $|x| > 1$. Luego el radio de convergencia es 1.

Veamos que pasa ahora en los extremos $x = -1$ y $x = 1$. En $x = -1$

$$\Sigma \frac{(-1)^k}{k} x^k \text{ se transforma en } \Sigma \frac{(-1)^k}{k}(-1)^k = \Sigma \frac{1}{k}.$$

Esta es la serie armónica que, como ya sabemos, es divergente. En $x = 1$

$$\Sigma \frac{(-1)^k}{k} x^k \text{ se transforma en } \Sigma \frac{(-1)^k}{k}.$$

Esta es una serie alternada convergente.

Hemos demostrado que la serie (1) es absolutamente convergente para $|x| < 1$, divergente en $-1$ y convergente en 1. El intervalo de convergencia es $(-1, 1]$. □

**Problema 2.** Comprobar que el intervalo de convergencia de la serie

(1) $$\Sigma \frac{1}{k^2} x^k$$

es $[-1, 1]$.

*Solución.* Primero examinaremos la serie

(2) $$\Sigma \left|\frac{1}{k^2} x^k\right| = \Sigma \frac{1}{k^2}|x|^k.$$

De nuevo aplicaremos el criterio del cociente. Hacemos

$$b_k = \frac{1}{k^2}|x|^k$$

y observamos que

$$\frac{b_{k+1}}{b_k} = \frac{k^2}{(k+1)^2}\frac{|x|^{k+1}}{|x|^k} = \left(\frac{k}{k+1}\right)^2 |x| \to |x|.$$

† También podríamos haber usado el criterio de la raíz:

$$(b_k)^{1/k} = \left|\frac{1}{k}\right|^{1/k} |x| = \frac{1}{k^{1/k}}|x| \to |x|.$$

Por el criterio del cociente, (2) converge para $|x| < 1$ y diverge para $|x| > 1$.[†] Esto demuestra que (1) es absolutamente convergente para $|x| < 1$ y divergente para $|x| > 1$. Luego el radio de convergencia es 1.

Consideremos ahora los extremos. En $x = -1$,

$$\Sigma \frac{1}{k^2}x^k \text{ toma la forma } \Sigma \frac{(-1)^k}{k^2} = -1 + \tfrac{1}{4} - \tfrac{1}{9} + \tfrac{1}{16} - \cdots .$$

Esta es una serie alternada convergente. En $x = 1$

$$\Sigma \frac{1}{k^2}x^k \text{ se transforma en } \Sigma \frac{1}{k^2}.$$

Esta es una serie armónica generalizada. Luego el intervalo de convergencia es todo el intervalo cerrado $[-1, 1]$. □

**Problema 3.** Hallar el intervalo de convergencia de

$$(1) \qquad \Sigma \frac{k}{6^k}x^k.$$

*Solución.* Empezaremos examinado la serie

$$(2) \qquad \Sigma \left|\frac{k}{6^k}x^k\right| = \Sigma \frac{k}{6^k}|x|^k.$$

Hacemos

$$b_k = \frac{k}{6^k}|x|^k$$

y aplicamos el criterio de la raíz (también se podría aplicar el criterio del cociente). Dado que

$$b^{1/k} = \tfrac{1}{6}k^{1/k}|x| \to \tfrac{1}{6}|x|,$$

[†] Una vez más podríamos haber usado el criterio de la raíz:

$$(b_k)^{1/k} = \frac{1}{k^{2/k}}|x| \to |x|.$$

se puede ver que (2) es convergente

$$\text{para } \tfrac{1}{6}|x| < 1 \qquad (\text{para } |x| < 6)$$

y divergente

$$\text{para } \tfrac{1}{6}|x| > 1. \qquad (\text{para } |x| > 6)$$

Esto demuestra que (1) es absolutamente convergente para $|x| < 6$ y divergente para $|x| > 6$. El radio de convergencia es 6.

Es fácil comprobar que (1) es divergente tanto en $-6$ como en 6. Luego el intervalo de convergencia es $(-6, 6)$. □

**Problema 4.** Hallar el intervalo de convergencia de

$$(1) \qquad \Sigma \frac{(2k)!}{(3k)!} x^k.$$

*Solución.* Empezaremos por examinar la serie

$$(2) \qquad \Sigma \left| \frac{(2k)!}{(3k)!} x^k \right| = \Sigma \frac{(2k)!}{(3k)!} |x|^k.$$

Hacemos

$$b_k = \frac{(2k)!}{(3k)!} |x|^k.$$

Dado que intervienen factoriales, usaremos el criterio del cociente. Observe que

$$\frac{b_{k+1}}{b_k} + \frac{[2(k+1)]!}{[3(k+1)]!} \frac{(3k)!}{(2k)!} \frac{|x|^{k+1}}{|x|^k} = \frac{(2k+2)(2k+1)}{(3k+3)(3k+2)(3k+1)} |x|.$$

Dado que

$$\frac{(2k+2)(2k+1)}{(3k+3)(3k+2)(3k+1)} \to 0 \qquad \text{cuando } k \to \infty$$

(el numerador es cuadrático en $k$, el denominador es cúbico), el cociente $b_{k+1}/b_k$ tiende a 0 cualquiera que sea el valor de $x$. Por el criterio del cociente, (2) converge para todo $x$, luego (1) es absolutamente convergente para todo $x$. El radio de convergencia es $\infty$ y el intervalo de convergencia es $(-\infty, \infty)$. □

**Problema 5.** Hallar el intervalo de convergencia de

$$\Sigma \ (\tfrac{1}{2}k)^k x^k.$$

*Solución.* Dado que $(\frac{1}{2}k)^k x^k \to 0$ sólo si $x = 0$ (explicar esto), no es necesario aplicar el criterio del cociente o el de la raíz. Por (12.2.5) la serie sólo puede ser convergente en $x = 0$. En este punto es trivialmente convergente. □

## EJERCICIOS 12.8

Hallar el intervalo de convergencia.

**1.** $\Sigma\, kx^k$. **2.** $\Sigma\, \dfrac{1}{k}x^k$. **3.** $\Sigma\, \dfrac{1}{(2k)!}x^k$. **4.** $\Sigma\, \dfrac{2^k}{k^2}x^k$.

**5.** $\Sigma\, (-k)^{2k}x^{2k}$. **6.** $\Sigma\, \dfrac{(-1)^k}{\sqrt{k}}x^k$. **7.** $\Sigma\, \dfrac{1}{k2^k}x^k$. **8.** $\Sigma\, \dfrac{1}{k^2 2^k}x^k$.

**9.** $\Sigma \left(\dfrac{k}{100}\right)^k x^k$. **10.** $\Sigma\, \dfrac{k^2}{1+k^2}x^k$. **11.** $\Sigma\, \dfrac{2^k}{\sqrt{k}}x^k$. **12.** $\Sigma\, \dfrac{1}{\ln k}x^k$.

**13.** $\Sigma\, \dfrac{k-1}{k}x^k$. **14.** $\Sigma\, ka^k x^k$. **15.** $\Sigma\, \dfrac{k}{10^k}x^k$. **16.** $\Sigma\, \dfrac{3^{k^2}}{e^k}x^k$.

**17.** $\Sigma\, \dfrac{x^k}{k^k}$. **18.** $\Sigma\, \dfrac{7^k}{k!}x^k$. **19.** $\Sigma\, \dfrac{(-1)^k}{k^k}(k-2)^k$.

**20.** $\Sigma\, \dfrac{(-1)^k a^k}{k^2}(x-a)^k$. **21.** $\Sigma\, \dfrac{\ln k}{2^k}(x-2)^k$. **22.** $\Sigma\, \dfrac{1}{(\ln k)^k}(x-1)^k$.

**23.** $\Sigma\, (-1)^k (\tfrac{2}{3})^k (x+1)^k$. **24.** $\Sigma\, \dfrac{2^{1/k}\pi^k}{k(k+1)(k+2)}(x-2)^k$.

**25.** Sea $\Sigma\, a_k x^k$ una serie de potencias de radio de convergencia $r$.

(a) Dado que $|a_k|^{1/k} \to \rho$, demostrar que si $\rho \neq 0$, entonces $r = 1/\rho$ y que si $\rho = 0$ entonces $r = \infty$.

(b) Dado que $|a_{k+1}/a_k| \to \lambda$, demostrar que si $\lambda \neq 0$, entonces $r = 1/\lambda$ y que si $\lambda = 0$ entonces $r = \infty$

**26.** Hallar el intervalo de convergencia de la serie $\Sigma\, s_k x^k$ donde $s_k$ es la $k$-ésima suma parcial de la serie

$$\sum_{n=1}^{\infty} 1/n.$$

## 12.9 DIFERENCIACIÓN E INTEGRACIÓN DE LAS SERIES DE POTENCIAS

Empezaremos con un resultado simple pero importante

**TEOREMA 12.9.1**

Si

$$\sum_{k=0}^{\infty} a_k x^k = a_0 + a_1 x + a_2 x^2 + \ldots + a_n x^n + \ldots$$

converge en $(-c, c)$, entonces

$$\sum_{k=0}^{\infty} \frac{d}{dx}(a_k x^k) = \sum_{k=1}^{\infty} k a_k x^{k-1} = a_1 + 2a_2 x + \ldots + n a_n x^{n-1} + \ldots$$

también converge en $(-c, c)$.

Demostración. Supongamos que

$$\sum_{k=0}^{\infty} a_k x^k \qquad \text{es convergente en } (-c, c).$$

Por el teorema 12.8.2 es absolutamente convergente en dicho conjunto.

Sea ahora $x$ algún número fijado en $(-c, c)$ y elijamos $\epsilon > 0$ tal que

$$|x| < |x| + \epsilon < |c|.$$

Dado que $|x| + \epsilon$ está en el intervalo de convergencia,

$$\sum_{k=0}^{\infty} \left|a_k (|x| + \epsilon)^k\right| \qquad \text{converge.}$$

En el ejercicio 34 se pide demostrar que para todos los $k$ suficientemente grandes,

$$|k x^{k-1}| \leq (|x| + \epsilon)^k.$$

Se deduce que para todos estos $k$

$$|k a_k x^{k-1}| \leq \left|a_k (|x| + \epsilon)^k\right|.$$

Dado que

$$\sum_{k=0}^{\infty} \left|a_k\,(|x| + \epsilon)^k\right| \qquad \text{converge,}$$

podemos concluir que

$$\sum_{k=0}^{\infty} \left|\frac{d}{dx}(a_k x^k)\right| = \sum_{k=1}^{\infty} \left|k a_k x^{k-1}\right| \qquad \text{converge,}$$

luego que

$$\sum_{k=0}^{\infty} \frac{d}{dx}(a_k x^k) = \sum_{k=1}^{\infty} k a_k x^{k-1} \qquad \text{converge.} \quad \square$$

Una aplicación reiterada del teorema permite demostrar que todas las series

$$\sum_{k=0}^{\infty} \frac{d^2}{dx^2}(a_k x^k), \qquad \sum_{k=0}^{\infty} \frac{d^3}{dx^3}(a_k x^k), \qquad \sum_{k=0}^{\infty} \frac{d^4}{dx^4}(a_k x^k), \qquad \text{etc.}$$

son convergentes en $(-c, c)$.

**Ejemplo 1.** Dado que la serie geométrica

$$\sum_{k=0}^{\infty} x^k = 1 + x + x^2 + x^3 + x^4 + x^5 + x^6 + \ldots$$

es convergente en $(-1, 1)$, todas las series

$$\sum_{k=0}^{\infty} \frac{d}{dx}(x^k) = \sum_{k=1}^{\infty} k x^{k-1} = 1 + 2x + 3x^2 + 4x^3 + 5x^4 + 6x^5 + \ldots,$$

$$\sum_{k=0}^{\infty} \frac{d^2}{dx^2}(x^k) = \sum_{k=2}^{\infty} k(k-1)x^{k-2} = 2 + 6x + 12x^2 + 20x^3 + 30x^4 + \ldots,$$

$$\sum_{k=0}^{\infty} \frac{d^3}{dx^3}(x^k) = \sum_{k=3}^{\infty} k(k-1)(k-2)\,x^{k-3} = 6 + 24x + 60x^2 + 120x^3 + \ldots,$$

$$\vdots$$

convergen en $(-1, 1)$. $\square$

Supongamos ahora que

$$\sum_{k=0}^{\infty} a_k x^k \qquad \text{es converge en } (-c, c).$$

Entonces, como acabamos de ver,

$$\sum_{k=0}^{\infty} \frac{d}{dx}(a_k x^k) \qquad \text{también es convergente en } (-c, c).$$

Usando la primera serie podemos definir una función en $(-c, c)$ haciendo

$$f(x) = \sum_{k=0}^{\infty} a_k x^k.$$

Usando la segunda serie podemos definir otra función en $(-c, c)$ haciendo

$$g(x) = \sum_{k=0}^{\infty} \frac{d}{dx}(a_k x^k).$$

El resultado importante es que

$$f'(x) = g(x).$$

**TEOREMA 12.9.2 TEOREMA DE DIFERENCIABILIDAD**

Si

$$f(x) = \sum_{k=0}^{\infty} a_k x^k \qquad \text{para todo } x \text{ en } (-c, c),$$

entonces $f$ es diferenciable en $(-c, c)$ y

$$f'(x) = \sum_{k=0}^{\infty} \frac{d}{dx}(a_k x^k) \qquad \text{para todo } x \text{ en } (-c, c).$$

Aplicando este teorema a $f'$, se puede ver que $f'$ es diferenciable. Esto a su vez implica que $f''$ es diferenciable, y así sucesivamente. Es decir que $f$ tiene derivadas de todos los órdenes.

Podemos resumir estos resultados de la siguiente manera

En el interior de su intervalo de convergencia, una serie de potencias define una función infinitamente diferenciable, cuyas derivadas pueden obtenerse diferenciando término a término:

$$\frac{d^n}{dx^n}\left(\sum_{k=0}^{\infty} a_k x^k\right) = \sum_{k=0}^{\infty} \frac{d}{dx}(a_k x^k) \qquad \text{para todo } n.$$

Para una demostración detallada del teorema de diferenciabilidad ver el suplemento al final de esta sección. Seguimos con los ejemplos.

**Ejemplo 2.** Sabemos que

$$\frac{d}{dx}(e^x) = e^x.$$

Esto puede verse diferenciando la serie exponencial:

$$\frac{d}{dx}(e^x) = \frac{d}{dx}\left(\sum_{k=0}^{\infty} \frac{x^k}{k!}\right) = \sum_{k=0}^{\infty} \frac{d}{dx}\left(\frac{x^k}{k!}\right) = \sum_{k=1}^{\infty} \frac{x^{k-1}}{(k-1)!} = \sum_{n=0}^{\infty} \frac{x^n}{n!} = e^x. \qquad \square$$

hacer $n = k - 1$

**Ejemplo 3.** Hemos visto que

$$\operatorname{sen} x = x - \frac{x^3}{3!} + \frac{x^5}{5!} - \frac{x^7}{7!} + \frac{x^9}{9!} - \ldots$$

y que

$$\cos x = 1 - \frac{x^2}{2!} + \frac{x^4}{4!} - \frac{x^6}{6!} + \frac{x^8}{8!} - \ldots .$$

Las relaciones

$$\frac{d}{dx}(\operatorname{sen} x) = \cos x, \qquad \frac{d}{dx}(\cos x) = -\operatorname{sen} x$$

se pueden confirmar diferenciando las series término a término:

$$\begin{aligned}\frac{d}{dx}(\operatorname{sen} x) &= 1 - \frac{3x^2}{3!} + \frac{5x^4}{5!} - \frac{7x^6}{7!} + \frac{9x^8}{9!} - \ldots \\ &= 1 - \frac{x^2}{2!} + \frac{x^4}{4!} - \frac{x^6}{6!} + \frac{x^8}{8!} - \ldots = \cos x, \\ \frac{d}{dx}(\cos x) &= -\frac{2x}{2!} + \frac{4x^3}{4!} - \frac{6x^5}{6!} + \frac{8x^7}{8!} - \ldots \\ &= -x + \frac{x^3}{3!} - \frac{x^5}{5!} + \frac{x^7}{7!} - \ldots \\ &= -\left(x + \frac{x^3}{3!} + \frac{x^5}{5!} - \frac{x^7}{7!} - \ldots\right) = -\operatorname{sen} x. \quad \square\end{aligned}$$

**Ejemplo 4.** Podemos sumar la serie

$$\sum_{k=1}^{\infty} \frac{x^k}{k} \qquad \text{para todo } x \text{ en } (-1, 1)$$

haciendo

$$g(x) = \sum_{k=1}^{\infty} \frac{x^k}{k} \qquad \text{para todo } x \text{ en } (-1, 1)$$

y observando que

$$g'(x) = \sum_{k=1}^{\infty} \frac{kx^{k-1}}{k} = \sum_{k=1}^{\infty} x^{k-1} = \sum_{n=0}^{\infty} x^n = \frac{1}{1-x}.$$

la serie geométrica

Con

$$g'(x) = \frac{1}{1-x} \qquad \text{y} \qquad g(0) = 0,$$

podemos concluir que

$$g(x) = -\ln(1-x) = \ln\left(\frac{1}{1-x}\right).$$

De ello se deduce que

$$\sum_{k=1}^{\infty} \frac{x^k}{k} = \ln\left(\frac{1}{1-x}\right) \qquad \text{para todo } x \text{ en } (-1, 1). \quad \square$$

También se puede integrar término a término las series de potencias.

**TEOREMA 12.9.3 INTEGRACIÓN TÉRMINO A TÉRMINO**

Si $f(x) = \sum_{k=0}^{\infty} a_x x^k$ converge en $(-c, c)$, entonces

$g(x) = \sum_{k=0}^{\infty} \frac{a_k}{k+1} x^{k+1}$ converge en $(-c, c)$, y $\int f(x)\, dx = g(x) + C$.

Demostración. Si $\sum_{k=0}^{\infty} a_x x^k$ converge en $(-c, c)$, entonces $\sum_{k=0}^{\infty} |a_x x^k|$ converge en $(-c, c)$. Dado que

$$\left| \frac{a_k}{k+1} x^k \right| \leq |a_x x^k| \qquad \text{para todo } k,$$

sabemos por el criterio de comparación que

$$\sum_{k=0}^{\infty} \left| \frac{a_k}{k+1} x^k \right| \qquad \text{también converge en } (-c, c).$$

De ello se deduce que

$$x \sum_{k=0}^{\infty} \frac{a_k}{k+1} x^k = \sum_{k=0}^{\infty} \frac{a_k}{k+1} x^{k+1} \qquad \text{converge en } (-c, c).$$

Con

$$f(x) = \sum_{k=0}^{\infty} a_x x^k \qquad \text{y} \qquad g(x) = \sum_{k=0}^{\infty} \frac{a_k}{k+1} x^{k+1},$$

sabemos por el teorema de diferenciabilidad que

$$g'(x) = f(x) \qquad \text{luego que} \qquad \int f(x)\, dx = g(x) + C. \qquad \square$$

La integración término a término puede expresarse de la siguiente manera:

**(12.9.4)**
$$\int\left(\sum_{k=0}^{\infty} a_x x^k\right) dx = \left(\sum_{k=0}^{\infty} \frac{a_k}{k+1} x^{k+1}\right) + C.$$

Si una serie de potencias converge en $x = c$ y en $x = d$, converge para todos los valores de $x$ comprendidos entre $c$ y $d$ y

**(12.9.5)**
$$\int_c^d\left(\sum_{k=0}^{\infty} a_x x^k\right) dx = \sum_{k=0}^{\infty}\left(\int_c^d a_x x^k\, dx\right)\sum_{k=0}^{\infty} \frac{a_k}{k+1}(d^{k+1} - c^{k+1}).$$

**Ejemplo 5.** Estamos familiarizados con el desarrollo en serie

$$\frac{1}{1+x} = \frac{1}{1-(-x)} = \sum_{k=0}^{\infty} (-1)^k x^k.$$

Esto es válido para todo $x$ en el intervalo $(-1, 1)$ y no lo es para otros valores de $x$. Integrando término a término, obtenemos

$$\ln(1+x) = \int\left(\sum_{k=0}^{\infty} (-1)^k x^k\right) dx = \left(\sum_{k=0}^{\infty} \frac{(-1)^k}{k+1} x^{k+1}\right) + C$$

para todo $x$ en $(-1, 1)$. En $x = 0$, tanto $\ln(1+x)$ como la serie de la derecha valen 0. De ello se deduce que $C = 0$ luego que

$$\ln(1+x) = \sum_{k=0}^{\infty} \frac{(-1)^k}{k+1} x^{k+1} = x - \frac{x^2}{2} + \frac{x^3}{3} - \frac{x^4}{4} + \ldots$$

para todo $x$ en $(-1, 1)$. □

En la sección 12.6 pudimos demostrar que este desarrollo de $\ln(1+x)$ era válido para el intervalo semicerrado $(-1, 1]$; esto nos dio un desarrollo de ln 2. La integración término a término sólo nos asegura la validez en el intervalo abierto $(-1, 1)$. Bien, podríamos decir que es fácil ver que la serie logarítmica también converge en $x = 1$.† Ciertamente es así pero ¿por qué habría de converger a ln 2?

† Serie alternada con $a_k \to 0$.

Para responder a esta pregunta tendríamos que considerar de nuevo el resto, siguiendo el método de la sección 12.6.

Sin embargo, existe otra manera de proceder. El gran matemático noruego, Niels Henrik Abel (1802 – 1829), demostró el siguiente resultado: supongamos que

$$\sum_{k=0}^{\infty} a_x x^k \qquad \text{converge en } (-c, c) \text{ y en este intervalo representa } f(x).$$

Si $f$ es continua en uno de los extremos ($c$ o $-c$) y la serie converge en ese punto, entonces la serie representa la función en dicho punto. Usando el teorema de Abel, es evidente que la serie representa a $\ln(1 + x)$ en $x = -1$.

Pasamos ahora a otro importante desarrollo en serie:

**(12.9.6)** $$\arctan x = x - \frac{x^3}{3} + \frac{x^5}{5} - \frac{x^7}{7} + \ldots \qquad \text{para } -1 \leq x \leq 1.$$

Demostración. Para $x$ en $(-1, 1)$

$$\frac{1}{1 + x^2} = \frac{1}{1 - (-x^2)} = \sum_{k=0}^{\infty} (-1)^k x^{2k}$$

luego por integración,

$$\arctan x = \int\left(\sum_{k=0}^{\infty} (-1)^k x^{2k}\right) dx = \left(\sum_{k=0}^{\infty} \frac{(-1)^k}{2k+1} x^{2k+1}\right) + C.$$

La constante $C$ es 0 dado que tanto la serie de la derecha como la inversa de la tangente se anulan en $x = 0$. Luego, para $x$ en $(-1, 1)$, tenemos

$$\arctan x = \sum_{k=0}^{\infty} \frac{(-1)^k}{2k+1} x^{2k+1} = x - \frac{x^3}{3} + \frac{x^5}{5} - \frac{x^7}{7} + \ldots .$$

Del teorema de Abel se deriva directamente que esta serie también representa la función en $x = -1$ y $x = 1$: en ambos puntos $\arctan x$ es continua y en ambos puntos la serie es convergente. □

Dado que $\arctan 1 = \frac{1}{4}\pi$, tenemos

$$\tfrac{1}{4}\pi = 1 - \tfrac{1}{3} + \tfrac{1}{5} - \tfrac{1}{7} + \tfrac{1}{9} - \ldots .$$

Esta serie era ya conocida por el matemático escocés James Gregory en 1671. Se trata de un fórmula elegante para $\pi$, pero converge demasiado lentamente para tener aplicaciones numéricas. En el suplemento al final de esta sección se describe un procedimiento mucho más efectivo para el cálculo de $\pi$.

La integración término a término proporciona un método para el cálculo de integrales definidas (no tratables por otros métodos). Supongamos que estamos intentando calcular

$$\int_a^b f(x)\, dx$$

pero que no podemos hallar una antiderivada. Si podemos expresar $f(x)$ como una serie convergente, podremos calcular la integral formando la serie e integrando término a término.

**Ejemplo 6.** Vamos a calcular

$$\int_0^1 e^{-x^2}\, dx$$

desarrollando el integrando en una serie de potencias e integrando término a término. Nuestro punto de partida es la expresión

$$e^x = 1 + x + \frac{x^2}{2!} + \frac{x^3}{3!} + \frac{x^4}{4!} + \frac{x^5}{5!} + \frac{x^6}{6!} + \dots .$$

A partir de ella vemos que

$$e^{-x^2} = 1 - x^2 + \frac{x^4}{2!} - \frac{x^6}{3!} + \frac{x^8}{4!} - \frac{x^{10}}{5!} + \frac{x^{12}}{6!} - \dots$$

luego

$$\begin{aligned}\int_0^1 e^{-x^2}\, dx &= \left[x - \frac{x^3}{3} + \frac{x^5}{5(2!)} - \frac{x^7}{7(3!)} + \frac{x^9}{9(4!)} - \frac{x^{11}}{11(5!)} + \frac{x^{13}}{13(6!)} - \dots\right]_0^1 \\ &= 1 - \frac{1}{3} + \frac{1}{5(2!)} - \frac{1}{7(3!)} + \frac{1}{9(4!)} - \frac{1}{11(5!)} + \frac{1}{13(6!)} - \dots .\end{aligned}$$

Que es una serie alternada con términos decrecientes. Luego sabemos que la integral está entre dos cualesquiera sumas parciales consecutivas. En particular está entre

$$1 - \frac{1}{3} + \frac{1}{5(2!)} - \frac{1}{7(3!)} + \frac{1}{9(4!)} - \frac{1}{11(5!)}$$

y

$$\left[1 - \frac{1}{3} + \frac{1}{5(2!)} - \frac{1}{7(3!)} + \frac{1}{9(4!)} - \frac{1}{11(5!)}\right] + \frac{1}{13(6!)}.$$

Como se puede comprobar, la primera suma es mayor que 0,7458 y la segunda es menor que 0,7466. De ahí que

$$0{,}7458 < \int_0^1 e^{-x^2}dx < 0{,}7466.$$

La estimación 0,746 aproxima el valor de la integral a menos de 0,001. □

La integral del ejemplo 6 es fácil de estimar numéricamente al poder expresarse como una serie alternada con términos decrecientes. El siguiente ejemplo exige más sutileza e ilustra un método más general que el usado en el ejemplo 6.

**Ejemplo 7.** Queremos calcular

$$\int_0^1 e^{-x^2}dx.$$

De proceder exactamente como en el ejemplo 6, obtendríamos

$$\int_0^1 e^{-x^2}dx = 1 + \frac{1}{3} + \frac{1}{5(2!)} + \frac{1}{7(3!)} + \frac{1}{9(4!)} + \frac{1}{11(5!)} + \frac{1}{13(6!)} - \dots .$$

Tenemos ahora un desarrollo en serie de la integral, pero este desarrollo no nos lleva a una estimación numérica del valor de la integral. Sabemos que $s_n$, la $n$-ésima suma parcial de la serie, aproxima la integral, pero no sabemos con qué precisión se da esta aproximación. Hemos de considerar el resto producido por $s_n$.

Empecemos de nuevo sin perder de vista el resto. Para $x \in [0, 1]$

$$0 \leq e^x - \left(1 + x + \frac{x^2}{2!} + \dots + \frac{x^n}{n!}\right) = R_{n+1}(x) \overset{(12.6.2)}{\leq} e\left[\frac{x^{n+1}}{(n+1)!}\right] \leq \frac{3}{(n+1)!}.$$

Si $x \in [0, 1]$, también $x^2 \in [0, 1]$ luego

$$0 \leq e^x - \left(1 + x^2 + \frac{x^4}{2!} + \dots + \frac{x^{2n}}{n!}\right) \leq \frac{3}{(n+1)!}.$$

Integrando esta desigualdad desde $x = 0$ hasta $x = 1$, tenemos

$$0 \leq \int_0^1 \left[e^{x^2} - \left(1 + x^2 + \frac{x^4}{2!} + \dots + \frac{x^{2n}}{n!}\right)\right]dx \leq \int_0^1 \frac{3}{(n+1)!}dx.$$

Integrando los términos que podemos integrar, vemos que

$$0 \leq \int_0^1 e^{x^2} dx - \left[1 + \frac{1}{3} + \frac{1}{5(2!)} + \ldots + \frac{1}{(2n+1)(n!)}\right] \leq \frac{3}{(n+1)!}.$$

Podemos usar esta desigualdad para calcular la integral con el grado de precisión que queramos. Dado que

$$\frac{3}{7!} = \frac{1}{1680} < 0{,}0006,$$

vemos que

$$\alpha = 1 + \frac{1}{3} + \frac{1}{5(2!)} + \frac{1}{7(3!)} + \frac{1}{9(4!)} + \frac{1}{11(5!)} + \frac{1}{13(6!)}$$

aproxima la integral a menos de 0,0006. Un cálculo aritmético demuestra que

$$1{,}4626 \leq \alpha \leq 1{,}4627.$$

De ahí que

$$1{,}4626 \leq \int_0^1 e^{x^2} dx \leq 1{,}4627 + 0{,}0006 = 1{,}4633.$$

El valor 1,463 aproxima la integral a menos de 0,0004. □

Ya es hora de establecer la relación existente entre la serie de Taylor

$$\sum_{k=0}^{\infty} \frac{f^{(k)}(0)}{k!} x^k$$

y las series de potencias en general. La relación es muy simple:

**En su intervalo de convergencia una serie de potencias es la serie de Taylor de su suma**

Para comprobar esto basta con diferenciar

$$f(x) = a_0 + a_1 x + a_2 x^2 + \ldots a_k x^k + \ldots$$

término a término. Al hacerlo uno comprueba que $f^{(k)}(0) = k! a_k$, luego

$$a_k = \frac{f^{(k)}(0)}{k!}.$$

Los $a_k$ son los coeficientes de Taylor de $f$.

Terminaremos esta sección obteniendo algunos desarrollos en serie simples.

**Problema 8.** Desarrollar cosh $x$ y senh $x$ en potencias de $x$.

*Solución.* No es preciso pasar por el cálculo de los coeficientes de Taylor

$$\frac{f^{(k)}(0)}{k!}$$

por diferenciación. Sabemos que

$$\cosh x = \tfrac{1}{2}(e^x + e^{-x}) \qquad \text{y} \qquad \operatorname{senh} x = \tfrac{1}{2}(e^x - e^{-x}). \tag{7.11.1}$$

Dado que

$$e^x = 1 + x + \frac{x^2}{2!} + \frac{x^3}{3!} + \frac{x^4}{4!} + \frac{x^5}{5!} + \dots,$$

tenemos

$$e^{-x} = 1 - x + \frac{x^2}{2!} - \frac{x^3}{3!} + \frac{x^4}{4!} - \frac{x^5}{5!} + \dots .$$

Luego

$$\cosh x = \frac{1}{2}\left(2 + 2\frac{x^2}{2!} + 2\frac{x^4}{4!} + \dots\right) = 1 + \frac{x^2}{2!} + \frac{x^4}{4!} + \dots = \sum_{k=0}^{\infty} \frac{x^{2k}}{(2k)!}$$

y

$$\operatorname{senh} x = \frac{1}{2}\left(2x + 2\frac{x^3}{3!} + 2\frac{x^5}{5!} + \dots\right) = x + \frac{x^3}{3!} + \frac{x^5}{5!} + \dots = \sum_{k=0}^{\infty} \frac{x^{2k+1}}{(2k+1)!}.$$

Ambas expresiones son válidas para todo $x$ real dado que los desarrollos de las exponenciales son válidos para todo $x$ real. □

**Problema 9.** Desarrollar $x^2 \cos x^3$ en potencias de $x$.

*Solución.*

$$\cos x = 1 - \frac{x^2}{2!} + \frac{x^4}{4!} - \frac{x^6}{6!} + \dots .$$

Luego

$$\cos x^3 = 1 - \frac{(x^3)^2}{2!} + \frac{(x^3)^4}{4!} - \frac{(x^3)^6}{6!} + \dots = 1 - \frac{x^6}{2!} + \frac{x^{12}}{4!} - \frac{x^{18}}{6!} + \dots,$$

y

$$x^2 \cos x^3 = x^2 - \frac{x^8}{2!} + \frac{x^{14}}{4!} - \frac{x^{20}}{6!} + \dots .$$

Este desarrollo vale para todo $x$ real dado que el desarrollo de $\cos x$ vale para todo $x$ real. □

*Solución alternativa.* Dado que

$$x^2 \cos x^3 = \frac{d}{dx}\left(\frac{1}{3} \operatorname{sen} x^3\right),$$

podemos obtener un desarrollo de $x^2 \cos x^3$ desarrollando $\frac{1}{3}$ sen $x^3$ y luego diferenciando término a término. □

## EJERCICIOS 12.9

Desarrollar en potencias de $x$ basando los cálculos en la serie geométrica

$$\frac{1}{1-x} = 1 + x + x^2 + \dots + x^n + \dots .$$

**1.** $\dfrac{1}{(1-x)^2}$.
**2.** $\dfrac{1}{(1-x)^3}$.
**3.** $\dfrac{1}{(1-x)^k}$.
**4.** $\ln(1-x)$.
**5.** $\ln(1-x^2)$.
**6.** $\ln(2-3x)$.

Desarrollar en potencias de $x$ basando los cálculos en el desarrollo en serie de la tangente:

$$\tan x = x + \tfrac{1}{3}x^3 + \tfrac{2}{15}x^5 + \tfrac{17}{315}x^7 + \dots .$$

**7.** $\sec^2 x$.
**8.** $\ln \cos x$.

Hallar $f^{(9)}(0)$.

**9.** $f(x) = x^2 \operatorname{sen} x$.
**10.** $f(x) = x \cos x^2$.

Desarrollar en potencias de $x$.

**11.** $\operatorname{sen} x^2$.
**12.** $x^2 \arctan x$.
**13.** $e^{3x^3}$.
**14.** $\dfrac{1-x}{1+x}$.
**15.** $\dfrac{2x}{1-x^2}$.
**16.** $x \operatorname{senh} x^2$.
**17.** $\dfrac{1}{1-x} + e^x$.
**18.** $\cosh x \operatorname{senh} x$.
**19.** $x \ln(1+x^3)$.
**20.** $(x^2+x)\ln(1+x)$.
**21.** $x^3 e^{-x^3}$
**22.** $x^5(\operatorname{sen} x + \cos 2x)$.

**(Calculadora)** Calcular con una precisión del 0,01.

**23.** $\int_0^1 e^{-x^3}\,dx$. **24.** $\int_0^1 \text{sen}\, x^2\,dx$. **25.** $\int_0^1 \text{sen}\,\sqrt{x}\,dx$.

**26.** $\int_0^1 x^4 e^{-x^2}\,dx$. **27.** $\int_0^1 \arctan x^2\,dx$. **28.** $\int_1^2 \frac{1-\cos x}{x}\,dx$.

Sumar las siguientes series.

**29.** $\sum_{k=0}^{\infty} \frac{1}{k!}x^{3k}$. **30.** $\sum_{k=0}^{\infty} \frac{1}{k!}x^{3k+1}$. **31.** $\sum_{k=1}^{\infty} \frac{3k}{k!}x^{3k-1}$.

**32.** Deducir las fórmulas de diferenciación

$$\frac{d}{dx}(\text{senh}\, x) = \cosh x, \qquad \frac{d}{dx}(\cosh x) = \text{senh}\, x$$

de los desarrollos de senh $x$ y cosh $x$ en potencias de $x$.

**33.** Demostrar que si $\Sigma\, a_k x^k$ y $\Sigma\, b_k x^k$ convergen ambas hacia la misma suma en algún intervalo, entonces $a_k = b_k$ para todo $k$.

**34.** Demostrar que, si $\epsilon > 0$, entonces

$$|kx^{k-1}| < (|x| + \epsilon)^k \qquad \text{para todo } k \text{ suficientemente grande.}$$

SUGERENCIA: Tomar la raíz de orden $k$ del término de la izquierda y hacer $k \to \infty$.

**(Calculadora)** Estimar con una precisión del 0,001 con los métodos de esta sección y comprobar el resultado integrando directamente.

**35.** $\int_0^{1/2} x \ln(1+x)\,dx$. **36.** $\int_0^1 x\,\text{sen}\, x\,dx$. **37.** $\int_0^1 xe^{-x}\,dx$.

**38.** Demostrar que

$$0 \leq \int_0^2 e^{x^2}\,dx - \left[2 + \frac{2^3}{3} + \frac{2^5}{5(2!)} + \ldots + \frac{2^{2n+1}}{(2n+1)\,n!}\right] < \frac{e^4 2^{2n+3}}{(n+1)!}.$$

---

**Un programa para calcular la integral de $f(x) = e^{-x^2}$ (BASIC)**

La integral

$$\int_0^b e^{-x^2}\,dx$$

aparece a menudo en la práctica porque está relacionada con la distribución normal (la "curva en forma de campana") en la teoría de probabilidades. El problema es que no hay manera de hallar una antiderivada de la función

$$f(x) = e^{-x^2}$$

a partir de operaciones (composiciones, operaciones aritméticas...) realizadas sobre funciones elementales como polinomios, funciones trigonométricas, logaritmos, exponenciales... etc. Claro que existe una antiderivada de dicha función –como afirma el teorema fundamental del cálculo– sólo que no es posible escribir esta antiderivada de la manera habitual. En estas circunstancias, hay que calcular numéricamente el valor de la integral. Se trata de representar la función por una serie y de integrar dicha serie término a término.

```
10 REM Estimate Integral exp(–x^2)
20 REM Copyright © Colin C. Graham 1988-1989
100 INPUT "Enter number of iterations:"; n
110 INPUT "Enter right endpoint:"; b
200 Integral = b
210 oneovernfactorial = 1
220 numerator = – 1
230 PRINT "GaussInt from 0 to"; b
300 FOR j = 1 TO n
310     PRINT Integral
320     oneovernfactorial = oneovernfactorial/j
330     Integral = Integral + (numerator* oneovernfactorial/(2*j + 1))
340     numerator = – b*b* numerator
350 NEXT j
400 PRINT Integral
500 INPUT "Do it again? (Y/N)"; a$
510 IF a$ = "Y" OR a$ = "y" THEN 100
520 END
```

## *SUPLEMENTO A LA SECCIÓN 12.9

Demostración del teorema 12.9.2.
Hagamos

$$f(x) = \sum_{k=0}^{\infty} a_k x^k \qquad \text{y} \qquad g(x) = \sum_{k=0}^{\infty} \frac{d}{dx}(a_k x^k) = \sum_{k=1}^{\infty} k a_k x^{k-1}.$$

Escojamos $x$ en $(-c, c)$. Queremos demostrar que

$$\lim_{h \to 0} \frac{f(x+h) - f(x)}{h} = g(x).$$

Para $x + h$ en $(-c, c)$, $h \neq 0$, tenemos

$$\left| g(x) - \frac{f(x+h) - f(x)}{h} \right| = \left| \sum_{k=1}^{\infty} k a_k x^{k-1} - \sum_{k=0}^{\infty} \frac{a_k (x+h)^k - a_k x^k}{h} \right|$$

$$= \left| \sum_{k=1}^{\infty} k a_k x^{k-1} - \sum_{k=1}^{\infty} a_k \left[ \frac{(x+h)^k - x^k}{h} \right] \right|.$$

Por el teorema del valor medio

$$\frac{(x+h)^k - x^k}{h} = k t_k^{k-1}$$

para algún número $t_k$ entre $x$ y $x + h$. Luego podemos escribir

$$\begin{aligned}\left| g(x) - \frac{f(x+h) - f(x)}{h} \right| &= \left| \sum_{k=1}^{\infty} k a_k x^{k-1} - \sum_{k=1}^{\infty} k a_k t_k^{k-1} \right| \\ &= \left| \sum_{k=1}^{\infty} k a_k (x^{k-1} - t_k^{k-1}) \right| \\ &= \left| \sum_{k=2}^{\infty} k a_k (x^{k-1} - t_k^{k-1}) \right|.\end{aligned}$$

Por el teorema del valor medio

$$\frac{x^{k-1} - t_k^{k-1}}{x - t_k} = (k-1)\, p_{k-1}^{k-2}$$

para algún número $p_{k-1}$ entre $x$ y $t_k$. Evidentemente, entonces

$$|x^{k-1} - t_k^{k-1}| = |x - t_k|\,|(k-1)\, p_{k-1}^{k-2}|.$$

Dado que $|x - t_k| < |h|$ y $|p_{k-1}| \le |\alpha|$ donde $|\alpha| = \max\{|x|, |x+h|\}$,

$$|x^{k-1} - t_k^{k-1}| \le |h|\,|(k-1)\,\alpha^{k-2}|.$$

Luego

$$\left| g(x) - \frac{f(x+h) - f(x)}{h} \right| \le |h| \sum_{k=2}^{\infty} |k(k-1) a_k \alpha^{k-2}|.$$

Dado que la serie converge,

$$\lim_{h \to 0} \left( |h| \sum_{k=2}^{\infty} |k(k-1) a_k \alpha^{k-2}| \right) = 0.$$

Esto da

$$\lim_{h \to 0} \left| g(x) - \frac{f(x+h) - f(x)}{h} \right| = 0 \qquad \text{luego} \qquad \lim_{h \to 0} \frac{f(x+h) - f(x)}{h} = g(x). \quad \square$$

**Cálculo de $\pi$**

Basaremos nuestro cómputo de $\pi$ en la serie del arco tangente

$$\arctan x = x - \frac{x^3}{3} + \frac{x^5}{5} - \frac{x^7}{7} + \ldots \qquad \text{para } -1 \leq x \leq 1$$

y en la relación

**(12.9.7)**

$$\tfrac{1}{4}\pi = 4 \arctan \tfrac{1}{5} - \arctan \tfrac{1}{239}.^{\dagger}$$

La serie del arco tangente da

$$\arctan \tfrac{1}{5} = \tfrac{1}{5} - \tfrac{1}{3}(\tfrac{1}{5})^3 + \tfrac{1}{5}(\tfrac{1}{5})^5 - \tfrac{1}{7}(\tfrac{1}{5})^7 + \ldots$$

y

$$\arctan \tfrac{1}{239} = \tfrac{1}{239} - \tfrac{1}{3}(\tfrac{1}{239})^3 + \tfrac{1}{5}(\tfrac{1}{239})^5 - \tfrac{1}{7}(\tfrac{1}{239})^7 + \ldots .$$

Se trata de una serie alternada $\Sigma(-1)^k a_k$ con $a_k$ decreciente hacia 0. Luego sabemos que

$$\tfrac{1}{5} - \tfrac{1}{3}(\tfrac{1}{5})^3 \leq \arctan \tfrac{1}{5} \leq \tfrac{1}{5} - \tfrac{1}{3}(\tfrac{1}{5})^3 + \tfrac{1}{5}(\tfrac{1}{5})^5$$

y que

$$\tfrac{1}{239} - \tfrac{1}{3}(\tfrac{1}{239})^3 \leq \arctan \tfrac{1}{239} \leq \tfrac{1}{239}.$$

Estas desigualdades, junto con la relación (12.9.7), permiten demostrar que

$$3{,}14 < \pi < 3{,}147.$$

Usando seis términos de la serie de arctan $\frac{1}{5}$ y sólo dos de la serie de arctan $\frac{1}{239}$, podemos demostrar que

$$3{,}14159262 < \pi < 3{,}14159267.$$

Se puede obtener una mayor precisión tomando en consideración más términos. Por ejemplo, quince términos de la serie de arctan $\frac{1}{5}$ y sólo cuatro términos de la serie de arctan $\frac{1}{239}$ determinan $\pi$ hasta la vigésima decimal:

$$\pi \cong 3{,}14159\ 26535\ 89793\ 23846.$$

---

† Esta relación fue descubierta en 1706 por John Machin, un escocés. Se puede comprobar por aplicaciones reiteradas de la fórmula de adición

$$\tan(A + B) = \frac{\tan A + \tan B}{1 - \tan A \tan B}.$$

Primero se calcula tan (2 arctan $\frac{1}{5}$), luego tan (4 arctan $\frac{1}{5}$) y finalmente tan (4 arctan $\frac{1}{5}$ − arctan $\frac{1}{239}$).

## 12.10 LA SERIE BINOMIAL

Mediante una serie de problemas, invitamos a que el lector establezca las propiedades básicas de una de las series más famosas: *la serie binomial.*

Empezamos con el binomio $1 + x$ (2 términos). Elijamos un número real $\alpha \neq 0$ y formemos la función

$$f(x) = (1+x)^{\alpha}.$$

**Problema 1.** Demostrar que

$$\frac{f^{(k)}(0)}{k!} = \frac{\alpha[\alpha-1][\alpha-2]\ldots[\alpha-(k-1)]}{k!}.$$

El número que se obtiene es justamente el coeficiente de $x^k$ en el desarrollo de $(1+x)^{\alpha}$. Se le llama *k-ésimo coeficiente binomial* y se designa usualmente por $\binom{\alpha}{k}$:

$$\binom{\alpha}{k} = \frac{\alpha[\alpha-1][\alpha-2]\ldots[\alpha-(k-1)]}{k!}.$$

**Problema 2.** Demostrar que la serie binomial

$$\Sigma \binom{\alpha}{k} x^k$$

tiene radio de convergencia 1. SUGERENCIA: Usar el criterio del cociente.

Por el problema 2, sabemos que la serie binomial converge en el intervalo abierto $(-1, 1)$ y que define en éste una función infinitamente diferenciable. La próxima cosa por demostrar es que esta función (la que está definida por la serie) es realmente $(1+x)^{\alpha}$. Para hacerlo necesitamos algunos resultados previos.

**Problema 3.** Comprobar la identidad

$$(k+1)\binom{\alpha}{k+1} + k\binom{\alpha}{k} = \alpha\binom{\alpha}{k}.$$

**Problema 4.** Usar la identidad del problema 3 para demostrar que la suma de la serie binomial

$$\phi(x) = \sum_{k=0}^{\infty} \binom{\alpha}{k} x^k$$

satisface la ecuación diferencial

$$(1 + x)\,\phi'(x) = \alpha\phi(x) \qquad \text{para todo } x \text{ en } (-1, 1)$$

con la condición inicial $\phi(0) = 1$.

Estamos ahora en disposición de demostrar el resultado fundamental.

**Problema 5.** Demostrar que

**(12.10.1)**

$$(1 + x)^{\alpha} = \sum_{k=0}^{\infty} \binom{\alpha}{k} x^k \qquad \text{para todo } x \text{ en } (-1, 1).$$

El lector tendrá probablemente una mejor comprensión de la serie escribiendo los cinco primeros términos de la misma:

**(12.10.2)**

$$(1 + x)^{\alpha} = 1 + \alpha x + \frac{\alpha(\alpha - 1)}{2!} x^2 + \frac{\alpha(\alpha - 1)(\alpha - 2)}{3!} x^3 + \dots .$$

## EJERCICIOS 12.10

Desarrollar en potencias de $x$ hasta $x^4$.

**1.** $\sqrt{1 + x}$. **2.** $\sqrt{1 - x}$. **3.** $\sqrt{1 + x^2}$. **4.** $\sqrt{1 - x^2}$.

**5.** $\dfrac{1}{\sqrt{1 + x}}$. **6.** $\dfrac{1}{\sqrt[3]{1 + x}}$. **7.** $\sqrt[4]{1 - x}$. **8.** $\dfrac{1}{\sqrt[4]{1 + x}}$.

**(Calculadora)** Calcular usando los tres primeros términos de un desarrollo binomial redondeando la respuesta a la cuarta decimal.

**9.** $\sqrt{98}$. SUGERENCIA: $\sqrt{98} = (100 - 2)^{1/2} = 10(1 - \frac{1}{50})^{1/2}$. **10.** $\sqrt[5]{36}$.

**11.** $\sqrt[3]{9}$. **12.** $\sqrt[4]{620}$. **13.** $17^{-1/4}$. **14.** $9^{-1/3}$.

## 12.11 EJERCICIOS ADICIONALES

Sumar las siguientes series.

**1.** $\sum_{k=0}^{\infty}\left(\frac{1}{4}\right)^k$.

**2.** $\sum_{k=0}^{\infty}\left(\frac{3}{4}\right)^{k+1}$.

**3.** $\sum_{k=0}^{\infty}(-1)^k\left(\frac{1}{2}\right)^k$.

**4.** $\sum_{k=0}^{\infty}\frac{(\ln 2)^k}{k!}$.

**5.** $\sum_{k=1}^{\infty}\left(\frac{1}{k}-\frac{1}{k+1}\right)$.

**6.** $\sum_{k=2}^{\infty}\left(\frac{1}{k^2}-\frac{1}{(k+1)^2}\right)$.

**7.** $\sum_{k=0}^{\infty}x^{5k+1}$.

**8.** $\sum_{k=0}^{\infty}2x^{3k+2}$.

**9.** $\sum_{k=1}^{\infty}\frac{3}{2}x^{2k-1}$.

**10.** $\sum_{k=1}^{\infty}\frac{1}{(k-1)!}x^k$.

**11.** $\sum_{k=1}^{\infty}\frac{k^2}{k!}$.

**12.** $\sum_{k=1}^{\infty}\frac{1}{k(k+1)(k+2)}$.

Comprobar si hay (a) convergencia absoluta (b) convergencia condicional.

**13.** $\sum_{k=0}^{\infty}\frac{1}{2k+1}=1+\frac{1}{3}+\frac{1}{5}+\dots$.

**14.** $\sum_{k=0}^{\infty}\frac{1}{(2k+1)(2k+3)}=\frac{1}{1\cdot 3}+\frac{1}{3\cdot 5}+\frac{1}{5\cdot 7}+\dots$.

**15.** $\sum_{k=1}^{\infty}\frac{(-1)^{k+1}}{(k+1)(k+2)}=\frac{1}{2\cdot 3}-\frac{1}{3\cdot 4}+\frac{1}{4\cdot 5}-\dots$.

**16.** $\sum_{k=2}^{\infty}\frac{1}{k\ln k}=\frac{1}{2\ln 2}+\frac{1}{3\ln 3}+\frac{1}{4\ln 4}\dots$.

**17.** $\sum_{k=0}^{\infty}\frac{(-1)^k}{2k+1}=1-\frac{1}{3}+\frac{1}{5}-\dots$.

**18.** $\sum_{k=1}^{\infty}(-1)^{k+1}\frac{100^k}{k!}=100-\frac{100^2}{2!}+\frac{100^3}{3!}-\dots$.

**19.** $\sum_{k=1}^{\infty}(-1)^{k-1}\frac{k}{3^{k-1}}=1-\frac{2}{3}+\frac{3}{3^2}-\dots$.

**20.** $\sum_{k=1}^{\infty}k\left(\frac{3}{4}\right)^k=\frac{3}{4}+2\left(\frac{3}{4}\right)^2+3\left(\frac{3}{4}\right)^3+\dots$.

**21.** $\sum_{k=1}^{\infty}\frac{(-1)^{k-1}}{\sqrt{(k+1)(k+2)}}=\frac{1}{\sqrt{2\cdot 3}}-\frac{1}{\sqrt{3\cdot 4}}+\frac{1}{\sqrt{4\cdot 5}}-\dots$.

**22.** $\sum_{k=1}^{\infty}\frac{(-1)^{k-1}}{\sqrt[k]{5}}=\frac{1}{5}-\frac{1}{\sqrt{5}}+\frac{1}{\sqrt[3]{5}}-\dots$.

Hallar el intervalo de convergencia.

**23.** $\Sigma\,\frac{5^k}{k}(x-2)^k$.

**24.** $\Sigma\,\frac{(-1)^k}{3^k}x^{k+1k}$.

**25.** $\Sigma\,(k+1)\,k(x-1)^{2k}$.

**26.** $\Sigma\ (-1)^k 4^k x^{2k}$.

**27.** $\Sigma\ \dfrac{k}{2k+1} x^{2k+1}$.

**28.** $\Sigma\ \dfrac{1}{2^{k!}}(x-2)^k$.

**29.** $\Sigma\ \dfrac{k!}{2}(x+1)^k$.

**30.** $\Sigma\ \dfrac{(-1)^k}{\sqrt{k}}(x+3)^k$.

**31.** $\Sigma\ \dfrac{(-1)^k k}{3^{2k}} x^k$.

**32.** $\Sigma\ \ln k\,(x-2)^k$.

**33.** $\Sigma\ \dfrac{(-1)^k}{5^{k+1}}(x-2)^k$.

**34.** $\Sigma\ \dfrac{2^k}{(2k)!}(x-1)^{2k}$.

Desarrollar en potencias de $x$

**35.** $xe^{5x^2}$.

**36.** $\ln(1+x^2)$.

**37.** $\sqrt{x}\ \text{arctan}\ \sqrt{x}$.

**38.** $a^x$.

**39.** $(x+x^2)(\text{sen}\ x^2)$.

**40.** $x\ \ln\left(\dfrac{1+x^2}{1-x^2}\right)$.

**41.** $e^{\text{sen}\ x}$ hasta $x^4$.

**42.** $e^{\text{sen}\ x}\cos x$ hasta $x^3$.

**43.** $(1-x^2)^{-1/2}$ hasta $x^4$.

**44.** arcsen $x$ hasta $x^5$.

Calcular con un error menor que 0,01 a partir de un desarrollo en serie.

**45.** $\displaystyle\int_0^{1/2} \frac{dx}{1+x^4}$.

**46.** $e^{2/3}$.

**47.** $\sqrt[3]{68}$.

**48.** $\displaystyle\int_0^1 x\ \text{sen}\ x^4\ dx$.

**49.** Hallar la suma de la serie

$$\sum_{k=1}^{\infty} a_k \qquad \text{dado que} \qquad a_k = \int_k^{k+1} xe^{-x}\ dx.$$

**50.** Demostrar que

$$\sum_{k=1}^{\infty} \frac{1}{k^2} = 1 + \sum_{k=1}^{\infty} \frac{1}{k^2(k+1)}.$$

**51.** Determinar si la serie

$$\sum_{k=2}^{\infty} a_k$$

converge o diverge. Si converge, hallar su suma.

(a) $a_k = \displaystyle\sum_{n=0}^{\infty}\left(\frac{1}{k}\right)^n$.

(b) $a_k = \displaystyle\sum_{n=1}^{\infty}\left(\frac{1}{k}\right)^n$.

(c) $a_k = \displaystyle\sum_{n=2}^{\infty}\left(\frac{1}{k}\right)^n$.

**52.** (*Forma de Lagrange del resto*) Demostrar que el resto que aparece en el teorema de Taylor (teorema 12.6.1) puede escribirse

$$R_{n+1}(x) = f^{(n+1)}(c_{n+1})\frac{x^{n+1}}{(n+1)!}$$

donde $c_{n+1}$ entre 0 y $x$. SUGERENCIA: Para $x > 0$

$$\frac{1}{n!}\int_0^x m_{n+1}(x-t)^n\ dt \le R_{n+1}(x) \le \frac{1}{n!}\int_0^x M_{n+1}(x-t)^n\ dt$$

donde

$$m_{n+1} = \min_{t \in I} f^{(n+1)}(t) \qquad \text{y} \qquad M_{n+1} = \max_{t \in I} f^{(n+1)}(t).$$

**53.** Demostrar que cada sucesión de números reales se puede recubrir por una sucesión de intervalos abiertos de longitud total arbitrariamente pequeña; concretamente, demostrar que si $\{x_1, x_2, x_3, \ldots\}$ es una sucesión de números reales y si $\epsilon$ es positivo, existe una sucesión de intervalos abiertos $(a_n, b_n)$ con $a_n < x_n < b_n$ tales que

$$\sum_{n=1}^{\infty} (b_n - a_n) < \epsilon.$$

---

## RESUMEN DEL CAPÍTULO

### 12.1 La notación sigma

### 12.2 Series infinitas

sumas parciales (p. 777)
suma de una serie (p. 777)
convergencia, divergencia (p. 777)
un criterio de divergencia (p. 785)

serie geométrica: $\displaystyle\sum_{k=0}^{\infty} x^k = \left\{ \begin{array}{ll} \dfrac{1}{1-x}, & |x| < 1 \\ \text{diverge}, & |x| \geq 1 \end{array} \right]$

Si $\displaystyle\sum_{k=0}^{\infty} a_k$ converge, entonces $a_k \to 0$. El recíproco es falso.

### 12.3 El criterio de la integral; teoremas de comparación

el criterio de la integral (p. 790)
comparación básica (p. 793)
comparación del límite (p. 795)

serie armónica: $\displaystyle\sum_{k=1}^{\infty} \frac{1}{k}$ diverge

serie armónica generalizada: $\displaystyle\sum_{k=1}^{\infty} \frac{1}{k^p}$ converge si $p > 1$

### 12.4 El criterio de la raíz; el criterio del cociente

el criterio de la raíz (p. 799)
criterio del cociente (p. 801)
resumen sobre criterios de convergencia (p. 803)

### 12.5 Convergencia absoluta y condicional; series alternadas

convergencia absoluta, convergencia condicional (p. 805)
teorema de convergencia para series alternadas (p. 807)
una estimación para las series alternadas (p. 808)
reordenaciones (p. 809)

## 12.6 Polinomios de Taylor en $x$; series de Taylor en $x$

polinomios de Taylor en $x$ (p. 811)
el resto $R_{n+1}(x)$ (p. 815)
estimación del resto (p. 815)

series de Taylor en $x$ (series de Maclaurin): $\sum_{k=0}^{\infty} \frac{f^{(k)}(0)}{k!} x^k$

$$e^x = \sum_{k=0}^{\infty} \frac{x^k}{k!}, \text{ para todo } x \text{ real} \qquad \ln(1+x) = \sum_{k=1}^{\infty} \frac{(-1)^{k+1}}{k} x^k, \quad -1 < x \leq 1$$

$$\operatorname{sen} x = \sum_{k=0}^{\infty} \frac{(-1)^k}{(2k+1)!} x^{2k+1}, \text{ para todo } x \text{ real} \qquad \cos x = \sum_{k=0}^{\infty} \frac{(-1)^k}{(2k)!} x^{2k}, \text{ para todo } x \text{ real}$$

## 12.7 Polinomios de Taylor en $x - a$; series de Taylor en $x - a$

Series de Taylor en $x - a$: $\sum_{k=0}^{\infty} \frac{g^{(k)}(a)}{k!} (x-a)^k$

## 12.8 Series de potencias

series de potencias (p. 832)
radio de convergencia (p. 834)
intervalo de convergencia (p. 835)

Si una serie de potencias converge en $x_1 \neq 0$, converge absolutamente para $|x| < |x_1|$; si diverge en $x_1$, diverge para $|x| > |x_1|$.

## 12.9 Diferenciación e integración de las series de potencias

$$\arctan x = \sum_{k=0}^{\infty} \frac{(-1)^k}{2k+1} x^{2k+1}, \quad -1 \leq x \leq 1$$

$$\cosh x = \sum_{k=0}^{\infty} \frac{x^{2k}}{(2k)!}, \text{ para todo } x \text{ real} \qquad \operatorname{senh} x = \sum_{k=0}^{\infty} \frac{x^{2k+1}}{(2k+1)!}, \text{ para todo } x \text{ real}$$

En el interior de su intervalo de convergencia, una serie de potencias se puede diferenciar e integrar término a término.

En su intervalo de convergencia, una serie de potencias es la serie de Taylor de su suma.

## 12.10 La serie binomial

$$(1+x)^{\alpha} = \sum_{k=0}^{\infty} \binom{\alpha}{k} x^k = 1 + \alpha x + \frac{\alpha(\alpha-1)}{2!} x^2 + \ldots, \quad -1 < x < 1$$

## 12.11 Ejercicios adicionales

# APÉNDICES

# APÉNDICE A

# Algunas cuestiones elementales

## A.1 CONJUNTOS

Un *conjunto* es una colección de objetos. Los objetos de un conjunto se llaman *elementos* (o, en algunas ocasiones, *miembros*) del conjunto.

Podríamos, por ejemplo, considerar el conjunto de las letras mayúsculas que aparecen en esta página o el conjunto de las motocicletas con matrícula de Idaho, o el conjunto de los números racionales. Sin embargo, imaginemos que quisiéramos hallar el conjunto de las personas juiciosas. Cada uno pensaría en una colección distinta. ¿Cuál podría ser la correcta? Para evitar tales problemas insistimos en que los conjuntos estén definidos sin ambigüedades. Aquellas colecciones basadas en juicios altamente subjetivos —tales como "todos los buenos futbolistas"— no son conjuntos.

### Notación

Para indicar que un objeto $x$ está en un conjunto $A$, escribimos

$$x \in A.$$

Para indicar que $x$ no está en $A$, escribimos

$$x \notin A.$$

Luego

$\sqrt{2}$ $\in$ al conjunto de los números reales pero

$\sqrt{2}$ $\notin$ al conjunto de los números racionales.

A menudo los conjuntos se representan mediante corchetes. El conjunto que consta solamente del elemento $a$ se escribe $\{a\}$; el que consta de $a$ y $b$, se escribe $\{a, b\}$; el que consta de $a$, $b$, $c$, $\{a, b, c\}$; y así sucesivamente. Luego

$$0 \in \{0, 1, 2\}, \quad 1 \in \{0, 1, 2\}, \quad 2 \in \{0, 1, 2\}, \quad \text{pero } 3 \notin \{0, 1, 2\}.$$

También podemos usar corchetes para conjuntos infinitos:

| | |
|---|---|
| $\{1, 2, 3, \ldots\}$ | es el conjunto de los enteros positivos. |
| $\{-1, -2, -3, \ldots\}$ | es el conjunto de los enteros negativos. |
| $\{1, 2, 2^2, 2^3, \ldots\}$ | es el conjunto de las potencias de 2. |

A menudo los conjuntos están definidos por una propiedad. Escribimos $\{x: P\}$ para indicar *el conjunto de todos los x para los que se cumple la propiedad P.* Luego

| | |
|---|---|
| $\{x: x > 2\}$ | es el conjunto de todos los números mayores que 2; |
| $\{x: x^2 > 9\}$ | es el conjunto de todos los números cuyos cuadrados son mayores que 9; |
| $\{p/q: p, q \text{ enteros}, q \neq 0\}$ | es el conjunto de todos los números racionales. |

Si $A$ es un conjunto, $\{x: x \in A\}$ es el propio $A$.

### Inclusión e igualdad

Si $A$ y $B$ son conjuntos, diremos que $A$ está *incluido* en $B$, con símbolos $A \subseteq B$, sii[†] todo elemento de $A$ también es un elemento de $B$. Por ejemplo,

| | | |
|---|---|---|
| el conjunto de los triángulos equiláteros | $\subseteq$ | el conjunto de todos los triángulos, |
| el conjunto de todos los estudiantes de primer año | $\subseteq$ | el conjunto de todos los estudiantes de la facultad, |
| el conjunto de los números racionales | $\subseteq$ | el conjunto de los números reales. |

[†] "sii" significa "si y sólo si". Esta expresión se usa tan a menudo en matemáticas que resulta conveniente tener una abreviatura para la misma.

Si $A$ está incluido en $B$, diremos que $A$ es un *subconjunto* de $B$. Luego

| | | |
|---|---|---|
| el conjunto de los triángulos equiláteros es un | subconjunto | del conjunto de todos los triángulos, |
| el conjunto de todos los estudiantes de primer año es un | subconjunto | del conjunto de todos los estudiantes de la facultad, |
| el conjunto de los números racionales es un | subconjunto | del conjunto de los números reales. |

Diremos que dos conjuntos son *iguales* si contienen exactamente los mismos elementos. En símbolos

**(A.1.1)**

$$A = B \quad \text{sii} \quad A \subseteq B \quad \text{y} \quad B \subseteq A.$$

**Ejemplos**

$$\{x\colon x^2 = 4\} = \{-2, 2\},$$
$$\{x\colon x^2 < 4\} = \{x\colon -2 < x < 2\},$$
$$\{x\colon x^2 > 4\} = \{x\colon x < -2 \ \text{ o } \ x > 2\}. \quad \square$$

### Intersección de dos conjuntos

El conjunto de los elementos comunes a dos conjuntos $A$ y $B$ se llama la *intersección* de $A$ y $B$ y se designa por $A \cap B$. La idea queda ilustrada en la figura A.1.1. En símbolos

**(A.1.2)**

$$x \in A \cap B \quad \text{sii} \quad x \in A \quad \text{y} \quad x \in B.$$

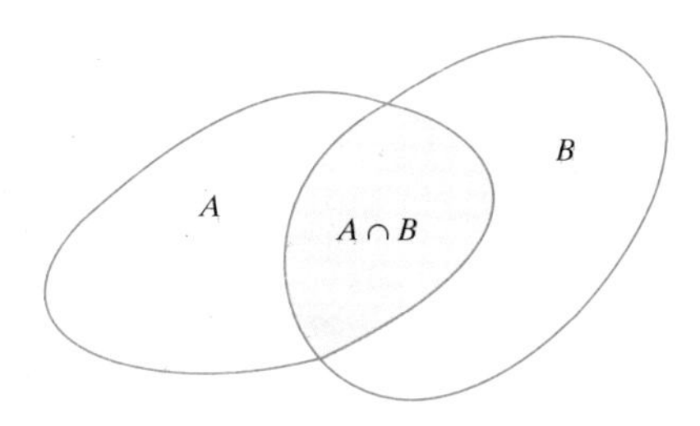


Figura A.1.1

**Ejemplos**

1. Si $A$ es el conjunto de todos los números no negativos y $B$ es el conjunto de todos los números no positivos, entonces $A \cap B = \{0\}$.
2. Si $A$ es el conjunto de todos los múltiplos de 3 y $B$ es el conjunto de todos los múltiplos de 4, $A \cap B$ es el conjunto de todos los múltiplos de 12.
3. Si $A = \{a, b, c, d, e\}$, y $B = \{c, d, e, f\}$, $A \cap B = \{c, d, e\}$.
4. Si $A = \{x\colon x > 1\}$ y $B = \{x\colon x < 4\}$, $A \cap B = \{x\colon 1 < x < 4\}$. □

### Unión de dos conjuntos

La *unión* de dos conjuntos $A$ y $B$ —se escribe $A \cup B$— es el conjunto de todos los elementos que están en $A$ o en $B$. Esto no excluye a los objetos que son elementos de ambos conjuntos (ver figura A.1.2). En símbolos

**(A.1.3)** $$x \in A \cup B \quad \text{sii} \quad x \in A \quad \text{o} \quad x \in B.$$

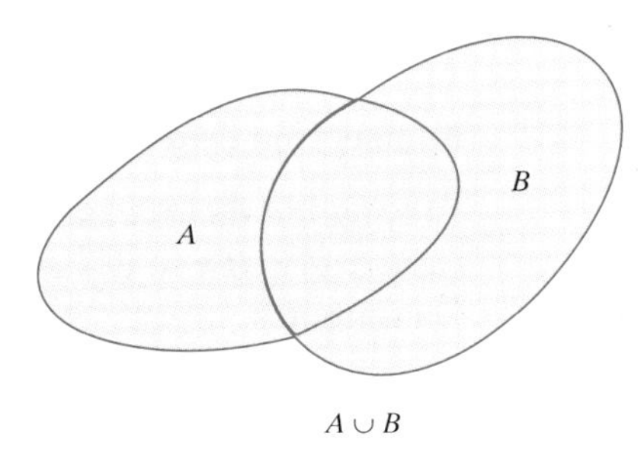


$A \cup B$

**Figura A.1.2**

**Ejemplos**

1. Si $A$ es el conjunto de todos los números no negativos y $B$ es el conjunto de todos los números no positivos, $A \cup B$ es el conjunto de todos los números reales.
2. Si $A = \{a, b, c, d, e\}$ y $B = \{c, d, e, f\}$, $A \cup B = \{a, b, c, d, e, f\}$.
3. Si $A = \{x\colon 0 < x < 1\}$ y $B = \{0, 1\}$, $A \cup B = \{x\colon 0 \leq x \leq 1\}$.
4. Si $A = \{x\colon x > 1\}$ y $B = \{x\colon x > 2\}$, $A \cup B = \{x\colon x > 1\}$. □

### El conjunto vacío

Si los conjuntos $A$ y $B$ no tienen ningún elemento común, diremos que son *disjuntos* y escribiremos $A \cap B = \emptyset$. Consideraremos que $\emptyset$ es un conjunto que no tiene elementos y lo llamaremos *conjunto vacío*.

**Ejemplos**

1. Si $A$ es el conjunto de todos los números positivos y $B$ el conjunto de todos los números negativos, $A \cap B = \emptyset$.
2. Si $A = \{0, 1, 2, 3\}$ y $B = \{4, 5, 6, 7, 8\}$, $A \cap B = \emptyset$.
3. El conjunto de todos los números irracionales racionales es vacío; también lo es el conjunto de todos los enteros pares impares; y el conjunto de todos los números reales cuyos cuadrados son negativos. □

El conjunto vacío $\emptyset$ juega en la teoría de conjuntos un papel muy similar al que juega el 0 en la aritmética de los números. Sin llevar la analogía demasiado lejos, observe que para los números

$$a + 0 = 0 + a = a, \qquad a \cdot 0 = 0 \cdot a = 0,$$

y para los conjuntos

$$A \cup \emptyset = \emptyset \cup A = A, \qquad A \cap \emptyset = \emptyset \cap A = \emptyset.$$

### Productos cartesianos

Si $A$ y $B$ son dos conjuntos no vacíos, entonces $A \times B$, el *producto cartesiano* de $A$ y $B$, es el conjunto de todos los pares ordenados $(a, b)$ con $a \in A$ y $b \in B$. En notación conjuntista

**(A.1.4)**
$$A \times B = \{(a, b) \colon a \in A, b \in B\}.$$

Observe que $A \times B = B \times A$ sii $A = B$.

**Ejemplos**

1. Si $A = \{0, 1\}$ y $B = \{1, 2, 3\}$, entonces $A \times B = \{(0, 1), (0, 2), (0, 3), (1, 1), (1, 2), (1, 3)\}$ y $B \times A = \{(1, 0), (1, 1), (2, 0), (2, 1), (3, 0), (3, 1)\}$.
2. Si $A$ es el conjunto de los números racionales y $B$ el conjunto de los números irracionales, $A \times B$ es el conjunto de todos los pares $(a, b)$ con $a$ racional y $b$ irracional. □

El producto cartesiano $A \times B \times C$ consiste en todas las ternas $(a, b, c)$ con $a \in A$, $b \in B$ y $c \in C$:

**(A.1.5)** $$A \times B \times C = \{(a, b, c)\colon\ a \in A, b \in B, c \in C\}.$$

## EJERCICIOS A.1

(Las respuestas de los ejercicios con numeración impar están al final del tomo II.)

Para los ejercicios 1-20, tomar

$$A = \{0, 2\}, \qquad B = \{-1, 0, 1\}, \qquad C = \{1, 2, 3, 4\}, \qquad D = \{2, 4, 6, 8, \ldots\},$$

y determinar los conjuntos siguientes:

**1.** $A \cup B$. **2.** $B \cup C$. **3.** $A \cap B$. **4.** $B \cap C$.

**5.** $B \cup D$. **6.** $A \cup D$. **7.** $B \cap D$. **8.** $A \cap D$.

**9.** $C \cup D$. **10.** $C \cap D$. **11.** $A \times B$. **12.** $B \times C$.

**13.** $B \times A$. **14.** $C \times B$. **15.** $A \times A \times B$. **16.** $A \times B \times A$.

**17.** $A \cap (C \cap D)$. **18.** $A \cap (B \cup C)$. **19.** $A \cup (C \cap D)$. **20.** $A \cup (B \cap C)$.

Para los ejercicios 21-28, tomar

$$A = \{x\colon x > 2\}, \qquad B = \{x\colon x \le 4\}, \qquad C = \{x\colon x > 3\},$$

y determinar los conjuntos siguientes

**21.** $A \cup B$. **22.** $B \cup C$. **23.** $A \cap B$. **24.** $B \cap C$.

**25.** $A \cup C$. **26.** $A \cap C$. **27.** $B \cup A$. **28.** $C \cap B$.

**29.** Suponiendo que $A \subseteq B$, hallar (a) $A \cup B$. (b) $A \cap B$.

**30.** ¿Qué se puede concluir respecto de $A$ y $B$ si

(a) $A \cup B = A$? (b) $A \cap C = A$? (c) $A \cup B = A$ y $A \cap B = A$?

**31.** Hacer una lista de todos subconjuntos no vacíos de $\{0, 1, 2\}$.

**32.** Determinar el número de subconjuntos no vacíos de un conjunto $A$ con $n$ elementos.

### A.2 LA MEDIDA EN RADIANES

Tradicionalmente, los ángulos de una figura geométrica se miden en grados; sin embargo esta medida en grados tiene un serio inconveniente. Es artificial. No existe ninguna relación intrínseca entre un grado y la geometría de la circunferencia. ¿Por qué 360 grados para un giro completo? ¿Por qué no 400 o 100?

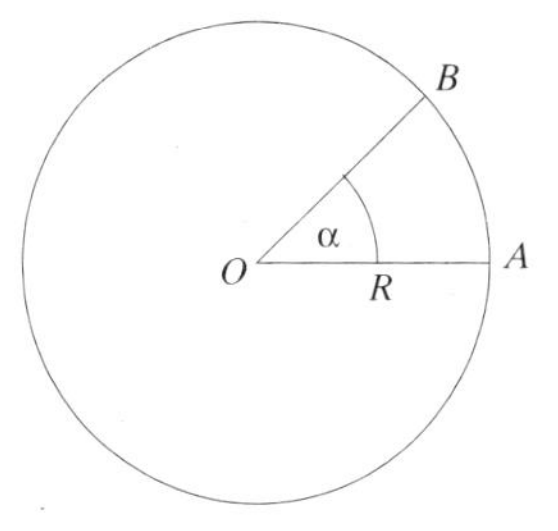


**Figura A.2.1**

Existe otra manera de medir un ángulo, más natural y que se presta mejor a los métodos del cálculo: la medida de los ángulos en *radianes*. En la figura A.2.1 se muestra un ángulo central en una circunferencia de radio $R$. Supongamos que nunca hemos oído hablar de la medida en grados. ¿Cómo mediríamos este ángulo? Lo más natural sería medir la longitud del arco desde $A$ hasta $B$ y comparar la longitud de dicho arco con la del radio $R$. La *medida en radianes* del ángulo $AOB$ es, por definición, *la longitud del arco* $\widehat{AB}$ *dividida por* $R$:

**(A.2.1)** $$\text{el ángulo } AOB \text{ mide } \alpha \text{ radianes sii } \frac{\text{longitud de } \widehat{AB}}{R} = \alpha.$$

En la figura A.2.2 se muestra un ángulo que es ángulo central de dos circunferencias distintas. Usando la circunferencia menor hallamos que el ángulo mide

$$\frac{\text{longitud de } \widehat{AB}}{R} \text{ radianes.}$$

Usando la circunferencia mayor hallamos que dicho ángulo mide

$$\frac{\text{longitud de } \widehat{A'B'}}{R'} \text{ radianes.}$$

Para que nuestra definición de la medida en radianes tenga sentido hemos de tener que

$$\frac{\text{longitud de } \widehat{AB}}{R} = \frac{\text{longitud de } \widehat{A'B'}}{R'}.$$

Se puede comprobar que esta relación es cierta observando que los sectores $AOB$ y $A'OB'$ definen figuras semejantes.

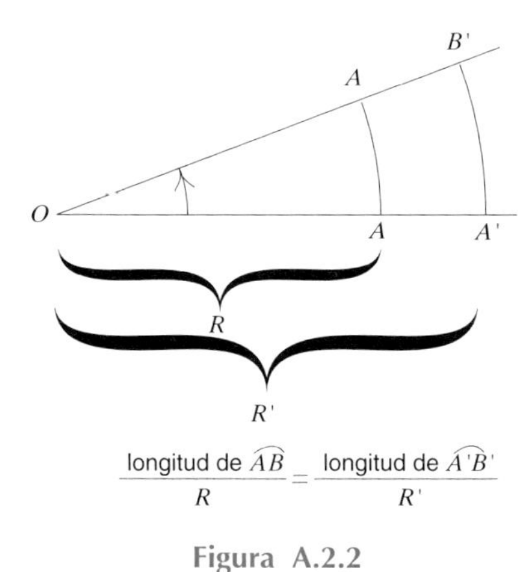


Figura A.2.2

Dado que la longitud de una circunferencia de radio $R$ es $2\pi R$, un giro completo supone $2\pi$ radianes; medio giro (un ángulo llano) supone $\pi$ radianes; un cuarto de giro (un ángulo recto) supone $\frac{1}{2}\pi$ radianes. Ver la figura A.2.3.

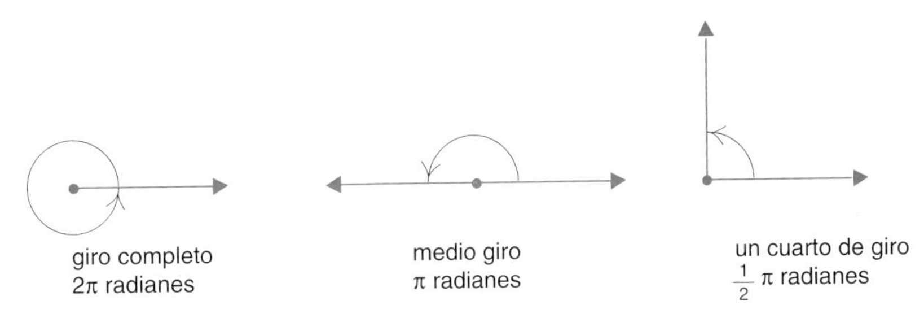


Figura A.2.3

La conversión de radianes a grados y viceversa se hace observando que, si $A$ es la medida de un ángulo en grados y si $x$ es la medida del mismo ángulo en radianes, se verifica

**(A.2.1)**
$$\frac{A}{360} = \frac{x}{2\pi}.$$

En particular

$$1 \text{ radián} = \frac{360}{2\pi} \text{ grados} \cong 57{,}30 \text{ grados}$$

y

$$1 \text{ grado} = \frac{2\pi}{360} \text{ radianes} \cong 0,0175 \text{ radianes.}$$

**Problema 1.** Convertir $\frac{1}{10}\pi$ radianes en grados.

*Solución.* Hacemos

$$\frac{A}{360} = \frac{\frac{1}{10}\pi}{2\pi}$$

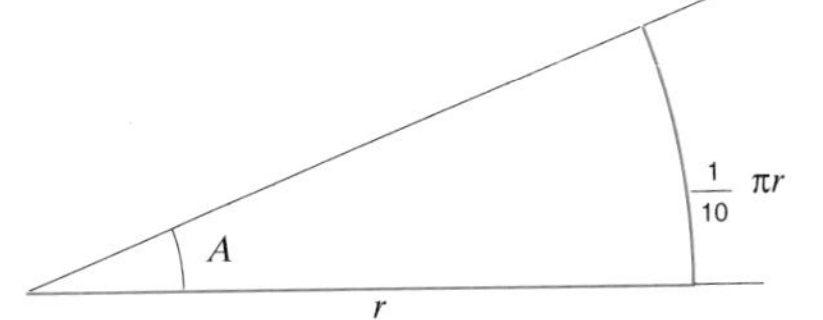


y hallamos que $A = 360(\frac{1}{20}) = 18$. Luego, $\frac{1}{10}\pi$ radianes equivalen a 18 grados. □

La tabla A.2.1 da algunos ángulos medidos en grados y radianes.

TABLA A.2.1

| grados | 0 | 30 | 45 | 60 | 90 | 120 | 135 | 150 | 180 |
|---|---|---|---|---|---|---|---|---|---|
| radianes | 0 | $\frac{1}{6}\pi$ | $\frac{1}{4}\pi$ | $\frac{1}{3}\pi$ | $\frac{1}{2}\pi$ | $\frac{2}{3}\pi$ | $\frac{3}{4}\pi$ | $\frac{5}{6}\pi$ | $\pi$ |

Los ángulos usados con más frecuencia en los problemas prácticos sencillos son los del triángulo de 30-60-90 grados y los del triángulo de 45-45-90 grados porque para estos triángulos es posible calcular las funciones trigonométricas sin tener que recurrir a las tablas o a una calculadora.

**Problema 2.** Hallar sec $\frac{1}{6}\pi$. (Es decir hallar la secante de un ángulo de $\frac{1}{6}\pi$ radianes.)

*Solución.* Dado que

$$\tfrac{1}{6}\pi \text{ radianes} = 30 \text{ grados},$$

podemos usar un triángulo 30-60-90 grados:

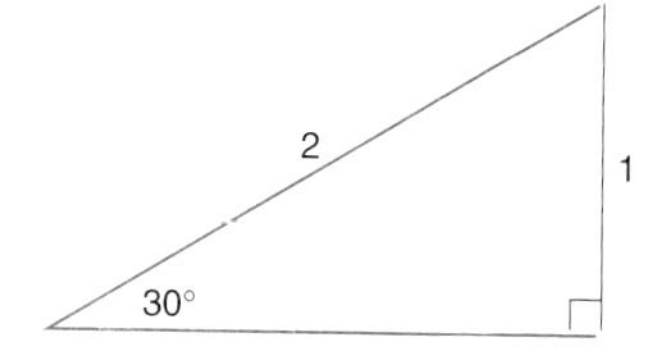


$$\sec \tfrac{1}{6}\pi = \frac{\text{hipotenusa}}{\text{adyacente}} = \frac{2}{\sqrt{3}}. \quad \square$$

**Problema 3.** En una circunferencia dada, un ángulo de 40° abarca un arco de 12 pulgadas. ¿Cuál es el radio de la circunferencia?

*Solución.* Sea $r$ el radio de la circunferencia medido en pulgadas. La medida en radianes de 40° es $12/r$. Luego

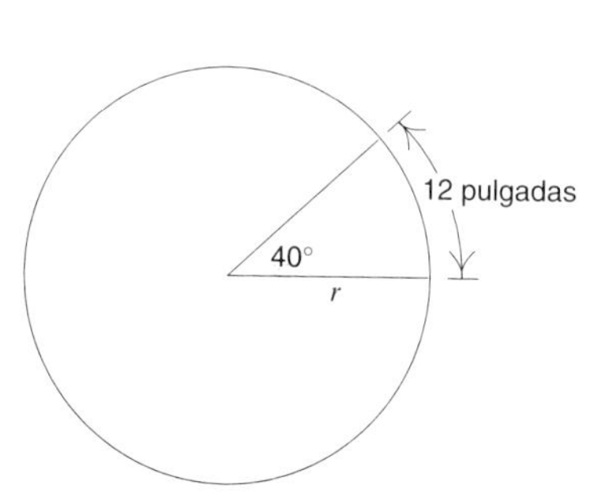


$$\frac{40}{360} = \frac{12/r}{2\pi}.$$

Despejando $r$ de esta ecuación hallamos que el radio mide $54/\pi$ pulgadas. $\square$

## EJERCICIOS A.2

Convertir en radianes.

**1.** 30°. **2.** 135°. **3.** 270°. **4.** 120°.
**5.** 10°. **6.** 210°. **7.** 225°. **8.** 300°.

Convertir en grados.

**9.** $\frac{1}{4}\pi$. **10.** $\frac{7}{4}\pi$. **11.** $\frac{7}{12}\pi$. **12.** $\frac{2}{3}\pi$.

**13.** $\frac{1}{3}\pi$. **14.** $\frac{11}{6}\pi$. **15.** $\frac{5}{6}\pi$. **16.** $\frac{1}{12}\pi$.

**17.** Una rueda realiza 15 revoluciones en un minuto.
(a) ¿Cuántos grados gira la rueda en un segundo?
(b) ¿Cuántos radianes gira la rueda en 20 segundos?

**18.** Una rueda con radios de 10 centímetros rueda sobre el suelo, de tal forma que los radios giran a razón de 120° por segundo.
(a) ¿Cuántos radianes gira la rueda en un minuto?
(b) ¿Cuánto camino recorrerá la rueda en un minuto?

**19.** ¿Cuántos radianes mide un ángulo central que abarca un arco de 30 centímetros en una circunferencia de un metro de radio?

**20.** ¿Cuántos radianes mide un ángulo central que abarca un arco de un pie en una circunferencia de cinco pulgadas de radio?

**21.** En una circunferencia de 10 pulgadas de radio un ángulo central de $\frac{1}{7}\pi$ radianes abarca un cierto arco. ¿Cuántas pulgadas mide dicho ángulo?

**22.** En una circunferencia de 8 centímetros, ¿cuántos centímetros mide el arco que corresponde a un ángulo central de 60°?

**23.** En una circunferencia un ángulo central de $\frac{1}{3}\pi$ radianes abarca un arco de 10 pulgadas. ¿Cuántas pulgadas mide el radio?

Calcular

**24.** sen $\frac{1}{4}\pi$. **25.** cos $\frac{1}{4}\pi$. **26.** tan $\frac{1}{6}\pi$. **27.** cosec $\frac{1}{3}\pi$.

**28.** sec $\frac{1}{6}\pi$. **29.** sen $\frac{1}{6}\pi$. **30.** cosec $\frac{1}{4}\pi$. **31.** tan $\frac{1}{4}\pi$.

**32.** cot $\frac{1}{4}\pi$. **33.** sec $\frac{1}{4}\pi$. **34.** cos $\frac{1}{3}\pi$. **35.** cot $\frac{1}{3}\pi$.

## A.3 INDUCCIÓN

Supongamos que nos piden demostrar que un determinado conjunto $S$ contiene el conjunto de los enteros positivos. Podríamos empezar por comprobar que $1 \in S$, y que $2 \in S$, y que $3 \in S$ y así sucesivamente, pero incluso si cada paso sólo nos llevase una centésima de segundo, nunca acabaríamos.

Para evitar esta dificultad, los matemáticos usan un procedimiento especial llamado *inducción*. El que la inducción funcione es una *hipótesis* que hacemos.

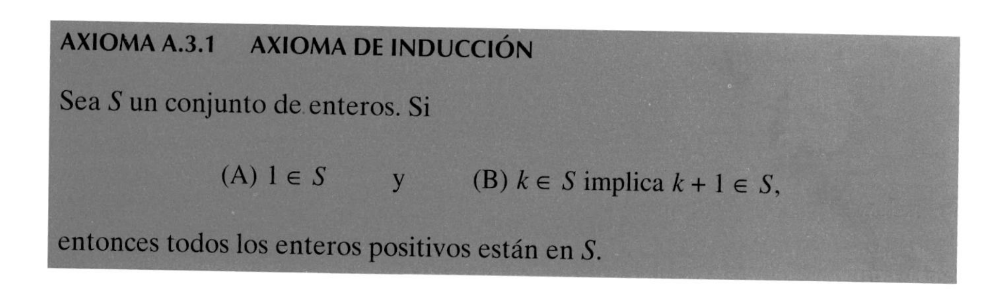

**AXIOMA A.3.1 AXIOMA DE INDUCCIÓN**

Sea $S$ un conjunto de enteros. Si

$$(A)\ 1 \in S \qquad \text{y} \qquad (B)\ k \in S \text{ implica } k+1 \in S,$$

entonces todos los enteros positivos están en $S$.

Se puede pensar en el axioma de inducción como en una especie de "teoría del dominó". Si cada ficha de dominó que cae hace caer a la ficha siguiente, entonces, de acuerdo con el axioma de inducción, si cae la primera ficha todas las fichas de dominó caerán.

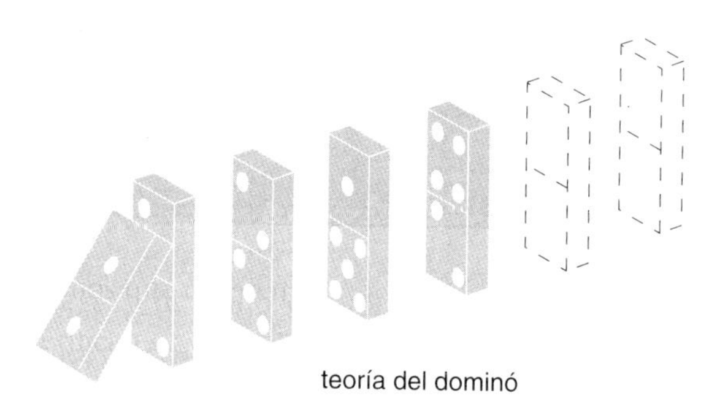


Figura A.3.1

Aunque no podamos demostrar la validez de este axioma (los axiomas son, por su propia naturaleza, hipótesis que no están sometidas a demostración), podemos argüir que es *plausible*.

Supongamos que tenemos un conjunto $S$ que verifica las condiciones (A) y (B). Tomemos ahora un entero positivo $m$ y "arguyamos" que $m \in S$.

Por (A) sabemos que $1 \in S$. Dado que $1 \in S$, sabemos por (B) que $1 + 1 \in S$, luego que $(1 + 1) + 1 \in S$ y así sucesivamente. Dado que $m$ puede obtenerse a partir de 1 añadiéndole 1 $(m - 1)$ veces, *parece* claro que $m \in S$. □

Como ejemplo de este procedimiento, observemos que

$$5 = \{[(1+1)+1]+1\}+1$$

luego que $5 \in S$.

**Problema 1.** Demostrar que

si $\quad 0 \leq a < b \quad$ entonces $\quad a^n < b^n \quad$ para todo $n$ entero positivo.

*Solución.* Supongamos que $0 \leq a < b$ y sea $S$ el conjunto de los enteros positivos $n$ tales que $a^n < b^n$.

Evidentemente, $1 \in S$. Supongamos ahora que $k \in S$. Esto asegura que $a^k < b^k$. De ahí que

$$a^{k+1} = a \cdot a^k < a \cdot b^k < b \cdot b^k = b^{k+1}$$

luego que $k+1 \in S$.

Hemos demostrado que

$$1 \in S \quad \text{y} \quad k \in S \quad \text{implica que} \quad k+1 \in S.$$

Por el axioma de inducción, podemos concluir que todos los enteros positivos pertenecen a $S$. □

**Problema 2.** Demostrar que, si $x \geq -1$, entonces

$$(1+x)^n \geq 1 + nx \qquad \text{para todo } n \text{ entero positivo.}$$

*Solución.* Tomemos $x \geq -1$ y sea $S$ el conjunto de los enteros positivos $n$ tales que

$$(1+x)^n \geq 1 + nx.$$

Dado que

$$(1+x)^1 \geq 1 + 1 \cdot x,$$

podemos ver que $1 \in S$.

Supongamos ahora que $k \in S$. Por definición de $S$,

$$(1+x)^k \geq 1 + kx.$$

Dado que

$$(1 + x)^{k+1} = (1 + x)^k(1 + x) \geq (1 + kx)(1 + x) \qquad \text{(explicarlo)}$$

y

$$(1 + kx)(1 + x) = 1 + (k + 1)x + kx^2 \geq 1 + (k + 1)x,$$

se deduce que

$$(1 + x)^{k+1} \geq 1 + (k + 1)x$$

luego que $k + 1 \in S$.

Hemos demostrado que

$$1 \in S \qquad \text{y} \qquad k \in S \quad \text{implica que } k + 1 \in S.$$

Por el axioma de elección, todos los enteros positivos están en $S$. □

## EJERCICIOS A.3

En los ejercicios 1-12 demostrar que se cumple el enunciado para todo $n$ entero positivo.

**1.** $2n \leq 2^n$.

**2.** $1 + 2n \leq 3^n$

**3.** $n(n + 1)$ es divisible por 2. [SUGERENCIA: $(k + 1)(k + 2) = k(k + 1) + 2(k + 1)$.]

**4.** $n(n + 1)(n + 2)$ es divisible por 6.

**5.** $1 + 2 + 3 + \ldots + n = \frac{1}{2}n(n + 1)$.

**6.** $1 + 3 + 5 + \ldots + (2n - 1) = n^2$.

**7.** $1^2 + 2^2 + 3^2 + \ldots + n^2 = \frac{1}{6}n(n + 1)(2n + 1)$.

**8.** $1^3 + 2^3 + 3^3 + \ldots + n^3 = (1 + 2 + 3 + \ldots + n)^2$. [SUGERENCIA: Usar el ejercicio 5.]

**9.** $1^3 + 2^3 + \ldots + (n - 1)^3 < \frac{1}{4}n^4 < 1^3 + 2^3 + \ldots + n^3$.

**10.** $1^2 + 2^2 + \ldots + (n - 1)^2 < \frac{1}{3}n^3 < 1^2 + 2^2 + \ldots + n^2$.

**11.** $\dfrac{1}{\sqrt{1}} + \dfrac{1}{\sqrt{2}} + \dfrac{1}{\sqrt{3}} + \ldots + \dfrac{1}{\sqrt{n}} > \sqrt{n}$.

**12.** $\dfrac{1}{1 \cdot 2} + \dfrac{1}{2 \cdot 3} + \dfrac{1}{3 \cdot 4} + \ldots + \dfrac{1}{n(n + 1)} = \dfrac{n}{n + 1}$.

**13.** ¿Para qué enteros $n$ es $3^{2n+1} + 2^{n+2}$ divisible por 7? Demostrar que la respuesta es correcta.

**14.** ¿Para qué enteros $n$ es $9^n - 8n - 1$ divisible por 64? Demostrar que la respuesta es correcta.

**15.** Hallar una expresión que simplifique el producto

$$\left(1-\frac{1}{2}\right)\left(1-\frac{1}{3}\right)\cdots\left(1-\frac{1}{n}\right)$$

y verificar su validez para todos los enteros $n \geq 2$.

**16.** Hallar una expresión que simplifique el producto

$$\left(1-\frac{1}{2^2}\right)\left(1-\frac{1}{3^2}\right)\cdots\left(1-\frac{1}{n^2}\right)$$

y verificar su validez para todos los enteros $n \geq 2$.

**17.** Demostrar que un polígono convexo de $N$ lados tiene $\frac{1}{2}N(N-3)$ diagonales.

**18.** Demostrar que la suma de los ángulos de un polígono convexo de $N$ lados vale $(N-2)180°$.

**19.** Demostrar que todos los conjuntos con $n$ elementos tienen $2^n$ subconjuntos. Se considerará que el conjunto vacío Ø es un subconjunto.

B

# APÉNDICE B

## Algunas demostraciones adicionales

En este apéndice presentamos algunas demostraciones que muchos considerarían demasiado avanzadas para el nivel general del texto. Omitimos algunos detalles que se dejan para el lector.

Los argumentos utilizados en las secciones B.1, B.2 y B.4 requieren cierta familiaridad con el *axioma del supremo*. Este se estudió en la sección 10.8. Además, la sección B.4 requiere cierta comprensión de las *sucesiones*, para lo cual remitimos al lector a las secciones 11.1 y 11.2.

### B.1 EL TEOREMA DEL VALOR INTERMEDIO

**LEMA B.1.1**

Sea $f$ una función continua en $[a, b]$. Si $f(a) < 0 < f(b)$ o si $f(b) < 0 < f(a)$, existe un número $c$ entre $a$ y $b$ tal que $f(c) = 0$.

Demostración. Supongamos que $f(a) < 0 < f(b)$ (el otro caso se trata de manera análoga). Dado que $f(a) < 0$, sabemos, por la continuidad de $f$, que existe un número $\xi$ tal que $f$ es negativa en $[a, \xi)$. Sea

$$c = \sup\{\xi : f \text{ es negativa en } [a, \xi)\}.$$

Está claro que $c \leq b$. No podemos tener $f(c) > 0$ ya que entonces $f$ tendría que ser positiva en algún intervalo que se extendiera a la izquierda de $c$ y sabemos que a la izquierda de $c$ $f$ es negativa. Además, este argumento excluye la posibilidad de que $c = b$ e implica que $c < b$. No podemos tener $f(c) < 0$ dado que entonces existiría un intervalo $[a, t)$, con $t > c$, en el cual $f$ sería negativa, lo cual entraría en contradicción con la definición de $c$. De todo ello se deduce que $f(c) = 0$. □

**TEOREMA B.1.2 TEOREMA DEL VALOR INTERMEDIO**

Si $f$ es continua en $[a, b]$ y si $C$ es un número comprendido entre $f(a)$ y $f(b)$, existe al menos un número $c$ entre $a$ y $b$ tal que $f(c) = C$.

Demostración. Supongamos, por ejemplo, que

$$f(a) < C < f(b).$$

(La otra posibilidad puede tratarse de forma similar.) La función

$$g(x) = f(x) - C$$

es continua en $[a, b]$. Dado que

$$g(a) = f(a) - C < 0 \qquad \text{y} \qquad g(b) = f(b) - C > 0,$$

sabemos por el lema que existe un número $c$ entre $a$ y $b$ tal que $g(c) = 0$. Evidentemente, tenemos entonces que $f(c) = C$. □

## B.2 TEOREMA DEL MÁXIMO – MÍNIMO

**LEMA B. 2.1**

Si $f$ es continua en $[a, b]$, entonces $f$ es acotada en $[a, b]$.

Demostración. Consideremos

$$\{x: x \in [a, b] \text{ y } f \text{ es acotada en } [a, x]\}.$$

Es fácil ver que este conjunto no es vacío y que está acotado superiormente por $b$. Luego podemos hacer

$$c = \inf \{x: f \text{ acotada en } [a, x]\}.$$

Veamos ahora que $c = b$. Para hacerlo, supongamos que $c < b$. Por la continuidad de $f$ en $c$, es fácil ver que $f$ está acotada en $[c - \epsilon, c + \epsilon]$ para algún $\epsilon > 0$. Al estar acotada en $[a, c - \epsilon]$ y en$[c - \epsilon, c + \epsilon]$, es evidente que $f$ está acotada en $[a, c + \epsilon]$. Esto contradice la definición de $c$. Luego podemos concluir que $c = b$. Esto nos dice que $f$ está acotada en $[a, x]$ para todo $x < b$. Ya estamos casi al final. Por la continuidad de $f$, sabemos que $f$ está acotada en algún intervalo del tipo $[b - \epsilon, b]$. Dado que $b - \epsilon < b$, sabemos por lo que acabamos de demostrar que $f$ está acotada en $[a, b - \epsilon]$. Al estar acotada en $[a, b - \epsilon]$ y en $[b - \epsilon, b]$, está acotada en $[a, b]$. □

**TEOREMA B.2.2 TEOREMA DEL MÁXIMO-MÍNIMO**

Si $f$ es continua en $[a, b]$, alcanza tanto su valor máximo $M$ como su valor mínimo $m$ en $[a, b]$.

Demostración. Por el lema, $f$ es acotada en $[a, b]$. Sea

$$M = \sup \{f(x) : x \in [a, b]\}.$$

Hemos de demostrar que existe $c$ en $[a, b]$ tal que $f(c) = M$. Para ello, hacemos

$$g(x) = \frac{1}{M - f(x)}.$$

Si $f$ no toma el valor $M$, $g$ es continua en $[a, b]$ luego, por el lema, es acotada. De la definición de $g$ es evidente que $g$ no puede ser acotada en $[a, b]$. La hipótesis de que $f$ no toma el valor $M$ nos ha llevado a una contradicción. (Se demuestra de manera similar que $f$ toma el valor $m$.) □

## B.3 FUNCIONES INVERSAS

**TEOREMA B.3.1 CONTINUIDAD DE LA INVERSA**

Sea $f$ una función inyectiva definida en un intervalo $(a, b)$. Si $f$ es continua, su inversa $f^{-1}$ también lo es.

Demostración. Si $f$ es continua, al ser inyectiva, es creciente o decreciente en todo $(a, b)$. Dejamos para el lector la demostración de este aserto.

Supongamos ahora que $f$ es creciente en todo $(a, b)$. Sea $c$ en el dominio de $f^{-1}$ y veamos que $f^{-1}$ es continua en $c$.

Primero observamos que $f^{-1}(c)$ está en $(a, b)$ y tomamos $\epsilon > 0$ suficientemente pequeño para que $f^{-1}(c) - \epsilon$ y $f^{-1}(c) + \epsilon$ estén en $(a, b)$. Buscamos $\delta > 0$ tal que

$$\text{si} \quad c - \delta < x < c + \delta, \qquad \text{entonces} \quad f^{-1}(c) - \epsilon < f^{-1}(x) < f^{-1}(c) + \epsilon.$$

Esta condición puede cumplirse eligiendo un $\delta$ que satisfaga

$$f(f^{-1}(c) - \epsilon) < c - \delta \qquad \text{y} \qquad c + \delta < f(f^{-1}(c) - \epsilon)$$

puesto que entonces, si $c - \delta < x < c + \delta$, se verifica

$$f(f^{-1}(c) - \epsilon) < x < f(f^{-1}(c) + \epsilon)$$

y, dado que $f^{-1}$ también es creciente,

$$f^{-1}(c) - \epsilon < f^{-1}(x) < f^{-1}(c) + \epsilon.$$

El caso $f$ decreciente en todo $(a, b)$ se trata de manera análoga. □

**TEOREMA B.3.2 DIFERENCIABILIDAD DE LA INVERSA**

Sea $f$ una función inyectiva definida en el intervalo $(a, b)$. Si $f$ es diferenciable y su derivada no toma el valor 0, $f^{-1}$ es diferenciable y

$$(f^{-1})'(x) = \frac{1}{f'(f^{-1}(x))}.$$

Demostración. (Usamos aquí la propiedad de la derivada enunciada en el teorema 3.6.8.) Sea $x$ en el dominio de $f^{-1}$. Tomamos $\epsilon > 0$ y demostraremos que existe $\delta > 0$ tal que

$$\text{si} \quad 0 < |t - x| < \delta, \qquad \text{entonces} \quad \left| \frac{f^{-1}(t) - f^{-1}(x)}{t - x} - \frac{1}{f'(f^{-1}(x))} \right| < \epsilon.$$

Dado que $f$ es diferenciable en $f^{-1}(x)$ y que $f'(f^{-1}(x) \neq 0$, existe $\delta_1 > 0$ tal que

$$\text{si} \quad 0 < |y - f^{-1}(x)| < \delta_1, \qquad \text{entonces} \quad \left| \frac{1}{\dfrac{f(y) - f(f^{-1}(x))}{y - f^{-1}(x)}} - \frac{1}{f'(f^{-1}(x))} \right| < \epsilon$$

luego

$$\left| \frac{y - f^{-1}(x)}{f(y) - f(f^{-1}(x))} - \frac{1}{f'(f^{-1}(x))} \right| < \epsilon.$$

Por el teorema anterior, $f^{-1}$ es continua en $x$, luego existe un $\delta > 0$ tal que

$$\text{si} \quad 0 < |t - x| < \delta, \qquad \text{entonces} \quad 0 < |f^{-1}(t) - f^{-1}(x)| < \delta_1.$$

De la propiedad especial de $\delta_1$ resulta que

$$\left| \frac{f^{-1}(t) - f^{-1}(x)}{t - x} - \frac{1}{f'(f^{-1}(x))} \right| < \epsilon. \qquad \square$$

## B.4 INTEGRABILIDAD DE LAS FUNCIONES CONTINUAS

Aquí se trata de demostrar que, si $f$ es continua en $[a, b]$, existe un número $I$, y sólo uno, que satisfaga la desigualdad

$$L_f(P) \leq I \leq U_f(P) \qquad \text{para todas las particiones } P \text{ de } [a, b].$$

**DEFINICIÓN B.4.1**

Diremos que una función es *uniformemente continua* en $[a, b]$ sii para todo $\epsilon > 0$ existe un $\delta > 0$ tal que

$$\text{si} \quad x, y \in [a, b] \quad \text{y} \quad |x - y| < \delta, \qquad \text{se verifica que} \quad |f(x) - f(y)| < \epsilon.$$

Convendremos en decir que el *intervalo* $[a, b]$ *tiene la propiedad* $P_\epsilon$ sii existen sucesiones $\{x_n\}$ e $\{y_n\}$ tales que

$$x_n, y_n \in [a, b], \qquad |x_n - y_n| < 1/n, \qquad |f(x_n) - f(y_n)| \geq \epsilon.$$

**LEMA B.4.2**

Si $f$ no es uniformemente continua en $[a, b]$, el intervalo $[a, b]$ tiene la propiedad $P_\epsilon$ para algún $\epsilon > 0$.

Demostración. Si $f$ no es uniformemente continua en $[a, b]$, no existe ningún $\delta > 0$ tal que

$$\text{si} \quad x, y \in [a, b] \quad \text{y} \quad |x - y| < \delta \qquad \text{entonces} \quad |f(x) - f(y)| < \epsilon.$$

El intervalo $[a, b]$ tiene la propiedad $P_\epsilon$ para esta elección de $\epsilon$. Se dejan los detalles de la demostración para el lector. □

**LEMA B.4.3**

Sea $f$ continua en$[a, b]$. Si $[a, b]$ tiene la propiedad $P_\epsilon$, al menos uno de los subintervalos $[a, \frac{1}{2}(a + b)]$, $[\frac{1}{2}(a + b), b]$ tiene la propiedad $P_\epsilon$.

Demostración. Supongamos que el lema no sea cierto. Para mayor comodidad definamos $c = \frac{1}{2}(a + b)$ de modo que los subintervalos son ahora $[a, c]$ y $[c, b]$. Dado que $[a, c]$ no tiene la propiedad $P_\epsilon$, existe un entero $p$ tal que

$$\text{si} \quad x, y \in [a, c] \quad \text{y} \quad |x - y| < 1/p, \qquad \text{entonces} \quad |f(x) - f(y)| < \epsilon.$$

Dado que $[c, b]$ no tiene la propiedad $P_\epsilon$, existe un entero $q$ tal que

$$\text{si} \quad x, y \in [c, b] \quad \text{y} \quad |x - y| < 1/q, \qquad \text{entonces} \quad |f(x) - f(y)| < \epsilon.$$

Dado que $f$ es continua en $c$, existe un entero $r$ tal que, si $|x - c| < 1/r$, se verifica que $|f(x) - f(c)| < \frac{1}{2}\epsilon$. Sea $s = \max\{p, q, r\}$ y supongamos que

$$x, y \in [a, b], \qquad |x - y| < 1/s.$$

Si $x$, $y$ están ambos en $[a, c]$ o en $[c, b]$, se verifica

$$|f(x) - f(y)| < \epsilon.$$

La única posibilidad es que $x \in [a, c]$ e $y \in [c, b]$. En este caso tenemos

$$|x - c| < 1/r, \qquad |y - c| < 1/r,$$

luego

$$|f(x) - f(c)| < \tfrac{1}{2}\epsilon, \qquad |f(y) - f(c)| < \tfrac{1}{2}\epsilon.$$

Por la desigualdad triangular, tenemos de nuevo

$$|f(x) - f(y)| < \epsilon.$$

Resumiendo, hemos obtenido la existencia de un entero $s$ tal que

$$x, y \in [a, b], \quad |x - y| < 1/s \qquad \text{implica} \qquad |f(x) - f(y)| < \epsilon.$$

Luego $[a, b]$ no tiene la propiedad $P_\epsilon$. Es una contradicción y el lema queda demostrado. □

**TEOREMA B.4.4**

Si $f$ es continua en $[a, b]$, $f$ es uniformemente continua.

Demostración. Supondremos que $f$ no es uniformemente continua en $[a, b]$ y basaremos nuestro razonamiento en una versión matemática de la máxima clásica "divide y vencerás."

Por el primer lema de esta sección, sabemos que $[a, b]$ tiene la propiedad $P_\epsilon$ para algún $\epsilon > 0$. Dividamos $[a, b]$ en dos partes iguales y observemos que, por el segundo lema, alguna de estas dos partes, digamos $[a_1, b_1]$, ha de tener la propiedad $P_\epsilon$. Dividamos de nuevo $[a_1, b_1]$ de la misma manera y observemos que una de las dos partes, digamos $[a_2, b_2]$, tiene la propiedad $P_\epsilon$. Continuando de la misma manera obtenemos una sucesión de intervalos $[a_n, b_n]$, cada uno de los cuales tiene la propiedad $P_\epsilon$. Luego, para cada $n$, podemos escoger $x_n, y_n \in [a_n, b_n]$ tales que

$$|x_n - y_n| < 1/n \qquad \text{y} \qquad |f(x_n) - f(y_n)| \geq \epsilon.$$

Dado que

$$a \leq a_n \leq a_{n+1} < b_{n+1} \leq b_n \leq b,$$

podemos ver que las sucesiones $\{a_n\}$ y $\{b_n\}$ son ambas acotadas y monótonas. Luego son convergentes. Dado que $b_n - a_n \to 0$, vemos que $\{a_n\}$ y $\{b_n\}$ convergen hacia el mismo límite $l$. De la desigualdad

$$a_n \leq x_n \leq y_n \leq b_n,$$

concluimos que

$$x_n \to l \quad \text{e} \quad y_n \to l.$$

Esto nos dice que

$$|f(x_n) - f(y_n)| \to |f(l) - f(l)| = 0.$$

Lo cual contradice la afirmación $|f(x_n) - f(y_n)| \geq \epsilon$ para todo $n$. □

**LEMA B.4.5**

Si $P$ y $Q$ son particiones de $[a, b]$, entonces $L_f(P) \leq U_f(Q)$.

Demostración. $P \cup Q$ es una partición de $[a, b]$ que contiene tanto a $P$ como a $Q$. Es evidente que

$$L_f(P) \leq L_f(P \cup Q) \leq U_f(P \cup Q) \leq U_f(Q). \quad \square$$

Del último lema se deduce que el conjunto de todas las sumas inferiores está acotado superiormente y tiene un supremo $L$. El número $L$ verifica la desigualdad

$$L_f(P) \leq L \leq U_f(P) \qquad \text{para todas las particiones } P$$

y es evidentemente el menor de tales números. Análogamente, deducimos que el conjunto de todas las sumas superiores está acotado inferiormente y tiene un ínfimo $U$. El número $U$ verifica la desigualdad

$$L_f(P) \leq U \leq U_f(P) \qquad \text{para todas las particiones } P$$

y es claramente el mayor de tales números.

Podemos ahora demostrar el teorema básico.

**TEOREMA B.4.6 TEOREMA DE INTEGRABILIDAD**

Si $f$ es continua en $[a, b]$, entonces existe un número $I$, y sólo uno, tal que se verifique la desigualdad

$$L_f(P) \leq I \leq U_f(P) \qquad \text{para todas las particiones } P \text{ de } [a, b].$$

Demostración. Sabemos que

$$L_f(P) \leq L \leq U \leq U_f(P) \qquad \text{para toda } P,$$

luego la existencia no es problema. Tendremos unicidad si podemos demostrar que

$$L = U.$$

Para ello, sea $\epsilon > 0$ y observemos que al ser $f$ continua en $[a, b]$, es uniformemente continua en $[a, b]$. Luego existe un $\delta > 0$ tal que

$$x, y \in [a, b] \quad \text{y} \quad |x - y| < \delta, \qquad \text{implican que} \quad |f(x) - f(y)| < \frac{\epsilon}{b - a}.$$

Escogemos ahora una partición $P = \{x_0, x_1, \ldots, x_n\}$ tal que max $\Delta x_i < \delta$. Para esta partición $P$ tenemos

$$\begin{aligned} U_f(P) - L_f(P) &= \sum_{i=1}^{n} M_i \, \Delta x_i - \sum_{i=1}^{n} m_i \, \Delta x_i \\ &= \sum_{i=1}^{n} (M_i - m_i) \, \Delta x_i \\ &< \sum_{i=1}^{n} \frac{\epsilon}{b-a} \, \Delta x_i = \frac{\epsilon}{b-a} \sum_{i=1}^{n} \Delta x_i = \frac{\epsilon}{b-a} (b - a) = \epsilon. \end{aligned}$$

Dado que

$$U_f(P) - L_f(P) < \epsilon \qquad \text{y} \qquad 0 \leq U - L \leq U_f(P) - L_f(P),$$

podemos ver que

$$0 \leq U - L < \epsilon.$$

Dado que $\epsilon$ es arbitrario, hemos de tener $U - L = 0$ y $L = U$. □

## B.5 LA INTEGRAL COMO LÍMITE DE SUMAS DE RIEMANN

Para la notación nos remitimos a la sección 5.13.

**TEOREMA B. 5.1**

Si $f$ es continua en $[a, b]$, se verifica

$$\int_a^b f(x) \, dx = \lim_{\|P\| \to 0} S^*(P).$$

Demostración. Sea $\epsilon > 0$. Hemos de demostrar que existe un $\delta > 0$ tal que

$$\text{si} \quad \|P\| < \delta, \qquad \text{entonces} \quad \left| S^*(P) - \int_a^b f(x)\, dx \right| < \epsilon.$$

Por la demostración del teorema B.4.6 sabemos que existe un $\delta > 0$ tal que

$$\text{si} \quad \|P\| < \delta, \qquad \text{entonces} \quad U_f(P) - L_f(P) < \epsilon.$$

Para un tal $P$, tenemos

$$U_f(P) - \epsilon < L_f(P) \leq S^*(P) \leq U_f(P) < L_f(P) + \epsilon.$$

Esto nos da

$$\int_a^b f(x)\, dx - \epsilon < S^*(P) < \int_a^b f(x)\, dx + \epsilon$$

luego

$$\left| S^*(P) - \int_a^b f(x)\, dx \right| < \epsilon. \quad \square$$

# APÉNDICE C

## Tablas[†]

TABLA 1.
Logaritmos naturales

| $x$ | $\ln x$ | $x$ | $\ln x$ | $x$ | $\ln x$ | $x$ | $\ln x$ |
|---|---|---|---|---|---|---|---|
| | | 3.0 | 1.099 | 6.0 | 1.792 | 9.0 | 2.197 |
| 0.1 | −2.303 | 3.1 | 1.131 | 6.1 | 1.808 | 9.1 | 2.208 |
| 0.2 | −1.609 | 3.2 | 1.163 | 6.2 | 1.825 | 9.2 | 2.219 |
| 0.3 | −1.204 | 3.3 | 1.194 | 6.3 | 1.841 | 9.3 | 2.230 |
| 0.4 | −0.916 | 3.4 | 1.224 | 6.4 | 1.856 | 9.4 | 2.241 |
| 0.5 | −0.693 | 3.5 | 1.253 | 6.5 | 1.872 | 9.5 | 2.251 |
| 0.6 | −0.511 | 3.6 | 1.281 | 6.6 | 1.887 | 9.6 | 2.262 |
| 0.7 | −0.357 | 3.7 | 1.308 | 6.7 | 1.902 | 9.7 | 2.272 |
| 0.8 | −0.223 | 3.8 | 1.335 | 6.8 | 1.917 | 9.8 | 2.282 |
| 0.9 | −0.105 | 3.9 | 1.361 | 6.9 | 1.932 | 9.9 | 2.293 |
| 1.0 | 0.000 | 4.0 | 1.386 | 7.0 | 1.946 | 10 | 2.303 |
| 1.1 | 0.095 | 4.1 | 1.411 | 7.1 | 1.960 | 20 | 2.996 |
| 1.2 | 0.182 | 4.2 | 1.435 | 7.2 | 1.974 | 30 | 3.401 |
| 1.3 | 0.262 | 4.3 | 1.459 | 7.3 | 1.988 | 40 | 3.689 |
| 1.4 | 0.336 | 4.4 | 1.482 | 7.4 | 2.001 | 50 | 3.912 |
| 1.5 | 0.405 | 4.5 | 1.504 | 7.5 | 2.015 | 60 | 4.094 |
| 1.6 | 0.470 | 4.6 | 1.526 | 7.6 | 2.028 | 70 | 4.248 |
| 1.7 | 0.531 | 4.7 | 1.548 | 7.7 | 2.041 | 80 | 4.382 |
| 1.8 | 0.588 | 4.8 | 1.569 | 7.8 | 2.054 | 90 | 4.500 |
| 1.9 | 0.642 | 4.9 | 1.589 | 7.9 | 2.067 | 100 | 4.605 |
| 2.0 | 0.693 | 5.0 | 1.609 | 8.0 | 2.079 | | |
| 2.1 | 0.742 | 5.1 | 1.629 | 8.1 | 2.092 | | |
| 2.2 | 0.788 | 5.2 | 1.649 | 8.2 | 2.104 | | |
| 2.3 | 0.833 | 5.3 | 1.668 | 8.3 | 2.116 | | |
| 2.4 | 0.875 | 5.4 | 1.686 | 8.4 | 2.128 | | |
| 2.5 | 0.916 | 5.5 | 1.705 | 8.5 | 2.140 | | |
| 2.6 | 0.956 | 5.6 | 1.723 | 8.6 | 2.152 | | |
| 2.7 | 0.993 | 5.7 | 1.740 | 8.7 | 2.163 | | |
| 2.8 | 1.030 | 5.8 | 1.758 | 8.8 | 2.175 | | |
| 2.9 | 1.065 | 5.9 | 1.775 | 8.9 | 2.186 | | |

[†] Las tablas se han reproducido del original. Adviértase que en ellas se utiliza el punto decimal en lugar de la coma decimal.

TABLA 2.
Exponenciales (0.001 hasta 0.99)

| $x$ | $e^x$ | $e^{-x}$ | $x$ | $e^x$ | $e^{-x}$ | $x$ | $e^x$ | $e^{-x}$ |
|---|---|---|---|---|---|---|---|---|
| 0.01 | 1.010 | 0.990 | 0.34 | 1.405 | 0.712 | 0.67 | 1.954 | 0.512 |
| 0.02 | 1.020 | 0.980 | 0.35 | 1.419 | 0.705 | 0.68 | 1.974 | 0.507 |
| 0.03 | 1.030 | 0.970 | 0.36 | 1.433 | 0.698 | 0.69 | 1.994 | 0.502 |
| 0.04 | 1.041 | 0.961 | 0.37 | 1.448 | 0.691 | 0.70 | 2.014 | 0.497 |
| 0.05 | 1.051 | 0.951 | 0.38 | 1.462 | 0.684 | 0.71 | 2.034 | 0.492 |
| 0.06 | 1.062 | 0.942 | 0.39 | 1.477 | 0.677 | 0.72 | 2.054 | 0.487 |
| 0.07 | 1.073 | 0.932 | 0.40 | 1.492 | 0.670 | 0.73 | 2.075 | 0.482 |
| 0.08 | 1.083 | 0.923 | 0.41 | 1.507 | 0.664 | 0.74 | 2.096 | 0.477 |
| 0.09 | 1.094 | 0.914 | 0.42 | 1.522 | 0.657 | 0.75 | 2.117 | 0.472 |
| 0.10 | 1.105 | 0.905 | 0.43 | 1.537 | 0.651 | 0.76 | 2.138 | 0.468 |
| 0.11 | 1.116 | 0.896 | 0.44 | 1.553 | 0.644 | 0.77 | 2.160 | 0.463 |
| 0.12 | 1.127 | 0.887 | 0.45 | 1.568 | 0.638 | 0.78 | 2.181 | 0.458 |
| 0.13 | 1.139 | 0.878 | 0.46 | 1.584 | 0.631 | 0.79 | 2.203 | 0.454 |
| 0.14 | 1.150 | 0.869 | 0.47 | 1.600 | 0.625 | 0.80 | 2.226 | 0.449 |
| 0.15 | 1.162 | 0.861 | 0.48 | 1.616 | 0.619 | 0.81 | 2.248 | 0.445 |
| 0.16 | 1.174 | 0.852 | 0.49 | 1.632 | 0.613 | 0.82 | 2.270 | 0.440 |
| 0.17 | 1.185 | 0.844 | 0.50 | 1.649 | 0.607 | 0.83 | 2.293 | 0.436 |
| 0.18 | 1.197 | 0.835 | 0.51 | 1.665 | 0.600 | 0.84 | 2.316 | 0.432 |
| 0.19 | 1.209 | 0.827 | 0.52 | 1.682 | 0.595 | 0.85 | 2.340 | 0.427 |
| 0.20 | 1.221 | 0.819 | 0.53 | 1.699 | 0.589 | 0.86 | 2.363 | 0.423 |
| 0.21 | 1.234 | 0.811 | 0.54 | 1.716 | 0.583 | 0.87 | 2.387 | 0.419 |
| 0.22 | 1.246 | 0.803 | 0.55 | 1.733 | 0.577 | 0.88 | 2.411 | 0.415 |
| 0.23 | 1.259 | 0.795 | 0.56 | 1.751 | 0.571 | 0.89 | 2.435 | 0.411 |
| 0.24 | 1.271 | 0.787 | 0.57 | 1.768 | 0.566 | 0.90 | 2.460 | 0.407 |
| 0.25 | 1.284 | 0.779 | 0.58 | 1.786 | 0.560 | 0.91 | 2.484 | 0.403 |
| 0.26 | 1.297 | 0.771 | 0.59 | 1.804 | 0.554 | 0.92 | 2.509 | 0.399 |
| 0.27 | 1.310 | 0.763 | 0.60 | 1.822 | 0.549 | 0.93 | 2.535 | 0.395 |
| 0.28 | 1.323 | 0.756 | 0.61 | 1.840 | 0.543 | 0.94 | 2.560 | 0.391 |
| 0.29 | 1.336 | 0.748 | 0.62 | 1.859 | 0.538 | 0.95 | 2.586 | 0.387 |
| 0.30 | 1.350 | 0.741 | 0.63 | 1.878 | 0.533 | 0.96 | 2.612 | 0.383 |
| 0.31 | 1.363 | 0.733 | 0.64 | 1.896 | 0.527 | 0.97 | 2.638 | 0.379 |
| 0.32 | 1.377 | 0.726 | 0.65 | 1.916 | 0.522 | 0.98 | 2.664 | 0.375 |
| 0.33 | 1.391 | 0.719 | 0.66 | 1.935 | 0.517 | 0.99 | 2.691 | 0.372 |

TABLA 3.
Exponenciales (1.0 hasta 4.9)

| $x$ | $e^x$ | $e^{-x}$ | $x$ | $e^x$ | $e^{-x}$ |
|---|---|---|---|---|---|
| 1.0 | 2.718 | 0.368 | 3.0 | 20.086 | 0.050 |
| 1.1 | 3.004 | 0.333 | 3.1 | 22.198 | 0.045 |
| 1.2 | 3.320 | 0.301 | 3.2 | 24.533 | 0.041 |
| 1.3 | 3.669 | 0.273 | 3.3 | 27.113 | 0.037 |
| 1.4 | 4.055 | 0.247 | 3.4 | 29.964 | 0.033 |
| 1.5 | 4.482 | 0.223 | 3.5 | 33.115 | 0.030 |
| 1.6 | 4.953 | 0.202 | 3.6 | 36.598 | 0.027 |
| 1.7 | 5.474 | 0.183 | 3.7 | 40.447 | 0.025 |
| 1.8 | 6.050 | 0.165 | 3.8 | 44.701 | 0.024 |
| 1.9 | 6.686 | 0.150 | 3.9 | 49.402 | 0.020 |
| 2.0 | 7.389 | 0.135 | 4.0 | 54.598 | 0.018 |
| 2.1 | 8.166 | 0.122 | 4.1 | 60.340 | 0.017 |
| 2.2 | 9.025 | 0.111 | 4.2 | 66.686 | 0.015 |
| 2.3 | 9.974 | 0.100 | 4.3 | 73.700 | 0.014 |
| 2.4 | 11.023 | 0.091 | 4.4 | 81.451 | 0.012 |
| 2.5 | 12.182 | 0.082 | 4.5 | 90.017 | 0.011 |
| 2.6 | 13.464 | 0.074 | 4.6 | 99.484 | 0.010 |
| 2.7 | 14.880 | 0.067 | 4.7 | 109.947 | 0.009 |
| 2.8 | 16.445 | 0.061 | 4.8 | 121.510 | 0.008 |
| 2.9 | 18.174 | 0.055 | 4.9 | 134.290 | 0.007 |

TABLA 4.
Senos, cosenos, tangentes (medidos en radianes)

| $x$ | sen $x$ | cos $x$ | tan $x$ | $x$ | sen $x$ | cos $x$ | tan $x$ |
|---|---|---|---|---|---|---|---|
| 0.00 | 0.000 | 1.000 | 0.000 | 0.42 | 0.408 | 0.913 | 0.447 |
| 0.01 | 0.010 | 1.000 | 0.010 | 0.43 | 0.417 | 0.909 | 0.459 |
| 0.02 | 0.020 | 1.000 | 0.020 | 0.44 | 0.426 | 0.905 | 0.471 |
| 0.03 | 0.030 | 1.000 | 0.030 | 0.45 | 0.435 | 0.900 | 0.483 |
| 0.04 | 0.040 | 0.999 | 0.040 | 0.46 | 0.444 | 0.896 | 0.495 |
| 0.05 | 0.050 | 0.999 | 0.050 | 0.47 | 0.453 | 0.892 | 0.508 |
| 0.06 | 0.060 | 0.998 | 0.060 | 0.48 | 0.462 | 0.887 | 0.521 |
| 0.07 | 0.070 | 0.998 | 0.070 | 0.49 | 0.471 | 0.882 | 0.533 |
| 0.08 | 0.080 | 0.997 | 0.080 | 0.50 | 0.479 | 0.878 | 0.546 |
| 0.09 | 0.090 | 0.996 | 0.090 | 0.51 | 0.488 | 0.873 | 0.559 |
| 0.10 | 0.100 | 0.995 | 0.100 | 0.52 | 0.497 | 0.868 | 0.573 |
| 0.11 | 0.110 | 0.994 | 0.110 | 0.53 | 0.506 | 0.863 | 0.586 |
| 0.12 | 0.120 | 0.993 | 0.121 | 0.54 | 0.514 | 0.858 | 0.599 |
| 0.13 | 0.130 | 0.992 | 0.131 | 0.55 | 0.523 | 0.853 | 0.613 |
| 0.14 | 0.140 | 0.990 | 0.141 | 0.56 | 0.531 | 0.847 | 0.627 |
| 0.15 | 0.149 | 0.989 | 0.151 | 0.57 | 0.540 | 0.842 | 0.641 |
| 0.16 | 0.159 | 0.987 | 0.161 | 0.58 | 0.548 | 0.836 | 0.655 |
| 0.17 | 0.169 | 0.986 | 0.172 | 0.59 | 0.556 | 0.831 | 0.670 |
| 0.18 | 0.179 | 0.984 | 0.182 | 0.60 | 0.565 | 0.825 | 0.684 |
| 0.19 | 0.189 | 0.982 | 0.192 | 0.61 | 0.573 | 0.820 | 0.699 |
| 0.20 | 0.199 | 0.980 | 0.203 | 0.62 | 0.581 | 0.814 | 0.714 |
| 0.21 | 0.208 | 0.978 | 0.213 | 0.63 | 0.589 | 0.808 | 0.729 |
| 0.22 | 0.218 | 0.976 | 0.224 | 0.64 | 0.597 | 0.802 | 0.745 |
| 0.23 | 0.228 | 0.974 | 0.234 | 0.65 | 0.605 | 0.796 | 0.760 |
| 0.24 | 0.238 | 0.971 | 0.245 | 0.66 | 0.613 | 0.790 | 0.776 |
| 0.25 | 0.247 | 0.969 | 0.255 | 0.67 | 0.621 | 0.784 | 0.792 |
| 0.26 | 0.257 | 0.966 | 0.266 | 0.68 | 0.629 | 0.778 | 0.809 |
| 0.27 | 0.267 | 0.964 | 0.277 | 0.69 | 0.637 | 0.771 | 0.825 |
| 0.28 | 0.276 | 0.961 | 0.288 | 0.70 | 0.644 | 0.765 | 0.842 |
| 0.29 | 0.286 | 0.958 | 0.298 | 0.71 | 0.652 | 0.758 | 0.860 |
| 0.30 | 0.296 | 0.955 | 0.309 | 0.72 | 0.659 | 0.752 | 0.877 |
| 0.31 | 0.305 | 0.952 | 0.320 | 0.73 | 0.667 | 0.745 | 0.895 |
| 0.32 | 0.315 | 0.949 | 0.331 | 0.74 | 0.674 | 0.738 | 0.913 |
| 0.33 | 0.324 | 0.946 | 0.343 | 0.75 | 0.682 | 0.732 | 0.932 |
| 0.34 | 0.333 | 0.943 | 0.354 | 0.76 | 0.689 | 0.725 | 0.950 |
| 0.35 | 0.343 | 0.939 | 0.365 | 0.77 | 0.696 | 0.718 | 0.970 |
| 0.36 | 0.352 | 0.936 | 0.376 | 0.78 | 0.703 | 0.711 | 0.989 |
| 0.37 | 0.362 | 0.932 | 0.388 | 0.79 | 0.710 | 0.704 | 1.009 |
| 0.38 | 0.371 | 0.929 | 0.399 | 0.80 | 0.717 | 0.697 | 1.030 |
| 0.39 | 0.380 | 0.925 | 0.411 | 0.81 | 0.724 | 0.689 | 1.050 |
| 0.40 | 0.389 | 0.921 | 0.423 | 0.82 | 0.731 | 0.682 | 1.072 |
| 0.41 | 0.399 | 0.917 | 0.435 | 0.83 | 0.738 | 0.675 | 1.093 |

TABLA 4 (continuación)

| $x$ | sen $x$ | cos $x$ | tan $x$ | $x$ | sen $x$ | cos $x$ | tan $x$ |
|---|---|---|---|---|---|---|---|
| 0.84 | 0.745 | 0.667 | 1.116 | 1.22 | 0.939 | 0.344 | 2.733 |
| 0.85 | 0.751 | 0.660 | 1.138 | 1.23 | 0.942 | 0.334 | 2.820 |
| 0.86 | 0.758 | 0.652 | 1.162 | 1.24 | 0.946 | 0.325 | 2.912 |
| 0.87 | 0.764 | 0.645 | 1.185 | 1.25 | 0.949 | 0.315 | 3.010 |
| 0.88 | 0.771 | 0.637 | 1.210 | 1.26 | 0.952 | 0.306 | 3.113 |
| 0.89 | 0.777 | 0.629 | 1.235 | 1.27 | 0.955 | 0.296 | 3.224 |
| 0.90 | 0.783 | 0.622 | 1.260 | 1.28 | 0.958 | 0.287 | 3.341 |
| 0.91 | 0.790 | 0.614 | 1.286 | 1.29 | 0.961 | 0.277 | 3.467 |
| 0.92 | 0.796 | 0.606 | 1.313 | 1.30 | 0.964 | 0.267 | 3.602 |
| 0.93 | 0.802 | 0.598 | 1.341 | 1.31 | 0.966 | 0.258 | 3.747 |
| 0.94 | 0.808 | 0.590 | 1.369 | 1.32 | 0.969 | 0.248 | 3.903 |
| 0.95 | 0.813 | 0.582 | 1.398 | 1.33 | 0.971 | 0.238 | 4.072 |
| 0.96 | 0.819 | 0.574 | 1.428 | 1.34 | 0.973 | 0.229 | 4.256 |
| 0.97 | 0.825 | 0.565 | 1.459 | 1.35 | 0.976 | 0.219 | 4.455 |
| 0.98 | 0.830 | 0.557 | 1.491 | 1.36 | 0.978 | 0.209 | 4.673 |
| 0.99 | 0.836 | 0.549 | 1.524 | 1.37 | 0.980 | 0.199 | 4.913 |
| 1.00 | 0.841 | 0.540 | 1.557 | 1.38 | 0.982 | 0.190 | 5.177 |
| 1.01 | 0.847 | 0.532 | 1.592 | 1.39 | 0.984 | 0.180 | 5.471 |
| 1.02 | 0.852 | 0.523 | 1.628 | 1.40 | 0.985 | 0.170 | 5.798 |
| 1.03 | 0.857 | 0.515 | 1.665 | 1.41 | 0.987 | 0.160 | 6.165 |
| 1.04 | 0.862 | 0.506 | 1.704 | 1.42 | 0.989 | 0.150 | 6.581 |
| 1.05 | 0.867 | 0.498 | 1.743 | 1.43 | 0.990 | 0.140 | 7.055 |
| 1.06 | 0.872 | 0.489 | 1.784 | 1.44 | 0.991 | 0.130 | 7.602 |
| 1.07 | 0.877 | 0.480 | 1.827 | 1.45 | 0.993 | 0.121 | 8.238 |
| 1.08 | 0.882 | 0.471 | 1.871 | 1.46 | 0.994 | 0.111 | 8.989 |
| 1.09 | 0.887 | 0.462 | 1.917 | 1.47 | 0.995 | 0.101 | 9.887 |
| 1.10 | 0.891 | 0.454 | 1.965 | 1.48 | 0.996 | 0.091 | 10.983 |
| 1.11 | 0.896 | 0.445 | 2.014 | 1.49 | 0.997 | 0.081 | 12.350 |
| 1.12 | 0.900 | 0.436 | 2.066 | 1.50 | 0.997 | 0.071 | 14.101 |
| 1.13 | 0.904 | 0.427 | 2.120 | 1.51 | 0.998 | 0.061 | 16.428 |
| 1.14 | 0.909 | 0.418 | 2.176 | 1.52 | 0.999 | 0.051 | 19.670 |
| 1.15 | 0.913 | 0.408 | 2.234 | 1.53 | 0.999 | 0.041 | 24.498 |
| 1.16 | 0.917 | 0.399 | 2.296 | 1.54 | 1.000 | 0.031 | 32.461 |
| 1.17 | 0.921 | 0.390 | 2.360 | 1.55 | 1.000 | 0.021 | 48.078 |
| 1.18 | 0.925 | 0.381 | 2.427 | 1.56 | 1.000 | 0.011 | 92.620 |
| 1.19 | 0.928 | 0.372 | 2.498 | 1.57 | 1.000 | 0.001 | 1255.770 |
| 1.20 | 0.932 | 0.362 | 2.572 | 1.58 | 1.000 | −0.009 | −108.649 |
| 1.21 | 0.936 | 0.353 | 2.650 | | | | |

TABLA 5.
Senos, cosenos, tangentes (medidos en grados)

| $x$ | sen $x$ | cos $x$ | tan $x$ | $x$ | sen $x$ | cos $x$ | tan $x$ |
|---|---|---|---|---|---|---|---|
| 0° | 0.00 | 1.00 | 0.00 | 45° | 0.71 | 0.71 | 1.00 |
| 1 | 0.02 | 1.00 | 0.02 | 46 | 0.72 | 0.69 | 1.04 |
| 2 | 0.03 | 1.00 | 0.03 | 47 | 0.73 | 0.68 | 1.07 |
| 3 | 0.05 | 1.00 | 0.05 | 48 | 0.74 | 0.67 | 1.11 |
| 4 | 0.07 | 1.00 | 0.07 | 49 | 0.75 | 0.66 | 1.15 |
| 5 | 0.09 | 1.00 | 0.09 | 50 | 0.77 | 0.64 | 1.19 |
| 6 | 0.10 | 0.99 | 0.11 | 51 | 0.78 | 0.63 | 1.23 |
| 7 | 0.12 | 0.99 | 0.12 | 52 | 0.79 | 0.62 | 1.28 |
| 8 | 0.14 | 0.99 | 0.14 | 53 | 0.80 | 0.60 | 1.33 |
| 9 | 0.16 | 0.99 | 0.16 | 54 | 0.81 | 0.59 | 1.38 |
| 10 | 0.17 | 0.98 | 0.18 | 55 | 0.82 | 0.57 | 1.43 |
| 11 | 0.19 | 0.98 | 0.19 | 56 | 0.83 | 0.56 | 1.48 |
| 12 | 0.21 | 0.98 | 0.21 | 57 | 0.84 | 0.54 | 1.54 |
| 13 | 0.22 | 0.97 | 0.23 | 58 | 0.85 | 0.53 | 1.60 |
| 14 | 0.24 | 0.97 | 0.25 | 59 | 0.86 | 0.52 | 1.66 |
| 15 | 0.26 | 0.97 | 0.27 | 60 | 0.87 | 0.50 | 1.73 |
| 16 | 0.28 | 0.96 | 0.29 | 61 | 0.87 | 0.48 | 1.80 |
| 17 | 0.29 | 0.96 | 0.31 | 62 | 0.88 | 0.47 | 1.88 |
| 18 | 0.31 | 0.95 | 0.32 | 63 | 0.89 | 0.45 | 1.96 |
| 19 | 0.33 | 0.95 | 0.34 | 64 | 0.90 | 0.44 | 2.05 |
| 20 | 0.34 | 0.94 | 0.36 | 65 | 0.91 | 0.42 | 2.14 |
| 21 | 0.36 | 0.93 | 0.38 | 66 | 0.91 | 0.41 | 2.25 |
| 22 | 0.37 | 0.93 | 0.40 | 67 | 0.92 | 0.39 | 2.36 |
| 23 | 0.39 | 0.92 | 0.42 | 68 | 0.93 | 0.37 | 2.48 |
| 24 | 0.41 | 0.91 | 0.45 | 69 | 0.93 | 0.36 | 2.61 |
| 25 | 0.42 | 0.91 | 0.47 | 70 | 0.94 | 0.34 | 2.75 |
| 26 | 0.44 | 0.90 | 0.49 | 71 | 0.95 | 0.33 | 2.90 |
| 27 | 0.45 | 0.89 | 0.51 | 72 | 0.95 | 0.31 | 3.08 |
| 28 | 0.47 | 0.88 | 0.53 | 73 | 0.96 | 0.29 | 3.27 |
| 29 | 0.48 | 0.87 | 0.55 | 74 | 0.96 | 0.28 | 3.49 |
| 30 | 0.50 | 0.87 | 0.58 | 75 | 0.97 | 0.26 | 3.73 |
| 31 | 0.52 | 0.86 | 0.60 | 76 | 0.97 | 0.24 | 4.01 |
| 32 | 0.53 | 0.85 | 0.62 | 77 | 0.97 | 0.22 | 4.33 |
| 33 | 0.54 | 0.84 | 0.65 | 78 | 0.98 | 0.21 | 4.70 |
| 34 | 0.56 | 0.83 | 0.67 | 79 | 0.98 | 0.19 | 5.14 |
| 35 | 0.57 | 0.82 | 0.70 | 80 | 0.98 | 0.17 | 5.67 |
| 36 | 0.59 | 0.81 | 0.73 | 81 | 0.99 | 0.16 | 6.31 |
| 37 | 0.60 | 0.80 | 0.75 | 82 | 0.99 | 0.14 | 7.12 |
| 38 | 0.62 | 0.79 | 0.78 | 83 | 0.99 | 0.12 | 8.14 |
| 39 | 0.63 | 0.78 | 0.81 | 84 | 0.99 | 0.10 | 9.51 |
| 40 | 0.64 | 0.77 | 0.84 | 85 | 1.00 | 0.09 | 11.43 |
| 41 | 0.66 | 0.75 | 0.87 | 86 | 1.00 | 0.07 | 14.30 |
| 42 | 0.67 | 0.74 | 0.90 | 87 | 1.00 | 0.05 | 19.08 |
| 43 | 0.68 | 0.73 | 0.93 | 88 | 1.00 | 0.03 | 28.64 |
| 44 | 0.69 | 0.72 | 0.97 | 89 | 1.00 | 0.02 | 57.29 |
| 45 | 0.71 | 0.71 | 1.00 | 90 | 1.00 | 0.00 | — |

# ÍNDICE ALFABÉTICO

*(viene de la guarda anterior)*

## funciones trigonométricas inversas

**47.** $\int \text{arcsen } x \, dx = x \text{ arcsen } x + \sqrt{1 - x^2} + C$

**48.** $\int \text{arccos } x \, dx = x \text{ arccos } x - \sqrt{1 - x^2} + C$

**49.** $\int \text{arctan } x \, dx = x \text{ arctan } x - \frac{1}{2} \ln \, (1 + x^2) + C$

**50.** $\int \text{arccot } x \, dx = x \text{ arccot } x + \frac{1}{2} \ln \, (1 + x^2) + C$

**51.** $\int \text{carsec } x \, dx = x \text{ arcsec } x - \ln \left| x + \sqrt{x^2 - 1} \right| + C$

**52.** $\int \text{arccosec } x \, dx = x \text{ arccosec } x + \ln \left| x + \sqrt{x^2 - 1} \right| + C$

**53.** $\int x \text{ arcsen } x \, dx = \frac{1}{4}(2x^2 - 1) \text{ arcsen } x + x\sqrt{1 - x^2} + C$

**54.** $\int x \text{ arccos } x \, dx = \frac{1}{4}(2x^2 - 1) \text{ arccos } x - x\sqrt{1 - x^2} + C$

**55.** $\int \text{arctan } x \, dx = \frac{1}{2}(x^2 + 1) \text{ arctan } x - \frac{1}{2}x + C$

**56.** $\int x \text{ arccot } x \, dx = \frac{1}{2}(x^2 + 1) \text{ arccot } x + \frac{1}{2}x + C$

**57.** $\int x \text{ arcsec } x \, dx = \frac{1}{2}x^2 \text{ arcsec } x - \frac{1}{2}\sqrt{x^2 - 1} + C$

**58.** $\int x \text{ arccosec } x \, dx = \frac{1}{2}x^2 \text{ arccosec } x + \frac{1}{2}\sqrt{x^2 - 1} + C$

## funciones hiperbólicas

**59.** $\int \text{senh } x \, dx = \cosh x + C$

**60.** $\int \cosh x \, dx = \text{senh } x + C$

**61.** $\int \tanh x \, dx = \ln \, (\cosh x) + C$

**62.** $\int \coth x \, dx = \ln |\text{senh } x| + C$

**63.** $\int \text{sech } x \, dx = \text{arctan } (\text{senh } x) + C$

**64.** $\int \text{cosech } x \, dx = \ln \left| \tanh \frac{1}{2}x \right| + C$

**65.** $\int \text{sech}^2 \, x \, dx = \tanh x + C$

**66.** $\int \text{cosec}^2 \, x \, dx = -\coth x + C$

**67.** $\int \text{sech } x \tanh x \, dx = -\text{sech } x + C$

**68.** $\int \text{cosech } x \coth x \, dx = -\text{cosech } x + C$

**69.** $\int \text{senh}^2 \, x \, dx = \frac{1}{4} \text{ senh } 2x - \frac{1}{2}x + C$

**70.** $\int \cosh^2 x \, dx = \frac{1}{4} \text{ senh } 2x + \frac{1}{2}x + C$

**71.** $\int \tanh^2 x \, dx = x - \tanh x + C$

**72.** $\int \coth^2 x \, dx = x - \coth x + C$

**73.** $\int x \text{ senh } x \, dx = x \cosh x - \text{senh } x + C$

**74.** $\int x \cosh x \, dx = x \text{ senh } x - \cosh x + C$

## $a + bx, \quad \sqrt{a + bx}$

75. $\displaystyle\int \frac{x}{a+bx}\,dx = \frac{1}{b^2}(a + bx - a\ln|a+bx|) + C$

76. $\displaystyle\int \frac{x^2}{a+bx}\,dx = \frac{1}{b^3}\left[\tfrac{1}{2}(a+bx)^2 - 2a(a+bx) + a^2\ln|a+bx|\right] + C$

77. $\displaystyle\int \frac{x}{(a+bx)^2}\,dx = \frac{1}{b^2}\left(\frac{a}{a+bx} + \ln|a+bx|\right) + C$

78. $\displaystyle\int \frac{x^2}{(a+bx)^2}\,dx = \frac{1}{b^3}\left(a + bx - \frac{a^2}{a+bx} - 2a\ln|a+bx|\right) + C$

79. $\displaystyle\int x\sqrt{a+bx}\,dx = \frac{2}{15b^2}(3bx - 2a)(a+bx)^{3/2} + C$

80. $\displaystyle\int \frac{x}{\sqrt{a+bx}}\,dx = \frac{2}{3b^2}(bx - 2a)\sqrt{a+bx} + C$

## $x^2 \pm a^2, \quad \sqrt{x^2 \pm a^2}, \quad \sqrt{a^2 \pm x^2} \qquad (a > 0)$

81. $\displaystyle\int \frac{dx}{x^2 + a^2} = \frac{1}{a}\arctan\left(\frac{x}{a}\right) + C$

82. $\displaystyle\int \frac{dx}{x^2 - a^2} = \frac{1}{2a}\ln\left|\frac{x-a}{x+a}\right| + C$

83. $\displaystyle\int \frac{dx}{\sqrt{x^2 \pm a^2}} = \ln\left|x + \sqrt{x^2 \pm a^2}\right| + C$

84. $\displaystyle\int \frac{dx}{\sqrt{a^2 \pm x^2}} = \operatorname{arcsen}\left(\frac{x}{a}\right) + C$

85. $\displaystyle\int \frac{x^2}{\sqrt{x^2 \pm a^2}}\,dx = \tfrac{1}{2}x\sqrt{x^2 \pm a^2} \mp \tfrac{1}{2}a^2\ln\left|x + \sqrt{x^2 \pm a^2}\right| + C$

86. $\displaystyle\int \frac{x^2}{\sqrt{a^2 - x^2}}\,dx = -\tfrac{1}{2}x\sqrt{a^2 - x^2} + \tfrac{1}{2}a^2\operatorname{arcsen}\left(\frac{x}{a}\right) + C$

87. $\displaystyle\int \frac{dx}{x\sqrt{a^2 \pm x^2}} = \frac{1}{a}\ln\left|\frac{x}{a + \sqrt{a^2 \pm x^2}}\right| + C$

88. $\displaystyle\int \sqrt{x^2 \pm a^2}\,dx = \tfrac{1}{2}x\sqrt{x^2 \pm a^2} \pm \tfrac{1}{2}a^2\ln\left|x + \sqrt{x^2 \pm a^2}\right| + C$

89. $\displaystyle\int \sqrt{a^2 - x^2}\,dx = \tfrac{1}{2}x\sqrt{a^2 - x^2} + \tfrac{1}{2}a^2\operatorname{arcsen}\left(\frac{x}{a}\right) + C$

90. $\displaystyle\int x^2\sqrt{x^2 \pm a^2}\,dx = \tfrac{1}{8}x(2x^2 \pm a^2)\sqrt{x^2 \pm a^2} - \tfrac{1}{8}a^4\ln\left|x + \sqrt{x^2 \pm a^2}\right| + C$

91. $\displaystyle\int x^2\sqrt{a^2 - x^2}\,dx = \tfrac{1}{8}a^4\operatorname{arcsen}\left(\frac{x}{a}\right) + \tfrac{1}{8}x(2x^2 - a^2)\sqrt{a^2 - x^2} + C$